객체지향

Object-Oriented & Classical
Software Engineering 제8판

소프트웨어 공학

STEPHEN R. SCHACH 지음

유해영 옮김

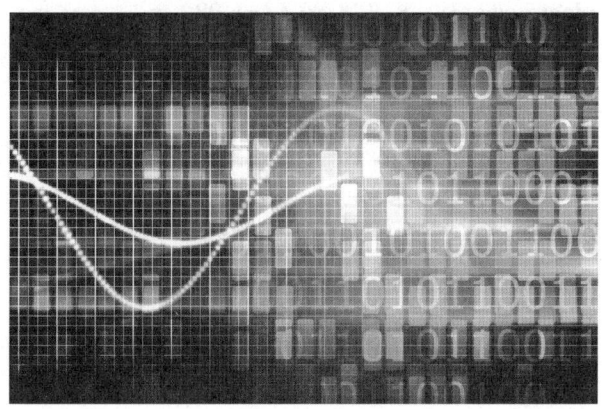

Contents

제8장
재사용성과 이식성 239
SOFTWARE

제9장
계획 수립과 추정 283
SOFTWARE

제16장
인도 후 유지보수 583

제17장
UML의 세부 사항 607

제18장
미래 신기술 629

Appendix

서문

거의 모든 컴퓨터 과학과 컴퓨터 공학 교육과정에서 이제 요구되는 팀-기반 소프트웨어 개발 프로젝트를 포함하고 있다. 경우에 따라서 프로젝트는 한 학기나 1/4학기로 수행되나, 1년-장기 팀-기반 소프트웨어 개발 프로젝트가 빠르게 일반화 되고 있다.

이상적으로 모든 학생은 팀-기반 프로젝트를 시작하기 전에 소프트웨어 공학에 대한 과정을 학습해야 한다(2단계 교육과정). 하지만 실제로 많은 학생들은 소프트웨어 공학 과정 도중에, 심지어 과정 초반에 프로젝트들을 시작한다(병렬 교육과정).

다음 절의 설명처럼 이 교재는 두 학기 교육과정 모두에 사용될 수 있는 방법으로 구성되었다.

8판은 어떻게 구성되는가?

이 교재는 두 개의 주요 부분으로 구성되었다. 제2부는 학생들에게 어떻게 소프트웨어 프로덕트를 개발하는지를 가르쳐주고, 제1부는 제2부를 위해 필요한 이론적인 배경을 제공해준다. 18개의 장은 다음과 같이 구성되어 있다.

	1장	소프트웨어 공학에 대한 소개
제1부	2장에서 9장까지	소프트웨어 공학 개념
제2부	10장에서 17장까지	소프트웨어 공학 기법
	18장	미래 신기술

10장이 새로 추가되었는데, 이 장에는 제1부의 핵심 내용이 요약되어 있다. 2단계 교육과정을 따를 때, 교습자는 우선 제1부를 가르치고 그 다음 제2부를 가르쳐야 한다(10장의 핵심 내용은 제1부에서 깊게 다루기 때문에 10장은 제외). 병렬 교육과정의 경우 교습자는 제2부를 먼저 가르치고 (학생들이 되도록 빨리 그들의 프로젝트들을 시작할 수 있도록) 그 후에 제1부를 가르친다. 10장의 내용은 학생들이 제1부를 우선 다루지 않고 제2부를 이해할 수 있게 구성되었다.

이 병렬 접근법은 직관에 어긋나 보인다. 이론은 항상 실습 전에 가르쳐져야 한다. 사실 교육과정 이슈들은 이 교재의 7판을 이용한 대부분의 교습자들이 제2부의 내용을 제1부 전에 가르치도록 강요했다. 놀랍게도 이렇게 하는 것이 결과가 가장 만족스러웠다. 그들은 자신의 학생들이 프로젝트 작업 결과를 보고 제1부의 이론적인 내용이 더 좋은 공감을 얻을 수 있다고 보고했다. 즉 팀-기반 프로젝트 작업은 학생들에게 좀 더 수용하기 좋고, 기저가 되는 소프트웨어 공학에 이론적인 개념들에 대한 이해를 도와준다.

8판의 내용은 다음과 같이 두 가지 방법으로 학습시킬 수 있다.

1. 2단계 교육과정

	1장 (소프트웨어 공학에 대한 소개)
제1부	2장에서 9장까지 (소프트웨어 공학 개념들)
제2부	10장에서 17장까지 (소프트웨어 공학 기법들)
	18장 (미래 신기술)
	그 후 학생들은 그 다음 한 학기나 1/4 학기 동안에 그들의 팀-기반 프로젝트를 시작한다.

2. 병렬 교육과정

	1장 (소프트웨어 공학에 대한 소개)
	10장 (제1부에 핵심 내용)
	이제 학생들은 그들의 팀-기반 프로젝트를 제 2부의 내용들을 공부하면서 병렬적으로 시작한다.
제2부	11장에서 17장까지 (소프트웨어 공학 기법들)
제1부	2장에서 9장까지 (소프트웨어 공학 개념들)
	18장 (미래 신기술)

8판의 새로운 특징

SOFTWARE

- 본 교재는 전반적으로 갱신되었다.
- 두 개의 새로운 장이 추가되었다. 이전의 설명처럼 제 1부의 핵심 요약인 10장은 학생들이 소프트웨어 공학 과정과 병행적으로 팀-기반 학기 프로젝트를 시작할 때 이 책이 사용할 수 있게 추가시켰다. 그리고 또 다른 새로운 장인 18장은 다음과 같은 10개의 미래 신기술의 개요가 제시되었다.
  - 관점-지향 기술
  - 모델-기반 기술
  - 컴포넌트-기반 기술
  - 서비스-지향 기술
  - 소셜 컴퓨팅
  - 웹 공학

- 클라우드 기술
- 웹 3.0
- 컴퓨터 보안
- 모델 체킹

- 새로운 미니 사례연구를 포함시켜 8장에 설계 패턴들의 내용도 상당히 다양해졌다.
- 5장에 두 개의 이론적인 툴이 추가되었다. 분할과 정복 그리고 관심의 분리이다.
- 이제 13장의 엘리베이터 문제에 대한 객체-지향 분석은 현대적인 분산과 집중을 배제한 아키텍처를 반영하였다.
- 참고문헌들은 최근 연구에 역점을 두어 광범위하게 갱신되었다.
- 100개 이상의 새로운 연습문제들이 추가되었다.
- 새로운 알고 싶은 사항들이 추가되었다.

7판에서 유지된 특징

- Unified Process는 객체-지향 소프트웨어 개발을 위해 계속 선호되는 방법론이다. 그러므로 이 교재 전체에서 학습자는 Unified Process의 이론과 실습들을 접하게 될 것이다.
- 1장에서 객체-지향 패러다임의 강점이 심도 있게 분석되었다.
- 반복적-점진적 생명 주기 모델은 가능한 일찍 2장에서 소개된다. 더욱이 이전에 모든 버전처럼 많은 다른 생명주기 모델들이 제시되고, 비교되며, 대조될 것이다. 애자일 프로세스에 특별히 관심을 갖게 했다.
- 3장(소프트웨어 프로세스)에서 Unified Process의 워크플로(액티비티)와 프로세스가 소개되고 2차원 생명주기 모델의 필요성이 설명된다.
- 소프트웨어 팀을 조직하는 다양한 방법들은 애자일 프로세스와 오픈소스 소프트웨어 개발을 위한 팀을 포함해 4장(팀)에서 제시된다.
- 5장(툴의 선택)은 CASE 툴들의 중요한 부류에 대한 정보를 포함한다.
- 테스팅의 중요성은 6장(테스팅)에서 강조된다.
- 객체는 7장(모듈에서 객체까지)에서 지속적으로 관심을 갖게 한다.
- 설계 패턴은 8장(신뢰성과 이식성)의 중심으로 남아있다.
- 소프트웨어 프로젝트 관리 계획을 위한 IEEE 표준은 9장(계획수립과 추정)에서 다시 제시된다.
- 11장(요구사항), 13장(객체-지향 분석), 14장(설계)은 주로 Unified Process의 워크플로(액티비티)로서 제시된다. 명확한 이유로 인해 12장(고전적 분석)은 크게 변경하지 않았다.
- 15장(구현)에 내용들은 구현과 통합 사이를 명백하게 구별하였다.
- 인도 후 유지보수의 중요성은 16장에서 강조된다.
- 17장은 학습자들이 소프트웨어 산업에서 이용하기 위해 철저하게 준비시킬 수 있도록 UML에

대한 추가 내용을 제공한다. 이 장은 특히 2학기 소프트웨어 공학 과정 순서를 위해 이 책을 활용하는 교습자들이 이용할 수 있다. 두 번째 학기에 팀-기반 기간 프로젝트나 창의적 프로젝트를 개발하기 위해, 학습자가 UML에 대한 추가 지식을 얻을 수 있게 추가시켰다.

- 이전처럼 두 개의 사례 연구가 있다. MSG Foundation 사례 연구와 엘리베이터 문제 사례 연구는 Unified Process를 이용하여 개발된다. 통상 Java와 C++ 구현은 온라인 www.mhhe.com/schach에서 이용할 수 있다.

- 완전한 생명 주기를 보이기 위해 사용되는 두 개의 사례 연구 외에 8개의 미니 사례 연구는 이동 대상 문제, 점진적 정제, 설계 패턴, 인도 후 유지보수와 같은 특정 주제에서 강조된다.

- 이전에 모든 판에서 문서화, 유지보수, 재사용, 이식성, 테스팅, CASE 툴을 강조했었다. 이번 판에서는 이 모든 개념이 동일하게 크게 강조된다. 소프트웨어 공학 기초의 중요성을 인지하지 않는 학습자들에게 최신 견해를 학습시키는 것은 소용없다.

- 7판에서처럼 객체-지향 생명 주기 모델, 객체-지향 분석, 객체-지향 설계, 객체-지향 패러다임의 관리 영향, 객체-지향 소프트웨어의 테스팅과 유지보수에 특별히 관심을 두었다. 또한 객체-지향 패러다임을 위한 내용이 추가되었다. 추가적으로 많은 간단한 인용문이 객체, 절 또는 심지어 문장에 반영시켰다. 이유는 객체-지향 패러다임이 여러 가지 단계가 수행되는 방법에 관계되는 것이 아니라 오히려 소프트웨어 공학에 대해 생각하는 방법에 스며드는 것이 좋기 때문이다.

- 소프트웨어 프로세스는 이 책에 전반에서 여전히 기저가 되는 개념이다. 프로세스를 관리하기 위해 우리는 프로젝트에서 일어나고 있는 것을 측정할 수 있어야 한다. 따라서 척도들은 지속적으로 강조된다. 프로세스 개선에 관해 CMM(capability maturity model), ISO/IEC 15504(SPICE), ISO/IEC 12207이 계속 유지되고 있다.

- 이 교재는 여전히 언어에 독립적이다. 몇몇 코드 예제는 C++와 Java로 제시되지만 언어-의존을 바로 잡기 위해 모든 노력을 했고, 코드 예제는 C++와 Java 사용자들에게 동등하게 알아보기 쉽게 했다. 예를 들어 C++ 출력을 위해 cout을, Java 출력을 위해 system.out.println을 이용하는 대신, 의사코드 print 명령어를 이용한다(하나의 예외는 전과 같이 C++와 Java 모두로 주어진 완전한 구현 세부사항으로 새로운 사례 연구를 보여준다).

- 7판에서처럼 이 책은 600개 이상에 참고문헌을 포함한다. 가능한 고전적 문서보다는 메시지가 신선하고 관련 있는 최신 연구 논문이나 책들을 선택하였다. 소프트웨어 공학이 빠르게 이동하는 필드라는 것은 아무런 문제가 되지 않으며, 그러므로 학습자들은 그것들을 찾을 수 있는 문헌에서 얻을 수 있는 최신 결과를 알 필요가 있다. 동시에 오늘날 최첨단의 연구는 과거에 진실에 기반하고, 그것의 아이디어가 오늘날 적용가능하다면 오래된 참고문헌을 참조하는 것을 제외할 어떤 이유도 없다.

- 전제조건과 관련하여 독자가 C, C#, C++, Java와 같은 고수준 프로그래밍 언어에 정통하다고 가정된다. 추가로 독자는 데이터 구조들에 과정을 이수했다고 가정했다.

고전적 패러다임을 포함시킨 이유

이제 객체-지향 패러다임이 고전적 패러다임보다 우세하다는 것은 거의 모두가 인정했다. 그래서 7판에 객체-지향과 고전적 소프트웨어 공학을 적용한 많은 교습자들은 이 교재에 객체-지향 자료 만을 가르치기를 원한다. 하지만, 질문했을 때 교습자들은 그들이 고전적 패러다임을 포함하는 내용을 적용하는 것을 선호한다고 표현했다.

그 이유는 교습자가 단지 객체-지향 패러다임만을 가르친다고 해도, 그들이 학급에서 고전적인 패러다임을 아직도 참조하기 때문이다. 많은 객체-지향 기법은 학생들이 객체-지향 기법이 유래된 고전적 기법의 몇몇 아이디어를 가지지 않고 그것을 이해하기가 어렵다. 예를 들어 엔티티-클래스 모델링을 이해하는 것은 엔티티-관계 모델링을 표면적으로나마 접한 학습자들에게 더 쉽다. 유사하게 유한 상태 기계에 대한 소개를 알려주는 것은 상태차트를 가르치는 교습자를 더 쉽게 해준다. 그래서 교습자들이 교육적인 목적으로 이용 가능한 고전적 내용들을 얻을 수 있도록 8판에도 고전적 내용들을 유지시켰다.

연습문제 구성

7판에서처럼 이 교재에는 5가지 형태의 연습문제들을 가지고 있다. 첫 번째는 11, 13, 14장의 후반부에 객체-지향 분석과 설계 프로젝트를 수행한다. 요구사항, 분석, 설계 워크플로를 배우는 유일한 방법이 광범위한 실제 경험으로부터 왔기 때문에 이것을 포함시켰다.

두 번째는 각 장의 후반부에 핵심 포인트를 강조하는 것을 대상으로 하는 수많은 연습문제를 포함한다. 이 연습문제들은 독립적이다. 모든 연습문제를 위한 기술적인 정보는 이 교재 내에서 찾을 수 있다.

세 번째는 소프트웨어 학기 프로젝트이다. 표준 전화기 상에 상의할 수 없는 가장 작은 수에 팀 멤버들인 세 명의 학습자들이 해결할 수 있게 설계되었다. 학기 프로젝트는 각 장에 크게 관련된 15개의 독립된 컴포넌트들로 구성되었다. 예를 들어 설계는 14장에 주제이고 그래서 그 장에서 학기 프로젝트의 컴포넌트는 소프트웨어 설계에 관계된다. 대규모 프로젝트를 아주 작고 잘 정의된 단위로 분할함으로써 교습자는 학급의 진척을 밀접하게 감시할 수 있다. 학기 프로젝트의 구조는 그 또는 그녀가 선택한 다른 어느 프로젝트에도 교습자가 15개의 컴포넌트들을 자유롭게 적용할 수 있도록 하는 것이다.

이 교재가 고학년에 대학생뿐만 아니라 대학원생이 사용하도록 집필되었기 때문에, 네 번째 유형의 문제는 소프트웨어 공학 학문에 대한 연구 논문들을 기반으로 한다. 각 장에서 중요한 논문이 선택되었다. 어디에나 가능하도록 객체-지향 소프트웨어 공학에 관련된 논문이 선택되었다.

학습자는 논문을 읽고 물으며 그것의 콘텐츠와 관련된 질문에 답변한다. 물론 교습자는 어떤 다른 연구 논문을 자유롭게 배정한다. 각 장에 후반부에 관련 자료는 다양한 관련된 논문들을 포함한다.

연습문제의 다섯 번째 형태는 사례 연구와 관련되어 있다. 이 문제 형태는 학습자들이 처음부터 새로운 프로덕트를 개발하는 것보다 현존하는 프로덕트를 수정하는 것에서 더 많이 배울 수 있다는 것을 인지한 수많은 교습자들에 대응하기 위해 3판에서 처음 소개되었다. 산업에서 많은 선임 소프트웨어 공학자들은 이런 관점에 동의하였다. 그래서 사례 연구가 제공된 각 장은 학습자들에게 사례 연구를 여러 가지 방법으로 수정하는 것을 요구하는 문제를 갖고 있다. 예를 들어 어떤 장에서 학습자는 사례 연구를 위해 이용되는 어떤 것과는 다른 설계 기법을 이용하는 사례 연구를 재설계하도록 요구받는다. 다른 장에서 학습자는 다른 방식으로 객체-지향 분석의 단계들을 수행함으로써 얻을 수 있는 효과가 무엇인지 요구받는다. 사례 연구의 소스 코드를 수정하기 쉽게 만들기 위해 www.mhhe.com/schach 웹을 이용할 수 있다.

또한 웹사이트는 강의 노트 파워포인트와 모든 연습문제와 기간 프로젝트에 대한 자세한 해결방안을 포함해서 교습자들을 위한 내용들이 있다.

UML에 대한 내용

본 교재는 UML(Unified modeling Language)을 지속적으로 사용하였다. 만약 학습자들이 UML에 대해 이전에 지식을 갖고 있지 않다면 이 내용은 두 가지 방법으로 가르쳐질 수 있다. UML을 적기 공급 기반(just-in-time basis)으로 가르치기를 선호한다. 즉 각 UML 개념은 그것이 필요하기 이전에 소개되어야 한다. 이 교재에서 사용되는 UML 구성은 다음 표와 같이 서술된다.

구성	해당 UML 다이어그램이 소개되는 절
클래스 다이어그램, 노트, 상속(일반화), 전체 부분, 연관, 내비게이션 트라이앵글	7.7절
유스 케이스	11.4.3절
유스 케이스 다이어그램, 유스–케이스 서술	11.7절
스트레오타입	13.1절
상태차트	13.6절
상호작용 다이어그램 (순차 다이어그램, 커뮤니티 다이어그램)	13.15절

대안으로 17장은 이 교재에서 필요한 것보다 많은 내용을 포함하는 UML에 대한 소개를 포함하고 있다. 17장은 언제라도 가르쳐져야 할 것이다. 이것은 16장 초반 내용에 의존하지 않는다. 17장에서 다루는 주제들은 다음과 같다.

구성	해당 UML 다이어그램이 소개되는 절
클래스 다이어그램, 집합, 다중성, 합성, 일반화, 연관	17.2절
노트	17.3절
유스 케이스 다이어그램	17.4절
스트레오타입	17.5절
상호작용 다이어그램	17.6절
상태차트	17.7절
액티비티 다이어그램	17.8절
패키지	17.9절
컴포넌트 다이어그램	17.10절
배치 다이어그램	17.11절

온라인 리소스

교재와 함께 웹사이트 www.mhhe.com/schach를 이용가능하다. 웹사이트는 학습자들을 위해 MSG 사례 연구에 대한 소스 코드에 더불어 Java와 C++ 구현을 특별히 포함한다. 교습자들을 위해서는 강의 파워포인트, 모든 연습문제와 기간 프로젝트에 대한 자세한 솔루션, 이미지 갤러리가 이용가능하다.

전자책 선택사항

e-Book은 학습자들에게 같은 시간의 돈을 절약하고 더 푸른 환경을 만들어 주는 획기적인 방법이다. e-book은 전통적인 종이책의 약 1/4 비용을 절약할 수 있게 하고 강력한 검색 엔진, 강조, e-book을 이용하는 급우들과 노트를 공유할 수 있는 능력과 같은 독특한 특성을 제공해준다.

　　McGraw-Hill은 이 글(원서)을 e-book으로 제공한다. e-book 선택 사항에 대해 말하기 위해 여러분의 McGraw-Hill 판매점에 문의하거나 www.coursemart.com 사이트를 방문하여 더 많은 정보를 얻을 수 있다.

감사의 글

나는 이전 판인 7판의 검토자들에 건설적인 비평과 많은 도움이 되는 제안에 상당히 감사 드린다. 다음과 같은 이번 판의 검토자들에게 특별히 감사 드린다.

Ramzi Bualuan
University of Notre Dame

Ruth Dameron
University of Colorado, Boulder

Werner Krandick
Drexel University

Taehyung Wang
Califonia State University, Northridge

Jie Wei
City University of New York-City College

Mike McCracken
Georgia Institute of Technology

Nenad Medvidovic
University of Southern California

Saeed Monemi
California Polytechnic University, Pomona

Xiaojun Qi
Utah State University

나의 출판사인 McGraw-Hill에 대해서 편집자인 Kevin Campdell과 디자이너인 Brenda Rolwes에게 가장 감사를 드린다.

또한 교습자의 솔루션 매뉴얼을 공동 저작한 Jean Naude(Vaal University of Technology, Secunda Campus)에게 감사드리고, 특히 Jean은 Java와 C++ 모두의 구현을 포함시켜 학기 프로젝트를 위한 완전한 솔루션을 제공했다. ISM에서 일하는 과정으로 Jean은 이 책을 개선하기 위해 수많은 건설적인 제안을 주었다. 나는 Jean에서 가장 큰 감사를 표한다.

마지막으로 나는 지속적으로 지원과 격려를 보내주는 아내 Sharon을 항상 생각한다. 나의 이전 모든 책들에서 나는 글을 쓰는 것에 앞서 가족들에 약속한 것에 보답하기 위해 최선을 다했다. 하지만 마감일이 닥칠 때 이것이 항상 가능하지는 않았다. 그런 시간들에 Sharon은 항상 이해하고 항상 최선을 다할 수 있도록 격려해 주었다.

나의 15번째 책을 나의 손자들인 Jackson과 Mikaela에게 바칠 수 있게 되어 영광이며, 사랑한다.

Stephen R. Schach

역자 서문

소프트웨어 공학은 소프트웨어의 성패를 좌우하는 중요한 학문이 되었다. 즉 소프트웨어를 개발하는 개발자, 소프트웨어를 관리하는 관리자, 소프트웨어 프로젝트를 추진하는 CIO 등 관련된 모든 사람들에게 꼭 요구되는 학문 분야가 되었다. 특히 소프트웨어는 기업의 차별화 인자가 되었고, 산업 분야에 중요한 영향을 크게 미치는 주요 산업으로 자리 잡게 되어 경쟁력에 동력이 되고 있는 상태다. 그래서 소프트웨어도 다른 공학 분야처럼 방법론적인 접근이 필요하게 되었다. 이를 지원하는 소프트웨어 공학의 중요성이 날로 증가하고 있다. 그래서 소프트웨어의 품질은 더욱 차별화의 인자가 되고, 경쟁력의 원천이 되고, 글로벌에서 생존할 수 있는 근원이 된다.

그러나 현실은 그렇지 않다. 소프트웨어 공학이 갖고 있는 의미와 역할을 체계적으로 파악하지 못하는 경우가 많다. 그래서 프로젝트를 어떻게 계획하고, 클라이언트의 니즈를 어떻게 반영하고, 무슨 방법으로 개발하고, 설계하고, 테스트 하는지, 또 품질을 어떻게 보장하는지, 그리고 많은 비용이 소요되는 인도 후 유지보수는 어떻게 하는지를 몰라서 당황하는 사례가 너무나 많다. 또 많은 비용을 투자해서 개발된 시스템은 왜 사용자를 충족시키지 못하는지? 또 개발에 투입된 자원은 적합하게 결정된 것인지? 이 모든 것을 관련자들은 어떻게 판정할 수 있는지? 이에 대한 기반들이 바로 소프트웨어 공학이다.

그래서 본 역자는 프로젝트 실무 관리에 대한 경험과 이전의 소프트웨어 공학 역서 등에서 획득한 경험을 바탕으로 최신의 소프트웨어 공학 책을 조사하던 중 본 역서를 선택하여 출간하게 되었다. 이 책의 원서는 2011년도 출간된 OBJECT-ORIENTED & CLASSICAL SOFTWARE ENGINEERING, 8판이다. 저자는 STEPHEN R, SCHACH이다. 저자의 서문을 보면 이 책의 특성과 전반적인 내용을 파악할 수 있다.

본 역서의 내용은 최신의 내용으로 구성되어 있으면서도 이론적이고 실무적인 내용이 크게 반영되어 있어 학부 및 대학원생, 실무진과 관심이 많은 관련 있는 분들에게 많은 도움을 줄 것으로 생각된다. 특히 최근 소프트웨어 공학의 추세와 이에 대응하는 내용들을 체계적으로 정리되어 있다. 특히 UML 중심이라 학습자에게 큰 도움을 줄 것으로 생각된다. 또한 학부나 대학원에서 교재로 사용할 때는 한 학기나 두 학기용으로 사용할 수 있으며, 프로젝트 중심으로 수업을 진행할 수 있어 학습자들에게 실무 기반으로 소프트웨어를 개발할 수 있게 해준다.

본 교재를 번역하면서 가능한 한 저자의 의도를 전달하려고 그림이나 표는 원어와 내용에 보다 친숙하게 하기 위해 번역하지 않고 원문 그대로 기재하였다.

이 책을 출간하는 데 많은 경험과 기회를 주신 나의 많은 지인들에게 진심으로 감사드린다. 그리고 이 책을 내면서 내 자신에 모든 것을 집중할 수 있게 해준 나의 가족에게도 진심으로 감사한 마음을 전한다. 또한 이 책의 출간에 헌신적으로 도움을 준 박해윤 선생과 윤광열 선생께 진심으로 감사를 드린다. 또한 한용만 원생께도 감사의 마음을 전한다. 그리고 ITC 최규학 사장님 등 관계자 여러분께 진심으로 감사의 마음을 전한다.

2012년 1월

유해영

제1장

소프트웨어 공학의 영역

학습목표

이 장을 학습하면 다음 사항들을 습득하게 된다.

● 소프트웨어공학이 무엇을 의미하는지 정의할 수 있게 된다.

● 고전적 소프트웨어 생명주기 모델이 무엇인지를 서술할 수 있게 된다.

● 객체–지향 패러다임이 현재 광범위하게 인정받는 이유를 설명할 수 있다.

● 소프트웨어 공학의 다양한 측면들의 의미를 논의할 수 있게 된다.

● 유지보수의 고전적 그리고 현대적 뷰를 구별할 수 있게 된다.

● 지속적인 계획수립, 테스팅, 문서화의 중요성을 논의할 수 있게 된다.

● 윤리에 대한 중요성을 인식하게 된다.

컴퓨터로 작성한 $0.00짜리 고지서를 받은 중역에 관한 아주 유명한 이야기가 있다. 이 중역은 '이 멍청한 컴퓨터'에 관해 친구들과 함께 크게 비웃은 후, 그는 이 고지서를 쓰레기통에 버렸다. 그런데 한 달 후 30일이라고 찍힌 동일한 고지서가 또 도착했다. 그런 후 또 다시 세 번째 고지서가 도착했다. 그리고 역시 한달 후에 $0.00라고 찍힌 고지서에 즉시 지불하지 않으면 가능한 법적 조치를 취하겠다는 메시지가 함께 도착했다.

120일이라고 출력된 다섯 번째 고지서와 함께 도착한 메시지는 아주 무례하고 단순했다. 만약 즉시 입금하지 않으면 가능한 모든 법적 조치를 취할 예정이라고 위협하고 있었다. 이렇게 황당한 기계 때문에 자신의 회사 신용 등급이 낮아질 것을 염려한 중역은 잘 알고 있는 소프트웨어 엔지니어를 호출했다. 이 엔지니어는 웃지 않으면서 중역에게 $0.00짜리 수표를 우편으로 송금하라고 말했다. 이것이 원하는 결과를 갖게 되어 며칠 후 $0.00짜리 영수증이 도착했다. 이 중역은 미래에 언젠가 컴퓨터가 $0.00짜리 빚이 있다고 주장할 것을 걱정해 조심스럽게 그 영수증을 보관했다.

이 이야기보다는 조금 알려진 속편이 있다. 며칠 후 그 중역은 그 은행 관리자에게 호출되었다. 그 관리자는 수표를 들고 말했다. "이것이 당신의 수표입니까?"

중역은 자신이 발행한 수표라고 동의했다.

그 관리자는 "왜 당신이 $0.00짜리 수표를 작성했는지 나에게 말해줄 수 있습니까?"라고 물었다. 그래서 그는 전체 과정을 구체적으로 설명해주었다. 그 중역이 말을 모두 마쳤을 때, 그 관리자는 뒤돌아서서 사람들에게 큰소리로 물어보았다. "누가 이 $0.00짜리 수표를 우리의 컴퓨터 시스템에 입력하는 방법을 알고 있습니까?"

컴퓨터 전문가는 이 이야기에 약간 신경질적이겠지만 비웃을 수 있다. 결국 우리들 모두는 $0.00짜리 독촉 우편물을 발송하는 것과 같은 결과를 생성하는 프로덕트를 설계했고 구현했던 것이다. 우리는 지금까지 테스팅 동안에 이러한 종류의 문제점을 항상 찾아냈다. 하지만 우리의 마음 뒤편에는 언제가 우리도 클라이언트에게 프로덕트를 전달하기 전에 이러한 결함을 발견하지 못할 수 있다는 공포가 항상 존재하기 때문에, 우리의 웃음은 공허하게 우리에게 되돌아오게 된다.

1979년 11월 9일에 아주 웃지 못 할 소프트웨어 결함이 발견되었다. 미전략 공군 총사령부(Strategic Air Command)는 WWMCCS(worldwide military command and control system)의 컴퓨터 네트워크가 소련이 미국을 향해 미사일을 발사했다고 보고했기 때문에 공격 경보를 발령했다. 모의 공격이 실제 사실로 해석될 때 어떤 일이 발생하는지는 5년 후에 나온 영화 워게임 (WarGame)에서와 같다. 비록 미 국방성이 테스트 데이터(test data)가 실제 데이터(actual data)라고 판단하게 된 정확한 메커니즘(mechanism)에 대한 세부 사항은 제공하지 않았지만, 그 결과가 소프트웨어 결함이라고 보는 것은 타당하다. 전체적으로 시스템이 시뮬레이션과 실제 상황을 구분할 수 있게 설계되지 않았거나 또는 사용자 인터페이스가 시스템의 최종 사용자가 실제와 가상을 구별할 수 있게 하기 위해 필요한 점검사항을 포함하지 않았을 것이다. 다른 말로 표현하면 만약 이러한 문제가 소프트웨어에 의해 발생했다면, 소프트웨어 결함은 우리가 알고 있는 것과 같이 불행하고 파국적인 결과를 가져왔을 것이다(다른 소프트웨어 결함들이 발생시킨 재앙에 대한 정보는 '알고 싶은 사항 1.1'에 게재되어 있음).

우리가 고지서 작업을 처리하든 항공방위 업무를 처리하든 관계없이 대부분의 소프트웨어는 납기가 지연되고, 예산이 초과되고, 결함이 내재된 상태로 전달되고, 또 클라이언트의 니즈(needs)를 충족시키지 못한다. **소프트웨어 공학**(software engineering)은 이러한 문제들을 해결하는 학문 분야이다. 다른 말로 표현하면 소프트웨어 공학은 클라이언트(client)의 니즈를 만족시키는 결함이 없는 소프트웨어(fault-free software)를 주어진 예산 범위 내에서, 그리고 주어진 시간에 맞추어 생성하는 것을 목적으로 하는 학문 분야이다. 더욱이 소프트웨어는 사용자의 니즈가 변경되었을 때 쉽게 수정될 수 있어야 한다.

소프트웨어 공학의 영역은 매우 넓다. 소프트웨어 공학의 어떤 측면들은 수학이나 컴퓨터 과학의 범주로 분류될 수 있다. 또 다른 측면은 경제학, 경영학, 또는 심리학의 분야들도 포함된다. 소프트웨어 공학의 폭 넓은 범위를 보여주기 위해 지금부터 다섯 개의 서로 다른 측면들을 학습한다.

WWMCCS 네트워크인 경우 재앙은 시간에 임박해서 방지해준다. 그러나 다른 소프트웨어 결함들의 결과 때문에 생긴 재앙은 때때로 비극적인 결과를 갖게 한다. 예를 들어 1985년과 1987년 사이에 적어도 두 명의 환자가 Therac25 메디컬 선형 가속기(medical linear accelerator)가 방출한 방사능에 과도하게 노출되어 사망하였다[Leveson과 Turner,1993]. 그 원인은 제어 소프트웨어에 있는 결함 때문에 발생한 것이다.

또한 1991년 걸프전 동안 한 발의 스커드 미사일(Scud missile)이 패트리어트(Patriot) 대미사일 방어망을 뚫고 Saudi Arabia의 Dhahran 근처의 한 막사에 떨어졌다. 그 결과로 28명의 미군 병사가 사망하고 98명이 부상을 당했다. 패트리어트 미사일의 소프트웨어가 누적 시간 조절 결함을 갖고 있었기 때문이다. 즉 패트리어트 미사일은 시간이 설정된 후에 단지 몇 시간 동안만 작동하도록 설계되어 있었다. 그 결과로 나온 결함은 그리 심각하게 영향을 미치지 않았기 때문에 발견되지 않았다. 하지만 걸프전에서 Dhahran의 패트리어트 미사일 포대는 100시간 이상을 연속으로 작동시켰다. 이 결함이 시스템을 부정확하게 작동하게 만든 이유였다.

그래서 걸프전 동안 미국은 패트리어트 미사일을 스커드 미사일로부터 보호하기 위해 이스라엘로 운반했다. 이스라엘은 단지 8시간 만에 시간 조절에 문제가 있는 것을 발견하고 즉시 미국의 제조회사에 보고했다. 그들은 가능한 한 빨리 결함을 수정하였지만, 애통하게도 수정된 새로운 소프트웨어는 스커드 미사일이 명중한 후에야 도착했다[Mellor, 1994].

다행히도 소프트웨어 결함 때문에 사람을 사망하게 하거나 심각하게 피해를 주는 경우는 아주 드물다. 그러나 결함은 수천 수만 명의 사람들에게 아주 골치 아픈 문젯거리이다. 예를 들면 2003년 2월 미국 재무성은 50,000명의 사회보장연금 수표를 우편물로 배달했는데 소프트웨어 결함 때문에 수령인의 이름이 없이 출력되어 수표들이 공탁예금인지 현금인지를 알 수가 없었다[St.Petersburg Time Online, 2003]. 2003년 4월에는 차용인들이 1992년의 소프트웨어 결함 때문에 그들이 학창시절에 대출받았던 원금과 이자가 잘못 계산되었다는 사실을 SLM Corp.(통상 Sallie mae라고 부름)로부터 통보 받았다. 이 잘못된 사실은 2002년 말에 발견되었다고 적혀 있었다. 거의 백만 명에 가까운 차용인들은 상환기간 10년 동안에 매월 더 높은 원금이나 추가 이자를 납부했던 것이다[CJSentinel.com, 2003]. 이 두 개의 결함은 즉시 수정되었지만 거의 백만 명의 차용인들은 원금과 이자에 중대한 재정적인 부담을 갖게 된 것이 사실이다.

Belgian 정부는 2007년도 정부 예산을 883,000,000유로(편성 당시 $1,100,000,000이상) 이상인 것으로 추정했다. 이 실수는 수동중심에 오류-발견 메커니즘으로 인해서 만들어진 소프트웨어 결함 때문에 생긴 것이다[La Libre Online, 2007a; 2007b]. Belgian 세무당국은 세금 환급을 처리하는 데 스캐너와 광학 문자 인식기(Optical Character Recognition) 소프트웨어를 사용했다. 만약 소프트웨어가 읽을 수 없는 것을 만나게 되면, €99,999,999.99($125,000,000)로 납세자의 수입이 기록된다. 추측컨대 '매직 넘버(Magic Number)' €99,999,999.99는 데이터 처리 부서가 빨리 발견할 수 있게 선택되었을 것이다. 그래서 이 문제가 발생하면 수동으로 처리했을 것이다. 이것은 세금 환급이 세금 산정이라는 목적을 위해 분석할 때는 좋지만 세금 환급이 예산 목적으로 재분석될 때는 좋지 않다. 아이러니 하게도 소프트웨어 프로덕트는 이러한 종류의 문제를 발견할 때는 필터 역할을 하지만 이 필터가 빠른 처리를 하기 위해서는 수동적으로 건너뛸 수 있다.

소프트웨어는 적어도 두 개의 결함이 있다. 첫째, 소프트웨어 엔지니어들은 데이터의 항후 처리 전에 수동으로 자세히 보는 게 적합하다고 가정한다. 둘째, 소프트웨어는 수동 중심에 필터를 허용한다.

1.1절에서 설명했듯이 Garmisch 컨퍼런스의 목적은 전통적인 공학의 성공처럼 소프트웨어를 개발하는 것이다. 그러나 절대로 모든 전통적인 공학 프로젝트처럼 성공할 수는 없다. 예를 들어 교량 건설을 고려해보자.

1940년 7월, 워싱턴 주의 Tacoma Narrows에 현수교 건설이 완공되었다. 바로 이 교량이 바람의 조건에 따라 흔들리는 위험이 발견되었다. 자동차들이 접근하면 계곡 사이로 교량이 사라졌다가 상승하면서 나타났다. 이러한 문제로 이 교량에는 'Galloping Gertie'라는 별명이 주어졌다. 마침내 1940년 11월 7일 42마일의 강풍에 교량이 붕괴되었다. 다행히도, 다리가 붕괴되기 몇 시간 전에 차량이 통제되었다. 이 교량의 마지막 15분의 영상은 U.S. National Film Registry에 보관되어 있다.

보다 유머스러운 교량 건설의 실패는 2004년 1월에 관찰되었다. 독일과 스위스를 연결하는 새로운 교량이 독일 Laufenberg의 Upper Rhine 강 위에 건설되고 있었다. 교량 절반은 독일인 엔지니어들로 구성된 팀이 맡았다. 나머지 절반은 스위스 팀이 맡았다. 두 부분이 연결될 때, 독일의 반이 스위스의 반보다 21인치(54cm) 높은 것이 나타났다. '해수면'의 기준을 독일 엔지니어는 북해를 이용한 반면 스위스 엔지니어는 지중해를 이용했기 때문에 잘못된 사실을 교정하기 위해 중요한 수정이 필요했다. 해수면의 차이를 보상하기 위해서 스위스 측은 10.5인치를 높여야 했다. 그리고 독일은 21인치의 격차로 인해 10.5인치를 낮춰야 했다[Spiegel Online, 2004].

1.1
역사적인 측면

SOFTWARE

전기 발전기들이 고장 나는 경우는 급여 지급 프로덕트들이 오동작하는 경우보다 적은 것이 사실이다. 또한 교량들이 붕괴되는 경우도 컴퓨터 운영체제들이 작동되지 않는 경우보다 분명히 적다. 사실 소프트웨어 설계, 구현, 유지보수도 기존의 공학 분야와 같은 기반에 있다는 신념 아래, NATO 스터디 그룹이 1967년 소프트웨어 공학이라는 용어를 만들어냈다. 소프트웨어를 구축하는 일은 다른 분야의 공학 태스크들과 동일하다는 주장은 1968년 독일 Garmisch에서 개최된 NATO Software Engineering Conference에서 승인되었다. 이러한 승인이 놀라운 것은 아니다. 컨퍼런스의 이름 자체가 이미 소프트웨어 프로덕션(software production)은 공학과 유사한 활동이라는 것을 반영하고 있었다('알고 싶은 사항 1.2' 참조). 회의에 참석한 사람들은 소프트웨어 공학이 소위 **소프트웨어 위기(software crisis)**라고 부르는, 즉 일반적으로 소프트웨어의 품질은 받아들일 수 없을 정도로 수준이 낮고, 인도 날짜를 맞추지 못하고, 책정된 비용을 넘어서기 때문에 발생한 소프트웨어 위기 문제를 해결하기 위해 기존에 설정된 공학 규범의 철학과 패러다임을 사용해야 한다는 결론을 내렸다.

비록 많은 소프트웨어 성공 이야기가 존재하지만, 실제로 대부분의 소프트웨어들은 늦게 인도되고, 예산을 초과하고, 내재된 결함들을 갖고 있다. 예를 들면 Standish Group은 소프트웨어 개발 프로젝트들을 분석해주는 연구 전문 회사이다. 2006년에 완료된 개발 프로젝트에 대한 그들의 연구는 그림 1.1에서 요약되어 있다[Rubenstein, 2007]. 이들 프로젝트 중 35%만 성공적으로 완료되었고, 반면에 19%는 완료되기 전에 또는 구현되기 전에 취소되었다. 그리고 나머지 프로젝

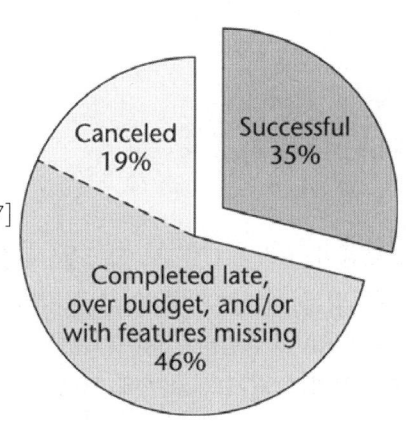

그림 1.1

2006년에 완료된
9000개의 개발
프로젝트에 결과
[Rubenstein, 2007]

Canceled
19%

Successful
35%

Completed late,
over budget, and/or
with features missing
46%

트 46%는 완료되어 클라이언트의 컴퓨터에 설치되었다. 그러나 이들 프로젝트는 예산이 초과되고, 늦게 완료되고, 또 초기에 명시되었던 특성이나 기능성은 조금만 갖추고 있었다. 다른 말로 표현하면 2,600개의 소프트웨어 개발 프로젝트 중 약 1/3만 성공하고 거의 1/2은 소프트웨어 위기 또는 그 이상의 징후를 보여 주었다.

소프트웨어 위기의 재정적인 파장은 엄청나다. Cutter Consortium[2002]이 수행한 조사에는 다음과 같은 사항들이 보고되어 있다.

- 놀랍게도 정보기술 조직들의 78%가 법원에 피소되었거나 소송이 계류 중이라는 사실.
- 이들 경우 67%는 인도된 소프트웨어 프로덕트들의 기능성이나 성능이 소프트웨어 개발자들의 주장과 같이 측정되지 않는다는 사실.
- 이들 경우 56%는 계약된 인도 날짜(delivery date)를 몇 배 지연시켰다는 사실.
- 이들 경우 45%는 결함들이 너무 심각해서 소프트웨어 프로덕트를 사용할 수 없다는 사실.

아주 소수의 소프트웨어만이 약속한 날짜에, 책정된 예산 범위 내에서 결함이 없는, 그리고 클라이언트의 니즈를 충족시키면서 인도된다. 이러한 목표를 달성하기 위해 소프트웨어 엔지니어는 기술적이고 관리적인 역량을, 즉 폭 넓은 숙련된 기술을 갖추고 있어야 한다. 이들 숙련된 기술은 프로그래밍에만 적용되는 것이 아니라 소프트웨어 프로덕션(software production)의 전체 단계인 요구사항에서부터 인도 후 유지보수 단계까지 적용된다.

소프트웨어 위기가 알려진 후 약 40년이 지났지만 아직도 여전히 우리 앞에 존재하는 문제이며, 이는 두 가지 사실을 알려준다. 첫째, **소프트웨어 프로덕션 프로세스**(software production process)는 많은 점에서 기존의 공학을 닮았지만 자신만의 고유한 특성과 문제점들을 갖는다는 점이고, 두 번째는 소프트웨어 위기가 오래 지속되고 있고 또 나쁜 전망으로 인해 **소프트웨어 기능저하**(software depression)라고 개명되어야 한다는 점이다.

지금부터는 소프트웨어 공학의 경제적인 측면을 학습한다.

1.2
경제적인 측면

현재 코딩 기법 CT_{old}를 사용하고 있는 한 소프트웨어 조직이 CT_{old}로 코드를 작성할 때보다 시간은 단지 9/10 정도만 사용하고, 비용도 9/10 정도만 사용하는 새로운 코딩 기법 CT_{new}를 발견했다고 가정하자. 일반적으로 CT_{new}가 적합한 기법이라고 생각한다. 그래서 일반적인 기준으로 보면 빠른 기법을 선택하는 게 당연하지만 소프트웨어 공학의 경제학 측면에서 보면 그 반대가 될 수 있다. 그 이유는 다음과 같다.

첫 번째 이유는 담당조직에 새로운 기술을 도입하는 데 소요되는 비용이다. CT_{new} 기법이 사용될 때 코딩이 10% 빠르다는 사실은 CT_{new}를 조직에 도입할 때 초래되는 비용보다 덜 중요하다. 즉 교육에 드는 비용을 회수하려면 적어도 2개 내지 3개의 프로젝트를 완료해야 한다. 또한 소프트웨어 개발자가 CT_{new} 교육에 참석하는 동안 그는 생산적인 작업을 수행할 수가 없다. 비록 그가 업무에 다시 복귀해도 아주 터무니없는 학습 곡선을 갖게 된다. 즉 익숙해지는 데 많은 시간이 소요되기 때문에 그렇다. 그래서 소프트웨어 전문가가 기존의 CT_{old}방식에 익숙한 수준으로 CT_{new}에 익숙해지려면 여러 달 동안 CT_{new}를 연습해야만 한다. 그러므로 CT_{new}를 사용하는 초기 프로젝트들은 조직이 계속 CT_{old}를 사용하였을 경우보다 훨씬 많은 시간이 필요하게 된다. 그러므로 CT_{new}로 변경 여부를 결정할 때는 이러한 모든 비용이 고려되어야 한다.

두 번째 이유로 소프트웨어 공학의 경제학은 CT_{old}를 계속 유지해야 하는 이유로 유지보수 결과에 두고 있다. 코딩 기법 CT_{new}는 정말로 CT_{old}보다 10% 빠르고 그 결과로 생성된 코드가 클라이언트의 현재 니즈를 만족시킨다는 점에서는 상당히 우수할 수 있다. 그러나 기법 CT_{new}의 사용은 유지보수하기가 어려운 코드로 작성될 수가 있어 프로덕트의 전체 생명주기에 CT_{new}의 비용이 더 많이 소요될 수 있다. 물론 소프트웨어 개발자가 인도 후 유지보수를 책임지지 않는다면, 소프트웨어 개발자의 관점에서 볼 때 CT_{new}는 매우 매력적인 제안이다. 결국 CT_{new}를 사용하면 비용은 10% 절감된다. 클라이언트가 기법 CT_{old}를 사용하라고 명령하면서 전체 생명주기 동안 소프트웨어 비용이 낮아질 것을 기대하고 보다 높은 초기 비용을 지불할 수는 있다. 하지만 불행하게도 클라이언트와 소프트웨어 공급자의 유일한 목표가 가능한 한 빨리 코드를 작성하는 경우가 대부분이다. 특정 기법의 사용에 대한 장기적인 효과는 일반적으로 단기적인 이익 때문에 무시된다. 소프트웨어 공학에 경제 원칙을 적용시키는 것은 클라이언트가 장기적인 비용을 절감시키는 기법을 선택하도록 요구 한다.

이 예는 소프트웨어 개발 노력 중 10% 이하로 구성된 코딩을 예로 잡은 것이다. 그러나 이 경제적 원칙은 소프트웨어 프로덕션의 모든 다른 측면들에 적용된다.

지금부터는 유지보수의 중요성을 학습한다.

1.3
유지보수 측면

이 절에서는 소프트웨어 생명주기 문맥 내에서 유지보수를 서술한다. **생명주기 모델**(life-cycle model, 소프트웨어 프로덕트를 구축할 때 수행해야 되는 단계)들의 서술이다. 아주 많은 생명주기 모델들이 제안되어 있지만 이들 중 몇 개만 2장에서 서술된다. 왜냐하면 하나의 대규모 태스크(task)는 거의 대부분 수행하기 쉽게 일련의 소규모 태스크들로 분해되기 때문에 전체 생명주기 모델은 페이즈(phase, 일명 단계)라고 부르는 일련의 소규모 단계(step)들로 분해된다. 이 페이즈의 수는 모델마다 다르다. 즉 어떤 모델은 적게는 4단계에서 많게는 8단계로 구성되어 있다. 생명주기 모델과는 상반되게 이는 수행해야 하는 이론적인 서술로서 특정 소프트웨어 프로덕트가 개념 조사에서 시작해 최종 폐기까지의 일련의 실제 단계들을 해당 프로덕트의 **생명주기**라고 부른다. 실제로 소프트웨어 프로덕트의 생명주기의 페이즈들은 시간과 비용의 과다로 인해서 생명주기 모델에서 명시된 대로 정확하게 수행되지 않는다. 많은 소프트웨어 프로젝트들은 다른 이유들보다 시간 부족 때문에 잘못된다고 주장하고 있다[Brooks,1975].

1970년대 말까지 대부분의 조직은 소위 **폭포수 모델**(waterfall model)이라고 부르는 생명주기 모델로 소프트웨어를 개발해왔다. 이 모델에는 많은 변종이 존재하지만, 대체로 이 고전적 생명주기 모델을 사용해 개발되는 프로젝트는 그림 1.2처럼 여섯 개의 페이즈(six phase)로 개발되었다. 비록 이들 페이즈가 어떤 특정한 조직의 각 페이즈들과 정확하게 일치하지는 않지만, 이 책의 목적에 비추어볼 때 대부분의 애플리케이션에 충분히 근접해 있다. 유사하게 각 단계들의 정확한 이름도 조직마다 모두 다르다. 그러나 이 책에서 사용하는 여러 페이즈들의 이름은 가능한 한 독자들이 친숙할 수 있게 범용어를 선택했다. 이들 페이즈는 다음과 같다.

1. **요구사항 페이즈**(reqirement phase) : 요구사항 페이즈 동안에 개념이 조사되어 정제되고, 클라이언트의 요구사항들이 추출된다.
2. **분석(명세) 페이즈**(anaysis phase) : 클라이언트의 요구사항들이 분석되어 '이 프로덕트가 수행할 것이 무엇인지'를 **명세문서**(specification document)의 형태로 제시된다. 이 분석 페이즈는 때로는 **명세 페이즈**(specification phase)라고도 부른다. 이 페이즈가 문서로 작성되면 제안된 소프트웨어 개발을 세부적으로 서술하는 **소프트웨어 프로젝트 관리 계획**(software project management plan)이 작성된다.

그림 1.2
고전적 생명주기 모델의 여섯 단계

1. Requirements phase
2. Analysis (specification) phase
3. Design phase
4. Implementation phase
5. Postdelivery maintenance
6. Retirement

소프트웨어 공학에서 가장 폭 넓게 인용되는 결과 중 하나는 인도 후 유지보수 노력 중 수정적 유지보수가 17.4%, 적응적 유지보수가 18.2%, 완전적 유지보수가 60.3%, '기타'가 4.1%라는 점이다. 이 결과는 1978년에 발간된 논문에서 발췌한 내용이다[Lientz,Swanson,Tompkins,1978]

그러나 이 논문에 있는 결과는 유지보수 데이터에 관한 측정(measurement)으로 유도해낸 것은 아니다. 대신에 논문 저자들은 유지보수 매니저들에게 그들 조직에서 각 부류에 얼마나 많은 시간을 투여하는지를 추정해 달라고 요청하고 또 그들이 이 추정에 대해 확신하는 것을 조사해서 수행한 결과다. 특히 참여한 소프트웨어 유지보수 매니저들은 그들의 응답이 합당한 정확한 데이터(resonable accurate data), 최소한도의 데이터(mimimal data), 또는 데이터 없음(no data) 등 어느 것에 기반 했는지를 요청했다. 이 응답 중 49.3%는 합리적인 정확한 데이터에, 37.7%는 최소한의 데이터에, 8.7%는 데이터 없음에 기반 했다고 대답했다.

사실 어떤 응답도 조사에 내포된 유지보수의 각 부류에 투여한 시간에 관한 백분율을 '합당하고 정확한 데이터'인지 질문하는 것은 심각한 문제이다. 왜냐하면 이들 중 대부분은 '최소한도의 데이터'도 갖고 있지 않았다. 이 조사에서 참여자들은 유지보수의 백분율이 'emergency fixes' 또는 'routine debugging'과 같은 항목들이 무엇으로 구성되었는지 서술해 달라고 요청했다. 즉 원시정보(raw information)로부터 이것이 적응적, 수정적, 완전적 유지보수의 백분율인지를 추론해낸 것이다. 소프트웨어 공학은 1978년에 한 학문 분야로 인정받기 시작했기 때문에 소프트웨어 유지보수 매니저들이 본 조사의 응답에 필요한 당시의 세부적인 정보를 수집하는 데는 한계가 있었다. 오늘날 사용하는 용어로 보면 1978년의 모든 조직들은 CMM 1단계 정도였다(3.13절 참조).

그래서 1978년도를 보면 인도 후 유지보수 활동들의 실제 분포는 이 조사에 참여한 매니저들의 추정했던 것에 기초할 수밖에 없다. 당시의 유지보수 활동들의 분포는 오늘날과는 확연히 다르다. 예를 들면 Linux kernel[Schach et al.,2002]과 gcc compiler[Schach et al.,2003b]에 관한 실제 유지보수 데이터에 대한 결과들은 인도 후 유지보수의 수정적 유지보수는 본 조사의 17.4%와는 반대로 50%였다.

3. **설계 페이즈(design phase)** : 명세들은 설계 페이즈 동안에 두 개의 연속된 설계 프로세스를 거치게 된다. 이의 첫 번째 프로세스는 프로덕트가 **모듈(module)**이라고 부르는 컴포넌트들로 분리되는 아키텍처 설계(architectural design)이고, 두 번째 프로세스는 각 모듈이 세부적으로 설계된다. 이 프로세스를 상세 설계(detailed design)라고 부른다. 두 설계 프로세스의 결과로 나온 설계 문서(design document)들은 '프로덕트가 그것을 어떻게 수행하는지'를 서술한 것이다.

4. **구현 페이즈(implementation phase)** : 다양한 컴포넌트들이 각각 **코딩(coding)**되고 **테스팅(unit testing)**된다. 그런 후에 프로덕트의 컴포넌트(component)들은 통합되어 전체적으로 테스트된다. 이 프로세스를 **통합(integration)**이라고 부른다. 그리고 개발자들이 만족해하고 또 프로덕트의 기능들이 정확해지면 이때 클라이언트가 테스트를 수행한다. 이 테스트를 **승인 테스팅(acceptence testing)**이라고 부른다. 구현 페이즈는 프로덕트가 클라이언트에 의해 테스트 된 후 클라이언트의 컴퓨터에 설치될 때 종료된다(15장에서는 코딩과 통합은 병렬적으로 수행되어야 한다고 언급하고 있음).

5. **인도 후 유지보수 페이즈(postdelivery maintenance phase)** : 프로덕트는 개발한 테스크들을 수행하는 데 사용된다. 이 시기 동안에 **인도 후 유지보수**란 프로덕트가 인도되어 클라이언트의 컴퓨터에 설치된 후 승인 테스트를 통과한 직후부터 프로덕트를 변경하는 모든 변경 활동들을 포함한다. 인도 후 유지보수에는 명세를 변경할 필요가 없는 내재된 결함(fault)들을 제거하는

수정적 유지보수(corrective maintenance, 또는 software repair), 명세들에 대한 변경들과 이들 변경들에 대한 구현으로 구성된 **기능 향상**(enhancement, 또는 소프트웨어 갱신)이 포함된다. 이 기능 향상에는 두 가지 유형이 존재한다. 첫 번째는 추가 기능성이나 응답 시간의 감소처럼 클라이언트가 프로덕트의 효율성을 개선시키기 위한 변경을 **완전적 유지보수**(perfective maintenance)라고 부른다. 두 번째는 프로덕트가 새로운 하드웨어나 운영체제 또는 새로운 정부 규정과 같은 새로운 환경에서 운영되기 위한, 즉 변경된 운영환경에 적응시키기 위한 변경을 **적응적 유지보수**(adaptive maintenance)라고 부른다(인도 후 유지보수 활동에는 세 가지 유형이 있다. 이에 관한 사항은 '알고 싶은 사항 1.3' 참조).

6. **폐기**(retirement) : 폐기는 프로덕트가 서비스에서 제거시킬 때 발생한다. 즉 프로덕트가 제공하는 기능성이 더 이상 클라이언트의 조직에 사용될 필요가 없을 때 발생한다.

지금부터는 유지보수의 정의를 보다 구체적으로 학습한다.

1.3.1 유지보수의 고전적 그리고 현대적 견해

1970년대에 소프트웨어 프로덕션은 상이한 두 개의 활동인 개발과 유지보수가 순차적으로 수행되는 것으로 보았다. 즉 순차적으로 수행되는 개발 활동과 유지보수 활동으로 구성된 것으로 보았다. 처음부터 시작해서 소프트웨어 프로덕트가 개발된 후 클라이언트의 컴퓨터에 설치된다. 그런데 소프트웨어가 클라이언트의 컴퓨터에 설치되고 클라이언트의 승인을 받은 후 이 소프트웨어에 대한 변경은 잔여 결함을 해결하거나 기능성을 확장하는 것은 고전적 유지보수로 구성된 것이다 [EEE 610.12,1990]. 그래서 소프트웨어가 고전적으로 개발되는 과정은 **개발—유지보수 모델**(development-then maintenance model)이라고 부를 수 있다.

이는 **임시 정의**(temporal definition)이다. 즉 활동은 수행되는 시기에 따라 개발 또는 유지보수로 분류된다. 소프트웨어가 설치된 후에 소프트웨어에 있는 결함이 발견된 후 수정되었다고 가정하자. 정의에 의하면 이는 고전적 유지보수(classical maintenance)에 해당된다. 그러나 소프트웨어가 설치되기 전에 동일 결함이 발견되어 수정되었다면 이는 정의에 의하여 고전적 개발(classical development)이라고 부른다. 지금은 소프트웨어가 설치된 후에 클라이언트가 소프트웨어 프로덕트의 기능성을 향상시키기를 원한다고 가정하자. 고전적으로 이는 '완전적 유지보수'라고 부른다. 그러나 만약 클라이언트가 소프트웨어 프로덕트가 설치되기 바로 전에 어떤 변경을 원한다면 이는 고전적 개발이 된다. 다시 보면 이들 두 활동의 본질에는 차이가 그리 없지만 고전적으로 하나는 개발로, 다른 것은 완전적 유지보수로 간주된다.

이러한 불일치 이외에도 다음 두 개의 이유가 개발-유지보수 모델이 오늘날 비현실적이라는 것을 설명해준다.

1. 오늘날에는 프로덕트 구축에 일년 또는 그 이상이 소요되는 경우가 많다. 이 시간 동안에 클라이언트의 요구사항들은 자주 변경된다. 예를 들면 클라이언트는 프로덕트가 지금 고속 프로세서에 구현되어 바로 이용되기를 주장한다. 대안으로 클라이언트 조직은 개발이 진행 중에 있는 프로덕트가 Belgium용으로 확장되어서 Belgium에서 판매가 될 수 있게 수정시켜 달라고 주장한다. 요구사항들에서 변경이 소프트웨어 생명주기에 어떻게 영향을 미치는지를 알기 위해 설

ISO(International Organization for Standardization)는 가입국이 세계 147개국의 국가 표준연구소들이고, 사무국은 Switzerland 의 Geneva에 위치해 있는 국제 표준화기구이다. ISO는 사진 필름 속도(ISO 번호)에서부터 이 책에 제시된 많은 표준들에 이르기까지 국제적으로 승인된 13,500개 이상의 표준들을 발표했다. 예를 들어 ISO 9000은 3장에서 논의된다.

ISO는 각 단어의 첫 글자를 따서 만든 용어가 아니다. 이 용어는 'equal'을 의미하는 Greek 단어 ἴσος로부터 파생되었고, 영어 접두사인 iso-는 isotope, isobar, isosceles와 같은 단어들에서 발견된다. ISO는 'International Organization for Standardization'이란 이름이 다른 회원국들의 언어로 번역할 때 여러 약어로 되는 것을 회피하기 위해서 ISO라고 사용했다. 이렇게 한 것은 국제 표준화를 달성하기 위해 이 이름을 단일화시키도록 요구했다.

계가 개발 중일 때 클라이언의 요구사항이 변경되었다고 가정하자. 소프트웨어 공학팀은 개발을 중지하고 변경된 요구사항들을 반영하기 위해 명세문서를 수정해야 한다. 더욱이 만약 명세들에 대한 변경들이 이미 완료된 설계 부문들에 변경을 강요한다면 아주 잘된 설계를 수정할 필요가 있다. 즉 변경을 하게 되면 개발에도 변경이 가해진다. 다른 말로 표현하면 개발자들은 프로덕트가 설치되기 전에 '유지보수'를 수행해야 한다.

2. 고전적 개발-유지보수 모델이 갖는 두 번째 문제는 우리가 오늘날 소프트웨어를 구축하는 과정 때문에 야기된다. 고전적 소프트웨어 공학에서 개발의 특성은 개발팀이 대상 프로덕트를 처음부터 구축한다는 점이다. 반대로 오늘날에는 소프트웨어 프로덕션의 높은 비용으로 인해 개발자들은 가능한 한 구축할 소프트웨어 프로덕트에 기존의 소프트웨어 프로덕트들의 부문을 재사용하려고 한다(재사용에 관한 내용은 8장에서 구체적으로 논의됨). 그래서 개발-유지보수 모델은 오늘날 재사용이 확산되었기 때문에 부적합하다.

유지보수에 관한 보다 현실적인 과정은 ISO(International Organization for Standardization)와 IEC(International Electrotechnical Commission)가 발간한 표준 생명주기 프로세스에 제시되어 있다. 즉 유지보수는 '소프트웨어가 문제점이나 개선 또는 적응에 대한 필요 때문에 코드와 연관된 문서에 수정을 가할 때' 발생하는 프로세스라고 정의해놓았다[ISO/IEC 12207, 1995]. 이러한 **운영적 정의**(operational definition)에 의하면 유지보수는 결함을 해결하거나 요구사항들을 변경하거나 프로덕트의 설치 전이나 후에 발생하는 것을 무시할 때 야기된다. IEEE(Institute of Electrical and Electronics Engineers)와 EIA(Electronic Industries Alliance)는 IEEE 표준들이 ISO/IEC 12207의 승인을 받기 위해 수정할 때마다 이 정의[IEEE/EIA 12207.0-1996, 1998]를 계속 채택한다(ISO에 대한 사항은 '알고 싶은 사항 1.4' 참조).

이 책에서 **인도 후 유지보수**라는 정의는 소프트웨어가 인도되어 클라이언트의 컴퓨터에 설치된 후에 소프트웨어에 대한 어떤 변경이라고 1990 IEEE 정의에 언급되어 있지만, **현대적 유지보수**(modern maintenance) 또는 단순히 **유지보수**(maintenance)라는 정의는 언제나 수행되는 수정적, 완전적, 적응적 활동들이라고 1995 ISO/IEC에 정의되어 있다. 인도 후 유지보수는 (현대적)유지보수의 한부분에 해당된다.

1.3.2 인도 후 유지보수의 중요성

사람들은 단지 잘못된 소프트웨어만 인도 후 유지보수가 필요하다고 말한다. 하지만 사실은 그 반대다. 잘못된 프로그램은 폐기시키지만 좋은 프로그램은 10년, 15년, 혹은 20년 동안 보수되면서 기능이 강화된다. 더욱이 소프트웨어 프로덕트는 실세계를 모형화시킨 것인데 실세계는 계속해서 변화된다. 그래서 소프트웨어도 계속 실세계를 정확하게 반영하기 위해 계속 유지보수가 되어야 한다.

실례로 판매 시 판매세율이 6%에서 7%로 변경되었다면 구매와 판매를 처리하는 거의 모든 소프트웨어 프로덕트가 변경되어야 한다. 이 프로덕트에는 다음과 같이 salesTax가 유동소수점 상수 6.0이 초기화 되어 있는 C++와 Java 문장이 있다고 가정하자.

C++ 문: **const float** salesTax = 6.0

Java 문: **Public static final float** salesTax = **(float)** 6.0;

이 경우에 유지보수는 상대적으로 단순하다. 텍스트 편집기(text editor)를 사용해서 값 6.0을 7.0으로 변경하고 이 코드를 다시 컴파일시켜 링크 하면 된다. 하지만 만약 salesTax라는 이름을 사용하지 않고 프로덕트 내에서 판매세율이 필요할 때마다 실제 값 6.0을 사용하면, 프로덕트는 유지보수하기가 매우 어렵게 된다. 예를 들어 소스 코드에서 값 6.0이 나타날 때마다 이 값을 7.0으로 변경해도 그냥 빠트릴 수가 있고, 또 값 6.0이 판매세율을 의미하지 않는 경우에도 7.0으로 변경시킬 수가 있다. 이러한 잘못을 발견하는 것은 매우 힘들고 많은 시간이 소요된다. 사실 몇몇 소프트웨어의 경우 장기적으로 볼 때 많은 상수 중에서 어떤 것을 변경시켜야 하는지 그리고 어떻게 변경시켜야 하는지를 결정하기보다는 아예 소프트웨어를 폐기시키고 다시 코딩 하는 것이 비용이 더 적게 들 수 있다.

실시간 세계는 계속 변한다. 즉 제트 전투기가 탑재하고 있는 미사일은 새 모델로 대치될 수 있어 관련된 무기 통제 컴포넌트에 대한 변경이 요구될 수 있다. 통상 4기통 엔진 자동차를 선택 사양으로 6기통 엔진으로 변경한다는 것은 연료 분사 시스템, 타이밍 등을 제어하는 내장 컴퓨터를 변경시키는 것을 의미한다.

그렇다면 인도 후 유지보수에는 얼마나 많은 시간(돈)을 투자해야 하는가? 그림 1.3(a)에 있는 파이 차트는 약 40년 전에도 전체 소프트웨어 비용의 약 2/3는 인도 후 유지보수에 소요되는 것을 보여준다. 이 데이터는 [Elshoff, 1976; Daly, 1977; Zelkowitz, Shaw, Gannon, 1979; Boehm, 1981] 등을 포함한 많은 출처로부터 정보를 입수해 평균화시켜 작성한 것이다. 보다 새로운 데이터는 보다 많은 부분이 인도 후 유지보수에 투여되는 사실을 보여준다. 많은 조직들은 그림 1.3(b)에서 보여준 것처럼 그들의 소프트웨어 예산 중 70-80% 이상을 인도 후 유지보수에 투입한다 [Yourdon, 1992; Hatton, 1998]. 놀랍게도 고전적 개발 페이즈의 평균비율은 거의 변하지 않았다. 이러한 사실은 그림 1.3(a)을 유도하는 데 사용된 데이터와 132개의 Hewlett-Packard 프로젝트들 [Grady, 1994]에 관한 최근 데이터를 비교해놓은 그림 1.4를 보면 알 수 있다.

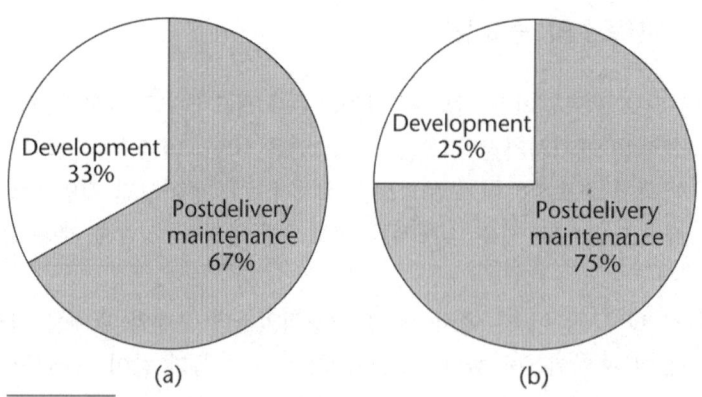

그림 1.3 (a)는 1976년과 1981년, (b)는 1992년과 1998년 사이의 개발과 인도 후 유지보수의 개략적인 평균 비용 백분율

	Various Projects between 1976 and 1981	132 More Recent Hewlett-Packard Projects
Requirements and analysis (specification) phases	21%	18%
Design phase	18	19
Implementation phase		
Coding (including unit testing)	36	34
Integration	24	29

그림 1.4 1976년과 1981년 사이에 수행한 다양한 프로젝트들과 Hewlett-Packard사의 최근 132개 프로젝트들을 고전적 개발 페이즈로 개발했을 때 소요된 개략적인 평균 비용률의 비교

다시 현재 코딩 기법 CT_{old}를 사용하고 있지만 코딩 시간의 10%를 감소시켜주는 CT_{new}를 학습하는 소프트웨어 조직을 고려해보자. 비록 CT_{new}가 유지보수에 악영향을 끼치지는 않지만, 통찰력이 있는 소프트웨어 매니저는 코딩 관습을 변경시키기 전에 두 번은 심사숙고할 것이다. 즉 전체 기술진이 재훈련을 받아야 되고, 새로운 소프트웨어 툴을 구매해야 되고, 또 새로운 기법에 경험이 있는 기술진을 추가로 고용해야 한다. 이러한 모든 비용과 혼란으로 인해 소프트웨어 비용에서 기껏 0.85%의 감소만 갖게 된다. 왜냐하면 그림 1.3(b)와 1.4에서 보여주듯이 단위 테스팅을 포함해 코딩에 투입되는 비율은 평균적으로 개발 25% 중 단지 34% 만 또는 전체 소프트웨어 비용의 8.5%만을 점유하기 때문에 그렇다.

지금 인도 후 유지보수 비용을 10% 감소시키는 새로운 기법이 개발되었다고 가정하자. 평균적으로 이 기법이 전체 비용의 7.57%를 감소시킬 수 있기 때문에 아마도 이 기법은 즉시 도입될 것이다. 이 기법으로 변경하는 데 관련된 부담(overhead)은 전체 비용을 크게 절감하는 데 비하면 아주 작은 비용이다.

인도 후 유지보수는 매우 중요하기 때문에 소프트웨어 공학의 주요 측면은 인도 후 유지보수 비용을 절감시켜주는 기법, 툴, 실무들로 구성된다.

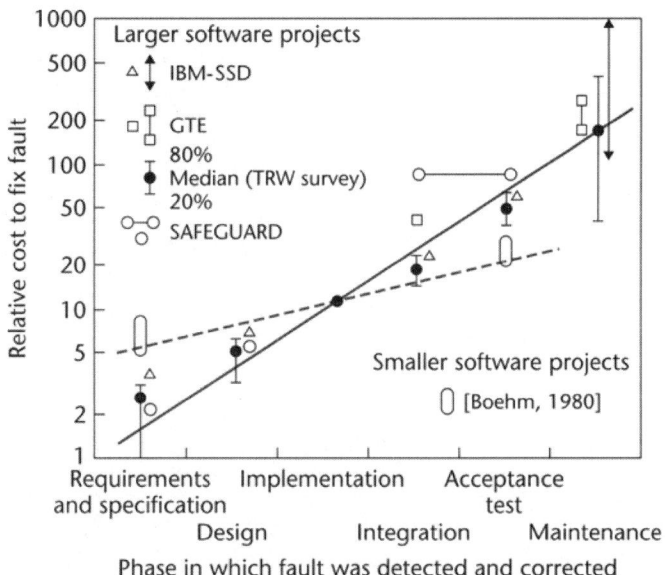

그림 1.5 고전적 소프트웨어 생명주기의 각 페이즈에서 결함을 수정하는 데 드는 관련 비용. 실선은 대규모 소프트웨어 프로젝트들에 가장 적합하고, 점선은 소규모 소프트웨어 프로젝트들에 가장 적합하다(Barry Boehm, Software Engineering Economics, 1981, p. 40. Adapted by permission of Prentice Hall, Inc., Englewood Cliffs, NJ).

1.4
요구사항, 분석, 설계 측면

SOFTWARE

소프트웨어 전문가들도 인간이기 때문에 프로덕트를 개발하는 동안 가끔 실수를 한다. 그 결과로 소프트웨어에 결함이 존재하게 된다. 그런데 만약 실수가 요구사항을 추출하는 동안에 발생했다면, 그 결과로 발생한 결함은 주로 명세, 설계, 코드 내에 나타나게 된다. 그래서 결함은 초기에 수정하면 할수록 더욱 좋다.

고전적 소프트웨어 생명주기의 각 페이즈에서 결함을 해결하는 데 소요되는 관련 비용은 그림 1.5에 제시되어 있다[Boehm, 1981]. 이 그림은 IBM[Fagan, 1974], GTE[Daly, 1977], Safeguard 프로젝트[Stephenson, 1976], 몇 개의 소규모 TRW 프로젝트[Boehm, 1980] 등에서 나온 데이터를 보여준 것이다. 그림 1.5에서 실선은 대규모 프로젝트들에 관련된 데이터에 가장 적합하고, 점선은 보다 소규모 프로젝트들에 적합하다. 고전적 소프트웨어 생명주기의 각 페이즈에 대한 결함을 발견하고 수정하는 데 소요되는 관련 비용은 그림 1.6에 제시되어 있다. 그림 1.6에 있는 실선의 각 단계는 그림 1.5의 실선에 해당하는 점과 직선상의 데이터를 좌표로 작성해서 만든 것이다.

설계 페이즈 동안에 어떤 결함을 발견하고 수정하는 데 $40의 비용이 든다고 가정하자. 그림 1.6의 실선으로(1974년과 1984년 사이의 프로젝트들) 유추해보면, 동일한 결함을 분석 페이즈 동

그림 1.6

실선은 그림 1.5의
실선과 수평으로
만나는 점을
의미한다. 점선은
새로운 데이터를
나타낸다.

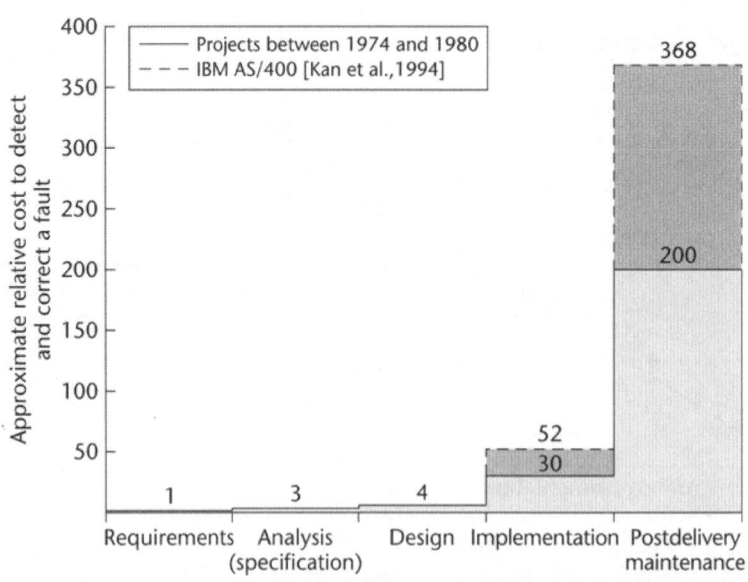

안에 해결하는 데 단지 약 $30만 필요하다. 하지만 인도 후 유지보수 동안에 결함을 발견하고 수정하는 데는 약 $2,000이 소요된다. 최근 데이터들은 초기에 결함을 발견하는 것이 현재에는 가장 중요하다는 것을 보여준다. 그림 1.6의 점선은 IBM AS/400용 시스템 소프트웨어의 개발 동안에 결함을 발견하고 수정하는 데 소요되는 비용을 보여준다[Kan et al., 1994]. 평균해서, 동일한 결함이 AS/400 소프트웨어의 인도 후 유지보수 동안에 수정하는 데 소용되는 비용은 $3,680이 필요하다.

결함을 수정하는 데 필요한 비용이 이렇게 가파르게 상승하는 이유는 결함 수정 시 수행하는 일과 관련이 있다. 개발 생명주기의 초기에 해당 프로덕트는 실제로 단지 문서상으로만 존재하기 때문에 결함을 수정하는 것은 단순히 문서만 변경시키는 것을 의미한다. 그러나 이미 클라이언트에게 전달된 프로덕트는 또 다른 극단적인 예가 된다. 이 시기에 결함을 수정하는 것은 코드를 편집하고, 이를 재컴파일시켜 링크하고, 이를 다시 구체적으로 테스팅 하는 것을 의미한다. 그 다음에 이런 변경이 프로덕트의 다른 부분에 새로운 문제를 야기하지 않는지 점검(check)하는 것이 중요하다. 이때 매뉴얼을 포함한 모든 문서도 갱신되어야 된다. 끝으로 수정된 프로덕트는 반드시 인도되어 설치되어야 한다. 이 이야기의 교훈은 다음과 같다. 우리는 반드시 결함을 빠른 시간 내에 발견해야 한다. 그렇지 않으면 비용이 많이 든다. 그러므로 우리는 요구사항과 분석(명세) 페이즈 동안에 결함들을 발견하는 기법을 갖고 있어야 한다.

이러한 기법이 필요한 이유가 또 있다. 연구 결과에 의하면 [Boehm, 1979], 대규모 프로젝트들에서 발견된 모든 결함의 약 60%에서 70%가 요구사항, 분석, 설계 결함들이었다. 인스펙션(inspection, 일명 검사)들에서 나온 새로운 결과에도 요구사항, 분석, 설계 결함들이 많다는 것이 발견되었다(인스펙션은 6.2.3절의 서술처럼 팀이 문서들을 주의 깊게 조사하는 것). 예로 제트추진연구소(Jet Propulsion Laboratory)에서 사용 중인 NASA 무인 행성 간 우주 프로그램(unmanned interplanetary space program)용 소프트웨어 203건을 정밀 조사한 결과 평균적으로 명세문서는 한 페이지 당 1.9개의 결함이, 설계는 한 페이지 당 0.9개의 결함이 발견되었고, 코드에는 한 페이지 당 단지 0.3개의 결함만이 발견되었다[Kelly, Sherif, Hops, 1992].

그러므로 우리는 가능한 한 초기에 결함이 발견될 수 있게 그리고 요구사항, 분석, 설계 결함들이 모든 결함 중 상당부분을 차지하기 때문에 요구사항, 분석, 설계 기법들을 개선시키는 게 중요하다. 1.3 절의 예에서 볼 수 있듯이 인도 후 유지보수 비용을 10% 절감시키는 것은 전체 비용을 거의 7% 정도 감소시키고, 요구사항, 분석, 설계 결함들의 10% 감소는 전체 총 결함의 6%에서 7% 정도를 감소시킨다.

많은 결함들이 소프트웨어 생명주기의 초기에 반입된다는 사실은 소프트웨어 공학의 또 다른 중요한 측면이다. 그래서 보다 좋은 요구사항, 분석, 설계들을 만들어내는 기법이 중요하다는 것을 알려준다. 대부분의 소프트웨어는 개발과 유지보수 생명주기의 모든 측면을 한 명의 개발자가 담당하는 것이 아니라 소프트웨어 엔지니어들로 구성된 팀이 담당한다. 지금부터는 이 의미를 학습한다.

1.5
팀 개발 측면

SOFT WARE

하드웨어의 비용은 급격히 하락하고 있다. 1950년대에 주축을 이룬 메인프레임 컴퓨터(mainframe computer)는 가격이 백만 불 이상이었지만 오늘날 $1,000 정도 가는 랩톱 컴퓨터(laptop computer) 보다 모든 면에서 성능은 그 이하였다. 결과적으로 조직들은 대형 프로덕트들을 실행할 수 있는 하드웨어를 제공받을 수 있게 되었다. 즉 대형 프로덕트란 프로덕트가 너무 커서(또는 너무 복잡해서) 허용된 시간 제약 내에 한 사람이 구현할 수 없는 규모의 프로덕트를 말한다. 예를 들어 만약 어떤 프로덕트가 18개월 내에 인도해야 되는데 한 명의 프로그래머가 15년간 개발해야 된다면 반드시 팀을 구성해서 개발해야 한다. 하지만 팀 개발은 코드 컴포넌트(code component)들 간의 인터페이스 문제와 팀 멤버들 간의 커뮤니케이션 문제를 야기한다.

예를 들어 Jeff와 Juliet이 각각 모듈 p와 q를 작성하고 있다. 여기서 모듈 p는 모듈 q를 호출한다고 가정하자. Jeff가 p를 코딩할 때 그는 인수 리스트에 5개의 인수를 사용해 모듈 q를 호출하도록 작성했다. Juliet도 모듈 q가 5개의 인수를 갖도록 작성했지만, Jeff와는 다른 순서로 작성했다. Java 인터프리터(interpreter)와 로더(loader), C의 lint(8.11.4절)와 같은 몇몇 소프트웨어 툴은 이러한 타입 위반(type violation)을 발견해낸다. 하지만 이러한 툴도 단지 사용되는 인수들의 타입이 다를 때만 가능하다. 만약 인수들이 같은 타입이라면 그 문제가 발견되는 데 오랜 시간이 걸린다. 이것은 설계 문제이고, 만약 그 모듈이 보다 세심하게 설계되었다면 이러한 문제는 발생하지 않는다. 이것은 사실이다. 하지만 실제로 설계가 코딩이 시작된 후에 변경되는 경우가 종종 발생하고 때로는 변경에 대한 통지문이 개발 팀의 모든 멤버에게 전달되지 않는 경우가 있다. 그래서 두 명 이상의 프로그래머에 영향을 미치는 설계가 변경될 경우, 커뮤니케이션이 원활하지 않으면 Jeff와 Juliet의 문제와 같은 인터페이스 문제가 발생할 수 있다. 이러한 유형의 문제는 대규모 프로그램을 수행할 수 있는 고성능 컴퓨터가 사용되기 이전에 그랬듯이 한 명의 개발자가 프로덕트의 모든 것을 책임질 경우에는 발생하지 않는다.

하지만 인터페이싱 문제(interfacing problem)는 소프트웨어를 팀으로 개발할 때 발생할 수 있는 문제 중 빙산의 일각에 불과하다. 만약 팀이 적합하게 조직되지 않았다면, 극단적으로 많은 시간이 팀 멤버들 간의 회의에 소비된다. 어떤 프로덕트를 한 명의 개발자가 1년 만에 완성했다고 가정하자. 만약 같은 작업에 세 명의 프로그래머들로 구성된 팀이 수행한다면 그 작업을 완성하는데 소요되는 시간은 2개월이 아니라 거의 1년에 가까운 시간이 걸리고, 그 결과로 생성되는 코드의 품질도 해당 작업을 한 명이 수행했을 때보다 더 나쁠 수가 있다(4.1절 참조). 오늘날 소프트웨어의 상당 부분은 팀으로 개발하기 때문에 소프트웨어 공학의 영역에는 반드시 팀을 조직하고 관리하는 기법이 포함되어야 한다.

앞 절에서 보았듯이 소프트웨어 공학의 영역은 매우 넓다. 소프트웨어 공학은 요구사항에서 폐기에 이르는 소프트웨어 생명주기상의 모든 단계를 포함한다. 소프트웨어 공학에는 또한 팀 조직과 같은 인적 특성, 경제적인 특성, 저작권법 같은 법률적인 특성들도 포함된다. 이러한 모든 특성은 이 장의 서론 부분에서 제시된 소프트웨어 공학의 정의에 묵시적으로 포함되어 있다. 다시 말하면 소프트웨어 공학이란 계약한 날짜에 인도되고, 주어진 예산 내에서 개발되고, 사용자의 니즈를 만족시키는 결함이 없는 소프트웨어의 프로덕션을 목적으로 하는 학문이다.

지금부터는 그림 1.2에 있는 고전적 페이즈에 '왜 계획수립(planning), 테스팅(testing), 문서화(documentation) 페이즈가 없는지를 학습한다.

1.6
계획수립 페이즈가 없는 이유

SOFTWARE

계획 없이 소프트웨어 프로젝트를 개발하는 것은 거의 불가능하다. 따라서 프로젝트의 시점에는 **계획수립 페이즈(planning phase)**가 꼭 있어야 한다.

핵심은 개발하려고 하는 것이 무엇인지 정확하게 알지 못하면 정확한 세부계획을 수립할 방안이 없다. 그래서 소프트웨어 프로젝트를 고전적 패러다임을 사용해 개발할 때는 다음과 같이 세 가지 유형의 계획수립 활동이 시행된다.

1. 프로젝트 시점에 예비 계획수립(preliminary planning)은 요구사항과 분석 페이즈들을 관리하기 위해 시행된다.
2. 개발하려고 하는 것이 무엇인지를 정확하게 알게 되면 SPMP(software project management plan)가 작성된다. 이 SPMP에는 예산(buget), 기술진 요구사항(staffing requirement), 세부 일정(detailed schedule)등이 포함된다. 이 프로젝트 관리 계획을 작성할 할 수 있는 시기는 명세문서가 분석 페이즈의 후반부에 클라이언트의 승인을 받았을 때이다. 이때까지의 계획수립은 예비적이고 부분적이다.
3. 프로젝트가 시행되면 관리자는 SPMP를 모니터하고 계획과 얼마나 편차가 나는지를 감시할 필요가 있다.

예를 들면 특정 프로젝트에 대한 SPMP에 프로젝트는 전체 16개월이 소요되고, 이중 설계 페이즈에 4개월이 소요된다고 서술되었다고 가정하자. 일 년 후 관리자는 프로젝트가 전체적으로 예상했던 것보다 아주 많이 늦게 진행되는 것을 통보 받았다. 정밀 조사 결과 설계 페이즈에 8개월이 소요되어 아직도 완료되지 않았다는 것이다. 이 프로젝트는 가능하면 취소해야 되고, 기일이 지나서 자금만 낭비하게 되었다. 대신에 관리자는 거의 2개월 간 페이즈 별로 진행을 추적한 결과 설계 페이즈에 심각한 문제가 있는 것을 알게 되었다. 이 당시에 의사결정은 이를 어떻게 처리하는 게 최선인지를 결정하는 것이다. 이런 상황에서 통상적인 초기 대처는 이 프로젝트가 타당한지 그리고 설계팀이 이 태스크를 수행할 능력이 있는지 아니면 위험만 있는지 결정해 달라고 컨설턴트에게 요청하는 것이다. 컨설턴트의 보고에 기초해서 여러 대안들이 고려된다. 이 대안들에는 대상 프로덕트의 범위를 축소시켜 모호성을 제거하여 설계하고 구현하는 것이다. 만약 모든 대안이 작업할 수 없는 것으로 판정되면 이 프로젝트는 취소된다. 특정 프로젝트인 경우 이 취소는 만약 관리자가 초기에 계획을 면밀하게 점검(check)했다면 상당한 자금을 절약시키면서 6개월 전에 조치를 취했을 것이다.

결론적으로 독립된 계획수립 페이즈는 없다. 대신에 계획수립 활동들은 생명주기 전체에서 시행된다. 그러나 계획수립 활동들은 시간상 우선 시행된다. 그래서 이들은 프로젝트의 시점(예비 계획수립)과 명세문서가 클라이언트의 서명을 받은 직후가 된다(SPMP).

1.7
테스팅 페이즈가 없는 이유

SOFTWARE

소프트웨어 프로덕트는 개발된 후에 세밀하게 점검을 받아야 된다. 따라서 프로덕트가 구현된 후 테스팅 페이즈(testing phase)가 없는지를 질문하는 것은 당연하다.

불행하게도 소프트웨어 프로덕트가 클라이언트에 인도된 후에 이를 점검하는 것은 너무 늦다. 실례로 만약 명세문서에 결함이 있다면 이 결함은 설계와 구현에 전이된다. 그래서 테스팅은 전체 다른 활동들보다 우선적으로 시행이 되어야 한다. 이것은 각 페이즈의 끝에 시행되는 **검증**(verification)과 프로덕트가 클라이언트에게 인도되기 전에 시행되는 **확인**(validation)이 있다. 비록 테스팅이 시간상 우선 시행된다 할지라도 테스팅이 없이 수행되는 것은 없다. 만약 테스팅이 독립된 **테스팅 페이즈**로 취급되면 테스팅이 프로덕트 개발과 유지보수 프로세스의 모든 페이즈에 일관되게 수행되지 않아 아주 위험하게 된다.

그러나 이 설명으로는 충분하지 않다. 필요한 것은 소프트웨어 프로덕트의 연속적인 체킹(checking, 점검하는 것)이다. 세밀한 점검은 모든 소프트웨어 개발과 유지보수 활동에 자동으로 수반된다. 독립된 테스팅 페이즈가 소프트웨어 프로덕트에 항상 결함이 없다고 확인해주는 것은 목표에 상반된다.

모든 소프트웨어 개발 조직은 인도된 프로덕트가 클라이언트에 필요한 것이 무엇인지 또 프로덕트가 모든 면에서 정확하게 구축되었는지를 주로 담당하는 독립된 그룹을 갖고 있다. 이 그룹을 SQA(Software Quality Assurance, 소프트웨어 품질 보증)그룹이라고 부른다. 소프트웨어의 **품질** (quality)이란 소프트웨어의 명세를 만족한 수준이다. 품질과 소프트웨어 품질보증에 관한 사항은 6장에 구체적으로 서술되어 있다. 특히 SQA의 역할을 중심으로 서술되어 있다.

1.8
문서화 페이즈가 없는 이유

SOFTWARE

독립된 계획수립 페이즈나 테스팅 페이즈가 없듯이 독립된 **문서화 페이즈**(documentation phase)도 없다. 반대로 항상 소프트웨어 프로젝트의 문서는 완성되고, 수정되고, 최신의 것으로 갱신되어야 한다. 실례로 분석 페이즈 동안에 명세문서는 명세의 현재 버전이 반영되어야 하고 또 다른 페이즈들도 마찬가지로 되어야 한다.

1. 문서화가 항상 최신의 것으로 해야 되는 이유는 소프트웨어 산업에서는 담당자가 이직하는 경우가 너무 많다. 예로 설계 문서가 현재 보존되지 않고 주 설계자가 다른 직장으로 이직했다고 가정해 보자. 시스템이 설계된 동안에 가해진 모든 변경을 설계 문서에 반영시키는 것은 거의 불가능해진다.
2. 이전 페이즈의 문서화를 완성하고, 수정하고, 최신의 것으로 갱신하지 않으면 해당 페이즈의 단계를 수행하는 것은 거의 불가능하다. 실례로 불완전한 명세문서들은 불완전한 설계가 되어 불완전한 구현을 만들게 된다.
3. 소프트웨어 프로덕트가 어떻게 수행되는지를 설명한 문서를 이용할 수 없다면 소프트웨어 프로덕트가 정확하게 작업을 하는지를 테스트 할 길이 없다.
4. 프로덕트의 현재 버전이 무엇을 수행하는지 명확하게 서술해놓은 완전하고 명확한 문서가 없으면 유지보수 자체가 불가능해진다.

그러므로 독립된 계획수립 페이즈나 테스팅 페이즈가 없듯이 독립된 문서화 페이즈도 없다. 대신에 계획수립, 테스팅, 문서화 페이즈는 소프트웨어 프로덕트를 구축하는 데 모든 다른 활동들과 더불어 꼭 있어야 하는 활동들이다.

지금부터는 객체-지향 패러다임을 학습한다.

1.9
객체-지향 패러다임

1975년 이전에 대부분의 소프트웨어 조직들은 어떤 특정한 기법들을 사용하지 않고 각자 자신이 갖고 있는 방법을 사용했다. 비약적인 발전은 대략 1975년과 1985년 사이에 출현한 **구조적 또는 고전적 패러다임**(structured or classical paradigm)이라는 기법의 등장이었다. 고전적 패러다임을 구성하는 기법들에는 구조적 시스템 분석(12.3절), 데이터 흐름 분석(14.3절), 구조적 프로그래밍, 구조적 테스팅(15.13.2절)등이 포함된다. 처음에 이 기법이 사용될 때는 모든 것을 만족시킬 수 있다고 보았다. 하지만 시간이 경과하자 이 기법이 두 가지 면에서 성공적이지 못한 사실이 다음과 같이 증명되었다.

1. 이 기법들은 소프트웨어 프로덕트의 규모(size)가 증가하는 경우에는 대처하지 못했다. 즉 고전적 기법들은 코드가 5,000라인 정도인 소규모 프로덕트들이나 코드가 50,000라인 정도인 중간 규모인 프로덕트를 처리할 때는 적절했다. 그러나 오늘날에는 코드가 500,000라인 정도인 대규모 프로덕트도 상당히 많다. 심지어 코드가 5,000,000 또는 그 이상의 라인을 갖는 프로덕트도 자주 있다. 그래서 이 고전적 기법들은 오늘날의 대규모 프로덕트를 개발하는 데 충분히 처리할 수 없다고 판명되었다.
2. 이 고전적 패러다임은 인도 후 유지보수 동안에 초기 기대를 지속시키지 못했다. 지난 40년 동안 고전적 패러다임의 개발 이면에 숨어있는 주된 추진력은 평균적으로 소프트웨어 예산의 약 2/3가 인도 후 유지보수에 투입된다는 것이었다(그림 1.3 참조). 하지만 불행하게도 고전적 패러다임은 이 문제를 해결하지 못했다. 1.3.2절에서 지적했듯이 여전히 많은 조직들이 그들의 노력과 비용의 80%까지 유지보수에 소비하였다[Yourdon, 1996; Hatton,1998].

고전적 패러다임이 일부만 성공한 이유는 고전적 기법들이 오퍼레이션 중심(operation oriented)이거나 또는 속성 중심(attribute oriented)이었기에, 아니면 두 가지 모두에 중심을 두지 않았기 때문이다. 소프트웨어의 가장 기본이 되는 컴포넌트는 프로덕트의 오퍼레이션들과 이들 오퍼레이션 상에 수행하는 속성들이다. 예를 들어 determine_ average_height는 높이의 집합체(속성들)상에서 작동하는 오퍼레이션이고 이는 높이들의 평균(속성)을 반환한다. 데이터 흐름 분석(data flow analysis, DFA)(14.3절)과 같은 몇몇 고전적 기법들은 오퍼레이션 중심이다. 즉 이러한 기법들은 프로덕트의 오퍼레이션에 집중되어 있다. 그래서 속성들은 두 번째로 중요하다. 반대로 잭슨 시스템 개발(Jackson System Development, 14.5절)과 같은 기법들은 속성 중심이다. 여기에서 강조되는 것은 속성들이다. 그래서 속성들 상에서 작동하는 오퍼레이션들은 그렇게 중요하게 여기지 않는다.

이와 반대로 객체-지향 패러다임(object-oriented paradigm)은 오퍼레이션과 속성을 모두 동일한 중요도로 고려한다. 즉 객체를 찾는 가장 간단한 방법은 속성들과 그 속성들 상에 작동하는 오퍼레이션들을 통합시킨 소프트웨어 컴포넌트로 간주한다[**산출물**(artifact)은 명세문서, 코드모듈, 또는 매뉴얼과 같은 소프트웨어 프로덕트의 컴포넌트임]. 이 정의는 불완전하지만, 이 책의 뒷부

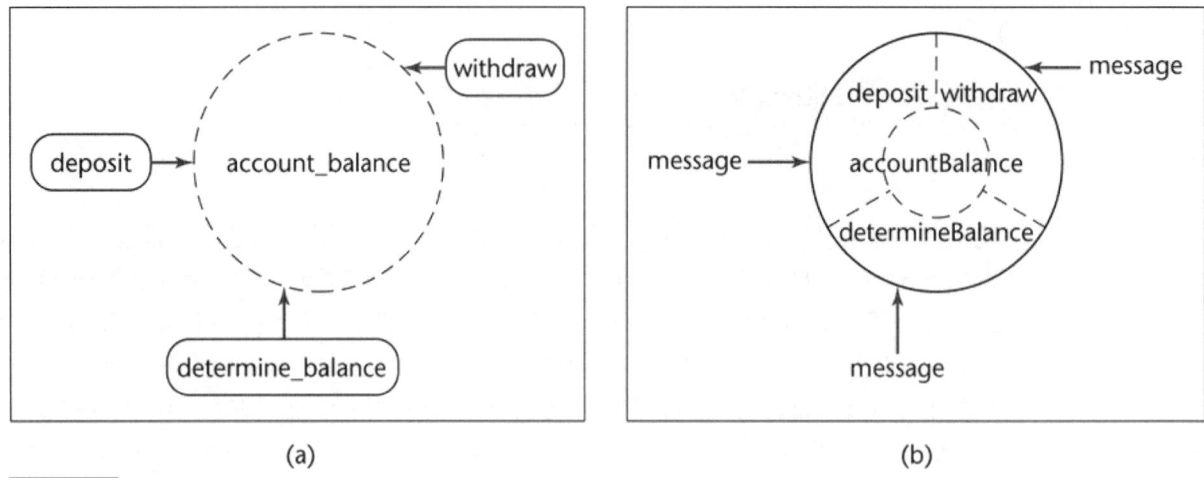

(a)   (b)

그림 1.7 (a) 고전적 패러다임을 사용하는 경우와 (b) 객체–지향 패러다임을 사용하는 경우의 은행 예금계좌 구현에 대한 비교. 객체를 둘러싸고 있는 굵은 실선은 account balance가 어떤 방법으로 구현되었는지에 대한 세부적인 내용이 객체의 외부에 알려지지 않는다는 것을 상징함.

분에서 먼저 **상속성**(inheritance)이 정의된 후(7.8절) 보다 구체적으로 정의된다. 그럼에도 불구하고 이 정의는 객체의 본질에 관한 사항을 많이 내포하고 있다.

은행 예금계좌는 객체의 한 예이다(그림 1.7 참조). 객체의 속성 컴포넌트는 accountBalance이다. 그리고 예금 잔액에 작동할 수 있는 오퍼레이션 deposit money, withdraw money, determineBalance를 포함한다. 은행 예금계좌 객체는 속성과 그 속성상에 작동하는 세 가지 오퍼레이션을 하나의 단위(single artifact)로 결합시킨 것이다. 고전적 패러다임 관점에서 볼 때, 프로덕트는 속성 account_balance와 세 가지 오퍼레이션 deposit, withdraw, determine_balance로 구체화 되어야 한다.

지금까지는 위의 두 가지 접근법에 큰 차이가 없는 것처럼 보인다. 하지만 중요한 점은 객체가 구현되는 방법에 있다. 특히 객체의 속성들이 어떤 방법으로 저장되는지에 대한 세부적인 내용은 객체의 외부에 전혀 알려지지 않는다. 이것이 '정보 은닉(information hiding)'의 한 예로 7.6절에서 보다 구체적으로 제시된다. 그림 1.7(b)에 있는 은행 예금계좌의 경우에, 소프트웨어 프로덕트의 나머지 부분들은 은행 예금계좌 객체 안에 잔액과 같은 사항이 있다는 것을 알고 있지만 accountBalance의 형식에 대해서는 전혀 알지 못한다. 즉, 객체의 외부에 account balance가 정수로 구현되었는지 혹은 실수로 구현되었는지 또는 큰 구조체의 한 필드인지에 대한 정보가 전혀 알려지지 않는다. 객체를 둘러싸고 있는 이러한 정보의 장막은 그림 1.7(b)에서 굵은 실선으로 표현되며 객체-지향 패러다임으로 구현한 것을 나타낸다. 반대로 그림 1.7(a)에서는 account_balance에 대한 모든 세부적 사항이 구조적 패러다임을 사용하여 구현된 모듈들에 알려지기 때문에 즉, account_balance를 둘러싸고 있는 점선이 존재하기에 account_balance의 값은 모든 모듈에 의해서 변경될 수 있다.

객체-지향 구현을 그림 1.7(b)로 고려해보자. 만약 고객이 예금구좌에 $10를 예금했다고 가정하면, 대응하는 객체의 메소드 deposit로 accountBalance 속성의 값을 10만큼 증가시키라는 메시지(message)가 전달된다[메소드(method)는 오퍼레이션의 수행을 의미]. 메소드 deposit는 은행 예금계좌 객체의 내부에 존재하며 accountBalance가 어떤 방법으로 구현되는지를 알고 있다. 이것은 객체 내의 점선으로 표시된다. 하지만 객체의 외부에 있는 모든 엔터티들은 이런 사실을 알고 있어야 할 이유가 없다. 그림 1.7(b)에 있는 세 개의 메소드들이 프로덕트의 나머지 부분으로부터 accountBalance를 보호한다는 사실은 정보의 지역화(localization of knowledge)로 상징된다. 구현의 세부 사항이 객체에 국한된다는 사실이 객체-지향 패러다임의 많은 강점 중에 하나다.

1. 인도 후 유지보수를 고려해보자. 우선 은행업무 프로덕트가 고전적 패러다임으로 구축되었다고 가정하자. 만약 account_balance를 나타내는 방법이 정수에서 어떤 구조체의 한 필드로 변경되었다면, account_balance와 관계 있는 모든 부분들이 변경되어야 하고, 이러한 변경은 반드시 일관성 있게 해야 된다. 반면에 객체-지향 패러다임을 사용했다면, 변경될 필요가 있는 부분은 단지 은행 예금 계좌 객체 자신의 내부로 한정된다. 프로덕트의 다른 부분에서는 accountBalance가 어떤 방법으로 구현되었는지에 대해 전혀 알고 있지 못하므로 다른 부분들은 accountBalance에 접근할 수 있다. 결과적으로 은행업무 프로덕트의 다른 부분들은 전혀 변경할 필요가 없다. 그런 이유로 객체-지향 패러다임은 유지보수를 보다 빠르고 쉽게 만들며, 또한 회귀 결함(regression fault, 즉 프로덕트의 어떤 부분에 명백하게 관계가 없는 변경을 가한 결과 프로덕트의 다른 부분에 결함이 발생할 수 있는 가능성)이 반입될 기회를 크게 감소시켜 준다.

2. 유지보수의 이점 이외에도 객체-지향 패러다임은 개발을 보다 쉽게 만들어준다. 많은 예에서 객체는 실세계의 대응물체(physical counterpart)를 갖고 있다. 예를 들어 은행 프로덕트의 은행 예금계좌 객체는 이 프로덕트가 구현하게 되는 은행의 실제 은행 예금계좌와 일치한다. 제2부에서 보겠지만, 모델링은 객체-지향 패러다임에서 매우 중요한 역할을 수행한다. 프로덕트에 있는 객체들과 실세계에 있는 대응체 간에 밀접한 대응은 보다 좋은 소프트웨어 개발을 촉진시킨다.

3. 잘 설계된 객체는 독립적인 단위가 된다. 앞에서 설명했듯이 객체는 속성들과 그 속성들 상에서 수행되는 오퍼레이션들로 구성된다. 만약 객체의 속성들을 수행하는 모든 오퍼레이션들이 해당 객체 안에 포함되어 있다면 그 객체는 개념적으로 독립된 엔터티(entity)로 간주된다. 이러한 객체들로 모델링 된 실세계의 한 부분과 관련된 모든 것은 객체 그 자체에서 발견될 수 있다. 이러한 개념적 독립성을 우리는 자주 **캡슐화**(encapsulation)라는 용어로 부른다(7.4절 참조). 하지만 이외에도 우리가 물리적 독립성이라고 부르는 또 다른 형태의 독립성이 존재한다. 잘 설계된 객체에서 정보은닉은 구현 세부 사항(implementation detail)을 객체의 외부와 격리시킨다. 허용되는 커뮤니케이션은 단지 객체가 어떤 특정한 동작을 수행하라는 메시지의 전송만이 허용된다. 이러한 이유로 객체-지향 설계를 때때로 responsibility−driven 설계[Wirfs-Brock, Wilkerson, Wiener, 1990]] 또는 design by contract(계약에 의한 설계)라고 부른다[Meyer, 1992] (responsibility-driven design의 다른 관점은 Budd[2002]의 예에서 유도한 '알고 싶은 사항 1.5' 참조). 캡슐화와 정보 은닉 둘 다를 찾는 다른 방법은 관심의 분리의 사례와 같다(5.4절 참고).

4. 고전적 패러다임을 사용해 구축한 프로덕트는 모듈들의 한 집합으로 구현된 것이라 본질적으로 하나의 단위가 된다. 이것이 고전적 패러다임을 대규모 프로덕트에 적용할 때 성공하기가 힘든 근본적인 이유가 된다. 반면에 객체-지향 패러다임이 정확하게 사용될 경우 그 결과로 나

알고 싶은 사항 1.5 Just in Case You wanted to Know

당신은 지금 New Orleans에 살고 있는데, Chicago시에 살고 있는 어머니께 Mother's Day에 부케(bouquet)를 보내기를 원한다. 한 가지 전략은 (WWW에서) Chicago의 모든 옐로우 페이지(yellow page)를 찾아서 상담한 후 어머님이 계신 아파트와 가장 가까운 곳에 있는 꽃가게에 배달해 달라고 결정하는 방법이다. 더 편리한 방법은 **1-800-flower.com**에 꽃을 주문하고, 꽃을 보내는 모든 책임을 회사에 넘기는 것이다. **1-800-flower.com**이 물리적으로 어디에 있는지, 또는 어떤 플로리스트가 당신의 주문을 받아 배달하는지는 무관하다. 아무튼, 회사는 그 정보를 누설하지 않는데, 이것은 정보은닉의 한 예이다.

정확히 같은 방법으로, 객체에 메시지를 언제 보내는지, 뿐만 아니라 요청을 어떻게 수행하는지는 완전히 상관없다. 그러나 메시지를 보내는 유닛 또한 개체의 내부 구조를 아는 것은 허락되지 않는다. 객체 그 자체는 메시지를 수행하는 것에 대한 모든 세부 사항에 대해 전적으로 책임이 있다.

온 프로덕트는 크기는 작고 매우 독립적인 많은 단위로 구성된다. 객체-지향 패러다임은 소프트웨어 프로덕트의 복잡도의 수준을 감소시키므로 개발과 유지보수를 보다 단순하게 만들어준다.

5. 객체-지향 패러다임은 재사용을 촉진시켜 준다. 즉 객체들은 독립된 엔터티들이기 때문에 일반적으로 다른 미래의 프로덕트들에서 활용될 수 있다(문제 1.17 참조). 객체들의 재사용은 8장에서 설명되듯이 개발과 유지보수 모두의 시간과 비용을 감소시켜준다.

객체-지향 패러다임이 사용될 경우 그림 1.2의 고전적 소프트웨어 생명주기는 수정되어야 한다. 그림 1.8은 고전적 패러다임과 객체-지향 패러다임의 소프트웨어 생명주기 모델을 비교해놓은 것이다.

둘 사이의 첫 번째 차이점은 용어적인 측면이다. 즉 고적전 패러다임에서는 **페이즈**란 용어를 사용하고 반면에 객체-지향 패러다임에서는 **워크플로**란 용어를 사용한다. 사실 2장에서 세부적으로 설명하겠지만 페이즈와 워크플로 간에 일치점은 없다. 반대로 이들 두 용어는 전체적으로 상이하고 이 상이점은 두 패러다임에 있는 생명주기 모델들 간의 차이점을 발췌한 것이다.

이 장에서는 고전적 패러다임에서 모듈들이 하는 역할과 객체-지향 패러다임에서 객체들이 하는 역할의 차이점을 학습한다. 즉 두 패러다임 간의 또 다른 차이점을 학습한다. 첫째로 고전적 패러다임의 설계 측면을 고려해 보자. 1.3절에서 언급했듯이 이 페이즈는 두 개의 서브페이즈(subphase) 즉 아키텍처 설계(architectural design)와 상세설계(detailed design)로 나누어지고, 순서

Classical Paradigm	Object-Oriented Paradigm
1. Requirements phase	1. Requirements workflow
2. Analysis (specification) phase	2. Object-oriented analysis workflow
3. Design phase	3. Object-oriented design workflow
4. Implementation phase	4. Object-oriented implementation workflow
5. Postdelivery maintenance	5. Postdelivery maintenance
6. Retirement	6. Retirement

그림 1.8 고전적 패러다임과 객체-지향 패러다임의 생명주기모델 비교.

Classical Paradigm	Object-Oriented Paradigm
2. Analysis (specification) phase • Determine what the product is to do	2. Object-oriented analysis workflow • Determine what the product is to do • Extract the classes
3. Design phase • Architectural design (extract the modules) • Detailed design	3. Object-oriented design workflow • Detailed design

4. Implementation phase
• Code the modules in an appropriate
  programming language
• Integrate
	4. Object-oriented implementation workflow
	• Code the classes in an appropriate
	  object-oriented programming language
	• Integrate

그림 1.9 고전적 패러다임과 객체-지향 패러다임 간의 차이점.

는 아키텍처 설계가 먼저 수행된 후 상세설계가 수행된다. 아키텍처 설계 서브페이즈에서 프로덕트는 **모듈**(modules)이라고 부르는 컴포넌트들로 분해된다.

그런 후에 상세 설계 서브페이즈 동안에 각 모듈의 데이터구조와 알고리즘들이 차례로 설계된다. 끝으로 구현 페이지 동안에 이러한 모듈들이 구현된다.

만약 객체-지향 패러다임이 사용된다면, 객체-지향 분석 워크플로의 단계 중 첫 번째는 클래스(class)들을 결정하는 것이다. 왜냐하면 일종의 모듈이기 때문에 아키텍처 설계는 객체-지향 분석 워크플로 시에 수행된다. 그 결과 객체-지향 분석은 고전적 패러다임에 대응하는 분석(명세)보다 더욱 구체적이다. 이러한 내용은 그림 1.9에서 보여준다.

두 패러다임 간의 이러한 차이점은 매우 상이한 결과를 만들어낸다. 고전적 패러다임이 사용될 경우, 거의 대부분 분석 페이즈와 설계 페이즈 간에 명확한 전이(transition)가 존재한다. 결국 분석 페이즈의 목적은 프로덕트가 무슨 일(what)을 수행할 것인지를 결정하는 것이고 설계 페이즈의 목적은 어떻게(how) 그것을 수행할 것인지를 결정하는 것이다. 반면에 객체-지향 분석이 사용될 경우 객체는 시작부터 생명주기로 진입한다. 객체는 분석 워크플로에서 추출되고, 설계 워크플로에서 설계되고, 구현 워크플로에서 코드로 작성된다. 그러므로 객체-지향 패러다임은 통합된 접근법이다. 워크플로에서 워크플로로의 전이는 고전적 패러다임에 비해 부드럽기 때문에 개발 시에 결함의 수를 감소시켜준다.

앞에서 이미 언급했듯이 객체를 속성들과 오퍼레이션들을 캡슐화(encapsulation)하고 정보 은닉의 원칙을 구현하는 소프트웨어 컴포넌트로 정의하는 것은 적절하지 않다. 보다 완벽한 정의는 객체들을 보다 깊이 있게 학습할 7장에 있다.

1.10
객체-지향 패러다임의 전망

그림 1.1은 고전적(구조적)패러다임의 많은 단점을 보여주는 증거다. 그렇다고 객체-지향 패러다임이 고전적 패러다임이 갖고 있는 모든 병을 고쳐주는 만병통치약은 결코 아니다.

- 소프트웨어 프로덕션의 모든 접근법처럼 객체-지향 패러다임도 정확하게 사용해야 한다. 즉 다른 패러다임처럼 객체-지향 패러다임도 잘못 사용하기가 쉽다.
- 정확하게 적용했을 때 객체-지향 패러다임은 고전적 패러다임이 갖고 있는 문제점 중 상당 부문(전부는 아님)을 해결할 수는 있다.
- 7.9절의 서술처럼 객체-지향 패러다임도 자체에 일부 문제점을 갖고 있다.
- 객체-지향 패러다임은 오늘날에 이용할 수 있는 최적의 접근법이다. 그러나 모든 기술들처럼 미래에 최상의 기술이 새로 자리매김할 것은 분명하다.

이 책에서 고전적 패러다임과 객체-지향 패러다임의 강점과 약점은 논의의 특정 주제에 따라 지적된다. 그 결과 두 패러다임들의 비교는 하나로 제시되지 않고 책 전반에 걸쳐 제시된다.

지금부터는 소프트웨어 공학의 용어들을 학습한다.

1.11
용어

SOFT WARE

클라이언트(client)는 프로덕트를 구축(개발)하기를 원하는 사람이고, 개발자(developer)들은 프로덕트의 구축을 담당하는 팀의 멤버들을 말한다. 그래서 개발자들은 프로덕트의 요구사항들에서부터 프로세스의 모든 측면을, 또는 이미 설계된 프로덕트의 구현만을 담당한다.

클라이언트와 개발자 모두가 같은 조직에 속해 있을 수 있다. 예를 들면 클라이언트는 보험회사의 보험회계부서의 담당자이고, 개발자는 같은 보험회사의 소프트웨어 개발을 담당하는 부서의 개발자일 수도 있다. 이러한 경우를 내부 소프트웨어 개발(internal software development)이라고 부른다. 그러나 클라이언트와 개발자가 서로 다른 조직에 소속되어 계약을 체결해 개발하는 경우는 계약 소프트웨어(contract software)라고 부른다. 실례로 클라이언트는 국방성(DoD, Department of Defence)의 선임관리이고 개발자는 무기 시스템용 소프트웨어만 전문적으로 개발하는 전문 업체에 속해 있는 경우이다. 아주 소규모 집단에서 보면 클라이언트는 혼자서 실무를 담당하는 회계사일 수도 있고 개발자는 소프트웨어를 시간제로 개발해주고 돈을 받는 학생일 수도 있다.

소프트웨어 프로덕션에 참여하는 제3자(third party)는 사용자(user)이다. 사용자는 클라이언트가 해당 프로덕트의 사용을 위임받거나 소프트웨어를 활용하는 사람 또는 사람들을 말한다. 보험회사를 예로 들면, 사용자들은 회사에 가장 적합한 정책을 선택해 작성한 소프트웨어를 사용하는 보험 대리점들이다. 어떤 경우에는 클라이언트와 사용자가 같은 사람일 수도 있다(예로 앞에서 서술한 회계사인 경우).

한 클라이언트만을 위해 고비용의 소프트웨어를 개발하는 개념과는 반대로 워드프로세서(wordprocessor)나 스프레드시트(spreadsheet)처럼 소프트웨어의 다량 복사본들이 아주 저렴한 가격으로 아주 많은 구매자들에게 판매된다. 즉 이러한 소프트웨어 제작사(Microsoft나 Borland)들은 프로덕트를 대량판매로 개발 비용을 회수한다. 이러한 유형의 소프트웨어를 통상적으로 상용한 가지 코드를 주의 깊게 검토해본 사람이 그 코드에 결함을 찾고 수정할 수 있는 확률이 높다는 것은 자명하다. 그런 이유로, Linus's Law는 어쩌면 'Torvalds's Truism'라고 불려야 할 것이다.

소프트웨어(commercial off-the-shelf, COTS)라고 부른다. 이 유형에 대한 초기 용어는 **포장형 소프트웨어**(shrink-wrapped software)라고 불렀다. 왜냐하면 CD나 디스켓, 매뉴얼, 라이선스 동의서 등을 갖고 있는 것이 박스(box)였기 때문에 포장형이라고 불렀다. 오늘날에 COTS 소프트웨어는 포장된 박스가 아니라 World Wide Web에서 다운로드 받는다. 이러한 이유 때문에 오늘날 COTS 소프트웨어는 자주 **클릭웨어**(clickware)라고도 부른다. COTS 소프트웨어는 '마켓(market)'용으로도 개발된다. 소프트웨어는 소프트웨어가 개발될 때까지 또 판매가 될 때까지 특정 클라이언트나 사용자를 대상으로 하지는 않는다.

오픈소스 소프트웨어(open-source software)는 지금 아주 인기가 있다. 오픈소스 소프트웨어 프로덕트는 자원자들의 팀이 개발하고 유지보수하고 있으며, 어느 누구나 요금 지불 없이 다운로드 받아서 사용할 수가 있다. 폭 넓게 사용되는 오픈소스 프로덕트들에는 Linux 운영체제와 Firefox 웹 브라우저, Apache Web 서버가 있다. 오픈소스(open-source)란 용어는 단지 실행 버전만 제공되는 대부분의 사용 소프트웨어와는 달리 모든 소스 코드의 이용이 가능하다는 의미이다. 왜냐하면 오픈소스 프로덕트의 사용자는 소스코드를 자세히 조사해서 결함들을 개발자들에게 보고할 수 있기 때문에 많은 오픈소스 소프트웨어 프로덕트들은 높은 품질을 갖게 된다. 오픈소스 소프트웨어에서 결함들의 성질로 인해 생기는 예상되는 결과는 Linux의 창시자인 Linus Torvalds가 후에 명명한 'The Cathedral and the Bazaar as Linus's Law'에 Raymond가 정형화시켰다 [Raymond, 2000]. Linus의 법칙은 'given enough eyeballs, all bugs are shallow'라고 서술했다. 다른 말로 '만약 개인들이 오픈소스 소프트웨어 프로덕트의 소스코드를 자세히 조사했다면 누군가는 그 결함이 위치한 곳을 알아내 그 결함을 어떻게 해결할 수 있다.'는 방안을 제시할 것이라고 서술했다('알고 싶은 사항 1.6' 참조). 관련 원칙은 'Release early. Release after'이다[Raymond, 2000]. 즉 오픈소스 개발자들은 클로스 소스(closed-source) 개발자들보다 테스팅에 시간을 덜 소모하는 경향이 있고, 프로덕트의 새로운 버전이 마무리되면 바로 인도하는 경향이 있고, 결함들을 찾아내는 일을 사용자들에게 넘기고 떠나가는 경향이 있다.

이 책의 모든 페이지에서 사용되는 단어가 **소프트웨어**(software)란 단어이다. 소프트웨어는 기계가 해독할 수 있는 형태의 코드뿐만 아니라 모든 프로젝트의 기본 컴포넌트인 모든 문서들로 구성된다. 그러므로 소프트웨어는 명세문서, 설계 문서, 모든 종류의 법률과 회계문서, 소프트웨어 프로젝트 관리 계획과 그 이외의 관리문서 등 모든 유형의 매뉴얼들을 포함한다.

1970년대부터는 **프로그램**(program)과 **시스템**(system) 간의 차이점이 불분명해졌다. '과거 시절'에는 이들 간의 차이점이 분명했다. 프로그램은 보통 천공된 카드들의 묶음 형태를 갖는 수행 가능한 코드로서 스스로 작동 가능한 부문이었다. 시스템은 관련된 프로그램의 집합체였다. 프로그램 P, Q, R, S로 구성된 시스템이 존재한다고 가정하자. 그러면 마그네틱테이프 T1이 마운트 되고 프로그램 P가 실행된다. 프로그램 P는 데이터 카드의 묶음을 읽고 테이프 T2와 T3에 출력한다. 테이프 T2가 되감기고, 프로그램 Q가 실행되어 테이프 T4에 출력한다. 프로그램 R은 테이프 T3와 T4를 테이프 T5로 합병한다. 프로그램 S는 T5를 입력 받아 일련의 보고서들을 출력한다.

프론트-앤드 커뮤니케이션 프로세서(front-end communication processor)와 백-앤드 데이터베이스 매니저(back-end database manager)가 있는 기계에 제철소(steel mill)의 실시간 제어를 수행하는 프로덕트가 있는 상황을 비교해보자. 제철소를 제어하는 소프트웨어만을 놓고 볼 때, 과거의 시스템들보다 더욱 발전한 것이지만, 프로그램과 소프트웨어의 고전적 정의에 의하면 이것은 분명히 프로그램이다. 혼란스럽게 만드는 것은 오늘날 시스템(system)이라는 용어는 하드웨어와 소프트웨어 결합을 표기하는 데 사용된다는 점이다. 예를 들어 비행기의 비행 통제 시스템은 비행중인 컴퓨터들뿐만 아니라 이런 컴퓨터들 상에서 수행되고 있는 소프트웨어로 구성된다. 비행 통제 시스템은 조이스틱과 같이 컴퓨터에 명령을 내리는 제어와 비행기의 보조 날개 등과 같이 컴퓨터에 의해서 제어되는 비행기의 일부분에 포함된다. 더욱이 전통적인 소프트웨어 개발의 문맥에서 보면 **시스템 분석**(system analysis)란 용어는 처음 두 개의 페이즈(요구사항과 분석 페이즈)로 간주되고, **시스템 설계**(system design)는 세 번째 페이즈(설계 페이즈)로 간주된다.

이러한 혼란을 최소화하기 위해서 이 책에서는 소프트웨어의 의미 있는 부분을 나타내기 위해 **프로덕트**(product)라는 용어를 사용한다. 이렇게 하는 데는 두 가지 이유가 있다. 첫 번째는 제3의 용어를 사용해서 프로그램과 시스템 사이의 혼란을 제거시킬 수 있다. 두 번째 이유는 더 중요하다.

이 책은 소프트웨어 프로덕션(software production)의 프로세스(process), 즉, 우리가 소프트웨어를 제작하는 방법을 다루며, 이런 프로세스의 최종 결과물이 바로 프로덕트라는 점이다. 마지막으로 시스템이란 용어는 현대적인 관점으로 결합된 하드웨어와 소프트웨어 또는 OS(운영체제)나 MIS(경영정보시스템)와 같이 전 세계적으로 통용되는 문구로 사용된다.

소프트웨어 공학에서 널리 사용되는 두 단어가 **방법론**(methodology)과 **패러다임**(paradigm)이다. 1970년대에 방법론이란 '소프트웨어 프로덕트를 개발하는 특정한 방식'이라는 느낌으로 사용되었다. 이 단어는 실제로 '방법(method)들의 과학(science)'을 의미한다. 그런 후 1980년대에 패러다임은 'It's a whole new paradigm.'이란 문구에서처럼 비즈니스 세계의 주요 전문용어로 유행하게 되었다. 즉 소프트웨어 산업체들도 **객체-지향 패러다임**(object-oriented paradigm)과 **고전적**(또는 전통적) **패러다임**(classical paradigm) 문구에서 '소프트웨어 개발의 스타일'을 의미하는 것으로 패러다임이란 단어를 사용하기 시작했다. 이것은 용어의 또 다른 불행한 선택이 되었다. 왜냐하면 패러다임은 모델이나 패턴이기 때문이다. 이렇게 구분이 애매한 경우 학식이 높은 독자들은 언어의 정확한 사용을 바라지만 본 저자는 이 일에 좀 지쳐 있다.

방법론 또는 패러다임은 전체 소프트웨어 프로세스의 컴포넌트이다. 이와는 대조적으로 **기법**(technique)은 소프트웨어 프로세스의 일부 컴포넌트이다. 이 예에는 코딩 기법, 문서화 기법, 계획 수립 기법 등이 포함된다.

프로그래머가 **실수**(mistake)를 했을 때 그 실수의 결과는 코드에 **결함**(fault)이 되고, 이 소프트웨어 프로덕트를 실행하면 그 결과는 **실패**(failure)가 된다. 즉 결함의 결과로 프로덕트는 원하지 않는 부정확한 행위를 하게 된다. **오류**(error)는 결과가 부정확한 것이다. 용어 실수, 결함, 실패, 오류 등은 자주 2002[IEEE Stanards, 2003]라고 부르는 IEEE standard 610.12 'A Glossary Software

Engineering Terminology'[IEEE610.12,1990]에 정의되어 있다. 단어 **결점**(defect)은 결함, 실패, 또는 오류를 언급하는 일반적인 용어다. 이 책에서 **결점**이란 용어는 가급적 사용하지 않는다.

  가능한 한 회피하는 용어가 **버그**(bug)이다(이 단어의 유래는 '알고 싶은 사항 1.7' 참조). 오늘날 **버그**라는 용어는 **결함**의 완곡한 표현으로 사용된다. 일반적으로 완곡한 표현의 사용에 대해 위험이 존재하지는 않지만, 버그란 단어는 좋은 소프트웨어 프로덕션에 전혀 도움이 되지 않는다. 구체적으로 말하면 "내가 결함을 만들었다."라고 말하는 대신에 프로그래머들은 "코드에 버그가 있다."라고 말할 것이며(내가 작성한 코드가 아니라 그냥 코드), 이것은 결함에 대한 책임을 프로그래머에서 버그로 전가시키는 것이다. 감기는 감기 바이러스에 의해 발생하기 때문에 어느 누구도 프로그래머가 감기에 걸린 것을 비난하지 않는다. 결함을 버그라고 언급하는 것은 책임을 벗어버리는 방법이 된다. 반대로 "내가 결함을 만들었다."라고 말하는 프로그래머라면 자신의 액션들에 대한 책임을 지는 컴퓨터 전문가라고 말할 수 있다.

  객체-지향 용어에도 상당한 혼란이 존재한다. 예를 들어 객체의 데이터 컴포넌트에 대해 **속성**(attribute)이라는 용어 외에도 **상태 변수**(state variable)라는 용어가 객체-지향 문헌에서 사용된다. Java에서 이 용어는 **인스턴스 변수**(instance variable)로 사용되고, C++에서는 **필드**(field)라는 용어로, Visual Basic .NET에서는 **속성**(property)라는 용어로 사용된다. 객체의 오퍼레이션의 구현에 대해서는 일반적으로 **메소드**라는 용어가 사용된다. 하지만 C++에서는 **멤버 함수**(member function)라는 용어가 사용된다. C++에서 객체의 **멤버**(member)는 속성(필드)이나 메소드 모두를 지칭하는 것으로 사용된다. Java에서 필드(field)는 속성(인스턴스 변수)이나 메소드 모두를 나타내는 데 사용된다. 혼란을 피하기 위해 이 책에서는 가능한 한 일반적인 용어인 **속성**과 **메소드**를 사용한다.

  다행스럽게도 몇몇 용어들은 폭넓게 인정되고 있다. 예를 들어, 객체 내에서 메소드가 호출될 때, 이것은 거의 일반적으로 객체에 **메시지를 전송**(sending a message)한다는 용어로 사용된다.

1.12
윤리 이슈

경고로 이 장은 마무리된다. 소프트웨어 프로덕트들은 인간이 개발하고 유지보수를 한다. 만약 이들 개인이 집중적인 작업이고, 지능적이고, 현명하고, 첨단을 걷고, 무엇보다도 윤리적이라면, 그들이 개발하고 유지보수 하는 소프트웨어 프로덕트들은 만족할 기회가 올 것이다. 불행하게도 그 반대가 현실이다.

전문가들의 집단인 대부분의 기구에는 그 멤버들 모두에게 부여된 것이 윤리(ethics)의 코드이다. 컴퓨터 전문가들의 두 개 주요 기구인 ACM(Association for Computing Machinery)과IEEE-CS (Computer Society of Institute of Electronic Code of Electronics Engineers)는 소프트웨어 공학을 가르치고 실습하는 표준으로 'Software Engineering Code of Ethics and Professional Practice'를 승인했다[IEEE/ACM, 1999]. 이들은 서문과 8개 규범으로 구성된 간략한 버전을 발간하였다. 다음에 있는 것은 간략한 버전이다.

Software Engineering Code of Ethics and Professional Practice(Version 5.2)
as recommended by the IEEE-CS/ACM Joint Task Force on
Software Engineering Ethics and Professional Practices
Short Version
Preamble

코드의 이 간략한 버전은 추상화의 상위 수준에서 바람을 요약해 놓은 것이다. 즉 전체 버전에 포함된 절에는 예제와 그들의 바람이 소프트웨어 전문가로서 그들의 행위가 어떻게 변해야 하는지에 대한 세부 사항들이 주어져 있다. 바람이 없으면 세부 사항들은 형식주의적이고 장황한 것이 된다. 세부 사항들이 없으면 바람들은 서론만 크지 내용은 없는 것이 된다. 그래서 바람과 세부 사항들이 함께 구성해야 한다.

소프트웨어 엔지니어들은 수익이 있고 존경받는 전문가로 소프트웨어의 분석, 명세, 설계, 개발, 테스팅, 유지보수 등을 스스로 수행한다. 공공의 건강, 안전, 복지에 대한 서약에 따라 다음 8개의 규칙을 따라야 한다.

1. Public — Software engineers shall act consistently with the public interest.
2. Client and Employer — Software engineering shall act in a manner that is in the best interests of their client and employer consistent with the public interest.
3. Product — Software engineers shall ensure that their products and related modidications meet the highest professional standards possible.
4. Judgment — Software engineers shall maintain integrity and independence in their professional judgment.
5. Management — Software engineering managers and leaders shall subscribe to and promote an

ethical approach to the management of software development and maintenance.

6. Profession — Software engineers shall advance the integrity and reputation of the profession consistent with the public interest.

7. Colleagues — Software engineers shall be fair to and supportive of their colleagues.

8. Self — Software engineers shall participate in lifelong learning regarding the practice of their profession and shall promote an ethical approach to the practice of the profession.

컴퓨터 전문가들의 또 다른 기구의 윤리 코드에도 유사한 문구로 되어 있다. 미래의 이 직업에는 이러한 윤리 코드를 엄격하게 부여받게 될 것이다.

다음 장에서는 고전적 패러다임과 객체-지향 패러다임 간의 구체적인 차이를 조명하기 위해 다양한 생명주기 모델들을 학습한다.

복습

소프트웨어 공학은 사용자의 니즈를 만족시키고 주어진 시간과 예산 내에서 인도되는 결함이 없는 소프트웨어의 프로덕션을 목적으로 하는 분야라고 정의할 수 있다(1.1절). 이러한 목표를 달성하기 위해 적합한 기법들이 분석(명세)과 설계(1.4절), 인도 후 유지보수(1.3절)등을 수행할 때를 포함해 전체 소프트웨어 프로덕션에 사용된다. 소프트웨어 공학은 소프트웨어 생명주기상의 모든 단계들에 대해 논의하며 경제학(1.2절)과 사회과학(1.5절)을 포함하는 인간 지식의 다양한 분야의 특성도 포함하고 있다. 1.6절과 1.7절, 1.8절에서는 독립된 계획수립 페이즈, 독립된 테스팅 페이즈, 독립된 문서화 페이즈 등이 없는 이유를 설명하고 있다. 그리고 1.9절에서는 객체가 소개되고 고전적 패러다임과 객체-지향 패러다임을 간단하게 비교하였다. 그런 후 객체-지향 패러다임이 평가되어 있다(1.10절). 1.11절에서는 이 책에서 사용될 용어를 설명하고 있고, 마지막 절인 1.12절에서는 윤리 이슈들이 논의되었다.

관련 자료

소프트웨어 공학의 영역에 관한 가치 있는 초기 정보는 [Boehm, 1976]에 수록되어 있다. 소프트웨어 공학의 미래는 [Finkelstein, 2000]에서 논의되었다. 소프트웨어 공학 관행의 최근 상태는 November-December 2003 issue of IEEE Software의 다양한 기사들로 논의되었다. 성공적인 소프트웨어 개발을 이끄는 요인들에 대한 연구는 [Procaccino, Vernerm and Lorenzet, 2006]에서 보여준다.

소프트웨어 공학에서 인도 후 유지보수에 대한 중요성과 어떻게 유지보수를 계획하는지에 대한 견해는 [Parnas, 1994]를 보면 알 수 있다. COTS기반 프로덕트들을 위한 소프트웨어 개발은 [Brownsword, Oberndorf, and Sledge, 2000]의 주제이다. COTS 컴포넌트들을 획득하는 것은 [Ulkuniemi and Seppanen, 2004]와 [Keil and Tiwana, 2005]에서 논의된다. COTS 컴포넌트들을 이용해 소프트웨어를 개발할 때의 위험은 [Li et al., 2008]에서 논의된다. July-August 2005 issue of IEEE Software는 소프트웨어 프로덕트들에 COTS 컴포넌트를 통합하는 것에 대한 [Donzelli et al., 2005]와 [Yang, Bhuta, Boehm, and Port, 2005]를 포함한 6가지 기사들이 실려 있다. 위험 관리의 재평가는 [Bannerman, 2008]에서 보인다.

엔터프라이즈 시스템들에 위험은 [Scott and Vessey, 2002]에서 논의되고, 정보 시스템에 위험은 일반적으로 [Longstaff, Chittister, Pethia, and Haimes, 2000]에 논의되었다. [Zvegintzov, 1998]은 소프트웨어 공학 관행에 관한 거의 정확한 데이터를 실제로 이용할 수 있는 방법을 설명한다.

[Devlin, 2001]에서는 수학이 소프트웨어 공학의 기초가 된다는 사실을 강조하고 있다. 소프트웨어 공학에서 경제학의 중요성은 [Boehm and Huang, 2003]에 소개되어 있고, 소프트웨어 공학 경제학에 관한 많은 논문들은 The November/December 2002 issue of IEEE Software에 게재되어 있다.

[Weinberg, 1971]와 [Shneiderman, 1980]은 사회 과학과 소프트웨어 공학에 관한 매우 뛰어난 책이고, 이 책은 심리학이나 행동과학에 대한 사전 지식을 요구하지는 않는다. 이 주제에 대한 [DeMarco and Lister, 1987]은 이 분야에 관한 최고의 책이다.

[Brooks, 1975]의 끝없는 노력으로 저술한 책 The Mythical Man-Month을 추천한다. 이 책은 이 장에서 논의된 모든 주제들에 관한 논의를 포함하고 있다.

오픈소스 소프트웨어에 훌륭한 소개서는 [Raymond, 2000]이다. [Paulsen, Succi, and Eberlein, 2004]는 오픈소스와 클로스소스 소프트웨어 프로덕트들을 비교한 실증적인 연구를 보여준다. 오픈소스 컴포넌트들의 재사용은 [Madanmohan and De', 2004]에서 논의된다. 오픈소스 소프트웨어에 다양한 기사들은 January/February 2004 issue of IEEE Software와 issue No. 2, 2005, of IBM Systems Journal에서 볼 수 있다. 보안성 증가를 이끄는 오픈소스 소프트웨어에 대한 이슈는 [Hoepman and Jacobs, 2007]에 있다. 비즈니스와 오픈소스 소프트웨어 사이에 상호작용은 [Watson et al., 2008], [Ven, Verelst, and Mannaert, 2008], [Wesselius, 2008]의 주제이다.

객체-지향 패러다임에 대한 훌륭한 소개서는 [Budd, 2002]이다. 객체-지향 패러다임을 이용하여 수행된 성공적인 프로젝트는 [Capper, Colgate, Hunter, and James, 1994]에 자세한 분석과 함께 논의되었다. 객체-지향 패러다임을 향한 150명의 경험이 풍부한 소프트웨어 개발자의 태도에 대한 조사는 [Johnson, 2000]에 리포트 되었다. 윤리에 관해서, 비즈니스와 전문적인 소프트웨어 둘 다에 공통적인 윤리적 코드는 [Payne and Landry, 2006]에서 볼 수 있다.

연습문제

1.1 당신은 자신이 속한 소프트웨어 개발 조직을 출범시켰다. 조직을 위한 간단한 미션설명서를 작성해보아라.

1.2 우리 소프트웨어 개발 조직은 정형외과를 위한 정보 시스템을 개발하는 계약을 수주하였다. 소프트웨어 개발 비용은 $72,000로 추정되었다. 소프트웨어의 인도 후 유지보수를 위해 대략 얼마만큼의 추가적인 비용이 필요한가?

1.3 소프트웨어 위기라는 단어는 1976년에 만들어졌다. 용어가 의미하는 것은 무엇인가? 이 용어가 여전히 적용되는가?

1.4 현재 우리가 사용하는 운영정의로 유지보수의 고전적 일시적 정의를 만족시키는 방안은 있는가? 이데 대해 서술하여라.

1.5 고전적인 관점의 유지보수가 오늘날의 소프트웨어 프로덕트들에 왜 비현실적인가?

1.6 당신은 소프트웨어 공학 컨설턴트이다. 페이퍼백(paperback) 출판사의 책임을 지고 있는 부사장은 당신이 회사의 모든 회계 업무를 수행하고 많은 도매상의 주문과 재고에 관한 정보를 본점의 직원들에게 온라인으로 제공하는 프로덕트를 개발하기를 원하고 있다. 18명의 회계원, 27명의 주문 담당 사원, 37명의 도매 담당 직원용 컴퓨터가 필요하다. 추가로 16명의 매니저가 데이터에 접속하기를 원한다. 사장은 소프트웨어와 하드웨어에 $25,000을 지불하고 완벽한 프로덕트를 4주 내에 개발하기를 요청했다. 그에게 어떤 말을 해줄 것인가? 비록 그의 요구가 이치에 맞지 않지만 당신의 회사는 당신에게 그 일을 원한다는 것을 명심하라.

1.7 당신은 Velorian 해군의 중장이다. 차세대 레이저-타지 탱크용 미사일의 제어 소프트웨어를 개발하기 위해 소프트웨어 개발회사를 선정하기로 결정하였다. 당신은 그 프로젝트의 총감독이다. Velorian의 정부를 보호하기 위해 소프트웨어 개발자와 계약서에 어떤 문구를 포함해야 하는가?

1.8 당신은 소프트웨어 엔지니어이고 당신의 역할은 문제 1.7의 소프트웨어의 개발을 감독하는 일이다. 당신의 회사에서 해군과의 계약을 만족시키지 못하는 경우를 열거하라. 이러한 실패들의 이유는 무엇인가?

1.9 인도된 지 10개월 후에, Stein-Rontgen 시약에 이용하는 mRNA를 분석하는 제품의 소프트웨어에서 결함이 발견되었다. 그 결함을 수정하는 데 필요한 비용은 $20,200이다. 결함의 원인은 명세문서에 애매모호한 문장 때문이다. 분석 페이즈에서 그 결함을 해결하기 위해 지불해야 할 비용은 대략 얼마인가?

1.10 문제 1.9의 결함이 구현 페이즈에서 발견되었다고 가정하자. 그럴 경우 그 결함을 해결하기 위해 지불해야 하는 비용은 대략 얼마인가?

1.11 클라이언트, 개발자, 사용자가 같은 사람인 상황을 서술하여라.

1.12 만약 클라이언트, 개발자, 사용자가 같은 사람이라면 무슨 문제가 발생할 수 있는가? 이들 문제는 어떻게 해결할 수 있는가? 만약 클라이언트, 개발자, 사용자가 같은 사람이라면 잠재적인 이점들이 생기겠는가?

1.13 당신은 당신의 조직을 위해 소프트웨어 개발자들을 고용하는 것이 필요하다. 당신은 성공적인 지원자가 어떤 기술 또는 성격 특징(personality traits)을 가질 것을 기대하는가?

1.14 당신은 문제 1.3의 프로덕트를 개발하는 책임자이다. 객체-지향 패러다임과 고전적 패러다임 중 어느 것을 사용하겠는가? 선택한 이유를 설명해 보아라.

1.15 소프트웨어 프로덕트의 컴포넌트 c9을 구현하는 대신에, 개발자는 컴포넌트 c9과 같은 명세를 가진 COTS 컴포넌트를 구입하기로 결정하였다. 이 접근법에 장점과 단점은 무엇인가?

1.16 소프트웨어 프로덕트의 컴포넌트 c37을 구현하는 대신에, 개발자는 컴포넌트 c37과 같은 명세를 가진 오픈-소스 컴포넌트를 이용하기로 결정하였다. 이 접근법에 장점과 단점은 무엇인가?

1.17 객체 P는 객체 Q의 메소드 m1을 포함한다. 우리가 새로운 소프트웨어 프로덕트에서 객체 P를 재사용하고 싶어 한다고 가정하자. P는 Q를 재사용하지 않고 재사용할 수 있는가? '독립된 엔티티(independent entities)'와 같은 객체에 대해 이 말을 할 수 있는가?

1.18 정보 은닉의 기법은 소프트웨어 프로덕트의 전체 생명 주기 비용의 감소를 어떻게 유발하는가?

1.19 Linus's Law의 결과로서, 모든 오픈-소스 소프트웨어는 고품질이라는 것이 정확한가?

1.20 (Term Project) 부록 A에 있는 Chocoholics Anonymous용 프로덕트가 설명처럼 정확하게 구현되었다고 가정하자. 지금 제공자로 내분비학자를 포함하기 위해 제품이 수정되어야 한다. 어떻게 기존 프로덕트를 변경할 것인가? 모든 것을 무시하고 처음부터 다시 시작하는 것이 좋은 방법인가?

1.21 (Readings in Software Engineering) 당신의 교습자가 논문 [Schach et al., 2003b]의 복사본을 배포하면 이를 읽은 후, 매니저들의 추정에 기반한 결과들과 실제 데이터로 계산해서 얻은 결과를 비교해 관련 장점들에 대한 당신의 의견을 개진해 보아라.

**참고
문헌**

[Bannerman, 2008] P. L. BANERMAN, "Risk and Risk Management is Software Projects: A Reassessement," Journal of Systems and Software **81** (December 2008), pp. 2118-33.

[Boehm, 1976] B. W. BOEHM, "Software Engineering," *IEEE Transactions on Computers* **C-25** (December 1976), pp. 1226-41.

[Boehm, 1979] B. W. BOEHM, "Software Engineering, R & D Trends and Defense Needs," in: *Research Directions in Software Technology*, P. Wegner (Editor), The MIT Press, Cambridge, MA, 1979.

[Boehm, 1980] B. W. BOEHM, "Developing Small-Scale Application Software Products: Some Experimental Results," *Proceedings of the Eighth IFIP World Computer Congress*, October 1980, pp. 321-26.

[Boehm, 1981] B. W. BOEHM, *Software Engineering Economics,* Prentice-Hall, Englewood Cliffs, NJ, 1981.

[Boehm and Huang, 2003] B. BOEHM AND L. G. HUANG, "Value-Based Software Engineering: A Case Study," *IEEE Computer* **36** (March 2003), pp. 33-41.

[Brooks, 1975] F. P. BROOKS, JR., *The Mythical Man-Month: Essays on Software Engineering,* Addison Wesley, Reading, MA, 1975; Twentieth Anniversary Edition, Addison Wesley, Reading, MA, 1995.

[Brownsword, Oberndorf, and Sledge, 2000] L. BROWNSWORD, T. OBERNDORF, AND C. A. SLEDGE, "Developing New Process for COTS-Based Systems," *IEEE Software* **17** (July/August 2000), pp. 40-47.

[Budd, 2002] T. A. BUDD, *An Introduction to Object-Oriented Programming,* 3rd ed., Addison Wesley, Reading, MA, 2002.

[Capper, Colgate, Hunter, and James, 1994] N. P. CAPPER, R. J. COLGATE, J. C. HUNTER, AND M. F. JAMES, "The Impact of Object-Oriented Technology on Software Quality: Three Case Histories," *IBM Systems Journal* **33** (No. 1, 1994), pp. 131-57.

[Cutter Consortium, 2002] Cutter Consortium, "78% of IT Organizations Have Litigated," *The Cutter Edge,* **www.cutter.com/research/2002/edge020409.html**,[1] April 09, 2002.

---

1) This and the other URLs cited in this book were correct at the time of going to press. However,

[Daly, 1977] E. B. DALY, "Management of Software Development," *IEEE Transactions on Software Engineering* **SE-3** (May 1977), pp. 229-42.

[Devlin, 2001] K. DEVLIN, "The Real Reason Why Software Engineers Need Math," *Communications of the ACM* **44** (October 2001), pp. 21-22.

[Donzelli et al., 2005] P. DONZELLI, M. ZELKOWITZ, V. BASILI, D. ALLARD, AND K. N. MEYER, "Evaluating COTS Component Dependability in Context," *IEEE* Software **22** (July-August 2005), pp46-53.

[Elshoff, 1976] J. L. ELSHOFF, "An Analysis of Some Commercial PL/I Programs," *IEEE Transactions on Software Engineering* **SE-2** (June 1976), 113-20.

[Fagan, 1974] M. E. FAGAN, "Design and Code Inspections and Process Control in the Development of Programs," Technical Report IBM-SSD TR 21.572, IBM Corporation, December 1974.

[Finkelstein, 2000] A. FINKELSTEIN (Editor), *The Future of Software Engineering,* IEEE Computer Society Press, Los Alamitos, CA, 2000.

[GJSentinel.com, 2003] "Sallie Mae's Errors Double Some Bills," **www.gjsentinel.com/news/content/ coxnet/headlines/0522_salliemae.html**, May 22, 2003.

[Grady, 1994] R. B. GRADY, "Successfully Applying Software Metrics," *IEEE Computer* **27** (September 1994), pp. 18-25.

[Hatton, 1998] L. HATTON, "Does OO Sync with How We Think?" *IEEE Software* **15** (May/June 1998), pp. 46-54.

[Hopeman and Jacobs, 2007] J.-H HOPEMAN AND B. JACOBS, "Increased Security through Open Source," *Communications of the ACM* **50** (January 2007), pp. 79-83.

[IEEE 610.12, 1990] *A Glossary of Software Engineering Terminology,* IEEE 610.12-1990, Institute of Electrical and Electronic Engineers, Inc., 1990.

[IEEE Standards, 2003] "Products and Projects Status Report," standards.ieee.org/db/status/status.txt, June 3, 2003.

[IEEE/ACM, 1999] "Software Engineering Code of Ethics and Professional Practice, Version 5.2, as recommended by the IEEE-CS/ACM Joint Task Force on Software Engineering Ethics and Professional Practice," **www.computer.org/tab/seprof/code.htm**, 1999.

[IEEE/EIA 12207.0-1996, 1998] "IEEE/EIA 12207.0-1996 Industry Implementation of International Standard ISO/IEC 12207:1995," Institute of Electrical and Electronic Engineers, Electronic Industries Alliance, New York, 1998.

[ISO/IEC 12207, 1995] "ISO/IEC 12207:1995, Information Technology-Software Life-Cycle Processes," International Organization for Standardization, International Electrotechnical Commission, Geneva, Switzerland, 1995.

[Johnson, 2000] R. A. JOHNSON, "The Ups and Downs of Object-Oriented System Development," *Communications of the ACM* **43** (October 2000), pp. 69-73.

[Josephson, 1992] M. JOSEPHSON, *Edison, a Biography,* John Wiley and Sons, New York, 1992.

[Kan et al., 1994] S. H. KAN, S. D. DULL, D. N. AMUNDSON, R. J. LINDNER, AND R. J. HEDGER, "AS/400

Web addresses tend to change all too frequently and without prior or subsequent notification. If this happens, the reader should use a search engine to locate the new URL.

Software Quality Management," *IBM Systems Journal* **33** (No. 1, 1994), pp. 62-88.

[Keil and Tiwana, 2005] M. KEIL AND A. TIWANA, "Beyond Cost: The Drivers of COTS Application Value," *IEEE Software* **22** (May-June 2005), pp. 64-69.

[Kelly, Sherif, and Hops, 1992] J. C. KELLY, J. S. SHERIF, AND J. HOPS, "An Analysis of Defect Densities Found during Software Inspections," *Journal of Systems and Software* **17** (January 1992), pp. 111-17.

[La Libre Online, 2007a]"Lalibre.be-Une erreur à 883 millions d'eros," **www.lalibre.be/index.php?view=article&art_id=305607**.

[La Libre Online, 2007b]"Lalibre.be-C'est la faute à l'informatique," **www.lalibre.be/index.php?view=article&art_id=307021**.

[Leveson and Turner, 1993] N. G. LEVESON AND C. S. TURNER, "An Investigation of the Therac-25 Accidents," *IEEE Computer* **26** (July 1993), pp. 18-4

[Li et al., 2008] J. LI, O. P. N. SLYNGSTAD, M. TORCHIANO, M. MORISIO, AND C. BUNSE, "A State-of-the-Practice Survey of Risk Management in Development with Off-the-Shelf Software Componets," *IEEE Transactions on Software Enginerring* **34** (March-April 2008), pp. 271-86.

[Lientz, Swanson, and Tompkins, 1978] B. P. LIENTZ, E. B. SWANSON, AND G. E. TOMPKINS, "Characteristics of Application Software Maintenance," *Communications of the ACM* **21** (June 1978), pp. 466-71.

[Longstaff, Chittister, Pethia, and Haimes, 2000] T. A. LONGSTAFF, C. CHITTISTER, R. PETHIA, AND Y. Y. HAIMES, "Are We Forgetting the Risks of Information Technology?" *IEEE Computer* **33** (December 2000), pp. 43-51.

[Madanmohan and De', 2004] T. R. MADANMOHAN AND R. DE', "Open Source Reuse in Commercial Firms," *IEEE Software* **21** (November-December 2004), pp. 62-69.

[Mellor, 1994] P. MELLOR, "CAD: Computer-Aided Disaster," Technical Report, Centre for Software Reliability, City University, London, July 1994.

[Meyer, 1992] B. MEYER, "Applying 'Design by Contract'," *IEEE Computer* **25** (October 1992), pp. 40-51.

[Naur, Randell, and Buxton, 1976] P. NAUR, B. RANDELL, AND J. N. BUXTON (Editors), *Software Engineering: Concepts and Techniques: Proceedings of the NATO Conferences,* Petrocelli-Charter, New York, 1976.

[Neumann, 1980] P. G. NEUMANN, Letter from the Editor, *ACM SIGSOFT Software Engineering Notes* **5** (July 1980), p. 2.

[Parnas, 1994] D. L. PARNAS, "Software Aging," *Proceedings of the 16th International Conference on Software Engineering,* Sorrento, Italy, May 1994, pp. 279-87.

[Paulson, Succi, and Eberlein, 2004] J. W. PAULSON, G. SUCCI, AND A. EBERLEIN, "An Empirical Study of Open-Sourece and Closed-Source Software Products," *IEEE Transactions on Software Enginerring* **30** (April 2004), pp. 246-56.

[Payne and Landry, 2006] D. PAYNE AND B. J. L. LANDRY, "A Unifrom Code of Ethics: Business and IT Professional Ethics," *Communications of the ACM* 49 (November 2006), pp. 81-84.

[Procaccino, Verner, and Lorenzet, 2006] J. D. PROCACCINO, J. M. VERNER, AND S. J. LORENZET, " Defining and Contributing to Software Development Success," *Communications of the ACM* (August 2006), pp. 79-83.

[Raymond, 2000] E. S. RAYMOND, *The Cathedral and the Bazaar: Musings on Linux and Open Source by an Accidental Revolutionary,* O'Reilly & Associates, Sebastopol, CA, 2000; also available at **www.catb.org/~esr/writings/cathedral-bazaar/cathedral-bazaar/**.

[Rubenstein, 2007] D. RUBENSTEIN, "Standish Group Report: There's Less Developement Chaos Today," **www.sdtimes.com/content/article.aspx?ArticleID=30247**, March 1, 2007.

[Schach et al., 2002] S. R. SCHACH, B. JIN, D. R. WRIGHT, G. Z. HELLER, AND A. J. OFFUTT, "Maintainability of the Linux Kernel," *IEE Proceedings-Software* **149** (February 2002), pp. 18-23.

[Schach et al., 2003b] S. R. SCHACH, B. JIN, G. Z. HELLER, L. YU, AND J. OFFUTT, "Determining the Distribution of Maintenance Categories: Survey versus Measurement," *Empirical Software Engineering* **8** (December 2003), pp. 357-66.

[Scott and Vessey, 2002] J. E. SCOTT AND I. VESSEY, "Managing Risks in Enterprise Systems Implementations," *Communications of the ACM* **45** (April 2002), pp. 74-81.

[Shapiro, 1994] F. R. SHAPIRO, "The First Bug," *Byte* **19** (April 1994), p. 308.

[Shneiderman, 1980] B. SHNEIDERMAN, *Software Psychology: Human Factors in Computer and Information Systems,* Winthrop Publishers, Cambridge, MA, 1980.

[St. Petersburg Times Online, 2003] "Thousands of Federal Checks Uncashable,"**www.sptimes.com/ 2003/02/07/Worldandnation/Thousands_of_federal_.shtml**, February 7, 2003.

[Stephenson, 1976] W. E. STEPHENSON, "An Analysis of the Resources Used in Safeguard System Software Development," Bell Laboratories, Draft Paper, August 1976.

[Ulkuniemi and Seppanen, 2004] P. ULKUNIEMI, AND V.SEPPANEN, "COTS Component Acquisition in an Emerging Market," *IEEE Software* **21** (November-December 2004), pp76-82.

[Ven, Verelst, and Mannaert, 2008] K. VEN, I. VERELST, AND H. MANNAERT, "Should You Adopt Open Source Software>" *IEEE Software* 25 (May-June 2008), pp. 54-59.

[Watson et al., 2008] R. T. WATSON, M. -C. BOUDREAU, P. T. YORK, M. E. GREINER, AND D. WYNN, "The Business of Open Source," *Communications of the ACM* **51** (April 2008), pp. 41-46.

[Weinberg, 1971] G. M. WEINBERG, *The Psychology of Computer Programming,* Van Nostrand Reinhold, New York, 1971.

[Wesselius, 2008] J. WESSELIUS, "The Bazaar inside the Cathedral: Business Models for Internal Markets," *IEEE Software* 25 (May-June 2008), pp. 60-66.

[Wirfs-Brock, Wilkerson, and Wiener, 1990] R. WIRFS-BROCK, B. WILKERSON, AND L. WIENER, *Designing Object-Oriented Software,* Prentice-Hall, Englewood Cliffs, NJ, 1990.

[Yang, Bhuta, Boehm, and Port, 2005] Y. YANG, J. BHUTA, B. BOEHM, AND D. N. PORT, "Value-Based Processes for COTS-Based Applications," *IEEE Software* **22** (July-August 2005), pp. 54-62.

[Yourdon, 1992] E. YOURDON, *The Decline and Fall of the American Programmer,* Yourdon Press, Upper Saddle River, NJ, 1992.

[Zelkowitz, Shaw, and Gannon, 1979] M. V. ZELKOWITZ, A. C. SHAW, AND J. D. GANNON, *Principles of Software Engineering and Design,* Prentice-Hall, Englewood Cliffs, NJ, 1979.

[Zvegintzov, 1998] N. ZVEGINTZOV, "Frequently Begged Questions and How to Answer Them," *IEEE Software* **15** (January/February 1998), pp. 93-96.

제**1**부

소프트웨어 공학 개요

이 교재 제1부에 속해 있는 여덟 개의 장(2장부터 9장까지)은 두 가지 역할을 제공해준다. 이들은 독자에게 소프트웨어 프로세스(software process)를 소개해주고 또 소프트웨어 개발의 워크플로 (workflow)들 즉 액티비티(activity)들이 서술되어 있는 제 2부 내용에 토대를 제공해준다.

소프트웨어 프로세스는 우리가 소프트웨어를 생성해내는 진로를 의미한다. 그래서 소프트웨어 프로세스는 개념 조사로 시작해서 해당 프로덕트(product)의 역할이 해제되면 종료된다. 이 기간 동안 일련의 단계를 거치면서 진행된다. 즉 요구사항, 분석(명세), 설계, 구현, 통합, 유지보수, 사용의 폐기 등 일련의 단계들로 진행된다. 소프트웨어 프로세스에는 관련된 소프트웨어 전문가들 뿐만 아니라 소프트웨어를 개발하고 유지보수 하는 데 사용되는 툴(tool)과 기법(technique)들이 포함된다.

2장 '소프트웨어 생명주기 모델'에서는 다양한 생명주기 모델들이 논의된다. 이들 생명주기에는 진화-트리(evolution-tree model), 폭포수 모델(waterfall model), 래피드-프로토타이핑 모델 (rapid-prototyping model), 동기적-안정적 모델(synchronize-and-stabilize model), 오픈-소스 모델 (open-source model), 애자일 프로세스(Agile processes), 나선형 모델(spiral model), 그리고 이들 중 가장 중요한 반복적-점진적 모델(iterative-and-incremental model)등이 포함된다. 특히 독자가 특정한 프로젝트에 적합한 생명-주기 모델을 채택할 수 있게 다양한 생명-주기 모델들이 비교되어 요약되어 있다.

3장 '소프트웨어 프로세스'에서는 오늘날 소프트웨어 개발 시 가장 좋은 방향으로 인정되고 있는 Unified Process를 강조해 설명하고 있다. Agile processes는 인기를 얻고 있는 소프트웨어 개발에 대한 접근법으로, 상세하게 논의진다. 이 장은 소프트웨어 프로세스 개선에 관한 내용으로 마무리된다.

4장 '팀'에 관한 내용이다. 오늘날의 프로젝트는 너무 거대하기 때문에 한 사람이 주어진 시간 내에 완성하기가 불가능하다. 그래서 소프트웨어 전문가들로 구성된 팀이 프로젝트에서 서로 협력하면서 수행한다. 이 장의 주요 주제는 팀의 멤버들이 주어진 프로젝트를 생산적으로 함께 일을 하려면 팀을 어떻게 조직해야 하는지를 설명해준다. 또한 팀을 조직하는 다양한 방법이 논의된다. 즉 민주적 팀(democratic team), 치프 프로그래머 팀(chief programmer team), 동기적-안정적 팀(synchronize-and-stabilize team), 그리고 오픈-소스 모델(open-source model), 애자일 프로세스 (Agile processes)등이 논의된다.

소프트웨어 엔지니어는 반드시 분석적(analytical)이고 실용적인(practical) 많은 툴을 사용할 필요가 있다. **5장** '툴의 선택'에서는 독자는 다양한 소프트웨어 공학 툴들을 소개받는다. 이런 툴 중에 하나가 거대한 문제를 보다 작고, 다루기 쉬운 문제로 분해하는 기법인 단계적 정제(stepwise refinement)이다. 또 다른 툴은 소프트웨어 프로젝트가 재정적으로 타당한지를 결정해주는 기법인 비용-이익 분석(cost-benefit analysis)이다. 그런 후에 CASE(computer-aided software engineering) 툴이 설명된다. CASE 툴은 소프트웨어 엔지니어들이 소프트웨어를 개발하고 유지보수 하는 활동을 돕는 소프트웨어 프로덕트이다. 끝으로, 소프트웨어 프로세스를 관리하기 위해 프로젝트가 정상적으로 수행되었는지를 결정해주는 계량적인 측정(measure)이 필요하다. 이러한 측정(또는 척도)들은 프로젝트의 성공에 매우 중요하다.

5장의 나머지 두 주제인 CASE 툴과 척도(metric)는 소프트웨어 생명주기의 특정 워크플로를 설명하는 11, 12, 13, 14, 15, 16장에 아주 세부적으로 설명되어 있다. 여기에는 해당 각 워크플로를 적합하게 관리하는 데 필요한 척도들이 서술되고, 또 각 워크플로를 지원하는 CASE 툴들에 대한 논의도 제시된다.

6장 '테스팅'에서는 테스팅에 관한 기본 개념들이 논의된다. 소프트웨어 생명주기의 각 단계에 적합한 테스팅 기법들은 11, 12, 13, 14, 15, 16장에서 논의된다.

7장 '모듈에서 객체까지'에서는 클래스(class)들과 객체(object)들 그리고 객체-지향 패러다임 (object-oriented paradigm)이 고전적 패러다임(classical paradigm)보다 성공적이라고 판명되는 이유들이 구체적으로 서술되어 있다. 이 장에서 제시한 개념들은 이 책의 나머지부분 특히 11장 '요구사항', 13장 '객체-지향 분석', 객체-지향 설계가 제시된 14장 등에서 사용된다.

7장의 아이디어들은 **8장** '재사용성(reusability)과 이식성(portability)'으로 확장되었다. 다양한 서로 다른 하드웨어에 이식될 수 있는 재사용 가능한 소프트웨어를 구현할 수 있는 것은 매우 중요하다. 이 장의 첫 부분은 재사용에 관한 내용으로 객체-지향 패턴과 프레임워크와 같은 재사용 전략뿐만 아니라 다양한 재사용 사례 연구들을 주제로 포함시켜 설명하고 있다. 이식성은 두 번째 주제이고, 이식성 전략이 다양한 수준으로 제시된다. 이 장에서는 재사용성과 이식성을 달성하는 데 객체의 역할이 무엇인지를 반복적인 주제로 다룬다.

제1부의 마지막 장인 **9장**의 제목은 '계획수립(planning)과 추정(estimating)'이다. 소프트웨어 프로젝트를 시작하기 전에 전체적인 운영을 구체적으로 사전에 계획하는 것은 필수적이다. 일단 프로젝트가 시작되면, 관리자는 면밀하게 진행과정을 감시해서 본래 계획과 얼마나 차이가 있는지를 알아야 하며, 또 잘못된 곳에 수정 조치를 해야 한다. 또한 프로젝트에 어느 정도의 시간이 소요되고 비용이 얼마나 소요되는지 정확한 예측을 클라이언트에게 제시하는 것도 매우 중요하다. 기능 점수(function point)와 COCOMO II를 포함한 여러 가지 추정 기법들이 제시되어 있다. 더욱이 소프트웨어 프로젝트 관리 계획(software project management plan)의 구체적인 서술도 제시되어 있다. 이 장의 내용들은 12장과 13장에서 사용된다. 고전적 패러다임(classical paradigm)이 사용되면, 주요 계획과 추정 활동들은 12장의 설명처럼 고전적 분석 페이즈(classical analysis phase)의 마지막에 수행된다. 객체-지향 패러다임(object-oriented paradigm)을 사용해 소프트웨어를 개발하면, 계획수립은 13장의 객체-지향 분석 워크플로(object-oriented analysis workflow)의 후반부에 수행된다.

제2장

소프트웨어 생명주기 모델

학습목표
....

이 장을 학습하면 다음 사항들을 습득하게 된다.

● 소프트웨어 프로덕트들이 실무에서 어떻게 개발되는지를 서술할 수 있게 된다.

● 진화–트리 생명주기 모델을 이해하게 된다.

● 소프트웨어 프로덕트들에 대한 변경의 부정적인 영향을 인식하게 된다.

● 반복적–점진적 생명주기 모델을 활용할 수 있게 된다.

● 소프트웨어 프로덕션에 대한 Miller의 법칙을 이해하게 된다.

● 반복적–점진적 생명주기 모델의 강점들을 서술할 수 있게 된다.

● 초기에 위험들을 완화시켜야 하는 중요성을 인식하게 된다.

● 익스트림 프로그래밍을 포함한 애자일 프로세스를 서술할 수 있게 된다.

● 다양한 생명주기 모델들을 비교하고 대조할 수 있게 된다.

1장은 소프트웨어 프로덕트들이 이상적인 세계에서 어떻게 개발되는지를 서술했다. 이 장의 주제는 실무에서 무엇을 하는지를 서술한다. 이미 설명했듯이 이론과 실무 사이에는 크나 큰 차이가 있다.

2.1
이론적 측면의 소프트웨어 개발

이상적인 세계에서 소프트웨어 프로덕트는 1장의 서술처럼 개발된다. 그림 2.1에 묘사되어 있듯이 시스템은 처음부터 개발된다. 즉 공집합(empty set)은 ∅로 표기된다(만약 처음부터 이 용어의 근원을 알고 싶으면 '알고 싶은 사항 2.1'을 참조). 첫째 클라이언트의 요구사항(requirement)들이 결정된 후 **분석(analysis)**이 수행된다. 분석 산출물(analysis artifact)들이 완료되었을 때 **설계(design)**가 생성되고, 이후에 완전한 소프트웨어 프로덕트의 **구현(implementation)**이 있게 된 다음에 클라이언트의 컴퓨터에 설치된다.

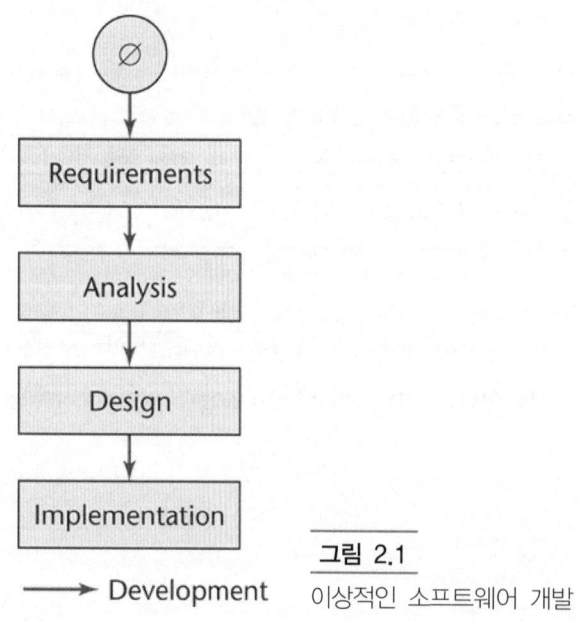

그림 2.1
이상적인 소프트웨어 개발

그러나 소프트웨어 개발은 두 가지 이유 때문에 실무에서 상당히 크게 차이가 난다. 첫째, 소프트웨어 전문가들도 인간이기 때문에 실수를 한다는 점이다. 두 번째, 클라이언트의 요구사항들은 소프트웨어가 개발 중인 경우에도 변경된다는 점이다. 이 장에서는 두 개의 이슈가 보다 깊이 있게 논의되고 또 관련된 이슈들을 설명하기 위해 [Tomer and Schach, 2000]에 있는 사례연구를 기반으로 미니 사례연구(mini case study)를 제시하고 있다.

2.2
Winberg Mini Case Study

Indiana의 다운타운 Winberg의 교통 혼잡을 피하기 위해 시장은 시당국에 공공수송시스템을 구축하라고 지시했다. 버스 전용 차선을 설정해서 고객들이 '주차시키고 승차하게'한다. 즉 그들의 차는 시외의 환승주차장(parking lot)에 주차시킨 후 그곳에서 버스로 환승해 회사까지 간다. 이때 왕복 승차비는 오직 $1만 받는다. 각 버스는 단지 1달러 지표(bill)만 받을 수 있는 요금기를 갖고 있다. 승객들은 이 지표로만 버스를 승차할 시 슬롯(slot)에 넣는다. 요금기 내부에 있는 센서는 지표를 읽고, 기기 내에 있는 소프트웨어는 승객이 슬롯에 유효한 지표를 삽입했는지를 확인해주는 이미지 인식 알고리즘을 사용한다. 이러한 새로운 기기가 어떤 종이를 속임수로 사용하면 이를 거부해야 되기 때문에 요금기기가 정확한 것이 중요하다. 즉 요금 입금은 효과적으로 0으로 설정해야 한다. 역으로 만약에 요금기기가 유효한 달러지표를 거부한다면 승객들은 버스를 사용하기가 귀찮을 것이다. 추가로 요금기기는 속도가 빨라야 한다. 승객들은 만약 요금기기가 달러지표의 유효성을 판정하는 데 15초를 소요한다면 버스를 이용하는 데 똑같이 불편해져서 버스를 승차하는 승객들은 아주 소수만 이용하게 된다. 그러므로 요금기기 소프트웨어에 대한 요구사항들에는 1초 이내의 평균 응답시간과 적어도 98%의 평균 정확도가 포함되어야 한다.

에피소드 1 소프트웨어의 첫 번째 버전이 구현되었다.

에피소드 2 테스트(시험)들은 달러지표의 유효성을 판명하는 데 1초의 평균 응답시간이란 요구된 제약이 성취되지 않은 것을 보여주었다. 사실 평균적으로 응답을 하는 데 10초가 소요되었다. 선임 관리자는 그 이유를 발견해냈다. 요구된 98%의 정확도를 얻기 위해서 프로그래머는 매니저가 모든 수학계산은 배정도수(double-precision number)를 사용하라고 지시했었다. 결과적으로 모든 오퍼레이션은 일반적인 단정도수(single-precision number)로 하는 것보다 적어도 두 배가 소요된다. 이 결과는 프로그램이 긴 응답시간을 갖게 만들어 아주 느리게 된다. 계산들은 매니저가 프로그래머에게 말했음에도 불구하고 단정도수를 사용한 경우에도 98% 정확도가 달성될 수 있는 것을 보여주었다. 프로그래머는 구현에 필요한 변경들을 하기 시작했다.

에피소드 3 프로그래머가 자신의 작업을 완료하기 전에 시스템의 구체적인 테스트들은 구현에 지시된 변경들이 가해진 경우에도 시스템이 아직도 정교하게 1초 근방이 아닌 4.5초 이상의 평균 응답시간이 소요되는 것을 보여주었다. 문제는 복잡한 이미지 인식 알고리즘 때문이었다. 다행히 보다 빠른 알고리즘이 발견되어 새로운 알고리즘을 사용해 재작성되었다. 이로 인해 성공적으로 평균 응답시간이 달성되었다.

에피소드 4 지금까지 프로젝트는 일정이 상당히 지연되고 예산은 초과되었다. 성공한 사업주인 시장은 소프트웨어 개발 팀에게 이 결과로 나온 패키지를 자동판매기회사들에게 판매하기 위해서 가능한 한 많이 달러지표 인식 컴포넌트의 정확도를 증가시키라는 아이디어를 요청했다. 새로운 요구사항을 만족시키기 위해, 새로운 설계는 평균 정확도를 99.5%이상으로 증가시키도록 적용되었다. 관리자는 요금기기에 이 소프트웨어 버전을 설치하기로 결정했다. 그런 후 소프트웨어 개발이 완료되었다. 시는 이 시스템을 최근에 비용의 약 1/3이 넘게 지불하는 조건으로 두 소규모 자동판매기회사에 판매했다.

에필로그(epilogue) 몇 년 후 요금기기 내부에 있는 센서들이 구식이 되어 새로운 모델로 교체시킬 시기가 되었다. 관리자는 동시에 하드웨어도 업그레이드시키는 것이 변경에 이점이 있다고 제안했고, 소프트웨어 전문가들은 하드웨어를 변경시키면 새로운 소프트웨어가 필요해진다고 지적했다. 그들은 또한 다른 프로그래밍 언어로 소프트웨어를 재작성해야 한다고 지적했다. 즉 이를 작성하는 시간으로 보면 프로젝트는 일정이 6개월 지연되고 예산은 25%가 더 소요된다고 제안했다. 그러나 관련된 모든 사람은 새로운 시스템이 응답시간과 정확도 요구사항들에 '약간의 불일치'에도 불구하고 더 높은 신뢰성과 고품질을 가질 것이라고 확신했다.

그림 2.2는 미니 사례연구의 진화–트리 생명주기 모델(evolution-tree life-cycle model)을 묘사하고 있다. 최좌측 박스는 에피소드 1을 나타낸다. 그림에서 보듯이 시스템은 처음부터 개발된다. 요구사항들(Requirements₁), 분석(Analysis₁), 설계(Design₁), 구현(Implementation₁)들이 연속적으로

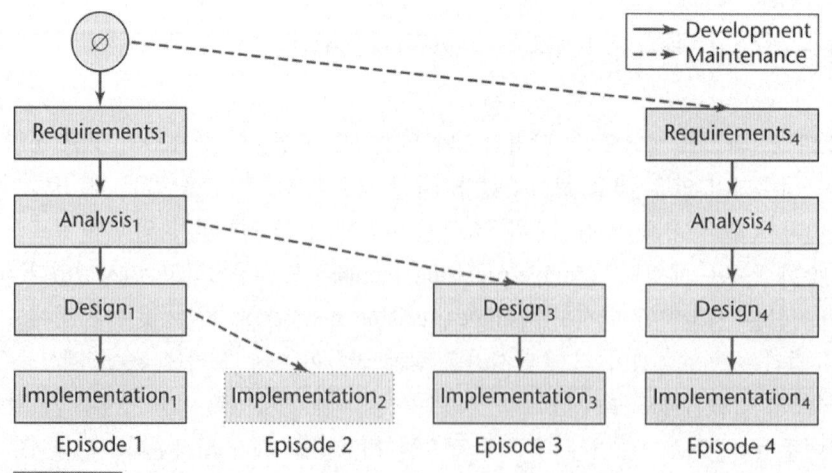

그림 2.2 Winburg 미니 사례연구에 대한 진화–트리 생명주기 모델.
(점선으로 작성된 사각형은 구현이 완성되지 않은 것을 의미함)

수행된다. 다음에 이전의 설명처럼 소프트웨어의 첫 번째 버전의 시운전은 1초의 평균 응답시간이 달성되지 않아 구현이 수정되어야 한다는 사실은 보여준다. 수정된 구현은 그림 2.2에 Implementation$_2$로 제시되어 있다. 그러나 Implementation$_2$는 결코 완성되지 못한다. 사각형으로 표현된 Implementation$_2$는 점선으로만 그려있어서 그렇다.

에피소드 3에서 설계들은 변경되어야 한다. 특히 아주 빠른 이미지 인식 알고리즘이 사용되었다. 이 수정된 설계(Design$_3$)는 수정된 구현(Implementation$_3$)을 갖게 된다.

마지막으로 에피소드 4에서 요구사항은 정확도를 증가시키기 위해서 변경(Requirements$_4$)되었다. 이에 따라 수정된 명세(Analysis$_4$), 수정된 설계(Design$_4$), 수정된 구현(Implementation$_4$)을 갖게 된다.

그림 2.2에서 진한 화살표들은 개발을 표기하고, 점선 화살표들은 유지보수를 표기한다. 예를 들면 설계가 에피소드 3에서 변경되었을 때 Analysis$_1$의 설계로 Design$_1$을 Design$_3$로 교체되어야 한다.

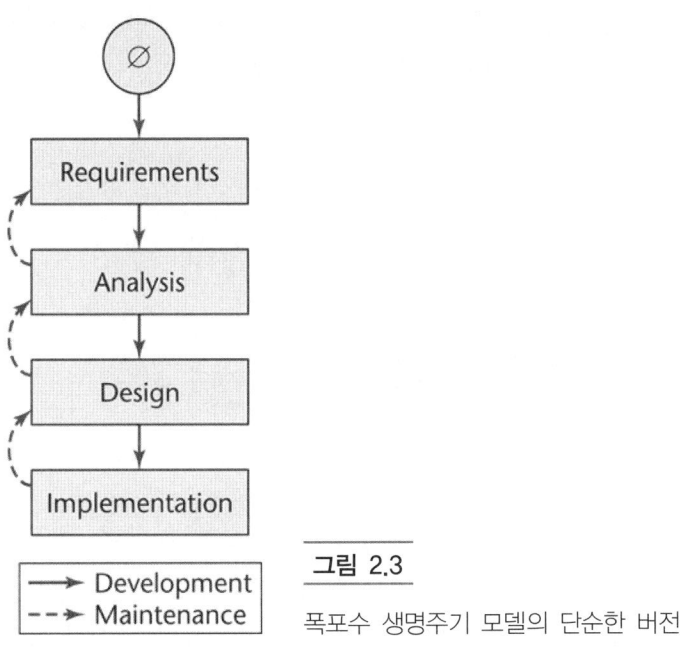

그림 2.3
폭포수 생명주기 모델의 단순한 버전

진화-트리 모델은 **생명주기 모델**(또는 간략하게 **모델**)의 한 예이다. 즉 소프트웨어 프로덕트가 개발되고 유지보수 되는 동안에 수행되어야 하는 일련의 단계들을 말한다. 미니 사례연구에서 사용될 수 있는 또 다른 생명주기 모델은 **폭포수 생명주기 모델**(waterfall life-cycle model)이다 [Royce,1970]. 폭포수 모델의 가장 단순한 버전은 그림 2.3에 묘사되어 있다. 이 고전적 생명주기 모델은 피드백 루프들을 갖는 그림 2.1의 선형 모델로 검토될 수 있다. 그래서 만약 결함이 점선 위 방향 화살표의 요구사항들에 있는 결함이 원인이 되어 설계 동안에 발견된다면 소프트웨어 개발자들은 설계에서 분석 때로는 요구사항들로 되돌아가서 거기서 필요한 수정을 해야 한다. 그런 후 아래의 분석으로 이동해 요구사항들에 대한 수정을 반영하기 위해 명세문서를 수정하고 계속해서 설계문서를 수정한다. 설계활동들은 결함이 발견되어 지연되었던 곳에서 다시 재개된다. 다시 진한 화살표들은 개발을 그리고 점선 화살표들은 유지보수를 표기한다.

폭포수 모델은 Winburg 미니 사례연구를 나타내는 데 사용될 수 있지만, 그림 2.2의 진화-트리 모델과는 다르게 이벤트의 순서를 보여줄 수는 없다. 진화-트리 모델은 폭포수 모델 이상의 구체적인 이점을 갖고 있다. 각 에피소드의 끝에 **기준선**(baseline), 즉 **산출물**(artifact)들의 완전한 집합(산출물은 소프트웨어 프로덕트의 컴포넌트라는 사실을 기억하기 바람)인 기준선을 갖고 있다. 그림 2.2에는 네 개의 기준선이 있다. 이들은 다음과 같다.

에피소드 1의 끝 : $Requirements_1$, $Analysis_1$, $Design_1$, $Implementation_1$
에피소드 2의 끝 : $Requirements_1$, $Analysis_1$, $Design_1$, $Implementation_2$
에피소드 3의 끝 : $Requirements_1$, $Analysis_1$, $Design_3$, $Implementation_3$
에피소드 4의 끝 : $Requirements_4$, $Analysis_4$, $Design_4$, $Implementation_4$

첫 번째 기준선은 산출물들의 초기 집합이고, 두 번째 기준선은 에피소드 1의 요구사항, 분석, 설계는 변경되지 않고 에피소드 2의 수정된 (그러나 결코 완성되지 않은) $Implementation_2$만 반영한 것이다. 세 번째 기준선은 첫 번째 기준선과 같으나, 설계와 구현이 변경되었다. 네 번째 기준선은 그림 2.2에서 보여준 새로운 산출물들의 완전한 집합이다. 기준선의 개념에 대해서는 5장과 16장에서 다시 학습하게 된다.

2.3
Winburg 미니 사례연구의 교훈

SOFTWARE

Winburg 미니 사례 연구는 빈약한 구현 전략(배정도수의 불필요한 사용)과 너무 느린 알고리즘을 사용하기로 한 결정들과 같이 많은 관련 없는 원인들 때문에 잘못 진행된 소프트웨어 프로덕트의 개발을 설명하고 있다. 그러나 분명한 질문은 소프트웨어는 실제로 실무에서 무질서하게 개발되느냐이다. 사실 미니 사례 연구는 대다수의 많은 소프트웨어 프로젝트들보다는 아주 작다. Winburg 미니 사례연구에서 결함(배정도수의 부적합한 사용, 응답 시간 요구사항을 만족시킬 수 없는 알고리즘의 이용)의 결과로 소프트웨어의 단 두 개 새로운 버전이 있었고, 또 클라이언트에 의해서 생긴 변경(증가된 정확도의 필요성) 때문에 생긴 단 한 개의 새로운 버전이 있었다.

소프트웨어에 그렇게 많은 변경이 필요한가? 첫째, 이전에 설명했듯이 소프트웨어 전문가들도 인간이기 때문에 실수를 저지른다는 것이다. 둘째, 소프트웨어 프로덕트는 실세계의 모델이기 때문에 실세계는 계속 변한다는 사실이다. 이 이슈는 2.4절에서 자세히 논의된다.

2.4

Teal Tractors Case Study

Teal Tractors Inc.는 미국 대부분의 지역에 트랙터를 판매하는 회사이다. 이 회사는 소프트웨어 담당 부서에 비즈니스의 모든 측면을 처리해줄 수 있는 새로운 프로덕트를 개발해달라고 요청했다. 예를 들면 프로덕트는 모든 회계기능을 제공하는 것은 물론이고 판매, 재고관리, 판매원에게 제공하는 수수료 등을 처리할 수 있어야 한다. 이 소프트웨어 프로덕트가 구현되는 동안 Teal Tractors는 Canadian tractor company를 인수했다. Teal Tractors의 관리자는 비용을 절약하기 위해서 Canadian 운영들을 U.S 운영들에 통합시키기로 결정했다. 그러면 이 소프트웨어는 완성되기 전에 다음과 같이 변경시켜야 된다는 의미이다.

1. 추가 판매지역들을 처리하기위해 수정되어야 한다.
2. 세금처럼 Canada에서 다르게 처리되는 비즈니스의 모든 측면을 처리할 수 있게 확장되어야 한다.
3. 두 국가의 화폐기준인 U.S dollar와 Canada dollar를 모두 처리할 수 있게 확장되어야 한다.

Teal Tractors는 미래의 전망이 밝은, 성장하는 우수 기업이다. Canadian tractor company의 인수는 미래에 큰 수익을 이끌어낼 수 있는 적극적인 발전이다. 그러나 소프트웨어 담당부서의 입장에서 보면 Canadian company의 합병은 불행한 일이다. 요구사항, 분석, 그리고 설계 등이 미래에 확장될 가능성이 없는 것으로 수행되고 있어서 Canadian 판매지역들을 추가하는 데 관련된 작업은 너무나 크기 때문에 당일까지 했던 모든 일을 무시하고 처음부터 다시 시작하는 것이 아주 효율적이다. 그 이유는 이 단계에서 프로덕트를 변경하는 것은 생명주기의 후반에 소프트웨어 프로덕트를 해결하려고 시도하는 것과 유사하다(그림 1.6 참조). Canadian 화폐처럼 Canadian 시장의 측면들을 처리하기 위해 소프트웨어를 확장시키는 것도 이전과 같이 어렵다.

마치 소프트웨어가 잘 고려되고 그리고 본래의 설계가 확장가능 하도록 되어 있어도 임기응변적인 이 프로덕트의 설계는 만약 처음부터 미국과 캐나다 모두를 염두에 두고 개발되어 있어도 응집도가 없게 될 것이다. 이는 미래의 유지보수에 중요한 의미를 갖게 된다.

Teal Tractors의 소프트웨어 담당부서는 이동–대상 문제(moving-target problem)의 희생자이다. 즉 소프트웨어가 개발되는 동안에 요구사항들이 변경되는 것을 의미한다. 변경에 대한 이유는 아주 가치 있는 것이 아니다. Canadian company의 인수는 개발 중인 소프트웨어의 품질에 해로운 것이 사실이다.

어떤 경우에도 이동 대상에 대한 이유가 옳지 않다. 때로는 조직 내의 능력 있는 선임 매니저도 현재 개발 중인 소프트웨어 프로덕트의 기능성에 대해 스스로 변경하려고 한다. 다른 경우로 특성 단계적 접근(feature creep)이 있다. 즉 요구사항들에 느끼지 못할 정도의 소규모 추가를 성공시키는 것. 그러나 자주 변경시키는 것은 이유가 무엇이든지 소프트웨어 프로덕트에는 해롭다. 그래서 소프트웨어 프로덕트는 가능한 한 독립적인 컴포넌트들의 집합으로 설계하는 것이 중요하다. 그래야 소프트웨어의 한 부문에 대한 변경에도 소위 **회귀결함**(regression fault)이라 부르는 코드의 관련 없는 부문에 결함이 반입되지 않게 한다. 수많은 변경이 만들어질 경우 그 효과로 코드 내에 종속성(dependency)들이 반입되게 된다. 마지막으로 많은 종속성이 있게 되면 실제로 어떤 변경에도 하나 또는 그 이상의 회귀결함들을 반입시키게 된다. 이렇게 되면 할 수 있는 일은 오직 전체 소프트웨어 프로덕트를 재설계하고 재구현할 수밖에 없다.

불행하게도 이동-대상 문제에 대한 해결방안을 알지 못한다는 사실이다. 요구사항들에 대한 긍정적인 변경들에 관해 성장하는 회사들은 항상 변경하려고 하고, 이들 변경을 회사의 미션-중심 소프트웨어 프로덕트들에 반영시키려고 한다. 부정적인 변경들에 대해 만약 이들 변경을 요청하는 개인이 엄청난 영향력을 갖고 있다면 소프트웨어 프로덕트의 세부 유지보수성에 해가 되는 구현 중인 변경들을 어느 누구도 막을 수가 없다.

2.5
반복과 점진

SOFTWARE

이동-대상 문제와 소프트웨어 프로덕트가 개발되는 동안 생긴 피할 수 없는 실수들을 수정할 필요성 때문에 실제 소프트웨어 프로덕트들의 생명주기는 그림 2.1의 이상적인 체인보다는 차라리 그림 2.2의 진화 트리 모델이나 그림 2.3의 폭포수 모델을 닮았다. 이 현실의 한 결과는 '분석 페이즈(anaysis phase)'에 대해서는 이야기를 많이 하지 않는다. 대신에 분석 페이즈의 오퍼레이션들이 생명주기 전반에 퍼지게 된다. 유사하게 그림 2.2는 (Implemenatation$_2$)가 이동-대상 문제 때문에 결코 완성되지 않는 것이라 구현의 네 가지 다른 버전들을 보여준다.

산출물의 성공적인 버전, 즉 예로 명세문서나 코드모듈을 고려해보자. 이 관점에서 기본 프로세스(basic process)는 반복적(iterative)이다. 즉 우리는 산출물의 첫 번째 버전을 생성한 후 이를 수정해서 두 번째 버전을 생성해낸다. 또 이 프로세스는 반복된다. 우리의 의도는 각 버전이 이의 선행버전보다 우리의 목표에 가깝게 되어 최종 버전이 우리가 만족하는 버전으로 구축하는 것이다. **반복(iteration)**은 소프트웨어 공학의 고유한 측면이라, 반복적 생명주기 모델들은 30년 이상 동안 사용되어왔다[Larman and Basili, 2003]. 예를 들면 1970년에 처음 제시된 폭포수 모델도 반복적(그러나 점진적은 아님)이다.

실세계 소프트웨어를 개발하는 두 번째 측면은 Miller의 법칙이 우리에게 강요한 제약이다. 1956년에 심리학 교수인 George Miller는 언제나 인간은 거의 7개 정도의 청크(chunk, 정보의 단위)에만 집중할 능력을 갖고 있다고 제시했다[Miller, 1956]. 그러나 대표적인 소프트웨어 산출물은 7개 이상의 청크를 갖고 있다. 예를 들면 코드 산출물(code artifact)은 7개 이상의 변수들을 가질 수 있고 요구사항 문서는 7개 이상의 요구사항들을 가질 수 있다. 인간이 처리할 수 있는 정보의 양에 대한 이러한 제약을 해결하는 한 방법으로 **단계적 정제(stepwise refinement)**가 사용된다. 이는 현재 가장 중요한 측면들에만 집중하고 그렇지 않은 측면들은 차후로 연기시킨다. 다른 말로 표현하면 모든 측면이 결국에는 다 처리되지만 단지 현재의 중요도에 따라 순서대로 구축하는 것이다. 이는 달성하려고 하는 작은 부분만을 해결하는 산출물의 구축으로 시작한다는 의미이다. 그런 후에 문제의 구체적인 측면들을 고려해서 현재의 산출물에 새로운 부문들을 추가한다. 예를 들면 우리가 가장 중요하다고 생각되는 7개의 요구사항들을 고려해서 요구사항 문서를 구축한다. 그런 다음 다시 가장 중요한 7개의 요구사항들도 또 그 다음 단계도 고려해야 한다. 이것이 점진적 프로세스(incremental process)이다. **점진(incrementation)**도 또한 소프트웨어 공학의 고유한 측면이다. 그래서 점진적 소프트웨어 개발도 45년 이상 사용되어 왔다[Larman and Basili, 2003].

실무에서 반복(iteration)과 통합(integration)은 서로 연계되어 있다. 즉 산출물은 하나씩(incrementation) 구축되고, 각 점진은 다중 버전(iteration)으로 진행된다. 이들 아이디어는 Winburg 미니 사례연구(2.2절과 2.3절)을 표현한 그림 2.2에 설명되어 있다. 이 그림에서 보듯이 이와 같이 단일 '요구사항 페이지'가 없다. 대신에 클라이언트의 요구사항들은 추출된 후 본래의 요구사항(Requirements$_1$)과 수정된 요구사항(Requirements$_4$)으로 두 번 분석된다. 유사하게 단일 '구현 페이즈'는 없지만 코드가 생성된 후 수정되는 네 개의 독립된 에피소드가 있다.

이들 아이디어는 **반복적–점진적 생명주기 모델**(iterative-and-incremental life-cycle model)의 기초가 되는 기본 개념들을 반영시켜 그림 2.4에 일반화시켜 놓았다[Jacobson, Booch, Raumbaugh, 1999]. 이 그림은 소프트웨어 프로덕트의 개발을 Increment A, Increment B, Increment C, Increment D로 이름이 부여된 네 개의 점진으로 된 것을 보여준다. 수평축은 시간, 수직축은 사람-시간(1 person-hour는 한 사람이 한 시간당 작업한 양을 의미함)이기 때문에 각 곡선 아래에 있는 진한 영역은 해당 점진에 대한 전체 노력을 의미한다.

그림 2.4에 소프트웨어 프로덕트를 점진들로 분해하는 가능한 방안을 묘사하고 있다. 또 다른 소프트웨어 프로덕트는 두 개의 점진만으로 구축할 수 있고, 반면에 세 번째는 14번을 요구할 수도 있다. 더욱이 이 그림은 소프트웨어 프로덕트가 어떻게 정밀하게 개발되는지를 정확한 표현으로 할 의도는 없다. 대신에 반복에서 반복으로 어떻게 변하는지를 보여준다.

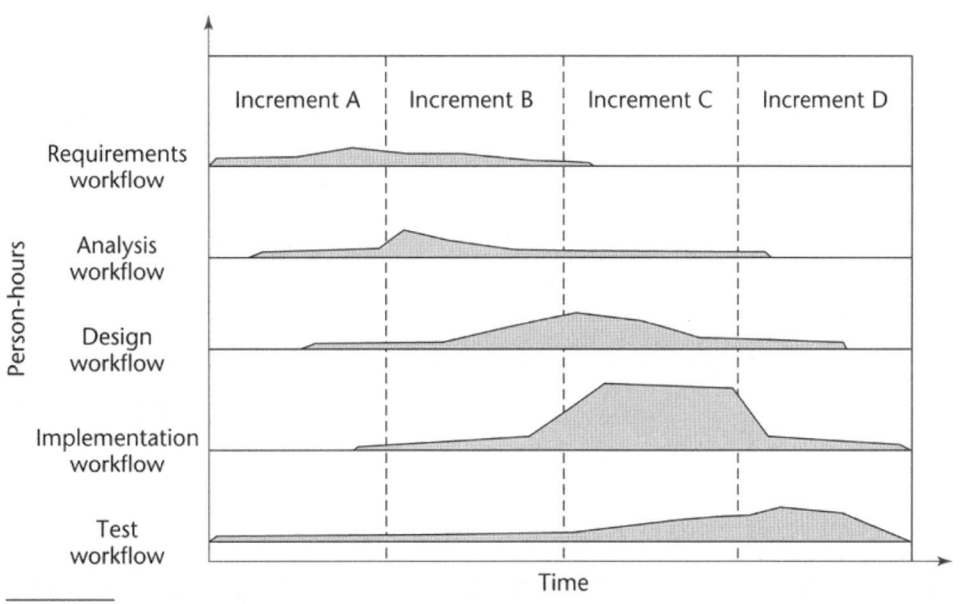

그림 2.4 네 개의 점진들로 소프트웨어 구축

그림 2.1의 순차 페이즈(sequential phase)는 가공의 구축이다. 대신 그림 2.4에 명확하게 반영된 것처럼 우리는 다른 **워크플로**(workflow)(activities, 활동들)가 전체 생명주기에 어떻게 수행되는지를 인지해야 한다. 여기에는 5개의 **핵심 워크플로**인 requirement workflow, analysis workflow, design workflow, implementation workflow, test workflow가 있고 이전 문단에서 설명했듯이 이들 다섯 개는 소프트웨어 프로덕트의 생명주기 전체에서 수행된다. 그러나 한 워크플로가 다른 네 개의 워크플로보다 우선시될 시기가 있다.

예를 들면 생명주기를 시작할 때 소프트웨어 개발자들은 요구사항들의 초기 집합을 추출한다. 다른 말로 표현하면 반복-점진적 생명주기를 시작할 때는 요구사항 워크플로가 우선 수행된다. 이들 요구사항 산출물들은 확대되고 나머지 생명주기 동안에 수정된다. 이 시간 동안에 나머지 네 개 워크플로(분석, 설계, 구현, 테스트)들이 우선시된다. 다른 말로 표현하면 요구사항 워크플로는 생명주기의 시작 시에는 메인 워크플로이고, 이후에는 상대적으로 중요성이 감소된다. 역으로 구현과 테스트 워크플로는 소프트웨어 개발 팀 멤버의 시간을 생명주기의 시작시점보다 생명주기의 후반부에 더 많이 투입된다.

계획수립(planning)과 문서화 활동들(documentation activities)은 반복적-점진적 생명주기 전체에 수행된다. 더욱이 테스팅(testing)은 각 반복 동안에, 그리고 특히 각 반복의 후반부에 주요 활동이 된다. 추가로 소프트웨어는 개발이 완료된 후에 전체적으로 철저하게 테스트 되어야 한다. 즉 이 당시에 다양한 테스트의 결과로 구현을 수정시키는 테스팅은 소프트웨어 팀의 중요한 활동이다. 이것은 그림 2.4의 테스트 워크플로에 반영되어 있다.

그림 2.4는 네 개의 점진을 보여준다. 좌측의 열에 묘사된 Increment A를 고려해보자. 이 점진의 시작점에서 요구사항 팀 멤버들은 클라이언트의 요구사항들을 결정한다. 요구사항들의 대부분이 결정된 후 분석부분의 첫 번째 버전이 시작될 수 있다. 분석에 대해 충분한 진전이 있을 때 설계의 첫 번째 버전이 시작될 수 있다. 일부 코딩은 제안된 소프트웨어 프로덕트 부분의 타당성을 테스트하기 위해서 증거 개념의 프로토타입으로 이 첫 번째 점진 동안에 이루어진다. 마지막으로 이전의 언급처럼 계획수립, 테스팅, 그리고 문서화 활동들은 첫날(Day One)부터 시작되고 소프트웨어 프로덕트가 클라이언트에 인도될 때까지 계속된다.

유사하게 Increment B 동안에 초기의 집중은 요구사항들과 분석 워크플로이고 다음이 설계 워크플로이다. Increment C 동안에 강조되는 첫 번째는 설계 워크플로이고 다음은 구현 워크플로와 테스트 워크플로이다. 마지막으로 Increment D 동안에는 구현 워크플로와 테스트 워크플로가 중심이 된다.

그림 1.4에 반영되었듯이 전체 노력의 약 1/5은 요구사항과 분석 워크플로(함께)에, 또 1/5은 설계 워크플로에 약 3/5은 구현 워크플로에 투입된다. 그림 2.4의 진한 부분의 전체 크기는 이들 값을 반영하고 있다.

이는 그림 2.4의 각 점진 동안에 반복이다. 이것은 Increment B동안에 세 번의 반복을 묘사한 것은 그림 2.5에서 보여준다(그림 2.5는 그림 2.4의 두 번째 열을 확장시킨 것임). 그림 2.5에서 보여주었듯이 각 반복은 모두 다섯 개의 워크플로와 연관되어 있지만 비율은 변한다.

다시 그림 2.5는 모든 점진이 정확하게 세 번의 반복을 포함한다는 것을 보여줄 의도가 아니라는 것을 강조하고 있다. 반복 횟수는 점진에 따라 변한다. 그림 2.5의 목적은 각 점진 내의 그리고 모두 다섯 개의 워크플로(계획수립과 문서화와 함께 요구사항, 분석, 설계, 테스팅)들이 모든 반복 동안에 매번 변한 비율로 수행되는 반복을 보여준다.

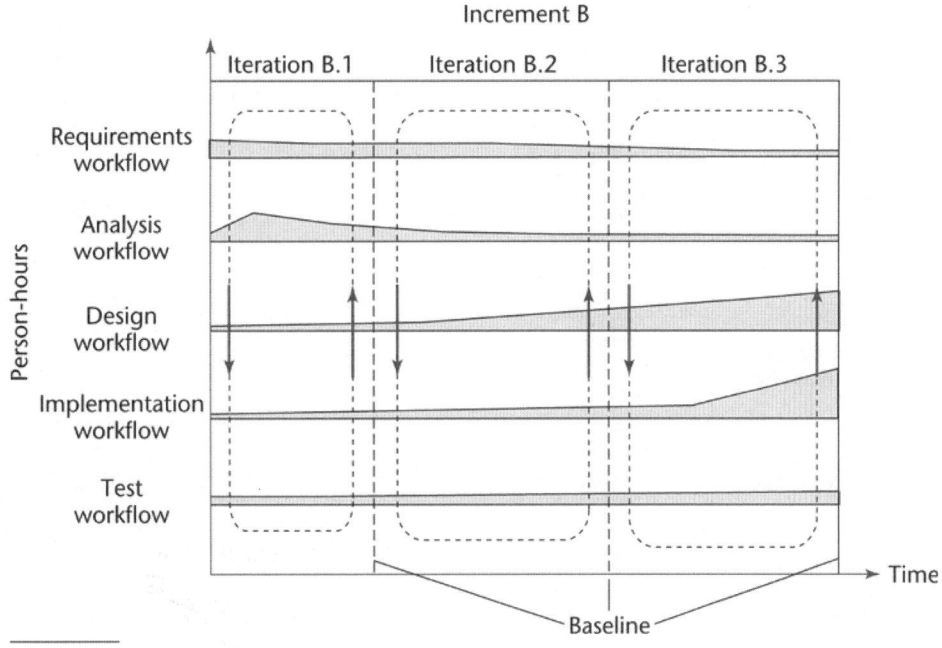

그림 2.5 그림 2.4의 반복적–점진적 생명주기 모델의 Increment B에 대한 세 개의 반복

이전에 설명했듯이 그림 2.4는 모든 소프트웨어 프로덕트의 개발에 내재된 점진을 반영하고 있다. 그림 2.5는 점진의 기초가 되는 반복을 보여준다. 특별히 그림 2.5는 하나의 아주 큰 점진과는 반대인 세 개의 연속된 반복단계를 묘사하고 있다. 보다 상세히 말하면 Iteration B.1은 그림 최좌측의 둥근 점선 사각형으로 표현된 요구사항들, 분석, 설계, 구현, 그리고 테스트 워크플로들로 구성된다. 이 반복은 다섯 개의 워크플로 각각의 산출물들이 만족될 때까지 계속된다.

다음으로 산출물들의 모든 다섯 개 집합은 Iteration B.2에서 반복된다. 이 두 번째 반복은 첫 번째의 성질과 유사하다. 즉 요구사항들 산출물들은 계속 분석 산출물들에 개선을 자극하기 위해 개선된다. 이는 두 번째 반복에 반영되어 개선되고 또 세 번째 반복을 위해서도 유사하게 진행된다.

반복과 점진의 프로세스는 Increment A의 시점에서 시작되고 Increment D의 끝에까지 계속된다. 완성된 소프트웨어 프로덕트는 이때 클라이언트의 컴퓨터에 설치된다.

2.6

Winburg Mini Case Study Revisited

그림 2.6은 반복적-점진적 모델 위에 겹쳐놓은 Winburg 미니 사례연구의 진화-트리모델을 보여주고 있다(그림 1.7에서 설명했듯이 진화-트리 모델은 계속 테스팅을 한다는 가정이기 때문에 테스트 워크플로는 보여주지 않음). 그림 2.6은 점진의 성질에 다음과 같이 약간의 영향을 미친다.

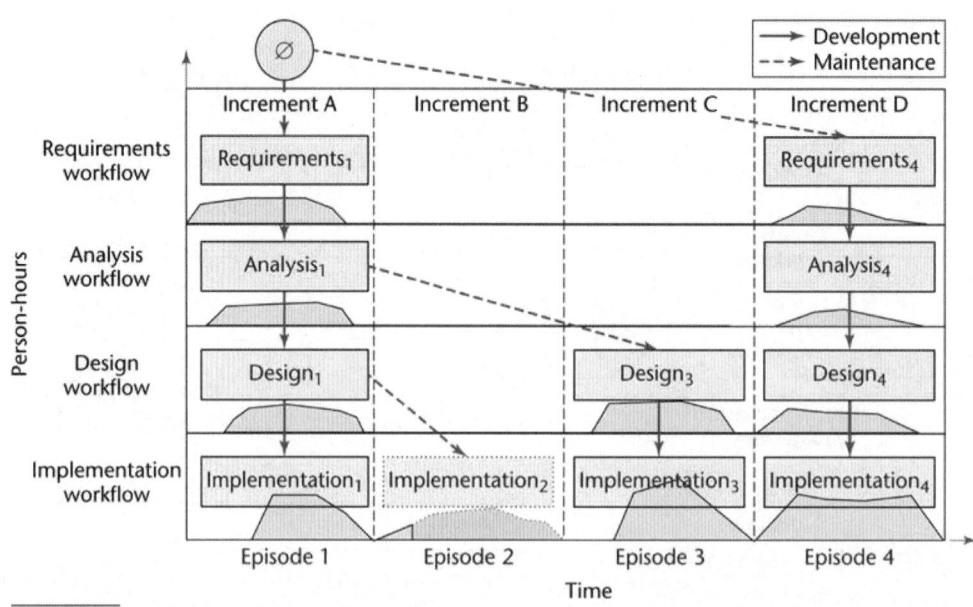

그림 2.6 Winburg 미니 사례연구(그림2.2)에 대한 진화–트리 생명주기 모델이 반복적–점진적 생명주기 모델에 투영시킨 그림.

- Increment A는 Episode 1에 대응되고, Increment B는 Episode 2 대응되고, 그리고 이와 같이 차례로 대응된다.

- 반복적-점진적 모델의 관점으로 보면 두 개의 점진에는 모두 네 개의 워크플로들을 포함하지 않는다. 보다 상세하게 말하면 Increment C(Episode 3)는 단지 구현 워크플로만 포함하고 Increment D(Episode 4)는 단지 설계와 구현 워크플로만 포함한다. 반복적-점진적 모델은 모든 워크플로가 모든 점진 동안에 수행되는 것을 요구하지 않는다.

- 더욱이 그림 2.4에서 대부분의 요구사항 워크플로는 Increment A와 Increment B에서 수행되지만 그림 2.6에서는 Increment A와 Increment D에서 수행된다. 또한 그림 2.4에서 대부분의 분석은 Increment B에서 수행되지만 그림 2.6에서 분석 워크플로는 Increment A와 Increment D에서 수행된다. 이것은 그림 2.4도 그림 2.6도 모든 소프트웨어 프로덕트가 구축되는 진로를 나타내는 것이 아니라는 것을 강조한다. 대신에 각 그림은 어떠한 특별한 소프트웨어 프로덕트가 반복과 점진 중심으로 구축되는 것을 보여준다.

- 그림 2.6의 Increment B(Episode 2)동안에 구현 워크플로의 작은 크기와 갑작스러운 종료(termination)는 Implementation₂가 완료되지 않은 것을 보여준다. 여기서 진한 부분은 수행되지 않은 구현 워크플로를 반영한 것이다.

- 진화-트리 모델의 세 개 점선 화살표는 각 점진이 이전 점진의 유지보수로 구성된 것을 보여준다. 이 예에서, 두 번째와 세 번째 점진은 수정적 유지보수이다. 즉 각 점진은 이전의 점진에 있는 결함들을 수정한다. 이전에 설명했듯이 Increment B(Episode 2)는 통상적인 단정도 변수들을 배정도 변수들로 교체시켜서 구현 워크플로를 수정했다. Increment C(Episode 3)는 아주 빠른 이미지 인식 알고리즘을 사용함으로써 설계 워크플로를 수정하고, 그렇게 함으로써 응답시간 요구사항을 만족시킨다. 그 후 대응되는 변화는 구현 워크플로에 만들어진다. 마지막으로 Increment D(Episode 4)에서 요구사항은 완전적 유지보수의 일례로, 전체 정확도를 개선시키기

위해 변경된다. 이때 대응되는 변경들은 분석 워크플로, 설계 워크플로, 그리고 구현 워크플로에 만들어진다.

2.7
반복과 점진의 위험과 또 다른 측면

반복과 점진에서 보는 또 다른 진로는 프로젝트 전체를 보다 소규모의 미니 프로젝트들(또는 점진들)로 분할하는 것이다. 각 미니 프로젝트는 요구사항, 분석, 설계, 구현, 테스팅 산출물들로 확대된다. 마지막으로 산출물들의 결과로 나온 집합이 완전한 소프트웨어 프로덕트를 구성한다.

사실 각 미니 프로젝트는 산출물들을 확장한 것 그 이상으로 구성된다. 각 산출물이 수정되고(테스트 워크플로) 관련 산출물들에 어떤 필요한 변경들이 만들어졌는지를 점검하는 게 꼭 필요하다. 점검하고 수정하는 이 프로세스는 다시 점검하고(rechecking) 다시 수정(remodifying)하는 것은 분명히 반복적인 성질이다. 이것은 개발 팀의 멤버가 현재 미니 프로젝트(또는 점진)의 모든 산출물들에 만족할 때까지 계속된다. 이렇게 되었을 때 다음 점진으로 넘어간다. 그림 2.3(폭포수 모델)과 그림 2.5(테스트 워크플로)를 비교해보면 각 반복은 소규모이지만 완벽한 폭포수 모델로 볼 수 있는 것을 보여준다. 즉 각 반복 동안에 개발 팀의 멤버는 소프트웨어 프로덕트의 특정 부문에 고전적 요구사항들, 분석, 설계, 구현 페이즈 순으로 진행한다. 이 관점으로 보면 그림 2.4와 2.5의 반복적-점진적 모델은 폭포수 모델의 연속적인 시리즈로 볼 수 있다.

반복적-점진적 모델은 다음과 같은 강점들을 갖고 있다.

1. 소프트웨어 프로덕트가 수정되는 것을 점검하는 다중 기회들을 제공해준다. 모든 반복은 테스트 워크플로를 포함하고 있어서 이 시점까지 개발했던 모든 산출물들을 점검할 수 있는 또 다른 기회가 된다. 이후에 결함들이 발견되고 수정되면 그림 1.6에서 보듯이 비용이 아주 많이 든다. 고전적 폭포수 모델과 다르게 반복적-점진적 모델의 각각의 많은 반복은 결함들을 발견하고 이들을 수정하는 구체적인 기회를 제공하기 때문에 비용을 절감시켜준다.

2. 아키텍처의 강건성(robustness)은 생명주기의 아주 초기에 결정된다. 소프트웨어 프로덕트의 아키텍처(architecture)는 다양한 컴포넌트 산출물들로 구성되고 이들을 알맞게 적합하게 한 것이다. 유추해보면 Romanesque, Gothic, Baroqque 등과 같은 성당의 아키텍처가 있다. 유사하게 소프트웨어 프로덕트의 아키텍처는 객체-지향(object-oriented)(7장), 파이프와 필터(pipes and filters) (Unix 또는 Linux computers), 또는 클라이언트-서버(client-server, 클라이언트 컴퓨터의 네트워크들을 위해 파일 스토리지를 제공하는 중앙 서버를 갖는) 등으로 서술된다. 반복적-점진적 모델을 사용해 개발되는 소프트웨어 프로덕트의 아키텍처는 다음 점진에 계속적으로 확장(그리고 만약 필요하면 쉽게 변경된다)될 수 있는 특성을 갖고 있다. 붕괴 없이 이러한 확장과 변경들을 처리할 수 있는 능력을 강건성(robustness)이라고 부른다. 강건성은 소프트웨어 프로덕트 개발 동안에 중요한 품질이다. 이것은 인도 후 유지보수에 없어서는 안 된다. 그래서

만약 소프트웨어 프로덕트가 인도 후 유지보수가 12, 15년 또는 그 이상 진행된다면 기초가 되는 아키텍처는 강건해야 한다. 반복적-점진적 모델이 사용될 때 아키텍처가 강건한지 아닌지가 바로 명확해진다. 만약 세 번째 점진의 과정에서 오늘까지 개발한 소프트웨어가 드라마틱하게 재조직하고 많은 부문을 재구현해야 된다면 아키텍처는 충분히 강건하지 않은 게 분명하다. 그러면 클라이언트는 프로젝트를 취소시키던지 아니면 처음부터 다시 시작해야 하는지를 결정해야 한다. 또 다른 가능성은 아키텍처를 보다 강건하게 하기 위해 재설계하는 것이고, 이는 다음 점진으로 진행하기 전에 현재 산출물들을 가능한 한 많이 재사용하게 한다. 강건한 아키텍처가 이렇게 중요한 또 다른 이유는 이동-대상 문제 때문이다(2.4절). 클라이언트의 요구사항들은 클라이언트의 조직 내의 성숙 또는 클라이언트가 대상 소프트웨어(target software)가 해야 할 일에 관해 마음이 변하기 때문에 변경된다. 아키텍처가 강건하면 할수록 소프트웨어를 변경하는 데 보다 탄력성이 있게 된다. 너무 많은 급격한 변경에 대처할 수 있는 아키텍처를 설계하는 것은 가능하지 않다. 그러나 만약에 요구된 변경이 영역에서 합당하다면 강건한 아키텍처는 급격한 재구성을 하지 않아도 이들 변경을 수용할 수가 있다.

3. 반복적-점진적 모델은 우리가 초기에 **위험(risk)**을 완화시키게 해준다. 위험들은 소프트웨어 개발과 유지보수에 항상 내포되어 있다. Winburg 미니 사례연구에서 예를 들면 본래의 이미지 인식 알고리즘은 충분히 빠르지 않다. 즉 완료된 소프트웨어 프로덕트가 이의 시간 제약을 충족시키지 못하는 것이 가장 큰 위험이다. 소프트웨어 프로덕트를 점진적으로 개발하는 것은 우리에게 생명주기의 초기에 이러한 위험들을 완화시키게 해준다. 예를 들면 새로운 LAN (local area network)이 개발 중에 있고 현재 네트워크 하드웨어는 새로운 소프트웨어 프로덕트에 부적합하다고 가정하자. 그러면 첫 번째 또는 두 번째 반복은 네트워크 하드웨어와 인터페이스 시키는 소프트웨어의 부분들을 구축하라고 알려준다. 만약 개발자의 걱정과 반대로 네트워크가 필요한 능력을 가진 것으로 판명되면 개발자들은 이 위험을 완화시킨다는 확신을 갖고 프로젝트를 진행한다. 반면에 만약 네트워크가 새로운 LAN이 생성하는 추가 트래픽에 대처할 수 없다면 이는 예산을 조금만 투여한 생명주기 초기에 클라이언트에게 보고한다. 클라이언트는 이때 프로젝트를 취소하든가, 기존 네트워크의 능력을 확장하던가, 새로운 그리고 보다 강력한 네트워크를 구매하든가, 또는 다른 조치를 취하든가 결정해야 한다.

4. 우리는 항상 소프트웨어의 작업용 버전을 갖고 있다. 소프트웨어 프로덕트가 그림 2.1d의 고전적 생명주기 모델을 사용해 개발된다고 가정하자. 프로젝트의 최종 후반부만이 소프트웨어 프로덕트의 작업용 버전이다. 반대로 반복적-점진적 모델이 사용될 때 각 반복의 끝점이 전체 대상 소프트웨어 프로덕트 부분의 작업용 버전이다. 클라이언트와 의도한 사용자들은 해당 버전을 실험하고 미래의 완료된 구현이 이들의 니즈를 만족하는지를 보장하기 위해 무엇을 변경해야 하는지를 결정한다. 이들 변경은 계속되는 점진에 만들어지고 클라이언트와 사용자들은 더 구체적인 변경이 필요한 것이 있는지를 결정한다. 이에 대한 변환은 소프트웨어 프로덕트의 불완전한 버전들에 인도되어 실험뿐만 아니라 클라이언트 조직의 새로운 소프트웨어 프로덕트 도입을 원만하게 해준다. 변경은 항상 위협(threat)으로 인식된다. 아주 자주 사용자들은 작업장 내에 새로운 소프트웨어 프로덕트의 도입이란 컴퓨터 때문에 그들의 직업을 읽어버리게 된다고 걱정한다. 그러나 소프트웨어 프로덕트를 점진적으로 도입하는 것은 두 가지 이점을 갖고 있다. 첫째는 컴퓨터로 인해 교체되는 것에 대한 공포를 감소시켜준다. 두 번째는 만약 기능성이 전체보다는 월주기의 단계적으로 도입된다면 복잡한 소프트웨어 프로덕트의 기능성을

학습하는 게 아주 용이해진다.

5. 반복적-점진적 생명 주기가 효과가 있다는 경험적인 증거가 있다. 그림 1.1의 파이 차트는 2006년 완료된 프로젝트에 관해 Standish Group의 보고서 결과를 보여준다[Rubenstein, 2007]. 사실, 이 보고서(CHAOS 리포트라고 불리는─'알고 싶은 사항 1.2' 참조)는 2년마다 발간된다. 그림 2.7은 1994년부터 2006년까지의 결과를 보여주고 있다. 성공적인 프로덕트들의 비율은 1994년 16%에서 2006년 34%로 끊임없이 증가하였으나, 2004년 29%로 감소하였다. 2002년[Softwaremag.com, 2004]과 2004년[Hayes, 2004] 리포트에서, 성공적인 프로젝트와 관련된 요소들 중 하나는 반복적 프로세스 사용이었다(2004년 성공적인 프로젝트의 비율이 줄어든 이유는 다음과 같다. 2002년보다 더 큰 대규모 프로젝트, 폭포수 모델의 사용, 사용자 참여 부족, 고위 경영진으로부터의 지원 부족[Hayes, 2004].) 또 2006년에 성공적인 프로젝트의 비율은 다시 35%로 다시 상승했다. Standish Group의 회장 Jim Johnson은 이들 세 개 인자가 상승에 크게 기여를 했다고 보았다: 즉, 보다 좋은 프로젝트 관리, 최근 생겨난 웹 인프라스트럭처, (그리고 다시) 반복적 개발[Rubenstein, 2007].

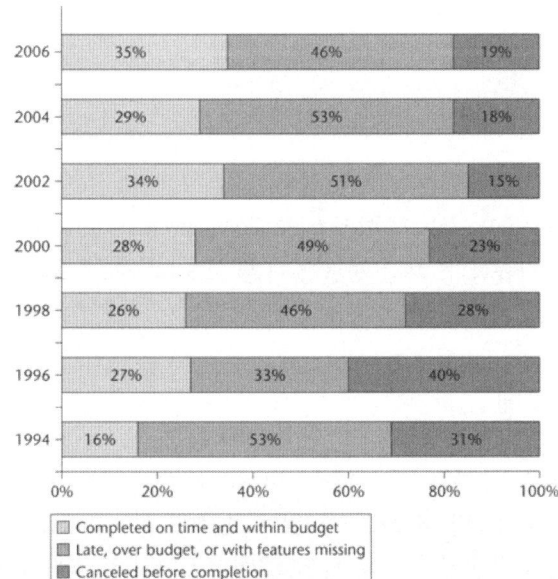

그림 2.7 1994년부터 2006년까지의 Standish Group CHAOS 리포트 결과

2.8

반복과 점진 관리하기

언뜻 보면 그림 2.4와 2.5의 반복적-점진적 모델은 전체적으로 혼돈스럽게 보인다. 폭포수 모델(그림 2.3)의 요구사항에서부터 구현까지의 순차적인 진행과는 다르게 개발자들은 그들이 좋아하는 것을 수행한다. 즉, 오전에 일부 코딩하고, 점심 후에 한 시간 내지 두 시간 설계하고, 그런 다음 집에 가기 전에 한 시간 정도 명세화 하듯이. 이것은 사례가 아니다. 반대로 반복적-점진적 모델은 폭포수 모델처럼 조직화 되어 있다. 왜냐하면 이전에 지적했듯이 반복적-점진적 모델을 사용해 소프트웨어 프로덕트를 개발하는 것은 폭포수 모델을 모두 사용해 일련의 소규모 소프트웨어 프로덕트들을 개발하는 것에 지나지 않는다.

보다 상세하게 보면 그림 2.3에서 보여주듯이 폭포수 모델을 사용해 소프트웨어 프로덕트를 개발하는 것은 소프트웨어 프로덕트 전체를 순서대로 요구사항, 분석, 설계, 구현 페이즈를 연속해서 수행하는 것을 의미한다. 만약 문제점이 나타나면 그림 2.3의 피드백 루프(점선 화살표들)들이 수행된다. 즉 반복(유지보수)이 수행된다. 그러나 만약 같은 소프트웨어 프로덕트가 반복적-점진적 모델을 사용해 개발된다면 소프트웨어 프로덕트는 점진들의 집합으로 취급된다. 계속 각 점진에 대해 순서대로 요구사항, 분석, 설계, 구현 페이즈들이 더 이상 반복이 필요 없을 때까지 해당 점진상에서 수행된다. 다르게 말하면 프로젝트 전체는 일련의 폭포수 모델로 분해된다. 각 미니 프로젝트 동안의 반복은 그림 2.5에서 보여주듯이 필요에 따라 수행된다. 그러므로 반복적-점진적 모델이 폭포수 모델처럼 조직화되었다는 이전 문단에서 서술한 이유는 반복적-점적 모델이 연속적으로 적용된 폭포수 모델이기 때문이다.

2.9

다른 생명주기 모델

지금부터는 나선형 모델(spiral model), 동기적-안정적 모델(synchronize-and-stabilize model)을 포함해 다양한 생명주기 모델들을 학습한다. 우선 평판이 나쁜 코드-픽스모델(code-and-fix model)을 학습한다.

2.9.1 코드-픽스 생명주기 모델

많은 프로덕트가 코드-픽스 생명주기 모델(code-and-fix life-cycle model)을 사용해 개발되었던 것은 사실 불행한 일이다. 이는 프로덕트가 요구사항도 없이, 설계도 하지 않고, 구축된다는 의미이다. 즉 개발자들은 클라이언트를 만족시키기 위해 필요할 때마다 매번 코딩과 재작업을 해서 프로덕트를 구축한다. 이 접근법은 그림 2.8에 있다. 비록 이 접근법이 100 또는 200 라인의 짧은 프로그래밍 작성에는 잘 적용될 수 있지만, 적합한 규모의 프로덕트에는 전체적으로 좋지 않은 기법이다. 그림 1.6을 보면 소프트웨어 프로덕트의 변경 비용은 요구사항, 분석, 또는 설계 페이즈들에서 변경이 요청되면 상대적으로 적게 들지만 코딩 단계에서 요청되면 기하급수적으로 증가되고 또 운영 단계에서 요청되면 최악의 상태가 된다. 그러므로 코드-픽스 접근법의 비용은 적절하게 명세화 되고 주의 깊게 설계된 프로덕트보다 아주 많이 든다. 그래서 프로덕트의 유지보수는 명세나 설계 문서가 없어서 아주 어렵게 되고, 또 회귀 결함이 발생할 확률도 크게 증가된다. 코드-픽스 접근법 대신에 프로덕트 개발을 시작하기 전에 적합한 생명주기 모델을 선택하는 것이 필요하다.

유감스럽게도 아주 많은 프로젝트들이 코드-픽스 모델을 사용한다. 이 문제는 LOC(line of code)로만 진척을 측정하는 조직에서는 특히 예민하다, 그래서 소프트웨어 개발팀의 멤버들은 프로젝트의 시작 첫날부터 가능한 한 많은 LOC를 대량으로 작성하라는 압력을 받게 된다. 코드-픽스 모델은 소프트웨어를 개발하는 가장 쉬운 방법이지만 방법으로는 제일 나쁜 방법이다.

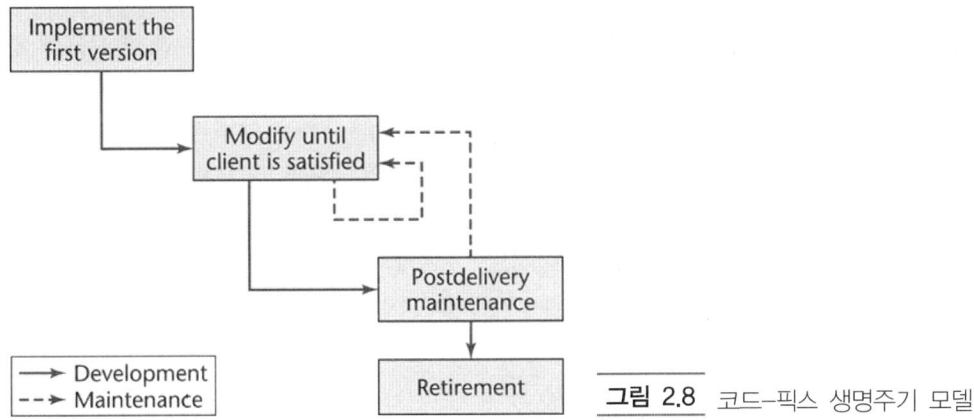

그림 2.8 코드-픽스 생명주기 모델

2.9.2 폭포수 생명주기 모델

폭포수 생명주기 모델(waterfall life-cycle model)은 [Royce, 1970]가 처음 제안했다. 그림 2.9는 그림 2.3에 있는 단순한 폭포수 모델에 프로덕트가 개발되는 동안 유지보수를 위한 피드백 루프(feedback loop)들을 반영시킨 폭포수 생명주기 모델을 보여준다. 또한 인도 후 유지보수를 위한 피드백 루프들도 보여주고 있다.

폭포수 모델에 관한 중요한 시사점은 해당 페이즈에 대한 문서화가 완성되어 그 페이즈의 프로덕트가 SQA(software quality assurance) 그룹의 승인을 받아야만 그 페이즈가 완료된다는 점이다. 이것은 수정까지 적용이 되는데, 만약 초기 페이즈의 프로덕트들이 피드백 루프에 따른 결과로 변경되어야 한다면 초기 페이즈는 해당 페이즈에 대한 문서화가 수정되고 그 수정들이 SQA 그룹이 점검했을 때만 완료되었다고 본다. 폭포수 모델의 모든 페이즈에 내재되어 있는 것이 테스팅(testing, 일명 시험)이다. 테스팅은 프로덕트가 구축된 후에만 수행되는 독립된 페이즈도 아니고 또 각 페이즈의 끝 부분에서만 수행되는 것도 아니다. 대신에 1.7절에서 설명했듯이 테스팅은 소프트웨어 프로세스 전체에 지속적으로 수행된다. 특히 유지보수 동안에 프로덕트의 수정된 버전이 이전 버전이 수행했던 것을 아직도 정확하게 잘 수행하고 있는지를 확인하고(회귀 테스팅), 클

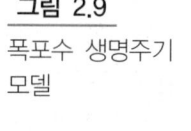

그림 2.9

폭포수 생명주기
모델

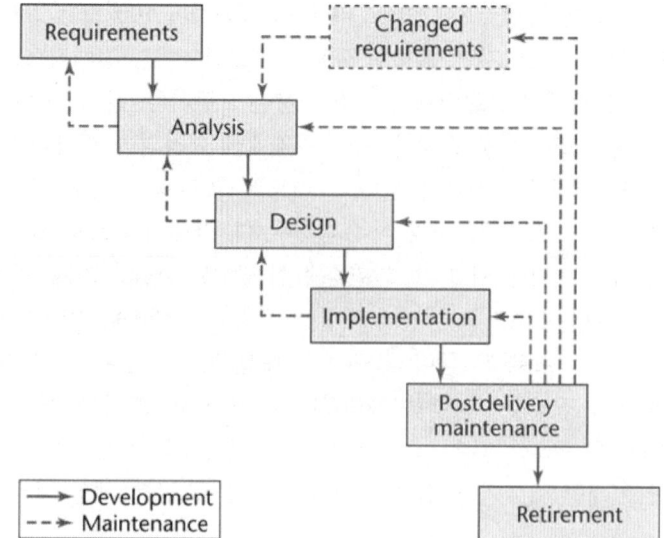

라이언트가 요구한 새로운 요구사항들을 전체적으로 만족하는지를 확인하는 것이 꼭 필요하다.

폭포수 모델은 많은 강점을 갖고 있다. 즉 문서화가 각 페이즈에서 제공되어야 하는 조건과 각 페이즈(문서화 포함)의 모든 프로덕트에 요구사항이 SQA에 의해 세밀하게 점검되어야 하는 정제된 접근법을 포함하고 있다. 그러나 폭포수 모델은 문서화 중심 모델이기 때문에 약점도 있다. 이를 알기 위해 다음에 있는 두 개의 최악의 시나리오를 고려해보자.

첫째, Joe와 Jane Johnson이 집을 짓기로 결정하고 건축사와 상담했다. 그 건축사는 그들에게 스케치, 계획, 모델을 보여주기보다는 전문적인 기술용어로 설명된 20쪽 분량의 문서를 제시했다. Joe와 Jane은 건축에 대한 사전경험이 없어 문서를 이해할 수 없는데도 흔쾌히 서명하면서 "어서 집을 잘 지어 달라."고 말했다.

또 다른 시나리오는 다음과 같다. Mark Marberry가 그의 옷을 우편 주문으로 구입하기로 했다. 회사는 Mark에게 옷의 그림과 가능한 샘플을 우송하지 않고 대신에 그들 제품의 옷감과 옷의 재단법에 관한 설명서를 보냈다. Mark는 설명서만 받고 옷을 주문했다.

두 시나리오의 처리 과정은 아주 다르다. 그럼에도 불구하고 그들은 소프트웨어가 자주 폭포수 모델을 사용해서 구축하는 방법과 같게 진행한다. 이 프로세스는 명세들을 갖고 시작한다. 일반적으로 명세문서들은 분량이 많고, 세부적이고, 아주 솔직하고, 읽기가 지루하다. 클라이언트는 대개 소프트웨어 명세를 읽는 데 미숙하다. 왜냐하면 명세문서가 클라이언트에 익숙지 않은 스타일로 작성되기 때문에 그렇다. 더욱이 명세문서가 Z 언어[Spivey, 1992]처럼 정형 명세 언어(formal specification language)로 작성되어 있으면 더욱 더 난해해진다(12.9절 참조). 그럼에도 불구하고 클라이언트는 이해를 했든 못했든 명세문서에 서명을 한다. Joe와 Jane Johnson이 일부분만 이해한 설명서를 보고 집을 짓기로 계약한 것과 클라이언트가 일부분만 이해한 명세문서에 서술된 소프트웨어 프로덕트를 승인한 것은 차이가 거의 없다.

Mark Marberry와 그의 우편 주문한 옷은 아주 상이한 것 같지만 소프트웨어 개발에 폭포수 모델을 사용할 때 나타나는 현상과 같다. 즉, 클라이언트가 주문한 프로덕트를 처음 보는 시기는 코딩이 다 되어 작동되는 프로덕트가 되었을 때다. 놀랍게도 소프트웨어 개발자들은 "나는 이것이 내가 요청한 것인지를 안다. 그러나 이것은 내가 요청했던 바로 그것은 아니다."라는 말을 두려워 한다.

무엇이 잘못되어가고 있는가? 즉, 클라이언트가 명세문서에 서술된 프로덕트를 이해한 것과 실제 프로덕트 간에는 상당한 차이가 있다. 명세문서는 단지 종이 위에 설명만 했기 때문에 클라이언트는 프로덕트 자체가 어떤 모습인지 자세히 이해할 수가 없었다. 명세에만 의존하는 폭포수 모델은 단순히 클라이언트의 실제 니즈를 만족시키지 못하는 프로덕트를 생성할 수 있다.

사실 건축사는 클라이언트에게 모델, 개략도, 계획 등을 제공해서 무엇을 건축할지를 이해하게 만들어야 한다. 또한 소프트웨어 엔지니어도 클라이언트와 의견 교환 시 데이터 흐름도(DFD, 12.3절)나 UML 다이어그램(17절)과 같은 그래픽 기법을 사용해서 안을 제시해야 한다. 문제는 그래픽 목적이 최종 프로덕트가 어떻게 작동되는지를 설명하지 못한다는 점이다. 예를 들면 순서도(프로덕트의 도식적인 기술)와 작동하는 프로덕트와의 차이점은 아주 크다. 이 책에는 명세문서는 제안된 프로덕트가 클라이언트의 니즈를 만족시키는지를 결정하는 방법으로 프로덕트의 명세문서에 서술되지 않은 문제를 해결하는 두 개의 해결방안이 제시되어 있다. 객체-지향 해결방안은 11장과 13장에 설명되고, 고전적 해결방안인 래피드 프로토타이핑 모델은 2.9.3절에서 설명된다.

2.9.3 래피드 프로토타이핑 생명주기 모델

래피드 프로토타입(rapid prototype)은 기능적으로는 프로덕트의 부분집합과 같은 작동 모델 (working model)을 말한다. 예를 들어 만약에 대상 프로덕트가 회계관리, 외상관리, 창고관리 등을 처리하는 것이면 이 모델은 파일 갱신이나 오류처리에 관련된 내용이 아니라 단지 데이터를 수집해서 처리하는 화면과 보고서를 출력하는 기능들만 보여주는 프로덕트로 구성된다. 대상 프로덕트를 보여주는 프로토타입은 방안의 핵심을 제시해 결정하는 데 있다. 즉, 입력 데이터의 확인이나 점검 없이 계산을 수행하고 해결방안만 제시해준다.

그림 2.10에 묘사되어 있는 래피드 프로토타이핑 생명주기 모델(rapid-prototyping life-cycle model)의 첫 번째 단계는 우선 빨리 프로토타입을 구축해서 클라이언트와 미래의 사용자들에게 이를 조사해서 실제로 필요한 것이 무엇인지를 파악하는 데 있다. 이 프로토타입이 클라이언트가 요구한 것을 대부분 만족시킨다면 개발자들은 클라이언트의 실제 니즈를 반영시켜 명세문서를 작성하게 된다.

래피드 프로토타입이 구축되면 소프트웨어 프로세스는 그림 2.10과 같이 수행된다. 래피드

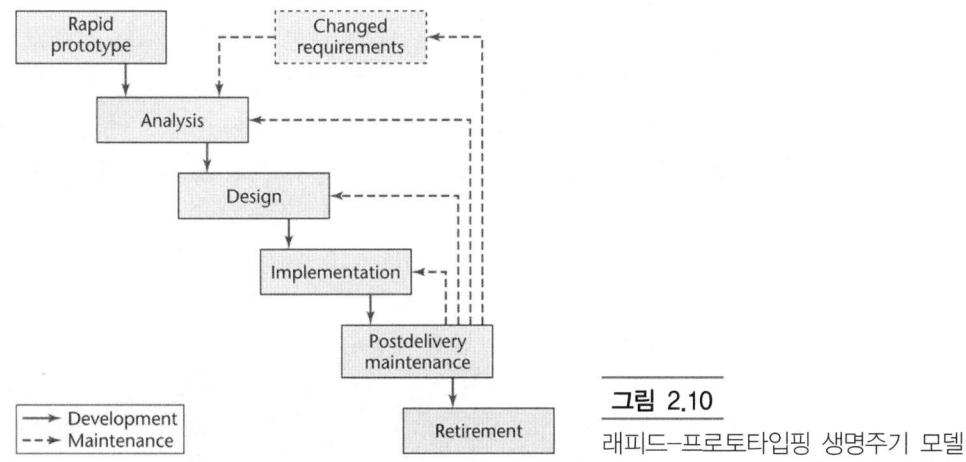

그림 2.10
래피드-프로토타이핑 생명주기 모델

프로토타입 모델의 주요 강점은 프로덕트의 개발이 실제로 래피드 프로토타입에서 인도되는 프로 덕트로 선형적으로 진행되는 점이다. 즉, 폭포수 모델의 피드백 루프(그림 2.9)가 래피드 프로토타 이핑 모델에서는 거의 필요하지 않다. 이러한 데는 여러 가지 이유가 있다. 첫째, 개발 팀의 멤버 들은 명세문서를 작성하는 데 래피드 프로토타이핑을 사용한다. 왜냐하면 작동 래피드 프로토타 이핑(working rapid prototyping)은 클라이언트와 함께 작동시키면서 검증하기 때문에 결과로 나온 명세문서가 정확하다고 기대할 수 있다. 둘째, 설계 단계를 고려해보자. 래피드 프로토타입이 급 하게 구성되었어도, 설계팀은 프로토타입에서 방향과 내용을 얻을 수 있고, 최악의 경우에도 '그 렇게 하지 않는 방법'을 알게 된다. 폭포수 모델의 피드백 루프는 여기에서도 필요하지 않다.

구현은 그 다음 단계이다. 폭포수 모델에서 설계의 구현은 가끔 설계 결함을 발견해준다. 래 피드 프로토타입 모델에서 소프트웨어 프로덕트의 예비 작동 모델이 사전에 구축되었다는 사실은 구현 중 또는 구현 후에 설계를 고칠 필요성을 줄여준다. 프로토타입은 비록 그것이 완전한 대상 프로덕트의 일부 기능만 반영하지만 설계팀에게 방향과 내용을 알려준다.

클라이언트가 프로덕트를 승인해주면 설치되어서 인도 후 유지보수 활동이 시작된다. 수행되 는 유지보수 태스크에 따라 주기(cycle)가 요구사항, 분석, 설계, 또는 구현 페이즈에 재진입한다.

래피드 프로토타입의 주요 측면은 rapid라는 단어에 포함되어 있다. 개발자들은 소프트웨어 개발을 빠르게 진행하기 위해 가능한 한 빨리 프로토타입을 작성하는 데 모든 노력을 경주한다. 래피드 프로토타입의 유일한 사용 목적은 클라이언트의 진정한 요구가 무엇인지를 결정하는 것이 고, 이것이 결정되면 래피드 프로토타입은 무시된다. 이러한 이유 때문에 래피드 프로토타입의 내 부 구조는 관련이 없다. 중요한 것은 프로타타입이 빨리 만들어져야 한다는 것이고, 클라이언트의 요구사항을 반영하기 위해 빨리 수정되어야 한다. 그러므로 속도가 핵심이 된다.

래피드 프로토타입핑에 대한 보다 세부적인 내용은 11장에서 학습한다.

2.9.4 오픈-소스 생명주기 모델

거의 모든 성공적인 오픈–소스 소프트웨어(Open-Source Software) 프로젝트들은 두 개의 비정형 페이즈를 통해 진행된다. 첫 번째는, 각자가 운영체제(Linux), 넷 브라우저(Firefox), 또는 웹 서버 (Apache)와 같이 프로그램을 위한 아이디어를 갖고 있다. 이들은 초기 버전을 구축하고 이후에 누 구나 복사해서 무료로 사용할 수 있게 배포한다. 오늘날에는 이를 SourceForge.net과 FreshMeat. net과 같은 사이트에 인터넷을 통해서 이루어진다. 만약 누군가가 초기 버전의 복제물을 다운로드 받고, 니즈를 충족시켜주는 프로그램이라고 생각한다면, 그들은 그 프로그램을 사용하기 시작한다.

만약 그 프로그램이 아주 흥미롭다면, 프로젝트는 점진적으로 두 번째인 비정형적 페이즈로 옮겨간다. 이 경우 몇몇 사용자들이 결점들을 보고하고 다른 이들이 이 결점들을 수정하는 방법을 제안하면서, 사용자들은 공동-개발자가 된다. 몇몇 사용자들은 프로그램을 확장하기 위해 아이디 어를 내고, 다른 이들은 그 아이디어들을 구현한다. 프로그램이 기능적으로 확장됨에 따라, 다른 사용자들은 추가된 운영체제/하드웨어 조합에서 실행될 수 있게 프로그램을 이식시킨다. 여기서 중요한 측면은 대개 개인들이 오픈-소스 프로젝트에서 자신의 여가 시간에 자발적으로 일한다는 점이다. 그들은 참여하는 데 보수를 받지 않는다.

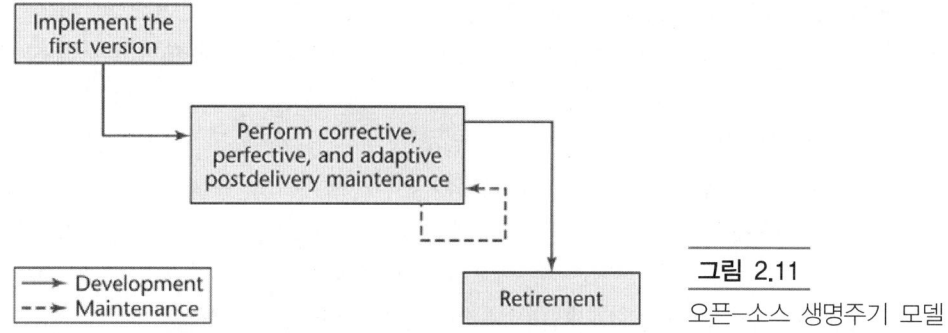

그림 2.11
오픈—소스 생명주기 모델

이제 두 번째 비정형 페이즈의 세 개 활동들을 좀 더 자세히 살펴보자.

1. 결점들을 보고하고 수정하는 것은 수정적 유지보수이다.
2. 추가된 기능성을 추가하는 것은 완전적 유지보수이다.
3. 새로운 환경에 프로그램을 이식하는 것은 적응적 유지보수이다.

바꾸어 말하면, 오픈-소스 생명주기 모델의 두 번째 비정형 페이즈는 그림 2.11에서 보여주는 것처럼, 단지 인도 후 유지보수로 구성된다. 사실, 이 절에 두 번째 문단에 있는 공동-개발자(co-developer)들이라는 용어는 오히려 공동-유지보수자(co-maintainer)들로 보아야 한다.

클로스-소스(closed-source)와 오픈-소스 소프트웨어 생명 주기 모델 간에 주요 차이점은 다음과 같다.

• 클로스-소스 소프트웨어는 그 소프트웨어를 소유한 조직의 팀 직원들에 의해 유지보수 되고 테스트 된다. 때때로 사용자들은 결점 보고서(defect report)를 제출한다. 그러나 이들은 이 **실패 보고서**(failure report, 관측된 부정확한 행위의 보고서)로 제한된다. 사용자들은 소스 코드에 접근할 수 없다. 그래서 그들은 아마 **결함 보고서**(fault reports, 소스 코드에 어디가 부정확하고 그것을 어떻게 수정하는지를 기술한 보고서)를 제출할 수가 없다.

반대로, 오픈-소스 소프트웨어는 일반적으로 보수를 받지 않는 자원 봉사자에 의해 유지보수 된다. 사용자들은 결점 보고서를 제출하도록 강하게 요구 받는다. 비록 모든 사용자들이 소스 코드에 접속할 수 있지만 단지 소수만이 재능을 갖고서 소스 코드를 정독하고 결함 보고서(문제를 해결한)를 제출하려는 의욕과 시간을 갖고 있다. 그러므로 대부분의 결점 보고서는 실패 보고서이다. 일반적으로 오픈-소스 프로젝트를 관리하는 것에 대한 책임을 갖는 헌신적인 유지보수자들의 **핵심 그룹**(core group)이 있다. **주변 그룹**(peripheral group)의 일부 멤버들, 즉, 핵심 그룹의 멤버가 아닌 사용자들은 경우에 따라 결점 보고서들을 제출하기로 결정한다. 핵심 그룹의 멤버들은 이들 결점이 수정되었는지 확인하는 역할을 한다. 보다 상세하게 말하면, 결함 보고서가 제출되었을 때, 핵심 그룹 멤버는 해결책이 문제를 확실히 해결하는지와 적절하게 소스 코드를 수정했는지를 검사한다. 실패 보고서가 제출되었을 때, 핵심 그룹의 멤버는 개인적으로 해결책을 결정하거나 그 작업을 다른 지원자, 이 오픈-소스 프로젝트에 좀 더 참여하기를 바라는 주변 그룹의 멤버에게 할당한다. 소프트웨어에 해결된 것(fix)을 설치하는 권한은 핵심 그룹의 멤버들로 제한된다.

● 클로스-소스 소프트웨어의 새로운 버전들은 일반적으로 대략 1년에 한 번 배포된다. 각각에 새로운 버전은 배포되기 전에 SQA(소프트웨어 품질 보증) 그룹에 의해 신중하게 검사된다. 폭넓고 다양한 테스트 사례가 실행된다.

반대로, 오픈-소스 운동에는 '빠르게 공개하라. 자주 공개하라.[Raymond, 2000]'라는 격언이 있다. 즉, 핵심 그룹은 그것이 준비되자마자 오픈-소스 프로덕트의 새 버전을 배포한다. 그것은 한 달이 될 수도 있고 심지어 이전 버전이 공개된 후 하루만이 될 수도 있다. 이 새로운 버전은 최소한의 테스팅을 한 후 배포된다. 여기에는 보다 집중적인 테스팅이 주변 그룹에 의해 수행된다는 가정이 있다. 새로운 버전은 배포된 지 하루나 이틀 안에 수백 수천 사용자들이 설치할 것이다. 이 사용자들은 보통 말하는 테스트 사례를 실행하지는 않는다. 하지만, 그들의 컴퓨터에 새로운 버전을 이용하는 동안, 그들은 그들이 이메일을 통해 보고한 실패들을 만나게 된다. 이러한 경우, 새로운 버전에 결함(또한 이전 버전의 심각한 결함)들이 알려지고 수정된다.

그림 2.8, 2.10, 2.11을 비교해보면, 우리는 오픈-소스 생명 주기 모델이 코드-픽스 생명 주기 모델과 래피드-프로토타이핑 모델과 공통적인 특징을 가지고 있는 것을 알 수 있다. 세 가지 생명 주기 모델들 모두에서, 초기 작업 버전이 제작된다. 래피드-프로토타이핑 모델의 경우, 이 초기 버전은 폐기되고, 그 후 목표 프로덕트가 코딩되기 전에 명세화 되고 설계된다. 코드-픽스와 오픈-소스 생명 주기 모델에서는, 초기 버전이 목표 프로덕트가 될 때까지 재작업이 된다. 따라서 오픈-소스 프로젝트에서는 일반적으로 명세나 설계가 없다.

명세와 설계들이 갖는 큰 중요성을 유념한다면, 몇몇 오픈-소스 프로젝트가 왜 그렇게 성공적이었는가? 클로스-소스의 세계에서, 일부 소프트웨어 전문가들은 매우 숙련되어 있고, 일부는 숙련되지 않았다(9.2절 참고). 오픈-소스 소프트웨어를 생성하는 시도에는 몇몇 최고의 소프트웨어 전문가를 끌어들였다. 다른 말로 표현하면, 오픈-소스 프로젝트는 명세나 설계의 결여에도 불구하고, 만약 프로젝트를 수행하는 개인들의 기술이 명세나 설계 없이 효율적으로 기능할 수 있을 정도로 대단히 훌륭하다면 성공적일 수 있다.

오픈-소스 생명 주기 모델은 그 적용성에서는 제한되어 있다. 한편으로, 오픈-소스 모델은 운영 체제(Linux, OpenBSD, Mach, Darwin), 웹 브라우저(Firefox, Netscape), 컴파일러(gcc), 웹 서버(Apache), 데이터베이스 관리 시스템(MySQL)과 같은 기반구조 소프트웨어 프로젝트들에는 아주 성공적으로 사용되었다. 반면에, 어떤 상용 조직에서 사용되기 위해서 소프트웨어 프로덕트에 오픈-소스 개발을 상상하기는 어렵다. 오픈-소스 소프트웨어 개발에 핵심은 핵심 그룹과 주변 그룹 모두가 소프트웨어를 개발하는 사용자들이라는 점이다. 그 결과 오픈-소스 생명 주기 모델은 목표 프로덕트가 광범위한 사용자에 의해 사용되지 않으면 부적합하다.

이 책이 저술되는 시점에서, SourceForge.net과 FrechMeat.net에는 약 350,000개의 오픈-소스 프로젝트가 있다. 이들 중 약 절반은 프로젝트를 수행하는 데 팀을 끌어들이지 않는다. 이 작업들이 시작되었을 때, 절대적으로 다수는 절대로 완성하지 못하고 더 이상 진전될 수 없다고 보았다. 그러나 오픈-소스 모델로 작업할 때, 그것은 믿을 수 없을 정도로 자주 성공했다. 이전 문단의 괄호 속에 있는 오픈-소스 프로덕트들은 아주 폭 넓게 사용되고 있다. 그것들 중 대부분은 문자 그대로 수백만의 사용자가 정규적으로 이용하고 있다.

오픈-소스 생명 주기 모델의 성공에 대한 설명은 오픈-소스 소프트웨어 프로젝트의 팀 조직 관점에서 4장에 제시되어 있다.

2.9.5 Agile 프로세스

Extreme programming[Beck, 2000]은 소프트웨어 개발에 반복적-점진적 모델에 기반을 둔 약간은 모순된 새로운 접근법이다. 첫 번째 단계는 소프트웨어 개발팀이 클라이언트가 프로덕트에 지원되기를 바라는 다양한 특성들(stories)을 결정하는 것이다. 이러한 특성들 각각에 대해서 팀은 클라이언트에게 해당 특성을 구현하여 기간이 얼마나 걸리는지 또 비용이 얼마나 소요되는지를 알려준다. 이 단계는 반복적-점진적 모델(그림 2.4)의 요구사항과 분석 워크플로에 해당된다.

클라이언트는 비용-이익분석(cost-benefit analysis, 5.2절)을 사용해 각 빌드(build)에 포함되어야 하는 특성들을 선택한다. 즉 해당 비즈니스들에 각 특성의 잠재적인 이익으로 개발 팀이 제공한 시간과 비용 추정에 기초해서 선택한다. 제안된 빌드(proposed build)는 태스크(task)라고 부르는 작은 소규모 단위들로 분해된다. 프로그래머는 우선 한 태스크에 대한 테스트 케이스(test case)들을 작성한다. 이를 TDD(test-driven development)라고 부른다. 두 명의 프로그래머가 하나의 컴퓨터에서 함께 작업하는 것(pair programming, [Williams, Kessler, Cunningham, Jeffries, 2000])은 프로그래머가 태스크를 구현하면서 모든 테스트 케이스들이 정확하게 작업되는 것을 보장해준다. 두 명의 프로그래머는 매 15분이나 20분마다 번갈아가며 타이핑 한다. 그들의 파트너가 코드를 적어 넣을 때 타이핑 하지 않는 프로그래머는 코드를 주의 깊게 점검한다. 그 후 이 작업은 프로덕트의 최근 버전과 통합된다. 원칙적으로, 태스크를 구현하고 통합하는 것은 2, 3시간 이상을 잡아서는 안 된다. 일반적으로 많은 페어(pair)들이 태스크를 병렬적으로 구현한 후 통합이 계속 진행된다. 팀 멤버들은 가능하면, 매일 코딩 파트너를 바꾼다. 다른 팀 멤버로부터 배우는 것은 모든 사람의 기술 수준을 증대시킨다. 태스크에 대해 사용되는 TDD 테스트 케이스는 계속 유지되어 모든 통합 테스팅에 활용된다.

페어 프로그래밍에 몇 개의 문제점이 실제에서 목격된다[Drobka, Noftz, and Reghu, 2004]. 예를 들면, 페어 프로그래밍은 연속적으로 대규모 블록들을 요구하고, 소프트웨어 전문가들은 3시간에서 4시간의 블록을 마련하는 데 어려울 수가 있다. 더욱이 페어 프로그래밍은 내성적이거나 건방지거나, 또는 두 명 다 경험이 없는 프로그래머와는 작업하지 못한다.

소프트웨어가 개발되는 방법과 XP(extreme programming)의 많은 특성들은 기존에 소프트웨어가 개발되던 방법과는 다음과 같이 다소 차이가 있다.

- XP 팀의 컴퓨터들은 작은 칸막이가 된 큰 사무실의 중앙에 설치되어 있다.
- 클라이언트 대표자는 항상 XP 팀과 함께 작업한다.
- 개인이 2주 이상을 연속적으로 작업할 수 없다.
- 전문화(specialization)란 없다. 대신에 XP 팀의 모든 멤버들은 요구사항, 분석, 설계, 코드, 그리고 테스팅을 작업한다.
- 다양한 빌드(build)들이 구축되기 전에는 전체적인 설계 단계는 없다. 대신에 설계는 프로덕트가 구축되는 동안에 수정된다. 이 프로시저를 리팩터링(refactoring)이라고 부른다. 테스트 케이스가 실행되지 않을 때에도 코드는 팀이 설계가 단순하고, 쉽고, 그리고 모든 테스트 케이스들이 만족스럽게 실행될 때까지 계속 재구성된다.

오늘날 XP과 관련된 두 개의 약어는 YAGNI(you aren't gonna need it)와 DTSTTCPW(do the simplest thing that could possibly work)이다. 다시 말해서, XP의 원칙은 특징의 수를 최소화하는 것이다. 고객이 실제로 필요로 하는 것 이상을 수행하는 프로덕트를 구축할 필요가 없다.

XP는 집단적으로 Agile 프로세스라고 부르는 많은 새로운 패러다임 중에 하나다. 17명의 소프트웨어 개발자들(후에 Agile 연합체가 되는)은 2001년 2월 이틀 동안 Utah 스키장에서 만나 Manifesto of Agile Software Development를 작성했다[Beck et al., 2001]. 참가자 중 대부분은 이전에 Extreme Programming[Beck, 2000], Crystal[Cockburn, 2001], 그리고 Scrum[Schwaber, 2001]과 같은 소프트웨어 개발 방법론의 저자들이었다. 따라서 Agile 연합체(Agile Alliance)는 특정한 생명 주기 모델을 규정하지는 않고, 오히려 소프트웨어 개발에 대한 그들 각각의 접근법에 공통적으로 있는 일련의 근본적인 원칙을 내놓았다.

Agile 프로세스는 다른 모든 현대적 생명 주기 모델들보다 분석과 설계에 대해 크게 강조하지 않는 특성을 갖고 있다. 작업 중인 소프트웨어가 상세한 문서화보다 더 중요하게 고려되기 때문에 구현은 생명 주기의 초반에 시작된다. 요구사항들을 변경시키는 데 응답은 Agile 프로세스의 또 다른 주요 목표이기에 클라이언트와 협업을 중요하게 여긴다.

Manifesto의 원칙 중 하나는 작업 중인 소프트웨어를 자주, 이상적으로는 2, 3주마다 인도하는 것이다. 이를 달성하는 방법 중 하나는 오랜 기간 동안 사용되었던 **타임박싱(timeboxing)**을 이용한다[Jalote, Palit, Kurien, and Peethamber, 2004]. 시간의 명시된 양은 작업에 의해 설정되고 그 다음 팀 멤버들은 해당 시간 동안에 할 수 있는 최적의 업무를 수행한다. Agile 프로세스의 전후 관계에서, 일반적으로 각 반복에 대해 3주가 설정된다. 반면에 클라이언트들은 추가적인 기능성을 가진 새로운 버전이 3주마다 인도된다는 것을 알고 신뢰감을 갖게 된다. 다른 한편, 개발자들은 3주간 어떤 부류의 클라이언트 간섭 없이 새로운 반복을 인도해야 한다는 것을 알게 된다. 일단 클라이언트는 반복(iteration)에 대한 작업을 선택하고, 이것은 변경되거나 추가될 수 없다. 하지만, 만약 타임박스 안에 전체 태스크를 완료하는 것이 불가능 하다면, 작업은 줄어들 것이다 (descoped). 다시 말해서, Agile 프로세스는 고정된 시간과 고정되지 않은 특성을 요구한다.

Agile 프로세스의 또 다른 공통적인 특성은 매일 규칙적인 시간에 간략한 회의를 갖는다는 것이다. 모든 팀 멤버는 회의에 참석한다. 모든 참석자들은 테이블에 둘러앉기보다는 원을 그리며 서있는 상태로, 그리고, 회의가 규정된 15분 이내로 진행된다. 각 팀 멤버는 돌아가며 다음과 같이 다섯 가지 질문에 대답한다.

• 어제 회의 이후에 한 일은 무엇인가?
• 오늘은 무슨 일을 할 것인가?
• 그 일을 달성하는 데 내가 예방해야 하는 문제는 무엇인가?
• 우리가 잊어버린 것은 무엇인가?
• 팀과 함께 공유하고 싶은 교훈은 무엇인가?

스탠드-업 회의(stand-up meeting)의 목적은 문제를 해결하는 것이 아니라 제기하는 것이다. 해결방안(solution)은 가급적이면 스탠드-업 회의 후 곧바로 개최되는 후속조치 회의(follow-up meeting)에서 찾는다. 타임박싱과 같이, 스탠드-업 회의는 Agile 프로세스의 전후관계에서 이용되는 성공적인 관리 기법이다. 타임박스화 된 반복과 스탠드-업 회의들은 모든 Agile 메소드들에 중심이 되는 두 개의 기본 원칙의 사례들이다. 커뮤니케이션과 클라이언트의 니즈를 가능한 한 가장 만족시켜준다.

Agile 프로세스는 수많은 소규모의 프로젝트에서 성공적으로 사용되었다. 그러나, 이 Agile 프로세스가 초기의 전망을 충족시킬 접근법과 달리 폭넓게 사용되지 않았다. 더욱이 Agile 프로세스가 소규모 소프트웨어 프로덕트에 좋다고 판명되었다고 해도, 지금 설명했듯이, 그것이 중간이나 대규모 소프트웨어 프로덕트를 위해 반드시 사용될 수 있다는 것을 의미하지는 않는다.

많은 소프트웨어 전문가들이 중간 규모와 특히 대규모 소프트웨어 프로덕트들[Reifer, Maurer, and Erdogmus, 2003]에서, Agile 프로세스에 의구심을 나타내는 이유를 알기 위해서 [Grady Booch, 2000]의 다음 유추를 고려해보자. 누구나 개집을 짓기 위해서 몇 장의 널빤지를 망치로 쉽게 두들겨 만들 수는 있지만 방이 세 개인 집을 지으려면 상세 설계 없이는 바보 같은 짓이 된다. 추가로 방이 세 개인 집을 짓는 데는 배수 공사하는, 배관 공사하는, 지붕 공사하는 스킬(skill)이 꼭 필요하고 또 인스펙션(inspection)들도 꼭 필요하다(즉 소규모 소프트웨어 프로덕트를 구축하는 것에는 중간 규모 소프트웨어 프로덕트를 구축하는 스킬을 갖추어야 한다는 의미는 꼭 아니다). 더욱이 초고층 빌딩이 1,000개의 개집의 높이라는 사실은 초고층빌딩이 1,000개의 개집을 서로 위에 겹쳐서 구축한다는 의미는 아니다. 다른 말로 표현하면 대규모 소프트웨어 프로덕트를 건축하는 것은 소규모 소프트웨어 프로덕트들을 함께 포장하는 것보다 더 전문적이고 더 정교한 스킬이 요구된다.

Agile 프로세스가 소프트웨어 공학에서 정말로 주요 돌파구인지를 결정하는 핵심요소는 미래의 인도 후 유지보수 비용이 될 것이다(1.3.2절). 만약에 Agile 프로세스의 사용이 인도 후 유지보수의 비용을 감소시키는 결과를 갖게 된다면 XP와 다른 Agile 프로세스는 폭 넓게 채택될 것이다. 한편 리팩토링(refactoring)은 Agile 프로세스의 내재된 컴포넌트이다. 이전에 설명했듯이 프로덕트는 전체적으로 설계된다. 대신에 설계는 점진적으로 개발되고 코드는 현재 설계가 어떤 이유에서 불만족될 때 재조직된다. 이러한 리팩토링은 인도 후 유지보수 동안에 계속된다. 만약 승인 테스트를 통과한 프로덕트의 설계가 형식적이 아닌 개방적이고 유연성이 있다면 완전적 유지보수(perfective maintenance)는 낮은 비용으로 쉽게 달성된다. 그러나 만약 설계가 추가 기능성이 추가되었을 때마다 분해되어야 한다면 해당 프로덕트의 인도 후 유지보수의 비용은 인정할 수 없을 정도로 많이 소요된다. 최신의 접근법의 새로운 결과를 보면 Agile 프로세스를 사용해 개발한 소프트웨어의 유지보수에 대한 데이터는 아직도 전무하다. 그러나 예비 유지보수 데이터는 리팩토링이 전체 비용 중 상당 부문을 차지하는 것을 보여 준다[Li and Alshayeb, 2002].

실험은 Agile 프로세스의 어떤 특성이 작업을 잘 할 수 있는지 보여준다. 예를 들어, [Williams, Kessler, Cunningham, and Jeffries, 2000]은 페어 프로그래밍이 더 짧은 시간에, 더 높은 업무 만족과 함께, 고품질에 코드의 개발을 이끌어낸다는 것을 보여준다. 하지만, 그림 4.6[Arisholm, Gallis, Dyba, and Sjoberg, 2007]에서 서술된 소프트웨어 유지보수의 전후관계에서 페어 프로그래밍을 평가하는 폭넓은 실험은 개인과 페어 프로그래밍의 효율성을 비교한 15개의 연구에 분석과 같은 결과를 갖는다[Dyba et al., 2007]. 그것은 프로그래머의 전문성과 소프트웨어 프로덕트의 복잡도, 해결해야 하는 태스크에 의존적이다.

Manifesto for Agile Software Development는 기본적으로 Agile 프로세스가 Unified Process(3장)와 같은 잘 통솔된 프로세스보다 더 우수하다고 주장한다. 회의론자들은 Agile 프로세스의 제안자들이 해커나 다름없다고 반박한다. 하지만, 이것은 중간 단계일 뿐이다. 두 가지 접근법은 공존할 수 있다. 잘 통솔된 프로세스의 프레임워크 내에 Agile 프로세스의 증명된 특성을 통합하는 것은 가능하다. 두 가지 접근법들의 통합은 [Boehm and Terner, 2003]가 쓴 저서에 서술되어 있다.

결론적으로, Agile 프로세스는 클라이언트의 요구사항들이 모호할 때, 소규모 소프트웨어 프로덕트를 구축하는 데 유용한 접근법이 될 것이다. 더욱이, Agile 프로세스의 몇몇 특성들은 다른 생명 주기 모델의 전후 관계에서 효과적으로 이용될 수 있다.

2.9.6 동기적-안정적 생명주기 모델

Microsoft사는 COTS 소프트웨어를 생성하는 세계에서 가장 큰 제조 회사이다. 이들 패키지의 대다수는 동기적-안정적 생명주기 모델(synchronize-and-stabilize life-cycle model)이라고 부르는 반복적-점진적 버전을 사용해 구축되었다[Cusumano and Selby, 1977].

요구사항 분석 페이즈는 패키지에 대해 많은 잠재적 클라이언트들을 인터뷰를 해서 그리고 클라이언트들에 높은 우선순위를 받은 특성들의 목록을 추출해서 수행된다. 명세문서는 이때 작성된다. 그 다음에는 작업할 내용을 세 개 내지 네 개의 빌드(build)들로 분할시킨다. 첫 번째 빌드에는 가장 중요한 특성들로 구성되고, 두 번째 빌드에는 그 다음으로 중요한 특성들로 구성된다. 각 빌드는 많은 소규모 팀들이 병렬적으로 수행한다. 각 팀이 작업을 끝낸 후 모든 팀은 동기성(synchronize)을 갖게 된다. 즉, 부분적으로 완성된 컴포넌트를 동시에 갖게 되고 결과물로 나온 프로덕트는 테스트 되고 교정된다. 안정화(stabilization)는 각 빌드의 후반부에 수행된다. 이때는 프로덕트에서 발견된 나머지 결함들이 수정되고 새로운 빌드가 고정된다. 즉, 명세에 구체적인 변경이 없게 된다.

반복되는 동기화 단계는 다양한 컴포넌트들이 함께 작동된다. 부분적으로 구축된 프로덕트의 정상적인 실행에 대한 또 다른 이점은 개발자가 프로덕트의 운영에 관한 통찰력을 얻을 수 있고, 또 빌드 과정 시 필요하다면 요구사항을 수정할 수 있다. 이 모델은 중요하다. 만약 초기 명세가 불완전하면 이 모델을 사용하면 된다. 동기적-안정적 모델에 대한 구체적인 내용은 4.5절에 있다.

나선형 모델(spiral model)은 2.9절에서 논의한 다른 모델들의 모든 측면을 통합시킨 것이기 때문에 다음절에서 학습한다.

2.9.7 나선형 생명주기 모델

2.5절에서 서술했듯이 소프트웨어 개발에는 항상 위험 요소가 내재되어 있다. 예를 들어, 핵심 직원이 프로덕트가 적절하게 문서화 되기 전에 회사를 사직할 수도 있고, 또 프로덕트가 크게 종속되어 있는 하드웨어 제조업체가 도산할 수도 있다. 또 테스팅과 품질보증 활동에 노력이 너무 많이, 또는 아주 적게 투입될 수도 있다. 주요 소프트웨어 프로덕트를 개발하는 데 수천만 달러를 투자한 후 기술의 획기적인 진전으로 전체 프로덕트가 쓸모없게 될 수도 있다. 회사가 데이터베이스 관리 시스템을 연구하고 개발하는 데 이 프로덕트가 시장에 출시되기 전에 저가에 기능적으로 같은 패키지가 경쟁사에서 출시될 수도 있다. 이러한 이유들 때문에 소프트웨어 개발자들은 가능한 한 어디서든지 이러한 위험들을 최소화시키려고 노력한다.

이러한 유형의 위험을 최소화시키는 한 방법이 프로토타입(prototype)의 구축이다. 2.9.3절에서 서술했듯이 인도된 프로덕트가 클라이언트의 실제 니즈를 만족시키지 못하는 위험을 감소시켜 주는 좋은 방법은 요구사항 페이즈 동안에 래피드 프로토타입(rapid prototype)을 구축하면 된다. 그 이후 페이즈 동안에서는 다른 종류의 프로토타입이 적합하다. 예를 들면 전화 회사는 장거리 네트워크를 통해 호출을 경유시키는 새롭고 명쾌한 최적의 알고리즘을 고안해냈다. 만약 이 프로덕트가 구현되었으나 기대한 만큼 작동되지 않는다면, 이 전화 회사는 이 프로덕트를 개발한 비용을 낭비하게 된다. 더욱이 화가 나거나 불편을 당한 고객은 다른 곳에서 자신들의 비즈니스를 선택해 사용한다. 이 결과는 호출 라우팅을 다루고 시뮬레이터 상에 그것을 테스트 하는 proof-of-concept prototype을 구축하면 피할 수 있다. 이 방법에서 실제 시스템은 혼란시키지 않는다. 그리고 라우팅 알고리즘을 구현하는 비용에 대해서 전화 회사는 새로운 알고리즘이 통합된 전체 네트워크 컨트롤러를 개발할 가치가 있는지를 결정할 수 있다.

Proof-of concept prototype은 2.9.3절에서 서술했듯이 요구사항들이 정확하게 결정되었는지 확인하기 위해 래피드 프로토타입이 구축되는 것은 아니다. 대신에 이것은 엔지니어링 프로토타입에 보다 유사하다. 즉 구축의 타당성을 테스트 하기 위해서 구축한 스케일 모델(scale model)이다. 만약 개발 팀이 제안된 소프트웨어 프로덕트의 특정 부문만 구축하는 데 관심이 있다면 proof-of-concept prototype으로 구축하면 된다. 예를 들면 개발자들은 특정 계산만 아주 빨리 수행하도록 하면 된다. 이 경우에 개발자들은 계산 시간만 테스트 하는 프로토타입을 구축한다. 또는 모든 화면에 사용될 폰트(font)가 너무 작아서 일반적 사용자가 눈의 피로 없이 읽을 수 있는지도 걱정거리가 될 수 있다. 이러한 보기에서 개발자들은 많은 다른 화면상에서 보여주도록 프로토타입을 구축해 사용자들이 좋지 않은 작은 폰트를 찾아내는 실험으로 폰트를 결정할 수 있다.

위험을 최소화시키는 아이디어는 프로토타입의 사용이고 이의 또 다른 의미는 **나선형 생명주기 모델**(spiral life-cycle model)이라는 아이디어이다[Boehm, 1988]. 이 생명주기 모델을 보는 가장 단순한 방법은 그림 2.12에 있는 위험 분석을 수행해보면 각 단계가 갖고 있는 것이 폭포수 모델과 같다. 각 페이즈를 시작하기 전에 이 시도는 위험을 **완화**(관리)하기 위해 만들어졌다. 만약 해당 단계에서 중요한 위험들을 모두 완화시킬 수 없다면 이 프로젝트는 즉시 중단해야 한다.

프로토타입은 위험 종류에 관한 정보를 효과적으로 제공하는 데 사용될 수 있다. 예를 들어 타이밍 제약(timing constraint)은 일반적으로 프로토타입을 구축해서 이 프로토타입이 필요한 성능을 달성할 수 있는지를 측정해서 테스트 하면 된다. 만약 프로토타입이 프로덕트의 관련 특성을 정확하게 기능적으로 표현하고 있다면 프로토타입에 가해진 측정은 개발자에게 타이밍 제약이 달성될 수 있는 좋은 아이디어들을 제공해준다.

위험의 또 다른 영역은 프로토타이핑과 크게 관련이 없다. 예를 들면 프로덕트 구축에 필요한 소프트웨어 담당자를 채용할 수 없거나 핵심 담당자가 프로젝트가 완성되기 전에 시작하는 것도 또 다른 위험이다. 또 다른 잠재적인 위험은 특정 팀이 특정 대규모 프로젝트를 개발하는 데 충분한 경쟁력을 갖지 못한 경우이다. 단독 주택을 건설하는 능력이 있는 사람이 복합 빌딩을 건축할 수는 없다. 같은 방식으로, 소규모와 대규모 소프트웨어 사이에는 차이점들이 분명히 있고, 그래서 프로토타이핑은 잘 사용될 수가 없다. 즉, 위험은 대규모 소프트웨어를 수행하는 팀과 소규모를 운영하는 팀을 아주 작은 프로토타입에 적용시켜 이들 팀의 성능을 테스팅 하는 것은 부당하다. 프로토타이핑을 채택할 수 없는 또 다른 위험 영역은 하드웨어 공급자의 인도 약속을 평가하는 일이다. 개발자가 택할 수 있는 전략은 공급자의 이전 고객들이 얼마나 잘 대접 받았는지를 결정하는 것이지만, 과거의 성능이 결코 미래의 성능에 대한 예측자는 될 수가 없다. 벌칙 조

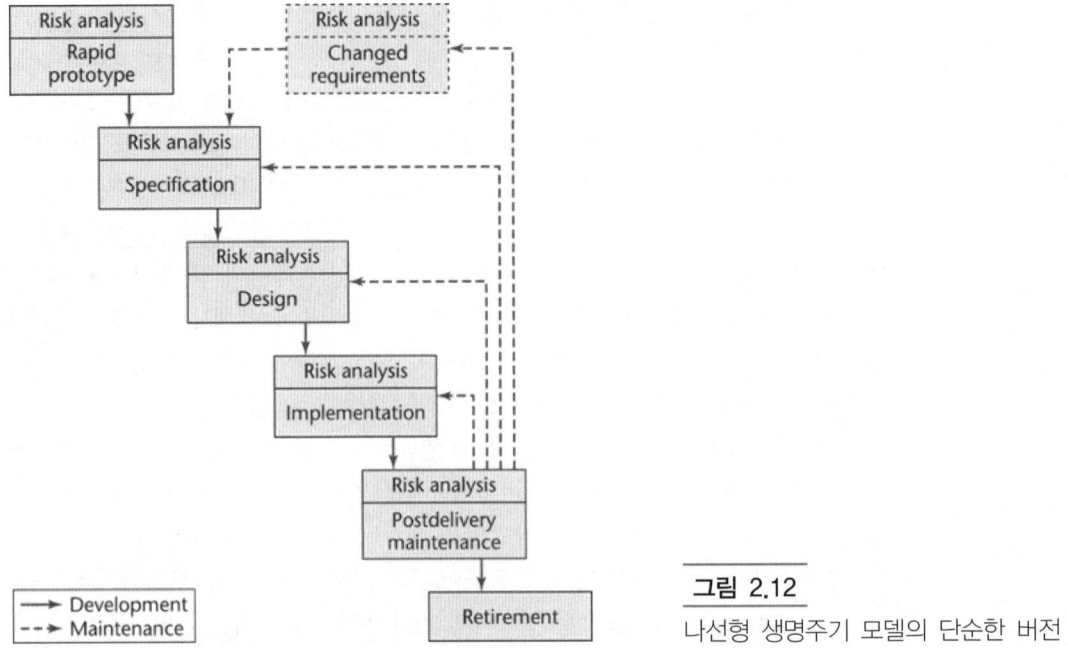

그림 2.12
나선형 생명주기 모델의 단순한 버전

항(penalty clause)은 필요한 하드웨어가 정시에 인도되는지를 보장하는 한 방법이지만, 공급자가 이러한 문항을 계약서에 삽입하는 것을 거부한다면? 벌칙 조항이 있는 경우에도 늦게 인도되는 상황이 발생할 수 있어 결국에는 몇 년 동안 지연될 수 있는 합법적인 규정이 된다. 결국에 소프트웨어 개발자는 약속된 하드웨어가 인도되지 않아 약속된 소프트웨어를 인도하지 못하기 때문에 파산하게 된다. 요컨대 프로토타이핑은 일정 영역에서는 위험을 감소시켜주지만 다른 영역에는 전혀 해답이 되지 못한다.

완전한 나선형 모델은 그림 2.13에 있다. 이 그림에서 사분원 중 나선모양의 차수는 현재까지의 누적비용을 나타내고, 각 차수는 나선을 통해 진행되는 상태를 나타낸다. 나선의 각 주기는 페이즈와 같다. 페이즈는 해당 페이즈의 목적과 그 목적을 달성할 수 있는 대안과 해당 대안에 있는 제약조건을 결정해서 시작한다. 프로세스는 해당 목적을 달성하기 위한 전략의 결과로 나온다. 다음에 해당 전략은 위험의 관점으로 분석된다. 이 목적은 모든 잠재적 위험을 해결하기 위해, 어떤 경우에는 프로토타입을 구축하기 위해서이다. 만약 어떤 위험이 완화될 수 없다면 그 프로젝트는 즉시 종료된다. 그러나 어떤 상황 아래서 의사결정은 아주 작은 규모로 프로젝트가 계속되도록 결정할 수 있다. 모든 위험이 성공적으로 완화되었다면, 다음 개발 단계가 시작된다(하단부 우측 사분원). 이 나선형 모델의 사분원은 고전적 폭포수 모델과 같다. 마지막으로 그 페이즈의 결과가 평가된 후 다음 페이즈가 계획된다.

나선형 모델은 다양한 프로덕트들을 개발하는 데 성공적으로 사용되었다. 나선형 모델을 사용하고 있는 25개 프로젝트 중 증가한 생산성을 가진 다른 방법들과 관련시켜 보면, 모든 프로젝트의 생산성이 이전 생산성 수준보다 적어도 50% 이상과 그리고 대부분 프로젝트에서는 100% 정도 증가했다[Boehm, 1988]. 나선형 모델을 주어진 프로젝트에 사용할지 여부를 결정하기 위해서 지금부터 나선형 모델의 강점과 약점들을 평가해본다.

나선형 모델은 많은 강점을 갖고 있다. 대안과 제약들에 대해 강조하는 것은 기존 소프트웨어의 재사용(8.1절 참조)과 특정 목적으로 소프트웨어 품질의 통합 때문이다. 더욱이, 소프트웨어

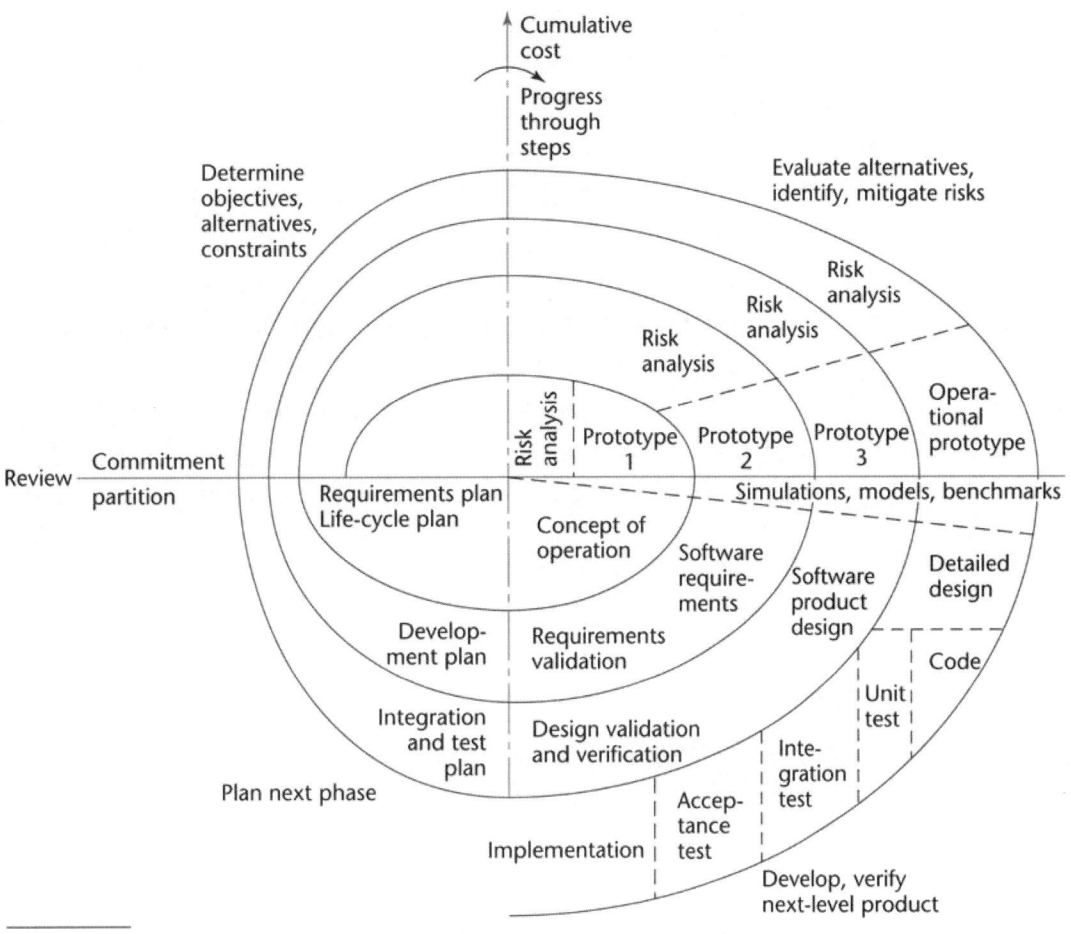

그림 2.13 완전한 나선형 생명주기 모델[Boehm, 1988].

개발에서 공통적인 문제는 특정 페이즈의 프로덕트들이 적합하게 테스트 되는 시기를 결정하는 일이다. 테스팅에 너무 많은 시간을 소비하는 것은 자금의 낭비이고 프로덕트의 인도가 무책임하게 지연될 수 있다. 역으로 테스팅을 너무 적게 수행하면, 인도된 소프트웨어에는 개발자들을 실망하게 하는 내재된 결함이 포함될 수 있다. 나선형 모델은 충분한 테스팅을 하지 않거나, 너무 많은 테스팅을 해서 일어날 위험들에 관한 문제를 해결해준다. 아마도 나선형 모델의 구조 내에서 가장 중요한 인도 후 유지보수는 나선형의 다른 주기가 된다. 다시 말해서 유지보수와 개발 사이는 본래 구별되지 않는다. 그래서 인도 후 유지보수는 개발과 같은 방법으로 취급되지만 가끔 무식한 소프트웨어 전문가들이 악담을 하는 문제가 발생한다.

　　나선형 모델의 응용성에는 제약들이 있다. 특히, 현재 형식에서 이 모델은 대규모 소프트웨어의 내부 개발로 한정하였다[Boehm, 1988]. 내부 프로젝트를 고려해보자. 즉 개발자와 클라이언트가 같은 조직의 멤버인 경우이다. 만약 위험 분석이 프로젝트가 중단되어야 한다고 결론을 내리면 내부 소프트웨어 전략은 다른 프로젝트에 다시 할당되어야 한다. 그러나 일단 개발 조직과 외부 클라이언트가 계약서에 서명을 하면 어느 한 쪽이 계약을 파기하면 계약 위반 소송에 걸린다. 그래서 소프트웨어 계약의 경우 계약이 서명되기 전에 클라이언트와 개발자는 모든 위험 분석을 수행해야 한다.

나선형 모델의 두 번째 제약은 프로젝트의 크기(size)와 관련이 있다. 특히 나선형 모델은 단지 대규모 소프트웨어에만 적용이 가능하다. 만약 위험 분석을 수행하는 비용이 전체적으로 프로젝트의 비용과 대비될 정도이거나, 또 위험 분석을 수행하는 것이 잠재적 이익에 크게 영향을 미친다면, 위험 분석을 수행하는 것은 의미가 없다. 대신에 개발자들은 우선 얼마나 많은 위험이 있는지 결정해야 하고, 있다면 얼마만큼의 위험분석이 수행되어야 하는지를 결정해야 한다.

나선형 모델의 주요 강점은 위험 중심(risk-driven)이지만 이것이 또한 약점이 될 수도 있다. 소프트웨어 개발자들이 가능한 위험을 지적하고 위험을 정확히 분석하는 데 숙련되어 있지 않아 프로젝트가 실패하고 있을 때 팀이 모든 것이 잘 되고 있다고 믿는 것도 실제 위험이 된다. 단지 개발 팀의 멤버들이 능력이 있다면 위험분석가는 관리자에게 나선형 모델을 사용하라고 결정한다.

전반적으로 나선형 모델의 약점은 폭포수 모델과 래피드 프로토타이핑 모델처럼 소프트웨어가 이산적인 페이즈들로 개발된다는 점이다. 그러나 실제로 소프트웨어 개발은 진화-트리 모델(2.2절)이나 반복적-점진적 모델(2.5절)에서 반영했듯이 반복적이고 점진적이다.

2.10
생명주기 모델들의 비교

SOFTWARE

이 장에 제시된 9개의 다른 생명주기 모델들은 그들이 갖고 있는 강점과 약점들에 대해 특별한 관심을 갖고 학습해왔다. 코드-픽스 모델(2.9.1절)은 피해야 한다. 폭포수 모델(2.9.2절)은 너무 많이 알려진 모델이다. 이것의 강점과 약점들도 이해해야 한다. 래피드 프로토타이핑 모델(2.9.3절)은 폭포수 모델의 특정 부분의 약점을 보완하는 방법으로 개발되었다. 즉, 폭포수 모델은 인도된 프로덕트가 클라이언트의 실제 니즈가 무엇인지를 모른다. 그러나 이 접근법이 다른 관점에서 폭포수 모델보다는 우수하다는 사실이 덜 알려져 있다. 오픈소스 생명 주기 모델은 기반구조 소프트웨어를 구축할 때 사용되는 소수의 경우에만 크게 성공적이었다(2.9.4절). Agile 프로세스(2.9.5절)는 단지 소규모의 소프트웨어를 작업하는 데 유용해 보이지만 논란이 좀 있는 새로운 접근법이다. 동기적-안정적 모델(2.9.6절)은 Microsoft사가 사용해 큰 성공을 거두었지만 다른 회사들에서는 비교할 만한 성과를 거두었다는 증거가 없다. 또 다른 대안은 개발자들이 위험요소 분석과 위험 요소 해결방안에 적합한 훈련을 받았다면 나선형 모델(2.9.7절)을 사용하는 것이 좋다. 진화-트리 모델(2.2절)과 반복적-점진적 모델(2.5절)은 소프트웨어가 실세계에서 생성하는 가장 근접된 방안이다. 전체적인 비교는 그림 2.14에 있다.

각 소프트웨어 개발조직은 해당 조직, 조직의 관리자, 조직의 직원, 조직의 소프트웨어 프로세스 등에 적합한 하나의 생명주기 모델을 결정해야 하고, 또 현재 개발 중인 특정 프로덕트의 특징에 따라 생명주기 모델은 달라진다. 이러한 모델은 그들의 강점들을 활용하고 약점들을 최소화시키는 다양한 생명주기 모델들로부터 적합한 특성들을 통합시켜야 한다.

Life-Cycle Model	Strengths	Weaknesses
Evolution-tree model (Section 2.2)	Closely models real-world software production Equivalent to the iterativeand-incremental model	
Iterative-and-incremental model (Section 2.5)	Closely models real-world software production Underlies the Unified Process	
Code-and-fix model (Section 2.9.1)	Fine for short programs that require no maintenance	Totally unsatisfactory for nontrivial programs
Waterfall model (Section 2.9.2)	Disciplined approach Document driven	Delivered product may not meet client's needs
Rapid-prototyping model (Section 2.9.3)	Ensures that the delivered product meets the client's needs	Not yet proven beyond all doubt
Open-source life-cycle model (Section 2.9.4)	Has worked extremely well in a small number of instances	Limited applicability Usually does not work
Agile processes (Section 2.9.5)	Works well when the client's requirements are vague	Appears to work on only small-scale projects
Synchronize-and-stabilize life-cycle mode (Section 2.9.6)	Future users' needs are met Ensures that components can be successfully integrated	Has not been widely used other than at Microsoft
Spiral model (Section 2.9.7)	Risk driven	Can be used for only large-scale, in-house products Developers have to be competent in risk analysis and risk resolution

그림 2.14 이 장에서 서술된 생명주기 모델들의 비교와 이들이 서술된 절이 기재되어 있음

복습

소프트웨어를 이론적으로 개발하는 방법과 실무적으로 개발하는 방법 간에는 중요한 차이점이 있다(2.1절). Winburg 미니 사례연구는 진화-트리 모델을 도입해 사용했다(2.2절). 특히 요구사항 변경에 대한 이 미니 사례연구의 교훈은 2.3절에 제시되어 있다. 변경은 이동-대상 문제가 Teal Tractor 사례연구를 사용해 제시한 2.4절에서 보다 자세히 논의되었다. 2.5절에는 실세계 소프트웨어 공학에서 반복과 점진의 중요성이 강조된 후 반복적-점진적 모델이 제시되어 있다. Winburg 미니 사례연구는 2.6절에서 다시 학습되고 진화-트리모델과 반복적-점진적 모델의 동등성을 설명하고 있다. 2.7절에서 반복과 점진의 강점들이 제시되고 특히 위험들을 초기에 해결할 수 있게 해준다. 반복적-점진적 모델의 관리는 2.8절에서 논의했다. 많은 다른 생명주기 모델들, 즉 코드-픽스 모델(2.9.1절), 폭포수 생명주기 모델(2.9.2절), 래피드 프로토타이핑 모델(2.9.3절), 오픈-소스 생명주기 모델(2.9.4절), Agile 프로세스(2.9.5절), 동기적-안정적 모델(2.9.6절), 그리고 나선형 모델(2.9.7절)들이 설명되었다. 2.10절에는 이들 생명주기 모델이 비교되고 또 특정 프로덕트에 대한 생명주기 모델의 선택에 관한 제안들이 제시되어 있다.

폭포수 모델은 Royce가 처음 제안했다[1970]. 폭포수 모델의 분석은 [Royce,1998]의 첫 장에 제시되어 있다.

동기적-안정적 모델은 [Cusaman and Selby, 1997]에 개괄적인 내용이 있고 [Cusamaano and Selby, 1995]에 구체적으로 서술되어 있다. 동기적-안정적 모델은 [McConnell, 1996]에 요약되어 있다. 나선형 모델은 [Boehm et al., 1984]에 설명되어 있고 TRW Software Productivity에 대한 응용은 [Boehm et al., 1984]에 있다.

Extreme programming은 [Beck et al., 2000]에 서술되어 있고 여기의 리팩토링은 [Fowler et al., 1999]의 주제다. Manifesto for Agile Software Development은 [Beck et al, 2001]에서 찾을 수 있다. [Cockburn, 2001]과 [Schwaber, 2001]과 같은 책은 다양한 Agile 메소드가 게재되어 있다. Agile 메소드는 [Highsmith and Cockburn, 2001], [Boehm, 2002], [Demarco and Boehm, 2002], [Boehm and Turner, 2003]에서 주장하고 있다. 이와 반대로, Agile 프로세스에 반대하는 경우는 [Stephens and Rosenberg, 2003]에서 보여준다. 리팩토링은 [Mens and Tourwe, 2004]에서 조사되어 있다. 네개의 미션-중심 프로젝트에서 XP의 사용은 [Drobka, Noftz, and Raghu, 2004]에 서술되어 있다. 현재 전통적인 방법론을 이용하는 조직에 Agile 프로세스를 소개할 때 발생하는 문제들에 대한 이슈는 [Nerur, Mahapatra, and Mangalaraj, 2005]과 [Boehm and Turner, 2005]에서 논의되었다.

XP에 대한 수많은 논문들은 May-June 2003 issue of IEEE Software와 XP를 사용하여 개발된 성공적인 프로젝트를 서술한 [Murru, Deias, and Mugheddu, 2003], [Rasmusson, 2003]에 발간되었다. June 2003 issue of IEEE Computer는 Agile 프로세스에 관련된 여러 논문들을 포함하고 있다. May-June 2005 issue of IEEE Software은 Agile 프로세스에 관한 네 개의 논문이 있다. 특히 [Ceschi, Sillitti, Succi, and De Panfilis, 2005]와 [Karlstrom and Runeson, 2005]. Agile 메소드가 소프트웨어 산업에서 사용되는 규모는 [Hansson, Dittrich, Guestafsson, and Zarnak, 2006]에서 서술하고 있다. Agile 소프트웨어 프로덕트에 중요한 성공 요인들에 관한 조사는 [Chow and Cao, 2008]에서 보여 준다. Agile 메소드로의 이행을 돕기 위한 접근법은 [Qumer and Henderson-Sellers, 2008]에 있다. 리팩토링은 소프트웨어 형상 관리 툴을 위한 문제를 제기한다. 해결방안은 [Dig, Manzoor, Johnson, and Nguyen, 2008]에서 보여준다.

대규모 소프트웨어 프로덕트의 Agile 테스팅은 [Talby, Keren, Hazzan, and Dubinsky, 2006]에 서술되어 있다. 테스트 기반 개발의 효율성은 [Erdogmus, Morisio, and Torchiano, 2005]에서 서술되어 있다. May-June 2007 issue of IEEE Software과 [Martin, 2007]에는 테스트 기반 개발에 관한 다양한 논문이 있다.

위험 분석은 Ropponen과 [Lyttinen, 2000], [Longstaff, Chittister, Pethia, Haimes, 2000], [Scott and Vessey, 2002]등에 서술되어 있다. Offshore 소프트웨어 개발에 위험 관리는 [Sakthivel, 2007]과 [Iacovou and Nakatsu, 2008]에 보여준다. 소프트웨어가 COTS 컴포넌트를 이용하여 개발될 때 위험 관리는 [Li et al., 2008]이 서술되어 있다.

주요 반복적-점진적 모델은 [Jacobson, Booch, Rumbaugh, 1999]에 상세하게 서술되어 있다. 그러나 많은 반복적-점진적 모델들은 [Larman and Basili, 2003]의 계산처럼 과거 30년 동안 제시되어 왔다. 항공관제 시스템을 구축하는 데 점진적 모델의 사용은 [Goth, 2000]에서 논의하고 있다. 재공학 리거시 시스템(re-engineering legacy system)에 대한 반복적 접근은 [Bianchi, Caivano, Marengo, Visaggio, 2003]에 있다. 산출물이 지속적으로 진화하는 것을 보증하는 점진적 소프트웨어 개발을 지원하는 툴은 [Reiss, 2006]에 서술되어 있다.

많은 생명주기 모델들이 제시되었다. 예를 들면 [Rajlich and Bennett, 2000]은 유지보수 중심의 생명주기 모델을 서술했다. July/August 2000 issue of IEEE Software는 Agile 메소드의 한 컴포넌트인 pair programming에 대한 실험을 기술한 [Williams, Kessler, Cunningham, Jeffries, 2000]을 포함한 소프트웨어 생명주기 모델에 관한 많은 다양한 논문들을 게재했다.

[Rajlich, 2006]은 더 나아가고 있고 이 장의 주제 중 대부분은 소프트웨어 공학에 대한 새로운 패러다임을 우리가 구체적으로 사용할 것을 제시하고 있다.
The proceeding of the International Software Process Workshop은 생명주기 모델에 대한 유용한 정보 자원이다. [ISO/IEC 12207, 1995]는 소프트웨어 생명주기 프로세스들에 대한 표준으로 인정되고 있다.

연습문제

2.1 당신은 반복적이고 점진적인 생명주기 모델을 사용해서 소프트웨어 프로덕트를 개발한다고 가정하자. 당신이 분석 워크플로를 수행하는 동안, 요구사항에 모순을 발견했다. 이것을 정정하기 위해 다른 반복이나 또 다른 점진(또는 둘 다)이 필요한가?

2.2 당신이 분석 워크플로를 수행하는 동안, 클라이언트가 추가 기능성이 추가되도록 요청한다고 가정하자. 또 다른 반복이나 또 다른 점진(또는 둘 다)이 필요할 것인가?

2.3 반복적이고 점진적인 생명주기 모델을 사용하기보다는 대신에 폭포수 생명주기 모델을 이용한다고 가정하자. 폭포수 모델의 관점에서 문제 2.1과 문제 2.2에서 대답했던 반복과 점진에 대응되는 것은 무엇인가?

2.4 Miller의 법칙과 단계적 정제 간에는 무슨 연관이 있는가?

2.5 반복적이고 점진적인 생명 주기 모델에서 단계적 정제는 어떻게 사용되는가?

2.6 워크플로, 산출물, 기준선은 어떤 연관이 있는가?

2.7 당신은 데이터 항목들이 #문자로 분리된 텍스트 파일을 받았다. 하지만, 데이터를 읽어야 하는 프로덕트는 필드가 &문자도 분리될 것을 기대한다. 그래서 당신은 소프트웨어 프로덕트에 #문자를 &문자로 변환시키도록 작성해야 한다. 프로덕트가 폐기된 이후에 단지 이 하나의 텍스트 파일은 처리될 필요가 있다. 어떤 생명주기 모델을 사용할 것인가? 그 이유를 제시하여라.

2.8 대형 건설 회사의 발판 부서의 매니저는 툴, 장비, 발판 창고의 재료를 감시할 수 있는 프로덕트를 구축하기 위해 당신의 소프트웨어 공학 조직에 계약을 발주하였다. 프로덕트는 프로젝트와 업무 작업자를 위한 툴, 장비, 재료의 주문, 구입, 할당을 처리해야만 한다. 당신이 이 프로젝트의 생명 주기 모델을 선택하는 데 사용하는 기준은 무엇인가?

2.9 문제 2.8의 소프트웨어를 개발하는 데 내포된 위험들을 열거하라. 각각의 위험들은 어떻게 완화시킬 것인가?

2.10 건설 회사용 발판 프로덕트(scoffalding product)의 개발은 아주 성공적이다. 그 결과로 이를 패키지 형태로 발판 창고를 갖고 있는 다른 여러 회사들에 팔려고 재구현하기로 결정한

다. 그러면 새로운 프로덕트는 새로운 하드웨어 및/또는 운영체제에 이식성이 있고 채택하기가 쉬워야 한다. 문제 2.8의 대답과 다르게 이 프로젝트에 대한 생명주기 모델을 선택하는 데 당신이 사용한 평가기준은 무엇인가?

2.11 오픈-소스 소프트웨어 개발을 위한 이상적인 애플리케이션이 되는 프로덕트의 부류를 서술하라.

2.12 오픈-소스 소프트웨어 개발이 적합하지 않은 상황의 유형을 서술하라.

2.13 Agile 프로세스에 대한 이상적인 애플리케이션이 되는 프로덕트의 부류를 서술하라.

2.14 Agile 프로세스가 적합하지 않은 상황의 유형을 서술하라.

2.15 나선형 생명 주기 모델에 대한 이상적인 애플리케이션이 되는 프로덕트의 부류를 서술하라.

2.16 나선형 생명 주기 모델이 적합하지 않은 상황의 유형을 서술하라.

2.17 폭포수 생명주기 모델을 사용하는 데 내재된 위험들을 서술하라.

2.18 코드-앤-픽스 생명주기 모델을 사용하는 데 내재된 위험들을 서술하라.

2.19 오픈-소스 생명주기 모델을 사용하는 데 내재된 위험들을 서술하라.

2.20 Agile 프로세스를 사용하는 데 내재된 위험들을 서술하라.

2.21 나선형 생명주기 모델을 이용하는 데 내재된 위험들을 서술하라.

2.22 (Term Project) 부록 A에 서술되어 있는 Chocoholics Anonymous 프로덕트에 대해 어떤 소프트웨어 생명주기 모델을 사용할 것인가? 그 이유를 제시하여라.

2.23 (Readings in Software Engineering)당신의 교습자가 논문 [Rajlich, 2006]의 복사본을 배포할 것이다. 소프트웨어 공학이 새로운 패러다임에 진입하고 있다는 것에 동의하는가? 이에 대해 설명해보아라.

참고 문헌

[Arisholm, Gallis. Dyba, and Sjoberg, 2007] E.ARISHOLM, H.GALLIS, T.Dyba, AND D.I.K.SJOBERG, "Evaluating Pair Programming with Respect to System Complexity and Programmer Expertise." *IEEE Transactions on Software Engineering 33* (February 2007), pp. 65-86.

[Beck, 2000] K. BECK, *Extreme Programming Explained: Embrace Change*, Addison-Wesley Longman, Reading, MA, 2000.

[Beck et al., 2001] K. BECK, M. BEEDLE, A. COCKBURN, W. CUNNINGHAM, M. FOWLER, J. GRENNING, J. HIGHSMITH, A. HUNT, R. JEFFRIES, J. KERN, B. MARICK, R. C. MARTIN, S. MELLOR, K. SCHWABER, J. SUTHERLAND, D. THOMAS, AND A. VAN BENNEKUM, "Manifesto for Agile Software Development," agilemanifesto.org, 2001.

[Bianchi, Caivano, Marengo, and Visaggio, 2003] A. BIANCHI, D. CAIVANO, V. MARENGO, AND G. VISAGGIO, "Iterative Reengineering of Legacy Systems," *IEEE Transactions on Software Engineering* **29** (March 2003), pp. 225-41.

[Boehm, 1988] B. W. BOEHM, "A Spiral Model of Software Development and Enhancement," *IEEE Computer* **21** (May 1988), pp. 61-72.

[Boehm, 2002] B. W. BOEHM, "Get Ready for Agile Methods, with Care," *IEEE Computer* **35** (January 2002), pp. 64-69.

[Boehm, and Turner, 2003] B. BOEHM AND, R. TURNER, *Balancing Agility and Discipline: A Guide for the Perplexed*, Addison-Wesley Professional, Boston, MA, 2003.

[Boehm, and Turner, 2005] B. BOEHM AND, R. TURNER, "Management Challenges to Implementing Agile Processes in Traditional Debelopment Organization," *IEEE Software* **22** (September-October 2005), pp. 30-39.

[Boehm et al., 1984] B. W. BOEHM, M. H. PENEDO, E. D. STUCKLE, R. D. WILLIAMS, AND A. B. PYSTER, "A Software Development Environment for Improving Productivity," *IEEE Computer* **17** (June 1984), pp. 30-44.

[Booch, 2000] G. BOOCH, "The Future of Software Engineering," keynote address, International Conference on Software Engineering, Limerick, Ireland, May 2000.

[Ceschi, Sillitti, Succi, and De Panfilis, 2005] M. CESCHI, A. SILLITTI, G SUCCI, AND S. DE PANFILIS, "Project Management in Plan-Based and Agile Companies," *IEEE Software* **22** (May-June 2005), pp. 21-27.

[Chow and Cao, 2008] T. CHOW AND D.-B. CAO, "A Survery Study of Critical Success Factors in Agile Software Projects," *Journal of Systems and Software* **81** (June 2008), pp. 961-71.

[Cockburn, 2001] A. COCKBURN, *Agile Software Development*, Addison-Wesley Professional, Readind, MA, 2001.

[Cusumano and Selby, 1995] M. A. CUSUMANO AND R. W. SELBY, *Microsoft Secrets: How the World's Most Powerful Software Company Creates Technology, Shapes Markets, and Manages People*, The Free Press/Simon and Schuster, New York, 1995.

[Cusumano and Selby, 1997] M. A. CUSUMANO AND R. W. SELBY, "How Microsoft Builds Software," *Communications of the ACM* **40** (June 1997), pp. 53-61.

[DeMarco and Boehm, 2002] T. DEMARCO AND B. BOEHM, "The Agile Methods Fray," *IEEE Computer* **40** (June 2002), pp. 90-92.

[Dig, Manzoor, Johnson, and Nguyen, 2008] D. DIG, K. MANZOOR, R. E. JOHNSON, AND T. N. NGUYEN, "Effective Software Merging in the Presence of Object-Oriented Refactorings," *IEEE Transactions on Software Engineeringr* **34** (May-June 2008), pp. 321-35.

[Drobka, Noftz, and Raghu, 2004] J. DROBKA, D. NOFTZ, AND R. RAGHU, "Piloting XP on Four Mission-Critical Projects," *IEEE Software* **21** (November-December 2004), pp. 70-75.

[Dyba et al., 2007] T. DYBA, E. ARISHOLM, D. I. K. SJOBERG, J. E. HANNAY, AND F. SHULL, "Are Two Heads Better than One? On the Effectiveness of Pair Programming," *IEEE Software* **24** (November-December 2007), pp. 12-15.

[Erdogmus, Morisio, and Torchiano, 2005] H. ERDOGMUS, M. MORISIO, AND M. TORCHIANO, "On the Effectiveness of the Test-First Approach to Programming," *IEEE Transactions on Software Engineering* **31** (March 2005), pp. 226-37.

[Fowler et al., 1999] M. FOWLER WITH K. BECK, J. BRANT, W. OPDYKE, AND D. ROBERTS, *Refactoring: Improving the Design of Existing Code*, Addison Wesley, Reading, MA, 1999.

[Goth, 2000] G. GOTH, "New Air Traffic Control Software Takes an Incremental Approach," *IEEE Software* **17** (July/August, 2000), pp. 108-11.

[Hansson, Dittrich, Gustafsson, and Zarnak, 2006] C. HANSSON, Y. DITTRICH, B. GUSTAFSSON, AND S.ZARNAK, "How Agile Are Industrial Software Development Practices?" *Journal of Systems and Software* **79** (September, 2006), pp. 1217-58.

[Hayes, 2004] F. HAYES, "Chaos Is Back," *Computerworld, www.computerworld.com/managementtopics/ management/project/story/0,10801,972830.00.html*, November 8, 2004.

[Highsmith and Coburn, 2001] J. HIGHSMITH AND A. COCKBURN, "Agile Software Development: The Business of Innovation," *IEEE Computer* **34** (September 2001), pp. 120-22.

[Iacovou and Nakatsu, 2008] C. L. IACOUVOU AND R. NAKATSU, "A Risk Profile of Offshore-Outsourced Development Projects," *Communications of the ACM* **51** (June 2008), pp. 89-94.

[ISO/IEC 12207, 1995] "ISO/IEC 12207:1995, Information Technology-Software Life-Cycle Processes," International Organization for Standardization, International Electrotechnical Commission, Geneva, Switzerland, 1995.

[Jacobson, Booch, and Rumbaugh, 1999] I. JACOBSON, G. BOOCH, AND J. RUMBAUGH, *The Unified Information System Development Process,* Addison Wesley, Reading, MA, 1999.

[Jalote, Palit, Kurien and Peethamber, 2004] P. JALOTE, A. PALIT, P. KURIEN AND V. T. PEETHAMBER, "Timeboxig: A Process Model for Iterative Software Development," *Journal of System and Software* **70** (February 2004), pp. 117-27.

[Karlstrom and Runeson, 2005] D. KARLSTROM AND P. RUNESON, "Combining Agile Methods with Stage-Gate Project Management," *IEEE Software* **22** (May-June 2005), pp. 43-49.

[Larman and Basili, 2003] C. LARMAN AND V. R. BASILI, "Iterative and Incremental Development: A Brief History," *IEEE Computer* **36** (June 2003), pp. 47-56.

[Li and Alshayeb, 2002] W. LI AND M. ALSHAYEB, "An Empirical Study of XP Effort," *Proceedings of the 17th International Forum on COCOMO and Software Cost Modeling,* Los Angeles, October 2002. IEEE

[Li et al., 2008] J. LI, O. P. N. SLYNGSTAD, M. TORCHIANO, M. MORISIO, AND C. BUNSE, "A State-of-the-Practice Survey of Risk Management in Development with Off-the-Shelf Software Components," *IEEE Transactions on Software Engineering* **34** (March-April 2008), pp. 271-86.

[Longstaff, Chittister, Pethia, and Haimes, 2000] T. A. LONGSTAFF, C. CHITTISTER, R. PETHIA, AND Y. Y. HAIMES, "Are We Forgetting the Risks of Information Technology?" *IEEE Computer* **33** (December 2000), pp. 43-51.

[Martin, 2007] R. C. MARIN, "Professionalism and Test-Driven Development," *IEEE Software* **24** (May-June 2007), pp. 32-36.

[Mens and Tourwe, 2004] T. MENS AND T. TOURWE, "A Survey of Software Refactoring," *IEEE Transactions on Software Engineering* **30** (February 2004), pp. 126-39.

[Miller, 1956] G. A. MILLER, "The Magical Number Seven, Plus or Minus Two: Some Limits on Our Capacity for Processing Information," *The Psychological Review* **63** (March 1956), pp. 81-97; reprinted in: www.well.com/user/smalin/miller.html.

[Murru, Deias, and Mugheddu, 2003] O. Murru, R. Deias, and G. Mugheddu, "Assessing XP at a European Internet Company," *IEEE Software* **20** (May/June, 2003), pp. 37-43.

[Nerur, Mahapatra, and Mangalaraj, 2005] S. Nerur, R. Mahapatra and G. Mangalaraj, "Challenges of Migrating to Agile Methodologies," *Communication of the ACM* **48** (May, 2005), pp. 72-78.

[Qumer and Henderson-Sellers, 2008] A. Qumer, and B. Henderson-Sellers, "A Framework to Support the Evaluation, Adoption and Improvement of Agile Methods in Practice," *Journal of Systems and Software* **81** (November, 2008), pp. 1899-1919.

[Rajlich, 2006] V. Rajlich , "Changing the Paradigm of Software Engineering," *Communications of the ACM* **49** (August 2006), pp. 67-70.

[Rajlich and Bennett, 2000] V. Rajlich and K. H. Bennett, "A Staged Model for the Software Life Cycle," *IEEE Computer* **33** (July 2000), pp. 66-71.

[Rasmusson, 2003] J. Rasmusson, "Introducing XP into Greenfield Projects: Lessons Learned," *IEEE Software* **20** (May/June 2003), pp. 21-29.

[Raymond, 2000] E. S. Raymond, *The Cathedral and the Bazaar: Musings on Linux and Open Source by an Accidental Revolutionary,* O'Reilly & Associates Sebastopol, CA, 2000; also available at www.catb.org/~esr/writings/cathedral-bazaar/cathedral-bazaar/.

[Reifer, Maurer, and Erdogmus, 2003] D. Reifer, F. Maurer, and H. Erdogmus, "Scaling Agile Methods," *IEEE Software* **20** (July-August 2004), pp. 12-14.

[Reiss, 2006] S. P. Peiss, "Incremental Maintenance of Software Artifacts," *IEEE Transactions on Software Engineering* **32** (September 2006), pp. 682-97.

[Ropponen and Lyttinen, 2000] J. Ropponen and K. Lyttinen, "Components of Software Development Risk: How to Address Them? A Project Manager Survey," *IEEE Transactions on Software Engineering* **26** (February 2000), pp. 96-111.

[Royce, 1970] W. W. Royce, "Managing the Development of Large Software Systems: Concepts and Techniques," *1970 WESCON Technical Papers, Western Electronic Show and Convention,* Los Angeles, August 1970, pp. A/1-1-A/1-9; reprinted in: *Proceedings of the 11th International Conference on Software Engineering* (Pittsburgh, May 1989), IEEE Computer Society Press, Los Alamitos, CA, pp. 328-38.

[Royce, 1998] W. Royce, *Software Project Management: A Unified Framework,* Addison Wesley, Reading, MA, 1998.

[Rubenstrin, 2007] D. Rubenstein, "Standish Group Report: There's Less Development Chaos Today," www.sdtimes.com/content/article.aspx?ArticleID=30247, March, 2007.

[Sakthivel, 2007] S. Sakthivel, "Managing Risk in Offshore System Development", *Communications of the ACM* 50 (April 2007). pp. 69-75.

[Schwaber, 2001] K. Schwaber, *Agile Software Development with Scrum,* Prentice Hall, Upper Saddle River, NJ, 2001.

[Scott and Vessey, 2002] J. E. Scott and I. Vessey, "Managing Risks in Enterprise Systems Implementations," *Communications of the ACM* **45** (April 2002), pp. 74-81.

[Softwaremag.com, 2004] "Standish: Project Success Rates Improved over 10 Years," www.softwaremag.com/L.cfm?Doc=newsletter/2004-01-15/Standish, January 15, 2004.

[Spivey, 1992] J. M. SPIVEY, *The Z Notation: A Reference Manual,* Prentice-Hall, New York, 1992.

[Standish, 2003] STANDISH GROUP INTERNATIONAL, "Introduction," www.standishgroup.com/chaos/introduction.pdf, 2003.

[Stephens and Rosenberg, 2003] M. STEPHENS AND D. ROSENBERG, *Extreme Programming Refactored*: The Case against XP, Apress, Berkeley, CA, 2003.

[Talby, Keren, Hazzan, and Dubinsky, 2006] D. TALBY, A. KEREN, O. HAZZAN, AND Y. DUBINSKY, "Agile Software Testing in a Large-Scale Project," *IEEE Software* 23 (July-August 2006), pp. 30-37.

[Tomer and Schach, 2000] A. TOMER AND S. R. SCHACH, "The Evolution Tree: A Maintenance- Oriented Software Development Model," in: *Proceedings of the Fourth European Conference on Software Maintenance and Reengineering* (CSMR 2000), Z?ich, Switzerland, February/March 2000, pp. 209-14.

[Williams, Kessler, Cunningham, and Jeffries, 2000] L. WILLIAMS, R. R. KESSLER, W. CUNNINGHAM, AND R. JEFFRIES, "Strengthening the Case for Pair Programming," *IEEE Software* **17** (July/August 2000), pp. 19-25.

제**3**장

소프트웨어 프로세스

학습목표

....

이 장을 학습하면 다음 사항들을 습득하게 된다.

● 2차원 생명주기 모델이 왜 중요한지를 설명할 수 있게 된다.

● Unified Process의 다섯 개 핵심 워크플로를 서술할 수 있게 된다.

● 테스트 워크플로에서 테스트 되는 산출물들을 열거할 수 있게 된다.

● Unified Process의 네 개의 페이즈들을 서술할 수 있게 된다.

● 워크플로들과 Unified Process 페이즈들 간의 차이점을 설명할 수 있게 된다.

● 소프트웨어 프로세스 개선의 중요성을 인식하게 된다.

● CMM(capability maturity model)을 서술할 수 있게 된다.

소프트웨어 프로세스(software process)는 소프트웨어를 생성하는 과정이다. 즉 소프트웨어 프로세스는 소프트웨어 생명주기 모델(2장)과 기법들의 방법론(1.11절), 사용하는 툴(5.6절부터 5.12절까지), 그리고 무엇보다 중요한 것은 소프트웨어를 구축하는 사람들과 연계되어 있다.

다른 조직들은 각기 다른 소프트웨어 프로세스를 갖고 있다. 예를 들어 문서화의 이슈를 고려해보자. 어떤 조직들은 자체적으로 문서를 생성하는 소프트웨어 즉, 프로덕트가 소스 코드를 읽으면 간단하게 이해될 수 있는 소프트웨어를 선호한다. 그러나 다른 조직들은 문서 작성에 집중한다. 이들은 세심하게 명세들을 작성하고 이들을 방법론적으로 점검한다. 그런 다음 조심스럽게 설계활동들을 수행하고, 코딩을 시작하기 전에 설계를 점검하고 또 다시 점검한 후, 프로그래머들에게 각 코드 산출물(code artifact)들에 대한 광대한 서술서들이 전달된다. 테스트 케이스들은 사전에 계획되어야 하고, 각 테스트의 실행 결과가 기록되어야 하고, 또 테스트 데이터는 구체적인 파

왜 조직마다 소프트웨어 프로세스에 큰 차이가 있는가? 여러 가지 이유가 있겠지만, 주된 이유는 소프트웨어 공학 기술들이 부족하기 때문이다. 대다수의 소프트웨어 전문가들은 최신 기술을 수용하지 못하고 있다. 그들은 다른 방법을 알지 못하기 때문에 기존 방식대로 계속 소프트웨어를 개발한다.

소프트웨어 프로세스에서 이러한 차이점에 대한 또 다른 이유는 많은 소프트웨어 매니저들이 뛰어난 관리 능력이 있음에도 불구하고 소프트웨어 개발이나 유지보수에 대한 테크니컬 지식이 부족하다는 점이다. 이러한 테크니컬 지식의 결여는 계획대로 진행시키는 데 어려움을 갖게 되어 일정을 지연시킨다. 이것은 종종 많은 소프트웨어 프로젝트들이 완성되지 못하는 이유가 된다.

프로세스들 간의 차이점에 대한 또 다른 이유는 관리 관점의 차이를 들 수 있다. 예를 들어 한 조직이 완벽하게 테스트되지는 않았지만 약속한 기일에 맞춰 고객에게 인도하는 것이 최선책이라고 생각하는 반면, 다른 조직은 비록 약속한 기일에 맞춰 고객에게 프로덕트를 인도하지는 못하지만 철저한 테스팅을 마친 후 고객에게 프로덕트를 인도하는 것이 위험요소를 더 줄일 수 있는 방안이라고 생각한다.

일로 만들어져야 한다. 프로덕트가 인도되어 클라이언트의 컴퓨터에 설치된 후 어떤 변경을 제시하려면 변경을 해야 하는 구체적인 사유를 작성해서 제시해야 한다. 제안된 변경은 권한부여자만이 작성할 수 있고, 수정안은 문서가 갱신될 때까지 그리고 문서에 대한 변경들이 승인될 때까지는 프로덕트에 반영되지 않는다.

테스팅의 강도(intensity)는 조직들을 비교할 수 있는 또 다른 측정법이다. 어떤 조직들은 자신에 할당된 예산 중 절반을 소프트웨어 테스트에 투입하지만 반면에 다른 조직들은 사용자가 프로덕트를 철저히 테스트 할 수 있다고 생각한다. 결과적으로 일부 회사들은 프로덕트를 테스팅 하는 데 최소한의 시간과 노력만 투입하지만 사용자가 발견해 보고한 문제점들을 수정하는 데 상당히 많은 시간을 투입하게 된다.

인도 후 유지보수(postdelivery maintenance)는 많은 소프트웨어 조직들이 갖고 있는 주요 관심 대상이다. 5년, 10년, 또는 20년 전에 개발된 소프트웨어들은 변경된 니즈(needs)를 충족시키기 위해 계속 기능이 보강되었다. 그러나 내재된 결함들은 비록 소프트웨어가 오랜 시간동안 성공적으로 작동된 후에도 계속 나타난다. 거의 모든 조직들은 3년에서 5년마다 새로운 하드웨어에 그들의 소프트웨어를 이식시켜야 한다. 이것도 인도 후 유지보수에 해당된다.

반대로 다른 조직들은 주로 유지보수는 다른 조직에게 일임하고 연구와 나머지 개발에만 관여한다. 이러한 역할 분담은 대학의 컴퓨터 관련 대학원생이 특정 설계나 기법이 타당한지를 증명하는 소프트웨어를 구축할 때 적용된다. 이러한 개념의 상용 여부는 다른 조직들이 담당한다(다른 조직들이 소프트웨어를 개발하는 방법에서 다양한 변형은 '알고 싶은 사항 3.1' 참조).

그러나 정확한 프로시저(procedure)와는 관계없이 소프트웨어 개발 프로세스는 그림 2.4에 요약된 요구사항, 분석(명세), 설계, 구현, 통합, 그리고 테스팅 등 다섯 개의 워크플로로 구성된다. 이 장에서는 이들 워크플로들이 각 워크플로 동안에 야기되는 잠재적인 난제들이 함께 서술된다. 소프트웨어의 프로덕션과 연관된 난제들에 대한 해결방안(solution)들은 그리 흔하지 않다. 그래서 이 책의 나머지 부분에서는 적합한 기법들을 자세히 서술하고 있다. 이 장의 앞 부분에서는 난제

알고 싶은 사항 3.2 Just in Case You wanted to Know

최근까지 가장 인기 있는 객체-지향 방법론들은 OMT(object modeling technique)[Raumbaugh et al., 1991]와 Grady Booch 의 방법[Booch,1994]이었다. OMT는 New York의 Schenectady에 있는 General Electronic Research and Development Center에서 Jim Rumbaugh와 그의 팀이 개발한 것이고, 반면에 Grady Booch는 California의 Santa Clara에 있는 Rational,Inc. 에서 그가 개발한 것이다. 모든 객체-지향 소프트웨어 개발 방법론들은 기본적으로는 같기 때문에 OMT와 Booch 방법의 차이 는 아주 작다. 그럼에도 불구하고 항상 두 캠프의 지지자들 간에는 우정 어린 경쟁이 있었다.

이것에 Rumbaugh가 Rational에 있는 Booch에 합류한 1994년 10월에 변화가 생겼다. 두 방법론자들은 즉시 OMT와 Booch의 방법을 결합시킨 새 방법론을 개발하기 위해 함께 작업하기 시작했다. 이 작업의 예비 버전이 발표되었을 때 그들은 방법론을 개발한 것이 아니라 단지 객체-지향 소프트웨어 프로덕트를 표현하는 표기법이라고 지적했다. Unified Methodology 라는 이름은 UML(Unified Modeling Language)로 급히 변경되었다. 1995년에 Objectory 방법론의 저자인 Ivar Jacobson이 Rational에 있는 그들에게 합류했다. 애정 넘치게 'Three Amigos(1986년 이후 Chevy Chase와 Steve Martin을 Three Amigos! 라고 부른 John Landis 영화)'라고 호칭됐던 Booch, Jacobson, 그리고 Rumbaugh는 함께 작업했다. 1997년에 발표된 UML의 버전 1.0은 소프트웨어 공학계에 폭풍과 같은 충격을 주었다. 이때까지는 소프트웨어 프로덕트의 개발에 국제적으로 공인된 표기법이 없었다. 거의 일시에 UML이 세계 전역에서 사용되었다. 객체 기술에 대한 세계 선도업체들의 연합체인 OMG(Object Management Group)는 UML에 대한 국제 표준을 담당하는 책임을 갖게 되었다. 그래서 모든 소프트웨어 전문가들은 UML의 같은 버전을 사용하게 되어서 세계적인 회사들 조직 내에서 담당자들 간에 커뮤니케이션이 증진되었다. UML[Booch, Rumbaugh, and Jacobson,1999]은 오늘날 객체-지향 소프트웨어 프로덕트들을 표현하는 공인된 국제적인 표준 표기법이 되었다.

오케스트라의 악보는 뮤지컬 악기들이 악곡을 연주하는 데 필요한 것을 보여준다. 즉 각 악기가 연주하고 또 이들을 연주 할 때 박자 기호, 템포, 음향들과 같은 테크니컬 정보의 핵심들을 알려준다. 이 정보는 다이어그램보다는 영어로 제공할 수 있는가? 아마도 이러한 서술로 음악을 연주하는 것은 불가능하다. 예를 들면 화가와 바이올리니스트는 다음과 같은 서술로 악곡을 연주할 수가 없다.

"The music in march time, in the key of B mine. The firrst bar begins with A above middle C on the violin(a quarter note). While this note is being played, the pianist plays a chord consisting of seven note. The right hand plays the following fourr note: E sharp above middli C..."

어떤 분야에서는 교과서적인 서술이 단순히 다이어그램을 대체시킬 수 없는 것이 분명하다. 음악은 이러한 한 분야이다. 또 소프트웨어 개발도 또 다른 한 분야이다. 소프트웨어 개발을 위해 오늘날 이용할 수 있는 최적의 모델링 언어가 UML이다.

UML이 폭풍을 일으킨 소프트웨어 공학 세계를 Three Amigos란 것으로는 충분치 않다. 그들의 다음 기여는 그들의 독립 된 세 개의 방법론들을 하나로 통합시킨 완전한 소프트웨어 개발 방법론을 공표했다. 이 통합된 방법론은 처음으로 RUP(Rational Unifred Process)라고 불렀다. 즉 Rational은 방법론의 이름이 아니다. 왜냐하면 Three Amigos는 합리적이지 못한 모든 다른 접근법으로 고려되었고, 그러나 당시에 셋은 모두 Rational, Inc에서 선임매니저들이었기 때문에 그렇다 (Rational은 2003년 IBM에 인수되었음). RUP에 고나한 그들의 저서[Jacobson, Booch, and Rumbaugh, 1999]에서는 USDP(Unified Software Development Process)란 이름이 사용되었다. 오늘날에는 일반적으로 Unifred Process란 용어로 간략 하게 사용된다.

에만 집중하면서 독자들에게 이들 해결방안에 관련된 절이나 장을 소개하고 안내해준다. 그래서 이 장의 이 부분은 소프트웨어 프로세스의 개요뿐만 아니라 이 책의 나머지 부분을 알려준다. 이 장은 소프트웨어 프로세스를 개선시키려고 노력하는 국가기구와 국제기구의 설명으로 마무리된다.

지금부터는 Unified Process(UP)를 학습한다.

3.1
Unified Process

이 장 서두의 설명처럼 방법론(methodololgy)은 소프트웨어 프로세스의 한 컴포넌트(component)이다. 오늘날의 주요 객체-지향 방법론은 Unified Process이다. '알고 싶은 사항 3.2'의 설명처럼 Unified 'Process'는 실제 방법론이다, 그러나 Unified Methodology란 이름은 UML(Unified Modeling Language)의 첫 버전 이름으로 이미 사용되었다. Unified Process 이전의 세 개 방법론들인 OMT, Booch's method, Objectory는 더 이상 지원되지 않고 있고, 또 다른 객체-지향 방법론들도 거의 발전되지 않고 있다. 결과적으로 오늘날 Unified Process만이 객체-지향 소프트웨어 프로덕션용으로 사용할 수 있는 방안이다. 즉, 이 책의 제2부에서 보여주게 될 Unified Process는 거의 모든 방안 중 가장 우수한 객체-지향 방법론이다.

Unified Process는 소프트웨어 프로덕트의 구축에서 해야 하는 일정한 단계들이 없다. 사실 이러한 단일 'one size fit all' 방법론은 소프트웨어 프로덕트들의 다양한 유형들 때문에 존재하지 않는다. 예를 들면 보험, 항공우주, 제조 등과 같은 많은 다른 애플리케이션 도메인들이 있다. 또한 COTS 패키지를 경쟁사보다 먼저 시장에 출시하기 위한 방법론은 보안 전자 자금 이체 네트워크(high-security electronic fund trnnsfer network)를 구축하기 위해 사용 중인 것과는 다르다. 추가로 소프트웨어 전문가들의 스킬(skill)도 크게 다를 수 있다.

대신에 Unified Process는 적응적 방법론(adaptable methodology)으로 보아야 한다. 즉 개발하려고 하는 특정 소프트웨어 프로덕트를 위해 수정이 된다. 제2부에서 알 수 있지만 Unified Process의 몇 가지 특성은 소규모 그리고 심지어 중간 규모 소프트웨어에는 적용할 수가 없다. 그러나 Unified Process의 많은 부분은 모든 규모의 소프트웨어 프로덕트들에 사용된다. 이 책에서 강조하는 것은 Unified Process의 이러한 공통 부분이지만, 대규모 소프트웨어에만 적용할 수 있는 Unified Process의 측면들도 논의된다. 즉 대규모 소프트웨어 프로덕트를 구축할 때 설명할 필요가 있는 이슈들이 철저하게 인식했다는 것을 확인하기 위해 논의된다.

3.2
객체-지향 패러다임에서 반복과 점진

객체-지향 패러다임은 모델링 전체에 사용된다. 모델(model)은 개발될 소프트웨어 프로덕트의 하나 또는 그 이상의 측면들을 표현하는 UML 다이어그램의 집합이다(UML 다이어그램은 7장에서 소개됨). UML은 Unified Modeling Language의 약어이고, 이는 우리가 대상 소프트웨어 프로덕트를 표현하는 데 사용되는 툴(tool)이다. UML과 같은 그래픽 표현법을 사용하는 주된 이유는 그림이 수천 단어의 가치가 있다는 오랜 속담 때문에 사용된다. UML 다이어그램은 소프트웨어 전문가들에게 구두 설명을 사용할 때보다 서로 간에 보다 빨리 그리고 보다 정확하게 커뮤니케이션을 하게 해준다.

객체-지향 패러다임은 반복적이고 점진적인 방법론이다. 각 워크플로는 많은 단계들로 구성되고, 해당 워크플로를 수행하기 위해서 워크플로의 각 단계들은 개발팀의 멤버들이 그들이 개발하길 원하는 소프트웨어 프로덕트의 정확한 UML 모델이 만족될 때까지 반복적으로 수행된다. 즉 경험이 많은 소프트웨어 전문가들조차도 UML다이어그램들이 정확하다고 만족할 때까지 반복에 반복을 거듭한다. 이 의미는 소프트웨어 엔지니어가 아무리 특출할지라도 다양한 작업 프로덕트를 첫 번에 정확하게 달성할 수 없다는 뜻이다. 이것은 어떻게 할 수 있는가?

소프트웨어 프로덕트들의 성질은 모든 것이 반복적으로 점진적으로 개발된다는 것이다. 결국 소프트웨어 엔지니어들도 인간이라 Miller의 법칙에 대상이 된다(2.5절). 즉 동시에 모든 것을 고려하는 것은 불가능하기 때문에 7개 정도의 청크(chunk, 정보의 단위를 청크라 부름)들만 초기에 처리한다. 그런 후 청크들의 다음 집합이 고려될 때 대상 소프트웨어 프로덕트에 관한 보다 많은 지식을 얻게 되면 UML 다이어그램들은 이들 추가 정보를 반영시켜 수정한다. 프로세스는 소프트웨어 엔지니어들이 주어진 워크플로에 대한 모든 모델이 정확하다고 만족할 때까지 이 방법을 계속한다. 다른 말로 표현하면 초기에 최적의 가능한 UML 다이어그램들은 워크플로의 시점에서 이용 가능한 지식만 반영시켜 작성된다. 그런 후 모델화시킬 실세계에 대한 보다 많은 지식을 얻게 되면 다이어그램들은 보다 정확해지고(반복) 확장(점진)된다. 그래서 경험이 많고 기술력 있는 소프트웨어 엔지니어라 할지라도 UML다이어그램들이 개발할 소프트웨어 프로덕트의 정확한 표현이라고 만족할 때까지 반복적으로 반복한다.

이상적으로 이 책의 후반부가 되면 독자들은 Unified Process로 대규모이면서 복잡한 소프트웨어 프로덕트들을 구축하는 데 필요한 소프트웨어 공학 스킬을 갖추게 된다. 그러나 불행하게도 이 사실이 왜 타당성이 없는지를 알려주는 세 가지 이유는 다음과 같다.

1. 한 과목의 수강으로 미적분이나 외국어 전문가가 되는 게 불가능하듯이 Unified Process에 숙달되려면 집중적인 연구와 더 중요한 것은 객체-지향 소프트웨어 공학에 대한 계속적인 실무가 요구된다.
2. Unified Process는 대규모이면서 복잡한 소프트웨어 프로덕트들을 개발하는 데 사용할 목적으로 개발되었다. 이러한 소프트웨어 프로덕트들의 복잡한 것을 처리할 수 있게 Unified Process 자체도 대규모이다. 이 책의 지면 관계로 인해서 Unified Process의 모든 측면들을 구체적으로는 다룰 수가 없다.
3. Unified Process를 가르치기 위해서는 Unified Process의 특성들을 설명해주는 사례연구를 제시하는 게 필요하다. 대규모 소프트웨어 프로덕트에 적용할 수 있는 특성들을 설명하기 위해서는 해당 사례연구도 대규모이어야 한다. 예를 들면 명세들이 일반적으로 1000페이지 이상은 되어야 된다.

이들 세 가지 이유들 때문에 이 책에는 Unified Process의 가장 중요한 부분만 제시하였다.

Unified Process의 다섯 개의 **핵심 워크플로**(요구사항 워크플로, 분석 워크플로, 설계 워크플로, 구현 워크플로, 테스트 워크플로)들과 이들의 난제들을 지금부터 학습한다.

3.3
요구사항 워크플로

소프트웨어 개발은 비용이 많이 드는 프로세스다. 개발 프로세스는 일반적으로 클라이언트가 클라이언트 입장에서 자신이나 소속 회사의 수익성이 경제적으로 타당하다고 판단되는 소프트웨어 프로덕트에 대해 개발 조직에 접근할 때 시작된다. **요구사항 워크플로**의 목적은 개발 조직을 위해서 클라이언트의 니즈를 결정하는 것이다.

개발 팀의 첫 번째 태스크는 **애플리케이션 도메인**(application domain, 간략하게 도메인이라고 부름)의 기본적인 이해를 획득하는 것이다. 즉 대상 소프트웨어 프로덕트가 운영될 특정 환경을 이해하는 데 있다. 도메인은 은행, 자동차 업체, 또는 핵물리학 등이 될 수도 있다.

프로세스가 어느 단계에 있던지 클라이언트가 소프트웨어에 비용효과 면에서 믿을 수가 없다면 개발은 즉시 종료된다. 3장 전체는 클라이언트가 비용이 합당하다는 가정으로 시작한다. 그래서 소프트웨어 개발의 가장 중요한 측면은 대상 프로덕트의 비용-효과(cost-effectiveness)를 보여주는 문서인 **비즈니스 케이스**(business case)이다(사실 '비용'이란 항상 재정적인 면만은 아니다. 예를 들면 군사용 소프트웨어는 자주 전략 또는 전술용으로 구축된다. 여기에서 소프트웨어의 비용은 개발되는 무기의 부재로 인해 고통 받게 되는 잠재적인 피해이다).

클라이언트와 개발자들 간의 초기 미팅에서 클라이언트는 프로덕트의 개념적인 윤곽을 추출한다. 개발자들의 관점에서 보면 바라는 프로덕트에 대한 클라이언트의 서술은 애매모호하고 비합리적이고 모순되고 또는 달성하기가 불가능하다. 이 단계에서 개발자들의 태스크는 클라이언트의 니즈가 무엇인지 정확하게 결정하고 또 무슨 제약이 존재하는지 클라이언트로부터 발견하는 것이다.

- 주요 제약은 거의 항상 **데드라인**(deadline, 마감일)이다. 예를 들면 클라이언트는 최종 프로덕트는 14개월 내로 완성해야 한다고 규정한다. 거의 모든 애플리케이션 도메인에서 대상 소프트웨어 프로덕트는 미션 중심으로 되어야 한다. 즉 클라이언트는 자신이나 자신의 조직의 핵심 활동들을 위한 소프트웨어 프로덕트를 필요로 한다. 그래서 대상 프로덕트의 인도가 늦어지면 조직에 큰 피해를 준다.

- **신뢰성**(reliability)과 같은 다양한 다른 제약들이 자주 제시된다(예를 들면 프로덕트는 당시에 99%가 사용되어야 하고 또는 실패들 간의 평균시간은 적어도 4개월이어야 한다). 또 다른 공통 제약은 실행 가능한 로드 이미지(executable load image)의 크기이다(예를 들면 이는 클라이언트의 컴퓨터 또는 인공위성 내의 하드웨어 상에서 실행되어야 한다).

- **비용**(cost)은 항상 불변의 중요한 제약이다. 그러나 클라이언트는 개발자에게 해당 프로덕트를 구축하는 데 얼마의 돈을 사용할 수 있다고 거의 말하지 않는다. 대신에 공통적으로 클라이언트는 명세들이 마무리 된 다음 이 프로젝트를 완성하는 데 얼마의 비용이 필요한지를 개발자들에게 물어 본다. 그런 후 클라이언트들은 자신의 이 프로젝트에 대한 예산보다 적게 개발자들이 입찰할 것이란 희망으로 입찰 절차를 수행한다.

클라이언트의 니즈에 대한 예비조사를 주로 **개념 조사**(concept exploration)라고 부른다. 개발 팀과 클라이언트 팀의 멤버들 간의 이후 미팅에서는 제안된 프로덕트의 기능성의 기술적인 타당성과 재정적인 적합성이 구체화되고 분석된다.

지금까지 모든 것이 간단하게 수행된다고 보았지만 불행하게도 요구사항 워크플로는 대부분 부적절하게 수행되었다. 프로덕트가 사용자에게 최종으로 인도될 때, 때로는 클라이언트가 명세들에 서명한 후, 1~2년 후에 클라이언트는 개발자들을 불러 다음과 같이 말한다. "이것은 내가 요청했지만, 이것은 내가 원했던 것이 아닙니다." 클라이언트가 무엇을 요청했었는지, 그리고 개발자들이 클라이언트가 원했던 것이 무엇인지 생각해보면 이것은 클라이언트가 실제로 필요한 것이 아니었다. 이러한 곤경에 빠지는 데는 많은 원인들이 있을 수 있다. 첫째 클라이언트는 그 자신이나 자신이 속한 조직이 무엇을 하려고 하는지 정말로 이해하지 못한다. 예를 들어 현재의 느린 응답시간의 원인이 잘못 설계된 데이터베이스임에 불구하고 소프트웨어 개발자에게 보다 빠른 운영체제를 요구하는 경우다. 또는 이윤이 없는 편의점을 운영하면서 판매, 직원, 봉급, 지불 계정과 같은 항목을 반영시킨 회계 관리 정보 시스템을 요구하는 경우이다. 만약 적자의 진짜 이유가 고용인의 잘못된 손버릇 때문에 생긴 것이면 이러한 프로덕트는 거의 사용할 필요가 없다. 만약 이러한 경우는 회계관리 프로덕트보다 차라리 재고관리 프로덕트가 요구된다.

클라이언트가 자주 잘못된(상황에 맞지 않는) 프로덕트를 요구하는 주된 이유는 소프트웨어가 복잡하기 때문이다. 만약 소프트웨어 전문가가 소프트웨어와 이의 기능성을 시각화시키는 것이 어렵다면 컴퓨터에 거의 문외한인 클라이언트에게는 더욱 어려운 일이 된다. 11장에서 보여주겠지만 Unified Process의 많은 UML 다이어그램들은 클라이언트가 개발하려고 하는 내용에 대한 세부적인 이해를 얻는 데 도움을 준다.

3.4

분석 워크플로

SOFTWARE

분석 워크플로(analysis workflow)의 목적은 소프트웨어 프로덕트를 정확하게 개발하고 또 이를 쉽게 유지보수 하는 데 필요한 요구사항들의 세부적인 이해를 달성하기 위해 요구사항들을 분석하고 정제시키는 데 있다. 언뜻 보면 분석 워크플로가 필요 없다. 대신에 진행하는 데 보다 단순한 방법은 대상 소프트웨어 프로덕트에 대해 필요한 이해가 얻어질 때까지 요구사항 워크플로의 구체적인 반복을 계속해서 소프트웨어 프로덕트를 개발하면 된다.

핵심은 클라이언트가 요구사항 워크플로의 결과물을 전체적으로 이해해야 한다. 다른 말로 표현하면 요구사항 워크플로의 산출물들은 클라이언트의 언어로 표현되어야 한다. 즉 English, Armenian, 또는 Zulu와 같은 자연어(natural language)로 표현되어야 한다. 그러나 예외 없이 모든 자연어는 좀 부정확하고 이해하기가 난해하다. 예로 다음의 문단을 고려해보자.

A part record and a plant record are read from the database. If it contains the letter A directly followed by the letter Q, then calculate the cost of transporting that part to that plant.

언뜻 보면 이 요구사항은 아주 명확하게 보인다. 그러나 두 번째 문장의 두 번째 단어인 it가 무엇을 언급하는지, 즉 the part, the plant, the database중 어느 것을 언급하는지?

이러한 부류의 애매모호함은 만약 요구사항들이 수학 표기법으로 표현된다면 발생할 수가 없다. 그러나 만약 수학 표기법이 요구사항용으로 사용된다면 클라이언트는 많은 요구사항을 이해하지 못할 것이다. 결과적으로 요구사항들에 관해 클라이언트와 개발자들 간에 커뮤니케이션이 잘 되지 않을 것이고, 결국에는 이들 요구사항들을 만족시키려고 개발되는 소프트웨어 프로덕트는 클라이언트의 니즈가 무엇인지 모르고 개발될 것이다.

해결방안은 두 개의 독립된 워크플로를 갖고 있어야 한다. 요구사항 워크플로는 클라이언트의 언어로 표현되어야 하고, 분석 워크플로는 설계와 구현 워크플로가 정확하게 수행될 수 있게 보다 정밀한 언어로 표현되어야 한다. 추가로 보다 많은 세부 사항이 분석 워크플로 동안에 추가된다. 이 세부 사항은 대상 소프트웨어 프로덕트에 대한 클라이언트의 이해와 관련된 것이 아니라 소프트웨어 프로덕트를 개발할 소프트웨어 전문가들에게 필요한 것이다. 예를 들면 상태차트(state chart)의 초기 상태(13.6절)는 어떤 면에서나 클라이언트와 관련이 없지만, 만약 개발자들이 대상 프로덕트를 정확하게 구축하려면 명세들에 포함되어 있어야 한다.

프로덕트의 명세들은 계약 시 구성 요소가 된다. 소프트웨어 개발자들은 그들이 명세들의 승인 평가기준을 만족하는 프로덕트를 인도할 때 계약이 완료된 것으로 간주한다. 이러한 이유 때문에 명세들에는 **적합한**(suitable), **사용하기 편리하게**(convenient), **충분하게**(ample), **부족함이 없게**(enough)라는 부정확한 용어가 포함되면 안 된다. 또한 정확한(exact)과 비슷하게 들리는 **최적**(optimal) 또는 **98% 완성도**와 같은 용어도 사용되면 안 된다. 계약 소프트웨어 개발(contract software development)은 민사 소송을 일으킬 수 있는 반면에 클라이언트와 개발자가 같은 조직 안에 있다면 명세가 법적효력을 발휘할 수 있는 근거를 만들 필요가 없다. 그럼에도 불구하고 내부 소프트웨어 개발의 경우에도 다양한 어려움이 분석 페이즈에서 발생한다.

보다 중요한 것은 명세들은 테스팅과 유지보수에 꼭 필요하다. 명세들이 정밀하지 않으면 이들이 정확한지, 구현은 명세들을 충족시키는지 여부를 결정할 방법이 없다. 그리고 명세가 현재 무엇을 하는지 정확하게 기술한 문서가 없어서 명세들을 변경시키기가 어렵다.

Unified Process를 사용할 때 보편적인 용어인 명세문서(specification document)는 없다. 대신에 UML 산출물들의 집합이 13장의 서술처럼 클라이언트에게 보여준다. UML 다이어그램들과 그들의 서술은 고전적 명세문서의 많은 문제들을 제거시켜 준다.

고전적 분석 팀이 만들어낼 수 있는 실수(mistake)는 명세들을 애매모호하게 만든다. 즉 이전에 설명했듯이 **애매모호**(ambiguity)는 자연어에 내재되어 있다. **불완전성**(incompleteness)은 명세들에 또 다른 문제이다. 즉 어떤 관련 사실이나 요구사항이 생략될 수 있기 때문이다. 실례로 만약 입력 데이터에 오류가 있다면 무슨 조치를 취해야 하는지 명세에 서술되지 않을 수 있다. 더욱이 명세문서는 **모순**(contradiction)들이 포함될 수 있다. 예를 들면 발효공정을 제어하는 프로덕트의 명세문서 한 곳에서 만약 압력이 35psi를 초과하면 밸브 M17은 즉시 정지되어야 한다고 서술되었다. 그러나 다른 곳에서는 압력이 35psi를 초과하면 운영자에게 즉시 알리고, 이때 운영자가 30초 내에 적합한 조치를 취하지 않으면 밸브 M17은 자동적으로 정지된다고 서술되어 있다. 소프트웨어 개발은 명세문서에 있는 이러한 문제가 수정될 때까지는 진행될 수가 없다. 이전 문단에서 지적했듯이 이들 많은 문제는 Unified Process를 사용하면 감소된다. 왜냐하면 이들 다이어그램들의 서술은 함께 갖고 있는 UML 다이어그램들이 애매모호, 불완전성, 모순 등을 줄여주기 때문에 그렇다.

클라이언트가 명세들에 동의하면 세부적인 계획수립(detailed planning)과 추정(estimating)이 시작된다. 클라이언트는 프로젝트에 얼마나 많은 기간이 소요되는지 그리고 얼마나 많은 비용이 드는지를 알지 못하면 소프트웨어 프로젝트를 진행하지 않는다. 개발자의 입장에서도 이 두 항목은 똑같이 중요하다. 만약 개발자들이 프로젝트의 개발비용을 적게 책정했다면 클라이언트는 개발자에게 실제 비용보다 아주 낮은 금액을 지불하게 되고, 반대로 개발자들이 프로젝트의 개발비용을 높게 책정했다면, 클라이언트는 프로젝트를 취소시키거나 클라이언트의 조건에 맞는 다른 개발자에게 개발을 의뢰하게 된다. 이와 비슷한 이슈들은 개발주기 추정에도 발생한다. 만약 개발자들이 프로젝트를 완성하는 기간을 예상보다 적게 추정했다면, 프로덕트의 인도가 늦어지게 되고 또 클라이언트로부터 신용을 잃게 된다. 최악의 경우 계약서에 있는 벌칙으로 재정적인 손해를 볼 수도 있다. 또 개발자들이 프로젝트가 인도될 기간을 예상보다 길게 추정했다면, 더 빠른 시간 내에 인도를 약속한 다른 개발자에게 프로젝트가 넘어갈 수가 있다.

개발자들을 위해 개발 기간과 전체 비용만 추정하게 하는 것은 충분하지 않다. 개발자들은 개발 프로세스의 다양한 워크플로들에 적정한 인원을 할당할 필요가 있다. 예를 들어 구현 팀은 관련 설계 산출물들이 SQA(Software Quality Assurance; 소프트웨어 품질 보증) 그룹에 의해 승인이 될 때까지는 코딩을 시작할 수가 없고, 그리고 설계 팀은 분석 팀이 해당 작업을 완성하기 전까지는 시작할 수가 없다. 다른 말로 설명하면 개발자들은 먼저 계획을 수립해야 한다. SPMP (software project management plan)는 개발 프로세스의 독립된 워크플로들이 반영되게 작성해야 하고 또 각 태스크(task)의 데드라인(deadline, 마감일)을 알 수 있게 해서 각 태스크에 개발조직의 어떤 사람이 투입되는지를 보여주어야 한다.

세부 계획이 작성될 수 있는 가장 빠른 시기는 명세가 완성되었을 때다. 그 이전에 프로젝트에 관한 완전한 계획을 수립하는 것은 조직이 갖춰지지 않아 수행할 수가 없다. 프로젝트의 어떤 면에서는 시작과 동시에 계획을 수립할 수 있다. 그러나 개발자들이 무엇을 구축해야 하는지 정확히 알 수 있을 때까지는 프로젝트를 구축하는 계획의 모든 측면을 명시할 수가 없다.

그러므로 명세들이 클라이언트의 승인을 받게 되면, SPMP의 준비가 시작된다. 계획의 주요 컴포넌트는 **인도할 수 있는 것**(deliverables, 클라이언트가 무엇을 취득할 수 있는가), **이정표**(milestones, 클라이언트가 언제 얻을 수 있는가), **예산**(budget, 얼마의 비용이 들 것인가)이다.

계획(plan)에는 소프트웨어 프로세스의 완전한 세부 사항까지 서술한다. 이것은 사용될 생명주기 모델, 개발 조직의 조직 구조, 프로젝트 책임성, 경영 목표와 우선순위, 사용될 기법과 CASE 툴, 그리고 세부 일정, 예산, 자원 할당과 같은 면들을 포함한다. 전체 계획에 중심은 개발 기간과 비용추정이다. 이러한 추정 기법은 9.2절에 서술되어 있다.

분석 워크플로는 12장과 13장에 서술되어 있다. 즉 12장은 고전적 분석 기법이 설명되고, 13장에는 객체-지향 분석이 주제로 설명된다. 분석 워크플로의 주요 산출물은 SPMP이다. SPMP를 작성하는 설명은 9.3, 9.4, 9.5절에 있다.

지금부터는 설계 워크플로를 학습한다.

프로덕트의 명세는 프로덕트가 무엇(what)을 수행하는지를 상세하게 서술해준다. 설계는 프로덕트가 그것을 어떻게(how) 수행되는지를 보여준다. 보다 정밀하게 말하면 **설계 워크플로**(design workflow)의 목적은 자료가 프로그래머들이 구현할 수 있는 형태가 될 때까지 분석 워크플로의 산출물들을 정제시키는 데 있다.

1.3절의 설명처럼 고전적 설계 페이즈 동안에 설계 팀은 프로덕트의 내부 구조를 결정한다. 설계자들은 프로덕트를 프로덕트의 나머지 부분과 잘 인터페이스 된 독립된 코드 단위인 **모듈**(module)들로 분해한다. 그리고 각 모듈의 인터페이스(즉 인수들이 모듈에 전달되고 인수들이 모듈에 의해 반환되는)는 세부적으로 명시되어야 한다. 예를 들면 모듈은 원자로에 있는 물의 수치를 측정하고, 물의 수치가 너무 낮으면 경고음을 울린다. 항공 전자 공학 프로덕트에 있는 모듈은 적 미사일의 좌표를 두 개 또는 그 이상을 입력으로 받아들여, 궤도를 계산해 조종사에게 대피할 수 있게 조언을 해준다. 팀이 모듈(architectural design, 아키텍처 설계)들로 분해가 완료되면, **상세 설계**(detailed design)가 수행된다. 각 모듈에 대한 알고리즘(algorithm)들이 선택되고 데이터 구조(data structure)들이 결정된다.

지금부터는 객체-지향 패러다임을 보자. 이 패러다임의 기본은 모듈의 특정 유형인 **클래스**(class)이다. 클래스들은 분석 워크플로 동안에 추출되고 설계 워크플로 동안에 설계된다. 그 결과 아키텍처 설계의 객체-지향 부분은 객체-지향 분석 워크플로의 부분으로 수행되고, 상세설계의 객체-지향 부분은 객체-지향 설계 워크플로의 부분이 된다.

설계팀은 설계에 관한 자세하고 정확한 사항 등을 기록해 두어야 한다. 이렇게 기록된 정보는 다음 두 가지 이유 때문에 중요하다.

1. 프로덕트를 설계하다 보면 막다른 곳으로 몰릴 수도 있고, 이렇게 되면 그 전단계로 돌아가서 명확하게 설계했던 것까지 다시 설계하는 일이 발생할 수 있다. 그러므로 자세하고 정확한 기록은 이러한 문제가 생겼을 때 설계팀이 설계를 진행하는 데 큰 도움을 준다.

2. 이상적으로 프로덕트의 설계는 미래의 기능향상(인도 후 유지보수)을 위해서 새로운 클래스들을 추가해 기능을 향상시킬 수 있고 또 설계 전체에 영향을 미치지 않게 기존의 클래스들을 교체시킬 수 있다는 의미로 개방형(open-ended)이어야 한다. 실제로 이러한 이상적인 프로덕트를 달성하기는 어렵다. 실세계에서 데드라인의 제약은 설계자들이 다음의 기능 향상들에 관해 걱정하지 않고 오리지날 명세를 만족시키는 설계를 완성하려고 시간과 싸우게 된다. 만약 미래의 기능 향상(프로젝트가 운영 모드에 들어간 후에 추가하는)들이 명세문서에 포함된다면, 설계에도 허용되어야 하지만 이러한 상황은 거의 드물다. 일반적으로 명세와 설계는 제시된 요구사항들만 취급한다. 추가로 프로덕트가 아직 설계 단계에 있을 때 가능한 미래의 기능 향상이 무엇인지 결정할 방법이 없다. 그리고 마지막으로 설계가 미래의 모든 기능 향상이 고려되었다면 그것은 비현실적이고, 최악의 경우 설계가 너무 복잡해서 구현이 불가능하다. 그래서 설계자들은 전체를 다시 설계하지 않는 범위 내에서 실현 가능한 부분을 결정해야 한다. 그러나 주요

기능을 향상시킨 프로덕트에서 설계가 구체적인 변경을 처리할 수 없을 때가 온다. 이 단계에 도달할 때가 바로 프로덕트를 전체적으로 재설계할 시기다. 만약 팀 멤버들이 모든 오리지날 설계 결정사항들에 관한 기록을 갖고 있다면 재설계 팀의 일은 상당히 쉬워진다.

3.6
구현 워크플로

구현 워크플로(implementation workflow)의 목적은 선택한 구현 언어로 대상 소프트웨어 프로덕트를 구현하는 데 있다. 소규모 소프트웨어 프로덕트는 자주 설계자가 구현한다. 반대로 대규모 소프트웨어 프로덕트는 코딩 팀들이 병렬로 구현할 수 있는 서브시스템(subsystem)들로 분할된다. 이 서브시스템들은 개별 프로그래머들이 구현하는 **컴포넌트**(component)들이나 **코드 산출물**(code artifact)들로 구성된다.

　일반적으로 프로그래머에게 주어진 문서는 관련된 설계 산출물뿐이다. 예로 고전적 패러다임인 경우 프로그래머는 그 자신이 구현해야 하는 모듈의 상세설계만 받게 된다. 상세설계는 통상 프로그래머가 많은 어려움 없이 코드산출물을 구현하는 데 필요한 충분한 정보를 제공해준다. 만약 여기에 어떤 문제가 있다면 빨리 담당 설계자와 상담해서 해결할 수 있다. 그러나 만약 아키텍처설계가 수정되었다면 개별 프로그래머는 이를 알 수 있는 방법이 없다. 단지 개별 코드 산출물들의 통합이 시작될 때 전체적인 설계의 결함이 나타나기 시작한다.

　많은 코드 산출물들이 구현되고 통합되면 지금까지 통합된 프로덕트의 부분이 정확하게 작동되는 것으로 가정하자. 또 프로그래머는 산출물 a45를 정확하게 구현했지만 이 산출물이 다른 기존의 산출물과 통합될 때 이 프로덕트가 실패했다고 가정하자. 이 실패(failure)의 원인은 산출물 a45에 있기보다는 산출물 a45가 아키텍처 설계의 명세처럼 프로덕트의 나머지 부분과의 인터페이스에 원인이 있는 것이다. 그럼에도 불구하고 이러한 유형의 상황에서는 산출물 a45를 코딩한 프로그래머가 실패에 대한 비난을 받는다. 이것은 억울한 일이다. 왜냐하면 프로그래머는 단순히 설계자가 제공한 작업 지시서를 따라 그리고 해당 산출물에 대한 상세설계의 서술대로 정확하게 산출물을 구현만 했기 때문이다. 프로그래밍 팀의 멤버들은 아키텍처 설계인 'big picture'를 거의 보여주지 못한다. 비록 개별 프로그래머에게 전체 프로덕트에 대해 명시된 산출물의 의미를 파악하는 것을 기대하는 것은 부당하지만 불행하게도 이러한 일은 실무에서 너무 자주 발생한다. 이는 설계의 중요성처럼 모든 면이 정확해야 하는 또 다른 이유가 된다.

　설계의 정확성(다른 산출물들처럼)은 테스트 워크플로의 부문으로 검사된다.

3.7

테스트 워크플로

그림 2.4에서 보여준 것처럼 Unified Process 테스팅은 시작부터 다른 워크플로들과 같이 병렬적으로 수행된다. 다음과 같이 테스팅에는 두 개의 주요 측면이 있다.

1. 모든 개발자와 유지보수자는 자신이 담당하는 작업이 정확하다고 보장해줄 책임이 있다. 그래서 소프트웨어 전문가는 그들이 개발하거나 유지보수하는 각 산출물에 대해 테스트하고 또 다시 테스트를 해야 한다.
2. 소프트웨어 전문가가 산출물이 정확하다고 확신하게 되면 이를 6장에서 서술하고 있는 독립된 테스팅을 하는 SQA 그룹에게 인계한다.

테스트 워크플로(test workflow)의 성질은 테스트 되는 산출물에 따라 변한다. 그러나 모든 산출물에 중요한 특성은 추적성이다.

3.7.1 요구사항 산출물

만약 요구사항 산출물들이 소프트웨어 프로덕트의 생명주기 전반에 추적 가능해야 한다면 그들이 갖추어야 할 하나의 성질은 **추적성**(traceability)이다. 예를 들면 분석 산출물들에 있는 모든 항목은 요구사항 산출물에서 추적이 가능해야 한다, 유사하게 설계 산출물들과 구현 산출물들에서도 추적이 가능해야 한다. 만약 요구사항들이 방법론적으로 제시되고, 적절하게 번호가 부여되고, 전후에 상호참조 되고, 첨자화 되어 있다면 개발자들은 차후의 산출물들 추적하고 또 클라이언트의 요구사항들이 제대로 반영되었는지 확인하는 데 큰 어려움이 없게 된다. 요구사항 팀의 멤버들의 작업을 SQA 그룹이 차후에 점검할 때 추적성은 그들 태스크를 단순화시켜준다.

3.7.2 분석 산출물

1장에서 지적했듯이 인도받은 소프트웨어에 있는 결함들의 주요 근원(main source)은 소프트웨어가 클라이언트의 컴퓨터에 설치되고, 그것의 의도한 목적대로 클라이언트의 조직이 사용할 때까지 발견되지 않은 명세에 있는 결함들이다. 그래서 분석 팀과 SQA그룹 모두는 분석 산출물들을 철저하게 점검해야 한다. 추가로 이들은 명세들이 유연성이 있는지를 확인해야 한다. 예를 들면 어떤 명시된 하드웨어 컴포넌트가 충분히 빠른지 또 클라이언트의 현재 온라인 디스크 용량이 새로운 프로덕트를 처리하기에 적합한지 확인해야 한다. 분석 산출물들을 체킹(checking) 하는 가장 우수한 방법은 검토(review)밖에 없다. 여기에는 분석 팀과 클라이언트의 대표자들도 참석한다. 이 미팅의 의장은 통상적으로 SQA그룹의 멤버가 맡는다. 검토의 목적은 분석 산출물들이 정확한지를 결정하는 것이다. 검토자들은 어떤 결함들이 있는지를 알기 위해 분석 산출물들을 세밀하게 검토해야 한다. 검토의 두 가지 유형은 워크스루(walkthrough)와 인스펙션(inspection)이고, 이들은 6.2절에 서술되어 있다.

지금부터는 클라이언트가 명세들을 서명한 후 시작되는 세부 계획수립(detailed planning)과 추정(estimating)에 대한 체킹을 고려해본다. 반면에 SPMP의 모든 측면은 개발 팀이 먼저 점검한 후에 SQA그룹은 계획의 기간(duration)과 비용추정(cost estimation)들에 특별한 관심을 갖고 세심하게 점검한다. 이를 수행하는 한 가지 방법은 관리자가 세부 계획수립이 시작될 때 기간과 비용에 대해 두 개의(또는 그 이상) 독립적인 추정을 해서 얻는 것이다. 그러면 두 개의 추정치 간의 차이를 조정할 수 있다. SPMP 문서에 대해 이를 점검하는 우수한 방법은 분석 산출물들의 검토와 유사하게 검토하면 된다. 만약 개발기간과 비용추정들이 충족된 만족스럽다면 클라이언트는 프로젝트의 진행을 허용한다.

3.7.3 설계 산출물

3.7.1절에서 언급했듯이 테스트성(testability : 일명 시험성)의 중요한 측면은 추적성이다. 설계의 경우 이것은 설계의 모든 부분이 분석 산출물에 연계될 수 있다는 의미이다. 적합한 상호참조 설계(cross- referenced design)는 개발자들과 SQA 그룹에게 설계가 명세들에 일치하는지 그리고 명세들의 모든 부분이 설계의 어느 부분에 반영되었는지를 체킹 하는 강력한 도구가 된다.

설계 검토들은 명세들을 심의하는 검토와 유사하다. 그러나 대부분 설계들의 기술적인 성질에서 보면 클라이언트는 일반적으로 참여도가 낮다. 설계 팀의 멤버들과 SQA 그룹은 설계가 정확한지 확인하기 위해 각 독립된 설계 산출물과 전체 설계를 대비시켜 철저하게 검토한다. 여기서 찾고자하는 결함들의 유형은 논리 결함들, 인터페이스 결함들, 예외처리의 결여(에러 조건들의 처리), 그리고 가장 중요한 것은 명세들과의 불일치 등이다. 추가로 검토 팀은 항상 어떤 분석 결함들이 이전 워크플로 동안에 발견되지 않을 가능성을 알아야 한다. 검토 프로세스에 대한 세부 서술은 6.2절에 있다.

3.7.4 구현 산출물

각 컴포넌트는 구현되고 있는 동안에도 테스트 되어야 한다(desk checking).그리고 구현이 된 다음에는 테스트 케이스별로 시행된다. 이러한 비정형적 테스팅(informal testing)은 프로그래머가 담당한다. 그런 후에 품질 보증 그룹이 방법론적으로 컴포넌트를 테스트 한다. 이를 **단위 테스팅(unit testing)**이라 부른다. 다양한 단위 테스팅 기법은 15장에 서술되어 있다.

테스트 케이스들을 실행시키는 것 이외에도 코드 검토(code review)도 프로그래밍 결함들을 발견하는 강력하고 성공적인 기법이다. 여기서 프로그래머는 컴포넌트의 목록을 통해 검토 팀의 멤버들을 안내해준다. 검토 팀에는 SQA의 대표자도 포함된다. 이 절차는 이전에 서술한 명세와 설계의 검토와 유사하다. 모든 다른 워크플로에서처럼 SQA그룹의 활동들의 기록은 테스트 워크플로의 부분으로 유지되어야 한다.

컴포넌트가 코딩 되었으면 SQA그룹은 전체적인 기능면에서 (부분) 프로덕트가 정확한지를 결정한 후 다른 코딩된 컴포넌트와 결합된다. 컴포넌트들이 통합되는 방법(전체 컴포넌트를 한 번에 하는지 아니면 한 번에 한 컴포넌트씩 하는지)과 특정 순서(컴포넌트 상호 연결 다이어그램에서 위에서 아래로 또는 아래에서 위로인지)가 결과 프로덕트의 품질에 중대한 영향을 미칠 수 있다. 예를 들어 프로덕트는 아래에서 위로(bottom-up) 통합된다고 가정하자. 만약 주요 설계 결함이 늦게 발견된다면 다시 구현하는 데 막대한 돈을 낭비하게 되고, 반대로 컴포넌트들이 위에서 아래로(top-down) 통합되면 대부분의 하위 수준 컴포넌트들은 철저한 테스팅을 받지 못한다. 이들 문제와 그 외 다른 문제들은 15장에서 구체적으로 논의된다. 또한 코딩과 통합이 병렬적으로 수행되는 이유도 함께 논의된다.

통합 테스팅(integration testing)의 목적은 컴포넌트들이 해당 명세를 충족시키는 프로덕트를 달성하기 위해 정확하게 결합되었는지를 점검하는 것이다. 통합 테스팅 동안에 컴포넌트 인터페이스들을 테스팅 하는 데 특히 신경을 써야 한다. 즉 형식 매개변수들의 개수, 순서, 타입이 실제 매개변수들의 개수, 순서, 타입에 일치하는 것은 아주 중요하다. 이러한 강한 타입 체킹(strong type checking)[van Wijngaarden et al., 1975]은 컴파일러와 링커가 최적으로 수행한다. 그러나 많은 언어들은 강한 타입 체킹을 하지 않는다. 이러한 언어가 사용될 때 SQA 그룹의 멤버들이 인터페이스를 점검해야 한다.

통합 테스팅이 완료되면(즉 모든 컴포넌트들이 코딩되어 통합되었을 때), SQA 그룹은 **프로덕트 테스팅**(product testing)을 수행한다. 전체적으로 프로덕트의 기능성은 명세들을 바탕으로 점검된다. 특히 명세들에 있는 제약 사항들도 테스트 해야 한다. 대표적인 예는 응답 시간이 충분히 빠른지를 테스트 하는 것이다. 프로덕트 테스팅의 목표는 명세들이 정확하게 구현되어 있는지 결정하는 것이라 명세들이 완성된 후에 많은 테스트 케이스들이 작성된다.

프로덕트의 정확성(correctress)이 테스트 되어야 하고 또 강건성(robustness)도 테스트 되어야 한다. 즉 프로덕트가 충돌하는지 또는 잘못된 데이터가 입력되었을 때 오류 처리 기능들이 제대로 작동하는지 알기 위해서 일부러 오류가 있는 데이터를 프로덕트에 입력시켜 본다. 프로덕트를 클라이언트의 현재 설치된 소프트웨어와 함께 실행시킨 후에, 이 테스트는 새 프로덕트가 클라이언트의 기존 컴퓨터 작동에 악영향을 미치지 않는지 점검하기 위해 수행하는 것이다. 마지막으로 소스 코드와 그 외 모든 문서의 유형들이 완전한지 그리고 내부적으로 일관성이 있게 작성되었는지 조사하기 위해 점검를 해야 한다. 프로덕트 테스팅은 15.21절에서 논의된다. 프로덕트 테스트의 결과를 기반으로 개발조직의 선임 매니저는 프로덕트가 클라이언트에게 인도될 수 있는지를 결정한다.

구현 산출물을 테스팅 하는 것에 마지막 단계는 **승인 테스팅**(acceptance testing)이다. 소프트웨어는 테스트 데이터와는 반대인 실제 데이터를 사용해서 하드웨어 상에서 이 테스트를 수행하는 클라이언트에게 인도된다. 개발 팀이나 SQA 그룹이 방법론적으로 어떻게 하든 상관없이 인위적인 데이터인지 실제 데이터인지에 따라, 즉 테스트 케이스들에 따라 차이가 많이 난다. 소프트웨어 프로덕트는 프로덕트가 승인 테스트에 통과될 때까지는 해당 명세를 충족시킨다고 생각할 수가 없다. 승인 테스팅에 관한 세부 사항들은 15.22절에 있다.

COTS(commercial off-the-sheet) 소프트웨어(1.11절)인 경우 프로덕트 테스팅이 완료되면 즉시 완료된 프로덕트의 버전들은 현장에서 테스팅을 받기 위해 가능성이 있는 미래의 클라이언트들을 선택해 제공한다. 첫 번째 이러한 버전을 **알파 릴리즈**(alpha release)라고 부른다. 이 수정된 알파 릴리즈는 **베타 릴리즈**(beta release)라고 부른다. 일반적으로 베타 릴리즈는 최종 버전에 가깝다(일반적으로 alpha release와 beta release란 용어는 COTS만이 아니라 모든 유형의 소프트웨어 프로덕트들에 적용된다).

COTS 소프트웨어에 있는 결함들은 일반적으로 프로덕트의 판매를 저하시켜서 개발회사에게 큰 피해를 준다. 그래서 COTS 소프트웨어의 개발자들은 가능한 한 초기에 가능한 모든 결함을 발견하기 위해 선정된 몇몇 회사들에게 알파나 베타 릴리즈를 자주 제공한다. 즉 해당 회사들이 내재된 결함까지 발견해주기를 바라면서 알파나 베타 릴리즈를 배포한다. 이때 알파와 베타 사이트들에 배포된 알파나 베타버전은 무료이며 자유롭게 복사해서 사용할 수 있다. 알파나 베타 테스팅에 참여한 회사에는 위험이 발생할 수 있다. 왜냐하면 알파 테스트 버전은 적지 않은 오류를 내포하고 있기 때문에 쓸데없이 시간을 낭비할 수 있고 또 데이터베이스에 악영향을 미칠 수가 있다. 그러나 이 회사는 새로운 COTS 소프트웨어를 사용하는 선두 주자가 되기 때문에 자신의 경쟁자보다는 앞서게 된다. 소프트웨어 조직들이 SQA 그룹으로 프로덕트 테스팅을 하지 않고 잠재적 클라이언트로 알파 테스팅을 사용할 때 자주 문제가 발생한다. 비록 다양한 많은 사이트에서 알파 테스팅이 아주 다양한 결함들을 찾아낸다 해도 SQA그룹이 제공하는 방법론적인 테스팅을 대신할 수는 없다.

3.8
인 도 후 유지보수

인도 후 유지보수(postdelivery maintenance)는 프로덕트가 인도되어 클라이언트의 컴퓨터에 설치된 후 마지못해 수행하는 활동이 아니라, 반대로 시작 때부터 계획된 소프트웨어 프로세스에 통합된 부분이다. 3.54절에서 설명했듯이 설계는 미래의 기능 향상을 고려해서 유연성 있게 설계되어야 한다. 코딩은 미래의 유지보수를 염두 해야 한다. 결국 1.3절에서 지적했듯이 모든 소프트웨어 활동들을 합한 것보다 인도 후 유지보수에 더 많은 비용이 투입된다. 그래서 이 단계는 소프트웨어 프로덕션의 가장 중요한 측면이다. 더욱이 인도 후 유지보수를 차후에 보완하겠다는 생각으로 보면 절대로 안 된다. 대신에 전체 소프트웨어 개발 노력은 피할 수 없는 미래의 인도 후 유지보수의 영향을 최소화시키는 방법으로 수행해야 한다.

인도 후 유지보수가 갖고 있는 공통적인 문제점은 문서나 또는 문서화의 부족이다. 소프트웨어 개발 기간에 쫓겨서 본래의 분석과 설계 산출물들이 계속 갱신되지 않으면 결국엔 유지보수 팀에겐 쓸모없는 종이 쪼가리가 되어 버린다. 관리자가 프로덕트를 클라이언트에게 정시에 인도하는 것이 문서를 작성하는 것보다 중요하다고 결정해서 데이터베이스 매뉴얼이나 운영 매뉴얼 같은 다른 문서를 작성하지 않은 경우도 많다. 유지보수자가 사용할 수 있는 문서는 소스 코드밖에 없는 경우도 많다. 소프트웨어 산업의 높은 이직률은 유지보수 상황을 더욱 어렵게 만든다. 그래서 문서란 유지보수가 시행될 때 초기의 개발자가 없어도 유지보수를 할 수 있게 만든 것이 문서이다. 인도 후 유지보수는 자주 앞에서 설명한 이유들과 16장에 제시된 추가 이유들 때문에 소프트웨어 프로덕션의 가장 난제가 된다.

테스팅을 다시 보면 인도 후 유지보수가 수행될 때 프로덕트에 가해진 변경을 테스트 하는 두 가지 측면이 있다. 첫 번째는 요구된 변경들이 정확하게 구현되었는지 체킹 하는 것이고, 두 번째는 프로덕트에 요구된 변경을 가하는 과정에서 다른 부주의한 변경이 가해지지 않았는지를 확인하는 것이다. 그래서 프로그래머가 바라던 변경들을 구현하기로 결정했다면 프로덕트는 프로덕트 나머지 기능성이 해결되지 않은 것을 확인하기 위해 이전의 테스트 케이스들을 기반으로 테스트 해야 한다. 이 프로시저는 **회귀 테스팅(regression testing)**이라고 부른다. 회귀 테스팅을 수행하는 데 도움을 주기 위해 이전의 모든 테스트 케이스들이 실행한 결과들을 함께 보유하고 있어야 한다. 인도 후 유지보수 동안에 테스팅은 16장에서 보다 구체적으로 논의된다.

인도 후 유지보수의 주요 측면은 각 변경에 대한 이유와 함께 모든 변경들이 가해진 기록이다. 소프트웨어가 변경될 때 회귀 테스트가 있게 된다. 그러므로 회귀 테스트 케이스들은 문서화의 중심이 된다.

3.9
폐기

SOFT WARE

소프트웨어 생명주기의 마지막 단계는 **폐기(retirement)**이다. 서비스를 수년 동안 한 후 더 이상 인도 후 유지보수가 비용 효과적이지 못할 때 이 단계에 진입한다. 즉 다음과 같은 경우에 그렇다.

- 제안된 변경이 너무 과대하면 설계도 전체적으로 변경되어야 한다. 이러한 경우에는 전체 프로덕트를 재설계하고 다시 코딩 하는 게 비용이 더 적게 든다.
- 많은 변경이 본래의 설계에 가해지게 되면 상호 종속이 프로덕트에 부주의하게 구축되고, 또 하나의 소수 컴포넌트에 작은 변경만 가해도 전체적으로 프로덕트의 기능성에 치명적인 영향을 미치는 실제 위험이 된다.
- 문서가 적절하게 유지보수 되지 않은 경우이다. 그래서 유지보수 하기보다는 다시 코딩 하는 게 안전할 정도로 회귀 결함의 위험이 증가된다.
- 프로덕트가 실행되는 하드웨어(그리고 운영체제)가 교체되는 경우이다. 이 경우는 수정하기 보다는 처음부터 재작성하는 것이 보다 경제적이다.

이들 사례에서 현재 버전은 새 버전으로 교체되고, 소프트웨어 프로세스는 계속된다.

다른 한편 폐기는 프로덕트가 자신의 유용성이 없어질 때 발생하는 그리 흔하지 않는 사건이다. 클라이언트가 속한 조직은 프로덕트가 제공하는 기능성을 더 이상 요구하지 않을 때 이 프로덕트를 컴퓨터에서 제거시킨다.

3.10

Unified Process의 페이즈

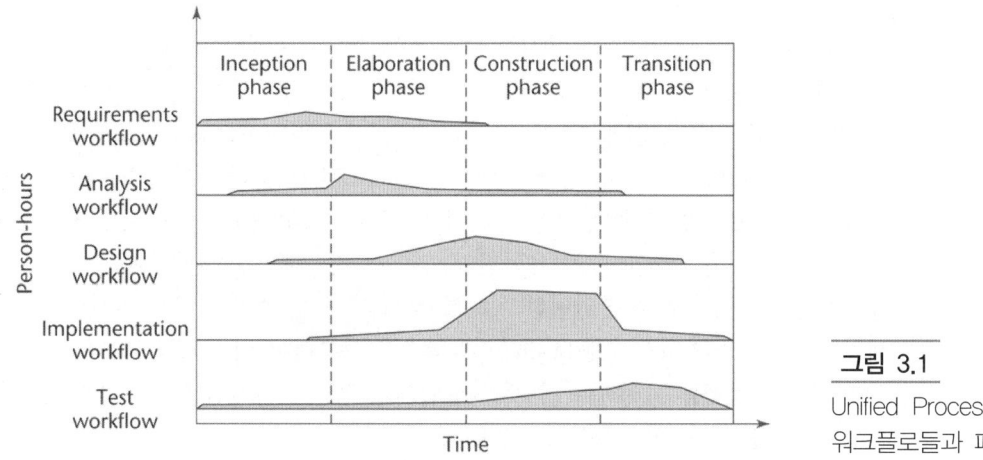

그림 3.1

Unified Process의 핵심 워크플로들과 페이즈들

그림 3.1은 점진들의 이름이 변경되었던 그림 2.4와는 다르다. Increment A, Increment B 등 네 개의 점진은 지금부터 Inception A(도입 A), Elaboration B(정련 B), Construction C(구축 C), Transition D(전이 D)등으로 이름을 부여한다. 다른 말로 표현하면 UP(Unified Process)의 페이즈들은 점진들에 대응된다.

비록 이론적으로 소프트웨어 프로덕트 개발이 많은 점진들에서 수행될지라도 실제 개발은 일반적으로 네 개의 점진들로 구성된 것처럼 보인다. 점진들이나 페이즈들은 각 페이즈의 산출물과 함께 다음 3.10.1절에서부터 3.10.4절까지 네 개 절에서 논의된다.

UP에서 수행되는 모든 단계는 다섯 개의 핵심 워크플로 중에 하나이거나 아니면 네 개의 페이즈인 도입 페이즈, 정련 페이즈, 구현 페이즈, 전이 페이즈 중에 하나다. 이들 네 개의 페이즈의 여러 단계들은 이미 3.3, 3.4, 3.5, 3.6, 3.7절에서 서술되었다. 예를 들면 비즈니스 모델의 구축은 요구사항 워크플로의 부분이다(3.3절). 이는 또한 도입 페이즈이다. 그럼에도 불구하고 각 단계는 설명되겠지만 두 번 고려되어야 한다.

요구사항 워크플로를 고려해보자. 클라이언트의 니즈를 결정하기 위해 서술했듯이 단계 중에 하나는 비즈니스 케이스를 구축하게 된다. 다른 말로 표현하면 요구사항 워크플로의 프레임워크 내에서 비즈니스 모델의 구축은 기술적인 배경으로 제시되었다. 다음 3.10.1절에서 서술은 관리자가 제안된 소프트웨어 프로덕트를 개발해야 할지 말아야 할지를 결정하는 페이즈인 도입 페이즈의 프레임워크 내에서 비즈니스 케이스 구축을 제시한다. 즉 비즈니스 케이스의 구축은 간략하게 경제적인 배경 내에서 간략하게 제시되었다(1.2절).

동시에 같은 수준에서 각 단계를 두 번 제시하지 않는다. 따라서 도입 페이즈는 워크플로의 기술적인 배경과 페이즈의 경제적인 배경 간의 차이를 집중적으로 깊이 있게 서술한다. 그러나 나머지 세 개 페이즈들은 간단하게 개요만 서술한다.

3.10.1 도입 페이즈

도입 페이즈(inception phase, 첫 번째 점진)의 목적은 대상 소프트웨어 프로덕트가 개발할 가치가 있는지를 결정하는 것이다. 다른 말로 표현하면 이 페이즈의 주요 목적은 제안된 소프트웨어 프로덕트가 경제적으로 중요한지를 결정하는 것이다.

요구사항 워크플로의 두 단계중 하나는 도메인을 이해하는 것이고, 또 하나는 비즈니스 모델을 구축하는 것이다. 분명히 개발자들은 그들이 대상 소프트웨어 프로덕트를 개발하는 데 고려해야 할 도메인을 우선 이해하지 못하면 가능한 미래의 소프트웨어 프로덕트에 관한 어떤 종류의 의견도 제시할 방법이 없다. 만약 도메인이 텔레비전 네트워크, 기계 도구 회사, 간장병 전문 병원이라면 전혀 문제될 것이 없지만, 만약 개발자들이 도메인을 완전히 이해하지 못했다면 그들이 차후에 구축한 것을 신뢰하지 못하게 된다. 그래서 첫 번째 단계는 도메인 지식을 취득하는 것이다. 개발자들이 도메인에 대한 완전한 이해를 갖게 되면 두 번째 단계는 클라이언트의 비즈니스 프로세스의 서술인 비즈니스 모델(business model)을 구축하는 것이다. 다른 말로 표현하면 첫 번째 요구는 도메인 자체를 이해하는 것이고 두 번째 요구는 클라이언트 조직이 해당 도메인에서 어떻게 운영되는지를 정확하게 이해하는 것이다.

대상 프로덕트의 영역은 지금 윤곽이 잡혀야 한다. 예를 들어 전국적인 체인을 갖춘 은행에서 사용될 고감도의 보안이 갖추어진 ATM 네트워크용으로 제안된 소프트웨어 프로덕트를 고려해보자. 전체적으로 은행 체인의 비즈니스 모델의 규모는 아주 거대하다. 대상 소프트웨어 프로덕트가 통합시켜야 할 것을 결정하기 위해 개발자들은 비즈니스 모델의 부분 집합(subset)에만 초점을 맞추어야 한다, 말하자면 부분집합은 제안된 소프트웨어 프로덕트가 다루는 부분만을 의미한다. 더욱이 제안된 프로젝트의 영역에 대한 윤곽을 잡는 것은 세 번째 단계가 된다.

이때부터 개발자들은 초기 비즈니스 사례들을 만들기 시작한다. 프로젝트를 진행하기 전에 필요한 질문사항들은 [Jacobson, Booch, Rumbaugh, 1999]에 다음과 같이 제시되어 있다.

- 제안된 소프트웨어 프로덕트는 비용 면에서 효과적인가? 즉 소프트웨어 프로덕트를 개발한 결과로 얻는 이익들이 이를 개발하는 데 소요된 비용보다 더 많은 가치를 창출하는지? 제안된 소프트웨어 프로덕트를 개발하는 데 필요한 투자에 대한 이익을 얻는 데 얼마 간의 기간이 소요되는지? 대안으로 만약 클라이언트가 제안된 소프트웨어 프로덕트를 개발하지 않기로 결정한다면 클라이언트에게 무슨 비용이 드는지? 만약 소프트웨어 프로덕트가 시장에서 판매되어야 한다면 필요한 시장 연구는 수행했는지?
- 제안된 소프트웨어 프로덕트는 시간 내에 인도될 수 있는가? 즉 만약 소프트웨어 프로덕트가 시장에 출시되었다면 조직에 큰 이윤을 만들 수 있는가 또는 경쟁력 있는 소프트웨어 프로덕트로 시장의 최대 몫을 차지할 수 있는가? 대안으로 만약 소프트웨어 프로덕트가 클라이언트 조직의 활동들(미션 중심의 활동들)을 지원하기 위해 개발되었다면 제안된 소프트웨어 프로덕트가 늦게 인도된 경우 무슨 영향을 미치겠는가?
- 소프트웨어 프로덕트를 개발하는 데 무슨 위험들이 내포되어 있는가, 그리고 이들 위험들은 완화시킬 수 있는가? 제안된 소프트웨어 프로덕트를 개발할 팀 멤버들은 필요한 경험을 갖고 있는가? 이 소프트웨어 프로덕트에 필요한 새로운 하드웨어는 있는가, 있다면 시간 내에 인도되지 않을 위험이 있는가? 만약에 그렇다면 다른 공급사에 백업 하드웨어를 주문해서 이 위험을 완

화시킬 방법은 있는가? 소프트웨어 툴(5장)들이 필요한가? 이들 중 현재 이용할 수 있는 것은? 이들이 갖추어야할 기능성은? 제안된 주문 소프트웨어 프로덕트의 모든 (또는 거의 모든) 기능성을 갖춘 COTS 패키지(1.1절)는 프로젝트가 진행 중인 동안 시장에서 취득할 수 있는가? 그리고 이는 어떻게 결정할 수 있는가?

도입의 후반부에 개발자들이 이들 질문들에 대답할 수 있어야 초기 비즈니스 사례가 작성될 수 있다. 다음 단계는 위험들을 식별하는 단계다. 여기에는 다음과 같이 세 개의 주요 위험 범주가 있다.

1. 테크니컬 위험들. 테크니컬 위험들의 예들은 목록화 되어 있다.
2. 요구사항들을 올바르게 얻지 못하는 경우. 이 위험은 요구사항 워크플로를 정확하게 수행하면 완화시킬 수 있다.
3. 아키텍처를 올바르게 얻지 못하는 경우. 아키텍처는 충분히 강건하지 못하다(소프트웨어 프로덕트의 아키텍처는 여러 컴포넌트들로 구성되고 이들이 어떻게 조합되는지 그리고 확장과 변경을 처리할 수 있는 특성이 강건하다는 내용에 대해서는 2.7절 참조). 다른 말로 표현하면 소프트웨어 프로덕트가 개발되는 동안에 개발된 것에 다음 부분을 추가하려고 할 때 위험이 있다. 그래서 이는 전체 아키텍처를 처음부터 다시 설계할 것을 요구한다. 유추해보면 이는 어린이가 카드로 집을 지을 때 전체 구조물에 카드가 추가될 때 이것이 붕괴되는 것을 발견하는 것과 같다.

위험들은 중요한 위험들을 우선적으로 완화시키기 위해서 순위가 매겨질 필요가 있다.

그림 3.1에서 보았듯이 분석 워크플로의 소수의 양만 도입 페이즈 동안에 수행된다. 일반적으로 수행되는 것 모두는 아키텍처의 설계에 필요한 정보를 추출하는 것이다. 이 설계 작업도 그림 3.1에 반영되어 있다.

지금 구현 워크플로를 보면 도입 페이즈 동안에는 자주 코딩이 아닌 것이 수행된다. 그러나 때로는 2.9.7절에서 서술한 것처럼 제안된 소프트웨어 프로덕트의 타당성을 테스트 하기 위해 proof-of-concept 프로토타입이 구축될 필요가 있다.

테스트 워크플로는 도입 페이즈의 시점에서 시작된다. 이의 주요 목적은 요구사항들이 정확하게 결정되었는지를 확인하는 것이다.

계획수립(planning)은 모든 페이즈들에 필요한 부분이다. 도입 페이즈인 경우에 개발자들은 페이즈의 초기에는 전체 개발을 계획하는 데 필요한 충분한 정보를 갖고 있지 못하다. 그래서 프로젝트 시작 때 수행되는 계획수립은 도입 페이즈 자체만을 위한 계획수립이 된다. 정보부족과 같은 이유 때문에 도입의 후반부에 수행된 계획수립만이 다음 단계인 정련 페이즈(elaboration phase)을 위해 계획된 것이다.

문서화도 모든 페이즈들에 필요한 부분이다. 도입 페이즈의 산출물들은 다음과 같이 [jacobson, Booch, Rumbaugh, 1999]에 제시되어 있다.

● 도메인 모델의 초기 버전.
● 비즈니스 모델의 초기 버전.
● 요구사항 산출물들의 초기 버전.
● 분석 산출물들의 초기 버전.

- 아키텍처의 예비 버전.
- 위험들의 초기 목록.
- 초기 유스 케이스들(11장 참조).
- 정련 페이즈를 위한 계획.
- 비즈니스 사례의 초기 버전.

위의 산출물 중 마지막 항목인 비즈니스 사례의 초기 버전이 도입 페이즈의 전체 목적이다. 이 초기 버전은 재정적인 세부 사항들처럼 소프트웨어 프로덕트의 영역에 대한 서술도 포함한다. 만약 제안된 소프트웨어 프로덕트가 시장에 출시되면 비즈니스 사례는 고정수입 산정, 시장 추정, 초기 비용 등을 포함한다. 만약 소프트웨어 프로덕트가 인-하우스(in-house)로 사용된다면 비즈니스 사례는 초기 비용-분석만 포함한다(5.2절).

3.10.2 정련 페이즈

정련 페이즈(elaboration phase, 두 번째 점진)의 목적은 초기 요구사항들을 정제시키고, 아키텍처를 정제시키고, 위험들을 모니터링 해서 이들의 우선순위를 구체화시키고, 비즈니스 사례를 정제시키고, 그리고 SPMP(Software Project Management Plan, 소프트웨어 프로젝트 관리 계획)를 생성하는 데 있다. 정련 페이즈란 이름이 붙여진 이유는 명백하다. 즉 이 페이즈의 주요 활동들은 이전 페이즈의 정제들 또는 정련들이기 때문에 그렇다.

그림 3.1은 이들 태스크들이 요구사항 워크플로를 완료하는 데(11장), 전체 분석 워크플로를 실제로 수행하는 데(13장), 그런 후 아키텍처의 설계를 시작하는 데(8.5절) 거의 대응되고 있음을 보여준다.

정련 페이즈의 산출물들은 다음과 같이 [Jacobson, Booch, Rumbaugh, 1999]에 제시되어 있다.

- 완성된 도메인 모델.
- 완성된 비즈니스 모델.
- 완성된 요구사항 산출물들.
- 아키텍처의 갱신된 버전.
- 위험들의 갱신된 목록.
- 소프트웨어 프로젝트 관리 계획(프로젝트의 나머지 부문을 위한)
- 완성된 비즈니스 사례.

3.10.3 구축 페이즈

구축 페이즈(construction phase, 세 번째 점진)의 목적은 소위 베타 릴리즈(beta release)라고 부르는 소프트웨어 프로덕트의 첫 번째 운영 가능한 품질의 버전을 생성하는 것이다(3.7.4절). 그림 3.1을 다시 고려해보면 이 그림은 페이즈들을 상징적으로만 표현했지만, 이 페이즈에서 강조하는 것은 구현과 소프트웨어 프로덕트의 테스팅이다. 즉 다양한 컴포넌트들이 코딩되고 단위 테스트를 받는다. 이런 후에 코드 산출물들은 컴파일 된 후 서브시스템이 되기 위해 링크(통합)되어 통

실시간 시스템은 대부분의 사람들에게, 심지어 개발자들이 인식하는 것보다 훨씬 복잡하다. 결과적으로 이것은 가장 숙련된 테스터조차도 발견하기 힘든 컴포넌트들 간의 예민한 상호작용(interaction)들이고, 아주 사소한 변경만 있어도 주요 결과들을 예측하기가 어렵다.

이것의 유명한 예는 1981년 4월에 첫 우주궤도비행을 지연시킨 결함이다[Garman,1981]. 이 우주왕복선은 동일한 네 개의 동기화된 컴퓨터가 조정한다. 또한 네 대의 컴퓨터가 실패할 경우를 대비해 백업용의 다섯 번째 컴퓨터가 있다. 2년 전에 항공우주용 컴퓨터들이 동기화되기 전에 초기화를 수행하는 모듈이 변경되었다. 이 변경의 부작용은 기록에 항공우주용 컴퓨터의 동기화에 사용된 데이터 영역에 보내졌던 현재 시간보다 약간 늦은 시간을 기록하고 있었다. 이 시간은 이 결함을 발견하지 못할 정도로 실제 시간에 거의 근접해 있었다. 약 1년 후에 시간의 차이는 실패가 될 수준인 1/67 정도로 증가되었다. 그래서 첫 번째 우주비행선이 발사될 날에 전 세계의 수억의 사람들이 텔레비전을 통해 시청하는 데 동기화의 실패가 발생해 네 대의 컴퓨터 중 세대가 첫 컴퓨터와 한 주기 늦게 동기화가 되어 발사가 실패되었다. 그래서 그들이 의도하지 않았지만 다른 네 대의 컴퓨터들로부터 정보유입을 막는 실패안전장치가 다섯 번째 컴퓨터의 초기화를 방해하는 예상치 못한 결과를 가져왔던 것이다. 이 사건은 알려진 대로 버스 초기화 모듈(bus initialization module)에 결함이 있었고, 그것은 동기화 루틴(synchronization routine)과 명확하게 연계되어 있지 않았기 때문이다.

불행하게도 이것은 최신 실시간 소프트웨어 결함이 우주선 발사에 영향을 미친 게 아니다. 예를 들어 1999년 4월 Milstar 군사통신위성은 12억 달러의 비용으로 사용할 수 없는 저궤도로 진입되었다. 원인은 Titan 4 로켓의 위 단계에 소프트웨어 결함 때문이었다[Florida Today,1999].

우주선 발사들은 실시간 결함들의 영향을 받은 게 아니다. 역시 착륙도 그렇다. 2003년 5월 국제 우주정거장에서 발사된 Soyuz TMA-1 우주선은 탄도가 떨어진 후 Kazakhstan에서 300마일인 곳에 착륙했다. 착륙 문제에 대한 원인은 실시간 소프트웨어 결함 때문이었다[CNN.com, 2003].

합 테스트를 받는다. 마지막으로 서브시스템들은 전체 시스템에 결합되어 프로덕트 테스트를 받는다. 이에 관련된 내용은 3.7.4절에 서술되어 있다.

구축 페이즈의 산출물들은 다음과 같이 [Jacobson, Booch, Rumbaugh, 1999]에 제시되어 있다.

- 초기 사용자 매뉴얼과 다른 매뉴얼들.
- 모든 산출물들(베타 릴리즈 버전 등).
- 완성된 아키텍처.
- 갱신된 위험 목록.
- 소프트웨어 프로젝트 관리 계획(프로젝트의 나머지를 위한).
- 만약 필요하다면 갱신된 비즈니스 사례

3.10.4 전이 페이즈

전이 페이즈(transition phase, 네 번째 점진)의 목적은 클라이언트의 요구사항들과 정말 일치하는지를 확인하는 것이다. 이 페이즈는 베타 버전이 설치된 사이트로부터 피드백에 의해서 나온다(특정 클라이언트용으로 개발된 주문형 소프트웨어 프로덕트인 경우에는 그 사이트에만 해당된다). 소프트웨어 프로덕트에 있는 결함들이 수정된다. 또한 모든 매뉴얼이 완성된다. 이 페이즈 동안에 어떤 이전에 식별되지 않은 위험들을 발견하려고 노력하는 것이 중요하다(전이 페이즈 동안에도 발견되지 않은 위험들의 중요성은 '알고 싶은 사항 3.3' 참조).

전이 페이즈의 산출물들은 다음과 같이 [Jacobson, Booch, Rumbaugh, 1999]에 제시되어 있다.

- 모든 산출물들(최종 버전들).
- 완성된 매뉴얼들.

3.11
1차원 대 2차원 생명주기 모델

SOFTWARE

고전적 생명주기 모델(2.9.2절의 폭포수 모델과 같은)은 그림 3.2(a)에서 단일 축으로 표현된 것처럼 1차원 모델이다. Unified Process는 그림 3.2(b)처럼 두 개의 축으로 표현된 것처럼 2차원 생명주기 모델이다.

폭포수 모델의 1차원 성질은 그림 2.3에 명확하게 반영되어 있다. 반대로 그림 2.2는 Winburg 미니 사례연구의 진화-트리 모델을 보여주고 있다. 이 모델은 2차원이고 그림 3.2(b)와 비교된다.

2차원 모델의 추가 분해들이 필요한가? 이에 대한 대답은 2장에 있지만 여기서도 반복해야 할 정도로 중요한 이슈다. 소프트웨어 프로덕트를 개발하는 동안, 이상적으로는, 요구사항 워크플로가 분석 워크플로를 처리하기 전에 완료되어야 한다. 유사하게 분석 워크플로는 설계 워크플로가 시작되기 전에 완료되어야 한다. 그러나 실제로 거의 대부분의 평범한 소프트웨어 프로덕트도 너무 커서 단일 단위로 처리하기가 힘들다. 대신에 태스크는 점진들(페이즈들)로 분할되고 각 점진 내에서 개발자들은 그들이 구축중인 태스크를 완료할 때까지 반복한다. 인간이기 때문에 한 번

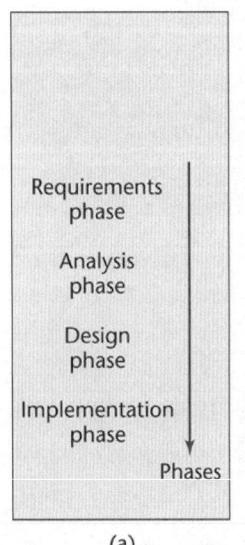
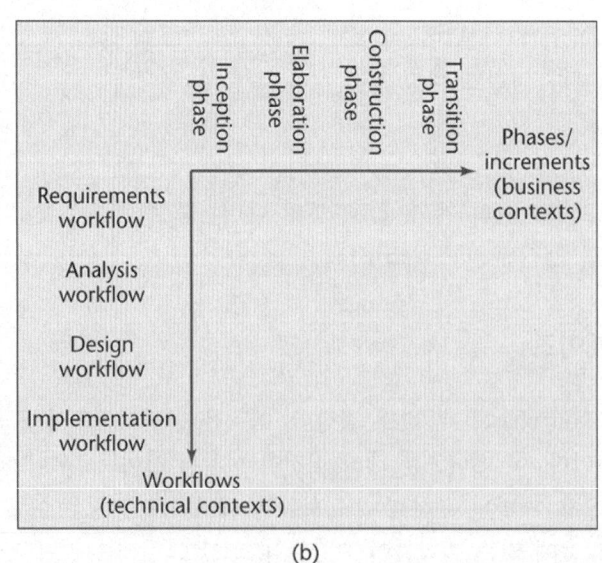

그림 3.2

(a) 고전적 일차원 생명주기 모델과 (b) 이차원 Unified Process 생명주기 모델의 비교

에 7개의 개념만 실제로 처리할 수 있다고 설명한 Miller 법칙의 제약을 받는다[Miller, 1956]. 그래서 더욱 소프트웨어 프로덕트들을 전체적으로 처리할 수가 없어서 대신에 이들 시스템을 서브시스템들로 분할시킨다. 각 서브시스템들이 때로는 너무 큰 경우가 있다. 즉 컴포넌트들은 소프트웨어 프로덕트를 전체적으로 보다 깊게 이해할 때까지 처리할 수 있다.

Unified Process는 작고 크게 독립된 서브프로그램들의 집합으로 대규모 문제를 취급하는 데 최적의 해결방안이다. 점진과 반복에 대한 프레임워크와 대규모 소프트웨어 프로덕트들의 복잡도에 대처하는데 사용되는 메카니즘(mechanism)을 제공해준다.

Unified Process를 잘 처리하는 데 또 다른 난제는 피할 수 없는 변경들이다. 이 난제의 한 측면은 소프트웨어 프로덕트가 개발되는 동안에 소위 이동-대상문제(2.4절)라고 부르는 클라이언트의 요구사항들이 변경되는 경우다.

이들 모든 이유들 때문에 Unified Process는 현재 이용할 수 있는 최적의 방법론이다. 그러나 미래에는 Unified Process보다 더 우수한 새로운 방법론이 출현될 가능성이 충분히 있다. 오늘날 소프트웨어 전문가들은 다음 주요 돌파구로 Unified Process를 능가하는 것을 찾고 있다. 결국 인간의 노력으로 인해 모든 분야는 오늘의 발견이 과거의 발견보다 자주 우수하다는 것이다. Unified Process는 미래의 방법론들로 계속 교체될 것이다. 중요한 교훈은 오늘날 지식의 기반으로 볼 때 Unified Process가 현재 이용할 수 있는 다른 대안들보다 좋다는 것이다.

이 장의 나머지 부분에서는 프로세스 개선을 목표로 하고 있는 국가 및 국제기구들을 설명하고 있다.

3.12
소프트웨어 프로세스 개선하기

전 세계의 경제는 컴퓨터에 크게 의존하고 있으며 이러한 이유로 인해 소프트웨어에 더욱 의존하고 있는 상황이다. 이러한 이유 때문에 많은 국가의 중앙 정부는 소프트웨어 프로세스에 관심을 갖고 있다. 예를 들어 1987년 미국방성(U.S Department of Defense, DoD)의 태스크포스 팀은 다음과 같이 보고했다. "새로운 방법론들과 기술들을 적용해서 얻을 수 있는 생산성과 품질에 대해 크게 실현하지 못한 약속을 한 후 20년 지난 지금 산업체와 정부 기관들은 그들이 갖고 있는 기본 문제는 소프트웨어 프로세스를 관리하는 능력이 없어서 생긴 문제라고 인식하고 있다."[Brooks et al., 1987].

이 보고서와 이에 관련된 관심을 실현하기 위해 DoD는 경쟁력 있는 획득 프로세스를 기초로 SEI(Software Engineering Institute)를 설립하기로 하고 Pittsburgh에 소재한 Carnegie Mellon University에 이를 설치했다. SEI의 주요 성공 중 하나는 CMM 주도권을 가진 것이다. 관련 소프트웨어 프로세스 개선 노력에는 ISO(International Organization for Standardization)의 ISO 9000 시리즈 표준과 40개국 이상이 참여한 국제 소프트웨어 개선안인 ISO/IEC 15504가 참여했다. 다음절은 CMM을 서술하고 있다.

3.13
CMM

SEI의 CMM(capability maturity model)들은 사용되는 실제 생명주기 모델과 상관없이 소프트웨어 프로세스를 개선하는 데 관련된 전략들의 집합이다[성숙도(maturity)이란 용어는 프로세스 자체의 우수함을 측정한다는 의미이다]. SEI가 개발한 CMM 모델에는 소프트웨어를 위한 SW-CMM, 인적 자원 관리를 위한 P-CMM[여기서 P는 사람(people)을 의미한다], 시스템 엔지니어링을 위한 SE-CMM, 통합 프로덕트 개발을 위한 IPD-CMM, 그리고 소프트웨어 획득을 위한 SA-CMM들이 있다. 이 모델들 간에는 약간의 불일치 되는 게 있고 또 할 수 없이 중복되는 것도 있다. 따라서 1997년에 다섯 개의 기존 모델 모두를 통합시킨 CMMI(capability maturity model integration)를 위한 단일 통합 프레임워크를 개발하기로 결정했다. 미래에는 CMMI에 새로운 분야가 추가될 것이다[SEI, 2002].

지면 공간 때문에 여기서는 SW-CMM 모델만 제시하고 P-CMM의 개요는 4.8절에 있다. SW-CMM 모델은 Watts Humphrey가 1986년에 처음으로 제안했다[Humphrey,1989]. 소프트웨어 프로세스는 소프트웨어를 생성하는 데 사용되는 활동, 기법, 툴들로 구성된다는 것을 기억하자. 그러므로 소프트웨어 프로덕션에는 기술적인 측면과 관리적인 측면이 함께 존재한다. 그래서 SW-CMM은 우리가 갖고 있는 문제가 소프트웨어 프로세스를 어떻게 관리하는지에 대한 문제이기 때문에 새로운 소프트웨어 기법의 사용은 기법 자체에 있는 것이 아니라 생산성과 이식성을 증가시키는 결과에 있다고 확신한다. SW-CMM의 전략은 기법들의 개선은 당연한 결과라고 믿는 것이 소프트웨어 프로세스의 관리를 개선시킨다는 것이다. 전체 프로세스를 개선시킨 결과는 소프트웨어의 품질을 좋게 하고 또 시간과 비용 초과로 인해 고통 받는 소프트웨어 프로젝트를 줄여준다.

소프트웨어 프로세스의 개선은 하루만에 이뤄지지 않는다는 것을 명심해야 한다. 그래서 SW-CMM은 점진적인 변경을 유도한다. 보다 구체적으로 말하면, 다섯 개의 다른 성숙 단계가 정의된 후 소프트웨어의 조직들은 상위 단계의 프로세스 성숙으로 가기 위해 일련의 점진적인 단계로 천천히 발전한다[Paulk, Weber, Curtis, Chrissis, 1995]. 이 접근법을 이해하기 위해 지금부터 이들 다섯 단계들을 학습한다.

Maturity Level 1: initial Level(초기 단계)

가장 하위 단계인 이 초기 단계에서는 확실한 소프트웨어 공학 관리 실무들이 조직 내에 자리 잡지 못한 경우이다. 대신에 모든 것을 ad hoc 기반 위에서 수행된다. 만약 하나의 특정한 프로젝트가 유능한 매니저와 뛰어난 소프트웨어 개발 팀으로 구성된다면, 이 프로젝트는 성공한다. 그러나 일반적인 패턴은 올바른 관리와 특히 계획수립의 부재로 인해서 시간과 비용이 초과된다. 결과적으로 대부분의 활동들은 사전에 계획된 태스크들보다는 차라리 위기들에만 대처한다. 단계 1 조직에서 소프트웨어 프로세스는 전적으로 현재 기술진에 의존하기 때문에 예측을 할 수가 없다. 즉 기술진이 바뀌면 프로세스도 바뀌게 된다. 결과적으로 프로덕트를 개발하는 데 소요되는 시간이나 해당 프로덕트를 개발하는 비용과 같은 중요한 항목을 정확하게 예측하기가 불가능하다.

이 세상에 있는 대다수의 소프트웨어 조직들은 단계 1이라는 것은 불행한 일이지만 사실이다.

Maturity Level 2: Repeatable Level(반복가능 단계)

이 단계에는 기본적인 소프트웨어 프로젝트 관리 실무들이 있다. 계획수립과 관리 기법들은 유사한 프로덕트들의 경험에 기반을 두고 있다. 그래서 이름이 repeatable(반복가능)이다. 단계 2에서 측정(measurement)은 적합한 프로세스를 달성하는 첫 단계로 시행된다. 대표적인 측정에는 비용과 스케줄의 세밀한 추적이 포함된다. 매니저는 단계 1에서처럼 위기 모드에서 기능화하지 않고 그들이 야기한 문제를 식별한 후 위기가 오기 전에 즉시 수정 조치를 취한다. 핵심은 측정이 없으면 프로덕트가 다른 사람에게 넘어가기 전에 문제점을 찾아낼 수가 없다. 또한 프로젝트 동안에 취한 측정들은 미래 프로젝트에 대한 실제 개발 기간과 비용 스케줄을 작성하는 데 사용된다.

Maturity level 3: Define Level(정의 단계)

단계 3에서는 소프트웨어 프로덕션에 관한 프로세스가 완전하게 문서화된다. 프로세스의 관리적 그리고 기술적 측면이 모두 분명하게 정의되고, 또 프로세스를 개선시키기 위해 계속 노력이 가해진다. 검토(6.2절)들은 소프트웨어 품질 목표를 달성하는 데 사용된다. 이 단계에서는 품질과 생산성을 보다 증가시키기 위해서 CASE 환경(5.8절)과 같은 신기술이 도입된다. 이와는 대조적으로 'high-tech'는 아주 혼란스러운 위기-중심 단계 1 프로세스를 만들어낸다. 비록 많은 조직들이 성숙도 단계 2와 3에 도달했어도 소수만이 단계 4나 5에 도달한다. 이들 두 최상위 단계는 미래의 목표가 된다.

Maturity Level 4: Managed Level(관리 단계)

관리 단계 조직은 각 프로젝트에 대한 품질과 생산성 목표들을 설정한다. 이들 두 목표치가 인정할 수 없을 정도로 편차가 나면 계속 측정해야 하고 적절한 조치가 취해져야 한다. 통계적 품질 관리[Deming, 1986; Juran, 1988]는 품질이나 생산성 표준들에 위배되는 지식을 식별할 수 있는 관리를 말한다(통계적 품질 관리 측정의 간단한 예는 1000 LOC당 발견된 결함들의 개수이다. 대응되는 목적은 시간이 경과하면 이 수량은 감소한다).

Maturity Level 5: Optimizing Level(최적화 단계)

최적화 단계 조직의 목표는 계속적인 프로세스 개선이다. 통계적 품질과 프로세스 관리 기법들은 해당 조직을 안내하는 데 사용된다. 각 프로젝트에서 얻은 지식은 미래의 프로젝트에 이용, 활용된다. 그래서 프로세스에는 생산성과 품질이 크게 개선될 수 있게 긍정적인 피드백 루프들이 통합되어 있다.

이들 다섯 개의 성숙도 단계들은 그림 3.3에 요약되어 있고, 또한 각 성숙도 단계에 연관된 **핵심 프로세스 영역**(KPA, key process area)들을 보여준다. 그것의 소프트웨어 프로세스를 개선하기 위해서 조직은 우선 그것의 현재 프로세스를 이해한 후에 계획한 프로세스를 정형화시킨다. 그 다음에는 이 프로세스 개선을 달성하기 위해 액션들을 결정한 후 우선순위를 부여한다. 마지막으로 이 프로세스 개선을 달성하는 계획을 작성해서 실행한다. 이러한 일련의 단계들은 해당 소프트웨어 프로세스를 성공시키려는 조직이 반복적으로 수행한다. 즉 단계에서 단계로 정련되는 것은 그림 3.3에 반영되어 있다. CMM의 경험으로 보면 완전한 성숙도 단계로 가려면 18개월에서 3년이 소요된다. 그러나 1단계에서 2단계로 가는 데 3년 내지 5년이 소요된다. 이것은 조직 내에서 방법론적인 접근이 얼마나 어려운지를 알려준다.

그림 3.3

CMM의 다섯
단계와 이들의
KPA

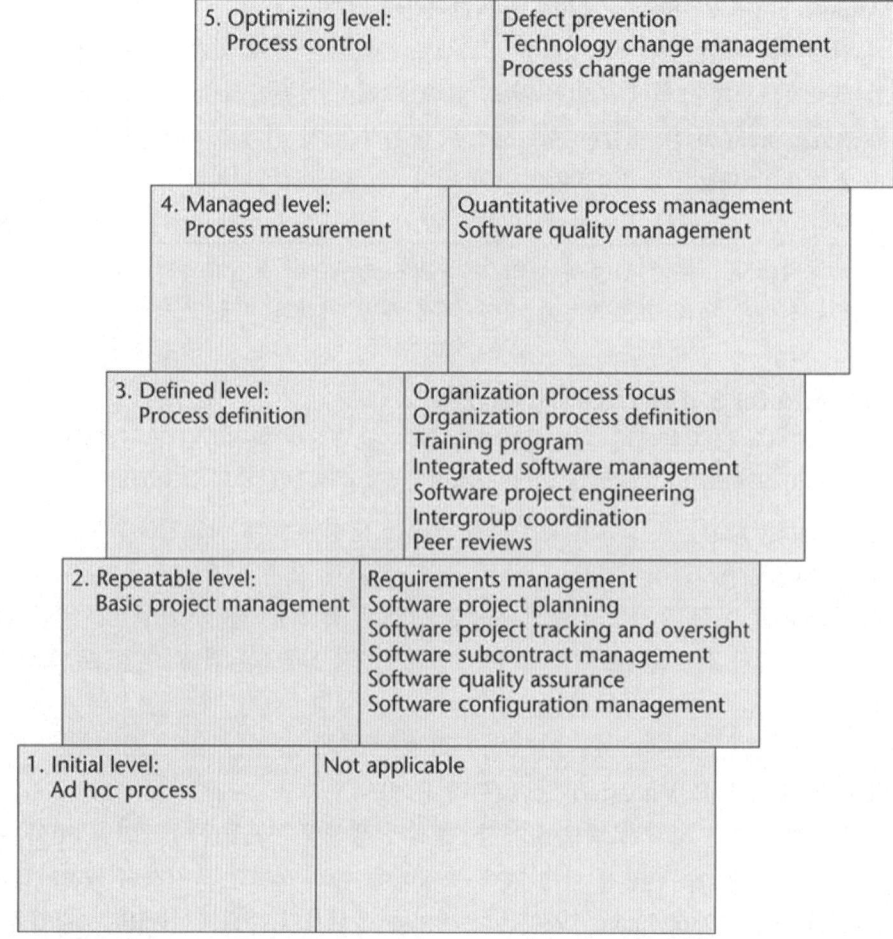

각 성숙도 단계에 대해 SEI는 조직이 다음 성숙도 단계에 도달하려는 노력의 대상으로 KPA들의 시리즈를 강조했다. 예를 들어 그림 3.3에서 보는 바와 같이 단계 2(반복가능한 단계)에 대한 KPA들은 형상관리(5.10절), 소프트웨어 품질 보증(6.1.1절), 프로젝트 계획 수립(9장), 프로젝트 추적(9.2.5절), 그리고 요구사항 관리(11장) 등을 포함한다. 이들 영역은 소프트웨어 관리의 기본적인 요소들을 다룬다. 즉 클라이언트의 니즈(요구사항 관리)를 결정하고, 계획(프로젝트 계획수립)을 수립하고, 해당 계획(프로젝트 추적)과의 편차를 감시하고, 소프트웨어 프로덕트 KPA(형상 관리)을 결정하는 다양한 단위를 관리하고, 프로덕트에 결함이 없는(품질 보증) 것들을 확인한다. 각 KPA 내에는 두 개와 네 개 사이의 관련 목표들의 그룹이고 이것은 다음 성숙도 단계가 얻고자 하는 결과이다. 예를 들어 한 프로젝트 계획수립 목표는 소프트웨어 개발의 활동들을 적합하게 그리고 현실적으로 다루는 계획의 개발일 수 있다.

최상위 성숙도 단계 5에서 KPA들에는 결함 예방, 기술 혁신, 그리고 프로세스 변경 관리 등이 포함된다. 두 개의 단계를 비교하면 단계 5 조직은 단계 2의 조직보다 훨씬 발전해 있다. 예를 들면 단계 2 조직은 결함을 발견하고 수정하는 소프트웨어 품질 보증과 관련이 있다(품질 보증은 6장에서 구체적으로 논의됨). 이와 반대로 단계 5 조직의 프로세스에는 첫 번째로 소프트웨어에 결함이 없다고 확인해주는 결함 예방이 포함된다. 상위 성숙도 단계에 도달하려는 조직을 지원하기 위해, SEI는 SEI 팀이 평가의 기본이 되는 일련의 질문 항목들을 개발했다. 이 평가의 목적은 조직의 소프트웨어 프로세스에 있는 현재 부족한 것에 집중해서 조직이 해당 프로세스를 개선할 수 있는 방법을 알려준다.

SEI의 CMM 프로그램은 미국방성이 지원했다. CMM 프로그램의 원래 목적 중 하나는 국방 성용 소프트웨어를 작성하는 계약자의 프로세스를 평가해서 성숙된 프로세스를 보여주는 계약자 와 계약해 방위 소프트웨어의 품질을 향상시키는 데 있다. 국방성(DoD)은 어떠한 소프트웨어 개 발 조직이든지 미 공군의 계약자가 되길 바란다면 반드시 1998년에 만들어진 SW-CMM 3단계를 따라야 한다는 조건을 규정했다. 그 결과, 이와 같은 조직들에겐 그들의 소프트웨어 프로세스의 성숙도를 개선시키라는 압력이 되었다. 그러나 SW-CMM 프로그램은 미국방성 소프트웨어를 개 선하려는 목표를 능가하게 되었고 소프트웨어의 품질과 생산성을 개선하기를 바라는 다양한 많은 소프트웨어 조직들이 이를 수행 중에 있다.

3.14
다른 소프트웨어 프로세스 개선안

SOFT WARE

소프트웨어 품질을 개선하려는 다른 시도는 설계, 개발, 생성, 설치, 서비스 등을 포함하고 있어 다양한 산업 활동들에 폭넓게 적용할 수 있는 다섯 개의 관련된 표준들인 ISO(International Organization for Standardization) 9000-시리즈 표준에 기반을 두고 있다. ISO 9000시리즈 내에서 품질 시스템 을 위한 표준 ISO 9001[ISO9001, 1987]은 소프트웨어 개발에 가장 잘 적용되는 표준이다. ISO 9001의 다양성 때문에 ISO는 ISO 9001을 소프트웨어에 적용하는 데 도움을 주는 안내서를 발간 했다. 즉 ISO 9000-3[ISO9000-3,1991]을 발간했다(ISO에 대한 구체적인 정보는 '알고 싶은 사항 1.4'를 참조).

ISO 9000은 CMM[Dawood, 1994]과 구별되는 많은 특성들을 갖고 있다. ISO 9000은 일관 성과 이해성을 보장하기 위해 글과 그림으로 프로세스를 문서화시키는 것을 강조하고 있다. 또한 ISO 9000의 원리는 표준이 고품질의 프로덕트를 보장하지는 못하지만 오히려 빈약한 품질의 프 로덕트의 위험을 감소시켜 준다. ISO 9000은 단지 품질 시스템의 한 부문이다. 또한 이에는 품질, 작업자들의 철저한 교육훈련, 지속적인 품질개선을 위한 목표들의 설정과 달성 등에 대한 관리위 임이 요구된다. ISO 9000 시리즈 표준들은 미국, 일본, 캐나다, 그리고 EU 소속의 여러 국가들을 포함해 60국 이상이 채택해 사용하고 있다. 이에 대한 예를 들면 만약 미국의 소프트웨어 조직이 유럽 클라이언트와 비즈니스를 하고 싶어 한다면, 미국의 조직은 반드시 ISO-공인으로 인증을 받 아야 한다. 공인 인증자는 반드시 그 회사의 프로세스를 조사해서 이 프로세스가 ISO 표준에 일 치하는지 증명해야 한다.

유럽의 상대방들에게 미국의 많은 조직들은 ISO 9000 인증서를 요구하고 있다. 예를 들면 General Electric Plastic Division은 340개 벤더들에게 1993년 6월까지 표준을 달성하라고 지시했 다[Dawood, 1994]. 미국 정부가 EU에게 모범을 보이라고 하면서 미국 내의 기관과 비즈니스를 바라는 비 미국 회사들에게는 ISO 9000-공인을 따르라고 요구하는 것은 상반된다. 그럼에도 불구하고 미국 내에서 그리고 주요 무역 파트너에게 중요한 세계적 ISO 9000-공인을 받으라는 것은 압력이 된다.

ISO/IEC 15504도 ISO 9000과 같은 국제 프로세스 개선안이다. 이 안은 Software Process Improvement Capability dEtermination의 약자인 SPICE로 널리 알려져 있다. 현재 40개국 이상이 SPICE 시도에 능동적으로 참여하고 있다. SPICE는 SPICE를 국제 표준으로 만들려는 장기적인 목표 아래 영국 국방성(British Ministry of Defence, MOD)이 발의했다(MOD는 CMM를 발의했던 미 국방성인 DoD와 같은 기구이다). SPICE의 첫 번째 버전은 1995년에 완성되었고, 1997년 7월에 SPICE 초안이 ISO와 IEC(International Electro technical commission)의 두 공동 위원회에 인계되었다. 이러한 이유 때문에 초안의 이름은 SPICE에서 ISO/IEC 15504 또는 간단하게 15504로 변경되었다.

3.15
소프트웨어 프로세스 개선의 비용과 이익
SOFTWARE

소프트웨어 프로세스 개선을 이룩하면 수익성을 증가시킬 수 있는가? 결과들은 그렇게 된다고 결론을 내리고 있다. 예를 들어 California의 Fullerton에 있는 Huges Aircraft의 Software Engineering Division은 1987년과 1990년 사이에 평가(assessment)와 개선(improvement) 프로그램에 거의 $500,000을 투자했다[Humphrey, Snider, Willis, 1991]. 이 3년 동안에 Huges Aircraft는 미래에 성숙도 단계가 4나 5로 개선된다는 기대도 가지면서 성숙도 단계는 2에서 3으로 갱신되었다. 이 프로세스가 개선된 결과로 Hughers Aircraft는 년간 약 200만 불이 절약된 것으로 추정된다. 이들 절약액은 근무 시간이 줄어들고 위기가 적어지고, 근로자의 사기가 증가되고, 소프트웨어 전문가의 이직이 줄어드는 것을 포함해 많은 방법으로 발생했다.

이와 비교될 수 있는 결과는 다른 조직에서도 보고되었다. 예를 들어 Raytheon사의 Equipment Division은 1983년 성숙도 단계 1에서 1993년에는 단계가 3이 되었다. 이는 생산성이 배로 증가한 것으로 프로세스 개선 노력에 투자한 달러 당 $7.70의 이익으로 반환된 것이다[Dion,1993]. 이와 같은 보고들의 결과로 CMM들은 미국 소프트웨어 산업 내에서 또한 해외에서 아주 폭 넓게 응용되고 있다.

예를 들어 India에 있는 Tata Consultancy Services는 자신의 프로세스를 개선하기 위해 ISO 9000 프레임워크와 CMM을 모두 사용한다[Keeni, 2000]. 1996년과 2000년 사이에 노력 추정에서 오류는 약 50%에서 단지 15%로 감소되었다. 검토의 효율성(즉 검토들 동안에 발견된 결함들의 백분율)은 40%에서 80%로 증가하였다. 프로젝트들을 재작업을 하는 데 투여되는 노력의 백분율은 거의 12%에서 6%로 떨어졌다.

알고 싶은 사항 3.4 Just in Case You wanted to Know

하드웨어의 속도에는 제약이 있다. 왜냐하면 전자(electron)들은 빛의 속도보다 빠를 수가 없기 때문이다. 유명한 기사 제목인 'No Silver Bullet'에서 [Brooks, 1986]는 내재된 문제들이 소프트웨어 프로덕션에 존재하기 때문에 이들 문제는 소프트웨어에 대한 유사한 제약들로 인해 결코 해결할 수 없다고 제안했다. Brooks는 소프트웨어의 복잡도와 같은 내재된 속성들, 즉 소프트웨어는 가시적일 수 있고 또 불가시적일 수 있다. 그리고 소프트웨어가 그것의 수명 동안 수많은 변경들이 있을 수 있어서 소프트웨어 프로세스 개선에 최선방안이 없다고 주장했다.

CMM Level	Number of Projects	Relative Decrease in Duration	Faults per MEASL Detected during Development	Relative Productivity
Level 1	3	1.0	-	-
Level 2	9	3.2	890	1.0
Level 3	5	2.7	411	0.8
Level 4	8	5.0	205	2.3
Level 5	9	7.8	126	2.8

그림 3.4 34개 Motorola GED 프로젝트들의 결과

GED(Motorola Government Electronics Division)는 1992년부터 SEI의 소프트웨어 프로세스 개선 프로그램에 활발히 참여하고 있다[Diax and Sligo, 1997]. 그림 3.4는 각 프로젝트를 개발한 그룹의 성숙도 단계에 따라 분류한 34 GED들을 설명하고 있다. 이 그림을 통해 볼 수 있듯이 관련된 기간(즉, 1992년 이전에 완료된 기준선 프로젝트에 관련된 프로젝트의 주기)은 증가된 성숙도 단계에 따라 감소된다. 품질은 MEASL(million equivalent assembler source lines) 당 결함으로 측정된다. 다른 언어로 구현된 프로젝트를 비교하기 위해서 소스 코드의 라인 수는 어셈블러 코드 라인의 수로 변환시킨다[Jones, 1996]. 그림 3.4에서 보듯이 품질은 증가된 성숙도 단계에 따라 증가한다. 결국 생산성은 person-hour 당 MEAL로 측정이 된다. 비밀성의 이유 때문에 Motorola는 실제 생산성 수치를 발표하지 않았다. 그래서 그림 3.4는 단계 2 프로젝트의 생산성에 관련된 생산성을 반영하고 있다(이 그림에는 단계 1 프로젝트들을 위해 이용할 수 있는 품질이나 생산성 수치는 없다. 왜냐하면 이들 수량은 팀이 단계 1에 있을 때 측정할 수가 없다).

[Galin and Averahami, 2006]은 문헌에서 CMM을 이행한 결과로 1단계 정도 증진되었다고 이전에 보고된 85개의 프로젝트를 분석했다. 이들 프로젝트는 네 개의 그룹(CMM 1단계에서 2단계로, CMM 2단계에서 3단계로 등과 같이)으로 나누었다. 네 개 그룹의 경우, 평균 결함도(KLOC 당 결함의 수)는 26~63% 사이로 감소했고, 평균 생산성(person-month 당 KLOC)는 26~187% 사이로 증가했다. 평균 재작업은 34~40% 사이로 감소했다. 결함 발견 유효성(전체 발견된 프로젝트 결함 중 개발 동안에 발견된 결함의 퍼센트)은 다음과 같이 증가하였다. 즉 세 개의 낮은 그룹의 경우, 평균은 70~74% 사이로 증가하였으며, 높은 그룹(CMM 4단계에서 5단계로 증진된 그룹)은 13% 증가했다. 투자수익은 360%의 평균을 가진, 120~650% 사이로 변화하였다.

이 절에서 서술되었듯이 발표된 연구들은 이 장의 관련된 절에 게재되어 있다. 특히 전 세계의 많은 조직들은 프로세스 개선이 비용 효과적이라고 믿고 있다.

프로세스 개선 운동의 흥미 있는 부작용(side effect)은 소프트웨어 프로세스 개선안들과 소프트웨어 공학 표준들 간의 상호작용을 갖고 있었다. 예를 들면 1995년에 ISO는 전체 생명주기 소프트웨어 표준인 ISO/IEC 12207을 발간하였다[ISO/IEC 12207, 1995]. 3년 후 표준 [IEEE/EIA 12207.0-1996, 1998]의 미국 버전이 IEEE(Institute of Electrical and Electronic Engineers)와 EIA(Electronic Industries Alliance)에 발간되었다. 이 버전은 미국 소프트웨어 '최적의 실무'를 통합한 것으로 많은 부분이 CMM을 추적할 만하다. IEEE/EIA 12207로 인증을 받기 위해서는 CMM 성숙 3단계에 거의 같아야 한다[Feguson and Sheard, 1998]. 또한 ISO 9000-3은 현재 ISO/IEC 12207의 부분으로 통합되고 있다. 소프트웨어 공학 표준들과 소프트웨어 프로세스 개선안들 간의 이러한 상호작용은 확실히 보다 좋은 소프트웨어 프로세스를 유도해낼 것이다.

소프트웨어 프로세스 개선의 또 다른 차원은 '알고 싶은 사항 3.4'에 있다.

복습

몇 개의 예비 정의가 있은 후 3.1절에 Unified Process가 소개되었다. 객체-지향 패러다임 내에서 반복과 점진의 중요성은 3.2절에 서술되어 있다. 여기에 Unified Process의 핵심 워크플로가 구체적으로 서술되어 있다. 즉 요구사항 워크플로(3.3절), 분석 워크플로(3.4절), 설계 워크플로(3.5절), 구현 워크플로(3.6절), 그리고 테스트 워크플로(3.7절)들이 구체적으로 서술되어 있다. 테스트 워크플로 동안에 테스트된 다양한 산출물들은 3.7.1절부터 3.7.4절까지 서술되어 있다. 인도 후 유지보수는 3.8절에서 그리고 폐기는 3.9절에서 논의되었다. 워크플로들과 Unified Process의 페이즈들 간의 관계는 3.10절에 분석되어 있고 또 Unified Process의 네 개의 페이즈들에 대한 세부적인 서술도 게재되어 있다. 이들 네 개의 페이즈는 도입 페이즈(3.10.1절), 정련 페이즈(3.10.2절), 구축 페이즈(3.10.3절), 전이 페이즈(3.10.4절)이다. 이차원 생명주기 모델의 중요성은 3.11절에서 논의되었다.

이 장의 마지막 부분은 소프트웨어 프로세스 개선에 대해 서술하고 있다(3.12절). 세부 사항들로 다양한 국가 및 국제 소프트웨어 개선안들이 제시되었다. 즉 CMM(3.13절), 그리고 ISO 9000과 ISO/IEC 15504(3.14절)이 제시되었다. 소프트웨어 프로세스 개선의 비용-효과는 3.15절에서 논의되었다.

관련 자료

1장의 관련 자료에 있는 검토 기사들, 즉 [Brooks, 1975; Boehm, 1976; Wasserman, 1996; and Ebert, Matsubara, Pezze, Bertelsen, 1997]들은 소프트웨어 프로세스에 연관된 문제들에 집중하고 있다. March/April 2003 issue of IEEE Software는 [Eickelmann and Anant, 2003]을 포함한 소프트웨어 프로세스와 통계적 프로세스 관리에 관한 많은 논문들을 포함하고 있다. 통계적 프로세스 관리의 실제 응용들은 [Weller, 2000], 그리고 [Florac, Carleton, Barnard, 2000]에 서술되어 있다.

각 워크플로 동안에 테스팅에 관하여 훌륭한 소스는 [Ammann and Offutt, 2008]이다. 보다 자세한 참고자료는 6장과 6장의 끝에 있는 관련 자료에 있다.

본래 SEI CMM에 대한 세부설명은 [Humphrey, 1989]에 있다. CMMI는 [SEI, 2002]에 설명되어 있다. [Humphrey, 1996]은 PSP(personal software process)를 서술하고 있으며, PSP를 적용한 결과들은 [Ferguson et al., 1997]에 있다. PSP가 가진 잠재적인 문제들은 [Johnson and Disney, 1998]에 논의되어 있다. PSP와 TSP(team software process)는 [Humphrey, 1999]에서 논의되어 있다. PSP 교육훈련의 효율성을 측정한 실험의 결과들은 [Prechelt and Unger, 2000]에 제시되어 있다. CMM 2단계와 3단계에 응하기 위한 Unified Process에 필요한 확장안은 [Manzoni and Price, 2003]에 제시되어 있다. 소규모 조직에 SW-CMM을 시행하는 것은 [Guerrero and Eterovic, 2004]와 [Dangle, Larsen, Shaw, and Zelkowitz, 2005]에 서술되어 있다. 또한 July/August 2000 issue of IEEE Software에는 소프트웨어 프로세스 성숙도에 관한 세 개의 논문이 있고, November/December 2000 issue of IEEE Software에는 PSP에 관한 네 개의 논문이 실려 있다.

프로세스 개선에 대한 많은 연구 결과의 개요서는 [Galin and Avrahami, 2006]에 있다.

[Pitterman, 2000]은 Telecordia Technologies의 그룹이 단계 5에 어떻게 도달하였는지를 서술한다. 컴퓨터 과학 회사 그룹이 단계 5를 어떻게 이루는지에 대한 연구는 [McGarry and Decker, 2002]에 제시되어 있고, 단계 5 조직의 성질에 대한 통찰은 [Eickelmann, 2003]과 [Agrawal and Chari, 2007]에서 보여준다. 소프트웨어 프로세스 개선의 비용-이익 분석은 [van Solingen, 2004]에 서술되어 있고, 소프트웨어 프로세스 개선에 성공을 위한 핵심 요소에 대한 경험에 의한 연구는 [Dyba, 2005]에서 보여준다.

소프트웨어에 프로덕트 개선의 문제들은 [Conradi and Fuggetta, 2002]에서 보여준다. Ericsson에서 실시된 18개의 다른 소프트웨어 프로세스 개선 계획의 결과는 [Borjesson and Mathiassen, 2004]에 서술되어 있다. 그리고 CMM에 대한 풍부한 정보는 SEI CMM website www.sei.cmu.edu를 이용하면 얻을 수 있다. SPICE 프로젝트의 성공에 대한 평가는 [Rout et al., 2007]에서 찾을 수 있다. ISO/IEC 15504(SPICE)홈페이지는 www.sei.cmu.edu/technology/ process/spice이다.

CMM과 IEEE/EIA 12207 간의 비교는 [Ferguson and Sheard, 1998]에서 제공하고 있고, CMM과 Six Sigma(프로세스 개선의 또다른 접근법) 간의 비교는 [Murugappan and Keeni, 2003]에서 제공하고 있다. ISO 9001과 CMMI 둘 다를 시행하는 접근법은 [Yoo et al., 2006]에서 보여준다. 약 400개의 소프트웨어 개선 실험들의 결과들을 포함하고 있는 레파지토리는 [Blanco, Gutierrez, Satriani, 2001]에서 서술하고 있다.

연습문제

3.1 Unified Process는 소프트웨어 프로세스인가? 그 이유를 설명하여라.

3.2 Unified Process와 Unified Modeling Language 간에 연관성은 무엇인가?

3.3 소프트웨어 공학 배경에서, 모델이 의미하는 것은 무엇인가?

3.4 Unified Process의 페이즈가 의미하는 것은 무엇인가?

3.5 애매모호함, 모순, 불완전 사이를 명확히 구별해 보아라.

3.6 폭포수 생명주기 모델의 약점은 인도된 프로덕트가 고객의 니즈를 만족시키지 못할지도 모른다는 점이다. Unified Process는 이 문제를 어떻게 다루는가?

3.7 요구사항 워크플로와 분석 워크플로를 고려해보자. 이 두 가지 활동을 독립적인 것으로 취급하기보다는 차라리 한 워크플로로 결합시키면 어떤 이익이 있는가?

3.8 분석 워크플로와 설계 워크플로를 고려해보자. 이 두 가지 활동을 독립적인 것으로 취급하기보다는 차라리 한 워크플로로 결합시키면 어떤 이익이 있겠는가?

3.9 '정확성은 SQA 그룹의 책임이다.' 이 서술에 대해 논의하여라.

3.10 왜 당신은 3.9절의 설명처럼 현실적으로 폐기가 드문 사건이라고 생각하는가?

3.11 Unified Process의 도입 페이즈에 두 가지 산출물은 비즈니스 모델과 비즈니스 케이스이다. 이 두 가지 산출물 사이에 차이를 보여주어라.

3.12 Unified Process의 구축 페이즈의 후반부에서, 프로덕트가 구현되고 테스트 된다. 다른 페이즈, 즉 전이 페이즈가 왜 필요한가?

3.13 당신은 성숙도 단계가 1인 파산에 직면한 Antedeluvian Software Developers를 인수했다면 그 조직이 수익성을 갖기 위해 취해야 할 첫 번째 단계는 무엇인가?

3.14 초기 단계인, 성숙도 단계 1은 좋은 소프트웨어 공학 관리 실무의 부재와 관련된다. SEI를 위해 초기 단계를 성숙도 단계 0으로 분류하는 것이 좋지 않겠는가?

3.15 (Term Project) 만약 부록 A에 있는 Chocoholics Anonymous 프로덕트가 CMM 5단계에 있는 조직과 반대로 단계 1에 있는 조직이 개발한다면 무슨 차이가 있는지 발견해보아라.

3.16 (Readings in Software Engineering) 당신의 교습자가 논문 [Agrawal and Chari, 2007]의 복사본을 배포할 것이다. 단계 5 조직에서 근무하고 싶은가? 이유를 설명하여라.

참고 문헌

[Agrawal and Chari, 2007] M. AGRAWALL AND K. CHARI, "Software Effort, Quality, and Cycle Time: A Study of CMMI Level 5 Projects," *IEEE Transactions on Software Engineering* **32** (March 2007), pp. 145-56.

[Ammann and Offutt, 2008] P. AMMANN AND J. OFFUTT, *Introduction to Software Testing*, Cambridge University Press, Cambridge, **UK, 2008**.

[Blanco, Gutiérrez, and Satriani, 2001] M. BLANCO, P. GUTI?REZ, AND G. SATRIANI, "SPI Patterns: Learning from Experience," *IEEE Software* **18** (May/June 2001), pp. 28-35.

[Booch, 1994] G. BOOCH, *Object-Oriented Analysis and Design with Applications,* 2nd ed., Benjamin/Cummings, Redwood City, CA, 1994.

[Booch, Rumbaugh, and Jacobson, 1999] G. BOOCH, J. RUMBAUGH, AND I. JACOBSON, *The UML Users Guide,* Addison Wesley, Reading, MA, 1999.

[Borjesson and Mathiassen, 2004] A. BORJESSON AND L, MATHIASSEN, "Successful Process Implementation," *IEEE Software* **21** (July-August 2004), pp. 36-44.

[Brooks, 1986] F. P. BROOKS, JR., "No Silver Bullet," in: *Information Processing '86,* H.-J. Kugler (Editor), Elsevier North-Holland, New York, 1986; reprinted in *IEEE Computer* **20** (April 1987), pp. 10-19.

[Brooks et al., 1987] F. P. BROOKS, V. BASILI, B. BOEHM, E. BOND, N. EASTMAN, D. L. EVANS, A. K.

JONES, M. SHAW, AND C. A. ZRAKET, "Report of the Defense Science Board Task Force on Military Software," Department of Defense, Office of the Under Secretary of Defense for Acquisition, Washington, DC, September 1987.

[CNN.com, 2003] "Russia: Software Bug Made Soyuz Stray," edition.cnn.com/2003/TECH/space/ 05/06/ soyuz.landing.ap/.

[Conradi and Fuggetta, 2002] R. CONRADI AND A. FUGGETTA, "Improving Software Process Improvement," *IEEE Software* **19** (July/August 2002), pp. 92-99.

[Dangle, Larsen, Shaw, and Zelkowitz, 2005] K. C. DANGLE, P. LARSEN, M. SHAW, AND M. V. ZELKOWITZ, "Software Process Improvement in Small Organizations: A Case Study," *IEEE Software* **22** (September-October 2005), pp. 68-75.

[Dawood, 1994] M. DAWOOD, "It's Time for ISO 9000," *CrossTalk* (March 1994) pp. 26-28.

[Deming, 1986] W. E. DEMING, *Out of the Crisis,* MIT Center for Advanced Engineering Study, Cambridge, MA, 1986.

[Diaz and Sligo, 1997] M. DIAZ AND J. SLIGO, "How Software Process Improvement Helped Motorola," *IEEE Software* **14** (September/October 1997), pp. 75-81.

[Dion, 1993] R. DION, "Process Improvement and the Corporate Balance Sheet," *IEEE Software* **10** (July 1993), pp. 28-35.

[Dybå, 2005] T. DYBÅ, "An Empirical Investingation of the Key Factors for Success in Software Process Improvement," *IEEE Transactions in Software Enginerring* **31** (May 2005), pp. 410-24.

[Eickelmann and Anant, 2003] N. EICKELMANN AND A. ANANT, "Statistical Process Control: What You Don't Know Can Hurt You!" *IEEE Software* **20** (March/April 2003), pp. 49-51.

[Ferguson and Sheard, 1998] J. FERGUSON AND S. SHEARD, "Leveraging Your CMM Efforts for IEEE/EIA 12207," *IEEE Software* **15** (September/October 1998), pp. 23-28.

[Ferguson et al., 1997] P. FERGUSON, W. S. HUMPHREY, S. KHAJENOORI, S. MACKE, AND A. MATVYA, "Results of Applying the Personal Software Process," *IEEE Computer* **30** (May 1997), pp. 24-31.

[Florac, Carleton, and Barnard, 2000] W. A. FLORAC, A. D. CARLETON, AND J. BARNARD, "Statistical Process Control: Analyzing a Space Shuttle Onboard Software Process," *IEEE Software* **17** (July/August 2000), pp. 97-106.

[*Florida Today,* 1999] "Milstar Satellite Lost during Air Force Titan 4b Launch from Cape," www.floridatoday.com/space/explore/uselv/titan/b32/, June 5, 1999.

[Galin and Avrahami, 2006] D. GALIN AND M. AVRAHAMI, "Are CMM Program Investments Benefical? Analyzing Past Studies," *IEEE Software* **23** (November-December 2006), pp. 81-87.

[Garman, 1981] J. R. GARMAN, "The 'Bug' Heard 'Round the World," *ACM SIGSOFT Software Engineering Notes* **6** (October 1981), pp. 3-10.

[Guerrero and Eterovic, 2004] F. GUERRERO AND Y. ETEROVIC, "Adopting the SW-CMMI in a Small IT Organization," *IEEE Software* **21** (July-August 2004), pp. 29-35.

[Humphrey, 1989] W. S. HUMPHREY, *Managing the Software Process,* Addison Wesley, Reading, MA, 1989.

[Humphrey, 1996] W. S. HUMPHREY, "Using a Defined and Measured Personal Software Process," *IEEE Software* **13** (May 1996), pp. 77-88.

[Humphrey, Snider, and Willis, 1991] W. S. HUMPHREY, T. R. SNIDER, AND R. R. WILLIS, "Software

Process Improvement at Hughes Aircraft," *IEEE Software* **8** (July 1991), pp. 11-23.

[IEEE/EIA 12207.0-1996, 1998] "IEEE/EIA 12207.0-1996 Industry Implementation of International Standard ISO/IEC 12207:1995," Institute of Electrical and Electronic Engineers, Electronic Industries Alliance, New York, 1998.

[ISO 9000-3, 1991] "ISO 9000-3, Guidelines for the Application of ISO 9001 to the Development, Supply, and Maintenance of Software," International Organization for Standardization, Geneva, Switzerland, 1991.

[ISO 9001, 1987] "ISO 9001, Quality Systems-Model for Quality Assurance in Design/Development, Production, Installation, and Servicing," International Organization for Standardization, Geneva, Switzerland, 1987.

[ISO/IEC 12207, 1995] "ISO/IEC 12207:1995, Information Technology-Software Life-Cycle Processes," International Organization for Standardization, International Electrotechnical Commission, Geneva, Switzerland, 1995.

[Jacobson, Booch, and Rumbaugh, 1999] I. JACOBSON, G. BOOCH, AND J. RUMBAUGH, *The Unified Software Development Process,* Addison Wesley, Reading, MA, 1999.

[Jones, 1996] C. JONES, *Applied Software Measurement,* McGraw-Hill, New York, 1996.

[Juran, 1988] J. M. JURAN, *Juran on Planning for Quality,* Macmillan, New York, 1988.

[Keeni, 2000] G. KEENI, "The Evolution of Quality Processes at Tata Consultancy Services," *IEEE Software* **17** (July/August 2000), pp. 79-88.

[Manzoni and Price, 2003] L. V. MANZONI AND R. T. PRICE, "Identifying Extensions Required by RUP (Rational Unified Process) to Comply with CMM (Capability Maturity Model) Levels 2 and 3," *IEEE Transactions on Software Engineering* **29** (February 2003), pp. 181-92.

[McGarry and Decker, 2002] F. MCGARRY AND B. DECKER, "Attaining Level 5 in CMM Process Maturity," *IEEE Software* **19** (2002), pp. 87-96.

[Miller, 1956] G. A. MILLER, "The Magical Number Seven, Plus or Minus Two: Some Limits on Our Capacity for Processing Information," *The Psychological Review* **63** (March 1956), pp. 81-97; reprinted at www.well.com/user/smalin/miller.html.

[Murugappan and Keeni, 2003] M. MURUGAPPAN AND G. KEENI, "Blending CMM and Six Sigma to Meet Business Goals," *IEEE Software* **20** (March/April 2003), pp. 42-48.

[Paulk, Weber, Curtis, and Chrissis, 1995] M. C. PAULK, C. V. WEBER, B. CURTIS, AND M. B. CHRISSIS, *The Capability Maturity Model: Guidelines for Improving the Software Process,* Addison Wesley, Reading, MA, 1995.

[Pitterman, 2000] B. PITTERMAN, "Telecordia Technologies: The Journey to High Maturity," *IEEE Software* **17** (July/August 2000), pp. 89-96.

[Prechelt and Unger, 2000] L. PRECHELT AND B. UNGER, "An Experiment Measuring the Effects of Personal Software Process (PSP) Training," *IEEE Transactions on Software Engineering* **27** (May 2000), pp. 465-72.

[Rout et al., 2007] T. P. ROUT, K. EL EMAM, M. FUSANI, D. GOLDENSON, AND H.-W. JUNG, "SPICE in Retrospect: Developing a Standard for Process Assessment," *Journal of Systems and Software* **80** (September 2007), pp. 1483-93.

제4장

팀

유능하고 잘 훈련된 소프트웨어 엔지니어들이 없다면 소프트웨어 프로젝트는 실패할 운명에 처하게 된다. 그러나 이러한 사람을 충분히 확보하지 못한다. 그래서 팀은 팀 멤버들이 서로 협력해서 생산성 있게 작업하는 방법으로 조직되어야 한다. 이 장의 주제는 팀 조직이다.

4.1 팀 조직

대부분의 프로덕트는 규모가 너무 커서 주어진 시간 내에 한 명의 소프트웨어 전문가로는 완성할 수가 없다. 결과적으로 프로덕트는 몇 명의 전문가들의 그룹으로 조직된 **팀**(team)에 할당된다. 예를 들어 분석 워크플로를 고려해보자. 대상 프로덕트를 2개월 내에 명세화하기 위해 분석 매니저의 지시로 세 명의 분석 전문가로 조직된 팀에게 태스크(task)를 할당할 필요가 있다. 유사하게 설계 태스크도 설계팀의 멤버들 간에 공유하게 된다.

프로덕트가 코딩할 분량이 한 사람이 1년에 코딩할 정도지만 이를 3개월 내에 코딩해야 된다고 가정해보자[인-년(person-year)은 1년에 한 사람이 수행할 수 있는 작업의 양을 의미함]. 이의 해결방안은 간단하다. 즉, 한 명의 프로그래머가 프로덕트를 1년에 코딩할 수 있다면 네 명의 프로그래머는 이것을 세 달에 코딩할 수 있다는 의미이다.

물론 이것은 상식 이하이다. 실제로 네 명의 프로그래머가 해도 거의 1년이 걸릴지도 모르고, 또 이 결과로 나온 프로덕트의 품질도 한 명의 프로그래머가 전체 프로덕트를 코딩한 것보다 낮을 수가 있다. 그 이유는 어떤 작업은 공유될 수 있고 어떤 것은 개별적으로 수행해야 되는 경우가 있다. 실례로 한 농장의 노동자가 10일간 딸기밭에서 딸기를 딸 수 있다면 이는 10명의 노동자가 하루에 딸 수 있다. 반면에 코끼리는 22달 동안 임신을 해야 새끼를 낳는다. 그러나 이를 22마리의 코끼리가 한 달 만에 새끼를 낳을 수 있는 것은 불가능한 일이다.

다른 말로 표현하면 딸기를 따는 것과 같은 태스크들은 작업이 완전히 공유될 수 있지만 코끼리가 새끼를 낳는 일은 공유가 될 수 없다. 새끼를 낳는 것과는 다르게 구현 태스크들은 팀 멤버들 사이에 코딩 작업을 분산시켜 공유하는 것이 가능하다. 그러나 팀 프로그래밍은 팀 멤버들이 의미 있고 효과적인 방법으로 서로 협동을 해야 한다. 그래서 딸기를 따는 것과는 다르다. 예를 들어 Sheila과 Harry가 두 개의 모듈 m1과 m2를 코딩 한다고 가정하자. 많은 것이 잘못될 수 있다. 실례로 Sheila과 Harry 모두가 m1을 코딩하고 m2는 코딩을 하지 않을 수도 있다. 또는 Sheila는 m1을 코딩하고 Harry는 m2를 코딩할 수도 있다. 그리고 m1이 m2를 호출할 때 네 개의 인수를 전달하는데, 이때 Harry는 다섯 개의 인수를 요구하는 방법으로 m2를 코딩했다. 또 m1과 m2에서 인수의 순서가 다를 수도 있다. 또 인수의 순서는 같지만 데이터 타입이 약간 다를 수도 있다. 이러한 문제들은 설계 워크플로 시 만들어진 결정이 개발조직 전체에 전파되지 않았기 때문에 발생한 것이다. 이러한 이슈는 프로그래머들의 기술적인 능력으로는 처리되지 않는다. 팀 조직은 관리적인 문제이다. 즉, 관리자는 각 팀이 높은 생산성을 갖게 프로그래밍 팀들을 조직해야 한다.

소프트웨어의 팀 개발 시 발생하는 또 다른 어려움은 그림 4.1에 있다. 프로젝트를 작업하는 세 명의 컴퓨터 전문가 간에 커뮤니케이션 채널은 세 개가 있다. 지금 작업은 지연되는데 데드라인(deadline)은 급히 다가오고 태스크는 거의 완성되지 못했다고 가정하자. 여기서 할 수 있는 일은 팀에 네 번째 전문가를 투입하는 것이다. 그러나 네 번째 전문가가 팀에 참여했을 때 발생하는 첫 번째 일은 기존의 세 명이 현재까지 달성한 세부 사항과 아직까지 완성하지 못한 사항을 설명하는 일이다. 다른 말로 표현하면 소프트웨어 프로젝트에 사람을 늦게 추가하면 프로젝트를 더 지연시킨다. 이 원칙은 Fred Brooks가 IBM 360 메인프레임 컴퓨터용 운영체제인, OS/360의 개발을 관리하면서 관측했기 때문에 이를 **Brooks의 법칙**이라고 부른다[Brooks, 1975].

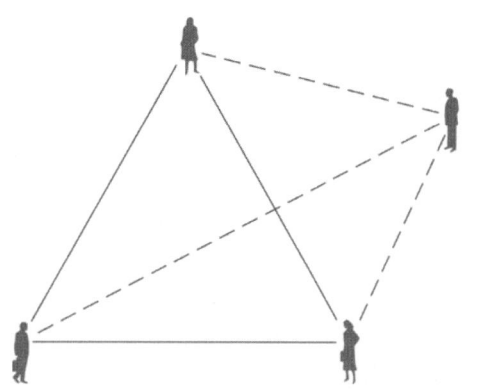

그림 4.1

세 명의 컴퓨터 전문가들 사이에 커뮤니케이션 경로(실선)와 네 번째 전문가가 이들에 참여했을 때 커뮤니케이션 경로(점선)

대규모 조직에서 팀들은 소프트웨어 프로덕션의 모든 워크플로에서 사용되지만, 특히 프로그래머들이 독립된 모듈을 독립적으로 작업하는 구현 워크플로에서 사용된다. 따라서 구현 워크플로는 우선 서너 명의 소프트웨어 전문가들 사이에 태스크를 공유하는 주요 대상이 된다. 소규모 조직에서는 한 명이 요구사항, 분석, 설계를 담당한 후에 두 명이나 세 명의 프로그래머가 구현을 담당한다. 왜냐하면 팀들은 구현 워크플로를 수행할 때 주로 사용되기 때문에 팀 조직의 문제는 구현 시에 가장 예민하게 느끼게 된다. 이 장의 나머지 부분에서 팀 조직은 팀 조직의 문제들과 이 문제들의 해결방안이 다른 모든 워크플로들에도 충분히 적용될 수 있게 구현의 배경 내에 제시되어야 한다.

프로그래밍-팀 조직에는 두 개의 상반된 접근법이 있다. 즉 민주적 팀(democratic team)과 치프 프로그래머 팀(chief programmer team)이다. 여기서 택한 접근은 두 접근법의 강점과 약점들 중심으로 설명한 후 두 접근법의 특성들을 통합시킨 프로그래밍 팀을 조직하는 또 다른 방법을 제시한다.

4.2
민주적 팀 접근법

SOFTWARE

민주적 팀 조직(democratic team organization)은 1971년 Weinberg가 처음으로 서술했다 [Weinberg, 1971]. 이 민주적 팀에 기반이 되는 기본 개념은 **이기심 없는 프로그래밍**(egoless programming)이다. Weinberg는 프로그래머들은 그들이 작성한 코드에 크게 애착을 갖고 있다고 지적했다. 즉, 이들은 자신이 개발한 모듈에 자신의 이름을 부여하고, 이 모듈을 자신의 분신으로 본다. 이것이 갖는 어려움은 프로그래머가 모듈을 자신의 확장 안으로 본다면 프로그래머는 이 코드에 있는 모든 결함을 찾아내려고 노력하지 않을 것이다. 그리고 만약 결함이 있다면 이것은 버그(bug)라고 부른다. 즉 버그는 코드 내에 요구하지 않았는데도 반입된 것이라 코드에 침입하는 것을 보호하면 예방이 된다는 의미이다('알고 싶은 사항 4.1' 참조).

알고 싶은 사항 4.1 Just in Case You wanted to Know

약 40년 전에 소프트웨어가 펀치카드들로 입력될 때 모든 프로그래머들은 그들의 카드 데크에 벌레가 침입한 소프트웨어에 '버그(bug)'가 있다고 간주했다. 이것을 Shoo-bug라고 명명된 에어졸 스프레이의 마케팅으로 우습게 풍자되었다. 이 수준에서 명령어들은 Shoo-bug와 함께 카드 데크에 뿌려지면 버그가 코드에 만연되지 않게 만든다고 설명했다. 물론 스프레이는 단지 공기만 포함할 수 있다.

그들 자신의 코드에 크게 애착을 갖는 프로그래머들의 문제에 대해 Weinberg의 해결방안은 이기심 없는 프로그래밍이다. 사회적 환경이 재구성되어야 하고 또 프로그래머의 가치가 인정되어야 한다. 모든 프로그래머는 자신의 코드에 있는 결함들을 찾으려는 팀의 다른 멤버들에게 용기를 주어야 한다. 결함의 존재는 어떤 나쁜 것으로만 생각할 필요 없이 차라리 정상적이고 인정된 이벤트라 생각된다. 즉 검토자의 태도는 코딩 에러를 만든 프로그래머를 비난하기보다는 충고를 해준다는 올바른 인식을 가져야 한다. 팀 전체는 특성과 그룹별로 개발하기 때문에 모듈은 한 개인보다는 차라리 팀 전체의 소유물이다.

민주적 팀(democratic team)은 이기심 없는 프로그래머 10명 정도로 그룹을 구성한다. Weinberg는 관리자가 이러한 팀을 가지고 작업을 하는 데는 어려움이 있다고 경고했다. 이제 관리 이력 경로(managerial career path)를 생각해보자. 한 프로그래머가 관리자로 승진을 했을 때 동료 프로그래머는 승진하지 못해서 다음 승진에서 더 높은 직위로 승진하기 위해 노력을 해야 한다. 반대로 민주적 팀은 단일 리더 없이 공동의 목적을 위해 그룹 작업을 하고 프로그래머들이 상위 직급으로 승진을 위해 노력할 필요가 없다. 중요한 것은 팀 동일성과 상호 존중이다.

Weinberg는 민주적 팀이 뛰어난 프로덕트를 개발한다고 말한다. 관리자는 팀의 명목상 매니저에게 현금 인센티브를 주는 것만 결정한다(정의에 의하면 민주적 팀은 리더가 없다). 그는 개인적으로 그것을 수령하는 것을 거부한다. 왜냐하면 이것은 팀의 모든 멤버들이 동등하게 공유한 것이기 때문에 공동의 것이다. 그러나 관리자는 팀이 돈에 따라 이동하고 (특히 명목상의 매니저가) 자기주장의 아이디어만 갖고 있다고 생각한다. 그래서 명목상의 매니저에게 이 돈을 받아서 팀 간에 균등하게 분배하라고 강요한다. 그러면 팀 전체가 사직해서 다른 회사로 이동하게 된다.

민주적 팀의 강점과 약점들은 4.3절에 제시되어 있다.

4.2.1 민주적 팀 접근법의 분석

민주적 팀 접근법의 주요 강점은 결함들을 발견하는 긍정적인 태도에 있다. 결함을 많이 발견하면 할수록 민주적 팀의 멤버들은 기쁨이 더욱 커진다. 이러한 긍정적인 태도는 결함들을 보다 빠르게 발견하고 해결해 보다 고품질의 코드를 생성하게 해준다. 그러나 몇 가지 주요 문제들이 있다. 이전에 지적했듯이 매니저들은 이기심 없는 프로그래밍을 인정하는 데 어려움을 갖고 있다. 더욱이 15년의 경력을 가진 프로그래머는 특히 초심자인 동료 프로그래머들이 자신의 코드를 평가하는 것을 불쾌하게 생각할 수 있다.

Weinberg는 이기심이 없는 팀은 자발적으로 나타나는 것이지 외부에서 강요할 수 없다고 느꼈다. 민주적 프로그래밍 팀에 관해 소규모 실험적인 연구가 수행되었지만 Weinberg의 경험에 의하면 민주적 팀은 아주 생산적인 팀이라고 주장한다. [Mantei, 1981]는 특별히 프로그래밍 팀이라기보다는 차라리 일반적인 그룹 조직에 이론과 실험에 기초한 주장을 사용해 민주적 팀 조직을 분석했다. 그는 문제가 어려울 때 그룹의 작업을 분산시키는 것이 최선이라고 지적했고, 또 민주적 팀은 연구 환경에 기능을 잘 발휘한다고 제안했다. 어려운 문제를 해결할 때 민주적 팀이 이를 잘 해결한다는 것은 저자의 경험과 같다. 대다수의 경우 연구경험이 있는 컴퓨터 전문가들 사이에 자발적으로 나타나 민주적 팀의 한 멤버로 참여한다. 그러나 작업이 어려운 해결방안의 구현이 줄어들게 되면 팀은 다음 절에서 설명할 치프 프로그래머 팀과 같은 보다 계층적인 형태로 재조직되어야 한다.

4.3
고전적 치프 프로그래머 팀 접근법

SOFTWARE

그림 4.2에 있는 여섯 명으로 구성된 팀을 고려해보자. 여기에는 두 사람이 커뮤니케이션 하는 15개의 채널들이 존재한다. 사실 2명, 3명, 4명, 5명, 6명으로 구성되는 그룹의 전체 수는 57개다. 다수의 커뮤니케이션 채널들은 그림 4.2와 같이 6명으로 구성된 팀이 6달 동안 36 person-months의 일을 수행할 수 없는 주요 이유가 된다. 왜냐하면 동시에 두 명 또는 그 이상의 팀 멤버가 참여한 미팅 때문에 많은 시간을 낭비하게 된다.

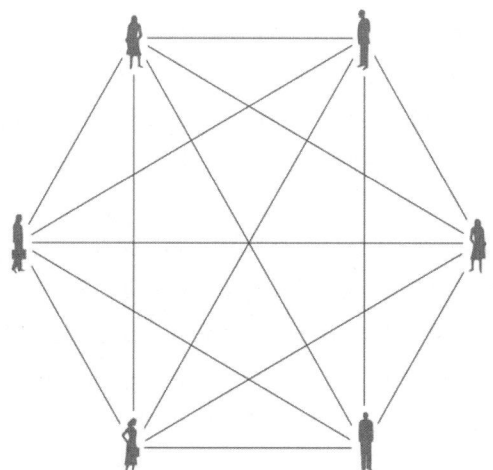

그림 4.2

여섯 명의 컴퓨터 전문가들 간의 커뮤니케이션 경로

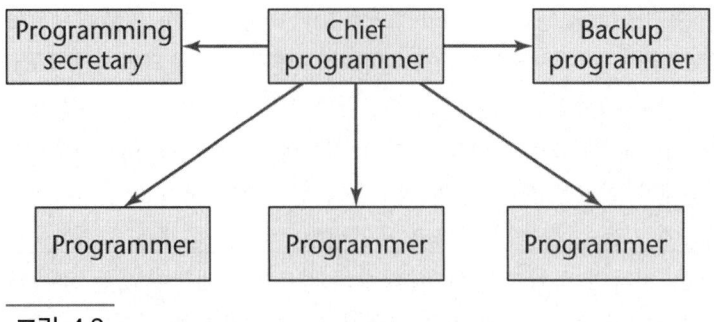

그림 4.3

고전적 치프 프로그래머 팀의 구조

지금 그림 4.3에 있는 여섯 명으로 구성된 팀을 고려해보자. 다시 여기에는 여섯 명의 프로그래머들이 있지만 커뮤니케이션 채널은 단지 다섯 개밖에 없다. 이것이 뒤에 나오게 될 **치프 프로그래머 팀**(chief programmer team)의 기본 개념이 된다. 관련 아이디어는 [Brooks, 1975]가 제안했다. 그는 수술을 집도하는 치프 외과의사의 형태로 이를 접근했다. 외과의사는 다른 외과의사, 마취전문의, 많은 간호사들의 도움을 받는다. 더욱이 팀이 필요할 때는 심장학자나 신장학자와 같은 다른 분야의 전문가들을 팀원으로 맞아들인다. 이러한 유추는 치프 프로그래머 팀의 두 가지 핵심 측면을 나타낸다. 그 첫째가 **전문화**(specialization)이다. 이는 팀의 각 멤버가 자신이 교육받은 해당 작업만 수행한다. 두 번째 측면은 **계층**(hierarchy)이다. 이는 치프 외과의사가 팀의 다른 모든 멤버의 액션을 지휘하고 또 해당 수술의 모든 측면을 책임지게 한다.

치프 프로그래머 팀 개념은 Mills가 정형화시켰다[Baker, 1972]. 30년 전에 Baker가 설명했던 고전적 치프 프로그래머 팀은 그림 4.3에 있다. 이는 백업 프로그래머(back-up programmer), 프로그래밍 사무원(programming secretary), 한 명에서 세 명 정도의 프로그래머(programmer)들의 도움을 받는 **치프 프로그래머**(chief programmer)로 구성된다. 팀은 필요할 때 JCL(job control language) 또는 법적 또는 재정 문제와 같은 분야는 그 분야의 전문가 도움을 받는다. 치프 프로그래머는 아키텍처 설계와 중요하거나 복잡한 코드를 담당하는 최고의 숙련된 프로그래머와 능력 있는 매니저의 역할을 수행한다. 그림 4.3에 보듯이 프로그래머들 간에 커뮤니케이션 라인은 없다. 즉 모든 인터페이싱 문제는 치프 프로그래머가 처리한다. 마지막으로 치프 프로그래머는 다른 팀 멤버들의 작업을 검토한다. 왜냐하면 치프 프로그래머는 개인적으로 코딩된 모든 라인을 책임지기 때문이다.

백업 프로그래머(back-up programmer)의 직위는 꼭 필요하다. 왜냐하면 치프 프로그래머도 인간이기 때문에 아플 수가 있고, 버스에서 추락할 수도 있고, 또 담당 업무가 변경될 수도 있다. 그래서 백업 프로그래머는 치프 프로그래머와 같은 능력이 있어야 하고 치프 프로그래머와 같이 프로젝트에 대해서 많이 알고 있어야 한다. 더욱이 치프 프로그래머가 아키텍처 설계에만 집중할 수 있게 백업 프로그래머는 블랙박스(black box) 테스트 케이스 계획수립(14.11절)과 설계 프로세스의 독립된 다른 태스크들을 수행한다.

사무원(secretary)이라는 단어는 많은 의미를 갖고 있다. 통상 사무원은 전화 받기, 문서 타이핑으로 바쁜 업무 담당자를 도와준다. 그러나 우리가 American secretary of State나 British Foreign Secretary에 관해서 말할 때는 각료 중 가장 선임 멤버를 말한다. **프로그래밍 사무원**(programming secretary)은 파트타임으로 사무보조를 하는 것이 아니라 치프 프로그래머 팀의 아주 숙련되고, 고소득이고, 중심 멤버를 말한다. 프로그래밍 사무원은 프로젝트 프로덕션 라이브러리, 프로젝트의 문서화 작업을 유지보수 하는 일을 담당한다. 이것에는 소스 코드 목록, JCL, 테스트 데이터가 포함된다. 프로그래머들은 그들의 소스 코드를 기계가 읽을 수 있는 형태로 변환시키고, 컴파일 하고, 링크시키고, 로딩 하고, 실행시키고, 또 테스트 사례 실행 등을 담당하는 사무원에게 넘긴다. 그래서 **프로그래머**들은 프로그램 이외의 일은 하지 않는다. 그들 작업 외의 모든 것은 프로그래밍 사무원이 처리한다[왜냐하면 프로그래밍 사무원은 프로젝트 프로덕션 라이브러리를 유지보수하기 때문에 어떤 조직들은 '라이브러리언(librarian)'이란 타이틀을 사용한다].

여기서 설명한 것은 키펀치가 폭 넓게 사용되던 1971년에 Mills와 Baker가 제시한 아이디어라는 것을 기억하라. 코딩은 이미 이러한 방식으로 하지 않는다. 프로그래머들은 현재 자신들이 갖고 있는 웍스테이션이나 터미널에서 그들의 코드를 입력해서, 그것을 편집하고, 그것을 테스트한다. 고전적 프로그래머 팀의 현대적 버전은 4.4절에 설명되어 있다.

4.3.1 New York Times 프로젝트

치프 프로그래머 팀 개념은 New York Times의 편집 파일(clipping file)을 자동화시키기 위해 IBM이 1971년에 처음 사용했다. 편집 파일은 New York Times의 다른 간행물의 요약과 모든 기사를 포함한다. 리포터들과 편집진의 다른 멤버들도 참조 자원으로 이 정보 은행을 사용한다.

프로젝트의 실상은 사람을 놀라게 했다. 예를 들어 83,000 LOC가 11 person-year의 노력으로 22개월 동안 작성되었다. 1차년도 후, 단지 12,000 LOC로 구성된 파일 유지보수 시스템만 작성되었다. 대부분의 코드는 후반부 6개월 동안에 구현되었다. 단지 21개의 결함들만이 승인 테스팅의 첫 주 동안에 발견되었다. 그리고 단지 25개 미만의 결함들만이 운영 첫해에 발견되었다. 주요 프로그래머들은 person-year당 10,000 LOC이고 발견된 결함은 평균 한 개였다. 파일 유지보수 시스템은 코딩이 완성된 후 1주 후에 인도되었고, 단일 결함(single fault)이 발견되기 전에 20개월 간 운영되었다. PL/I의 200에서 400 라인으로 구성된 서브 프로그램들의 절반 정도는 처음 컴파일 시에 수정되었다 [Baker, 1972].

이러한 환상적인 성공에도 불구하고 치프 프로그래머 팀 개념을 위한 필적할 만한 주장이 만들어지지 못했다. 많은 성공적인 프로젝트들은 치프 프로그래머 팀을 사용해 수행되었지만 이것에 관한 보고에 따르면 New York Times 프로젝트에서처럼 인상적이지는 않았다. New York Times 프로젝트는 왜 이런 성공을 거두었는지 그리고 다른 프로젝트에서는 왜 이러한 결과를 얻지 못했는지?

하나의 가능한 설명은 이것은 IBM의 명예가 걸린 프로젝트였기 때문이다. 이것은 IBM이 개발한 PL/I언어의 첫 번째 시험대였다. IBM은 하나의 디비전을 그들의 최상의 것(creme de la creme)으로 서술될 수 있게 팀을 구성했다. 즉 이 조직은 최고의 소프트웨어 전문가들로 알려져 있다. 둘째, 테크니컬 백업이 가장 강했다. PL/I 컴파일러 작성자는 그들이 할 수 있는 모든 방법으로 프로그래머를 돕는 데 직접 참여했고, JCL 전문가는 JCL을 도와주었다. 세 번째 가능한 설명은 치프 프로그래머 T. Teny Baker의 전문성이었다. 그가 현재 **슈퍼프로그래머**(superprogrammer)라고 부르는 것은 평균적으로 훌륭한 프로그래머보다 4~5배 정도의 출력물을 산출해내기 때문이다. 추가로 Baker는 최고의 매니저이고 리더로서 그의 기술과 열성, 그리고 인간성 때문에 프로젝트를 성공적으로 이끌어낼 수 있었다.

만약 치프 프로그래머가 유능하다면 치프 프로그래머 팀 조직은 일을 잘할 것이다. 비록 New York Times 프로젝트의 괄목할 만한 성공이 반복되지는 않더라도, 많은 성공적인 프로젝트들은 변형된 형태의 치프 프로그래머 접근법을 사용하고 있다. 변형된 접근법이 나온 이유는 [Baker, 1972]의 서술처럼 고전적 치프 프로그래머 팀이 많은 면에서 비실용적이기 때문이다.

4.3.2 고전적 치프 프로그래머 팀 접근법의 비실용성

높은 기술력을 갖춘 프로그래머와 능력 있는 매니저의 역할을 겸비한 치프 프로그래머를 고려해 보자. 이러한 사람을 찾기는 정말 어렵다. 실제로 높은 기술력을 지닌 프로그래머들도 부족하고, 또 능력 있는 매니저도 부족하다. 그러나 치프 프로그래머에는 이 두 능력이 모두 요구된다. 높은 기술력을 지닌 프로그래머가 되는데 필요한 것은 능력 있는 매니저가 되는데 필요한 것과는 다르다. 그래서 치프 프로그래머를 찾아낼 기회도 그리 많지 않다.

만약 치프 프로그래머를 어렵게 찾았다할지라도 백업 프로그래머를 찾는다는 것은 닭의 이빨을 찾는 것처럼 더욱 어렵다. 결국 백업 프로그래머는 치프 프로그래머만큼 뛰어난 능력이 기대되지만 치프 프로그래머에게 발생할 어떤 일에 대비하기 위해 대기하는 동안 낮은 급여와 뒷전에 있어야만 한다. 최고의 프로그래머들이나 최고의 매니저들이 이런 역할을 받아들이는 경우는 거의 없다.

프로그래밍 사무원도 찾기가 어렵다. 소프트웨어 전문가는 서류 작업에 반감을 갖기로 유명하다. 그래서 프로그래밍 사무원은 아무것도 하지 않고 단지 하루 종일 서류 작업만 수행한다.

그래서 Baker의 제안처럼 치프 프로그래머 팀들을 구성하는 게 쉽지 않다. 민주적 팀들도 구성하는 게 쉽지 않지만 이유는 다르다. 더욱이 이 기법으로는 구현 워크플로에 20명이나 심지어 120명의 프로그래머가 요구되는 프로덕트를 처리할 수 없는 것으로 보인다. 필요한 것은 대형 프로덕트들의 구현에 확장할 수 있게 민주적 팀과 치프 프로그래머 팀의 강점들을 사용해 프로그래밍 팀을 조직하는 방법이다.

4.4
치프 프로그래머와 민주적 팀

SOFTWARE

민주적 팀의 주요 강점은 결함을 발견하는 긍정적인 태도를 갖고 있다. 많은 조직들은 내재된 함정을 알아내는 코드 검토(6.2절)를 연계시켜 치프 프로그래머 팀을 사용한다. 치프 프로그래머는 개인적으로 모든 코드의 라인을 책임지고, 모든 코드 검토 동안에 제시해야 한다. 그러나 치프 프로그래머도 매니저라 6장의 설명처럼 검토는 어떤 부류의 성능평가에도 사용되면 안 된다. 왜냐하면 치프 프로그래머는 팀 멤버들의 주요한 평가를 책임지는 매니저이기 때문에 코드 검토 시 제시될 개인에 대한 평가는 현명하지 못하다.

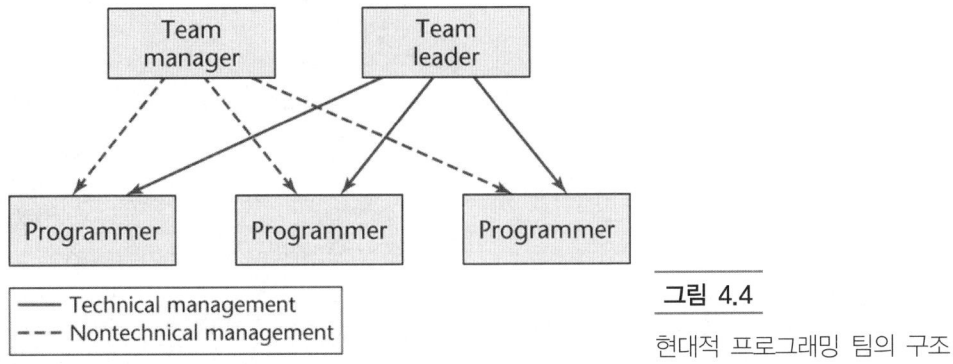

그림 4.4

현대적 프로그래밍 팀의 구조

　　이러한 모순을 없애는 방법은 치프 프로그래머가 갖고 있는 많은 관리적인 역할을 제거시키는 것이다. 결국 높은 기술력을 지닌 프로그래머와 능력 있는 매니저를 모두 겸비한 사람을 찾는 것은 어렵다고 이전에 지적했다. 대신에 치프 프로그래머는 두 명으로 대체할 수 있다. 즉, 팀의 활동 중 기술적인 면만 담당하는 **팀 리더**(team leader)와 모든 비기술적인 관리적인 면만 담당하는 **팀 매니저**(team manager)를 채용하는 것이다. 이러한 팀의 구조는 그림 4.4에 있다. 이 조직의 구조는 고용자가 한 명 이상의 매니저에게 보고해서는 안 된다는 기본 관리원칙을 위반하면 안 된다는 것을 인식하는 게 중요하다. 책임질 수 있는 부분이 분명하게 판명된다. 팀 리더는 기술적인 관리 부분만 책임진다. 그러면 팀 리더는 예산과 법적인 문제, 성능 평가도 담당하지 않는다. 단지 팀 리더는 기술적인 문제만 담당한다. 그래서 팀 매니저가 프로덕트는 4주 내에 인도될 수 있다고 약속하는 것은 잘못된 것이다. 이러한 종류의 약속은 팀 리더가 해야 한다. 팀 리더는 당연히 모든 코드 검토들에 참여한다. 결국에 팀 리더가 코드의 모든 면을 개인적으로 책임진다. 동시에 프로그래머 성능 평가는 팀 매니저의 기능이기 때문에 팀 매니저는 검토에 참여하지 않는다. 대신에 팀 매니저는 정규적으로 일정이 잡힌 팀 미팅에서 팀에 속한 각 프로그래머의 숙련도(skill)에 관한 지식을 취득한다.

　　구현이 시작되기 전에 팀 매니저와 팀 리더가 책임질 영역을 분명하게 정하는 게 중요하다. 예를 들어 연간 휴가 문제를 고려해보자. 이 상황은 팀 매니저가 허가한다. 왜냐하면 이것은 비기술적인 문제이기 때문이다. 단지 마감일이 다가오면 팀 리더가 이러한 것을 무시하는 상황이 일어날 수 있다. 이것과 또 이것에 관련된 문제들의 해결방안은 팀 매니저와 팀 리더 모두가 그들의 공동 책임이라고 생각하는 영역을 정책적으로 추출하는 높은 관리 능력에 해당된다.

　　대형 프로젝트들은 어떻게 되는가? 이 접근법은 그림 4.5처럼 기술적인 관리 조직 구조를 보여준다. 비기술적 측면도 유사하게 구성된다. 전체 프로덕트의 구현은 프로젝트 리더의 지시에 따라 진행된다. 프로그래머들은 그들의 팀 리더에게 보고하고, 팀 리더들은 프로젝트 리더에게 보고한다. 대형 프로덕트들인 경우는 계층에 추가 단계들이 첨가된다. 치프 프로그래머 팀과 민주적 팀들의 가장 좋은 특성을 추출하는 또 다른 방법은 적합한 곳에 의사 결정 프로세스를 분산시키는 것이다. 이 경우에 커뮤니케이션 채널은 그림 4.6에서 보여준다. 이 기법은 민주적 접근법이 유용하다. 즉, 연구 환경이나 어려운 문제의 해결을 위해 그룹 상호 간의 시너지 효과를 요구하는 어려운 문제에 아주 유용하다. 분산시켰음에도 불구하고, 한 단계(level)에서 화살표는 아래를 향하고 있다. 즉 밑에 있는 프로그래머들이 프로젝트 리더에게 지시한다는 것은 혼란을 야기할 수 있어서 그렇다.

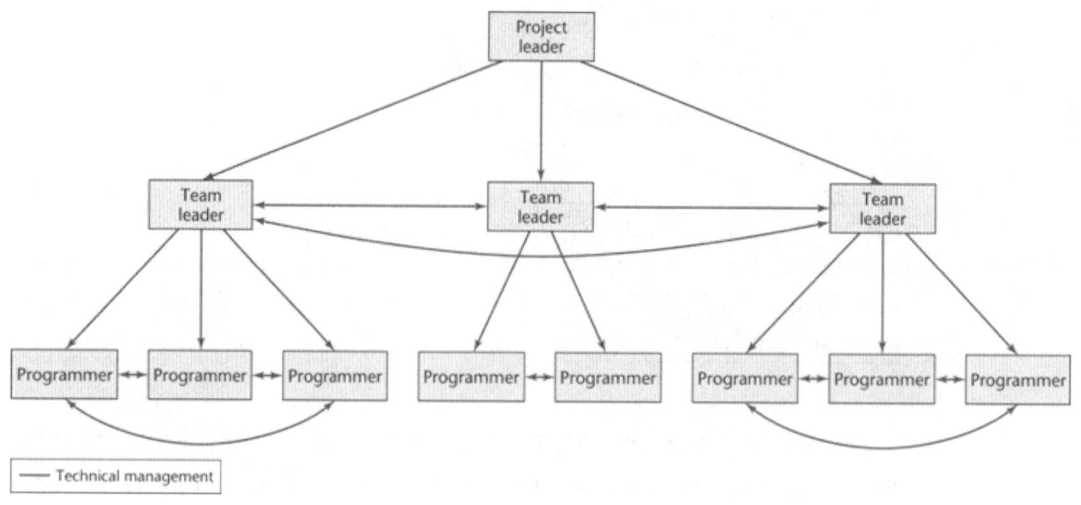

그림 4.5 대규모 프로젝트들에 대한 기술적인 관리조직의 구조

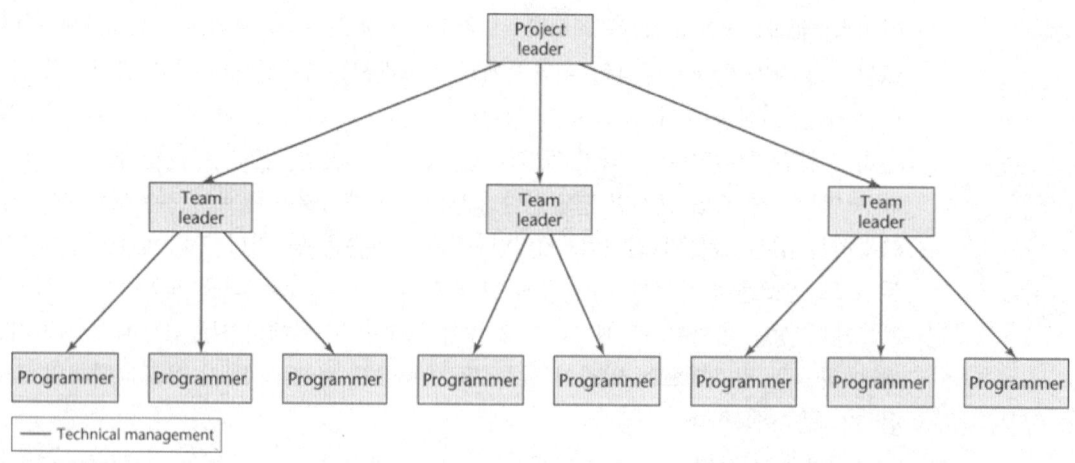

그림 4.6 그림 4.5의 팀 조직들의 분산형 의사결정 형태로서 기술적인 관리에 대한 커뮤니케이션 채널

4.5

동기적-안정적 팀

팀 조직의 또 다른 접근법은 Microsoft사가 이용하고 있는 동기적-안정적 팀(synchronize-and-stabilize team)이다[Cusamano and Selby, 1997]. Microsoft사는 대형 프로덕트들을 구축한다. 예를 들어 Windows 2000은 LOC가 3000만 이상으로 구성되었고, 3000명 이상의 프로그래머와 테스터가 참여해서 구축했다. 팀 조직은 이런 규모의 프로덕트를 성공적으로 구축하기 위해서 꼭 필요하다.

동기적-안정적 생명주기 모델은 2.9.6절에서 서술되었다. 이 모델의 성공은 팀을 조직하는 방법에 달려있다. 동기적-안정적 모델의 세 개 내지 네 개의 순차적 빌드(build) 각각은 세 명에서 여덟 명 정도의 개발자, 개발자와 일대일로 작업하는 세 명에서 여덟 명 정도의 테스터(tester)로 구성된다. 팀은 그들의 전체 태스크의 명세들도 같이 제공받는다. 그리고 개별 팀 멤버들은 자유롭게 그들이 바라는 태스크의 일정부분을 설계하고 구현해 제출한다. 이것이 해커-유발 혼돈(hacker-induced chaos)에 빠지지 않는 이유는 매일 수행되는 동기화 단계 때문이다. 즉, 부분적으로 완성된 컴포넌트들은 기본적으로 그 날 테스트를 해서 교정된다. 그러면 개인적인 창조성과 자율성을 키울 수 있고 개별 컴포넌트들도 항상 함께 작동한다.

이 접근법의 강점은 한편으로 개인 프로그래머들이 민주적 팀의 특성인 창조성과 기술혁신을 갖게 한다. 다른 한편으로 일일 동기화 단계는 수백 명의 개발자들이 치프 프로그래머 팀(그림 4.3)의 커뮤니케이션과 조정 특성을 요구하지 않으며 공동의 목표를 향해 함께 작업하는 것을 보장한다.

Microsoft 개발자들이 따라야 하는 규칙은 거의 없지만 그들 중 한 명은 그날의 동기화에 대해 그들의 코드를 프로덕트 데이터베이스에 입력하는 시간을 가져야 한다. [Cusamano and Selby, 1997]는 이것은 어린이에게 매일 하고 싶은 일을 할 수 있지만 오후 9시면 잠자리에 들어야 한다고 말하는 것과 같다고 했다. 다른 규칙은 만약 개발자들의 코드가 당일 동기화를 위해 컴파일 하는 프로덕트를 방해한다면 문제는 즉시 해결되어야 한다. 즉, 팀의 나머지가 그날 작업을 테스트하고 디버깅 해서 문제를 해결해야 한다.

동기적-안정적 모델과 이와 연계된 팀 조직을 사용하면 모든 다른 소프트웨어 조직이 Microsoft사처럼 성공할 수 있다고 보장하는가? 이것은 아주 그렇지 않다. Microsoft사는 동기적-안정적 모델 이외에도 많은 것을 가지고 있다. 하나의 조직은 높은 재능을 지닌 매니저들과 발전적인 그룹정신을 가진 소프트웨어 개발자들로 구성된다. 단지 동기적-안정적 모델을 사용해도 조직이 극적으로 다른 Microsoft사로는 변환되지 않는다. 동시에 다른 조직에 있는 많은 특성을 지닌 모델을 사용하면 프로세스 개선이 이루어진다. 다른 한편 동기적-안정적 모델은 대형 프로덕트들을 개발하기 위해 해커들의 그룹을 허용하는 방법을 단순화시켜 제안한 것이다. 더욱이 Microsoft사의 성공은 품질 소프트웨어보다는 마케팅의 우위 때문에 성공한 것이다.

4.6
Extreme Programming 팀

2.9.5절에서 Agile 프로세스[Beck et al., 2001]의 개요가 서술되었다. 이 절에서는 Agile processes를 사용할 때 팀들을 어떻게 조직하는지를 서술한다.

Agile processes의 좀 특이한 특성은 모든 코드는 한 컴퓨터를 공유하는 두 명의 프로그래머로 구성된 팀이 구현한다는 점이다. 이를 페어 프로그래밍(pair programming)이라고 부른다[Williams, Kessler, Cunningham, Jeffries, 2000]. 이 접근법에 대한 이유들은 다음과 같다.

- 2.9.5절에서 설명했듯이 페어 프로그래머들은 먼저 테스트 케이스들을 작성한 후 해당 코드 (task)들을 구현한다. 6.6절에서 설명했듯이 프로그래머에게 자신의 코드를 테스트 하라고 하는 것은 아주 어리석은 짓이다. Agile processes는 이 문제를 팀의 한 페어 프로그래머에게 태스크에 대한 테스트 케이스들을 작성하게 하고 다른 페어 프로그래머에게 이들 테스트 케이스들을 사용해 공동으로 구현하게 해서 해결한다.

- 기존의 생명주기 모델에서는 개발자가 프로젝트를 떠나게 되면 이 개발자가 축적한 모든 지식을 잃어버리게 된다. 특히 개발자가 작업한 것을 문서화시키지 않은 소프트웨어는 처음부터 다시 개발되어야 한다. 반대로 만약 페어 프로그래밍 팀의 한 멤버가 떠나게 되었다면 남은 한 페어 프로그래머가 새 페어 프로그래머와 함께 소프트웨어의 같은 부문을 계속 작업할 수 있는 충분한 지식을 갖고 있다. 더욱이 테스트 케이스들의 존재는 새로운 팀이 소프트웨어에 분별없는 수정으로 인해 생기는 우연한 결함에 집중하는 데 도움을 준다.

- 짝(pair)을 이뤄서 작업하는 것은 경험이 적은 소프트웨어 전문가는 보다 경험이 많은 팀 멤버가 갖고 있는 기술력을 습득하게 해준다.

- 2.9.5절에서 언급했듯이 다양한 XP 페어 팀들이 사용하는 모든 컴퓨터들은 큰 사무실의 중앙에 함께 위치해 있다. 이는 코드의 그룹 소유, 이기심 없는 팀들의 긍정적인 특성을 증진시켜준다 (4.2절).

같은 컴퓨터 상에서 두 명의 프로그래머가 함께 작업한다는 아이디어는 좀 특이해 보이지만 실무에서는 이점들이 많다.

페어 프로그래밍에 관한 흥미로운 실험은 [Arisholm, Gallis, Dyba, and Sjoberg, 2007]에 서술되어 있다. 총 295명에 전문적 프로그래머(99명의 개인과 98개의 페어)는 페어 프로그래밍을 위해 세밀하게 실시된 하루 실험에 참가하기 위해 고용되었다. 주제는 하나는 간단하고, 하나는 복잡한 두 개의 소프트웨어 프로덕트에서 몇 개의 유지보수 작업을 수행할 것을 요구하였다. 페어 프로그래머는 태스크를 정확하게 수행하기 위해 84%의 더 많은 노력을 필요로 했다. 이 결과를 보고 몇몇 소프트웨어 엔지니어는 페어 프로그래밍과 Agile processes를 사용하는 것을 재고하도록 할 것이다.

더욱이, 2.9.5절에서 설명한 것처럼, 발표된 15개의 연구에 대한 분석[Dyba et al., 2007]은 개인과 페어 프로그래밍의 효율성을 비교하였고, 그것이 프로그래머들의 전문 지식과 시스템의 복잡성, 그리고 그것을 해결하는 특정한 태스크에 의존된다는 결론에 도달했다. 분명히 전문적인 프로그래머들의 대규모 표본에서 수행된 많은 연구는 이 영역에서 수행될 필요가 있다.

4.7
오픈-소스 프로그래밍 팀

SOFT WARE

이제까지 개발된 가장 성공적인 소프트웨어 프로덕트의 일부가 오픈-소스 생명주기 모델을 사용해서 개발되었다는 점은 놀랄만한 일이다. 예상과는 달리 오픈-소스 프로젝트는 일반적으로 급여를 받지 않는 자원자들의 팀으로 구성되어 있다. 그들은 비동기적으로 커뮤니케이션 하며(이메일을 통해), 팀 미팅도 없고, 모든 사항에 책임을 지는 매니저도 없다. 더욱이 명세나 설계도 없다. 사실, 완성된 프로젝트에서도 어떠한 문서가 거의 없다. 그러나 사실상 극복할 수 없는 장애물에도 불구하고, Linux와 Apache와 같은 소수의 오픈-소스 프로젝트는 최고 수준의 성공을 거두었다.

오픈-소스 프로젝트에 참가하는 각 자원자들은 다음과 같이 두 가지 이유를 갖고 있다. 즉 가치 있는 태스크를 달성시키려는 순수한 즐거움이나 경험을 쌓기 위해.

• 오픈-소스 프로젝트에 자원자들을 끌어들이고 그것들에게 흥미를 가지게 하기 위해, 항상 그들이 프로젝트를 '가치 있는 것'처럼 보도록 하는 것은 필수적이다. 그들이 프로젝트가 성공할 것이라는 것과 제품이 널리 이용될 것이라고 진심으로 생각하지 않으면 개인은 프로젝트에 그들의 여가의 상당한 부분을 바치지 않을 것이다.

• 두 번째 이유에 관해서, 많은 소프트웨어 전문가들은 그들이 친숙하지 않은, 현대적 프로그래밍 언어나 운영체제 기술에 능력을 획득하기 위해 오픈-소스 프로젝트에 참가한다. 그 다음에 그들은 자신의 조직 내에서 승진하기 위해서나 다른 조직에서 더 좋은 자리를 차지하기 위해 이 지식을 수단으로 사용할 수 있다. 결국 고용주들은 추가적으로 학교의 자격을 획득하는 것보다 대규모 성공적인 오픈-소스 프로젝트에서 일하면서 얻은 경험이 더 바람직해 보인다는 것을 자주 보았다. 역으로, 실패하는 프로젝트에 많은 시간을 투입하지 않는다.

다른 말로 표현하면, 프로젝트가 성공할 것으로 보이지 않으면, 그 프로젝트에 공들이는 데 지원자들을 유인하지도 유지되지도 않을 것이다. 더욱이 오픈-소스 팀의 멤버들은 그들이 공헌하고 있다고 항상 느껴야 한다. 이 모든 이유 때문에 오픈-소스 프로젝트 배후에 있는 핵심 개인은 훌륭한 동기부여자이어야 한다. 그렇지 않으면, 프로젝트는 불가피하게 실패의 운명이 된다.

성공적인 오픈-소스 개발을 위한 다른 전제조건은 팀 멤버들의 능력이다. 9.2절에 상세하게 설명된 것처럼, 숙련도 수준에서 큰 차이점이 프로그래머들 간에 관찰되었다. 이 절의 첫 번째 단락에 게재된 성공적인 오픈-소스 소프트웨어 프로덕션에 장애물들을 명심하라. 핵심 그룹의 멤버(2.9.4절)들이 최상위의 정교한 기술을 갖춘 개인이 아니라면 오픈-소스 프로젝트는 성공할 수 있는 어떤 방법도 없다.

4.8
P-CMM

P-CMM(people capability maturity model)은 조직의 작업력을 관리하고 개발하는 최적의 실무를 서술하고 있다[Curtis, Helfey, Miller, 2002]. SW-CMM(sofware capability maturity model)(3.13절)과 같이 조직은 지속적으로 개인의 기술력들을 개선시키고 효과적인 팀들이 될 수 있게 할 목표로 5개의 성숙도 단계를 진행한다.

모든 성숙도 단계는 조직이 해당 성숙도를 취득할 것을 생각하기 전에 충분하게 설명될 필요가 있는 그 자신만의 KPA(key process area)들을 갖고 있다. 예를 들어 2단계인 관리 단계의 KPA들에는 기술진, 커뮤니케이션과 조정, 작업환경, 성능관리, 교육훈련과 개발, 그리고 보수 등이 포함되어 있다. 반대로 5단계인 최적화 단계의 KPA들은 지속적인 능력 개선, 조직의 성능 정렬, 그리고 지속적인 작업력 혁신 등이 포함되어 있다.

SW-CMM은 특정 프로세스나 방법론을 추천하는 것이 아니라 조직의 소프트웨어 프로세스를 개선하기 위한 프레임워크다. 같은 방법으로 P-CMM도 팀 조직에 특정 접근법을 제시하는 게 아니라 조직의 작업력(workforce)을 관리하고 개발하는 조직의 프로세스를 개선하기 위한 프레임워크다.

Team Organization	Strengths	Weaknesses
Democratic teams (Section 4.2)	High-quality code as consequence of positive attitude to finding faults	Experienced staff resent their code being appraised by beginners
	Particularly good with hard problems	Cannot be externally imposed
Classical chief programmer teams (Section 4.3)	Major success of *New York Times* project	Impractical
Modified chief programmer teams (Section 4.3.1)	Many successes	No successes comparable to the *New York Times* project
Modern hierarchical programming teams (Section 4.4)	Team manager/team leader structure obviates need for chief programmer the Scales up Supports decentralization when needed	Problems can arise unless areas of responsibility of team manager and the team leader are clearly delineated
Synchronize-and-stabilize teams (Section 4.5)	Encourages creativity Ensures that a huge number of developers can work toward a common goal	No evidence so far that this method can be utilized outside Microsoft
Agile process teams (Section 4.6)	Programmers do not test their own code Knowledge is not lost if one programmer leaves Less-experienced programmers can learn from others Group ownership of code	Still too little evidence regarding efficacy
Open-source teams (Section 4.7)	A few projects are extremely successful	Narrowly applicable Must be led by a superb motivator Requires top-caliber participants

그림 4.7 이 장에 제시된 팀 조직 접근법 비교와 이들이 서술된 절들이 기재되어 있음

4.9
적합한 팀 조직 선택하기

다양한 유형의 팀 조직들에 대한 비교는 각 절에서 팀 조직에 대해 서술했지만 그림 4.7에 요약되어 있다. 불행하게도 프로그래밍 팀 조직의 문제나 확대해서 모든 다른 워크플로를 위해 팀을 조직하는 문제들을 해결할 수 있는 방안이란 없다. 팀을 조직하는 최적의 방법은 구축할 프로덕트에 따라, 이전의 다양한 팀 구조들에 대한 경험에 따라, 더욱 중요한 것은 조직의 문화에 따라 조직하는 것이다. 예를 들어 만약 선임 관리자가 분산형 의사결정을 좋아하지 않는다면 이는 이행될 수 없다.

실제로 대부분의 팀들은 현재 4.4절의 서술처럼 조직한다. 즉 약간 변형된 치프 프로그래머 팀이 통상적으로 사용된다.

소프트웨어 개발 팀 조직에 관한 많은 연구가 수행되지 않았고, 많이 인정되는 원칙들은 소프트웨어 개발 팀들에 관한 연구가 아니라 그룹 역할에 관한 연구에 기반을 두고 있다. 심지어 소프트웨어 팀에 관한 연구가 실시되었을 때에도, 표본의 규모가 일반적으로 작아서 결과가 설득력이 있지는 않다.

팀 조직에 관한 실험적인 결과들이 소프트웨어 산업체 내에서 얻어질 때까지는 특정 프로덕트에 대한 최적의 팀 조직을 결정하기는 쉽지가 않을 것이다.

복습

팀 조직의 이슈(4.1절)는 우선 민주적 팀들(4.2절)과 치프 프로그래머 팀들(4.3절)을 고려해서 접근했다. New York Times 프로젝트의 성공(4.3.1절)은 고전적 치프 프로그래머 팀들(4.3.2절)의 비실용성과는 반대다. 이들 두 접근법의 강점들을 사용한 팀 조직은 4.4절에 제안되어 있다. Microsoft사가 사용한 동기적-안정적 팀들은 4.5절에 서술되어 있다. Agile processes 팀들은 4.6절에 그리고 오픈-소스 소프트웨어는 4.7절에서 서술되어 있다. P-CMM은 4.8절에 논의되었다. 마지막으로 4.9절은 주어진 프로젝트에 대한 최적의 팀 조직을 선택하는 데 관련된 인자들을 서술하고 있다.

관련자료

팀 조직에 대한 고전적인 연구는 [Weinberg, 1971; Baker, 1972; Brooks, 1975] 등이다. 이 주제에 대한 새로운 책들에는 [DeMarco and Lister, 1987], [Cusumano and Selby, 1995]가 포함된다. 팀 상호작용들이 어떻게 전개되었는지를 흥미 있게 서술한 것은 [Mackey, 1999]에서 찾을 수 있다. [Royce, 1998]의 11장은 팀 멤버들이 해야 하는 역할들에 대한 유용한 정보를 포함하고 있다. 유망한 접근법은 팀 멤버들을 선택하는 데 개성 유형 분석을 사용하는 것이다. [Gorla and Lam, 2004]에서 예를 볼 수 있다.

동기적-안정적 팀은 [Cusumano and Selby, 1997]에 개요가 있고 [Cusumano and Selby, 1995]에 서술되어 있다. XP는 [Beck, 2000]에 설명되어 있다. May-June 2003 issue of IEEE Software

는 XP에 관한 많은 논문들, 특히 [Reifer, 2003]과 [Murru, Deias, and Mugheddue, 2003]을 포함하고 있다.

Agile processes에 대한 견해는 [Boehm, 2002], [Demarco and Boehm, 2002], 그리고 May-June 2005 issues of IEEE Software에 게재되어 있다. [Williams, Kessler, Cunningham, Jeffries, 2000]은 XP의 한 컴포넌트인 페어 프로그래밍에 관한 실험을 설명하고 있다. 페어 프로그래밍은 [Drobka, Noftz, and Raghu, 2004], [Flor, 2006], 그리고 [Lui, Chan, and Nosek, 2008]에서 평가되었다. 페어 프로그래밍의 가능한 이익에 관한 [Arisholm, Gallis, Dyda, and Sjoberg, 2007]의 결과는 세부적으로 연구되어야 한다.

P-CMM은 [Curtis, Hefley, Miller, 2002]에 서술되어 있다. 세계적으로 분산되어 있는(원격의) 페어 프로그래밍은 [Flor, 2006]의 전반부에 있다.

연습 문제

4.1 소매 회사용 전자상거래 웹사이트를 개발하기 위해서 팀을 어떻게 조직할 것인가? 당신의 대답을 설명해 보아라.

4.2 최신에 군사 통신 소프트웨어를 개발하기 위해 팀을 어떻게 조직할 것인가? 당신의 대답을 설명해 보아라.

4.3 Brooks의 법칙을 서술하라. 그것이 유지되는 이유에 대해서도 설명하라.

4.4 프로젝트의 생명주기 모델의 선택은 팀 조직의 선택에 어떻게 영향을 미치는가?

4.5 학생 프로그래밍 팀의 멤버들은 능력 면에서 대개 모두 균등하다. 적당한 팀 조직을 제안하라. 당신의 대답을 설명해 보아라.

4.6 학생 프로그래밍 팀의 한 멤버가 좋은 리더십과 프로그래밍 기술을 가진 대학원생이다. 팀 멤버의 나머지는 비교적 미숙한 대학생이다. 적당한 팀 조직을 제안하라. 당신의 대답을 설명해 보아라.

4.7 대규모 소프트웨어 회사에서 TO_1과 TO_2 두개의 다른 팀 조직을 비교하기 위해, 다음과 같은 실험이 제안되었다. 같은 소프트웨어 프로덕트는 TO_1에 의해 조직된 하나와 TO_2에 따른 나머지 두 개의 다른 팀에 의해 구축되었다. 회사는 프로덕트를 구축하는 데 각 팀이 대략 18개월이 소요될 거라고 추정하였다. 이 실험이 비현실적이고 의미 있는 결과를 낼 것 같지 않은 세 가지 이유를 대라.

4.8 당신이 소유한 회사는 방금 작은 경쟁자를 만났고, 당신은 그들의 프로그래머 중 한 명이 슈퍼 프로그래머라는 것을 발견했다. 당신은 어떻게 그녀가 또 다른 회사로 직장을 옮기지 않을 거라고 보증하는가?

4.9 페어 프로그래밍 팀의 두 명의 멤버가 두 명의 분리된 개인으로 운용되지 못하고, 오히려 팀으로 운용되어야 한다는 것을 보장할 수 있는가?

4.10 민주적 팀과 오픈-소스 팀 간의 차이점은 무엇인가?

4.11 오픈-소스 팀은 어떻게 조직되는가?

4.12 당신의 첫 번째 프로그래밍 업무를 위해 어떤 팀 조직을 선호하겠는가? 당신의 대답을 설명해 보아라.

4.13 어떤 팀 조직이 P-CMM에 적합한가?

4.14 당신은 소프트웨어 개발을 위한 대규모 회사에 부사장이다. 당신의 회사에 P-CMM을 시행하겠는가?

4.15 (Term Project) 부록 A에서 설명한 Chocoholics Anonymous 프로젝트를 개발하는 데 적합한 팀 조직은 무슨 유형인가?

4.16 (Reading in Software Engineering) 당신의 교습자는 논문 [Arisholm, Gallis, Dyba, and Sjoberg, 2007]의 복사본을 배포할 것이다. Agile processes에 대한 이 논문의 결과는 무엇인가?

참고 문헌

[Arisholm, Gallis, Dybå, and Sjøberg, 2007] E. ARISHOLM, H. GALLIS, T. DYBÅ, AND D. I. K. SJØBERG, "Evaluating Pair Programming with Respect to System Complexity and Programmer Expertise," *IEEE Transactions on Software Engineering* **33** (February 2007), pp. 65-86.

[Baker, 1972] F. T. BAKER, "Chief Programmer Team Management of Production Programming," *IBM Systems Journal* **11** (No. 1, 1972), pp. 56-73.

[Beck, 2000] K. BECK, *Extreme Programming Explained: Embrace Change,* Addison Wesley Longman, Reading, MA, 2000.

[Beck et al., 2001] K. BECK, M. BEEDLE, A. COCKBURN, W. CUNNINGHAM, M. FOWLER, J. GRENNING, J. HIGHSMITH, A. HUNT, R. JEFFRIES, J. KERN, B. MARICK, R. C. MARTIN, S. MELLOR, K. SCHWABER, J. SUTHERLAND, D. THOMAS, AND A. VAN BENNEKUM, "Manifesto for Agile Software Development," agilemanifesto.org, 2001.

[Boehm, 2002] B. W. BOEHM, "Get Ready for Agile Methods, with Care," *IEEE Computer* **35** (January 2002), pp. 64-69.

[Brooks, 1975] F. P. BROOKS, JR., *The Mythical Man-Month: Essays in Software Engineering,* Addison Wesley, Reading, MA, 1975; Twentieth Anniversary Edition, Addison Wesley, Reading, MA, 1995.

[Business Week Online, 1999] *Business Week Online,* www.businessweek.com 1999/99_08/b3617025.htm, February 2, 1999.

[Curtis, Hefley, and Miller, 2002] B. CURTIS, W. E. HEFLEY, AND S. A. MILLER, *The People Capability Maturity Model: Guidelines for Improving the Workforce,* Addison Wesley, Reading, MA, 2002.

[Cusumano and Selby, 1995] M. A. CUSUMANO AND R. W. SELBY, *Microsoft Secrets: How the World's Most Powerful Software Company Creates Technology, Shapes Markets, and Manages People,* The Free Press/Simon and Schuster, New York, 1995.

[Cusumano and Selby, 1997] M. A. CUSUMANO AND R. W. SELBY, "How Microsoft Builds Software," *Communications of the ACM* **40** (June 1997), pp. 53-61.

[DeMarco and Boehm, 2002] T. DEMARCO AND B. BOEHM, "The Agile Methods Fray," *IEEE Computer* **35** (June 2002), pp. 90-92.

[DeMarco and Lister, 1987] T. DEMARCO AND T. LISTER, *Peopleware: Productive Projects and Teams*, Dorset House, New York, 1987.

[Drobka, Noftz, and Raghu, 2004] J. DROBKA, D. NOFTZ, AND R. RAGHU, "Piloting XP on Four Mission-Critical Projects," *IEEE Software* **21** (November-December 2004), pp. 70-75.

[Dybå et al., 2007] T. DYBÅ, E. ARISHOLM, D. I. K. SJØBERG, J. E. HANNAY, AND F. SHULL, "Are Two Heads Better than One? On the Effectiveness of Pair Programming," *IEEE Software* **16** (July-August 1999), pp. 90-91.

[Flor, 2006] N. V. FLOR. "Globally Distributed Software Development and Pair Programming," *Communications of the ACM* **49** (October 2006), pp. 57-58.

[Gorla and Lam, 2004] N. GORLA AND Y. W. LAM, "Who Should Work with Whom?" *Communications of the ACM* **47** (June 2004), pp. 79-82.

[Lui, Chan, and Nosek, 2008] K. M. LUI, K. C. C. CHAN, AND J. T. NOSEK, "The Effect of Pairs in Program Design Tasks," *IEEE Transactions on Software Engineering* **34** (March-April 2008), pp. 197-211.

[Mackey, 1999] K. MACKEY, "Stages of Team Development," *IEEE Software* **16** (July/August 1999), pp. 90-91.

[Mantei, 1981] M. MANTEI, "The Effect of Programming Team Structures on Programming Tasks," *Communications of the ACM* **24** (March 1981), pp. 106-13.

[Murru, Deias, and Mugheddue, 2003] O. MURRU, R. DEIAS, AND G. MUGHEDDUE, "Assessing XP at a European Internet Company," *IEEE Software* **20** (May-June 2003), pp. 37-43.

[Reifer, 2003] D. REIFER, "XP and the CMM," *IEEE Software* **20** (May-June 2003), pp. 14-15.

[Royce, 1998] W. ROYCE, *Software Project Management: A Unified Framework*, Addison Wesley, Reading, MA, 1998.

[Weinberg, 1971] G. M. WEINBERG, *The Psychology of Computer Programming*, Van Nostrand Reinhold, New York, 1971.

[Williams, Kessler, Cunningham, and Jeffries, 2000] L. WILLIAMS, R. R. KESSLER, W. CUNNINGHAM, AND R. JEFFRIES, "Strengthening the Case for Pair Programming," *IEEE Software* **17** (July/August 2000), pp. 19-25.

제5장

툴의 선택

학습목표

이 장을 학습하면 다음 사항들을 습득하게 된다.

- 단계적 정제의 중요성을 인식하게 되고 이를 실무에 활용할 수 있게 된다.
- 분할과 정복을 이해할 수 있게 된다.
- 관심의 분리에 중요성을 인식할 수 있게 된다.
- 비용–이익분석을 적용할 수 있게 된다.
- 적합한 소프트웨어 척도들을 선택할 수 있게 된다.
- CASE의 범위와 전문용어들을 논할 수 있게 된다.
- 버전 관리 툴, 형상관리 툴, 그리고 빌드 툴을 서술할 수 있게 된다.
- CASE의 중요성을 이해하게 된다.

소프트웨어 엔지니어들은 두 가지 유형의 툴이 필요하다. 첫째는 단계적 정제(stepwise refinement)와 비용-이익분석(cost-benfit analysis)처럼 소프트웨어 개발에 사용되는 분석적 툴(analytical tool)이다. 그리고 두 번째는 소프트웨어를 개발하고 유지보수 하는 소프트웨어 엔지니어들의 팀을 보조해주는 프로덕트인 소프트웨어 툴(software tool)인데, 이들을 보통 CASE 툴(CASE란 용어는 computer-aided software engineering의 첫 문자를 따서 표현한 약어 임)이라고 부른다. 이 장은 이 두 가지 유형의 툴에 대해 학습한다. 먼저 이론적(분석적) 툴들을 학습한 후 소프트웨어(CASE) 툴들을 학습한다. 지금부터는 단계적 정제를 학습한다.

5.1

단계적 정제

SOFTWARE

2.5절에서 소개한 단계적 정제(stepwise refinement)는 많은 소프트웨어 공학 기법들이 사용하는 문제-해결기법(problem-solving technique)이다. 단계적 정제는 '중요한 이슈들에 집중할 수 있게 가능한 한 늦게까지 세부 사항에 관한 결정을 연기한다.'는 의미로 정의될 수 있다. Miller의 법칙 (2.5절) 결과로 우리는 기껏해야 한 번에 약 7개의 청크(정보의 단위)들에만 집중할 수 있다. 따라서 우리는 핵심 이슈들에 집중하는 동안 불필요한 의사결정을 지연시키는 데 단계적 정제를 사용한다.

이 책의 과정에서 보겠지만 단계적 정제는 많은 분석 기법들, 설계와 구현 기법들, 심지어 테스팅과 통합 기법들에 기초가 된다. 단계적 정제는 객체-지향 패러다임의 배경에서도 아주 중요하다. 왜냐하면 기반이 되는 생명주기가 반복적이고 점진적이기 때문에 그렇다.

다음의 미니 사례연구는 단계적 정제가 프로덕트의 설계에서 어떻게 사용되는지를 설명하고 있다.

5.1.1 Stepwise Refinement Mini Case Study

이 절에 제시된 미니 사례연구는 많은 애플리케이션 영역들에서 공통적인 작업인 순차 마스터 파일 갱신에 관한 내용이다. 이렇게 친숙한 문제를 선택한 것은 독자가 애플리케이션 도메인보다는 단계적 정제에만 집중할 수 있게 선택했다.

월간 잡지 True Life Software Disasters의 이름과 주소 데이터를 포함하는 순차 마스터 파일을 갱신하는 프로덕트를 설계해보자. 여기에는 세 가지 트랜잭션 타입, 즉 insertion, modification, deletion이 있는데 이들에는 트랜잭션 코드 1, 2, 3이 부여된다. 그래서 트랜잭션 타입은 다음과 같이 된다.

Type 1: INSERT (새로운 구독자를 마스터 파일에 삽입시킨다)
Type 2: MODIFY (기존 구독자 레코드를 수정한다)
Type 3: DELETE (기존 구독자 레코드를 삭제한다)

트랜잭션들은 구독자의 이름을 알파벳순으로 정렬한다. 만약 주어진 구독자에 한 개 이상의 트랜잭션이 있다면, 해당 구독자에 대한 트랜잭션들은 삽입을 수정 전에 그리고 수정은 삭제 전에 발생하게 분류한다.

해결방안을 설계하는 첫 단계는 그림 5.1에서 보여준 것처럼 입력 트랜잭션들의 대표 파일을 설정하는 것이다. 이 파일은 다섯 개의 레코드들 즉, DELETE Brown, INSERT Harris, MODIFY Jones, DELETE Jones, INSERT Smith를 포함한다(이것은 한 실행에서 같은 구독자의 수정과 삭제 모두가 수행되는 경우는 없다).

문제는 그림 5.2에서 보여 준 것처럼 표현된다. 여기에는 다음과 같은 두 개의 입력들이 있다.

1. Old master file name and address records
2. Transaction file

그리고 세 개의 출력 파일들이 있다.

3. New master file name and address records
4. Exception report
5. Summary and end-of-job message

Transaction Type	Name	Address
3	Brown	
1	Harris	2 Oak Lane, Townsville
2	Jones	Box 345, Tarrytown
3	Jones	
1	Smith	1304 Elm Avenue, Oak City

그림 5.1 순차 마스터파일 갱신용 입력 트랜잭션 레코드들

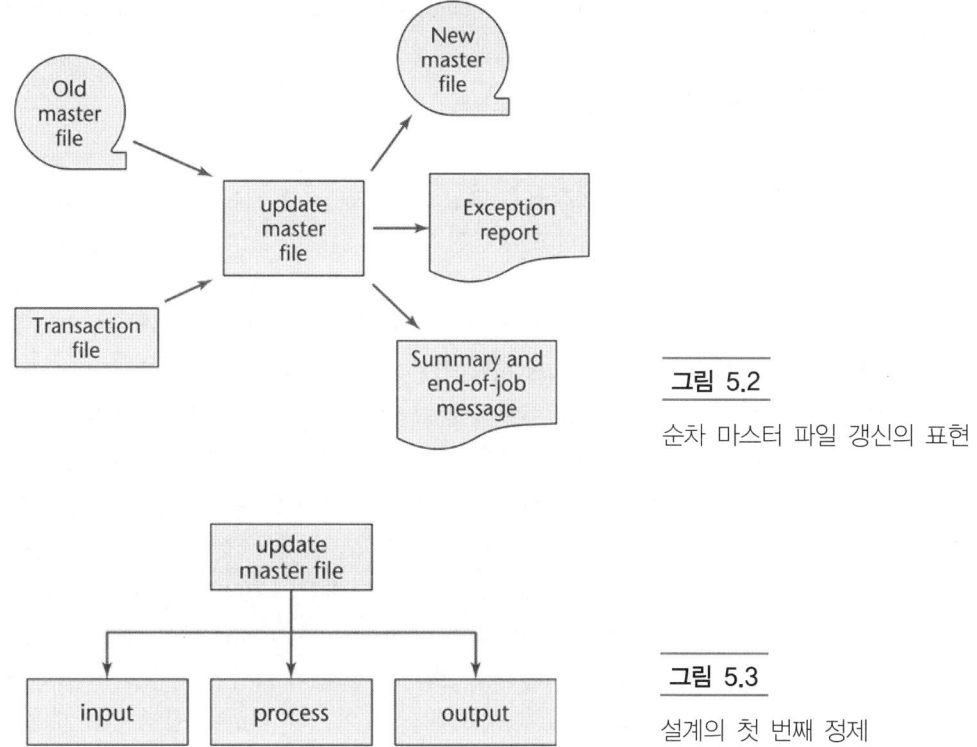

그림 5.2

순차 마스터 파일 갱신의 표현

그림 5.3

설계의 첫 번째 정제

Transaction file

3	Brown
1	Harris
2	Jones
3	Jones
1	Smith

Old master file

| Abel |
| Brown |
| James |
| Jones |
| Smith |
| Townsend |

New master file

| Abel |
| Harris |
| James |
| Smith |
| Townsend |

Exception report

| Smith |

그림 5.4 트랜잭션 파일, 올드 마스터 파일, 뉴 마스터 파일, 예외보고

Transaction record key = old master file record key	1. INSERT: Print error message 2. MODIFY: Change master file record 3. DELETE: *Delete master file record
Transaction record key 〉old master file record key	Copy old master file record to new master file
Transaction record key 〈 old master file record key	1. INSERT: Write transaction record to new master file 2. MODIFY: Print error message 3. DELETE: Print error message
*Deletion of a master file record is implemented by not copying the record onto the new master file.	

그림 5.5 프로세스의 도식적인 표현

설계 프로세스를 시작하는 시작점은 그림 5.3의 맨 위에 있는 박스 update master file이다. 이 박스는 input, process, output이라고 명명된 박스로 분해된다. 여기서 가정은 process가 레코드를 요구할 때 우리의 능력 수준은 요구되는 정확한 레코드가 정시에 생성할 수 있다는 것이다. 유사하게 우리는 정시에 정확한 파일에 대한 정확한 레코드를 작성할 능력이 있다. 그래서 이 기법은 input과 output을 분리시켜 process에만 집중한다. 이 process는 무엇인가? 이것이 무엇을 하는지 결정하기 위해 그림 5.4에서 보여준 예를 고려해보자. 트랜잭션의 첫 번째 레코드의 키(Brown)는 old master file의 첫 번째 레코드의 키(Abel)와 비교된다. 왜냐하면 Brown은 Abel 후에 오기 때문에 Abel 레코드는 뉴 마스터 파일(new master file)에 작성되고, 그 다음 올드 마스터 파일(Brown)이 읽혀진다. 이런 경우에 트랜잭션 레코드의 키가 올드 마스터 파일 레코드의 키와 매치된다. 왜냐하면 트랜잭션 타입이 3(DELETE)이기 때문에 Brown 레코드는 제거되어야 한다. 이것은 뉴 마스터 파일 위에 Brown 레코드를 복사하지 않고 구현된다. 다음 트랜잭션 레코드(Harris)와 올드 마스터 파일 레코드(James)가 읽혀지고, 이들의 각각 버퍼들에 Brown 레코드가 중복으로 작성된다. Harris는 James전에 온다. 그래서 뉴 마스터 파일에 삽입된다. 다음 트랜잭션 레코드(Jones)가 읽혀진다. 왜냐하면 Jones는 James뒤에 오기 때문에 James 레코드는 뉴 마스터 파일에 작성되고 다음 올드 마스터 파일 레코드가 읽혀진다. 이것이 Jones이다. 트랜잭션 파일로부터 보았듯이 Jones 레코드는 수정된 후 삭제된다. 따라서 다음 트랜잭션 레코드(Smith)와 다음 올드 마스터 파일 레코드(또한 Smith)가 읽혀진다. 불행하게도 트랜잭션 타입이 1(INSERT)이다. 하지만

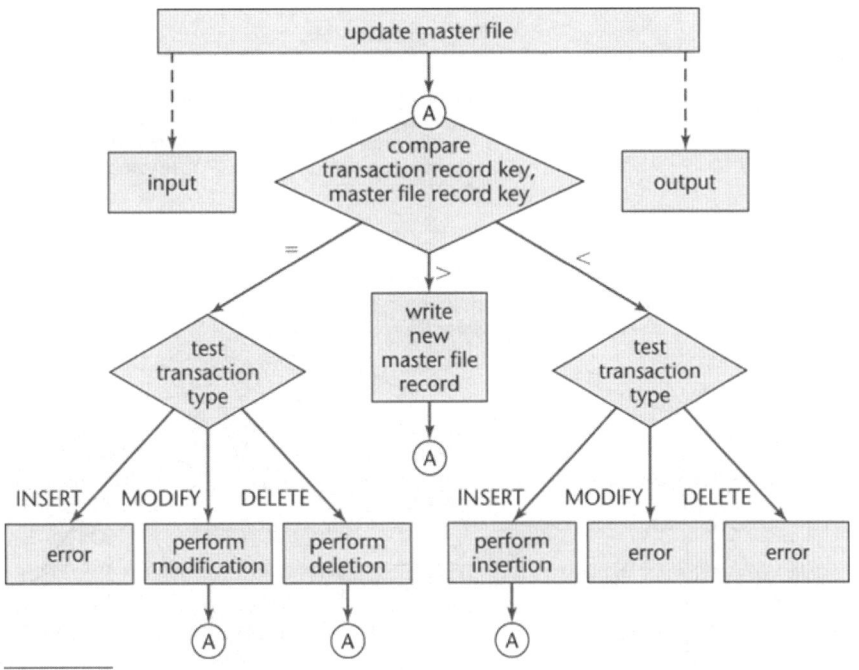

그림 5.6 설계의 두 번째 정제

Smith는 이미 마스터 파일에 있다. 따라서 데이터에는 어떤 종류의 오류가 있고 Smith 레코드는 예외 보고(exception report)에 작성된다. 보다 정확하게 하기 위해서 Smith 트랜잭션 레코드는 예외 보고에 작성되고, Smith 올드 마스터 파일 레코드는 뉴 마스터 파일에 작성된다.

이제 process가 이해되어 그림 5.5처럼 표현된다. 다음으로 그림 5.3의 process 박스는 그림 5.6에서 보여준 두 번째 정제 결과로 정제된다. input과 output 박스에 대한 점선은 입력과 출력의 처리가 최후의 정제까지 지연시킨다는 결정을 표현한 것이다. 이 그림의 나머지 부분은 process의 순서도인데 차라리 순서도의 초기 정제로 볼 수도 있다. 이미 지적했듯이 입력과 출력은 연기되었다. 또한 end-of-file 조건에 대한 규정도 없고 오류조건을 만났을 때 어떻게 처리하는지를 명시한 규정도 아직은 없다. 단계적 정제의 강점은 이들과 유사한 문제들이 최종의 정제들에서 해결될 수 있다는 점이다.

다음 단계는 그림 5.6에 있는 input과 output 박스들을 정제하는 것이고 결과는 그림 5.7에 있다. End-of-file 조건들은 아직도 처리되지 않았고, end-of-file 메시지도 작성되지 않았다. 다시 이것들은 후에 반복해서 수행될 수 있다. 그러나 중요한 것은 그림 5.7의 설계는 주요 결함을 갖고 있다는 점이다. 이 경우를 보기 위해 현재 트랜잭션이 2 Jones일 때, 즉 Jones가 수정되고 현재 올드 마스터 파일 레코드가 Jones일 때, 그림 5.4의 데이터에 관한 상황을 고려해보자. 그림 5.7의 설계에서 트랜잭션 레코드의 키가 올드 마스터 파일 레코드의 키와 같기 때문에 가장 좌측 경로인 test transaction type decision 박스를 따라가게 된다. 왜냐하면 현재 트랜잭션 타입이 MODIFY이기 때문에 올드 마스터 파일은 수정되어 새로운 마스터 파일에 작성된 후, 다음 트랜잭션 레코드가 읽혀진다. 이 레코드는 3 Jones이다. 즉 Jones는 삭제되었다. 그러나 수정된 Jones 레코드는 이미 새 마스터 파일에 작성되었다.

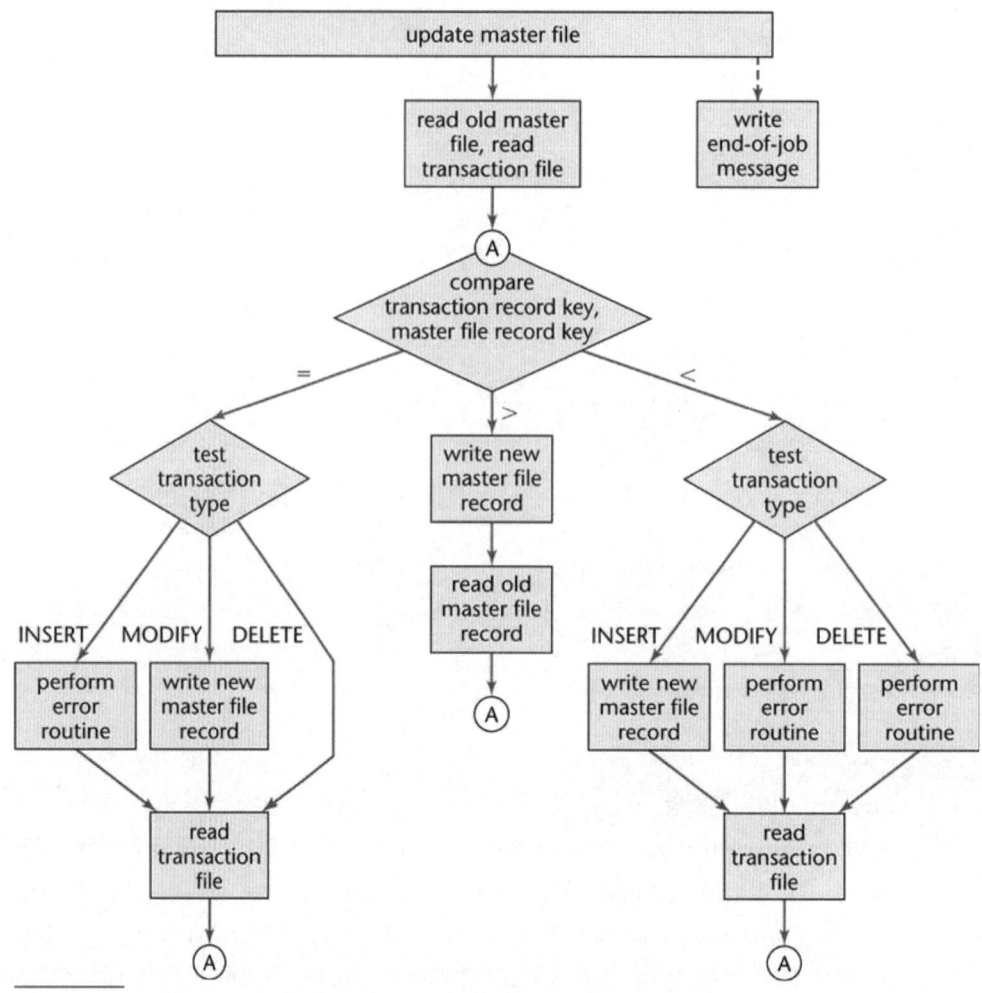

그림 5.7 설계의 세 번째 정제(설계는 주요 결함을 갖고 있음)

　　독자는 부정확한 정제가 신중히 제시되어야 하는 이유들에 대해 의아해 할 것이다. 단계적 정제를 사용할 때 부정확 정제를 사용하면 다음 단계가 수행되기 전에 계속되는 각 정제를 일일이 점검할 필요가 있다. 만약 특정 정제가 결함이 있는 것으로 판명되면 프로세스를 처음부터 다시 시작할 필요는 없고 단지 이전 정제로 환원해서 다시 처리하면 된다. 이 보기에 두 번째 정제(그림 5.6)는 정확하다. 그래서 이것은 세 번째 정제를 하기 위한 시도에 기반으로 사용된다. 트랜잭션 레코드는 다음 트랜잭션 레코드가 분석된 후에만 처리된다는 level-1 lookahead를 사용한다. 세부 사항은 연습문제 5.1을 보면 알 수 있다.

　　네 번째 정제에서 이제까지는 파일을 열고 닫는 사항들이 무시되었기 때문에 여기서는 이 세부 사항이 도입된다. 단계적 정제에서는 이러한 세부 사항 설계의 로직이 모두 개발된 후에 마지막에 처리된다. 분명히 파일을 열고 닫지 않으면 프로덕트의 실행이 불가능하다. 그러나 여기서 중요시 여기는 것은 파일 opening과 closing이 처리되는 세부 사항에 관한 설계 프로세스에서 타이밍이다. 설계가 개발되는 동안 설계자가 한 번에 집중할 수 있는 일곱 개 내외의 청크(chunk)는 파일을 열고 닫는 세부 사항들은 포함되지 않는다. 즉 파일 opening과 closing은 설계 자체와는 전혀 상관이 없고, 단지 어떤 설계의 부분을 구현하는 세부 사항들에 불과하다. 그러나 마지막 정제에서 opening과 closing file은 중요하다. 다른 말로 표현하면 단계적 정제는 워크플로 내에서 해결되어야 하는 다양한 문제들의 우선순위를 부여하는 기법으로 생각할 수 있다. 단계적 정제는 모든 문제가 해결되고 적합한 시간에 해결되는 것을 보장하지만 한 번에 7±2개 이상의 청크들을 처리할 필요는 없다.

단계적 정제란 용어는 [Wirth, 1971]가 처음으로 소개했다. 앞의 미니 사례연구에서 단계적 정제를 순서도에 적용했지만 Wirth는 의사코드(pseudocode)에 이 기법을 적용했다. 단계적 정제에 적용되는 특정 표현은 중요하지 않다. 즉 단계적 정제는 소프트웨어 개발의 모든 워크플로에 사용될 수 있는 그리고 거의 모든 표현으로 사용될 수 있는 일반적인 기법이다.

Miller의 법칙은 인간의 정신력에 기본적인 제약이 있다는 것이다. 왜냐하면 인간들은 자연과 싸울 수 없기 때문에 인간의 한계를 인정하면서 그리고 그 환경에 순응하면서 최선을 다해 자연과 함께 살아야 한다.

단계적 정제의 힘은 소프트웨어 엔지니어가 현재의 개발 태스크의 관련된 모든 측면들에 집중하는데, 또 고려할 필요가 없는 세부 사항들을 무시하는데, 그리고 최후까지 무시해도 되는 것들에 도움을 준다. 문제를 같은 중요도에 따라 작은 단위로 분해시키는 분할과 정복(5.3절) 기법과는 다르게, 단계적 정제에서는 문제의 특정 측면의 중요한 것은 한 정제를 다음 정제로 변경하는 것이다. 초기에는 특별한 이슈가 관련이 없지만 후에는 같은 이슈가 아주 중요하게 된다. 단계적 정제가 갖는 난제는 이슈들이 현재 정제에서 처리되어야 하는지 그리고 최후의 정제까지 연기되어야 하는지를 결정하는 것이다.

단계적 정제처럼 비용-이익 분석도 소프트웨어 생명주기 전체에 사용되는 또 다른 이론적인 소프트웨어 공학 기법이다. 이 기법은 5.2절에서 학습한다.

5.2
비용-이익 분석

액션의 가능한 과정이 이익이 있는지를 결정하는 한 방법은 계획된 미래 비용에 대해 추정된 미래의 이익을 비교하는 것이다. 이것을 비용-이익 분석(cost-benefit analysis)이라고 부른다. 컴퓨터에서 비용-이익 분석의 예로, 1965년에 KCEC(krag central electric company)가 고지서 시스템의 전산화 여부를 어떻게 결정했는지를 고려해보자. 고지서는 KCEC 고객에게 보내기 위해 두 달 동안 내내 80여 명의 사무원이 수작업으로 수행했다. 전산화는 KCEC에게 마그네틱 테이프나 펀치 카드에 입력 데이터를 기록하는 데이터 수집 장비까지 포함해서 필수 소프트웨어와 하드웨어를 임차하거나 구입할 것을 요구한다.

전산화의 한 이점은 고지서 작업이 두 달에 이루어지던 것을 한 달 내에 하게 된다. 그렇게 되면 회사의 현금 흐름을 상당히 개선시킬 수 있다. 더욱이 고지서 작업을 담당하는 80명 직원을 11명의 데이터 처리 요원으로 대체시킬 수 있다. 절약되는 급여는 $1,575,000로 추정되고, 개선된 현금 흐름은 $875,000의 가치가 있을 것으로 추정된다. 그래서 전체 이익은 $2,450,000로 추정된다. 다른 한편 데이터 처리 부서가 설립되어야 하고, 잘 훈련된 컴퓨터 전문가들을 직원으로 채용해야 한다. 7년이라는 기간을 두고 볼 때 이 비용은 다음과 같이 추정된다. 유지보수를 포함해 하드웨어와 소프트웨어의 비용은 $1,250,000로 추정되는데, 첫 해에는 $350,000의 변경 비용과 고객에게 새로운 시스템을 설명하는 $125,000 정도의 추가 비용이 들 것으로 추정된다. 전체 비용은 $1,725,000로 추정되어 약 $750,000 정도의 절약이 추정된다. KECE는 즉시 전산화를 하기로 결정했다.

비용-이익 분석이 항상 쉬운 일은 아니다. 다른 한편으로 급여 절약은 관리자가 추정하고, 현금 흐름 개선은 회계사가 계산하고, 시간이 갖는 돈의 가치는 NPV(net present value, 현재 순수 가치)로 계산된다. 그리고 하드웨어, 소프트웨어, 그리고 변환 등의 비용은 소프트웨어 공학 컨설턴트가 추정한다. 그러나 전산화를 결정할 때 고객들이 처리할 비용은 어떻게 조정되는가? 또는 홍역에 대해 전체 인구에 접종시키는 이익들은 어떻게 측정되는가? 그리고 마켓 윈도우(market window)에 관한 추정들은 어떻게 만들어지는가, 즉 새 장비가 갖는 시장에 관한 이익 또는 고객들을 잃어버렸을 때의 비용들은 어떻게 만들어지는가.

이 시점에서 유형의 이익들은 측정하기가 쉽지만 무형의 이익을 직접 계량화시키는 것은 어렵다. 무형의 이익을 돈으로 환산하는 실제 방법은 가정(assumption)들로 만들어진다. 이들 가정은 항상 이익으로 나온 추정과 연계시켜 설명된다. 결국 매니저는 의사 결정을 해야만 한다. 만약 이용할 수 있는 데이터가 없다면, 이러한 데이터를 결정할 수 있는 가정들을 만드는 것이 이 환경에서 할 수 있는 최선의 방법이다. 이 접근법은 만약 특정 사람이 데이터를 검토하고 중요 가정이 보다 좋은 가정들을 찾아낼 수 있다면, 더 좋은 데이터가 생성될 수 있고 또 연관된 무형의 이익이 보다 정확하게 계산될 수 있는 이점을 갖게 된다. 이 같은 기법이 무형의 비용들을 산정하는 데도 사용될 수 있다.

Benefits		Costs	
Salary savings (7 years)	1,575,000	Hardware and software (7 years)	1,250,000
Improved cash flow (7 years)	875,000	Conversion cost (first year only)	350,000
		Explanations to customers (first year only)	125,000
Total benefits	$2,450,000	Total costs	$1,725,000

그림 5.8 KCEC에 대한 비용-이익분석 데이터

비용-이익 분석은 클라이언트가 그들의 업무를 전산화 할지, 전산화 한다면 무슨 방법으로 할지를 결정하는 기본 기법이 된다. 비용과 이익들에 대한 다양한 전략들이 비교되어 있다. 예를 들어 약품 시험을 저장하는 프로덕트 파일과 데이터베이스 관리시스템 등 많은 방법들로 구현할 수가 있다. 각각의 가능한 전략으로 비용들과 이익들이 계산되고, 이익들과 비용들 간의 차이가 가장 큰 것을 최적의 전략으로 선택한다.

분할과 정복이라는 문구는 Macedon의 Phillip II세(382-336 B.C.E)에 크게 기여했다. 불행하게도 그가 그것을 말했다는 어떤 증거도 남아 있지 않다. 그 후, 인터넷 상에서 활발한 주장에도 불구하고, '분할해서 지배하라'(분할과 규칙)는 문구는 Caesar's Commentarii de Bello Gallico의 책 7판에서도, Julius Caesar(100-44)의 업적에서도 그 점에 대해서는 나타나지 않는다. 또한 동등하게 강한 주장에도 불구하고, Vegetius(40세기에 살았던, Publius Flavius Vegetius Renatus)의 업적에서도 나타나지 않는다. 이 문구는 외교관이며, 정치적인 철학자 Niccolo Machiavelli(1469-1527)가 크게 기여한 것으로 보이나, 그의 문집 어디에도 나타나지는 않았다.

사실 이 문구는 아마도 단지 약 330년 전에 1556-1613에 살았던 이탈리아 풍자작가인 Traiano Boccalini에 의해 집필된 Tacitus[ca.56-ca. 117 C.E. 로마 사학자, Publius (or Gaius) Cornelius Tacitus]에 주석 모음집에 나타나 있다. 이 책은 사후인 1677에 출판되었다. 그 책의 제목은 'Conmentarii di Traiano Boccalini Romano sopra Cornelio Tacito, Come Sono Stati Lasciati dall' Autore'이다.

5.3
분할과 정복

SOFT WARE

분할과 **정복(divide-and-conquer)**은 아마도 이 책에서 가장 오래된 분석적 툴(analytical tool)이다 ('알고 싶은 사항 5.1' 참조). 이 아이디어는 대규모 문제(large problem)를 희망적으로 해결하기보다 작은 문제(sub-problem)로 분해하는 것이다.

이 접근법은 크고, 복잡한 시스템을 처리하는 Unified Process도 사용된다. 14.9절에서 설명했듯이, 분석 워크플로 동안 우리는 소프트웨어 프로덕트를 분석 패키지들로 분할한다. 관련된 클래스들의 집합으로 구성되는 각 패키지는 단일 단위처럼 구현될 수 있다.

분할과 정복 기법은 설계 워크플로로 넘어간다. 여기서 목적은 다가오는 구현 워크플로를 위해 서브시스템으로 불리는, 관리할 수 있는 조각으로 분해하는 것이다. 그 후 서브시스템은 선택된 프로그래밍 언어로 구현된다.

분할과 정복에 문제점은 이 접근법이 소프트웨어 프로덕트를 어떻게 적합한 작은 구성요소로 분해해야 하는지를 우리에게 말해주지 않는다는 점이다.

다음 이론적인 툴(theorical tool)은 관심의 분리이다.

5.4
관심의 분리

관심의 분리(separation of concerns)는 Dijkstra가 1974년 논문에서 처음 제시했고 이후에 [Dijkstra, 1982]에서 다시 제안했다. 그것은 소프트웨어 프로덕트를 기능성(functionality)에 관해 가능한 한 거의 겹쳐지지 않는 컴포넌트들(component)로 분할하는 프로세스이다. 관심의 분리가 달성될 때, 회귀 결함들은 최소화 된다. 만약 기능성이 단일 컴포넌트에 국한된다면, 그 기능성의 변경은 다른 어느 컴포넌트에도 영향을 끼치지 않는다.

또한 관심이 적절히 분리되었을 때, 컴포넌트들은 다음 프로덕트에 재사용될 수 있다. 역으로 객체 A가 객체 B의 메소드의 호출(invocation)을 포함한다고 가정한다. 이런 상황에서 객체 A 역시 객체 B에 재사용 없이 재사용될 수 없다. 재사용을 최대화하기 위해 컴포넌트들 사이에 상호작용을 최소화하는 것이 중요하다.

7장에서 우리는 각 모듈 내에 최대한의 상호작용('높은 응집')과 모듈들 사이에 최소한의 상호작용('낮은 결합도')을 가진 소프트웨어 프로덕트의 모듈화를 달성하는 기법들인 합성/구조적 설계(composite structured design)[Stevens, Myers, and Constantine, 1974]를 논의한다. 높은 응집도과 낮은 결합도는 모두 관심의 분리의 예이다.

1.9절에서 정보 은닉(또는 물리적 독립)이 논의되었다. 이것 또한 관심의 분리의 예이다. 컴포넌트 내에 구현 세부 사항을 격리시키는 것은 그 컴포넌트 사이의 상호작용과 소프트웨어 프로덕트의 나머지를 최소화시킨다. 정보 은닉은 7.6절에서 보다 구체적으로 논의된다.

캡슐화(encapsulation)나 개념적 독립(conceptual independence)은 1.9절에서 논의되었다. 캡슐화는 또한 관심의 분리의 또 다른 예이다. 데이터 캡슐화는 7.4절에서 논의된다.

8.5.4절의 3단계 아키텍처(three-tier architecture)도 또한 관심의 분리의 다른 예이다. 또한 그 절에 있는 MVC(model-view-controller) 아키텍처 패턴도 그렇다.

관심의 분리가 소프트웨어 공학의 많은 부분의 중심이 되는 것은 명백하다. 하지만 때때로 관심을 적절하게 분리하는 것이 가능하지 않다. 이런 상황을 다룰 수 있는 하나의 방법이 AOP(aspect-oriented programming)인데 이는 18.1절에서 논의된다.

이 장에서 서술되는 마지막 이론적인 툴은 소프트웨어 척도이다.

5.5

소프트웨어 척도

SOFTWARE

3.13절에서 설명했듯이 측정(measurement)(metric, 척도)들이 없다면 그들의 손을 벗어나기 전에 소프트웨어 프로세스 초기에 문제를 발견하는 게 불가능하다. 그래서 척도(metric)들은 잠재적 문제에 대한 초기 경고 시스템 역할을 한다. 다양한 척도들이 폭 넓게 사용되고 있다. 예를 들어 LOC(line of code)는 프로덕트의 크기를 측정하는 방법이다(9.2.1절 참조). 만약 LOC 측정들이 규칙적인 간격으로 수행되면, 그들은 프로젝트가 어떻게 진척되는지 측정을 제공해준다. 추가로 1000 LOC 당 결함의 수는 소프트웨어 품질의 측정을 나타낸다. 결국 한 프로그래머가 한 달 간 2000 LOC를 조사한 결과 그 중에 절반이 수준 이하의 품질이라 폐기시켰다면 거의 사용되지 않는다. 따라서 LOC는 아주 의미 있는 척도는 아니다.

프로덕트가 클라이언트의 컴퓨터에 설치되었으면, 실패들 간의 평균시간(mean time between failures, MTBF)과 같은 척도는 설치된 프로덕트의 신뢰성에 관한 지표를 관리자에게 제공해준다. 만약 어떤 프로덕트가 격일로 실패한다면 이것의 품질은 실패 없이 9달 동안 평균적으로 실행한 유사한 프로덕트보다 분명히 저급에 해당된다.

어떤 척도들은 소프트웨어 프로세스 전체에 적용될 수 있다. 예를 들어 각 워크플로에 대한 노력은 person-months(1 person months는 한 달에 한 사람이 수행한 작업의 양을 말한다)로 측정될 수 있다. 직원의 교체는 또 다른 중요한 척도이다. 잦은 교체는 현재 프로젝트들에 악영향을 미친다. 왜냐하면 새로 고용된 사람들은 프로젝트에 관련된 사실을 배울 시간이 필요하기 때문이다(4.1절 참조). 더욱이 새로 고용된 사람들은 소프트웨어 프로세스의 측면들을 교육받아야 한다. 즉, 새로운 고용자가 교체된 사람보다 소프트웨어 공학에 관한 교육을 적게 받았다면 전체 프로세스가 어려움에 처하게 된다. 물론 비용은 전체 프로세스를 계속 철저하게 감시해야 되는 필수 척도가 된다.

다른 많은 척도들이 이 책에 서술되어 있다. 어떤 것은 **프로덕트 척도**(product metric)로서, 프로덕트의 크기 또는 프로덕트의 신뢰성과 같은 프로덕트 자체의 어떤 측면을 측정한다. 반대로 다른 것으로 **프로세스 척도**(process metric)가 있다. 즉, 이런 척도는 그들 소프트웨어 프로세스에 관한 정보를 추론하기 위해 개발자가 사용한다. 이 종류의 대표적인 척도는 개발 시 결함 발견의 효율성이다. 이는 프로덕트가 사용되는 기간 발견된 결함들의 전체 수에 개발 시 발견된 결함들의 수에 대한 비율이다.

많은 척도는 주어진 워크플로에 한정된다. 예를 들어 LOC는 구현 워크플로 전에는 사용될 수가 없고, 명세들 검토 시에 시간당 발견된 결함들의 수는 분석 워크플로에만 관련이 있다. 다음 장에는 소프트웨어 프로세스의 다양한 워크플로들을 설명하면서 이 워크플로에 해당되는 척도들을 설명한다.

데이터를 수집하는 데 관련된 비용도 척도들의 가치를 계산하는 데 필요하다. 데이터 수집이 완전히 자동화된 경우에도, 요구된 정보를 모으는 CASE 툴 (5.6절)은 무료가 아니고, 이들 툴에서 나온 결과를 해석하는 데는 인적 자원들이 필요하다. 문헌에는 수백 개의 척도들이 제시되어 있지만 여기에는 의문이 있다. 즉, 소프트웨어 조직은 무엇을 측정해야 하는가? 여기에는 다음과 같은 5개의 기본 척도들이 있다.

1. Size (LOC 또는 9.2.1절과 같은 의미 있는 척도)
2. Cost (U.S 달러로 표기)
3. Duration (월 단위로 표현)
4. Effort (person-months(인-월)로 표현)
5. Quality (발견된 결함들의 수로 표현)

이들 척도들 각각은 워크플로(명세, 분석, 설계, 구현 워크플로를 위한 척도는 각각 11.17, 13.21, 14.15, 그리고 15.26절에서 논의됨)에 따라 측정된다. 이들 기본 척도에서 나온 데이터에 근거해서 관리자는 설계 워크플로 시 높은 결함율이나 산업체 평균 이하인 코드 출력과 같은 소프트웨어 조직 내에 있는 문제들을 식별해낼 수 있다. 문제의 영역들이 강조되면 이들 문제들을 수정하는 전략이 고려되어야 한다. 이들 전략의 성공을 조사하기 위해서 보다 세부적인 척도들이 도입된다. 예를 들어 각 개인 프로그래머의 결함율에 관한 수집을 하거나 사용자 만족도를 조사하기 위해서는 보다 냉철하게 생각해야 한다. 그 결과 다섯 개의 기본 척도들 이외에 보다 상세한 데이터 수집과 분석이 특정 목적을 위해 수행되어야 한다.

마지막으로 척도들의 한 측면은 아직도 논쟁 속에 있다. 의문들은 가장 선호되는 많은 척도들의 타당성에서 야기되고 있다. 이들 이슈 중 일부는 15.13.2절에서 논의된다. 비록 그것이 측정되지 않으면 소프트웨어 프로세스를 관리할 수 없다는 데 동의는 하지만 정확하게 측정할 것이 무엇인지 동의가 안 되는 경우가 있다.

이제부터는 이론적인 툴이 아닌 실제 소프트웨어(CASE) 툴을 설명한다.

5.6
CASE

소프트웨어 프로덕트 개발 동안에는 아주 많은 다양한 작업들이 수행된다. 대표적인 활동에는 자원 요구사항 추정하기, 명세문서 작성하기, 통합 테스팅 실행하기, 사용자 매뉴얼 작성하기 등이 포함된다. 불행히도 아직은 이들 활동이 없으면 컴퓨터가 수행될 수가 없다.

그러나 컴퓨터는 이 방법의 모든 단계를 도와줄 수 있다. 이 절의 제목인 'CASE'는 computer-aided(또는 computer-assisted) software engineering을 의미한다('알고 싶은 사항 5.2' 참조). 컴퓨터들은 계획, 계약, 명세, 설계, 소스 코드, 관리, 정보 등과 같은 모든 부류의 문서화 작업의 조직을 포함해 소프트웨어 개발에 연관된 많은 작업들을 수행하는 데 도움을 준다. 문서화는 소프트웨어 개발과 유지보수에 꼭 필요한 필수품이지만 소프트웨어 개발에 참여하는 대다수의 사람들은 문서를 만들거나 갱신하는 것을 싫어한다. 컴퓨터 상에서 다이어그램들을 유지보수하는 데 특히 유용하고 이들을 변경시키기도 용이하다.

1.11절에서 설명했듯이 소프트웨어 엔지니어들에 시스템(system)이란 용어는 자주 소프트웨어-하드웨어 결합이란 의미로 사용된다. 시스템 엔지니어링(system engineering)의 분야는 활동들의 폭이 아주 넓다. 즉 클라이언트의 니즈와 요구사항들로 시작해서 구축 시스템이 완전히 구현될 때까지를 말한다. 그 다음에 시스템이 클라이언트에게 인도된 후 성공적인 인증 테스트들이 수행된다. 이는 결점들이 제거되거나 필요한 개선이나 적응들이 추가되기 위해 그것의 전체 생명주기 자체에 집중적인 수정들이 있게 한다[Tomer and Schach, 2002].

그래서 시스템 엔지니어링(시스템 공학)과 소프트웨어 엔지니어링(소프트웨어 공학) 간에는 강한 유사성들이 있다. 시스템 엔지니어들에 약어 CASE는 'computer-aided system engineering'으로 인식하는 것은 놀랄 일이 아니다. 왜냐하면 주요 역할이 시스템 엔지니어링의 문맥 내에서 CASE 약어의 버전이 무엇을 의미하는지를 판단하기는 어렵다.

그러나 CASE가 문서화를 도와주는 데는 한계가 있다. 특히 컴퓨터들은 소프트웨어 엔지니어들이 소프트웨어 개발의 복잡도에 대처하는데, 특히 세부 사항들 모두를 관리하는 데 도움을 준다. 그래서 CASE는 소프트웨어 공학에 관해 지원되는 컴퓨터의 모든 측면들을 포함한다. 동시에 CASE는 computer-automated software engineering이 아니라 computer-aided software engineering의 약자라는 것을 아는 것이 중요하다. 그러나 컴퓨터는 아직도 인간이 하는 소프트웨어의 개발이나 유지보수에 관한 일을 대신할 수는 없다. 분명히 미래에는 컴퓨터가 소프트웨어 전문가의 툴로 남게 될 것이다.

5.7
CASE의 전문용어

CASE의 가장 단순한 형태는 소프트웨어 프로덕션의 한 측면만 도와주는 프로덕트인 소프트웨어 툴(tool)이다. CASE 툴은 생명주기의 모든 워크플로에 사용되고 있다. 예를 들어 시장에는 다양한 툴이 있다. 이 중에 대대수는 PC용으로 사용된다. 이들은 순서도와 UML 다이어그램처럼 소프트웨어 프로덕트의 그래픽 표현 작업 시 도움을 준다. 프로세스의 초기 워크플로(요구사항, 분석, 그리고 설계 워크플로) 동안에 개발자에게 도움을 주는 CASE 툴은 자주 상위 CASE 툴(upper CASE tool) 또는 전위 툴(front-end tool)이라고 부른다. 반면에 구현 워크플로와 인도 후 유지보수를 도와주는 툴은 하위 CASE 툴(lower-CASE tool) 또는 후위 툴(back-end tool)이라고 부른다('알고 싶은 사항 5.3' 참조). 그림 5.9(a)는 요구사항 워크플로의 부분을 도와주는 CASE 툴을 나타낸다.

알고 싶은 사항 5.3 Just in Case You wanted to Know

조판(원고에 따라서 골라 뽑은 활자를 원고의 지시대로 순서, 행수, 자간, 행간, 위치 따위를 맞추는 일)이 손으로 수행되었을 때, 각 문자는 Sort라고 불리는 금속 한 조각의 양감으로 묘사됐다. Sort는 단어, 그 후 문장, 단락 등을 만들어 조합하였다. A의 모든 것은 하나의 박스에 저장되고, B의 모든 것은 다른 것에 저장된다. 주요한 문자들이나 대문자는 책상의 상위 박스나 상위 케이스에 놓아두었다. 그리고 자주 사용되는 소문자들은 손에 닿는 가까운 하위 케이스에 두었다. 그것은 주요한 문자가 상위 케이스 문자라고, 비슷하게 하위 케이스 문자라고 하는 이유이다. 그러므로 상위 CASE 툴과 하위 CASE 툴은 말장난이다.

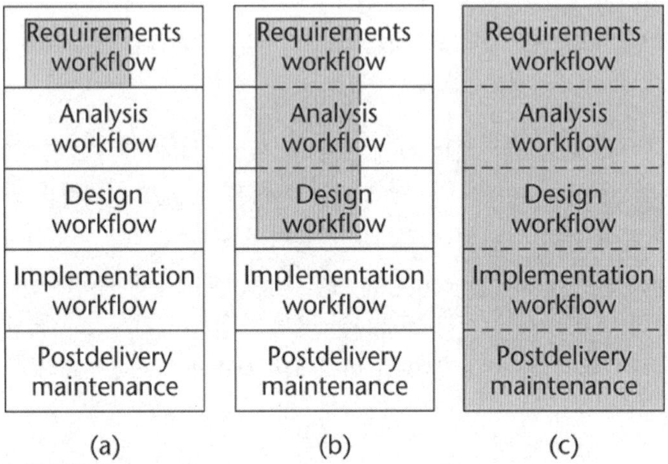

그림 5.9 (a) tool, (b) workbench, 그리고 (c) environment

CASE 툴의 중요한 부류는 데이터 사전(data dictionary)이다. 데이터 사전은 프로덕트 내에 정의된 모든 데이터의 컴퓨터화 된 목록이다. 대형 프로덕트에는 만여 개의 데이터 항목이 있을 수 있고, 컴퓨터는 변수이름과 타입 그리고 이들이 정의된 위치, 또 프로시저 이름과 매개변수 그리고 그들의 타입과 같은 정보들을 저장하는 곳이다. 모든 데이터사전 엔트리의 중요한 부분은 항목의 서술이다. 예를 들면 다음과 같다. This procedure takes as input the body weight of the newborn infant and computes the appropriate dosage of the drug 또는 List of aircraft arrival times sorted with earliest times first.

데이터 사전의 능력은 명세문서에 있는 모든 데이터 항목이 설계에 반영되었는지, 역으로 설계에 있는 모든 항목이 명세문서에 정의되었는지를 조사하는 툴인 일관성 체커(consistency checker)와 결합되면 기능이 향상된다.

데이터 사전의 또 다른 용도는 보고서 생성기와 화면 생성기에 데이터를 제공한다. 보고서생성기(report generators)는 보고서를 만드는 데 필요한 코드를 생성하는 데 사용되고, 화면 생성기(screen generators)는 데이터-캡쳐 화면에 관한 코드를 생성하는 소프트웨어 개발자를 도와주는 데 사용된다. 화면이 서점의 각 체인점에서 주간 판매대금이 입력되게 설계되었다고 가정하자. 체인점의 번호는 1000에서 4500, 또는 8000에서 8999범위의 4자리 정수이고, 화면의 위로부터 세 번째 줄에 입력된다. 이 정보는 화면 생성기에게 준다. 그러면 화면 생성기는 자동적으로 위로부터 세 번째 줄에 문자열 BRANCH NUMBER____를 나타내고 첫 번째 언더라인에 커서(cursor)를 위치시키는 코드를 생성한다. 그리고 커서는 다음 칸으로 이동한다. 그리고 화면 생성기는 사용자가 수를 입력하면 이 수들이 명시된 범위 내에 있는지 확인하는 코드도 생성한다. 만약 입력된 데이터가 유효하지 않으면 또 사용자가 ? 키를 누르면 도움 정보가 나타난다.

이러한 생성기들을 사용하면 구현을 빨리 구축하게 해준다. 더욱이 데이터 사전, 일관성 체커, 보고서 생성기, 화면 생성기들이 결합된 그래픽 표현 툴은 처음 세 개의 핵심 워크플로를 지원하는 요구사항, 분석, 설계 workbench를 구성한다. 이들 모든 특성에 통합된 상용 workbench의 예에는 Software through Pictures가 있다.

workbench의 또 다른 부류는 요구사항 관리 workbench이다. 이러한 workbench는 시스템 분석가들이 소프트웨어 개발 프로젝트의 요구사항들을 조직하고 추적하게 해준다. 이러한 workbench의 상용 예는 RequisitePro이다.

CASE workbench는 태스크들의 관련 집합체인 하나나 두 개의 활동들을 함께 지원하는 툴들의 집합체이다. 예를 들어 코딩 액티비티(activity)에는 편집, 컴파일, 링킹, 테스팅, 디버깅 등이 포함된다. 여기서 액티비티란 생명주기의 한 워크플로와는 같지 않다. 사실 액티비티의 태스크들은 워크플로 경계들과 겹칠 수 있다. 예를 들면 프로젝트 관리 workbench(project management workbench)는 프로젝트의 모든 워크플로에 사용되고, 코딩 workbench는 구현 워크플로와 인도 후 유지보수용처럼 proof-concept prototype을 구축하는 데 사용될 수 있다. 그림 5.9(b)는 상위 CASE 툴의 한 workbench를 나타낸다. 이 workbench는 분석과 설계 워크플로의 부분에 관한 툴처럼 그림 5.9(a)의 요구사항 워크플로 툴을 포함한다.

툴에서 workbench로 전이되는 CASE 기술의 발전이 계속되어 나온 것이 CASE environment이다. 하나나 두 개의 활동을 지원하는 workbench와는 다르게 environment는 전체 소프트웨어 프로세스나 소프트웨어 프로세스의 대부분을 지원한다[Fuggetta, 1993]. 그림 5.9(c)는 생명주기의 모든 워크플로의 모든 측면을 지원하는 environment를 묘사하고 있다. environment는 14장에서 보다 세부적으로 논의된다.

CASE 전문용어(tool, workbench, environment)가 설정되어 다음절에서는 CASE의 영역을 학습한다.

5.8
CASE의 범위

앞에서 언급했듯이 언제나 이용할 수 있는 정확하고 최신의 문서를 가지고 있을 필요성이 CASE 기술을 구현하는 주된 이유이다. 예를 들어 설계가 수작업으로 생성된다고 가정해보자. 많은 개발 팀은 특정 명세문서가 현재 버전인지 오래된 버전인지 알려줄 방법이 없다. 만약 문서에 손으로 작성된 변경이 현재 명세의 부분이거나 후에 거부된 제안이라도 알 방법이 없다. 만약 프로덕트의 명세들이 CASE 툴을 사용해 생성되었다면 언제든지 명세들의 한 복사본이 있다. 즉, CASE 툴을 통해 접근되는 온라인 버전이 있다. 그러면 명세들이 변경되면 개발 팀의 멤버는 쉽게 문서에 접근할 수 있고 또 현재의 버전을 볼 수가 있다. 추가로 일관성 검사는 명세문서에 대응되는 변경 없이 설계 변경을 알려준다.

　　프로그래머들은 또한 온라인 문서(online documentation)가 필요하다. 예를 들어 온라인 헬프 정보(online help information)는 운영체제, 편집기, 프로그래밍 언어 등등을 지원해야 한다. 추가로 프로그래머들은 편집 매뉴얼과 프로그래밍 매뉴얼 같은 많은 매뉴얼들을 갖고 있어야 한다. 이러한 매뉴얼들을 온라인으로 언제나 이용할 수 있게 하는 것은 아주 바람직하다. 가지고 있는 모든 것을 바로 쓸 수 있다는 점 이외에도, 해당 매뉴얼을 찾기보다는 컴퓨터의 질의로 찾는 것이 일반적으로 더 빠르다. 더욱이 온라인으로 갱신하는 것은 더욱 쉽다. 결과적으로 온라인 문서는 같은 자료의 하드-카피보다 정확하다. 즉, 온라인 문서가 프로그래머들에 제공된다. 이러한 온라인 문서의 예가 UNIX manual 페이지이다[Sobell, 1995]. CASE는 또한 팀 멤버 간에 커뮤니케이션에도 도움을 준다. E-mail은 컴퓨터나 팩스 이상으로 업무의 한 부분이 되었다. e-mail은 많은 이점들을 가지고 있다. 소프트웨어 프로덕션의 관점에서 보면 특정 프로젝트에 관련된 모든 e-mail의 복사본은 특정 메일 박스에 저장하게 되어 프로젝트 동안에 이루어진 의사결정에 관한 기록으로 남게 된다. 이것은 차후에 발생할 문제들을 해결하는 데 사용될 수 있다. 현재 많은 CASE environment와 일부 CASE workbench는 e-mail 시스템을 갖고 있다. 다른 조직에서 e-mail 시스템은 Chrome이나 Firefox와 같은 World Wide Web 브라우저를 통해 구현된다. 또한 스프레드시트와 워드프로세서들과 같은 다른 툴들도 꼭 필요하다.

　　코딩 툴(coding tool)은 프로그래머들의 작업을 단순화시켜주고 많은 프로그래머들이 그들의 작업에서 경험했던 고통을 줄여주기 위해, 또 프로그래머의 생산성을 증가시켜주기 위해 설계된 텍스트 에디터(text editor), 디버거(debugger), 프리티 프린터(pretty printer)와 같은 CASE 툴들을 말한다. 이러한 툴들을 논하기 전에 세 개의 정의가 요구된다. Programming-in-the-small은 단일 모듈의 코드 수준에서 소프트웨어 개발을 의미하고, 반면에 Programming-in-the-large는 모듈 수준에서 소프트웨어 개발을 의미한다[DeRemer and Kron, 1976]. 후자는 아키텍처 설계와 통합과 같은 측면들을 포함한다. 그리고 Programming-in-the-many는 한 팀의 소프트웨어 프로덕션을 의미한다. 때때로 팀은 모듈 수준에서 때로는 코드 수준에서 작업을 하게 된다. 따라서 Programming- in-the-many는 Programming-in-the-large와 Programming-in-the-small의 모든 측면들을 갖고 있다.

　　구조 에디터(structure editor)는 구현 언어를 '이해하는' 테스트 편집기이다. 즉 구조 에디터는 프로그래머가 입력하자마자 구문 결함을 발견하기 때문에 빠르게 해준다. 왜냐하면 쓸데없는 컴파일에 시간을 낭비하지 않기 때문에 구조 에디터는 다양한 언어, 운영체제, 하드웨어에 존재한다. 왜냐하면 구조 에디터는 프로그래밍 언어의 지식을 가지고 있기 때문에 코드가 항상 좋은 시각적 외관을 가지고 있지는 않다. 이를 확인하기 위해 편집기에 pretty printer(혹은 formatter)를 통합시키기가 쉽다. 예를 들면 C++용 프리티 프린터는 각 {가 대응되는 }로 같게 톱니 모양으로 되어있는지를 확인한다. 예약어(reserved word)는 자동적으로 그들이 나타내려는 것을 볼드체(boldface)로 만들고, 톱니 모양(indentation)은 가독성을 도와주기 위해 세심하게 설계되었다. 오늘날 이 종류의 구조 에디터들은 Visual C++와 JBuilder처럼 많은 프로그래밍 workbench의 부분으로 이루어져 있다.

코드 내에 있는 메소드(method)를 호출하는 문제를 고려해보자. 이는 메소드가 존재하는지 또는 어떤 방법에서 나쁘게 명시되었는지를 링크시간에 발견하기 위한 것이다. 이때 필요한 것은 온라인 인터페이스 체킹(online interface checking)을 지원하는 구조 에디터이다. 즉 구조 에디터는 프로그래머가 선언한 모든 변수의 이름에 관한 정보를 가지고 있기 때문에 프로덕트 내에 정의된 모든 메소드의 이름도 알아야 한다. 예를 들어 만약에 프로그래머가 다음과 같은 호출을 입력하였지만 메소드 computerAverage가 정의되지 않았다고 하자.

average = data.computerAverage (dataArray, numberOfValues);

그러면 에디터는 즉시 다음과 같은 메시지를 나타낸다.

Method computerAverage not known

이 시점에서 프로그래머는 다음 선택 중 하나를 선택해야 한다. 즉 메소드의 이름을 수정하든가 아니면 computerAverage라는 새로운 메소드를 선언해야 한다. 만약 두 번째 안을 선택했다면, 프로그래머는 새로운 메소드의 인수를 명시해야 한다. 인수타입(argument type)은 새로운 메소드를 선언할 때 기재해야 한다. 왜냐하면 온라인 인터페이스 체킹을 하는 주요 이유가 메소드의 이름이 아니라 완전한 인터페이스 정보를 정확하게 검사하기 위한 것이다. 일반적인 결함은 네 개의 인수만 전달하는 메소드 q를 호출할 때 메소드 p에 있다. 그런데 메소드 q는 다섯 개의 인수를 갖게 명시되었다. 호출이 정확하게 네 개의 인수를 사용할 때 결함을 발견하기는 아주 어렵다. 그러나 인수 중 두 개가 바뀌어진다. 예를 들어 다음과 같이 메소드 q가 선언되었다.

void q (**float** floatVar, **int** intVar, String s1, String s2)

반면에 호출은 다음과 같이 된다.

q (intVar, floatVar, s1, s2);

처음 두 개의 인수는 호출문에서 바뀌어졌다. Java 컴파일러들과 링커들은 이러한 결함을 발견하지만 후에 호출할 때만 발견한다. 반대로 온라인 인터페이스 체킹은 즉시 이 결함과 유사한 결함들을 발견한다. 추가로 에디터가 도움 기능을 가지고 온라인 정보를 요청할 수 있다. 보다 좋은 것은 에디터가 각 호출에 대해 인수들의 각 타입을 보여주는 템플레이트(template)를 생성하는 것이다. 이때 프로그래머는 단지 각 정형 인수를 정확한 타입의 실제 인수로 교체만 하면 된다.

온라인 인터페이스 체킹의 주요 이점은 인수의 개수가 틀려서, 인수의 타입이 달라서 생긴 발견하기 어려운 결함들을 즉시 표시해준다. 온라인 인터페이스 정보는 고품질 소프트웨어의 효율적인 프로덕션에 중요하다. 특히 소프트웨어를 팀(programming-in-the-many)이 생성할 때 더욱 그렇게 된다. 모든 모듈에 관한 온라인 인터페이스 정보는 모든 프로그래밍 팀 멤버가 언제나 이용할 수 있다. 더욱이, 만약에 한 프로그래머가 한 인수의 타입 **int**를 **float**로 변경시켜서 또는 추가로 인수를 첨부시켜서 메소드 vaporcheck의 인터페이스를 변경시켰다면, vaporcheck을 호출하는 모든 컴포넌트는 관련된 호출문이 이러한 새로운 상태를 반영할 수 있게 변형되지 않으면 자동적으로 작동하지 않게 된다.

온라인 인터페이스 체커에 **구문—중심 에디터**가 있으면 프로그래머는 에디터로부터 벗어나서 컴파일러와 링커만 호출하면 된다. 분명히 컴파일 결함들은 없을 수 있지만 여전히 컴파일러는 코드 생성을 수행하기 위해 호출되어야 한다. 그러면 링커도 호출되어야 한다. 다시 프로그래머는 모든 외부 참조가 온라인 인터페이스 체커가 존재한 결과로 만족되었는지 확인할 수가 있다. 그래도 링커는 프로덕트를 링크하기 위해 필요하다. 이에 대한 해결방안은 에디터 내에 **운영체제 전반**을 통합시키면 된다. 에디터가 모듈이 실행하는 데 필요한 컴파일러, 링커, 로더, 그리고 어떤 다른 시스템 소프트웨어를 호출하기 위해서 프로그래머가 단일 명령어 GO나 RUN을 입력시키거나 해당 아이콘이나 메뉴를 선택하는 데 마우스를 사용할 수 있다. UNIX에서 이것은 make 명령어 (5.11절)를 사용하거나 shell script를 호출하면 된다[Sobell, 1995]. 이러한 전반부는 다른 운영체제에도 구현될 수 있다.

가장 실패했던 컴퓨팅 경험 중 하나는 실행할 프로덕트에 있다. 즉 급작스럽게 종료되면서 다음과 같은 메시지가 출력되는 경우이다.

Overflow at 506

프로그래머는 기계어나 어셈블러와 같은 저급 언어가 아닌 FORTRAN이나 C++와 같은 고급 언어로 작업한다. 그러나 디버깅 지원이 Overflow at 4B06일 때 프로그래머는 기계 코드의 핵심 덤프, 어셈블러 리스팅, 링커 리스팅, 그리고 유사한 저급 수준 문서를 조사하라는 요청을 받게 된다. 이렇게 되면 고급 언어로 프로그래밍 한 전체 이점이 사라진다. 유사한 상황은 제공된 정보가 다음과 같이 익숙지 않은 UNIX 메시지

Core dumped

나 같은 비정보적인

Segmentation fault

이다. 여기서 다시 사용자는 저급 정보를 조사하라는 요청을 받게 된다.

그림 5.10

소스 수준의 디버거에서 나온 출력물

```
OVERFLOW ERROR
    Class:   cyclotronEnergy
    Method:  performComputation
    Line 6:  newValue = (oldValue + tempValue) / tempValue;
             oldValue = 3.9583        tempValue = 0.0000
```

실패가 발생한 경우 그림 5.10에는 이에 관련된 메시지들이 이전에 산문 형식의 메시지보다 구체적으로 기재되어 있다. 이렇게 되면 프로그래머는 실패한 것이 무엇인지 즉시 알 수 있다. 왜냐하면 0으로 나누었기 때문에 발생한 것이라는 사실을 알게 된다. 보다 유용한 것은 운영체제에서 편집 모드에 들어가면 실패가 발견된 라인이 자동적으로 나타난다. 즉 앞의 그림에서 6번째 라인이라는 것을 알게 된다. 프로그래머는 실패가 생긴 원인이 무엇인지 알게 되어 필요한 변경을 시킬 수가 있다.

소스 수준 디버깅의 또 다른 타입은 트래싱(tracing)이다. CASE 툴이 출현하기 전에, 프로그래머들은 해당 프린터 문을 코드에 직접 라인 번호와 관련 변수의 값이 나타나게 삽입시켜야 했다. 그러나 지금은 생성할 결과물을 자동적으로 추적하는 **소스 수준 디버거(source level debugger)**에 명령을 주어서 실행한다. 보다 좋은 것은 **대화형 소스 수준 디버거(interactive source level debugger)**이다. 변수 escapeVelocity의 값이 부정확하게 보이고 또 메소드 computeTrajectory에 결함이 있는 것으로 보인다고 가정하자. 대화형 소스 수준 디버거를 사용해서 프로그래머는 코드에 분기점을 설정할 수 있다. 분기점에 도달하면 실행은 중단되고 디버깅 모드가 입력된다. 대안으로 프로그래머는 디버깅 모드에서 실행을 계속하기로 선택하든가 아니면 정상 실행 모드로 반환하든가 둘 중 하나를 선택한다. 프로그래머는 메소드 computeTrajectory가 입력되거나 존재할 때 디버거와 유사하게 대화할 수 있다. 이러한 대화형 소스 수준 디버거는 프로덕트가 실패할 때 프로그래머에게 있을 수 있는 모든 도움의 유형을 제공해준다. UNIX 디버거인 dbx는 이러한 CASE 툴의 좋은 예가 된다.

여러 번 지적했듯이 모든 종류의 문서는 온라인으로 이용할 수 있게 되어야 한다. 프로그래머의 경우에 그들이 필요한 모든 문서는 에디터로 접근할 수 있어야 한다.

지금까지 설명했던 것처럼 즉 온라인 인터페이스 체킹 기능, 운영체제 프론트엔드, 소스 수준 디버거, 그리고 온라인 문서화를 가진 구조 에디터는 적절하고 효율적인 프로그래밍 workbench를 구성한다.

이러한 부류의 workbench는 전혀 새로운 것이 아니다. 앞의 모든 특성은 1980년 후반에 나온 FLOW 소프트웨어 workbench가 지원하고 있다[Dooley and Schach, 1985]. 그래서 최소지만 필수적인 프로그래밍 workbench로 제안된 것이라 프로토타입이 실험적으로 생성하는 데 수년간의 연구를 요구하지 않는다. 반대로 필요한 기술은 30년 이상 있었지만 Sun ONE Studio 같은 workbench를 사용하지 않고 '오래된 방식'으로 코드를 구현하는 프로그래머들이 지금도 있다는 것은 놀라운 일이다.

소프트웨어를 팀이 개발할 때 특히 필수적인 툴은 버전 관리 툴(version control tool)이다.

5.9
소프트웨어 버전

프로덕트를 유지보수할 때는 언제나 프로덕트의 두 개의 **버전(version)** 즉, 이전 버전과 새 버전이 있게 된다. 왜냐하면 프로덕트는 코드 산출물들을 포함하고 있기 때문에 변경한 컴포넌트 산출물들 각각은 두 개 내지 그 이상의 버전들이 존재한다.

버전 관리(version control)는 인도 후 유지보수의 문맥 내에서 처음 설명되었지만 지금은 프로세스의 초기 단계까지 포함되게 확대되었다.

5.9.1 개정

프로덕트가 많은 다른 사이트에 설치되었다고 가정하자. 만약 결함이 산출물에서 발견되었다면 이 산출물은 수정되어야 한다. 적절한 변경이 가해진 후에는 산출물에는 두 개의 버전, 즉 이전 버전과 새로운 버전이 교체되기 위해 존재한다. 새로운 버전은 개정(revision)이라고 부른다. 여러 버전이 존재하면 분명히 해결하기가 쉽다. 즉 이전 버전은 폐기되고 수정된 버전이 남는다. 하지만 이것은 가장 어리석은 짓이다. 산출물의 이전 버전이 개정 n이고 새로운 버전은 n+1이라고 가정해보자. 첫째 개정 n+1이 개정 n보다 더 정확하다는 보장은 없다. 비록 개정 n+1은 SQA 그룹이 분리해서 또 프로덕트의 나머지와 링크시켜서 철저하게 테스트를 했을지라도 프로덕트의 새로운 버전을 실제 사용자가 실제 데이터로 실행했을 때 형편없는 결과를 가질 수 있다. 개정 n은 두 번째 이유 때문에 n+1로 설치하지는 않을 것이다. 만일 결함 보고가 아직도 개정 n을 사용하는 사이트로부터 지금 받았다면 새로운 결함을 분석하기 위해서 사용자 사이트가 구성한 것과 같은 방법으로 프로덕트를 구성할 필요가 있다. 즉 산출물의 개정 n과 같게 구성한다. 그래서 각 산출물의 모든 개정 복사본을 보유할 필요가 있다.

1.3절에서 서술했듯이 완전적 유지보수(기능 향상)는 프로덕트의 기능성을 확장하기 위해서 수행된다. 어떤 보기에서 새로운 산출물들이 작성되었다. 다른 경우에 기존 산출물들은 이러한 추가 기능성을 포함하기 위해 변경되었다. 이들 새로운 버전들은 기존 산출물들의 버전이 된다. 그래서 적응적 유지보수를 수행할 때 변경된 산출물들이 변경된다. 즉 프로덕트가 모형화한 실세계의 부분이 변경되면 프로덕트에 변경이 가해진다. 수정적 유지보수로서 모든 이전의 버전은 보전되어야 한다. 왜냐하면 이들 이슈는 인도 후 유지보수 동안에 발생하는 것이 아니라 구현 시에 발생한다. 결국 산출물이 코딩 되면 발견되고 수정되는 결함들의 결과로 인해서 계속 변경된다. 결과적으로 모든 산출물의 많은 버전들이 있고 또 개발 팀의 모든 멤버가 주어진 산출물의 현재 버전이 무슨 버전인지 확인하는 데 없어서는 안 된다. 우리는 이 문제에 대한 해결방안을 제시하기 전에 고려해야 하는 보다 복잡한 요소가 있다.

5.9.2 변형

다음의 예를 고려해보자. 대부분의 컴퓨터들은 하나 이상의 프린터를 지원한다. 예를 들면 PC는 ink-jet과 laser printer를 지원한다. 운영체제는 프린터 드라이버의 두 가지 변형(variation)을 갖고 있다. 프린터 드라이버는 프린터 타입마다 하나씩 존재한다. 이것의 각각은 이전 것과 대체되기 위해 작성되는 개정과 다르게 변형이란 공존하기 위해 설계된 것이다. 변형이 필요한 또 다른 상황은 프로덕트가 다양한 운영체제 및/또는 하드웨어에 포함될 때다. 모듈의 많은 다른 변형은 각 운영체제와 하드웨어 조합을 위해 생성되어야 한다. 버전은 변형과 개정을 모두 보여주는 그림 5.11에 체계적으로 묘사되었다. 일반적으로 복잡하게 하는 요소에 대해 각 버전은 여러 개의 개정들이 있다. 소프트웨어 조직은 여러 버전 때문에 생기는 곤경을 피하기 위해서 CASE 툴이 필요하다.

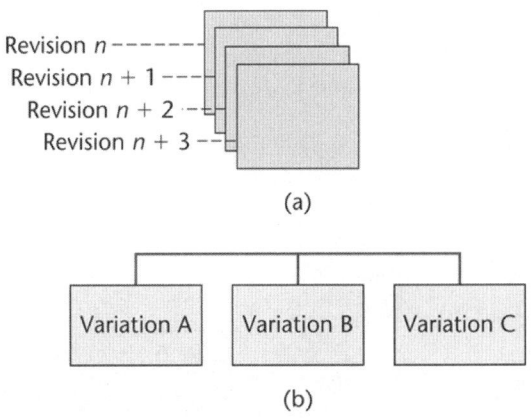

(a)

(b)

___그림 5.11___ 산출물들의 다중 버전의 체계적인 표현. (a)는 개정을 (b)는 변형을 나타냄

5.10
형상관리

SOFTWARE

모든 산출물에 대한 코드는 세 가지 형식들로 존재한다. 첫째가 소스 코드(source code)다. 오늘날에 소스 코드는 Java나 C++와 같은 고급 언어로 작성된다. 그리고 두 번째는 소스 코드를 컴파일해서 생성한 목적 코드(object code)이다. 이 책에서는 object란 단어가 혼란을 주기 때문에 목적코드를 컴파일된 코드(compiled code)라고 부른다. 마지막으로 각 산출물에 대한 컴파일된 코드는 실행 가능한 로드 이미지(executable load image)를 생성하기 위해서 실행-시간 루틴(run-time routine)들과 결합된 것이다. 이것은 그림 5.12에서 보여준다. 프로그래머는 각 산출물의 다양한 다른 버전들을 사용할 수 있다. 완료된 프로덕트의 주어진 버전이 구축된 각 산출물의 명시된 버전은 프로덕트의 해당 버전의 **형상**(configuration)이라고 부른다.

　프로그래머가 산출물이 테스트 데이터의 특정 집합에서 실패한 것을 서술한 테스트 보고서를 SQA 그룹으로부터 받았다고 가정하자. 첫 번째로 해야 할 일들 중 하나는 실패를 재생성하는 것이다. 그러나 프로그래머가 무슨 변형의 개정이 해당 프로덕트의 버전이 되는지를 어떻게 결정할 수 있는가? 형상관리 툴(다음 절에 설명할)을 사용하지 않으면 오류의 근원을 지적하는 유일한 방법은 8진수나 16진수로 표현된 실행 가능한 로드 이미지를 보고 이것을 컴파일 된 코드와 비교해야 한다. 특히 소스 코드의 다양한 버전들은 컴파일 해서 실행 가능한 로드 이미지가 되어 컴파일드 코드와 비교된다. 비록 이렇게 실행될 수 있어도 오랜 시간이 소요된다. 특히 프로덕트가 수십개의 산출물들을 갖고 있으면 아주 많은 시간이 소요된다. 여러 버전들을 다룰 때 해결해야 하는 두 가지 문제가 있다. 첫째는 버전들 간에 정확한 모델이 식별되어 각 코드 산출물의 정확한 버전이 컴파일 되고 프로덕트에 링크 되어야 한다. 둘째로 반대 문제가 있다. 즉 실행 가능한 로드 이미지가 주어지고, 그 컴포넌트들의 각 버전이 무엇이 되는지를 결정하는 것이다.

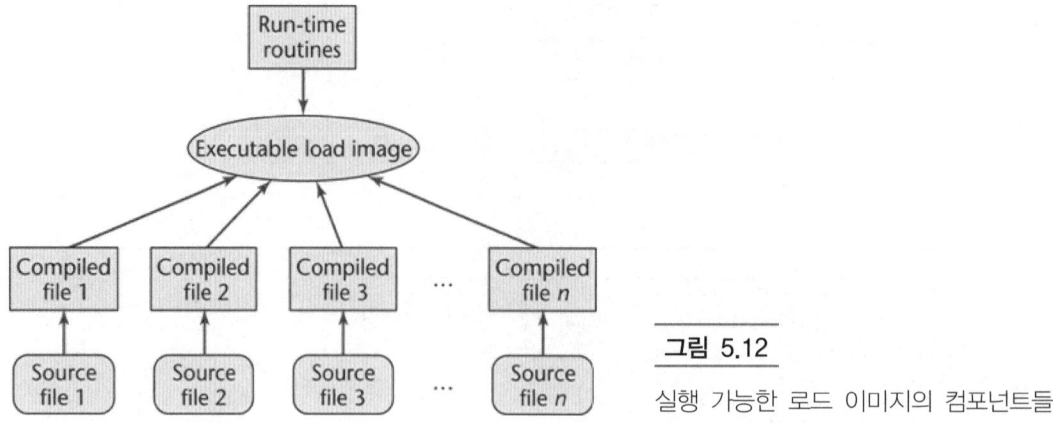

그림 5.12

실행 가능한 로드 이미지의 컴포넌트들

이 문제를 해결하는 데 필요한 첫째 항목은 버전 관리 툴(version-control tool)이다. 특히 대부분의 메인프레임 컴퓨터용 운영체제들은 버전 관리를 지원한다. 그러나 대다수는 그렇지 않아서 독립된 버전 관리 툴이 필요하다. 버전 관리에 사용되는 공통적인 기법은 파일 이름 자체와 개정번호로 구성된 각 파일의 이름이다. 그러면 메시지의 받음을 승인하는 산출물은 그림 5.13(a)에서 묘사했듯이 개정 acknowledgeMessabe/1, acknowledgeMessabe/2 등을 갖는다. 그래서 프로그래머는 주어진 태스크에 무슨 개정이 필요한지를 정확하게 명시할 수 있다.

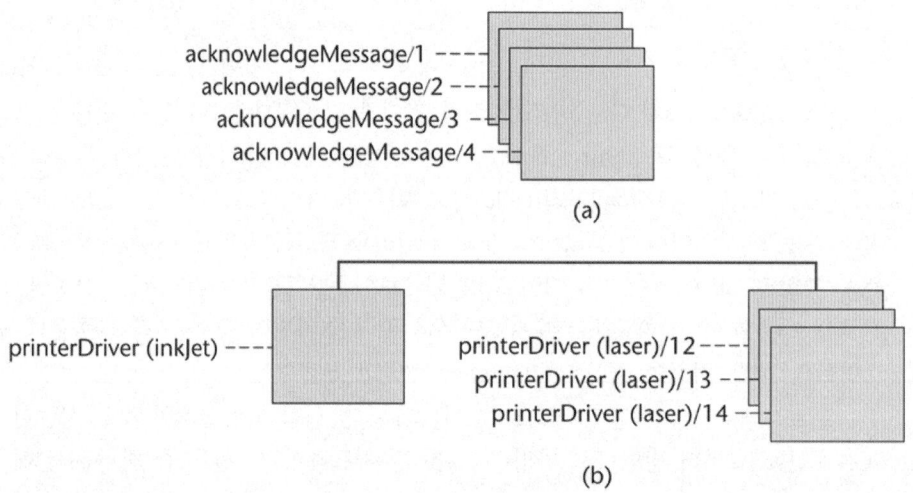

그림 5.13 다중 개정들과 변형들. (a) 산출물 acknowledgeMessage의 네 개의 개정. (b) 변형 printerDriver (laser)의 세 개 개정을 갖는 산출물 printerDriver의 두 개의 변형

다중 변형(multiple variation, 다른 상황에서 같은 역할을 하게 조금 변경된 버전)들에 관한 유용한 표기법 중 하나는 괄호 안에 변형 이름을 쓰는 기본 파일 이름을 갖게 하는 것이다[Babich, 1986]. 그러면 두 개의 프린터 드라이버에는 printerDriver (inkjet)과 printerDriver (laser)인 이름이 주어지게 된다. 물론 이것들은 printerDriver (laser)/12, printerDriver (laser)/13, printerDriver (laser)/14와 같은 각 변형의 다중 개정이 된다. 이것은 그림 5.13(b)에 묘사되어 있다.

버전 관리 툴은 다중 버전들을 관리할 수 있는 첫 단계이다. 이 단계에 있게 되면 프로덕트의 모든 버전들의 세부 기록(또는 derivation)을 보유하고 있어야 한다. derivation에는 프로덕트를 만들어낸 사람의 이름은 물론이고, 만들어진 시간과 날짜, 사용된 링커와 컴파일러들의 버전, 변형과 개정을 포함한 각 소스 코드 요소의 이름들이 포함된다.

버전 관리는 산출물들의 다중 버전들과 전체 프로덕트를 관리하는 데 큰 도움을 준다. 그러나 버전 관리는 필요 이상으로 중요하다. 왜냐하면 여러 변형을 관리하는 데 연관된 문제가 추가로 발생하기 때문에 그렇다.

두 가지 변형들인 printerDriver (inkjet)와 printerDriver (laser)를 고려해보자. 결함이 printerDriver (laser)에 발견되었다고 가정하고 또 결함이 두 변형에 공통으로 사용되는 산출물의 부분에서 발생했다고 가정하자. 그러면 printerDriver (laser)뿐만 아니라 printerDriver (inkjet)도 수정해야 한다. 일반적으로 만약 산출물의 v 변형들이 있다면 그들의 모든 v도 수정되어야 한다. 그것뿐만 아니라 그들도 같은 방식으로 정확하게 수정되어야 한다.

이 문제에 대한 한 가지 해결방안은 변형, 즉 printerDriver (inkjet)만을 저장하면 된다. 어떤 다른 변형은 본래의 것을 해당 변형으로 가게 만드는 변경들의 리스트(list)에 저장된다. 이 차이의 리스트는 델타(delta)라고 부른다. 그래서 저장된 것은 한 변형과 v-1 델타들이다. 변형 printerDriver(laser)는 printerDriver (inkjet)에 접근해서 델타를 적용해 정정된다.

printerDriver (laser)에 가해진 변경은 적합한 델타를 변경시키면 구현된다. 그러나 어떤 변경이 printerDriver (inkjet)에 가해지면 본래 변형이 다른 모든 변형에 자동적으로 적용된다.

형상관리 툴(configuration control tool)은 여러 변형들을 자동적으로 관리할 수 있다. 그러나 형상관리는 여러 변형들 이상으로 발전했다. 또한 형상관리 툴은 5.10.1절의 설명처럼 팀들이 개발과 유지보수 때에 생긴 문제들도 처리해준다.

5.10.1 인도 후 유지보수 동안 형상관리

한 명 이상의 프로그래머가 동시에 한 프로덕트를 유지보수 할 때 여러 종류의 어려움이 발생할 수 있다. 예를 들어 두 명의 프로그래머가 월요일 아침에 다른 결함 보고를 각각 부여받았다고 가정하자. 공교롭게도 그들 모두 같은 산출물 mDual의 다른 부분에 있는 결함을 수정하라고 임무가 한정되었다. 각 프로그래머는 mDual/16이라는 모듈의 현재 버전의 복사물을 만든 후 결함들에 관한 작업을 시작한다. 첫 번째 프로그래머는 변경이 승인된 첫 번째 결함을 수정해서 모듈을 교체시켜 이를 mDual/17이라고 부른다. 하루 후에 두 번째 프로그래머는 변경이 승인된 두 번째 결함을 수정해서 모듈 mDual/18을 설치한다. 불행하게도 개정 17은 첫 번째 프로그래머의 변경만 포함하고 있다. 이에 반해 개정 18은 두 번째 프로그래머의 변경만을 포함하고 있다. 그러면 첫 번째 프로그래머가 한 모든 변경은 잃어버리게 된다.

비록 산출물의 개별적 복사물을 만든다는 각 프로그래머의 아이디어는 소프트웨어의 같은 부분에서 함께 일하게 하는 것보다는 낫지만 이것은 팀이 유지보수를 할 때는 분명히 부적절하다. 필요한 것은 산출물을 변경할 시간에 한 사용자만 허용해야 하는 메커니즘이다.

5.10.2 기준선

유지보수 매니저는 프로덕트에 있는 모든 산출물들의 형상(버전들의 집합)에 대한 기준선(baseline)을 설정해야 한다. 결함을 발견하려고 할 때, 유지보수 프로그래머는 자신의 개인 작업 공간(private workspace)에 필요한 산출물들의 복사본을 복사해놓아야 한다. 이 개인 작업공간에서 프로그래머는 어떤 방식으로 다른 프로그래머에게 충격을 주지 않으면서 필요한 것을 변경할 수 있다. 왜냐하면 모든 변경은 프로그래머의 개인 복사본에만 만들어진다. 즉 기준선 버전은 손대지 않은 상태로 남아있다.

산출물이 결함을 수정하기 위해 변경하기로 결정되었다면 프로그래머는 변경시켜야 될 산출물의 현재 버전을 동결시킨다. 다른 어떤 프로그래머도 이 동결된 버전을 변경시킬 수는 없다. 유지보수 프로그래머는 변경을 시켜서 이들을 테스트 한 후에 이 산출물의 새로운 버전은 기준선이 수정되어 설치된다. 지금 동결된, 이전의 버전은 이전에 설명했듯이 변경되지 않고 미래의 필요에 대비해서 보전된다. 새로운 버전이 설치되었으면 어떤 다른 유지보수 프로그래머는 새로운 버전을 동결시키고 그것에 변경을 가해야 한다. 결과물로 나온 버전은 계속 새로운 기준선 버전이 된다. 유사한 절차는 두 개 이상의 모듈이 동시에 변경될 때도 적용된다.

이 기법이 모듈 mDual의 문제를 해결해준다. 두 프로그래머가 모두 mDual/16의 개인 복사본을 만들고, 수정이 할당된 관련 결함들을 분석하기 위해 이들 복사본을 사용한다. 첫 번째 프로그래머는 변경을 해야 될 mDual/16을 동결하기로 결정하고 첫 번째 결함을 수선하기 위해 그것에 변경을 가한다. 변경이 테스트 된 후에 결과물로 나온 개정 mDual/17은 기준선 버전이 된다. 그 사이에 두 번째 프로그래머는 mDual/16의 개인 복사본으로 실험을 해서 두 번째 결함을 발견한다. 그러나 첫 번째 프로그래머가 동결시켰기 때문에 지금 mDual/16을 변경시킬 수가 없다. mDual/17이 기준선이 되면 mDual/17에 변경을 가한 두 번째 프로그래머에 의해 동결된다. 결과물로 나온 산출물은 두 프로그래머의 변경이 통합된 버전인 mDual/18은 이때 설치된다. 개정 mDual/16과 mDual/17은 미래의 참조를 위해 절대로 수정되지 않은 채로 보존되어야 한다.

5.10.3 개발 동안 형상관리

산출물이 코딩되는 프로세스에 있는 동안에 버전들은 형상관리가 너무나 빠르게 변경되기 때문에 도움이 되지 못한다. 그러나 산출물의 코딩이 완료되면 6.6절에서 서술하듯이 해당 프로그래머는 비공식적으로 코딩된 산출물을 즉시 테스트 한다. 비공식 테스팅 동안에 산출물은 무수히 많은 버전들을 통해 다시 전달된다. 프로그래머가 만족할 때, 이것은 방법론적인 테스팅을 위해 SQA 그룹에게 인도된다. 산출물이 SQA 그룹에 의해 통과되면 이것은 프로덕트에 통합될 수 있다. 이후에 이것은 유지보수 단계의 절차처럼 같은 형상관리 절차의 대상이 된다. 통합된 산출물에 대한 어떤 변경은 인도 후 유지보수 동안에 가해진 변경과 같은 방법으로 프로덕트에 충격을 줄 수 있다. 그래서 형상관리는 인도 후 유지보수 동안만 아니라 구현 동안에도 필요하다. 더욱이 관리자는 모든 산출물이 SQA의 테스트에 통과된 후 합당하게 형상관리의 대상이 되지 않으면 개발 프로세스를 적절하게 감시할 수 없다. 형상관리가 적절하게 적용될 때 관리자는 모든 산출물의 상태를 알게 되고 또 프로젝트 데드라인이 지연되게 되면 초기에 적절한 조치를 취할 수 있게 된다.

두 개의 주요 UNIX 버전 관리 툴에는 sccs(source code control system)[Rochkind, 1975], rcs(revision control system)[Tichy, 1985]가 있다. PVCS는 유명하고, 상용으로 이용할 수 있는 형상관리 툴이다. CVS(concurrent version system)[Loukindes and Oram, 1997]과 Subversion은 공개-소스 형상관리 툴이다(공개-소스 소프트웨어에 대한 설명은 1.11절에 있음).

5.11
빌드 툴

SOFTWARE

만약 소프트웨어 조직이 완전한 형상관리 툴을 구입하기를 원치 않는다면, 최소한 빌드 툴(build tool)만은 버전 관리 툴과 결합시켜 사용해야 한다. 즉, 프로덕트의 특정 버전이 링크할 각 컴파일드-코드 산출물의 수정 버전을 선택하는 데 도와주는 툴이 빌드 툴이다. 어느 때나 프로덕트 라이브러리에는 각 산출물의 여러 변형과 개정판이 있다. 모든 버전 관리 툴은 사용자가 소스 코드의 다른 산출물의 버전들을 구별하는 데 도움을 준다. 그러나 어떤 버전 관리 툴은 컴파일된 버전에 개정번호가 부착되어 있지 않아 컴파일된 코드의 추적을 유지하기 어렵게 만든다.

이에 대처하기 위해서 어떤 조직들은 매일 밤 각 산출물의 최신 버전을 자동적으로 컴파일한다. 그래서 모든 컴파일된 코드가 항상 갱신되었는지를 확인한다. 이 기법으로 작업하면 컴퓨터 시간이 아주 낭비된다. 왜냐하면 불필요한 컴파일을 너무 자주 수행하기 때문이다. UNIX 툴 make는 이러한 문제를 해결할 수 있다[Feldman, 1979]. 각 실행 가능한 로드 이미지에 대해 프로그래머는 특히 형상으로 가는 소스와 컴파일된 파일의 계층을 명시해주는 Makefile을 설정한다. 이러한 계층은 그림 5.12에 있다. C나 C++에서 포함된 파일들 같이 더 복잡한 종속들도 make는 처리해준다. 프로그래머에 의해 호출될 때, 툴은 다음과 같이 작업을 한다. 실제로 다른 모든 운영체제와 같이 UNIX도 각 파일에 날짜와 시간 스탬프(stamp)가 붙어있다. 소스 파일에 대한 스탬프는 Friday. June 6, at 11:24 AM이라고 가정하고 대응하는 컴파일된 파일에 대한 스탬프는 Friday. June 6, at 11:40 AM이라고 가정하자. 그러면 소스 파일은 컴파일러가 컴파일된 파일을 생성한 후에는 변경되지 않는다. 한편 소스 파일에 대한 날짜와 시간 스탬프가 컴파일된 파일의 것보다 늦다면 make는 소스 파일의 현재 버전에 대응하는 컴파일된 파일의 버전을 생성하기 위해 해당 컴파일러나 어셈블러를 호출한다.

다음으로 실행 가능한 로드 이미지에 대한 날짜와 시간 스탬프는 해당 형상에 있는 모든 컴파일된 파일에 있는 것과 비교한다. 만약 실행 가능한 로드 이미지가 모든 컴파일된 파일보다 늦게 생성되었어도 재링크할 필요는 없다. 그러나 만약 컴파일된 파일이 로드 이미지의 스탬프보다 더 늦은 스탬프를 가지고 있다면 로드 이미지는 컴파일된 파일의 가장 최근 버전에 통합되지는 못할 것이다. 이 경우에 make는 링커를 호출하고 갱신된 로드 이미지를 구축한다.

다른 말로 표현하면 make는 로드 이미지가 모든 산출물의 현재 버전을 통합했는지를 검사한다. 만약 그렇다면 앞으로 할 일이 없고 CPU 타임이 불필요한 컴파일들과 링케이지(linkage)에 낭비되지 않는다. 만약 그렇지 않다면 make는 프로덕트의 최신 버전을 생성하기 위해 관련된 시스템 소프트웨어를 호출한다.

추가로 make는 컴파일된 파일의 빌딩(building)작업을 간단하게 해준다. 산출물들이 사용되는 시간과 이들이 어떻게 접속되는지를 사용자가 명시할 필요가 없다. 왜냐하면 이러한 정보는 이미 Makefile에 존재한다. 그러면 단일 make 명령어는 수백 개의 모듈로 구성된 프로덕트를 구축할 때 필요하고 또 완전한 프로덕트가 정확하게 제시되었는지 확인한다.

5.12
CASE 기술로 취득한 생산성

Reifer([Myers, 1992]가 보고했듯이)는 CASE 기술을 도입한 결과로 얻는 생산성에 관해 조사를 했다. 그는 10개 산업체의 45개 회사로부터 데이터를 수집했다. 회사 중 절반은 정보 시스템 분야이고, 25%는 과학 분야에, 25%는 실시간 항공 분야였다. 연간 평균 생산성은 9%(real-time aerospace)에서 12%(information system)를 얻었다. 만약 취득한 생산성만 고려한다면 이들 수는 CASE 기술 도입으로 사용자 당 \$125,000이란 비용은 합당하지 않다. 그러나 회사들은 CASE의 사용이 생산성을 증가시킬 뿐만 아니라 개발 시간의 감소와 소프트웨어의 품질을 개선시켰다고 조사했다. 다시 말하면 CASE environment의 도입은 CASE 기술의 지지자들이 주장했던 것보다는 작지만 생산성을 증가시켰다. 그럼에도 불구하고 똑같이 중요한 것으로서 CASE 기술을 소프트웨어 조직에 도입하는 이유는 개발을 더 빠르게, 결함을 적게, 사용성을 높게, 유지보수를 쉽게, 그리고 사기를 증대시키는 데 있다.

포춘(Fortune)지는 500개 회사 중 100개의 개발 프로젝트에 CASE 기술의 효율성에 관한 새로운 연구에서 교육훈련의 중요성과 소프트웨어 프로세스[Guinan, Cooprider, Sawyer, 1997]을 반영했다. CASE를 사용한 팀이 툴의 특정 교육훈련처럼 교육훈련을 애플리케이션 개발에 제공하면 사용자 만족도가 증가하고, 개발 일정이 충족된다. 그러나 교육훈련이 제공되지 않으면 소프트웨어는 일정보다 늦게 인도되고 사용자 만족도도 떨어진다. 또한 팀들이 구조적 방법론과 결합해서 CASE 툴을 사용하면 성능은 50%까지 증가한다. 이들 결과는 CASE environment가 성숙도 단계 1이나 2에 있는 그룹이 사용하지 않는다는 3.13절의 주장을 뒷받침하고 있다. 이 장에 끝에 있는 마지막 그림 5.14는 이 장의 각 절에 설명한 이론적인 툴과 CASE 툴들이 알파벳순으로 게재되었다.

Analytical Tools
Cost-benefit analysis (Section 5.2)
Divide-and-conquer (Section 5.3)
Metrics (Section 5.5)
Separation of concerns (Section 5.4)
Stepwise refinement (Section 5.1)

CASE Taxonomy
Environment (Section 5.7)
LowerCASE tool (Section 5.7)
UpperCASE tool (Section 5.7)
Workbench (Section 5.7)

CASE Tools
Build tool (Section 5.11)
Coding tool (Section 5.8)
Configuration-control tool (Section 5.10)
Consistency checker (Section 5.7)
Data dictionary (Section 5.7)
E-mail (Section 5.8)
Interface checker (Section 5.8)
Online documentation (Section 5.8)
Operating system front end (Section 5.8)
Pretty printer (Section 5.8)
Report generator (Section 5.7)
Screen generator (Section 5.7)
Source-level debugger (Section 5.8)
Spreadsheet (Section 5.8)
Structure editor (Section 5.8)
Version-control tool (Section 5.9)
Word processor (Section 5.8)
World Wide Web browser (Section 5.8)

그림 5.14

이 장에서 제시된 이론적(분석적) 툴과 소프트웨어(CASE) 툴의 요약과 이들이 서술된 각 절이 기재되어 있다

복습

첫째 많은 분석적 툴이 제시되어 있다. 5.1절에서 설명한 Miller의 법칙에 기반한 단계적 정제는 5.1.1절의 예로 서술하고 있다. 다른 분석적 툴인 비용-이익 분석은 5.2절에 제시되어 있다. 관심의 분리는 5.3절에, 분할과 정복은 5.4절에 서술되어 있다. 소프트웨어 척도들은 5.5절에 소개되어 있다.

CASE는 5.6절에 정의되어 있고 CASE의 전문용어와 영역은 5.7과 5.8절에 각각 설명되어 있다. 다양한 CASE 툴은 다음에 서술된다. 대규모 프로덕트들을 구축할 때 버전 관리 툴, 형상관리 툴 그리고 빌드 툴이 꼭 필요하다. 이들에 관한 사항은 5.9, 5.10, 5.11절에 제시되어 있다. CASE 기술의 사용의 결과로 취득하는 생산성은 5.12절에 서술되어 있다.

Miller의 법칙에 대한 구체적인 정보와 두뇌가 어떻게 청크에 대해 작동하는지에 관한 그의 이론에 관한 정보는 Miller의 논문 [Miller, 1956] 외에도 [Tracz, 1979]와 [Moran, 1981]에도 있다.

단계적 정제에 관한 [Wirth, 1975]는 그 종류가 고전적이면서도 세부적인 연구가 담겨 있다 [Wirth, 1975]. 단계적 정제의 견해로부터 중요한 의미는 [Dijkstra, 1976]과 [Wirth, 1975]의 책들에 있다.

CASE가 소프트웨어 산업에서 사용되는 규모는 [Sharma and Rai, 2000]에서 서술되었다. 산출물들 사이에 일관성을 보증하면서 점진적 소프트웨어 개발을 지원하는 툴은 [Reiss, 2006]에, 그리고 오픈-소스 소프트웨어 공학 툴에 대한 경험은 [Toth, 2006]에 서술되어 있다.

이 책에서 소프트웨어 프로세스의 독립된 워크플로들에 대한 CASE 툴들은 각 워크플로에 대한 장에서 서술하고 있다. workbench나 CASE environment에 관한 정보는 15장의 관련자료 절을 보면 알 수 있다.

범용 버전 관리와 특별한 CVS에 대한 소개는 [Louridas, 2006]에 있다. 형상 관리에 대한 산출물은 [van der Hoek, Carzaniga, Heimbiger, and Wolf, 2002], [Mens, 2002], 그리고 [Walrad and Strom, 2002]에 포함되어 있다. 형상 관리와 추적성 사이에 상호작용은 [Mohan, Xu, and Ramesh, 2008]에 서술되어 있다. 리팩토링은 소프트웨어 형상 관리 툴에 대한 문제를 제기한다. 솔루션은 [Dig, Manzoor, Johnson, and Nguyen, 2008]에서 보여준다. International Workshops on Software Configuration Management의 프로시딩은 유용한 정보 자원이 된다.

리팩토링을 위한 CASE 툴은 [Black and Merphy-Hill, 2008]에서 보여준다.

비용-이익 분석에 관한 우수한 책들이 있는데 이 중에는 [Gramlich, 1997]가 포함된다. 소프트웨어 프로덕트 라인(8.5.4절)의 비용-이식 분석은 [Bockle et al., 2004]에 서술되어 있다. [Van Solingen, 2004]는 소프트웨어 프로세스 개선의 비용-이익 분석을 보여준다.

[Jones, 1994]은 문헌에서 계속 언급되지 않는 작동되지 않으면서 유효하지 않은 척도들을 서술하고 있다. 객체-지향 척도들의 유효성은 [El Emam, Benlarbi, Goel, and Rai, 2000], [Alshayeb and Li, 2003]에 설명되어 있다. [Kilpi, 2001]은 척도 프로그램들이 Nokia에서 어떻게 구현되는지를 설명하고 있다. COTS 기반 시스템에 대한 척도들은 [Sedigh-Ali and Paul, 2001]에 제시되어 있다. 웹사이트의 성공을 측정하기 위한 척도는 [Belanger et al., 2006]에 있다. The May 2008 issue of the Journal of Systems and Software는 프로세스와 프로덕트 메트릭에 대한 수많은 산출물을 포함한다.

Seventh International Software Metrics Symposium에서 나온 많은 논문들은 November 2001 issue of IEEE Transaction on Software Engineering에 있다. 이중에 특히 흥미가 있는 것은 [Briand and Wüst, 2001]이다.

5.1 순차적 마스터 파일 갱신 문제의 수정된 세 번째 정제의 설계에 대한 lookahead 도입 효과를 생각해보자. 즉, 트랜잭션을 처리하기 전에 다음 트랜잭션을 읽어야 한다. 만약 두 트랜잭션들이 같은 마스터 파일 레코드에 적용된다면 현재 트랜잭션의 처리에 관한 결정은 다음 트랜잭션의 타입에 의존한다. 현재 트랜잭션 타입에 의한 행과 다음 트랜잭션에 의한 열을 갖는 행을 갖는 3×3 테이블을 작성하고 그리고 각 보기에서 취하게 될 액션으로 테이블을 채워 넣어라. 예를 들어, 같은 레코드의 두 개 연속되는 삽입은 확실히 오류다. 그러나 두 개의 수정은 완벽하게 유효하다. 예를 들어 구독자는 주어진 달에 보다 많이 주소를 변경할 수 있다. lookahead를 삽입한 세 번째 정제에 대한 순서도를 지금 개발해 보아라.

5.2 문제 5.1에 대한 대답이 두 트랜잭션이 같은 마스터 파일 레코드에 적용되는 삭제 트랜잭션에 따라 수정 트랜잭션을 정확하게 처리할 수 있는지 없는지를 점검하라. 만약 그렇지 않으면 당신의 대답을 수정하라.

5.3 문제 5.1에 대한 대답도 같은 마스터 파일 레코드에 모두 적용되는 삭제 트랜잭션에 따라 수정에 의해 삽입을 정확하게 처리하는지도 점검하라. 만약 그렇지 않으면 당신의 대답을 수정하라.

5.4 당신의 대답이 같은 마스터 파일 레코드가 n>2인 경우 같은 마스터 파일 레코드에 적용해 n 삽입, 수정, 또는 사제들이 정확하게 처리할 수 있는지 없는지를 점검하라. 만약 그렇지 않다면 당신의 대답을 수정하라.

5.5 마지막 트랜잭션 레코드가 후계자를 갖고 있지 않다. 문제 5.1에 대한 순서도가 이를 고려했는지 마지막 트랜잭션 레코드를 정확하게 처리했는지를 점검하라. 만약 그렇지 않다면 당신의 대답을 수정하라.

5.6 관심의 분리는 분할과 정복의 특별한 경우인가?

5.7 설계 검토 동안 결함 발견의 비율이 두 배가 되면, 당신은 무엇을 추론할 수 있는가?

5.8 공중의 곰팡이 같이 전달된 histoplasmosis 같은 위장병의 새로운 형태가 Concordia의 한 마을을 휩쓸고 있다. 비록 이 질병이 치명적이지는 않지만 공격이 매우 고통스럽고, 고통받는 사람은 약 2주 동안 일을 할 수 없다. Concordia의 정부는 이 질병을 박멸시키기 위해 얼마나 많은 돈이 소요되는지 결정하기를 원한다. 보건 위생국의 위원은 문제의 네 가지 측면을 생각했는데, 건강 유지비용(Concordia는 모든 국민을 위해 건강 유지비를 무료로 공급한다), 소득의 손실(그리고 후에 세금의 손실), 고통과 불안, 정부를 향한 감사이다. 어떻게 비용-이익 분석이 위원을 도울 수 있는지를 설명하라. 비용 혹은 이익 각각에 대해 얻을 수 있는 비용과 이익을 달러로 어떻게 측정하는지 제안하라.

5.9 당신은 1인 소프트웨어 회사의 오너이자 유일한 직원이다. 당신은 경쟁력을 확보하기 위해 CASE 툴을 구매하기로 결정했다. 그래서 당신은 은행에서 차입금 $15,000달러를 신청했다. 은행 담당자는 당신이 CASE 툴을 필요로 하는 이유를 설명하는, 1 페이지 이내(가급적 짧게)에 설명서를 요청했다. 설명서를 작성하라.

5.10 당신은 1인 소프트웨어 회사의 오너이자 유일한 직원이다. 당신은 5.8절에서 서술된 프로그래밍 workbench를 구입하였다. 당신에게 중요한 그것의 5가지 능력을 열거하고 그 이유를 제시하라.

5.11 Ye Olde Fashioned Software 기업의 소프트웨어 개발 담당으로 새로 지명된 부사장은 회사가 소프트웨어를 개발하는 방법을 변경하는 것을 돕기 위해서 당신을 고용했다. 이 회사에는 650명의 직원이 있으며, 어떤 CASE 툴의 도움 없이 모두 COBOL 85로 코드를 작성하였다(COBOL 85는 1985 COBOL 표준을 따른다. 이것은 객체지향이 아니다). 당신은 부사장에게 회사가 구입해야 하는 CASE 설비의 종류를 메모에 적기 시작했다. 간략하게 당신의 선택을 대답하라.

5.12 3.13절은 성숙도 단계 1이나 2에 조직 내에서 CASE environment를 소개할 만큼의 의미를 가지지 않는다고 말한다. 왜 그런지 그 이유를 설명하라.

5.13 낮은 성숙도 단계를 가지는 조직 내에 CASE 툴을 소개하는 것은 효과가 있나?

5.14 당신은 유명한 소규모 교양학부의 컴퓨터과학 교수이다. 컴퓨터과학 과정을 위한 프로그래밍 과제는 35대의 개인용 컴퓨터의 네트워크를 수행하는 것이다. 당신의 학부장은 CASE 툴을 사기 위해 제한된 소프트웨어 예산을 사용해야 하는지 물어보았다. 어떤 부류의 사이트 라이선스를 얻지 않으면, CASE 툴의 35장에 카피를 구입해야 한다. 당신은 무엇이라 충고하겠는가?

5.15 소프트웨어 개발 동안 그림 5.14에 게재된 어느 CASE 툴이 단계적 정제를 촉진시키는가? 간략하게 답변하라.

5.16 CASE environment를 생성하기 위해 상위 CASE workbench와 하위 CASE workbench를 인터페이스 하는 게 가능한가?

5.17 (Term Project) 부록 A에서 설명한 Chocoholics Anonymous 프로덕트를 개발하는 데 적합한 CASE 툴들의 유형은 무엇인가?

5.18 (Readings in Software Engineering) 당신의 교습자는 논문 [Mohan, Xu, and Ramesh, 2008]의 복사본을 배포할 것이다. 형상관리와 추정성의 상호작용에 관한 당신의 관점은 무엇인가?

참고 문헌

[Alshayeb and Li, 2003] M. ALSHAYEB, AND W. LI, "An Empirical Validation of Object-Oriented Metrics in Two Different Iterative Software Processes," IEEE Transactions on Software Engineering 29 (November 2003), pp. 1043-49.

[Babich, 1986] W. A. BABICH, Software Configuration Management: Coordination for Team Productivity, Addison Wesley, Reading, MA, 1986.

[Belanger et al., 2006] F. BELANGER, W. FAN, L. C. SCHAUPP, A. KRISHEN, J. EVERHART, D. POTEET, AND K. NAKAMOTO, "Web Site Success Metrics: Addressing the Duality of Goals," Communications of the ACM 49 (December 2006), pp. 114-16.

[Black and Murphy-Hill, 2008] E. BLACK AND A. P. MURPHY-HILL, "Refactoring Tools: Fitness for Purpose," *IEEE Software* **25** (September-October 2008), pp. 38-44.

[Bockle et al., 2004] G. BOCKLE, P. CLEMENTS, J. D. MCGREGOR, D. MUTHIG, AND K. SCHMID, "Calculating ROI for Software Product Lines," *IEEE Software* **21** (May-June 2004), pp. 23-31.

[Briand and Wüst, 2001] L. C. BRIAND AND J. WÜST, "Modeling Development Effort in Objective-Oriented Systems Using Design Properties," *IEEE Transactions on Software Engineering* **27** (November 2001), pp. 963-86.

[DeRemer and Kron, 1976] F. DEREMER AND H. H. KRON, "Programming-in-the-Large versus Programming-in-the-Small," *IEEE Transactions on Software Engineering* **SE-2** (June 1976), pp. 80-86.

[Dig, Manzoor, Johnson, and Nguyen, 2008] D. DIG, K. MANZOOR, R. E. JOHNSON, AND T. N. NGUYEN, "Effective Software Merging in the Presence of Object-Oriented Refactorings," *IEEE Transactions on Software Engineering* **34** (May-June 2008), pp. 321-35.

[Dijkstra, 1976] E. W. DIJKSTRA, *A Discipline of Programming*, Prentice-Hall, Englewood Cliffs, NJ, 1976.

[Dijkstra, 1982] E. W. DIJKSTRA, "On the Role of Scientific Thought," in: Dijkstra, Edsger W., *Selected Writings on Computing: A Personal Perspective*, Springer-Verlag, New York, pp. 60-66.

[Dooley and Schach, 1985] J. W. M. DOOLEY AND S. R. SCHACH, "FLOW: A Software Development Environment Using Diagrams," *Journal of Systems and Software* **5** (August 1985), pp. 203-19.

[El Emam, Benlarbi, Goel, and Rai, 2001] K. EL EMAM, S. BENLARBI, N. GOEL, AND S. N. RAI, "The Confounding Effect of Class Size on the Validity of Object-Oriented Metrics," *IEEE Transactions on Software Engineering* **27** (July 2001), pp. 630-50.

[Feldman, 1979] S. I. FELDMAN, "Make-A Program for Maintaining Computer Programs," *Software-Practice and Experience* **9** (April 1979), pp. 225-65.

[Fuggetta, 1993] A. FUGGETTA, "A Classification of CASE Technology," *IEEE Computer* **26** (December 1993), pp. 25-38.

[Gramlich, 1997] E. M. GRAMLICH, *A Guide to Benefit-Cost Analysis*, 2nd ed., Waveland Books, Prospect Heights, IL, 1997.

[Guinan, Cooprider, and Sawyer, 1997] P. J. GUINAN, J. G. COOPRIDER, AND S. SAWYER, "The Effective Use of Automated Application Development Tools," *IBM Systems Journal* **36** (No. 1, 1997), pp. 124-39.

[Jones, 1994] C. JONES, "Software Metrics: Good, Bad, and Missing," *IEEE Computer* **27** (September 1994), pp. 98-100.

[Kilpi, 2001] T. KILPI, "Implementing a Software Metrics Program at Nokia," *IEEE Software* **18** (November/December 2001), pp. 72-76.

[Loukides and Oram, 1997] M. K. LOUKIDES AND A. ORAM, *Programming with GNU Software*, O'Reilly and Associates, Sebastopol, CA, 1997.

[Louridas, 2006] P. LOURIDAS, "Version Control," *IEEE Software* **23** (January-February 2006), pp. 104-107.

[Mens, 2002] T. MENS, "A State-of-the-Art Survey on Software Merging," *IEEE Transactions on Software Engineering* **28** (May 2002), pp. 449-62.

[Miller, 1956] G. A. MILLER, "The Magical Number Seven, Plus or Minus Two: Some Limits on Our Capacity for Processing Information," *The Psychological Review* **63** (March 1956), pp. 81-97;

reprinted at www.well.com/user/smalin/miller.html.

[Mohan, Xu, and Ramesh, 2008] K. MOHAN, P. XU, AND B. RAMESH, "Improving the Change Management Process," *Communications of the ACM* **51** (May 2008), pp. 59-64.

[Myers, 1992] W. MYERS, "Good Software Practices Pay off-or Do They?" *IEEE Software* **9** (March 1992), pp. 96-97.

[Reiss, 2006] S. P. REISS, "Incremental Maintenance of Software Artifacts," *IEEE Transactions on Software Engineering* **32** (September 2006), pp. 682-97.

[Rochkind, 1975] M. J. ROCHKIND, "The Source Code Control System," *IEEE Transactions on Software Engineering* **SE-1** (October 1975), pp. 255-65.

[Sedigh-Ali and Paul, 2001] S. SEDIGH-ALI AND R. A. PAUL, "Software Engineering Metrics for COTS-Based Systems," *IEEE Computer* **34** (May 2001), pp. 44-50.

[Sharma and Rai, 2000] S. SHARMA AND A. RAI, "CASE Deployment in IS Organizations," *Communications of the ACM* **43** (January 2000), pp. 80-88.

[Sobell, 1995] M. G. SOBELL, *A Practical Guide to the UNIX System,* 3rd ed., Benjamin/Cummings, Menlo Park, CA, 1995.

[Stevens, Myers, and Constantine, 1974] W. P. STEVENS, G. J. MYERS, AND L. L. CONSTANTINE, "Structured Design," *IBM Systems Journal* **13** (No. 2, 1974), pp. 115-39.

[Tichy, 1985] W. F. TICHY, "RCS-A System for Version Control," *Software-Practice and Experience* **15** (July 1985), pp. 637-54.

[Tomer and Schach, 2002] A. TOMER AND S. R. SCHACH, "A Three-Dimensional Model for System Design Evolution," *Systems Engineering* **5** (No. 4, 2002), pp. 264-73.

[Toth, 2006] K. TOTH, "Experiences with Open Source Software Engineering Tools," *IEEE Software* **23** (November-December 2006), pp. 44-52.

[Tracz, 1979] W. J. TRACZ, "Computer Programming and the Human Thought Process," *Software-Practice and Experience* **9** (February 1979), pp. 127-37.

[van der Hoek, Carzaniga, Heimbigner, and Wolf, 2002] A. VAN DER HOEK, A. CARZANIGA, D. HEIMBIGNER, AND A. L. WOLF, "A Testbed for Configuration Management Policy Programming," *IEEE Transactions on Software Engineering* **28** (January 2002), pp. 79-99.

[van Solingen, 2004] R. VAN SOLINGEN, "Measuring the ROI of Software Process Improvement," *IEEE Software* **21** (May-June 2004), pp. 32-38.

[Walrad and Strom, 2002] C. WALRAD AND D. STROM, "The Importance of Branching Models in SCM," *IEEE Computer* **35** (September 2002), pp. 31-38.

[Wirth, 1971] N. WIRTH, "Program Development by Stepwise Refinement," *Communications of the ACM* **14** (April 1971), pp. 221-27.

[Wirth, 1975] N. WIRTH, *Algorithms + Data Structures = Programs,* Prentice-Hall, Englewood Cliffs, NJ, 1975.

제**6**장

테스팅

학습목표
....

이 장을 학습하면 다음 사항들을 습득하게 된다.

◉ 품질 보증 이슈들을 서술할 수 있게 된다.

◉ 산출물의 비실행–기반 테스팅(인스펙션)을 어떻게 수행하는지를 서술할 수 있게 된다.

◉ 실행–기반 테스팅의 원리를 서술할 수 있게 된다.

◉ 테스트 하는 데 무엇이 필요한지 설명할 수 있게 된다.

고전적 소프트웨어 생명주기 모델들 모두는 통합 후에 그리고 인도 후 유지보수 전에 독립된 테스팅 단계를 포함하고 있다. 이를 고품질의 소프트웨어를 달성하기 위한 관점에서 보면 그 어느 것도 위험스러운 것은 없다. 즉 테스팅(testing)은 소프트웨어 프로세스에 꼭 필요한 컴포넌트이고 또 생명주기 전체에 걸쳐 수행되어야 하는 액티비티(activity : 일명 활동)이다. 요구사항 워크플로 동안에 요구사항들이 점검되어야 하고, 분석 워크플로에서도 명세들이 점검되어야 하고, 또 소프트웨어 프로덕션 생성 계획(software production management plan)도 구체적으로 조사되어야 한다. 설계 워크플로는 모든 단계에서 세밀한 점검이 요구된다. 구현 워크플로 동안에 각 코드 산출물은 확실하게 테스트 되어야 하고 그리고 프로덕트가 완전하게 통합되었을 때는 프로덕트를 전체적으로 테스팅 하는 게 필요하다. 승인 테스트(acceptance test)를 통과한 후 프로덕트가 설치되어 운영 상태로 진입하게 되면 인도 후 유지보수가 시작된다. 유지보수를 하면서 수정된 프로덕트의 버전들을 다시 점검을 받아야 한다.

　다시 말로 표현하면 한 워크플로의 후반부에 그 워크플로의 최종 프로덕트를 테스트 하는 것으로는 충분하지 않다. 예를 들어 설계 워크플로를 고려해보자. 설계 팀의 멤버들은 설계를 개발하는 동안에 설계를 아주 의식적으로 그리고 양심적으로 점검해야 한다. 팀 멤버들이 몇 주 또는 몇 달 후에 프로세스의 초기에 만들어진 실수로 거의 전체 프로덕트를 재설계해 완전한 설계 산출물들을 개발하라는 것은 좋지 않다. 그래서 필요한 것은 개발 팀이 각 워크플로를 수정하는 동안에도 테스팅을 계속 수행하고 또 각 워크플로의 후반부에서도 방법론에 근거해 테스팅을 수행하는 것이다.

확인(verification)과 검증(validation)이란 용어는 1.7절에서 소개했었다. 확인은 워크플로가 정확하게 수행했는지를 결정하는 프로세스를 말한다. 확인은 각 워크플로가 종료된 후 시작된다. 그리고 검증은 프로덕트가 클라이언트에 인도되기 전에 수행되는 집중적인 평가 프로세스이다. 검증의 목적은 프로덕트가 프로덕트의 명세들을 모두 만족하는지를 결정하는 데 있다. 이들 두 용어가 IEEE 소프트웨어 공학 용어집[IEEE 610.12, 1990]에 정의되어 있음에도 또 확인과 검증(V & V, verification and validation)이란 용어가 테스팅을 나타내는 일반적인 표기임에도 불구하고, V & V란 용어는 이 책에서는 가급적 사용하지 않는다. 그 첫 번째 이유는 6.5절에서 설명했듯이 검증이란 단어는 테스팅의 문맥 내에서 다른 의미를 갖고 있다. 두 번째 이유는 V & V라는 어구는 워크플로를 체킹 하는 프로세스가 해당 워크플로가 종료될 때까지 기다려야 한다는 점이다. 반대로 이 체킹은 모든 소프트웨어 개발과 유지보수 액티비티들과 병렬로 수행된다. 그래서 V & V 어구의 바람직하지 못한 의미를 회피하기 위해서 테스팅(testing)이라는 용어를 사용한다. 테스팅이란 단어를 사용하는 두 번째 이유는 이것이 Unified Process의 전문용어이기 때문이다. 예를 들면 5번째 핵심 워크플로가 테스트 워크플로(test workflow)이다.

본래 테스팅에는 두 가지 유형이 있다. 즉, 실행-기반 테스팅과 비실행-기반 테스팅이다. 예를 들면 작성된 명세문서는 실행시키기가 불가능하다. 그래서 대안은 가능한 한 세밀하게 검토하든가 아니면 분석의 어떤 형식을 대상으로 삼는다. 그러나 실행 가능한 코드가 있으면 테스트 사례들을 실행할 수가 있다. 즉, 실행-기반 테스팅(execution-based testing)을 수행할 수 있게 된다. 그럼에도 불구하고 코드의 존재가 비실행-기반 테스팅(nonexecution-based testing)을 배제할 수는 없다. 왜냐하면 설명했듯이 코드를 방법론적으로 검토하면 테스트 사례들을 실행하는 것처럼 많은 결함들을 발견할 수 있다. 이 장에서는 실행-기반 테스팅과 비실행-기반 테스팅의 원리들을 서술한다. 이들 원리는 11장부터 16장까지 적용되고 이에 대한 서술은 프로세스 모델의 각 워크플로에 주어지고 또 이들에 적용할 수 있는 특정 테스팅 실무들도 주어진다. 첫 번째 두 결함이 치명적인 결과들을 갖게 하는 것은 '알고 싶은 사항 1.1'에 서술되어 있다. 다행히 내재된 결함들이 있는 인도된 소프트웨어의 결과는 대부분의 경우 그렇게 파멸적이지는 않다. 그럼에도 불구하고 테스팅의 중요성은 아무리 강조해도 지나치지 않는다.

6.1

품질 이슈

이 절은 테스팅에 관련된 1.11절의 정의들을 확장시켜서 시작한다. 결함(fault)은 인간이 실수(mistake)를 해서 소프트웨어에 반입된 것이다[IEEE 610.12, 1990]. 소프트웨어 전문가의 한 부분

'명세들에 내재되어 있는 것을' 표기하는 '품질'이란 용어('우수한' 또는 '사치스러운'과는 반대되는)의 사용은 엔지니어링과 제조와 같은 분야들에서 한 실무를 말한다. 예를 들어 Coca-Cola 병을 제조하는 공장의 품질 관리 매니저(quality control manager)를 고려해보자. 품질 관리 매니저의 업무는 생산 라인에서 나오는 모든 병이나 캔이 모든 면에서 Coca Cola에 대한 명세들을 충족시키는지를 확인하는 작업이다. 이 매니저는 '우수한' Coca-Cola 또는 '사치스러운' Coca-Cola를 생산하려고 시도하지는 않는다. 이 사람의 유일한 목적은 각 Coca-cola의 병이나 캔이 탄산 음료용으로 회사의 규정(명세)들을 엄중하게 지키는지를 확인하는 것이다.

    품질이란 단어는 자동차 업계에서도 동일하게 사용된다. '품질이 최고의 작업이다.'라는 슬로건은 Ford 자동차 회사의 최고 슬로건이다. 다른 말로 표현하면 Ford 생산 라인에서 생산되는 모든 차는 해당 차의 명세들이 엄격하게 지켜졌는지를 확인하는 것이 목적이다. 소프트웨어 공학의 어법으로 말하면 차는 모든 면에서 '오류가 없어'야 한다.

에 대한 실수는 서너 개의 결함들을 만들어내는 원인이 된다. 반대로 여러 실수가 같은 결함을 만드는 경우도 있다. **실패**(failure)는 결함의 결과로 소프트웨어 프로덕트에 부정확한 행위를 갖게 하는 것이다[IEEE 610.12, 1990]. 그리고 **오류**(error)는 결과가 부정확해서 나온 양을 말한다[IEEE 610.12, 1990]. 특정 실패는 서너 개의 결함들의 원인이 되고, 또 어떤 결함들은 결코 실패시키지 않는 경우도 있다. **결점**(defect)이란 단어는 결함, 실패, 또는 에러보다는 더 일반적인 용어이다.

    이제 품질 이슈들을 살펴보자. **품질**(quality)이란 용어는 소프트웨어 문맥 내에서 사용될 때 자주 잘못 이해된다. 결국 품질은 어떤 부류의 우수함을 의미하지만 이것은 불행하게도 소프트웨어 엔지니어들이 의도했던 의미가 아니다. 많은 소프트웨어 개발 조직이 달성할 수 있는 것은 소프트웨어가 기능을 정확하게 갖추게 하는 것이다. 즉 우수함(excelleance)이란 CMM 1단계 조직들이 갖고 있는 것보다 차원이 높은 것을 의미한다(3.13절).

    소프트웨어의 품질은 프로덕트가 그것의 명세들을 만족시키는 수준을 말한다('알고 싶은 사항 6.1' 참조).그러나 이것으로는 충분하지 않다. 예를 들면 프로덕트가 쉽게 유지보수 되는 것을 보장하기 위해 프로덕트는 잘 설계되고 세심하게 코딩 되어야 한다. 그래서 소프트웨어가 고품질을 가져야 된다. 그러나 이것으로는 결코 충분하지 않다.

    모든 소프트웨어 전문가들의 태스크는 항상 고품질의 소프트웨어인지를 보장하는 일이다. 즉 각 개발자와 유지보수자는 자신의 작업이 정확한지 점검할 책임을 갖고 있다. 품질은 **소프트웨어 품질 보증**(SQA, software quality assurance) 그룹이 후에 어떤 것을 추가하는 것이 아니라 개발자들이 처음부터 구축해야 하는 사항이다. SQA 그룹의 역할은 개발자들이 고품질의 작업을 수행했는지를 확인하는 것이다. SQA 그룹은 6.1.1절에서 서술되듯이 소프트웨어 품질에 대한 추가 책임도 갖고 있다.

6.1.1 소프트웨어 품질 보증

이전에 설명했듯이 SQA 그룹의 역할 중 한 측면은 개발자의 프로덕트가 정확한지를 테스트 하는 일이다. 보다 정확히 하면 개발자들이 한 워크플로를 완성하면 SQA 그룹의 멤버들은 해당 워크플로가 정확하게 수행되었는지를 확인해야 한다. 또한 프로덕트가 완성되고 개발자들이 전체적으로 프로덕트가 정확하다고 확신할 때 SQA 그룹은 그 여부를 확인해야 한다. 그러나 소프트웨어 품질 보증은 한 워크플로의 후반부에 또는 개발 프로세스의 후반부에 테스팅을 보다 구체적으로 진행된다. SQA는 소프트웨어 프로세스 자체에도 적용된다. 예를 들면 SQA그룹의 책임에는 소프트웨어가 따라야하는 다양한 표준들의 개발뿐만 아니라 이들 표준을 준수하는지를 보증하는 점검 절차들이 포함된다. 간단하게 말해서 SQA 그룹의 역할은 소프트웨어 프로세스의 품질을 확인하고 또 프로덕트의 품질도 확인하는 것이다.

6.1.2 관리의 독립성

개발 팀과 SQA 그룹은 **독립적으로 관리되어야 한다**(managerial independence). 즉 개발은 한 매니저 아래 있어야 하고 SQA는 다른 매니저 아래 있어야 한다. 즉 한 매니저는 다른 팀을 결코 지배해서는 안 된다. 그 이유는 인도 마감일이 다가오면 프로덕트에 심각한 결점들이 너무 많이 발견되기 때문이다. 소프트웨어 조직은 이때 만족스럽지 못한 두 가지 선택 사항 중 하나를 선택해야 한다. 즉 클라이언트가 소프트웨어에 있는 결함 때문에 고생을 할지라도 정시에 인도를 할 것인지, 아니면 인도가 늦어지더라도 개발자가 소프트웨어에 있는 결함들을 수정하든지, 어떠한 경우든 클라이언트는 소프트웨어 개발조직을 신뢰하지 못한다. 책임감이 있는 개발 매니저는 결함이 내재된 소프트웨어를 인도하라고 결정하지 않을 것이고, SQA 매니저는 테스팅을 보다 구체적으로 수행하라고 결정하기 때문에 프로덕트는 늦게 인도된다. 대신에 두 매니저는 위의 두 가지 사항 중 결정권을 가진 선임 매니저에게 개발 조직과 클라이언트 모두에게 이익이 되도록 결정하라고 보고한다.

언뜻 보기에 독립된 SQA 그룹을 유지하는 것이 소프트웨어 개발 비용을 크게 증가시킨다고 본다. 그러나 그렇지 않다. 추가 비용은 그 결과로 얻은 고품질 소프트웨어와 비교해보면 아주 적다. SQA 그룹이 없다면 소프트웨어 개발 조직의 모든 멤버들이 어느 정도는 품질 보증 활동들을 담당해야 한다. 한 조직 내에 100명의 소프트웨어 전문가들이 있다고 가정하고 이들이 품질 보증 활동에 업무시간의 약 30%를 투입한다고 가정하자. 대신에 이들 100명 중 70명은 소프트웨어 개발 업무를 담당하는 그룹으로, 30명은 SQA에 투입되지만 SQA를 관리하는 매니저 때문에 추가비용이 든다. 품질 보증은 SQA 활동이 조직 전체가 수행할 때보다 고품질의 프로덕트를 이끌어내기 때문에 전문가들로 구성된 독립된 그룹으로 수행하는 게 좋다.

소규모 소프트웨어 회사(네 명 또는 그 이하로 구성된 회사)인 경우 독립된 SQA 그룹을 운영하는 것은 경제적으로 불가능하다. 이와 같은 환경들에서 할 수 있는 최선의 방법은 분석 산출물들은 이들 산출물들을 생산한 사람보다는 다른 사람이 점검하게 만들고 또 유사하게 설계 산출물들, 코드 산출물들도 다른 사람이 점검하게 만들면 된다. 그 이유는 6.2절에서 설명된다.

6.2
비실행 기반 테스팅

SOFTWARE

테스트 케이스(test case)를 실행 없이 소프트웨어를 테스트 하는 것을 비실행-기반 테스팅(non-execution-based testing)이라고 부른다. 비실행-기반 테스팅 방법들의 예에는 소프트웨어를 검토하고(그것을 주의 깊게 읽어서) 소프트웨어를 수학적으로 분석하는 게 포함된다(6.5절).

문서를 작성하는 사람이 그 문서의 검토를 책임지게 하는 것은 좋은 아이디어가 아니다. 거의 모든 사람이 문서에 숨어있는 결함들을 발견하지 못하는 맹점을 갖고 있고 또 검토 시에 발견된 결함들을 사전에 예방하지 못하는 맹점도 갖고 있다. 그래서 검토 작업은 문서를 작성한 담당자보다 다른 사람에게 할당해야 한다. 더욱이 검토자가 한 명이면 부족하다. 문서를 여러 번 읽었어도 철자 오류를 발견하지 못하는 경우가 있다. 그러나 다른 사람은 즉시 찾아내는 경우가 많다. 이것은 워크스루(walkthrough, 검토회)나 인스펙션(inspection, 검사)과 같은 검토기법에 기초 원리가 된다. 검토의 두 가지 유형에서 문서(명세문서 또는 설계 문서)는 다양한 분야에 숙련된 기술을 갖고 있는 소프트웨어 전문가 팀이 세부적으로 검사해야 한다. 전문가 팀이 검토할 때 강점은 전문가마다 전문적인 지식을 갖고 있기 때문에 결함이 발견될 확률이 높다. 그래서 이들 때문에 시너지 효과가 상승된다.

워크스루와 인스펙션은 모두 검토의 한 유형이다. 이들의 차이점은 워크스루는 인스펙션보다 단계들이 적고 비정형적이다.

6.2.1 워크스루

워크스루 팀(walkthrough team)은 4명에서 6명으로 구성된다. 분석 워크스루 팀은 적어도 명세들을 작성한 팀의 대표자, 분석 워크플로를 담당한 매니저, 클라이언트 대표자, 다음 워크플로인 개발을 수행할 팀의 대표자(여기서 예는 설계팀), 그리고 소프트웨어 품질 보증 그룹의 대표자 등으로 구성된다. 6.2.2절에서 그 이유가 설명되겠지만 SQA 그룹의 멤버가 워크스루의 의장이 된다.

워크스루 팀의 멤버들은 가능한 한 경험이 많은 기술진이어야 한다. 왜냐하면 중요한 결함들을 발견해야 되기 때문이다. 즉 프로젝트에 부정적인 영향을 주는 주요 결함들을 발견하기 때문에 그렇다[R.New, personal communication, 1992].

워크스루에서 사용할 자료들은 참가자들이 구체적으로 준비할 수 있게 사전에 배포되어야 한다. 각 검토자는 제공받은 자료를 연구해서 두 가지 목록(list)을 개발한다. 즉 검토자가 이해할 수 없는 항목과 또 부정확하다고 생각되는 항목의 목록을 작성해야 한다.

6.2.2 워크스루 관리

워크스루는 SQA 대표자가 의장이 되어야 한다. 그 이유는 SQA 대표자 입장에서 보면 워크스루가 잘 수행되지 않거나 결함들을 그냥 지나치면 가장 손해를 보는 것이 SQA 그룹이기 때문이다. 반대로 분석 워크플로를 담당하는 대표자는 다른 태스크를 시작하기 위해서 명세문서가 가능한 한 빨리 승인만 받기를 바란다. 클라이언트 대표자는 검토 시에 발견되지 않은 어떤 결함들이 아마도 승인 테스팅 시에 나타날 수 있고 또 클라이언트 조직에 추가 비용 없이 수정될 수 있다고 결정한다. 이때 SQA 대표자는 가장 어려운 문제에 직면하게 된다. 즉 프로덕트의 품질은 SQA 그룹 전문가의 능력을 직접 반영하기 때문이다.

워크스루를 이끌어 가는 사람은 문서 전체에 있는 결함들을 발견하기 위해 워크스루 팀의 다른 멤버들을 안내해준다. 결함들을 수정하는 것은 팀의 임무가 아니고 단지 후의 수정을 위해 문서로 기록해둔다. 여기에는 다음과 같은 네 가지 이유가 있다.

1. 워크스루의 한정된 시간 내에 위원회(즉, 워크스루 팀)가 작성한 수정은 품질 면에서 필요한 기법을 훈련받은 사람이 작성한 수정보다 떨어질 수 있다.
2. 5명으로 구성된 워크스루 팀이 작성한 수정은 한 사람이 작성한 수정과 같은 시간이 소요되고 또 5명의 봉급을 고려해보면 비용은 5배가 많이 든다.
3. 결함들로 간주했던 모든 항목들이 정확하지 않다는 것이다. '만약 고장 난 것이 아니면 수리하지 말라.'는 격언에 따르면, 결함들을 완전하게 '수정하려는' 팀의 시도보다는 문제를 구체적으로 분석한 후 만약 문제가 있다면 수정해야 한다는 의미이다.
4. 워크스루에서는 결함들을 발견하고 수정할 충분한 시간이 없다. 워크스루는 두 시간 이상 계속하면 안 된다. 개최된 시간에는 결함들을 발견하고 기록하는 데 사용되는 것이지 결함들을 수정하는 시간은 아니다.

워크스루를 진행하는 방법은 두 가지가 있다. 첫 번째 방법은 참가자-중심(participant-driven)이다. 참가자들은 불명확한 항목들과 부정확하다고 생각되는 항목 목록들을 제출한다. 분석 팀의 대표자는 각 질의에 꼭 응답해야 하고, 검토자에게 무엇이 불명확한지 해명해야 하고, 정말 결함들이 있는지 동의하든지 아니면 검토자가 왜 실수했는지를 설명해야 한다.

검토를 시행하는 두 번째 방법은 문서-중심(document-driven)이다. 문서를 담당하는 사람은 개인이거나 팀의 멤버이기 때문에 이들은 문서를 통해 참가자들과 함께 준비된 언급이나 제안 설명을 듣고 이에 대한 언급을 문서로 작성한다. 이 두 번째 접근은 아주 철저해야 한다. 더욱이 이 방법이 보다 많은 결함들을 발견하게 해준다. 왜냐하면 문서-중심 워크스루에 있는 대다수의 결함들은 대부분 제안자가 즉시 발견할 수 있다. 몇 번이고 제안자는 문장의 중간에 잠시 중단할 것이고 이때 제안자의 얼굴이 밝아진다. 이때 문서를 여러 번 읽으면 잠복해 있는 결함들이 갑자기 분명해진다. 심리학자의 연구 분야는 모든 종류의 워크스루(요구사항 워크스루, 분석 워크스루, 설계 워크스루, 계획 워크스루, 코드 워크스루를 포함하는) 동안에 말로 표현하는 것이 어떻게 결함을 발견하게 하는지를 결정하게 해준다. 완전한 문서-중심 검토는 'IEEE Standard for Software Reviews and Audits'에 규정된 기법이다[IEEE 1028, 1997].

워크스루 리더의 주요 역할은 질문을 유도해내고 토의를 촉진시키는 일이다. 워크스루는 대화형 프로세스이기 때문에 제안자를 평가하는 방법으로 사용되면 안 된다. 만약에 이러한 일이 발생하면 워크스루는 점수를 부여하는 회의로 전락하게 되고 결함들은 발견되지 못하게 되어 회의 리더는 워크스루를 진행할 수 없게 된다. 또한 문서를 검토할 책임이 있는 매니저는 워크스루 팀의 한 멤버일 것을 제안했다. 만약 이 매니저가 워크스루 팀의 멤버(특히 제안자)들의 고가평가 책임을 지고 있다면, 팀의 오류 발견 능력은 저하될 수 있다. 왜냐하면 제안자의 주요 동기는 나타난 결함의 개수를 최소화시키는 것이다. 이해의 충돌을 예방하기 위하여 주어진 워크플로를 담당하는 사람은 해당 워크플로의 워크스루 팀의 멤버를 평가하는 일을 담당하게 하면 안 된다.

6.2.3 인스펙션

인스펙션(inspection, 검사)은 설계들과 코드를 테스팅 하기 위해 [Fagan, 1976]이 처음 제안했다. 인스펙션은 워크스루보다 차수가 높으며 다음과 같이 5개의 정형화된 단계로 구성된다.

1. 검사해야 할 문서(요구사항, 명세, 설계, 코드, 또는 계획)의 개요(overview)는 해당 문서를 작성할 책임이 있는 사람 중 한 명이 제시한다. 개요 세션의 후반부에 문서가 참가자들에게 배포된다.
2. 준비(preparation)과정으로 참가자들이 문서를 구체적으로 이해할 수 있게 하는 과정이다. 최근 인스펙션에서 발견된 결함들의 유형에 대한 목록은 빈도에 따라 순위가 부여되기 때문에 큰 도움이 된다. 이들 목록은 팀 멤버가 결함들이 집중적으로 발생하는 영역에 집중하게 해준다.
3. 인스펙션(inspection)이 시작되면 한 명의 참가자가 인스펙션 팀과 함께 문서를 작업하며 모든 항목들을 다루고 있는지 또 모든 분기(branch)가 적어도 한 번은 대상이 되었는지 확인한다. 이때부터 결함 발견이 시작된다. 워크스루와 같이 이것의 목적도 결함들을 발견해서 문서화 하는 것이지 수정하는 것이 아니다. 하루 내에 인스펙션 팀의 리더(중재자, moderator)는 신중하게 마무리 작업을 확인하기 위해 문서화시킨 보고서를 작성해야 한다.
4. 재작업(rework) 과정으로 이는 해당 문서를 담당하는 사람이 작성한 보고서에 있는 모든 결함들과 문제점들을 재해결하는 작업이다.
5. 사후검토(follow-up) 과정으로 중재자는 발생한 모든 단일 쟁점들의 문서를 수정시켜서 또는 결함으로 부정확하게 표시되었던 항목들이 명쾌하게 해결될 수 있는지를 확인해야 한다. 모든 수정은 새로운 결함들을 발생시키지 않는다는 확인 점검이 필요하다[Fagan, 1986]. 검사된 자료의 5% 이상을 재작업해야 한다면 팀은 100% 재검사하기 위해 다시 소집되어야 한다.

인스펙션은 네 명으로 구성된 팀이 수행한다. 예를 들어 설계 인스펙션인 경우 팀의 중재자, 설계자, 구현자, 테스터로 구성된다. 이때 중재자는 인스펙션 팀의 매니저이고 리더이다. 중재자는 현재 워크플로를 책임지는 팀의 대표자이고 또 다음 워크플로를 책임지는 팀의 대표자일 수도 있다. 설계자는 설계를 담당했던 팀의 멤버이고, 구현자는 설계를 코드로 변환시키는 사람이나 팀의 일원으로 업무를 담당한 사람이다. 테스터(tester)는 테스트 케이스들을 설정하는 책임이 있는 프로그래머가 해야 한다고 Fagan은 제안했다. 물론 테스터는 SQA 그룹의 멤버가 바람직하다. IEEE 표준은 한 팀에 3~6명의 참여자를 추천했다[IEEE 1028, 1997]. 담당 역할에는 조정자(moderator), 설계에 대해 팀을 이끌어가는 **판독자**(reader), 발견된 결함들을 보고서로 작성하는 역할의 **기록자**(recorder) 등이 있다.

인스펙션의 기본 컴포넌트는 잠재적 결함들의 체크 리스트(checklist, 점검 목록)이다. 예를 들면 설계 인스펙션 용 체크 리스트는 다음 항목들이 포함된다. 즉 명세문서의 각 항목은 적절하게 그리고 정확하게 설계되었는가? 각 인터페이스에 대해 실인수(actual argument)와 가인수(formal argument)가 대응되어 있는가? 에러-처리 메커니즘은 적절하게 식별되는가? 이 설계는 하드웨어 자원들에 적합한가? 또는 실제 사용 시 하드웨어가 요구되는가? 이 설계는 소프트웨어 자원들에 적합한가? 예를 들어 분석 산출물들에서 조건으로 규정한 운영체제는 설계에서 요구한 기능성을 갖추고 있는가?

인스펙션 프로시저의 중요한 컴포넌트는 결함이 발생한 통계 기록이다. 결함들은 수준(중요 또는 사소-예를 들면 중요 결함은 사전에 미리 종료 또는 데이터베이스를 손상시키는 요인 등)이나 결함의 유형으로 기록된다. 설계 인스펙션인 경우 대표적인 결함의 유형에는 인터페이스 결함 (interface fault)과 논리결함(logic fault)이 포함된다. 이 정보는 다음과 같이 유용한 방법들로 많이 사용된다.

- 주어진 프로덕트에 있는 결함의 수는 비교 가능한 프로덕트의 동일 개발 단계에서 발견된 결함들의 평균수와 비교할 수 있기 때문에 어떤 항이 빠져 있는지 사전에 경고를 해서 적합한 조치를 취할 수 있는 관리를 제공해준다.
- 만약 두 개 내지 세 개의 코드 산출물들을 검사했을 때 특수한 유형의 결함이 불균등하게 발견된 경우 관리자는 유형의 결함에 대한 다른 코드 산출물을 점검(checking)해서 필요하다면 정확한 조치를 내린다.
- 특정 코드 산출물의 인스펙션이 해당 프로덕트의 다른 코드 산출물에서 발견된 것보다 많은 결함들이 나타나면 해당 산출물을 처음부터 재설계하는 사례가 자주 있다.
- 설계 산출물에서 발견된 결함의 개수와 유형에 관한 정보는 마지막 단계에서 동일 산출물의 구현에 대한 코드 인스펙션을 수행하는 팀에게 도움을 준다.

[Fagan, 1976]은 첫 번째 실험을 시스템 프로덕트로 실행했다. 이 인스펙션에는 시간당 100명이 투입되었는데, 이는 네 명으로 구성된 두 개 팀이 매일 두 시간씩 검사한 경우이다. 프로덕트 개발 동안에 발견된 모든 결함 중에 67%는 단위 테스팅(unit testing)을 시작하기 전 인스펙션들로 발견되었다. 더욱이 운영 시 처음 7개월 동안 비정형 워크스루들을 사용해서 검토한 비교 가능한 프로덕트보다 인스펙션 대상이 되는 프로덕트가 38% 이하의 결함이 발견되었다.

[Fagan, 1976]은 애플리케이션 프로덕트에 다른 실험을 수행한 결과 발견된 결함 중 82%가 설계와 코드 인스펙션들 동안에 발견된 사실을 알게 되었다. 인스펙션들의 유용한 추가효과는 단위 테스팅에 소요되는 시간보다 적기 때문에 프로그래머의 생산성이 향상된다. 자동 추정 모델 (automated estimating model)을 사용해서 Fagan은 인스펙션 프로세스의 결과로서 인스펙션에 시간이 투입되었어도 프로그래머의 자원이 25% 절약되었다. 다른 실험에서 [Jones, 1978]는 발견된 결함 중 70% 이상을 설계와 코드 인스펙션을 수행하면 발견된다는 사실을 알게 되었다.

최근 많은 연구에서 위의 실험과 같은 인상적인 좋은 결과들이 발표되고 있다. 6,000라인 짜리 업무 데이터 처리 애플리케이션에서 발견된 모든 결함 중 93%가 인스펙션 동안에 발견되었다 [Fagan, 1986]. [Ackerman, Buchwald, Lewski, 1989]의 보고에 따르면, 운영체제 개발 시 테스팅을 사용하지 않고 인스펙션을 사용하면 테스팅보다 결함을 발견하는 비용이 85%까지 절감되었다. 스윗칭 시스템(switching system) 프로덕트에서도 비용은 90% 절감되었다[Fowler, 1986]. 또 JPL(Jet Propulsion Laboratory)에서도 각 두 시간 인스펙션에서 평균적으로 네 개의 중요한 결함과 14개의 사소한 결함들이 검출되었다[Bush, 1990]. 달러로 환산시키면 이것은 인스펙션 당 약 $25,000의 절약을 의미한다. 다른 JPL 연구[Kelly, Sherif, Hopf, 1992]에는 발견된 결함들의 개수는 고전적 단계로 보면 지수적으로 감소된 것을 보여준다. 다른 말로 표현하면 인스펙션들의 도움을 받으면 결함들은 소프트웨어 프로세스의 초기에 발견될 수 있다. 이렇게 초기 발견의 중요성은

그림 1.6에 반영되어 있다.

코드 인스펙션들이 테스트 케이스를 실행하는 것(실행-기반 테스팅) 이상으로 갖는 이점은 테스터들이 실패들을 취급할 필요가 없다는 것이다. 테스트 중인 프로덕트가 실행될 때 실패가 자주 발생한다. 실패의 원인이 되는 결함은 실행-기반 테스팅이 계속되기 전에 위치를 알아 수정해야 한다. 반대로 비실행-기반 테스팅 동안에 발견된 결함은 등록되어 다음에 검토가 계속된다.

인스펙션 프로세스의 위험은 워크스루와 같이 성능감정 용으로 사용된다. 위험은 인스펙션들인 경우에 특히 민감하다. 왜냐하면 세부적인 결함정보를 이용하기 때문에 Fagan은 프로그래머에 대한 이 정보를 사용했던 IBM 매니저가 없던 것을 아는 데는 3년이 지난 후였다고 언급하면서 이 두려움을 버렸다. 그는 '황금 달걀을 낳는 거위를 죽이'는 매니저는 없다고 덧붙였다[Fagan, 1976]. 그러나 만약 인스펙션이 적절하게 수행되지 않았다면 그들은 IBM에서처럼 성공을 거둘 수가 없었다. 최고 관리자가 잠재적인 문제를 인식하지 못하면 인스펙션 정보의 오용은 얼마든지 가능성이 있다.

6.2.4 인스펙션과 워크스루의 비교

인스펙션과 워크스루의 표면적인 차이점을 보면 인스펙션 팀은 결함 발견에 도움을 주는 질의 체크리스트를 사용한다. 그러나 그 이상의 차이점이 있다. 워크스루는 2단계 프로세스이다. 즉 순서는 준비 다음에 문서의 팀 분석이다. 인스펙션은 5단계 프로세스인데 즉, 개요, 준비, 인스펙션, 재작업, 사후검토 등이고, 이들 각 단계에서 수행되는 프로시저는 정형화 되어 있다. 이와 같이 정형화된 예는 결함들의 방법론적인 분류와 후속 워크플로들의 문서에 대한 인스펙션 정보뿐만 아니라 미래 프로덕트들의 인스펙션에 대해서도 이들 정보가 사용된다.

인스펙션 프로세스는 워크스루보다 더 오래 걸린다. 인스펙션에 추가 시간과 노력이 드는데 가치가 있는가? 6.2.3절의 데이터는 명확히 인스펙션이 결함 발견에 강력하고 비용 효과적인 툴이라고 알려준다.

6.2.5 검토의 강점과 약점

검토(review)(워크스루 혹은 인스펙션)에는 두 개의 주요 강점이 있다. 첫째 검토는 결함을 발견하는 효과적인 방법이다. 둘째 결함들은 소프트웨어 프로세스의 초기에 발견된다, 즉 결함을 수정하는 데 비용이 많이 드는 단계 이전에 발견된다. 예를 들면 설계 결함들은 구현이 시작되기 전에 발견되고 코딩 결함들은 산출물이 프로덕트에 통합되기 전에 발견된다.

그러나 만약 소프트웨어 프로세스가 부적절하다면 다음과 같이 검토 효과는 감소된다.

- 첫째 대규모 소프트웨어는 작은 독립된 컴포넌트로 구성되지 않으면 검토하기가 매우 어렵다. 객체-지향 패러다임의 강점 중 하나는 정확히 수행된다면 결과물인 프로덕트는 크게 독립된 단위로 구성될 수 있다.
- 둘째 설계 검토 팀은 자주 분석 산출물들을 참조한다. 또 코드 검토 팀은 설계 문서들을 자주 접근할 필요가 있다. 이전 워크플로의 문서화가 완전하지 않으면 프로젝트의 현재의 버전을 반영하기 위해 갱신시켜야 하고 또 온라인을 이용할 수 있게 하면 검토 팀들의 효과는 현저히 하락한다.

6.2.6 인스펙션용 척도

인스펙션들의 효과를 결정하기 위해서 많은 척도(metric)가 사용된다. 첫 번째는 인스펙션 율 (inspection rate)이다. 명세와 설계들이 검사될 때 시간당 검사된 페이지의 수가 측정된다. 즉 코드 인스펙션들에 대한 적합한 척도는 시간당 검사된 코드의 라인이다. 두 번째 척도는 **결함 밀도**(fault density)이다. 이 척도는 검사된 KLOC(Kilo Line Of Code, 1000라인) 당 결함 수이고, 자료 단위 당 주요 결함과 단순 결함들로 분류된다. 다른 유용한 척도는 **결함 발견율**(fault detection rate)이 다. 즉 시간당 발견된 주요/단순(major/minor) 결함들의 수이다. 네 번째 척도는 **결함 발견 효율성** (fault detection efficiency)이다. 즉, 사람 당 발견한 주요-단순 결함들의 수를 말한다.

비록 이들 척도의 목적이 인스펙션 프로세스의 효과를 측정하는 것이지만 결과들은 개발 팀 의 부족 여부를 나타낸다. 예를 들어 만약 결함 발견율이 갑자기 KLOC 당 20개의 결함에서 30개 로 상승 했다면 이것이 인스펙션 팀의 효율이 갑자기 50% 증가되었다는 의미는 아니다. 다른 설 명은 코드의 품질이 저하되고 단순히 결함들이 더 발견될 수 있다는 의미다.

지금까지는 비실행-기반 테스팅에 대해 논의했고 다음 절에서는 실행-기반 테스팅에 대해 논 의한다.

6.3
실행-기반 테스팅

SOFT WARE

테스팅은 결함('bug')들이 현재 없다는 것을 증명하는 것이라고 주장했다. 어떤 조직들은 테스팅 에 그들 소프트웨어 예산의 50%까지 투입한다는 사실에도 불구하고 인도된 '테스트한' 소프트웨 어가 신뢰할 수 없다고 말한다.

이러한 모순에 대한 이유는 단순하다. Dijkstra는 "프로그램 테스팅은 버그의 존재를 보여주 는 가장 효과적인 방법일 수 있지만, 그들이 없는 것을 보여주기에는 안타깝게도 부적절하다."고 주장했다[Dijkstra, 1972]. Dijkstra가 말한 것은 만약 프로덕트가 테스트 데이터로 수행하고 그리 고 그 출력물이 잘못되었다면 프로덕트는 분명히 결함이 포함된다는 의미이다. 그러나 만약 출력 물이 정확해도 프로덕트에 결함이 있을 수 있다. 특정 테스트가 보여주는 것은 프로덕트가 테스트 데이터의 특정 부분에서는 정확하게 실행된다는 것이다.

테스트 대상은 무엇인가?

어떤 성질들이 테스트 되어야 하는지를 서술하기 위해서는 우선 **실행-기반 테스팅(execution-based testing)**에 관한 명확한 서술이 있어야 한다. [Goodenough, 1979]에 따르면 실행-기반 테스팅은 알고 있는 환경에서 선택된 데이터를 프로덕트에 실행시켜 나온 결과를 기준으로 프로덕트의 어떤 행위의 성질을 추론하는 과정이다. 이 정의에는 다음과 같은 세 가지 고민되는 의미가 내포되어 있다.

1. 첫 번째로, 이 정의는 테스팅이 추리의 프로세스임을 나타낸다. 테스터는 프로덕트에 어떤 잘못이 있는지 추론해야 한다. 이러한 관점에서 보면 테스팅은 어두운 방에 전설의 검정고양이를 발견하려는 것과 비교될 수 있다. 이때 첫 번째 장소의 방에 고양이가 있는지 없는지 알 필요는 없다. 테스터는 어떤 결함들을 발견하는 데 도움을 주는 몇 가지 단서를 갖게 된다. 즉 입력의 10 내지 20세트와 이에 대응되는 출력, 가능하면 사용자 결함 보고서, 그리고 KLOC 등. 이들로부터 테스터는 결함이 있다면 어떤 것이 있는지를 추론해야 한다.

2. 이 정의에 있는 문제는 **알고 있는 환경(known environment)**이란 문구에서 발생한다. 우리는 하드웨어나 소프트웨어든지 우리가 처한 환경을 정말로 알지 못한다. 우리는 결코 운영체제가 정확하게 기능을 수행하는지 그리고 실행-시간 루틴이 정확한지 확인할 수가 없다. 컴퓨터의 메인메모리에 간헐적으로 하드웨어 결함이 있을 수 있다. 그래서 프로덕트의 행위로 관찰된 것은 사실상 올바른 프로덕트가 결함이 있는 컴파일러나 결함이 있는 하드웨어나 환경에 내재된 다른 결함이 있는 컴포넌트들과 상호 작동시켜서 정확한 프로덕트인지를 확인하는 것이다.

3. 실행-기반 테스팅의 정의에 난해한 부분은 선택된 입력들이 갖는 문구에 있다. 실시간 시스템인 경우에 입력들이 시스템을 자주 제어할 수 없다. 항공 전자 공학 소프트웨어를 고려해보자. 비행 제어 시스템은 입력에 두 가지 유형이 있다. 입력의 첫 번째 유형은 조종사가 비행기를 조종하는 데이터이다. 만약 조종사가 상승하기 위해 조종간을 잡아당기거나 비행기의 속도를 증가시키기 위해 조종판을 연다면 이 기계적인 행동은 디지털 신호들로 변화되어 비행 제어 컴퓨터에게 보내진다. 입력의 두 번째 유형은 비행기의 높이, 속도, 날개의 상하 운동 등과 같은 현재의 물리적 상태이다. 이때 비행 제어 소프트웨어는 조종사의 지시를 구현하기 위하여 날개의 상하 움직임과 엔진과 같은 비행기의 컴포넌트들에 보내지는 신호를 계산하기 위해 계량화된 값을 사용한다. 조정사의 입력이 비행기의 제어를 적합하게 설정해서 간단하게 요구한 값으로 쉽게 설정될 수 있지만 현재의 물리적 상태에 대응하는 입력들이 쉽게 처리될 수는 없다. 사실 어떤 사람도 비행기에게 '선택한 입력'을 강요할 방법이 없다. 이와 같은 실시간 시스템은 어떻게 테스트 할 수 있는가? 그 대답은 시뮬레이터를 사용하면 된다.

이러한 실시간 시스템은 어떻게 테스트 되는가? 대답은 시뮬레이터를 사용하면 된다. 시뮬레이터(simulator)는 프로덕트의 환경에서 작동되는 모델이며, 이 경우 비행 제어 소프트웨어가 프로덕트로 실행된다. 비행 제어 소프트웨어는 선택한 입력들이 비행 제어 소프트웨어에 보내지는 것을 시뮬레이터로 테스트할 수 있다. 시뮬레이터는 운영자가 어떤 입력을 해당 변수에 설정하는 것을 제어한다. 만약 테스트의 목적이 비행 제어 소프트웨어가 어떻게 수행하는지를 결정하는 것이면 한 엔진에 화재가 포착되었으면 시뮬레이터의 제어는 비행 제어 소프트웨어에 보내진 입력들이 실제 비행기의 엔진에 화재가 났다는 것을 입력으로부터 분간할 수 없게 된다. 이 출력은 비행 제어 소프트웨어에서 시뮬레이터로 보내진 출력신호를 조사하면 분석된다. 그러나 시뮬레이터는 시스템의 어떤 면에 충실한 모델로 좋은 근사치가 될 수 있다. 그러나 이것이 시스템 자체가 될 수는 없다. 시뮬레이터의 사용은 '알려진 환경'이 있다는 의미이고 반면에 이 알려진 환경은 프로덕트가 설치될 실제 환경과 여러 면에서 같을 수 있는 확률이 조금은 있다.

테스팅에 대한 앞의 정의는 '행위의 특성(behavioral property)'들을 말한다. 어떤 행위의 특성이 테스트 되어야 하는가? 이 질문에 대한 명확한 대답은 '프로덕트 기능들이 정확한지 테스트 하라'는 것이다. 그러나 보여주었듯이 정확성이 필요충분조건은 아니다. 정확성을 논의하기 전에 네 가지 다른 행위의 특성을 고려해보자. 즉, 유용성(utility), 신뢰성(reliability), 강건성(robustness), 성능(performance) 등이다[Goodenough, 1979].

6.4.1 유용성

유용성(utility)은 정확한 프로덕트가 해당 명세들이 허용한 조건들 아래서 사용될 때 사용자의 니즈(user's needs)를 만족시키는 정도를 의미한다. 다른 말로 표현하면 정확하게 기능을 수행하는 프로덕트는 명세들에 유효한 입력들에 대상이 된다. 예를 들면 사용자들은 프로덕트가 사용하기가 쉬운지, 프로덕트가 유용한 기능들을 수행하는지, 프로덕트가 경쟁 프로덕트와 비교해서 비용이 효과적인지 등을 테스트 한다. 즉 프로덕트가 정확한지 그렇지 않은지는 테스트를 해야 하는 중요한 이슈가 된다. 만약 프로덕트가 비용-효과적이지 못하면 그것은 구입할 때가 아니다. 프로덕트를 쉽게 사용할 수 없다면 그것은 전혀 사용되지 않거나 부정확하게 사용될 것이다. 기존의 프로덕트(포장형 소프트웨어를 포함하는)의 구입을 고려할 때 프로덕트의 유용성은 우선 테스트 되어야 하고 만일 프로덕트가 해당 점수를 받지 못하면 테스팅은 종료된다.

6.4.2 신뢰성

테스트 해야 할 프로덕트의 또 다른 측면은 신뢰성(reliability)이다. 신뢰성은 프로덕트 실패의 빈도와 위험을 측정하는 것이다. 여기서 실패란 허용할 수 있는 운영 여건 아래서 실패의 결과로 발생하는 인정할 수 없는 결과나 행위를 말한다. 다른 말로 표현하면 프로덕트들이 얼마나 자주 실패하는지(실패 간의 평균시간, mean time between failures, MTBF), 그리고 해당 실패의 결과들이 얼마나 나쁜 영향을 미칠 수 있는지 알 필요가 있다. 프로덕트가 실패할 때 실패를 복구하는 데 (복구하는 데 소요되는 평균시간, mean time to repair, MTTR) 평균적으로 얼마나 걸리는지는 중요한 문제이다. 그러나 실패의 결과들을 복구하는 데 얼마나 오래 걸리는지가 더 중요하다. 현재 이러한 점이 자주 간과되고 있다. 통신상에서 실행되는 소프트웨어가 평균적으로 6개월마다 한 번씩 실패가 발생하고 이때 데이터베이스를 완전히 지운다고 가정하자. 마지막 방법으로 이때 데이터베이스는 최근의 체크-포인트 덤프(check-point dump)를 시행할 때 데이터베이스의 현 상태를 다시 초기화 하는 것이 최선이고 또 데이터베이스를 최신의 상태로 놓고 사용할 수 있게 감리를 한다. 그러나 만

알고 싶은 사항 6.2 Just in Case You wanted to Know

임베디드 컴퓨터(embedded computer)는 주목적이 계산이 아닌 대형 시스템의 한 통합 부분이다. 임베디드 소프트웨어의 기술은 컴퓨터가 내장된 장치들을 제어하는 것이다. 군사적인 예를 보면 전투기에 탑재된 항공전자공학 컴퓨터의 네트워크, 또는 대륙간 탄도 미사일에 장착된 컴퓨터 등이 해당된다. 원추형 미사일의 탄두에 있는 임베디드 컴퓨터는 단지 그 미사일만 조정한다. 이것은 미사일 기지에 근무하는 군인들의 봉급 내역서를 출력하는 데는 사용할 수 없다.

좀 더 친숙한 예들은 디지털시계나 세탁기의 컴퓨터 칩(chip)들이 될 수 있다. 세탁기에 있는 칩은 세탁기를 조절하는 데만 사용되기 때문에 세탁기 주인은 자신의 출납부나 수표책을 관리하는 데 이를 사용할 방법이 없다.

약 이러한 회복 프로세스(recovery process)가 데이터베이스나 통신상에 효력이 없이 2일 이상 소요된다면 실패 간의 평균시간이 6개월이라는 사실에도 불구하고 프로덕트의 신뢰성은 저하된다.

6.4.3 강건성

테스팅을 요구하는 모든 프로덕트의 또 다른 측면이 강건성(robustness)이다. 비록 정확한 정의를 제안하기는 어렵지만 강건성은 운영 조건들의 범위, 합당한 입력을 가지고도 인정할 수 없는 결과들이 될 가능성, 프로덕트에 부당한 입력이 주어졌을 때 결과들의 수용과 같은 많은 인자들의 기능을 의미한다. 허용할 수 있는 광역의 운영 조건들을 갖고 있는 프로덕트는 보다 한정적인 프로덕트보다 더 강건하다. 강건한 프로덕트는 입력이 프로덕트의 명세를 만족할 때 인정할 수 없는 결과물을 생성하지 않는다. 예를 들면 타당한 명령은 재앙이 생기는 결과물을 생성하지 않는다. 강건한 프로덕트를 프로덕트가 허용되는 운영조건들이 아닌 경우에 사용해도 파괴되지는 않는다. 강건성의 이러한 측면을 테스트 하기 위해 테스터는 입력 명세들을 만족하지 않는 테스트 데이터를 일부러 입력시켜 프로덕트가 얼마나 나쁘게 반응하는지를 결정한다. 예를 들어 프로덕트가 이름을 요청할 때 테스터는 control-A escape-% ?$#@와 같이 받아들일 수 없는 문자열로 응답한다. 만약 컴퓨터가 Incorrect data-Try again과 같은 message로 응답하거나 또는 데이터가 기대했던 것에 일치하지 않는 것을 사용자에게 통보한다면 요구한 것에 조금이라도 틀려서 파괴되는 프로덕트보다 더 강건하다.

6.4.4 성능

성능(performance)은 테스트해야 할 프로덕트의 또 다른 측면이다. 예를 들면 프로덕트가 응답 시간이나 공간 요구에 대한 제약을 만족시키는 정도를 알아야 한다. 이동형 대공 미사일(handheld antiaircraft missile)에 장착한 컴퓨터(onboard computer)처럼 임베디드 컴퓨터 시스템(embedded computer system)에서 임베디드 시스템의 공간 제약은 주기억장치의 128kb만 소프트웨어용으로 사용할 수 있다는 점이다. 아무리 소프트웨어가 훌륭해도 주기억장치의 256kb를 요구하면 전혀 사용할 수가 없다(임베디드 소프트웨어의 보다 구체적인 정보는 '알고 싶은 사항 6.2' 참조).

실시간 소프트웨어는 시간 제약으로 특징지을 수 있다. 즉, 자연현상 같은 시간 제약에 만약 제약성이 없다면 정보를 잃어버리는 것을 의미한다. 예를 들면 핵반응 제어 시스템은 중심의 온도를 표본 감시해야 되고 1초에 10번인 데이터를 처리해야 한다. 만약 시스템이 1초에 10번인 온도 감지기로부터 인터럽트를 처리하는 데 충분히 빠르지 않다면 데이터는 손실되고 이들 데이터를 회복시킬 방법이 없다. 시스템이 온도 데이터를 받는 다음 시간은 현재 온도가 될 것이며 그것을 놓치지 않고 읽어야 한다. 만약 반응기가 용해(meltdown)점에 있다면 모든 관련 정보를 받아서 명세대로 처리하는 게 중요하다. 모든 실시간 시스템이 갖고 있는 성능은 명세들에 기재된 모든 시간 제약을 만족시켜야 한다.

6.4.5 정확성

마지막으로 정확성(correctness)의 정의가 주어진다. 만약 프로덕트가 컴퓨팅 자원의 사용과는 독립적으로 허용된 조건들 아래서 운영될 때 출력명세들을 만족하면 이 프로덕트는 정확(correct)하다고 말한다[Goodenough, 1979]. 다른 말로 표현하면 만약 입력 명세들을 만족시키는 입력이 제공되고 또 프로덕트에 필요한 모든 자원들이 주어진다면 그리고 만약 출력이 출력 명세들을 만족시킨다면 프로덕트는 정확하다.

테스팅의 정의처럼 정확성의 정의에도 난해한 의미를 갖고 있다. 프로덕트가 다양한 테스트 데이터를 성공적으로 테스트 했다고 가정하자. 이것은 프로덕트를 인정할 만하다는 의미인가? 불행히도 그렇지 않다. 만약 프로덕트가 정확하다면 그것이 의미하는 모든 것은 그것의 명세들을 만족시킨다는 것이다. 만약 명세 자체가 부정확하다는 의미는 무엇인가? 이러한 난해함을 설명하기 위해 그림 6.1에 있는 명세들을 고려해보자. 이 명세들은 정렬(sort)을 하기 위한 입력으로 정수 n의 배열 p이고, 반면에 출력은 감소하지 않는 순서로 정렬된 다른 배열 q이다. 표면적으로 보면 명세는 정확하게 보인다. 그러나 그림 6.2에 있는 trickSort 방법을 고려해보자. 이 방법에서 배열 q의 모든 n 요소들을 0으로 설정된다. 이 방법은 그림 6.1의 명세들을 만족시키기 때문에 정확하다.

| 그림 6.1
정렬에 대한
부정확한 명세 | Input specification: p : array of n integers, n > 0.

Output specification: q : array of n integers such that
               q[0] ≤ q[1] ≤ ⋯ ≤ q[n − 1] |

| 그림 6.2
그림 6.1의
명세들을 충족시키는
메소드 trickSort방법 | ```
void trickSort (int p[ ], int q[ ])
{
    int i;
    for (i 0; i n; i)
        q[i] 0;
}
``` |

| 그림 6.3
정렬에 대한
정확한 명세 | Input specification: p : array of n integers, n > 0.

Output specification: q : array of n integers such that
               q[0] ≤ q[1] ≤ ⋯ ≤ q[n − 1]

The elements of array q are a permutation of the
elements of array p, which are unchanged. |

무슨 일이 발생할까? 불행히도 그림 6.1의 명세들은 잘못되었다. 문장에서 q의 요소들은 출력 배열이고 입력 배열 p의 요소의 순열(재정렬)이라는 내용이 생략되었다. 정렬의 고유 성질은 재정렬 과정이다. 그림 6.2의 방법은 이 명세 오류를 이용했다. 다른 말로 설명하면 trickSort 방법은 정확하지만 그림 6.1의 명세들은 잘못되었다. 정확한 명세들은 그림 6.3에 있다. 앞의 예를 보면 명세 결함의 결과가 중요하다는 사실을 알게 된다. 만약 그 명세들이 부정확하다면 결국 프로덕트의 정확성은 의미가 없어진다.

프로덕트가 정확하다는 사실만으로는 충분하지 않다. 왜냐하면 정확하다는 것을 보여줄 명세들 자체가 잘못되어 있을 수가 있다. 그러나 이것이 왜 필요한가? 다음 예를 고려해보자. 어떤 소프트웨어 조직이 기능이 뛰어난 새로운 C++ 컴파일러를 구입했다. 새 컴파일러는 오래된 컴파일러보다 초당 원시 코드를 두 배 번역할 수 있고, 목적 코드는 거의 45%나 빨리 수행하고, 목적 코드 크기는 20%가 작아졌다. 게다가 오류 메시지는 더 정확해졌고 연간 유지보수, 갱신 비용도 이전의 컴파일러보다 절반 정도 적게 든다. 그러나 한 가지 문제가 있다. 즉, 어느 클래스에서든지 **for** 문만 나타나면 우선 컴파일러는 거짓의 오류 메시지를 출력한다. 명시적으로나 암시적으로 컴파일러에 대한 명세들은 만약 원시 코드에 결함이 있다면 오류 메시지가 출력되기를 요구하기 때문에 컴파일러가 정확하지 않다. 사실 컴파일러가 모든 방법에서 아주 이상적이면 그 컴파일러를 사용하는 것이 가능하다. 더욱이 다음 버전으로 나올 컴파일러의 더욱 사소한 결함은 수정된다고 기대해도 된다. 그 동안에 프로그래머들은 거짓 오류 메시지를 무시하게 된다. 그래서 조직은 부정확한 컴파일러로 운영한 것이라 기존의 정확한 컴파일러로 교체해달라고 강력하게 요청할 수 있다. 그래서 프로덕트의 정확성은 필요·충분조건이 아니다.

앞의 두 가지 예는 약간은 인위적인 예이다. 그러나 그것들은 단지 프로덕트가 그 명세들의 정확한 구현을 의미하는 정확성을 말한다. 다른 말로 표현하면 테스팅은 프로덕트가 정확하다는 것을 보여주는 그 이상이다.

실행-기반 테스팅에 관련된 모든 어려움을 가지고 컴퓨터 과학자들은 프로덕트가 제대로 동작한다는 것을 확인하는 다른 방법을 찾으려고 노력했다. 50년 이상 상당한 관심을 가졌던 비실행-기반 대안과 같은 방법이 정확성을 증명해준다.

6.5
테스팅 대 정확성 증명

정확성 증명(correctness proof)은 프로덕트가 정확한지, 다른 말로 표현하면 프로덕트가 해당 명세의 만족여부를 보여주는 수학적인 기법이다. 이 기법은 가끔 확인(verification)이라고 부른다. 그러나 이전에 지적했듯이 확인이란 용어는 테스팅 문맥 내에서 다른 의미를 갖고 있다. 즉 확인은 정확성 증명뿐만 아니라 모든 비실행-기반 테스팅을 나타낼 때 사용된다. 이를 명확히 하기 위해서 이 수학적 프로시저는 그것이 수학적 증명 프로세스(mathematical proof process)라는 것을 독자에게 상기시키기 위해 정확성 증명이라고 부른다.

그림 6.4

정확성을 증명할
코드 프라그먼트

```
int k, s;
int y[n];
k = 0;
s = 0;
while (k < n)
{
    s = s + y[k];
    k = k + 1;
}
```

그림 6.5

그림 6.4의 순서도

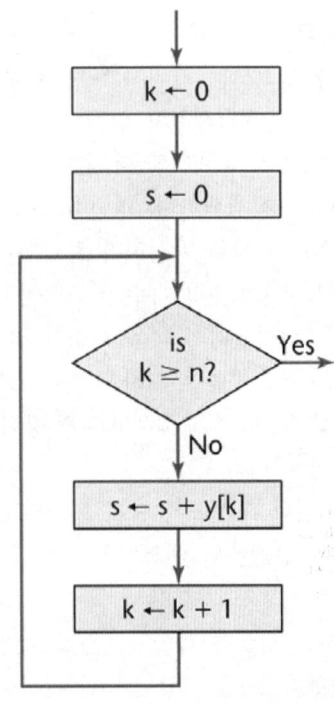

6.5.1 정확성 증명의 예

정확성이 어떻게 증명되는지 알기 위해 그림 6.4에 있는 코드 프라그먼트(code fragment)를 고려해보자. 코드에 대응되는 순서도는 그림 6.5에 있다. 이것은 코드 프라그먼트가 정확하다는 것을 보여준다. 코드가 수행된 후 변수 s는 배열 y의 n개 요소들의 합을 포함한다. 그림 6.6에서 각 문장의 전후에 A ~ H 문자 등으로 표시된 자리에 assertion이 들어간다. 즉, 각 assertion은 수학적 성질이 유지되는 각 위치에 붙여준다. 정확성은 지금부터 증명된다.

코드가 실행되기 전 입력명세 A에 있는 조건은 변수 n이 양의 정수이다. 즉 다음과 같이 된다.

$$A: n \in \{1,\ 2,\ 3,\ ...\} \qquad (6.1)$$

분명한 출력 명세는 만약 판단 조건이 H점에 이르면 s 값은 배열 y에 저장되었던 n 값의 합을 포함한다. 즉, 다음과 같이 된다.

그림 6.6

입력명세, 출력명세,
루프 인베리언트,
그리고
assertion들을 갖고
있는 그림 6.5

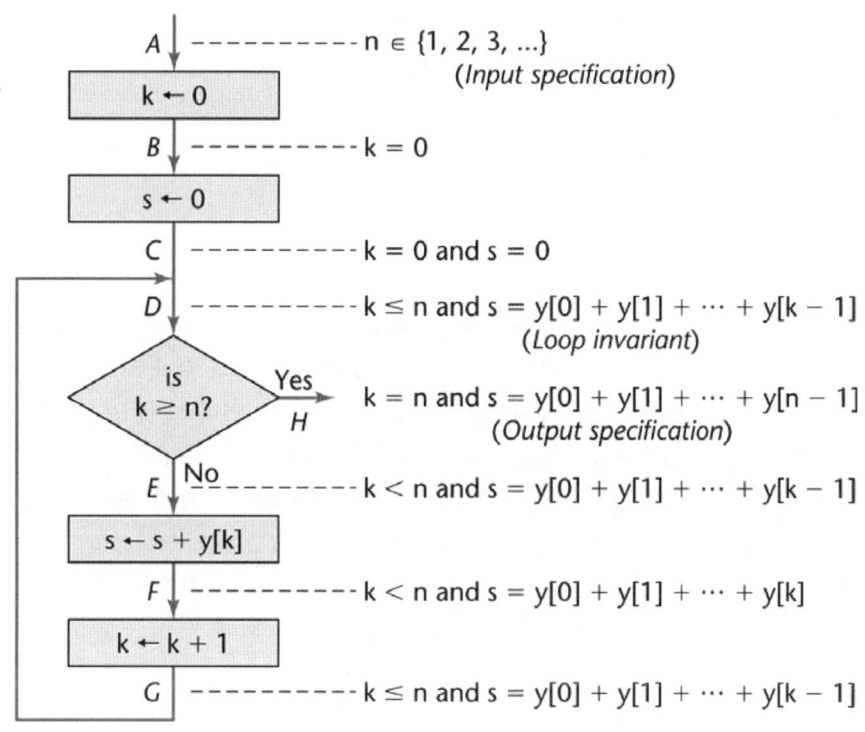

$$A \downarrow \text{----------} \quad n \in \{1, 2, 3, ...\}$$
$$(Input\ specification)$$

$$k \leftarrow 0$$

$$B \downarrow \text{--------} \quad k = 0$$

$$s \leftarrow 0$$

$$C \text{----------} \quad k = 0 \text{ and } s = 0$$

$$D \downarrow \text{----------} \quad k \leq n \text{ and } s = y[0] + y[1] + \cdots + y[k-1]$$
$$(Loop\ invariant)$$

$$\text{is } k \geq n? \quad \xrightarrow{\text{Yes}} \quad k = n \text{ and } s = y[0] + y[1] + \cdots + y[n-1]$$
$$H \qquad (Output\ specification)$$

$$E \downarrow \text{No} \text{----------} \quad k < n \text{ and } s = y[0] + y[1] + \cdots + y[k-1]$$

$$s \leftarrow s + y[k]$$

$$F \downarrow \text{----------} \quad k < n \text{ and } s = y[0] + y[1] + \cdots + y[k]$$

$$k \leftarrow k + 1$$

$$G \text{----------} \quad k \leq n \text{ and } s = y[0] + y[1] + \cdots + y[k-1]$$

$$H: \ s = y[0] + y[1] + ... + y[n-1] \qquad (6.2)$$

사실 코드 프라그먼트는 출력 명세에 관하여 정확하다는 것이 다음과 같이 증명된다.

$$H: \ k = n \ \text{and} \ s = y[0] + y[1] + ... + y[n-1] \qquad (6.3)$$

마지막 문장에 대해 요청할 것이 있다. 즉, 출력 명세 (6.3)은 어디에서 나오는가? 증명 끝 부분에서 해당 질문에 대한 답이 있기를 희망한다.

입력과 출력 명세들 이외에도 증명 프로세스의 세 번째 성질은 루프에 대한 인베이언트(invariant)가 제공되는 것이다. 즉, 수학적 표현은 loop가 0, 1 혹은 여러 번 실행되는지를 D점에서 유지될 수 있게 제공되어야 한다. 유지되는 것이 증명되는 루프 인베리언트(loop invariant)는 다음과 같다.

$$D: \ k \leq n \ \text{and} \ s = y[0] + y[1] + ... + y[k-1] \qquad (6.4)$$

만약 입력 명세 (6.1)이 점 A에서 유지된다면 명세 (6.3)은 점 H에서 유지된다. 즉 코드 프래그먼트가 정확하다는 것이 증명된다.

첫 번째 할당문 k←0이 실행되고, 제어는 점 B에 있게 되고 다음과 같이 assertion이 유지된다.

$$B: \ k = 0 \qquad (6.5)$$

보다 정확히 하려면 점 B에서 assertion은 $k=0$과 $n \in \{1, 2, 3 \cdots\}$을 읽어야 한다. 그러나 입력 명세 (6.1)은 순서도의 모든 점에서 유지된다. 간단히 말하면 '그리고 $n \in \{1, 2, 3 \cdots\}$'은 지금부터 생략한다.

점 C에서 두 번째 할당 문, 즉 $s \leftarrow 0$의 결과로 다음과 같이 assertion은 참(true)이 된다.

$$C: k = 0 \text{ and } s = 0 \qquad (6.6)$$

이제 루프가 입력된다. 루프 인베리언트 (6.4)는 정확하다는 것이 귀납적(6.6)으로 확실히 증명된다. 루프가 1회 수행되기 바로 직전 assertion (6.6)은 유효하다. 즉 $k=0$과 $s=0$이다. 이제 루프 인베리언트 (6.4)를 고려해보자. assertion (6.6)에 의해 $k=0$, 입력 명세 (6.1)로부터 $n \geq 1$이기 때문에 요구한대로 $k \leq n$이 된다. 더욱이 $k=0$ 이기 때문에 $k-1=-1$이 따라오고 (6.4)에 있는 합은 비게 되어 요구한 대로 $s=0$이 된다. 루프 인베리언트(6.4)는 루프가 첫 번째 시작 바로 직전에 참이 된다. 지금까지는 귀납적 가설 단계가 수행되었다. 코드 프라그먼트의 실행 동안에 어떤 단계에서도 루프 인베리언트는 유지된다고 가정하자. 즉, k는 k_0 수치와 같기 위해서 $0 \leq k_0 \leq n$는 점 D에서 실행되고 다음과 같이 D가 유지되는 assertion이 된다.

$$D: k_0 \leq n \text{ and } s = y[0]+y[1]+ \ldots + y[k_0-1] \qquad (6.7)$$

제어는 지금 테스트 박스로 넘어 간다. 만약 $k_0 \geq n$일 때 가설에 의해 $k_0 \leq n$이면 이것은 $k_0 = n$이 수행된다. 귀납 가설 (6.7)에 의해 이것은 다음과 같은 의미이다.

$$H: k_0 < n \text{ and } s = y[0]+y[1]+ \ldots +y[k_0-1] \qquad (6.8)$$

이것은 정확한 출력 명세이다(6.3).

반면에 만약 테스트가 $k_0 \geq n$?이 아니면 그때 제어는 점 D에서 점 E로 넘어간다. 왜냐하면 k_0가 n보다 크거나 같지 않기 때문에 $k_0 < n$와 식(6.7)은 다음과 같이 된다.

$$E: k_0 < n \text{ and } s = y[0]+y[1]+ \ldots +y[k_0-1] \qquad (6.9)$$

문장 $s \leftarrow s + Y[k_0]$은 지금 실행된다. 그래서 점 F에서 assertion (6.9)로부터 다음과 같이 assertion이 유지된다.

$$F: k_0 \leq n \text{ and } s = y[0]+y[1]+ \ldots + y[k_0-1]+y[k_0] \qquad (6.10)$$
$$= y[0]+y[1]+\ldots+y[k_0]$$

실행할 다음 문장은 $k_0 \leftarrow k_0 + 1$이다. 이 문장의 결과를 보면 이 문장이 실행되기 전에 k_0 값은 17이다. 그래서 (6.10)에 있는 마지막 항은 $Y[17]$이 된다. 지금 k_0 값은 1에서 18까지 증가한다. 합 s는 변하지 않는다. 그래서 합의 마지막 항은 아직도 $Y[k_0-1]$인 $Y[17]$이다. 또한 점 F에서는 $k_0 < n$이다. 1씩 k_0 값이 증가된다는 것은 부등식이 점 G에서 유지되면 $k_0 \leq n$이라는 의미이다.

그래서 k_0가 1씩 증가하는 결과는 점 G에서 다음과 같이 assertion이 유지된다는 의미이다.

$$H: k_0 \leq n \text{ and } s = y[0]+y[1]+ \dots +y[k_0\text{-}1] \qquad (6.11)$$

점 G에서 유지되는 assertion (6.11)은 assertion (6.7)과 동일하고 점 D에서 유지된다. 그러나 점 D는 점 G와 위상학적으로 동일하다. 다른 말로 표현하면 만약 (6.7)이 D에서 $k-k_0$를 가지면 그때 $k=k_0+1$ 가진 D를 다시 유지하게 된다. 루프 인베리언트는 $k=0$을 유지하고 있는 것을 보여준다. 귀납법에 의해 루프 인베리언트 (6.4)는 $0 \leq k \leq n$인 k의 모든 값을 갖는다.

남아있는 모든 것은 루프가 종료되면 증명된다. 초기에 assertion (6.6)에 의해 초기 k값은 0이다. $k \in k+1$ 문장이 실행될 때 루프의 각 반복은 k의 초기값이 증가한다. 최종에 k는 루프를 빠져나갈 시간에 n값에 도달하게 되고 s값은 assertion (6.8)에 의해 주어지기 때문에 출력 명세 (6.3)를 만족한다.

검토하기 위해 입력 명세 (6.1)이 주어지면 루프 인베리언트 (6.4)는 루프가 0, 1 혹은 그 이상 실행될지라도 유지되는 것이 증명된다. 더욱이 n 반복 후 루프가 종료될 때 증명된다. 그리고 k와 s의 값은 출력 명세 (6.3)를 만족한다. 다른 말로 표현하면 그림 6.4 코드 프라그먼트는 수학적으로 정확하다는 것이 증명되었다.

6.5.2 Correctness Proof Mini Case Study

정확성 증명의 중요한 측면은 설계와 코딩을 연계시켜 실행하는 것이다. Dijkstra는 "프로그래머는 프로그램 증명과 프로그램이 잘 어울리게 성장시킨다."고 언급했다[Dijkstra, 1972]. 예를 들면 루프가 설계에 통합시킬 때 루프 인베리언트를 앞에 놓는다. 그리고 설계는 더 정제시키기 위해 인베리언트가 된다. 이 방법으로 프로덕트를 개발하면 프로그래머에게 프로덕트가 정확하고 결함의 수가 감소된다는 확신을 주게 된다. Dijkstra 말을 다시 인용하면 "프로그램의 확신 수준 (confidence level)을 향상시켜주는 가장 효과적인 방법은 그것의 정확성을 확신하는 증명을 제시하면 된다."고 말했다[Dijkstra, 1972]. 그러나 프로덕트가 정확하다고 증명되었어도 그것은 철저하게 테스트 되어야 한다. 정확성 증명과 연계시켜 테스팅의 필요성을 설명하기 위해 다음을 고려해보자.

1969년 Naur는 프로덕트 정확성을 구축하고 증명하는 기법에 관한 논문을 발표했다[Naur, 1969]. 이 기법은 Naur가 라인-편집 문제(line-editing problem)라고 명명한 용어가 무엇인지 설명하고 있지만 오늘날에는 텍스트 프로세싱 문제(text-processing problem)라고 부른다. 이를 다음과 같이 설명했다.

Blank 문자들이나 Newline 문자들로 분리된 단어들로 구성된 텍스트가 주어지면 다음 구성 규칙들에 따라 line-by-line 형태로 변환된다.

1. line break들은 주어진 텍스트가 blank나 newline을 포함하는 곳에서만 만들어져야 한다.
2. 각 line은 가능한 한 길게 채워져야 한다.
3. maxpos 문자들보다 더 많이 포함되는 line은 없다.

Naur는 그의 기법을 사용해서 프로시저를 구축해 그것의 정확성을 비정형적으로 증명했다. 프로시저는 대개 ALGOL 60에서 대략 25라인으로 구축되었다. 이 논문은 당시 Computing Reviews의 Leavenworth가 검토했다[Leavenworth, 1970]. 그는 Naur의 프로시저 출력에서 첫 라인의 첫 단어는 첫 단어가 정확히 maxpos 문자들보다 길지 않으면 blank로 처리된다고 지적했다. 비록 이것이 사소한 결함처럼 보여도 프로시저를 테스트 해서 꼭 발견해야 한다. 즉, 단지 정확하다고 증명하기보다는 테스트 데이터로 실행시켜야 한다. 그러나 그것은 더 나쁜 결과를 가져왔다. [London, 1971]은 Naur의 프로시저에 있는 세 가지 추가 결함을 찾아냈다. 하나는 maxpos 문자보다 더 긴 문자를 만나지 않는다면 그 프로시저는 종료되지 않는다는 사실이다. 다시 이 결함은 프로시저가 테스트 했다면 발견되어야 한다. London은 프로시저의 수정된 버전을 제시했고 공식적으로 프로시저가 정확하다는 결과를 증명했다. 즉 Naur는 단지 비정혁적인 증명 기법들을 사용했다고 생각된다.

이 일화에 있는 다음 에피소드는 [Goodenough and Gerhart, 1975]가 London이 그들의 정형적인 '증명'에도 불구하고 발견치 못한 세 가지 결함을 발견했다. 이것들은 마지막 단어가 blank나 newline이 나오지 않는 한 출력되지 않는다는 사실을 포함하고 있다. 테스트 데이터의 합리적인 선택은 많은 어려움 없이 이 결함을 발견할 수 있다. 사실 Leavenworth, London, 그리고 Goodenough와 Gerhart가 발견한 7개 결함 중에 Naur의 논문 원본에 있는 설명처럼 테스트 데이터에 있는 프로시저를 실행시키면 간단히 발견될 수 있다. 이 일화에서 얻은 교훈은 명확하다. 즉, 프로덕트가 정확하다고 증명되었어도 그것은 철저하게 테스트를 되어야 된다.

6.5.1절의 예는 모든 소규모 코드 프라그먼트의 정확성을 증명하는 것은 긴 프로시저가 되는 것을 보여주었다. 더욱이 이 절의 미니 사례 연구는 25라인 프로시저인 경우에도 어렵고 오류가 많은 프로세스라는 것을 보여주고 있다. 다음 이슈는 우선 처리해야 한다. 즉, 정확성 증명은 관심 있는 연구 아이디어인지, 또 시기에 적합한 강력한 소프트웨어 공학인지? 이에 대한 대답은 6.5.3절에 있다.

6.5.3 정확성 증명과 소프트웨어 공학

많은 소프트웨어 공학 실무자는 정확성 증명이 표준 소프트웨어 공학 기법으로 볼 수 없는 이유들을 다음과 같이 설명했다. 첫째 소프트웨어 엔지니어들은 적절한 수학적 훈련을 받지 못했다는 주장이다. 둘째로 증명은 비용이 많이 들기 때문에 실용적이지 못하다고 제안했다. 셋째 증명은 너무 어려운 일이다. 이들 각 이유들을 다음과 같이 간략하게 보여준다.

1. 6.5.1절에 있는 증명은 이해하기가 고등학교 수학보다 아주 어렵다. 즉 단순한 증명들도 입력 명세와 출력 명세들을 요구하고 또 루프 인베리언트들은 1차나 2차 술어해석학(predicate calculus)이나 그 수준으로 표현된다. 이것은 수학자를 위해 증명 프로세스를 아주 간단하게 만들어서 컴퓨터가 정확성을 증명하게 만든 것이다. 지금 이것을 복잡하게 만드는 술어해석학은 시대에 뒤떨어진다. 컨커런트 프로덕트(concurrent product)들의 정확성을 증명하기 위해 임시적 또는 다른 모달 논리(modal logic)를 사용하는 기법이 요구된다[Lamport, 1980], [Manna and Prueli, 1992]. 정확성 증명은 수학적 논리에 관한 훈련이 요구되는 것은 의심할 여지가 없

다. 다행히 컴퓨터 과학 주요 과목에는 선수과목으로 있거나 전문적으로 정확성 증명기법을 배울 수 있게 기초가 포함되어 있다. 그래서 대학에서는 컴퓨터과학과 졸업생들이 정확성 증명을 할 수 있는 충분한 수학적 기법을 갖고 있다고 주장한다. 소프트웨어 엔지니어들이 필요한 수학 교육을 받지 않았다는 주장은 과거에는 사실일지 모르지만 매년 산업 협동으로 수 천 개의 컴퓨터 과학 중요 과목이 개설되어 지금은 적용되지 않는다.

2. 증명은 비용이 너무 많이 들기 때문에 소프트웨어 개발에 사용할 수 없다는 주장은 거짓이다. 반대로 정확성 증명의 경제적인 실용성은 비용-이익 분석(5.2절)을 사용해 프로젝트 단위로 결정한다. 예를 들어 NASA 우주정거장에 관한 소프트웨어를 고려해보자. 인간의 생명이 걸려있기 때문에 만약 어떤 것이 잘못되었다면 우주왕복선 구출 팀은 제시간에 도착하지 못한다. 생명-임계 우주정거장 소프트웨어 정확성을 증명하는 비용은 아주 많이 든다. 그러나 만약 정확성 증명이 수행되지 않고 간과되었다면 소프트웨어 결함의 잠재비용은 더욱 커진다.

3. 정확성을 증명하는 것이 너무 어렵다는 주장에도 불구하고 운영체제 kernel, 컴파일러, 통신 시스템들을 포함해 하찮은 많은 프로덕트들은 성공적으로 정확하다고 입증되었다[Landwehr, 1983, Berry와 Wing, 1985]. 이론 증명기(theorem prover)와 같은 많은 툴이 정확성 증명을 돕는 데 사용된다. 이론 증명기는 입력으로 프로덕트, 그것의 입력과 출력 명세, 루프 인베리언트들을 가지고 있다. 이들 증명기는 수학적으로 증명을 시도했는데 프로덕트가 입력 명세들을 만족하는 입력 데이터가 주어졌을 때 출력 명세들을 만족하는 출력 데이터를 생산해냈다.

그림 6.7
이론 증명기

```
void theoremProver ( )
{
    print "This product is correct";
}
```

동시에 정확성 증명에는 몇 가지 어려움이 있다.

• 예를 들어 우리는 어떻게 이론 증명기(theorem prover)가 정확하다고 확신할 수 있는가? 만약 이론 증명기가 This product is correct라고 출력하면 우리는 그것을 믿을 수 있는가? 예를 들기 위해 그림 6.7에 있는 이론 증명기를 고려해보자. 어떤 코드든지 이 이론 증명기를 따르게 되면 This product is correct라는 문장이 출력된다. 다른 말로 설명하면 이론 증명기의 출력물에 어떤 신뢰성이 있는가? 우리의 제안은 이론 증명기를 자체적으로 상정해서 그것이 정확한지를 알아본다. 철학적인 의미와 관계없이 이것이 작동되지 않는다는 것을 아는 간단한 방법은 그림 6.7에 있는 이론 증명기의 증명을 위해서 그 자체를 제출하면 무슨 일이 발생하는지를 고려해보자. 항상 그렇듯이 This product is correct라고 출력하기 때문에 자신은 정확성이 있다고 '증명'한다.

• 더욱 어려운 점은 입력과 출력 명세들, 특히 루프 인베리언트나 모달 로직(modal logic)과 같이 다른 로직들에서 동등성을 찾는 일이다. 프로덕트는 정확하다고 가정하자. 각 루프에 적합한 인베리언트가 발견될 수 없다면 프로덕트를 정확하게 증명할 방법이 없다. 이 태스크를 지원하는 툴들이 있다. 그러나 최신 툴들을 가지고도 소프트웨어 엔지니어는 정확성 증명을 찾아낼 수가 없다. 이 문제에 대한 한 가지 해결방안은 6.5.2절의 주장처럼 프로덕트와 증명을 병행해서 개발하면 된다. 루프가 설계될 때 이 루프에 대한 인베리언트가 동시에 명시된다. 이와 같이 접근하면 코드 산출물의 정확성을 증명하기가 좀 쉽다.

- 루프 인베리언트들을 발견할 수 없는 것보다 나쁜 것은 명세들 자체가 더 부정확한 것인가? 이 것의 예는 trickSort(그림 6.2)이다. 좋은 이론 증명기는 그림 6.1의 부정확한 명세들이 주어질 때 그림 6.2에서 보여준 방법이 정확하다고 자신 있게 선언할 수 있다.

[Manna and Waldinger, 1978]는 "우리는 명세들이 정확하다고 확인할 수 없다.", 또 "우리는 검증 시스템도 정확하다고 확인할 수 없다."라고 말했다. 이 분야의 선두주자인 이들 두 사람의 문장은 이전에 만들어진 다양한 포인트(point)를 삽입시켰다. 이것은 소프트웨어 공학에 정확성 증명이 없 다는 의미인가? 정반대가 된다. 프로덕트 정확성 증명은 중요하고 때로는 없어서는 안 될 소프트 웨어 공학 툴이다. 증명은 인간 생명과 연계되어 있거나 비용-이익 분석으로 나타내는 곳에 적합 하다. 만약 소프트웨어 정확성을 증명하는 비용이 프로덕트가 실패했을 때 예상되는 비용보다 적 으면 이때 프로덕트는 증명된다. 그러나 텍스트-프로세싱의 사례 연구가 보여주었듯이 증명만으로 는 부족하다. 대신 정확성 증명은 프로덕트가 정확한지 검사하기 위해 이용되는 기법 중 중요 요 소로 검토되어야 한다. 왜냐하면 소프트웨어 공학의 목적은 고품질 소프트웨어의 프로덕션이고, 정확성 증명은 중요한 소프트웨어 공학 기법이다.

완전한 정형 증명(formal proof)이 옳지 않을 때에도 소프트웨어의 품질은 비정형 증명을 사 용하면 크게 향상될 수 있다. 예를 들어 6.5.1절의 것과 유사한 증명은 루프가 정확한 반복횟수를 실행하는 체킹을 도와준다. 소프트웨어 품질을 개선시키는 두 번째 방법은 그림 6.6 같이 코드에 assertion을 삽입시킨다. 만약 실행시간에 assertion이 유지되지 못하면 프로덕트는 중지되고 소프 트웨어 팀은 종료된 실행이 부정확했다는 assertion이나 assertion을 발생시켜 찾아낸 코드 내에 결 함이 있는지를 조사한다. Java(1.4이후 버전)와 같은 언어들은 **assert** 문으로 직접 assertion들을 지원한다. 비정형 증명은 변수 xxx의 값이 코드의 특별한 포인트에서 양수(positive)가 될 것을 요 구한다고 가정하자. 설계팀이 xxx가 음수(negative)가 될 방법이 없다는 것을 확신해도 추가로 신 뢰성을 갖기 위해 이들 코드 내에 다음과 같이 문장으로 명시한다.

$$\textbf{assert}(\text{xxx} > 0)$$

만약 xxx가 0보다 작거나 같을 때 실행은 종료되고 그 위치를 소프트웨어 팀이 조사한다. 불행히 도 C++에서 assert는 C의 assert와 같이 디버깅 문이다. 그것은 언어 자체의 한 부분은 아니다.

일단 사용자들은 프로덕트가 정확하게 작동하고 있다고 확신하면 그들은 assertion 체킹을 제 거하는 옵션을 갖고 있다. 이것은 실행을 빠르게 하지만 assertion 때문에 발견된 결함이 있다면 assertion 체킹이 제거되면 발견되지 않는다. 그래서 프로덕트가 운영 상태에 있는 경우도 실행시 간 효율성과 계속되는 assertion 체킹 간에 조정된다('알고 싶은 사항 6.3'은 이 이슈에 대한 흥미 있는 통찰력을 제공해준다).

모델 체킹(model checking)은 소프트웨어에서 증명된 정확성을 궁극적으로 대신할 수 있는 새로운 기술이다. 모델 체킹은 18.11절에 개요가 서술되어 있다.

실행-기반 테스팅에 있는 근본 이슈는 소프트웨어 개발 팀의 멤버들이 이 역할을 담당한다는 점이다. 이는 6.6절에서 논의된다.

Java와 같은 언어(C나 C++은 아님)들의 특성 중 하나는 경계 체킹(bounds checking)이다. 경계 체킹의 한 예는 실행 동안에 그것이 선언된 범위 내에 있는지를 확인하기 위해 모든 배열 인덱스를 조사한다. 다른 예는 부분 범위 체킹(subrange checking)인데 실행 시 어떤 값이든 변수에 할당되었을 때, 그 값이 그 변수의 선언된 특정 범위 내에 있는지를 체킹 한다.

Hoare는 프로덕트 개발 동안 경계 체킹이 사용되나 이는 프로덕트가 정확하게 작동될 때 사용되지 않는 것은 구명조끼를 입고 사막에서 항해하는 것을 배우고 실제로 바다에 있을 때는 구명조끼를 벗는 것에 비유할 수 있다고 말했다. Turing Award 강의에서 Hoare는 1961에 개발한 ALGOL 60의 컴파일러를 서술했다[Hoare, 1981]. 사용자들이 후에 운영 모드에서 경계 체킹할 기회가 있었을 때 그들은 모두 거절했다. 왜냐하면 초기의 버전이 작동할 때 많은 값들이 범위 밖에 있는 것을 경험했기 때문이다.

경계 체킹은 일반적인 개념보다 특별한 경우 assertion checking이라고 볼 수 있다. Hoare의 구명조끼 유추는 최종 버전이 설치되면 assertion checking을 잠그는 것과 같게 적용할 수 있다.

Hoare의 언급은 슬픈 예언이었다. 컴퓨터를 침입하려는 해커들이 사용하는 주요 기법은 운영체제의 부분이 오버플로 (overflow)와 오버라이트(overwrite)를 발생하도록 악의적인 실행 코드를 고의로 버퍼(buffer)에 있게 하기 위해 운영체제에 데이터의 아주 긴 스트림을 전송시키는 기법이다. 이 기법은 만약 프로그래머들이 C나 C++로 구현된 운영체제의 버퍼에 읽을 데이터에 대한 코드에 경계 체킹을 포함하지 않고 방치하였거나 없게 한 경우에만 작동한다.

6.6
누가 실행-기반 테스팅을 수행하는가?

프로그래머가 자신이나 동료가 구현한 코드 산출물을 테스트 하라고 요청을 받았다고 가정하자. 테스팅은 결함을 발견할 의도로 프로덕트를 실행하는 프로세스라고 [Myers, 1979]는 설명했다. 따라서 테스팅은 파괴적인 프로세스(destructive process)이다. 반면 테스팅을 수행하는 프로그래머는 일반적으로 그가 작성했거나 다른 사람이 작성한 작업이 파괴되기를 원하지 않는다. 만약 코드를 보는 프로그래머의 기본 태도가 대개 방어적이라면, 결함들에 집중하는 테스트 데이터를 사용하는 프로그래머의 기회는 만약 중요 동기가 파괴적일 때보다 상당히 낮아진다. 성공적인 테스트는 결함들을 발견해낸다. 그러나 이것은 어려운 일이다. 이것은 만약 코드 산출물이 테스트를 통과했어도 테스트가 실패한다는 의미이다. 역으로 만약 코드 산출물이 명세들에 따라 수행되지 않았어도 테스트는 성공할 수 있다. 그래서 프로그래머가 자신이나 동료가 작성한 코드 산출물을 테스트 하라고 요청 받았을 때, 프로그래머는 실패(부정확한 행위)가 계속 발생하게 하는 방법을 실행하라는 요청을 받는다. 이것은 프로그래머들의 창조적인 본능과는 반대로 진행된다.

이에 대한 당연한 결론은 프로그래머들은 자신이 작성한 코드 산출물을 테스트 하면 안 된다. 프로그래머가 코드 산출물을 구성하고 구축한 후에, 프로그래머에게 파괴적인 활동인 테스팅을 요구하고 또 자신이 작성했거나 동료가 작성한 모든 것을 파괴하는 테스팅도 요구한다. 그래서 실행-기반 테스팅을 제삼자가 수행해야 하는 두 번째 이유는 프로그래머는 설계나 명세의 다른 측면을 잘못 이해할 수 있기 때문이다. 만약 테스팅을 제삼자가 담당했다면 이러한 결함들은 발견될 수 있다. 그럼에도 불구하고 디버깅(debugging, 실패 원인을 찾고 결함을 수정함 일)은 해당 모듈을 개발한 프로그래머가 하는 것이 최선이다. 왜냐하면 그 사람만이 코드에 가장 친숙하기 때문이다.

프로그래머는 자신이 작성했거나 그 동료가 작성한 코드를 테스트 하면 안 된다는 말을 명심해야 한다. 프로그래밍 프로세스를 고려해보자. 프로그래머는 순서도, 그와 비슷한 것, 또는 의사 코드(pseudocode)의 형태로 되어 있는 코드 산출물의 세부 설계를 읽는 것으로 프로세스를 시작한다. 어떤 기법을 사용하든지 프로그래머는 컴퓨터에 입력하기 전에 책상에서 코드 산출물을 검사해야 한다. 즉, 프로그래머는 여러 가지 테스트 사례를 순서도나 의사 코드로 테스트 해본다. 그런 후에 각 테스트 케이스가 정확하게 실행되는지 검사하기 위해서 세부 설계를 철저하게 추적해 나간다. 프로그래머는 세부 설계가 정확하게 만족되면 텍스트-에디터를 사용해 산출물을 코딩 한다.

일단 코드 산출물이 기계가 읽을 수 있는 형태가 되면 일련의 테스트들이 시행된다. 코드 산출물이 성공적으로 작업되는지를 결정하기 위해 테스트 데이터를 사용한다. 이때 사용되는 테스트 데이터는 초기에 책상에서 검사했던 상세 설계와 같은 것이다. 다음으로 만약 코드 산출물이 정확한 데이터를 사용할 때 정확하게 실행되면 프로그래머는 코드 산출물의 강건성을 테스트 하기 위해 부정확한 데이터로 시행해본다. 프로그래머가 코드 산출물의 정확한 작동에 만족할 때, **체계적 테스팅**(systematic testing)이 시작된다. 이 체계적 테스팅은 프로그래머가 담당하면 안 된다.

만약 프로그래머가 체계적 테스팅을 수행하지 않는다면 누가 수행하는가? 6.1.2절에서 언급했듯이 독립 테스팅은 SQA 그룹이 수행한다. 여기서 키워드는 독립(independent)이다. 그들 작업을 방해하는 프로덕트 기한과 같은 압력을 받지 않으면서 프로덕트가 명세들을 만족하는지 확인하는 임무는 SQA 그룹이 수행한다. SQA 담당자는 자신의 매니저에게 관련사항을 보고하고 외압을 막아야 한다.

체계적 테스팅은 어떻게 수행되는가? 테스트 케이스의 필요 부분은 테스트가 실행되기 전에 기대했던 출력문이다. 터미널에 앉아서 산출물들을 실행하고, 임의의 테스트 데이터를 입력해 나타난 결과를 화면으로 보고 '정확하다고 생각한다'라고 말하는 테스터는 완전히 시간만 낭비를 하고 있는 것이다. 큰 관심을 갖고 테스트 케이스들을 계획하고 각 테스트 케이스를 교대로 실행시켜 출력을 보고 '네, 확실히 정확하다'라고 말하는 테스터도 쓸데없는 사람이다. 만약 프로그래머들이 자신이 작성한 코드를 테스트 하라고 하면 자기가 보고 싶은 분야만 보기 때문에 위험이 발생한다. 제삼자가 테스팅을 할 때도 위험이 발생할 수 있다. 이에 대한 솔루션은 관리적인 면에서 테스트를 수행하기 전에 테스트 데이터와 이 테스트의 기대 결과들을 기록한다. 테스트가 수행된 후에는 실제 결과들을 기록하고 이를 기대 결과들과 비교한다.

소규모 조직들이나 소규모 프로덕트들에서도 이 기록물은 기계가 판독할 수 있는 형태로 만들어져야 한다. 왜냐하면 테스트 케이스들은 버릴 수가 없기 때문이다. 이에 대한 이유는 인도 후 유지보수 때문이다. 프로덕트가 유지보수 되는 동안 **회귀 테스팅**(regression testing)이 수행된다. 프로덕트가 이전에 정확하게 실행했던 저장된 테스트 사례들은 프로덕트에 새로운 기능을 추가하기 위해 가해진 수정이 프로덕트의 기존 기능성을 손상시키지 않고 재실행되어야 한다. 이에 관한 내용은 16장에서 학습한다.

6.7
테스팅 종료 시기

SOFT WARE

프로덕트가 많은 해 동안 성공적으로 유지보수 된 후 그 사용성이 결국에 손실되면 전체적으로 다른 프로덕트로 교체된다. 즉 진공관에서 트랜지스터로 교체되었듯이, 오래된 프로덕트를 아직은 사용할 수 있지만 새로운 하드웨어에 이식하는 비용이나 새로운 운영체제 아래서 실행시키는 비용이 새로운 프로덕트를 구축하는 비용보다 더 많이 들지 모른다. 이러한 경우 소프트웨어 프로덕트는 폐기시켜 사용하지 않는다. 이러한 관점에서 보면 소프트웨어를 폐기할 때 곧 테스팅을 종료시키는 시점이 된다.

이제까지는 필요한 기본 내용을 모두 학습했고 7장에서 객체에 대한 내용을 학습한다.

복습

이 장의 주요 주제인 테스팅은 소프트웨어 프로세스의 모든 액티비티와 병행하여 수행된다. 이 장은 품질 이슈들에 대한 설명으로 시작했다(6.1절). 다음에는 워크스루와 인스펙션들에 대해 구체적인 논의를 통해 비실행-기반 테스팅이 설명되었다(6.2절). 다음 절에는 실행-기반 테스팅(6.3과 6.4절)의 정의와 유용성, 신뢰성, 강건성, 성능, 그리고 정확성(6.4.1-6.4.5절)을 포함해 테스트할 프로덕트의 행위 특성들을 논의했다. 6.5절에서는 정확성 증명이 소개되었고 그와 같은 증명의 예는 6.5.1절에서 소개되었다. 소프트웨어 공학에서 정확성 증명의 역할은 분석이다(6.5.2와 6.5.3절). 다른 중요한 이슈는 체계 실행-기반 테스팅은 프로그래머가 아니라 독립된 SQA 그룹이 수행해야 한다는 것이다(6.6절). 끝으로 테스팅을 종료할 시점에 관한 이슈는 6.7절에서 논의했다.

관련 자료

테스팅 프로세스에 대한 소프트웨어 작성자들의 태도는 수년 동안 변화되어 왔다. 즉 프로덕트는 테스팅이 요구사항, 분석, 설계, 그리고 구현 결함들을 예방하기 위해 사용하기 위해 정확하게 수행되는지를 보여주는 방법이다. 이러한 진전은 [Gelperin and Hetzel, 1988]에 서술되어 있다. 소프트웨어 테스팅의 성질과 이것이 왜 이렇게 어려운지에 대한 이유는 [Whittaker, 2000]에 논의되어 있다. 결함들의 오용은 [Liverman and Fry, 2001]에 설명되어 있다. 결함의 수를 줄이는 방법은 [Boehm and Basili, 2001]에 있다.

[Whittaker and Voas, 2000]은 흥미있는 새로운 신뢰성 이론을 제시했다. 효과적인 요구사항 워크플로를 가지는 것은 소프트웨어 품질에 긍정적인 효과를 가져온다. 이것은 [Damian and Chisan, 2006]에서 보여준다. 오픈-소스 소프트웨어의 품질은 [Aberdour, 2007]에서 확인할 수 있다.

[Baber, 1978]는 프로그램 정확성을 증명하는 좋은 개요서이다. [Hoare, 1969]에서 설명처럼 정확성 증명의 표준 기법으로 소위 Hoare 로직이 사용되고 있다. 프로덕트가 자신의 명세를 만족하는지 확인하는 대안은 프로덕트의 각 단계가 정확성을 유지하는지 검사할 수 있게 프로덕트 단계를 구하는 방법이다. 이것은 [Dijkstra, 1968]와 [Wirth, 1971]에 설명되어 있다. 소프트웨어 공

학 커뮤니티가 정확성 증명의 수용을 고려하는 중요한 기사는 [DeMillo, Lipton, Perlis, 1979]에 있다. 정확성을 제공해주는 흥미로운 관점은 [Hinchey et., 2008]에 있다.

IEEE Standard Software Reviews[IEEE 1028, 1997]은 비실행-기반 테스팅에 관한 아주 우수한 정보 자원이다. 대규모 소프트웨어 프로덕트들의 인스펙션들의 평가 관련 실험들은 [Perry et al., 2002]에 서술되어 있다. [Vitharana and Ramamurthy, 2003]은 인스펙션들 방법뿐만 아니라 효과들도 서술하고 있다. 인스펙션들을 지원하는 그룹 프로세스의 연향은 [Tyran and George, 2002]에 제시되어 있다. 인스펙션 팀 멤버들의 선택은 [Miller and Yin, 2004]에 서술되어 있다. 인스펙션에 대한 검토는 [Parnas and Lawford, 2003]에 있고, 실례는 [Ciolkowski, Laitenberger, and Biffl, 2003]에 있다. 객체 지향 코드 인스펙션은 [Dunsmore, Roper, and Wood, 2003]에서 서술되어 있다. 조직의 니즈에 따라 인스펙션을 설정하는 것은 [Denger and Shull, 2007]에서 서술되어 있다. 인터넷 상에 구축된 설계와 코드 검토는 [Meyer, 2008]에서 보여준다. 체크리스트의 값을 테스트 하는 실험은 [Hatton, 2008]에서 서술되어 있다.

실행-기반 테스팅에 대한 고전적 작업은 실제로 테스팅의 분야에 중요한 영향을 주는 것으로 [Myers, 1979]에 있다. [DeMillo, Lipton, and Sayward, 1978]는 여전히 테스트 데이터의 선택에 관한 좋은 정보를 제공한다. [Beizer, 1990]는 테스팅의 개론이고 이 주제에 대한 안내서이다. [Ammann and Offutt, 2008]은 테스팅에 대한 개요서로 크게 추천받고 있다.

객체-지향 패러다임으로 관심을 돌려보면 [Kung, Hsia, Gao, 1998]은 객체-지향 테스팅에 관한 책이고, 또 [Sykes and McGragor, 2000]도 같은 부류의 책이다.

Proceedings of the IEEE International Symposium on Software and Analysis는 폭넓게 테스팅 이슈들을 다루고 있다. April 2005 of IEEE Transactions on Software Engineering은 다양한 논문들을 포함하고 있다. 특히 흥미로운 두 개의 논문은 대규모 소프트웨어 프로덕트에서 많은 결함과 위치를 예측하기 위한 메소드를 서술한 [Ostrand, Weyuker, and Bell, 2005]과 자바 서버 애플리케이션의 강건성 테스팅에 대한 [Fu, Milanova, Ryder, Wonnacott, 2005]이다. July-August 2006 issue of IEEE Software는 테스팅에 대한 폭넓은 논문들을 포함한다.

연습 문제

6.1 이 책에서 사용되는 정확성 증명, 확인, 검증 등의 용어들은 어떻게 사용되고 있는가?

6.2 판매 대리점은 그들이 팔고 있는 소프트웨어에 대해 '특별히 고품질'이라고 당신에게 이야기하였다. 이것은 당신이 소프트웨어를 구입하기 전에 테스트할 필요가 없다는 것을 의미하는가?

6.3 한 소프트웨어 개발 회사는 현재 17명의 매니저들을 포함해 85명의 소프트웨어 전문가들을 고용하고 있는데, 그들 모두는 소프트웨어 테스트뿐만 아니라 개발도 잘한다. 최근에는 테스팅 활동들에 시간의 32%를 사용하고 있다. 둘 다 간접비를 포함해 비관리 전문가들은 연 평균적으로 $123,000의 비용이 들고 매니저들에게는 연 평균적으로 $167,000의 비용이 든다. 회사 내에 독립된 SQA 그룹을 설치해야 되는지 비용-이익 분석법을 사용해 결정하라.

6.4 A조직은 오직 실행-기반 테스팅만 사용한다. B조직은 실행-기반 테스팅 전에 인스펙션을 시행한다. 당신은 B조직의 프로그래머에 의해 생산된 코드와 비교하여 A조직의 프로그래

머에 의해 생산된 코드에서 어떤 차이점을 볼 수 있을 것이라 기대하는가?

6.5 문제 6.4의 A조직과 B조직에 있어서 인도 후 유지보수 비용이 어떻게 다른가?

6.6 당신은 15일 동안 코드 산출물을 테스팅 해서 두 개의 결함을 발견했다. 이것이 다른 결함들의 존재를 알려준다고 말할 수 있는가?

6.7 워크스루와 인스펙션의 유사한 점은 무엇인가? 차이점은 또 무엇인가?

6.8 당신은 Ye Olde Fashioned Software에 있는 SQA 그룹의 멤버이다. 당신은 매니저에게 인스펙션들을 도입하라고 제안한다. 한 사람이 코드의 같은 부분에 대한 테스트 사례들을 실행하는데, 왜 네 명의 사람이 결함들을 찾는 데 시간을 낭비하는지 당신의 매니저는 궁금해 할 것이다. 어떻게 대답하겠는가?

6.9 당신은 954개의 하드웨어 체인점으로 구성된 Hardy Hardware 회사의 SQA 매니저이다. 당신의 회사는 조직을 완전히 사용하기 위해 재고관리(stock-control) 패키지 구입을 고려하고 있다. 패키지를 구입하기 전에 당신은 그들을 철저하게 테스트 하기로 결정했다. 당신은 패키지의 어떤 특성을 검사할 것인가?

6.10 954개의 Hardy Hardware 체인점은 통신망으로 연결되어 있다. 판매원은 당신에게 통신 패키지를 판매하기 위해 두 달 동안 통신 패키지를 시험적으로 무료로 사용할 수 있게 제공하였다. 어떤 종류의 소프트웨어 테스트들을 실행하겠는가?

6.11 당신은 문제 1.7의 새로운 함-대-함(ship-to-ship) 미사일을 제어하는 소프트웨어 개발의 책임을 맡고 있는 Valerian 해군에 해군 소장이다. 소프트웨어가 인수 테스팅을 위해 당신에게 인도되었다. 당신은 소프트웨어의 어떤 특성을 테스트하겠는가?

6.12 다음의 코드 프라그먼트를 고려해보자.

```
k = 0;
g = 1;
while (k ← n)
{
    k = k + 1;
    g = g * k;
}
```

이 코드 프라그먼트분 $g = n!$ if $n \in \{1, 2, 3, ...\}$이 정확하게 계산되는 것을 증명하여라.

6.13 다음의 코드 프라그먼트를 고려해보자.

```
m = 1;
q = 2;
while (m ← n)
{
    m = m + 1;
    q = q * 2;
}
```

이 코드 프라그먼트분 $g = 2^n$ if $n \in \{1, 2, 3, ...\}$이 정확하게 계산되는 것을 증명하여라.

6.14 프로덕트가 클라이언트에게 인도될 때 클라이언트가 필요로 하는 것을 정확성 증명 문제로 해결할 수 있는가? 이 대답에 대한 이유를 설명하라.

6.15 Dijkstra 문장(6.3절)이 테스팅보다는 차라리 정확성 증명에 적용하려면 어떻게 변경시켜야 하는가? 6.5.2절의 사례 연구를 고려해서 대답하라.

6.16 당신의 교습자가 지정한 언어를 사용해 Naur의 텍스트-프로세싱 문제(6.5.2절)에 대한 솔루션을 설계하고 구현하여라. 테스트 데이터와 결함들의 원인이 되거나 또는 당신이 발견한 결함들의 개수를 기록하여라(예를 들어, 로직 결함, 루프 카운터 결함). 당신이 발견한 결함 중 어떠한 것도 정정하지 말라. 프로덕트를 친구와 교환하고 각각의 다른 프로덕트에서 당신이 얼마나 많은 결함들을 발견했는지 알아보고 그 결함들이 새로운 결함인지를 확인하여라. 결함의 원인을 다시 기록하고 결함의 유형에 대해 비교하여라. 그리고 수업 시간의 결과를 총괄해서 표로 만들어 제출하여라.

6.17 많은 해 동안 성공적으로 유지되었으나, 유용성이 떨어지고 완전히 다른 프로덕트에 의해 대체된 소프트웨어 프로덕트의 예를 들어보아라.

6.18 (Term Project) 부록 A의 Chocoholics Anonymous 프로덕트의 유용성, 신뢰성, 강건성, 성능, 그리고 정확성에 대해 어떻게 테스트 할지를 설명하여라.

6.19 (Readings in Software Engineering) 당신의 교습자는 논문[Ostrand, Weyuker, and Bell, 2005]의 복사본을 배포할 것이다. 결함의 수와 위치를 예측하는 회귀 모델을 이용하는 것에 대한 당신의 관점은 무엇인가? 간단하게 대답하여라.

참고 문헌

[Aberdour, 2007] M. ABERDOUR, "Achieving Quality in Open-Source Software," IEEE Software 24 (January-February 2007), pp. 58-64.

[Ackerman, Buchwald, and Lewski, 1989] A. F. ACKERMAN, L. S. BUCHWALD, AND F. H. LEWSKI, "Software Inspections: An EffectiveVerification Process," IEEE Software 6 (May 1989), pp. 31-36.

[Ammann and Offutt, 2008] P. AMMANN AND J. OFFUTT, Introduction to Software Testing, Cambridege University Press, Cambridge, UK, 2008.

[Beizer, 1990] B. BEIZER, *Software Testing Techniques,* 2nd ed., Van Nostrand Reinhold, New York, 1990.

[Berry and Wing, 1985] D. M. BERRY AND J. M. WING, "Specifying and Prototyping: Some Thoughts on Why They Are Successful," in: *Formal Methods and Software Development, Proceedings of the International Joint Conference on Theory and Practice of Software Development*, Vol. 2, Springer-Verlag, Berlin, 1985, pp. 117-28.

[Boehm and Basili, 2001] B. BOEHM AND V. R. BASILI, "Software Defect Reduction Top Ten List," *IEEE Computer* **34** (January 2001), pp. 135-37.

[Bush, 1990] M. BUSH, "Improving Software Quality: The Use of Formal Inspections at the Jet Propulsion Laboratory," *Proceedings of the 12th International Conference on Software Engineering,* Nice, France, March 1990, pp. 196-99.

[Ciolkowski, Laitenberger, and Biffi, 2003] M. CIOLKOWSKI, O. LAITENBERGER, S. BIFFL, "Software Reviews, the State of the Practice," *IEEE Software* **20** (November-December 2003), pp. 46-51.

[Damian and Chisan, 2006] D. DAMIAN AND J. CHISAN, "An Empirical Study of the Complex Relationships between Requirements Engineering Processes and Other Processes that Lead to Payoffs in Productivity, Quality, and Risk Management," *IEEE Transactions on Software Engineering* **32** (July 2006), pp. 433-53.

[DeMillo, Lipton, and Perlis, 1979] R. A. DEMILLO, R. J. LIPTON, AND A. J. PERLIS, "Social Processes and Proofs of Theorems and Programs," *Communications of the ACM* **22** (May 1979), pp. 271-80.

[DeMillo, Lipton, and Sayward, 1978] R. A. DEMILLO, R. J. LIPTON, AND F. G. SAYWARD, "Hints onTest Data Selection: Help for the Practicing Programmer," *IEEE Computer* **11** (April 1978), pp. 34-43.

[Denger and Shull, 2007] C. DENGER AND F. SHULL, "A Practical Approach for Quality-Driven Inspections," *IEEE Software* **24** (March-April 2007), pp. 79-86.

[Dijkstra, 1968] E. W. DIJKSTRA, "A Constructive Approach to the Problem of Program Correctness," *BIT* **8** (No. 3, 1968), pp. 174-86.

[Dijkstra, 1972] E. W. DIJKSTRA, "The Humble Programmer," *Communications of the ACM* **15** (October 1972), pp. 859-66.

[Dunsmore, Roper, and Wood, 2003] A. DUNSMORE, M. ROPER, AND M. WOOD, "The Development and Evaluation of Three Diverse Techniques for Object-Oriented Code Inspection," *IEEE transactions on Software Engineering* **29** (August 2003), pp. 677-86.

[Fagan, 1976] M. E. FAGAN, "Design and Code Inspections to Reduce Errors in Program Development," *IBM Systems Journal* **15** (No. 3, 1976), pp. 182-211.

[Fagan, 1986] M. E. FAGAN, "Advances in Software Inspections," *IEEE Transactions on Software Engineering* **SE-12** (July 1986), pp. 744-51.

[Fowler, 1986] P. J. FOWLER, "In-Process Inspections of Workproducts at AT&T," *AT&T Technical Journal* **65** (March/April 1986), pp. 102-12.

[Freimut, Briand, and Vollei, 2005] B. FREIMUT, L. C. BRIAND, AND F. VOLLEI, "Determining Inspection Cost-Effectiveness by Combining Project Data and Expert Opinion," *IEEE Transactions on Software Engineering* **31** (December 2005), pp. 1074-92.

[Fu, Milanova, Ryder, Wonnacott, 2005] C. FU, A. MILANOVA, B. G. RYDER, AND D. G. WONNACOTT, "Robustness Testing of Java Server Applications," *IEEE Transactions on Software Engineering* **31** (April 2005), pp. 292-311.

[Gelperin and Hetzel, 1988] D. GELPERIN AND B. HETZEL, "The Growth of Software Testing," *Communications of the ACM* **31** (June 1988), pp. 687-95.

[Goodenough, 1979] J.B.GOODENOUGH, "ASurvey of ProgramTesting Issues," in: *Research Directions in Software Technology,* P. Wegner (Editor), The MIT Press, Cambridge, MA, 1979, pp. 316-40.

[Goodenough and Gerhart, 1975] J. B. GOODENOUGH AND S. L. GERHART, "Toward a Theory of Test Data Selection," *Proceedings of the Third International Conference on Reliable Software,* Los Angeles, 1975, pp. 493-510; also published in *IEEE Transactions on Software Engineering* **SE-1** (June 1975), pp. 156-73. Revised version: J. B. Goodenough and S. L. Gerhart, "Toward a Theory of Test

Data Selection: Data Selection Criteria," in: *Current Trends in Programming Methodology*, Vol. 2, R. T. Yeh (Editor), Prentice-Hall, Englewood Cliffs, NJ, 1977, pp. 44-79.

[Hatton, 2008] L. HATTON, "Testing the Value of Checklists in Code Inspections," *IEEE Software* **25** (July-August 2008), pp. 82-88.

[Hinchey et al., 2008] M. HINCHEY, M. JACKSON, P. COUSOT, B. COOK, J. P. BOWEN, AND T. MARGARIA, "Software Engineering and Formal Methods," *Communications of the ACM* **51** (September 2008), pp. 54-59.

[Hoare, 1969] C. A. R. HOARE, "An Axiomatic Basis for Computer Programming," *Communications of the ACM* **12** (October 1969), pp. 576-83.

[Hoare, 1981] C. A. R. HOARE, "The Emperor's Old Clothes," *Communications of the ACM* **24** (February 1981), pp. 75-83.

[IEEE 610.12, 1990] *A Glossary of Software Engineering Terminology*, IEEE 610.12-1990, Institute of Electrical and Electronic Engineers, New York, 1990.

[IEEE 1028, 1997] *Standard for Software Reviews*, IEEE 1028, Institute of Electrical and Electronic Engineers, New York, 1997.

[Jones, 1978] T. C. JONES, "Measuring Programming Quality and Productivity," *IBM Systems Journal* **17** (No. 1, 1978), pp. 39-63.

[Kelly, Sherif, and Hops, 1992] J. C. KELLY, J. S. SHERIF, AND J. HOPS, "An Analysis of Defect Densities Found during Software Inspections," *Journal of Systems and Software* **17** (January 1992), pp. 111-17.

[Kung, Hsia, and Gao, 1998] D. C. KUNG, P. HSIA, AND J. GAO, *Testing Object-Oriented Software*, IEEE Computer Society Press, Los Alamitos, CA, 1998.

[Landwehr, 1983] C. E. LANDWEHR, "The Best Available Technologies for Computer Security," *IEEE Computer* **16** (July 1983), pp. 86-100.

[Leavenworth, 1970] B. LEAVENWORTH, Review #19420, *Computing Reviews* **11** (July 1970), pp. 396-97.

[Lieberman and Fry, 2001] H. LIEBERMAN AND C. FRY, "Will Software Ever Work?" *Communications of the ACM* **44** (March 2001), pp. 122-24.

[London, 1971] R. L. LONDON, "Software Reliability through Proving Programs Correct," *Proceedings of the IEEE International Symposium on Fault-Tolerant Computing*, Pasadena, CA, March 1971.

[Manna and Pnueli, 1992] Z. MANNA AND A. PNUELI, *The Temporal Logic of Reactive and Concurrent Systems*, Springer-Verlag, New York, 1992.

[Manna and Waldinger, 1978] Z. MANNA AND R. WALDINGER, "The Logic of Computer Programming," *IEEE Transactions on Software Engineering* **SE-4** (1978), pp. 199-229.

[Meyer, 2008] B. MEYER, "Design and Code Reviews in the Age of the Internet," *Communications of the ACM* **51** (September 2008), pp. 66-71.

[Miller and Yin, 2004] J. MILLER AND Z. YIN, "A Cognitive-Based Mechanism for Constructing Software Inspection Teams," *IEEE Transactions on software Engineering* **30** (November 30), pp. 811-25.

[Myers, 1979] G. J. MYERS, *The Art of Software Testing*, John Wiley and Sons, New York, 1979.

[Naur, 1969] P. NAUR, "Programming by Action Clusters," *BIT* **9** (No. 3, 1969), pp. 250-58.

[Ostrand, Weyuker, and Bell, 2005] T. J. OSTRAND, E. J. WEYUKER, AND R. M. BELL, "Predicting the Location and Number of Faults in Large Software Systems," *IEEE Transactions on Software Engineering* **31** (April 2005), pp. 340-55.

[Parnas and Lawford, 2003] D. L. RARNAS AND M. LAWFORD, "The Role of Inspection in Software Quality Assurance," *IEEE Transactions on Software Engineering* **29** (August 2003), pp. 674-76.

[Perry et al., 2002] D. E. PERRY, A. PORTER, M. W. WADE, L. G. VOTTA, AND J. PERPICH, "Reducing Inspection Interval in Large-Scale Software Development," *IEEE Transactions on Software Engineering* **28** (July 2002), pp. 695-705.

[Sykes and McGregor, 2000] D. A. SYKES AND J. D. MCGREGOR, *Practical Guide to Testing Object-Oriented Software,* Addison Wesley, Reading, MA, 2000.

[Tyran and George, 2002] C. K. TYRAN AND J. F. GEORGE, "Improving Software Inspections with Group Process Support," *Communications of the ACM* **45** (September 2002), pp. 87-92.

[Vitharana and Ramamurthy, 2003] P. VITHARANA AND K. RAMAMURTHY, "Computer-Mediated Group Support, Anonymity and the Software Inspection Process: An Empirical Investigation," *IEEE Transactions on Software Engineering* **29** (March 2003), pp. 167-80.

[Whittaker, 2000] J. A. WHITTAKER, "What Is Software Testing? And Why Is It So Hard?" *IEEE Software* **17** (January/February 2000), pp. 70-79.

[Whittaker and Voas, 2000] J. A. WHITTAKER AND J. VOAS, "Toward a More Reliable Theory of Software Reliability," *IEEE Computer* **33** (December 2000), pp. 36-42.

[Wirth, 1971] N. WIRTH, "Program Development by Stepwise Refinement," *Communications of the ACM* **14** (April 1971), pp. 221-27.

제7장

모듈에서 객체까지

학습목표
....

이 장을 학습하면 다음 사항들을 습득하게 된다.

● 높은 응집도와 낮은 결합도를 갖는 모듈과 클래스들을 설계할 수 있게 된다.

● 정보 은닉에 대한 필요성을 이해하게 된다.

● 상속성, 다형성, 동적 바인딩의 소프트웨어 공학 의미를 서술할 수 있게 된다.

● 일반화, 집합, 연관들을 구별할 수 있게 된다.

● 객체–지향 패러다임을 이전보다 깊이 있게 논의할 수 있게 된다.

어느 진보적인 컴퓨터 잡지는 객체-지향 패러다임(object-oriented paradigm)은 기존의 고전적 패러다임(classical paradigm)의 혁신적인 대안으로 1980년대 중반에 갑자기 극적으로 새로 발견된 패러다임이라고 주장했다. 그러나 이것은 사실이 아니다. 대신에 모듈성의 이론은 1970년대와 1980년대에 꾸준히 진화되어 왔고 객체들은 모듈성(modularity)의 이론 내에서 진화적 개발을 단순화시킨 것이다('알고 싶은 사항 7.1' 참조). 이 장은 모듈성의 문맥 내에서 객체들을 설명한다.

객체-지향 패러다임이 고전적 패러다임보다 우수하다는 이유를 이해하지 못하면 객체를 정확하게 사용하기가 매우 어렵기 때문에 모듈을 학습한 후 객체를 학습한다. 이렇게 하기 위해서 객체는 단지 모듈의 개념으로 시작하는 지식체의 다음 단계로 인식하는 것이 필요하다.

객체-지향 개념은 시뮬레이션 언어인 Simula67로 1966년 초반 소개되었다[Dahl and Nygaard, 1966]. 그러나 당시에 이 기술은 실제로 사용하기엔 너무 급진적이라 1980년대 초반까지는 모듈화 이론의 배경으로 수면 상태에 있었다.

이 장에는 선도 기술이 세상에서 그것을 받아들일 준비가 될 때까지 수면 상태에 놓여있는 예들이 포함되어 있다. 예를 들어 정보 은닉(7.6절)은 [Parnas, 1971]에 의해 소프트웨어 기술로 처음 제안되었으나 캡슐화(encapsulation)와 추상 데이터 타입(abstract data type)이 소프트웨어 공학의 한 부분이 되었던 약 10년 후까지도 이 기술은 크게 적용되지 못했다.

우리 인간들은 새로운 아이디어들이 처음 소개되었을 때가 아니라 그들을 사용할 준비가 되었을 때만 채택하는 것으로 보인다.

7.1
모듈이란 무엇인가?

대형 프로덕트가 한 개의 코드 블록으로 구성되어 있다면 이 프로덕트의 유지보수 활동은 악몽과 같게 된다. 즉 프로덕트를 작성한 담당자조차도 코드를 디버깅하는 것이 매우 어렵고 또 다른 프로그래머가 이것을 이해하는 것은 거의 불가능하다. 해결방안은 프로덕트를 모듈(module)이라고 부르는 아주 작은 조각으로 나누는 것이다.

[Stevens, Myers, Constantine, 1974] 등은 모듈을 서술하는 노력을 초기에 시도했었다. 그들은 **모듈**(module)을 '시스템의 다른 부분이 자신을 호출할 수 있게 이름을 갖고 있는 그리고 자기 자신의 고유한 변수명을 갖고 있는 하나 또는 그 이상의 연속된 프로그램 문들의 집합'이라고 정의했다. 다른 말로 표현하면 하나의 모듈은 프로시저(procedure), 함수(function), 또는 메소드(method) 등을 호출하는 방법으로 호출할 수 있게 작성한 단일 코드 블록으로 구성된다. 이 정의는 매우 광범위하게 보인다. 이 정의에는 내부나 독립으로 컴파일 하든지 관계없이 모든 종류의 프로시저와 함수들이 포함된다. 이것은 그들이 자신의 변수를 가질 수 없는 경우에도 COBOL의 paragraph와 section들을 포함한다. 왜냐하면 자기 자신의 고유한 변수명을 갖는 성질은 단지 'preferable'이라고만 설명했다. 이것은 또한 다른 모듈들 내에 중첩된 모듈들도 포함한다. 그러나 이것은 확장된 것이라 정의로는 부적합하다. 예를 들면 이전의 정의에 따르면 어셈블러 매크로는 모듈이 아니기 때문에 호출되지 않는다. C와 C++에서 프로덕트에 있는 **#include**인 선언들의 헤더 파일도 유사하게 호출되지 않는다. 간단히 말해서 이 정의는 너무 제한적이다.

[Yourdon and Constantine, 1979]은 좀 더 폭 넓은 정의를 다음과 같이 했다. '모듈은 집단 식별자를 가지는 경계 요소(boundary element)들로 경계를 구분시켜주는 어휘적으로 연속된 프로그램 문들의 나열이다.'라고 정의했다. 경계 요소들의 예는 Pascal과 같은 블록-구조적 언어에서는 begin...end 이고, C++와 Java에서는 {...}이다. 이 정의는 이전의 정의에서 배제된 모든 경우뿐만 아니라 본 교재 전체에서 사용할 수 있게 아주 포괄적이다. 특히 고전적 패러다임의 프로시저와

함수들도 모듈이 된다. 그리고 객체-지향 패러다임에서는 객체도 모듈이고 객체 내에 있는 메소드도 모듈이다.

모듈화의 중요성을 이해하기 위해서 다음의 가상 예를 고려해보자. John Fence는 경쟁상대가 없는 아주 유능한 컴퓨터 설계자였다. 그는 당시에 NAND gate와 NOR gate들이 완전하다는 것을 즉, 모든 회로는 단지 NAND gate들과 NOR gate들로 구성될 수 있다는 것을 발견하지 못했다. 그래서 John은 AND, OR, NOT gate를 사용해 산술논리 연산장치(arithmetic logic unit, ALU), 시프터(shifter), 16레지스터(register)를 구성하기로 결정했다. 그림 7.1에는 이들을 사용해 설계한 컴퓨터가 있다. 여기에 있는 세 개의 컴포넌트는 단순한 형태로 연결되어 있다. 이 설계자의 동료들은 회로를 세 개의 실리콘 칩 상에 조립하기로 결정한 후 그림 7.2와 같이 세 개의 칩을 설계했다. 한 칩은 ALU의 모든 게이트를, 두 번째는 시프터를, 세 번째는 레지스터들을 갖고 있다. 이 시점에서 John은 바(bar)에서 누군가가 한 종류의 칩으로만 칩을 구성하는 게 최선책이라고 말해서 그의 칩들을 재설계했다고 애매하게 기억했다. 즉 칩 1은 모든 AND 게이트만으로 만들었고, 칩 2는 모두 OR게이트만으로, 칩 3은 모두 NOT 게이트만으로 만들었다. 이 결과는 그림 7.3에 체계적으로 보여준다.

그림 7.2와 7.3은 기능 면에서는 같다. 즉, 이들은 정확하게 같은 일을 수행한다. 그러나 이 두 설계는 다음과 같이 크게 다른 성질들을 갖고 있다.

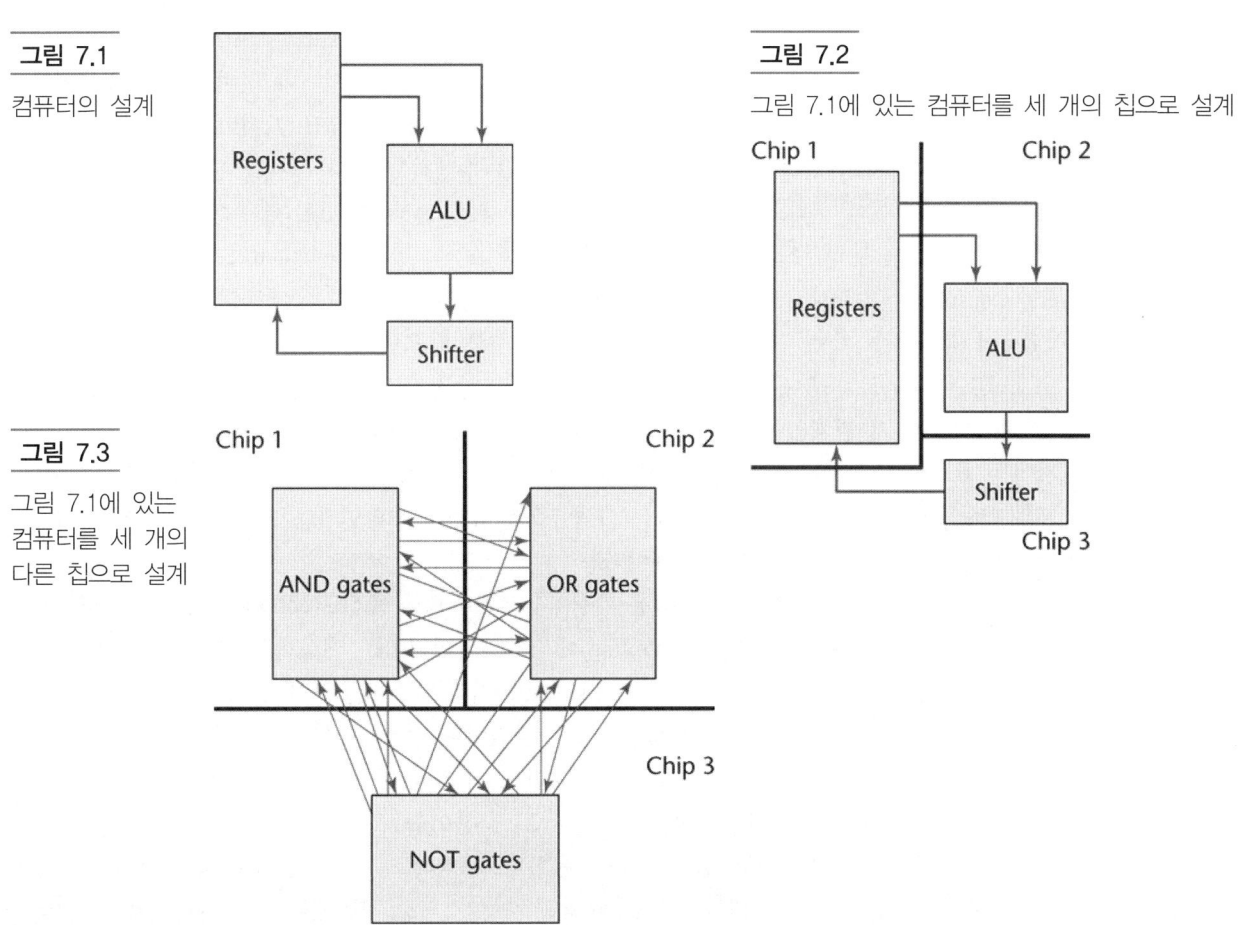

그림 7.1
컴퓨터의 설계

그림 7.2
그림 7.1에 있는 컴퓨터를 세 개의 칩으로 설계

그림 7.3
그림 7.1에 있는 컴퓨터를 세 개의 다른 칩으로 설계

1. 그림 7.3은 그림 7.2보다 이해하기가 아주 어렵다. 디지털 로직(digital logic)에 대한 지식이 있는 대부분의 사람들은 그림 7.2의 칩이 ALU, 시프터, 레지스터들의 집합이라는 것을 즉시 알 수 있다. 그러나 최고의 하드웨어 전문가라도 그림 7.3에 있는 AND, OR, NOT 게이트의 기능을 이해하는 데는 문제가 생길 수 있다.

2. 그림 7.3에 있는 회로의 수정적 유지보수는 어렵다. 만약 컴퓨터 내에 설계 결함이 있다면 그림 7.3을 판독하는 사람은 많은 실수들을 범할 수 있고 또 결함이 어디에 있는지 결정하기가 어려울 것이다. 반대로 그림 7.2에 있는 컴퓨터 설계에 결함이 있다면, 그 결함은 ALU가 작동하는 방법에서인지, 시프터가 작동하는 방법에서인지, 아니면 레지스터가 작동하는 방법에서인지를 결정하는 것은 지엽적인 것이 된다. 마찬가지로 그림 7.2에 있는 컴퓨터가 다운 되었다면, 어떤 칩을 바꿔야 할지 결정하는 것도 아주 쉬운 일이 된다. 그러나 그림 7.3에 있는 컴퓨터가 다운되었다면 세 개의 칩 모두를 바꾸는 것이 최선의 방법이 된다.

3. 그림 7.3의 컴퓨터는 확장(extend)시키거나 향상(enhanced)시키기가 어렵다. 만약 ALU의 새로운 유형이 요구되거나 좀 더 빠른 레지스터가 필요하다면, 그림을 다시 그려야 하기 때문에 그렇다. 그러나 그림 7.2의 컴퓨터 설계는 적합한 칩으로 교체하기가 쉽게 설계되어 있다. 최악의 경우 그림 7.3의 칩은 새로운 프로덕트에 재사용될 수가 없다. 즉 AND, OR, NOT 게이트의 특별한 조합이 그들이 설계되었던 프로덕트 이외의 프로덕트에서는 재사용될 방법이 거의 없다. 반면에 그림 7.2의 세 개의 칩은 ALU, 시프터, 레지스터를 요구하는 다른 프로덕트에서도 재사용할 수가 있다.

여기서 핵심은 소프트웨어 프로덕트가 그림 7.2와 같은 형태로 설계되어야 하며, 각 칩 내부에서는 최대의 연관성을 가져야 하고, 또 칩과 칩 사이에는 최소의 연관성을 가져야 한다. 하나의 모듈은 오퍼레이션(operation)이나 일련의 오퍼레이션들을 수행하는 칩과 유사할 수 있으며 또 다른 모듈들과도 연결되어야 한다. 프로덕트의 기능성은 대체로 고정된다. 즉, 결정해야 할 것은 프로덕트를 모듈로 어떻게 나누느냐는 것이다. 합성/구조적 설계(composite/structured design)[Stevens, Myers, Constatine, 1974]는 프로덕트를 모듈로 나누는 합리적인 방안을 제공해준다. 즉 1장에서 지적했듯이 유지보수 비용, 전체 소프트웨어 예산의 주요 컴포넌트를 감소시켜주는 방법으로 모든 프로덕트를 모듈로 나누게 해준다. 유지보수 노력이 수정적 유지보수, 완전적 유지보수, 또는 적응적 유지보수든지 관계없이 각 모듈 내에서는 최대의 상호작용(interaction)이 있고 모듈과 모듈 간에는 최소의 상호작용이 있을 때 줄일 수 있다. 다시 말해서 합성/구조적 설계(C/SD)의 목표는 프로덕트의 모듈 분해가 그림 7.3보다는 그림 7.2를 닮았다고 확인하는 것이다. 5.4절에서 설명한 것처럼 C/SD는 관심의 분리의 한 예이다.

[Myers, 1978b]는 모듈 내의 상호작용 수를 나타내는 모듈 **응집도**(cohesion)와 모듈 간의 상호작용 수준을 나타내는 모듈 **결합도**(coupling)에 관한 아이디어를 계량화시켰다. Myers는 이를 구체적으로 설명하기 위해 응집도보다는 **강점**(strength)이라는 용어를 사용했다. 그러나 응집도라는 용어가 더 사용된다. 왜냐하면 모듈에서는 높은 강점이나 낮은 강점을 가질 수 있고 그리고 낮은 강점의 표현에는 선천적인 모순이 있다. 즉, 어떤 것이 강하지 않으면 약한 것이 된다. 용어의 부정확성을 방지하기 위해 C/SD는 이제부터 응집도란 용어를 사용한다. 어떤 저자들은 결합도(coupling)대신에 **바인딩**(binding)이란 용어를 사용한다. 불행히도 바인딩은 컴퓨터 과학에서 다른 의미로 사용된다. 즉, 변수들에 대한 값들을 바인딩 하는 것으로 사용된다. 그러나 결합도는 이러

한 의미가 아니기 때문에 주로 사용된다.

이 시점에서는 모듈의 오퍼레이션, 모듈의 로직, 모듈의 문맥들 간의 차이를 구별하는 것이 필요하다. 모듈의 **오퍼레이션**(operation)은 그것이 무엇을 수행하는지, 즉 행위를 나타낸다(what). 예를 들면 모듈 m의 오퍼레이션이 해당 모수의 제곱근을 계산하는 경우 모듈의 **로직**(logic)은 모듈이 모듈의 오퍼레이션을 어떻게 수행하는지를 나타내는(how) 것이다. 즉 모듈 m인 경우를 보면 제곱근을 계산하는 특정 방법인 Newton's method가 이에 해당된다[Geral and Wheatley, 1999]. 모듈의 **문맥**은 해당 모듈의 특정 사용을 말한다. 그래서 모듈 m은 배정도 정수의 제곱근을 계산하는 데 사용된다. C/SD의 핵심은 모듈에 할당된 이름이 모듈의 로직이나 문맥이 아니라, 그의 오퍼레이션이라는 점이다. 그러므로 C/SD에서의 모듈 m은 compute_square_root라고 이름이 명명되어야 하고 이것의 모듈 로직과 문맥은 이 이름의 관점과는 관계가 없다.

7.2
응집도

SOFTWARE

[Myers, 1976b]는 응집도(cohesion)를 일곱 개의 부류나 수준들로 정의했다. 오늘날 이론 측면의 컴퓨터 과학에서 보면 Mayer가 정의한 처음 두 개의 수준은 교체시킬 필요가 있다. 왜냐하면 앞으로 보겠지만 정보적 응집도(informational cohesion)는 기능적 응집도(functional cohesion)보다 더 강한 재사용을 지원하기 때문에 그렇다. 응집도의 순위들은 그림 7.4에서 보여준다. 이것은 선형으로 정렬한 것은 아니다. 이것은 단지 상대적인 순위이며, 어떤 유형의 응집도가 높고(high)(좋은), 어떤 유형의 응집도가 낮은지(low)(나쁜)를 결정하는 방법이다.

모듈이 높은 응집도를 갖게 구성하는 것을 이해하기 위해서 낮은 응집도부터 먼저 학습한다.

그림 7.4

응집도의 수준

7.	Informational cohesion	(Good)
6.	Functional cohesion	
5.	Communicational cohesion	
4.	Procedural cohesion	
3.	Temporal cohesion	
2.	Logical cohesion	
1.	Coincidental cohesion	(Bad)

7.2.1 우연적 응집도

모듈이 전혀 관련이 없는 오퍼레이션들을 수행한다면 그것은 **우연적 응집도**(coincidental cohesion)를 갖고 있다고 말한다. 우연적 응집도를 갖는 모듈의 예는 다음과 같이 명명된 것이다. 'print_the_next_line, reverse_the_string_of_characters_comprising_the_second_argument, add_7-_to_the_fifth_argument, convert_the_fourth_argument_to_floating_point'(이를 우리말로 번역하면 '다음 줄을 인쇄하라, 두 번째 인자를 구성하는 문자들의 스트링을 바꿔라, 다섯 번째 인자에 7을 더하라, 네 번째 인자를 소수점으로 치환하라'이다). 분명한 질문은 다음과 같다. 이러한 모듈들이 실무에서 어떻게 나타날 수 있을까? 가장 공통되는 원인은 '모든 모듈은 35개에서 50개 사이의 실행문으로 구성하라.'는 엄격한 규칙 때문에 생긴 것이다. 만약 소프트웨어 조직이 모듈이 너무 크거나 너무 작으면 안 된다고 주장하면 바람직하지 못한 두 가지 일이 발생하게 된다. 첫째, 둘 또는 그 이상의 작은 모듈은 우연적 응집도를 가진 보다 큰 모듈을 생성하기 위해 함께 한 덩어리로 뭉친다. 둘째, 관리자가 너무 크다고 생각하는 잘 설계된 모듈들을 작은 단위로 잘라서 우연적 응집도를 가진 모듈로 다시 결합시킨다.

우연적 응집도는 왜 그렇게 나쁜가? 우연적 응집도를 가진 모듈은 두 가지 심각한 장애로 고통을 받는다. 첫째, 이러한 모듈은 프로덕트의 유지보수성, 즉 수정적 유지보수와 기능 향상을 저하시킨다. 프로덕트를 이해하려는 관점에서 보면 우연적 응집도를 가진 모듈화(modularization)는 모듈화가 전혀 안 된 모듈보다 더 나쁘다[Shneiderman and Myers, 1975]. 둘째, 이러한 모듈들은 재사용성(reusability)이 없다. 이 절의 첫 번째 단락에서 우연적 응집도를 가진 모듈은 다른 프로덕트에서 전혀 재사용될 수 없다고 했다.

재사용성의 결여는 심각한 결함이다. 소프트웨어의 구축 비용은 너무 커서 가능한 한 모듈들을 재사용하는 것은 필수적이다. 모듈을 설계하고 코딩하고 문서화시키고 더욱이 테스팅에는 많은 시간이 소요되기 때문에 비용이 많이 드는 프로세스이다. 만약 기존에 잘 설계되고, 철저하게 테스트 되고, 적절하게 문서화된 모듈이 다른 프로덕트에서 재사용될 수 있다면, 관리자는 기존의 모듈을 재사용하라고 주장한다. 그러나 우연적 응집도를 가진 모듈은 재사용할 수 있는 방법이 없으며, 개발에 소요된 자금도 결코 보상받을 수 없다(재사용에 관한 내용은 8장에서 구체적으로 논의됨).

일반적으로 우연적 응집도를 가진 모듈은 교정하기가 쉽다. 왜냐하면 그것은 다양한 오퍼레이션들을 수행하기 때문에 모듈을 하나의 오퍼레이션을 수행하는 작은 모듈로 나누기가 쉽다.

7.2.2 논리적 응집도

호출 모듈(calling module)이 선택한 모듈이 일련의 관련된 오퍼레이션들을 수행할 때, 이 모듈은 **논리적 응집도**(logical cohesion)를 갖고 있다고 말한다. 다음은 논리적 응집도를 가진 모듈들의 예이다.

예제 1 다음과 같이 호출되는 new_operation 모듈

```
function_code = 7;
new_operation(function_code, dummy 1, dummy 2, dummy 3);
//dummy_1, dummy_2, and dummy_3 are dummy variables,
// not used if function_code is equal to 7
```

이 예에서 new_operation은 네 개의 인수로 호출된다, 그러나 코드 주석 라인에서 기재한 것처럼, 만약 function_code가 7이면 그들 중의 세 개는 필요 없게 된다. 이것은 수정적 유지보수와 기능 향상 유지보수에서 가독성을 저하시킨다.

예제 2 모든 입력과 출력을 수행하는 객체.

예제 3 마스터 파일 레코드들의 삽입, 삭제, 수정들을 편집하는 모듈.

예제 4 OS/VS2의 초기 버전에서 논리적 응집도를 가진 모듈은 13개의 다른 오퍼레이션들을 수행한다. 즉 인터페이스는 21개의 데이터를 포함한다[Myers, 1976b].

모듈이 논리적 응집도를 가질 때 두 가지 문제가 발생한다. 예제 1처럼 인터페이스가 이해하기 어렵고 대체로 모듈을 이해하는 데 고통스럽다. 둘째 한 오퍼레이션에 대한 코드가 뒤엉켜 있어서 심각한 유지보수 문제를 야기한다. 실례로 모든 입력과 출력을 수행하는 모듈이 그림 7.5에서 보여준 것처럼 구조화된다. 만약 새로운 테이프 장치가 설치되면, 섹션 번호 1, 2, 3, 4, 6, 9, 10을 수정하는 게 필요하다. 이러한 변경은 역으로 레이저 프린터 출력과 같이 다른 모든 입력과 출력 형식에 영향을 미친다. 왜냐하면 레이저 프린터는 섹션 1과 3의 변경 때문에 영향을 받는다. 이렇게 내부적으로 뒤엉킨 성질이 논리적 응집도를 가진 모듈의 특성이다. 이러한 특성 때문에 다른 프로덕트에서 이러한 모듈의 재사용은 어렵다.

그림 7.5

모든 입력과 출력을
수행하는 모듈

| 1. Code for all input and output |
| 2. Code for input only |
| 3. Code for output only |
| 4. Code for disk and tape I/O |
| 5. Code for disk I/O |
| 6. Code for tape I/O |
| 7. Code for disk input |
| 8. Code for disk output |
| 9. Code for tape input |
| 10. Code for tape output |
| ⋮   ⋮   ⋮ |
| 37. Code for keyboard input |

7.2.3 시간 응집도

모듈이 시간적으로 연관된 일련의 오퍼레이션들을 수행할 때, 이 모듈은 **시간적 응집도**(temporal cohesion)를 갖고 있다고 말한다. 시간적 응집도를 가진 모듈의 예는 다음 같이 이름이 부여되었다. open_old_master_file, new_master_file, transaction_file, 그리고 print_file, initialize_sales_region_table, read_first_transaction_record_and_first_old_master_record. C/SD 전에 이러한 모듈은 perform_initialization이라고 불렀다.

이 모듈의 오퍼레이션들은 서로 약하게 관련되어 있지만, 다른 모듈들에 있는 오퍼레이션들과는 강하게 연관되어 있다. 예를 들어 sales_region_table을 고려해보자. 이것은 이 모듈에는 초기화 되어 있지만, update_sales_region_table과 print_sales_region_table과 같은 오퍼레이션은 다른 모듈에 들어있다. 그러므로 만약 sales_region_table의 구조가 변경되어 있다면, 즉 이전에 업무가 없었던 지역까지 조직을 확장시켰다면, 많은 모듈이 변경되어야 한다. 그러면 회귀 결함(regression fault) 기회가 더 많아질 뿐만 아니라(프로덕트에 관련이 없는 부분에 가해진 변경 때문에 생긴 결함), 만약 영향을 받은 모듈들의 수가 많아지면 하나 또는 두 개의 모듈을 그냥 건너뛸 수가 있다. 7.2.7절의 서술처럼 한 모듈 안에서 sales_region_table 상에서 모든 오퍼레이션들은 수행하는 게 훨씬 좋다. 이들 오퍼레이션들은 필요시 다른 모듈들에 호출될 수 있다. 더욱이 시간적 응집도를 가진 모듈은 다른 프로덕트에서 재사용하기가 쉽지 않다.

7.2.4 절차적 응집도

모듈이 프로덕트가 수행해야 하는 단계별 순서로 연관된 일련의 오퍼레이션들을 수행한다면 **절차적 응집도**(procedural cohesion)를 갖고 있다고 말한다. 절차적 응집도를 가진 모듈의 예는 read_part_number_from_database와 update_repair_record_on_maintenance_file이다.

이것은 시간적 응집도보다 훨씬 좋다. 적어도 오퍼레이션들은 서로 절차적으로 연관이 되어 있다. 그러나 오퍼레이션들은 서로 약하게 연결되어 있고 그 모듈이 다른 프로덕트에서 재사용되기는 쉽지 않다. 해결방안은 절차적 응집도를 가진 모듈이 하나의 오퍼레이션을 수행하는 독립된 모듈로 분할하는 방법이다.

7.2.5 교환적 응집도

모듈이 프로덕트가 수행해야 하는 단계별 순서로 연관된 일련의 오퍼레이션들을 수행하고 또 모든 오퍼레이션들이 동일 데이터 상에서 수행한다면 **교환적 응집도**(communicational cohesion)를 갖고 있다고 말한다. 교환적 응집도를 가진 모듈의 두 가지 예는 update_record_in_database_and_write_it_to_the_audit_trail 과 calculate_new_trajectory_and_send_it_to_the_printer 이다. 이것은 모듈의 오퍼레이션들이 밀접하게 연관되어 있어 절차적 응집도보다 좋다. 그러나 우연적, 논리적, 시간적, 절차적 응집도처럼 같은 결함을 가지고 있어 모듈이 재사용될 수 없다. 해결방안은 이러한 모듈을 하나의 오퍼레이션을 수행하는 분리된 모듈들로 분할시키는 방법이다.

말이 난 김에 Berry[personal communication, 1978]가 시간적, 절차적, 교환적 응집도를 통칭해서 **순서도 응집도**(flowchart cohesion)라는 용어를 사용한 것은 흥미롭다. 왜냐하면 이러한 모듈들로 수행한 오퍼레이션들은 프로덕트 순서도에 인접해 있다. 즉 이 오퍼레이션들은 동시에 수행되기 때문에 시간적 응집도인 경우에 인접해 있다. 이들은 알고리즘이 오퍼레이션들을 시리즈로 수행할 것을 요구하기 때문에 절차적 응집도에도 인접해 있다. 이들은 시리즈로 수행되는 것 이외에도 같은 데이터 상에서 수행되므로 교환적 응집도에도 인접해 있다. 그래서 이들 오퍼레이션들은 순서도에 인접해 있는 것은 당연하다.

7.2.6 기능적 응집도

정확히 하나의 액션(action)을 수행하거나 하나의 목표를 달성하는 모듈은 **기능적 응집도**(functional cohesion)를 갖고 있다고 말한다. 이러한 모듈의 예는 get_temperature_of_furnace, compute_orbital_of_electron, write_to_diskette, 그리고 calculate_sales_commission이 있다.

기능적 응집도를 가진 모듈은 자주 재사용된다. 왜냐하면 수행되는 한 오퍼레이션이 다른 프로덕트들에서 수행될 필요가 있기 때문이다. 기능적 응집도를 가지면서 적절하게 설계되고, 철저하게 테스트 되고, 잘 문서화된 모듈은 어떤 소프트웨어 조직에도 값진 자산이 되고(경제적, 기술적인 면), 가능한 한 자주 재사용된다. 하지만 8.4절에 설명처럼, 기능적 응집도를 가진 모듈은 데이터를 통해서만 작동하기 때문에, 스스로 정보를 포함하지 못하고 독립적이지 못하다. 만약 이러한 모듈이 재사용된다면 그 모듈 상에서 작동하는 데이터들도 함께 재사용되어야 한다. 만약 새로운 프로덕트에 있는 데이터가 원래 데이터와 같지 않으면 그 데이터나 모듈이 변경되어야 한다. 다시 말해서, C/SD가 처음 제안된 1970년에 주장과는 반대로, 기능적 응집도를 가진 모듈은 재사용의 이상적인 후보군이 절대로 아니다.

유지보수는 기능적 응집도를 가진 모듈에서는 수행하기가 쉽다. 첫째, 기능적 응집도는 결함을 격리시키게 만든다. 만약 용광로의 온도를 정확히 읽을 수 없다면 결함은 거의 모듈 get_temperature_of_furnace 에 있다. 유사하게 만약 전자 궤도가 부정확하게 계산된다면 찾아볼 곳은 compute_orbital_of_electron이다.

결함이 단일 모듈로 국한되어 발생하면 다음 단계는 요구된 변경을 고치면 된다. 기능적 응집도를 가진 모듈은 단지 하나의 오퍼레이션만 수행하기 때문에, 이러한 모듈은 낮은 응집도를 가진 모듈보다 일반적으로 이해하기가 더 쉽다. 이러한 이해의 용이성은 유지보수 작업도 단순하게 해준다. 마지막으로 변경이 가해졌을 때 다른 모듈에 미치는 영향도 작다. 특히 모듈 간의 결합도도 낮아진다(7.3절 참조).

기능적 응집도는 또한 프로덕트가 확장되어야 할 경우 더욱 가치가 있다. 예를 들어 PC가 120기가바이트 하드드라이브(gigabyte hard drive)를 가지고 있는데, 제조업체는 240기가바이트 하드드라이브를 가진 좀 더 강력한 모델을 출시할 예정이라고 가정하자. 모듈들에 대한 목록을 읽어보면, 유지보수 프로그래머는 write_to_hard_drive라고 명명된 모듈을 발견한다. 확실하게 해야 할 것은 기존의 모듈 이름을 write_to_larger_hard_drive라는 새 모듈의 이름으로 교체하는 일이다.

말이 난 김에 그림 7.2에 있는 세 개의 '모듈'은 기능적 응집도를 가진 것으로 판명되고 또 그림 7.3에 비해 그림 7.2에 있는 적합한 설계의 인수들은 좋은 기능적 응집도를 위해서 앞의 논의에서 정확하게 작성되어야 한다.

그림 7.6

정보적 응집도를
가진 모듈

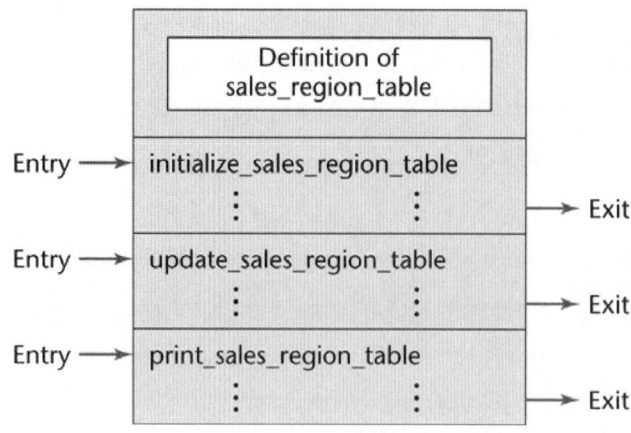

7.2.7 정보적 응집도

모듈이 만약 각각 자신의 엔트리 포인트(entry point)를 갖고 오퍼레이션에 해당하는 독립된 코드를 갖고 또 모두 동일한 데이터 구조상에서 수행되는 많은 오퍼레이션들이 수행된다면 **정보적 응집도**(informational cohesion)를 갖고 있다고 말한다. 이에 대한 예는 그림 7.6에 있다. 이것은 구조적 프로그래밍의 주의(tenet)를 위반한 것은 아니다. 코드 각 부분은 하나의 입구와 출구만 갖는다. 논리적 응집도와 정보적 응집도간의 주요 차이점은 논리적 응집도를 가진 모듈은 여러 오퍼레이션들이 내부적으로 뒤엉켜져 있는 것이고, 정보적 응집도를 가진 모듈에서는 각 오퍼레이션에 대한 코드가 완전히 독립적이다.

정보적 응집도를 가진 모듈은 관심의 분리의 한 예이다(5.4절 참조).

정보적 응집도를 가진 모듈은 7.5절의 설명처럼 필수적으로 추상 데이터 타입(abstract data type)의 구현이고, 추상 데이터 타입을 사용하는 이점은 정보적 응집도를 가진 모듈이 사용될 때 얻어진다. 객체는 추상 데이터 타입의 개체화(instance)이므로, 객체는 정보적 응집도를 가진 모듈이 된다. 이것이 정보적 응집도가 객체-지향 패러다임에 최적이라는 사실을 언급하게 된 이유다 (7.3절).

7.2.8 응집도 예제

응집도를 보다 구체적으로 보기 위해 그림 7.7에 있는 예를 고려해보자. 특별한 장점을 가진 두 개의 모듈이 언급되어 있다. 독자들은 initialize_sums_and_open_files 모듈과 close_files_and_print_average_temperatures 모듈이 시간적 응집도가 아닌 우연적 응집도라고 이름 붙여진 것에 약간 놀랄 수도 있다. 먼저 initialize_sums_and_open_files 모듈을 고려해보자.

이것은 시간적으로 연관이 있는 두 개의 오퍼레이션을 수행하는데, 둘 다 어떤 계산이 수행되기 전에 수행되므로, 이 모듈은 시간적 응집도를 가진 것으로 보인다. 비록 initialize_sums_and_open_files의 두 오퍼레이션이 계산 초기에 수행되지만, 거기에는 다른 인자(factor)가 포함되어 있다. sum을 초기화 하는 것은 문제와 관련이 있지만, opening files을 여는 것은 문제 자체에서는 할 일이 아무것도 없다. 두 개 또는 그 이상의 다른 수준의 응집도가 모듈에 할당될 수 있을 때 규칙이 가장 낮은 수준을 할당한다. 따라서 initialize_sums_and_open_files이 시간적, 우연적

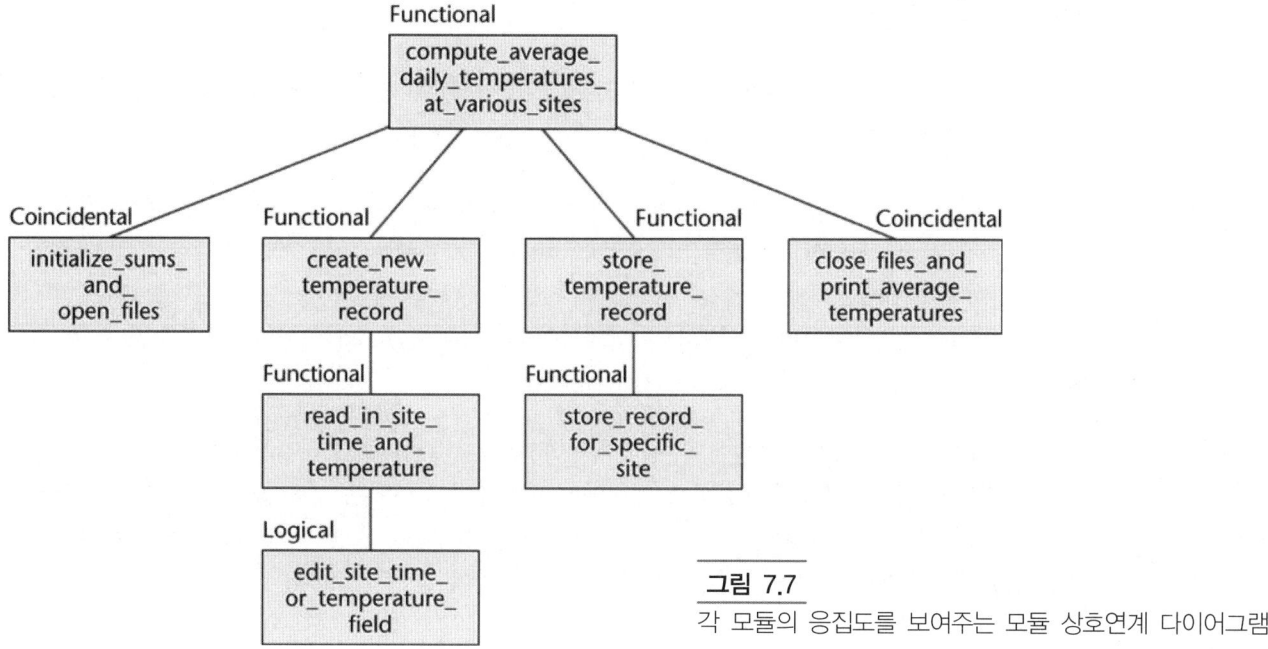

그림 7.7
각 모듈의 응집도를 보여주는 모듈 상호연계 다이어그램

응집도를 가질 수 있기 때문에, 응집도의 두 수준 중 더 낮은 수준인 우연적 응집도를 그 모듈에 할당한다. 그것은 또한 close_files_and_print_average_temperatures가 우연적 응집도를 갖는 이유가 된다.

7.3
결합도

SOFT WARE

응집도는 하나의 모듈 내의 상호작용 정도를 나타내는 것이다. 그러나 결합도(coupling)는 두 모듈 간의 상호작용 정도를 나타낸다. 이전처럼 많은 수준들은 그림 7.8과 같이 구별된다. 좋은 결합도를 강조하기 위해 다양한 수준들을 최악에서부터 순차적으로 서술한다.

그림 7.8
결합도의 수준

5.	Data coupling	(Good)
4.	Stamp coupling	
3.	Control coupling	
2.	Common coupling	
1.	Content coupling	(Bad)

7.3.1 내용 결합도

하나의 모듈이 다른 모듈의 내용들을 직접적으로 참조할 때 두 모듈은 내용적으로 결합되어 있다고 말한다. 내용 결합도(content coupling)의 예는 다음과 같다.

예제 1: 모듈 p가 모듈 q의 문을 수정한다. 이러한 사례는 어셈블리 프로그래밍 언어에만 국한되지 않는다. COBOL로부터 이동하라는 **alter**라는 동사는 다른 문을 수정하는 일을 정확히 수행한다.

예제 2: 모듈 p는 모듈 q내의 어떤 숫자상의 교체로 인해 모듈 q의 지역 데이터를 참조한다.

예제 3: 모듈 p는 모듈 q의 지역 레이블로 분기한다.

모듈 p와 q가 내용적으로 결합되어 있다고 가정하자. 많은 위험 중의 하나는 q에 가한 어떤 변경은 q를 새로운 컴파일러나 어셈블러로 재컴파일 했을지라도, p에 변경을 요구한다. 더욱이 어떤 새로운 프로덕트에서 모듈 q를 재사용하지 않고 모듈 p의 재사용은 불가능하다. 두 모듈이 내용적으로 결합되어 있을 때 그들은 내부적으로 연계되어 있어 풀 수가 없다.

7.3.2 공통 결합도

만약 두 모듈들이 같은 전역 데이터를 접근한다면 **공통 결합되어**(common coupled) 있다고 말한다. 이 상황은 그림 7.9에 묘사되어 있다. 인수를 보내면서 서로 상호 교환하지 않고 대신에 모듈 cca와 ccb가 global_variable의 값을 접근해 변경시킬 수 있다. 이것이 발생하는 가장 일방적인 상황은 cca와 ccb가 같은 데이터베이스에 접근해서 같은 레코드를 읽고 저장할 수 있는 때이다. 공통 결합(common coupling)에서는 두 모듈들이 데이터베이스를 읽고 저장할 수 있는 것이 가능하다. 만약 데이터베이스 모드가 read-only이면, 이것은 공통 결합도가 아니다. 그러나 공통 결합도를 구현하는 또 다른 방법에는 C++나 Java 수정자인 **public** 등이 있다.

  결합도의 이러한 형식은 다음과 같은 이유들 때문에 바람직하지 않다.

1. 결과 코드가 사실상 판독이 불가능하기 때문에 이것은 구조적 프로그래밍의 정신에 모순이 된다. 그림 7.10에서 보여줄 의사 코드 프래그먼트를 고려해보자. 만약 global_variable이 전역 변수이면, 그 값은 module_3, module_4에 의해 변경될 수 있고, 또 다른 모듈이 그들을 호출할 수 있다. 어떤 조건하에서 루프를 종료할 것인지를 결정하는 것은 다음과 같이 중요한 질문이다. 만약 런-타임 실패가 발생하면, 발생했던 것을 재구성하는 것은 어려울 수 있다. 왜냐하면 많은 모듈 중 어떤 것은 global_variable의 값을 변경시킬 수 있기 때문이다.

2. 호출 edit_this_transaction(record 7)을 고려해보자. 만약 공통 결합도가 존재하면, 이 호출은 단지 record 7의 값이 아니라 그 모듈이 접근할 수 있는 어떤 전역 변수의 값으로 변경될 수 있다. 간단하게 말해 전체 모듈은 그것이 무엇을 하든지 정확하게 발견하기 위해 읽혀져야 한다.

3. 만약 유지보수 변경이 전역 변수의 선언에 대해 한 모듈에 있게 되면, 그 전역 변수를 접근할 수 있는 모든 모듈이 변경되어야 한다. 더욱이 모든 변경은 일관성이 있어야 한다.

4. 또 다른 문제는 공통 결합된 모듈이 재사용하기가 어렵다는 것이다. 왜냐하면 전역 변수들의 같은 목록은 모듈이 재사용될 때마다 공급되어야 한다.

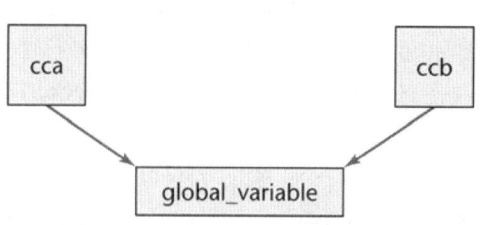

그림 7.9 공통 결합도의 예

그림 7.10 공통 결합도를 반영한 의사코드 프래그먼트

```
while (global_variable 0)
{
    if (argument_xyz 25)
        module_3 ();
    else
        module_4 ();
}
```

5. 공통 결합도는 모듈 p와 프로덕트에 다른 모듈 간의 공통 결합도 인스턴스의 수가 급격히 변경될 수 있는 좋지 않은 성질을 갖고 있다. 심지어 모듈 P 자체가 절대로 변경될 수 없는 경우에도 이를 숨겨진 공통 결합도(clandestine common coupling)라고 부른다[Schach et al., 2003a]. 예를 들면 만약 두 모듈 p와 q가 전역 변수 gv를 수정할 수 있다면, 소프트웨어 프로덕트에 있는 모듈 p와 다른 모듈 간에 공통 결합도의 한 인스턴스가 있다. 그러나 만약 10개의 새로운 모듈이 모두 전역 변수 gv를 수정할 수 있게 설계되고 구현되었다면, 모듈 p 자체가 어떤 방법으로 변경되지 않아도 모듈 p와 다른 모듈들 간에 공통 결합도의 인스턴스들의 수는 11로 증가한다. 숨겨진 공통 결합도는 놀랄만한 결과들을 가질 수 있다. 예를 들면 1993년과 2000년 사이에 Linux에는 거의 400개의 릴리이즈가 있었다. 즉 17 Linux 커널 모듈의 5332개 버전들은 계속되는 릴리이즈 동안에 변경되지 않았다. 5332개 버전들의 절반 이상에서 각 커널 모듈과 Linux의 나머지 간에 공통 결합도의 인스턴스들의 수는 커널 모듈 자체가 변경되지 않은 경우에도 증가하거나 감소되었다. 상당한 모듈들이 379개보다 이상인 2482개에서 숨겨진 공통 결합도를 보여주었다[Schach et al., 2003a].

6. 이 문제는 잠재적으로 가장 위험하다. 공통 결합도의 결과로 모듈은 그것이 필요로 한 것보다 더 많은 데이터를 노출시킬 수 있다. 이것은 데이터 접근을 제어하는 어떠한 시도도 실패하고, 궁극적으로는 컴퓨터 범죄를 유발시킬 수 있다. 많은 유형의 컴퓨터 범죄는 어떠한 결탁이 필요하다. 적절하게 설계된 소프트웨어는 어느 한 프로그래머가 범죄를 하는 데 필요한 모든 데이터나 모듈에 접근하도록 허용하지 말아야 한다. 예를 들어 급여 소프트웨어의 체크 프린트 부분을 작성하는 프로그래머가 직원 레코드를 접근할 필요가 있지만, 잘 설계된 프로덕트에서는 이러한 접근이 철저히 read only 모드이기 때문에 프로그래머가 그들의 월 급여 외에는 변경 권한을 배제시킨다. 이러한 변경을 하기 위해서 프로그래머는 관련된 레코드를 업데이트 모드로 접근 가능한 자를 찾기 위해 다른 정직하지 않은 직원도 찾아내야 한다. 그러나 만약 프로덕트가 잘못 설계되었고, 또 모든 모듈이 업데이트 모드로 급여 데이터베이스를 접근할 수 있다면, 그때 비도덕적인 프로그래머가 혼자서 데이터베이스의 어떤 레코드에도 승인을 받지 않은 변경을 가할 수 있다.

앞의 논쟁들로 독자들이 공통 결합도의 사용을 배제하기를 바라지만 공통 결합도가 대안으로 선호되는 경우도 있다. 예를 들어 원유 저장 탱크의 CAD(computer-aided design)를 수행하는 프로덕트를 고려해보자[Schach and Stevens-Guille, 1979]. 탱크는 높이, 반경, 탱크가 지탱될 수 있는 최대 바람 속도, 절전 두께 등과 같은 많은 서술자(descriptor)들이 지정되어야 한다. 서술자들이 초기화 되면 그 후에 값이 변경되면 안 된다. 그리고 프로덕트의 대부분의 모듈은 서술자의 값에 접근할 필요가 있다. 55개의 탱크 서술자들이 있다고 가정하자. 만약 이들 모든 서술자가 인수로 모든 모듈에 전달된다면, 각 모듈에 대한 인터페이스는 적어도 55개의 인수로 구성되어 결함이 발생할 잠재성도 거대해진다. 인수들의 엄격한 타입 체킹(type checking)을 요구하는 Ada와 같은 언어에서도 같은 타입의 두 인수들을 상호 교환하는 것은 가능하지만 타입 체커(type checker)가 발견하지 못하는 결함이 생길 수 있다.

하나의 해결방안은 모든 탱크 서술자들을 하나의 데이터베이스에 넣고, 하나의 모듈이 모든 서술자들의 값을 초기화 하고, 나머지 다른 모듈은 철저하게 read-only 모드로 데이터베이스를 접근하게 하는 방법으로 프로덕트를 설계한다. 그러나 만약 데이터베이스 솔루션이 명시된 구현 언어가 이용할 수 있는 DBMS와 인터페이스 할 수 없다면 이의 대안은 제어 방법으로 공통 결합도를 사용한다. 즉 프로덕트는 55개의 서술자들이 한 모듈로 초기화 되도록 설계되어야 하고, 또 다른 모듈들 어느 것도 서술자의 값을 변경시키지 말아야 한다. 이러한 프로그래밍 스타일은 소프트웨어가 부과하는 데이터베이스 솔루션과는 달리 관리자가 강요해야 한다. 그러므로 공통 결합도의 사용에 관한 좋은 대안이 없는 상황에서는 관리자의 철저한 감시가 위험 중 일부를 감소시킬 수 있다. 그러나 더 좋은 해결방안은 7.6절의 설명처럼 정보 은닉을 사용해 공통 결합도를 제거하는 방법이다.

7.3.3 제어 결합도

모듈이 다른 모듈에 제어 요소를 보내면, 즉 하나의 모듈이 다른 모듈의 로직을 제어하면, 두 모듈들은 제어 결합도(control coupling)를 갖고 있다고 말한다. 예를 들면 제어는 함수 코드가 논리적 응집도를 가진 모듈에 전달될 때에 전달된다(7.2.2절). 제어 결합도의 또 다른 예는 제어 스위치(control switch)가 인수로서 전달될 때이다.

만약 모듈 p가 모듈 q를 호출하면, q가 p에게 '나는 내 태스크를 완성할 수 없다'고 말하는 플래그(flag)를 되돌려 보낸다면 q는 데이터(data)를 보낸다. 그러나 만약 이 플래그가 '나는 내 태스크를 완성할 수 없어서 에러 메시지 ABC123을 작성한다'는 의미이면, p와 q는 제어 결합도이다. 다른 말로 표현하면 만약 q가 p에 역으로 정보를 보내고 p가 이 정보를 받아서 취할 액션이 무엇인지 결정되면, q는 데이터를 보낸다. 만약 q가 정보만을 전달하는 것이 아니라, p가 취해야 할 액션이 무엇인지 모듈 p에 알려주면, 이때 제어 결합도가 존재한다.

제어 결합도의 결과로 발생하는 두 가지 어려움은 두 모듈이 서로 독립적이지 않다는 점이다. 즉, 호출된 모듈인 모듈 q는 모듈 p의 내부 구조와 로직을 알아야 한다. 결론적으로 재사용의 가능성이 감소된다. 추가로 제어 결합도는 일반적으로 논리적 응집도를 가진 모듈들과 연계되어 있고 또 논리적 응집도와 연계된 어려움들이 포함되어 있다.

7.3.4 스템프 결합도

어떤 프로그래밍 언어에서는 part_number, satellite_altitude, 또는 degree_of_ multiprogramming과 같은 단순한 변수들만 인수로 전달될 수 있다. 그러나 많은 언어들은 인수로 레코드와 배열과 같은 데이터 구조들의 전달을 지원한다. 이러한 언어들에서 유효한 인수들은 part_record, satellite_

모듈에 4개 내지 5개의 다른 필드들을 전달하는 것은 전체 레코드를 전달하는 것보다 느릴 수 있다. 이 상황은 더 큰 이슈가 될 수 있다. 즉 최적화 이슈(응답시간이나 공간 제약 조건들과 같은)들이 좋은 소프트웨어 공학 실무가 된다는 생각과 상반될 때 무슨 일을 수행해야 하는가?

내 경험에 비추어 보면 이러한 질문은 아주 관련이 없다. 다시 추천한 접근법이 응답시간을 느리게 할 수 있지만 밀리세컨드 정도는 사용자가 발견하기가 너무나 작다. 그래서 [Knuth, 1974]의 첫 번째 최적화 법칙에 따르면 'Don't!'이다. 이는 성능 이유들을 포함해 어떤 종류의 최적화에 대한 필요성은 거의 없다.

최적화에는 정말 무엇이 요구되는가? 이 경우 Kunth의 두 번째 최적화 법칙이 적용된다. 두 번째(전문가용)는 'Not yet!'이다. 다른 말로 표현하면 우선 적합한 소프트웨어 공학 기법을 사용해 전체 프로젝트를 완성하라. 그 전후에 최적화가 꼭 요구되면 무슨 변경이 요구되는지 왜 요구되는지를 구체적으로 문서화 시켜서 필요한 변경만 변경시켜라. 가능하다면 이러한 최적화는 경험이 있는 소프트웨어 엔지니어가 수행하는 게 좋다.

coordinates, segment_table이 포함된다. 두 모듈들이 만약 데이터 구조가 인수로 전달되지만 호출된 모듈이 해당 데이터 구조의 개별 컴포넌트 중 일부에서만 작동한다면 **스탬프 결합도(stamp coupling)**를 갖고 있다고 말한다.

예를 들어 calculate_withholding(employee_record)의 호출을 고려해보자. 전체 calculate_withholding 모듈을 읽고서 모듈이 직원 레코드의 어떤 필드를 접근하고 수정하는지는 명확하지 않다. 직원 급여를 보내는 것은 원천징수를 계산하기 위해 꼭 필요하지만, 직원 집 전화번호가 이런 목적에 왜 필요한지 알기가 어렵다. 대신 원천징수를 계산하기 위해 실제로 필요한 필드만 calculate_withholding 모듈에 보내야 한다. 결과로 나온 모듈뿐만 아니라 특히 그것의 인터페이스 이해를 쉽게 하기 위해서 원천 징수를 계산할 필요가 있는 다양한 다른 프로덕트에서 재사용될 수 있다(이것에 대한 다른 전망은 '알고 싶은 사항 7.2' 참조).

아마도 더 중요한 것은 호출 calculate_withholding(employee_record)이 필요한 것보다 더 많은 데이터를 전달하기 때문에 제어되지 않은 데이터 접근과 컴퓨터 범죄의 문제들이 다시 발생할 수 있다. 이 이슈는 7.3.2절에서 논의되었다.

데이터 구조의 모든 컴포넌트들이 호출된 모듈이 사용된다는 조건이면, 데이터 구조가 하나의 인수로 전달하는 것은 잘못된 것이 전혀 없다. 예를 들어 invert_matrix(original_matrix, inverted_matrix)나 print_inventory_record(warehouse_record)와 같은 호출은 하나의 인수로 하나의 데이터 구조를 보낸다. 그러나 호출된 모듈들은 해당 데이터 구조의 모든 컴포넌트 상에서 작동한다. 스탬프 결합도는 데이터 구조가 인수로 전달되어 그 컴포넌트 중 일부만 호출된 모듈이 사용할 때 나타난다.

스탬프 결합도의 미묘한 형태는 C나 C++ 같은 언어들에서 포인터가 레코드에 인수로 보내질 때 발생할 수 있다. check_altitude(point_to_position_record)의 호출을 고려해보자. 언뜻 보면 보내야 할 것은 단순한 변수이다. 그러나 호출된 모듈은 pointer_to_position_record가 지명한 position_record에 있는 모든 필드에 접근해야 한다. 잠재적인 문제들 때문에 포인터가 인수로 보내질 때마다 결합도를 세밀하게 조사하는 것은 좋은 아이디어이다.

7.3.5 데이터 결합도

만약 모든 인수들이 같은 성질의 데이터 항목들을 갖고 있다면 두 모듈은 데이터 **결합도**(data coupling)를 갖고 있다고 말한다. 즉 모든 인수가 단순한 인수이거나 모든 요소들이 호출된 모듈에 사용되는 데이터 구조인 경우이다. 예로는 display_time_of_arrival(flight_number), compute_product(first_number, second_number, result), 그리고 determine_job_with_highest_priority(job_queue)등이 포함된다.

데이터 결합도는 관심의 분리의 한 예이다(5.4절 참조).

데이터 결합도는 추구하는 목표가 된다. 그것을 부정적인 방법으로 보면 만약 프로덕트가 데이터 결합도를 완전하게 보여주면 내용, 공통, 제어, 스탬프 결합도의 어려움은 존재하지 않는다. 보다 긍정적인 관점으로 보면 만약 두 개의 모듈이 데이터 결합도를 가지면 유지보수가 아주 쉬워진다. 왜냐하면 하나의 모듈에 대한 변경이 다른 것에서 회귀 결함을 거의 발생시키지 않기 때문이다. 다음 예는 결합도의 명확한 측면을 보여준다.

7.3.6 결합도 예제

그림 7.11에서 있는 예를 고려해보자. 선(arc)상에 있는 숫자들은 그림 7.12에서 보다 구체적으로 정의된 인터페이스를 나타낸다. 그러므로 예를 들어 모듈 p가 모듈 q를 호출할 때(인터페이스 1) 그것은 비행기의 타입을 한 인수로 보낸다. q가 p에 제어를 반환할 때, 그것은 상태 플래그를 전달한다. 그림 7.11과 7.12의 정보를 사용하면 모듈들의 모든 쌍 사이의 결합도가 추론된다. 이 결과는 그림 7.13에 있다.

그림 7.13의 엔트리들은 명확하다. 실례로 p와 q 사이(그림 7.11에 있는 인터페이스 1), r과 t 사이(인터페이스 5), 그리고 s와 u 사이(인터페이스 6)의 데이터 결합도는 하나의 단순한 변수가 각 방향으로 전달되는 사실에서 나온 직접적인 결과이다. p와 s 사이(인터페이스 2)의 결합도는 만약 s에서 p로 보내진 부품 목록의 모든 요소가 사용되거나 갱신된다면 데이터 결합도가 된다. 만약 p가 리스트의 어떤 요소상에서만 작동된다면 스탬프 결합도가 된다. q와 s 사이(인터페이스 4)의 결합도도 비슷하다. 그림 7.11과 7.12에 있는 정보는 여러 모듈의 함수를 완전하게 서술하지 못하므로, 결합도가 데이터인지 스탬프인지를 결정할 방법이 없다. q와 r 사이(인터페이스 3)의 결합도는 함수 코드가 q에서 r로 보내지기 때문에 제어 결합도이다.

좀 놀라운 일은 그림 7.13의 공통 결합도로 표시된 세 개의 엔트리이다. 그림 7.11에서 가장 멀리 있는 세 개의 모듈 쌍은 p와 t, p와 u, t와 u인데 처음에는 어떤 방법으로도 결합되지 않은 것으로 나타났다.

무엇보다 그들을 연결시키는 어떠한 종류의 인터페이스도 없다. 그래서 그들 사이의 결합도에 대한 좋은 아이디어로 단독의 공통 결합도를 갖게 하는 것은 약간의 설명이 요구된다. 그 대답은 그림 7.11의 우측 옆에 설명되어 있다. 즉, p, t, u 모두는 갱신 모드에서 같은 데이터베이스를 접근한다. 결과는 많은 전역변수들이 세 개의 모든 모듈들에 의해 변경될 수 있어서, 그들은 공통 결합된 쌍이다.

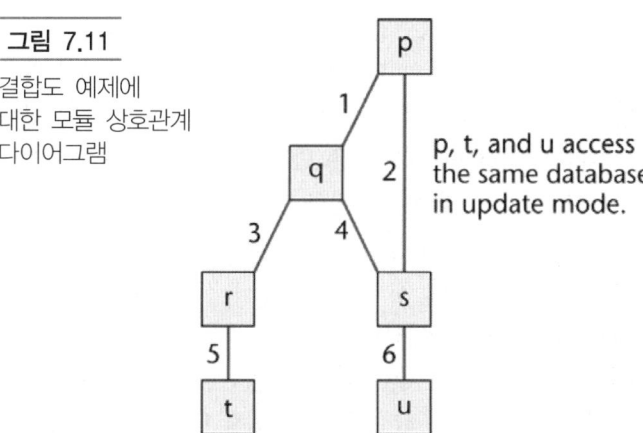

그림 7.11

결합도 예제에 대한 모듈 상호관계 다이어그램

p

1

2   p, t, and u access the same database in update mode.

q

3   4

r

s

5   6

t

u

그림 7.12

그림 7.11에 대한 인터페이스 서술

Number	In	Out
1	aircraft_type	status_flag
2	list_of_aircraft_parts	-
3	function_code	-
4	list_of_aircraft_parts	-
5	part_number	part_manufacturer
6	part_number	part_name

그림 7.13

그림 7.11에 있는 모듈 간의 결합도

	q	r	s	t	u
p	Data	—	Data or stamp	Common	Common
q		Control	Data or stamp	—	—
r			—	Data	—
s				—	Data
t					Common

7.3.7 결합도의 중요성

결합도는 중요한 척도이다. 만약 모듈 A가 모듈 B와 강하게 결합되어 있다면, 모듈 B의 변경은 모듈 A에 대응하는 변경을 요구한다. 만약 요구대로 통합이나 인도 후 유지보수 단계에서 이러한 변경이 이루어지면, 결과물로 나온 프로덕트는 정확하게 작동될 것이다. 그러나 이 단계에서 진행은 결합이 느슨한 경우에 보다 더 느릴 것이다. 반면에 만약 요구된 변경이 모듈 A에 동시에 만들어지지 않으면, 결함이 후에 확산된다. 최선의 경우는 컴파일러나 링커가 팀에게 즉시 어떤 것이 잘못되어 있다는 정보를 주거나, 실패가 모듈 B에 대한 변경을 테스팅 할 때 발생하는 경우이다. 자주 발생하는 것은 프로덕트가 부분적인 통합 테스팅 중이거나 프로덕트가 클라이언트의 컴퓨터에 설치된 후에 시행하는 것이다. 두 경우에서 실패는 모듈 B에 대한 변경이 완전히 이루어진 후에 발생한다. 그러므로 모듈 B에 대한 변경과 모듈 A에 대응되는 변경 간에 더 이상 분명한 링크가 없다. 결함은 그래서 발견하기가 어렵다.

[Briand, Daly, Porter, and Wiist, 1998]은 강한 결합도는 결함이 더 많아질 수 있다는 것을 보여준다. 이 현상의 기초가 되고 있는 주요 이유는 코드 내의 의존성이 회귀결함을 유발하기 때문이다. 만약 모듈에 결함이 생기기 쉽다면, 그것은 반복적인 유지보수를 겪어야 할 것이고, 이 잦은 변경은 그것의 유지보수를 위태롭게 할 것이다. 뿐만 아니라, 잦은 변경은 항상 결함이 생기기 쉬운 모듈 그 자체에만 제한되지는 않을 것이다. 하나의 결함을 수정하기 위해 하나 이상의 모듈을 수정해야 하는 것은 드물지 않게 발생한다. 따라서 결함이 생기기 쉬운 하나의 모듈은 많은 다른 모듈의 유지보수성에 불리한 영향을 미친다. 다시 말해서, 강한 결합도는 유지보수성에 유해한 영향을 준다고 믿기 쉽다[Yu, Schach, Chen, and Offutt, 2004].

모듈들이 높은 응집도와 낮은 결합도를 갖는 것은 정말 좋은 설계다. 이런 설계를 어떻게 달성할 수 있는가? 이 장은 설계에 관련된 이론적인 개념들에 중심을 두고 있기 때문에 이에 대한 대답은 14장에 제시되어 있다. 반면에 좋은 설계를 식별하는 품질들이 구체적으로 조사되고 정제된다. 편의상 이 장에 있는 핵심 정의와 각 정의에 제시된 절이 그림 7.14에 게재되어 있다.

Abstract data type: a data type together with the operations performed on instantiations of that data type (Section 7.5)

Abstraction: a means of achieving stepwise refinement by suppressing unnecessary details and accentuating relevant details (Section 7.4.1)

Class: an abstract data type that supports inheritance (Section 7.7)

Cohesion: the degree of interaction within a module (Section 7.1)

Coupling: the degree of interaction between two modules (Section 7.1)

Data encapsulation: a data structure together with the operations performed on that data structure (Section 7.4)

Encapsulation: the gathering together into one unit of all aspects of the real-world entity modeled by that unit (Section 7.4.1)

Information hiding: structuring the design so that the resulting implementation details are hidden from other modules (Section 7.6)

Object: an instantiation of a class (Section 7.7)

7.4

데이터 캡슐화

SOFTWARE

대형 메인 프레임 컴퓨터용 운영체제를 설계하는 문제를 고려해보자. 사양들에 따라 컴퓨터에 부여된 job은 상위 우선순위, 중간 우선순위, 하위 우선순위로 분류된다. 운영체제의 태스크는 다음에 어느 job을 메모리에 적재할 것인가, 메모리 내에 있는 job들 중 어느 것이 다음 타임 슬라이스(time slice)를 얻을 것인가, 그 타임 슬라이스가 어떻게 오랫동안 유지될 것인가, 그리고 디스크 액세스를 요구하는 job들 중 어느 것이 우선순위가 높은지(즉 스케줄링)를 결정한다. 이 스케줄링을 수행하는 데 있어서 운영체제는 각 job의 우선순위를 고려해야 한다. 즉 우선순위가 높을수록

job은 더 빨리 컴퓨터의 자원들을 할당받게 된다. 이것을 달성하는 한 방법은 각 job 우선순위 수준을 위한 독립된 job 큐들을 유지하면 된다. job 큐(job queue)는 초기화 되어야 하고, job이 메모리, CPU 타임, 디스크 액세스 등을 요구할 때 job이 job 큐에 추가되어야 하고, 운영체제가 그 작업에 요구된 자원을 할당하기로 결정했을 때 job을 job 큐로부터 제거하는 기능들이 존재해야 한다.

간단하게 하기 위해 메모리 액세스(memory access)를 위한 배치 job 큐잉(batch job queuing)에 한정된 문제를 고려해보자. 각 우선순위 단계에 하나씩 들어오는 배치 job들을 위해 세 개의 큐들이 있다. Job이 사용자에 의해 상정될 때 그 job이 적합한 큐에 추가되고, 운영체제는 job이 실행에 대한 준비를 결정할 때 해당 큐로부터 제거되고 메모리가 그것에 할당된다.

프로덕트의 이러한 부분을 만드는 데는 여러 가지 방법이 있다. 그림 7.15에서 보여준 하나의 가능한 설계는 세 개의 job 큐들 중 하나를 처리하는 모듈들을 보여준다. C와 유사한 의사 코드는

그림 7.15

운영체제의 job queue 부분의 한 가능한 설계

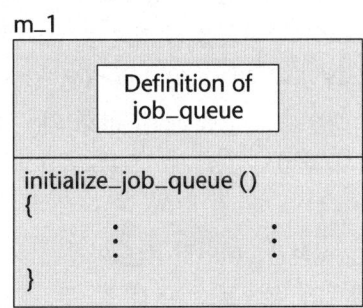

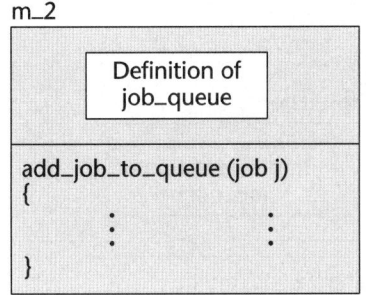

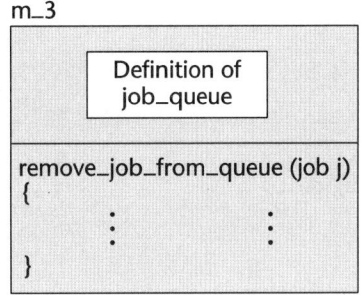

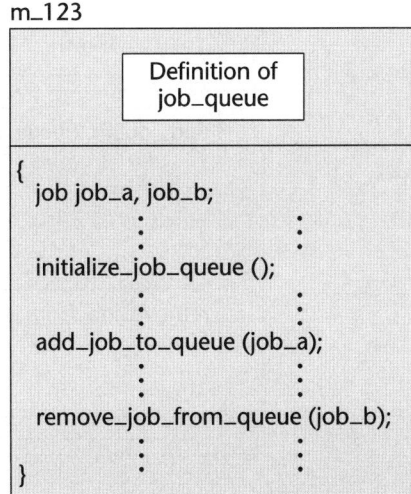

고전적 패러다임에서 발생할 수 있는 문제들을 부각시키는 데 사용된다. 이 장의 후반부에서 이러한 문제들은 객체-지향 패러다임을 사용해 해결된다.

그림 7.15를 고려해보자. m_1 모듈에 있는 함수 initialize_job_queue는 job 큐의 초기화를 담당하고, 모듈 m_2와 m_3에서의 함수 add_job_queue와 remove_job_queue는 각각 job을 추가하고 삭제하는 일을 담당한다. 모듈 m_123은 job 큐를 제거하기 위해 모두 세 개 함수들의 호출들을 포함하고 있다. 데이터 캡슐화에 집중하기 위해 언더플로(underflow, 빈 큐로부터 job을 제거하려는)와 오버플로(overflow, 꽉 찬 큐에 job을 추가하려는)와 같은 문제는 여기서 배제시켰다.

그림 7.15에 있는 설계의 모듈들은 낮은 응집도를 갖고 있다. 왜냐하면 job 큐 상의 오퍼레이션들은 프로덕트 전반에 산재해 있기 때문이다. 만약 job 큐가 구현된 방법을 변경하기로 결정하면(예를 들어 선형 리스트 대신에 레코드의 링크드 리스트와 같이), 모듈 m_1, m_2, m_3가 급히 교정되어야 한다. m_123도 또한 변경되어야 한다. 즉 데이터구조 정의가 변경되어야 한다.

이제 그림 7.16에 있는 설계가 대신 선택되었다고 가정하자. 이 그림 오른쪽에 있는 모듈은 같은 데이터 구조상에서 많은 오퍼레이션들을 수행하는 정보적 응집도를 갖고 있다(7.2.7절). 각 오퍼레이션은 그 자신이 입구 점과 출구 점, 그리고 독립된 코드를 가지고 있다. 그림 7.16에 있는 모듈 m_encapsulation은 데이터 **캡슐화**(data encapsulation)의 구현이다. 즉 이 경우 job 큐인 데이터구조는 해당 데이터 구조상에서 수행될 오퍼레이션들을 함께 갖고 있다. 이것 또한 관심의 분리의 한 예이다(5.4절 참조).

이 시점에서 요청할 분명한 질문은 '데이터 캡슐화를 사용해서 프로덕트를 설계하는 이점은 무엇인가?'이다. 이것은 개발 관점과 유지보수 관점 등 두 가지 방법으로 대답될 수 있다.

그림 7.16

데이터 갭슐화를 사용한 운영체제의 job queue 부분의 설계

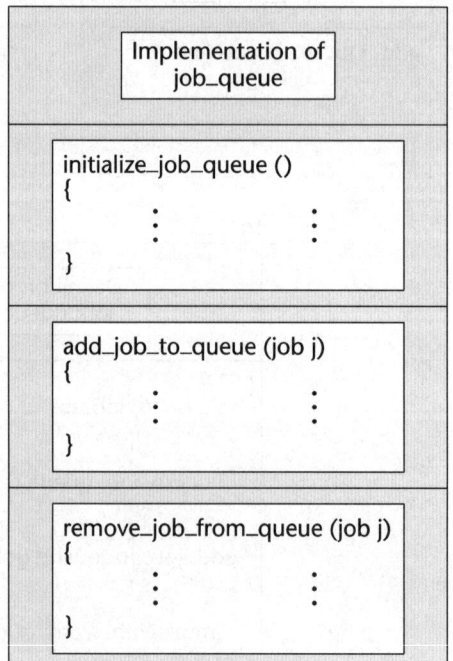

7.4.1 데이터 캡슐화와 프로덕트 개발

데이터 갭슐화는 **추상화**(abstraction)의 한 예이다. Job 큐 예를 다시 보면 데이터 구조(job 큐)는 세 개의 연관된 오퍼레이션들의 정의를 갖고 있다(job 큐를 초기화 하고, 큐에 job을 추가하고, 그리고 큐에서 job을 제거하는 세 개의 연관된 오퍼레이션들). 개발자는 레코드나 배열들의 하위 수준에서보다는 차라리 job과 job 큐의 수준을 상위 수준에서 문제를 개념화 할 수 있다.

추상화에 내재된 기본적인 이론 개념은 단계적 정제이다. 첫째 프로덕트에 대한 설계는 job, job 큐, 그리고 job 큐 상에서 수행되는 오퍼레이션들과 같은 상위 수준의 개념들로 생성된다. 이 단계에서는 job 큐가 어떻게 구현되는지와는 전혀 관련이 없다. 완전한 상위수준 설계가 얻어지면 두 번째 단계는 데이터 구조와 데이터 구조상에 구현될 오퍼레이션들인 하위 수준의 컴포넌트들이 설계된다. 예를 들어 C에서는 데이터 구조, 즉 job 큐가 레코드(structure)나 배열(array)로 구현될 것이고, 세 개의 오퍼레이션(job 큐의 초기화, 큐에 job을 추가하고, 또 큐에서 job을 제거하는 오퍼레이션들의 함수)들이 함수들로 구현된다. 핵심은 이러한 하위 수준이 설계되는 동안 설계자는 job, job 큐, 오퍼레이션들의 의도된 사용을 전체적으로 무시한다. 그러므로 첫 번째 단계 동안에 어떤 생각도 하지 않은 단계인 하위 수준의 존재만 가정한다. 두 번째 단계(하위수준의 설계) 동안에 상위 수준의 존재는 무시된다. 최상위 수준에서 관심은 데이터 구조의 행위에 있고, 하위 수준에서는 그 행위의 구현이 주요 관심이다. 물론 대규모 프로덕트는 추상화들의 많은 수준을 갖고 있다.

다양한 유형의 추상화가 존재한다. 그림 7.16을 고려해보면, 이 그림에는 두 가지 유형의 추상화가 있다. 데이터 캡슐화(즉, 데이터 구조와 그 데이터 구조상에서 수행되어야 하는 오퍼레이션들이 함께 있는)는 **데이터 추상화**(data abstraction)의 한 예이다. C 함수들 자체는 **절차적 추상화**(procedural abstraction)의 한 예이다. 간략하게 요약하면 추상화는 불필요한 세부 사항들을 제거하고, 관련된 세부 사항들을 강조하는 단계적 정제를 수행하는 수단이다. **캡슐화**(encapsulation)는 지금 실세계의 모든 측면들의 단위를 해당 단위로 모델화시킨 것으로 정의할 수 있다. 이것을 1.9절에서는 개념적 독립(conceptual independence)이라고 불렀다.

데이터 추상화는 설계자에게 데이터 구조와 그것에서 수행될 오퍼레이션들의 수준에서 생각하게 하고, 그리고 후에는 데이터 구조와 오퍼레이션들이 구현되는 세부 사항들에만 관심을 갖게 만든다. 이제 절차적 추상화를 보면 C 함수 initialize_job_queue를 정의한 결과를 고려해보자. 그 효과는 본래 정의된 언어의 어떤 부분이 아닌 다른 함수를 가진 개발자에게 언어를 제공하면 언어를 확장시킨다. 개발자는 이제 sqrt나 abs와 같은 방법으로 initialize_job_queue를 사용할 수 있다.

설계에 대한 절차적 추상화에서 강조하는 것은 데이터 추상화만큼 강력하다. 설계자는 상위 수준 오퍼레이션들로 프로덕트를 개념화시킬 수 있다. 이들 오퍼레이션들은 최하위 수준에 도착할 때 하위 수준 오퍼레이션들로 정의될 수 있다. 이 수준에서 오퍼레이션들은 프로그래밍 언어의 사전에 정의된 구조들로 표현된다. 각 수준에서 설계자는 그 수준에 적합한 오퍼레이션들로 프로덕트를 표현하는 데만 관심이 있다. 설계자는 추상화의 다음 수준에 취급될 즉 다음 정제 단계인 하위 수준은 무시한다. 설계자는 또한 현 수준을 설계하는 관점과는 별로 관련이 없는 수준도 무시한다.

나는 일부러 좋은 프로그래밍 실무의 비용에서 데이터 추상화 이슈들을 강조할 방법으로 이 장에 있는 그림 7.17과 그림 7.18의 코드 예제들을 작성했다. 예를 들어 그림 7.17과 그림 7.18에 있는 class **JobQueue**의 정의에서 숫자 25는 파라미터로서, 즉 C++에서는 **const**로, Java에서는 **public static final** 변수로 코드 되었다. 또한 단순성을 위해 언더플로(빈 큐로부터 항목을 제거하려 하는 것)나 오버플로(가득찬 큐에 항목을 추가하려 하는 것)와 같은 조건 체크는 생략했다. 실제 프로덕트에서는 이러한 점검들이 꼭 포함되어야 한다.

추가로 언어–종속 특성들은 최소화 되어야 한다. 실례로 C++ 프로그래머들은 보통 queueLength 값을 1씩 증가시키기 위하여,

queueLength = queueLength + 1;

보다는 차라리

queueLength ++;

로 작성한다.

유사하게 constructor들과 destructor들의 사용도 최소화 되어야 한다.

요약해보면 이 장에 있는 코드는 단지 교육 목적만으로 작성했다. 이것은 다른 목적으로 사용되지 않아야 한다.

7.4.2 데이터 캡슐화와 유지보수

유지보수 관점에서 데이터 캡슐화를 접근하면 기본적인 이슈는 미래의 변경들에 대한 영향들을 최소화시키기 위해 프로덕트를 변경하고 설계하는 데 관련된 프로덕트의 측면들을 식별하는 것이다. 이와 같이 데이터 구조는 변경되지 않는다. 만약 실례로 프로덕트가 job 큐들을 포함한다면 미래의 버전들은 이들을 통합하게 된다. 동시에 job 큐들이 구현되는 특정한 방법은 잘 변경될 수 있어서 데이터 캡슐화는 해당 변경에 대처하는 방법을 제공해준다.

그림 7.17에는 **JobQueueClass**라는 job 큐 데이터 구조가 C++로 구현된 것이 게재되어 있다.

그리고 그림 7.18은 이에 대응되는 Java 구현물이다('알고 싶은 사항 7.3'은 이 장의 다음 코드의 예들처럼 그림 7.17과 7.18에 있는 프로그래밍 스타일에 대해 언급하고 있음). 그림 7.17과 7.18에서 큐는 25개의 job 수까지 배열로 구현했다. 즉 첫 번째 요소는 queue[0]이고 25번째 요소는 queue[24]이다. 각 job 번호는 정수로 표현된다. 예약어 **public**은 queueLength와 queue를 운영체제의 어디서나 볼 수 있게 해준다. 결과로 나온 공통 결합도는 매우 빈약해서 7.6절에서 수정된다.

왜냐하면 이들이 **public**이기 때문에 **JobQueueClass**에서 메소드들은 운영체제에서 어디에서나 호출될 수 있다. 특히 그림 7.19는 **JobQueueClass**가 C++를 사용해 메소드 queueHandler에 의해 어떻게 사용되는지를 보여주고 있고, 그림 7.20은 이에 대응되는 Java 구현물이다. 메소드 queueHandler는 **JobQueueClass**가 어떻게 구현되는지 알 필요 없이, job 큐의 메소드들인 initializeJobQueue, addJobToQueue, removeJobFromQueue 등을 호출한다. **JobQueueClass**를 사용할 필요가 있는 정보는 단지 세 개의 메소드들에 대한 인터페이스 정보뿐이다.

Job 큐가 현재 job 수의 선형 리스트로 구현되었지만, 결정은 그것을 job record의 양방향 선형 리스트로 재구현하도록 했다고 가정하자. 각 job 레코드는 세 개의 컴포넌트를 갖는데, 즉 전

```
//
// Warning:
// This code has been implemented in such a way as to be accessible to readers
// who are not C++ experts, as opposed to using good C++ style. Also, vital
// features such as checks for overflow and underflow have been omitted for simplicity.
// See Just in Case You Wanted to Know Box 7.3 for details.
//
class JobQueueClass
{
   // attributes
   public:
      int queueLength;        // length of job queue
      int queue[25];          // queue can contain up to 25 jobs

   // methods
   public:
      void initializeJobQueue ( )
      /*
       * an empty job queue has length 0
       */
      {
         queueLength = 0;
      }


      void addJobToQueue (int jobNumber)
      /*
       * add the job to the end of the job queue
       */
      {
         queue[queueLength] = jobNumber;
         queueLength ='queueLength + 1;
      }


      int removeJobFromQueue ( )
      /*
       * set jobNumber equal to the number of the job stored at the head of the queue
       * remove the job at the head of the job queue, move up the remaining jobs,
       * and return jobNumber
       */
      {
         int jobNumber = queue[0];
         queueLength = queueLength – 1;
         for (int k = 0; k < queueLength; k++)
            queue[k] = queue[k + 1];
         return jobNumber;
      }
}// class JobQueueClass
```

그림 7.17 **JobQueueClass**의 C++ 구현(**public** 속성들 때문에 생긴 문제들은 7.6절에서 해결됨)

```
//
// Warning:
// This code has been implemented in such a way as to be accessible to readers
// who are not Java experts, as opposed to using good Java style.
// Also, vital features such as checks for overflow and underflow
// have been omitted for simplicity.
// See Just in Case You Wanted to Know Box 7.3 for details.
//
class JobQueueClass
{
    // attributes
    public int      queueLength;                  // length of job queue
    public int      queue[ ] = new int[25];       // queue can contain up to 25 jobs

    // methods
    public void initializeJobQueue ( )
    /*
     * an empty job queue has length 0
     */
    {
        queueLength = 0;
    }


    public void addJobToQueue (int jobNumber)
    /*
     * add the job to the end of the job queue
     */
    {
        queue[queueLength] = jobNumber;
        queueLength = queueLength + 1;
    }


    public int removeJobFromQueue ( )
    /*
     * set jobNumber equal to the number of the job stored at the head of the queue,
     * remove the job at the head of the job queue, move up the remaining jobs,
     * and return jobNumber
     */
    {
        int jobNumber = queue[0];
        queueLength = queueLength – 1;
        for (int k = 0; k < queueLength; k++)
            queue[k] = queue[k + 1];
        return jobNumber;
    }
}// class JobQueueClass
```

그림 7.18 class JobQueue의 Java 구현(**Public** 속성들 때문에 생긴 문제들은 7.6절에서 해결됨).

그림 7.19 queueHandler의 C++ 구현

```
queueHandler.
class SchedulerClass
{
  . . .
  public:
    void queueHandler ( )
    {
      int              jobA, jobB;
      JobQueueClass    jobQueueJ;

          // various statements
      jobQueueJ.initializeJobQueue ( );
          // more statements
      jobQueueJ.addJobToQueue (jobA);
          // still more statements
      jobB = jobQueueJ.removeJobFromQueue ( );
          // further statements
    }// queueHandler
  . . .
}// class SchedulerClass
```

그림 7.20 queueHandler의 Java 구현

```
class SchedulerClass
{
  . . .
    public void queueHandler ( )
    {
      int              jobA, jobB;
      JobQueueClass    jobQueueJ; = new JobQueueClass ( );

          // various statements
      jobQueueJ.initializeJobQueue ( );
          // more statements
      jobQueueJ.addJobToQueue (jobA);
          // still more statements
      jobB = jobQueueJ.removeJobFromQueue ( );
          // further statements
    }// queueHandler
  . . .
}// class SchedulerClass
```

그림 7.21 양방향으로 링크 되는 **JobRecord class**의 C++ 구현(**public** 속성들 때문에 생긴 문제들은 7.6절에서 해결됨)

(Problems caused by **public** attributes will be solved in Section 7.6.)

```
class JobRecordClass
{
  public:
    int              jobNo;       // number of the job (integer)
    JobRecordClass   *inFront;    // pointer to the job record in front
    JobRecordClass   *inRear;     // pointer to the job record behind
}// class JobRecordClass
```

과 같은 job 수, 링크드 리스트에서 앞에 있는 job 레코드를 연계시키는 포인터, 링크드 리스트에서 뒤에 있는 job 레코드를 연계시키는 포인터 등이다. 이것의 C++버전은 그림 7.21에, 그리고 Java 버전은 그림 7.22에 있다. Job 큐가 구현되는 방법에 이 수정의 결과로 소프트웨어 프로덕트 전체에 무슨 변경이 있게 하는가? 사실 **JobQueueClass** 자체만 변경되어야 한다. 그림 7.23은 그림 7.21의 양방향 링크드 리스트를 사용해서 **JobQueueClass**의 C++로 구현한 개요를 보여주고 있다. 구현 세부 사항들은 **JobQueueClass**와 프로덕트의 나머지(메소드 queueHandler를 포함) 사이의 인터페이스가 어떤 방법으로든 변경되지 않는다는 사실을 강조하지는 않았다(문제 7.17 참조). 즉 세 가지 메소드들인 initializeJobQueue, addJobToQueue, removeJobFromQueue는 그들이 전에 했던 것과 같은 방법으로 호출된다. 특히 addJobToQueue가 호출될 때, 그것은 정수를 보내고, **JobQueueClass** 자체가 전적으로 다른 방법으로 구현된다는 사실에도 불구하고 removeJobFrom Queue는 정수를 반환한다. 결론적으로 메소드 queueHandler(그림 7.19)의 소스 코드는 변경될 필요가 전혀 없다. 그러므로 데이터 캡슐화는 프로덕트의 유지보수를 단순화시키고 회귀 결함의 기회를 감소시키는 방법으로 데이터 추상화 구현을 지원한다.

그림 7.17과 7.18 그리고 그림 7.19와 7.20을 비교해보면 이들 보기에서 C++와 Java 구현 간의 차이는 문법적이라는 점이 분명해진다. 이 장의 나머지 부문에서 다른 구현 문법적인 차이들의 설명과 함께 단지 구현만을 제시한 것이다. 특히 job source code의 나머지 부문은 C++로 되어 있고 다른 코드 예들 모두는 Java로 되어 있다.

그림 7.22 양방향으로 링크 되는 **JobRecord class**의 Java 구현(**public** 속성들 때문에 생긴 문제들은 7.6절에서 해결됨)

```
class JobRecordClass
{
    public int            jobNo;      // number of the job (integer)
    public JobRecordClass inFront;    // reference to the job record in front
    public JobRecordClass inRear;     // reference to the job record behind
} // class JobRecordClass
```

그림 7.23 양방향 링크 리스트를 사용해 **JobRecordClass**를 C++로 구현한 개요

```
class JobQueueClass
{
    public:
    JobRecordClass    *frontOfQueue;    // pointer to the front of the queue
    JobRecordClass    *rearOfQueue;     // pointer to the rear of the queue

    void initializeJobQueue ( )
    {
        /*
         * initialize the job queue by setting frontOfQueue and rearOfQueue to NULL
         */
    }

    void addJobToQueue (int JobNumber)
    {
        /*
         * Create a new job record,
         * place jobNumber in its jobNo field,
         * set its inFront field to point to the current rearOfQueue
         * (thereby linking the new record to the rear of the queue),
         * and set its inRear field to NULL.
         * Set the inRear field of the record pointed to by the current rearOfQueue
         * to point to the new record (thereby setting up a two-way link), and
         * finally, set rearOfQueue to point to this new record.
         */
    }

    int removeJobFromQueue ( )
    {
        /*
         * set jobNumber equal to the jobNo field of the record at the front of the queue
         * update frontOfQueue to point to the next item in the queue,
         * set the inFront field of the record that is now the head of the queue to NULL,
         * and return jobNumber
         */
    }
}// class JobQueueClass
```

그림 7.24

그림 7.17의 추상
데이터 타입을
사용해 구현한
C++ queueHandler
메소드

```
class SchedulerClass
{
  . . .
  public:
    void queueHandler ( )
    {
      int                 job1, job2;
      JobQueueClass       highPriorityQueue;
      JobQueueClass       mediumPriorityQueue;
      JobQueueClass       lowPriorityQueue;

          // some statements
      highPriorityQueue.initializeJobQueue ( );
          // some more statements
      mediumPriorityQueue.addJobToQueue (job1);
          // still more statements
      job2 = lowPriorityQueue.removeJobFromQueue ( );
          // even more statements
    }// queueHandler
  . . .
}// class SchedulerClass
```

7.5
추상 데이터 타입

그림 7.17(그림 7.18도 동일하게)은 job 큐 class를 구현한 것이다. 즉, 데이터 타입이 해당 데이터 타입의 인스턴스 상에서 수행하는 오퍼레이션들과 함께 있는 데이터 타입인 job 큐 **class**를 구현한 것이다. 이러한 구조를 **추상 데이터 타입**(abstract data type)이라고 부른다.

그림 7.24는 추상 데이터 타입이 운영체제의 세 개의 job 큐에 대해 C++에서 얼마나 활용되는지를 보여준다. 여기서 세 개의 작업 큐들은 highPriorityQueue, mediumPriorityQueue, lowPriorityQueue 이다(Java 버전은 세 개의 job 큐들의 데이터 선언들에서만 차이가 있음). 문 highPriorityQueue.initializeJobQueue( )는 initializeJobQueue 메소드를 highPriorityQueue 데이터 구조에 적용한다는 의미이다. 그리고 나머지 두 개의 문에도 유사하게 적용된다.

추상 데이터 타입은 폭넓게 적용할 수 있는 설계 툴이다. 예를 들어 하나의 프로덕트가 유리수(rational number)를 수행하는 아주 많은 오퍼레이션들로 구현되었다고 가정하자. 여기서 유리수는 n/d 형식이고 n은 정수이지만 d≠0이다. 유리수는 두 원소를 가진 정수의 일차원 배열이나, 두 속성을 가진 하나의 클래스처럼 여러 가지 방법으로 표현될 수 있다. 유리수를 추상 데이터 타입으로 구현하려면 데이터 구조의 적합한 표현을 선택해야 한다. Java에서는 그림 7.25에서처럼 두 유리수를 더하고, 두 유리수를 곱해서 두 개의 정수로부터 하나의 유리수를 생성하는 많은 오퍼레이션이 함께 정의된다(그림 7.25에 있는 numerator와 denominator와 같은 **public** 속성들에 의해 반입된 문제는 7.6절에서 해결됨). 대응되는 C++ 구현은 예약어 **public**의 장소가 다르다. 또한 &(ampersand)는 인수가 참조에 의해 전달될 때 필요하다.

그림 7.25

유리수의 Java
추상 데이터 타입
구현(**public** 속성들
때문에 생긴
문제들은 7.6절에서
해결됨)

```
class RationalClass
{
   public int      numerator;
   public int      denominator;

   public void sameDenominator (RationalClass r, RationalClass s)
   {
      // code to reduce r and s to the same denominator
   }

   public boolean equal (RationalClass t, RationalClass u)
   {
      RationalClass       v, w;
      v = t;
      w = u;
      sameDenominator (v, w);
      return (v.numerator == w.numerator);
   }

   // methods to add, subtract, multiply, and divide two rational numbers

}// class RationalClass
```

추상 데이터 타입은 데이터 추상화(data abstraction)와 절차 추상화(procedural abstraction)(7.4.1절)를 지원한다. 추가로 프로덕트가 수정될 때, 추상 데이터 타입은 잘 변경되지 않는다. 즉, 최악의 경우에 추가 오퍼레이션들은 추상 데이터 타입에 추가되어야 한다. 그러므로 프로덕트 개발과 유지보수 관점에서 보면 추상 데이터 타입은 소프트웨어 생성자들에게 매력적인 툴이 된다.

7.6
정보 은닉

SOFT WARE

7.4.1절에서 논의한 두 가지 추상 데이터 타입(데이터 추상화와 절차 추상화)은 Parnas가 일반화된 설계 개념의 개체로 체계화시킨 후 **정보 은닉**(information hiding)이라고 불렀다[Parnas, 1971, 1972a, 1972b]. Parnas의 아이디어는 미래의 유지보수에 방향이 맞춰져 있었다. 프로덕트가 설계되기 전에 미래에 변경될 구현 결정(implementation decision) 목록이 만들어져야 한다. 이 결과로 나올 설계의 구현 세부 사항들은 다른 모듈에 은폐되도록 모듈들이 설계되어야 한다. 그 결과 각각의 미래의 변경은 하나의 특정 모듈에 국한된다. 왜냐하면 본래의 구현 결정의 세부 사항들을 다른 모듈들에는 보이지 않기 때문에 설계를 변경하는 것은 어떤 다른 모듈에게 영향을 미치지 않는다(정보 은닉에 대한 세부 사항은 '알고 싶은 사항 7.4' 참조).

이들 아이디어가 실무에서 어떻게 사용되는지를 알기 위해 그림 7.17의 추상 데이터 타입 구현을 사용한 그림 7.24를 고려해보자. 추상 데이터 타입을 사용하는 중요 이유는 job 큐의 내용들

알고 싶은 사항 7.4 Just in Case You wanted to Know

정보 은닉(information hiding)이란 용어는 틀린 명칭이다. 좀 더 정확한 표현은 '세부 사항 은닉(details hiding)'이라고 해야 한다. 왜냐하면 은폐된 것은 정보가 아니라 구현 세부 사항들이기 때문이다.

이 그림 7.17의 세 개의 메소드 중 하나를 호출하면 변경될 수 있는지를 확인한다. 불행하게도 이러한 구현의 성질은 job 큐가 다른 방법으로 변경될 수 있다는 것이다. 속성들 queueLength와 queue는 그림 7.17에 있는 **public**으로 선언되기 때문에, 프로덕트의 어느 곳에서나 접근할 수가 있다. 결과적으로 그림 7.24에서 highPriorityQueue를 변경하기 위해 queueHandler의 어디에서나 다음과 같은 할당문을 사용하는 것은 구문에 맞는 C++(또는 Java)문이다.

highPriorityQueue.queue[7] = -5678;

다른 말로 추상 데이터 타입의 세 가지 오퍼레이션 중 어떤 것도 사용하지 않고 job 큐의 내용을 변경하는 것이 가능하다. 이것이 응집도를 낮추고 결합도를 높게 한다는 의미 외에도 관리자는 프로덕트가 7.3.2절의 설명처럼 컴퓨터 사기로 비난받을지도 모른다는 사실을 인식해야 한다.

다행스럽게도 빠져나갈 길은 있다. C++와 Java의 설계자들은 클래스 명세 안에 정보 은닉을 제공해준다. C++용은 그림 7.26(Java 문법 차이는 이전 설명과 같음)이다. **public**으로부터 **private**

그림 7.26

그림 7.17, 7.18, 7.21, 7.22, 7.25의 문제점을 수정한 정보은닉의 추상 데이터 타입의 C++ 구현

```cpp
class JobQueueClass
{
    // attributes
    private:
        int     queueLength;        // length of job queue
        int     queue[25];          // queue can contain up to 25 jobs

    // methods
    public:
        void initializeJobQueue ( )
        {
            // body of method unchanged from Figure 7.17
        }


        void addJobToQueue (int jobNumber)
        {
            // body of method unchanged from Figure 7.17
        }


        int removeJobFromQueue ( )
        {
            // body of method unchanged from Figure 7.17
        }
}// class JobQueueClass
```

제7장 모듈에서 객체까지 ◀ **223**

그림 7.27 정보 은닉의 추상 데이터 타입의 표현은 **pivate** 속성들로 달성됨(그림 7.24와 그림 7.26)

SchedulerClass

JobQueueClass

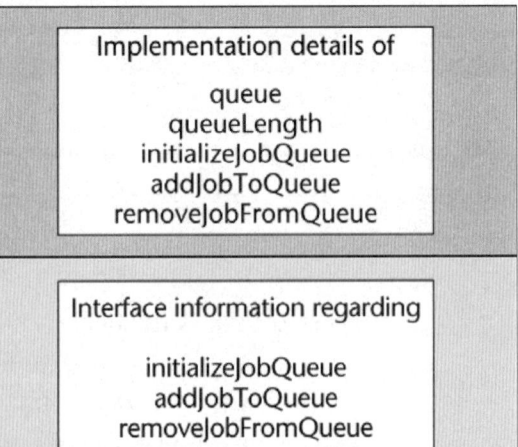

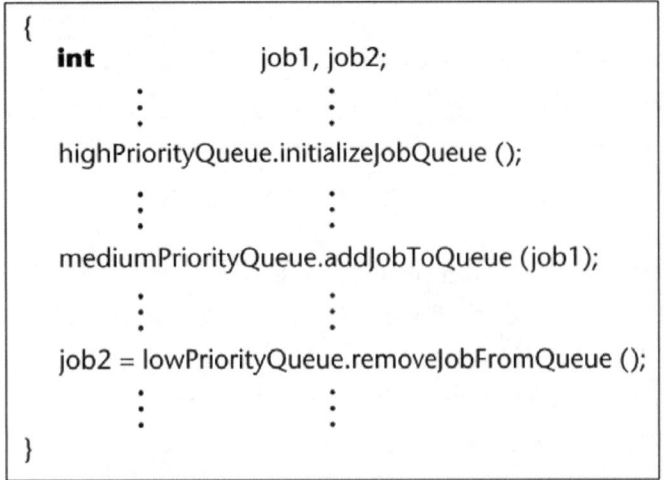 Invisible outside **JobQueueClass**   Visible outside **JobQueueClass**

까지 가시적 수정자의 변경을 제외하면 그림 7.26은 그림 7.17과 같다. 이제 다른 모듈에 보이게 하는 정보는 **JobQueueClass**가 class라는 것과 특정 인터페이스를 가진 세 개의 오퍼레이션은 결과로 나온 job 큐 상에서 수행될 수 있다. 그러나 job 큐가 구현되는 정확한 방법은 **private**, 즉 밖에는 보이지 않다. 그림 7.27의 다이어그램은 **private** 인스턴스 변수를 가진 클래스가 어떻게 C++나 Java 사용자가 완전한 정보 은닉을 가진 추상 데이터 타입을 구축하는지를 보여주고 있다. 정보 은닉 기법들은 7.3.2절의 후반부에서 언급한대로 공통 결합도를 예방하는 데 사용될 수 있다. 그 절에서 정유 저장 탱크용 CAD 도구가 55개의 서술자로 명시되었다고 설명했던 프로젝트를 다시 고려해보자. 만약 프로젝트가 서술자를 초기화 하기 위해서 **private** 오퍼레이션들로 구현되었다면 또 서술자의 값을 얻기 위해서 **public** 오퍼레이션들로 구현되었다면, 공통 결합도는 없다. 이러한 유형의 해결방안이 객체-지향 패러다임의 특성이다. 이에 대한 설명은 객체가 정보 은닉을 제공하기 때문에 7.7절에서 설명한다. 이것은 객체 기술(object technology)을 사용하는 또 다른 이점이 된다.

이 장의 초반부에 언급했듯이 객체(object)란 그림 7.28에서 보여준 과정 중 다음 단계이다. 객체에 관해 특별한 것은 없다. 즉 그들은 추상 데이터 타입이나 정보적 응집도를 갖는 모듈로서 평범하다. 그러나 객체의 중요성은 그들 자신이 갖고 있는 성질 이외에도 그림 7.28에서 그들 조상이 갖고 있는 모든 성질을 그대로 상속받았다는 점이다.

객체의 불완전한 정의는 객체가 추상 데이터 타입의 인스턴스(instance)이다. 즉, 프로덕트는 추상 데이터 타입들로 설계되고, 프로덕트의 변수(object)들은 추상 데이터 타입들의 인스턴스화(instantiation)이다. 그러나 객체를 추상 데이터 타입의 인스턴스화로 정의하는 것은 너무 단순하다. 어떤 것이 더 필요하다. 즉, Simula 67에서 처음 소개된 **상속성(inheritance)**이라는 개념이다[Dahl and Nygaard, 1966]. 상속성은 Smalltalk[Goldberg and Robson, 1989], C++[Stroustrup, 2003], Java[Flanagan, 2002]와 같은 모든 객체-지향 프로그래밍 언어가 지원하고 있다. 상속성에 내재된 기본 아이디어는 새로운 데이터 타입이 처음부터 새로 정의되는 것이 아니라, 이전에 정의된 타입의 확장으로서 정의될 수 있다는 점이다[Meyer, 1986].

객체-지향 언어에서 클래스(class)는 정의될 수 있다. 클래스는 상속성을 지원하는 추상데이터 타입이다. 객체(object)란 클래스의 인스턴스화이다. 어떻게 클래스가 사용되는지 보기 위해 다음의 예를 고려해보자. **HumanBeingClass**를 클래스로 정의하고, Joe를 객체이면서 해당 클래스의 인스턴스로 정의한다. 모든 **HumanBeingClass**는 나이와 키와 같은 어떤 속성들을 갖고 있으며 그리고 값들이 객체 Joe를 서술할 때 이들 속성에 할당될 수 있다. 이제 **Parent Class**를 **HumanBeingClass**

그림 7.28

7장의 주요 개념들과 이들이 기술된 절

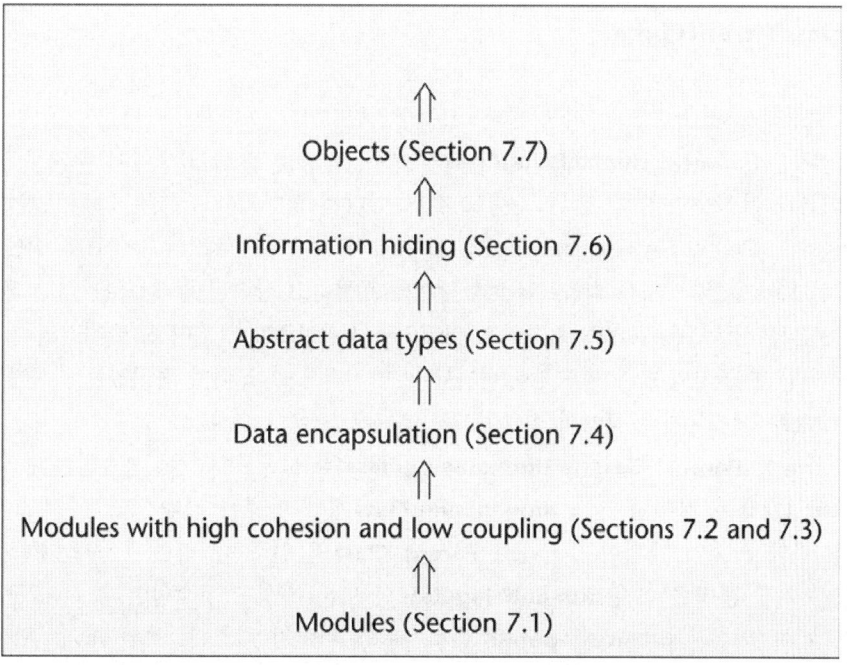

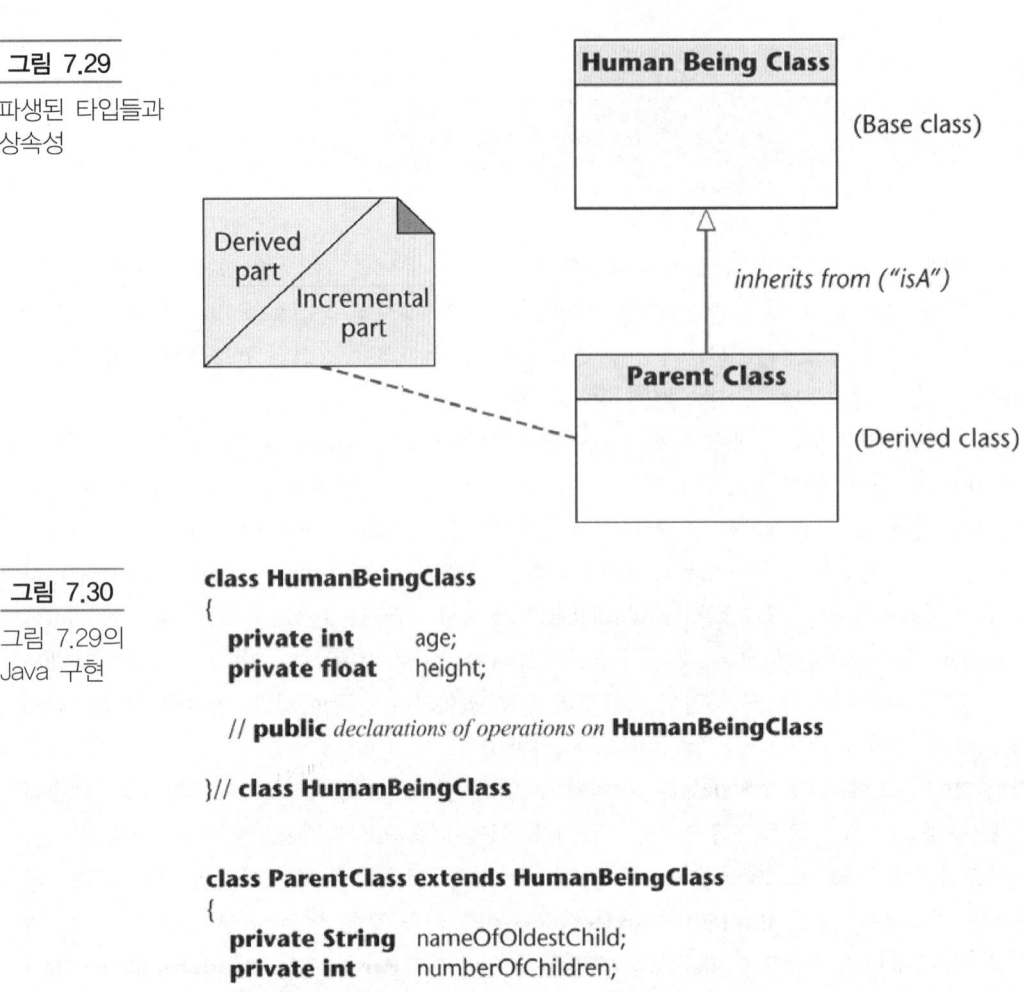

그림 7.29

파생된 타입들과
상속성

Human Being Class

(Base class)

Derived
part
Incremental
part

inherits from ("isA")

Parent Class

(Derived class)

그림 7.30

그림 7.29의
Java 구현

```
class HumanBeingClass
{
    private int        age;
    private float      height;

    // public declarations of operations on HumanBeingClass

}// class HumanBeingClass


class ParentClass extends HumanBeingClass
{
    private String     nameOfOldestChild;
    private int        numberOfChildren;

    // public declarations of operations on ParentClass

}// class ParentClass
```

의 서브클래스(subclass 또는 파생 클래스)로 정의한다고 가정하자.

이것은 Parent가 HumanBeingClass의 모든 속성을 갖고 있으면서 추가로 가장 나이든 자식의 이름과 자식들의 수와 같은 속성도 갖고 있다는 의미이다. 이것은 그림 7.29에 있다. 객체-지향 용어에서는 Parent isA HumanBeingClass이다. 이것은 그림 7.29의 화살표가 잘못된 방향으로 가는 것처럼 보이게 했다. 사실 화살표는 isA 관계를 표현하고 상속된 클래스로부터 본래의 클래스를 가르키고 있다. (상속성을 표기하는 화살표 머리의 사용은 UML 기호이고, 클래스의 이름은 대문자로 된 각 단어의 첫 글자와 함께 볼드체로 나타낸다. 마지막으로, 코너가 접혀있는 직사각형은 UML 표기이다. UML은 제 2부의 17장에서 설명됨.)

클래스 Parent Class는 HumanBeingClass의 모든 속성을 상속받는다. 왜냐하면 클래스 Parent Class는 기저 클래스 HumanBeingClass에서 파생된 클래스(또는 서브 클래스)이기 때문이다. 만약 Fred가 객체이고 클래스 Parent Class의 인스턴스라면, Fred는 Parent Class의 모든 속성을 가질 뿐만 아니라 HumanBeingClass의 모든 속성도 상속받는다. Java 구현은 그림 7.30에 있다. C++ 버전은 private와 public 수정자들의 위치가 다르다. 또한 Java 구문 extends는 C++

그림 7.31 UML 집합 예

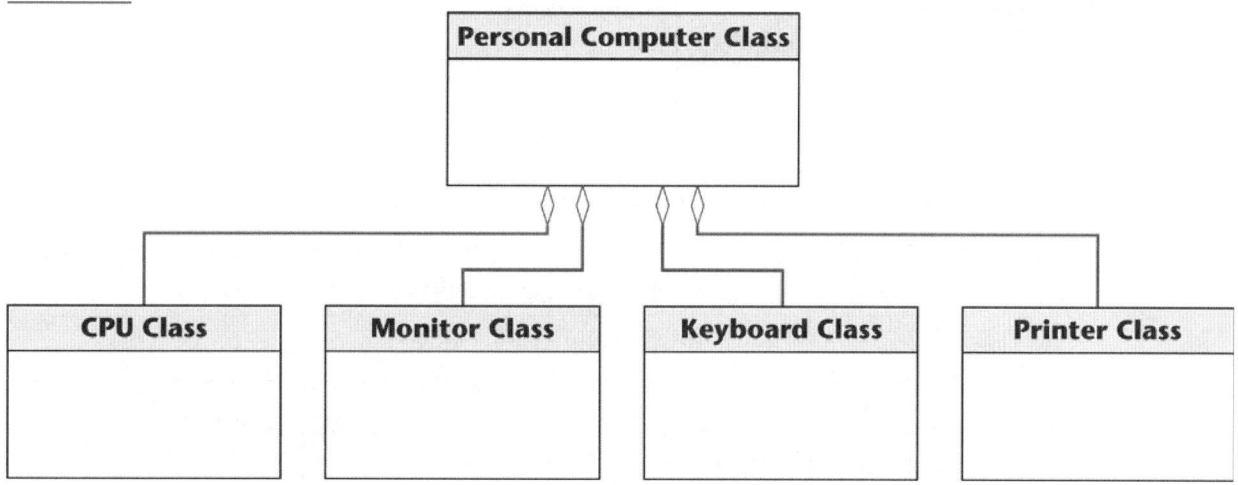

에서 **:public**으로 대체시키면 된다.

　상속성의 성질은 모든 객체-지향 프로그래밍 언어의 필수 기능이다. 그러나 상속이나 클래스의 개념은 C나 LISP와 같은 고전적 언어들로는 지원될 수가 없다. 그래서 객체-지향 패러다임은 이러한 언어들로는 직접 구현될 수가 없다(그러나 8.11.4절 참조).

　객체-지향 패러다임 용어에서 그림 7.29에 있는 Parent Class와 HumanBeingClass 사이의 관계를 보는 두 가지 다른 방법이 있다. **Parent Class**는 **HumanBeingClass**의 특수화(specialization)이고, **HumanBeingClass**는 **Parent Class**의 일반화(generalization)라고 말할 수 있다. 특수화와 일반화 이외에도 클래스들은 또 다른 두 개의 관계를 갖고 있다. 즉 **집합**(aggregation)과 **연관**(association)이라는 관계가 있다[Blaha, Premerlani, and Rumbaugh, 1988]. 집합은 클래스의 컴포넌트들을 말한다. 예를 들어 **PersonalComputer Class**는 **CPU Class**, **Monitor Class**, **Keyboard Class**, 그리고 **Printer Class** 등으로 구성된다. 이것은 그림 7.31에 묘사되어 있다(집합을 표현하기 위해 다이아몬드를 사용하는 것은 또 다른 UML 관습이다). 이에 관한 새로운 것은 없다. 이것은 C에서 **struct**처럼 언어가 레코드들을 지원할 때마다 발생한다. 그러나 객체-지향 문맥 내에서 그것은 관련된 항목들을 그룹화 하고, 재사용 가능한 클래스로 만들어낸다(8.1절).

　연관은 두 개의 별로 관련이 없는 클래스들 간의 어떤 종류의 관계를 말한다. 예를 들어 방사선과 의사와 변호사 사이에 어떤 연관이 있을 것 같지 않지만, 방사선과 의사는 새로운 MRI 기기를 리스하기 위한 계약서에 관한 어드바이스를 위해 변호사의 조언을 받을 수 있다. 연관 관계는 그림 7.32에 UML을 사용해서 보여준다. 이 인스턴스에서 연관의 성질은 consults라는 단어로 지적된다. 더구나 연관의 방향을 지적하는 진한 삼각형(UML에서는 navigation triangle이라고 부름)이 있다. 무엇보다도 발목을 다친 예술가는 방사선과 의사를 잘 상담해줄 수 있다.

　다른 객체-지향 언어들인 Java와 C++ 표기법의 한 측면은 오퍼레이션과 데이터의 동등성이 명확하게 반영되어 있다. 먼저 C 레코드를 지원하는 고전적 언어를 고려해보자. record_1은 **struct**(레코드)이고 field_2는 클래스 내의 필드라고 가정하면, 그 필드는 record_1.field_2로 참조된다. 즉, 점 '.'은 레코드 내의 멤버를 나타낸다. 만약 function_3가 C 모듈 내의 함수라면, function_3( )는 이 함수의 호출을 나타낸다.

그림 7.32

연관 예제

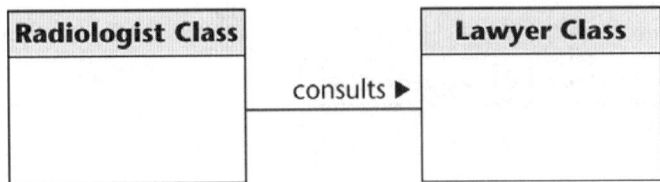

반대로 **A Class**가 B attribute 속성과 C method 메소드를 가진 **Class**라고 가정하자. 구체적으로 ourObject는 **A Class**의 인스턴스라고 가정하자. 그러면 이 필드는 ourObject.attributeB로 참조된다. 더불어 ourObject.methodC( )는 메소드의 호출을 나타낸다. 그러므로 점 '.'은 멤버가 속성이건, 메소드이건 간에 객체 내의 멤버를 표현하는 데 사용된다.

객체(또는 클래스)들을 사용하는 이점은 데이터 추상화와 절차 추상화를 포함하는 추상 데이터 타입의 사용에 있다. 추가로 클래스들의 상속성 측면은 프로덕트 개발을 쉽게 하고 또 결함이 없게 만들도록 데이터 추상화의 구체적인 층을 제공해준다. 또 다른 강점은 다음 절의 주제인 상속성(inheritance), 다형성(polymorphism), 동적 바인딩(dynamic binding)을 결합시켜준다.

7.8
상속성, 다형성, 동적 바인딩
SOFTWARE

컴퓨터의 운영체제가 파일을 오픈하기 위해 호출되었다고 가정하자. 파일은 많은 다른 매체에 저장될 수 있다. 예를 들어 대상은 디스크 파일, 테이프 파일, 디스켓 파일 등이 될 수 있다. 구조적 패러다임을 사용한 세 개의 다른 이름의 함수로 open_disk_file, open_tape_file, open_diskette_file 등이 있을 수 있다. 이에 관한 것은 그림 7.33(a)에 있다. 만약 my_file이 파일로 선언된다면, 런 타임 시에 세 개의 함수 중 어떤 것을 호출할 것인지 결정하기 위해서 그것이 디스크 파일인지, 테이프 파일인지, 디스켓 파일인지를 테스트할 필요가 있다.

반대로 객체-지향 패러다임이 사용될 때 **File Class**라고 이름이 명명된 클래스가 세 개의 파생된 **Disk File Class**, **Tape File Class**, **Diskette File Class** 클래스 등과 함께 정의된다. 이것은 그림 7.33(b)에서 보여주고 여기서 화살표가 상속을 표기한다는 것을 기억하라.

이제 메소드 open은 File Class 부모클래스 내에 정의되고 세 개의 파생된 클래스들이 상속받는다고 가정하자. 불행하게도 이것은 작동하지 않는다. 왜냐하면 다른 오퍼레이션들이 세 개의 다른 타입의 파일들을 열어서 수행할 필요가 있기 때문이다.

해결방안은 다음과 같다. 부모 클래스인 **File Class**에서 더미 메소드(dummy method)인 open이 선언된다. Java에서 이런 메소드는 **abstract**로 선언되고, C++에서는 예약어인 **virtual**이 대신 사용된다. 메소드의 특정 구현은 세 개의 파생된 클래스의 각각에 나타나며 각 메소드는 그림 7.33(b)에서 보이는 것처럼 open이라는 같은 이름이 주어진다. 다시 myFile이 파일로 선언되었다고 가정하자.

그림 7.33 파일을 여는 데 필요한 오퍼레이션들. (a) 고전적 구현, (b) Java 표기법을 사용한 객체–지향 파일 클래스 계층

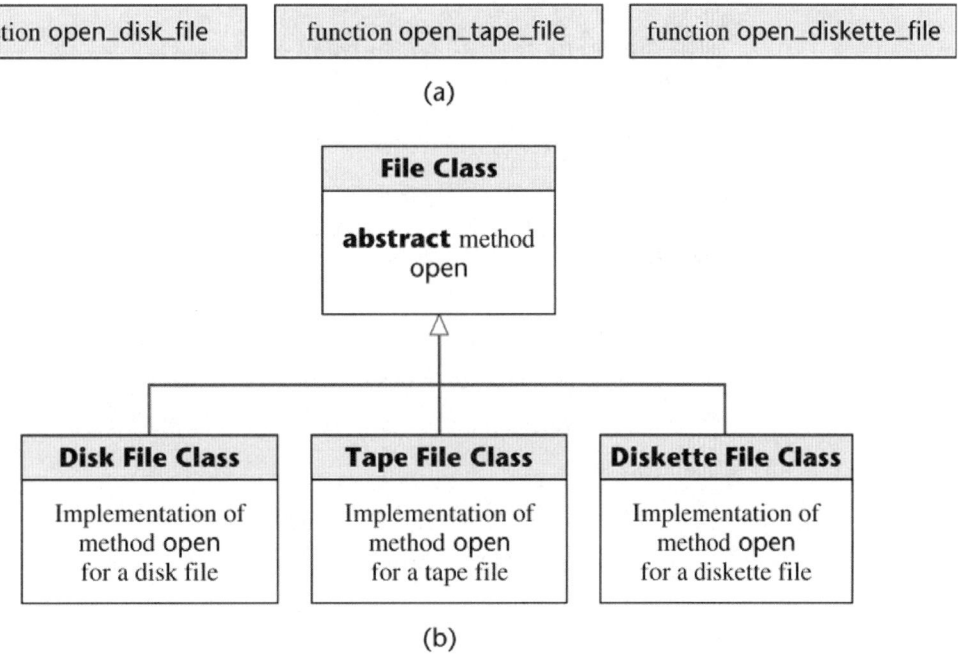

(a)

(b)

런타임 시에 메시지 myFile.open( )가 보내진다. 객체-지향 시스템은 이제 myFile이 디스크 파일인지, 테이프 파일인지, 디스켓 파일인지를 결정하고 open에 적합한 버전을 호출한다. 즉 시스템이 런타임에 myFile 객체가 **Disk File Class**의 인스턴스인지, **Tape File Class**의 인스턴스인지, **Diskette File Class**의 인스턴스인지를 결정하고 자동으로 정확한 메소드를 호출한다. 왜냐하면 이것은 컴파일 타임(정적으로)이 아니라 런 타임(동적으로)에 수행되기 때문에 객체를 적합한 메소드에 연결하는 작업을 **동적 바인딩**(dynamic binding)이라고 부른다. 더욱이 메소드 open이 다른 클래스의 객체에 적용될 수 있기 때문에 그것을 **다형성**(polymorphic)이라고 부른다. 다형성이라는 용어는 문자 그대로 '여러 가지 모양을 가진다'는 의미이다. 카본 크리스탈(carborn crystal)이 딱딱한 다이아몬드와 부드러운 석묵을 포함하는 여러 가지 모양으로 나오는 것처럼 메소드 open은 세 개의 다른 버전으로 나온다. Java에서 이들 버전은 DiskFileClass.open, 그리고 TapeFile Class.open, DisketteFileClass.open 등으로 표현된다(C++에서는 두 개의 콜론으로 대체되어 사용되고 이들은 DiskFileClass::open, TapeFileClass::open, 그리고 DisketteFileClass::open으로 표현된다). 그러나 동적 바인딩 때문에 특정 파일을 open해 호출하는 메소드를 결정할 필요는 없다. 대신에 단지 메시지 myFile.open( )만 전송하면 시스템은 myFile의 타입(클래스)을 결정하고 정확한 메소드를 호출한다.

이러한 아이디어들은 단지 **abstract**(**virtual**) 메소드들만 적용할 수 있다. 그림 7.35에서 보여준 것처럼 클래스들의 계층을 고려해보자. 모든 클래스는 **Base** 클래스로부터 상속되어 파생된다. 메소드 checkOrder(b : **Base**)가 인수로 **Base** 클래스의 인스턴스를 받는다. 그러면 상속, 다형성, 동적 바인딩의 결과 때문에 **Base** 클래스뿐만 아니라 **Base** 클래스의 서브 클래스 인수로 checkOrder를 호출하는 것이 유효하다. 즉, **Base** 클래스로부터 파생된 것도 어떤 클래스라는 것이다. 필요한 모든 것은 checkOrder를 호출하는 것이고 모든 것은 런타임 시에 시행한다. 이 기법은

그림 7.34

(a) 그림 7.33(a)에
대응되는 파일을
여는 고전적 코드.
(b) 그림 7.33(b)에
대응되는 파일을
여는 객체–지향
코드

```
switch (file_type)
{
    case 1:
        open_disk_file ( );          // file_type 1 corresponds to a disk file
        break;
    case 2:
        open_tape_file ( );          // file_type 2 corresponds to a tape file
        break;
    case 3:
        open_diskette_file ( );      // file_type 3 corresponds to a diskette file
        break;
}
```

(a)

```
myFile.open ( );
```

(b)

그림 7.35

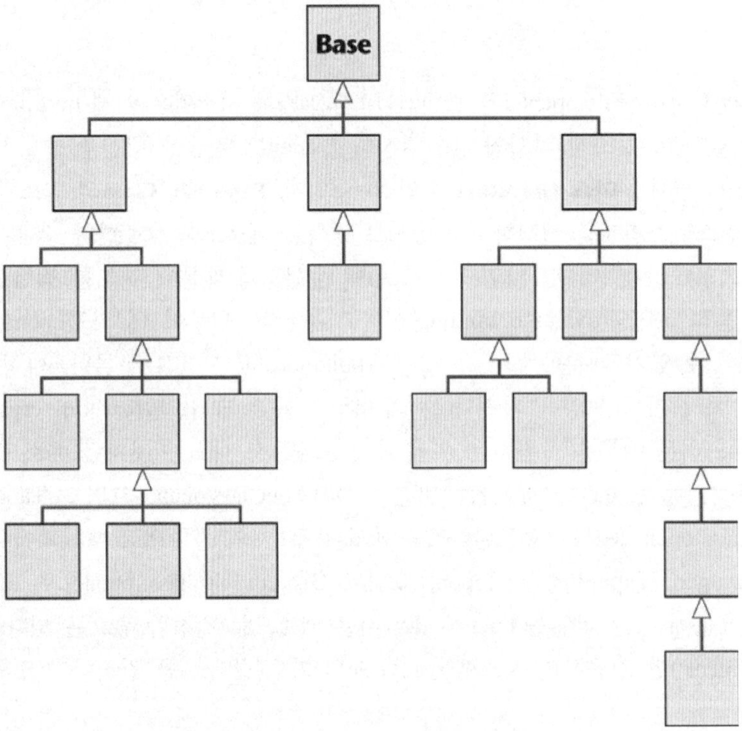

매우 강력해서 소프트웨어 전문가도 메시지가 보내지는 때에 인수의 정확한 타입에 대해 걱정 할 필요가 없다.

그러나 다형성과 동적 바인딩에도 다음과 같은 주요 약점들은 있다.

1. 런타임 시에 다형 메소드 중 어떤 버전을 호출할지 컴파일 시간에 결정하는 것은 일반적으로 불가능하다. 따라서 실패의 원인을 판정하기가 매우 어렵다.
2. 다형성과 동적 바인딩은 유지보수에 부정적인 영향을 줄 수 있다. 유지보수 프로그래머의 첫째 태스크는 해당 프로덕트를 이해해야 한다(16장에서 설명처럼 유지보수자는 해당 코드를 개발한 사람일 경우가 거의 없다). 그러나 이것은 특정 메소드에 여러 가능성이 있다면, 일이 많아질 수 있다. 그래서 프로그래머는 그 프로그램의 특정한 곳에서 동적으로 호출될 수 있는 모든 가능한 메소드를 고려해야만 한다. 이것은 시간 소모적인 작업이다.

그러므로 다형성과 동적 바인딩 모두 객체-지향 패러다임에 강점과 약점들을 함께 갖고 있다. 객체-지향 패러다임의 논의로 이 장을 마무리 짓는다.

7.9
객체-지향 패러다임

모든 소프트웨어 프로덕트를 보는 방법은 두 가지가 있다. 한 방법은 지역과 전역 변수, 인수, 동적 데이터 구조, 파일 등을 포함한 데이터를 고려하는 것이고, 또 다른 방법은 오퍼레이션들이 데이터 상에서 수행되는, 즉 프로시저와 함수들만 고려하는 것이다. 소프트웨어를 데이터와 오퍼레이션들로 구분하는 고전적 기법들은 이들 두 그룹에 속한다. 오퍼레이션-중심 기법(operation-oriented techniques)들은 주로 프로덕트의 오퍼레이션들을 고려한다. 그래서 데이터는 두 번째로 중요해서 프로덕트의 오퍼레이션들이 깊이 있게 분석된 후에만 고려된다. 역으로 데이터-중심 기법(data-oriented techniqes)들은 프로덕트의 데이터를 강조한다. 즉 오퍼레이션들은 데이터의 프레임워크 내에서만 조사된다.

데이터와 오퍼레이션-중심 접근법들의 근본적인 약점은 데이터와 오퍼레이션은 동전의 양면 같다는 것이다. 즉 데이터 항목은 오퍼레이션이 그 데이터 상에서 수행되지 않으면 변경될 수 없고, 그리고 연관된 데이터가 없는 오퍼레이션들은 전혀 의미가 없다. 그래서 데이터와 오퍼레이션들에 같은 가중치를 주는 기법들이 필요하다. 객체-지향 기법들이 이렇게 수행된다는 것에 놀랄 일이 아니다. 결국 객체는 데이터와 오퍼레이션들이 모두 통합된 것이다. 객체는 추상 데이터 타입(보다 정확히 말하면 클래스)의 인스턴스라는 것을 참조하라. 즉 데이터와 그 데이터 상에서 수행되는 오퍼레이션들 모두가 통합된 것이고, 이들이 똑같은 파트너로 객체들에 제시된 것이다. 유사하게 모든 객체-지향 기법들에서 데이터와 오퍼레이션들은 똑같은 중요성으로 간주된다. 즉 어느 것이 가중치가 높다고 말할 수 없다.

데이터와 오퍼레이션들이 객체-지향 기법들에서 동시에 고려된다는 주장은 옳지 않다. 단계적 정제에 관한 자료들에서(5.1절) 어떤 때는 데이터가 강조되고 어떤 때는 오퍼레이션들이 더 중요시 된다. 그러나 전반적으로 데이터와 오퍼레이션들은 객체-지향 패러다임의 워크플로 동안에 같은 중요성으로 간주된다.

객체-지향 패러다임이 고전적 패러다임보다 우수하다는 많은 이유가 1장과 7장에 제시되었다. 이들 이유의 중심은 잘 설계된 객체, 즉 높은 응집도와 낮은 결합도를 갖는 객체는 한 물리적 엔티티의 모든 측면들을 모델화한 것이다. 즉 실세계 엔티티와 그것을 모델화한 객체 사이에 분명한 매핑이 있게 한 것이다.

이것이 구현된 세부 사항들은 은닉된다. 즉 객체와의 커뮤니케이션은 오직 해당 객체에 전송되는 메시지를 통해서만 가능하다. 결과적으로 객체들은 잘 설계된 인터페이스를 갖는 독립된 단위들이다. 결론적으로 이들은 유지보수가 쉽고 안전하다. 그래서 회귀 결함의 기회가 줄어든다. 더욱이 8장의 설명처럼 객체들은 재사용 가능하고 또 이 재사용성은 상속성의 성질을 향상시켜준다. 객체를 사용해 개발하는 것을 보면 고전적 패러다임을 사용하는 것보다 소프트웨어의 기본적인 빌딩 블록(building block)들을 결합시켜 대규모 프로덕트를 구축하는 것이 안전하다. 왜냐하면 객체들은 본래 프로덕트의 독립된 컴포넌트이고, 프로덕트의 개발이 해당 개발의 관리처럼 쉽기 때문에 결함들이 반입되기가 어렵다.

객체-지향 패러다임의 우수성의 모든 측면은 다음 질문에 나타난다. 만약 고전적 패러다임이 객체-지향 패러다임보다 하위라면 고전적 패러다임이 그렇게 성공한 이유는 무엇인가? 이것은 소프트웨어 공학이 폭넓게 실용화되지 않은 시기에 채택되었다는 것을 인식하면 설명이 된다. 당시에 소프트웨어는 단순히 '작성'하는 것이었다. 매니저들에게 가장 중요한 일은 프로그래머들이 LOC를 대량으로 생성하는 것이다. 프로덕트의 요구사항들과 분석(시스템 분석)에는 칭찬으로 관심을 주면서 설계 시에는 거의 하지 않는다. 코드-픽스 모델(2.9.1절)은 1970년대의 대표적인 기법이었다. 그래서 고전적 패러다임의 사용은 대다수의 소프트웨어 개발자들에게 당대의 방법론적인 기법들로 알려져 있었다. 좀 우려는 있었지만 고전적 패러다임의 소위 구조적 기법들은 전 세계 소프트웨어 산업에 중요한 개선들을 이끌어냈다. 그러나 소프트웨어 프로덕트들의 규모가 커지면서 구조적 기법들의 부적합이 나타나기 시작했다. 그래서 객체-지향 패러다임이 좋은 대안으로 제시되었다.

이것은 계속 다른 질문을 이끌어낸다. 즉 객체-지향 패러다임이 모든 다른 현존하는 기법들보다 우수하다는 확신을 어떻게 알 수 있는가? 객체-지향 기술이 현재 이용할 수 있는 그 어느 것보다 좋다는 것을 증명할 수 있는 이용 가능한 데이터가 없고, 또 이러한 데이터를 어떻게 취득해야 할지 상상하기도 어렵다. 최선의 방법은 객체-지향 패러다임을 채택했던 조직들의 경험에 의존할 수밖에 없다. 비록 모든 보고서들이 좋지는 않지만 대다수(절대적인 대다수는 아니지만)는 객체-지향 패러다임을 사용하는 것이 현명한 판단이라고 증언하고 있다.

예를 들면 IBM은 객체-지향 기술을 사용해 개발한 세 개의 전혀 다른 프로젝트들에 관해 보고했다[Capper, Colgate, Hunter, James, 1994]. 거의 모든 관점에서 객체-지향 패러다임은 고전적 패러다임을 크게 능가하고 있다. 특히 발견된 결함들의 수가 크게 감소되고, 개발과 예측할 수 없는 비즈니스 변경들의 인도 후 유지보수 동안에 변경 요구사항들이 아주 적어지고, 적응적 그리고 완전적 유지보수성이 크게 증가하였다. 비록 이전의 네 개의 개선만큼 크지는 않지만 또 성능면에서 의미 있는 차이는 없지만 사용성의 개선이 발견되었다.

객체-지향 패러다임에 대한 태도를 알아보기 위해 150명의 경험 많은 미국의 소프트웨어 개발자들에 대한 조사가 수행되었다[Johnson, 2000]. 표본은 소프트웨어를 개발하는 데 객체-지향 패러다임을 사용한 96명의 개발자와 고전적 패러다임을 사용한 54명의 개발자로 구성되었다. 양 그룹들은 객체-지향 패러다임이 우수하다고 느끼고 있었다. 비록 객체-지향 패러다임의 긍정적인 태도가 크게 강할지라도. 이 두 그룹들은 객체-지향 패러다임의 여러 약점들은 무시했다.

객체-지향 패러다임의 많은 강점들에도 불구하고 일부 어려움과 문제들이 보고되었다. 자주 보고되는 문제는 개발 노력과 규모(size)에 관한 내용이다. 첫 번째로 어떤 것을 수행하는 데 차후에 하는 것보다 시간이 더 걸리게 된다. 이 초기 주기를 자주 **학습 곡선**(learning curve)이라고 부른다. 그러나 어떤 조직이 객체-지향 패러다임을 처음으로 사용하면 학습 곡선은 허용했던 예측치보다 더 오래 걸리게 된다. 왜냐하면 이것은 프로덕트의 규모가 구조적 기법들을 사용할 때보다 크기 때문이다. 이것은 프로덕트가 GUI(graphical user interface)일 때 특히 더 커 보인다(11.14절 참조). 그러나 그 이후에 효율성은 크게 개선된다. 첫째, 인도 후 유지보수 비용은 프로덕트의 전체 생명주기 비용이 줄어들기 때문에 크게 감소한다. 둘째, 새 프로덕트를 개발할 때, 이전 프로덕트의 일부 클래스들을 재사용할 수 있어서 소프트웨어 비용들을 감소시켜 준다. 이것은 GUI가 처음으로 사용할 때 특히 중요하다. 즉 GUI에 투입되는 많은 노력은 차후의 프로덕트들을 만들 때 보완된다.

상속성의 문제들은 해결하기는 아주 어렵다.

1. 상속성을 사용하는 주된 이유는 자신의 부모 클래스와는 약간 다른 새로운 서브클래스를 생성할 때 상속성 계층에 있는 부모 클래스(parent class)나 다른 조상 클래스(ancestor class)에 어떠한 영향도 받지 않고 생성하는 데 있다. 그러나 반대로 생각하면 일단 프로덕트가 구현되었으면 기존 클래스에 대한 어떠한 변경도 상속 계층 관계에 있는 후손들 모두에게 영향을 미친다. 이것을 자주 **허약한 베이스 클래스 문제**(fragile base class problem)라고 부른다. 그래서 영향을 받은 단위들은 재컴파일 되어야 한다. 어떤 경우에는 관련 객체의 메소드(영향받은 서브클래스의 인스턴스화)들이 재코딩 되어야 한다. 이는 사소한 작업이다. 이 문제를 최소화 하기 위해 모든 클래스들은 개발 프로세스 동안에 세심하게 설계되는 게 중요하다. 이렇게 하면 기존 클래스를 변경하는 데 반입되는 부작용이 줄어든다.

2. 두 번째 문제는 상속을 남발하는 경우에 발생하는 문제다. 명확하게 예방하지 않으면 서브클래스는 자신의 부모 클래스(들)의 속성들을 모두 상속받는다. 통상 서브클래스들은 그들 자신만의 추가 속성들을 갖고 있다. 결과적으로 상속성 계층에서 낮은 객체들은 크기가 급격히 커져서 저장장치 문제가 발생한다[Bruegge, Blythe, Jackson, and Shufelt,1992]. 이를 예방하는 한 가지 방법은 '가능한 한 상속성을 사용하라'는 조언을 '적절하게 상속성을 사용하라'로 변경시키면 된다. 추가로 만약 자손 클래스가 조상 클래스의 속성이 필요 없으면 해당 속성을 분명하게 배제시켜야 한다.

3. 문제의 세 번째 그룹은 다형성과 동적 바인딩 때문에 파생된다. 이들은 7.8절에 설명되어 있다.

4. 네 번째는 어떤 언어에서는 나쁜 코드를 작성할 가능성이 있다. 그러나 고전적 언어에서보다 객체-지향 언어에서 나쁜 코드를 작성하기가 더 쉽다. 왜냐하면 객체-지향 언어들은 잘못 사용할 때 소프트웨어 프로덕트에 불필요한 복잡도를 추가시킨 다양한 구조들을 지원하기 때문에 그렇다. 그래서 객체-지향 패러다임을 사용할 때 코드가 항상 최상위의 품질이라는 보장을 하기 위해 특별한 관심을 가져야 한다.

마지막 질문은 이렇다. 언젠가는 객체-지향 패러다임보다 더 좋은 어떤 것이 출현할까? 즉 미래에는 그림 7.18의 맨 위의 화살표 위에 나타난 신기술이 출현될까? 가장 강력한 지지자들조차도 객체-지향 패러다임이 모든 소프트웨어 공학 문제들에 대한 궁극적인 대답이라고 주장하지는 못한다. 더욱이 오늘날의 소프트웨어 엔지니어들은 다음의 주요 돌파구로 객체들을 능가하는 것을 찾고 있다. 결국에 소수의 인간 노력이 오늘날에 제시된 어떤 것을 능가하는 발견들을 하게 될 것이다. 객체-지향 패러다임은 미래의 방법론들에 의해 현재 위치가 바뀔 것이 분명하다. AOP(aspect-oriented programming)(18.1절 참조)가 이 역할을 할 것이라는 제안도 있었다[Murphy et al., 2001]. 객체-지향 패러다임의 후계자로 AOP가 그림 7.28의 미래의 버전들에서 차세대 주요 개념으로 자리 잡을지 아니면 다른 기술이 폭넓게 채택될지 살펴보아야 한다. 중요한 교훈은 오늘날의 지식에 기반해서 보면 객체-지향 패러다임이 대안들보다는 더 우수한 것으로 나타나 있다.

<table>
<tr><td>복습</td><td>이 장은 모듈의 서술로 시작된다(7.1절). 다음 두 절에서는 모듈 응집도와 모듈 결합도란 용어로 잘 설계된 모듈을 구성하는 것을 분석한다(7.2와 7.3절). 특히 모듈은 높은 응집도와 낮은 결합도를 가져야 한다. 여기서 다양한 유형의 응집도와 결합도에 대한 서술이 주어졌다. 다양한 유형의 추상화가 7.4절부터 7.7절에 제시되어 있다. 데이터 캡슐화(7.4절)에서 하나의 모듈은 데이터 구조와 그 데이터 구조에서 수행되는 액션들을 포함한다. 추상 데이터 타입(7.5절)은 해당 타입의 인스턴스를 수행하는 액션들이 함께 있는 데이터 타입이다. 정보 은닉(7.6절)은 구현 상세사항들이 다른 모듈로부터 감춰지는 방법으로 모듈을 설계하는 것을 포함한다. 추상화를 증가시키는 과정은 상속성을 지원하는 추상 데이터 타입인 클래스의 서술로 끝난다(7.7절). 하나의 객체는 클래스의 인스턴스이다. 다형성과 동적 바인딩은 7.8절의 주제이다. 이 장은 객체-지향 패러다임의 논의로 결론을 맺는다(7.9절).</td></tr>
</table>

<table>
<tr><td>관련 자료</td><td>객체들은 [Dahl and Nygaard, 1996]에 처음 서술되었다. 이 장에 있는 많은 아이디어는 기본적으로 Parnas가 제시한 것이다[Parnas, 1971, 1972a, 1972b]. 소프트웨어 개발에서 추상 데이터 타입의 사용은 [Liskov and Zilles, 1974]에서 제시되었다. 또 다른 중요한 논문은 [Guttag, 1977]이다.</td></tr>
</table>

응집도와 결합도에 관한 주요 자원은 [Stevens, Myers, Constantine, 1974]이다. 합성/구조적 설계의 아이디어는 결과적으로 객체들에 대한 설계로 확장되었다[Binkley and Schach, 1997]. 추상화의 중요성은 [Kramer, 2007]에 서술되어 있다.

Proceeding of the annual conference OOPSLA(Object-Oriented Programming Sysyems, Languages, and Application)는 성공적인 객체-지향 프로젝트들을 잘 서술하고 있는 보고서들로 폭 넓게 선택한 연구 논문들을 포함하고 있다. 세 개의 IBM 프로젝트들에서 객체-지향 패러다임의 성공적인 사용은 [Capper, Colgate, Hunter, James, 1994]에 서술되어 있다. [Fayad, Tsai, Fulghum, 1996]은 객체-지향 기술로 어떻게 전환하는지를 서술하고 있다. 객체-지향 패러다임에 대한 태도의 조사는 [Johnson, 2000]에 나타나 있다. 대규모 객체-지향 소프트웨어의 모듈화에 대한 품질을 측정하기 위한 척도는 [Sarkar, Kak, and Rama, 2008]에 제시되어 있다. Issue no.2, 2005, of the IBM Systems Journal은 객체 기술에 대한 논문들을 포함하고 있다.

AOP에 관한 많은 기사들은 October 2001 issue of the Communications of the ACM에 제시

되어 있다. 이 중 [Elard et al., 2001]와 [Murphy et al., 2001]는 특히 흥미롭다. 관점-지향 프로그래밍의 약점은 [R. Alexander, 2003]에 서술되어 있다.

결함밀도들에 관한 상속성의 영향은 [Cartwrigt and Shepperd, 2000]에 제시되어 있다.

7.1 당신이 친숙한 프로그래밍 언어를 선택해서 7.1절에서 주어진 모듈성의 두 정의에 대해 고려해보자. 두 정의 중 어떤 것이 당신이 선택한 언어로 모듈을 구성하는 데 직관적으로 이해하기 쉬운지를 결정하여라.

7.2 다음 모듈들의 응집도를 결정하여라.

displayMenuAndGetUserChoice
sortGradesAndCalculateWights
calculateMissileAcceleration
performFunctionSelectedByArgument
calculateAndDisplayDeviation

7.3 당신은 프로덕트 개발에 참여한 소프트웨어 엔지니어이다. 당신의 매니저가 당신이 속한 그룹이 설계한 모듈 중 재사용이 가능한 것을 조사하라고 요청했다. 매니저에게 무엇을 할 수 있다고 보고하겠는가?

7.4 응집도가 유지보수에 끼치는 영향은 무엇인가?

7.5 결합도가 유지보수에 끼치는 영향은 무엇인가?

7.6 7.2절에 서술된 7단계의 응집도에는 어떤 단계와 7.3절에 기술된 5단계의 결합도의 어떤 단계가 재사용을 촉진하는가?

7.7 7.2.7절에서 잘 설계된 객체는 정보적 응집도를 가진다고 명시했다. 기능적 응집도를 가진 객체는 무엇처럼 보일 것인가?

7.8 그림 7.26에 C++ 구현을 고려해보자. 클래스의 메소드들 사이에 결합도는 얼마나 되는가? 클래스의 응집도는 어떤가?

7.9 데이터 캡슐화는 단지 추상 데이터 타입을 위한 다른 용어인가?

7.10 추상화가 정보 은닉의 예라는 것을 설명하여라.

7.11 프로시저 추상화 없이 데이터 추상화를 사용할 수 있는가?

7.12 집합(aggregation)은 연관(association)의 하위 집합인가?

7.13 다형성과 동적 바인딩 사이의 차이를 구별하여라.

7.14 만약 동적 바인딩이 없는 다형성을 사용한다면 무슨 일이 발생하는가?

7.15 만약 다형성이 없는 동적 바인딩을 사용한다면 무슨 일이 발생하는가?

7.16 상속을 지원하지 않는 언어에서 동적 바인딩을 구현할 수 있는가?

7.17 그림 7.23에 나타난 코멘트를 당신의 교습자가 지시한 C++나 Java로 변환시켜 보아라. 결과로 나온 모듈이 정확히 실행하는지 확인하여라.

7.18 테스팅에서 정보 은닉의 효과는 무엇인가?

7.19 '알고 싶은 사항 7.1'에서 지적했듯이 객체란 1966년에 처음 나왔다. 객체가 널리 수용되기 시작한 것은 이들이 소개된 지 20년 후다. 이러한 현상에 대한 이유를 설명하여라.

7.20 당신의 교습자가 고전적 소프트웨어 프로덕트를 배포할 것이다. 이 모듈을 정보 은닉, 추상화 수준, 결합도와 응집도의 관점에서 분석하여라.

7.21 당신의 교습자가 객체-지향 소프트웨어 프로덕트를 배포할 것이다. 그 모듈들을 정보 은닉, 추상화 수준, 결합도와 응집도의 관점에서 분석하라. 문제 7.20의 답과 비교해보아라.

7.22 상속의 강점과 약점은 무엇인가?

7.23 (Term Project) 부록 A의 Chocoholics Anonymous 프로덕트가 구조적 패러다임을 사용해서 개발되었다고 가정하자. 여기서 발견하기를 기대했던 기능적 응집도를 가진 모듈의 예를 제시하여라. 이제 그 프로덕트가 객체-지향 패러다임을 사용해서 개발되었다고 가정하자. 발견하기를 기대했을 클래스들의 예를 제시하여라.

7.24 (Readings in Software Engineering) 당신의 교습자가 논문 [Kramer, 2007]의 복사본을 배포할 것이다. 당신은 추상화가 정말로 이 논문의 주장만큼 중요하다고 동의하는가?

참고문헌

[R. Alexander, 2003] R. ALEXANDER, "The Real Costs of Aspect-Oriented Programming," *IEEE Software* **20** (November-December 2003), pp. 92-93.

[Binkley and Schach, 1997] A. B. BINKLEY AND S. R. SCHACH, "Toward a Unified Approach to Object-Oriented Coupling," *Proceedings of the 35th Annual ACM Southeast Conference,* Murfreesboro, TN, April 2-4, 1997, pp. 91-97.

[Blaha, Premerlani, and Rumbaugh, 1988] M. R. BLAHA, W. J. PREMERLANI, AND J. E. RUMBAUGH, "Relational Database Design Using an Object-Oriented Methodology," *Communications of the ACM* **31** (April 1988), pp. 414-27.

[Bruegge, Blythe, Jackson, and Shufelt, 1992] B. BRUEGGE, J. BLYTHE, J. JACKSON, AND J. SHUFELT, "Object-Oriented Modeling with OMT," Proceedings of the Conference on Object-Oriented Programming, Languages, and Systems, OOPSLA '92, *ACM SIGPLAN Notices* **27** (October 1992), pp. 359-76.

[Capper, Colgate, Hunter, and James, 1994] N. P. CAPPER, R. J. COLGATE, J. C. HUNTER, AND M. F. JAMES, "The Impact of Object-Oriented Technology on Software Quality: Three Case Histories," *IBM Systems Journal* **33** (No. 1, 1994), pp. 131-57.

[Cartwright and Shepperd, 2000] M. CARTWRIGHT AND M. SHEPPERD, "An Empirical Investigation of an Object-Oriented Software System," *IEEE Transactions on Software Engineering* **26** (August 2000), pp. 786-95.

[Dahl and Nygaard, 1966] O.-J. DAHL AND K. NYGAARD, "SIMULA-An ALGOL-Based Simulation Language," *Communications of the ACM* **9** (September 1966), pp. 671-78.

[Elrad et al., 2001] T. ELRAD, M. AKSIT, G. KICZALES, K. LIEBERHERR, AND H. OSSHER, "Discussing Aspects of AOP," *Communications of the ACM* **44** (October 2001), pp. 33-38.

[Flanagan, 2005] D. FLANAGAN, *Java in a Nutshell: A Desktop Quick Reference,* 5th ed., O'Reilly and Associates, Sebastopol, CA, 2005.

[Gerald and Wheatley, 1999] C. F. GERALD AND P. O. WHEATLEY, *Applied Numerical Analysis,* 6th ed., Addison Wesley, Reading, MA, 1999.

[Goldberg and Robson, 1989] A. GOLDBERG AND D. ROBSON, *Smalltalk-80: The Language,* Addison Wesley, Reading, MA, 1989.

[Guttag, 1977] J. GUTTAG, "Abstract Data Types and the Development of Data Structures," *Communications of the ACM* **20** (June 1977), pp. 396-404.

[Johnson, 2000] R. A. JOHNSON, "The Ups and Downs of Object-Oriented System Development," *Communications of the ACM* **43** (October 2000), pp. 69-73.

[Knuth, 1974] D. E. KNUTH, "Structured Programming with go to Statements," *ACM Computing Surveys* **6** (December 1974), pp. 261-301.

[Kramer, 2007] J. KARAMER, "Is Abstraction the Key to Computing?" *Communications of the ACM,* **50** (April 2007), pp. 36-42.

[Liskov and Zilles, 1974] B. LISKOV AND S. ZILLES, "Programming with Abstract Data Types," *ACM SIGPLAN Notices* **9** (April 1974), pp. 50-59.

[Meyer, 1986] B. MEYER, "Genericity versus Inheritance," Proceedings of the Conference on Object-Oriented Programming Systems, Languages and Applications, *ACM SIGPLAN Notices* **21** (November 1986), pp. 391-405.

[Murphy et al., 2001] G. C. MURPHY, R. J. WALKER, E. L. A. BANNIASSAD, M. P. ROBILLARD, A. LIA, AND M. A. KERSTEN, "Does Aspect-Oriented Programming Work?" *Communications of the ACM* **44** (October 2001), pp. 75-78.

[Myers, 1978b] G. J. MYERS, *Composite/Structured Design,* Van Nostrand Reinhold, New York, 1978.

[Parnas, 1971] D. L. PARNAS, "Information Distribution Aspects of Design Methodology," *Proceedings of the IFIP Congress,* Ljubljana, Yugoslavia, 1971, pp. 339-44.

[Parnas, 1972a] D. L. PARNAS, "A Technique for Software Module Specification with Examples," *Communications of the ACM* **15** (May 1972), pp. 330-36.

[Parnas, 1972b] D. L. PARNAS, "On the Criteria to Be Used in Decomposing Systems into Modules," *Communications of the ACM* **15** (December 1972), pp. 1053-58.

[Sarkar, Kak, and Rama, 2008] S. SARKAR, A. C. KAK, AND G. M. RAMA, "Metrics for Measuring the Quality of Modularization of Large-Scale Object-Oriented Software," *IEEE Transactions on Software Engineering* **34** (September-October 2008), pp. 700-20.

[Schach and Stevens-Guille, 1979] S. R. SCHACH AND P. D. STEVENS-GUILLE, "Two Aspects of Computer-Aided Design," *Transactions of the Royal Society of South Africa* **44** (Part 1, 1979), pp. 123-26.

[Schach et al., 2003a] S. R. SCHACH, B. JIN, DAVID R. WRIGHT, G. Z. HELLER, AND J. OFFUTT, "Quality Impacts of Clandestine Common Coupling," *Software Quality Journal* **11** (July 2003), pp. 211-18.

[Shneiderman and Mayer, 1975] B. SHNEIDERMAN AND R. MAYER, "Towards a Cognitive Model of Programmer Behavior," Technical Report TR-37, Indiana University, Bloomington, 1975.

[Stevens, Myers, and Constantine, 1974] W. P. STEVENS, G. J. MYERS, AND L. L. CONSTANTINE, "Structured Design," *IBM Systems Journal* **13** (No. 2, 1974), pp. 115-39.

[Stroustrup, 2003] B. STROUSTRUP, *The C++ Stadard: Incorporating Technical Corrigendum No. 1,* 2nd ed.,.John Wiley and Sons, New York, 2003.,

[Yourdon and Constantine, 1979] E. YOURDON AND L. L. CONSTANTINE, *Structured Design: Fundamentals of a Discipline of Computer Program and Systems Design,* Prentice-Hall, Englewood Cliffs, NJ, 1979.

[Yu, Schach, Chen and Offutt, 2004] L. YU, S. R. SCHACH, K. CHEN, AND J. OFFUTT, "Categorization of Common Coupling and Its Application to the Maintainability of the Linux Kernel," *IEEE Transactions on Software Engineering* **30** (October 2004), pp. 694-706.

제8장

재사용성과 이식성

학습목표

이 장을 학습하면 다음 사항들을 습득하게 된다.

● 재사용이 왜 그렇게 중요한지 설명할 수 있게 된다.

● 재사용에 대한 장애들을 인식하게 된다.

● 다양한 워크플로 동안에 재사용을 달성하는 기법들을 서술할 수 있게 된다.

● 설계 패턴들의 중요성을 인식할 수 있게 된다.

● 유지보수성에 관한 재사용의 영향을 논의할 수 있게 된다.

● 이식성이 왜 필수적인지 설명할 수 있게 된다.

● 이식성을 달성하는 데 장애들을 이해하게 된다.

● 이식성이 있는 소프트웨어를 개발할 수 있게 된다.

만약에 기존의 소프트웨어를 재개발하는 것이 범죄 행위라면 오늘날에 많은 소프트웨어 전문가는 형무소에 있을 것이다. 예를 들면 같은 기능을 수행하는 수만 개의 COBOL 급여 프로그램이 있다. 정말로 필요한 것은 다양한 하드웨어에서 실행되고 또 개인기업의 특정한 요구사항들을 수용할 수 있게 작성된 급여 프로그램이다. 그러나 무수히 많은 기업은 이전에 개발된 급여 프로그램들을 활용하지 않고 처음부터 자신에게 적합한 급여 프로그램을 구축하는 것이 현실이다. 이 장에서는 왜 소프트웨어 엔지니어들이 계속해서 기존 프로그램을 다시 개발하는 이유와 재사용 가능한 컴포넌트들을 사용해서 이식성이 있는 소프트웨어를 구축하려면 무슨 일을 해야 하는지를 조사한다. 지금부터 이식성(portability)과 재사용성(reusability)을 구별해서 학습한다.

'재사용'은 소프트웨어에만 해당되는 것이 아니다. 예를 들어 요즈음 유언장의 초안을 손으로 작성하는 변호사들은 거의 없다. 대신 워드 프로세서를 사용해 이미 초안을 잡은 유언장들을 저장한 후 이 유언장을 적절하게 변경시킨다. 계약서와 같은 다른 법적 문서들도 기존의 문서들을 같은 방법으로 작성한다.

고전음악 작곡가들도 종종 자신들의 음악을 '재사용'했다. 예를 들어 1823년 슈베르트(Franz Schubert)는 Helmina von Chezy의 희극을 위한 간주곡 Rosamunde, Furstin von Zypern(Rosamunde, Princess of Cyprus)를 작곡했고, 그 다음 해에 그의 String Quartet No. 13.의 느린 박자의 소재로 그것을 재사용했다. Ludwing van Beethoven(베토벤)의 작품 66번 "Mozart의 'Ein Madchen oder Weibcvhen'의 첼로를 위한 변주곡"은 위대한 작곡가가 다른 위대한 작곡가의 음악을 재사용한 좋은 예이다. 여기서 베토벤은 아리아 'A Girlfriend or Little Wife'를 모짜르트(Wolfgang Amadeus Moazrt)의 오페라 '마술피리'의 22장에서 인용해왔고 그 아리아에 기초하여 일곱 개의 변주곡을 작곡했다.

모든 세대를 걸쳐 가장 위대한 재사용자는 세익스피어(William Shakespeare)일 것이다. 그의 천재성은 다른 작가들의 줄거리를 재사용하는 데 있었다. 세익스피어 자신이 직접 창작한 이야기는 하나도 찾아 볼 수 없다. 예를 들어 그의 역사적 희곡들은 홀린쉐드(Raphael Holinshed)의 1577년 작품 'Chronicles of England, Scotland and Ireland'의 부분들을 비중 있게 재사용했다. 그리고 세익스피어의 'Romeo and Juliet(1594)'은 거의 모든 라인을 세익스피어가 태어나기 2년 전인 1562년 발간된 브룩(Arthur Brooke)의 장편 시 'The pragicall Hiestorye of Romeus and Juliet'에서 인용했다.

하지만 이러한 '재사용'의 전설은 거기서 시작된 것은 아니다. 사실 가장 일찍 있었던 것은 그리이스 소설가 Xenophon of ephesus의 'Ephesian tale'의 200 C.E.일 것이다. 1476년 Masuccio Salernitano는 Xiniphon의 이야기를 그의 50편의 중편 소설 중 33번 소설에 재사용했다. 1530년 Luigi da Porto는 그 이야기를 아탈리아 베로나의 첫 번째 무대를 위해 'A Newly Found Story of Two Novle lovers'에 재사용했다. Brooke의 시는 da Porto의 것을 재사용한 Matteo Bandello의 Biulietta e romeo를 재사용한 것이다.

8.1
재사용 개념

만약 프로덕트를 다른 컴파일러-하드웨어-운영체제에서 실행하기 위해 처음부터 재코딩 하는 것 보다 부분적으로 수정해서 쉽게 사용할 수 있다면 프로덕트에 **이식성(portable)**이 있다고 말한다. 반대로 **재사용(reuse)**은 다른 기능성을 갖는 프로덕트 개발을 쉽게 하기 위해 한 프로덕트의 컴포넌트들을 사용하는 것을 의미한다. 재사용 가능한 컴포넌트가 항상 모듈이나 코드 프래그먼트에 꼭 필요한 것은 아니다. 즉 컴포넌트는 설계, 매뉴얼의 한 부분, 테스트 데이터의 집합, 또는 기간과 비용 추정 등이 될 수도 있다(재사용에 대한 다른 견해는 '알고 싶은 사항 8.1' 참조).

재사용에는 두 가지 유형이 있다. 즉 **기회적 재사용(opportunistic reuse)**과 **고의적 재사용 (deliberate reuse)**이다. 만약 새로운 프로덕트의 개발자들이 기존에 개발했던 프로덕트의 컴포넌트가 새로운 프로덕트에 재사용 가능하다는 것을 알게 되면 이것은 기회적 재사용이고, 때로는 이를 **우연적 재사용(accidental reuse)**이라고 부른다. 반대로 소프트웨어 컴포넌트를 미래에 재사용이 가능하도록 명확하게 개발했다면 이것은 **체계적 재사용(systematic reuse)** 또는 **고의적 재사용**이다. 기회적 재사용에 비해 체계적 재사용이 가질 수 있는 한 가지 장점은 미래의 프로덕트에 사용되기 위해 구축된 컴포넌트들은 재사용하기가 쉽고 안정적이다. 이러한 컴포넌트들은 일반적으로 강건하고, 잘 문서화가 되어 있고, 철저한 테스트를 통해 구축된다. 그리고 이러한 컴포넌트들은 일반적으로 유지보수를 보다 쉽게 할 수 있게 일관성 있는 스타일을 보여준다. 그러나 한 회사 내에서 체계적 재사용을 구현하려면 비용이 많이 든다. 즉 소프트웨어 컴포넌트를 명세화 하고, 설계하고, 구현하고, 테스트 하고, 문서화 하는 데 많은 시간이 소요된다. 그러나 이러한 컴포넌트가 재사용 된다고 보장할 수가 없어서 이를 만회하기 위해 잠재적으로 재사용이 가능한 컴포넌트를 개발하는 데 자금을 투자한다.

컴퓨터들이 처음 구축될 때는 아무것도 재사용되지 않았다. 프로덕트를 개발할 때마다 처리 루틴, 입력/출력 루틴, 또는 사인과 코사인을 계산하는 루틴과 같은 항목들은 처음부터 구축되었다. 그러나 곧 이러한 일이 상당한 노력의 낭비라는 것을 인식하게 되어 서브루틴 라이브러리(subroutine library)들을 구축하게 되었다. 그래서 프로그래머들은 필요할 때 언제나 제곱근이나 사인 함수를 호출해서 사용하게 되었다. 이들 서브루틴 라이브러리들은 더욱 더 정교해졌고 런-타임 지원 루틴들로 개발되었다. 그래서 프로그래머들이 C++나 Java 메소드를 호출할 때, 스택(stack)을 관리하거나 정확하게 인수들을 전달하는 코드를 작성할 필요가 없어졌다. 이것은 자동적으로 적합한 런-타임 지원 루틴들을 호출해서 처리된다. 서브루틴 라이브러리들의 개념은 SPSS[Norusis, 2005]와 같은 대규모 통계 라이브러리들과 [NAG, 2003]와 같은 수치 분석 라이브러리들로 확장되었다. 클래스 라이브러리들도 객체-지향 언어들의 사용자를 도와주는 중요한 역할을 한다. 예를 들어 Smalltalk의 성공은 Smalltalk 라이브러리에 있는 다양한 항목들 때문에 많은 호응을 얻었다. 즉 사용자가 클래스 라이브러리를 검사할 수 있게 도와주는 브라우저 형태의 CASE 툴이 많은 도움을 주었다. C++는 공용 도메인에 사용 가능한 수많은 라이브러리가 있다. 한 예가 C++ Standard Template Library(STL)이다[Musser and Saini, 1996].

API(application programming interface)는 일반적으로 프로그래밍을 지원하는 운영체제 호출(operating system call)들의 집합이다. 예를 들어 Win32는 Windows 2000과 Windows XP와 같은 Microsoft 운영체제에서 사용되는 API이고, Cocoa는 매킨토시 OS에서 사용되는 API이다. 비록 API가 운영체제 호출들의 집합으로 구현되지만, 프로그래머에게 있어 API를 구성하는 루틴들은 서브루틴 라이브러리처럼 보인다. 예를 들면 Java API는 많은 패키지들(libraries)로 구성되어 있다.

소프트웨어 프로덕트의 품질이 아무리 좋다 해도, 경쟁 프로덕트가 단지 1년 내에 출시되는 데 2년이 걸려서 출시되면 이 프로덕트는 판매되지 않을 것이다. 개발 프로세스에 소요되는 기간은 시장 경제에서 아주 중요하다. '좋은' 프로덕트를 구성하는 또 다른 평가 기준은 프로덕트가 시간적인 경쟁력이 없다면 아무런 관련이 없다는 것이다. 프로덕트를 시장에 내놓는 데 계속 실패한 회사에게는 우선 소프트웨어 재사용성을 시도해볼 만한 기술이 된다. 결국 기존에 있던 컴포넌트를 재사용한다면 컴포넌트를 설계하고, 구현하고, 테스트 하고, 문서화할 필요가 없어진다. 여기서 핵심은 평균적으로 소프트웨어 프로덕트의 약 15%만이 원래 목적에 기여하고, 나머지 85%는 이론적으로 표준화 되어 미래의 프로덕트에 재사용된다는 것이다[John, 1984].

85%란 수치는 이론적인 재사용 비율의 상한치이다. 그럼에도 불구하고 40% 정도의 재사용률만 실제로 달성될 수 있다. 이것은 다음과 같은 질문을 하게 만든다. 만약 이러한 재사용 비율이 실제로 얻어질 수 있다면 그리고 만약 재사용이 새로운 아이디어가 아니라면, 왜 소수의 회사들만 개발 프로세스를 단축하기 위해 재사용을 채택하는가?

재사용에는 다음과 같은 많은 제약들이 있다.

- 대부분의 소프트웨어 전문가들은 다른 사람이 작성한 루틴을 재사용하기보다는 처음부터 루틴을 다시 구현한다. 이것은 이들 대부분의 전문가가 자신이 구현하지 않으면 좋을 수 없다는 일명 'NIH 신드롬(not invented here syndrome)'을 가지고 있는 것과 관련이 있다[Griss, 1993]. NIH는 관리 문제이기 때문에 관리자가 이 문제를 인식해서 재사용을 촉진하기 위해 금전적인 인센티브를 제공하면 해결될 수 있다.
- 많은 개발자들은 문제의 루틴이 프로덕트에 결함을 반입시키지 않다는 확신이 서면 루틴을 재사용하려고 한다. 이러한 태도는 이해하기가 아주 쉽다. 결국 모든 소프트웨어 전문가는 다른 사람이 구현해 만든 소프트웨어 결함을 본 적이 있다. 여기서 해결방안은 이들을 재사용에 사용하기 전 재사용 가능한 루틴을 집중적으로 테스팅 하면 된다.
- 큰 조직은 수십만 개의 잠재적으로 유용한 컴포넌트들을 가지고 있다. 그렇다면 이들 컴포넌트가 후에 효과적으로 검색되기 위해 어떻게 저장되어야 하는가? 예를 들면 재사용 가능한 컴포넌트 데이터베이스는 20,000개의 항목들로 구성되어 있고 이 중 125개는 정렬 루틴들이다. 데이터베이스는 새로운 프로덕트의 설계자가 125개의 정렬 루틴들 중 어느 것이 새 프로덕트에 적합한지 빨리 결정할 수 있게 조직되어야 한다. 저장/검색 문제를 해결하는 기술적인 이슈에 대한 다양한 해결방안들이 제안되어 있다.
- 재사용은 비용이 많이 든다. [Tracz, 1994]는 세 가지 비용이 있다고 말했다. 즉 재사용 가능한 것을 만드는 데 드는 비용, 재사용하는 데 드는 비용, 재사용 프로세스를 정의하고 구현하는 데 드는 비용이다. 그는 재사용 가능한 컴포넌트를 만드는 데 드는 비용은 최소한 60% 증가한다고 추정했다. 어떤 회사는 비용이 200%에서 심지어 480%까지 증가한다고 보고했고, 반대로 Hewlett-Packard 재사용 프로젝트는 재사용 가능한 컴포넌트를 만드는 데 드는 비용은 단지 11%만 증가한다고 보고했다[Lim, 1994].
- 더 난해한 문제는 소프트웨어 계약에서 발생할 수 있는 법적인 문제다. 일반적으로 클라이언트와 소프트웨어 개발사 간에 이루어지는 계약에 의해서 소프트웨어 프로덕트는 고객의 것이 된다. 만약 소프트웨어 개발자가 다른 클라이언트의 새로운 프로덕트를 만드는 데 기존 클라이언트가 갖고 있는 프로덕트의 컴포넌트를 재사용한다면, 이것은 근본적으로 기존 클라이언트의 저작권을 침해하는 것이다. 내부용 소프트웨어인 경우, 즉 개발자와 클라이언트가 같은 회사의 구성원일 때는 이 문제가 발생하지 않는다.
- 또 다른 제약은 COTS(commercial off-the-shelf) 컴포넌트들이 재사용될 때 야기된다. 개발자들에게는 COTS 컴포넌트의 소스코드가 거의 제공되지 않아서 COTS 컴포넌트들을 재사용하는 소프트웨어는 한정된 확장성과 수정성을 갖게 된다.

World Wide Web은 '도시적 신화(urban myths)'의 주요 근원이다. 즉 분명한 실제 이야기이지만 가까이 다가가서 정밀하게 조사해보면 그다지 신뢰성이 없는 이야기이다. 그러한 도시적 신화는 코드 재사용과 관계가 있다.

호주의 공군이 헬리콥터 전투 훈련을 위한 가상현실 훈련 시뮬레이터를 설치했다. 프로그래머들은 시나리오를 가능한 실감 있게 만들기 위해 세부적인 풍경과 (북부 지방에는) 캥거루의 무리를 삽입했다. 결국 헬리콥터에 의해 동요한 캥거루의 무리가 일으키는 먼지 때문에 헬리콥터의 위치가 적에게 노출될 수도 있었다.

그 프로그래머들은 캥거루의 움직임과 헬리콥터에 대해 어떻게 반응하는지에 대해 설계하는 것을 배웠다. 시간을 절약하기 위해 프로그래머들은 원래 헬리콥터의 공격을 받은 보병들이 어떻게 반응하는지를 가상할 때 쓰인 코드를 재사용했다. 단지 두 가지만 변경되었다. 아이콘을 병사에서 캥거루로 바꾸었고, 움직임을 빠르게 했다.

날씨 좋은 어느 날, 몇 명의 호주 조종사들이 그들을 방문한 미국 조종사들에게 비행 시뮬레이터를 자신들이 얼마나 훌륭히 조작하는지 보여주기를 원했다. 그들은 가상 캥거루 위로 아주 낮게 비행했다. 기대한 대로 캥거루들은 흩어졌고, 언덕 뒤쪽에 서 다시 나타나 헬리콥터를 향해 스팅거 미사일을 발사했다. 프로그래머들은 가상의 보병에 적용된 것을 재사용하면서 코드의 그 부분을 제거하는 것을 잊은 것이다.

그런데 The Riskes Digest에 보도된 대로, 그것은 전적으로 도시적 신화는 아닌 것처럼 보인다. 그러한 많은 일이 실제로 일어났다[Green 2000]. 호주 방위 산업 기술 협회의 가상 영역 작동 분야(Simulatin Land operations Division)의 책임자인 Anne-Marie Grisogono 박사가 1999년 5월 6일 호주의 캔버라에서 열린 회의에서 그 이야기를 언급했다. 비록 그 시뮬레이터 는 (공중촬영으로 표시된 200만 개의 가상 나무도 포함되어 있는) 가능한 실제와 가깝게 설계되었지만, 캥거루는 재미로 삽입 되었다. 그 프로그래머들은 캥거루들이 헬리콥터의 도착을 탐지할 수 있도록 실제로 스팅거 미사일 분리를 재사용했지만 캥거 루의 행동은 정확히 말하면 헬리콥터가 다가가면 캥거루들이 달아날 수 있도록 '후퇴'하도록 설정되었다. 그런데 소프트웨어 팀이 연구실에서 그들이 만든 시뮬레이터를 시험했을 때 (방문자 앞에서가 아닌) 그들이 무기와 '발사' 행위를 제거하지 않은 것을 발견했다. 또한 그들은 가상의 존재가 어떤 무기를 사용할지에 대해서도 지정해놓지 않았다. 그래서 캥거루들이 헬리콥터 를 향해 발사했을 때 잘못된(default) 무기를 발사했고, 그것은 공교롭게도 커다란 여러 가지 색깔의 비치볼이었다.

Grisogono는 캥거루들을 즉시 무장 해제시켰고 그러므로 이제 호주 상공을 비행하는 것은 안전하다고 확인했다. 하지만 이러한 해피엔딩에도 불구하고 소프트웨어 전문가들은 여전히 코드를 재사용할 때 너무 지나치게 사용하지 않도록 주의해야 한다.

앞에 있는 처음 네 개의 제약들은 단 한 가지 원칙으로 극복할 수가 있다. 그리고 5번째인 어 떤 법적인 이슈들과 6번째인 COTS 컴포넌트들의 갖고 있는 문제들도 소프트웨어 개발사 내에 재 사용에 대한 주요 제약들이 없게 예방되도록 구현하면 된다('알고 싶은 사항 8.2' 참조).

8.3
재사용 사례연구

재사용이 실무에서 어떻게 성공적으로 달성되고 있는지를 보여주는 많은 사례연구가 있다. 주요 영향을 주었던 재사용 사례 연구들은 [Matsumoto, 1984, 1987], [Selby, 1989] 그리고 [Lim, 1994] 등에 포함되어 있다. 여기서 우리는 두 개의 사례연구들을 분석한다. 첫 번째는 1976년과 1982년 사이에 있었던 재사용 프로젝트를 서술한 것으로 중요하다. 왜냐하면 당시 COBOL 설계들에 사용되었던 재사용 메커니즘은 객체-지향 애플리케이션 프레임워크들에서 오늘날 사용되는 재사용 메커니즘과 동일하기 때문이다(8.5.2절). 이 사례연구는 최신 재사용 실무에 크게 기여하고 있다.

8.3.1 Raytheon Missile System Division

1976년에 있었던 이 연구는 설계와 코드의 체계적 재사용이 비즈니스 애플리케이션의 문맥에서 타당한지를 심도 있게 결정하기 위해서 Raytheon's Missile System Division이 착수했다[Lanergan and Grasso, 1984]. 사용 중인 5000개 이상의 COBOL 프로덕트들을 분석하고 분류하였다. 연구자들은 단지 여섯 개의 기본 오퍼레이션(operation)들만 비즈니스 애플리케이션 프로덕트에서 수행될 수 있다고 결정했다. 결과적으로 비즈니스 애플리케이션 설계들과 모듈들 중 40%에서 60% 정도만 표준화될 수 있고 재사용될 수 있다. 여기에서 밝혀진 기본 오퍼레이션들이란 데이터를 정렬하고, 데이터를 편집하거나 처리하고, 데이터를 결합시키고, 데이터를 파기시키고, 데이터에 관한 보고 등이다. 이후 6년 동안 집중적인 시도로 설계와 코드 모두에 재사용이 가능해졌다.

Raytheon의 접근은 두 가지 방법으로 재사용을 추진했다. 즉 연구자들은 기능적 모듈(functional module)과 COBOL 프로그램 로직 구조(COBOL program logic structure)에 접근했다. Raytheon이 사용한 전문용어 **기능적 모듈**(functional module)은 편집 루틴, 데이터베이스 프로시저 디비젼 호출, 세금 계산 루틴 또는 예금 계좌에 날짜를 부여하는 루틴과 같은 특정 목적을 위해 설계되고 코딩된 COBOL 코드 프라그먼트를 말한다. 평균적으로 60%가 재사용된 코드로 구성된 애플리케이션에서는 3,200개의 재사용 가능한 모듈이 사용된다. 기능적 모듈들은 면밀하게 설계되고, 테스트 되고, 문서화 되어야 한다. 이렇게 작성된 기능적 모듈들을 사용하는 프로덕트는 신뢰성이 있고 또 전체적으로 프로덕트를 테스팅 하기가 쉽다.

이 모듈들은 표준 copy 라이브러리에 저장되고 **copy** 동사를 사용하면 얻을 수 있다. 즉 이 코드는 애플리케이션 프로덕트 내에는 물리적으로 나타나지 않지만 컴파일 시에 COBOL 컴파일러가 포함시킨다. 이 메커니즘은 C나 C++에서 사용되는 #**include**와 유사하다. 그러므로 이 메커니즘이 내놓은 소스 코드는 만약 복제된 코드가 나타나는 경우보다 짧다. 결과적으로 유지보수가 더 쉬워진다.

Raytheon 연구자들도 COBOL **프로그램 로직 구조**를 사용했다. 이것은 완성된 프로덕트를 만들게 해주는 일종의 프레임워크(framework)이다. 로직 구조의 한 예는 갱신된 로직 구조이다. 이것은 5.1.1절에 있는 미니 사례 연구에서처럼 순차적인 갱신을 수행하는 데 사용된다. 오류 처리는 순차적인 체킹처럼 내장되어 있다. 로직 구조는 길이로 22개의 단락(COBOL 프로그램의 단위)으로 구성되어 있다. 많은 단락(paragraph)이 get_transaction, print_page_heading, 그리고 print_control_totals 같은 기능적 모듈을 사용해서 채워진다. 그림 8.1은 기능적 모듈들로 채워진 단락들을 갖는 COBOL 프로그램 로직 구조의 프레임워크를 기호로 도식화한 것이다.

이러한 템플릿(template)들의 사용에는 많은 이점이 존재한다. 프로덕트의 프레임워크가 이미 제시되었기 때문에(즉 필요한 모든 것이 세부 사항들에 채워져 있다), 프로덕트의 설계와 코딩이 더욱 빨라지고 쉽게 작성된다. End-of-file 조건과 같이 오류가 있는 영역은 이미 테스트 되었다. 실제로 전체적인 테스팅은 더 쉬워진다. 그러나 Raytheon은 이러한 템플릿을 사용하는 주요 이점은 사용자가 수정이나 기능 강화를 요구할 때 발생한다고 믿었다. 일단 유지보수 프로그래머가 관

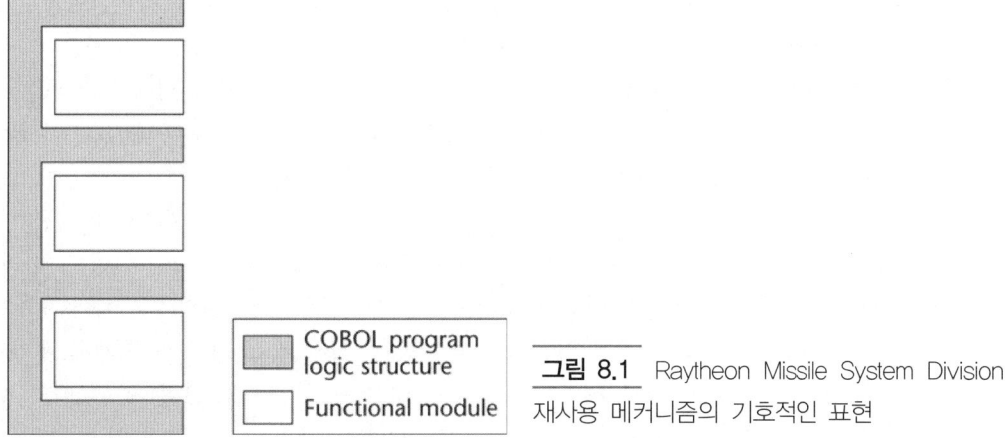

COBOL program
logic structure

Functional module

그림 8.1 Raytheon Missile System Division
재사용 메커니즘의 기호적인 표현

련 로직 구조에 친숙해지면, 마치 원래 개발 팀의 멤버처럼 되어 큰 효과를 갖게 된다.

1983년까지 로직 구조들은 새로운 프로덕트를 개발하는 데 5,500번 이상 사용되었다. 코드의 약 60%가 재사용 가능한 코드인 기능적 모듈로 구성되었다. 이것은 소프트웨어 프로덕트 개발에서 약 50%의 생산성 향상을 가져왔고 또 설계, 코딩, 모듈 테스팅, 문서화 시간을 약 60% 정도 절감시키는 효과를 가져왔다. 그러나 Raytheon에게 이 기법의 실제 이점은 일관된 스타일을 통해 가독성과 이해성을 갖게 되어 유지보수 비용이 60%에서 80%까지 절감시킬 수 있다는 기대가 있었다. 그러나 불행하게도 Raytheon은 유지보수에 필수적인 데이터들이 획득되기도 전에 이 부서를 철수시켰다.

두 번째 사례 연구는 성공적인 이야기가 아니라 주의가 요구되는 이야기이다.

8.3.2 European Space Agency

1996년 6월 4일 European Space Agency가 처음으로 Ariane 5 로켓을 발사했다. 소프트웨어 결함의 결과로 이 로켓은 발사 후 37초 만에 떨어지고 말았다. 로켓과 탄두의 비용은 약 50억 달러가 들었지만 가장 비용이 많이 든 것은 이날 결함이 생긴 소프트웨어였다[Jezequl and Meyer, 1997].

이 실패의 주요 원인은 64비트 정수를 16비트 부호 없는 정수로 변환하는 데 실패했기 때문이다. 변환된 숫자는 2의 16승보다 커졌기 때문에 Ada **exception**(run-time failure)이 발생했다. 불행하게도 이 코드에는 이러한 예외를 취급하는 명확한 예외 처리기(exception handler)가 없었기 때문에 이 소프트웨어가 잘못 되었다. 이것은 추락한 로켓에 탑재된 컴퓨터가 발생시켰기 때문에 Ariane 5 로켓을 추락하게 만들었다.

아이러니 하게도 실패를 일으킨 변환은 불필요한 것이었다. 추락 하기 전까지 Inertial Reference System에 맞는 정확한 계산이 수행되었다. 이들 계산은 추락하기 전 9초 동안 비정상적으로 멈췄다. 그러나 만약 카운트다운에서 발사가 보류 되었다면 카운트다운이 진행된 후에 Inertial Reference System을 재설정하는 데 서너 시간이 걸렸을 것이다. 이 일을 방지하기 위해서 비행 모드를 시작하기 이전 50초 동안 계산이 계속되어 비행을 잘 수행할 수 있다(이 사실에도 불구하고 일단 추락하기 시작하면 Inertial Reference System에서 제어할 방법은 없다). 이것이 실패를 유발시킨 빈약한 조정 프로세스(alignment process)다.

European Space Agency는 효과적인 소프트웨어 품질 보증 컴포넌트를 통합시키는 세심한 소프트웨어 개발 프로세스를 이용했다. 여기서 문제는 Ada 코드의 오버플로의 가능성을 제어하는 예외 처리기가 없다는 것이다. 이 컴퓨터에 과부하를 주지 않기 위해서 오버플로가 일어날 수 있는 변환들이 무방비로 남아 있었다. 이 문제의 코드를 작성하는 데 10년이 걸렸다. 이 코드는 Ariane 4 로켓(Ariane 5의 선조)을 제어하는 소프트웨어를 변경하지 않고 구체적인 테스팅도 없이 재사용되었다. 수학적 분석 결과 Ariane 4보다 전체적으로 안전했다고 밝혀졌다. 그러나 이 분석은 Ariane 4는 어떤 가정을 기반으로 수행했지만 Ariane 5는 그렇지 않았다. 따라서 이 분석은 이 코드가 더 이상 유효하지 않았고 오버플로의 가능성을 없애기 위해서 예외 처리기의 보호가 필요했다. 만약에 성능의 한계가 있었다면, 분명히 Ariane 5의 Ada 코드 전체에 예외 처리기가 확실히 있었을 것이다. 대안으로 테스팅 동안에 그리고 생산 모드(6.5.3절)에 assert의 사용이 만약 관련 모듈이 변환된 숫자가 2의 16승보다 작게 유지하는 주장을 포함하고 있었다면 Ariane 5가 추락하는 것을 방지할 수 있었다.

이러한 경우 재사용을 통해 얻을 수 있는 교훈은 어떤 환경에서 개발되는 소프트웨어는 다른 환경에서 재사용될 때 다시 테스트 해야 한다는 점이다. 이것은 재사용된 소프트웨어 모듈이 그 자체로 테스트할 필요는 없지만, 그 모듈이 재사용된 프로덕트에 통합된 후 다시 테스트 되어야 한다는 의미이다. 또 다른 교훈은 6.5.2절에서 설명했듯이 수학적 증명들에만 의존하는 것은 현명하지 못하다는 점이다.

이제부터는 재사용에 대한 객체-지향 패러다임의 영향을 학습한다.

8.4
객체와 재사용

합성/구조적 설계(composite/structured design, C/SD)의 이론이 약 30년 전에 처음 제시되었을 때 주창자는 이상적인 모듈은 기능적 응집도를 갖게 만들어야 한다고 주장했다(7.2.6절). 만약에 한 모듈이 단지 한 개 오퍼레이션만 수행한다면 재사용하기가 이상적이고 또 유지보수 하기도 쉬울 것이다. 이러한 이유의 문제점은 기능적 응집도를 갖는 모듈은 스스로 정보를 포함하지 못하고 독립적이지 못하다. 대신에 이러한 기능적 응집도를 갖는 모듈은 데이터를 통해서만 작동한다. 만약 이러한 모듈이 재사용된다면 그 모듈 상에서 작동하는 데이터들도 함께 재사용되어야 한다. 만약 새로운 프로덕트에 있는 데이터가 원래 데이터와 같지 않으면 그 데이터나 모듈이 변경되어야 한다. 이 문제는 유지보수에서도 동일하게 발생된다.

고전적 C/SD에 따르면 모듈의 다음 최적 유형은 정보적 응집도를 갖는 모듈이다(7.2.7절). 오늘날 이러한 모듈은 객체(object)로서 클래스(class)의 인스턴스(instance)이다. 객체는 특정한 실세계 엔티티(entity, 개념적인 독립, 또는 캡슐화)의 모든 측면을 모형화시킨 것이지만 그것의 데이터와 그 데이터 상에서 작동되는 오퍼레이션의 구현이 은닉(물리적인 독립, 또는 정보 은닉)되어 있기 때문에 소프트웨어의 기본적인 빌딩 블록이 된다. 객체-지향 패러다임이 정확하게 사용될 때 결과로 나온 모듈들(객체들)이 정보적 응집도를 갖게 되어 재사용을 증진시킨다.

8.5

설계와 구현 시 재사용

재사용의 매우 다른 유형들이 설계 동안에 사용될 수 있다. 재사용되는 재료(material)는 한두 개의 산출물들로부터 완성된 소프트웨어 프로덕트의 아키텍처에 이르기까지 다양하다. 이제 우리는 설계 재사용의 다양한 유형을 학습해서 이를 구현에 접목시킨다.

8.5.1 설계 재사용

프로덕트를 설계할 때 설계팀의 멤버는 초기의 모듈이나 클래스는 최소한의 수정이나 수정 없이 현재 프로젝트에 재사용할 수 있다고 인식해야 한다. 이러한 유형의 재사용은 은행이나 항공관제 시스템과 같이 특정 애플리케이션 도메인에 사용되는 소프트웨어를 개발하는 회사가 주로 사용한다. 이 회사는 향후 사용하게 될 설계 컴포넌트들을 저장소(repository)에 넣고 또 이를 재사용하는 설계자를 격려하기 위해 재사용하는 만큼 보너스를 지급해 이 유형의 재사용을 증진시킨다. 이러한 유형의 재사용에는 비록 제약은 있지만 두 가지 장점이 있다.

- 우선 테스트된 설계들은 프로덕트에 잘 통합된다. 그러므로 전체적인 설계가 빨리 작성되고 또 전체 설계가 처음부터 설계했을 때보다 상위 품질을 갖게 된다.
- 두 번째로 만약 클래스의 설계가 재사용될 수 있다면 그 클래스의 구현도 재사용될 수 있다. 만약 이것이 실제 코드가 아니면 개념적으로 재사용될 수 있다.

이 접근법은 그림 8.2(a)에 있는 라이브러리 재사용으로 확장할 수 있다. 라이브러리는 관련된 재사용 가능한 메소드들의 집합이다. 예를 들면 과학용 소프트웨어의 개발자는 행렬 반전

그림 8.2 설계 재사용의 네 가지 유형에 대한 기호적인 표현. (a) 라이브러리 또는 툴킷, (b) 프레임워크, (c) 설계 패턴, 그리고 (d) 프레임워크, 툴킷, 그리고 세 개의 설계 패턴들로 구성된 소프트웨어 아키텍처.

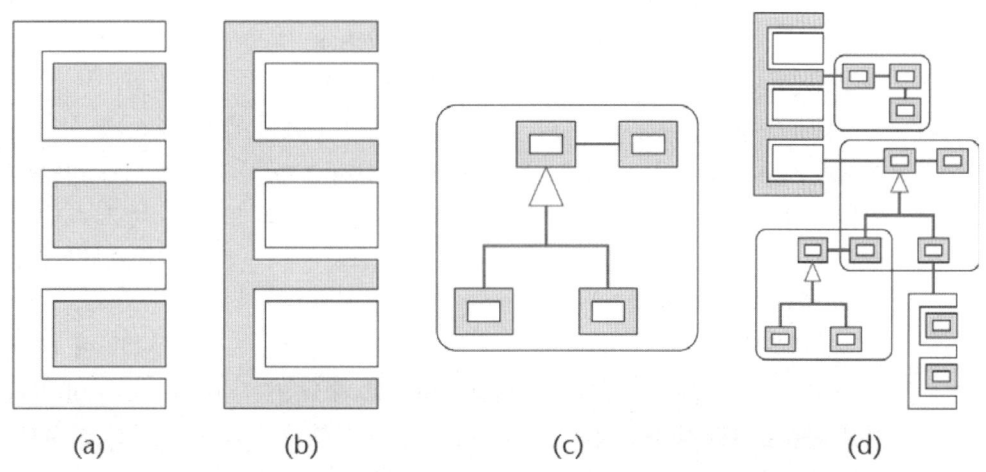

(a)   (b)   (c)   (d)

(matrix inversion)이나 고유 값(eigenvalue)들을 구하는 것과 같은 공통 태스크를 수행하는 루틴을 거의 작성하지 않는다. 대신 LAPACK++[2000]와 같은 과학 계산용 클래스 라이브러리를 구매한다. 과학 계산용 라이브러리에 있는 클래스들은 향후 소프트웨어에서 계속 사용된다.

다른 예로 GUI용 라이브러리가 있다. 처음부터 GUI 메소드들을 작성하지 않고 GUI 클래스 라이브러리나 GUI의 모든 측면을 처리할 수 있는 클래스들의 집합체인 **툴킷**(toolkit)을 사용하면 훨씬 편리하다. Java의 Abstract Windowing Toolkit[Flanagan, 2005]을 포함해 여러 종류의 GUI 툴킷이 존재한다.

라이브러리 재사용에 관한 문제는 라이브러리들이 재사용 가능한 설계보다 차라리 재사용 가능한 코드 산출물의 집합 형식으로 자주 제시된다. 일반적으로 툴킷은 재사용 설계보다는 코드의 재사용을 촉진시킨다. 이 문제는 브라우저(browser)의 도움을 받으면 경감될 수 있다. 즉 상속성 트리를 보여주는 CASE 툴의 도움을 받으면 문제가 경감될 수 있다. 따라서 설계자는 라이브러리의 상속성 트리를 순회하고 여러 클래스들을 조사해서 현재 설계에는 어떤 클래스들이 적합한지를 결정한다.

라이브러리와 툴킷 재사용의 핵심적인 측면은 그림 7.2(b)에 나와 있듯이 설계자는 전체 프로덕트의 제어 로직에 대한 책임을 진다. 이처럼 라이브러리나 툴킷은 프로덕트의 특정 오퍼레이션들에 적용될 수 있는 설계 부분을 지원하고 소프트웨어 개발 프로세스에 기여한다.

다른 한편 애플리케이션 프레임워크는 제어 로직을 지원한다는 점에서 라이브러리나 툴킷의 반대 개념이다. 개발자들은 특정 오퍼레이션 설계에도 책임이 있다. 이 사항은 8.5.2절에서 학습한다.

8.5.2 애플리케이션 프레임워크

그림 8.2(b)에서 보듯이 애플리케이션 프레임워크(application framework)는 설계의 제어 로직을 통합한 것이다. 프레임워크가 재사용될 때 개발자들은 구축된 프로덕트의 애플리케이션-특정 오퍼레이션(application-specific operation)들을 설계해야 한다. 애플리케이션-특정 오퍼레이션들이 자주 삽입되는 곳을 핫 스팟(hot spots)이라고 부른다.

오늘날 'framework'라는 용어는 일반적으로 객체-지향 애플리케이션 프레임워크라고 부른다. 예를 들면 [Gamma, Helm, Johnson, Vlissides, 1995]에서 프레임워크란 '소프트웨어의 특정 클래스에 대해 재사용 가능한 설계를 결정하는 관련 클래스들의 집합'이라고 정의했다. 그러나 8.3.1 절에 있는 Raytheon Missiles System Division의 사례 연구를 고려해보자. 그림 8.1은 그림 8.2 (b) 와 같다. 다시 말해서 1970년대의 Raytheon COBOL 프로그램 제어 구조는 오늘날의 객체-지향 애플리케이션 프레임워크의 시조라고 말할 수 있다.

애플리케이션 프레임워크의 예는 컴파일러의 설계에 대한 클래스들의 집합이다. 설계 팀은 언어와 사용될 컴퓨터에 필요한 클래스들만 제공해야 한다. 그러면 이들 클래스는 그림 8.2 (b)에 있는 하얀 박스처럼 프레임워크에 삽입된다. 프레임워크의 또 다른 예로는 ATM을 제어하는 소프트웨어에 대한 클래스들의 집합이다. 여기서 설계자들은 은행 네트워크가 ATM으로 제공되는 은행의 특정 서비스들에 대한 클래스들을 제공할 필요가 있다.

프레임워크를 재사용하면 툴킷을 재사용하는 것보다 프로덕트 개발이 더 빠르게 되는 두 가지 이유가 있다. 첫째 설계가 프레임워크 형태로 재사용할수록 처음부터 설계하는 것이 줄어든다. 둘째 프레임워크(제어 로직)로 재사용하는 설계 부분이 오퍼레이션들보다 설계하기가 더 어렵다.

그래서 결과로 나온 설계물의 품질은 툴킷을 재사용할 때보다 더 좋아진다. 라이브러리나 툴킷을 재사용하면 프레임워크의 구현도 재사용될 수 있다. 이때 개발자들은 프레임워크를 대표로 호출할 수 있는 이름을 만들어야 하지만 이것에 드는 비용은 적다. 또 제어 로직은 동일 애플리케이션 프레임워크를 재사용한 다른 프로덕트를 테스트 하는 데 사용될 수 있고, 또 관리자는 동일 프레임워크를 재사용한 다른 프로덕트를 유지보수 했던 경험이 있기 때문에 결과물인 프로덕트를 유지보수 하기가 아주 쉬워진다.

IBM의 WebSphere(통상 e-Components로 알려져 있지만 본래는 San Francisco라 불렸음)는 Java에서 온라인 정보 시스템들을 구축하는 프레임워크이다. 이것은 전체 네트워크에 분산되어 있는 클라이언트들을 위해 서비스를 제공해주는 클래스들인 Enterprise JavaBeans을 활용한다.

애플리케이션 프레임워크들 이외에도 많은 코드 프레임워크들이 이용될 수 있다. 우선 상업적으로 성공한 코드 프레임워크 중 하나가 MaxApp이다. 이는 Macintosh 상에서 애플리케이션 소프트웨어를 작성하는 프레임워크이다. Borland의 Visual Component Library(VCL)은 윈도우 기반 애플리케이션에 GUI들을 구축하기 위한 프레임워크의 객체-지향 집합체이다. VCL 애플리케이션들은 윈도우의 이동과 사이즈 조절, 다이얼로그 박스들을 통한 입력 처리, 마우스 클릭이나 메뉴 선택과 같은 이벤트 핸들링과 같은 표준 윈도우 오퍼레이션들을 수행할 수 있다.

이제부터는 설계 패턴을 학습한다.

8.5.3 설계 패턴

Christopher Alexander('알고 싶은 사항 8.3' 참조)는 "각 패턴은 우리가 원하는 환경에서 계속해서 발생할 수 있는 문제를 서술한 후 이 문제의 해결방안의 핵심을 서술해서 동일 문제에 두 번 이상 반복되지 않게 수백만 번 사용하게 한다."고 말했다[Alexander et al., 1977]. 비록 그가 건물이나 다른 건축물들에서 나타나는 패턴에 대해서 작성했지만 그의 말은 설계 패턴에도 동일하게 적용할 수 있다.

Antipattern은 '분석 마비 상태(분석 워크플로에 들어가는 시간과 노력이 너무 많이 드는 경우)'나 단 한 개의 객체로 거의 모든 작업을 수행하는 객체-지향 프로덕트를 설계하는 것처럼 프로젝트를 실패시키는 이유가 된다. 최초의 antipattern 책을 집필한 주된 동기는 모든 소프트웨어 프로젝트의 거의 3분의 1은 취소되고, 3분의 2는 200%가 넘게 예산이 초과되고, 모든 소프트웨어 프로젝트의 80% 이상이 실패로 간주되기 때문이다[Brown et al., 1998].

설계 패턴(design pattern)은 일반적인 설계 문제를 특정 설계에 적합하도록 상호 작동하는 클래스들의 형태로 표현한 해결방안이다. 이것은 그림 8.2(c)에 있다. 여기서 선으로 연결된 진한 박스들은 상호 작동하는 클래스들을 나타내고, 진한 박스 내에 있는 하얀 박스들은 이들 클래스가 특정 설계에 적합한지를 나타낸다.

패턴이 어떻게 소프트웨어 개발을 도와주는지 이해하기 위해 다음 예를 고려해보자. 소프트웨어 엔지니어는 그들의 인터페이스가 서로 용납하는 한, 두 개의 현존하는 클래스 P와 Q를 재사용할 수 있으면 좋겠다고 생각한다. 예를 들어, P가 Q에게 메시지를 보낼 때 네 개의 매개변수를 보낸다. 그러나 Q의 인터페이스는 세 개의 매개변수만을 기대한다. P나 Q의 인터페이스를 변경하는 것은 P나 Q를 현재 통합하는 모든 애플리케이션에서 전체 호스트의 비호환성 문제를 만들어낸다. 대신에 클래스 A는 네 개의 매개변수를 갖는 P로부터 메시지를 받고, 또 단지 세 개의 매개변수를 갖는 Q에게 메시지를 보낼 수 있게 구성될 필요가 있다(이런 종류의 클래스는 때때로 Wrapper라고 부름).

우리가 서술하는 것은 일반적인 문제에 특정한 해결방안해결방안(solution)이다. 즉, 어떤 두 개의 서로 용납하지 않는 클래스들이 함께 일하는 것을 가능하게 한다. 이러한 하나의 해결방안을 설계하는 대신에, 우리는 어댑터 패턴(Adapter pattern)과 같은 설계 패턴이 필요하다. 클래스의 예가 객체인 것처럼, Adapter 패턴의 예는 관련된 두 개의 클래스에 맞춰진 비호환성 문제의 해결방안이다. 이 패턴은 8.6.2절에서 보다 구체적으로 서술된다.

패턴들은 다른 패턴들과 상호작용 할 수 있다. 이것은 그림 8.2(d)에서 중간에 있는 패턴의 왼쪽 바닥의 블록에 다시 하나의 패턴을 구성하는 것으로 표기된다. [Gamma, Helm, Johnson, and Vlissides, 1995]에 있는 문서 편집자의 사례 연구에는 8개의 서로 다른 상호작용 패턴을 포함하고 있다. 이것은 실제로 어떻게 실행되는가? 단지 하나의 패턴만 포함하고 있는 프로덕트의 설계는 흔하지 않다.

툴킷이나 프레임워크와 같이 만약 설계 패턴이 재사용된다면 이 패턴의 구현도 재사용될 수 있다. 추가로 분석 패턴은 분석 워크플로를 지원해줄 수 있다[Fowler, 1997a]. 마지막으로 패턴 이외에도 안티패턴(antipattern)들이 있다. 이에 관한 내용은 '알고 싶은 사항 8.4'에 설명되어 있다.

설계 패턴의 중요성 때문에, 우리는 8.6절에서 이 주제를 다시 다루고, 그 후에 설계와 구현에서 재사용에 대한 개요를 마무리한다.

8.5.4 소프트웨어 아키텍처

대성당의 아키텍처는 로마, 고딕, 바로크 양식으로 서술된다. 유사하게 소프트웨어 프로덕트의 아키텍처는 객체-지향, 파이프와 필터(UNIX 컴포넌트들), 또는 클라이언트-서버(파일 저장 공간을 제공하고 또 클라이언트 컴퓨터들의 네트워크들에 컴퓨팅 능력을 제공하는 중앙 서버를 갖는) 등으로 서술될 수 있다. 그림 8.2(d)는 툴킷, 프레임워크, 세 개의 설계 패턴들로 구성되어 있는 아키텍처를 나타내고 있다.

왜냐하면 전체적으로 프로덕트의 설계에 적용할 수 있기 때문에 **소프트웨어 아키텍처**(software architecture) 분야에는 컴포넌트들로 구성된 프로덕트의 조직, 프로덕트-수준 제어 구조(product-level control structure), 통신과 동기화에 관한 이슈, 데이터베이스와 데이터 액세스, 컴포넌트들의 물리적인 배분, 성능, 그리고 설계 대안의 선택 등을 포함하는 다양한 설계 이슈들이 포함된다 [Shaw and Garlan, 1996]. 따라서 소프트웨어 아키텍처는 설계 패턴보다 훨씬 광범위한 개념이다.

사실 Shaw와 [Garlan, 1996]은 '추상적으로 소프트웨어 아키텍처는 시스템들이 구축되는 요소(element)들의 서술을 나타내며, 이들 요소들 사이의 상호작용(interaction)들, 이들 합성을 가이드 해주는 패턴들과 그리고 이들 패턴들에 대한 제약들'[특히 강조하고 있음]이 포함하고 있다고 부연 설명했다. 그리고 위의 문단에서 기재된 많은 항목들 이외에도 소프트웨어 아키텍처는 하위 분야에 있는 패턴들도 포함한다. 이것은 그림 8.2(d)가 소프트웨어 아키텍처의 컴포넌트들로 세 가지 설계 패턴을 보여주는 이유를 알려준다.

설계 재사용의 많은 강점은 소프트웨어 아키텍처가 재사용될 때 더 많아진다. 아키텍처의 재사용이 실무에서 달성되는 한 가지 방법은 소프트웨어 프로덕트 라인(software product line)을 갖는 것이다[Clements and Northrop, 2002]. **소프트웨어 프로덕트 라인**은 다른 산출물들과 함께 **핵심 자산**(core assets, 즉, 특정한 프로덕트를 위한 블록들을 구축하는 데 이용 가능한 공통 소프트웨어 산출물)을 재사용함으로써 구축된 같은 애플리케이션 도메인에 소프트웨어 프로덕트 집합이다 [Tomer et al., 2004].

이 아이디어는 많은 소프트웨어 프로덕트에 공통 소프트웨어 아키텍처를 개발해서 새로운 프로덕트를 개발할 때 이 아키텍처를 예로 잡는 것이다. 예를 들면 Hewlett-Packard 사는 다양한 프린터를 제조하고 있으며 계속 새로운 모델들을 개발하고 있다. Hewlett-Packard 사는 지금 각 새로운 프린터 모델에 예시가 되는 펌웨어 아키텍처(firmware architecture)를 갖고 있다. 그 결과들은 아주 인상적이다. 예를 들면 1995년과 1998년 사이에 새로운 프린터 모델용 펌웨어를 개발하는 person-hour의 수가 4의 계수(factor)로 감소되고 또 펌웨어를 개발하는 시간도 3의 계수로 감소되었다. 또한 재사용도 증가하였다. 보다 최신 프린터에서는 펌웨어의 컴포넌트들 중 70%가 이전 프로덕트들로부터 거의 변경 없이 재사용되었다[Toft, Coleman, Ohta, 2000].

아키텍처 패턴들은 아키텍처 재사용을 달성하는 또 다른 방법이다. 하나의 인기 있는 아키텍처 패턴은 MVC(model-view-controller) 아키텍처 패턴이다. 5.1절에서 보여준 것처럼, 소프트웨어를 설계하는 전통적인 방법은 세 개의 조각으로 분해된다. 즉 입력, 처리, 출력. MVC 패턴은 GUI 도메인에 입력-처리-출력 아키텍처의 확장으로 보일 수 있다. 관련성은 그림 8.3에서 보여준다. 뷰(view)와 컨트롤러(controller)는 GUI를 제공한다. 모델, 뷰, 컨트롤러로의 아키텍처 분해는 컴포넌트 각각에 다른 두 개와 독립적으로 변경되는 것을 허락한다. 그렇게 함으로써 재사용성은 향상된다.

그림 8.3 MVC 모델의 컴포넌트들과 입력–프로세싱–출력 모델 사이에 불확실성

MVC component	Description	Corresponds to
Model	Core functionality, data	Processing
View	Displays information	Output
Controller	Handles user input	Input

다른 인기 있는 아키텍처 패턴은 3–계층 아키텍처(three-tier architecture)이다. 프레젠테이션 로직 계층(presentation logic tier)은 사용자 입력을 받고 사용자 출력을 생성한다—이 계층은 GUI 와 일치한다. 비즈니스 로직 계층(business logic tier)은 비즈니스 규칙의 처리를 포함한다. 데이터 접근 계층(data access logic tier)인 데이터베이스와 커뮤니케이션한다. 또 이 아키텍처 패턴은 세 개의 컴포넌트 각각에 다른 두 개와 독립적으로 변경하는 것을 허용한다(문제 8.14 참조). 이 독립 은 3-계층 아키텍처가 재사용을 촉진하는 주된 이유가 된다.

8.5.5 컴포넌트-기반 소프트웨어 공학

컴포넌트–기반 소프트웨어 공학(component-based software engineering)의 목표는 재사용 가능한 컴포넌트들의 표준 콜렉션(colletion)을 구축하는 것이다. 이렇게 새로 출현되는 기술은 18.3절에 그 개요가 있다.

8.6
구체적인 설계 패턴

객체-지향 소프트웨어 공학에 설계 패턴의 중요성 때문에, 이 장에서 우리는 보다 세부적인 설계 패턴을 학습한다. 지금부터 우리는 Adapter 설계 패턴(8.5.3절)을 설명해주는 미니 사례 연구를 시 작한다.

8.6.1 FLIC Mini Case Study

최근까지, FLIC(Flintstock Life Insurance Company)의 보험료는 보험을 신청하는 사람의 나이와 성에 의존한다. FLIC은 최근에 어떤 정책도 성별에 상관없어야 한다고 결정했다. 즉, 이들 정책을 위해 보험료는 지원자의 나이에만 의존할 것이다.

지금까지 보험료는 **Applicant** 클래스의 computePremium 메소드에 메시지를 보내고 지원자 의 나이와 성을 전달하면 계산되었다. 그러나 지금은 지원자의 성에만 단독으로 의존하는 다른 계 산이 만들어져야 한다. 새로운 클래스는 **Neutral Applicant**라고 쓰이며 보험료는 클래스에 compute NeutralPremium 메소드에 메시지를 보냄으로써 계산된다. 하지만, 전체의 시스템을 변경하는 데 충분한 시간이 있지는 않다. 이 상황은 그림 8.4에서 보여준다.

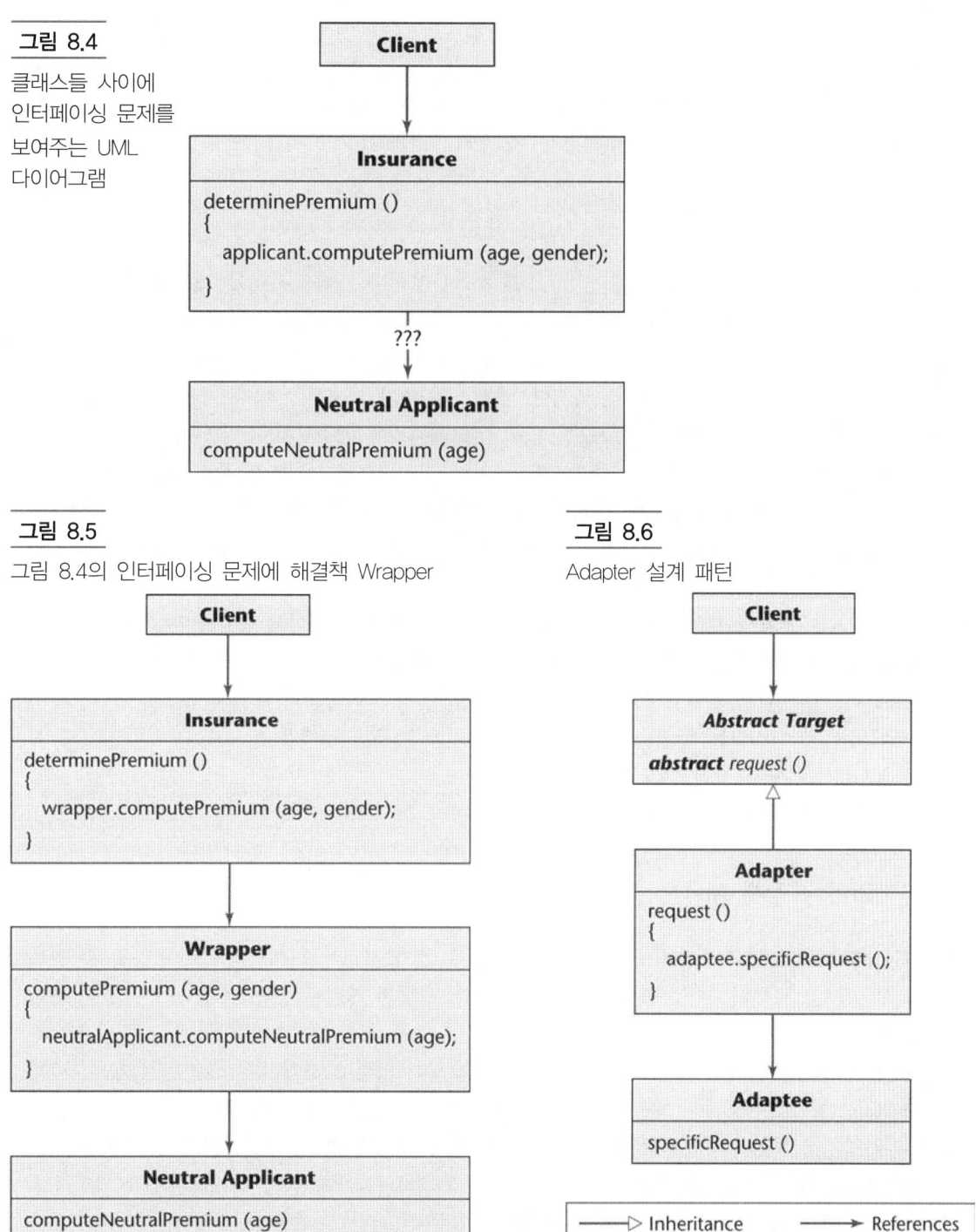

그림 8.4
클래스들 사이에
인터페이싱 문제를
보여주는 UML
다이어그램

Client

Insurance

determinePremium ()
{
   applicant.computePremium (age, gender);
}

???

Neutral Applicant

computeNeutralPremium (age)

그림 8.5
그림 8.4의 인터페이싱 문제에 해결책 Wrapper

Client

Insurance

determinePremium ()
{
   wrapper.computePremium (age, gender);
}

Wrapper

computePremium (age, gender)
{
   neutralApplicant.computeNeutralPremium (age);
}

Neutral Applicant

computeNeutralPremium (age)

그림 8.6
Adapter 설계 패턴

Client

Abstract Target

abstract* *request ()

Adapter

request ()
{
   adaptee.specificRequest ();
}

Adaptee

specificRequest ()

⟶▷ Inheritance   ⟶ References

이것은 심각한 인터페이싱 문제이다. 우선 **Insurance** 객체는 **Neutral Applicant** 대신에 **Applicant** 유형의 객체에 메시지를 보낸다. 두 번째로, 메시지는 computeNeutralPremium 대신에 compute Premium 메소드에 보내진다. 세 번째로, 단지 age만이 아니라 age와 gender 매개변수가 보내진다. 세 가지 문제는 세 가지 인터페이싱 문제를 보여주는 그림 8.4에서 아래로 가는 화살표로 표시된다.

이 문제를 해결하기 위해 우리는 그림 8.5에서 보이는 것처럼, **Wrapper** 클래스를 덧붙이는 것이 필요하다. **Insurance** 클래스의 객체는 같은 두 개의 매개변수(age와 gender)를 보내는 computePremium에 같은 메시지를 보낸다. 그러나 메시지는 **Wrapper** 유형의 객체에 보내진다. 그 후 이 객체는 매개변수로 오직 age만을 보내는 **Neutral Applicant** 클래스의 객체인 compute NeutralPremium에 메시지를 보낸다. 이렇게 세 개의 인터페이싱 문제가 해결되었다.

8.6.2 Adapter 설계 패턴

그림 8.5의 해결방안을 일반화시킨 것이 그림 8.6에 보이는 adapter 설계 패턴(adapter design pattern)을 이끌어냈다[Gamma, Helm, Johnson, and Vissides, 1995]. 이 그림에서 추상화 클래스와 그들의 추상화(가상) 메소드의 이름은 *sans serif italics*로 표기되었다.(추상화 클래스는 비록 그것들이 기초 클래스로서 사용될 수 있지만, 클래스의 예가 되지는 못한다. 추상화 클래스는 보통 적어도 하나에 **추상화 메소드**, 즉, 구현 없이 인터페이스에 메소드를 포함한다.) *request* 메소드는 **Abstract Target** 클래스의 추상화 메소드처럼 정의된다. 그후 **Adaptee** 클래스의 객체에 specificRequest 메시지를 보내도록 **Adapter** 클래스에 구현된다. 이것은 비호환성 구현을 해결한다. Adapter 클래스는 그림 8.6에서 상속을 나타내는 열린 화살로 표시된 것처럼, **Abstract Target** 추상화 클래스의 구체적인 서브클래스이다.

그림 8.6은 호환성이 없는 인터페이스를 가진 두 개의 객체 사이에 상호작용을 가능하게 하는 문제에 대한 일반적인 해결방안을 묘사하고 있다. 사실, Adapter 설계 패턴은 그것보다 훨씬 더 강력하다. 이것은 객체가 고객들이 그 내부 구현의 구조에 연결되지 않는 방법으로 그 내부 구현으로의 접근을 허락하는 방법을 제공한다. 즉, 그것은 자세한 구현을 실제로 숨기지 않고도 정보 은닉(7.6절)의 모든 장점을 제공한다.

우리는 이제 브릿지(bridge) 설계 패턴을 학습한다.

8.6.3 Bridge 설계 패턴

브릿지 설계 패턴(bridge design pattern)의 목표는 두 개가 서로에게 독립적으로 변경될 수 있도록 그것의 구현으로부터 추상화를 분리시키는 것이다. 브릿지 패턴은 종종 driver라고 부른다(예를 들어, 프린터 드라이버나 비디오 드라이버).

설계 부분이 하드웨어-의존적이지만 나머지는 그렇지 않다고 생각하자. 그러면 설계는 두 개의 조각(piece)으로 구성된다. 하드웨어-의존적인 설계의 부분들은 브릿지의 한쪽에 놓여지고, 하드웨어-비의존적인 조각은 다른 쪽에 있다. 이렇게 하여 추상화 명령은 하드웨어-의존적인 부분으로부터 분리된다. 이것이 두 개의 부분 사이에 '브릿지'이다. 이제 만약 하드웨어가 변경된다면, 설계와 코드에 수정은 오직 브릿지의 한쪽에만 국한된다. 그러므로 브릿지 설계 패턴은 캡슐화를 통해 정보 은닉을 이루는 하나의 방법처럼 보인다.

이것은 그림 8.7에서 보여준다. 구현-독립된 조각은 **Abstract Conceptualization**과 **Refined Conceptualization** 클래스이고, 구현-의존적인 조각은 **Abstract Implementation**과 **Concrete Implementation** 클래스이다.

그림 8.7 브릿지 설계 패턴

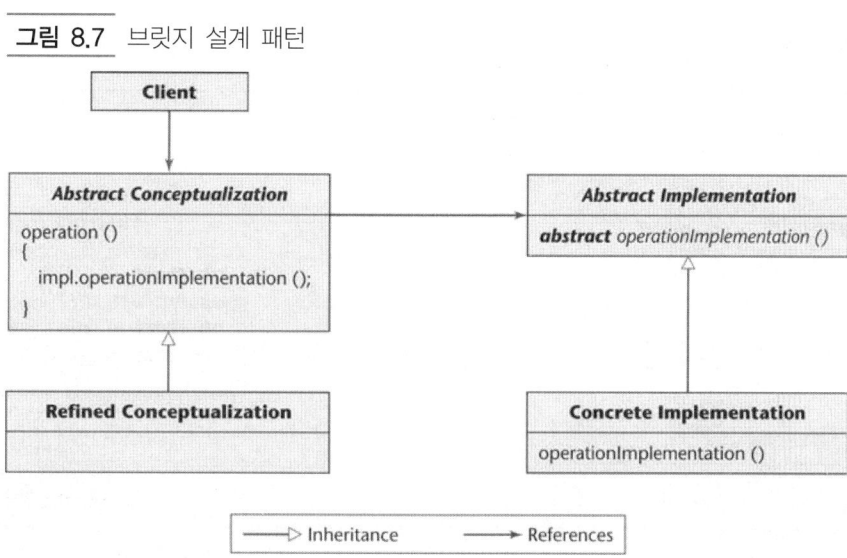

그림 8.8 다중 구현을 지원하기 위해 브릿지 설계 패턴을 이용하기

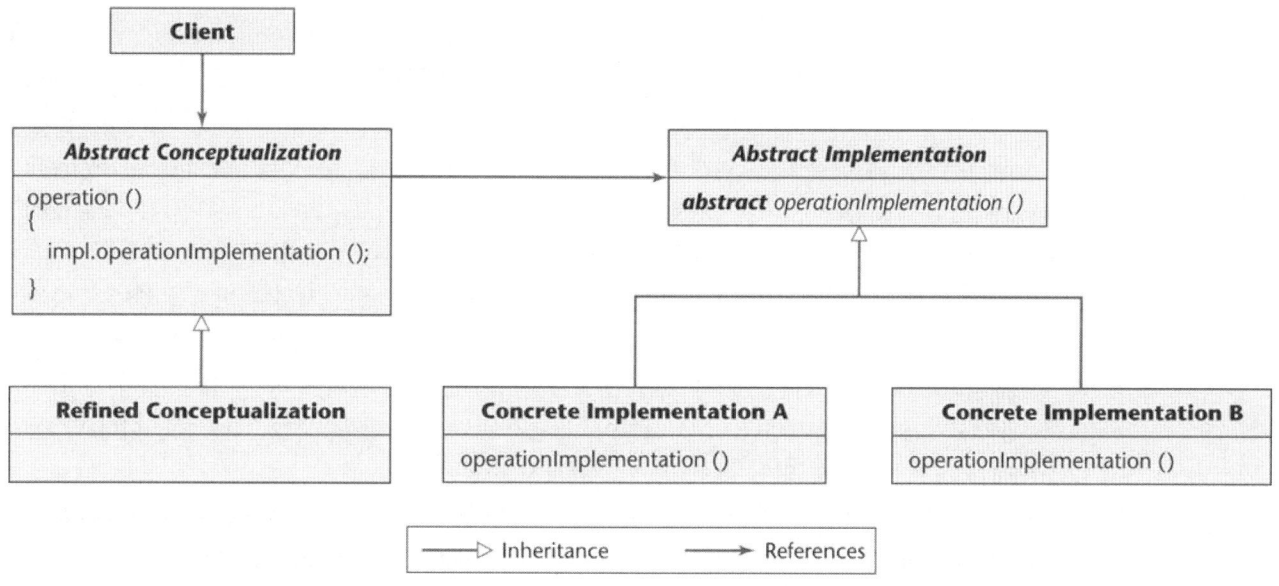

브릿지 설계 패턴은 또한 운영체제-의존적인 조각이나 컴파일러-의존적인 조각을 분리시키는 데에도 유용하고, 그렇게 함으로써 다중 구현을 지원한다. 이것은 그림 8.8에서 보여준다.

8.6.4 Iterator 설계 패턴

Aggregate 객체(또는 container나 collection)는 유닛(unit)으로 그룹화 된 다른 객체를 포함하는 객체이다. 예제들은 linked list와 hash table을 포함한다. iterator는 프로그래머가 해당 aggregate의 구현을 노출하지 않고 aggregate 객체의 요소를 선회하도록 해주는 프로그래밍 구조이다. iterator는 특히 데이터베이스 문맥에서 cursor라고 자주 부른다.

그림 8.9 Iterator 설계 패턴

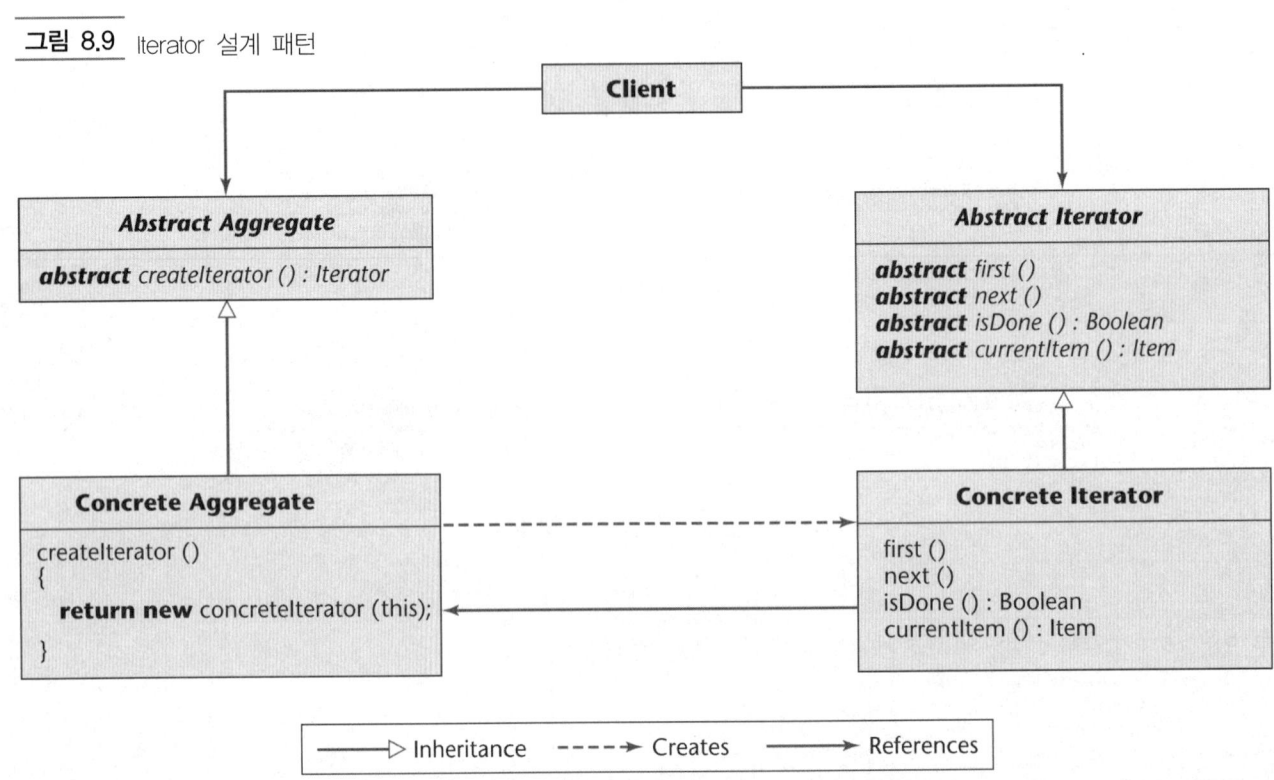

iterator는 두 가지 주요 오퍼레이션을 갖는 포인터처럼 보일 수 있다. 즉 하나는 element access나 컬렉션(collection)에서 특정한 요소를 참조하는 것이고, 그리고 두 번째는 element traversal이나 컬렉션에서 다음 요소를 가리키는 것처럼 자기 자신을 수정하는 것.

iterator의 잘 알려진 예제는 텔레비전 리모컨이다. 모든 리모컨은 채널의 번호를 하나씩 증가시키는 키(Up 또는 ▲로 라벨화 된)와 채널의 번호를 하나씩 감소시키는 키(Down 또는 ▼로 라벨화 된)를 갖고 있다. 리모컨은 현재의 채널 번호를 지정하는(또는 알아야 하는) 뷰어 없이 채널 번호를 증가시키거나 감소시킨다. 그 채널이 전송하는 프로그램은 보여준다. 즉, 디바이스는 aggregate의 구현에 노출 없이 element traversal을 구현한다.

iterator 설계 패턴은 그림 8.9에서 보여준다. **Client** 객체는 오직 **Abstract Aggregate**와 **Abstract Iterator**(근본적인 인터페이스)만을 다룬다. Client 객체는 **Concrete Aggregate**를 위해 iterator를 생성하는 **Abstract Aggregate** 객체를 요구한다. 그리고 그 후에 aggregate의 콘텐츠들을 선회하는 반환된 **Concrete Iterator**를 이용한다. **Abstract Aggregate** 객체는 애플리케이션 프로그램 내에 Client 객체에 iterator를 반환하는 방법처럼, 추상화 메소드를 가지는 createIterator를 가지는 것과는 반대로, Abstract Iterator 인터페이스는 first, next, isDone, 그리고 currentItem이라는 기본 네 가지 Abstract traversal 명령어만을 정의하는 것이 필요하다. 이 5가지 메소드들의 구현은 추상화의 다음 수준인 **Concrete Aggregate**(createIterator)와 **Concrete Iterator**(first, next, isDone, 그리고 currentItem)에서 달성된다.

iterator 설계 패턴의 핵심 측면은 요소의 자세한 구현이 iterator 자기 자신으로부터 숨겨진다는 것이다. 따라서 우리는 요소들의 컨테이너에 독립적으로 구현되는 컬렉션에서 모든 요소를 처리하기 위해 iterator를 사용할 수 있다.

더욱이 패턴은 다른 traversal 메소드들을 허용한다. 비록 그것이 동시에 진행되는 다양한 traversal들을 허용할지라도, 이 traversal들은 목록화 된 인터페이스에 특정한 명령어들 없이 이뤄질 수 있다. 대신에, 우리는 하나에 유일한 인터페이스, 즉, Concrete Iterator에 구현된 특정한 traversal 메소드(들)와 같이, Abstract Iterator에 first, next, isDone, 그리고 currentItem이라는 네 가지 추상화 명령어를 갖는다.

8.6.5 Abstract Factory 설계 패턴

소프트웨어 조직이 그래픽 사용자 인터페이스를 구축하는 개발자들을 도와주는 툴인 widget generator를 만들고 싶어 한다고 가정하자. 처음부터 다양한 widgets(윈도우, 버튼, 메뉴, 슬라이더, 스크롤바와 같은)을 개발하는 대신에, 개발자는 애플리케이션 프로그램 내에서 이용되는 widgets을 정의하는 widget generator로 생성된 클래스 집합을 이용할 수 있다.

여기서 문제는 응용 프로그램(widget)이 Linux, Mac OS, Windows와 같은 다른 운영체제 아래서 실행되는 경우다. Widget generator는 모두 세 개의 운영체제를 지원한다. 그러나 만약 widget generator가 한 응용 프로그램이 특정 시스템 아래서만 실행되는 루틴들만 생성한다면, 이후에 그 응용 프로그램은 다른 운영체제 아래서 실행되어 생성된 다른 루틴들로 대체시키려면 미래에 해당 애플리케이션을 수정하기가 매우 어렵다. 예를 들어 한 응용 프로그램이 Linux 아래서만 실행된다고 가정하자. 그러면 메뉴가 생성될 때마다 메시지 create Linux menu가 보내진다. 그러나 만약 이 응용 프로그램이 지금 Mac OS 아래서 실행될 필요가 있게 되면, 매번 create Linux menu의 모든 인스턴스는 create Mac OS menu로 대체되어야 한다. 대형 응용 프로그램에서 Linux를 Mac OS로 변경하는 것은 힘들고 쉽게 결함이 발생되는 문제점이 있다.

해결방안은 응용 프로그램이 특정 운영체제에 결합되지 않는 방법으로 widget generator를 설계하면 된다. 이것은 Abstract Factory[Gamma Helm, Jihnson, Vlissides, 1995]라고 명명된 디자인 패턴을 이용하면 해결될 수 있다. 그림 8.10은 이 결과로 나온 설계를 보여준다. 이 그림에서 추상 클래스들과 이들 추상(virtual) 메소드들의 이름은 이탤릭체(sans serif italics)로 작성되어 있다. 그림 8.10의 맨 위에는 추상 클래스인 **Abstract Widget Factory**가 있다. 이 추상 클래스는 많은 추상 메소드를 포함하고 있다. 여기서는 단순화시키기 위해 create menu와 create window 두 개만 기재되어 있다. 그림 밑에 있는 **Linux Widget Factory**, **Mac OS Widget Factory**, **Windows Widget Factory**는 **Abstact Widget Factory**의 구체적인 서브 클래스(concrete subclass)들이다. 여기서 각 클래스는 주어진 운영체제 아래서 실행되는 widget들을 생성하는 특정 메소드들을 가지고 있다. 예를 들면, **Linux Widget Factory** 내에 있는 crate menu는 Linux 아래서 실행되는 것을 생성하는 적합한 메뉴 객체를 만들게 해준다.

그리고 각 widget에 대한 추상 클래스들이 존재한다. 여기에서는 두 개가 있다. 즉, **Abstract Menu**와 **Abstarct Window**이다. 각각은 세 개의 운영체제들 중 하나에 대한 구체적인 서브 클래스들을 가지고 있다. 예를 들면 **Linux Menu**는 **Abstract Menu**의 구체적인 서브 클래스이다. 구체적인 서브 **Linux Widget Factory** 클래스 내에 있는 create menu 메소드를 생성하려는 **Linux Menu**의 객체 유형이 된다.

윈도우를 생성하기 위해 응용 프로그램 내에 있는 **Cient** 객체는 **Abstract Widget Factory**의 메소드 create window에 메시지를 전송하면 되고 다형성은 정확한 widget이 생성되었는지를 확인

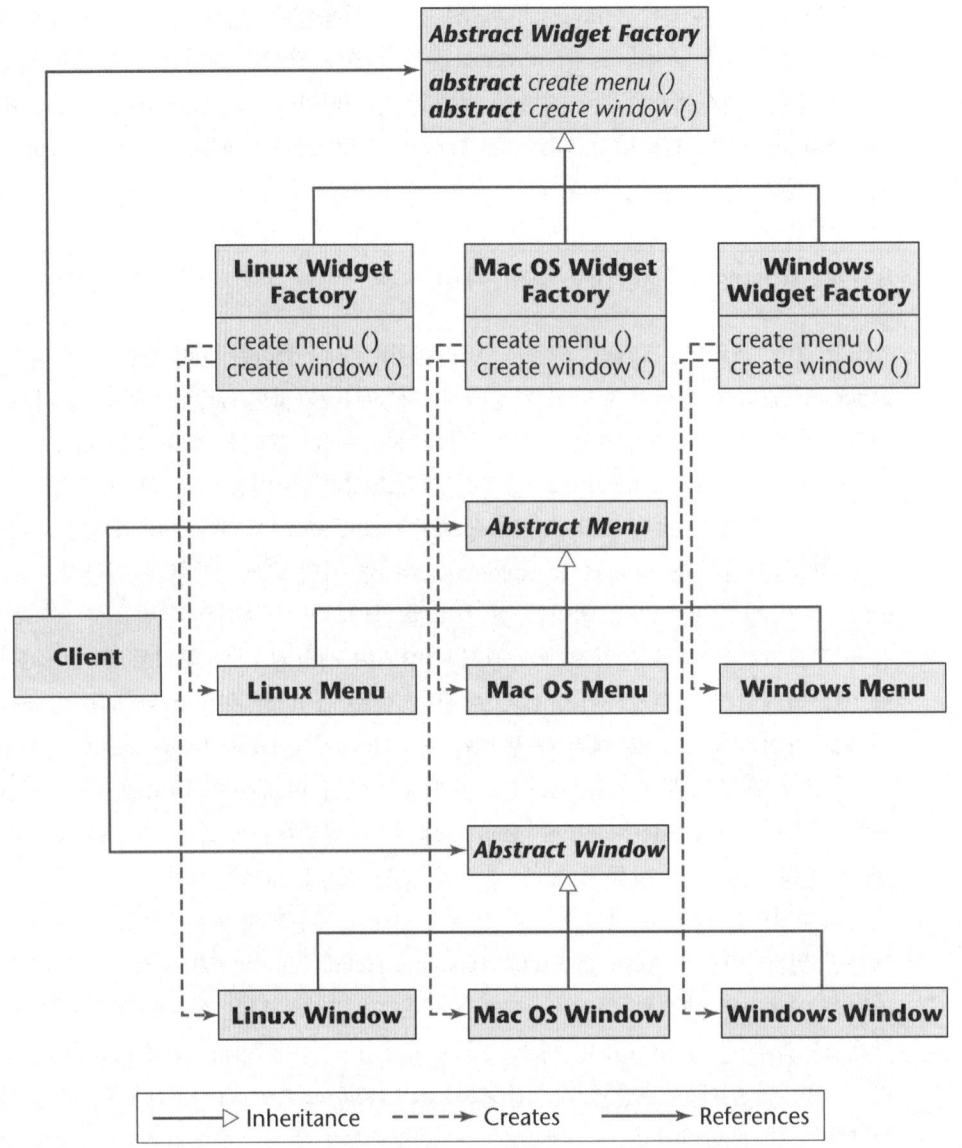

그림 8.10

그래픽 사용자
인터페이스 툴킷의
설계.
추상화 클래스의
이름과 가상 기능이
이탤릭체.

Abstract Widget Factory

abstract *create menu ()*
abstract *create window ()*

Linux Widget Factory	**Mac OS Widget Factory**	**Windows Widget Factory**
create menu () create window ()	create menu () create window ()	create menu () create window ()

Client

Abstract Menu

Linux Menu **Mac OS Menu** **Windows Menu**

Abstract Window

Linux Window **Mac OS Window** **Windows Window**

───▷ Inheritance   ----▸ Creates   ────▸ References

해준다. 응용 프로그램이 Linux 아래서 실행된다고 가정해보자. 우선 **Linux Widget Factory** 클래스의 객체 Widget Factory가 생성된다. 그러면 **Abstract Widget Factory**의 추상 메소드인 create window에 파라미터로 Widget Factory를 전달한 메시지는 구체적인 서브 클래스 **Linux Widget Factory** 내에 있는 create window 메소드에 메시지처럼 번역된다. create window 메소드는 **Linux Window**를 생성하기 위해서 역으로 메시지를 전송한다. 이것은 그림 8.10에 가장 왼쪽에 있는 수직선으로 표기되어 있다.

이 그림에서 중요한 측면은 응용 프로그램 내의 **Client**와 widget generator 사이에 세 개의 해당 인터페이스들이다. 여기서 클래스 *Abstract Widget Factory*, *Abstract Menu*, *Abstract Window* 들은 모두 추상 클래스들이다. 추상 클래스들의 멤버 함수는 **abstract**(C++에서는 **virtual**)이기 때문에 이들 인터페이스들은 어느 특정 운영체제에 속하지 않는다. 결론적으로, 그림 8.10의 설계는 실제로 운영체제로부터 애플리케이션 프로그램이 구속되지 않는다.

그림 8.11 Abstract factory 설계 패턴. 추상화 클래스와 그것들의 가상 기능들의 이름은 이탤릭체.

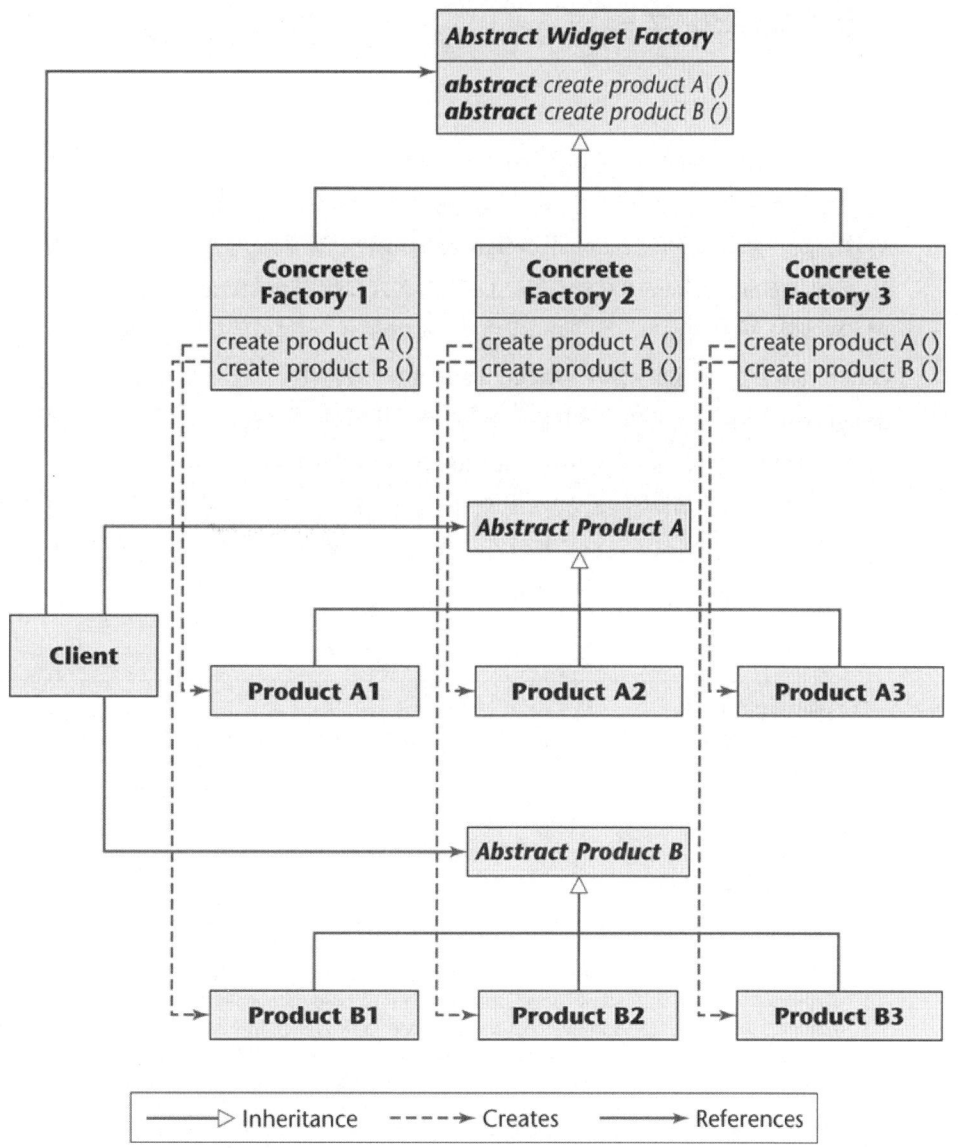

그림 8.10의 설계는 그림 8.11에 있는 패턴 Abstract Factory의 인스턴스이다. 이 패턴을 이용하기 위해서 특정 클래스들은 **Concrete Factory 2**와 **Product B3**와 같은 일반적인 이름으로 교체되어야 한다. 이것은 그림 8.2(c)에서 설계 패턴의 상징적 표현으로 진한 사각형 안에 흰색 사각형을 포함하고 있는 이유가 된다. 여기서 흰색 사각형은 설계에서 패턴을 재사용하기 위해 적용되어야 하는 세부 사항들을 나타낸다.

8.7
설계 패턴의 부류

[Gamma, Helm, Johnson, and Vlissides, 1995]에 주어진 23개의 설계 패턴의 명확한 목록은 그림 8.12에 제시되어 있다. 패턴은 세 가지 부류로 나눠진다. 즉 생성 패턴들, 구조 패턴들, 행위적 패턴들. 생성 설계 패턴(Creational design patterns)은 객체를 생성함으로써 설계 문제들을 해결한다. abstract factory pattern(8.6.5절 참조). 구조 설계 패턴(Structural design patterns)은 엔티티들 사이에 관계를 만들어내는 간단한 방법을 식별해서 설계 문제들을 해결한다. 이 예는 Adapter Pattern(8.6.2절)과 8.6.3절의 Bridge Pattern을 포함한다. 마지막으로, 행위 설계 패턴(Behavioral design pattern)은 객체들 사이에 공통 커뮤니케이션 패턴들을 식별해서 설계 문제들을 해결한다. 설계 패턴의 이러한 유형의 예는 iterator pattern(8.6.4절)이 있다.

다양한 다른 부류에 조직된 그 외에 많은 설계 패턴의 목록은 다음에 제시된다. 이 부류들은 일반적인 설계 패턴이거나 웹 페이지나 컴퓨터 게임 설계 패턴과 같이 특정 도메인을 위한 것이다. 그러나 이들 패턴의 대안 목록은 널리 인정받지 못했다.

그림 8.12

[Gamma, Helm, Johnson, and Vlissides, 1995]에 게재된 23개의 설계 패턴

Creational patterns

Abstract factory	Creates an instance of several families of classes (Section 8.6.5)
Builder	Allows the same construction process to create different representations
Factory method	Creates an instance of several possible derived classes
Prototype	A class to be cloned
Singleton	Restricts instantiation of a class to a single instance

Structural patterns

Adapter	Matches interfaces of different classes (Section 8.6.2)
Bridge	Decouples an abstraction from its implementation (Section 8.6.3)
Composite	A class that is a composition of similar classes
Decorator	Allows additional behavior to be dynamically added to a class
Façade	A single class that provides a simplified interface
Flyweight	Uses sharing to support large numbers of fine-grained classes efficiently
Proxy	A class functioning as an interface

Behavioral patterns

Chain-of-responsibility	A way of processing a request by a chain of classes
Command	Encapsulates an action within a class
Interpreter	A way to implement specialized language elements
Iterator	Sequentially access the elements of a collection (Section 8.6.4)
Mediator	Provides a unified interface to a set of interfaces
Memento	Captures and restores an object's internal state
Observer	Allows the observation of the state of an object at run time
State	Allows an object to partially change its type at run time
Strategy	Allows an algorithm to be dynamically selected at run time
Template method	Defers implementations of an algorithm to its subclasses
Visitor	Adds new operations to a class without changing it

8.8
설계 패턴의 강점과 약점

설계 패턴은 다음과 같은 많은 강점을 갖고 있다.

1. 8.5.3절에서 지적했듯이 설계 패턴들은 일반적인 설계 문제를 해결함으로써 재사용을 증진시킨다. 설계 패턴의 재사용성은 상속과 같이 재사용을 구체적으로 향상시키는 데 사용될 수 있는 특성들을 세심하게 포함시켜야 향상시킬 수 있다.
2. 패턴들이 설계 추상화를 명시하기 때문에, 설계 패턴은 설계의 상위 수준의 문서화를 제공해준다.
3. 많은 설계 패턴의 구현들이 존재한다. 이러한 경우에는 설계 패턴들을 구현된 프로그램의 부분을 코드화 하거나 문서화 할 필요가 없다(프로그램의 이런 부분에 대한 테스팅은 물론 필수적이다).
4. 만약 유지보수 프로그래머가 설계 패턴에 정통하면, 그들이 이전에 특정 프로그램을 본 적이 없더라도, 설계 패턴을 포함하는 프로그램을 이해하기가 쉬울 것이다.
5. 설계 패턴들의 자동 발견에 관한 연구는 그 결과를 생성하기 시작했다.

그러나 설계 패턴은 다음과 같이 많은 약점도 갖고 있다.

1. 소프트웨어 프로덕트에서 [Gamma, Helm, Johnson, and Vlissides, 1995]에 있는 23개 표준 설계 패턴들의 사용은 우리가 사용하고 있는 언어가 아주 강력하지 않다는 것을 암시해준다. 이들 패턴의 C++ 구현을 조사한 [Norwig, 1996]은 23개 중 16개 이상이 각 패턴의 사용에서 C++에서 보다 Lisp나 Dylan으로 구현하는 게 더 단순하다는 것을 찾아냈다.
2. 주요 문제는 설계 패턴을 적용하는 것이 언제 그리고 어떻게 인지하는지에 대한 방법이 아직 체계적이지 못하다는 것이다. 설계 패턴은 여전히 자연 언어에 텍스트를 이용하여, 형식에 구애되지 않고 서술된다. 따라서 우리는 패턴을 적용할 때를 수동적으로 결정해야 한다. CASE 툴(5장)은 아직 사용할 수가 없다.
3. 설계 패턴들로부터 최대 이익을 얻기 위해, 다중 상호작용 패턴들이 채택된다. 예를 들어 8.5.3 절에서 서술한 것처럼 [Gamma, Helm, Johnson, and Vlissides, 1995]에 문서 편집기의 사례 연구는 8가지 상호작용 패턴들이 있다. 이 절의 두 번째 단락에서 언급했듯이, 우리는 다양한 상호작용 패턴은커녕, 하나의 패턴을 언제 그리고 어떻게 사용할지 알 수 있는 체계적인 방법을 아직 갖고 있지 못하다.
4. 고전적인 패러다임을 이용해 구축한 소프트웨어 프로덕트에 대한 유지보수를 수행할 때, 클래스와 객체들을 새로 넣는 것은 불가능하다. 고전적인 패러다임이나 객체-지향이라도 기존 소프트웨어 프로덕트에 패턴을 새로 넣은 것은 유사하게 거의 불가능하다.

그러나 설계 패턴의 장점은 그들의 약점보다 크다. 설계 패턴을 정형화하는 최근 연구 노력과 자동화 설계 패턴이 성공된다면, 패턴들은 현재보다 더 쉽게 사용될 수 있을 것이다.

8.9
재사용과 WWW(World Wide Web)

프로그래머가 자기 자신이 작성한 코드에 자부심을 갖고 있을 때, 프로그래머는 WWW에 코드를 공시하기로 결정할 수도 있다. 여기에는 학생이 처음으로 하는 프로그래밍 연습부터 전문가에 의해 작성된 복잡한 코드까지 모든 종류의 코드가 있다. 웹은 다양한 애플리케이션 영역에 대해 다양한 프로그래밍 언어로 코딩된 것을 갖고 있다. 설계와 패턴은 또한 재사용을 위해, 그러나 코드 세그먼트보다 더 작은 수로, 웹에서 이용될 수 있다.

결과적으로 웹은 이전에 상상할 수 없는 규모로 코드 재사용을 지원한다. 누군가는 비용이나 제한 없이(비록 예의상 프로그래머는 스스로 다운로드 하고 재사용하는 어떤 코드의 소스를 인정해야 한다) 웹에서 이 코드를 다운로드 할 수 있고, 그것을 사용할 수 있다. 그러나 웹으로부터 코드를 재사용하는 데는 다음과 같이 두 가지 문제가 있다.

- 첫 번째, 코드의 품질은 서로 많이 다르다. 웹에 공시된 코드가 그것이 정확하지도 않으면서 성공적으로 컴파일 되는지에 대한 어떤 공시도 없다. 그리고 부정확한 코드의 재사용은 분명히 비생산적이다.
- 두 번째, 코드 세그먼트가 조직 내에서 재사용될 때, 만약 결함이 본래 코드에서 후에 발견되었다면 재사용된 코드가 수정될 수 있어서 레코드는 재사용 인스턴스를 유지한다. 결함이 웹에 공시되고 여러 번 다운로드 된 코드 세그먼트에서 발견되었다고 가정해보자. 일반적으로, 코드를 다운로드 한 사람이 누군지, 그리고 다운로드 하고 난 후 실제로 재사용되었는지 아닌지를 알아내기 위해 코드의 작성자를 위한 어떠한 방법도 없다.

결과적으로 WWW는 코드와 어느 조금만 설계와 패턴들의 재사용을 크게 증진시킨다. 그러나 다른 한편 다운로드 된 자료들의 품질은 최악일 수 있고, 또 재사용의 결과는 심각할 수 있다.

8.10
재사용과 인도 후 유지보수

재사용을 권장하는 전통적인 이유는 재사용을 사용해 개발 프로세스를 단축시킬 수 있다는 점이다. 예를 들면 많은 주요 소프트웨어 회사들은 새로운 프로덕트를 개발하는 데 소요되는 시간을 절반으로 줄이려고 노력하고 있으며 재사용은 이러한 노력에 대한 최적의 전략으로 생각하고 있다. 그러나 그림 1.3에 나타나 있듯이 프로덕트 개발에 1달러의 비용이 든다면 유지보수에는 2달러의 비용이 든다. 따라서 재사용을 하는 두 번째 중요한 이유는 프로덕트를 유지보수 하는 시간과 비용을 줄이기 위한 것이다. 사실 재사용은 개발보다는 인도 후 유지보수에 더 큰 영향을 미친다.

　　프로덕트의 40%가 이전에 개발된 프로덕트에서 재사용된 컴포넌트들로 구성되고 이 재사용된 범위가 전체 프로덕트에 고르게 분포되어 있다고 가정해보자. 즉 명세문서의 40%, 설계의 40%, 코드 산출물들의 40%, 매뉴얼들의 40%가 재사용된 컴포넌트들로 구성된다는 의미이다. 불행히도 이것은 전체적으로 프로덕트를 개발하는 시간이 재사용을 하지 않는 경우보다 40%가 줄어든다는 의미는 아니다. 첫 번째로 컴포넌트 중 일부는 새로운 프로덕트에 맞게 변경되어야 한다. 재사용 컴포넌트 중 4분의 1이 변경되어야 한다고 가정해보자. 만약 하나의 컴포넌트가 변경되었다면, 그 컴포넌트에 대한 문서 역시 변경되어야 한다. 또 변경된 컴포넌트도 테스트 되어야 한다. 두 번째로 만약 코드 산출물이 변경되지 않은 상태로 재사용된다면 그 코드 산출물의 단위 테스팅은 필요가 없다. 그러나 그 코드 산출물의 통합 테스팅은 여전히 필요하다. 따라서 프로덕트의 30%가 변경되지 않은 상태로 재사용된 컴포넌트로 구성되고 더욱이 10%만이 변경되어 재사용 되었어도, 완전한 프로덕트를 개발하는 데 소요되는 시간은 기껏해야 약 27% 정도 감소될 것이다[Schach, 1992]. 그림 1.3(a)에서 보듯이 평균적으로 소프트웨어 예산 중 33%가 개발 비용이다. 만약 재사용이 27% 정도의 개발 비용을 감소시켜 준다면, 12년에서 15년 주기를 갖는 프로덕트의 전체 비용은 재사용의 결과로 약 9% 정도까지 절감된다. 이것은 그림 8.13에 반영되어 있다.

　　유사하지만 이러한 주장들은 소프트웨어 프로세스의 인도 후 유지보수 컴포넌트에 적용될 수 있다[Schach, 1994]. 이전 문단의 가정 아래 인도 후 유지보수에서 재사용을 통해 얻을 수 있는 효과는 그림 8.13에 있듯이 전체 비용 중 약 18%를 절감시켜 준다. 이것은 재사용의 효과가 개발보다는 오히려 인도 후 유지보수에 크게 나타나는 것을 명확하게 보여준다. 중요한 이유는 재사용된 컴포넌트들이 일반적으로 잘 설계되어 있고, 철저한 테스트를 받았고, 이해하기가 좋게 문서화되어 있기 때문이다.

　　만약 주어진 프로덕트에서 실제 재사용 비율이 이 절에서 가정했던 것보다 낮다면(또는 높다면), 재사용의 이점들은 다르다. 하지만 재사용이 개발보다 인도 후 유지보수에서 더 많은 효과를 가져 온다는 결과에는 모두 동의한다.

　　이제는 이식성을 학습한다.

그림 8.13 새로운 프로덕트의 40%가 재사용된 컴포넌트인데 이중 3/4이 변경되지 않고 재사용되었다는 가정 아래 평균 비용 절약의 백분율

Activity	Percentage of Total Cost over Product Lifetime	Percentage Savings over Product Lifetime due to Reuse
Development	33%	9.3%
Postdelivery maintenance	67	17.9

8.11
이식성

● SOFT WARE

소프트웨어의 비용 상승은 어떤 수단으로든 비용의 내역을 밝혀낼 필요가 있다. 한 가지 방법은 전체적으로 프로덕트가 다양한 다른 하드웨어-운영체제에서 수행하는 데 적합한지를 확인하는 것이다. 프로덕트를 구현하는 데 드는 비용 중 일부는 다른 컴퓨터에 수행되는 버전을 판매하기 위해 작업하는 일과 관련이 있다. 다른 컴퓨터에서 쉽게 구현될 수 있게 소프트웨어를 개발하는 또 다른 이유는 고객 회사가 새로운 하드웨어를 구입할 때 모든 소프트웨어를 새로운 하드웨어에서 실행되도록 변경하기 위해서이다. 그래서 프로덕트는 이식성(portable)이 고려되어야 한다. 즉 프로덕트를 새로운 컴퓨터에 맞게 처음부터 구현하기보다는 이식성이 있는 프로덕트로 개발해놓으면 비용도 아주 적게 든다[Mooney].

보다 정확하게 말하면 이식성(portability)은 다음과 같이 정의된다. 프로덕트 P가 C 컴파일러로 컴파일 되어 운영체제가 O인 하드웨어 H에서 실행된다고 가정하자. 프로덕트 P'는 기능적으로 P와 동일하지만 컴파일러 C'에 의해 컴파일 되어 운영체제 O'인 하드웨어 H'에서 실행되어야 한다. 만약 P에서 P'로 변환하는 비용이 처음부터 작성한 P'보다 현저하게 적게 든다면 P는 이식성이 있는 것이다.

전반적으로 소프트웨어를 이식(porting)하는 문제는 다른 하드웨어 구성, 운영체제, 컴파일러들 간에 비호환성 때문에 간단한 문제가 아니다. 이제는 이들 각 측면을 구체적으로 학습한다.

8.11.1 하드웨어 비호환성

현재 하드웨어 구성 H에서 실행되는 프로덕트 P를 다른 하드웨어 구성 H'에 설치하려고 한다. 피상적으로 생각하면 이것은 단순하다. 즉 DAT 테이프 형태로 존재하는 H의 하드 드라이브에서 P를 복사하여 컴퓨터 H'에 옮겨 놓으면 해결된다. 그러나 이렇게 하는 것은 H'가 백업용으로 Zip 드라이브를 이용하는 경우엔 사용될 수가 없다. 왜냐하면 DAT 테이프는 Zip 드라이브 상에서 읽혀지지가 않는다.

이제는 프로덕트 P의 소스 코드를 복사하여 컴퓨터 H'로 옮기는 문제는 해결되었다고 가정하자. H가 생성한 비트 패턴들을 H'가 해석할 수 있다는 보장은 없다. 많은 문자 코드들이 존재한다. 즉 대부분은 EBCDIC(Extended Binary Coded Decimal Interchange Code)와 7비트 ISO 코드의 미국 버전인 ASCII(American Standard Code for Interchange)가 가장 많이 사용된다[Mackenzie, 1980]. 만약 H가 EBCDIC를 사용하고 H'가 ASCII를 사용한다면, 컴퓨터 H'에서 P는 전혀 쓸모없는 게 된다.

비록 이들 차이의 근본적인 이유가 같은 프로덕트를 여러 제조업체에서 독립적으로 다른 방법으로 작업했기 때문이지만 자신들의 프로덕트를 계속 유지하려는 경영적인 전략도 있다. 이것을 보기 위해 다음의 가상적인 상황을 살펴보자. MCM 컴퓨터 제조업체는 수천대의 MCM-1 컴퓨터를 팔았다. 이제 MCM은 기존의 MCM-1보다 모든 면에서 강력한 기능을 갖춘 새로운 컴퓨터인 MCM-2를 설계해서, 제조한 후 판매하기를 희망하고 있다. MCM-1은 ASCII 코드를 사용하고 네 개의 9-비트로 구성된 36비트 워드를 갖고 있다고 가정하자. MCM의 컴퓨터 아키텍처 부서 장은 이제 새로 개발될 컴퓨터 MCM-2도 EBCDIC 코드 방식을 채택하고 네 개의 8-비트 바이트로 구성된 16비트 워드를 사용하기로 결정했다. 판매 부서에서는 현재 MCM-1 사용자들에게 MCM-2가 다른 경쟁사의 동일한 프로덕트보다 적은 가격인 35,000달러에 판매될 것이며, MCM-1 포맷으로 사용되고 있는 현재 소프트웨어와 데이터를 MCM-2로 바꾸는 데 200,000달러 이상의 비용이 들 것이라 얘기해야 한다. 새로 만들어진 MCM-2가 과학적으로 아무리 좋은 성능을 가지고 있다고 해도 영업적인 고려사항은 새 컴퓨터가 기존의 것과 호환성이 있는지를 보장하는 것이다. 다른 회사 판매원은 MCM-1을 가지고 있는 고객에게 MCM-2 컴퓨터가 다른 경쟁사 프로덕트보다 싼 35,000달러라는 점과, 다른 제조업체가 선전하는 컴퓨터를 사게 되면 35,000달러보다 많은 비용이 들며, 비 MCM 컴퓨터의 포맷으로 현재 소프트웨어와 데이터를 변경하는 데 역시 200,000달러 정도의 비용이 소요된다는 점을 강조할 수 있다.

이 가상적인 상황에서 벗어나 실제 상황을 보면 오늘날까지 가장 성공적인 프로덕트는 IBM System/360-370 시리즈였다[Gifford and Spector, 1987]. 이 컴퓨터 계열의 성공은 컴퓨터들 간의 완전한 호환성 때문이다. 1964년에 제작된 IBM System/360 모델 30에서 실행되는 프로덕트는 2009년에 제작된 IBM 시스템 z10 EC모델에서도 변경 없이 잘 실행된다. 그러나 OS/360 운영체제 인 IBM System/360 모델 30에서 실행되는 프로덕트가 Solaris 운영체제 Sun Fire E2900인 다른 2009년형 기기에서 실행하려면 상당히 많은 부분을 수정할 필요가 있다. 이러한 어려움은 하드웨어 비호환성들 때문이다. 그러나 일부는 운영체제 비호환성 때문에 발생한다.

8.11.2 운영체제 비호환성

일반적으로 서로 다른 컴퓨터 간에 JCL(job control language)은 아주 다르다. 이러한 차이 중 일부는 구문 때문이다. 즉 실행 가능한 로드 이미지를 실행하는 명령어는 어떤 컴퓨터에서는 @xeq, 다른 컴퓨터에서는 //xqt, 또 다른 컴퓨터에서는 .exe이기 때문이다. 프로덕트를 다른 운영체제에 포팅 할 때 구문적인 차이는 JCL을 다른 것으로 변환시키면 간단하게 처리되기 때문에 아주 쉽다. 그러나 다른 차이들은 해결하기가 아주 어렵다. 예를 들어 어떤 운영체제가 가상 메모리를 지원한다고 하자. 어떤 운영체제는 프로덕트가 1024MB 크기까지 메모리에 적재되도록 지원하지만, 특정 프로덕트에 할당되어 있는 실제 메인 메모리 영역은 64MB일 수 있다고 가정하자. 사용자 프로덕트가 2048KB 크기로 분할되어 메모리에 할당되면 한 번에 이 페이지들의 32개만이 메인 메모리에 남아 있게 된다. 이 페이지들의 나머지는 디스크에 저장된 후 필요시 가상 메모리 운영체제에 의해 스왑 인(swap in), 스왑 아웃(swap out) 된다. 따라서 가상 메모리를 지원하는 운영체제 내에서 수행되는 프로덕트는 크기에 대한 특별한 제약 없이 작성될 수 있다. 만약 가상 메모리 운영체제 아래 성공적으로 구현되었던 프로덕트는 프로덕트 크기에 대한 물리적인 제약을 갖는 운영체제에 포팅 되면, 전체 프로덕트는 다시 작성되고 크기 제한을 넘지 않게 하는 제어기법을 사용해 링크해야 한다.

8.11.3 수치 소프트웨어 비호환성

한 프로덕트가 한 컴퓨터에서 다른 컴퓨터로 포팅 할 때, 또는 다른 컴파일러를 사용해 컴파일 할 때, 산술 계산을 수행한 결과들이 다를 수 있다. 16-비트 컴퓨터에서, 즉 16비트의 워드 크기를 가진 컴퓨터에서 정수는 한 워드(16비트)와 두 개의 워드를 합쳐서(32비트) 사용하는 배정도 정수로 표현된다. 불행하게도 어떤 구현 언어는 배정도 정수를 포함하지 않는다. 예를 들면 표준은 배정도 정수를 포함하지 않는다. 따라서 정수를 32비트로 인식하는 컴파일러-하드웨어-운영체제에서는 잘 수행하던 프로덕트를 16비트만을 인식하는 컴퓨터로 이식하면 수행되지 않는다. 명확한 해결 방안은 부동소수점(type **real**)으로 2의 16승 이상의 정수를 나타내야 하는데, 일반적으로 부동소수점이 가수부와 지수부로 나누어지고 정수형은 정확하게 표현되기 때문에 작업하기가 어렵다.

Ada에서는 정수 타입의 범위와 부동소수점 타입의 정확도(유효 숫자)를 명시할 수 있기 때문에 이 문제는 Ada로 해결할 수 있다. Ada-Europe Portability Working Group은 이식성을 보장하는 구체적인 추천 사항을 만들었다. 이들 추천 사항에는 Ada에 대한 지시와 일반적으로 Ada83 Reference Manual[ANSI/MIL-STD-1815A, 1983]의 세부적인 내용의 이해를 요구하고 있다. 관심 있는 독자들은 [Nissen and Wallis, 1984]를 참조하면 알 수 있다.

이 문제는 Java에서는 해결될 수 있다. 왜냐하면 Java에는 여덟 개의 기본적인 데이터 타입(primitive data type)이 각각 자세히 명시되어 있다. 예를 들면 **int** 형은 부호를 갖는 32비트 2의 보수로 나타내고 **float** 형은 항상 32비트를 나타내고 그리고 부동소수점 형에 대해서는 ANSI/IEEE 표준 745[1985]를 충족시킨다. 수치 계산이 모든 대상 하드웨어-운영체제에서 정확하게 수행되는지 확인하는 문제는 Java에서는 발생하지 않는다(Java 설계에 대한 더 많은 정보를 얻으려면 '알고 싶은 사항 8.5' 참조). 그러나 수치계산은 Java 이외의 언어에서 수행되는 곳에서 수치계산들이 대상 컴퓨터의 하드웨어-운영체제에서 정확하게 수행되는지를 확인하는 것은 중요하지만 매우 어려운 일이다.

8.11.4 컴파일러 비호환성

만약 프로덕트가 컴파일러가 거의 존재하지 않는 언어로 구현된다면 이식성을 달성하기는 어렵다. 만약 프로덕트가 CLU[Liskov, Snyder, Atkinson, and Schaffert, 1977]와 같은 특정 언어로 구현되었다면, 그 대상 컴퓨터가 그 언어에 대한 컴파일러가 없는 경우 다른 언어로 이를 다시 구현해야 하는 문제가 발생한다. 다른 한편 프로덕트가 COBOL, FORTRAN, Lisp, C, C++, Java와 같이 많이 사용되는 언어로 구현되었다면 그 언어에 대한 컴파일러나 인터프리터가 그 대상 컴퓨터에 있는 것이 장점이 된다.

프로덕트가 표준 FORTRAN과 같이 잘 알려진 고급 언어로 구현되었다고 가정해보자. 이론상 한 컴퓨터에서 다른 컴퓨터로 포팅 하는데, 즉 포팅이 표준 FORTRAN으로 되기 때문에 어떤 문제도 발생되지 않는다. 그러나 유감스럽게도 그렇지 않다. 실제로 표준 FORTRAN과 같은 언어는 없다. FORTRAN 2003[ISO/IEC 1539-1, 2004]으로 알려진 ISO/IEC FORTRAN 표준은 존재하지만 컴파일러 작성자가 꼭 이것을 고집할 이유는 없다(Fortran 2003에 대해 더 많은 정보를 얻으려면 '알고 싶은 사항 8.6' 참조). 예를 들면 판매 부서에서 고객의 관심을 끌기 위해 '새롭고 확장된 FORTRAN 컴파일러'에 기존의 FORTRAN에 없던 새로운 기능을 추가하도록 결정할 수

Sun Microsystems의 Janmes Gosling은 1991년에 Java를 개발했다. 이 언어를 개발할 당시 그는 그의 사무실 창문 밖에 있는 커다란 참나무를 자주 응시했다. 사실 그는 새로운 언어의 이름을 'Oak'라고 명명하기로 결정했다. 그러나 그가 선택한 이름을 Sun사는 승인하지 않았다. 왜냐하면 그 이름은 Sun사의 트레이드마크도 아니고 또 Sun의 트레이드마크가 없어서 언어의 통제 권을 잃어버리기 때문이었다.

　　Gosling 그룹은 트레이드마크가 될 수 있고 기억하기 쉬운 이름을 열심히 찾은 결과 'Java'라는 이름이 생각이 났다. 즉 18세기 동안 영국에 수입된 많은 커피들이 네델란드령인 인도네시아 동부에 있는 Java섬에서 재배된 것이라 'Java'라는 이름 이 생각난 것이다. 그 결과 'Java'는 소프트웨어의 방언이 되었으며 소프트웨어 공학자들에게 세 번째로 가장 유명한 음료가 되었다. 불행하게도 Big Two 탄산 콜라 음료들의 이름으로 이미 상표가 등록되어 있었다.

　　Gosling이 왜 Java를 설계했는지를 이해하기 위해서 그가 생각했던 C++의 취약한 점을 이해할 필요가 있다. 그렇게 하자 면 C++의 부모 언어인 C를 살펴봐야 한다.

　　1972년 C 프로그래밍 언어는 AT&T Bell 연구소(지금의 Lucent Technologies)의 Dennis Ritche가 운영체제에서 사용하기 위해서 개발했다. 이 언어는 매우 유연성 있게 설계되었다. 예를 들면 포인터 변수(메모리 어드레스를 저장하기 위해 사용되는 변수)들에 산술식 오퍼레이션을 허용했다. 일반적인 프로그래머의 관점에서 보면 이것은 매우 위험한 것이었다. 컴퓨터 상의 어디나 제어할 수 있기 때문에 C 언어로 작성된 프로그램은 무척 위험한 것이었다. 또한 C는 이와 같은 배열을 지원하지 않았다. 대신 배열의 시작 주소를 갖는 포인터가 사용되었다. 결과적으로 배열의 범위를 넘어가는 개념은 C에서 고유의 것이 아니었 다. 오히려 이것은 위험성의 근원이었다.

　　이들과 다른 위험성들은 Bell Lab에서는 문제가 되지 않았다. 결국 C는 Bell Lab의 경험이 많은 소프트웨어 엔지니어들에 의해 설계되었다. 이 전문가들은 안전한 방식으로 강력하고 유연성 있는 형태의 C 언어를 사용할 수 있게 주안점을 두었다. C 언어의 기본적인 철학은 C를 사용하는 사람이 자신이 정확히 무엇을 하고 있는지 알게 하는 것이었다. C 언어에 능숙하지 못하고 경험이 많지 않은 사용자가 사용할 때 발생하는 소프트웨어의 실패가 Bell Labs의 비난으로 오지 않아야 했기 때문이었 다. 원래 C 언어는 오늘날의 C 언어처럼 범용 프로그래밍 언어로 폭 넓게 사용할 계획은 아니었다.

　　객체-지향 패러다임의 인기가 높아지자 Object C, Objective C와 C++ 같은 C를 기반으로 한 많은 객체-지향 프로그래밍 언어들이 개발되었다. 이것은 새로운 구문 위주의 언어보다 친근한 언어에 기반하고 있어서 프로그래머들이 배우기 쉽게 해주 었다. 그러나 많은 C 기반의 객체-지향 언어들 중의 유일하게 폭 넓게 인정받는 것은 역시 AT&T의 Bell 연구소의 Bjarne Strousrup가 개발한 C++이다.

　　C++가 성공한 한 가지 이유는 AT&T(SBC 커뮤니케이션의 부서)의 엄청난 재정적인 지원이 있었다는 풍문도 있다. 그러나 만약 통합 수완과 재정적인 강점이 프로그래밍 언어의 사용과 관련이 있다면 지금 우리는 모두 IBM이 개발해 이 언어의 사용을 강력하게 추진했던 PL/I를 사용하고 있어야 한다. 실제로 IBM의 명성에도 불구하고 PL/I는 애매해졌다.

　　C++가 성공한 실제 이유는 C의 진정한 슈퍼셋(superset)이기 때문이다. 이것은 다른 C 기반의 객체-지향 언어들과 달리 가시적이며, 또 C 프로그램이 C++ 프로그램으로 유효하기 때문이다. 따라서 기업들은 그들이 현재 가지고 있는 C 프로그램에 어떠한 변경 없이도 C에서 C++로 변경할 수 있었다. 기업들은 고전적 패러다임에서 객체-지향 패러다임으로 어떠한 조치 없이 변경할 수 있다는 장점도 사용할 수 있었다. 자주 Java를 장려하는 것은 'Java는 C++가 가지고 있어야 할 사항을 가지고 있다'는 것이다. 이 말은 만약 Stroustrup이 Gostling처럼 영리하기만 했다면, C++가 Java로 변했을 것이다. 반면에 만약 C++ 는 C의 진정한 슈퍼셋이 아니라면, 다른 C 기반의 객체-지향 프로그래밍 언어들처럼 없어졌을 것이다. 이것은 단지 C++가 인기 있는 언어로 된 이후에 Java가 C++가 가지고 있는 취약점들을 감지하고 설계했기 때문이다. Java는 C의 슈퍼셋이 아니 다. 예를 들면 Java는 포인터 변수가 없다. 따라서 'Java는 C++가 하지 못하는 것을 한다'는 말이 더욱 정확하다.

　　마지막으로 모든 다른 프로그래밍 언어들처럼 Java도 그 자체가 취약성을 가지고 있는 것을 인식하는 것이 중요하다. 그리고 C++가 Java보다 뛰어난 측면(접근법칙 같은)들이 있다[Schach, 1997]. 앞으로 C++가 객체-지향 프로그래밍 언어에 서 독보적인 언어로 사용될지 아니면 Java에 의해서 혹은 다른 언어에 의해서 변경될지를 지켜보는 것도 매우 흥미로운 일이 될 것이다.

프로그래밍 언어들의 이름은 그 이름이 머리글자일 때는 대문자들을 따서 만든다. 예를 들면 ALGOL(ALGOrithmic Language), COBOL(Cmmercial and Bussiness Oriented Language), 그리고 FORTRAN(FORmular TRANslator) 등이 있다. 반대로 다른 모든 프로그래밍 언어들은 대문자로 시작하고 나머지 문자들은(있다면) 소문자로 사용한다. 예를 들면, Ada, C, C++, Java와 Pascal 등이 해당된다.

불행히도 FORTRAN Standards Committee는 1990 버전에서 이후에도 호응을 얻기 위해서 이 언어의 이름을 'Fortran'으로 만들었다. Ada는 머리글자가 아니다. 이 언어는 Ada, Countess of Lovelace (1815–1852)의 이름에서 따온 것이다. 시인 Lord Alfred Byron의 딸인 Ada는 Charles Babbage의 치차계산기 엔진에서 작업한 세계 최초의 프로그래머였다. Pascal도 역시 머리글자가 아니고 프랑스의 수학자이며 철학자인 Blaise Pascal(1623–1662)의 이름에서 따온 것이다. 그리고 Java에 대한 이름은 바로 앞의 '알고 싶은 사항 8.5'를 읽으면 알게 된다.

하나의 예외가 있다. Fortran. FORTRAN 표준 위원회는 효과적인 1990 버전에 언어의 이름을 그때부터 Fortran으로 쓰기로 결정했다.

도 있다. 반대로 마이크로컴퓨터 컴파일러는 완전한 FORTRAN 구현을 수행하지 못할 수도 있다. 또 컴파일러를 생성하는 데 데드라인이 있다면, 관리자는 다음 버전에서 완전한 표준을 만들 생각으로 좀 부족한 것을 선택할 수도 있다. 소스 컴퓨터(source computer) 상의 컴파일러가 Fortran 95의 슈퍼셋(superset)을 지원한다고 가정해보자. 그리고 대상 컴퓨터는 표준 Fortran 95로 구현되었다고 구체적으로 가정해보자. 소스 컴퓨터 상에서 구현된 프로덕트가 대상 컴퓨터에 포팅 될 때, 표준이 되는 슈퍼셋(superset)으로부터 비표준 Fortran 95에 없는 구성요소를 사용하는 프로덕트는 기록을 남겨야 한다. 따라서 이식성을 보장하기 위해서 프로그래머들은 표준 FORTRAN 언어 특성만 사용한다.

초기 COBOL 표준은 미국 컴퓨터 제조업체들과 정부 그리고 개인 사용자들의 연합인 CODASYL (Conference on Data SYSTEMS Language)이 개발했다. 이제는 Joint Technical Commercial JTC1, ISO(International Organization for Standardization)의 Subcommittee SC22, 그리고 IEC (International Electrotechnical Commission)가 COBOL의 표준을 담당하고 있다[Schricker 2000]. 불행히도 COBOL 표준은 이식성을 촉진시키지 못했다. COBOL 표준은 공식적으로 생명주기가 5년이지만 계속되는 표준은 항상 이전 버전의 표준이 필요하지 않았다. 사실, COBOL 85는 이전 버전인 COBOL 74와 호환되지 않는다.

많은 COBOL 특성은 개인 개발자들이 만들기 때문에 그 변종들도 표준 COBOL이라는 이름으로 불리고 있고 또 표준에서 언어를 확장하는 데 제약이 없기 때문에 상당히 우려가 된다. COBOL 2002는 Fortran 2003 [ISO/IEC 1539-1. 2004]처럼, 현재 COBOL 언어의 표준이 되었고 객체-지향적이다[ISO/IEC, 1989, 2002].

ANSI(American National Standards Institute)는 프로그래밍 언어 C를 표준으로 승인했다 [ANSI X3.159, 1989]. 이 표준은 1990년에 ISO의 승인을 받았다. 대부분의 C 컴파일러들은 기본 언어 명세와 거의 일치한다[Kerninghan and Ritchie, 1998]. 거의 대부분의 C 컴파일러 작성자들은 이식성이 있는 pcc [Johnson, 1979] 같은 C 컴파일러의 표준안을 사용하기 때문에 거의 대부분의 컴파일러가 수용하는 언어로 인정받고 있다. 일반적으로 C 언어로 만들어진 프로덕트는 다른 컴퓨터에 쉽게 포팅 된다. 왜냐하면 C 이식성을 지원하는 lint 프로세서가 있기 때문이다. 이것은 프로덕트의 대상 컴퓨터에 이식될 때 차이를 이끌어낼 수 있는 구조로 구현 컴퓨터에 독립적인 형태를 만들어내는 데 사용된다. 불행히도 lint는 단순히 문법과 정적 구문만 검사하기 때문에 매우 간단하다. 예를 들면 C 언어에서 정수형을 포인터형으로 변환하는 것이 가능하고 역으로도 가능하지만, lint에 의해서는 금지되어 있다. 어떤 구현에서 정수와 포인터의 크기(비트의 수)는 같을 수 있지만 다른 구현에서는 달라질 수도 있다. 향후 이식성 문제를 나누는 기준은 lint로 구분되고 문제가 될 만한 부분을 기록해두면 문제를 예방할 수 있다.

C++의 표준[ISO/IEC 14882, 1998]은 1997년 11월에 여러 국가의 표준 위원회(ANSI를 포함한)가 만장일치로 승인하였다. 이 표준은 1998년에 최종 인증을 받았다.

지금까지 유일하게 표준으로 성공한 언어는 Ada Referance Manual[ANSI/MIL_STD-1815A, 1983]에 통합된 Ada 83 표준이다(Ada에 대한 배경 정보를 알고 싶으면 '알고 싶은 사항 8.6' 참조). 1987년 말까지 Ada라는 이름은 미 정부의 AJPO(Ada Joint Program Office)의 트레이드마크로 등록되었다. 트레이드마크(trademark)의 소유권자로서 AJPO는 Ada라는 이름은 표준으로 정확하게 컴파일된 언어 구현으로만 사용할 것을 약정했다. 즉 서브셋(subset)이나 슈퍼셋이 나오는 것을 금지했다. 메커니즘은 Ada 컴파일러들을 확인하는 것으로 설정되었고 적법한 프로세스들을 성공적으로 통과시키는 컴파일러만이 Ada 컴파일러라고 불렸다. 그런 이유로 이 트레이드마크는 강화된 표준, 즉 이식성을 나타내는 데 사용되었다.

표준의 강화는 다른 메커니즘으로도 달성될 수 있기 때문에 이제 Ada라는 이름은 더 이상 트레이드마크가 아니다. 유효하지 않은 Ada 컴파일러는 더 이상 존재하지 않는다. 따라서 Ada 컴파일러 개발자들에게는 그들의 컴파일러가 유효한지 검증해서 Ada 표준으로 인증하는 강한 경제적 힘을 가지고 있다. 이것은 Ada 83[ANSI/MIL_STD-1815A, 1983]과 Ada 95[ISO/IEC 8652, 1995]용 컴파일러에도 적용되었다.

Java가 전체적으로 이식성이 있는 언어가 되기 위해서는 언어가 표준화되어서 해당 표준을 엄격히 따르는 것이 필수적이다. Ada Joint Program Office처럼 Sun Microsystems는 표준을 달성하기 위해서 법적인 시스템을 사용하고 있다. '알고 싶은 사항 8.5'에서 언급했듯이 Sun은 그들의 새로운 언어의 이름에 저작권을 갖게 했다. 이것은 Sun이 그들의 저작권으로 위반되는 행위에 대해서는 법적인 조치를 취할 수 있게 된 것이다. 결국 이식성에 있어서 Java는 가장 강력한 언어로 탄생되었다. 만약 다양한 Java 버전이 나오는 것이 허용됐다면 Java의 이식성은 쓸모없게 됐을 것이다. 모든 Java 프로그램이 모든 Java 컴파일러에 의해 같게 처리될 수 있다면 Java는 진정한 이식성을 갖는 언어가 될 것이다. 일반인에 영향을 주기 위해 1997년에 Sun은 'Pure Java' 캠페인을 선포했다.

Java의 1.0 버전은 1997년 초에 출시되었다. 개정된 일련의 버전은 여러 제안과 비평들을 수용했다. 가장 최근에 작성된 버전은 Java J2SE(Java 2 Platform, Standard Edition) 버전 6이다. 이러한 Java의 단계적 정제 과정은 계속될 것이고 이 언어가 마침내 안정화 되었을 때 ANSI나 ISO 같은 표준화 기관들은 표준의 초안을 발표하고 전 세계로부터 자문을 받는다. 이러한 자문은 공식적인 Java 표준을 구성하는 데 크게 기여할 것이다.

8.12
왜 이식성인가?

소프트웨어를 포팅 하는 데 발생하는 많은 문제들을 고찰해보면 독자들은 과연 소프트웨어를 이식하는 것이 정말 가치 있는 일인지 의아해 한다. 8.10절에서 설명했던 이식성(portability)에 대한 주장은 소프트웨어의 비용은 프로덕트를 다른 하드웨어-운영체제 구성에 포팅시키면 부분적으로 보상을 받는다는 것이다. 그러나 다양한 종류의 소프트웨어가 판매되고 있는 상황에서는 불가능하다. 애플리케이션이 크게 특성화 되어서 대부분의 클라이언트들은 그 소프트웨어가 필요 없을 수 있다. 예를 들면 어떤 렌터카 회사에서 개발된 관리 정보 시스템은 다른 렌터카 업체에서는 사용될 수 없을 것이다. 그러나 한편으로 소프트웨어 그 자체는 클라이언트에게 경쟁력의 우위를 제공하면서 프로덕트의 복사본들을 판매하는 것은 엄청난 경제적인 효과를 가져 온다. 이 모든 점을 조명해볼 때 설계 시에 프로덕트에 이식성 기법을 적용하는 것이 시간과 돈의 낭비일까?

이 질문에 대한 대답은 당연히 '낭비가 아니다'이다. 왜 이식성이 필수적인가에 대한 한 가지 중요한 이유는 소프트웨어 프로덕트의 생명주기는 일반적으로 소프트웨어가 처음 구현되어 수행되는 하드웨어의 생명주기보다 길다. 좋은 소프트웨어 프로덕트는 15년 이상 되는 생명주기를 가지고 있다. 반면에 하드웨어는 최소 4~5년 정도만 되면 교체된다. 따라서 좋은 소프트웨어는 세개 이상의 다른 하드웨어 환경에서 수행될 수 있어야 한다.

이 문제를 해결하는 한 가지 방법은 향상된 호환성을 갖는 하드웨어를 구입하는 것이다. 유일하게 소비되는 비용은 하드웨어를 구입하는 데 드는 비용이다. 소프트웨어는 변경될 필요가 없다. 그럼에도 불구하고 어떤 경우에는 프로덕트를 근본적으로 다른 형태의 하드웨어에 이식하는 데 비용만 더 들면 된다. 예를 들면 프로덕트의 첫 번째 버전이 7년 전에 어떤 메인프레임 컴퓨터에서 수행되었다고 가정해보자. 그 프로덕트의 변형 없이 새로 구입한 메인프레임 컴퓨터에서 사용하는 것이 가능하다 해도, 각 PC의 네트워크를 통해서 그 프로덕트를 이용하는 것이 비용이 훨씬 적게 들것이다. 이 경우에 소프트웨어가 이식성을 갖도록 구현되어졌다면 PC의 네트워크에 프로덕트를 이식하는 것은 아주 큰 경제적 효과를 가져 온다.

그러나 여러 종류의 소프트웨어가 존재한다. 예를 들면 PC용 소프트웨어를 개발하는 많은 소프트웨어 회사들은 COTS 소프트웨어의 많은 복사본들을 판매하여 돈을 벌고 있다. 실례로, 스프레드시트 패키지를 통해 얻는 이득은 매우 적어서 개발에 들어간 비용을 회수하는 것도 불가능했다. 이득을 남기기 위해서는 50,000개(심지어는 500,000개 이상)의 복사본을 판매해야 한다. 이렇게 추가 판매를 해서 수입을 증가시킨다. 그래서 프로덕트가 쉽게 새로운 하드웨어에 이식될 수 있다면 더 많은 돈을 벌 수 있게 된다.

물론 모든 소프트웨어처럼 프로덕트가 이러한 코드만이 아니라 매뉴얼들을 포함한 문서도 있다. 스프레드시트 패키지를 다른 하드웨어로 이식할 때 문서도 변경시키는 것을 의미한다. 즉, 이식성을 갖는 것은 새로운 문서를 처음부터 작성하지 않고 대상 환경을 반영하여 쉽게 문서를 변경할 수 있다는 의미이다. 완전히 새로운 프로덕트를 구현하기보다는 현재 가지고 있는 프로덕트를 새로운 컴퓨터에 이식할 수 있다면 노력을 상당히 줄일 수 있다. 이러한 이유 때문에 이식성을 갖는 것이 좋다. 이제 이식성을 촉진시키는 기법들을 학습한다.

8.13
이식성을 달성하는 기법

이식성을 달성하는 한 가지 방법은 프로그래머들에게 다른 컴퓨터에 이식할 때 문제가 발생하는 구조들을 사용하지 못하게 하면 된다. 예를 들어 분명한 원칙은 다음과 같다. 고급 프로그래밍 언어의 표준 버전을 사용하여 모든 소프트웨어를 구현한다. 하지만 이식성이 있는 운영체제는 어떻게 구현하는가? 결국 운영체제가 어떤 어셈블리 코드 없이 작성된다면 상당히 불편할 것이다. 마찬가지로 컴파일러는 특정 컴퓨터용인 목적 코드를 만들어낼 수가 있다. 여기서도 역시 모든 구현 의존적인 컴포넌트들을 배제하는 것은 불가능하다.

8.13.1 이식 가능한 시스템 소프트웨어

거의 모든 시스템 소프트웨어가 구현되는 것을 방지시키는 모든 구현 종속 측면(implementation-dependent aspect)을 금지시키는 대신에 보다 좋은 기법은 어떤 필요한 구현 종속 부분들을 격리시키는 것이다. 이 기법의 예는 원래 UNIX 운영체제가 구축했던 기법이다[Johnson, Ritchie, 1978]. 이 운영체제의 약 9000라인은 C 언어로 작성되었고, 나머지 1000라인은 커널(kernel)로 구성되었다. 커널은 어셈블리어로 구현되었고 각 구현에 대해 다시 구현되었다. C 코드의 1000라인은 장치 드라이버들에 관한 소스로 구성되어 있다. 이 코드 역시 매번 다시 구현된다. 그러나 C 코드의 나머지 8000라인은 구현에서 구현으로 이동할 때 크게 변동되지 않는다.

운영체제의 이식성을 향상시키는 또 다른 유용한 기법은 추상화를 이용하는 것이다(7.4.1절). 예를 들어 워크스테이션에서 그래픽 디스플레이 루틴을 고려해보자. 사용자는 자신의 소스 코드에 drwLine 같은 명령을 삽입한다. 이 소스 코드는 컴파일 되어서 그래픽 디스플레이 처리 루틴들과 링크 된다. 런타임 시에 drawLine은 화면에 사용자가 명시한 대로 선을 그려준다. 이것은 두 단계의 추상화를 이용하여 구현된 것이다. 즉 고급 언어로 구현된 상위 수준은 사용자 명령을 해석하여 실행하기에 적합한 하위 레벨 모듈에 적용한다. 만약 그래픽 디스플레이 루틴들이 새로운 형태의 워크스테이션에 이식된다면, 사용자의 코드나 그래픽 디스플레이 루틴들의 상위 수준에는 변화가 일어날 필요가 없다. 그러나 이 루틴들이 실제 하드웨어와 연결되어야 하는데 새로운 워크스테이션의 하드웨어가 기존에 이 패키지가 실행되었던 워크스테이션의 인터페이스와 다르기 때문에 이 패키지의 하위 레벨에 있는 루틴들은 다시 구현해야 한다. 이 기법은 ISO-OSI 모델[Tanenbaum, 2002]의 추상화 7 수준에 일치하는 통신 소프트웨어를 이식하는 데 성공적으로 사용됐다.

8.13.2 이식가능한 애플리케이션 소프트웨어

애플리케이션 소프트웨어는 운영체제와 컴파일러 같은 시스템 소프트웨어가 아니라 주로 고급 언어로 구현된 프로덕트이다. 15.1절을 보면 구현 언어의 선택에는 특별한 제약은 없지만 가능하다면 구현 언어가 비용-이익 분석에 기초해서 선택해야 된다고 말하고 있다(5.2절). 이 비용-이익 분석에 입력되는 인자 중 하나가 이식성이 미치는 영향이다.

프로덕트 개발의 모든 단계에서 의사결정은 보다 이식성이 있는 프로덕트로 만들어지도록 결정한다. 예를 들어 어떤 컴퓨터들은 대문자와 소문자를 구별한다. 이러한 컴파일러에서는 This_Is_A_Name과 this_is_a_name은 별개의 변수가 된다. 그러나 다른 컴파일러는 같은 이름의 변수로 취급한다. 대문자와 소문자의 차이를 지원하는 프로덕트는 프로덕트가 이식될 때 복구하기 어려운 문제가 발생할 수 있다.

프로그래밍 언어에 최적의 선택이 없듯이 운영체제에도 최적의 선택이 없다. 그러나 가능하다면 프로덕트가 실행될 수 있는 운영체제를 선택해야 한다. 이 문제는 UNIX 운영체제 기반에서 발생할 수 있는 문제이다. UNIX는 다양한 하드웨어에 구현되었다. 추가로 UNIX와 UNIX 기반의 여러 운영체제는 IBM VM/370과 VAX/VMS 같은 메인프레임 운영체제들에도 구현되었다. PC에서는 대부분 Windows를 사용하고 Linux도 일부 사용한다. 폭 넓게 구현된 프로그래밍 언어의 사용이 이식성을 증진시켰듯이 폭넓게 구현된 운영체제의 사용도 이식성을 크게 증진시킨다.

UNIX 기반의 시스템에서 사용되는 소프트웨어를 다른 시스템으로 전이하기 위해서 POSIX (Portable Operating System Interface for Computer Environments)가 개발되었다[NIST 151, 1988]. POSIX는 애플리케이션 프로그램과 UNIX 운영체제 사이에서 인터페이스를 표준화시켜주는 역할을 한다. 이제 POSIX는 많은 비 UNIX 운영체제에 구현되어 애플리케이션 소프트웨어가 이식되는 데 문제가 있는 많은 컴퓨터에 적용되고 있다.

언어 표준들은 이식성 문제를 해결하는 데 중요한 역할을 한다. 만약 개발 기관의 코드 표준이 오직 한 가지 표준 구조만 사용한다면 결과로 나온 프로덕트는 높은 이식성을 갖게 된다. 그렇게 되기 위해서 프로그래머들은 컴파일러가 지원하는 비표준 형태에 대한 리스트를 알아야 하지만 이것은 고위 관리자의 승인 없이는 금지되어 있다. 다른 중요한 코딩 표준처럼 사용되면, 이것은 컴퓨터가 점검할 것이다.

동일한 경우로 GUI(Graphical User Interface)는 표준 GUI 언어들의 도입으로 이식성을 갖게 되었다. 이러한 예는 Motif와 X11에서 살펴볼 수 있다. GUI 언어들의 표준화에 대한 반응은 GUI 중요성이 증대되고 있다는 것과 인간과 컴퓨터 간 인터페이스들의 이식성이 필요하다는 결과로 나왔다.

프로덕트가 구축되는 운영체제와 프로덕트가 이식될 예정인 운영체제 사이에 발생할 수 있는 잠재적인 호환성 문제를 미리 대비해 계획을 수립하는 것이 필요하다. 만약 가능하다면 운영체제 호출은 한 개나 두 개의 모듈로 제한해야 한다. 어떤 이벤트에 대해 모든 운영체제 호출은 세심하게 문서화되어야 한다. 운영체제 호출에 필요한 문서화 표준은 코드를 읽은 다음 프로그래머는 현재 운영체제가 무엇이건 간에 친밀감을 갖지 않을 것이며, 의미를 예상하기도 힘들 것이라고 가정한다.

설치 매뉴얼(installation manual) 형식의 문서화도 향후 프로덕트의 이식에 도움이 되도록 작성되어야 한다. 이렇게 작성된 매뉴얼은 프로덕트가 이식될 때 프로덕트의 일부분이 변경되어야 할 것이고, 어떤 일부분은 반드시 변경되어야 한다. 이 두 가지 경우에 어떤 작업이 수행되어야 하는지, 그리고 어떻게 해야 하는지를 상세히 설명되어야 한다. 마지막으로 사용자 매뉴얼이나 운영자 매뉴얼과 같은 다른 매뉴얼에 있었던 변경된 리스트도 설치 매뉴얼에 표시되어야 한다.

8.13.3 이식가능한 데이터

데이터의 이식성에 관한 문제는 아주 골치 아픈 문제가 될 수 있다. 하드웨어 호환성에 관한 문제들은 8.11.1절에 나와 있다. 그러나 이러한 문제들이 해결된 후에도 소프트웨어 호환성 문제들은 남아 있다. 실례로 인덱스-순차 파일(indexed-sequential file)의 포맷은 운영체제에 의해 결정된다. 왜냐하면 다른 운영체제는 일반적으로 다른 포맷을 의미한다. 대부분의 파일들은 그 파일의 데이터 포맷과 같은 정보를 포함하는 헤더(header)를 필요로 한다. 헤더의 포맷은 거의 항상 그 파일이 만들어진 특정 컴파일러와 운영체제에 따라 고유한 형태를 갖는다. 그러나 이 상황이 일반적으로 많이 사용되는 프로그래밍 언어로 만들어진 데이터 파일들을 이식하는 것과 같이 상황이 나빠질 수 있지만 더욱이 데이터베이스 관리 시스템이 사용될 때는 더욱 나빠진다.

데이터를 포팅 하는 가장 안전한 방법은 비구조화(순차적인)된 파일(unstructured (sequential) file)로 작성하는 것인데, 이것이 대상 컴퓨터에 데이터 파일을 이식하는 데 어려움을 최소화시키는 방법이다. 이 비구조화 된 파일로부터 희망하는 구조화된 파일로 다시 구축할 수 있어야 한다. 소스 컴퓨터 상에서 기존의 구조화된 파일을 순차적인 포맷의 파일로 변환하고 대상 컴퓨터 상에서 구조화된 파일을 이식된 순차 파일로 다시 만들 수 있는 두 가지 특별한 변환 루틴이 작성되어야 한다. 비록 이 해결방안이 매우 간단한 것처럼 보이지만 이 두 가지 루틴은 복잡한 데이터베이스 모델들 사이에서 변환이 수행되어야 한다면 간단한 일이 아니다.

이 장은 재사용과 이식성의 강점들과 제약들에 관한 요약으로 결론을 맺는다(그림 8.6). 이 그림에는 논의된 해당 절이 기재되어 있다.

8.13.4 Model-Driven Architecture

MDA(model-driven architecture)은 그것의 구현으로부터 소프트웨어 프로덕트의 기능을 완전히 분리시킴으로써 이식성을 달성하는 새로운 기술이다. MDA는 18.2절에 그 개요가 있다.

우리는 재사용과 이식성에 대한 강점과 장애에 개요와 함께 이 장을 결론 내린다(그림 8.14). 각 항목이 논의된 절에 게재되어 있다.

그림 8.14

재사용과 이식성의
강점들과 제약들
그리고 이 주제들이
논의된 절

Strengths	Impediments
Reuse	
Shorter development time (Section 8.1)	NIH syndrome (Section 8.2)
Lower development cost (Section 8.1)	Potential quality issues (Section 8.2)
Higher-quality software (Section 8.1)	Retrieval issues (Section 8.2)
Shorter maintenance time (Section 8.10)	Cost of making a component reusable (opportunistic reuse) (Section 8.2)
Lower maintenance cost (Section 8.10)	Cost of making a component for future reuse (systematic reuse) (Section 8.2)
	Legal issues (contract software only) (Section 8.2)
	Lack of source code for COTS components (Section 8.2)
Portability	
Software has to be ported to new hardware every 4 years or so (Section 8.12)	Potential incompatibilities: Hardware (Section 8.11.1) Operating systems (Section 8.11.2)
More copies of COTS software can be sold (Section 8.12)	Numerical software (Section 8.11.3) Compilers (Section 8.11.4) Data formats (Section 8.13.3)

복습

재사용은 8.1절에서 설명되었다. 8.2절에서는 재사용에 대한 제약들을 논의했다. 이 두 개의 재사용에 관한 사례 연구는 8.3절에 제시되어 있고, 8.4절에서는 재사용에 대한 객체-지향 패러다임의 영향이 분석되어 있다. 그리고 8.5절의 주제는 설계와 구현 동안에 재사용이다. 즉 여기에는 프레임워크, 패턴, 소프트웨어 아키텍처, 그리고 컴포넌트-기반 소프트웨어 공학을 포함한 내용들을 다루고 있다. 그 후 설계 패턴은 8.6절에서 보다 구체적으로 서술되어 있다. 8.7절에서 설계의 부류가 제시되었다. 설계 패턴의 강점과 약점은 8.8절에서 분석된다. WWW에서의 재사용의 영향은 8.9절에서, 인도 후 유지보수에서의 재사용의 영향은 8.10절에 서술되어 있다.

이식성은 8.11절에서 논의되었다. 이식성은 하드웨어에 의해 발생할 수 있는 비호환성(8.11.1절), 운영체제에 의해 발생할 수 있는 비호환성(8.11.2절), 수치 소프트웨어에 의해 발생할 수 있는 비호환성(8.11.3절), 컴파일러에 의해 발생할 수 있는 비호환성(8.11.4절) 등에 문제가 될 수 있다. 그럼에도 불구하고 모든 프로덕트들이 가능한 한 이식을 할 수 있도록 작성하는 게 중요하다(8.12절). 이식성을 가능하게 하는 방법들로는 가장 많이 쓰는 고급 언어를 사용하고 프로덕트의 이식될 수 없는 부분을 격리하고(8.13.1절), 언어의 표준, 이식가능한 데이터(8.13.3절)와 MDA(8.13.4절)를 고수하는 것이 있다(8.13.2절).

다양한 재사용 사례 연구는 [Lanergan and Grasso, 1984], [Matsumoto, 1984, 1987], [Selby, 1989], [Lim, 1994], [Jezeguel and Meyer, 1997], [Toft, Coleman, and Ohta, 2000]에서 찾을 수 있다. 네 개의 유럽회사들에서 성공적인 재사용실험은 [Morisio, Tully, Ezran, 2000]에 논의되어 있다.

재사용 프로그램의 성공에 영향을 미치는 요소들은 [Morisio, Ezran, and Tully, 2002]에서 보여준다. 재사용 전략은 [Revichandran and Rothenberger, 2003]에서 논의되었다. 소프트웨어 재사용 대안을 평가하기 위한 포괄적인 모델은 [Tomer et al., 2004]에서 보여준다. 대규모 시스템의 개발에서 재사용을 이루는 방법은 [Selby, 2005]에서 논의되었다. 재사용에 관한 연구 상태는 [Frakes and Kang, 2005]에서 개요를 보여 준다. 코드를 복제할 때, 즉, 복사와 붙여넣기를 통한 재사용에서, 결함들의 다중 복사가 나타날 수 있다. 이 문제는 [Li, Lu, Myagmar, and Zhou, 2006]에서 분석된다. 재사용을 지원하는 위키의 활용은 [Rech, Bogner, and Haas, 2007]에 논의되어 있다.

October 2000 issue of Communications of the ACM은 [Fingar, 2000]과 [Kobryn, 2000]을 포함해 컴포넌트-기반 프레임워크들에 대한 기사들이 포함되어 있다. 이는 특히 UML을 사용해 컴포넌트들과 프레임워크들을 어떻게 모델화하는지를 서술하고 있다. 프레임워크들과 패턴들을 통해 재사용을 달성하는 것은 [fach, 2001]에 서술되어 있다.

설계 패턴들은 아키텍처의 문맥 내에서 Alexander가 제안했다[Alexander et al., 1977]. 패턴 이론의 첫 번째 근원은 [Alexander, 1999]에 나타나 있다. 소프트웨어 설계 패턴들에 관한 가장 주요 작업은 [Gamma, Helm, Johnson, Vlissides, 1995]이다. 분석 패턴들은 [Fowler, 1997]에, 요구사항 패턴들은 [Hagge and Lappe, 2005]에 있고, 프로덕트 생명 주기 정보를 위한 설계 패턴들은 [Framling, Ala-Risku, Karkkainen, and Holmstrom, 2007]에서 논의되었다. 설계 패턴의 추출은 [Tsantalis, Chatzigeorgiou, Strphanides, and Halkidis, 2006]과 [Gueheneuc and Antoniol, 2008]에서, [Jing, Sheng, and Kang, 2007]에서 설계 패턴의 가상화가 보인다. 설계 패턴의 품질은 [Hsueh, Chu, and Chu, 2008]의 주제이다.

유지보수에 관한 설계 패턴 문서화의 영향을 평가한 경험은 [Prechelt, Unger-Lamprecht, Philppsen, Tichy, 2002]에 설명되어 있다. 안티패턴은 [Brown et al., 1998]에 설명되어 있다. 임베디드 시스템을 설계하기 위한 패턴은 [Pont and Banner, 2004]에서 논의된다. [Vokac, 2004]은 500-KLOC 프로덕트에서 결함률에 대한 패턴의 영향을 논의하고 있다.

소프트웨어 아키텍처에 관한 주요 정보 자원은 [Shaw and Garlan, 1996]이다. 소프트웨어 아키텍처에 대한 새로운 작업은 [Bosch, 2000]과 [Bass, Clements, Kazman, 2003]에 포함되어 있다. 아키텍처의 분석과 설계에 대한 접근법은 [Kazman, Bass, and Klein, 2006]에 있다. March-April 2006 issue of IEEE Software에는 특히, [Kruchten, Obbink, and Stafford, 2006], [Shaw and Clements, 2006]과 [Lange, Chaudron, and Muskens, 2006]와 같이 소프트웨어 아키텍처에 대한 여러 논문이 포함되어 있다. September 2008 issue of the Journal of Systems and Software에 소프트웨어 아키텍처에 대한 논문들은 [Bass et al., 2008], [Ferrari and Madhavji, 2008]을 포함하고 있다.

소프트웨어 프로덕트 라인들은 [Clemenrs and Northrop, 2002]에 서술되어 있다. 소프트웨어 프로덕트 라인의 실무에 대한 상태는 [Brik et al., 2003]에서 논의된다. 소프트웨어 프로덕트 라인의 비용-이익 분석은 [Bockle et al., 2004]에서 보인다. 소프트웨어 프로덕트 라인의 관리는 [Clements, Jones, Northrop, and McGregor, 2005]에서 논의되었다. 소프트웨어 프로덕트 라인의 테스팅은 [Pohl and Metzger, 2006]에서 논의되었다. December 2006 issue of the Communication of the ACM은 소프트웨어 프로덕트 라인에 대한 13개의 논문들을 포함하고 있다. [Hanssen and Faegri, 2008]을 포함하여, 애자일 소프트웨어 프로덕트 라인 공학에 대한 다양한 논문들은 June 2008 issue of the Journal of Systems and Software에서 찾을 수 있다.

[Brereton and Budgen, 2000]은 컴포넌트-기반 소프트웨어 프로덕트들의 핵심 이슈들을 논의하고 있다. 컴포넌트-기반 소프트웨어 공학의 경험에 대한 기사들은 [Sparling, 2000], 그리고 [Baster, Konana, Scott, 2001]에 포함되어 있다. 컴포넌트 기반 소프트웨어 공학의 강점과 약점은 [Vitharana, 2003]에서 논의되었다. 근본적인 소프트웨어 컴포넌트 모델은 [Lau and Wang, 2007]에서 논의되었다.

이식성을 달성하는 전략들은 [Mooney, 1990]에서 발견할 수 있다. C와 UNIX의 이식성은 [Johnson and Richie, 1978]에서 논의되었다.

연습 문제

8.1 재사용성과 이식성 간의 차이점들을 세부적으로 설명하여라.

8.2 코드 산출물이 새로운 프로덕트에서 변경되지 않고 재사용되었다. 이 재사용이 프로덕트의 전체 비용을 어떤 방식으로 줄이는가? 무슨 방법들이 비용을 변경시키지 않는가?

8.3 코드 산출물이 오퍼레이션들 중에 덧셈 오퍼레이션을 뺄셈 오퍼레이션으로 교체한 뒤 재사용되었다고 가정하자. 이 소수의 변경이 문제 8.2의 비용절감에 미치는 영향은 무엇인가?

8.4 클래스 라이브러리로부터 클래스의 인스턴스나 라이브러리 루틴들을 재사용하여 Naur의 텍스트-프로세싱 문제(6.5.2절)에 대한 해결방안을 설계하고 구현하여라.

8.5 설계, 구현, 테스팅, 유지보수의 관점에서 문제 6.16에 대한 당신의 해결방안과 문제 8.4에 대한 당신의 해결방안을 비교하여라.

8.6 당신은 산업용 로봇들을 제조하는 큰 기업체에서 일하고 있다. 이 기업은 서로 다른 95,000개의 FORTAN 모듈들이 포함되어 있는 수백 개의 소프트웨어 프로덕트들을 가지고 있다. 당신은 미래의 프로덕트들을 위하여 이 모듈들을 재사용하기 위한 계획을 수립하도록 고용되었다. 당신의 제안은 무엇인가?

8.7 자동화 라이브러리 순환 시스템(library circulation system)을 고려해보자. 모든 책은 바코드를 가지고 있고 모든 대여자는 바코드를 포함하고 있는 카드를 갖고 있다. 어떤 대여자가 어떤 책을 빌리고자 할 때, 사서는 그 책의 바코드와 대여자의 카드를 스캔하고 컴퓨터 터미널에서 C를 입력한다. 마찬가지로 책이 반납될 때도 책을 대여할 때와 같이 스캔을 하고 사서는 R을 입력한다. 사서들은 도서 열람에서 책을 추가시키거나(＋) 뺄(－) 수 있다. 대여자는 터미널에 가서 도서관에 있는 특정 저자의 모든 책을 검색(대여자는 A＝뒤에 저자의 이름을 친다)할 수 있고 특정 제목의 모든 책들을 검색(대여자는 T＝뒤에 제목을 친다)하거나 특정 분야의 책들을 검색(대여자는 S＝뒤에 특정 분야를 친다)할 수 있다. 마지막으로 대여자가 현재 대출 중인 책들을 보고 싶을 때, 사서가 그 책이 반납되었을 때, 그 책을 요청하는 대여자에게 알려줄 수 있도록(H＝뒤에 책의 번호를 친다) 그 책을 대출하지 않고 유지할 수 있다. 이러한 경우에 당신이 코드 산출물들의 재사용률을 높게 유지하기 위해 어떻게 해야 하는지 설명하여라.

8.8 당신은 은행의 계정 상태가 올바른지를 점검하는 프로덕트를 만들어 달라는 요청을 받았다. 필요한 데이터는 월초의 잔액, 각 수표의 번호, 날짜, 수량, 각 예금액, 월말의 잔액이다. 당신은 어떻게 이 프로덕트의 많은 코드 산출물들이 앞으로 만들어질 새로운 프로덕트에 가능한 한 많이 재사용될 수 있도록 할 것인지 설명하여라.

8.9 현금자동지급기(ATM)를 고려해보자. 사용자는 지급기의 슬롯에 카드를 넣고 네 자리 개인 ID 번호(PIN, personal identification number)를 쳐 넣는다. 만약 PIN이 정확하지 않다면, 이 카드로 거래하는 것이 거절된다. 정확한 카드라면, 사용자는 네 가지 다른 은행 계좌들에 다음과 같은 오퍼레이션들을 할 수 있다.

(i) 예금하기. 거래 날짜, 예금액, 계좌 번호를 보여주는 영수증을 받는다.

(ii) 20달러 단위로 200달러까지 대출하기(그 구좌는 초과되지 않을 것이다). 그리고 그 돈에 대해서 사용자는 거래 날짜, 대출 금액, 계좌 번호, 대출 후 잔액을 보여주는 영수증을 받는다.

(iii) 계좌의 잔액 보기. 이것은 화면상에 나타나게 한다.

(iv) 두 계좌 사이에 돈을 전송하기. 전송 금액은 그 계좌의 잔고를 넘지 못한다. 사용자는 거래 날짜, 대출 금액, 계좌 번호, 대출 후 잔액을 보여주는 영수증을 받는다.

(v) 끝내기. 카드가 지급기 슬롯에서 나온다.

당신은 어떻게 이 프로덕트의 많은 코드 산출물들이 향후 만들어질 새로운 프로덕트에 가능한 한 많이 재사용할 수 있도록 할 것인지를 설명하여라.

8.10 소프트웨어 생명주기 초기에 개발자들은 어떻게 Ariane 5 소프트웨어의 결함을 발견할 수 있었나?(8.3.2절)

8.11 우리는 언제 프로덕트 그 자체 내에 소프트웨어 프로덕트의 컴포넌트를 재사용하는가? 그런 재사용은 어떻게 설계되고 구현되어야 하는가?

8.12 당신은 당신이 개발하는 프로덕트를 위해 특정한 애플리케이션 프레임워크를 사용하기로 결정했다. 이것이 당신의 프로덕트에 아키텍처가 완성되었다는 것을 의미하는가?

8.13 프레임워크와 소프트웨어 프로덕트 라인 사이에 차이점은 무엇인가?

8.14 5장에 어느 이론적인 툴이 3-계층 아키텍처(three-tier architecture)의 예인가?

8.15 5장에 어느 이론적인 툴이 모델-뷰-컨트롤러(MVC) 아키텍처 패턴의 예인가?

8.16 5장에 어느 이론적인 툴이 8.6절의 모든 설계 패턴의 예인가?

8.17 컴포넌트의 재사용은 이식성과 타협할 수 있는가?

8.18 자동화 library circulation system(문제 8.7)은 어느 정도의 이식성을 보장할 수 있는지 설명해 보아라.

8.19 은행의 계좌상태가 올바른지 검사하는 프로덕트(문제 8.8)는 어느 정도의 이식성을 보장할 수 있는지 확인해 보아라.

8.20 문제 8.9의 현금 자동 지급기 소프트웨어는 어느 정도의 이식성을 보장할 수 있을지 확인해 보아라.

8.21 당신이 일하고 있는 기업은 암 치료에 사용될 새로운 형태의 레이저를 이용한 실시간 제어 시스템을 개발하고 있다. 당신은 두 개의 어셈블러 모듈들을 작성하는 일을 담당하고 있다. 당신은 결과 코드가 가능한 한 많은 이식성을 갖도록 하기 위해서 당신의 팀에게 어떻게 지시할 것인가?

8.22 당신은 750,000라인의 COBOL 프로덕트를 회사의 새로운 컴퓨터에 이식하는 책임을 갖고 있다. 당신은 새로운 컴퓨터에 소스 코드를 복사했지만 그 소스 코드를 컴파일 할 때 15,000개의 입출력 문장들이 새로운 컴파일러에서는 인식하지 못하는 비표준 COBOL 문법으로 작성된 것을 발견했다. 그렇다면 이제 무슨 조치를 취해야 하는가?

8.23 어떤 방법으로 객체-지향 패러다임이 이식성과 재사용성을 향상시키는가?

8.24 (Term Project) 부록 A에 있는 Ophelia's Oasis 프로덕트는 고전적 패러다임을 이용하여 개발되었다고 가정하자. 이 프로덕트의 어떤 부분이 미래의 프로덕트들에서 재사용될 수 있는가? 이제는 이 프로덕트가 객체-지향 패러다임으로 만들어졌다고 가정하자. 그러면 이 프로덕트의 어떤 부분이 미래의 프로덕트들에서 재사용될 수 있는가?

8.25 (Readings in Software Engineering) 당신의 교습자는 논문 [Tomer et al., 2004]의 복사본을 배포할 것이다. 당신은 모델을 사용하기 위해 어떤 데이터를 축적할 필요가 있는가?

참고 문헌

[Alexander, 1999] C. ALEXANDER, "The Origins of Pattern Theory," *IEEE Software* **16** (September/October 1999), pp. 71-82.

[Alexander et al., 1977] C. ALEXANDER, S. ISHIKAWA, M. SILVERSTEIN, M. JACOBSON, I. FIKSDAHLKING, AND S. ANGEL, *A Pattern Language,* Oxford University Press, New York, 1977.

[ANSI X3.159, 1989] *The Programming Language C,* ANSI X3.159-1989, American National Standards Institute, New York, 1989.

[ANSI/IEEE 754, 1985] *Standard for Binary Floating Point Arithmetic,* ANSI/IEEE 754, American National Standards Institute, Institute of Electrical and Electronic Engineers, NewYork, 1985.

[ANSI/MIL-STD-1815A, 1983] *Reference Manual for the Ada Programming Language,* ANSI/MILSTD-1815A, American National Standards Institute, United States Department of Defense, Washington, DC, 1983.

[Bass, Clements, and Kazman, 2003] L. BASS, P. CLEMENTS, AND R. KAZMAN, *Software Architecture in Practice,* 2nd ed., Addison Wesley, Reading, MA, 2003.

[Bass et al., 2008] L. BASS, R. NORD, W. WOOD, D. ZUBROW, AND R. KAZMAN, Software Architecture in Practice, 2nd ed., Addison-Wesley, Reading, MA, 2003.

[Baster, Konana, and Scott, 2001] G. BASTER, P. KONANA, AND J. E. SCOTT, "Business Components: A Case Study of Bankers Trust Australia Limited," *Communications of the ACM* **44** (May 2001), pp. 92-98.

[Birk et al., 2003] A. BIRK, G. HELLER, I. JOHN, K. SCHMID, T. VON DER MASSEN, AND K. MULLER, "Product Line Engineering, the State of the Practice," *IEEE Software* **20** (November-December 2003), pp. 52-60.

[Bockle et al., 2004] G. BOCKLE, P. CLEMENTS, J. D. MCGREGOR, D. MUTHIG, AND K. SCHMID, "Calculating ROI for Software Product Lines," *IEEE Software* **21** (May-June 2004), pp. 23-31.

[Bosch, 2000] J. BOSCH, *Design and Use of Software Architectures,* Addison Wesley, Reading, MA, 2000.

[Brereton and Budgen, 2000] P. BRERETON AND D. BUDGEN, "Component-Based Systems: A Classi-fication of Issues," *IEEE Computer* **33** (November 2000), pp. 54-62.

[Brown et al., 1998] W. J. BROWN, R. C. MALVEAU, W. H. BROWN, H. W. MCCORMICK, III, AND T. J. MOWBRAY, *AntiPatterns: Refactoring Software, Architectures, and Projects in Crisis,* John Wiley and Sons, New York, 1998.

[Clements and Northrop, 2002] P. CLEMENTS AND L. NORTHROP, *Software Product Lines: Practices and Patterns,* Addison Wesley, Reading, MA, 2002.

[Clements, Jones, Northrop, and McGregor, 2005] P. C. CLEMENTS, L. G. JONES, L. M. NORTHROP, AND J. D. MCGREGOR, "Project Management in a Software Product Line Organization," *IEEE Software* **22** (September-October 2005), pp. 54-62.

[Fach, 2001] P. W. FACH, "Design Reuse through Frameworks and Patterns," *IEEE Software* **18** (September/October 2001), pp. 71-76.

[Ferrari and Madhavji, 2008] R. FERRARI AND N. H. MADHAVJI, "Software Architecting without Requirements Knowledge and Experience: What Are the Repercussions?" *Journal of Systems and Software* **81** (September 2008), pp. 1470-90.

[Fingar, 2000] P. FINGAR, "Component-Based Frameworks for e-Commerce," *Communications of the ACM* **43** (October 2000), pp. 61-66.

[Flanagan, 2002] D. FLANAGAN, *Java in a Nutshell: A Desktop Quick Reference,* 4th ed., O'Reilly and Associates, Sebastopol, CA, 2002.

[Fowler, 1997] M. FOWLER, *Analysis Patterns: Reusable Object Models,* Addison Wesley, Reading, MA, 1997.

[Frakes and Kang, 2005] W. B. FRAKES AND K. KANG, "Software Reuse Research: Status and Future." *IEEE Transactions on Software Engineering* **31** (July 2005), pp. 529-536.

[Främling, Ala-Risku, Kärkkäinen, and Holmström. 2007] K. FRÄMLING, T. ALA-RISKU, M. KÄRKKÄINEN, AND J. HOLMSTRÖM, "Design Patterns for Managing Product Life Cycle Information," *Communications of the ACM* **50** (June 2007), pp. 75-79.

[Gamma, Helm, Johnson, and Vlissides, 1995] E. GAMMA, R. HELM, R. JOHNSON, AND J. VLISSIDES, *Design Patterns: Elements of Reusable Object-Oriented Software,* Addison Wesley, Reading, MA, 1995.

[Gifford and Spector, 1987] D. GIFFORD AND A. SPECTOR, "Case Study: IBM's System/360-370 Architecture," *Communications of the ACM* **30** (April 1987), pp. 292-307.

[Green, 2000] P. GREEN, "FW: Here's an Update to the Simulated Kangaroo Story," *The Risks Digest* **20** (January 23, 2000), catless.ncl.ac.uk/Risks/20.76.html.

[Griss, 1993] M. L. GRISS, "Software Reuse: From Library to Factory," *IBM Systems Journal* **32** (No. 4, 1993), pp. 548-66.

[Guéhéneuc and Antoniol, 2008] Y.-G. GUÉHÉNEUC AND G. ANTONIOL, " DeMIMA: A Multilayered Approach for Design Pattern Identification," *IEEE Transactions on Software Engineering* **34** (September-October 2008), pp. 667-84.

[Hagge and Lappe, 2005] L. HAGGE AND K. LAPPE, "Sharing Requirements Engineering Experience Using Patterns," *IEEE Software* **22** (January-February 2005), pp. 24-31.

[Hanssen and Fægri, 2008] G. K. HANSSEN AND T. E. FÆGRI, "Process Fusion: An Industrial Case Study on Agile Software Product Line Engineering," *Journal of Systems and Software* **81** (April 2008), pp. 502-16.

[Hsueh, Chu, and Chu, 2008] N. HSUEH, P. CHU, AND W. CHU, "A Quantitative Approach for Evaluating the Quality of Design Patterns," *Journal of systems and Software* **81**(August 2008), pp. 1430-39.

[ISO/IEC 1539-1, 2004] *Information Technology-Programming Languages-Fortran-Part 1: Base Language,* ISO/IEC 1539-1, International Organization for Standardization, International Electrotechnical Commission, Geneva,

2004.

[ISO/IEC 1989, 2002] *Information Technology-Programming Language COBOL,* ISO 1989:2002, International Organization for Standardization, International Electrotechnical Commission, Geneva, 2002.

[ISO/IEC 8652, 1995] *Programming Language Ada: Language and Standard Libraries,* ISO/IEC 8652, International Organization for Standardization, International Electrotechnical Commission, Geneva, 1995.

[ISO/IEC 14882, 1998] *Programming Language C++,* ISO/IEC 14882, International Organization for Standardization, International Electrotechnical Commission, Geneva, 1998.

[Jézéquel and Meyer, 1997] J.-M. JÉZÉQUEL AND B. MEYER, "Put It in the Contract: The Lessons of Ariane," *IEEE Computer* **30** (January 1997), pp. 129-30.

[Jing, Sheng, and Kang, 2007] D. JING, Y. SHENG, AND Z. KANG, "Visualizing Design Patterns in Applications and Compositions," *IEEE Transactions on Software Engineering* **32** (July 2007), pp. 433-53.

[Johnson, 1979] S. C. JOHNSON, "A Tour through the Portable C Compiler," *UNIX Programmer's Manual,* 7th ed., Bell Laboratories, Murray Hill, NJ, January 1979.

[Johnson and Ritchie, 1978] S. C. JOHNSON AND D. M. RITCHIE, "Portability of C Programs and the UNIX System," *Bell System Technical Journal* **57** (No. 6, Part 2, 1978), pp. 2021-48.

[Jones, 1984] T. C. JONES, "Reusability in Programming: A Survey of the State of the Art," *IEEE Transactions on Software Engineering* **SE-10** (September 1984), pp. 488-94.

[Kazman, Bass, and Klein, 2006] R. KAZMAN, L. BASS, AND M. KLEIN, "The Essential Components of Software Architecture Design and Analysis," *Journal of Systems and Software* **79** (August 2006), pp. 1207-16.

[Kernighan and Ritchie, 1978] B. W. KERNIGHAN AND D. M. RITCHIE, *The C Programming Language,* Prentice-Hall, Englewood Cliffs, NJ, 1978.

[Kobryn, 2000] C. KOBRYN, "Modeling Components and Frameworks with UML," *Communications of the ACM* **43** (October 2000), pp. 31-38.

[Kruchten, Obbink, and Stafford, 2006] P. KRUCHTEN, H. OBBINK, AND J. STAFFORD, "The Past, Present, and Future for Software Architecture," *IEEE Software* **23** (March-April 2006), pp. 22-30.

[Lanergan and Grasso, 1984] R. G. LANERGAN AND C. A. GRASSO, "Software Engineering with Reusable Designs and Code," *IEEE Transactions on Software Engineering* **SE-10** (September 1984), pp. 498-501.

[Lange, Chaudron, and Muskens, 2006] C. F. J. LANGE, M. R. V. CHAUDRON, AND J. MUSKENS, "In Practice: UML Software Architecture and Design Description," *IEEE Software* **23** (March-April 2006), pp. 40-46.

[LAPACK++, 2000] "LAPACK++: Linear Algebra Package in C++," at math.nist.gov/lapack++, 2000.

[Lau and Wang, 2007] K.-K. LAU AND Z. WANG, "Software Component Models," *IEEE Transactions on Software Engineering* **33** (October 2007), pp. 709-24.

[Li, Lu, Myagmar, and Zhou, 2006] Z. LI, S. LU, S. MYAGMAR, AND Y. ZHOU, "CP-Miner: Finding Copy-Paste and Related Bugs in Large-Scale Software Code," *IEEE Transaction on Software Engineering* **32** (March 2006), pp. 176-92.

[Lim, 1994] W. C. LIM, "Effects of Reuse on Quality, Productivity, and Economics," *IEEE Software* **11** (September 1994), pp. 23-30.

[Liskov, Snyder, Atkinson, and Schaffert, 1977] B. LISKOV, A. SNYDER, R. ATKINSON, AND C. SCHAFFERT, "Abstraction Mechanisms in CLU," *Communications of the ACM* **20** (August 1977), pp. 564-76.

[Mackenzie, 1980] C. E. MACKENZIE, *Coded Character Sets: History and Development,* Addison Wesley, Reading, MA, 1980.

[Matsumoto, 1984] Y. MATSUMOTO, "Management of Industrial Software Production," *IEEE Computer* **17** (February 1984), pp. 59-72.

[Matsumoto, 1987] Y. MATSUMOTO, "A Software Factory: An Overall Approach to Software Production," in: *Tutorial: Software Reusability,* P. Freeman (Editor), Computer Society Press, Washington, DC, 1987, pp. 155-78.

[Mooney, 1990] J. D. MOONEY, "Strategies for Supporting Application Portability," *IEEE Computer* **23** (November 1990), pp. 59-70.

[Morisio, Ezran, and Tully, 2002] M. MORISIO, M. EZRAN, AND C. TULLY, "Success and Failure Factors in Software Reuse," *IEEE Transactions on Software Engineering* **28** (April 2002), pp. 340-57.

[Morisio, Tully, and Ezran, 2000] M. MORISIO, C. TULLY, AND M. EZRAN, "Diversity in Reuse Processes," *IEEE Software* **17** (July/August 2000), pp. 56-63.

[Musser and Saini, 1996] D. R. MUSSER AND A. SAINI, *STL Tutorial and Reference Guide: C++ Programming with the Standard Template Library,* Addison Wesley, Reading, MA, 1996.

[NAG, 2003] "NAG The Numerical Algorithms Group Ltd," at www.nag.co.uk, 2003.

[NIST 151, 1988] *POSIX: Portable Operating System Interface for Computer Environments,* Federal Information Processing Standard 151, National Institute of Standards and Technology, Washington, DC, 1988.

[Noruis, 2005] M. J. NORUSIS, *SPSS 13.0 Guide to Data Analysis,* Prentice Hall, Upper Saddle Valley River, NJ, 2005.

[Norwig, 1996] P. NORWIG, "Design Patterns in Dynamic Programming," norvig.com/design-patterns/ppframe.htm/, 1996.

[Pohl and Metzger, 2006] K. POHL AND A. METZGER, "Software Product Line Testing," *Communications of the ACM* **49** (December 2006), pp. 78-81.

[Pont and Banner, 2004] M. J. PONT AND M. P. BANNER, "Designing Embedded Systems Using Patterns: A Case Study," Journal of Systems and Software 71 (May 2004), pp. 201-13.

[Prechelt, Unger-Lamprecht, Philippsen, and Tichy, 2002] L. PRECHELT, B. UNGER-LAMPRECHT, M. PHILIPPSEN, AND W. F. TICHY, "Two Controlled Experiments Assessing the Usefulness of Design Pattern Documentation in Program Maintenance, *IEEE Transactions on Software Engineering* **28** (June 2002), pp. 595-606.

[Ravichandran and Rothenberger, 2003] T. RAVICHANDRAN AND M. A. ROTHENBERGER, "Software Reuse Strategies and Component Markets," *Communications of the ACM* **46** (August 2003), pp. 109-14.

[Rech, Bogner, and Haas, 2007] J. RECH, C. BOGNER, AND V. HAAS, "Using Wikis to Tackle Reuse in Software Projects," *IEEE Software* **24** (November-December 2007), pp. 99-104.

[Schach, 1992] S. R. SCHACH, *Software Reuse: Past, Present, and Future,* videotape, 150 min, US-VHS format, IEEE Computer Society Press, Los Alamitos, CA, November 1992.

[Schach, 1994] S. R. SCHACH, "The Economic Impact of Software Reuse on Maintenance," *Journal of Software Maintenance-Research and Practice* **6** (July/August 1994), pp. 185-96.

[Schach, 1997] S. R. SCHACH, *Software Engineering with Java,* Richard D. Irwin, Chicago, 1997.

[Schricker, 2000] D. SCHRICKER, "Cobol for the Next Millennium," *IEEE Software* **17** (March/April 2000), pp. 48-52.

[Selby, 1989] R. W. SELBY, "Quantitative Studies of Software Reuse," in: *Software Reusability,*Vol. 2, *Applications and Experience,* T. J. Biggerstaff and A. J. Perlis (Editors), ACM Press, New York, 1989, pp. 213-33.

[Selby, 2005] R. W. SELBY, "Enabling Reuse-based Software Development of Large-Scale Systems," *IEEE Transactions on Software Engineering* **31** (June 2005), pp. 495-510.

[Shaw and Clements, 2006] M. SHAW AND P, CLEMENTS, "The Golden Age of Software Architecture," *IEEE Software* **23** (March-April 2006), pp. 31-39.

[Shaw and Garlan, 1996] M. SHAW AND D. GARLAN, *Software Architecture: Perspectives on an Emerging Discipline,* Prentice Hall, Upper Saddle Valley River, NJ, 1996.

[Sparling, 2000] M. SPARLING, "Lessons Learned through Six Years of Component-Based Development," *Communications of the ACM* **43** (October 2000), pp. 47-53.

[Tanenbaum, 2002] A. S. TANENBAUM, *Computer Networks,* 4th ed., Prentice Hall, Upper Saddle River, NJ, 2002.

[Toft, Coleman, and Ohta, 2000] P. TOFT, D. COLEMAN, AND J. OHTA, "A Cooperative Model for Cross-Divisional Product Development for a Software Product Line," in: *Software Product Lines: Experience and Research Directions,* P. Donohoe (Editor), Kluwer Academic Publishers, Boston, 2000, pp. 111-32.

[Tomer et al., 2004] A. TOMER, L. GOLDIN, T. KUFLIK, E. KIMCHI, AND S. R. SCHACH, "Evaluating Software Reuse Alternatives: A Model and Its Application to an Industrial Case Study," *IEEE Transactions on Software Engineering* **30** (September 2004), pp. 601-12.

[Tracz, 1994] W. TRACZ, "Software Reuse Myths Revisited," *Proceedings of the 16th International Conference on Software Engineering,* Sorrento, Italy, May 1994, pp. 271-72.

[Tsantalis, Chatzigeorgiou, Stephanides, and Halkidis, 2006] N. TSANTALIS, A. CHATZIGEORGIOU, G. STEPHANIDES, AND S. T. HALKIDIS, "Design Pattern Detection Using Similarity Scoring," *IEEE Transactions on Software Engineering* **32** (November 2006), pp. 896-909.

[Vitharana, 2003] P. VITHARANA, "Risks and Challenges of Component-Based Software Development," *Communications of the ACM* **46** (August 2003), pp. 67-72.

[Vokac, 2004] M. VOKAC, "Defect Frequency and Design Patterns: An Empirical Study of Industrial Code," *IEEE Transactions on Software Engineering* **30** (December 2004), pp. 904-17.

제**9**장

계획 수립과 추정

학습목표

이 장을 학습하면 다음 사항들을 습득하게 된다.

● 계획 수립의 중요성을 설명할 수 있게 된다.

● 구축할 소프트웨어 프로덕트의 규모와 비용을 추정할 수 있게 된다.

● 추정들을 갱신하고 추적하는 중요성을 인식하게 된다.

● IEEE 표준에 준하는 프로젝트 관리 계획을 작성할 수 있게 된다.

소프트웨어 프로덕트 구축 시 난제들을 쉽게 풀 수 있는 해결방안은 없다. 대규모 소프트웨어 프로덕트에는 시간과 자원이 동시에 투입된다. 이는 다른 대규모 건축 프로젝트처럼 프로젝트 시점에 체계적인 계획 수립이 성공과 실패를 구별해주는 가장 중요한 인자가 된다. 그러나 이러한 초기 **계획 수립**(initial planning)만으로는 충분하지 않다. 테스팅과 마찬가지로 계획 수립은 소프트웨어 개발과 유지보수 프로세스 전체에 계속 진행되어야 한다. 그러나 지속적인 계획 수립의 필요성에도 불구하고 이들 활동은 명세들이 작성된 후에 절정에 도달했다가 설계 활동들이 시작되기 전에 종료된다. 프로세스의 이 시점에서 의미 있는 기간(duration)과 비용추정(cost estimation)이 계산되고 프로젝트를 완성하기 위한 세부적인 계획이 작성된다.

이 장에서는 계획 수립을 두 가지 유형으로 구분한다. 즉 하나는 프로젝트 전반에 걸쳐 수행되는 계획 수립이고, 또 하나는 명세들이 완성되면 수행해야 되는 심도 있는 계획 수립이다.

계획 수립과 소프트웨어 프로세스

SOFTWARE

이상적으로 우리는 프로세스의 아주 초기에 전체 소프트웨어 프로젝트가 계획되기를 바라고 또 대상 소프트웨어가 클라이언트에게 양도될 때까지 수립된 계획에 따라 수행되기를 바란다. 하지만 이것은 불가능하다. 왜냐하면 초기 워크플로 동안에는 프로젝트에 이용할 수 있는 정보가 충분하지 않아 완성될 프로젝트에 관한 의미 있는 계획을 수립할 수가 없다. 예를 들어 요구사항 워크플로 동안에는 (요구사항 워크플로 자체 이외의) 어떠한 종류의 계획 수립도 의미가 없다.

요구사항 워크플로의 후반부에서 그리고 분석 워크플로의 후반부에서 개발자들이 다룰 수 있는 정보의 차이는 개략적인 청사진과 구체적인 청사진 간의 차이와 유사하다. 요구사항 워크플로의 후반부가 되어야 개발자들은 클라이언트의 니즈가 무엇인지를 비정형적으로 이해하게 된다. 반대로 분석 워크플로의 후반부가 되어 클라이언트가 구축할 내용을 정확하게 서술된 문서에 서명할 시점이 되면 개발자들은 대상 프로덕트의 대부분의(전체 모두는 아님) 측면들에 있는 세부적인 내역을 알게 된다. 이때가 프로세스에서 정확한 기간과 비용추정이 결정될 수 있는 초기 시점이 된다.

그럼에도 불구하고 어떤 경우에는 조직이 명세가 작성되기도 전에 기간과 비용추정이 나오기를 요구한다. 최악의 경우는 클라이언트가 한두 시간 동안 개괄적인 논의를 한 후 이를 근거로 요청을 하는 경우다. 그림 9.1에서 이것이 얼마나 문제가 있는지를 보여주고 있다. 즉 이 그림은 [Boehm et al., 1995]에 있는 모델에 근거해서 생명주기의 다양한 워크플로들에 대한 비용 추정과 관련된 범위를 묘사하고 있다. 예를 들어 프로덕트가 구현 워크플로의 후반부에 승인 테스트를 통과한 후 클라이언트에 인도될 때 그 비용이 백만 달러가 든다고 가정해보자. 만약 비용 추정이 요구사항 워크플로의 중간에 추정되었다면, 그림 9.2에서 보이는 것처럼 추정의 범위는 25만 달러에

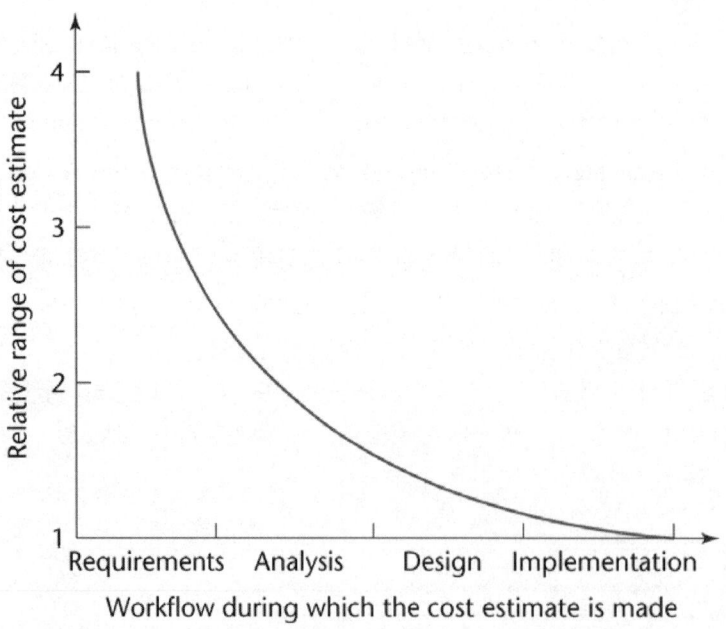

그림 9.1

각 생명주기 워크플로에 대한 비용 추정의 관련 영역

그림 9.2 각 생명주기 워크플로에 대한 비용 추정의 관련 영역

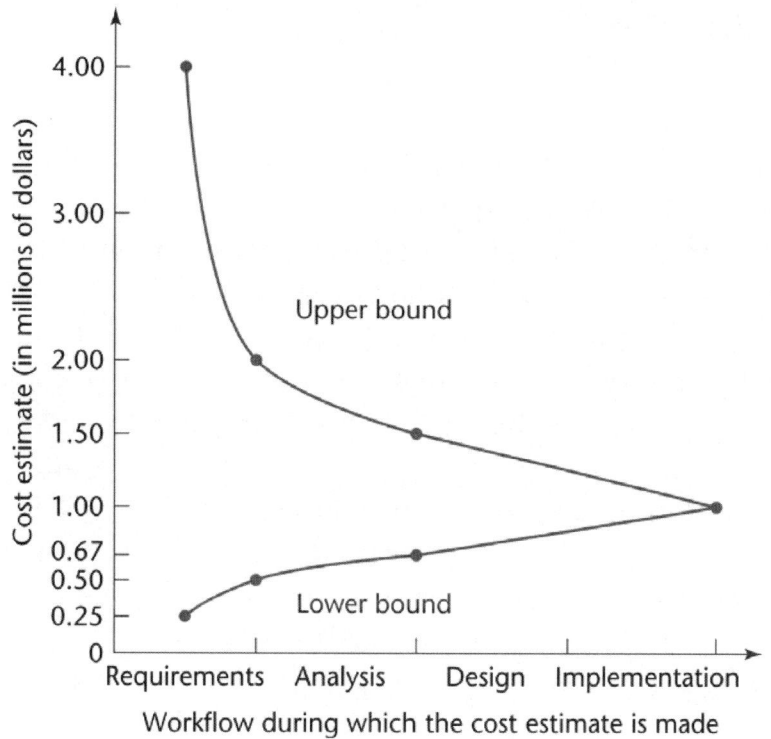

서 4백만 달러 사이에 있게 된다. 유사하게 만약 비용 추정이 분석 워크플로의 중간에 추정된다면 추정의 범위는 50만 달러에서 2백만 달러 사이로 줄어들게 된다. 더욱이 만약 비용 추정이 분석 워크플로의 후반부에 추정되면, 즉 가장 적합한 시기에 추정되면, 67만 달러에서 1백5십만 달러로 상대적으로 아직은 범위가 크다. 그림 9.2를 보면 위와 아래의 선에 수직으로 네 개의 점이 표시되어 있다. 이러한 모델은 **불확실성 원추**(cone of Uncertainty)라고 부른다. 비용 추정이 정확한 과학이 아닌 것은 그림 9.1과 9.2에서 명백히 볼 수 있다. 이에 대한 이유는 9.2절에 있다.

이 불확실성 원추 모델이 기반을 둔 데이터는 U.S. Air Force Electronic System Division [Devenny, 1976]에 제출한 다섯 개의 제안에 포함된 오래된 데이터로서 이 추정기법은 제안된 이후 크게 개선되었다. 그럼에도 불구하고 그림 9.1에 있는 곡선의 전체 모습은 크게 변경되지 않았다. 결론적으로 미숙한 개발 기간이나, 즉 클라이언트가 명세들에 서명하기 이전에 만들어진 추정은 충분한 데이터가 축적되었을 때 만들어진 추정보다 정확성이 크게 떨어진다.

이제부터 기간과 비용을 추정하는 기법들을 학습한다. 이 장의 나머지 모든 부분에서는 분석 워크플로가 완성된 후에, 즉 의미 있는 추정과 계획 수립이 수행된다고 가정했다.

9.2
기간과 비용 추정

예산(budget)은 소프트웨어 프로젝트 관리 계획에서 없어서는 안 될 중요한 부분이다. 설계가 시작되기 전에 클라이언트는 프로덕트에 얼마의 비용이 드는지 알 필요가 있다. 만약 개발 팀이 실제 비용을 과소평가했다면 개발 조직은 프로젝트에서 금전적으로 손해를 볼 수 있고, 또 과대평가했다면 클라이언트는 비용-이익 분석과 ROI(return on investment)를 기초로 해서 프로덕트를 구축할 시점이 아니라고 결정할 것이다. 대안으로 클라이언트는 추정을 보다 합리적으로 하는 다른 개발 조직에게 작업을 맡길 수 있다. 어느 방안이든 정확한 비용 추정이 중요한 것은 분명하다.

사실 소프트웨어 개발과 연관된 비용은 두 유형이 있다. 첫 번째는 개발자들에게 드는 비용인 내부 비용(internal cost)이고, 두 번째는 클라이언트가 지불하는 가격인 외부 비용(external cost)이다. 내부 비용에는 프로젝트에 참여한 개발 팀, 매니저, 그리고 지원 인력의 급여, 프로덕트 개발에 필요한 하드웨어와 소프트웨어 비용, 임대와 유틸리티 등과 같은 부담금, 선임 관리자의 급여 등이 포함된다. 비록 가격(price)에는 일반적으로 내부 비용에 이윤폭을 추가한 것에 근거하지만, 어떤 경우에는 경제적 그리고 심리적인 인자들이 더 중요하다. 예를 들어 만약 개발자가 필사적으로 작업을 한다면 클라이언트가 내부 비용을 적게 부담하게 해준다. 계약이 입찰에 근거해 이루어지면 다른 상황이 발생한다. 클라이언트는 최종 프로덕트의 품질이 아주 낮다는 이유로 다른 경쟁자보다 저가 입찰을 거절할 수 있다. 그래서 개발 팀은 쉽게 입찰을 따내려고 노력하지만 그들이 믿고 있는 것은 그들 경쟁자의 입찰가보다 저가인 것은 중요하지 않다.

계획에서 또 다른 중요한 부분은 프로젝트의 기간을 추정하는 것이다. 클라이언트는 최종 프로덕트가 언제 인도되는지 확실히 알고 싶어 한다. 만약 개발업체가 그 일정을 지키지 못한다면 최선의 경우 업체는 신용을 잃게 되고, 최악의 경우에는 벌칙 규정에 의거 범칙금을 물게 된다. 모든 경우에 소프트웨어 프로젝트 관리 계획에 책임을 지고 있는 매니저들은 수행에 대해 많은 설명을 해야 한다. 반대로 만약 개발업체가 프로덕트를 구축하는 데 필요한 시간을 과대평가했다면 클라이언트는 다른 업체로 옮길 수가 있다.

불행하게도 정확한 비용 추정과 기간 추정을 구하는 것은 결코 쉽지 않다. 비용이나 개발 기간을 정확하게 처리하는 데는 너무나 많은 변수가 존재한다. 여기서 가장 큰 어려움은 인적 인자(human factor)이다. 40년 전 Sackman과 그의 동료들은 프로그래머 간에 28대 1의 차이점이 나는 것을 관찰했다[Sackman, Erikson, Grant, 1968]. 숙련된 프로그래머가 항상 초심자들을 능가한다고 말한 Sackman의 결과를 무시하기는 쉽다. 그러나 Sackman과 그의 동료들은 프로그래머들을 비교하였다. 예를 들면 그들은 유사한 프로젝트에 10년간 경험한 두 명의 프로그래머를 선발했다. 코딩과 디버깅과 같은 작업에 소요되는 시간을 측정했다. 그 다음 그들은 짧은 기간 동안만 프로그래머로 종사하고 유사한 교육 배경을 갖고 있는 두 명의 초심자를 관찰했다. 최악과 최고의 성능 비교에서 그들은 프로덕트의 크기에서 6대 1, 프로덕트의 실행 시간에서 8대 1, 개발 시간에서 9대 1, 코딩 시간에서 18대 1, 디버깅 시간에서 28대 1인 것을 알아냈다. 특히 놀라운 관찰은 11년간 경험을 가진 두 명의 프로그래머가 구축한 프로덕트의 최고와 최악의 성능이었다. 최고와 최악의 경우를 Sackman의 표본에서 제외할지라도 관측된 차이는 여전히 5대 1이었다. 이들 결과를 근거로 정확성 수준으로 소프트웨어 비용이나 개발 기간을 추정한다고 기대할 수는 없다(모든 고용인의 숙련도에 관한 모든 세부적인 정보를 거의 가지고 있지 않다). 대규모 프로젝트에서 개인들 간의 차이점은 상쇄될 수 있다는 주장이 있다. 그러나 이것은 희망 사항일지도 모른다. 한두 명의 훌륭한(또는 능력 없는) 팀 멤버들이 있으면 일정에 큰 편차가 생기고 예산에 크게 영향을 미친다.

추정에 영향을 미칠 수 있는 또 다른 인적 인자는 프로젝트 기간 동안 중요 기술진이 사직하지 않는다고 보장할 수가 없다. 공석을 채우고 팀에 합류시키고 손실을 보상하기 위해 팀을 재정비하는데 시간과 돈이 든다. 분명히 일정은 지연되고 추정들은 실패한다.

그래서 비용 추정 문제는 또 다른 이슈가 된다. 즉 프로덕트의 사이즈는 어떻게 측정하는가?

9.2.1 프로덕트 사이즈에 대한 척도

프로덕트 사이즈(size, 일명 규모)에 가장 많이 사용되는 척도(metric)는 LOC의 수이다. 일반적으로 사용되는 척도는 LOC(Line Of Code)와 KDSI(Kilo Delivered Source Instruction)이다. LOC의 사용에는 다음과 같은 많은 문제들이 연관되어 있다[van der Poel and Schach, 1983].

- 소스 코드의 생성은 전체 소프트웨어 개발 노력 중 작은 부분에 불과하다. (계획 수립과 문서화 활동들을 포함해서) 요구사항, 분석, 설계, 구현, 테스팅 워크플로들에 요구되는 시간은 최종 프로덕트의 LOC 수의 함수로만 표현하는 데는 좀 한계가 있다.
- 두 가지 언어로 동일 프로덕트를 구현하면 LOC 수가 다르다. 또한 Lisp나 많은 비절차 4GL (15.2절)과 같은 언어들은 아직 LOC 개념이 정의되어 있지 않다.
- LOC를 어떻게 정확하게 계산하는지 명확하지가 않다. 실행 가능한 코드의 라인만 계산하는지, 데이터 정의도 계산하는지? 그리고 주석도 계산하는지? 만약 계산하지 않는다면 프로그래머들은 '비생산적인' 주석을 다는 데 소비하는 것이 마음에 내키지 않을 것이다. 그러나 만약 주석도 계산된다면 프로그래머들은 그들의 생산성을 향상시키기 위해 주석을 많이 만드는 위험이 생길 수 있다. 또한 JCL(Job Control Language) 문도 계산하는지? 또 다른 문제는 프로덕트의 성능을 개선하는 과정에서 변경된 라인과 삭제된 라인도 계산하는지? 이것은 자주 코드의 수를 감소시킨다. 코드의 재사용(8.1절)도 라인 계산을 복잡하게 만든다. 만약 재사용 코드가 변경된다면 그것은 어떻게 계산하는지? 그리고 만약 코드가 어떤 부모 클래스로부터 상속을 받았는지 (7.8절)? 요컨대 계산을 쉽게 할 수 있게 LOC의 명백하고 간단한 척도가 고려되어야 한다.
- 작성된 모든 코드가 클라이언트에게 인도되지는 않는다. 코드의 거의 반은 개발 노력을 지원하는데 필요한 툴로 구성되는 것이 보통이다.
- 소프트웨어 개발자는 보고서 생성기, 화면 생성기, GUI 생성기와 같은 코드 생성기를 사용한다고 가정하자. 개발자의 일부가 몇 분 동안 설계 활동을 하면 수천 라인의 코드가 생성된다.
- 최종 프로덕트에서 LOC의 수는 프로덕트가 완성된 후에만 결정될 수 있다. 이처럼 LOC를 기반으로 한 비용 추정은 이중으로 위험스럽다. 왜냐하면 추정 프로세스를 시작하려면 최종 프로덕트의 LOC 수가 결정되어야 한다. 그런 후 이 추정은 프로덕트의 비용을 추정하는 데 사용된다. 모든 비용 추정 기법이 불확실할 뿐만 아니라 불확실한 비용 추정자에 대한 입력 자체도 불확실하다. 즉 아직 구축되지 않은 프로덕트의 LOC 수가 불확실하면 결과로 나온 비용 추정의 신뢰성도 높지 않다.

왜냐하면 LOC의 수가 신뢰할 수 없기 때문에 다른 척도들이 고려되어야 한다. 프로덕트의 사이즈를 추정하는 대안은 소프트웨어 프로세스의 초기에 결정할 수 있는 추정 가능한 수량에 기반을 둔 척도들을 사용하는 것이다. 예를 들어 [van der Poel and Schach, 1983]는 중간 규모의 데이터 프로세싱 프로덕트들에서 비용 추정을 위해 FFP **척도**를 제안했다. 데이터 프로세싱 프로덕트의 세 개의 기본적인 구조 요소는 **파일**(file), **흐름**(flow), **프로세스**(process)이다. FFP 이름은 이들 세 요소의 첫 문자들을 따서 만든 것이다. 파일은 프로덕트에 계속 상주하고 있는 논리적 또는 물리적으로 연관된 레코드들로 정의되고 트랜잭션과 임시 파일은 제외된다. 흐름은 프로덕트와 화면이나 보고서와 같은 환경 사이에 데이터 인터페이스이다. 그리고 프로세스는 데이터의 논리적 또는 산술적 조작을 기능적으로 정의한 것이다. 예에는 정렬, 유효성, 또는 갱신 등이 포함된다. 프로덕트에서 파일 Fi, 흐름 Fl, 프로세스 Pr이 주어졌다면 사이즈 S와 비용 C는 다음과 같이 주어진다.

$$S = Fi + Fl + Pr \qquad\qquad (9.1)$$
$$C = d \times S \qquad\qquad (9.2)$$

여기서 d는 조직에 따라 변하는 상수이다. 상수 d는 조직 내에서 소프트웨어 개발 프로세스의 **효율성**(생산성) 측정값이다. 그리고 프로덕트의 사이즈는 단순히 파일, 흐름, 프로세스의 개수의 합이고, 이 수량은 아키텍처 설계가 완성된 후에 결정된다. 비용은 사이즈와 조직에 이전에 개발한 프로덕트와 관련된 비용 데이터를 최소 제곱법(least-square)으로 결정한 비례상수 d에 비례한다. LOC 수를 근거로 하는 척도와는 다르게 비용은 코딩이 시작되기 전에 추정될 수 있다.

FFP 척도의 유효성과 신뢰성은 중간 규모의 데이터 프로세싱 애플리케이션의 영역을 다루는 목적의 표본(sample)을 사용해 보여줄 수 있다. 불행하게도 척도는 수많은 데이터 프로세싱 프로덕트의 필수 프로덕트인 데이터베이스에는 확장할 수 없다.

유사하게 그러나 독립적으로 개발한 프로덕트의 사이즈에 대한 척도는 **기능 점수**(function point)들을 기반으로 [Albrecht, 1979]가 개발했다. Albrecht의 척도는 입력 항목 Inp, 출력 항목 Out, 질의 Inq, 마스터파일 Maf, 인터페이스 Inf들의 개수를 기반으로 하고 있다. 기능 점수의 수에 가장 간단한 형식은 다음과 같은 식으로 표현된다.

$$FP = 4 \times Inp + 5 \times Out + 4 \times Inq + 10 \times Maf + 7 \times \infty \qquad\qquad (9.3)$$

왜냐하면 이 식은 프로덕트 사이즈의 측정이기 때문에 비용 추정과 생산성 추정에도 사용될 수 있다.

식 (9.3)은 3 단계 계산을 단순화시킨 것이다. 첫 번째로 UFP(unadjusted function point)가 다음과 같이 계산된다.

1. 프로덕트의 각 컴포넌트 Inp, Out, Inq, Maf, Inf는 단순(simple), 평균(average), 복잡(complex)으로 분류한다(그림 9.2 참조).
2. 각 컴포넌트는 그 수준에 따른 기능 점수를 할당받는다. 예를 들면 평균 입력은 식 (9.3)에 반영된 것처럼 기능 점수 4를 할당받는다. 그러나 단순 입력은 3점만 할당되지만 복잡 입력은 6점을 할당받는다. 이 계산에 필요한 데이터는 그림 9.3에 있다.

그림 9.3

기능 점수 값 표

Component	Level of Complexity		
	Simple	Average	Complex
Input item	3	4	6
Output item	4	5	7
Inquiry	3	4	6
Master file	7	10	15
Interface	5	7	10

그림 9.4

기능 점수 계산에 대한 테크니컬 인자

1. Data communication
2. Distributed data processing
3. Performance criteria
4. Heavily utilized hardware
5. High transaction rates
6. Online data entry
7. End-user efficiency
8. Online updating
9. Complex computations
10. Reusability
11. Ease of installation
12. Ease of operation
13. Portability
14. Maintainability

3. 각 컴포넌트에 할당된 기능 점수는 합산되어 UFP(unadjusted function point, 미조정 기능 점수)를 만들어낸다.

두 번째로 TCF(technical complexity factor, 기술 복잡도 인자)가 계산된다. 이것은 높은 트랜잭션 비율, 성능 기준(예를 들면, 자료 처리 능력 또는 응답 시간), 온라인 업데이트 등과 같은 14개의 기술적인 인자의 영향을 측정한다. 인자의 요소들은 그림 9.4에 있다. 이들 14개 인자 각각은 0(존재하지 않거나 영향력이 없는)부터 5(자료 처리량에 강한 영향이 있는)까지의 값을 할당받는다. 결과로 나온 14개의 값이 합산되어 전체 DI(degree of influence)를 생성해낸다. TCF 식은 다음과 같다.

$$TCF = 0.65 + 0.01 \times DI \qquad (9.4)$$

왜냐하면 DI는 0부터 70까지 변하기 때문에 TCF는 0.65부터 1.35까지 변할 수 있다.

그림 9.5

어셈블러와 Ada
프로덕트들의 비교
표[Jones, 1987],
(ⓒ 1987 IEEE)

	Assembler Version	Ada Version
Source code size	70 KDSI	25 KDSI
Development costs	$1,043,000	$590,000
KDSI per person-month	0.335	0.211
Cost per source statement	$14.90	$23.60
Function points per person-month	1.65	2.92
Cost per function point	$3,023	$1,170

세 번째 기능 점수의 수 FP는 다음과 같은 식으로 계산된다.

$$FP = UFP \times TCF \qquad (9.5)$$

소프트웨어 생산성 비율을 측정한 실험들에 의하면 KDSI를 사용하는 것보다 기능 점수를 사용하는 것이 더 좋은 결과를 제공한다고 보고했다. 예를 들면 [Jones, 1987]는 KDSI로 계산하면 800%가 넘는 오류가 관측되지만 기능 점수로 계산하면 오직 200%밖에 안 된다고 설명했다.

　　LOC에 비해 기능 점수의 우월성을 보여주기 위해 [Jones, 1987]는 그림 9.5의 예를 들었다. 즉 어셈블러와 Ada로 작성한 동일한 프로덕트의 결과를 비교했다. 첫째, person-month당 KDSI를 고려해보자. 이 척도는 어셈블러로 코딩된 것이 Ada로 코딩한 것보다 60% 정도 효율적이라는 것을 알려주고 있지만 사실은 그렇지 않다. Ada와 같은 3세대 언어는 단순히 어셈블러를 대신한 것이기 때문에 3세대 언어로 코딩하는 것이 보다 효율적이다. 이제 두 번째 척도인 소스 문(soure statement) 당 비용을 고려해보자. 이 프로덕트에서 한 개의 Ada 문은 2.8개의 어셈블러 문과 같다. 효율성의 측정으로 소스 문당 비용을 사용하면 코드를 Ada로 작성하는 것보다 어셈블러로 작성하는 것이 더 효율적이라는 의미가 된다. 이때 의미가 없는 문은 제외시켰다. 그러나 person-month당 기능 점수가 프로그래밍 효율성의 척도로 선택되면 어셈블러에 대한 Ada의 우월성은 분명히 나타난다.

　　한편 기능 점수들과 식(9.1)과 (9.2)의 FFP 척도 모두는 같은 단점 때문에 어려움이 있다. 즉 프로덕트 유지보수 시 종종 부정확하게 측정된다. 프로덕트가 유지보수 될 때, 프로덕트에 대한 주요 변경이 파일, 흐름, 프로세스의 개수나 입력, 출력, 조회, 마스터 파일, 인터페이스 개수의 변경 없이 만들어진다. LOC는 이러한 관점에서 좋지 않다. 극단적인 사례를 든다면 프로덕트의 모든 라인이 코드 라인의 전체의 수를 변경시키지 않고 완전히 다른 라인으로 교체될 수 있다.

　　그래서 많이 확장된 Albrecht의 기능 점수와 이의 40여개의 변종들이 제안되었다[Maxwell and Forselius, 2000]. Mk II 기능 점수는 UFP를 계산하는 보다 정확한 방법을 제공하기 위해 [Symons, 1991]이 제안했다. 소프트웨어는 컴포넌트 트랜잭션의 집합으로 분해되는데, 각각은 입력, 프로세스, 출력으로 구성되어 있다. UFP의 값은 이들 입력, 프로세스, 출력으로부터 계산된다. Mk II 기능 점수는 세계 각국에서 폭넓게 사용되고 있다[Boehm, 1997].

9.2.2 비용 추정 기법

사이즈를 추정하는 어려움은 있지만 소프트웨어 개발자들은 그들의 추정에 영향을 끼칠 수 있는 가능한 많은 인자들을 고려해서 프로젝트의 개발 기간과 프로젝트 비용을 정확히 추정하려고 최선을 다한다. 이들은 직원들의 기술 수준, 프로젝트의 복잡도, 프로젝트의 사이즈(비용은 사이즈에 따라 증가하지만 선형보다는 빠르다), 애플리케이션 영역에 대한 개발 팀의 친숙도, 프로젝트가 실행되는 하드웨어, 그리고 CASE 툴의 가용성 등을 포함한다. 만약 프로젝트가 확정된 시간까지 완료된다면 person-months의 노력은 완료 시간에 대한 제약이 없는 것보다 더 많이 든다. 그래서 비용은 더 많이 든다. 이것은 기간과 비용이 독립적이지 않다는 것을 보여준다. 즉 데드라인은 더 짧고 노력은 더 크게 든다. 그래서 비용도 더 많이 든다.

결코 포괄적이지 못한 이전의 목록으로부터 명확한 추정은 어려운 문제가 된다. 그래서 다음과 같은 많은 접근법이 사용되었다.

1. 유추에 의한 전문가 판단(expert judgment by analogy)

이 기법에서는 많은 전문가들의 조언을 받는다. 전문가는 능동적으로 참여해서 유사성과 차이점을 이전에 완료된 프로덕트들과 대상 프로덕트를 비교해서 추정을 추출해낸다. 예를 들면 전문가는 대상 프로덕트와 2년 전에 배치모드(batch mode)로 데이터가 입력되게 개발한 유사 프로덕트와 비교 할 수 있지만 대상 프로덕트는 온라인 데이터를 포착해야 한다. 왜냐하면 조직은 개발될 프로덕트의 유형에 익숙하기 때문에 전문가는 개발 시간과 노력을 15% 감소시킨다. 그러나 GUI는 약간 복잡하다. 즉 이것은 시간과 노력이 25%까지 증가한다. 마지막으로 대상 프로덕트는 대부분의 팀 멤버들이 익숙하지 않은 언어로 개발되기 때문에 시간은 15%, 노력은 20%까지 증가한다. 이들 세 개 특성을 결합시키면 전문가는 대상 프로덕트가 이전 것보다 시간은 25% 이상, 노력은 30% 이상 증가한다고 판단한다. 그래서 이전의 프로덕트를 완성되는 데 12달이 소요되고 100 person-month가 요구되었다면, 대상 프로덕트는 15달이 걸리고 130 person-month가 요구된다.

한 조직 내에서 두 명의 다른 전문가가 같은 두 개의 프로덕트를 비교했다. 한 전문가는 대상 프로덕트는 13.5개월과 140 person-months가 소요될 것이라고 결론을 내고, 다른 전문가는 16개월과 95 person-months가 소요된다고 결론을 내렸다. 이들 두 전문가의 예상을 어떻게 조정할 수 있는가? 한 가지 기법이 Delphi 기법(Delphi technique)이다. 즉 이것은 설득력 있는 한 명의 멤버가 그룹을 동요시키는 바람직하지 못한 부작용을 만들 수 있어서 전문가가 그룹 미팅 없이 결론을 내린다. 이 기법에서 전문가들은 독립적으로 작업을 해야 한다. 각자 추정을 산출해내고 또 해당 추정에 대한 이론적 근거도 제공해야 한다. 이들 추정과 이론적 근거는 모든 전문가에게 배포되어 다시 두 번째 추정이 산출된다. 추정과 배포의 이 프로세스는 전문가가 동의한 허용 오차 이내가 될 때까지 계속된다. 반복 프로세스 동안에 그룹 미팅들은 없다.

부동산의 가치는 유추에 의한 전문가 판단에 근거해서 결정된다. 감정사는 최근에 거래된 유사한 집과 비교해서 집의 가치를 감정한다. A라는 집을 감정한다고 할 때, 바로 옆의 B집은 최근에 $205,000에 매매되었고, 길 건너편 C집은 3개월 전 $218,000에 매매되었다. 감정사는 다음과 같은 이유를 들 수 있다. A집은 B집보다 욕실이 하나 더 있고, 마당이 5,000평방피트가 더 넓다. C집은 A집과 거의 같은 규모이지만 지붕의 상태가 안 좋다. 또 한편 C집은 기포식 목욕탕이 있다. 주의 깊게 생각해본 뒤 감정사는 A집이 $218,000이라는 결론에 도달한다.

소프트웨어 프로덕트인 경우 유추에 의한 전문가 판단은 부동산 감정보다 더 부정확하다. 첫째 소프트웨어 전문가가 익숙하지 않은 언어를 사용하면 시간은 15%, 노력은 20%까지 증가한다는 주장을 회상해보자. 전문가가 각각의 효과와 모든 차이점을 판단할 수 있는 어떤 데이터를 가지고 있지 않으면(있을 것 같지 않은 가능성) 추측으로만 서술하기 때문에 생긴 오차가 부정확한

COCOMO는 COnstructive COst MOdel의 각 단어의 처음 두 자로 구성된 약어이다. 인도어의 Kokomo는 순수한 동음이다. COCOMO 모델이란 어구를 사용하면 안 된다. 결국 COCOMO에서의 'MO'는 이미 'model'이란 의미로 사용되었다. 이 문구 'ATM 기계'와 'PIN number(비밀번호)'는 같은 범주로 인정한다. 이 두 가지는 Department of Redundant Information Department에 의해 요청되었다.

비용 추정을 만들어낸다. 더욱이 전문가들이 전체 기록을 정하지 않는 한(또는 세부적인 기록을 갖고 있으면), 완성된 프로덕트에 대한 그들의 기억은 그들의 예측을 무시하기 때문에 부정확해진다. 마지막으로 전문가들도 인간이므로 그들의 예언에 영향을 미칠 수 있는 편견을 갖고 있다. 동시에 전문가 그룹이 수행한 추정 결과는 그들의 종합적인 경험을 반영하고 있다. 즉 경험이 다양할수록 추정 결과는 정확해진다.

2. 상향식 접근(buttom-up approach)

전체적으로 프로덕트를 평가해서 나온 오류들을 줄이는 한 가지 방법은 프로덕트를 작은 컴포넌트들로 분해하는 것이다. 개발 기간과 비용의 추정도 각 컴포넌트를 독립적으로 만든 후 전체 수치를 제공하기 위해 결합시킨다. 이 상향식 접근법은 서너 개의 작은 컴포넌트들에 대한 비용 추정들이 하나의 대형 프로젝트보다 빠르게 그리고 정확하게 수행된다는 장점이 있다. 더욱이 이 추정 프로세스는 대형이고 단일체인 프로덕트에서 아주 구체적이다. 이 접근법의 단점은 프로덕트가 프로덕트의 컴포넌트들의 합보다 크다는 점이다.

객체-지향 패러다임에서 다양한 클래스들의 독립성은 상향식 접근법을 도와준다. 그러나 프로덕트에 있는 다양한 객체들 간의 상호작용이 추정 프로세스를 복잡하게 만든다.

3. 알고리즘 비용 추정 모델(algorithmic cost estimation model)

이 접근법에서 기능 점수나 FFP와 같은 척도는 프로덕트 비용을 결정하는 모델의 입력으로 사용된다. 추정자(estimator)는 척도의 값을 계산한다. 즉 개발 기간과 비용 추정은 모델을 사용해서 계산될 수 있다. 표면적으로 알고리즘 비용 추정 모델은 전문가 의견보다 우수하다. 왜냐하면 이전에서 지적했듯이 전문가는 편견이 있어 완성될 대상 프로덕트의 어떤 측면을 과대하게 볼 수가 있다. 반면에 알고리즘 비용 추정 모델은 공정하다. 즉 모든 프로덕트는 같은 방법으로 취급된다. 이러한 모델이 갖는 위험성은 추정이 오직 가설에 바탕을 두고 있다. 예를 들면 기능 점수 모델은 프로덕트의 모든 면이 식 (9.3)의 우변 다섯 개의 미지수와 14가지 기술적 인자가 있다는 가정을 근거로 하고 있다. 더욱이 큰 문제는 주관적 판단에 의한 양은 모델의 매개변수에 무슨 값이 할당되는지를 결정할 필요가 있다. 예를 들면 기능 점수 모델의 특정한 기술적 인자가 3이나 4 중 어느 것으로 비율화 하는지 명확하지가 않다.

많은 알고리즘 비용 추정 모델이 제안되어 왔다. 어떤 것은 소프트웨어가 개발되는 것을 수학이론에 근거를 두고 있다. 다른 모델은 통계에 기초를 두고 있다. 아주 많은 프로젝트들이 연구된 후 경험적인 법칙으로 데이터를 결정한다. 수학식, 통계적 모델링, 전문가 판단들을 결합시킨 통합 모델들이 있다. 이중 가장 중요한 통합 모델은 9.2.3절에서 구체적으로 설명될 Boehm의 COCOMO이다(COCOMO에 대한 논의는 '알고 싶은 사항 9.1' 참조).

9.2.3 중간급 COCOMO

COCOMO(constructive cost model)는 실제로 세 가지 모델이 있다. 즉 프로덕트를 거시적으로 추정하는 모델과 미시적으로 추정하는 모델, 그리고 이 절에서 서술할 중간급이 있다. 이 중간급 모델은 복잡도와 세부 사항이 중간 수준이다. COCOMO는 [Boehm, 1981]에 구체적으로 서술되어 있고 개요는 [Boehm, 1984]에 있다.

중간급 COCOMO(intermediate COCOMO)를 사용해 개발 시간의 계산은 두 단계로 실행된다. 첫 단계는 개발 노력의 개괄적인 추정이 제공된다. 이때 두 개의 매개변수가 추정되어야 한다. 즉 KDSI(thousands of delivered source instruction)로 프로덕트의 길이와 해당 프로덕트 개발에 내재된 난이도 수준을 측정하는 프로덕트의 개발 모드이다. 이 모드에는 세 가지 유형이 있다. 즉 **기본 모드**(organic mode), **중간 모드**(semi-detached mode), **내장 모드**(embedded mode)이고 기본 모드는 작고 단순한 모드이고, 중간 모드는 중간 규모의 모드이고, 내장 모드는 복잡한 모드이다.

이들 두 매개변수들로부터 **평균 노력**(nominal effort)을 계산할 수 있다. 예를 들면 만약 프로젝트가 쉽게 직선적(organic)으로 판단된다면, 평균 노력(person-months)은 다음 식으로 계산된다.

$$Nominal\ effort = 3.2 \times (KDSI)^{1.05}\ person\text{-}months \tag{9.6}$$

상수 3.2와 1.05는 중간급 COCOMO를 개발하는 데 Boehm이 사용한 기본 모드 프로젝트들에 대한 데이터로 가장 적합한 값이다.

예를 들면 만약 구축할 프로덕트가 기본급이고 12 KDI(12,000DI)로 추정된다면 평균 노력은 다음과 같이 계산된다.

$$3.2 \times (12)^{1.05} = 43\ person\text{-}months$$

(그러나 이 값에 대한 설명은 '알고 싶은 사항 9.2' 참조).

다음으로 이 평균값은 15개 **소프트웨어 개발 노력 승수**(software development effort multiplier)들을 곱해야 된다. 이들 승수와 이들의 값은 그림 9.5에 있다. 각 승수는 여섯 개의 값을 가질 수 있다. 예를 들면 프로젝트 복잡도 승수는 개발자들이 매우 낮음(very low), 낮음(low), 보통(nominal), 높음(high), 매우 높음(very high), 극히 높음(extra high) 등으로 비율을 매기면 이에 따라 해당 값이 할당된다. 그림 9.5에서 알 수 있듯이 모두 15개의 승수는 대응되는 매개변수가 보통(nominal)일 때 값 1을 갖는다.

Boehm은 개발자가 파라미터가 평균 비율인지 또는 비율이 낮은지 높은지를 결정하는 데 도움을 주기 위해 지침을 제공했다. 예로 모듈 복잡도 승수를 고려해보자. 만약 모듈의 제어 오퍼레이션들이 본질적으로 구조적 프로그래밍의 순차적 구조들로 구성되어 있다면(if-then-else, do-while,

평균 노력의 값에 대한 한 가지 반응은 다음과 같을 수 있다. "만약 43 KDSI를 생성하는 데 43 person-month의 노력이 요구되다면, 평균적으로 각 프로그래머는 1개월에 300줄의 코드보다 적게 생성한다. 나는 하룻밤 동안 그것보다 많이 작성했다!"

300줄의 프로덕트는 일반적으로 단지 300줄의 코드이다. 반대로 유지보수 가능한 12,000줄의 프로덕트는 생명주기의 워크플로들 전체에서 진행된다. 다시 말해 43 person-months의 총 노력은 코딩을 포함한 많은 활동 사이에 공유된다(코딩은 평균적으로 전체 개발 노력의 15퍼센트 정도만 차지한다).

그림 9.6

중간급 COCOMO 소프트웨어 개발 노력 승수

Cost Drivers	Rating					
	Very Low	Low	Nominal	High	Very High	Extra High
Product Attributes						
Required software reliability	0.75	0.88	1.00	1.15	1.40	
Database size		0.94	1.00	1.08	1.16	
Product complexity	0.70	0.85	1.00	1.15	1.30	1.65
Computer Attributes						
Execution time constraint			1.00	1.11	1.30	1.66
Main storage constraint			1.00	1.06	1.21	1.56
Virtual machine volatility*		0.87	1.00	1.15	1.30	
Computer turnaround time		0.87	1.00	1.07	1.15	
Personnel Attributes						
Analyst capabilities	1.46	1.19	1.00	0.86	0.71	
Applications experience	1.29	1.13	1.00	0.91	0.82	
Programmer capability	1.42	1.17	1.00	0.86	0.70	
Virtual machine experience*	1.21	1.10	1.00	0.90		
Programming language experience	1.14	1.07	1.00	0.95		
Project Attributes						
Use of modern programming practices	1.24	1.10	1.00	0.91	0.82	
Use of software tools	1.24	1.10	1.00	0.91	0.83	
Required development schedule	1.23	1.08	1.00	1.04	1.10	

*For a given software product, the underlying virtual machine is the complex of hardware and software (operating system, database management system) it calls on to accomplish its task.

case와 같은) 복잡도는 매우 낮음(very low)으로 평가된다. 만약 이들 오퍼레이터(operator, 연산자)들이 중첩되어 있으면 비율은 낮음(low)으로 평가된다. 중간모듈 제어와 의사결정 테이블들이 추가되면 비율을 보통(nominal)으로 증가된다. 만약 오퍼레이터들이 복합술어들로 많이 중복되어 있고 또 큐들과 스택들이 있다면 비율은 높음(high)로 평가된다. 재진입, 순환적 코딩, 고정된 우선순위 인터럽트 핸들링이 있으면 매우 높음(very high)으로 평가된다. 마지막으로 동적인 변경 우선순위(dynamically changing priority)들과 마이크로-코드 제어(microcode-level control)를 갖는 다중 자원 스케줄링은 비율이 극히 높음(extra high)으로 평가된다. 이들 비율들은 오퍼레이션을 제어하는 데도 적용된다. 모듈은 또한 컴퓨터 오퍼레이션, 장치-종속 오퍼레이션, 데이터 관리 오퍼레이션의 관점으로도 평가해야 한다. 15개 승수의 각 계산을 평가하는 세부 기준은 [Boehm, 1981]에 있다.

Cost Drivers	Situation	Rating	Effort Multiplier
Required software reliability	Serious financial consequences of software fault	High	1.15
Database size	20,000 bytes	Low	0.94
Product complexity	Communications processing	Very high	1.30
Execution time constraint	Will use 70% of available time	High	1.11
Main storage constraint	45K of 64K store (70%)	High	1.06
Virtual machine volatility	Based on commercial microprocessor hardware	Nominal	1.00
Computer turnaround time	2 hour average turnaround time	Nominal	1.00
Analyst capabilities	Good senior analysts	High	0.86
Applications experience	3 years	Nominal	1.00
Programmer capability	Good senior programmers	High	0.86
Virtual machine experience	6 months	Low	1.10
Programming language experience	12 months	Nominal	1.00
Use of modern programming practices	Most techniques in use over 1 year	High	0.91
Use of software tools	At basic minicomputer tool level	Low	1.10
Required development schedule	9 months	Nominal	1.00

이것이 어떻게 작업되는지 알기 위해 [Boehm, 1984b]은 성능, 개발 일정, 인터페이스 요구사항 등을 가진 새로운 전자 자금 이체 네트워크의 높은 신뢰성을 갖는 마이크로프로세스-기반 통신 처리 소프트웨어를 예로 제시했다. 이 프로덕트는 내장 모드의 서술에 적합하고, 길이가 10 KDSI로 추정되었다. 그래서 보통 개발 노력은 다음과 같이 계산된다.

$$Nominal\ effort = 2.8 \times (KDSI)^{1.20} \tag{9.7}$$

(다시, 상수 2.8과 1.20은 내장 프로덕트들에 대한 데이터로 가장 적합한 값이다). 왜냐하면 프로젝트는 길이가 10 KDSI로 추정되었기 때문에 보통 노력은 다음과 같이 된다.

$$2.8 \times 10^{1.20} = 44\ person\text{-}months$$

추정된 개발 노력은 15개 승수를 평균 노력에 곱하면 구해진다. 이들 승수와 이들 값의 비율은 그림 9.6에 있다. 이들 값을 사용하면 승수들의 프로덕트는 1.35라는 것이 발견되어 이 프로젝트에 대한 추정 노력은 다음과 같이 된다.

$$1.35 \times 44 = 59\ person\text{-}months$$

이 수는 달러 비용, 개발 일정, 페이즈와 활동 분포, 컴퓨터 비용, 연간 유지보수 비용, 그리고 다른 관련된 항목들을 결정하는 다른 식들에서 사용된다. 구체적인 내용들은 [Boehm, 1981]을 참조하면 알 수 있다. 중간급 COCOMO는 완전한 알고리즘 비용 추정 모델로서 프로젝트 계획 수립에서 사용자가 가상으로 생각할 수 있는 모든 것을 지원을 해준다.

중간급 COCOMO는 광범위하고 다양한 애플리케이션 영역들을 취급한 63개의 프로젝트들의 표본에 유효했다. 중간급 COCOMO를 이 표본에 적용한 결과는 실제 값이 시간의 68%라고 예상한 값의 20% 이내였다. 대부분의 조직이 중간급 COCOMO에 대한 입력 데이터는 일반적으로 ±20% 내에서만 정확하기 때문에 정확성을 향상시키려는 시도는 의미가 없다. 그럼에도 불구하고 1980년대에 비용 추정 연구에서 경험있는 추정자들이 정확성을 얻기 위해 중간급 COCOMO에 도입되었다.

중간급 COCOMO가 갖고 있는 주요 문제는 가장 중요한 입력이 대상 프로덕트의 LOC의 수라는 점이다. 만약 이 추정이 부정확하면 이 모델의 모든 예상치는 부정확해진다. 중간급 COCOMO나 다른 추정 기법의 예상들이 부정확할 가능성 때문에 관리자는 소프트웨어 개발 전체의 모든 예측들을 감시해야 한다.

9.2.4 COCOMO II

COCOMO는 1981년에 제안되었다. 그 당시 사용되던 생명주기 모델은 폭포수 모델이었다. 또한 대부분의 소프트웨어는 메인프레임에서 실행되었다. 클라이언트-서버와 객체-지향과 같은 기법은 잘 알려지지 않은 시기였다. 그래서 COCOMO는 이들 인자 중 어떤 것도 포함되지 않았다. 그러나 새로운 기법이 소프트웨어 공학 실무에서 채택되기 시작하자 COCOMO는 더 부정확하게 되었다.

COCOMO II [Boehm et al., 2000]는 1981년 COCOMO의 개정 버전이다. COCOMO II는 객체-지향을 포함해 광범위하고 다양한 현대 소프트웨어 공학 기법들을 처리할 수 있다. 즉 2장에서 설명한 다양한 생명주기 모델인 래피드 프로토타입(11.2절), 4세대 언어(15.2절), 재사용(8.1절), COTS 소프트웨어(1.11절) 등을 처리할 수 있게 되었다. COCOMO II는 유연하고 정교하다. 불행하게도 이 목적을 달성하기 위해 COCOMO II는 기존의 COCOMO보다 아주 복잡하다. 따라서 COCOMO II를 활용하길 바라는 독자는 [Boehm et al., 2000]를 자세히 읽어봐야 된다. 여기에 제시된 COCOMO II와 중간급 COCOMO의 주요 차이점의 개요는 다음과 같다.

첫째, 중간급 COCOMO는 LOC(KDSI)에 기반을 둔 하나의 전체 모델로 구성된다. 그러나 COCOMO II는 세 가지의 다른 모델로 구성된다. 객체 점수(object point)(기능 점수와 유사한)에 기반을 둔 애플리케이션 결합 모델(application composition model)은 프로덕트 구축 시 최소한의 지식만 이용할 수 있는 초기 단계에 적용된다. 좀 더 많은 지식이 이용될 수 있으면 초기 설계 모델(early design model)이 사용된다. 이 모델은 기능 점수에 기반을 두고 있다. 마지막으로 개발자가 최대 정보를 갖고 있을 때는 포스트 아키텍처 모델(post-architecture model)이 사용된다. 이 모델은 기능 점수나 LOC(KDSI)를 사용한다. 중간급 COCOMO에서 나온 출력은 비용과 사이즈의 추정치이다. 즉 COCOMO II의 세 가지 모델 각각에서 나온 출력은 비용과 사이즈 추정의 범위이다. 그러므로 만약 노력 추정치가 E이면 애플리케이션 합성 모델은 범위(0.50, 20E)을 반환하고 포스트 아키텍처 모델은 범위(0.50E, 20E)를 반환한다. 이것은 COCOMO II의 발전된 모델이 증가된 정확성을 반영한 것이다.

두 번째 차이점은 COCOMO를 기초로 한 노력 모델에 있다. 이 모델은 다음과 같다.

$$Effort = a \times (size)^b \qquad\qquad (9.8)$$

여기서 a와 b는 상수이다. 중간급 COCOMO인 경우 지수 b는 세 개의 다른 값을 갖는다. 이들은 구축될 프로덕트의 모드에 따라, 즉 기본(b=1.05), 중간(b=1.12), 또는 내장(b=1.20)에 따라 지수 b의 값이 변한다. 즉 COCOMO II에서 b의 값은 모델의 다양한 매개변수에 따라 1.01과 1.26 사이에서 변한다. 이들은 프로덕트의 유형, 프로세스 성숙도 단계(3.13절), 위험 재해결의 수준(2.7절), 그리고 팀 협동의 정도(4.1절) 등의 친숙도를 포함한다.

세 번째 차이점은 재사용에 관한 가정이다. 중간급 COCOMO에서 재사용 때문에 생긴 절약은 재사용의 양에 직접 비례한다고 가정했다. COCOMO II는 약간의 변경을 가한 재사용된 소프트웨어가 역으로 큰 비용을 초래하는 것을 고려했다(왜냐하면 코드는 작은 변경에 대해 세밀하게 반응하고, 수정된 모듈은 테스트 비용이 상대적으로 크기 때문이다).

네 번째 승수 비용 드라이버(multiplicative cost driver)가 중간급 COCOMO에서는 15개였으나 여기서는 17개이다. 비용 드라이버 중 7개는 미래의 프로덕트에 요구되는 신뢰성, 연간 직원 이직, 다중 사이트에서 개발된 프로덕트 등과 같이 새로운 것이다. COCOMO II는 다양한 다른 도메인으로부터 83개의 프로젝트를 사용하여 조정되었다. 이 모델은 정확도에 관한 많은 결과가 되기에는 아직도 생소하다. 특히, 이것은 최초의 COCOMO(1981)를 개선한 것이다.

9.2.5 기간과 비용 추정 추적

프로덕트가 개발되는 동안 실제 개발 노력은 예상들과 계속 비교되어야 한다. 예를 들어 소프트웨어 개발자들이 사용한 추정 척도는 분석 워크플로가 3개월과 7 person-months의 노력이 요구된다고 예상했다. 하지만 4개월이 지나고 10 person-months의 노력이 투여되었지만 명세들은 완성되지 않았다. 이러한 종류의 편차는 어떤 것이 잘못되었고 수정 조치를 취해야 한다는 초기 경고의 역할을 한다. 문제는 프로덕트의 사이즈가 심각하게 과소평가되고 개발 팀이 경쟁력이 없어서 그렇다. 이유가 어떻든 심각한 개발 기간과 비용 초과가 일어날 것이고 관리자는 영향을 최소화되도록 반드시 적절한 조치를 취해야 한다.

예측(prediction)들의 철저한 추적(tracking)은 예측들이 만들어진 기법들에 관계없이 개발 프로세스 전체에서 행해져야 한다. 편차들은 빈약한 예측자들, 비효율적인 소프트웨어 개발, 이 두 가지의 조합, 또는 다른 이유 때문에 생긴다. 중요한 것은 편차를 초기에 감지하고 즉시 수정 조치를 취하는 것이다. 추가로 이용할 수 있는 추가 정보가 있게 되면 예측들을 계속 갱신해야 된다.

개발 기간과 비용을 추정하는 척도가 현재까지 논의되었지만 소프트웨어 프로젝트 관리 계획의 컴포넌트들도 설명되어야 한다.

9.3
소프트웨어 프로젝트 관리의 컴포넌트

소프트웨어 프로젝트 관리 계획(software project management plan)은 세 개의 주요 컴포넌트를 갖고 있다. 즉 수행할 작업, 그것을 수행하는 데 필요한 자원, 그것에 지불해야 할 돈이다. 이 절에서는 계획의 세 가지 성분을 논의한다. 용어는 [IEEE 1058.1, 1998]에서 택했고 자세한 논의는 9.4절에서 한다.

소프트웨어 개발은 **자원**(resource)들을 요구한다. 요구되는 주요 자원들은 소프트웨어를 개발할 사람들, 소프트웨어가 실행될 하드웨어, 운영체제와 같은 지원 소프트웨어, 텍스트 에디터 및 버전 관리 소프트웨어(5.9절) 등이다.

사람과 같은 자원들의 사용은 시간에 따라 변한다. [Norden, 1958]은 대규모 프로젝트에 대해 **레일리 분포**(Rayleigh distribution)는 시간 t에 따라 변화하는 자원소비 R_c를 표현하는 좋은 접근 방법을 보여주었다. 이 식은 다음과 같다.

$$R_c = \frac{t}{k^2} e^{-t^2/2k^2} \qquad 0 \leq t < \infty \qquad (9.9)$$

여기서 매개변수 k는 상수이고, 소비가 그 최고점에 있는 시간 그리고 자연로그는 e = 2.71828... 이다. 전형적인 레일리 곡선은 그림 9.8에 있고, 자원 소비는 작게 시작해서 절정에서 급격히 증가하고, 그 다음 낮은 비율로 감소한다. [Putnam, 1978]은 Norden의 연구 결과를 소프트웨어 개발에 적용하여 연구한 결과 직원과 그 밖의 자원들의 소비가 어느 정도 레일리 분포로 모델링 되는 것을 발견하였다.

단지 소프트웨어 계획에서 적어도 5년간의 경험을 가진 세 명의 선임 프로그래머가 요구된다고 서술하는 것은 불충분하다. 그러므로 필요한 것은 다음과 같다.

적어도 실시간 프로그래밍에서의 5년간 경험을 가진 세 명의 선임프로그래머가 요구된다. 두 명은 프로젝트가 시작된 후 3개월 참여하고, 세 번째는 그 후 6개월 참여한다. 그런 후에 두 명은 프로덕트 테스팅이 시작될 때 빠져나가고, 세 번째 사람은 인도 후 유지보수가 시작될 때 빠져나간다.

자원은 시간에 따라 필요하다는 사실은 직원뿐만 아니라 컴퓨터 타임, 지원 소프트웨어, 컴퓨터 하드웨어, 심지어 사무 기능에도 적용된다. 결과적으로 소프트웨어 프로젝트 관리 계획은 시간의 함수가 된다.

수행할 작업도 두 부류로 나누어진다. 첫 번째는 프로젝트 전체에 계속되는 작업이기 때문에 소프트웨어 개발의 어느 특정한 워크플로와 관련이 없다. 이러한 작업을 **프로젝트 기능**(project function)이라고 부른다. 예를 들면 프로젝트 관리와 품질 관리이다. 두 번째는 프로덕트의 개발에서 특정한 워크플로와 관련된 작업이다. 즉 이러한 작업은 **액티비티**(activity, 활동) 또는 **테스크**(task)라고 부른다. 액티비티는 정확하게 시작하고 종료하는 날짜를 가지고 있는 주요 작업의 단위이다. 즉 컴퓨터 시간이나 **person-days**와 같이 자원들을 소비한다. 그리고 예산, 설계 문서, 일정,

그림 9.8

자원 계산이
시간에 따라 변할
것을 보여주는
Rayleigh 곡선

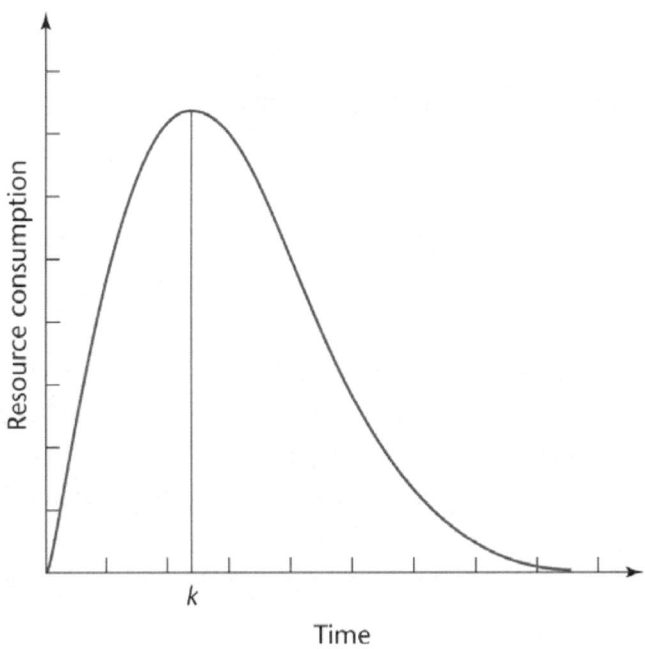

소스 코드, 또는 사용자 설명서와 같은 **작업 프로덕트**(work product)들이 나온다. 액티비티는 테스크들의 집합을 포함한다. 태스크는 관리의 주체가 되는 작업의 가장 작은 단위이다. 소프트웨어 프로젝트 관리 계획에는 세 종류가 있다. 즉 프로젝트 전체에서 수행되는 프로젝트 기능들, 액티비티들(작업의 주요 단위들), 테스크(작업의 최소 단위들)들이다.

계획의 중요한 측면은 작업 프로덕트들의 완료에 관심을 둔다. 작업 프로덕트(work product)가 완성된다고 생각되는 날짜를 **이정표**(milestone)라고 부른다. 작업 프로덕트는 과연 이정표에 도달할 수 있는지를 결정하는 일련의 **검토**(review)는 팀 멤버들, 관리자, 클라이언트가 담당한다. 대표적인 이정표는 설계가 완료되고 검토에 통과하는 날짜이다. 작업 프로덕트가 검토되어 동의를 받으면 이것이 **기준선**(baseline)이 된다. 그리고 이 기준선은 5.10.2절에서 서술한 공식적인 절차를 통해서만 변경할 수가 있다.

실제로 프로덕트 자체보다는 작업 프로덕트에 더 있다. **작업 패키지**(work package)는 작업 프로덕트뿐만 아니라 작업 프로덕트에 대한 기술진 요구사항, 개발 기간, 자원, 책임 있는 사람의 이름, 승인 기준 등이 정의되어야 한다. 물론 **돈**(money)은 계획의 필수적인 컴포넌트이다. 구체적인 예산이 판정되어 시간의 함수를 사용해 프로젝트 기능과 액티비티들에 할당되어야 한다.

소프트웨어 프로덕션에 대한 계획을 어떻게 작성하는지에 대한 이슈는 다음 절에서 설명된다.

9.4
소프트웨어 프로젝트 관리 계획 프레임워

프로젝트 관리 계획(project management plan)을 작성하는 많은 방법들이 있다. 이중 가장 대표적인 것은 IEEE 표준 1058[1998]이다. 이 계획의 컴포넌트들은 그림 9.9에서 보여준다.

- 표준(standard)은 소프트웨어 개발에 참여한 많은 주요 조직의 대표자들이 작성한다. 입력은 산업체와 대학 그리고 프로젝트 관리 계획을 수년간 작성한 경험이 있는 작업 그룹과 검토 팀의 멤버들로 부터 받은 내용이다. 표준은 이러한 경험을 통합시킨 것이다.
- IEEE 프로젝트 관리 계획은 모든 유형의 소프트웨어 프로덕트들에 사용하기 위해 설계한 것이다. 이것은 특정 생명주기 모델을 강요하지도 않고 또 특정 방법론을 규정하지도 않았다. 이 계획은 기본적인 프레임워크가 된다. 즉 내용은 특정한 애플리케이션 도메인, 개발 팀, 또는 기법 등은 각 조직에 따라 작성된다.
- IEEE 프로젝트 관리 계획 프레임워크는 프로세스 개선을 지원한다. 예를 들면 프레임워크의 많은 절들에는 형상 관리와 척도들과 같은 CMM 핵심 프로세스 영역들(3.13절)이 반영되어 있다.
- IEEE 프로젝트 관리 계획 프레임워크는 Unified Process에 이상적이다. 실례로 계획의 한 절은 Unified Process의 두 개의 중심 측면들인 요구사항 관리와 위험 관리에 할당되어 있다.

다른 한편, 비록 IEEE 프로젝트 관리 계획이 모든 사이즈의 소프트웨어 프로덕트들에 적용할 수 있는 것은 IEEE 표준 1058[1998]에 작성되어 있다고 할지라도 일부 절들은 소규모 소프트웨어와는 관련이 없다. 에를 들면 계획 프레임워크의 7.7절은 'Subcontractor Management Plan'이지만 소규모 프로젝트에 사용될 것은 아니다.

따라서 이제는 두 개의 다른 방법으로 계획 프레임워크를 제안한다. 첫째, 전체 프레임워크는 9.5절에 서술되어 있다. 두 번째인 프레임워크의 아주 간략한 버전을 부록 F에 있는 MSG 재단 사례 연구를 소규모 프로젝트에 대한 관리 계획으로 사용했다.

9.5
IEEE SPMP

이제부터는 IEEE SPMP(software project management plan) 프레임워크를 구체적으로 서술한다. 본문의 번호와 제목은 그림 9.9에 있는 것과 같다. 사용된 용어들은 9.3절에서 정의했었다.

그림 9.9

IEEE 프로젝트
관리 계획
프레임워크

1 Overview
  1.1 Project summary
    1.1.1 Purpose, scope, and objectives
    1.1.2 Assumptions and constraints
    1.1.3 Project deliverables
    1.1.4 Schedule and budget summary
  1.2 Evolution of the project management plan

2 Reference materials

3 Definitions and acronyms

4 Project organization
  4.1 External interfaces
  4.2 Internal structure
  4.3 Roles and responsibilities

5 Managerial process plans
  5.1 Start-up plan
    5.1.1 Estimation plan
    5.1.2 Staffing plan
    5.1.3 Resource acquisition plan
    5.1.4 Project staff training plan
  5.2 Work plan
    5.2.1 Work activities
    5.2.2 Schedule allocation
    5.2.3 Resource allocation
    5.2.4 Budget allocation
  5.3 Control plan
    5.3.1 Requirements control plan
    5.3.2 Schedule control plan
    5.3.3 Budget control plan
    5.3.4 Quality control plan
    5.3.5 Reporting plan
    5.3.6 Metrics collection plan
  5.4 Risk management plan
  5.5 Project close-out plan

6 Technical process plans
  6.1 Process model
  6.2 Methods, tools, and techniques
  6.3 Infrastructure plan
  6.4 Product acceptance plan

7 Supporting process plans
  7.1 Configuration management plan
  7.2 Testing plan
  7.3 Documentation plan
  7.4 Quality assurance plan
  7.5 Reviews and audits plan
  7.6 Problem resolution plan
  7.7 Subcontractor management plan
  7.8 Process improvement plan

8 Additional plans

1 개요(overview).

1.1 프로젝트 요약(project summary).

1.1.1 목표, 범위, 목적(purpose,scope,and objectives). 요약 서술에는 프로젝트의 목적들처럼 인도될 소프트웨어 프로덕트의 목적과 범위가 서술된다. 비즈니스 니즈도 이 소절에 포함된다.

1.1.2 가정과 제약(assumption and constraints). 프로젝트에 어떤 가정들은 인도 날짜, 예산, 자원, 그리고 재사용될 산출물들과 같은 제약들이 함께 여기에 게재된다.

1.1.3 프로젝트 산출물(project deliverables). 클라이언트에 인도될 모든 항목은 인도 날짜와 함께 여기에 게재된다.

1.1.4 일정과 예산 요약(schedule and buget summary). 전체 일정이 전체 예산과 함께 여기에 게재된다.

1.2 프로젝트 관리 계획의 전개(evolution of the project management plan). 계획은 구체적으로 계획될 수가 없다. 그래서 다른 계획과 같이 프로젝트 관리 계획은 경험에 비추어 그리고 클라이언트 조직과 소프트웨어 개발 조직의 변경에 따라 계속 갱신이 요구된다. 이 절에서는 계획을 변경하기 위한 공식 절차와 메커니즘들이 서술된다.

2 참조 자료(reference materials). 프로젝트 관리 계획에서 참조된 모든 문서는 여기에 게재된다.

3 정의와 약어(definitions and acronyms). 이 정보는 프로제트 관리 계획이 누구나 같은 방법으로 이해할 수 있게 보장한다.

4 프로젝트 조직(project organization).

4.1 외부 인터페이스(external interfaces). 어떤 프로젝트도 진공 상태에서는 생성될 수가 없다. 프로젝트 멤버들은 클라이언트 조직과 그들 조직의 다른 멤버들과 의견 교환을 해야 한다. 또한 대규모 프로젝트에서는 하청업자들이 포함될 수 있다. 프로젝트와 이들 다른 엔티티들 사이에서 관리와 취급의 경계들이 설정된다.

4.2 내부 인터페이스(internal interfaces). 이 절에서는 개발 조직 자체의 구조가 서술된다. 많은 소프트웨어 개발 조직은 두 가지 유형의 그룹으로 나누어지는데, 즉 개발 그룹은 단일 프로젝트를 수행하고 지원 그룹은 조직을 기반으로 해서 형상 관리와 품질관리와 같은 지원 기능들을 제공한다. 프로젝트 그룹과 지원 그룹 사이에서의 관리와 취급의 경계도 분명하게 정의되어야 한다.

4.3 역할과 책임(roles and responsibilities). 품질 보증과 같은 각 프로젝트 기능들과 프로덕트 테스팅과 같은 각 액티비티에 대해 책임지는 사람이 지명되어야 한다.

5 관리 프로세스 계획(managerial process plan).

5.1 개시 계획(start-up plan). 프로젝트 기간과 비용을 추정하는 데 사용되는 기법들은 이들 추정을 추적하는 것과 필요하다면 프로젝트가 진행되는 동안 수정된 것도 여기에 기재한다.

5.1.2 기술진 계획(staffing plan). 요구되는 인력의 수와 유형들은 그들을 필요로 하는 기간과 함께 여기에 기재된다.

5.1.3 자원 획득 계획(resource acquisition plan). 하드웨어, 소프트웨어, 서비스 계약, 관리 서비스들과 같은 필요한 자원들을 획득하는 방법이 여기에 주어진다.

5.1.4 프로젝트 기술진 교육 훈련 계획(project staff training plan). 프로젝트의 성공적인 완료에 필요한 모든 교육 훈련들은 이 소절에 게재된다.

5.2 작업 계획(work plan)

5.2.1 **작업 액티비티들(work activities).** 이 소절에서는 작업 액티비티들이 만약 적절하다면 태스크 수준이 하향식으로 명시된다.

5.2.2 **일정 할당(schedule allocation).** 일반적으로 작업 패키지는 상호 의존적이고 더욱이 외부 이벤트들에 의존적이다. 예를 들면 구현 워크플로는 설계 워크플로 후에 수행되고 프로덕트 테스팅이 앞에 나온다. 이 소절에서는 관련 종속들이 명시된다.

5.2.3 **자원 할당(resource allocation).** 이전에 게재된 다양한 자원들이 해당 프로젝트 기능들, 액티비티들, 그리고 태스크들에 할당된다.

5.2.4 **예산 할당(budget allocation).** 이 소절에서는 전체 예산이 프로젝트 기능, 액티비티, 그리고 태스크 수준들에 따라 나누어진다.

5.3 관리 계획(control plan)

5.3.1 **요구사항 관리 계획(requirements control plan).** 이 책의 제 2 부에서 설명하듯이 소프트웨어 프로덕트가 개발되는 동안에 요구사항들은 자주 변경된다. 요구사항들에 대한 변경들을 감시하고 통제하는 메커니즘들은 이 절에서 주어진다.

5.3.2 **일정 관리 계획(schedule control plan).** 이 소절에서는 진척을 측정하는 메커니즘들이 만약 실제 진행이 계획된 진행보다 늦었다면 취해야 할 조치들이 함께 게재된다.

5.3.3 **예산 관리 계획(budget control plan).** 예산을 초과하지 않게 쓰는 것은 중요하다. 실제 비용이 책정된 비용을 초과했는지를 감시하는 관리 메커니즘들과 이 경우가 발생했을 때 취해야 할 조치들이 이 소절에 서술된다.

5.3.4 **품질 관리 계획(quality control plan).** 품질이 측정되고 관리되는 방법들이 이 소절에 서술된다.

5.3.5 **보고 계획(reporting plan).** 요구사항, 일정, 예산, 품질 등을 감시하기 위해서 보고서 메커니즘이 필요하다. 이들 메커니즘들은 이 소절에서 서술된다.

5.3.6 **척도 수집 계획(metrics collection plan).** 5.3절에서 설명했듯이 관련 척도들의 측정 없이는 개발 프로세스를 관리하는 게 불가능하다. 수집되어야 할 척도들이 이 소절에 게재된다.

5.4 **위험 관리 계획(risk management plan).** 위험들은 식별되어야 하고, 우선순위가 부여되어야 하고, 완화시켜야 되고, 추적되어야 한다. 위험 관리의 모든 측면들이 이 절에 서술 된다.

5.5 **프로젝트 정리 계획(project close-out plan).** 프로젝트가 완료되었으면 취해야 할 조치들은 기술진의 재배치와 산출물들의 아카이빙(archiving)을 포함해서 여기에 제시한다.

6 기술 프로세스 계획(technical process plans).

6.1 **프로세스 모델(process model).** 이 절에서는 사용될 생명주기 모델에 대한 세부적인 서술이 주어진다.

6.2 **메소드, 툴, 기법(methods,tools,and techniques).** 사용될 개발 방법론들과 프로그래밍 언어들이 이 소절에서 서술된다.

6.3 **기반구조 계획(infrastructure plan).** 하드웨어와 소프트웨어의 기술적인 측면들이 이 소절에 구체적으로 서술된다. 다루어야 할 항목들은 소프트웨어 프로덕트가 실행될 그리고 CASE 툴들이 채택될 대상 컴퓨팅 시스템들처럼 소프트웨어 프로덕트를 개발하는 데 사용될 컴퓨팅 시스템 (하드웨어, 운영체제, 소프트웨어)이다.

6.4 **프로덕트 인수 계획(product acceptance plan).** 완료된 소프트웨어 프로덕트가 해당 인수 테스트를 통과되는지 확인하기 위해 인수 평가 기준이 작성되어야 하고, 이를 클라이언트의 승인

을 받아야 하고, 이후에 개발자들은 이들 기준에 만족되는지를 확인해야 한다. 인수 프로세스의 3단계가 수행되는 방법이 이 소절에서 서술된다.

7 지원 프로세스 계획(supporting process plans).

7.1 형상 관리 계획(confignation management plan). 이 절에서는 모든 산출물이 형상 관리 아래에 두는 세부적인 서술들이 주어진다.

7.2 테스팅 계획(testing plan). 소프트웨어 개발의 모든 다른 측면들처럼 테스팅은 세심한 계획 수립이 필요하다.

7.3 문서화 계획(documenatation plan). 모든 종류의 문서가 프로덕트의 후반부에 클라이언트에 인도되는지 안 됐는지 이 절에 포함된다.

7.4 품질 보증 계획(quality assurance plan). 테스팅, 표준, 검토 등이 포함된 품질 보증의 모든 측면들이 이 절에 포함된다.

7.5 검토와 감리 계획(reviews and audits plan). 검토들이 어떻게 수행되는지에 대한 세부 사항들이 이 절에 제시된다.

7.6 문제 해결 계획(problem resolution plan). 소프트웨어 프로덕트를 개발하는 과정에서 문제가 발생한다. 예를 들면 설계 검토가 거의 완료된 모든 산출물에 주요 변경들을 요구하면 분석 워크플로에 중요한 결함을 가져오게 된다. 이절에서는 이러한 문제를 처리하는 방법을 서술한다.

7.7 하청업자 관리 계획(subcontractor management plan). 이 절은 하청업자들이 어떤 작업 프로덕트들을 제공할 때 적용할 수 있다. 하청업자를 선택하고 관리하는 접근법이 여기에 제시되어 있다.

7.8 프로세스 개선 계획(process improvement plan). 프로세스 개선 전략들이 이 절에 포함되어 있다.

8 추가 계획(additional plans). 어떤 프로젝트에 대해서는 추가 컴포넌트들이 계획에 나타날 필요가 있다. IEEE 프레임워크에 의하면 이들은 계획의 후반부에 나타난다. 추가 컴포넌트들은 보안 계획, 안전 계획, 데이터 변환 계획, 설치 계획, 소프트웨어 프로젝트 인도 후 유지보수 계획까지 포함한다.

9.6
테스팅 계획 수립

SOFTWARE

자주 무시되는 SPMP의 한 컴포넌트가 테스트 계획 수립(test planning)이다. 소프트웨어 개발의 다른 모든 활동들처럼 테스팅도 계획이 수립되어야 한다. SPMP는 테스팅에 관한 자원을 포함해야 하고 또 세부적인 일정도 각 워크플로 동안에 시행해야 되는 테스팅을 명확하게 명시해야 한다.

테스트 계획이 없으면 프로젝트는 여러 가지 잘못된 방향으로 진행될 수 있다. 예를 들어, 프로덕트 테스팅(product testing)(3.7.4절) 동안에 SQA 그룹은 클라이언트가 서명한 명세문서의 모든 측면이 완성된 프로덕트에 구현되었는지 점검해야 한다. 이 태스크에서 SQA 그룹을 도와주는 좋은 방법은 개발이 추적될 수 있게 요구하는 것이다. 즉, 명세문서의 각 문장들은 설계의 부분과 연결이 가능해야 하고 또 설계의 각 부분은 명확하게 코드에 반영되어야 한다. 이것을 달성하는 한 가지 기법은 명세문서의 각 문장에 번호를 부여하고, 이들 번호는 설계와 결과 코드에 반영되도록 해야 한다. 그러나 만약 테스트 계획이 해야 할 일을 명시하지 않으면 설계와 코드가 적절하게 표시가 되지 않을 가능성이 크다. 결과적으로 프로덕트 테스팅이 마지막으로 실행될 때 SQA 그룹은 프로덕트가 명세의 완전한 구현인지 결정하는 게 매우 어렵다. 사실 추적성(traceability)은 요구사항들과 함께 시작되어야 한다. 즉 요구사항 산출물들에 있는 각 문장(또는 래피드 프로토타입의 각 부분)은 분석 산출물들의 부분과 많이 연결되어야 한다.

인스펙션(inspection)의 강력한 측면은 인스펙션 동안에 발견된 구체적인 결함 목록이다. 팀이 프로덕트의 명세들을 조사한다고 가정하자. 6.2.3절의 설명처럼 결함 목록은 두 가지 방법으로 사용된다. 첫째, 인스펙션들로부터 나온 결함 통계는 이전의 명세 인스펙션으로부터 나온 결함 통계의 누적 평균과 비교해야 한다. 이전 표준과의 편차들은 프로젝트 내에 문제가 있는 것을 알려준다. 둘째, 현재 명세 인스펙션에서 나온 결함 통계는 프로덕트의 설계와 코드 인스펙션에 전달되어야 한다. 결국 특정한 유형의 많은 결함이 있다면, 명세 인스펙션 시에 결함이 모두 발견되지 않을 가능성이 있고 설계와 코드 인스펙션은 이 유형의 남아있는 결함의 위치를 찾을 수 있는 추가 기회를 제공해준다. 그러나 테스트 계획에 모든 결함의 세부 사항을 주의 깊게 기록하지 않으면 이 태스크가 수행되지 않는다.

코드 모듈들을 테스팅 하는 한 가지 중요한 방법은 코드 명세를 기반으로 테스트 케이스를 실행하는 소위 블랙-박스 테스팅(black-box testing)(15.11절)이다. SQA 그룹의 멤버들은 명세를 읽고 코드가 명세문서를 준수하는지 점검하는 테스트 케이스를 작성한다. 블랙-박스 테스트 케이스를 작성할 가장 좋은 시기는 SQA 그룹의 멤버들이 조사했던 내용을 알고 있는 시기인 분석의 후반부가 최적이다. 그러나 테스트 계획은 블랙-박스 테스트 케이스가 이 시기에 선택되어야 한다고 명백하게 서술되지 않으면 아마도 소수의 블랙-박스 케이스들이 나중에 성급하게 제시될 것이다. 즉, SQA 그룹이 모듈들이 대체로 프로덕트에 통합될 수 있다고 인정하는 것은 프로그래밍 팀에게 압력이 되어 한정된 테스트 케이스만으로 빨리 조립하게 될 것이다. 결과적으로 프로덕트의 품질은 전체적으로 손상을 받게 된다.

그러므로 모든 테스트 계획은 무슨 테스팅이 수행되고, 그것이 수행되었을 때 어떻게 실행하는지를 명시해야 한다. 이러한 테스트 계획은 SPMP의 7.2절의 주요 부분이다. 이것이 없다면 전체 프로덕트의 품질은 크게 손상을 입는다.

9.7
객체-지향 프로젝트 계획 수립

고전적 패러다임이 사용된다고 가정하자. 개념적인 관점에서 보면 결과로 나온 프로덕트는 독립적인 모듈로 구성되었어도 일반적으로 하나의 대규모 단위가 된다. 반대로 객체-지향 패러다임의 사용은 상대적으로 많은 독립적인 작은 컴포넌트들, 즉 클래스들로 구성된 프로덕트를 만들어낸다. 이것은 비용과 개발 기간 추정이 보다 쉽게 계산되고 보다 정확한 작은 단위로 되어 있어서 계획 수립을 보다 쉽게 작성하게 해준다. 물론 추정은 프로덕트가 그 부분들의 합으로 간주했다. 독립된 컴포넌트들은 전체적으로 독립은 아니다. 즉 이것들은 서로 호출할 수 있고 또 이들의 결과들을 무시해서도 안 된다.

이 장에서 서술한 비용과 기간을 추정하는 기법들은 객체-지향 패러다임에 적용할 수 있을까? COCOMO II(9.2.4절)는 객체-지향을 포함한 최신 소프트웨어 기술을 처리할 수 있게 설계되었다. 그러나 기능 점수(9.2.1절)와 중간급 COCOMO(9.2.3절)와 같은 초기 척도는 무엇인가? 중간급 COCOMO의 경우에 비용 승수 중 일부에 대한 소수 변경이 요구된다[Pittman, 1993]. 이것과 다른 고전적 패러다임의 추정 툴들은 객체-지향 프로젝트들에 잘 작동될 것처럼 보인다. 그러나 이 툴들은 재사용을 제공하지 못한다. 재사용은 두 방법으로 객체-지향 패러다임에 도입되었다. 개발 시 기존 컴포넌트의 재사용과 미래 프로덕트에서 재사용될 컴포넌트의 체계적인 생성(현 프로젝트 기간 동안)이다. 재사용의 두 가지 형태는 추정 프로세스에 영향을 미친다. 개발 시 재사용은 비용과 개발 기간을 확실히 감소시켜준다. 이 재사용의 함수로 절약되는 것을 보여 주는 공식들이 발표되었다[Schach, 1994]. 그러나 이들 결과는 고전적 패러다임과 관계가 있다. 현재 재사용이 객체-지향 프로덕트의 개발에서 활용될 때 비용과 개발 기간은 어떻게 변하는지를 알려주는 정보는 없다.

이제 현재 프로젝트의 부분을 재사용하는 목적을 생각해보자. 재사용 가능한 컴포넌트와 유사한 재사용 불가능한 컴포넌트를 설계, 구현, 테스트, 문서 등으로 비교하면 재사용 시 시간이 세 배 이상 빨라진다[Pittman, 1993]. 비용과 개발 기간 추정은 이런 추가 노력을 통합하기 위해 변경되어야 하고, 대체로 SPMP는 재사용 노력의 영향을 통합하기 위해 조절되어야 한다. 이와 같이 정 반대편에서 두 가지 재사용 활동이 발생한다. 기존 컴포넌트의 재사용은 객체-지향 프로덕트의 개발에서 전체적 노력을 감소시키고 미래 프로젝트에서 재사용을 위한 컴포넌트 설계는 노력을 증가시킨다. 장기적으로 클래스의 재사용은 비용을 상쇄시킬 것이고 이것을 도와주는 증거들이 이미 있다고 예측했다[Lim, 1994].

9.8
요구사항 교육

SOFTWARE

클라이언트와 토론 시 교육의 주제가 나올 때 공통적인 대답은 "우리는 프로덕트가 완성될 때까지 교육에 대해 걱정을 할 필요가 없고 그 다음에 사용자들을 교육시킬 수 있다."이다. 이 대답은 사용자만 교육해야 되는 것을 암시하는 다소 불안한 말이다. 사실 교육은 소프트웨어 계획 수립과 추정이 교육으로 시작되고, 이는 개발 팀의 멤버에게도 필요하다. 새로운 설계 기법이나 테스트 절차와 같은 새로운 소프트웨어 개발 기법이 사용될 때, 교육은 새로운 기법을 사용하는 팀의 모든 멤버에게 제공해야 한다.

객체-지향 패러다임의 채택은 주요 교육 과정이 있어야 한다. 워크스테이션들이나 통합 환경 (15.24.2절)과 같은 하드웨어나 소프트웨어 툴들의 도입에도 교육이 요구된다. 프로그래머들은 구현 언어뿐만 아니라 프로덕트의 개발을 위해 사용되는 운영체제 시스템에 관해 교육을 받을 필요가 있다. 문서화 준비 교육은 문서의 빈약한 품질을 보면 알 수 있듯이 자주 무시되었다. 컴퓨터 운영자들은 새로운 프로덕트를 실행할 수 있게 몇 종류의 교육을 받을 필요가 있다. 만약 새로운 하드웨어가 이용된다면 그들은 또 추가 교육을 받아야 한다.

요구되는 교육은 여러 가지 방법으로 수행된다. 고용인이든 상담자든 가장 쉽고 혼란이 적은 교육은 집에서 받는 교육이다. 수많은 회사에서 다양한 교육 코스를 제공하고 대학에서는 야간에 교육 코스를 제공하고 있다. World-Wide-Web 기반 과정이 또 하나의 대안이다.

교육이 필요하다고 결정되고 교육 계획이 작성되어 SPMP에 통합되어야 한다.

9.9
문서화 표준

소프트웨어 프로덕트의 개발은 광범위하고 다양한 **문서화**(documentation) 작업이 수반된다. Jones 는 크기가 50 KDSI 정도의 IBM 내부 상용 프로덕트에 1000개의 명령어(KDSI)당 28페이지의 문서를 생성했고 비슷한 사이즈의 상업용 소프트웨어 프로덕트는 KDSI당 66페이지가 있는 것을 발견했다. 운영체제 IMS/360 버전 2.3은 크기가 166 KDSI이고 KDSI당 157페이지를 작성했다. 문서화는 계획 수립(planning), 관리(control), 재정(financial), 기술(technical) 등을 포함한 다양한 유형이 있다[Jones, 1986a]. 이러한 문서화 유형 외에도 소스 코드 자체가 문서화의 한 유형이 된다. 코드 내의 주석은 구체적인 문서가 된다.

소프트웨어 개발 노력의 상당한 부분이 문서화에 해당된다. 63개의 개발 프로젝트와 25개의 유지보수 프로젝트에 관련된 연구에는 코드와 관련된 활동에 100시간을 소비하고 문서화에 관련된 활동에 150시간을 소비하는 것으로 나타났다[Boehm, 1981]. 대규모 TRW 프로덕트에서 문서 관련 활동에 투여한 시간이 200시간이고 코드 관련 활동에 투여한 시간은 100시간이었다[Bohem et al., 1984].

표준들은 문서화의 모든 유형에 필요하다. 예를 들면 설계 문서화에서 일관성은 팀 멤버들 간의 오해를 줄여주고 SQA 그룹을 도와준다. 새로운 피고용인이 문서화 표준에 대한 교육을 받아야 하지만 기존의 피고용인은 조직 내에서 프로젝트에서 프로젝트로 이동하기 때문에 교육을 받을 필요는 없다. 프로덕트의 유지보수 관점에서 일관된 코딩 표준은 유지보수 프로그래머가 소스 코드를 이해하는 데 도움을 준다. 사용자 매뉴얼은 수많은 사용자와 컴퓨터 전문가들이 읽어야 하기 때문에 표준은 더더욱 중요하다. IEEE는 사용자 매뉴얼의 표준(IEEE Standard 1063 for Software User Documentation)을 개발했다.

계획 수립 프로세스의 부분으로 표준들은 소프트웨어 프로덕션 시 작성되는 모든 문서화에 대해 설정되어야 한다. 이들 표준은 SPMP에 통합된다. IEEE Standard 1063 for Software Test

Documentation[ANSI/IEEE 829, 1991]과 같은 기존의 표준이 사용될 때 표준은 SPMP(reference materials)의 2절에 게재된다. 만약 표준이 개발노력에 관해 작성되었다면 6.2절(methods tools, techniques)에 있게 된다.

문서화는 소프트웨어 프로덕션 노력에 주요 측면이 된다. 실제로 프로덕트는 문서화이다. 왜냐하면 문서화가 없으면 프로덕트는 유지보수를 할 수가 없다. 모든 세부 사항에 대한 문서화 노력을 계획하게 하는 것은 이것이 성공적인 소프트웨어 프로덕션에 중요한 컴포넌트이기 때문이다.

9.10
계획 수립과 추정용 CASE 툴

SOFTWARE

많은 툴이 중간급 COCOMO와 COCOMO II를 자동화시키는 데 이용될 수 있다. 매개변수의 값을 수정할 때 계산 속도를 높이기 위해 중간급 COCOMO의 여러 구현은 Lotus 1-2-3이나 Excel과 같은 스프레드시트 언어로 작성되었다. 계획 자체를 개발하고 갱신하기 위해 워드프로세서도 필요하다.

경영 정보(management information) 툴도 계획 수립에 사용된다. 예를 들어 대규모의 소프트웨어 조직이 150명의 프로그래머가 있다고 가정하자. 일정 툴(scheduling tool)은 계획자가 특정한 작업을 할당받은 프로그래머와 현재 프로젝트에 투입 가능한 프로그래머의 정보를 얻는 데 도움을 준다.

경영 정보의 일반적인 유형도 필요하다. 많은 상용 관리 툴은 계획 수립과 추정 프로세스를 도와주고 또 개발 프로세스를 전체적으로 모니터링 하는 데 도움을 준다. 이것에는 MacProject와 Microsoft Project가 해당된다.

9.11
SPMP 테스팅

SOFTWARE

이 장 초반부에서 지적했듯이 소프트웨어 프로젝트 관리 계획에 있는 결함은 개발자들에게 심각한 재정상의 피해를 갖게 한다. 개발 조직에서 프로젝트의 비용이나 개발 기간을 과대평가하거나 과소평가하지 않는 것이 중요하다. 이러한 이유 때문에 전체 SPMP는 추정이 클라이언트에게 인도되기 전에 SQA 그룹이 검사해야 한다. 계획을 테스트 하는 최선의 방법은 계획 인스펙션(plan inspection)이다.

계획 인스펙션 팀(plan inspection team)은 SPMP를 상세하게 검토해야 하는데 특히 비용과 기간 추정에 관심을 가져야 한다. 위험을 좀 더 감소시키기 위해, 척도의 사용과 관계없이 기간과 비용 추정은 계획 수립 팀의 멤버가 그들의 추정을 결정하자마자 SQA 그룹의 멤버가 독립적으로 계산한다.

복습

이 장의 주요 주제는 소프트웨어 프로세스에서 계획 수립의 중요성이다(9.1절). 소프트웨어 프로젝트 관리 계획의 중요한 컴포넌트는 기간과 비용의 추정이다(9.2절). 몇 개의 척도가 기능 점수를 포함해 프로덕트의 사이즈를 추정하는 데 제안되었다(9.2.1절). 비용 추정을 위한 다양한 척도가 그 다음 서술되었고, 특히 중간급 COCOMO(9.2.3절)와 COCOMO II(9.2.4절)가 설명되었다. 소프트웨어 프로젝트 관리 계획의 세 개의 주요 컴포넌트들은 수행해야 할 작업, 그것에 필요한 자원, 그것에 필요한 자금 등으로 9.3절에 설명되었다. 특별히 SPMP에 대한 IEEE 표준은 9.4절에서 간략하게 서술되고 9.5절에서 구체적으로 서술되었다. 다음 절에는 테스팅 계획 수립(9.6절), 객체-지향 프로젝트 계획 수립(9.7절), 그리고 교육의 요구사항과 문서화 표준 그리고 계획 수립 프로세스의 관련성(9.8절과 9.9절)들이 설명되어 있다. 계획 수립과 추정용 CASE 툴들은 9.10절에서 서술했다. 이 장은 소프트웨어 프로젝트관리 계획의 테스팅에 대한 자료로 결론을 맺는다.

관련 자료

Weinberg의 네 권의 책[Weinberg, 1992, 1993, 1994, 1997]은 [Bennatan, 2000, and Reifer, 2000] 처럼 소프트웨어 관리의 많은 측면에 대한 세부적인 정보를 제공해준다. The September October 2005 issue of IEEE Software은 소프트웨어 관리에 관한 많은 논문을 포함한다. 특히 [Royce, 2005]와 [Venugopal, 2005]를 참조하라. May-June 2008 issue에는 추가 문서들이 있다. 성공을 정의하는 관리 방법은 [Procaccino and Verner, 2006]에서 설명되었다. 소프트웨어 개발 프로젝트를 감시하고 관리하는 데 프로젝트 매니저가 사용할 수 있는 메커니즘은 [McBride, 2008]에서 논의되었다.

소프트웨어 프로젝트 관리 계획에 대한 IEEE 표준 1058에 대한 더 많은 정보는 표준인 [IEEE 1058, 1998]을 유심히 읽어보라. 신중한 계획에 대한 요구는 [McConnell, 2001]에서 서술되어 있다.

Sackman의 고전 작업은 [Sackman, Erickson, Grant, 1968]에서 서술되어 있고, 보다 구체적인 원문은 [Sackman, 1970]이다. 페어 프로그래밍에 프로그래머의 전문 지식이 끼치는 영향은 [Arisholm, Gallis, Dyba, and Sjoberg, 2007]에서 서술되었다.

기능 점수의 중요한 분석뿐만 아니라 제안된 개선 사항은 [Symons, 1991]에 나타나 있다. 기능 점수에 대한 장점과 단점은 [Furey and Kitchenham, 1997]에서 보여준다. 기능 점수를 클래스들로 확장한 클래스 점수는 [Costagliola, Ferrucci, Tortora, and Vitiello, 2005]에서 소개된다.

중간급 COCOMO에 대한 이론적인 정당성과 그것을 구현하기 위한 세부적인 모든 정보는 [Boehm, 1981]에 있다. 축약된 버전은 [Boehm, 1984]에서 찾을 수 있다. COCOMO II는 [Boehm et al., 2000]에서 서술되었다. COCOMO 예측을 향상시키는 방법은 [Smith, Hale, Parrish, 2001]에 제안되어 있다. 소프트웨어 프로덕트 라인으로 COCOMO에 확장은 [In, Baik, Kim, Yang, and

Boehm, 2006]에서 보여준다.

[Briand and Wust, 2001]은 객체-지향 프로덕트들에 대한 개발 노력을 어떻게 추정하는지 서술하고 있다.

객체-지향 소프트웨어 프로덕트의 사이즈와 결점 모두를 추정하는 것은 [Cartwright and Shepperd, 2000]에 서술되어 있다.

다양한 비즈니스 데이터 프로세싱 프로덕트들에 대한 소프트웨어 생산성 데이터는 [Maxwell and Forselius, 2000]에 있다. 활용할 수 있는 생산성의 단위는 시간당 기능 점수이다. 생산성에 대한 다른 척도는 [Kitchenham and Mendes, 2004]에서 논의된다. 소프트웨어 노력을 측정하는 오류들은 [Jorgensen and Molokken-Ostvold, 2004]에서 분석되어 있다. 평가 모델을 비교하기 위해 자주 사용되는 연구 절차에 대한 비평은 [Myrtveit, Stensrud, and Shepperd, 2005]에 있다. 소프트웨어 개발 노력을 예측하는 예측 모델은 [Pendharkar, Subramanian, and Rodger, 2005]에 있다. 여러 가지 생명주기 모델로 구축된 소프트웨어 프로덕트에 대한 비용 초과에 대한 분석은 [Molokken-Ostvold and Jorgensen, 2005]에 있다. 효과적인 요구사항을 갖는 것은 생산성에 긍정적인 영향을 줄 수 있다. 이것은 [Damian and Chisan, 2006]에 있다. 일정 추정에서 불확실성 원추가 미치는 영향은 [Little, 2006]에서 분석되어 있다. 76개의 저널에 304개의 개발 비용 추정 연구에 관한 포괄적인 검토는 [Jorgensen and Shepperd, 2007]에서 보여준다. 주어진 프로젝트에 대한 적절한 비용-추정 모델을 선택하는 증거 기반 접근법은 [Menzies and Hihn, 2006]에 서술되어 있다.

연습 문제

9.1 몇몇 냉소적인 소프트웨어 업체가 왜 이정표(milestone)를 맷돌(millstone)로 간주하는 이유가 무엇이라고 생각하는가? (힌트: 사전에서 'milestone'의 비유적인 표현을 찾아보라.)

9.2 당신은 Skukuza Software Developer에서 소프트웨어 엔지니어이다. 1년 전 당신의 매니저는 다음 프로덕트는 12개의 파일, 70개의 흐름, 112개의 프로세스로 구성된다고 선언했다.

(i) FFP 척도를 사용해 사이즈를 결정하여라.

(ii) Skukuza Software Developer를 위해 식(9.2)에 있는 상수 d가 980달러로 결정되었다. FFP 척도가 예상한 비용 추정은 얼마인가?

(iii) 프로덕트는 최근에 170,500달러에 완성되었다. 이것이 개발 팀의 생산성에 대해 무엇을 알려주는가?

9.3 대상 프로덕트는 9개의 간단한 입력, 5개의 평균 입력, 9개의 복잡한 입력을 갖고 있다. 20개의 단순한 출력, 34개의 복잡한 출력, 12개의 단순한 질의, 15개의 단순한 마스터 파일, 12개의 복잡한 인터페이스가 있다. UFP를 계산해 보아라.

9.4 만약 문제 9.3의 프로덕트에서 영향의 전체 등급이 53이라면 기능 점수의 수는 얼마인가 결정해 보아라.

9.5 그림 9.5를 고려하여, 완료된 person-months 당 프로덕트의 Ada 버전에 KDSI 퍼센트는 얼마인가? 완료된 person-months 당 프로덕트의 어셈블러에 KDSI 퍼센트는 얼마인가? 어셈블러와 비교하여 Ada를 사용하는 것이 코딩 효율을 증가시키는가? 이 결과와 person-months 당 기능 점수로 측정된 코딩 효율 증가를 비교해 보아라.

9.6 코드의 라인(LOC 혹은 KDSI)의 결점에도 불구하고 프로덕트의 사이즈 척도로 널리 이용되는 이유는 무엇이라고 생각하는가?

9.7 당신은 76-KDSI 내장 프로덕트의 개발을 담당하고 있다. 이 프로덕트는 데이터베이스 크기가 상대적으로 높고 소프트웨어 툴의 사용이 낮은 것을 제외하고는 평균(nominal)이다. 중간급 COCOMO를 사용해 person-months로 추정한 노력은 얼마인가?

9.8 당신은 두 개의 37-KDSI 기초 모드로 프로덕트 개발을 담당하고 있다. 프로덕트 P1이 극히 높은 복잡도를 가지고 P2가 매우 낮은 복잡도를 가지는 것을 제외하고는 모든 면에서 둘 다 보통이다. 프로덕트를 개발하기 위해 당신이 관리할 수 있는 두 개의 팀이 있다. A팀은 높은 분석 능력, 응용 경험을 프로그래머 능력을 가지고 있다. A팀은 또한 고도의 가상 머신의 경험과 프로그래밍 언어 경험도 가지고 있다. B팀은 모든 5가지의 능력이 상대적으로 낮다.
(i) A팀이 P1 프로덕트를 개발하고 B팀이 P2 프로덕트를 개발한다면 총 노력(person-months)은 얼마인가?
(ii) B팀이 P1 프로덕트를 개발하고 A팀이 P2 프로덕트를 개발한다면 총 노력(person-months)은 얼마인가?
(iii) 두 팀 중 어느 팀에 임무를 부여하는 것이 합당한가? 중간급 COCOMO의 예측보다 당신의 직관력이 떨어지는가?

9.9 당신은 51-KDSI 기본 모드로 프로덕트 개발을 담당하고 있다. 모든 면이 보통(nominal)이다.
(i) person-month당 비용이 10,250달러가 넘는다면 프로젝트를 비용 추정하면 얼마인가?
(ii) 프로젝트 초기에 당신의 개발 팀 전원이 사임했다. 다행히도 당신은 많은 경험과 능력을 가진 정상 팀으로 대체하기에 충분하지만 person-month 당 비용이 14,100달러이다. 인원 변경의 결과로 당신이 얻는 이득(혹은 손실)은 얼마인가?

9.10 당신은 새로운 전자 투표 제도용 소프트웨어를 개발을 담당하고 있다. 중간급 COCOMO를 사용하여, 당신은 프로덕트의 비용이 230,000달러라고 결정했다. 하지만 검사해보면, 당신의 팀 멤버에게 기능 점수를 사용해 노력을 추정하도록 요청할 것이다. 그들은 기능 점수 척도의 예상치가 당신의 COCOMO의 예상치보다 두 배나 더 큰 510,000달러를 보고할 것이다. 지금 당신에게 도움이 되는 것은 무엇인가?

9.11 Rayleigh 분포(식 9.9)는 t = k일 때 최고값에 도달한다는 것을 보여준다. 대응되는 자원 소비를 찾아보아라.

9.12 프로덕트 유지보수 계획은 IEEE SPMP의 '추가 컴포넌트'로 고려했다. 특히 모든 프로덕트의 유지보수 비용이 평균적으로 프로덕트 개발 비용의 두 배라는 것을 알았다. 이것을 어떻게 정당화시킬 수 있나?

9.13 소프트웨어 개발 프로젝트는 왜 그리 많은 문서를 생성하는가?

9.14 (Term Project) 부록 A에 기술된 Chocoholics Anonymous의 프로젝트를 고려해보자. 부록 A의 정보를 토대로 비용과 기간을 완전하게 추정하는 것이 불가능한 이유는 무엇일까?

9.15 (Readings in Software Engineering) 당신의 교습자는 논문 [Costagliola, Ferrucci, Tortora, and Vitiello, 2005]의 복사본을 배포할 것이다. 당신은 클래스 포인트의 실험적인 검증을 확신할 수 있는가?

[Albrecht, 1979] A. J. ALBRECHT, "Measuring Application Development Productivity," *Proceedings of the IBM SHARE/GUIDE Applications Development Symposium,* Monterey, CA, October 1979, pp. 83-92.

[ANSI/IEEE 829, 1991] *Software Test Documentation,* ANSI/IEEE 829-1991, American National Standards Institute, Institute of Electrical and Electronic Engineers, New York, 1991

[Arisholm, Gallis, Dybå, and Sjøberg, 2007]. E. ARISHOLM, H. GALLIS, T. DYBÅ, AND D. I. K. SJØBERG, "Evaluating Pair Programming with Respect to System Complexity and Programmer Expertise," *IEEE Transactions on Software Engineering* **33** (february 2007), pp. 65-86.

[Bennatan, 2000] E. M. BENNATAN, *On Time within Budget: Software Project Management Practices and Techniques,* 3rd ed., John Wiley and Sons, New York, 2000.

[Boehm, 1981] B. W. BOEHM, *Software Engineering Economics,* Prentice-Hall, Englewood Cliffs, NJ, 1981.

[Boehm, 1984] B. W. BOEHM, "Software Engineering Economics," *IEEE Transactions on Software Engineering* **SE-10** (January 1984), pp. 4-21.

[Boehm et al., 1984] B. W. BOEHM, M. H. PENEDO, E. D. STUCKLE, R. D. WILLIAMS, AND A. B. PYSTER, "A Software Development Environment for Improving Productivity," *IEEE Computer* **17** (June 1984), pp. 30-44.

[Boehm et al., 2000] B. W. BOEHM, C. ABTS, A. W. BROWN, S. CHULANI, B. K. CLARK, E. HOROWITZ, R. MADACHY, D. REIFER, AND B. STEECE, *Software Cost Estimation with COCOMO II,* Prentice Hall, Upper Saddle River, NJ, 2000.

[Briand and Wüst, 2001] L. C. BRIAND AND J. WÜST, "Modeling Development Effort in Object-Oriented Systems Using Design Properties," *IEEE Transactions on Software Engineering* **27** (November 2001), pp. 963-86.

[Cartwright and Shepperd, 2000] M. CARTWRIGHT AND M. SHEPPERD, "An Empirical Investigation of an Object-Oriented Software System," *IEEE Transactions on Software Engineering* **26** (August 2000), pp. 786-95.

[Costagliola, Ferrucci, Tortora, and Vitiello, 2005] G. COSTAGLIOLA, F. FERRUCCI, G. TORTORA, AND G. VITIELLO, "Class Point: An Approach for the Size Estimation of Object-Oriented Systems," *IEEE Transactions on Software Engineering* **31** (January 2005), pp. 52-74.

[Damian and Chisan, 2006] D. DAMIAN AND J. CHISAN, "An Empirical Study of the Complex Relationships between Requirements Engineering Processes and Other Processes That Lead to Payoffs in Productivity, Quality, and Risk Management," *IEEE Transactions on Software Engineering* **32** (July 2006), pp. 433-53.

[Devenny, 1976] T. DEVENNY, "An Exploratory Study of Software Cost Estimating at the Electronic Systems Division," Thesis No. GSM/SM/765-4, Air Force Institute of Technology, Dayton, OH, 1976.

[Furey and Kitchenham, 1997] S. FUREY AND B. KITCHENHAM, "Function Points," *IEEE Software* **14** (March/April 1997), pp. 28-32.

[IEEE 1058, 1998] *IEEE Standard for Software Project Management Plans,* IEEE Std. 1058-1998, Institute of Electrical and Electronic Engineers, New York, 1998.

[In, Baik, Kim, Yang, and Boehm, 2006] H. P. IN, J. BAIK, S. KIM, Y. YANG, AND B. BOEHM, "A Quality-Based Cost Estimation Model for the Product Line Life Cycle," *Communications of the ACM* **49** (December 2006), pp. 85-88.

[Jones, 1986a] C. JONES, *Programming Productivity,* McGraw-Hill, New York, 1986.

[Jones, 1987] C. JONES, Letter to the Editor, *IEEE Computer* **20** (December 1987), p. 4.

[Jorgensen and Moløkken-Østvold, 2004] M. JORGENSEN AND K. MOLØKKEN-ØSTVOLD, "Reasons for Software Effort Estimation Error: Impact of Respondent Role, Information Collection Approach, and Data Analysis Method," *IEEE Transactions on Software Engineering* **30** (December 2004), pp. 993-1007.

[Jorgensen and Shepperd, 2007] M. JORGENSEN AND M. SHEPPERD, "A Systematic Reviews of Software Development Cost Estimation Studies," *IEEE Transactions on Software Engineering* **32** (January 2007), pp. 33-53.

[Kitchenham and Mendes, 2004] B. KITCHENHAM AND E. MENDES, "Software Productivity Measurement Using Multiple Size Measures," *IEEE Transactions on Software Engineering* **30** (December 2004), pp. 1023-35.

[Lim, 1994] W. C. LIM, "Effects of Reuse on Quality, Productivity, and Economics," *IEEE Software* **11** (September 1994), pp. 23-30.

[Little, 2006] T. LITTLE, "Schedule Estimation and Uncertainty Surrounding the Cone of Uncertainty," *IEEE Software* **23** (May-June 2006), pp. 48-54.

[Maxwell and Forselius, 2000] K. D. MAXWELL AND P. FORSELIUS, "Benchmarking Software Development Productivity," *IEEE Software* **17** (January/February 2000), pp. 80-88.

[McBride, 2008] T. MCBRIDE, "The Mechanisms of Project Management of Software Development," *Journal of Systems and Software* **81** (December 2008), pp. 2386-95.

[McConnell, 2001] S. MCCONNELL, "The Nine Deadly Sins of Project Planning," *IEEE Software* **18** (November/December 2001), pp. 5-7.

[Menzies and Hihm, 2006] T. MENZIES AND J. HIHM, "Evidence-Based Cost Estimation for Better-Quality Software," *IEEE Software* **23** (July-August 2006), pp. 64-66.

[Moløkken-Østvold and Jorgensen, 2005] K. MOLØKKEN-ØSTVOLD AND M. JORGENSEN, "A Comparison of Software Project Overruns—Flexible versus Sequential Development Models," *IEEE Transactions on Software Engineering* **31** (September 2005), pp. 754-66.

[Myrtveit, Stensrud, and Shepperd, 2005] I. MYRTVEIT, E. STENSRUD, AND M. SHEPPERD, "Reliability and Validity in Comparative Studies of Software Prediction Models," *IEEE Transactions on Software Engineering* **31** (May 2005), pp. 380-91.

[Norden, 1958] P. V. NORDEN, "Curve Fitting for a Model of Applied Research and Development Scheduling," *IBM Journal of Research and Development* **2** (July 1958), pp. 232-48.

[Pendharkar, Subramaian, and Rodger, 2005] P. C. RENDHARKAR, G. H. SUBRAMANIAN, AND J. A. RODGER, "A Probabilistic Model for Predicting Software Development Effort," *IEEE Transactions on Software Engineering* **31** (July 2005), pp. 615-24.

[Pittman, 1993] M. PITTMAN, "Lessons Learned in Managing Object-Oriented Development," *IEEE Software* **10** (January 1993), pp. 43-53.

[Procaccino and Verner, 2006] J. D. PROCACCINO AND J. M. VERNER, "How Agile Are Industrial Software Development Practices?" *Journal of Systems and Software* **79** (November 2006), pp. 1541-51.

[Putnam, 1978] L. H. PUTNAM, "A General Empirical Solution to the Macro Software Sizing and Estimating Problem," *IEEE Transactions on Software Engineering* **SE-4** (July 1978), pp. 345-61.

[Reifer, 2000] D. J. REIFER, "Software Management: The Good, the Bad, and the Ugly," *IEEE Software* **17** (March/April 2000), pp. 73-75.

[Royce, 2005] W. ROYCE, "Successful Software Management Style: Steering and Balance," *IEEE Software* **22** (September-October 2005), pp. 40-47.

[Sackman, 1970] H. SACKMAN, *Man-Computer Problem Solving: Experimental Evaluation of Time-Sharing and Batch Processing,* Auerbach, Princeton, NJ, 1970.

[Sackman, Erikson, and Grant, 1968] H. SACKMAN, W. J. ERIKSON, AND E. E. GRANT, "Exploratory Experimental Studies Comparing Online and Offline Programming Performance," *Communications of the ACM* **11** (January 1968), pp. 3-11.

[Schach, 1994] S. R. SCHACH, "The Economic Impact of Software Reuse on Maintenance," *Journal of Software Maintenance: Research and Practice* **6** (July/August 1994), pp. 185-96.

[Smith, Hale, and Parrish, 2001] R. K. SMITH, J. E. HALE, AND A. S. PARRISH, "An Empirical Study Using Task Assignment Patterns to Improve the Accuracy of Software Effort Estimation," *IEEE Transactions on Software*

Engineering **27** (March 2001), pp. 264-71.

[Symons, 1991] C. R. SYMONS, *Software Sizing and Estimating: Mk II FPA,* John Wiley and Sons, Chichester, UK, 1991.

[van der Poel and Schach, 1983] K. G. VAN DER POEL AND S. R. SCHACH, "A Software Metric for Cost Estimation and Efficiency Measurement in Data Processing System Development," *Journal of Systems and Software* **3** (September 1983), pp. 187-91.

[Venugopal, 2005] C. VENUGOPAL, "Single Goal Set: A New Paradigm for IT Megaproject Success," *IEEE Software* **22** (September-October 2005), pp. 48-53.

[Weinberg, 1992] G. M. WEINBERG, *Quality Software Management: Systems Thinking,* Vol. 1, Dorset House, New York, 1992.

[Weinberg, 1993] G. M. WEINBERG, *Quality Software Management: First-Order Measurement,* Vol. 2, Dorset House, New York, 1993.

[Weinberg, 1994] G. M. WEINBERG, *Quality Software Management: Congruent Action,* Vol. 3, Dorset House, New York, 1994.

[Weinberg, 1997] G. M. WEINBERG, *Quality Software Management: Anticipating Change,* Vol. 4, Dorset House, New York, 1997.

제2부

소프트웨어 생명주기의 워크플로

제2부에서는 소프트웨어 생명주기의 워크플로들을 구체적으로 서술한다. 각 워크플로에 대해 그 워크플로를 지원하는 적합한 액티비티들, CASE 툴들, 척도들, 테스팅 기법들이 제시된다.

서문에서 설명했듯이, 10장 '제1부 핵심내용'은 학습자들이 소프트웨어 공학 과정을 학습하면서 동시에 팀-기반 프로젝트를 수행한다. 10장의 내용은 제2부의 내용, 즉 제1부 전체를 학습하지 않고도 소프트웨어 공학의 기법들을 이해할 수 있게 해준다.

11장 '요구사항'에서는 요구사항 워크플로를 학습한다. 이 워크플로의 목표는 클라이언트의 실제 니즈를 결정하는 것이다. 그리고 다양한 요구사항 분석 기법들을 학습한다.

요구사항들이 결정된 후 다음 단계는 명세들을 작성하는 일이다. 고전적 접근법은 12장인 '고전적 분석'에서 서술된다. 명세들에 대한 세 가지 기본적인 접근법인 비정형(informal), 반정형(semiformal), 정형(formal)이 제시된다. 이들 각 접근법에 대한 실례도 서술된다. 구조적 시스템 분석(structured system analysis), 유한-상태 기계(finite state machine), 페트리 넷(petri net), Z 등을 포함한 사례 연구들을 통해서 이 기법들이 구체적으로 설명된다. 그리고 이들 기법의 비교도 제시해준다.

12장에 있는 모든 분석 기법들은 고전적 패러다임(classical paradigm)에서 유래되었다. 객체-지향 접근법은 13장인 '객체-지향 분석'에서 서술된다. 이 객체-지향 분석 기법은 앞 장의 고전적 분석 기법들의 대안으로 제시되었다.

14장 '설계'에서는 데이터 흐름 분석(data flow analysis)과 트랜잭션 분석(transaction analysis)과 같은 고전적 기법들과 객체-지향 설계를 포함하여 다양한 다른 종류의 설계 기법들을 비교한다. 특히 관심은 사례 연구들을 통해 얻은 객체-지향 설계에 있다. 다시 말하면 요점은 비교와 대조표에 있다.

구현은 **15장**인 '구현 이슈'에서 논의된다. 대상 영역에는 구현, 통합, 좋은 프로그래밍 습관, 프로그래밍 표준 등이 포함된다.

16장의 제목은 '인도 후 유지보수(postdelivery maintenance)'이다. 이 장에서 다루는 주제들에는 인도 후 유지보수의 중요성과 난제가 포함된다. 인도 후 유지보수의 관리가 좀 더 구체적으로 논의된다.

17장 'UML의 세부 사항'에서는 Unified Modeling Language에 대한 추가 정보가 제공된다. 제2부를 학습한 후 학습자는 소프트웨어 프로세스의 모든 워크플로와 각 워크플로에 연관된 난제들 그리고 이들 난제들을 어떻게 해결하는지를 명확하게 이해하게 된다.

제**10**장

제 1 부 핵심 내용

학습목표

··············

이 장을 학습하면 다음 사항들을 습득하게 된다.

● 이 책의 제2부를 이해하게 된다.

이전에 설명했듯이, 이 장은 제1부에서 다루지 않아 제2부(그리고 팀-기반 학기별 프로젝트)를 학습하는 학습자에게 필요한 자료들을 포함하고 있다. 이 장의 내용은 최소한으로 구성했다. 교습자가 제2부를 강의한 후 제1부를 강의할 때 논의해야할 다양한 이슈만 열거했다.

이 요약된 10장은 어떤 참조내용도 없고 또 내용이 색인되지도 않았다. 대신에 이 장의 각 절이 제 1부의 대응되는 절(들)과 연계되는 각주만 있다. 즉 이에 대한 구체적인 정보에 관한 각주만 게재되어 있다.

10.1
소프트웨어 개발: 이론 대 실무[1)]

이상적인 세계에서 소프트웨어 프로덕트는 1장의 설명처럼 개발된다. 그림 10.1에 도식화시켜 묘사된 것처럼, 시스템은 처음부터 개발된다. 즉 ∅은 아무것도 없는 상태를 나타낸다. 맨 먼저 클라

---

1) 이 절에는 2.1과 2.4절의 핵심 포인트가 요약되어 있음.

그림 10.1

이상적인
소프트웨어 개발.

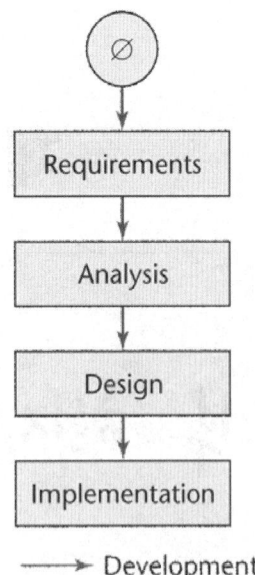

이언트의 Requirements가 결정된다. 그리고 나서, Analysis가 수행된다. 분석 산출물이 완성되었을 때, Design이 작성된다. 그리고 완전한 소프트웨어 프로덕트의 Implementation이 그 뒤를 잇는다.

그 후 클라이언트의 컴퓨터에 설치된다(그림 10.1에 묘사된 모델은 간단한 **폭포수 생명 주기 모델**이다).

이것을 **생명주기**(life cycle, 특정 프로덕트를 구축할 때 수반되는 실제 단계들)보다는 **생명주기 모델**(life-cycle model, 즉 소프트웨어를 구축하는 방법의 이론적인 서술)이라고 하는 두 가지 이유가 있다. 첫 번째는 소프트웨어 전문가들도 사람이기 때문에 실수를 한다. 설계를 시작하는 개발 팀에게 개발이 진행되기 전에 고정되어야 하는 요구사항이나 명세에서 주요 결함을 발견하는 것은 흔한 일이다. 구현 동안, 명세에 생략, 모호성, 또는 모순과 같은 설계 결함이 자주 나타난다. 요약하면, '오류를 만드는 것은 사람'이라는 것은 모든 소프트웨어 전문가에게 적용된다. 결점이 밝혀질 때, 현재 페이즈나 워크플로는 중단된다. 그리고 당장 팀은 결점이 있는 페이즈나 워크플로로 돌아와서 개발을 계속하기 전에 필요한 수정을 수행한다. 이런 일이 발생하면, 그림 10.1의 선형 생명 주기 모델은 실패한다.

소프트웨어가 그림 10.1에 보여준 것처럼 개발될 수 없는 두 번째 이유는 소프트웨어 프로덕트가 실세계의 모델이고, 실세계는 지속적으로 변화하기 때문이다. 특히, 소프트웨어가 개발될 때, 클라이언트의 요구사항은 자주 변경된다. 요구사항들이 자주 변경되는 것에는 많은 이유가 있을 수 있다. 예를 들어, 클라이언트는 새로운 시장으로 확대되고 싶어 하고 또 추가 기능성이 필요할 수 있다. 클라이언트 회사는 돈을 잃을 수도 있고, 이전에 요청받는 소프트웨어의 축소된 버전을 제공받을 수도 있다. 또는 의사 결정자는 계속 개발자들의 마음을 변경시킬 수가 있다. 이 모든 것이 소위 **이동—대상 문제**(moving-target problem)의 예가 된다. 즉, 프로덕트가 완성되기 전에 요구사항들은 변경된다. 그리고 요구사항들이 변경될 때마다, 부분적으로 개발된 프로덕트는 변경되어야 하기 때문에 다시 그림 10.1의 모델은 실패한다.

10.2
반복과 점진[2]

이동-대상 문제와 소프트웨어 프로덕트가 개발되는 동안에 만들어진 피할 수 없는 실수들을 수정할 필요성의 결과로 실제 소프트웨어 프로덕트의 생명주기는 초기의 페이즈나 워크플로로 되돌아가야 한다. 그래서 생명주기는 선형적일 수가 없다. 따라서 이 페이즈나 워크플로는 거의 조금도 또는 '설계 워크플로(the design workflow)'에 관해 고려하지 않는다. 대신에 설계 워크플로의 오퍼레이션은 생명주기 전체에 퍼져있다.

산출물의 성공적인 버전, 즉 예로 명세문서나 코드모듈을 고려해보자. 이 관점에서 기본 프로세스(basic process)는 반복적(iterative)이다. 즉 우리는 산출물의 첫 번째 버전을 생성한 후 이를 수정해서 두 번째 버전을 생성해낸다. 또 이 프로세스는 반복된다. 우리의 의도는 각 버전이 이의 선행 버전보다 목표에 가깝게 되어 최종 버전이 우리가 만족하는 버전으로 구축하는 것이다. **반복**(iteration)은 소프트웨어 공학의 고유한 측면이라, 반복적 생명주기 모델들은 30년 이상 사용되어 왔다.

실세계 소프트웨어를 개발하는 두 번째 측면은 Miller의 **법칙**이 강요하는 제약이다. 1956년에 심리학 교수인 George Miller는 인간은 언제나 거의 7개 정도의 청크(chunk, 정보의 단위)에만 집중할 능력을 갖고 있다고 제시했다. 그러나 대표적인 소프트웨어 산출물은 7개 이상의 청크를 갖고 있다. 예를 들면 코드 산출물(code artifact)은 7개 이상의 변수들을 가질 수 있고 요구사항 문서는 7개 이상의 요구사항을 가질 수 있다. 그래서 인간이 처리할 수 있는 정보의 양에 대한 이러한 제약을 해결하는 한 방법으로 **단계적 정제**(stepwise refinement)가 사용된다. 이는 현재 가장 중요한 측면들에만 집중하고 그렇지 않은 측면들은 차후로 연기시킨다. 다른 말로 표현하면 모든 측면이 결국에는 다 처리되지만 단지 현재의 중요도에 따라 순서대로 구축하는 것이다. 이는 달성하려고 하는 작은 부분만 해결하는 산출물의 구축으로 시작한다는 의미이다. 그런 후에 문제의 구체적인 측면들을 고려해서 현재의 산출물에 새로운 부문들을 추가한다. 예를 들면 우리가 가장 중요하다고 생각되는 7개의 요구사항들을 고려해서 요구사항 문서를 구축한다. 그런 다음 다시 가장 중요한 7개의 요구사항들도 또 그 다음 단계도 고려한다. 이것이 점진적 프로세스(incremental process)이다. **점진**(incrementation)도 또한 소프트웨어 공학의 고유한 측면이다. 그래서 점진적 소프트웨어 개발도 45년 이상 사용되어 왔다.

실무에서 반복과 점진은 서로 연계되어 있다. 즉 산출물은 하나씩(incrementation)구축되고, 각 점진은 다중 버전(iteration)으로 진행된다. 반복과 점진을 보는 또 다른 방법은 점진이 기능을 추가하는 것이고, 반복은 점진의 품질을 개선하는 것이다.

---

2) 이 절에는 2.5절의 핵심 포인트가 요약되어 있음.

그림 10.2 네 개의 점진들로 소프트웨어 구축

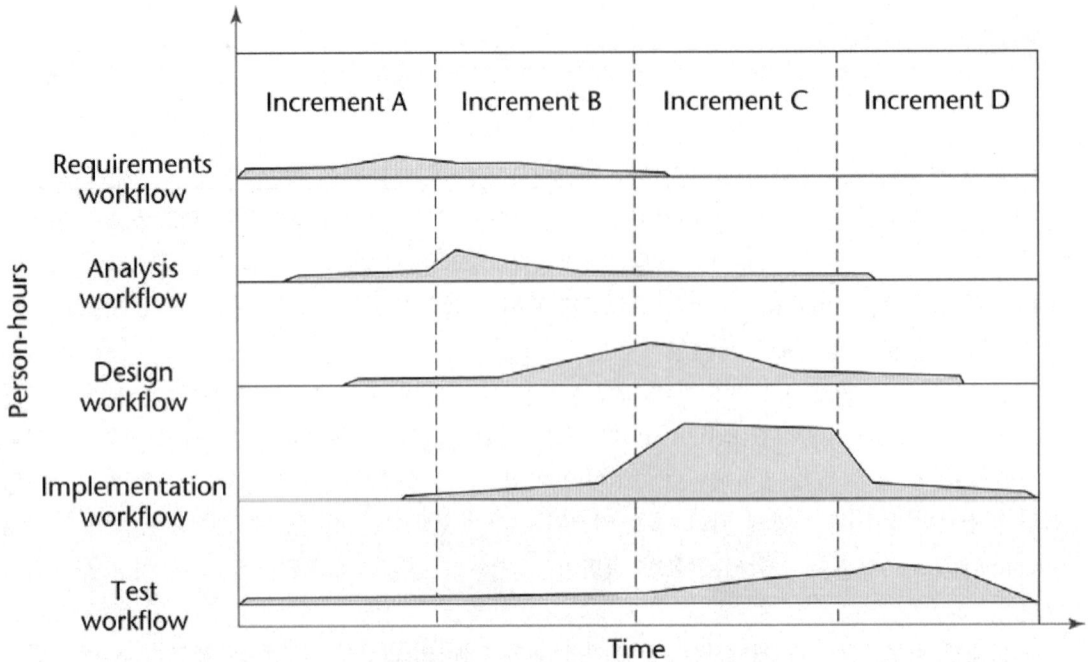

이들 아이디어는 반복적–점진적 생명주기 모델(iterative-and-incremental life-cycle model)의 기초가 되는 기본 개념들을 반영시켜 그림 10.2에서 보여준다. 이 그림은 소프트웨어 프로덕트의 개발을 Increment A, Increment B, Increment C, Increment D로 이름이 부여된 네 개의 점진으로 구성한 것을 보여준다. 수평축은 시간, 수직축은 사람-시간(1 person-hour는 한 사람이 한 시간당 작업한 양을 의미함)이기 때문에 각 곡선 아래에 있는 진한 영역은 해당 점진에 대한 전체 노력을 의미한다.

그림 10.2는 소프트웨어 프로덕트가 점진들로 분해되는 가능한 방안을 묘사하고 있어서 이를 인지하는 게 중요하다. 또 다른 소프트웨어 프로덕트는 두 개의 점진만으로 구축할 수 있고, 반면에 세 번째는 13번을 요구할 수도 있다. 더욱이 이 그림은 소프트웨어 프로덕트가 정밀하게 어떻게 개발되는지에 대해 정확하게 표현할 의도는 없다. 대신에 반복에서 반복으로 어떻게 변하는지를 보여준다.

그림 10.1의 순차 페이즈(sequential phase)는 가공의 구축이다. 대신 그림 10.2에 명확하게 반영된 것처럼 우리는 다른 워크플로(activities)들이 전체 생명주기에 수행되는 것을 인지해야 한다. 여기에는 5개의 핵심 워크플로인 requirement workflow, analysis workflow, design workflow, implementation workflow, test workflow가 있고 이전 문단에서 설명했듯이 이들 다섯 개는 소프트웨어 프로덕트의 생명주기 전체에서 수행된다. 그러나 한 워크플로가 다른 네 개의 워크플로보다 우선시될 시기가 있다.

예를 들면 생명주기를 시작할 때 소프트웨어 개발자들은 요구사항들의 초기 집합을 추출한다. 다른 말로 표현하면 반복적-점진적 생명주기를 시작할 때는 요구사항 워크플로가 우선 수행된다. 이들 요구사항 산출물들은 확대되고 나머지 생명주기 동안에 수정된다. 이 시간 동안에 나머지 네 개 워크플로(분석, 설계, 구현, 테스트)들이 우선시된다. 다른 말로 표현하면 요구사항 워크플로는 생명주기 시작 시에는 메인 워크플로이고, 이후에는 상대적으로 중요성이 감소된다. 역으로 구현과 테스트 워크플로는 소프트웨어 개발 팀 멤버의 시간을 생명주기의 시작 시점보다 생명주기 후반부에 더 많이 점유한다.

계획 수립(planning)과 문서화 활동들(documentation actvities)은 반복적-점진적 생명주기 전체에서 수행된다. 더욱이 테스팅(testing)은 각 반복 동안에, 그리고 특히 각 반복의 후반부에 주요 활동이다. 추가로 소프트웨어는 개발이 완료된 후에 전체적으로 철저하게 테스트 되어야 한다. 즉 이 당시에 다양한 테스트의 결과로 구현을 수정시키는 테스팅은 소프트웨어 팀의 고유한 활동이다. 이것은 그림 10.2의 테스트 워크플로에 반영되어 있다.

그림 10.2는 네 개의 점진을 보여준다. 좌측의 열에 묘사된 Increment A를 고려해보자. 이 점진의 시작점에서 요구사항 팀 멤버들은 클라이언트의 요구사항들을 결정한다. 요구사항의 대부분이 결정된 후 분석 부분의 첫 번째 버전이 시작될 수 있다. 분석에 대해 충분한 진전이 있을 때 설계의 첫 번째 버전이 시작될 수 있다. 일부 코딩은 제안된 소프트웨어 프로덕트 부분의 타당성을 테스트 하기 위해서 이 첫 번째 점진 동안에 이루어진다. 마지막으로 이전의 언급처럼 계획 수립, 테스팅, 그리고 문서화 활동들은 첫날(Day One)부터 시작되고 소프트웨어 프로덕트가 클라이언트에 인도될 때까지 계속된다.

유사하게 Increment B 동안에 초기의 집중은 요구사항과 분석 워크플로이고 다음이 설계 워크플로이다. Increment C 동안에 강조되는 첫 번째는 설계 워크플로이고 다음은 구현 워크플로와 테스트 워크플로이다. 마지막으로 Increment D 동안에는 구현 워크플로와 테스트 워크플로가 중심이 된다.

그림 1.4에 반영되었듯이 전체 노력의 약 1/5은 요구사항과 분석 워크플로(함께)에, 또 1/5은 설계 워크플로에, 약 3/5은 구현 워크플로에 투입된다. 그림 10.2의 진한 부분의 전체 크기는 이들 값을 반영하고 있다.

이는 그림 10.2의 각 점진 동안에 반복이다. 이것은 Increment B 동안에 세 번의 반복을 묘사한 것은 그림 10.3에서 보여준다(그림 10.3는 그림 10.2의 두 번째 열을 확장시킨 것임). 그림 10.3에서 보여주듯이 각 반복은 모두 다섯 개의 워크플로와 연관되어 있지만 비율은 변한다.

다시 그림 10.3은 모든 점진이 정확하게 세 개의 반복을 포함한다는 것을 보여줄 의도가 아니라는 것을 강조하고 있다. 반복 횟수는 점진에 따라 변한다. 그림 10.3의 목적은 각 점진 내의 그리고 모두 다섯 개의 워크플로(계획 수립과 문서화와 함께 요구사항, 분석, 설계, 테스팅)들이 모든 반복 동안에 매번 변한 비율로 수행되는 반복을 보여준다.

이전에 설명했듯이 그림 10.2는 모든 소프트웨어 프로덕트 개발에 내재된 점진을 반영하고 있다. 그림 10.3는 점진의 기초가 되는 반복을 명확하게 보여준다. 특히 그림 10.3는 하나의 대규모 점진에 반대가 되는 세 개의 연속된 반복 단계를 묘사하고 있다. 보다 상세히 말하면 Iteration B.1은 그림 최 좌측의 둥근 점선 사각형으로 표현된 요구사항, 분석, 설계, 구현, 그리고 테스트 워크플로들로 구성된다. 이 반복은 다섯 개 워크플로의 각 산출물들이 만족될 때까지 계속된다.

다음으로 산출물들의 모든 다섯 개 집합은 Iteration B.2에서 반복된다. 이 두 번째 반복은 첫 번째의 성질과 유사하다. 즉 요구사항 산출물들은 계속 분석 산출물들에 개선을 하기 위해 개선된다. 이는 그림 10.3의 두 번째 반복에 반영되어 개선되고 또 세 번째 반복을 위해서도 유사하게 진행된다.

그림 10.3   그림 10.2의 반복적–점진적 생명주기 모델의 Increment B에 대한 세 개의 반복

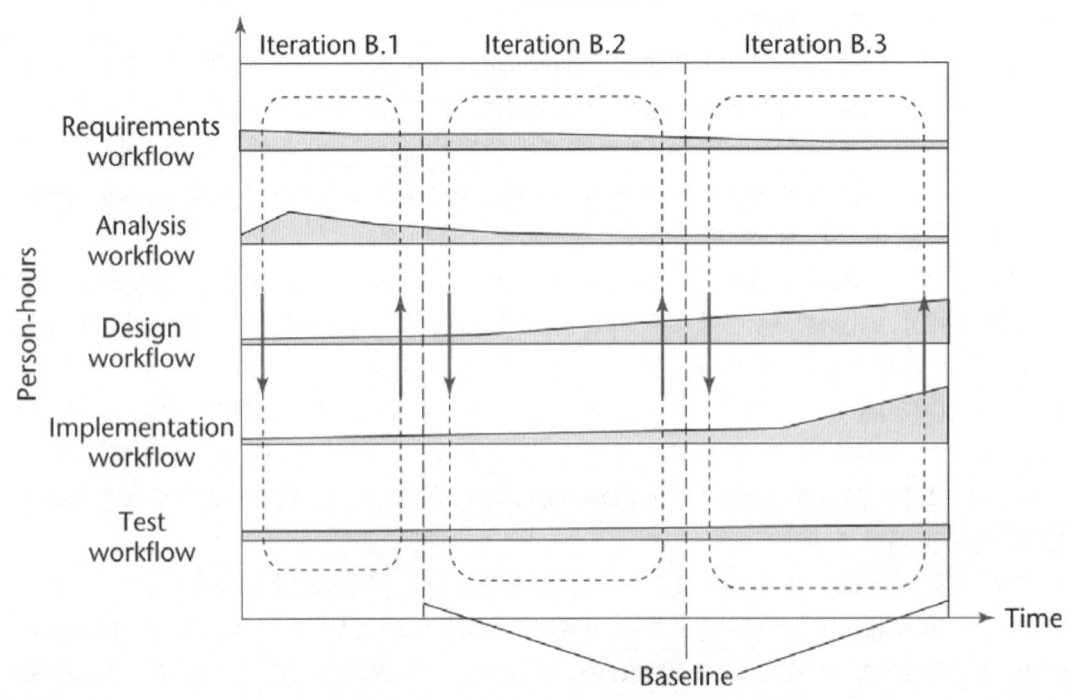

반복과 점진의 프로세스는 Increment A의 시점에서 시작되고 Increment D의 끝에 까지 계속 된다. 완성된 소프트웨어 프로덕트는 이 시점에서 클라이언트의 컴퓨터에 설치된다.

반복적-점진적 모델은 많은 강점을 갖고 있다. 이에 대해서는 2.7절에 자세하게 논의되었다. 그러나 이 책에서 반복적-점진적 생명 주기 모델을 이용하는 가장 중요한 이유는 소프트웨어가 실 제로 개발되는 방법을 모델화시켰기 때문이다.

10.3
Unified Process[3]

소프트웨어 프로세스(software process)는 소프트웨어를 생성하는 과정이다. 즉 소프트웨어 프로세 스는 소프트웨어 생명주기 모델(2장)과 기법들의 방법론(1.11절), 사용하는 툴(5.6절부터 5.12절까 지), 그리고 무엇보다 중요한 것은 소프트웨어를 구축하는 사람들과 연관되어 있다.

다른 조직들은 각기 다른 소프트웨어 프로세스를 갖고 있다. 어떤 조직들은 문서 작성에 집 중하지만, 다른 조직은 자체적으로 문서를 생성하는 소프트웨어 즉, 프로덕트가 소스코드를 읽으

---

3) 이 절에는 3.1절과 3.2절의 핵심 포인트가 요약되어 있음.

면 간단하게 이해 될 수 있는 소프트웨어를 선호한다. 어떤 조직들은 테스트에 많은 주의를 기울인다. 그것이 인도되고 난 후에 프로덕트를 테스트 하기 위해 나머지는 사용자들에게 의지한다. 다른 조직들은 오직 개발만 수행하고 유지보수는 하지 않는 반면, 나머지는 거의 유지보수에만 집중한다. 하지만, 이 모든 경우에 소프트웨어 개발 프로세스는 그림 10.2에 다섯 개의 워크플로에 맞춰 구성된다. 즉 요구사항, 분석(명세), 설계, 구현, 테스팅에 맞춰 구성된다.

오늘날 소프트웨어 산업에서 사용되는 주요 객체-지향 방법론은 Unified Process이다. 이름에도 불구하고, Unified Process는 현실적인 방법론이다('알고 싶은 사항 3.2'를 참고). 오늘날 사용 중인 다양한 다른 프로세스들이 많이 있음을 명심하라. 사실 단일 'one size fit all' 방법론은 존재하지 않는다. Unified Process는 소프트웨어 프로덕트의 구축에서 결과에 종속되는 단계들의 특정한 연속이 아니다. 대신에 Unified Process는 적응적 방법론(adaptable methodology)으로 보아야 한다. 즉 개발하려고 하는 특정 소프트웨어 프로덕트를 위해 수정이 된다. 이 책의 제 2부에서 Unified Process의 버전은 대부분 소규모나 중간 규모의 소프트웨어를 개발하는 데 사용할 수 있게 소개된다.

Unified Process는 개발되는 소프트웨어를 표현하기 위해 그래픽 언어인 Unified Modeling Language(UML)을 사용한다. 객체-지향 패러다임은 모델링 전체에 사용된다. 모델(model)은 개발될 소프트웨어 프로덕트의 하나 또는 그 이상의 측면들을 표현하는 UML 다이어그램의 집합이다. 즉 UML은 대상 소프트웨어 프로덕트를 표현하는 데(모델화 하는 데) 사용하는 툴이다. 그래픽 표현법인 UML 다이어그램은 소프트웨어 전문가들에게 구두 설명을 사용할 때보다 서로 간에 보다 빨리 그리고 보다 정확하게 커뮤니케이션을 하게 해준다.

객체-지향 패러다임은 반복적이고 점진적인 방법론이다. 각 워크플로는 많은 단계들로 구성되고, 해당 워크플로를 수행하기 위해서 워크플로의 각 단계들은 개발팀의 멤버들이 그들이 개발될 소프트웨어 프로덕트의 정확한 UML 모델이 만족될 때까지 반복적으로 수행된다. 다른 말로 표현하면 초기에 최적의 가능한 UML 다이어그램이 워크플로의 시점에서 이용 가능한 지식만 반영시켜 작성된다. 그런 후 모델화시킬 실세계에 대한 보다 많은 지식을 얻게 되면 다이어그램들은 보다 정확해지고(반복) 확장(점진)된다. 그래서 경험이 많고 기술력 있는 소프트웨어 엔지니어라 할지라도 UML 다이어그램들이 개발할 소프트웨어 프로덕트의 정확한 표현이라고 만족할 때까지 반복한다.

10.4
워크플로 개요[4]

이 절에는 다음과 같이 다섯 핵심 워크플로의 주요 관점들이 게재되어 있다.

---

4) 이 절에는 3.3절에서 3.9절까지의 핵심 포인트가 요약되어 있음.

- 요구사항 워크플로(requirements workflow)의 목적은 클라이언트의 니즈가 무엇인지 정확하게 결정하는 것이다. 이에 대한 하나의 측면은 클라이언트에게서 프로덕트를 완성하는 데드라인과 요구되는 신뢰성 같은, 어떤 제약들이 존재하는지를 발견하는 것이다.
- 분석 워크플로(analysis workflow)의 목적은 소프트웨어 프로덕트를 정확하게 개발하고 이를 쉽게 유지보수 하기 위해 필수적인 요구사항의 상세한 이해를 달성하기 위해 요구사항을 분석하고 정제하는 것이다.
- 프로덕트의 명세는 프로덕트가 무엇을 수행하는지를 설명한다(what). 설계는 프로덕트가 그것을 어떻게 수행하는지를 보여준다(how). 그래서 **설계 워크플로(design workflow)**의 목적은 프로그래머들이 구현할 수 있는 형식의 자료가 될 때까지 분석 워크플로의 산출물을 정제하는 것이다.
- **구현 워크플로(Implementation workflow)**의 목적은 선택된 구현 언어(들)로 대상 소프트웨어 프로덕트를 구현하는 것이다.
- 테스트 워크플로(test workflow)에 관해 Unified Process 테스팅에서는 처음부터 시작하며 다른 워크플로와 병행적으로 수행된다. 이는 그림 10.2에서 보여준다. 테스팅에는 두 가지 주요 측면이 있다. 첫 번째는 모든 개발자와 유지보수자는 자신의 작업이 정확하다고 보장할 책임이 있다. 더욱이 소프트웨어 전문가는 자신이 개발한 각 산출물 또는 유지보수한 각 산출물을 테스트해야 한다. 두 번째는 소프트웨어 전문가가 산출물이 정확할 것이라 확신하고 있으면, 6장에서 설명한 독립적인 테스팅을 위해 소프트웨어 품질 보증 그룹에게 넘겨야 한다.

10.5
팀[5)]

요즘 대부분에 소프트웨어 프로덕트는 주어진 시간 제약 내에 한 명의 소프트웨어 공학 전문가가 구축하기에는 너무나 규모가 크다(또는 너무 복잡하다). 따라서 작업은 **팀(team)**으로 구성된 전문가들의 그룹이 공동으로 작업해야 한다. 팀 접근법은 생명주기 전반에 즉 워크플로의 각각을 위해 사용된다. 대규모 조직에는 전문화된 팀들이 있다. 즉 프로덕트의 요구사항 워크플로는 요구사항 팀에 의해, 분석 워크플로는 분석 팀에 의해 수행된다.

---

5) 이 절에는 4.1절의 핵심 포인트가 요약되어 있음.

10.6
비용-이익 분석[6]

SOFTWARE

액션(action)의 가능한 과정이 이익이 있는지를 결정하는 한 방법은 계획된 미래 비용에 대해 추정된 미래의 이익을 비교하는 것이다. 이것을 **비용-이익 분석**(cost-benefit analysis)이라고 부른다.

비용-이익 분석은 클라이언트가 그들의 업무를 전산화 할지, 전산화 한다면 무슨 방법으로 할지를 결정하는 기본 기법이 된다. 비용과 이익들에 대한 다양한 전략들이 비교되어있다. 각각의 가능한 전략으로 비용들과 이익들이 계산되고, 이익과 비용 간의 차이가 가장 큰 것을 최적의 전략으로 선택한다.

10.7
척도[7]

SOFTWARE

측정(measurement)(또는 **척도**: metric)들이 없다면 그들의 손을 벗어나기 전에 소프트웨어 프로세스 초기에 문제를 발견하는 게 불가능하다. 그래서 소프트웨어 개발과 유지보수 동안 우리는 계속 측정을 한다.

여기에는 각 워크플로 동안 측정되고 모니터링 되어야 하는 5개의 기본 척도들이 있다:

1. 규모 (LOC 또는 9.2.1절의 것과 같은 보다 의미 있는 척도)
2. 비용 (U.S 달러로 표기)
3. 기간 (월 단위로 표현)
4. 노력 (person-months (인-월)로 표현)
5. 품질 (발견된 결함들의 수로 표현)

척도들은 잠재적 문제에 대한 초기 경고 시스템 역할을 한다. 측정은 설계 워크플로 시 높은 결함률이나 산업체 평균 이하인 코드 출력과 같은 문제를 식별하는 데 기본적인 척도들로 사용된다. 이들 문제를 보다 깊이 있게 분석하기 위해 아주 전문적인 척도가 사용될 수 있다.

---

6) 이 절에는 5.2절의 핵심 포인트가 요약되어 있음.
7) 이 절에는 5.5절의 핵심 포인트가 요약되어 있음.

10.8
CASE[8]

'CASE'라는 용어는 computer-aided(또는 computer-assisted) software engineering을 의미하는 약어다. 즉 소프트웨어 개발과 유지보수를 보조해주는 소프트웨어를 말한다.

CASE의 가장 단순한 형태는 소프트웨어 생성의 한 측면만 보조해주는 프로덕트인 소프트웨어 **툴**(tool)이다. 예를 들면, UML 다이어그램을 그리는 툴, 프로젝트 내에 정의된 모든 항목들이 컴퓨터화 된 항목인 데이터 사전(data dictionary), 보고서를 생성하는 데 필요한 코드를 생성하는 **보고서 생성기**(report generator), 그리고 데이터 캡처 화면 응용 코드를 생성하는 소프트웨어 개발자를 보조해주는 **화면 생성기**(screen generator) 등이다

CASE workbench는 하나나 두 개의 액티비티들을 함께 지원하는 툴들의 컬렉션(collection)이다. 하나의 예는 UML 다이어그램 툴과 일관성 체커(consistency checker)을 통합시킨 요구사항, 분석, 설계 workbench이다. 다른 예는 모든 워크플로에서 사용되는 **프로젝트 관리 워크벤치**(project management workbench)이다.

마지막으로 CASE environment는 전체 소프트웨어 프로세스를 지원한다.

10.9
버전과 형상[9]

유지보수나 개발 동안 산출물이 변경될 때마다, 산출물의 두 개의 **버전**들이 있을 것이다. 즉 오래된 버전과 새로운 버전. 왜냐하면 프로덕트는 코드 산출물들을 포함하고 있기 때문에 변경한 컴포넌트 산출물 각각은 두 개 내지 그 이상의 버전들이 존재한다. 산출물의 새로운 버전이 이전의 버전보다 적절하지 않을 수 있기 때문에, 모든 산출물의 버전을 유지하는 것이 필요하다.

완료된 프로덕트의 주어진 버전에 구축된 각 산출물의 명시된 버전의 집합을 프로덕트의 해당 버전의 **형상**(configuration)이라고 부른다. **형상-관리 툴**은 팀에 의해 개발과 유지보수 시 발생하는 문제들, 특히 한 명 이상의 사람이 같은 산출물을 변경하려고 할 때 야기되는 문제들을 처리해줄 수 있다. 가장 중요한 개념은 프로덕트의 모든 산출물의 형상인 **기준선**(baseline)이다. 변경의 각 그룹이 산출물들에 가해진 후에 새로운 기준선이 얻어진다.

만약 소프트웨어 조직이 전체 형상관리 툴을 구입하기를 원하지 않는다면, 적어도 버전관리 툴은 **빌드툴**(build tool)과 연계시켜 사용해야 한다. 즉, 각 컴파일 된 코드 산출물이 프로덕트의

---

8) 이 절에는 5.6절과 5.7절의 핵심 포인트가 요약되어 있음
9) 이 절에는 5.9절에서 5.11절까지의 핵심 포인트가 요약되어 있음

특정 버전에 링크를 선택하는 데 도와주는 툴인 빌드툴과 연계시켜 사용해야 한다. make와 같은 구축 툴은 다양한 프로그래밍 환경에 통합되었다.

10.10
테스팅 용어[10]

결함(fault)은 인간이 실수를 해서 소프트웨어 프로덕트에 반입된 것이다. 실패(failure)는 결함의 결과로 소프트웨어 프로덕트에 부정확한 행위를 갖게 하는 것이다. 그리고 오류(error)는 결과가 부정확해서 나온 양을 말한다. 그리고 결점(defect)이란 단어는 결함, 실패, 또는 오류보다는 더 일반적인 용어이다.

소프트웨어의 품질(quality)은 프로덕트가 해당 명세들을 만족시키는 수준을 말한다. 소프트웨어 조직 내에서, SQA(Software Quality Assurance) 그룹의 주요 태스크는 개발자들의 프로덕트가 올바른지를 테스트 하는 것이다.

10.11
실행 기반과 비실행 기반 테스팅[11]

테스팅에는 두 개의 기본 형태가 있다. 즉 실행-기반 테스팅(테스트 케이스 실행)과 비실행-기반 테스팅(산출물을 통해 신중한 확인)이다. 검토(review)(보다 비정형적인 workthrough나 보다 정형적인 inspection) 시 폭넓은 기술력을 갖고 있는 소프트웨어 전문가들의 팀은 명세문서, 설계 문서, 코드 산출물 같은 문서들 전체를 세심하게 점검한다.

분명히 비실행-기반 테스팅은 요구사항, 분석, 그리고 설계 워크플로에 대한 산출물을 테스트할 때 사용되고, 실행-기반 테스팅은 구현 워크플로의 코드에만 적용될 수 있다. 놀랍게도, 코드의 비실행-기반 테스팅(코드 검토)은 실행-기반 테스팅(테스트 케이스 실행)만큼 효과적인 것으로 보인다.

---

10) 이 절에는 6.1절의 핵심 포인트가 요약되어 있음.
11) 이 절에는 6.2절의 핵심 포인트가 요약되어 있음.

10.12

모듈성12)

모듈은 집단 식별자를 가지는 경계 요소(boundary element)들로 경계를 구분시켜주는 어휘적으로 연속된 프로그램 문들의 나열이다. 경계 요소들의 예는 C++와 Java에서 {...}이다. 고전적 패러다임의 프로시저와 함수들도 모듈이 된다. 그리고 객체-지향 패러다임에서는 객체도 모듈이고 객체 내에 있는 메소드도 모듈이다. 설계 목적은 **결합도**(coupling)(두 모듈 사이에 상호작용 정도)가 가능한 한 낮게 하는 것이다. 이상적으로 우리는 전체 프로덕트가 단지 데이터 **결합도**(data coupling)만 보이고 싶어 한다. 즉 모든 인수는 모든 요소가 호출하는 모듈에 의해 사용되는 단순한 인수이거나 데이터 구조라는 것이다. 더욱이 우리는 **응집도**(cohesion)(모듈 내의 상호작용 정도)가 가능한 한 높은 것을 원한다.

더욱이 우리는 최대의 정보 은닉(information hiding), 즉 구현 세부 사항이 그들이 선언한 모듈 밖으로는 보이지 않게 되기를 원한다. 더욱이 객체-지향 패러다임에서 이것은 **private**와 **protected**와 같은 가시적 수정자의 신중한 사용으로 달성될 수 있다.

10.13

재사용13)

재사용(reuse)은 다른 기능성을 가진 다른 프로덕트의 개발을 촉진시키기 위해 한 프로덕트의 컴포넌트를 사용하는 것이다. 재사용할 수 있는 컴포넌트가 반드시 모듈, 클래스, 코드 조각일 필요는 없다—그것은 설계, 매뉴얼의 한 부분, 테스트 데이터의 집합, 제약 사항, 또는 기간과 비용 추정일 수도 있다.

재사용이 매우 중요한 이유는 소프트웨어 컴포넌트를 명세, 설계, 구현, 테스트, 문서화 하는데 시간(=돈)이 걸리기 때문에 그렇다. 만약 컴포넌트가 재사용된다면, 그것은 새로운 배경에서 컴포넌트를 다시 테스트 하는 것이 필요할 것이다. 그러나 다른 태스크들은 반복될 필요가 없다.

---

12) 이 절에는 7.1절에서 7.3절, 그리고 7.6절의 핵심 포인트가 요약되어 있음.
13) 이 절에는 8.1절의 핵심 포인트가 요약되어 있음.

10.14

소프트웨어 프로젝트 관리 계획[14)

SPMP(software project management plan, 소프트웨어 프로젝트 관리 계획)는 세 개의 주요 컴포넌트를 갖고 있다. 즉 수행할 작업, 그것을 수행하는 데 필요한 자원, 그것에 지불해야 할 돈이다. 소프트웨어 개발은 **자원**(resource)들을 요구한다. 요구되는 주요 자원들은 소프트웨어를 개발할 사람들, 소프트웨어가 실행될 하드웨어, 그리고 운영체제와 같은 지원 소프트웨어, 텍스트 에디터 및 버전 관리 소프트웨어 등이다.

자원의 사용은 시간에 따라 변한다. 따라서 소프트웨어 프로젝트 관리 계획은 시간의 함수가 된다.

수행할 **작업**(work)도 두 범주로 나누어진다. 첫 번째는 프로젝트 전체에 계속되는 작업이기에 소프트웨어 개발의 어느 특정 워크플로와 관련이 없다. 이러한 작업을 **프로젝트 기능**(project function)이라고 부른다. 예제는 프로젝트 관리와 품질관리이다. 두 번째는 프로덕트의 개발에서 특정 워크플로와 연관된 작업이다. 즉 이러한 작업은 **액티비티**(activity, 활동) 또는 테스크라고 부른다. 액티비티는 정확하게 시작하고 종료하는 날짜를 갖고 있는 주요 작업의 단위이다. 즉 컴퓨터 시간이나 person-days와 같이 자원(resource)들을 소비한다. 그리고 예산, 설계 문서, 일정, 소스 코드, 또는 사용자 설명서와 같은 **작업 프로덕트**(work product)들이 나온다. 액티비티는 태스크들이 집합을 포함한다. 태스크는 관리의 주체가 되는 작업의 가장 작은 단위이다. 소프트웨어 프로젝트 관리 계획에는 세 종류가 있다. 즉 프로젝트 전체에서 수행되는 프로젝트 기능들, 액티비티들(작업의 주요 단위), 태스크들(작업의 최소 단위)이다.

계획의 중요한 측면은 작업 프로덕트들의 완료에 관심을 둔다. 작업 프로덕트(work product)가 완성된다고 생각되는 날짜를 **이정표**(milestone)라고 부른다. 작업 프로덕트는 과연 이정표에 도달할 수 있는지 결정하는 일련의 **검토**(review)는 팀 멤버들, 관리자, 클라이언트가 담당한다. 대표적인 이정표는 설계가 완료되고 검토에 통과하는 날짜이다. 작업 프로덕트가 검토되어 동의를 받으면 이것이 **기준선**(baseline)이 된다. 그리고 이 기준선은 공식적인 절차를 통해서만 변경할 수가 있다.

실제로 프로덕트 자체보다는 작업 프로덕트에 더 있다. **작업 패키지**(work package)는 작업 프로덕트뿐만 아니라 작업 프로덕트에 대한 기술진 요구사항, 개발 기간, 자원, 책임 있는 사람의 이름, 승인 기준 등이 정의되어야 한다. 물론 돈은 계획의 필수적인 컴포넌트이다. 구체적인 예산이 판정되어 시간의 함수를 사용해 프로젝트 기능과 액티비티들에 할당되어야 한다. 계획의 핵심 컴포넌트에는 **비용 추정**(cost estimate)과 **기간 추정**(duration estimate)이 포함된다.

---

14) 이 절에는 9.3절의 핵심 포인트가 요약되어 있음.

복습

이 장은 소프트웨어 개발의 이론 대 실무에 관한 자료(10.1절), 반복과 점진(10.2절), Unified Process(10.3절), 워크플로(10.4절), 팀(10.5절), 비용-이익 분석(10.6절), 척도(10.7절), CASE(10.8절), 버전과 형상(10.9절), 테스팅 용어(10.10절), 실행-기반과 비실행-기반 테스팅(10.11절), 모듈성(10.12절), 재사용(10.13절), 소프트웨어 프로젝트 관리 계획(10.14절)들이 요약되어 있다.

연습 문제

10.1 소프트웨어 산출물과 소프트웨어 프로덕트란 용어를 정의하여라.

10.2 폭포수 생명주기 모델을 간단히 서술하고 소프트웨어가 실세계에서 이러한 선형적인 방법으로 개발될 수 없는지를 설명하여라.

10.3 '추가'와 '정제' 개념에 '반복'과 '점진' 개념을 관련시켜 보아라.

10.4 반복적-점진적 생명 주기 모델의 다섯 개의 핵심 워크플로는 무엇인가.

10.5 다섯 개의 핵심 워크플로에 비해, 반복석-섬신석 생명주기 선체에 수행된 두 개의 액티비티에 이름을 제시하여라.

10.6 다섯 개의 핵심 워크플로에 각각의 목적은 무엇인가?

10.7 Unified Process와 Unified Modeling Language 간의 차이를 구별하여라.

10.8 소프트웨어 공학 문맥에서 모델이란 무슨 의미인가?

10.9 왜 대부분의 소프트웨어 프로덕트가 팀으로 개발되어야 하는가?

10.10 비용-이익 분석이란 무엇을 의미하는가?

10.11 소프트웨어 프로세스의 다섯 개의 기본적인 척도들과 각각을 위해 측정에 적합한 단위를 열거해 보아라.

10.12 CASE tool, CASE workbench, CASE environmet 간의 차이를 구별하여라.

10.13 버전과 형상 간의 차이를 구별하여라.

10.14 소프트웨어 품질이란 무엇을 의미하는가?

10.15 프로그래머가 "나의 프로그램에 버그가 있다."라고 말할 때, 당신이 대신 사용할 수 있는 단어는 다음 중 어느 것인가: 실수, 실패, 에러, 결점?

10.16 테스팅의 두 가지 기본 형태를 간략하게 설명하여라.

10.17 세 가지 설계 목적을 간략하게 설명하여라.

10.18 재사용이 왜 중요한가?

10.19 소프트웨어 프로젝트 관리 계획의 세 가지 주요 컴포넌트들은 무엇인가?

제**11**장

요구사항

학습목표
....

이 장을 학습하면 다음 사항들을 습득하게 된다.

● 요구사항 워크플로를 수행할 수 있게 된다.
● 초기 비즈니스 모델을 작성할 수 있게 된다.
● 요구사항들을 작성할 수 있다.
● 래피드 프로토타입을 구축할 수 있게 된다.

프로덕트를 주어진 시간에 그리고 주어진 예산 내에 개발하는 것은 소프트웨어 개발 팀 멤버들이 소프트웨어 프로덕트가 무엇을 수행하는지 동의하지 않으면 어렵게 된다. 이러한 합의에 도달하는 첫 번째 단계는 가능한 한 정확하게 클라이언트의 현재 상황을 분석하는 일이다. 예를 들어 "클라이언트가 수작업 설계 시스템(manual design system)이 형편없기 때문에 CAD 시스템(computer-aided design system)이 필요하다."고 말하는 것은 부적절하다. 즉, 개발 팀이 수작업 설계 시스템의 단점을 정확히 알지 못하면 새로운 컴퓨터 설계 시스템도 역시 형편없게 될 가능성이 매우 높다. 비슷한 예로 개인용 컴퓨터 제조업자는 새로운 운영체제 개발을 고려하는 첫 번째 단계로 현재 시스템을 평가하고 왜 현재 시스템이 만족스럽지 못한지 주의 깊게 분석해야 한다. 극단적인 예로 나쁜 판매 실적의 운영체제를 비난하는 판매 매니저가 갖는 마음이나, 운영체제 사용자들이 기능성과 신뢰성에 갖고 있는 환상에서 깨어나야 하는 이유를 아는 것은 매우 중요하다. 현재 상황의 분명한 모습을 얻게 되면 팀은 "새로운 프로덕트가 할 수 있는 것이 무엇인지?"라는 중요한 질문에 대답할 수 있게 된다. 이 질문에 대답하는 프로세스가 요구사항 워크플로의 주요 목적이 된다.

11.1
클라이언트 니즈가 무엇인지 결정하기

SOFT WARE

일반적으로 갖고 있는 잘못된 개념은 요구사항 워크플로 동안에 개발자들이 클라이언트가 무슨 소프트웨어를 원한다고 결정하는 것이다. 정반대로 요구사항 워크플로의 실제 목적은 클라이언트의 니즈(needs)를 결정하는 것이다. 문제는 많은 클라이언트가 무엇이 필요한지 알지 못하는 데 있다. 더욱이 필요한 것에 대한 좋은 아이디어를 갖고 있는 클라이언트조차도 자신의 아이디어들을 개발자들에게 정확히 전달하는 데 어려움을 갖고 있다. 왜냐하면 대부분의 클라이언트들은 개발 팀의 멤버들보다 컴퓨터를 알지 못하기 때문에 그렇다(이 이슈에 대해 알고 싶으면 '알고 싶은 사항 11.1' 참조).

또 다른 문제는 클라이언트가 자신이나 자신이 속한 조직이 무엇을 하려고 하는지 인식하지 못하는 경우다. 예를 들면 클라이언트는 현재 소프트웨어 프로덕트가 이렇게 응답시간이 너무 느린 진짜 이유는 데이터베이스가 잘못 설계된 것이라 소프트웨어 프로덕트를 빠르게 해달라고 요청하면서 이를 사용하지 않는다. 필요한 조치는 현재 소프트웨어 프로덕트에 저장하는 방법을 재조직하고 개선하는 것이다. 새 소프트웨어 프로덕트가 느린 것도 마찬가지다. 또는 만약 클라이언트가 손해를 보고 있는 소매 체인점을 운영하고 있다면 클라이언트는 판매, 급여, 회계 입·출금과 같은 항목들이 반영된 회계관리 정보 시스템을 요청할 것이다. 그러나 손해의 진짜 이유가 고용인이 물건을 훔치는 경우라면 이러한 정보 시스템은 거의 사용할 필요가 없다. 만약 이 경우라면 회계관리 정보 시스템보다는 재고관리 시스템이 요구된다.

개발 팀의 멤버들은 클라이언트에게 간단하게 물어본 후 클라이언트 니즈가 무엇이라고 쉽게 결정한다. 그러나 이 접근법이 잘못되는 두 가지 이유가 있다.

첫째, 앞에서 설명했듯이 클라이언트는 자신이나 자신이 속한 조직이 무엇을 하려고 하는지를 인식하지 못하고 있다. 그러나 클라이언트가 잘못된 소프트웨어 프로덕트에 자주 요청하는 주된 이유는 소프트웨어가 복잡하다는 것이다. 시스템 분석가는 일반적으로 소프트웨어 공학에 전문가가 아닌 클라이언트에게 소프트웨어 프로덕트와 이의 기능성을 시각화시켜주는 게 아주 어렵다.

숙련된 소프트웨어 개발 팀의 도움이 없다면 클라이언트는 개발해야할 부분의 정보가 빈약하다. 한편 클라이언트와 면-대-면 커뮤니케이션(face-to-face communication)이 없으면 실제로 무엇이 필요한지를 발견할 방법이 없다.

이 난제를 해결하는 고전적 시도는 11.12절에 서술되어 있다. 객체-지향 접근법은 대상 프로덕트의 클라이언트와 미래 사용자들로부터 초기 정보를 획득하고 Unified Process의 요구사항 워크플로에 대한 입력으로 초기 정보를 사용한다[Jacobson, Booch, Rumbaugh, 1999]. 이 내용은 다음 절에서 서술된다.

11.2
요구사항 워크플로 개요

SOFTWARE

요구사항 워크플로(requirements workflow)의 전체 목적은 개발 조직을 위해 클라이언트의 니즈를 결정하는 것이다. 이 목표의 첫 번째 단계는 대상 프로덕트가 운영되는 특정 환경인 **애플리케이션 도메인**(application domain, 간단하게 **도메인**이라고 부름)의 이해를 획득하는 것이다. 도메인이란 은행, 우주 탐사, 자동차 제조, 또는 원격측정 같은 것이다. 개발 팀의 멤버들이 충분히 깊게 도메인을 이해했으면 이들은 비즈니스 모델(business model)을 구축할 수 있다. 즉 UML 다이어그램들을 사용해서 서술한 이 비지니스 모델 클라이언트의 비즈니스 프로세스이다. 비즈니스 모델은 클라이언트의 초기 요구사항들이 무엇인지를 결정하는 데 사용된다. 그런 후 반복(iteration)이 적용된다.

다른 말로 표현하면 시작점은 도메인의 초기 이해이다. 이 정보는 초기 비즈니스 모델을 구축하는 데 사용된다. 이 초기 비즈니스 모델은 클라이언트의 요구사항들의 초기 집합을 작성하는 데 사용된다. 그러면 클라이언트의 요구사항들에 관해 배운 것을 기반으로 해서 도메인의 보다 깊은 이해를 얻게 되고, 이 지식은 비즈니스모델과 클라이언트의 요구사항들을 계속 정제하는 데 활용된다. 이 반복은 팀이 요구사항들의 집합에 만족될 때까지 계속된다. 이때가 되면 반복은 종료된다.

요구사항 공학(requirements engineering)은 자주 요구사항 워크플로 동안 수행한 것을 서술하는 데 사용된다. 클라이언트의 요구사항들을 발견하는 프로세스는 **요구사항 추출**(requirements elicitation) 또는 **요구사항 캡처**(requirements capture)라고 부른다. 요구사항들의 초기 집합이 작성되었으면 이들을 정제하고 확장하는 프로세스는 **요구사항 분석**(requirements analysis)이라고 부른다.

지금부터는 이들 각 단계들을 구체적으로 학습한다.

11.3
도메인 이해

클라이언트의 니즈를 추출하기 위해 요구사항 팀의 멤버들은 애플리케이션 도메인에 친숙해야 한다. 즉 도메인이란 대상 프로덕트가 사용될 일반 영역을 말한다. 예를 들어 은행이나 신경외과에 친숙성을 갖고 있지 못하면 은행가나 신경외과 의사에게 의미가 있는 질문을 요청할 수가 없다. 그래서 요구사항 분석 팀의 각 멤버의 첫 번째 태스크는 이미 해당 일반 영역에 대한 경험을 갖고 있지 않으면 해당 애플리케이션 도메인에 대한 친숙성을 취득해야 한다. 즉 대상 소프트웨어의 클라이언트와 미래의 사용자들과 커뮤니케이션을 할 때는 정확한 전문 용어를 사용하는 게 특히 중요하다. 결국 인터뷰자(interviewer)가 해당 도메인에 적합한 전문 용어를 사용하지 않으면 특정 도메인에서 작업하는 사람이 진지하게 대처하기가 어렵다. 보다 중요한 것은 부적절한 단어의 사용은 오해를 불러일으켜 결국에는 결함이 많은 프로덕트를 인도하게 된다. 이 같은 문제는 만약 요구사항 팀의 멤버들이 도메인의 전문 용어의 난해함들을 이해하지 못해서 발생한다. 예를 들어 일반인에게 brace(버팀목), beam(빔), girder(대들보), strut(지주)와 같은 단어들은 동의어들로 보지만 토목공학자에게는 다른 용어들로 사용된다. 만약 개발자가 토목공학자가 사용하는 네 개의 용어를 명확한 방법으로 인식하지 못한다면 그리고 만약 토목공학자가 개발자가 용어들 구별에 익숙해 있다고 가정하고 있다면 개발자는 네 개의 용어가 동등한 것으로 취급할 것이다. 이러한 결과로 나온 컴퓨터 교량 설계 소프트웨어(computer-aided bridge design software)는 교량 붕괴를 가져오는 결함들을 포함할 수가 있다. 컴퓨터 전문가들은 모든 프로그램의 결과가 해당 프로그램에 기반해서 의사결정이 되기 전에 인간에 의해 세심하게 검사되기를 희망한다. 그러나 컴퓨터에서 가장 큰 신념은 이러한 점검에 의한 확률에 의존하는 것은 분명히 현명하지 않다는 의미이다. 그래서 전문 용어에 대한 잘못된 이해는 소프트웨어 개발자들을 태만하게 만든다.

전문 용어가 가진 문제를 설명해주는 한 가지 방법은 도메인에서 사용되는 기술적인 단어들과 그 의미들을 함께 설명해주는 **용어사전(glossary)**를 만드는 것이다. 초기 엔트리들은 팀 멤버들이 애플리케이션 도메인에 관해 배운 것을 용어사전에 삽입한다. 그런 후 용어사전은 요구사항 팀의 멤버들이 새로운 전문 용어를 만나면 언제나 갱신한다. 매번 이렇게 한 후 용어사전은 출력되어 팀 멤버들에게 배포하거나 PDA(Palm Pilot 또는 Black-Berry같은)에 다운로드시킨다. 이러한 용어사전은 클라이언트와 시스템 분석가들 간의 혼란을 줄여줄 뿐만 아니라 또한 개발 팀 멤버들 간 잘못된 이해를 감소시켜 주기 때문에 아주 유용하다.

요구사항 분석 팀이 도메인에 대한 친숙성을 취득했으면 다음 단계는 비즈니스 모델의 구축이다. 다음 절에서는 이를 학습한다.

11.4
비즈니스 모델

비즈니스 모델(business model)은 조직의 비즈니스 프로세스들의 서술서이다. 예를 들면 은행의 비즈니스 프로세스들에는 클라이언트들부터 예금, 클라이언트들에게 대출 그리고 투자가 포함된다.

첫 번째로 비즈니스 모델을 구축하는 이유는 비즈니스 모델이 전체적으로 클라이언트의 비즈니스 이해를 제공하기 때문이다. 이러한 지식을 갖고 있어야 개발자들은 클라이언트가 클라이언트의 비즈니스 부분을 컴퓨터화 하는 데 자문을 할 수 있다. 대안으로 만약 태스크가 기존 소프트웨어 프로덕트를 확장시키는 것이라면 개발자들은 확장 부분을 어떻게 통합시킬지를 결정하기 위해 기존 프로덕트를 전체적으로 이해해야 하고, 또 기존 프로덕트에 새로운 부분을 추가시키기 위해 수정할 필요가 있다면 그 부분이 무엇인지를 알아야 한다.

비즈니스 모델을 구축하기 위해 개발자는 다양한 비즈니스 프로세스들의 세부적인 이해를 습득할 필요가 있다. 이들 프로세스는 이때 아주 세부적으로 정제된다. 즉 세부 사항까지 분석된다. 비즈니스 모델을 구축하는 데 필요한 정보를 취득하기 위해 인터뷰를 비롯해 많은 기법들이 사용되고 있다.

11.4.1 인터뷰

요구사항 팀의 멤버들은 대상 소프트웨어 프로덕트의 클라이언트와 미래의 사용자들로부터 관련된 모든 정보를 추출했다고 확신할 때까지 클라이언트 조직의 멤버들과 모임을 계속한다.

질문에는 두 가지 유형이 있다. 폐쇄형 질문(closed-ended question)은 명시된 대답을 요구한다. 예를 들면 클라이언트는 얼마나 많은 판매원들이 회사에 고용되어 있고 얼마나 빠른 응답 시간이 요구되는지를 요청 받는다. 개방형 질문(open-ended question)은 인터뷰 하는 사람이 거리낌 없이 이야기하도록 요청한다. 실례로 클라이언트에게 "왜 현재 프로덕트가 만족스럽지 못한가?" 그 이유를 질문하고 업무를 수행하는 다양한 관점에서 설명을 듣게 된다. 폐쇄형으로 질문을 하면 이러한 사실들은 제시되지 않는다.

유사하게 인터뷰에는 기본적으로 두 가지 유형이 있다. 즉 구조적 인터뷰와 비구조적 인터뷰가 있다. **구조적 인터뷰**(structured interview)에서는 이미 계획된 폐쇄형 질문이 제시된다. **비구조적 인터뷰**(unstructured interview)는 인터뷰자가 하나 내지 두 개의 준비된 폐쇄형 질문으로 시작하지만 그 이후의 질문들은 인터뷰를 하는 사람으로 받은 대답에 일치하도록 한다. 즉 이들 질문 중 대부분은 인터뷰자에게 폭넓은 정보를 제공하는 개방형 질문들이다.

동시에 만약 인터뷰가 너무 비구조적이면 좋은 아이디어는 아니다. 클라이언트에게 "당신의 비즈니스에 대해 말해 주세요."라고 말하는 것은 많은 관련 지식을 제공하지 못한다. 다른 말로 표현하면 질문들은 인터뷰를 받는 사람에게 폭넓은 대답들을 줄 수 있는 그러나 항상 인터뷰자가 필요한 특정 정보의 문맥 내에 있게 하는 방법으로 해야 한다.

좋은 인터뷰를 수행하는 것은 그리 쉽지 않다. 첫째, 인터뷰자는 애플리케이션 도메인에 완전히 친숙해야 한다. 둘째, 만약 인터뷰자가 이미 클라이언트의 니즈를 마음속으로 결정했다면 클라이언트 조직의 멤버와 인터뷰할 시점이 아니다. 비록 인터뷰자가 이전에 말을 했을지라도 또는 다른 수단들로 배웠을지라도, 인터뷰자는 개발할 대상 프로덕트의 클라이언트와 미래의 사용자들인 회사의 니즈에 대해 사전에 인식한 개념들에서 벗어나 인터뷰하는 사람이 무엇을 말하는지 세심하게 들으면서 인터뷰를 해야 한다.

인터뷰를 마친 후에 인터뷰자는 인터뷰를 한 결과들의 개요를 작성한 보고서를 준비해야 한다. 이 보고서의 복사본을 인터뷰 한 사람들에게 제공하는 것이 좋다. 그러면 그들은 어떤 문장들에 대해서는 명확하게 설명하거나 누락된 항목이 추가되기를 원할 것이다.

11.4.2 다른 기법

인터뷰는 비즈니스 모델에 대한 정보를 취득하는 주요 기법이다. 이 절에서는 인터뷰와 결합되어 사용되는 조금 다른 기법들을 서술한다.

클라이언트 조직의 활동들에 대한 지식을 취득하는 한 가지 방법은 클라이언트 조직의 관련 멤버들에게 **설문지**(questionnaire)를 보내는 것이다. 이 기법은 수백 명의 견해들, 즉 다양한 견해들을 결정할 필요가 있을 때 아주 유용하다. 더욱이 클라이언트 조직의 응답자가 아주 주의 깊게 생각해 작성한 응답은 인터뷰 진행자가 제시한 질문에 구두로 응답하는 것보다 더 정확하다. 그러나 비구조적 인터뷰가 초기 응답을 확장한 질문을 제시하고 주의 깊게 듣는 체계적인 인터뷰 진행자가 수행하면 통상적으로 주의 깊게 작성된 설문지보다 더 좋은 정보가 된다. 왜냐하면 설문지들은 사전에 계획되기 때문에 질문에 대응되는 대답을 할 수 있는 방법이 없다.

요구사항들을 추출하는 또 다른 방법은 비즈니스에 사용하는 다양한 양식(form)들을 조사하면 된다. 예를 들면 인쇄소에 있는 양식은 인쇄 매수, 종이 롤의 크기, 습도, 잉크 온도, 종이의 장력 등에 대한 정보를 나타낸다. 양식에 있는 다양한 필드들은 출력 작업의 흐름과 여러 단계에 관련된 공통 사항들을 밝혀 준다. 운영 절차서와 업무 정의서 같은 다른 문서들은 무엇을 어떻게 하는지를 정확히 찾아낼 수 있는 강력한 도구가 된다. 만약 소프트웨어 프로덕트가 사용되고 있으면 사용자 매뉴얼들은 세심하게 연구되어야 한다. 클라이언트가 현재 비즈니스를 어떻게 처리하는지에 관한 포괄적인 정보는 클라이언트의 니즈를 결정하는 데 크게 도움이 된다. 그래서 훌륭한 소프트웨어 전문가들은 클라이언트 니즈의 정확한 평가를 이끌어낼 수 있는 가치 있는 정보 자원으로 간주되는 클라이언트 문서를 세심하게 연구한다.

이러한 정보를 취득하는 또 다른 방법은 사용자들의 **직접 관찰**(direct observation)에 의한 방법이다. 즉 해당 회사의 직원들이 자신들의 임무를 수행하는 동안 요구사항 팀 멤버들이 동행해서 그들의 행동들을 관찰하고 이를 문서로 작성하는 방법이다. 이 기법의 현대 버전은 무슨 일을 하는지 정확히 기록하기 위해서(사전에 허락을 받아서 수행해야 됨) 작업장 내에 **비디오테이프 카메라**(videotape cameras)를 설치하는 것이다. 이 기법의 한 가지 어려움은 테이프를 분석하는 데 많은 시간이 소요된다는 점이다. 일반적으로 요구사항 팀의 한 명 내지 두 명의 멤버는 카메라가 기록한 모든 시간만큼 테이프를 되감는 데 소비한다. 이 시간은 관측한 것을 평가하는 데 필요한 이외의 시간이다. 그러나 이 기법이 보다 심각한 것은 직원들이 카메라에 노출되어 부당하게 사생활이 침해된다는 점이다. 그래서 이를 backfire라고 부른다. 이것은 요구사항 분석 팀이 모든 직원의 완전한 협력이 있어야 가능하다. 즉 이 과정에서 사람들이 협박이나 어려움을 당하면 필요한 정보를 얻기가 매우 어렵다. 그래서 비디오 카메라를 도입하기 전에 고려해야 하는 위험들은 화가 나거나 분노한 직원들이 다른 행동들을 할 수 있기 때문이다.

그림 11.1

은행 소프트웨어
프로덕트의
Withdraw Money
유스 케이스

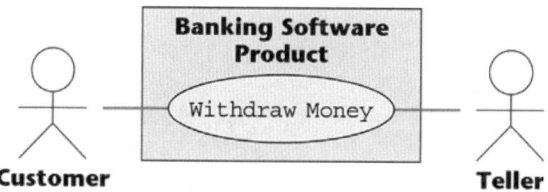

11.4.3 유스 케이스

3.2절에서 설명했듯이 **모델**(model)은 개발할 소프트웨어 프로덕트의 하나 또는 그 이상의 측면들을 나타내는 UML 다이어그램들의 집합이다(UML에서 ML은 'modeling lanuage'의 약어를 의미함). 비즈니스 모델링에서 사용되는 주요 UML 다이어그램은 유스 케이스이다.

　　유스 케이스(use case)는 소프트웨어 프로덕트 자체와 그 소프트웨어 프로덕트의 사용자(actors) 간의 인터액션(interaction)을 모델화한 것이다. 예를 들면 그림 11.1은 뱅킹 소프트웨어 프로덕트(banking software product)를 유스 케이스로 묘사한 것이다. 이 그림에는 UML로 표현된 두 개의 액터인 **Customer**와 **Teller**가 있다. 타원형(oval) 내부에 있는 레이블(label)은 유스 케이스로 표현된 비즈니스 활동인 Withdraw Money가 서술되어 있다.

　　유스 케이스에서 기대되는 또 다른 방향은 소프트웨어 프로덕트와 그 소프트웨어 프로덕트가 운영될 환경 간의 인터액션을 보여주는 데 있다. 즉 액터는 소프트웨어 프로덕트 외부 세계의 멤버이고 반면에 유스 케이스에 있는 사각형은 소프트웨어 프로덕트 자체를 표현한 것이다.

　　액터를 식별하는 것은 아주 쉽다.

- 왜냐하면 액터는 자주 소프트웨어 프로덕트의 사용자이기 때문이다. 뱅킹 소프트웨어 프로덕트인 경우 이 소프트웨어 프로덕트의 사용자들은 은행의 고객들과 텔러(teller), 매니저(manager)들을 포함한 은행의 스태프들이다.
- 일반적으로 액터는 소프트웨어 프로덕트에 관한 역할(role)을 담당한다. 이 역할은 소프트웨어 프로덕트의 사용자가 된다. 그러나 유스 케이스의 발의자(initiator)나 유스 케이스의 중요한 부분을 담당하는 사람도 역할을 담당하고, 그리고 소프트웨어 프로덕트의 사용자와 관계없는 사람도 액터로 간주된다. 이에 관한 예는 11.7절에 있다.

　　시스템의 사용자는 한 가지 이상의 역할을 담당할 수 있다. 예를 들면 은행의 고객은 **Borrower**(고객이 돈을 대출 받을 때)나 **Lender**(은행에 돈을 저축할 때 은행은 고객들이 저축한 돈을 투자해서 많은 이익을 얻음)가 될 수 있다. 역으로 한 액터는 여러 유스 케이스에 참여될 수 있다. 예를 들면 **Borrower**는 Borrow Money 유스 케이스, Pay Intetest on Loan 유스 케이스 그리고 Repay Loan Principal 유스 케이스에 액터일 수 있다. 또한 액터 **Borrower**는 수천 명의 은행 고객들을 상징한다.

　　액터가 인간일 필요는 없다. 액터는 소프트웨어 프로덕트의 사용자이고, 그리고 많은 경우에 다른 소프트웨어 프로덕트가 사용자일 수 있다는 것을 기억하라. 예를 들면 구매자들이 신용카드로 지불하는 전자상거래 정보 시스템(e-commerce information system)은 신용카드 회사 정보 시스템과 상호작용 해야 한다. 즉 신용카드 회사 정보 시스템은 전자상거래 정보 시스템의 입장에서

그림 11.2

메디컬 스태프의
일반화

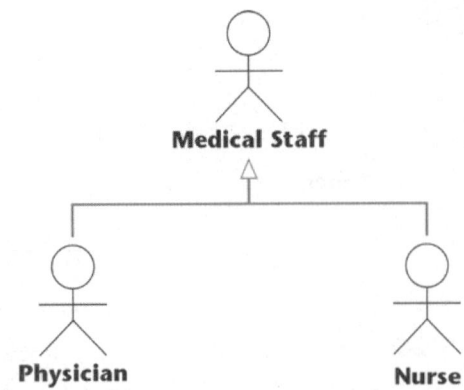

보면 액터이다. 유사하게 전자상거래 정보 시스템은 신용카드 회사 정보 시스템의 입장에서 보면 액터가 된다.

앞에서 설명했듯이 액터들의 식별은 쉽다. 일반적으로 패러다임의 이 부분에서 야기되는 어려움은 열성적인 소프트웨어 전문가가 때로는 액터들을 중복시켜 식별하는 경우다. 예를 들면 병원 소프트웨어 프로덕트에서 액터 **Nurse**가 있는 유스 케이스와 액터 **Medical Staff**가 있는 다른 유스 케이스를 갖는 것이 좋은 아이디어는 아니다. 왜냐하면 모든 간호사는 병원 스태프이지만 어떤 병원 스태프(의사들과 같은)는 간호사들이 아니다. 그래서 액터 **Physician**과 **Nurse**를 갖는 게 더 좋다.

대안으로 액터 **Medical Staff**는 두 개의 전문직 **Physician**과 **Nurse**로 정의할 수 있다. 이것은 그림 11.2에 묘사되어 있다. 7.7절에서 상속성(inheritance)은 일반화(generalization)의 특수한 경우라고 지적했다. 일반화는 7.7절에서 클래스들에 적용했다. 그림 11.2는 일반화가 액터들에 어떻게 적용되는지를 보여주고 있다.

11.5
초기 요구사항

SOFTWARE

클라이언트의 요구사항들을 결정하기 위해 초기 요구사항(initial requirement)들은 초기 비즈니스 모델을 기반으로 작성되어야 한다. 그런 후 도메인과 비즈니스 모델의 이해가 클라이언트와 구체적인 논의를 기반으로 정제되면 요구사항들로 정제된다.

요구사항들은 동적(dynamic)이다. 즉 요구사항들은 물론이고 각 요구사항에 대한 개발 팀, 클라이언트, 그리고 미래의 사용자들의 태도들도 자주 변경된다. 예를 들면 특별한 요구사항은 처음에는 개발팀에 선택적으로 제시된다. 이 요구사항은 구체적인 분석 후에 현재 아주 중요하게 보인다. 그러나 클라이언트와 논의 후에 이 요구사항은 거부된다. 이들의 잦은 변경을 처리하는 좋은 방법은 개발 팀의 멤버들이 동의하고 클라이언트가 승인한 요구사항들의 유스 케이스들과 함께 요구사항들의 목록을 유지하는 것이다.

객체-지향 패러다임은 반복적이고 용어사전, 비즈니스 모델, 또는 요구사항들은 언제든지 수정될 수 있다고 생각하는 게 중요하다. 특히 요구사항 목록이외에도 이미 목록상에 있는 항목들에 대한 수정들 그리고 목록에서 항목들의 제거는 다양한 이벤트들에 의해서 야기된다. 이 범위는 사용자들이 작성한 변덕스러운 언급에서부터, 시스템 분석가들의 공식 미팅에서, 클라이언트가 요구사항 팀에 대한 제안에 이르기까지 다양하다. 이러한 변경은 비즈니스 모델에 상응하는 변경들을 초래한다.

요구사항들은 기능적(fuctional) 부류와 비기능적(nonfuctional)부류로 분류된다. **기능적 요구사항**(fuctional requirement)들은 대상 프로덕트가 수행해야만 하는 액션(action)을 명세화 한다. 기능적 요구사항들은 입력(input)과 출력(output)들로 자주 표현된다. 명시된 입력이 주어지면 기능적 요구사항은 출력이 무엇인지를 명시한다. 반대로 **비기능적 요구사항**(nonfunctional requirement)들은 **플랫폼 제약**(platform constraint, 이 소프트웨어 프로덕트는 Linux로 시행되어야 한다), **응답시간** (response time, 평균적으로 Type 3B의 질의는 2.5초 내에 응답해야 한다), 또는 **신뢰성**(reliability, 소프트웨어 프로덕트는 시간의 99.95%를 실행해야 한다)과 같은 대상 프로덕트 자체의 성질들을 명시한다.

기능적 요구사항들은 요구사항과 분석 워크플로들이 수행되는 동안에 처리되지만, 비기능적 요구사항들은 설계 워크플로 때까지 기다려야 한다. 그 이유는 어떤 비기능적 요구사항들을 처리할 수 있을 때까지 대상 소프트웨어 프로덕트에 관한 세부적인 지식이 필요하고, 또 이 지식은 요구사항과 분석 워크플로들이 완료될 때까지는 이용할 수가 없다(연습문제 11.2와 11.3 참조). 그러나 가능한 한 어디서든지 비기능적 요구사항들은 요구사항과 분석 워크플로들 동안에 처리되어야 한다.

요구사항 워크플로는 지금부터 사례 연구를 통해서 설명된다.

11.6
도메인의 초기 이해 : The MSG Foundation Case Study

Martha Stockton Greengage가 87세의 나이로 운명했을 때, 그녀는 전 재산인 23억 달러를 자선단체에 기부했다. 구체적으로, 그녀는 주택을 구입하고자 하는 젊은 부부들을 돕기 위하여 저렴한 이율로 대출을 제공하는 Martha Stockton Greengage Foundation(MSG 재단)을 설립했다.

운영 비용을 절감하기 위하여 MSG Foundation의 신탁 관리인들은 전산화를 위한 조사를 진행하고 있다. 신탁 관리자들 중 누구도 컴퓨터와 관련된 경험이 없었기 때문에, 그들은 파일럿 프로젝트를 구현하는 작은 소프트웨어 개발 업체에게 매주 주택을 구매하는 데 얼마나 많은 돈을 지불할지를 계산하는 소프트웨어 구축을 위임했다.

언제나 그렇듯이 그 첫 번째 단계는 보기에서 주택 모기지 같은 애플리케이션 도메인을 이해하는 것이다. 많은 사람들은 주택을 구매하기 위하여 현금을 지불할 능력이 없다. 그 대신, 그들은 주택을 구매하기 위해 필요한 비용 중 일부를 저축해놓은 돈으로 지불하고 나머지 금액은 대출을 여러분은 모기지(mortgage)라는 단어의 첫 음절에 악센트를 주어 'more gidge'로 강조하는 이유가 궁금한 적은 없었는가? 14세기 중세 영어에서 처음으로 사용된 이 단어는 '죽음'을 의미하는 옛 프랑스 단어 mort와 '서약'을 의미하는 독일어인 gage에서 유래되었다. 즉, 만약 채무를 지불하지 않을 경우 재산을 몰수한다는 약속이다. 참 이상하게도 모기지는 두 가지 다른 의미의 '죽음의 서약'이다. 만약 대출이 상환되지 않은 경우, 재산이 몰수되거나 영원히 차용자에게 '죽은' 상태가 된다. 그리고 대출이 상환되었을 경우, 돈을 갚겠다는 약속이 죽게(사라지게) 된다. 이 두 가지 방법의 설명은 영어를 정의한 Edward 경(1552-1634)에 의하여 처음으로 정의되었다.

그리고 모기지의 이상한 발음 문제가 있다. mort와 같은 프랑스 단어의 마지막 문자는 묵음이다 – 따라서 'more'로 발음이 된다. 접미사 -age는 영어에서 자주 'idge'로 발음된다. 예를 들면 carriage, marriage, disparage, 그리고 encourage와 같은 단어들이 있다.

통하여 지불한다. 부동산을 대출의 담보로 잡은 것과 같은 종류의 대출을 **모기지**(mortgage, 저당)라고 한다(이 경우에 대해 알고 싶다면 '알고 싶은 사항 11.2' 참조).

예를 들어, 어떤 사람이 $100,000에 주택 구매를 희망한다고 가정하자(많은 주택들의 현재 가격은 특히 큰 도시의 경우 이보다 훨씬 더 높지만, 계산의 편의성을 위해 위와 같은 금액을 책정하였다). 그 사람은 10%의 **보증금**($10,000)을 직접 지불하고 나머지 $90,000은 은행 또는 저축 및 대출회사에서 모기지의 형태로 빌린다. 따라서 **대출**받은 돈은 $90,000이다.

모기지의 조건은 대출 금액을 연이율 7.5%(또는 6.75% / 월)로 30년간 매월 분할 상환하는 것으로 가정한다. 매월, 채무자는 금융 회사에 $629.30를 지불한다. 이 금액 중 일부는 미결제 잔액에 대한 이자이며, 나머지는 원금을 차감하는 데 사용 된다. 그러므로 이 월지급 방식은 종종 P&I(principal and interest, 원금과 이자)로 언급된다. 예를 들어, 첫 번째 달의 미결제 잔액이 $90,000이면, 매월 상환해야 하는 이자는 $90,000의 0.625%인 $562.50이 된다. P&I를 지불하기 위하여 상환한 $629.30을 제외한 $66.80은 원금을 줄이기 위하여 사용된다. 따라서, 첫 상환이 발생한 이후 첫 월말에 정산한 $89,933.20이 금융 회사에 진 채무가 된다.

두 번째 달의 이자는 $89,933.20의 0.625% 또는 $562.08이다. 앞에서와 같이, P&I로 지불되는 금액은 $629.30이고, P&I 지불 후 남은 금액(현재 $67.22)은 원금을 갚는 데 사용된다. 따라서 두 번째 달의 채무는 $89,865.98이 된다.

15년 후(180개월 후), 매월 지불해야하는 P&I는 여전히 $629.30이지만, 현재 부채 원금은 $67,881.61로 감소하였다. 원금 $67,881.61에서 월 지급 이자는 $424.26이며, 따라서 P&I 지불 후 남은 $205.04는 원금을 차감하는 데 사용된다. 30년 후(360개월 후), 전체 대출이 상환된다.

금융 회사는 원금 $90,000과 이자를 돌려받는 것이 보장되기를 원한다. 그것은 아래와 같은 다양한 방법을 통하여 보장된다.

그림 11.3 MSG Foundation 사례연구의 초기 용어집

Balance(잔액) : 대출의 갚아야 하는 남은 액수

Capital(자본) : 원금과 동의어

Closing cost(결산 비용) : 법률 비용과 각종 세금과 같은 주택 구매와 연관된 기타 비용들

Deposit(보증금) : 주택의 총 비용에 대한 초기 할부 금액

Escrow account(에스크로 계정) : 연간 보험 수수료와 연간 부동산 세금을 저장하여 주간 할부금으로 금융 회사에서 관리하는 예금 계정으로, 연간 보험료 및 연간 부동산 납세의 지급 형태

Interest(이자) : 빌린 돈에 대한 비용으로, 총 빌린 금액의 비율로 계산

Mortgage(모기지) : 부동산을 담보로 하는 대출

P&I(principal and interest) : '원금과 이자'의 약어

Point(포인트) : 대출 총액의 비율로 계산되는 대출금의 비용

Principal(원금) : 대출한 금액들의 총합

Principal and interest(원금과 이자) : 할부에 대한 원금의 분할과 이자의 합을 포함하는 할부 금액

- 첫 번째, 차용자는 주에서 인정하는 법적 문서(모기지 증서)에 서명을 하고, 만약 대출에 대한 지불이 매월 이루어지지 않을 경우 금융 회사는 담보로 잡은 집을 팔아서 대출의 미결제 금액을 지불하는 데 사용할 수 있다.

- 두 번째, 금융 회사는 집이 화재로 불타버린 경우와 같은 상황이 발생했을 경우 보험 회사가 손실을 보장하고, 대출금을 돌려받을 수 있도록 주택에 대한 차용자의 보증을 요구한다. 보험료는 일반적으로 금융 회사가 1년에 한 번 지급한다. 차용자로부터 수수료를 받기위하여, 금융 회사는 차용자에게 보험료를 매달 분할 납부할 것을 요구한다. 분할 납부된 보험료는 **에스크로 계정**(escrow account)에 할부금액이 입금되는데, 이는 본질적으로 금융 회사에 의하여 관리되는 계좌를 관리한다. 연간 보험 수수료가 만기되었을 때, 돈은 에스크로 계정으로부터 가져오게 된다. 주택에 대한 실제 재산권에 대한 세금은 같은 방식으로 처리되며, 매월 분할된 할부는 에스크로 계정에 저장되고 연간 실제 재산권에 대한 세금 납부는 계정으로부터 생성된다.

- 세 번째, 금융 회사는 채무자가 모기지를 상환할 여유가 있는지 확인하기를 원한다. 일반적으로, 모기지는 만약 총 월별 지급액(P&I+보험+실제 재산권에 대한 세금)이 채무자의 총 수입의 28%를 초과할 경우 허가되지 않는다.

　　추가로 월 납부금에서 금융 회사는 거의 항상 채무자에게 돈을 빌려주기 위하여 우선 상환금의 합계를 일시불로 지급하기를 원한다. 일반적으로 금융 회사는 원금의 2%(2 **포인트**)를 원할 것이다. $90,000을 대출하는 경우에 이 금액은 $1,800이다.

　　마지막으로 법률 비용과 각종 세금들과 같은 주택 구입에 필요한 기타 비용들이 있다. 따라서 $100,000에 주택을 구매하는 계약을 체결했을 경우(계약이 '완료'되었을 때), **결산 비용**(법률 비용, 세금들 등등)과 포인트들의 합계는 쉽게 $7,000로 계산된다.

　　MSG Foundation 도메인의 초기 용어집은 그림 11.3에 게재되어 있다.

　　지금부터 MSG Foundation 사례 연구의 초기 비즈니스 모델을 구축한다.

초기 비즈니스 모델: The MSG Foundation Case Study
SOFTWARE

개발 조직의 멤버들은 MSG Foundation의 다양한 관리자들과 스태프 멤버들과 인터뷰를 통하여 MSG Foundation을 운영하는 방법을 발견하였다. 한 주가 시작될 때마다, MSG Foundation은 그 주에 얼마나 많은 자금을 모기지 펀드에 사용할 수 있는지를 추정한다. 표준 모기지로 주택을 구매하기에는 소득이 너무 낮은 부부들은 MSG Foundation에 언제든지 신청이 가능하다. MSG Foundation의 스태프 멤버는 우선 신청 부부가 자격이 있는지를 검토한 후, MSG Foundation이 그 주에 주택을 구매하기 위한 충분한 자금이 있는지 여부를 결정한다. 모든 자격이 충족된다면, 모기지가 부여되고 주간 모기지 상환은 MSG Foundation의 규칙에 따라 계산된다. 이 상환 금액은 부부의 현재 수입에 따라 주마다 다를 수 있다.

비즈니스 모델의 해당 부분은 다음과 같이 세 개의 유스 케이스로 구성되어 있다. Estimate Funds Available for Week, Apply for an MSG Mortgage, 그리고 Compute Weekly Repayment Amount. 이들 유스 케이스는 그림 11.4, 11.5, 그리고 11.6에 각각 보여 주고 있다. 그리고 해당 초기 유스 케이스에 대한 설명은 그림 11.7, 11.8, 11.9에 각각 제시되어 있다.

___
그림 11.4 MSG Foundation 사례 연구에서 초기 비즈니스 모델의 Estimate Funds Available for Week 유스 케이스

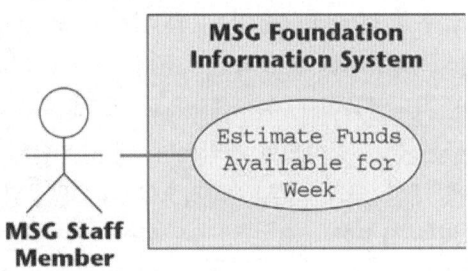

___
그림 11.5 MSG Foundation 사례 연구에서 초기 비즈니스 모델의 Apply for an MSG Mortgage 유스 케이스

그림 11.6 MSG Foundation 사례 연구에서 초기 비즈니스 모델의 Compute Weekly Repayment Amount 유스 케이스

그림 11.7 MSG Foundation 사례 연구에서 초기 비즈니스 모델의 Estimate Funds Available for Week 유스 케이스에 대한 서술

Brief Description

The `Estimate Funds Available for Week` use case enables an MSG Foundation staff member to estimate how much money the Foundation has available that week to fund mortgages.

Step-by-Step Description

Not applicable at this initial stage.

그림 11.8 MSG Foundation 사례 연구에서 초기 비즈니스 모델의 Apply for an MSG Mortgage 유스 케이스에 대한 서술

Brief Description

When a couple applies for a mortgage, the `Apply for an MSG Mortgage` use case enables an MSG Foundation staff member to determine whether they qualify for an MSG mortgage and, if so, whether funds are currently available for the mortgage.

Step-by-Step Description

Not applicable at this initial stage.

그림 11.9 MSG Foundation 사례 연구에서 초기 비즈니스 모델의 Compute Weekly Repayment Amount 유스 케이스에 대한 서술

Brief Description

The `Compute Weekly Repayment Amount` use case enables an MSG Foundation staff member to compute how much borrowers have to repay each week.

Step-by-Step Description

Not applicable at this initial stage.

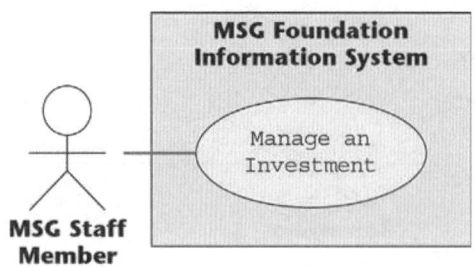

Apply for an MSG Mortgage(그림 11.5) 유스 케이스를 고려해보면, 오른쪽의 액터는 **Applicants**(신청자)이다. 그러나 **Applicants**는 정말로 액터인가? 11.4.3 절을 생각해보면 액터는 소프트웨어 프로덕트의 사용자이다. 그러나 신청자들은 소프트웨어 프로덕트를 사용하지 않는다. 그들은 양식을 채울 뿐이다. 그들이 채운 양식의 답들은 MSG 스태프 멤버들에 의하여 소프트웨어 프로덕트에 기입된다. 추가로, 그들은 스태프 멤버들에게 질문을 하거나 스태프 멤버들의 질문에 대답할 것이다. 그러나 신청자들과 MSG 스태프 멤버들의 상호 작용과 관계없이 신청자들은 소프트웨어 프로덕트와는 절대로 상호 작용하지 않는다.[1]

- 첫 번째, **Applicants**는 유스 케이스를 시작한다. 즉, 만약 한 부부가 모기지를 신청하지 않는다면, 이 유스 케이스는 발생하지 않는다.
- 두 번째, **MSG 스태프 멤버**들이 소프트웨어 프로덕트에 입력한 정보는 **신청자**에 의해 제공된다.
- 세 번째, 어떤 의미에서 실제 액터는 **Applicants**이다. **MSG 스태프 멤버**는 단지 **Applicants**의 대리인일 뿐이다.

이런 모든 이유들 때문에 **Applicants**는 실제적으로 액터이다.

이제 Compute Weekly Repayment Amount 유스 케이스를 묘사하는 그림 11.6을 고려해보자. 오른쪽에 있는 액터는 **Borrowers**(채무자)이다. 신청서가 승인되면, 모기지를 신청한 부부(**Applicants**)는 **Borrowers**가 된다. 그러나 그들이 Borrowers가 되었다고 해서 그들이 소프트웨어 프로덕트와 상호 작용하는 것은 아니다. 이전과 마찬가지로, 오직 MSG 스태프 멤버들만이 소프트웨어 프로덕트에 정보를 입력할 수 있다. 그럼에도 불구하고 유스 케이스는 **Borrowers** 액터에 의하여 다시 시작되고 그리고 **MSG 스태프 멤버**에 의하여 입력된 정보는 **Borrowers**에 의하여 제공된다. 따라서, 그림 11.6 유즈케이스에서 보이는 실제 액터는 **Borrowers**이다.

MSG Foundation 비즈니스 모델의 또 다른 측면은 MSG Foundation의 투자와 관계가 있다. 이 초기 단계의 세부 사항에서는 투자의 매매에 관한 방법이나 모기지를 활용한 투자 수익 방법에 대하여 알 수는 없지만, 그림 11.10에서 보여주는 Manage an Investment 유스 케이스가 초기 비즈니스 모델의 필수 부분이라는 것은 분명하다. 초기 서술은 그림 11.11에 나타나며, 미래의 반

---

1) 만약 MSG Foundation이 Web 상에 애플리케이션을 받아들이기로 결정했다면 이것은 변할 것이다. 특히 **Applicants**가 그림 10.6에서 단지 액터가 될 것이다. **MSG Staff Member**가 역할을 오래 수행하지 않는다.

복을 통해 투자를 수행하는 방법에 대한 세부 사항은 추후 삽입될 것이다.

간략화 하기 위해 그림 11.4, 11.5, 11.6, 11.10의 유스 케이스들은 그림 11.12의 유스–케이스 다이어그램(use-case diagram)에 결합된다.

이제 초기 요구사항들을 작성해야 한다.

그림 11.11 MSG Foundation 사례 연구에서 초기 비즈니스 모델의 Manage an Investment 유스 케이스에 대한 서술

Brief Description
The `Manage an Investment` use case enables an MSG Foundation staff member to buy and sell investments and manage the investment portfolio.
Step-by-Step Description
Not applicable at this initial stage.

그림 11.12 MSG Foundation 사례 연구에서 초기 비즈니스 모델의 유스 케이스 다이어그램

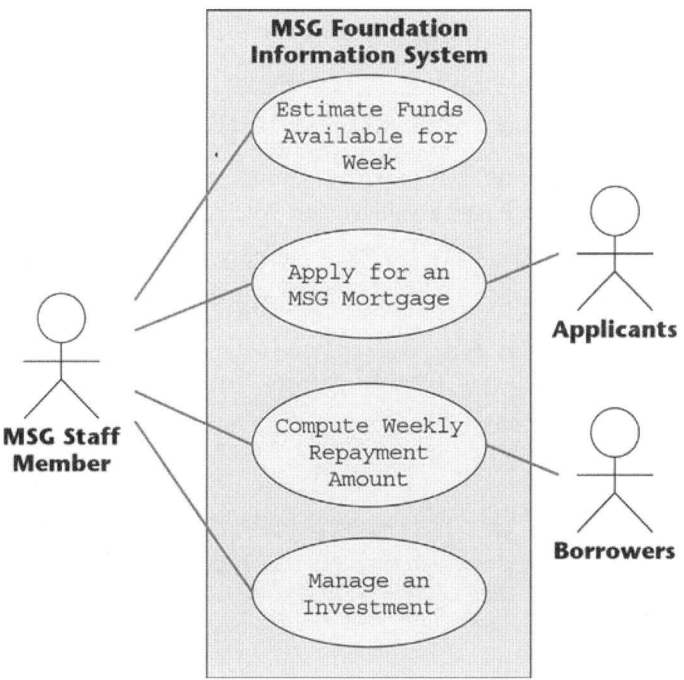

11.8
초기 요구사항: The MSG Foundation Case Study

그림 11.12의 네 개 유스 케이스들은 MSG Foundation의 비즈니스 모델을 포함하고 있다. 그러나 이것이 그들이 개발해야 하는 MSG Foundation 소프트웨어 프로덕트의 모든 요구사항인지 바로 알 수는 없다. 다시 말해서 고객이 원하는 것은 '파일럿 프로젝트라고 부르는 주택을 구매하는 데 매주 얼마나 많은 자금을 사용할 수 있는지에 대한 계산을 수행하는 소프트웨어 프로덕트'이다. 항상 개발자의 작업은 고객들의 니즈가 무엇인지 고객들의 도움을 받아서 결정하는 것이다. 그러나 이러한 초기 개발 단계에서는 이 '파일럿 프로젝트'가 필요로 하는 것이 무엇인지 여부를 결정할 수 있도록 시스템 분석가(analyst)들이 처리할 수 있는 충분한 정보가 주어져 있지 않다. 이러한 상황에서 작업을 수행하는 가장 좋은 방법은 고객이 원하는 것이 무엇인지를 기반으로 초기 요구사항을 작성하고, 이러한 작업을 반복하는 것이다.

따라서 그림 11.12의 각 유스 케이스들을 차례대로 고려해보자. Estimete Funds Available for Week 유스 케이스는 명백하게 초기 유구 사항의 부분이다. 반면에 Apply for an MSG Mortgage는 파일럿 프로젝트와 아무런 연관이 없는 것처럼 보이며, 따라서 그것은 초기 요구사항에서 제외된다. 처음 보기에 세 번째 유스 케이스인 Compute Weekly Repayment Amount는 파일럿 프로젝트와 관련이 없는 것처럼 보인다. 그러나 파일럿 프로젝트는 '자금은 주택을 구매하는 데 매주 사용할 수 있다.'와 관련이 있다. 자금의 일부는 현존하는 모기지의 주간 상환에서 반드시 나오게 되며, 따라서 세 번째 유스 케이스는 실제 초기 요구사항들의 일부가 된다. 네 번째 유스 케이스 Manage an Investment 역시 비슷한 이유로 초기 요구사항의 일부가 된다. 즉, 투자로부터 발생한 소득 역시 새로운 모기지 자금에 사용해야 한다.

초기 요구사항들은 Estimate Funds Available for Week(그림 11.4와 11.7), Compute Weekly Repayment Amount(그림 11.10과 11.11), 그리고 Manage an Investment(그림 11.10과 11.11)과 같이 이름 붙여진 세 개의 유스 케이스들과 그에 대한 서술들로 구성되어 있다. 이 세 개의 유스 케이스들은 그림 11.13에 나타나있다.

다음 단계는 요구사항 워크플로를 반복하는 것이다. 즉, 단계들은 고객의 니즈들에 더 나은 모델을 얻기 위하여 반복되어 수행된다.

그림 11.13 MSG Foundation 사례 연구에서 초기 요구사항들의
유스 케이스 다이어그램

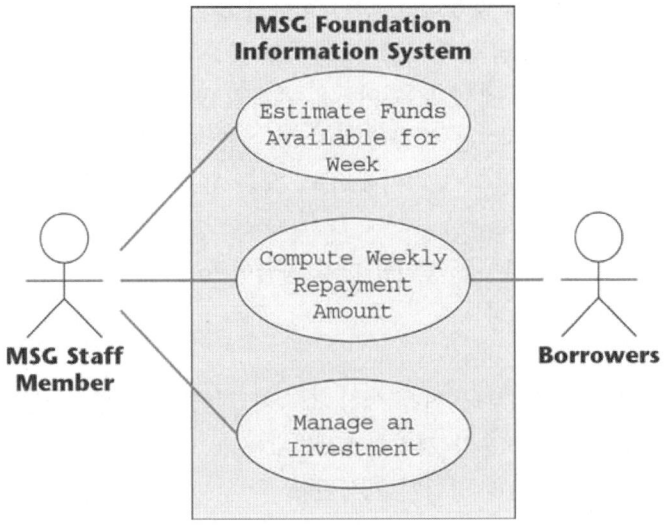

11.9
요구사항 워크플로 계속하기: The MSG Fundation Case Study

도메인에 대한 지식으로 무장하고 초기 비즈니스 모델과 친숙해진 개발 팀의 멤버들은 이제 MSG
Foundation 관리자 및 스태프 멤버들과 더욱 심도 있는 인터뷰를 갖는다. 그들은 다음과 같은 정
보를 밝혀낸다.

　　MSG Foundation은 다음과 같은 조건에서 주택을 구매하기 위한 100%의 모기지를 부여한다.

- 부부는 적어도 결혼한 지 1년 이상이어야 하고 10년을 넘으면 안 된다.
- 남편과 아내 모두는 급여를 받는 직업이 있어야 한다. 구체적으로 작년에 적어도 48주를 풀타임
으로 근무했다는 증빙을 제출해야만 한다.
- 주택의 가격은 지난 12개월 동안 구매하고자 하는 주택이 있는 지역의 평균 주택가격보다 낮아
야만 한다.
- 고정 금리에 30년 만기, 90% 모기지에 할부금은 그들의 총 소득 합산에 28%를 초과할 것이고
그리고/또는 주택 구입 비용에 $7,000을 더한 비용에 10%를 지불할 충분한 예금을 가지고 있지
않다($7,000는 부동산 매매 수수료와 포인트들을 포함한 추가적인 비용들의 추정치이다).
- MSG Foundation은 주택을 구입하기에 충분한 자금을 가지고 있다; 이것은 추후에 좀 더 자세
히 살펴볼 것이다.

신청이 승인되면, 이후 30년간 부부가 매주 MSG Foundation에 납부해야 하는 금액은 모기지 기간 동안 변경되지 않는 원금과 이자, 그리고 매년 부동산 세금 및 연간 주택 소유자의 보험료 합계의 1/52인 에스크로 결제의 총합이다. 만약 이들의 총합이 부부의 주간 소득의 28% 이상일 경우, MSG Foundation은 보조금의 형태로 그 차액을 지불하게 된다. 따라서 모기지는 매주에 지급되지만, 부부는 그들의 총소득에서 28% 이상은 지불할 필요가 없다.

부부는 매년 그들의 소득세 사본을 제공해야 하며, 이에 따라 MSG Foundation은 그들이 전년도 소득을 증명한다. 부부가 그들의 모기지에 따라 상환해야하는 금액은 매주 다를 수 있다.

MSG Foundation은 모기지 신청을 승인할 만한 자금이 있는지 여부를 결정하기 위하여 다음과 같은 알고리즘을 사용한다.

1. 한 주가 시작될 때마다 투자로부터 연간 예상 소득이 계산되고 52로 나눈다.
2. 연간 MSG Foundation의 예상 운영 경비는 52로 나눈다.
3. 한 주에 예상되는 모기지 상환의 총합이 계산된다.
4. 한 주에 예상되는 보조금의 합계가 계산된다.
5. 한 주가 시작될 때 이용할 수 있는 자금은 (항목 1)−(항목 2)+(항목 3)−(항목 4)와 같다.
6. 주 중에 만약 주택의 비용이 모기지 이용 가능 금액 이상이 된다면, MSG Foundation은 주택을 구매하는 데 자금이 필요하다고 판단한다. 한 주에 모기지 이용 가능 금액은 주택을 구매하는 비용에 의하여 감소된다.
7. 한 주가 끝날 때마다 MSG Foundation 투자 담당자는 소비되지 않은 자금을 투자한다.

파일럿 프로젝트의 비용을 가능한 낮게 책정하기 위해, 개발자들은 주간 자금 계산에 필요한 데이터 항목만 소프트웨어 프로젝트에 통합되어야 한다고 말하고 있다. 만약 MSG Foundation이 운영의 모든 측면을 전산화 하기로 결정한다면, 나머지는 추후에 추가가 가능하다. 즉, 투자 데이터, 운영 비용 데이터, 모기지 데이터와 같은 단지 세 종류의 데이터만이 필요하게 된다.

투자와 관련해서는 다음과 같은 데이터가 필요하다.

- Item number(Item 번호)
- Item name(Item 이름)
- Estimated annual return(연간 예상 수익) : 새로운 정보를 사용할 수 있을 때마다 이 수치는 갱신되며, 평균적으로 1년에 약 4회 발생한다.)
- Date estimated annual return was last update(최종적으로 갱신된 연간 예상 수익 날짜)

운영비용과 관련해서는 다음과 같은 데이터가 필요하다.

- Estimated annual operating expenses(연간 예상 운영 비용) : 이 수치는 현재 연 4회 결정된다.
- Date estimated annual operating expenses were last updated(최종적으로 갱신된 연간 예상 운영 비용 날짜)

모기지를 위해서는 다음과 같은 데이터가 필요하다:

- Account number(계좌 번호)
- Last name of mortgagees(모기지들의 최종 이름)
- Original purchase price of home(주택의 구입 원가)
- Date mortgage was issued(모기지가 발행된 날짜)
- Weekly principal and interest payment(주간 원금과 이자 지불 금액)
- Current combined gross weekly income(현재 주간 소득의 총합)
- Date combined gross weekly income was last updated(최종적으로 갱신된 현재 주간 소득의 총합 날짜)
- Annual real-estate tax(연간 부동산 세금)
- Date annual real-estate tax was last updated(최종적으로 갱신된 연간 부동산 세금의 날짜)
- Annual homeowner's insurance premium(주택 소유자의 연간 보험료)
- Date annual homeowner's insurance premium was last updated(최종적으로 갱신된 주택 소유자의 연간 보험료 날짜)

MSG 관리자들과 추가적인 논의 과정에서 개발자들은 다음과 같은 세 가지 유형의 보고서들이 필요하다는 것을 깨닫게 된다.

- The results of the funds computation for the week(주간 자금의 계산 결과)
- A listing of all investments(모든 투자들의 목록) : 요청이 있다면 인쇄 가능
- A listing of all mortgages(모든 모기지들의 목록) : 요청이 있다면 인쇄 가능

11.10
요구사항 수정: The MSG Foundation Case Study

초기 요구사항 모델(11.8절)은 Estimate Funds Available for Week, Compute Weekly Repayment Amount, 그리고 Manage an Investment로 명명된 세 개의 유스 케이스들을 포함하고 있다는 것을 상기해보자. 이 유스 케이스들은 그림 11.13에 나타나 있다. 현재까지 얻어낸 추가 정보를 바탕으로 초기 요구사항들을 수정할 수가 있다.

다음 공식은 11.9절에서 주어진 한 주를 시작할 때 얼마나 많은 자금을 사용할 수 있는지를 결정하는 것이다.

1. 투자로부터의 연간 예상 소득이 계산되고 52로 나눈다.
2. 연간 MSG Foundation의 예상 운영 경비는 52로 나눈다.
3. 한 주에 예상되는 모기지 상환의 총합이 계산된다.
4. 한 주에 예상되는 보조금의 합계가 계산된다.
5. 이용할 수 있는 자금은 (항목 1) - (항목 2) + (항목 3) - (항목 4)이다.

   이들 항목을 차례로 고려해보자.

1. **투자로부터의 연간 예상 소득.** 투자의 순서대로 각 투자에 대한 예상 연간 수익을 합하고 그 결과를 52로 나눈다. 이를 수행하기 위하여 Estimate Invest Income for Week라는 추가 유스 케이스가 필요하게 된다(Manage an Investment 유스 케이스는 투자의 추가, 삭제, 그리고 수정을 위하여 여전히 필요하다). 이 새로운 유스 케이스는 그림 11.14에 묘사되어 있으며 그림 11.15에 서술되어 있다. 그림 11.14에서 <<**include**>>가 표시된 화살표를 받는 Estimate Investment Income for Week 유스 케이스는 Estimate Funds Available for Week 유스 케이스의 일부이다. 새로운 유스 케이스를 회색으로 표시하여 반영한 수정된 유스 케이스 다이어그램의 첫 번째 반복(iteration) 결과는 그림 11.16에서 보여준다.

2. **예상 연간 운영 비용.** 지금까지 예상 연간 운영 비용은 고려되지 않았다. 이들 비용을 통합하기 위해, 두 개의 유스 케이스가 필요하다. 유스 케이스 Update Estimated Annual Operating Expenses 모델의 예상 연간 운영 비용의 값을 조정하고, 유스 케이스 Estimate Operating Expenses for Week가 요구되는 운영 경비의 견적을 제공한다. 위의 유스 케이스들은 그림 11.17부터 11.20까지에 나타나 있다. 그림 11.19의 Estimate Operating Expenses for Week 유스 케이스는 그림 11.19에서 <<include>>가 표시된 화살표를 받는 Estimate Operating Expenses for Week 유스 케이스는 Estimate Funds Available for Week 유스 케이스의 유사한 부분이다. 두 번째 반복의 결과로 수정된 유스 케이스 다이어그램은 그림 11.21에서 보여준다. 두 가지 새로운 유스 케이스인 Estimate Operating Expenses for Week와 Update Estimated Annual Operating Expenses는 음영 처리되어 있다.

3. **한 주에 예상되는 모기지 상환의 총합 계산.** (항목 4 참조).

그림 11.14 MSG Foundation 사례 연구에서 수정된 요구사항들이 반영된 Estimate Investment Income for Week 유스 케이스

그림 11.15 MSG Foundation 사례 연구에서 수정된 요구사항들이 반영된 Estimate Investment Income for Week 유스 케이스에 대한 서술

Brief Description

The `Estimate Investment Income for Week` use case enables the `Estimate Funds Available for Week` use case to estimate how much investment income is available for this week.

Step-by-Step Description

1. For each investment, extract the estimated annual return on that investment.
2. Sum the values extracted in Step 1 and divide the result by 52.

그림 11.16 MSG Foundation 사례 연구에서 수정된 요구사항들을 반영한 첫 번째 반복이 진행된 유스 케이스 다이어그램 (새로운 유스 케이스는 음영 처리)

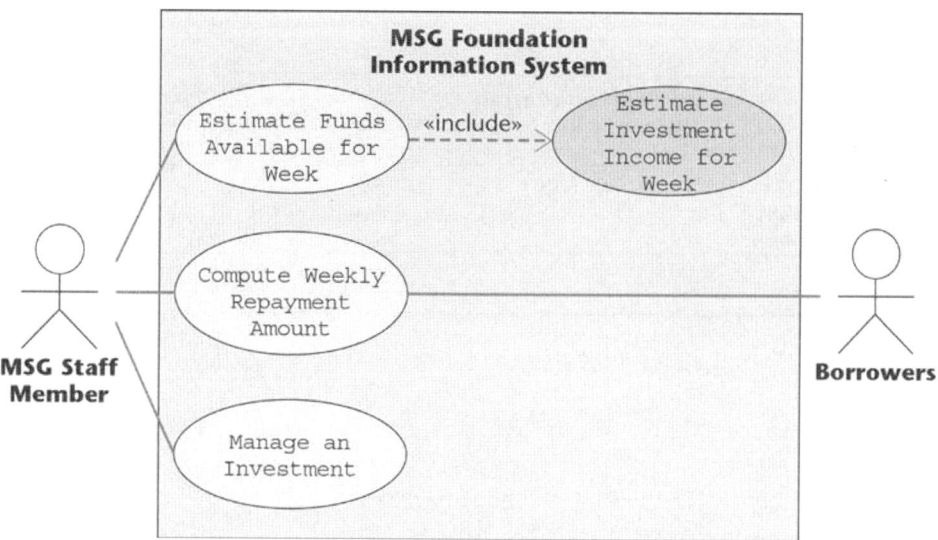

그림 11.17 MSG Foundation 사례 연구에서 수정된 요구사항들이 반영된 Update Estimated Annual Operating Expenses 유스 케이스

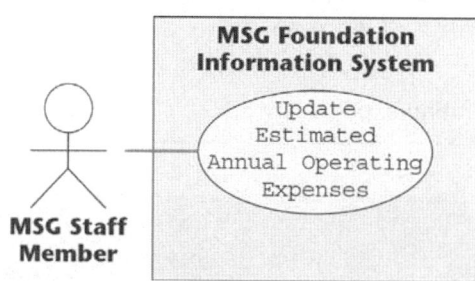

그림 11.18 MSG Foundation 사례 연구에서 수정된 요구사항들이 반영된 Update Estimated Annual Operating Expenses 유스 케이스에 대한 서술

Brief Description

The Update Estimated Annual Operating Expenses use case enables an MSG Foundation staff member to update the estimated annual operating expenses.

Step-by-Step Description

1. Update the estimated annual operating expenses.

그림 11.19 MSG Foundation 사례 연구에서 수정된 요구사항들이 반영된 Estimate Operating Expenses for Week 유스 케이스

그림 11.20 MSG Foundation 사례 연구에서 수정된 요구사항들이 반영된 Estimate Operating Expenses for Week 유스 케이스에 대한 서술

Brief Description

The Estimate Operating Expenses for Week use case enables the Estimate Funds Available for Week use case to estimate the operating expenses for the week.

Step-by-Step Description

1. Divide the estimated annual operating expenses by 52.

그림 11.21 MSG Foundation 사례 연구에서 수정된 요구사항들을 반영한 두 번째 반복이 진행된 유스 케이스 다이어그램 (새로운 두 가지 유스 케이스인 Estimate Operating Expenses for Week와 Update Estimated Annual Operating Expenses는 음영 처리)

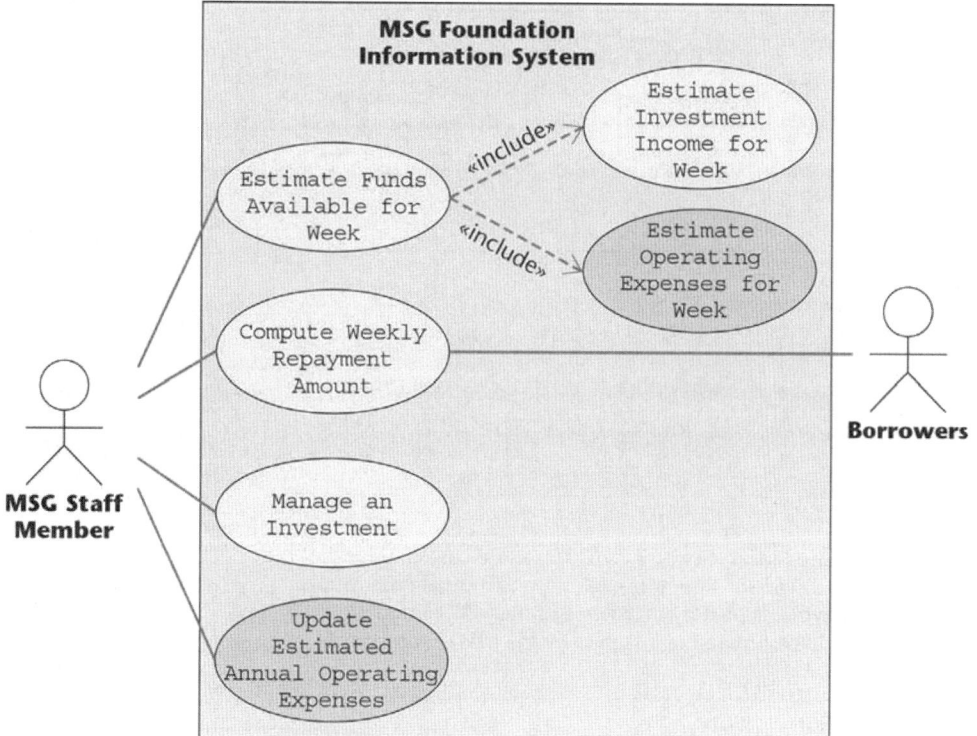

4. 한 주에 예상되는 보조금의 합계 계산. 유스 케이스 Compute Weekly Repayment Amount에서 추출된 주간 상환 금액은 총 양도 예상 금액보다 적은 총 예상 모기지 비용이다. 다르게 말하면 Compute Weekly Repayment Amount 유스 케이스는 예상 모기지 지불 금액과 각 모기지별 예상 양도 금액 모두를 계산하도록 구성된다. 이러한 별도의 수량을 합산하면, 일주일 동안 총 예상 융자금 상환 뿐 아니라 일주일 동안 총 예상 보조금 지불 금액을 계산할 수 있다. 그러나 Compute Weekly Repayment Amount는 Brrowers의 주간 수입 변화 역시 함께 구성한다. 따라서 Compute Weekly Repayment Amount 유스 케이스는 Estimate Payments and Grants for Week와 Update Borrowers' Weekly Income 유스 케이스 두 가지로 분할하는 것이 필요하다. 두 개의 새로운 유스 케이스들은 그림 11.22부터 11.25에 걸쳐 묘사되어있다. 하나가 더 있는데 그림 11.22에서 <<include>>가 표시된 화살표를 받는 새로운 유스 케이스들 중 하나인 Estimate Payments and Grants for Week는 Estimate Funds Available for Week의 일부이다. 세 번째 반복의 결과로 수정된 유스 케이스 다이어그램은 그림 11.26에 Compute Weekly Repayment Amount 유스 케이스로부터 파생된 두 개의 유스 케이스와 음영으로 묘사되었다.

그림 11.22 MSG Foundation 사례 연구에서 수정된 요구사항들이 반영된 Estimate Payments and Grants for Week 유스 케이스

그림 11.23 MSG Foundation 사례 연구에서 수정된 요구사항들이 반영된 Estimate Payments and Grants for Week 유스 케이스에 대한 서술

Brief Description

The Estimate Payments and Grants for Week use case enables the Estimate Funds Available for Week use case to estimate the total estimated mortgage payments paid by borrowers to the MSG Foundation for this week and the total estimated grants paid by the MSG Foundation for this week.

Step-by-Step Description

1. For each mortgage:
    1.1 The amount to be paid this week is the total of the principal and interest payment and $\frac{1}{52}$nd of the sum of the annual real-estate tax and the annual homeowner's insurance premium.
    1.2 Compute 28 percent of the couple's current gross weekly income.
    1.3 If the result of Step 1.1 is greater than the result of Step 1.2, then the mortgage payment for this week is the result of Step 1.2, and the amount of the grant for this week is the difference between the result of Step 1.1 and the result of Step 1.2.
    1.4 Otherwise, the mortgage payment for this week is the result of Step 1.1 and there is no grant this week.
2. Summing the mortgage payments of Steps 1.3 and 1.4 yields the estimated mortgage payments for the week.
3. Summing the grant payments of Step 1.3 yields the estimated grant payments for the week.

그림 11.24 MSG Foundation 사례 연구에서 수정된 요구사항들이 반영된 Update Borrowers' Weekly Income 유스 케이스

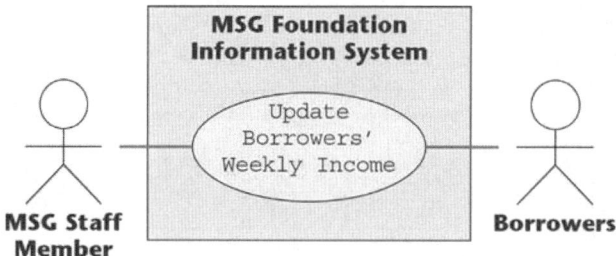

그림 11.25 MSG Foundation 사례 연구에서 수정된 요구사항들이 반영된 Update Borrowers' Weekly Income 유스 케이스에 대한 서술

Brief Description

The Update Borrowers' Weekly Income use case enables an MSG Foundation staff member to update the weekly income of a couple who have borrowed money from the Foundation.

Step-by-Step Description

1. Update the borrower's weekly income.

그림 11.26을 다시 한 번 고려해보자. Estimate Funds Available for Week 유스 케이스는 세 가지 다른 유스 케이스들(Estimate Incestment Income for Week, Estimate Operating Expenses for Week, 그리고 Estimate Payments and Grants for Week)로부터 획득한 데이터를 사용하여 계산하도록 구성된다. 이것은 Estimate Funds Available for Week의 두 번째 반복을 보여주는 것으로 그림 11.27에서 보여준다. 이 그림은 그림 11.26의 유스 케이스 다이어그램으로부터 추출되었다. 그림 11.28은 유스 케이스를 서술하고 있다.

UML 다이어그램에서 <<**include**>> 관계의 설명을 알려주는 것은 왜 그렇게 중요할까? 예를 들어 그림 11.29는 그림 11.22의 두 가지 버전을 상단의 올바른 버전과 하단의 잘못된 버전으로 보여준다. 상단의 다이어그램은 Estimate Payments and Grants for Week 유스 케이스의 부분으로써 Estimate Funds Available for Week 유스 케이스를 올바르게 구성하고 있다. 그림 11.29의 하단 다이어그램은 두 개의 독립된 유스 케이스들과 같은 Estimate Funds Available for Week와 Estimate Payments and Grants for Week 유스 케이스들을 구성한다. 그러나 11.4.3절에서 서술한 바와 같이 유스 케이스는 소프트웨어 프로덕트 사용자(액터)들과 소프트웨어 프로덕트 그 자체 사이의 상호작용을 설계한다. 이것은 Estimate Funds Available for Week 유스 케이스를 위해서는 좋다. 그러나 Estimate Payments and Grants for Week 유스 케이스는 액터와 상호작용하지 않으며, 그러므로 자체적으로 좋은 유스 케이스가 될 수 없다. 대신 그것은 그림 11.29 상단 다이어그램에 반영된 Estimate Funds Available for Week 유스 케이스의 일부이다.

그림 11.26 MSG Foundation 사례 연구에서 수정된 요구사항들을 반영한 세 번째 반복이 진행된 유스 케이스 다이어그램 (Compute Weekly Repayment Amount 유스 케이스로부터 추출된 두 개의 유스 케이스들은 음영 처리)

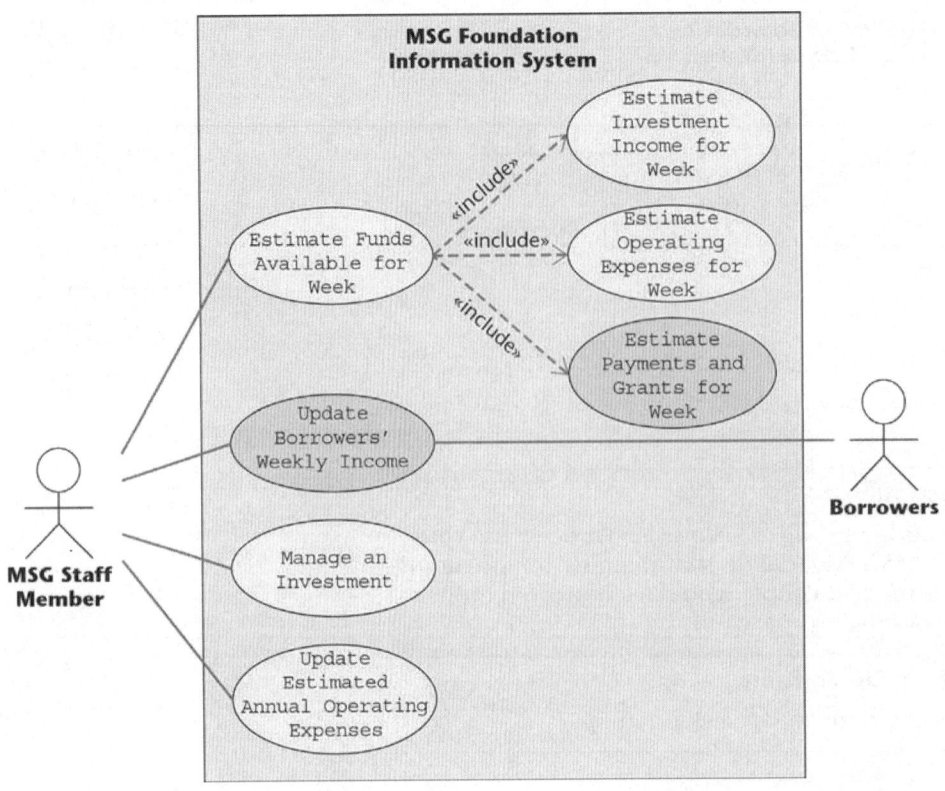

그림 11.27 MSG Foundation 사례 연구에서 두 번째 반복을 적용하여 수정된 요구사항들이 반영된 Estimate Funds Available for Week 유스 케이스

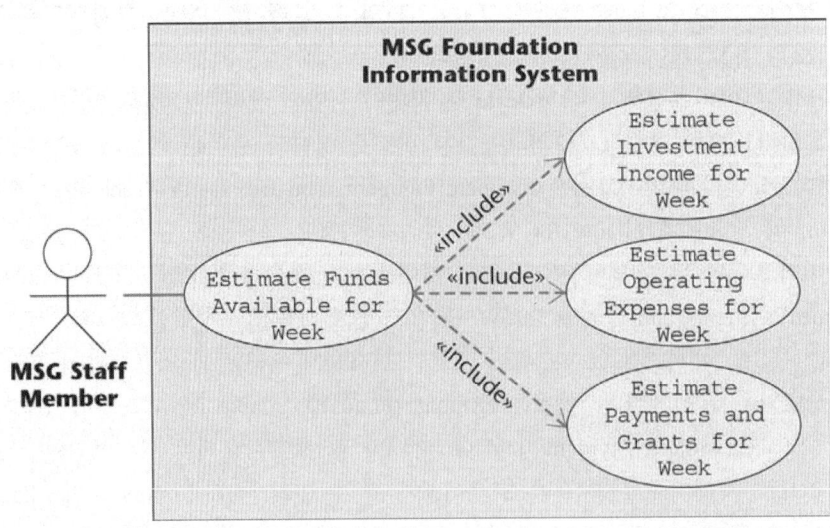

그림 11.28 MSG Foundation 사례 연구에서 두 번째 반복을 적용하여 수정된 요구사항들이 반영된 Estimate Funds Available for Week 유스 케이스에 대한 서술

Brief Description

The `Estimate Funds Available for Week` use case enables an MSG Foundation staff member to estimate how much money the Foundation has available that week to fund mortgages.

Step-by-Step Description

1. Determine the estimated income from investments for the week utilizing use case `Estimate Investment Income for Week`.
2. Determine the operating expenses for the week utilizing use case `Estimate Operating Expenses for Week`.
3. Determine the total estimated mortgage payments for the week utilizing use case `Estimate Payments and Grants for Week`.
4. Determine the total estimated grants for the week utilizing use case `Estimate Payments and Grants for Week`.
5. Add the results of Steps 1 and 3 and subtract the results of Steps 2 and 4. This is the total amount available for mortgages for the current week.

그림 11.29 그림 11.22의 올바른 버전(위)과 잘못된 버전(아래)

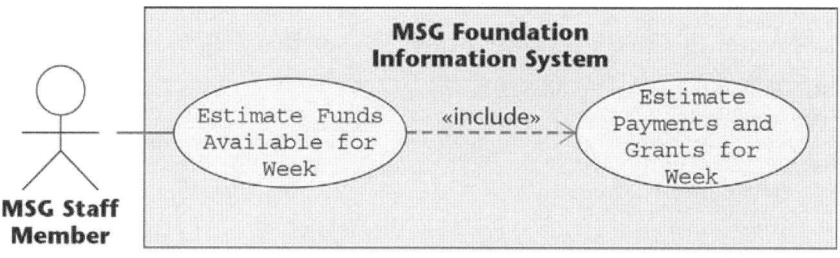

11.11

테스트 워크플로: The MSG Foundation Case Study

반복적-점진적 생명주기 모델의 공통적인 부작용은 잊혀질 때까지 적절하게 연기되도록 한다. 이것이 지속적인 테스트가 필수적인 많은 이유들 중 하나이다. 이 경우에 Manage an Investment 유스 케이스의 세부 사항들이 간과되었다. 이것은 그림 11.30과 11.31에서 수정되었다.

추가 검토는 Manage an Investment 유스 케이스와 유사한 새로운 모기지의 추가, 기존 모기지의 수정 또는 기존 모기지의 삭제 모델인 Manage a Mortgage 유스 케이스의 누락을 밝혀낸다. 그림 11.32와 11.33은 이 누락을 수정하였고, 수정된 유스 케이스 다이어그램의 네 번째 반복은 그림 11.34에 새롭게 추가된 Manage a Mortgage 유스 케이스 다이어그램을 음영 처리해서 보여준다.

___
그림 11.30 MSG Foundation 사례 연구에서 수정된 요구사항들이 반영된 Manage an Investment 유스 케이스

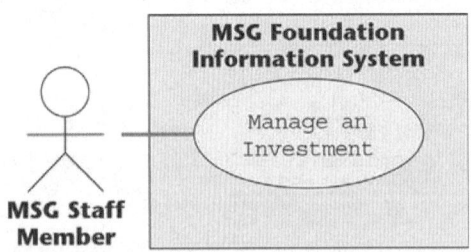

___
그림 11.31 MSG Foundation 사례 연구에서 수정된 요구사항들이 반영된 Manage an Investment 유스 케이스에 대한 서술

Brief Description

The Manage an Investment use case enables an MSG Foundation staff member to add and delete investments and manage the investment portfolio.

Step-by-Step Description

1. Add, modify, or delete an investment.

그림 11.32 MSG Foundation 사례 연구에서 수정된 요구사항들이 반영된 Manage a Mortgage 유스 케이스

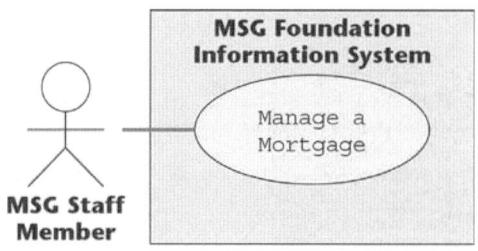

그림 11.33 MSG Foundation 사례 연구에서 수정된 요구사항들이 반영된 Manage a Mortgage 유스 케이스에 대한 서술

Brief Description

The `Manage a Mortgage` use case enables an MSG Foundation staff member to add and delete mortgages and manage the mortgage portfolio.

Step-by-Step Description

1. Add, modify, or delete a mortgage.

또한 다양한 보고서를 출력하는 유스 케이스 역시 간과되었다. 따라서 세 개의 보고서를 출력하는 Produce a Report 유스 케이스가 추가되었다. 유스 케이스의 세부 사항은 그림 11.35와 11.36에 표현되어 있다. 수정된 유스 케이스 다이어그램의 다섯 번째 반복은 그림 11.37에 새롭게 추가된 Produce a Report 유스 케이스 다이어그램을 음영 처리해서 보여준다.

수정된 요구사항들은 다시 한 번 점검되어야 하며, 여기서 두 가지 새로운 문제들이 밝혀졌다. 첫 번째, 유스 케이스가 부분적으로 중복되었다. 두 번째, 두 개의 유스 케이스를 재조직하는 것이 필요하다.

수행되는 첫 번째 변경은 부분적으로 중복 유스 케이스를 제거하는 것이다. Manage a Mortgage (그림 11.32와 11.33) 유스 케이스를 고려해보자. 그림 11.33에서 명시된 바와 같이 이 유스 케이스의 작업 중 하나는 모기지를 수정하는 것이다. 이제 Update Brrowers' Weekly Income(그림 11.24와 11.25) 유스 케이스를 고려해보자. 이 유스 케이스(그림 11.25)의 유일한 목적은 채무자들의 주간 수입을 갱신하는 것이다. 그러나 채무자들의 주간 수입은 모기지의 속성이다. 그것은 Manage a Mortgage 유스 케이스가 Update Borrowers' Weekly Income 유스 케이스를 이미 포함하고 있다는 것이다. 따라서 Update Borrowers' Weekly Income 유스 케이스는 불필요하고 삭제되어야 한다. 그 결과는 6번째 반복을 통해 수정된 유스 케이스 다이어그램인 그림 11.38에서 보여준다. 수정된 Manage a Mortgage 유스 케이스는 음영 처리되어 있다.

그림 11.34 MSG Foundation 사례 연구에서 수정된 요구사항들을 반영한 네 번째 반복이 진행된 유스 케이스 다이어그램 (새로운 유스 케이스인 Manage a Mortgage는 음영 처리)

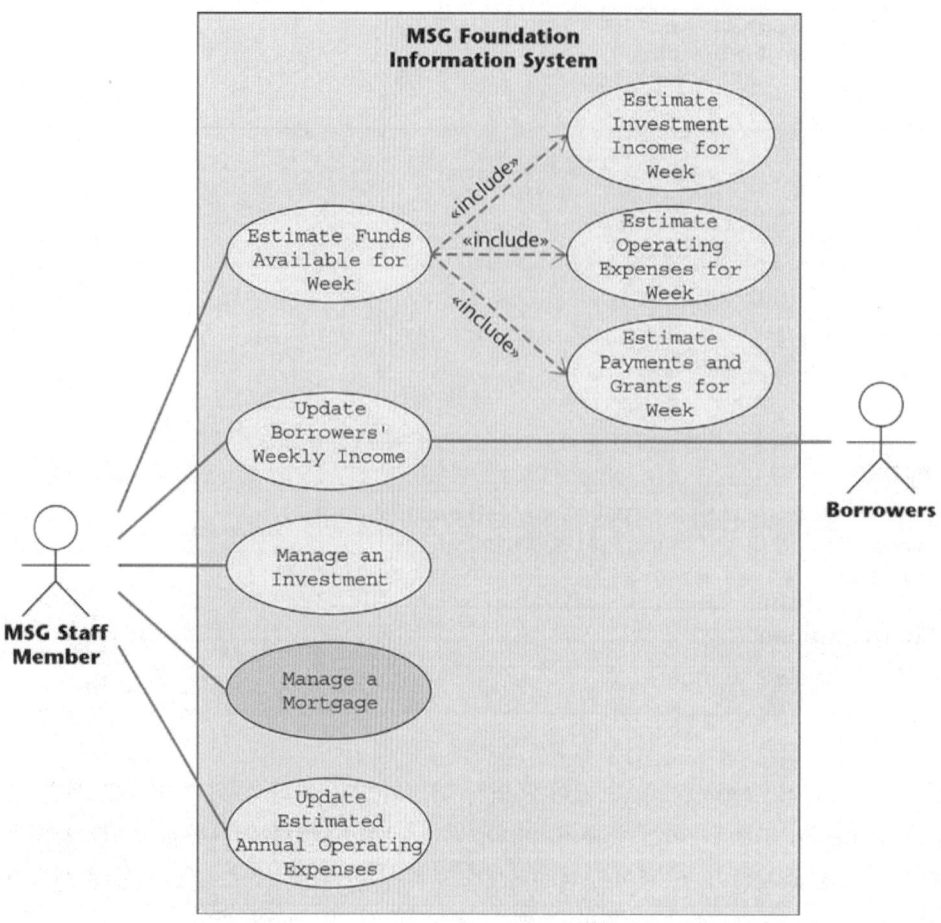

그림 11.35 MSG Foundation 사례 연구에서 수정된 요구사항들이 반영된 Produce a Report 유스 케이스

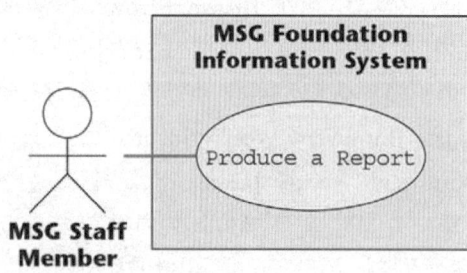

그림 11.36 MSG Foundation 사례 연구에서 수정된 요구사항들이 반영된 Produce a Report 유스 케이스에 대한 서술

Brief Description

The `Estimate Funds Available for Week` use case enables an MSG Foundation staff member to estimate how much money the Foundation has available that week to fund mortgages.

Step-by-Step Description

1. For each investment, extract the estimated annual return on that investment. Summing the separate returns and dividing the result by 52 yields the estimated investment income for the week.
2. Determine the estimated MSG Foundation operating expenses for the week by extracting the estimated annual MSG Foundation operating expenses and dividing by 52.
3. For each mortgage:
   3.1 The amount to be paid this week is the total of the principal and interest payment and $\frac{1}{52}$nd of the sum of the annual real-estate tax and the annual homeowner's insurance premium.
   3.2 Compute 28 percent of the couple's current gross weekly income.
   3.3 If the result of Step 3.1 is greater than the result of Step 3.2, then the mortgage payment for this week is the result of Step 3.2, and the amount of the grant for this week is the difference between the result of Step 3.1 and the result of Step 3.2.
   3.4 Otherwise, the mortgage payment for this week is the result of Step 3.1, and there is no grant this week.
4. Summing the mortgage payments of Steps 3.3 and 3.4 yields the estimated total mortgage payments for the week.
5. Summing the grant payments of Step 3.3 yields the estimated total grant payments for the week.
6. Add the results of Steps 1 and 4 and subtract the results of Steps 2 and 5. This is the total amount available for mortgages for the current week.
7. Print the total amount available for new mortgages during the current week.

이것은 증가보다는 감소가 발생한 첫 번째 반복의 결과이다. 이것은 반복의 결과가 산출물(Update Borrowers' Weekly Income 유스 케이스)을 삭제하는 것으로 이 책에서 처음 발생한 일이다. 사실 실수가 발생할 때마다 삭제는 너무 자주 발생한다. 때때로 잘못된 산출물은 수정될 수 있지만, 빈번하게 산출물들은 삭제되어야만 한다. 핵심은 결함이 발견되었을 때, 처음부터 전체 요구사항 프로세스의 시작과 일정을 포기할 필요는 없다는 것이다. 대신 이 사례 연구가 수행되었을 때, 이 노력은 현재의 반복을 해결하기 위하여 만들어졌다. 만약 이 전략이 실패한다면(실수가 정말 치명적이기 때문에), 우리는 이전의 반복에서 손을 떼고 그 이전에서 더 좋은 방법을 찾아야 한다.

그림 11.37 MSG Foundation 사례 연구에서 수정된 요구사항들을 반영한 다섯 번째 반복이 진행된 유스 케이스 다이어그램(새로운 유스 케이스인 Produve a Report는 음영 처리)

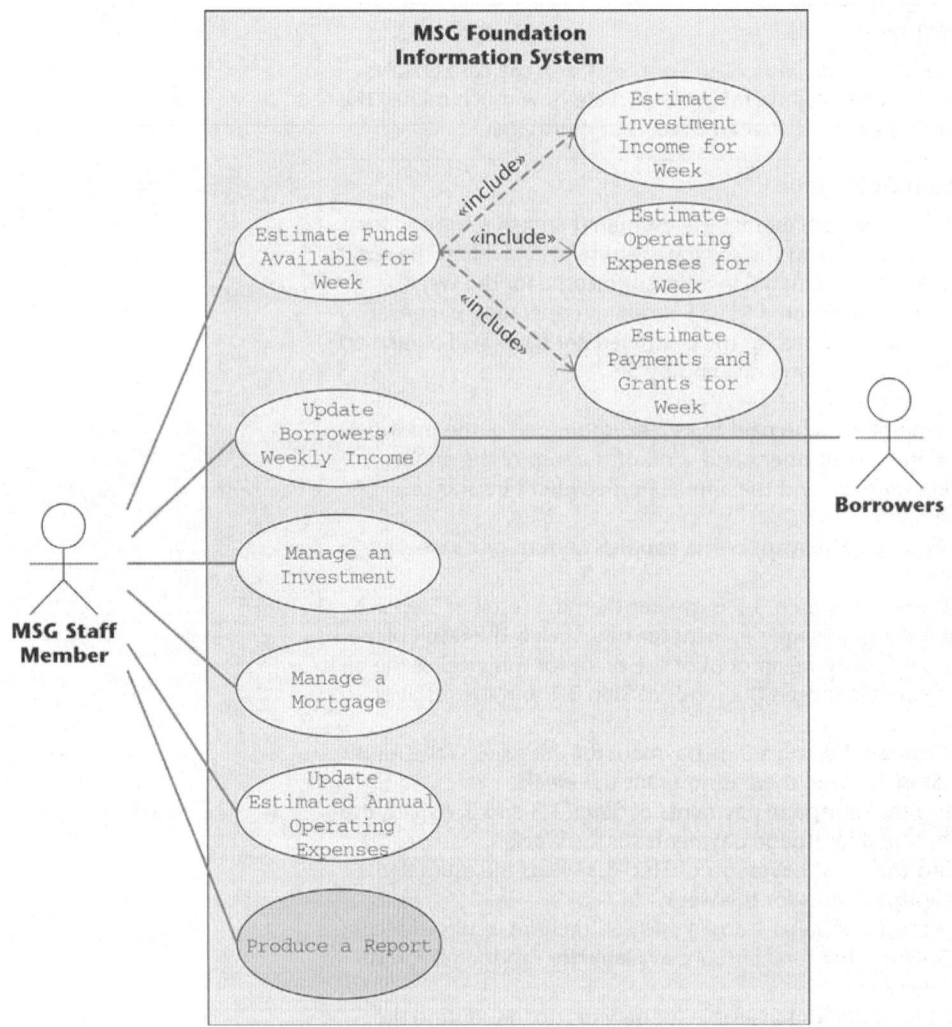

요구사항을 개선하기 위하여 생성되어야 하는 두 번째 변경은 두 개의 유스 케이스들을 재구성하는 것이다. Estimate Funds Available for Week(그림 11.28)과 Produve a Report(그림 11.36) 유스 케이스들의 묘사를 고려해보자. MSG 스태프 멤버는 현재 일주일 동안 사용할 수 있는 자금을 결정하기를 원한다고 가정하자. Estimate Funds Available for Week 유스 케이스는 계산을 수행하고, Step 1.3의 Produce a Report 유스 케이스는 계산의 결과를 출력한다. 이것은 말도 안 된다. 결국 결과가 출력되지 않는다면 사용 가능한 금액을 추정할 수 있는 지점이 없다는 것이다.

다른 말로 하면 Produce a Report의 Step 1.3에 대한 유스 케이스 서술은 Estimate Funds Available for Week 유스 케이스 서술의 끝부분으로 이동해야 한다. 이것은 유스 케이스들 자체(그림 11.27과 11.35) 또는 현재 유스 케이스 다이어그램(그림 11.38)을 변경하지는 않지만, 두 개의 유스 케이스들(그림 11.28과 11.36)의 서술들은 수정할 필요가 있다. 그림 11.39와 11.40은 수정된 서술들의 결과를 보여주고 있다.

그림 11.38 MSG Foundation 사례 연구에서 수정된 요구사항들을 반영한 여섯 번째 반복이 진행된 유스 케이스 다이어그램 (수정된 유스 케이스인 Manage a Mortgage는 음영 처리)

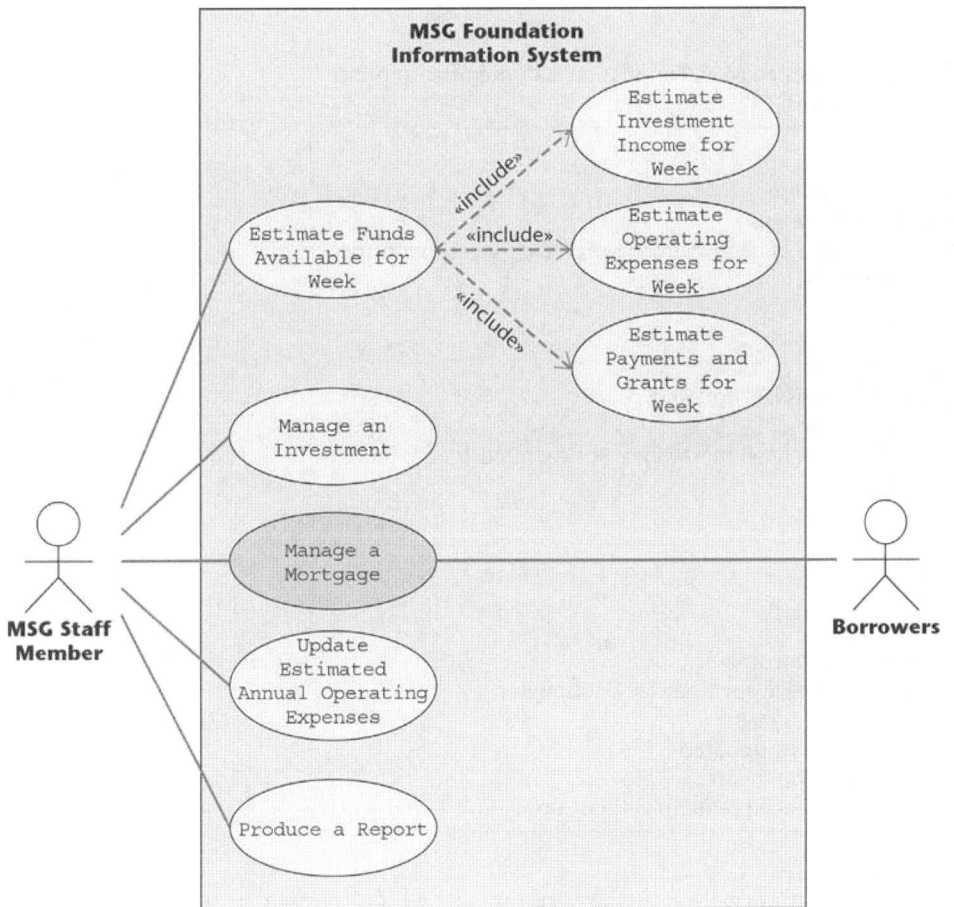

이제 유스 케이스 다이어그램은 여전히 개선시킬 수 있다. 그림 11.38에서 위에 있는 네 개의 유스 케이스들을 고려해보자. 오른쪽에 있는 세 개의 Estimate Investment Income for Week, Estimate Operating Expenses for Week, Estimate Payments and Grants for Week 유스 케이스들은 Estimate Funds Available for Week 유스 케이스의 일부이다. 《include》 관계에 대한 일반적인 전제는 하나의 유스 케이스가 둘 또는 더 많은 다른 유스 케이스들의 일부일 때 성립된다. 예를 들어 그림 11.41은 Print Tax Form 유스 케이스가 개인을 위한 세 개의 기본적인 미국 세금 형태인 Prepare Form 1040, Prepare Form 1040A, Prepare Form 1040EZ 유스 케이스들의 일부라는 것을 보여준다. 이 상황에서 하나의 독립적인 유스 케이스로 Print Tax Form 유스 케이스를 유지하는 것은 의미가 있다. Print Tax Form 유스 케이스의 오퍼레이션을 다른 세 개의 유스 케이스들에 통합시키는 것은 해당 유스 케이스를 세 번 만드는 것을 의미한다.

Brief Description

The `Produce a Report` use case enables an MSG Foundation staff member to print a listing of all investments or all mortgages.

Step-by-Step Description

1. The following reports must be generated:
1.1 Investments report—printed on demand:
   The information system prints a list of all investments. For each investment, the following attributes are printed:
      Item number
      Item name
      Estimated annual return
      Date estimated annual return was last updated
1.2 Mortgages report—printed on demand:
   The information system prints a list of all mortgages. For each mortgage, the following attributes are printed:
      Account number
      Name of mortgagee
      Original price of home
      Date mortgage was issued
      Principal and interest payment
      Current combined gross weekly income
      Date current combined gross weekly income was last updated
      Annual real-estate tax
      Date annual real-estate tax was last updated
      Annual homeowner's insurance premium
      Date annual homeowner's insurance premium was last updated

---

그림 11.40 MSG Foundation 사례 연구에서 세 번째 반복을 적용하여 수정된 요구사항들이 반영된 Estimate Funds Available for Week 유스 케이스에 대한 서술

Brief Description

The `Estimate Funds Available for Week` use case enables an MSG Foundation staff member to estimate how much money the Foundation has available that week to fund mortgages.

Step-by-Step Description

1. Determine the estimated income from investments for the week utilizing use case `Estimate Investment Income for Week`.
2. Determine the operating expenses for the week utilizing use case `Estimate Operating Expenses for Week`.
3. Determine the total estimated mortgage payments for the week utilizing use case `Estimate Payments and Grants for Week`.
4. Determine the total estimated grants for the week utilizing use case `Estimate Payments and Grants for Week`.
5. Add the results of Steps 1 and 3 and subtract the results of Steps 2 and 4. This is the total amount available for mortgages for the current week.
6. Print the total amount available for new mortgages during the current week.

그림 11.41 세 개의 다른 유스 케이스들의 부분인 Print tax Form 유스 케이스

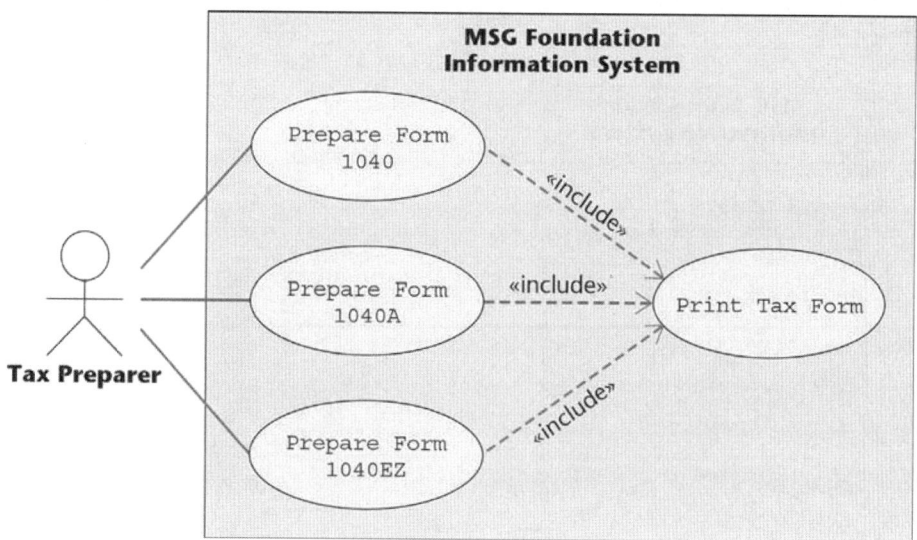

그러나 그림 11.38을 보면 포함된 모든 유스 케이스들은 Estimate Funds Available for Week 라는 단 하나의 유스 케이스의 일부이다 – 중복은 없다. 따라서 유스 케이스 다이어그램의 7번째 반복인 그림 11.42에서 보여준 것처럼 세 개의 ≪include≫ 유스 케이스들을 Estimate Funds Available for Week 유스 케이스에 통합하는 것은 의미가 있다. Estimate Funds Available for Week 유스 케이스 설명의 네 번째 반복의 결과는 그림 11.43에서 보여준다.

이제 요구사항들은 다음과 같이 명확하게 나타난다.

- 첫 번째, 그것들은 고객이 요청한 것과 일치한다.
- 두 번째, 어떠한 결함이 있는 것으로 보이지 않는다.
- 세 번째, 이 단계에서 고객의 니즈와 고객이 원하는 것들이 일치하는 것으로 보인다.

따라서 현재 요구사항 워크플로는 완료된 것으로 생각된다. 그럼에도 불구하고 이후 워크플로 동안 추가적 요구사항들이 나타날 것은 분명히 가능한 일이다. 또한 다섯 개의 유스 케이스들을 추가 유스 케이스들로 하나 또는 더 많이 분할하는 것이 필요할 수도 있다. 예를 들어 그림 11.36에 묘사된 Produce a Report 유스 케이스의 미래의 반복은 투자 보고서에 대한 것과 모기지 보고서에 대한 것 두 개의 별도 유스 케이스로 분할될 수 있다. 그러나 현재 모든 것은 만족스러워 보인다.

이것으로 MSG 사례 연구의 요구사항 워크플로에 대한 설명을 마무리한다.

그림 11.42 MSG Foundation 사례 연구에서 수정된 요구사항들을 반영한 일곱 번째 반복이 진행된 유스 케이스 다이어그램(수정된 유스 케이스인 Estimate Funds Available for Week는 음영 처리)

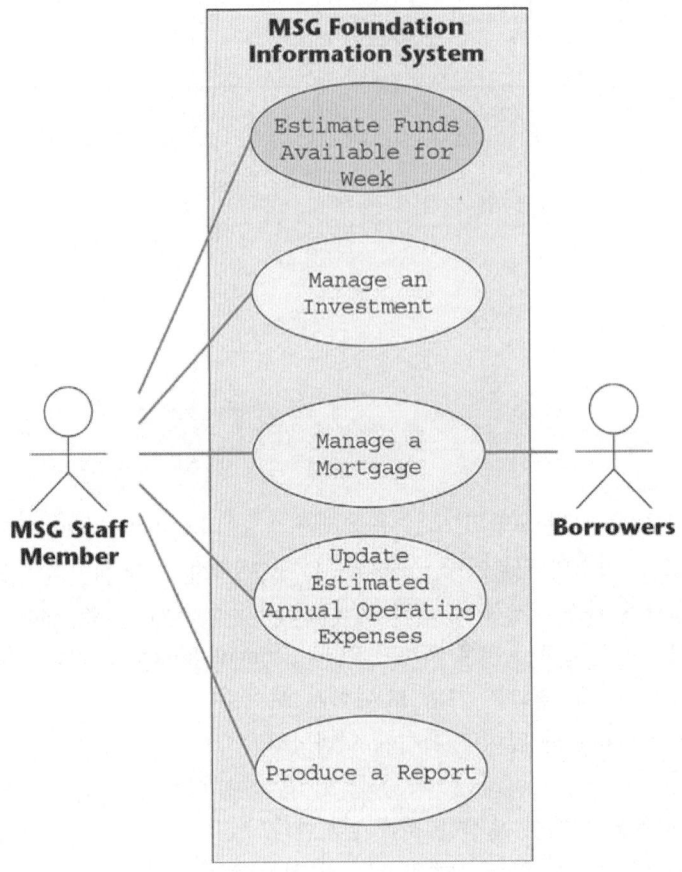

Brief Description

The `Estimate Funds Available for Week` use case enables an MSG Foundation staff member to estimate how much money the Foundation has available that week to fund mortgages.

Step-by-Step Description

1. For each investment, extract the estimated annual return on that investment. Summing the separate returns and dividing the result by 52 yields the estimated investment income for the week.
2. Determine the estimated MSG Foundation operating expenses for the week by extracting the estimated annual MSG Foundation operating expenses and dividing by 52.
3. For each mortgage:
   3.1 The amount to be paid this week is the total of the principal and interest payment and $\frac{1}{52}$nd of the sum of the annual real-estate tax and the annual homeowner's insurance premium.
   3.2 Compute 28 percent of the couple's current gross weekly income.
   3.3 If the result of Step 3.1 is greater than the result of Step 3.2, then the mortgage payment for this week is the result of Step 3.2, and the amount of the grant for this week is the difference between the result of Step 3.1 and the result of Step 3.2.
   3.4 Otherwise, the mortgage payment for this week is the result of Step 3.1, and there is no grant this week.
4. Summing the mortgage payments of Steps 3.3 and 3.4 yields the estimated total mortgage payments for the week.
5. Summing the grant payments of Step 3.3 yields the estimated total grant payments for the week.
6. Add the results of Steps 1 and 4 and subtract the results of Steps 2 and 5. This is the total amount available for mortgages for the current week.
7. Print the total amount available for new mortgages during the current week.

11.12

고전적 요구사항 페이즈

한편 '객체-지향 요구사항' 같은 게 없어도 그와 같은 일을 수행할 수 있다. 요구사항 워크플로의 목적은 클라이언트의 니즈를 결정하는 데 있다. 즉 대상 시스템의 기능성이 무엇인지를 결정하는 것이다. 요구사항 워크플로는 프로덕트가 구축되는 방법과는 관련이 없다. 이 관점에서 보면 이것은 요구사항 워크플로의 문맥 내에서 고전적 패러다임이나 객체-지향 패러다임으로만 간주할 수는 없고, 이는 고전적 또는 객체-지향 사용자 매뉴얼로 간주된다. 결국 사용자 매뉴얼은 프로덕트가 구축되는 방법과는 관계없이 소프트웨어 프로덕트가 실행될 때 사용자가 단계별로 수행해야 되는 단계들을 서술하고 있다. 여기에 프로덕트가 구축되는 방법은 내용으로 삽입되지 않는다.

다른 말로 표현하면 11.2절부터 11.11절까지의 전체 접근은 객체-중심 접근이었다. 유스 케이스들과 이들의 서술은 요구사항 워크플로의 기반을 형성한다. 이 책의 제2부 전체에서 보여주듯이 모델링(modeling)은 객체-지향 패러다임의 본질이다.

그러나 일반적으로 모델링(특히 UML 모델링)은 고전적 패러다임의 부분이 아니다. 고전적 요구사항 페이즈는 객체-지향 패러다임(11.3절부터 12.4.2절까지)과 유사하게 요구사항 분석이 수반되는 요구사항 추출로 시작된다. 이 시점부터 두 개의 패러다임은 단계가 달라지기 시작한다. 즉 고전적 요구사항 페이즈에서는 모델들을 구축하는 게 아니라 다음 단계로 요구사항들의 목록을 작성한다. 이후에 통상적인 단계는 11.13절의 설명처럼 이들 요구사항들을 기반으로 핵심 기능성을 구축하는 래피드 프로토타입을 구축한다. 대상 소프트웨어 프로덕트의 클라이언트와 미래 사용자들은 요구사항 팀 멤버들이 소프트웨어 프로덕트의 핵심 기능성을 보여주는 프로토타입이 클라이언트 니즈를 만족할 때까지 래피드 프로타입을 시도한다.

프로덕트 전체를 래피드 프로토타입으로 구축하는 것은 13.18절에서 주어진 이유들 때문에 객체-지향 패러다임의 부분이 아니다. 그러나 서술했듯이 사용자 인터페이스(user interface)들에 대한 래피드 프로토타입을 구축하는 것은 강력하게 추천한다.

11.13
래피드 프로토타이핑

SOFTWARE

래피드 프로토타입(rapid prototype)은 대상 프로덕트의 핵심 기능성만 보여주는 소프트웨어를 서둘러서 구축한 것이다. 예를 들면 아파트 단지를 관리하는 데 도움을 주는 프로덕트는 새로운 입주자의 상세 정보들을 입력할 수 있는 입력 화면과 각 월별 입주자 보고서를 출력해야 한다. 이를 중심으로 래피드 프로토타입이 구체화된다. 그러나 에러-체킹 능력, 파일 갱신 루틴, 그리고 복잡한 세금 계산 등은 포함되지 않는다. 핵심은 래피드 프로토타입이 클라이언트가 파일 갱신 같은 숨겨진 기능은 없더라도 사용자가 입력 화면과 보고서와 같은 것을 볼 수 있는 기능성이 반영되면 된다(래피드 프로토타이핑을 보는 다른 방법은 '알고 싶은 사항 11.3' 참조).

프로덕트의 클라이언트와 대상 사용자들은 이제 래피드 프로토타입을 사용해봄으로써 개발 팀의 멤버와 같은 관점과 의견을 갖게 된다. 사용자는 실제 경험에 기초해서 개발자들이 어떻게 하면 자신들의 요구를 충족시킬 수 있는지를 말하게 되고 더 중요한 것은 개선이 요구되는 영역을 인식하게 된다. 개발자들은 클라이언트의 니즈가 래피드 프로토타입에 정확하게 반영되었다는 확신을 가질 때까지 래피드 프로토타입을 변경시킨다. 래피드 프로토타입은 명세들을 작성하는 토대로 사용된다.

프로덕트의 주요 관점을 보여주는 모델을 작성하는 이 아이디어는 옛날로 거슬러 올라간다. 예를 들어 Domenico Cresti(그가 이태리의 Chianti 지역의 Passgnano 타운에서 태어났기 때문에 'Il Passignano'로 알려져 있음)의 1618 작품은 미켈란젤로가 교황 바오로 4세에게 로마에 있는 성베드로 성당에 대한 그의 설계를 목재 모델로 구성시켜 보여준 것이다. 이러한 건축 모델은 아주 거대할 수밖에 없다. 건축사 Bramant가 만든 성 베드로의 초기 설계 제안 모델은 20피트 이상으로 아주 컸다.

건축 모델은 여러 목적으로 사용된다. 첫째, Cresti 작품(현재 프롤렌스 Casa Buonarroti 소장)에서 묘사된 것처럼 모델은 클라이언트가 프로젝트에 관심을 갖게 하는 데 사용된다. 이것은 클라이언트의 실제 니즈를 결정하는 래피드 프로토타입의 사용과 유사하다. 둘째, 건축 제도 이전에 모델은 건축할 사람에게 빌딩의 구조를 보여주고 미장공에게 빌딩을 어떻게 장식하는지를 알려준다. 이것은 11.13절의 설명처럼 사용자 인터페이스의 래피드 프로토타입을 만드는 방식과 유사하다.

그러나 건축 모델과 소프트웨어 래피드 프로토타입을 아주 유사한 것으로 작성하는 것은 좋은 아이디어가 아니다. 래피드 프로토타입은 요구사항에서 클라이언트의 니즈를 찾아내는 데 사용된다. 건축 모델과는 달리 그것은 아키텍처 설계나 상세 설계를 표현하는 데 사용되지 않는다. 설계는 두 페이즈로 생성된다. 즉 고전적 설계 동안에 아키텍처 설계와 상세 설계를 생성해낸다.

래피드 프로토타이핑 모델의 중요한 측면은 rapid라는 단어에 의미가 담겨있다. 전체 아이디어는 최대한 빨리 래피드 프로토타입을 구축하는 것이다. 결국 래피드 프로토타입의 목적은 클라이언트에게 프로덕트를 보다 빨리 보다 잘 이해시키는 데 있다. 만약 래피드 프로토타입이 잘 작동되지 않아도, 또 몇 분 만에 멈추어도, 또는 화면 배치가 완벽하지 못해도 그것은 중요하지 않다. 래피드 프로토타입의 목적은 클라이언트와 개발자들이 가능한 한 빠르게 프로덕트가 무슨 일을 해야 되는지 동의하는 데 있다. 래피드 프로토타입의 기능성에 심각한 결함이 없고 또 프로덕트가 어떻게 작동하는지 그릇된 인상만 남기지 않는다면 래피드 프로토타입에 있는 어떠한 결함도 무시해도 된다.

래피드 프로토타이핑 모델의 두 번째 중요한 측면은 래피드 프로토타입이 변경될 수 있게 구축되어야 한다. 만약 래피드 프로토타입의 첫 번째 버전이 클라이언트의 니즈가 반영되지 않았다면 래피드 프로토타입은 클라이언트의 요구사항들을 보다 만족시키기 위해 두 번째 버전으로 신속하게 변경되어야 한다. 래피드 프로토타이핑 프로세스 전체를 신속하게 개발하기 위해서 4세대 언어(4GL)와 Smalltalk, Prolog, Lisp, Java와 같은 인터프리터 언어들이 래피드 프로토타이핑용으로 사용된다. 오늘날 가장 대중적인 래피드 프로타입핑 언어들에는 HTML과 Perl이 포함된다. 여기서 어떤 인터프리터 언어(interpreter language)들의 유지보수성에 관심을 가졌지만 래피드 프로타입핑의 관점과 이것은 관련이 없다. 고려해야 할 것은 다음과 같다. 즉 주어진 언어는 래피드 프로토타입을 생성하는 데 사용할 수 있는가? 그리고 래피드 프로토타입이 빨리 변경될 수 있는가?이다. 이 두 가지 질문에 '예'라고 대답할 수 있다면 그 언어는 래피드 프로토타이핑에 사용될 수 있는 좋은 후보 언어가 된다.

래피드 프로토타이핑은 프로덕트에 사용자 인터페이스를 개발할 때 특히 효과적이다. 이의 사용은 11.14절에서 학습한다.

11.14
인적 인자

SOFTWARE

프로덕트의 클라이언트와 미래의 사용자들 모두는 사용자 인터페이스의 래피드 프로토타입과 상호작용해보는 것은 중요하다. 사용자들에게 HCI(human-computer interface)를 경험시키면 완료된 프로젝트에서 발생될 수 있는 위험을 크게 줄여준다. 특히 이러한 경험은 모든 소프트웨어 프로덕트의 중요한 목적인 사용자 친숙도를 달성하는 데 크게 도움을 준다.

사용자 친숙도(user friendliness)라는 용어는 인간이 소프트웨어 프로덕트와 대화하는 용이성을 의미한다. 만약 사용자들이 소프트웨어 프로덕트의 사용법이 어렵거나, 화면을 찾는 것이 혼란스럽거나 짜증이 난다면, 그들은 프로덕트를 사용하지 않거나 사용 시 잘못 사용하게 된다. 이 문제를 해결하기 위해 메뉴-기반 프로덕트(menu-driven product)들이 도입되었다. Perform computation이나 Print service rate report 같은 명령을 입력하지 않고 대신에 다음과 같이 응답 가능한 선택 중 하나를 선택하면 된다.

1. Perform computation
2. Print service rate report
3. Select view to be graphed

이 예에서 사용자는 필요한 명령을 호출하기 위해 1, 2, 3중 하나를 입력한다.

오늘날에는 단순히 문자를 화면에 나타내지 않고 대신에 HCI들은 그래픽을 채택했다. 윈도우, 아이콘, 풀-다운 메뉴들은 GUI(graphical user interface, '알고 싶은 사항 11.4' 참조)의 컴포넌트들이다. 윈도우 시스템의 과잉 출현 때문에 X 윈도우 같은 표준이 개발되었다. 또한 'point and click' 선택은 오늘날 일반화되었다. 즉 사용자는 마우스를 원하는 응답이 있는 화면에 커서를 이동한 후 마우스 버튼을 누르면 된다.

그러나 대상 프로덕트가 최신 기법을 선택한 경우에도 설계자들은 프로덕트가 인간이 사용한다는 사실을 잊어버리면 절대로 안 된다. 다시 말하면 HCI 설계자들은 용지의 크기, 글자체, 색, 선의 길이, 화면에 나타날 줄의 수 등도 인적 인자(human factor)들로 고려해야 한다.

인적 인자의 또 다른 예는 앞선 메뉴에도 적용된다. 만약 사용자가 옵션 '3. Select view to be graphed'를 선택했다면 다른 메뉴는 선택의 다른 목록과 같이 나타난다. 메뉴-기반 시스템이 철저하게 설계되지 않으면 사용자가 원하는 간단한 오퍼레이션을 수행하는 데 메뉴가 긴 경우를 만나는 것도 위험이 된다. 이로 인한 지연은 사용자를 화나게 만들고 때로는 부적절한 메뉴를 선택하게 하는 원인이 된다. 또한 HCI는 사용자가 최상위 단계의 메뉴로 돌아가지 않고도 이전의 선택을 변경할 수 있어야 한다. 이 문제는 GUI를 사용하는 많은 GUI들은 본래 눈에 띄는 화면 구성을 갖는 메뉴의 연속이기 때문에 발생한다.

때로는 단일 사용자 인터페이스로 모든 사용자를 만족시키는 것은 불가능하다. 예를 들면 만약 프로덕트가 컴퓨터 전문가들과 컴퓨터를 사용해본 적이 없는 고등학교 중퇴자들이 함께 사용한다면 사용자의 심리적인 측면과 기술 수준에 잘 맞는 서로 다른 두개의 HCI 집합을 설계해야 한다. 이 기법은 다양한 지적인 단계들을 요구하는 사용자 인터페이스의 집합을 혼합시켜 확장할 수 있다. 어떤 프로덕트가 사용자의 적절한 지적 수준을 추측할 수 있다면 사용자가 자주 실수하거나 계속 도움 기능을 사용하는 경우에 사용자는 그의 현재 기술 수준에 적합한 화면을 자동으로 보게 된다. 그러나 프로덕트와 친숙한 다른 사용자는 도움 정보가 나타나지 않는 연속된 화면을 사용하여 보다 빠르게 프로덕트를 사용할 것이다. 이것이 사용자의 실패율을 줄이고 생산성을 향상시키는 접근법이다[Schach and Wood, 1986].

많은 이점은 HCI를 설계하는 동안 인적 인자들이 학습 시간을 줄이고, 낮은 오류율이 되도록 고려될 때 얻어진다. 또한 도움 기능들은 잘 설계된 HCI 시스템에서는 잘 활용되지 않아도 항상 포함되어야 한다. 이것 또한 생산성을 향상시킨다. HCI의 일관성은 또한 프로덕트가 클라이언트 그룹에 대하여 사용자가 한 번도 본 적이 없는 화면을 보고도 그 화면이 이미 친근한 다른 화면들과 유사하기 때문에 직관적으로 어떻게 사용하는지를 알게 한다. Macintosh의 설계자들은 이런 원칙을 고려했다. 이것이 Macintosh용 소프트웨어가 일반적으로 사용자에게 친숙한 많은 이유 중 하나이다.

지금까지 사용자에게 친숙한 HCI를 설계하는 데 필요한 간단하고 공통적인 상식들을 제시했다. 이 내용이 사실이건 아니건 모든 프로덕트에서 HCI의 래피드 프로토타입을 생성하는 것이 중요하다고 말했다. 프로덕트의 미래 사용자들은 HCI의 래피드 프로토타입을 경험해보고 대상 프로덕트가 정말 사용자에게 친숙한지, 즉 설계자들이 필요한 인적 인자들을 고려했는지를 설계자들에게 통보해준다.

11.15 절에서는 래피드 프로토타입핑의 문맥 내에서 재사용을 논의한다.

11.15
래피드 프로토타입핑의 재사용

SOFTWARE

래피드 프로토타입이 구축된 후에 이 래피드 프로토타입은 소프트웨어 프로세스 초기에 폐기된다. 대안으로 프로덕트가 완성될 때까지 래피드 프로토타입을 계속 개발하면서 정제시키는 것은 어리석은 방식이다. 이론상 이 접근법은 소프트웨어 개발을 빠르게 해줄 것처럼 보인다. 결국 이것은 래피드 프로토타입을 구성하는 코드를 버리지 않고 래피드 프로토타입이 최종 프로덕트로 전환되는 것이다. 그래서 코드-픽스 모델과 같이 래피드 프로토타입을 정제하는 과정에서 변경들은 작동되는 프로덕트로 만들어야 한다는 사실 때문에 첫 번째 문제가 발생한다. 이것은 그림 1.6에서처럼 많은 비용이 소요된다. 래피드 프로토타입을 구축할 때 주목적은 빨리 구축하는 것이기 때문에 또 다른 문제가 발생한다. 래피드 프로토타입은 세밀하게 명세화 되고, 설계되고, 구현되는 것이 아니라 그 모든 것을 급하게 한꺼번에 구축한다. 명세와 설계 문서들의 부재로 인해서 결과로 나온 코드는 유지보수하기가 어렵고 비용이 많이 들게 된다. 래피드 프로토타입을 구축한 후 폐기한 다음 처음부터 프로덕트를 설계하는 것이 낭비처럼 보이지만 래피드 프로토타입을 최종 프로덕트 소프트웨어로 변환시키는 것보다 차라리 그렇게 하는 것이 짧은 기간이나 긴 기간 모두에게 비용이 덜 들게 된다[Brooks, 1975].

래피드 프로토타입을 폐기하는 또 다른 이유는 특히 실시간 시스템들의 성능 문제 때문이다. 시간 제약들이 만족되는지 확인하기 위해서는 프로덕트가 신중하게 설계되는 게 필요하다. 반대로 래피드 프로토타입은 클라이언트에게 주요 기능성만 보여주도록 구축된 것이다. 여기서 성능 문제는 취급되지 않는다. 결과적으로 만약 래피드 프로토타입을 인도될 프로덕트로 정제시키도록 만들면 응답 시간과 다른 시간 제약들이 만족되지 않는다.

래피드 프로토타입을 폐기하면서 그리고 프로덕트가 적절하게 설계되고 구현되었는지 확인하는 방법 중에 하나는 프로덕트를 래피드 프로토타입을 개발할 때 사용한 언어와 다른 언어로 작성하는 것이다. 예를 들어 클라이언트는 프로덕트가 Java로 개발되어야 한다고 지정할 수 있다. 만약 래피드 프로토타입을 HTML로 작성하게 되면 그것은 폐기될 수밖에 없다. 첫 번째, 래피드 프로토타입을 HTML로 구축한 후 클라이언트가 구축된 모든 내용에 또는 대상 프로덕트가 수행할 모든 것에 만족할 때까지 정제를 계속한다. 그런 다음 프로덕트는 래피드 프로토타입을 구축하면서 취득한 지식과 기술들에 근거해서 설계한다. 최종적으로 설계는 Java로 구현된 후 테스트를 받은 후 통상적인 방식으로 클라이언트에게 인도된다.

그럼에도 불구하고 래피드 프로토타입이나 또는 특별하게 래피드 프로토타입의 일부분이 정제되는 예가 있다. 래피드 프로토타입의 일부분이 컴퓨터로 자동 생성될 때 그 일부분이 최종 프로덕트에 사용될 수 있다. 예를 들어 사용자 인터페이스들은 자주 래피드 프로토타입의 핵심 측면이 된다. 화면 작성기들과 보고서 작성기들 같은 CASE 툴(5.7절과 10.8절의 요약)들이 사용자 인터페이스들을 작성하는 데 사용될 때는 래피드 프로토타입의 일부분이 실제 최종 프로덕트의 일부분으로 사용될 수 있다.

래피드 프로토타입이 '낭비'되지 않게 하기 위해 몇몇 조직에서 채택한 래피드 프로토타이핑 모델의 수정된 버전들이 있다. 이는 관리자가 래피드 프로토타입을 구축하기 전에 최종 프로덕트에서 사용될 부분들을 결정하면 된다. 그래서 래피드 프로토타입이 완성된 후에 개발자들이 계속 사용하길 원하는 부분들을 설계와 코드 인스펙션들로 넘길 수 있다. 이 접근법은 래피드 프로토타이핑 이후로 넘어간다. 예를 들면 설계와 코드 인스펙션들을 통과한 충분히 고품질을 갖는 컴포넌트들은 래피드 프로토타입에는 일반적으로 없다. 더욱이 설계 문서들은 고전적 래피드 프로토타이핑의 부분이 아니다. 그럼에도 불구하고 이 통합된 접근법은 래피드 프로토타입에 투자된 시간과 비용을 회수하길 원하는 조직들에게는 매력적이다. 그러나 코드의 품질이 충분히 높다는 것을 확인하기 위해서 래피드 프로토타입은 '래피드' 프로토타입보다는 어느 정도는 천천히 구축되어야 한다.

11.16
요구사항 워크플로용 CASE 툴

이 장에 많은 UML 다이어그램이 있는 것은 요구사항 워크플로를 도와주는 그래픽 툴(graphical tool)의 중요성을 강조한 것이다. 즉 필요한 것은 사용자들이 관련 UML 다이어그램을 쉽게 그릴 수 있게 해주는 드로잉 툴(drawing tool)이다. 이러한 툴은 두 개의 주요 강점들을 갖고 있다. 첫째, 이를 반복할 때 다이어그램을 직접 손으로 재작성하기보다는 이러한 툴에 저장된 다이어그램을 변경시키는 것이 훨씬 쉽다. 둘째, 이러한 종류의 CASE 툴이 사용될 때 프로덕트의 세부 사항들은 CASE 툴 자체에 저장된다. 그래서 해당 문서는 항상 이용될 수 있고 또 최신의 것으로 갱신시킬 수 있다.

이러한 CASE 툴들의 약점은 항상 사용자에게 친숙(user-friendly)하지만은 않다. 강력한 그래픽 workbench나 environment는 너무 많은 기능성을 갖고 있기 때문에 일반적으로 급격한 학습 곡선(학습하기가 어려움)을 갖고 있고, 또 경험이 많은 사용자도 때로는 특정 결과를 얻어내는 데 어떻게 해야 하는지를 기억하지 못한다. 두 번째 약점은 사람이 손으로 UML 다이어그램들을 그리는 것을, 컴퓨터 프로그램이 미적으로 항상 그렇게 하는 것은 불가능하다. 하나의 대안은 툴이 만든 다이어그램에 '성능 향상' 시간을 상당히 투여하는 것이다. 그러나 이 접근법은 자주 다이어그램들을 직접 그리는 것만큼 느리다. 최악의 경우 많은 시간과 노력을 다이어그램에 투입했음에도 불구하고 많은 그래픽 CASE 툴의 제약들은 손으로 그리는 다이어그램(hand-drawn diagram)처럼 세련되게는 보이지 않는다. 세 번째 문제는 많은 CASE 툴들은 가격이 비싸다. 통합 CASE 툴의 사용자당 가격이 $5,000 또는 그 이상이기 때문에 구입하기가 어렵다. 다른 한편 이러한 유형의 오픈-소스(open-source) CASE 툴들은 무료로 다운로드를 받을 수가 있다. 전반적으로 이 절의 첫 문단에 있는 두 개의 커다란 강점이 이들 약점을 능가한다는 점을 기억하라.

System Architect와 Software through Pictures와 같은 많은 고전적 그래픽 CASE workbench와 environment들도 UML 다이어그램들을 지원하기 위해 확장되었다. 추가로 IBM Rational Rose

와 Together같은 것은 객체-지향 CASE workbench와 environment들이다. 그리고 ArgoUML와 같은 유형의 오픈-소스 CASE 툴들이 있다.

11.17
요구사항 워크플로용 척도

요구사항 워크플로의 핵심 특징은 요구사항 팀이 어떻게 하든 클라이언트의 니즈를 빨리 결정한다는 점이다. 따라서 이 워크플로 동안에 유용한 척도는 요구사항의 불안정성을 측정하는 것이다. 요구사항 워크플로 동안에 얼마나 자주 요구사항들이 변경되는지를 기록하는 것은 요구사항 팀이 프로덕트의 실제 요구사항들에 접근하는 비율을 결정하는 방법을 제공해준다. 이 척도는 인터뷰나 양식 분석처럼 어떤 요구사항 추출 기법에 적용될 수 있는 구체적인 이점을 갖고 있다.

요구사항 팀이 그 들의 일을 잘하고 있는지 측정하는 또 다른 척도(metric)는 소프트웨어 개발 프로세스의 나머지 동안에 변경된 요구사항들의 수이다. 요구사항들에서 이러한 각 변경에 대해 변경이 클라이언트에 의해서 아니면 개발자들에 의해서 개시되었는지를 기록해두어야 한다. 만약 요구사항들에 많은 변경들이 분석, 설계, 후속 워크플로들 동안에 개발자들에 의해 개시되었다면 요구사항 워크플로를 수행하는 팀이 사용한 프로세스는 철저하게 검토되어야 한다. 역으로 만약 클라이언트가 후속 워크플로들 동안에 요구사항들에 반복적으로 변경을 가했다면 이 척도는 이동 대상 문제(moving target problem)가 발생해 프로젝트에 악영향을 끼친다고 클라이언트를 경고하는 데, 그리고 미래의 변경들을 최소화시키는 척도로 사용될 수 있다.

11.18
요구사항 워크플로의 난제

소프트웨어 개발 프로세스의 모든 다른 워크플로처럼 내재된 문제들과 함정들이 요구사항 워크플로에도 연계되어 있다. 첫째, 프로세스의 초기부터 대상 프로덕트의 잠재적 사용자들의 진심어린 협력을 갖게 하는 게 필수적이다. 개인들은 가끔 컴퓨터가 그들의 일을 대신한다는 공포를 갖고 있기 때문에 컴퓨터화에 위협을 느낀다. 이러한 공포에는 몇 가지 믿음이 있다. 과거 30년 이상 컴퓨터화의 영향은 비숙련 근로자들의 필요성을 감소시켰지만 숙련된 근로자들을 위한 일자리는 창출됐다. 전체적으로 컴퓨터화의 직접적인 결과로 생성된 고임금의 취업 기회들의 수는 감소된 미취업율과 증가된 평균 보수로 인해 불필요하게 된 아주 비숙련 일들의 수를 훨씬 능가했다. 그러나 소위 Computer Age의 직접적 또는 간접적인 결과로 세계의 많은 국가들의 불균등한 경제 성장은 컴퓨터화의 결과로 그들의 일자리를 잃은 사람들에게 부정적인 영향을 갖게 했다.

- **Iterate**
  Obtain an understanding of the domain.
  Draw up the business model.
  Draw up the requirements.
- **Until** the requirements are satisfactory.

요구사항 팀의 모든 멤버는 모든 가능성과 상호작용하는 클라이언트 조직의 멤버들이 그들의 일(job)들에 대상 소프트웨어 프로덕트의 잠재적인 영향에 대해 깊게 관심을 갖고 있다는 것을 언제나 의식하는 게 중요하다. 최악의 경우에 고용인들은 해당 프로덕트가 클라이언트의 니즈를 만족시키지 못한다는 것을 알려주기 위해 잘못된 유도나 잘못된 정보를 고의로 제공해준다. 그렇게 해서 그들의 일들을 보호한다. 그러나 이러한 종류의 사보타지(sabotage)가 없는 경우에도 클라이언트 조직의 일부 멤버들은 컴퓨터화의 위협에 대한 막연한 감정 때문에 단순한 도움만 준다.

요구사항 워크플로의 또 다른 난제는 협상 능력이다. 예를 들어 클라이언트가 원하는 규모를 적게 하는 경우가 자주 있다. 놀랄 만한 것은 아니지만 거의 모든 클라이언트는 필요하다고 생각한 모든 것을 수행할 수 있는 소프트웨어 프로덕트를 갖기를 좋아한다. 이러한 프로덕트는 클라이언트가 합당하다고 고려했던 것보다 시간도 더 걸리고 비용도 많이 소요되어 수용할 수가 없다. 그래서 자주 그들이 원했던 것보다 규모가 작은 것을 수용하라고 클라이언트를 **설득**하는 게 필요하다. 그럼에도 불구하고 각 요구사항의 비용들과 이익들을 계산하는 것은(5.2절과 10.6절의 요약 참조) 이에 관해 도움을 줄 수 있다.

필요한 협상 숙련도의 또 다른 예는 대상 프로덕트의 기능성에 대해 매니저들 간에 타협점에 도달하게 하는 능력이다. 예를 들면 교활한 매니저는 그 자신의 어떤 비즈니스 기능들의 영역을 다른 매니저의 책임으로 통합시켜 구현될 수 있게 요구사항에 포함시켜 자신의 파워를 확장시킨다. 놀랍지는 않지만 다른 매니저는 할 일을 발견하려는 강한 의식을 갖고 있다. 요구사항 팀은 매니저들과 함께 이슈를 해결하는 데 노력해야 한다.

요구사항 워크플로의 세 번째 난제는 많은 조직에서 요구사항 팀이 추출할 필요가 있는 정보를 소유한 사람들과 깊이 있는 논의들을 위해 만날 시간이 부족하다는 점이다. 이 문제가 발생할 때 팀은 사람들의 현재 일의 담당들이 중요한지 아니면 구축할 소프트웨어가 중요한지를 결정할 클라이언트에게 알려주어야 한다. 그리고 만약 클라이언트가 소프트웨어 프로덕트가 첫 번째로 달성할 것을 주장하는 데 실패하면 개발자들은 프로젝트를 철수하는 방법 외에는 대안이 없다.

마지막으로 유연성과 객관성은 요구사항 추출에 필수적이다. 요구사항 팀의 멤버들은 선입견을 갖지 않고 각 인터뷰에 임해야 한다. 특히 인터뷰자는 초기 인터뷰의 결과를 요구사항들에 관한 가정들로 결정하면 절대로 안 되고, 그 가정에 바탕을 두고 차후 인터뷰들을 수행해야 한다. 대신에 인터뷰자는 이전 인터뷰에서 수집한 어떤 정보는 양심적으로 비밀로 해야 하고 또 편견이 없는 방법으로 인터뷰를 수행해야 한다. 요구사항들에 대한 너무 서두른 가정들은 위험할 수 있다. 즉 구축할 소프트웨어에 관한 요구사항 워크플로 동안에 어떤 가정들을 하는 것은 재앙이 될 수 있다는 의미이다.

이 장은 요구사항 워크플로의 단계들을 요약해놓은 'Box 11.1'로 결론을 맺는다.

이 장은 클라이언트의 니즈를 결정하는 중요한 서술로 시작(11.1절)된 후 요구사항 워크플로의 개요가 나온다(11.2절). 11.3절에서는 도메인을 이해할 필요성을 서술하고 있다. 비즈니스 모델을 어떻게 작성하는지는 11.4절에 서술되어 있다. 요구사항들을 추출하는 인터뷰와 다른 기법들이 11.4.1과 11.4.2절에 서술되어 있다. 비즈니스 모델은 11.4.3절에서 소개한 유스 케이스들을 사용해 모델화시켰다. 초기 요구사항들의 작성은 11.5절에 서술되어 있다. MSG Foundation 사례 연구의 요구사항 워크플로는 이후 6개의 절에 걸쳐 등장하게 된다. 도메인의 초기 이해를 구하는 방법은 11.6절에서 설명하고 있다. 초기 비즈니스 모델과 초기 요구사항은 11.7절과 11.8절에서 각각 설명하고 있다. 요구사항들은 11.9절과 11.10절에서 정제된다. 마지막으로 MSG Foundation 사례 연구를 위한 테스트 워크플로가 서술되어 있다(11.11절). 11.12절에는 고전적 요구사항 페이즈가 Unified Process의 요구사항 워크플로와 상반되는 것을 서술하고 있다. 래피드 프로타입핑은 11.13와 11.14절에서 구체적으로 논의되었다. 특히 11.14절에서는 사용자 인터페이스용 래피드 프로토타입을 구축할 때의 중요성이 강조되고 있다. 11.15절에서는 래피드 프로타입에서 재사용할 수 없는 경우를 알려 주고 있다. 요구사항 워크플로용 CASE 툴(11.16절)들과 요구사항용 척도(11.17절)들이 논의되었다. 이 장은 요구사항 페이즈의 난제들의 서술로 마무리된다(11.18절).

이 장에서 MSG Foundation 사례 연구의 개요는 그림 11.44에 요약되어 있다.

Jackson[1995]은 요구사항 분석에 우수한 입문서이다. [Thayer and Dorfman, 1999]는 요구사항 분석에 관한 논문 모음집이다. Berry[2004]는 요구사항들에 대한 피할 수 없는 변경들로 인한 효과가 소프트웨어 공학의 최선의 방안이 아니라는 이유가 제시되어 있다('알고 싶은 사항 3.4' 참조). 요구사항 간의 우선순위를 설정하는 비용-이익 분석의 사용법은 [Karlsson and Ryan, 1997]에 서술되어 있다. 비기능적 요구사항들은 [Cysneiros and do Prado Leite, 2004]와 [Gregoriades and Sutcliffe, 2005]에서 논의하고 있다.

Unified Process의 요구사항 워크플로는 [Jacobson, Booch, Rumbaugh, 1999]의 6장과 7장에 상세하게 서술되어 있다. 잘못된 사용 사례(소프트웨어가 방해가 된 상호작용을 모델화한 유스 케이스)들은 Alexander[2003]에 서술되어 있다.

프로토타이핑의 중요성은 [Schrage, 2004]에서 설명하고 있다.

효과적인 요구사항 프로세스의 사용은 전체 생명주기에 긍정적인 효과가 있다. 이것은 대규모 소프트웨어 프로젝트의 사례 연구인 [Damian and Chisan, 2006]에서 증명되었다. 요구 공학에서 애자일(agile) 접근법의 분석은 [Cao and Ramesh, 2008]에서 나타난다.

요구사항들에 대한 다양한 논문들은 IEEE software의 2006년 5-6월에 있다(특히 [Ebert, 2006]에 주목할 필요가 있다). 자세한 논문들은 2007년 3-4월에 있다. 2008년 3-4월 IEEE sotrware 저널은 [Blaine and Cleland-Huang, 2008], [Glinz, 2008] 그리고 [Feather et al., 2008]을 포함한 비기능적 요구사항들(품질 요구사항들)에 대한 논문들이 있다.

매년 개최되는 요구 공학 컨퍼런스는 정보의 훌륭한 원천이다.

사용자 인터페이스에 대한 고전적 작업은 [Shneiderman, 2003]이다. 좋은 사용자 인터페이스를 달성하기 위한 방법은 [Holzinger, 2005]에 설명되어 있다. 사용자 인터페이스에 대한 논문들은 2008년 6월 ACM 저널의 Communications 이슈에서 찾을 수 있다. Proceeding of the Annual Conference on Human Factors in Computer Systems(ACM SIGCHI에서 후원)는 인적인자들의 광범위한 가치 있는 자원이다.

11.1 대상 소프트웨어 프로덕트에 관해 상세한 지식을 갖지 않고 처리할 수 있는 비기능적 요구사항을 제시하라.

11.2 요구사항 워크플로가 완료된 후 처리해야 하는 비기능적 요구사항을 제시하라.

11.3 새로운 소프트웨어 프로덕트가 어떤 일을 하는지 결정하기 전에 왜 최근 상황을 분석해야 하는가?

11.4 클라이언트들은 왜 자주 그들의 니즈를 만족시키지 못하는 시스템을 요청하는가?

11.5 시스템 개발에 있어서 용어사전의 역할은 무엇인가?

11.6 당신은 출판사를 위한 정보 시스템을 개발하도록 요청받았다. 도메인 분석을 어떻게 수행하겠는가?

11.7 당신은 문제 11.6의 출판사를 인터뷰할 때 고려해야 하는 가장 중요한 질문은 무엇이라고 생각하는가?

11.8 사용자와 액터 간의 차이를 구별하라.

11.9 항공 교통 제어 시스템을 위한 요구사항 워크플로를 수행할 때 액터로서 **Employee**와 프로덕트로 **Flight Control Officer**를 모델화하는 것은 왜 현명하지 못한가?

11.10 요구사항 워크플로를 표현하는 순서도를 그려 보아라.

11.11 그림 11.12의 유스 케이스 다이어그램에서 왜 두 개의 다른 액터들(**Applicants**와 **Borrowers**)를 같은 커플로 나타내는가?

11.12 MSG Foundation 스태프 멤버들이 소프트웨어 프로덕트를 이용할 수 있다고 생각해보자. 왜 **Applicants**와 **Borrowers**가 그림 11.12의 유스 케이스 다이어그램에 액터처럼 보이는가?

11.13 30년 말에, $629.30의 월간 할부금은 연간 7.5%의 매달 복리 이자를 가지는 $90,000에 대출금을 상환할 것이다. 이를 스프레드시트를 이용해 작성하라.

11.14 왜 연간 부동산세와 보험료는 채무자가 직접(모기지)하기보다는 에스크로 계정에서 일반적으로 지불하는지 설명하라.

11.15 Estimate Funds Available for Week 유스 케이스는 MSG 스태프 멤버가 한 주의 시작에서 추정할 수 있게 한다. Foundation이 모기지들에 자금을 대는 데 한 주에 이용 가능한 금액은 얼마인가? 한 주 동안 아무 때나 여전히 이용 가능한 자금을 추정하여 유스 케이스 서술을 갱신하라.

11.16 유스 케이스는 주된 비즈니스 액터를 위한 가치의 결과이다. Manage a Mortagage가 **Borrowers** 액터를 가질 때 값의 결과를 보여라.

11.17 당신은 소프트웨어 매니저로 Van Zyl & Slabbert에 막 참여하였다. Van Zyl & Slabbert 는 수년간 성공했던 폭포수 모델을 사용하여 수년간 소규모 비즈니스용 회계 소프트웨어 를 개발해왔다. 당신의 경험에 기초해서 당신은 Unified Process는 소프트웨어를 개발하 는 최고의 방법이라고 생각한다. 조직이 Unified Process로 전환하여야 하는 이유를 설명 하기 위하여 소프트웨어 개발담당 부사장에게 제출할 보고서를 작성하라. 이때 부사장은 한 장 이상의 보고서는 좋아하지 않는다는 것을 기억하라.

11.18 당신이 Van Zyl & Slabbert의 소프트웨어 개발담당 부사장이다. 문제 11.17의 보고서에 대해 회답을 작성하라.

11.19 만약 래피드 프로토타임이 빨리 구축되지 않는다면 무슨 결과가 나오는가?

11.20 래피드 프로토타입을 구현하기 위해 인터프리터 언어를 이용하는 것보다 컴파일 언어를 이용하는 것에 장점은 무엇인가?

11.21 (Analysis and Design Project) 문제 8.7에 있는 자동화된 도서관 유통 시스템을 위한 요 구사항 워크플로를 수행하라.

11.22 (Analysis and Design Project) 문제 8.8에 있는 은행 문장이 정확한지를 결정하는 프로덕 트에 대한 요구사항 워크플로를 수행하라.

11.23 (Analysis and Design Project) 문제 8.9의 ATM(현금자동 지급기)에 대한 요구사항 워크 플로를 수행하라.

11.24 (Term Project) 부록 A에 있는 Chocoholics Anonymous 프로젝트에 대한 요구사항 워크 플로를 수행하라.

11.25 (Case Study) MSG Foundation의 이사는 충분히 높은 등급에 포인트 평균을 가진 최근 대출자의 아이들에게 보다 높은 교육을 위한 장학금을 제공하도록 그들의 활동을 확대하 기로 결정했다. Apply for an MSG Scholarship 유스 케이스를 그리고 당신이 할 수 있는 한 자세하게 제공되는 유스 케이스의 서술하라.

11.26 (Case Study) 오직 MSG 직원들만이 MSG Foundation 소프트웨어 프로덕트를 이용할 수 있다. 이것은 각 직원들에게 패스워드를 제공함으로써 가능할 것이다. 이 보안 요구사항 을 요구사항 모델에 포함하라.

11.27 (Case Study) 11.6절부터 11.9절까지의 정보를 사용해 MSG Foundation 사례 연구에 대 한 프로토타입을 구축하라. 당신의 교습자가 지시한 소프트웨어와 하드웨어를 사용해서 구축하라.

11.28 (Readings in Software Engineering) 당신의 교습자는 논문 [Damian and Chisan, 2006]의 복사본을 배포할 것이다. 이 문서를 읽고서 요구사항 워크플로의 중요성에 대한 당신의 관점은 어떻게 변했는가?

[I. Alexander, 2003] I.ALEXANDER, "Misuse Cases: Use Cases with Hostile Intent," *IEEE Software* 20 (January-February 2003), pp. 58-66.

[Berry, 2004] D. M. BERRY, "The Inevitable Pain of Software Development: Why There Is No Silver Bullet," in: *Radical Innovations of Software and Systems Engineering in the Future*, Lecture notes in Computer Science, Vol. 2941, Springer-Verlag, Berlin, 2004, pp. 50-74.

[Blaine and Cleland-Huang, 2008] J. D. BLAINE AND J. CLELAND-HUANG, "Software Quality Requirements: How to Balance Competing Priorities," *IEEE Software* 25 (March-April 2008), pp. 22-24.

[Brooks, 1975] F. P. BROOKS, JR., *The Mythical Man-Month: Essays on Software Engineering*, Addison-Wesley, Reading, MA, 1975: Twentieth Anniversary Edition, Addison-Wesley, Reading, MA, 1995.

[Cao and Remessh, 2008] L. CAO AND B. RAMESH, "Agile Requirements Engineering Practices: An Empirical Study;" *IEEE Software* 25 (January-February 2008), pp. 60-67.

[Cysneiros and do Prado Leite, 2004] L. M. CYSNEIROS AND J. C. S. DO PRADO LEITE, "Nonfunctional Requirements: From Elicitation to Conceptual Models," *IEEE Transactions on Software Engineering* 30 (May 2004), pp. 328-50

[Damian and Chisan, 2006] D. DAMIAN AND J. CHISAN, "An Empirical Study of the Complex Relationships between Requirements Engineering Processes and Other Processes that Lead to Payoffs in Productivity, Quality, and Risk Management," *IEEE Transactions on Software Engineering* 32 (July 2006), pp. 433-53.

[Ebert, 2006] C. EBERT, "Understanding the Product Life Cycle: Four Key Requirements Engineering Techniques," *IEEE Software* 23 (May-June 2006), pp. 19-25.

[Feather et al., 2008] M. S. FEATHER, S. L. CORNFORD, K. A. HICKS, J. D. KIPER, AND T. MENZIES, "A Broad, Quantitative Model for Making Early Requirements Decisions," IEEE Software 25 (March-April 2008), pp. 49-56.

[Glinz, 2008] M. GLINZ, "A Risk-Based, Value-Oriented Approach to Quality Requirements," IEEE Software 25 (March-April 2008), pp. 34-41.

[Gregoriades and Sutcliffe, 2005] A. GREGORIADES AND A. SUTCLIFFE, "Scenario-Based Assessment of Nonfunctional Requirements." *IEEE Transactions on Software Engineering* 31 (May 2005), pp. 392-409.

[Holzinger, 2005] A. HOLZINGER, "Usability Engineering Methods for Software Developers." *Communications of the ACM* 48 (January 2005), pp. 71-74.

[Jackson, 1995] M. JACKSON, *Software Requirements and Specification: A Lexicon of Practice, Principles and Prejudices*, Addison-Wesley Longman, Reading, MA, 1995.

[Jacobson, Booch, and Rumbaugh, 1999] J. RUMBAUGH, G. BOOCH, AND I. JACOBSON, *The Unified Software Development Process,* Addison Wesley, Reading, MA, 1999.

[Karlsson and Ryan, 1997] J. KARLSSON AND K. RYAN, "A Cost-Value Approach for Prioritizing Requirements," *IEEE Software* 14 (September-October 1997), pp. 67-74.

[Schach and Wood, 1986] S. R. SCHACH AND P. T. WOOD, "An Almost Path-Free Very High-Level Interactive Data Manipulation Language for a Microcomputer-Based Database System,"

Software-Practice and Experience 16 (March 1986), pp. 243-68.

[Schrage, 2004] M. SCHRAGE, "Never Go to a Client Meeting without a Prototype," *IEEE Software* 21 (2004), pp. 42-45.

[Shneiderman, 2003] B. SHNEIDERMAN, *Designing the User Interface: Strategies for Effective Human-Computer Interaction*, 4th ed., Addison-Wesley Longman, Reading, MA, 2003.

[Thayer and Dorfman, 1999] R. H. THAYER AND M. DORFMAN, *Software Requirements Engineering*, *revised* 2nd ed., IEEE Computer Society Press, Los Alamitos, CA, 1999.

제**12**장

고전적 분석

학습목표
....
이 장을 학습하면 다음 사항들을 습득하게 된다.

◉ 구조적 시스템 분석을 수행할 수 있게 된다.

◉ 유한 상태 기계, Petri net, Z 등을 사용해 정형 명세들을 작성할 수 있게 된다.

◉ 고전적 분석용 방법들을 비교하고 대조할 수 있는 능력을 갖게 된다.

명세문서는 두 개의 상호 모순적인 요구사항을 만족시켜야 한다. 한편 이 문서는 컴퓨터 전문가가 아닐 확률이 높은 클라이언트가 분명하게 이해할 수 있게 작성되어야 한다. 결국 클라이언트가 프로덕트에 대한 대금을 지불하기 때문에 구축될 새로운 프로덕트가 무엇이 좋아졌는지 믿을 수 없으면 클라이언트는 프로덕트 개발을 허가하지 않거나 아니면 다른 소프트웨어 조직에게 프로덕트 구축을 의뢰하게 될 것이다.

다른 한편 명세문서는 사실상 설계 작성에 이용할 수 있는 거의 유일한 정보이기 때문에 완전하고 구체적이어야 한다. 만약 클라이언트가 모든 니즈가 요구사항 동안에 정확하게 결정되었다고 동의했어도, 만약 명세문서가 생략(omission), 모순(contradication), 모호함(ambiguity)들과 같은 결함을 포함하고 있다면, 피할 수 없는 결과는 구현 시에도 전달된 설계에 결함들이 있게 된다. 그래서 필요한 것은 개발 주기 후반부에 클라이언트에게 인도되는 무결함(fault-free) 프로덕트를 갖게 하기 위해 클라이언트가 이해하기 쉽게 충분히 비기술적인 형태로 대상 프로덕트를 표현하는 기법들이다. 이들 분석(명세) 기법들은 이 장과 13장의 주제가 된다. 이 장에서 강조하는 것은 고전적(구조적) 분석 기법(classical analysis technique)들이고, 반면에 13장은 객체-지향 분석(object-oriented analysis)을 주로 다룬다.

12.1
명세문서

SOFTWARE

명세문서(specification document)는 클라이언트와 개발자 간의 협약서(contract)이다. 그래서 명세문서는 프로덕트가 무엇을 수행하게 될지 그리고 프로덕트가 갖고 있는 제약사항(constraints)들이 무엇인지 정밀하게 명시하고 있다. 실제로 모든 명세문서에는 프로덕트가 충족시켜야 되는 제약사항들이 포함되어 있다. 항상 여기에는 프로덕트를 인도하는 마감일도 명시되어야 한다. 다른 공통적인 단서조항은 새로운 프로덕트가 명세문서의 모든 측면을 충족시킨다고 클라이언트가 만족할 때까지 '이 새로운 프로덕트는 기존의 프로덕트와 동시에 사용될 수 있게 설치되어야 한다'는 조항이다. 또 다른 제약으로는 이식성(portability)을 들 수 있다. 즉, 프로덕트는 동일한 운영체제 하에 있는 다른 하드웨어서 실행될 수 있게 또는 다양한 다른 운영체제에서 실행될 수 있게 구축되어야 한다. 신뢰성도 또 다른 제약이 될 수 있다. 만약 프로덕트가 집중 치료 시설에 있는 환자를 감시하는 것이라면 프로덕트가 가져야 할 최고의 중요성은 하루 24시간 동안 완벽하게 작동되어야 한다. 빠른 응답시간도 요구사항이 될 수 있다. 이 범주에 속하는 전형적인 제약으로는 'Type 4의 모든 질의 중 95%가 0.25초 이내에 응답해야 된다'는 것이다. 응답 시간은 컴퓨터의 현재 부하에 의존하기 때문에 대부분의 응답 시간 제약은 확률적인 용어로 표현된다. 반면에 소위 강한 실시간 제약들은 절대적인 용어로 표현된다. 이를테면 상대방 미사일이 날아올 때 전투기 조종사에게 단지 95%만 0.25초 내에 알려주는 소프트웨어를 개발하는 것은 쓸모가 없다. 그래서 프로덕트는 제약을 100% 충족시켜야 한다.

명세문서의 제일 중요한 컴포넌트는 승인 평가기준(acceptance criteria)의 집합이다. 개발자의 작업이 수행된 후 프로덕트가 명세를 만족하는지 증명하기 위해 사용될 일련의 테스트들을 자세하게 적는 것은 개발자에게도 클라이언트에게도 모두 중요한 일이다. 승인 평가기준 중 일부는 제약들을 다시 서술한 것이고 일부는 다른 이슈들을 언급할 것이다. 예를 들면 클라이언트는 개발자에게 프로덕트가 처리할 데이터에 대한 서술을 함께 제공한다. 이때 적합한 승인 평가기준은 프로덕트가 이러한 유형의 데이터를 정확하게 처리하고 그리고 부적절한(즉, 에러가 있는) 데이터를 걸러내는 것이다.

일단 개발 팀이 문제를 완벽하게 이해하게 되면 가능한 해결방안 전략들이 제시될 수 있다. 해결방안 전략(solution strategy)은 프로덕트를 구축하는 일반적인 접근법이다. 예를 들면 프로덕트에 대한 하나의 가능한 해결방안 전략은 온라인 데이터베이스를 사용하는 것이다. 다른 전략은 기존의 플랫 파일(flat file)들을 사용해 밤새 배치 파일을 실행시켜 요구된 정보를 추출하는 것이다. 그래서 해결방안 전략을 선정할 때는 명세문서에 있는 제약들을 고려하지 않은 전략들을 선택하는 것도 좋은 아이디어이다. 다양한 해결방안 전략은 제약들을 고려해서 평가되고 필요한 수정이 가해진다. 특정 해결방안 전략이 클라이언트의 제약을 만족시키는지를 판단하는 많은 방법들이 있다. 그 중 알기 쉬운 한 가지 방법이 프로토타이핑(prototyping)이다. 이는 11장에서 이미 논의했듯이 사용자 인터페이스와 시간 제약들에 관련된 이슈들을 해결할 수 있는 좋은 기법이다. 제약들이 만족되는 지 판단하는 또 다른 기법에는 시뮬레이션(simulation)[Bank, Carson, Nelson, 2001]과 분석적 네트워크 모델링(analytic network modeling)[Kleinrock and Gail, 1996]이 포함된다.

이 프로세스 동안에 많은 해결방안 전략이 제시되고 폐기되었다. 폐기된 모든 전략들과 그들이 거부된 사유들을 작성한 기록을 보관하는 것은 중요한 일이다. 이것은 만약 그들이 선택한 전략이 적합했는지를 평가할 때 개발 팀에게 도움을 준다. 더욱 중요한 것은 인도 후 유지보수 동안에 기능 향상을 위해 새롭고 신중하지 못한 해결방안 전략을 선택하게 되는 위험이 항상 존재한다는 점이다. 어떤 전략들이 개발 시에 거부된 사유가 기록되어 있으면 이는 인도 후 유지보수 동안에 크게 도움이 된다.

생명주기에서 이 시점까지는 개발 팀이 제약들을 충족시키는 하나 이상의 가능한 해결방안 전략들을 결정하였다. 이제는 두 단계-의사 결정(two-stage decision)을 해야 한다. 첫째, 클라이언트가 전산화를 심각히 고려중이라면 그런 경우는 실용적인 해결방안 전략이 채택되어야 한다. 첫 번째 질문에 대한 대답은 비용-이익(cost-benefit) 분석(5.2절)에 기초해서 결정하는 것이 최선이다. 두 번째, 만약 클라이언트가 프로젝트를 진행하기로 결정했다면, 클라이언트는 클라이언트의 전체 비용을 최소화시키는 또는 ROI(return on investment)를 최대화시키는 것과 같은 사용될 최적화 평가기준에 대해 개발 팀에게 알려 주어야 한다. 개발자들은 최적화된 평가기준을 최대로 만족시킬 수 있는 선택 가능한 해결방안 전략을 클라이언트에게 추천해야 한다.

12.2
비정형 명세
SOFTWARE

많은 개발 프로젝트에서 명세문서는 영어 또는 프랑스어나 Xhosa(원래 코샤족) 같은 자연어(natural language)로 작성된다. 이러한 비정형 명세(informal specification)의 대표적인 문단을 읽어보면 다음과 같다.

> BV.4.2.5. 만약 이번 달의 판매액이 목표액에 미달한다면 목표액과 판매액과의 차이가 이전 달의 목표액과 판매액과의 차이의 절반 이하가 아니거나 만약 이번 달의 목표액과 판매액의 차이가 5% 이하가 아닌 경우 보고서를 출력한다.

이 문단이 나오게 된 배경은 다음과 같다. 소매 체인점(retail chain)의 경영자는 매달 각 상점의 목표액을 정하고, 만약 상점이 이 목표액을 달성하지 못하면 보고서를 출력한다. 다음 시나리오를 고려해보자. 어느 특정 상점의 1월 목표액이 $100,000이라고 설정했는데 실제 판매액은 $64,000, 즉, 목표액보다 36% 미달되었다고 하자. 이 경우에는 보고서가 틀림없이 출력되어야 한다. 2월 목표액을 $120,000으로 설정했는데 실제 판매액은 $100,000이다. 즉, 16.7%가 미달되었다. 비록 판매액이 목표액보다 미달되었지만, 2월의 목표액과 판매액의 백분율 차이 16.7%는 이전 달의 백분율 차이 36%의 절반 이하가 된다. 그래서 경영자는 개선이 이루어졌다고 믿기 때문에 보고서는 출력되지 않아도 된다. 다음으로 3월에는 다시 목표액을 $100,000, 상점의 매출액은 $98,000, 즉 목표액에 2%에 미달된다고 가정하자. 목표액과 판매액의 백분율 차이가 5% 이하이기 때문에 보고서는 출력되지 않는다.

앞의 명세 문단을 주의 깊게 읽어보면 소매 체인점의 경영자가 실제로 요구하는 것과 약간의 차이를 보여주고 있다. 문단 BV.4.2.5는 '목표액과 실제 판매액의 차이'에 대해서만 말하고 있지 백분율 차이에 대해서는 언급하지 않고 있다. 1월의 차액은 $36,000이고 2월은 $20,000이다. 경영자가 원하는 백분율 차이는 1월 36%에서 2월 16.7%로 떨어졌고, 이는 1월의 백분율 차이 36%의 절반보다 작다. 그러나 실제 차액은 $36,000에서 $20,000으로 떨어졌고, 이것은 $36,000의 절반보다는 크다. 그래서 만약 개발 팀이 명세문서를 충실하게 구현했다면, 경영자가 원하는 것이 아닌 보고서가 출력된다. 그러므로 마지막 문장에서 말한 '차이 5%'가 의미하는 것은 물론 백분율 차이가 5%이며, 문단 중 어딘가에 백분율이라는 단어가 빠져있다.

그래서 이 명세문서에는 이러한 많은 결함이 포함된다. 첫째, 클라이언트가 원하는 것이 무시되었다. 두 번째, 모호함이다. 마지막 문장은 '백분율 차이 5%' 또는 '차이가 $5,000' 아니면 또 다른 의미로 읽을 수 있다. 또한 표현력이 부족하다. 문단이 말하고자 하는 것은 '만약 어떤 일이 일어났으면 보고서를 출력하라. 그러나 다른 일이 일어나면 보고서를 출력하지 말라. 그리고 세 번째 일이 일어나도 보고서를 출력하지 말라.'이다. 만약 명세서가 보고서를 출력할 경우만을 간단하게 서술하였다면 훨씬 명확해졌을 것이다. 대체로 문단 BV.4.2.5는 명세문서를 어떻게 작성해야 되는지에 대한 아주 좋은 예는 아니다.

사실 문단 BV.4.2.5는 가상의 글이다. 그러나 이것은 불행하게도 너무나 많은 명세문서의 대표적인 예가 된다. 독자는 이 예가 부적절하고, 만약 전문적인 명세 작성자가 세심하게 작성한 명세문서라면 이러한 종류의 문제는 발생되지 않는다고 생각할 수 있다. 이러한 생각에 대한 반박을 위해 6장에 있었던 사례 연구를 다음 절에서 다시 본다.

12.2.1 Correctness Proof Mini Case Study Redux

6.5.2절을 다시 보면 1969년에 Naur은 정확성 증명에 대한 논문을 발표했다[Naur, 1969]. 그는 자신의 기법으로 문자-처리(text-processing) 문제를 설명했다. Naur는 이 기법을 사용해 문제를 해결하기 위해 ALGOL60 프러시저를 구축하고 그 프러시저의 정확성을 비정형적으로 증명했다. Naur 논문의 검토자[Leavenworth, 1970]는 이 프러시저에 있는 하나의 결함을 지적했다. [London, 1971]은 Naur의 프러시저에 세 개의 추가 결함이 더 있는 것을 발견하고 이 프러시저의 수정된 버전을 제시해서 이것의 정확성을 정형적으로 증명했다. [Goodenough and Gerhart, 1975]는 London이 미처 발견하지 못했던 세 개의 결함을 더 발견했다. London, Goodenough, Gerhart 등 세 명의 검토자는 전체적으로 7개의 결함을 발견하였고, 이 중 두 개는 분석 결함들로 간주했다. 예를 들면 Naur의 명세는 만약 입력이 두 개의 연속적인 인접 브레이크(adjacent break, blank 또는 newline 문자)를 포함하고 있을 때 어떤 일이 발생하는지를 설명하고 있지 않다. 이러한 이유 때문에 Goodenough와 Gerhart는 새로운 명세들을 추가했다. 이들 명세들은 6.5.2절에 나와 있고 Naur의 명세보다 네 배 이상 길다.

1985년에 Meyer는 정형 명세 기법(formal specification technique)에 관한 기사를 작성했다 [Meyer, 1985]. 이 기사가 갖고 있는 주요 논지는 영어와 같은 자연어로 작성된 명세문서는 모순, 모호함, 생략 등을 갖는 경향이 있다는 것이다. 그는 명세를 정형적으로 표현하기 위해 수학 용어의 사용을 추천했다. Meyer는 Goodenough와 Gerhart의 명세에서 약 12개의 결함을 발견했고 모든 문제들을 정확하게 하기 위해 수학 명세들의 집합을 개발했다. Meyer는 그의 수학 명세들을 의역하여 영어 명세들로 만들었다. 저자의 견해로 보면 Meyer의 영어 명세들은 오류를 포함하고 있다. Meyer는 그의 논문에서 만약 한 줄당 문자의 최대수가 10이라고 하고 입력이 예를 들어 WHO WHAT WHEN이라고 하면, Naur의 명세와 Goodenough와 Gerhart의 명세에 의해 모두 같은 결과 즉, 첫 번째 줄이 WHO WHAT이고 두 번째가 WHEN이거나 또는 첫 번째 줄이 WHO이고 두 번째 줄이 WHAT WHEN인 결과가 나온다. 사실 Meyer의 의역된 영어 명세들 또한 이러한 모호함을 포함하고 있다.

핵심은 Goodenough와 Gerhart의 명세들이 큰 관심 속에 구축되었다는 점이다. 그들이 그렇게 구축했던 이유는 Naur의 명세를 수정하기 위한 것이다. 더욱이 Goodenough와 Gerhart의 논문은 두 가지 버전으로 발표했다. 즉, 첫 번째는 심사를 받는 컨퍼런스의 프로시딩에 발표되었고 두 번째도 심사를 받는 저널에 발표되었다[Goodenough and Gerhart, 1975]. 마지막으로 Goodenough와 Gerhart는 소프트웨어 공학의 전문가이며, 특히 명세 분야의 전문가이다. 두 전문가에게 Meyer가 12개의 결함을 발견했던 명세를 주의 깊게 작성할 수 있는 충분한 시간이 주어졌다면 주어진 시간 내에 평범한 컴퓨터 전문가도 사용할 수 있는 무결함(fault-free) 명세문서를 만들어낼 수 있을까? 문자 처리 문제는 겨우 25 또는 30 줄로 코딩이 된다. 그러나 실세계 프로덕트들은 수만 또는 수백만 줄의 소스 코드로 구성된다.

자연어가 프로덕트를 명세화 하는 좋은 방법이 아닌 것만은 명백하다. 이 장에서는 보다 좋은 대안들을 설명한다. 분석 기법들이 제시되는 순서는 비정형에서 시작해 정형으로 설명된다.

12.3
구조적 시스템 분석

SOFTWARE

소프트웨어를 명세화 하는 데 그래픽을 사용하는 것은 1970년대에 중요한 기법이었다. 그래픽을 사용하는 세 개의 기법들, 즉 [DeMarco, 1978], [Gane and Sarsen, 1979], 그리고 [Yourdon and Constantine, 1979] 기법이 대중화 되었다. 세 개의 기법들 모두 우수하고 기능도 거의 같았다. 여기에는 Gane과 Sarsen의 접근법이 제시된다. 왜냐하면 이들 표기법이 현재 산업 현장에서 가장 폭 넓게 사용되고 있기 때문이다.

이 기법을 이해하는 데 도움이 되는 다음 절의 미니 사례 연구를 고려해보자.

12.3.1 Sally's Software Shop Mini Case Study

Sally's Software Shop은 다양한 공급자로부터 소프트웨어를 구매해 이를 일반인에게 판매한다. Sally는 인기 있는 소프트웨어 패키지들은 구매해서 가지고 있고 그렇지 않은 것은 요구가 있을 때만 주문해서 판매한다. Sally는 공공기관, 회사, 그리고 개인들에게도 신뢰를 쌓아가고 있었다. Sally's Software Shop은 평균적으로 소비자 가격이 $250인 패키지가 월별로 300개 정도가 회전될 정도로 잘 운영되고 있다. 사업이 성공하고 있음에도 불구하고 Sally는 전산화에 대한 조언을 구하고 있다. 그녀에게 무어라고 말할까?

이 질문은 이미 언급했듯이 충분하지 못하다. 다음 글을 읽어보자. 업무 기능들, 즉, 지출, 수금, 그리고 재고 조사 중 어느 것을 전산화 해야 하는가? 이것으로도 질문이 부족하다면 시스템은 배치(batch)인가, 온라인(online)인가? 상점 내에 컴퓨터를 둘 것인지 아니면 아웃소싱을 할 것인지? 이러한 질문들을 보다 구체적으로 정제하더라도 여전히 업무를 전산화 하려는 Sally의 목적이 무엇인지? 라는 기본 이슈가 빠져 있다.

Sally의 목적을 알았을 때만 분석을 계속할 수 있다. 예를 들면 만약 그녀가 소프트웨어를 판매 때문에 단순히 전산화를 원한다면, 그녀에게는 컴퓨터의 존재를 보란 듯이 알려줄 수 있는 다양한 소리와 빛의 효과를 가진 사내 시스템이 필요하다. 다른 경우 만약 부정한 돈(hot money)을 세탁하기 위해 그녀의 사업이 이용된다면, 그녀는 네 개 내지 다섯 개의 다른 장부를 제공하고 감사 추적을 피하게 하는 프로덕트가 필요할 것이다.

이번에는 Sally가 '보다 더 많은 돈을 벌기 위하여' 전산화를 원한다고 가정하자. 이것은 매우 많은 도움을 주지는 못하지만, 비용-이익 분석이 그녀 사업의 세 가지 각 섹션(혹은 다른 것)을 전산화 할지 여부를 결정할 수 있게 해준다.

많은 표준 접근법의 주요 위험이란 해결방안을 먼저 제시하는 것이다. 예를 들면 이것은 50 기가바이트 하드디스크가 장착된 Lime Ⅲ 컴퓨터와 레이저 프린터를 먼저 선택한 후 그 다음에 문제점이 무엇인지를 발견하는 것과 같다. 반대로 [Gane and Sarsen, 1979]은 클라이언트의 니즈를 분석하는 9단계 기법을 사용한다. 중요한 점은 단계적 정제(stepwise refinement)가 이들 9단계 중 여러 단계에서 사용된다는 점이다. 다음 예의 전개 과정에서 알 수 있다.

결정된 Sally의 요구사항들이 존재하면 **구조적 시스템 분석**의 첫 번째 단계는 **물리적 데이터**

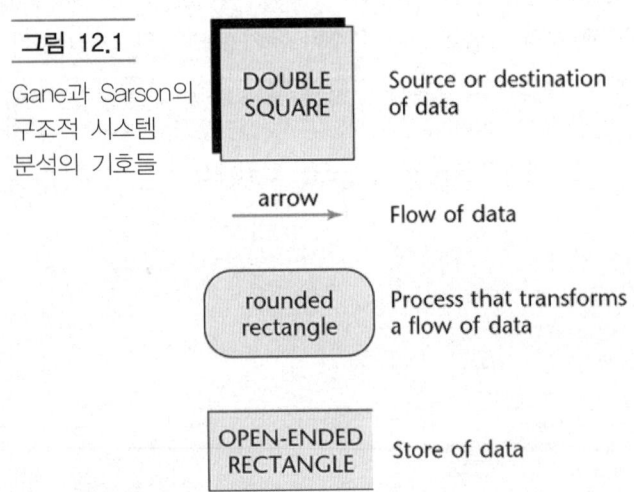

그림 12.1

Gane과 Sarson의 구조적 시스템 분석의 기호들

DOUBLE SQUARE — Source or destination of data

arrow — Flow of data

rounded rectangle — Process that transforms a flow of data

OPEN-ENDED RECTANGLE — Store of data

흐름(physical data flow)과 반대인 논리적 데이터 흐름(logical data flow)을 결정하는 것이다(즉, 어떻게 발생하는지에 반대인 무엇이 발생하는지). 이것은 DFD(data flow diagram)를 작성하면 된다. DFD는 그림 12.1에 있는 네 개의 기본 기호들을 사용한다(Gane과 Sansen의 표기법은 DeMarco의 표기법[DeMarco, 1978]과 Yourden과 Constantine의 표기법[Yourdon and Constantine, 1979]과 유사하나, 동일하지는 않다).

단계 1. DFD를 작성한다.

사소한 프로덕트의 DFD도 규모가 클 수 있다. DFD는 논리적 데이터 흐름의 모든 측면을 그림으로 표현한 것이고, 주로 7±2개의 요소를 포함하도록 권장한다. 이러한 이유 때문에 DFD는 단계적 정제를 통해 개발된다(5.1절).

DFD는 요구사항 문서나 래피드 프로토타입 내에서 데이터 흐름(data flow)들을 식별해서 구성된다. 데이터의 각 흐름은 (double-square box로 표현되는) **소스**(source)나 데이터의 **목적지**(destination of data)에서 또는 (open-ended rectangle로 표현되는) 데이터 저장소(data store)에서 시작되고 종료된다. 데이터는 하나 또는 그 이상의 (rounded rectangle로 표현되는) **프로세스**에 의해 변환된다. 각 계속적인 정제에서 데이터의 새로운 흐름은 DFD에 추가되고 또는 데이터의 기존 흐름은 구체적인 세부 사항들의 추가로 인해 정제된다.

예로 되돌아가면 첫 번째 정제는 그림 12.2에서 보여준다. 논리적 데이터 흐름(logical data flow)의 다이어그램은 여러 가지로 해석될 수 있다. 선택 가능한 두 가지 구현 방안은 다음과 같다.

구현 1 : 데이터 저장소 PACKAGE_DATA는 책상 서랍에 있는 많은 카탈로그들처럼 선반에 진열되어 있는 디스켓이나 CD가 들어있는 약 900개의 포장된 박스들로 구성되어 있다. 데이터 저장소 CYSTOMER_DATA는 지불 기한이 넘은 고객의 목록을 고무 밴드로 묶어놓은 5×7 카드들의 묶음이다. 프로세스(action) process_orders는 Sally가 선반에 진열할 해당 패키지를 찾는 것이고, 만약 필요하다면 그것을 카탈로그에서 찾는다. 그리고 나서 올바른 5×7 카드를 찾고 그리고 그 고객의 이름이 채무 불이행자의 목록에 있는지를 확인한다. 이 구현은 전적으로 수동이고 Sally가 현재 그녀의 사업을 수행하는 방법과 일치한다.

구현 2 : 데이터 저장소 PACKAGE_DATA와 CUSTOMER_DATA는 컴퓨터 파일들이고 process_orders는 Sally가 터미널에서 고객의 이름과 패키지의 이름을 입력하는 것이다. 이 구현은 모든 정보가 온라인으로 이용가능하다는 전제하에 완전히 전산화된 해결방안에 해당된다.

그림 12.2의 DFD는 앞의 두 가지 구현뿐만 아니라 무한히 많은 다른 가능성들도 표현하고

그림 12.2

Sally's Software Shop에 대한 DFD: 첫 번째 정제

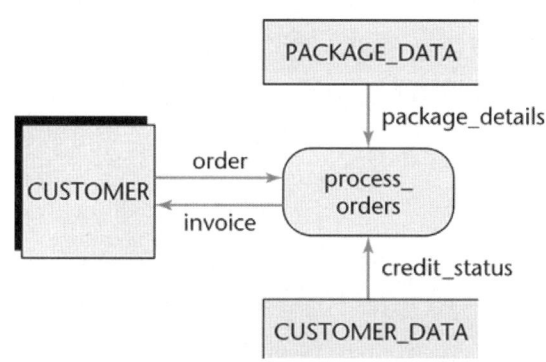

그림 12.3 Sally's Software Shop에 대한 DFD: 두 번째 정제

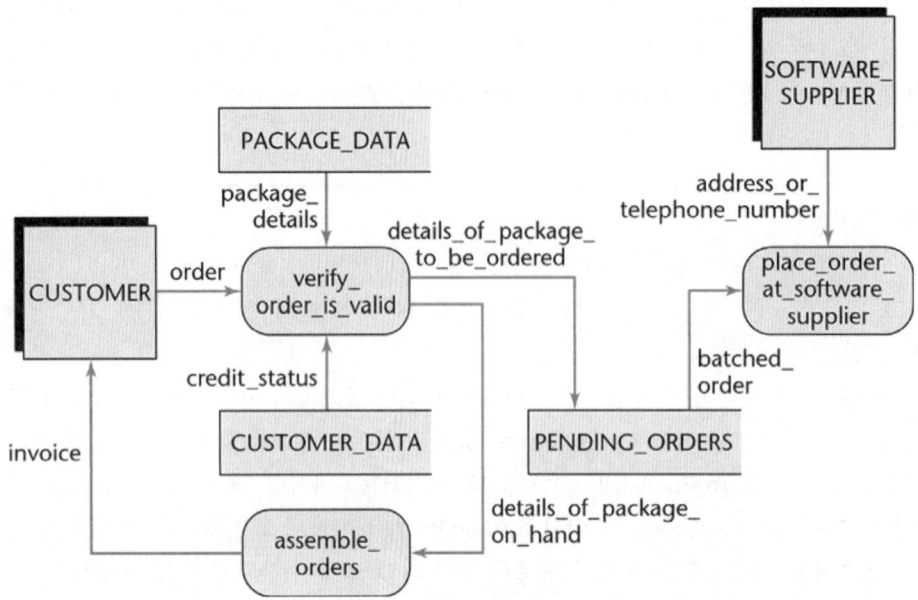

있다. 핵심은 DFD가 정보의 흐름을 표현한다는 것이다. 즉, Sally의 고객이 원하는 실제 패키지가 무엇인지는 흐름에서 중요하지 않다.

DFD는 이제 단계적으로 정제된다. 두 번째 정제는 그림 12.3에 묘사되어 있다. 이제 고객이 Sally가 갖고 있지 않은 패키지를 요구할 때 발생하는 것을 표현한 데이터의 논리적 흐름이 DFD에 추가되었다. 특히 그 패키지의 세부 사항들은 컴퓨터 파일 형태로 데이터 저장소 PENDING_ORDERS에 저장되어 있다. 그러나 이 단계는 서류철을 사용하는 것과 동일하다. 데이터 저장소 PENDING_ORDERS는 컴퓨터 또는 Sally에 의해 매일 검색되고, 그리고 만약 한 공급자에게 계속 물량을 공급 받는다면 배치(batch) 형태로 처리될 것이다. 또한 주문이 상품이 주문된 후 5일간 기다려야 한다면 주문량에 상관없이 관련 공급자로부터 기다려야 한다. 이 DFD는 소프트웨어 패키지가 공급자로부터 도착했을 때 데이터의 논리적 흐름을 보여 주지 못하고, 또 지출, 수금 등과 같은 재정적인 기능들도 보여주지 못한다. 이러한 것들은 세 번째 정제에서 추가된다.

이제 DFD의 규모가 커지기 시작했기 때문에 단지 세 번째 정제의 일부분만 그림 12.4에서 보여준다. 이 정제에서 수금과 관련된 데이터의 논리적 흐름이 DFD에 추가된다.

DFD의 나머지는 지출 부분과 소프트웨어 공급자들과 관련이 있다. 최종 DFD는 계속 커져서 아마 6쪽 이상이 될 것이다. 그러나 DFD는 그녀 사업에서 데이터의 논리적 흐름의 정확한 표현을 확인하고 서명할 Sally가 쉽게 이해할 수 있어야 한다. 대형 프로젝트에 대한 DFD는 매우 클 것이다. 어떤 시점 이후에 단지 한 개의 DFD만 갖는 것은 비현실적이기 때문에 DFD의 계층이 필요하다. 한 레벨에서 하나의 박스는 하위 레벨에서 완전한 DFD로 확장된다.

그림 12.4 Sally's Software Shop에 대한 DFD: 세 번째 정제

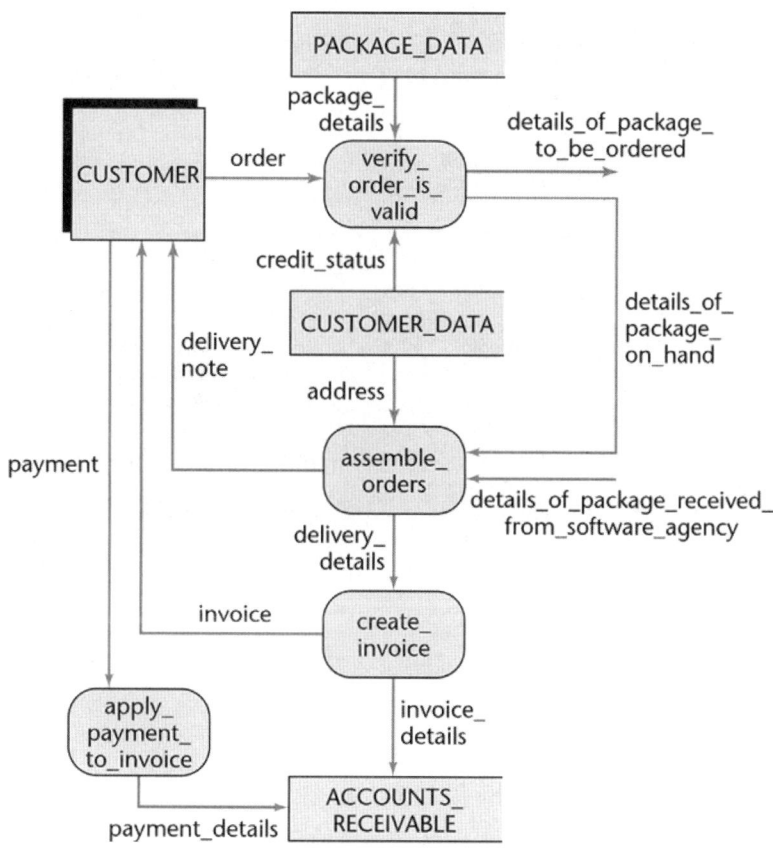

이 절에는 Sally's Software Shop에 대한 DFD의 구축에 대한 개요만 제시되어 있다. DFD의 구축에 대한 보다 세부적인 예는 12.4절에 있다.

단계 2. 어떤 부분을 전산화할 것인지와 어떻게 할 것인지(배치 또는 온라인 방식)를 결정한다.
자동화시킬 대상의 선택은 얼마나 많은 클라이언트가 이용할 수 있는지 여부에 따라 결정된다. 분명히 전체 운영을 자동화시키는 것이 가장 바람직하지만 이럴 경우 비용이 엄청나게 든다. 어떤 부분을 자동화시킬지를 결정할 때, 비용-이익 분석은 각 부분을 전산화 하는 여러 가능한 전략들을 알려 준다. 예를 들면 DFD의 각 부분에 대한 의사 결정은 운영의 해당 그룹이 배치(batch) 또는 온라인(online)으로 수행되는지에 따라 결정된다. 많은 양을 처리하고 강력한 제어들이 요구된다면 흔히 배치 프로세싱(batch processing)이 그 답이 될 수 있고, 적은 양과 사내 컴퓨터인 경우에는 온라인 프로세싱(online processing)이 더 좋을 수 있다. 예로 돌아가면 한 가지 대안은 지출, 수금 등에 관한 부분은 배치 형태로, 주문에 대한 확인은 온라인으로 수행하게 한다. 두 번째 대안은 모든 것을 자동화하는 것으로, 주문들에 대한 소프트웨어 공급자 위탁 판매 노트의 편집은 온라인이나 배치 형태로 하고, 나머지 운영은 온라인으로 하는 것이다. 핵심은 DFD가 이전의 모든 가능성에 대응되게 작성하는 것이다. 이것은 고전적 분석 페이즈 동안에 문제를 어떻게 해결할지를 결정하기보다는 차라리 설계 페이즈까지 이를 기다리는 것이 낫다.

그림 12.5 Sally's Sofware Shop에 대한 전형적인 데이터 사전 엔티티들

Name of Data Element	Description	Narrative

order	Record comprising fields
	  order_identification
	  customer_details
	  customer_name
	  customer_address
	  . . .
	  package_details
	  package_name
	  package_price
	  . . .
		The fields contain all details of an order

order_identification	12-digit integer	Unique number generated by procedure generate_order_number. The first 10 digits contain the order number itself, the last 2 digits are check digits.

verify_order_is_valid	Procedure:
	  Input parameter:
	    order
	  Output parameter:
	    number_of_errors
		This procedure takes order as input and checks the validity of every field; for each error found, an appropriate message is displayed on the screen (the total number of errors found is returned in parameter number_of_errors).

Gane과 Sarsen 기법의 다음 세 단계들은 데이터의 흐름(화살표), 프로세스(둥근 사각형), 그리고 데이터 저장소(열린 사각형)들의 단계적 정제이다.

단계 3. 데이터 흐름들의 세부 사항들을 결정한다.
첫째, 무슨 데이터 항목들이 다양한 데이터 흐름들로 가야 하는지를 결정한다. 그런 후 각 흐름이 단계적으로 정제된다.
예를 들어 데이터 흐름 order는 다음과 같이 정제할 수 있다.

order :
    order_identification
    customer_details
    package_details

다음으로 order의 각 컴포넌트들이 구체적으로 정제된다. 대형 프로덕트인 경우 데이터 사전 (data dictionary)(5.7절)은 모든 데이터 요소들의 트랙(track)를 보관하고 있다. 그림 12.5는 데이터 사전에 저장된 Sally's Software Shop의 전산화에 관련된 모든 데이터 요소들에 관한 대표적인 정보를 보여주고 있다.

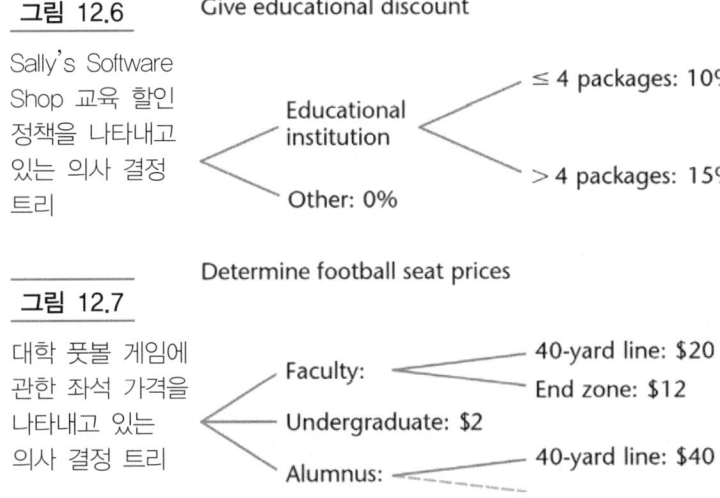

그림 12.6

Sally's Software Shop 교육 할인 정책을 나타내고 있는 의사 결정 트리

Give educational discount

Educational institution
- ≤ 4 packages: 10%
- > 4 packages: 15%

Other: 0%

그림 12.7

대학 풋볼 게임에 관한 좌석 가격을 나타내고 있는 의사 결정 트리

Determine football seat prices

Faculty:
- 40-yard line: $20
- End zone: $12

Undergraduate: $2

Alumnus:
- 40-yard line: $40

단계 4. 프로세스들의 로직을 정의한다.

프로덕트 내에 있는 데이터 요소들이 결정되었기 때문에 이제는 각 프로세스 내에서 어떤 일들이 발생하는지를 조사할 시점이다. 예로 give_educational_ discount 프로세스를 가정해보자. Sally는 소프트웨어 개발자들에게 그녀가 교육 기관에 주는 할인 혜택, 예를 들면 패키지를 네 개 이상 구입하면 10%, 5개 이상을 사면 15% 등에 대한 세부 사항들을 제공해야 한다. 자연어 명세문서들의 어려움에 대처하기 위해 이것은 영어를 의사결정 트리(decision tree)로 변환해야 한다. 이러한 트리는 그림 12.6에서 보여준다.

의사결정 트리는 아주 복잡한 경우들도 고려한 모든 가능성을 점검하기 쉽게 해준다. 이에 대한 예는 그림 12.7에서 보여준다. 그림 12.7을 보면 졸업생인 경우 엔드 존(end zone) 뒤의 좌석에 가격이 명시되지 않은 것이 바로 발견된다.

단계 5. 데이터 저장소들을 정의한다.

이 단계에서는 각 저장소의 정확한 내용과 그것의 표현(포맷)을 정의하는 것이 필요하다. 그래서 만약 프로덕트가 COBOL로 구현된다면 이 정보는 **pic** 레벨로 제공되어야 한다. 만약 Ada가 사용된다면 **digits** 또는 **delta**가 명시되어야 한다. 추가로 어느 곳에 즉시 접근(immediate access)이 요구되는지를 명시하는 것도 필요하다.

즉시 접근의 이슈는 프로덕트에 어떤 질의들을 하는지와 관련이 있다. 예를 들어 이 예에서 온라인으로 주문을 확인한다고 가정해보자. 고객은 패키지를 이름으로("매장에 JBuilder가 있나요?"), 기능으로("당신이 가지고 있는 계산 패키지는 어떤 것이 있나요?"), 또는 기계로("당신은 786용인 어떤 새로운 프로덕트를 가지고 있나요?"), 거의 없지만 가격으로("당신이 가지고 있는 프로덕트 중 $149.50짜리는 어떤 것이 있나요?") 주문한다. 따라서 PACKAGE_DATA에 대한 즉시 접근은 패키지 이름, 기능, 그리고 기계로 요청한다. 이것은 그림 12.8의 DIAD(data immediate access diagram)에 묘사되어 있다.

단계 6. 물리적 자원들을 정의한다.

이제 개발자들은 온라인과 각 요소들의 표현(포맷)들에 무엇이 요구되는지를 알고 있기 때문에 방

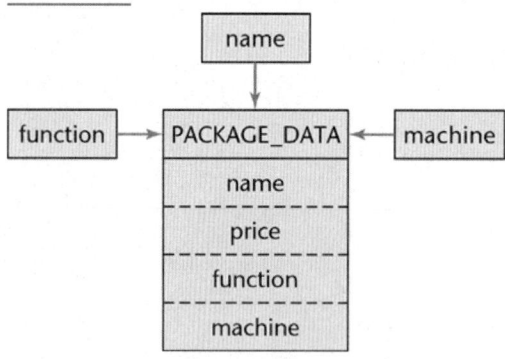

그림 12.8 PACKAGE DATA에 대한 DIAD(data immediate-access diagram)

해 요소들에 대해 결정을 할 수가 있다. 추가로 각 파일에 대해 다음 사항들이 명시될 수 있다. 즉 파일 이름, 구조(순차, 인덱스 등), 저장 매체, 레코드, 필드 레벨 등을 명시할 수 있다. 만약 DBMS (database management system)가 사용된다면 각 테이블에 대한 관련 정보가 여기에 명시된다.

단계 7. 입력-출력 명세들을 결정한다. 만약 상세한 레이아웃(layout)이 없을지라도 적어도 컴포넌트들에 관련된 입력 형식은 명시되어야 한다. 입력 화면들도 유사하게 결정되어야 한다. 출력 결과들도 가능한 한 상세하게 명시되어야 하지만 그렇지 못한 경우는 추정된 길이라도 명시되어야 한다.

단계 8. 규모를 결정한다. 이제 하드웨어 요구사항들을 결정하기 위해서 단계 9에서 사용되어야 할 수치 데이터를 계산할 필요가 있다. 이것은 입력의 볼륨(매일 또는 시간별), 각각 출력되는 보고서의 빈도수와 그것의 데드라인, CPU와 대규모 저장 장치 사이를 지나다니는 각종 형태의 레코드의 크기와 수, 그리고 각 파일의 크기(size)이다.

단계 9. 하드웨어 요구사항들을 결정한다. 단계 8에서 결정된 디스크 파일들에 대한 크기 정보로부터 대규모 저장 장치 요구사항들이 계산될 수 있다. 이외에도 백업(backup)용의 대규모 저장 장치도 결정할 수 있다. 입력 볼륨들에 대한 정보로부터 이 영역에 필요한 것들이 발견될 수 있다. 출력되는 보고서의 빈도수와 라인 수를 알고 있기 때문에 출력 장치가 명시될 수 있다. 만약 클라이언트가 이미 하드웨어를 갖고 있다면 이 하드웨어가 적합한지 혹은 다른 하드웨어를 추가 구매해야 하는지를 결정할 수 있다. 만약 클라이언트가 적합한 하드웨어를 갖고 있지 않다면 어떤 제품이 적당한지 또 구매를 해야 하는지 아니면 리스(lease, 임대)를 해야 하는지를 추천할 수 있다. 소규모 시스템의 경우 기술의 진보로 인해 하드웨어 결정은 그리 중요하지 않게 되었다. 즉 Sally's Software Store에 필요한 하드웨어는 $1000이하에서 구매될 수 있다. 하지만, 대규모 시스템의 경우 하드웨어의 비용은 중요하고 결정하는 데 신중해야 한다.

하드웨어 요구사항들 결정은 Gane과 Sarsen의 분석 기법에서는 9단계 중 마지막 단계이다. 클라이언트의 승인을 받은 후에 결과로 나온 명세문서는 설계팀에 인계되고, 소프트웨어 프로세스는 계속된다.

- 데이터 흐름 다이어그램 작성
- 컴퓨터화 할 부분이 무엇인지,
  어떻게 해야 하는지 결정 (batch or online)
- 데이터 흐름의 세부 사항 결정
- 프로세스들의 로직을 정의

- 데이터 저장소를 정의
- 물리적 자원들을 정의
- 입력-출력 명세를 결정
- 규모 선정을 수행
- 하드웨어 요구사항을 결정

Box 12.1은 Gane과 Sarson의 구조적 시스템 분석의 9단계에 대한 개요를 포함하고 있다.

Gane과 Sarsen의 기법은 많은 강점들에도 불구하고 모든 질문에 대한 대답을 제공해주지는 못한다. 예를 들면 이것은 응답 시간을 결정하는 데 사용될 수가 없다. 입력-출력 채널들의 수는 기껏해야 개략적으로만 추측될 수 있고, CPU 크기와 타이밍도 정확하게 추정될 수가 없다. Gane과 Sarsen의 기법이 이러한 뚜렷한 결점들을 가지고 있지만 결론적으로 분석이나 설계에서 사용되는 모든 다른 기법들보다는 공정하다. 그럼에도 불구하고 고전적 분석 페이즈의 후반 후에 정확한 정보가 이용될 수 있는지 없는지 관계없이 하드웨어의 결정이 이루어진다. 이러한 상황은 과거에 해왔던 방식보다 훨씬 진전된 것이다. 명세화 하는 방법론적 접근법들이 제안되기 전에는 하드웨어와 관련된 의사결정은 소프트웨어 개발 과정의 초기에 결정되었다. Gane과 Sarsen의 기법은 프로덕트를 명시하는 방법에 대해 주요한 개선점들을 이끌어내고 있다. Gane과 Sarsen 그리고 대다수 경쟁 기법의 저자들이 가변적으로 시간을 무시하고 있는 사실 때문에 이들 기법이 소프트웨어 산업에 가져다주는 이점들을 간과해서는 안 된다.

12.4
구조적 시스템 분석: The Osbert Oglesby Case Study

MSG Foundation 사례 연구(11.6절)을 대한 구조적 시스템 분석의 DFD는 그림 12.9에서 보여준다. DFD에 반영된 것처럼, 사용자는 다음과 같은 세 가지 다른 유형의 오퍼레이션을 수행할 수 있다.

1. 투자 데이터, 대출 데이터, 운영 비용 데이터를 갱신:

   USER는 update_request를 입력한다. 투자 데이터를 갱신하기 위해 perform_selected_update 프로세스는 USER에게 update_investment_details를 요청하고, INVESTMENT_DATA 데이터 저장소에 그것들을 보낸다. 대출 데이터나 비용 데이터도 유사하다.

2. 투자나 대출 목록을 인쇄:

   투자 목록을 인쇄하기 위해 USER는 investment_report_request를 입력한다. 그 후 generate_listing_

그림 12.9 MSG Foundation 사례 연구에 대한 DFD

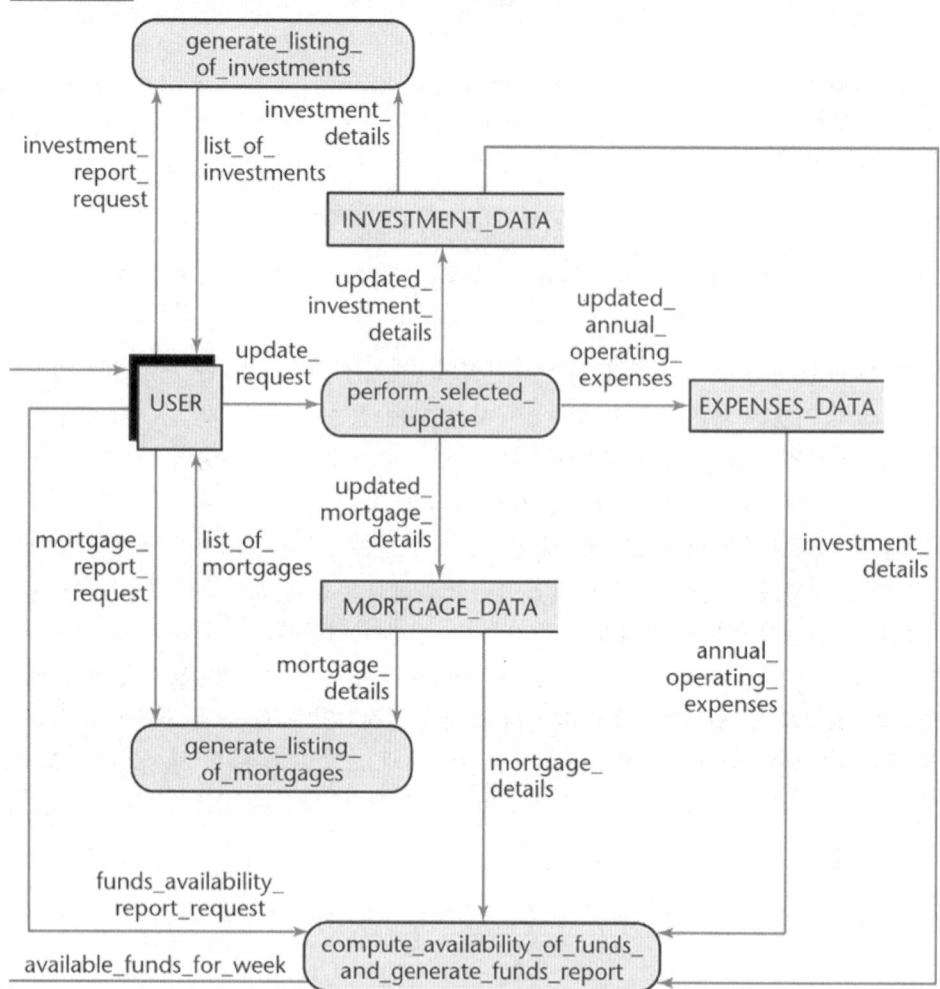

of_investments 프로세스는 INVESTMENT_DATA 저장소로부터 투자 데이터를 얻는다. 그리고 그 후 보고서를 인쇄한다. 대출 목록의 인쇄도 비슷하다.

3. 일주간 동안 대출에 사용할 자금을 보여주는 보고서를 인쇄:

USER는 funds_availablility_report_repuest를 입력한다. 최근 한 주동안 대출을 위해 이용가능한 금액이 얼마인지를 결정하기 위해 compute_availability_of_funds_and_generate_funds_report 프로세스는 다음과 같은 데이터를 얻는다.

- INVESTMENT_DATA 저장소로부터 investment_details를 얻고 투자에 대해 예상되는 전체 연간 수익을 계산한다.
- MORTGAGE_DATA 저장소로부터 mortgage_details를 얻고 한 주 동안 기대되는 수입, 한 주 동안 기대되는 대출 지불, 한 주 동안 기대되는 보조금을 계산한다.
- EXPENSES_DATA 저장소로부터 annual_operating_expenses를 얻고 기대되는 연간 운영 비용을 계산한다.

그 후 compute_availability_of_funds_and_generate_funds_report 프로세스는 available_funds_for_week을 계산하기 위해 이 결과를 이용하고, 보고서 서식을 만들고, 보고서를 인쇄한다.

구조적 시스템 분석의 나머지는 부록 D에 있다. 부록 D에서 자료의 조직과 프레젠테이션은 클라이언트가 구축하는 데 무슨 일이 일어났는지를 정확히 빠르게 이해할 수 있도록 해준다.

12.5
다른 반정형 기법

Gane과 Sarsen의 기법은 자연어로 명세문서를 작성하는 것보다 더 정형적이다. 그러나 동시에 다음에 논의할 Petri net(12.8절)와 Z(12.9절)와 같은 다른 기법들보다는 정형적이지 못하다. Dart와 그녀의 동료들은 분석과 설계 기법들을 비정형(informal), 반정형(semiformal), 정형(formal)으로 분류하였다[Dart, Ellison, Feiler, Habermann, 1987]. 이러한 분류에 따르면 Gane과 Sarsen의 구조적 시스템 분석은 반정형 명세 기법(semiformal specification technique)이고, 반면에 이 문단에서 언급한 다른 두 개의 기법들은 정형 기법이다.

구조적 시스템 분석은 널리 사용되고 있다. 즉 이것은 구조적 시스템 분석이나 이의 일부 변형된 기법들을 사용하고 있는 조직이 채택할 수 있다. 그러나 다른 좋은 반정형 기법들이 많이 있다.

이에 대한 예는 Proceeding of the various International Workshops on Software Specification and Design에서 찾을 수 있다. 지면이 부족한 관계로 여기서는 잘 알려진 몇 개의 기법만 간략하게 서술하는 것으로 마무리한다.

PSL/PSA[Teichroew and Hershey, 1977]는 정보 처리 프로덕트를 명세화시키는 컴퓨터-보조 기법이다. 이 이름은 이 기법의 두 개 컴포넌트에서 유래되었다. PSL(problem statement language)은 프로덕트를 서술하는 데 사용되고, PSA(problem statement analyzer)는 PSL 서술을 데이터베이스에 입력해야 하는 데 그리고 요청에 대한 보고서 등을 생성하는 데 사용된다. PSL/PSA는 특히 프로덕트들을 문서화 하는 데 아직도 사용되고 있다.

SADT[Ross, 1985]는 두 개의 상호 관련된 컴포넌트 즉, SA(structural analysis)를 수행하는 box-and-arrow 다이어그래밍 언어와 DT(design technique)로 구성된다. 그래서 SADT의 기초가 되는 단계적 정제는 Gane과 Sarsen의 기법보다 크게 확장되었다. 즉 이것은 Miller의 법칙을 지지하기 위한 의식적인 노력으로 만들어졌다. Ross[1985]는 다음과 같이 말했다. "언급할 가치가 있는 모든 것, 어떤 것에 대한 어떤 가치 있는 언급은 6개 이하의 조각으로 표현되어야 한다." SADT는 매우 다양한 프로덕트를 명세화 하는데, 특히 복잡하고 대형 프로젝트에서 성공적으로 사용되고 있다. 많은 다른 유사한 반정형 기법처럼 실시간 시스템에서 응용성은 그리 명확하지 않다.

반면에 SREM(software requirements engineering method, 'shrem'이라고 발음)은 명백하게 어떤 액션들이 발생한 경우 그 상태들을 명세화 하기 위해 설계되었다[Alford, 1985]. 이러한 이유 때문에 SREM은 특히 실시간 시스템을 명세화 하는 데 유용하게 사용되고 있고, 분산 시스템을 명세화 하는 데까지 확장되었다. SREM은 많은 컴포넌트들로 구성된다. RSL은 명세 언어 (specification language)이다. REVS는 RSL 명세들을 자동 데이터베이스로 변환하는 데, 데이터 흐름 일관성을 자동적으로 점검하는 데(어떤 값이 할당되기 전에 사용된 데이터 항목이 없음을 확인), 그리고 명세들로부터 명세들이 정확한지 확인하는 데 사용할 시뮬레이터를 생성하는 것과 같은 다양한 명세 관련 작업을 수행하는 툴들의 집합이다. 이외에도 SREM은 DCDS(distributed computing design system)라고 부르는 설계 기법을 가지고 있다.

SREM의 능력은 전체 기법의 근간이 되는 모델이 12.7절에서 서술할 유한 상태 기계(FSM, finite state machine)에서 나왔다. SREM의 기초가 되는 이러한 정형 모델로 인해 이전에 언급한 일관성 체킹을 수행하는 것이 가능하고 개별 컴포넌트들의 성능이 주어졌을 때 전체 프로덕트의 성능 제약들이 만족되었는지를 검증할 수 있게 되었다. SREM은 두 개의 C^3I(command, control, communications, and intelligence) 시스템들을 명세화 하기 위해 미공군이 사용하였다. 비록 SERM이 고전적 분석 페이즈에서 매우 유용함이 증명되었지만, 이후에 개발 주기 후반부에서 사용될 REVS 툴은 적게 사용되는 것으로 판명되었다.

12.6
ERM

SOFTWARE

구조적 시스템 분석에서 강조되는 것은 구축할 프로덕트의 데이터(data)라기보다는 오히려 오퍼레이션(operation)이다. 프로덕트의 데이터도 모델화 되지만 오퍼레이션보다는 순위가 낮다. 반대로 ERM(entry-relationship modeling, 엔티티-관계 모델링)은 프로덕트를 명세화 하는 반정형 데이터-중심 기법(semiformal data-oriented technique)이다. 이것은 데이터베이스를 명세화 하는 데 30년 이상 폭 넓게 사용되었다[Chen,1976]. 해당 애플리케이션 영역에서 강조되는 것은 데이터이다. 물론 오퍼레이션들도 데이터에 접근하는 데 필요하다. 그래서 데이터베이스는 이러한 접근 시간을 최소화할 수 있는 방법으로 조직되어야 한다. 그럼에도 불구하고 데이터 상에서 수행되는 오퍼레이션들은 비교적 덜 중요하다.

간단한 ERD(entity-relationship diagram, 엔티티-관계 다이어그램)는 그림 12.10에서 보여준다. 이 다이어그램은 저자(author), 소설(novel), 독자(reader)들 사이의 관계를 모델화시켜 놓았다. 여기에는 세 개의 엔티티들, 즉 Author, Novel, Reader가 있다. 최상위 관계 writes는 저자가 소설을 저술한다는 것을 반영한 것이다. 이것은 한 저자가 하나 이상의 소설을 저술할 수 있기 때문에 일-대-다 관계(one-to-many relationship)가 된다. 이 관계는 Author 다음에 1을 그리고 Novel 앞에 n을 기술하면 된다. ERD는 또한 Novel과 Reader 사이의 두 가지 관계에 대해서도 보여준다. 둘 다 일대일 관계이다. 왼쪽에 있는 관계는 독자가 많은 소설을 읽을 수 있다는 사실을 모델화한 것이다. 유사하게 오른쪽에 있는 관계는 독자가 많은 소설을 가질 수 있다는 사실을 모델화한 것이다. 이 두 개의 개별적인 관계는 독자가 소설을 가지고 있지는 않지만 그것을 읽었을 수 있다는 것, 그리고 소설을 구입했지만 읽지 않았을 수 있다는 것을 보여준다.

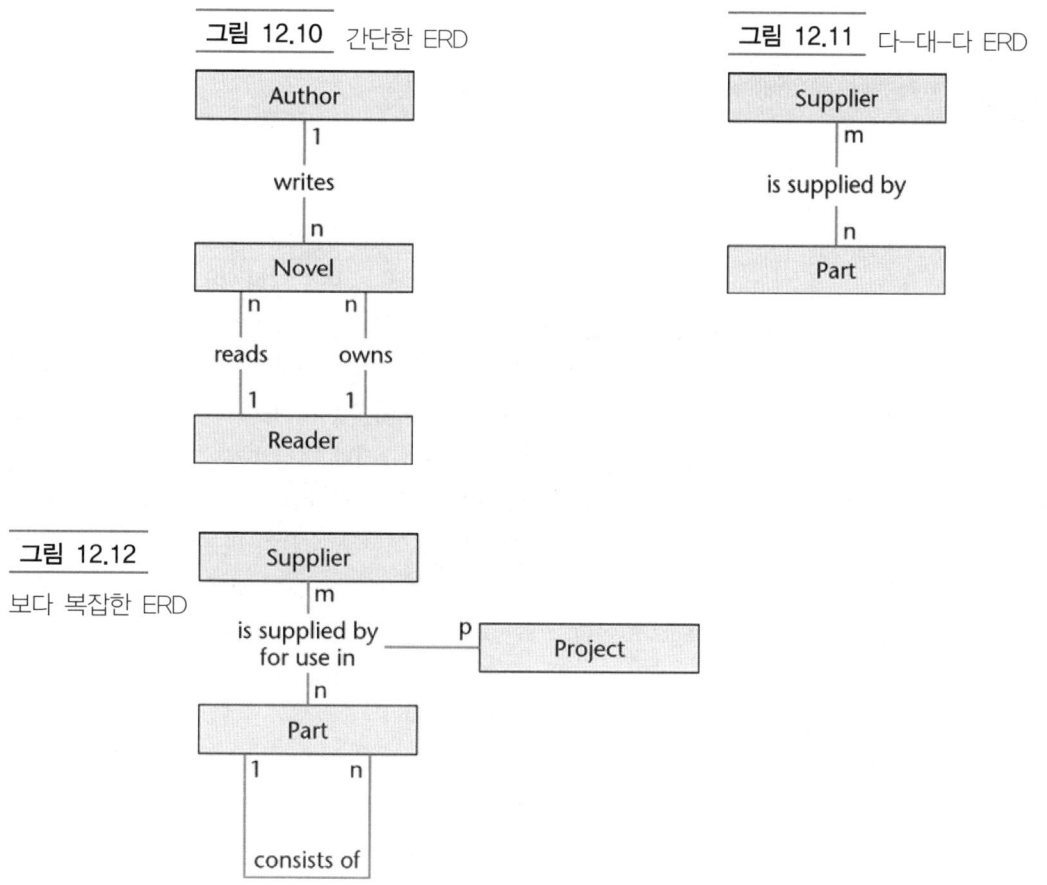

그림 12.10 간단한 ERD

Author
|1
writes
|n
Novel
|n |n
reads   owns
|1 |1
Reader

그림 12.11 다-대-다 ERD

Supplier
|m
is supplied by
|n
Part

그림 12.12
보다 복잡한 ERD

Supplier
|m
is supplied by
for use in ———— p Project
|n
Part
|1 |n
consists of

　다음 예는 공급자의 영역과 그들이 공급하는 부품과의 관계를 보여준다. 그림 12.11은 공급자와 부품 간의 다-대-다 관계(many-to-many relationship), 즉 한 공급자는 많은 부품은 공급할 수 있지만 역으로, 특정 부품을 많은 공급자로부터 얻을 수 있는 것을 보여준다. 이러한 다대다 관계는 엔티티 Supplier 다음에 m 그리고 엔티티 Part 앞에 n을 기술하면 반영된다.

　더 복잡한 관계들도 가능하다. 예를 들어 그림 12.12에서처럼 Part는 많은 컴포넌트 Part들로 구성된 것을 보여준다. 또한 다-대-다-대-다 관계(many-to-many-to-many relationship)도 가능하다. 이 그림에서 보여준 세 개의 엔티티 Supplier, Part, Project를 고려해보자. 특정 부품은 프로젝트에 따라 몇 개 공급자가 공급할 수 있다. 또한 특정 프로젝트에 공급되는 다양한 부품들도 다른 공급자들로부터 공급될 수 있음을 보여준다. 다-대-다-대-다 관계는 이러한 상황을 정확하게 모델화할 수 있다.

　이 장의 다음 주제는 정형 기법(formal technique)들이다. 다음에 있는 네 개 절의 주요 주제는 **정형 명세 기법**(formal specification technique)을 채택하면 반정형 또는 비정형 기법보다 더 정확한 명세를 작성하게 해준다. 그러나 일반적으로 정형 기법의 사용은 장기간의 교육을 요구하고 또 정형 기법을 사용하는 소프트웨어 공학자는 관련 분야의 수학 지식도 있어야 한다. 다음절들은 최소한의 수학 내용을 알아야 작성할 수 있다. 더욱이 수학 형식들 전에 동일한 자료에 대한 비정형 표현들이 수행되었다. 그럼에도 불구하고 12.7절에서 12.10절까지의 수준은 이 책의 다른 부분보다는 높은 수준이다.

영국의 Open University의 M202팀이 최초로 공식화시킨 예를 고려해보자 [Brady, 1977]. 금고는 1, 2, 3이라고 표기된 세 개의 위치 중 하나에 다이얼 자물쇠를 가지고 있다. 이 다이얼은 왼쪽 또는 오른쪽(L 또는 R)으로 돌릴 수 있다. 언제든지 가능한 여섯 번의 다이얼의 이동은, 즉, 1L, 1R, 2L, 2R, 3R, 3L이다. 금고를 열 수 있는 다이얼 조합은 1L, 3R, 2L이다. 다른 다이얼의 이동은 경고 알람을 울리게 된다. 이 상황은 그림 12.13에 묘사되어 있다. 하나의 초기 상태로 Safe Locked이 있다. 만약 입력이 1L이면 다음 상태는 A가 된다. 그러나 만약 다른 다이얼의 이동, 즉, 1R 또는 3L 등이 발생했다면 다음 상태는 두 개의 최종 상태 중 하나인 Sound Alarm이 된다. 만약 정확한 조합이 선택되었으면, 전이의 순서는 Safe Locked에서 A와 B인 다른 최종 상태인 Safe Unlocked이 된다. 그림 12.13에 있는 것은 FSM(finite state machine, 유한 상태 기계)의 **상태 전이 다이어그램**(STD, state transition diagram)이다. STD를 반드시 그래픽으로 표현할 필요는 없다. 즉 그림 12.14는 동일한 정보를 표현식으로 나타낸 것이다. 두 개의 최종 상태를 제외한 각 상태들은 다이얼의 이동에 따라서 다음 상태로 전이되는 것을 나타낸다.

　　FSM은 다음과 같이 다섯 부분으로 구성되어 있다. 상태들의 집합 J, 입력들의 집합 K, 현재 상태와 현재 입력이 주어졌을 때의 다음 상태를 서술하는 전이 함수 T, 초기 상태 S, 그리고 최종 상태들의 집합 F이다. 금고의 다이얼 자물쇠의 사례를 보자.

　　상태들의 집합 J는 {Safe Locked, A, B, Safe Unlocked, Sound Alarm}이다.
　　입력들의 집합 K는 {1L, 1R, 2L, 2R, 3L, 3R}이다.
　　전이 함수 T는 그림 12.14에 표 형식으로 묘사된다.

그림 12.13

자물쇠의
비밀번호를
표현한 FSM

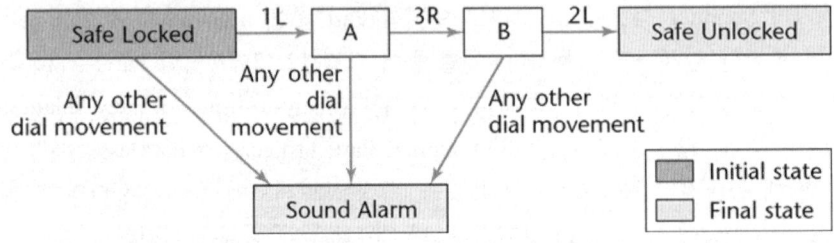

그림 12.14

그림 12.13의
FSM에 대한
전이표

| Dial Movement | Table of Next States | | |
	Current State Safe Locked	A	B
1L	A	Sound alarm	Sound alarm
1R	Sound alarm	Sound alarm	Sound alarm
2L	Sound alarm	Sound alarm	Safe unlocked
2R	Sound alarm	Sound alarm	Sound alarm
3L	Sound alarm	Sound alarm	Sound alarm
3R	Sound alarm	B	Sound alarm

초기 상태 S는 Safe Locked이다.

최종 상태들의 집합 F는 {Safe Locked, Sound Alarm}이다.

보다 공식적인 용어로 FSM은 5-tuple(J, K, T, S, F)이다. 여기서는 다음과 같이 된다.

J는 유한하고 공집합이 아닌 상태들의 집합이다.

K는 유한하고 공집합이 아닌 입력들의 집합이다.

T는 (J~K) × K에서 J로 가는 전이함수라 부르는 함수이다.

S ∈ J는 초기 상태이다.

F는 최종 상태들의 집합으로 F ⊆ J이다.

FSM 접근법은 컴퓨팅 애플리케이션 분야에서 폭 넓게 사용되고 있다. 예를 들면 모든 메뉴-중심 사용자 인터페이스는 FSM의 구현이다. 상태에 대응해 메뉴가 디스플레이 되고, 키보드로부터 입력이 들어오거나 또는 마우스로 아이콘을 선택하는 것은 프로덕트를 다른 상태로 가게 하는 이벤트(event)가 된다. 예를 들면 화면에 메인 메뉴가 나타날 때 V를 입력하면 현재 메뉴들 중에서 용량 분석(volumetric analysis)을 나타나게 한다. 새로운 메뉴가 나타났을 때, 사용자가 G, P, 또는 R을 선택할 수 있다. G를 선택하는 것은 계산 결과를 그래프(Graph)로 나타나게 하고, P는 출력(Print)을, 그리고 R은 메인 메뉴로 돌아가게(Return) 한다. 각 전이는 다음과 같은 형식을 갖는다.

$$\textbf{current state}[\text{menu}] \text{ and } \textbf{event}[\text{option selected}] \Rightarrow \textbf{next state} \qquad (12.1)$$

프로덕트의 명세화에 사용하기 위한 FSM의 유용한 확장 안 중 하나는 이전의 5-tuple에 여섯 번째 컴포넌트를 추가시킨 것이다. 이것에는 술어들의 집합 P가 추가되었다. 여기서 각 술어(predicate)는 프로덕트의 전역 상태(global state)의 함수 Y이다[Kampen, 1987](술어는 true나 false 중 하나다). 보다 정형적으로 전이 함수 T는 이제 (J~F) × K × P에서 J로 가는 함수가 된다. 전이 규칙(transition rule)들은 이제 다음과 같은 형식을 갖는다.

$$\textbf{current state} \text{ and } \textbf{event} \text{ and } \textbf{predicate} \Rightarrow \textbf{next state} \qquad (12.2)$$

FSM들은 상태들과 상태들 간의 전이로 모델화시킬 수 있는 프로덕트를 명세화 하는 데 매우 강력한 형식이다. 이 형식이 실제로 어떻게 활용되는지를 알기 위해서 이 기법을 엘리베이터 문제의 수정된 버전에 적용해보자. 엘리베이터 문제에 대한 기본 정보는 '알고 싶은 사항 12.1'에 있다.

12.7.1 FSM: Elevator Problem Case Study

이 문제는 다음에 나오는 제약들 아래서 n 엘리베이터들이 m 층들을 이동하는 데 요구되는 로직과 관련이 있다.

엘리베이터 문제는 소프트웨어 공학에서 아주 고전적인 문제이다. 1968년 출간된 Don Knuths의 기념비적인 책인 The Art for Computer Programming, Volume I에 처음으로 제시되었다[Knuth, 1968]. 이것은 California Institute of Technology의 빌딩에 있는 하나의 엘리베이터에 기초한 것이다. 이 예는 신화적인 프로그래밍 언어 MIX에서 코루틴(coroutine)을 설명하는 데 사용되었다.

1980년대 중반까지 엘리베이터 문제는 n 엘리베이터들로 일반화되었다. 추가로 솔루션의 명시된 성질들이 예를 들어 엘리베이터가 제한된 시간 내에 실제로 도착하는지에 대해 증명되었다. 이것은 이제 정형 명세 언어들의 분야에서 연구를 수행하는 연구자들의 문제가 되었고, 그리고 어떤 제안된 정형 명세 언어가 엘리베이터 문제를 작업하게 되었다.

이 문제는 1986년에 ACM SIGSOFT Software Engineering Notes in the Call for Papers for the Fourth International Workshop on Software Specification and Design[IWSSD, 1986]에 발표된 후 널리 알려졌다. 엘리베이터 문제는 1987년 5월 California주 Monterey에서 열린 컨퍼런스의 소회의에서 연구자들이 예제로 사용한 다섯 개의 문제 중 하나이다. 초청한 논문에 나타난 형태를 살펴보면, lift problem이란 용어를 쓰고 있는데 이는 N.(Neil) Davis of STCIDEC(a division of Standard Telecommunication and Cable, in Stevenage, United Kingdom)에서 나온 말이다.

문제는 널리 알려졌을 뿐만 아니라 정형 명세 언어들이 아닌 일반 소프트웨어 공학 내의 매우 다양한 기법들을 설명하는 데 사용되고 있다. 이 문제는 이 책에서도 모든 기법을 설명하기 위해 사용되고 있다. 왜냐하면 독자들도 곧 알게 되겠지만 문제가 보는 것처럼 결코 단순하지가 않다.

1: 각 엘리베이터(elevator)는 각 층에 하나씩 m개 **버튼**들의 집합을 가지고 있다. 이 버튼(button)이 눌려지면 버튼에 불이 들어오고, 엘리베이터가 해당 층을 방문하게 된다. 엘리베이터가 해당 층에 도달하면 불이 꺼진다.

2: 일 층과 꼭대기 층을 제외한 각 층에는 두 개의 버튼이 있어서 하나는 내려가는 엘리베이터(down-elevator)을 요청하고 다른 하나는 올라가는 엘리베이터(up-elevator)를 요청한다. 엘리베이터가 방문한 후 원하는 방향으로 이동하면 불이 꺼진다.

3: 엘리베이터가 아무런 요청도 받지 않을 때 엘리베이터의 문은 닫힌 층에서 대기한다.

프로덕트는 이제부터 확장된 FSM(extended finite state machine)을 사용해 명세화시킨다[Kampen, 1987]. 문제에는 두 개의 버튼들의 집합이 있다. n 엘리베이터의 각각에는 각 층에 m개 버튼들의 집합을 하나씩 가지고 있다. n × m 개의 버튼들이 엘리베이터 내에 있기 때문에 이들을 elevator buttons라고 부른다. 그리고 각 층에는 두 개의 버튼이 있고, 하나는 엘리베이터의 상승을, 하나는 하강을 요청한다. 이들을 floor buttons라고 부른다.

elevator button에 대한 STD는 그림 12.15에 있다. EB(e, f)는 f 층 방문하기 위해 눌렀을 때 엘리베이터 e에 있는 버튼을 표현하고 있다. EB(e, f)는 두 개의 상태, 즉, 버튼이 on(illuminated)이거나 off 상태에 있을 것이다. 보다 정확하게 상태들은 다음과 같다.

그림 12.15 엘리베이터 버튼에 관한 STD[Kampen, 1987], (© 1987 IEEE)

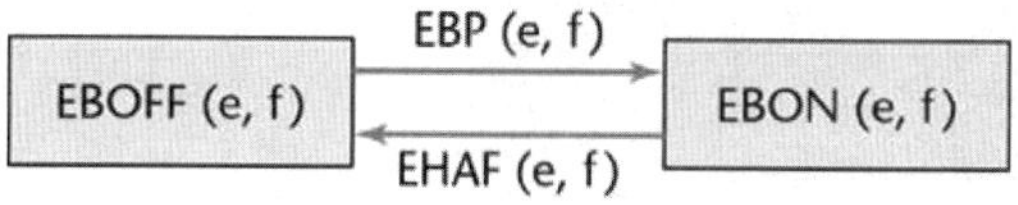

$$EBON(e, f) : \text{Elevator Button (e, f)} \underline{ON}$$
$$EBOFF(e, f): \text{Elevator Button (e, f)} \underline{OFF} \qquad (12.3)$$

만약 버튼이 불이 켜져(on) 있고 엘리베이터가 f 층에 도착하고 나면, 버튼에 불이 꺼질 것이다. 역으로 만약 버튼이 꺼져 있는(off) 상태에서 눌러진다면, 버튼이 켜지고 엘리베이터가 이동한다. 여기에는 다음과 같이 두 개의 관련된 이벤트가 있다.

$$EBP(e, f): \text{Elevator Button (e, f) \underline{P}ressed}$$
$$EAF(e, f): \underline{E}\text{levator e } \underline{A}\text{rrives at } \underline{F}\text{loor f} \qquad (12.4)$$

이들 이벤트와 상태를 연결하는 상태 전이 규칙(state transition rule)을 다음과 같이 정의하려면 술어 V(e, f)가 필요하다(술어는 참 또는 거짓 조건이다).

$$V(e, f): \text{Elevator e is } \underline{V}\text{isiting(stopped at) floor f} \qquad (12.5)$$

이제는 정형 전이 규칙(formal transition rule)을 서술할 수 있다. 만약 엘리베이터 버튼(e, f)가 꺼져 있고 [현재 상태], 엘리베이터 버튼 (e, f)가 눌리고 [이벤트], 그리고 엘리베이터 e가 f층을 방문하고 있지 않으면[술어] 이 엘리베이터 버튼은 불이 켜진다. 전이 규칙 (12.2)의 형태는 다음과 같이 된다.

$$EBOFF(e, f) \text{ and } EBP(e, f) \text{ and not } V(e, f) \Rightarrow EBON(e, f) \qquad (12.6)$$

만약 엘리베이터가 현재 f층을 방문 중이라면 아무 일도 일어나지 않는다. Kampen의 형식(kampen's formalism)에서 전이를 유발하지 않는 이벤트가 실제로 발생할 수 있으며 이런 이벤트가 발생하면 무시된다.

역으로 버튼이 켜진 상태에서 엘리베이터가 f층을 방문하면 이 버튼은 곧바로 꺼지게 된다. 이것은 다음 식으로 표현된다.

$$EBON(e, f) \text{ and } EAF(e, f) \Rightarrow EBOFF(e, f) \qquad (12.7)$$

그림 12.16 층 버튼에 관한 STD[Kampen, 1987], (© 1987 IEEE)

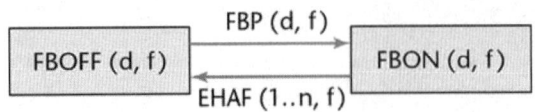

이제 층 버튼(floor buttons)을 고려해보자. FB(d, f)는 엘리베이터가 d 방향으로 이동하기를 요청하는 f층에 있는 버튼을 나타낸다. 층 버튼 FB(d, f)에 대한 STD는 그림 12.16에 있다. 보다 정확하게 상태들은 다음과 같다.

$$FBON(d, f) : \underline{F}loor \; \underline{B}utton(d, f) \; \underline{ON}$$
$$FBOFF(d, f): \underline{F}loor \; \underline{B}utton(d, f) \; \underline{OFF} \qquad (12.8)$$

만약 버튼이 켜져 있고 엘리베이터가 올바른 방향 d 로 이동해 f층에 도착했다면 버튼은 꺼질 것이다. 역으로 만약 버튼이 꺼져 있는 상태에서 눌러진다면 버튼이 켜지고 엘리베이터가 이동하게 된다. 다시 여기에는 다음과 같이 두 개의 관련된 이벤트가 있다.

$$FBP(d, f): \quad Floor \; Button(d, f) \; Pressed$$
$$EAF(1..n, f): levator \; 1 \; or \; ... \; or \; n \; Arrivers \; at \; Floor \; f \qquad (12.9)$$

1..n은 분리(disjunction)를 표현하고 있다. 이 절에서 P(a, 1..n, b)와 같은 표현은 다음과 같은 식으로 표현된다.

$$P(a, 1, b) \; or \; P(a, 2, b) \; or \; ... \; or \; P(a, n, b) \qquad (12.10)$$

이들의 이벤트와 상태들을 연결하는 상태 전이 규칙을 정의하기 위하여 술어가 다시 필요하다. 이 경우에 술어 S(d, e, f)는 다음과 같이 정의된다.

$$S(d, e, f): Elevator \; e \; is \; visiting \; floor \; f \; and \; the \; direction$$
$$in \; which \; it \; is \; about \; to \; move \; is \; either \; up(d=U), \; down \qquad (12.11)$$
$$(d=D), \; or \; no \; requests \; are \; pending(d=N)$$

이 술어는 실제로는 상태이다. 사실 이 형식은 이벤트와 상태 모두를 술어로 취급하는 것을 허용한다.

S(d, e, f)를 사용한 정형 전이 규칙은 다음과 같이 된다.

FBOFF(d, f) and FBP(d, f) and not S(d, 1..n, f) $\Rightarrow$
    FBON(d, f)
FBON(d, f) and EAF(1..n, f) and S(d, 1..n, f) $\Rightarrow$ (12.12)
    FBOFF(d, f), d = U or D

즉, 만약 방향 d 로 움직이는 f 층의 층 버튼이 꺼져 있고 또 버튼이 눌러지고 지금 f 층을 방문하기 위해 방향 d 로 움직이고 있는 엘리베이터가 하나도 없다면, 층 버튼에 불이 켜진다. 역으로 만약 버튼이 켜져 있고, 적어도 하나의 엘리베이터가 f 층에 도착해 있고, 그리고 엘리베이터가 방향 d 로 움직이게 되어 있다면, 버튼은 꺼질 것이다. S(d, 1..n, f)과 EAF(1..n, f)에 있는 1..n 표기법은 정의 (12.10)에서 정의하였다. 정의 (12.5)의 술어 V(e, f)는 다음과 같이 S(d, e, f)를 사용하여 정의될 수 있다.

$$V(e, f) = S(U, e, f) \text{ or } S(D, e, f) \text{ or } S(N, e, f) \qquad (12.13)$$

엘리베이터 버튼과 층 버튼의 상태를 정의하는 것은 간단하다. 이제 엘리베이터가 움직이면 혼란이 발생하게 된다. 엘리베이터의 상태는 실제로 여러 컴포넌트의 서브 상태(substate)들로 구성되어 있다. Kampen[1987]은 엘리베이터 속도 늦춤과 멈춤, 출입문 열림, 타이머 작동에 따른 출입문 열림, 타임아웃 후에 출입문 닫음 등과 같은 몇 가지를 식별하였다. 그는 엘리베이터 제어기(엘리베이터가 움직이는 방향을 결정하는 메커니즘)를 S(d, e, f)와 같은 상태로 초기화시키고, 제어기는 서브 상태를 사용하여 엘리베이터를 움직인다는 합리적인 가정을 했다. 이제 세 개의 엘리베이터 상태를 정의해보자. 이 중 하나인 S(d, e, f)는 정의 (12.11)에서 정의하였지만 완벽을 기하기 위해 여기에 포함시켰다.

M(d, e, f): Elevator e is Moving in direction d(floor f is next)
S(d, e, f): Elevator e is Stooping (d-bound) at floor f   (12.14)
W(e, f):   Elevator e is Waiting at floor f (door closed)

이들 상태는 그림 12.17에 있다. 세 개의 정지 상태 S(U, e, f), S(N, e, f), S(D, e, f)는 다이어그램을 단순화시키고 전체 상태의 수를 감소시키기 위해 하나의 큰 상태로 그룹화 되어 있음을 주목하라.

다음에는 상태 전이를 유발시킬 수 있는 이벤트가 있다. 즉 DC(e, f)는 f 층에서 엘리베이터 e 의 출입문이 닫힐 때, ST(e, f)는 엘리베이터에 있는 센서가 f 층에 가까워질 때 발생하고, 엘리베이터 제어기(controller)는 그 층에 엘리베이터를 멈출 것인지 여부를 결정하게 된다. 그리고 RL 은 엘리베이터 버튼 또는 층 버튼이 눌러지고 ON 상태가 되면 언제나 발생하는 이벤트이다.

그림 12.17 엘리베이터 문제 사례 연구에 대한 STD[Kampen, 1987]. (ⓒ 1987 IEEE)

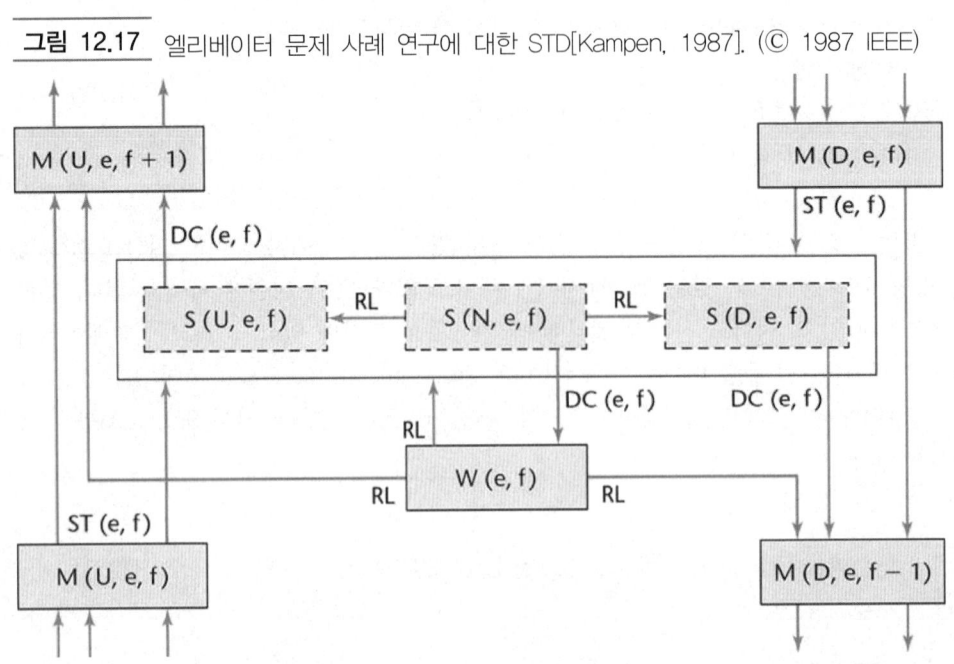

DC(e, f): <u>D</u>oor <u>C</u>losed for elevator e, at floor f
ST(e, f): <u>S</u>ensor <u>T</u>riggered as elevator e nears floor f   (12.15)
RL: <u>R</u>equest <u>L</u>ogged (button pressed)

이들 이벤트들은 그림 12.17에 나와 있다.

마지막으로 엘리베이터에 대한 상태 전이 규칙들이 있다. 이것은 그림 12.17로 추론할 수 있지만 일부 경우에는 추가된 술어가 필요하다. 보다 정확하게 표현하면 그림 12.17은 비결정론적(nondeterministic)이다. 다시 말하면 술어는 결정론적(deterministic) STD를 만드는 데 필요하다. 관심 있는 독자는 규칙들의 완전한 집합[Kampen, 1987]을 조사해보면 알 수 있다. 간략하게 하기 위해 여기에 제시된 하나의 규칙은 출입문이 닫힐 때 무슨 일이 발생하는 지를 명시한 것이다. 엘리베이터는 다음과 같이 현재 상태에 따라 위로, 아래로 움직일 수 있고, 또는 대기 상태가 된다.

$$S(U, e, f) \text{ and } DC(e, f) \Rightarrow M(U, e, f+1)$$
$$S(D, e, f) \text{ and } DC(e, f) \Rightarrow M(D, e, f-1) \qquad (12.16)$$
$$S(N, e, f) \text{ and } DC(e, f) \Rightarrow W(e, f)$$

첫 번째 규칙은 만약 엘리베이터 e가 상태 S(U, e, f)에 있음을 나타낸다. 즉, 엘리베이터가 f층에서 위로 올라가기 위해 멈춰져 있고 출입문은 닫혀져 있다. 이후 엘리베이터는 위층을 향해 올라갈 것이다. 두 번째와 세 번째 규칙은 아래로 내려가거나 아무런 요청이 없을 때의 엘리베이터에 해당된다.

이들 규칙들의 형식은 복잡한 프로덕트를 명시할 때 FSM의 능력을 보여주고 있다. 프로덕트가 무엇인가를 하기 위해 갖추어야 하는 복잡한 사전 조건들을 목록화 하기보다는 대신에 프로덕트가 무엇인가를 한 후에 갖추어야 하는 모든 조건들을 목록화해서 가지고 있다. 명세는 다음과 같은 단순한 형식을 취하고 있다.

current state and **event** and **predicate** $\Rightarrow$ **next state**

이러한 유형의 명세는 하위 문서를 작성하기 쉽고, 확인하기 쉽고, 또 설계와 코드로 변환하기도 쉽다. 사실 FSM 명세를 직접 소스 코드로 변환할 수 있는 CASE 툴을 구축하는 것도 쉬워졌다. 유지보수는 반복 수행하면 달성된다. 즉, 만약 새로운 상태 및/또는 이벤트가 필요하면 명세를 수정하고 새로운 명세들로부터 직접 프로덕트의 새 버전을 생성하면 된다.

FSM 접근법은 12.3.1절에 제시했던 Gane과 Sarsen의 그래픽 기법보다 훨씬 정확하다. 그러나 Gane과 Sarsen의 기법이 이해하기는 더 쉽다. 이 접근법은 대형 시스템의 경우에 (**state**, **event**, **predicate**) triple들의 수가 빠르게 증가하는 결점을 가지고 있다. 또한 Gane과 Sarsen의 기법처럼 시간적인 고려 사항들은 Kampen의 형식에서는 처리할 수 없다.

이러한 문제들은 FSM의 확장인 상태 차트(statechart)를 사용해서 해결할 수 있다[Harel et al., 1990]. 상태 차트는 매우 강력하며 CASE workbench, Rhapsody가 제공해준다. 이 접근법은 많은 대형 실시간 시스템에 성공적으로 사용되고 있다.

타이밍 이슈(timing issue)를 처리할 수 있는 또 다른 정형 기법이 Petri net이다.

12.8
Petri Net

SOFT WARE

컨커런트 시스템(concurrent system)을 명세화시키는 데 가장 큰 어려움은 타이밍에 대처하는 일이다. 이러한 어려움은 동기화 문제(synchronization problem), 인증 조건(race condition), 데드록(deadlock)과 같은 것은 많은 다른 방법에도 나타날 수 있다[Silberschatz, Galvin, Gagne, 2002]. 비록 타이밍 문제들이 빈약한 설계와 잘못된 구현의 결과로 발생하는 것은 사실이지만, 이러한 설계와 구현은 주로 빈약한 명세들 때문에 생긴다. 만약 명세들이 적합하게 작성되지 않았다면, 그것에 대응되는 설계와 구현도 부적절해서 위험도 커진다. 타이밍 문제들이 잠재되어 있는 시스템을 명세화 하는 강력한 기법이 바로 Petri net이다. 이 기법의 이점은 설계 시에 유용하게 사용된다는 사실이다.

Petri net은 Garl Adam Petri가 창안했다[Petri, 1962]. 오토마타(automata) 이론가들만 관심을 가졌던 petri net 툴에서 성능 평가, 운영체제, 소프트웨어 공학 등의 컴퓨터 과학 분야에서 폭 넓게 적용될 수 있는 것이 발견되었다. 특히 Petri net들은 컨커런트 상호 연관된 활동들을 명시하는데 유용한 것이 증명되었다. 명세용 Petri net이 어떻게 사용되는지를 보여주기 전에 Petri net과 친숙하지 않은 독자들을 위해 먼저 간단하게 소개한다.

그림 12.18

Petri net

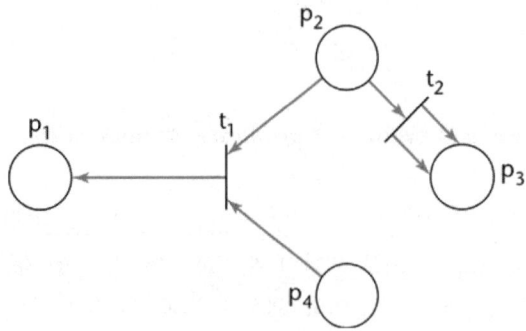

Petri net은 네 개의 부분으로 구성되어 있다. 즉 장소(place)의 집합 P, 전이(transition)의 집합 T, 입력 함수 I, 그리고 출력 함수 O로 구성되었다. 그림 12.18에 있는 Petri net을 고려해보자.

장소의 집합 P는 $\{p_1, p_2, p_3, p_4\}$이다.
전이의 집합 T는 $\{t_1, t_2\}$이다.

두 개의 전이에 대한 입력 함수는 다음과 같이 장소에서 전이로 가는 화살표로 표현된다.

$I(t_1) = \{p_2, p_4\}$
$I(t_2) = \{p_2\}$

두 개의 전이에 대한 출력 함수는 전이에서 장소로 가는 화살표로 표현된다.

$O(t_1) = \{p_1\}$
$O(t_2) = \{p_3, p_3\}$

p_3가 중복됨을 주목하라. t_2에서 p_3로 가는 화살표가 두 개 있다.

보다 수학적으로 [Peterson, 1981]을 보면 Petri net의 구조는 4-tuple 인 C=(P, T, I, O)이다. 여기서 P, T, I, O는 다음과 같은 의미를 갖는다.

P = $\{p_1, p_2, ..., p_n\}$는 **장소**(place)의 유한 집합, $n \geq 0$
T = $\{t_1, t_2, ..., t_m\}$는 **전이**의 유한 집합, $m \geq 0$, P와 T는 disjoint
I : $T \rightarrow P^\infty$는 전이에서 장소의 백(bag)으로 매핑 되는 **입력**(input) 함수.
O : $T \rightarrow P^\infty$는 전이에서 장소의 백으로 매핑 되는 **출력**(output) 함수(bag 또는 multiset은 한 원소의 다중 인스턴스를 허용하는 집합에 대한 일반적인 표현임.)

Petri net의 **마킹**(marking)은 Petri net에 **토큰**(token)을 할당하는 것이다. 그림 12.19에는 네 개의 토큰이 있다. 즉, p_1에 하나, p_2에 둘, p_3에는 없고, p_4에 한 개가 있다. 마킹은 벡터(1, 2, 0, 1)로 표현된다. p_2와 p_4안에 토큰이 있기 때문에 전이 t_1이 가능하다(즉, 시작할 준비가 되어 있음). 일

그림 12.19

마킹된 Patri net

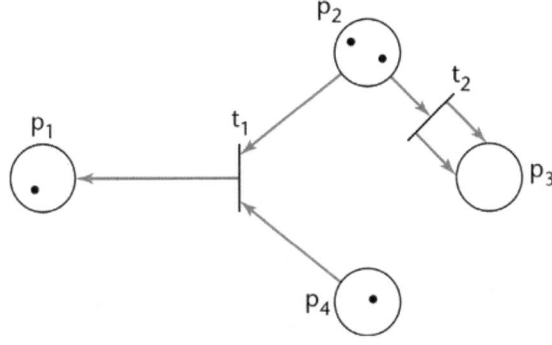

그림 12.20

전이 T₁이 일어난
후 그림 12.19의
Petri net

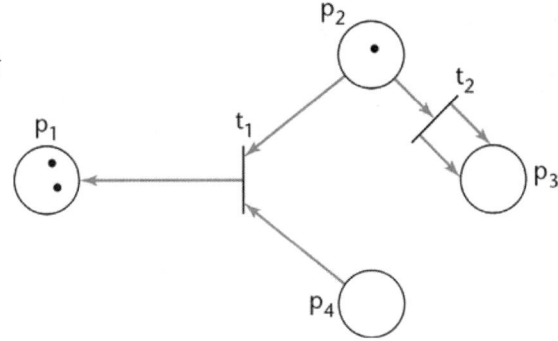

반적으로 전이는 그 입력 장소 각각에 많은 토큰들이 있고, 장소에서 전이로 가는 화살표가 있을 때 가능하다. 만약 전이 t_1이 발생했다면, p_2와 p_4로부터 각각 하나의 토큰이 제거될 것이고, 새로운 토큰 하나가 p_1에 생기게 된다. 토큰의 수는 유지되지 않는다. 즉 두 개의 토큰이 제거되지만 p_1에는 새로운 토큰 하나만 생긴다. 그림 10.17에서 보면, p_2에 토큰이 있기 때문에 전이 t_2 또한 가능하다. 전이 t_2가 일어나면, p_2에서 하나의 토큰이 제거되고 두 개의 새로운 토큰이 p_3에 생기게 된다.

Petri net은 비결정론적(nondeterministic)이다. 즉, 만약 하나 이상의 전이가 발생한다면 그 들 중 하나만이 될 것이다. 그림 12.19는 마킹 (1, 2, 0, 1)을 갖는다. 그래서 t_1, t_2 둘 다 가능하다. 전이 t_1이 일어났다고 가정하자. 이에 따른 마킹 (2, 1, 0, 0)이 그림 12.20에 나와 있다. 여기서는 단지 t_2 만이 가능하다. 전이 t_2가 발생했다면, p_2에서 가능한 토큰이 제거되고, 두 개의 새로운 토큰이 p_3에 생기게 된다. 그림 12.21에서 보여준 것처럼 마킹은 이제 (2, 0, 2, 0)이 된다.

[Peterson, 1981]을 보면, Petri net C = (P, T, I, O)의 마킹 M은 다음과 같이 장소 P의 집합에서 음이 아닌 정수의 집합으로 가는 함수이다.

M: P → {0, 1, 2, ...}

마킹이 된 Petri net은 5-tuple(P, T, I, O, M)이 된다.

그림 12.21

전이 t₂가 일어난
후 그림 12.20의
Petri net

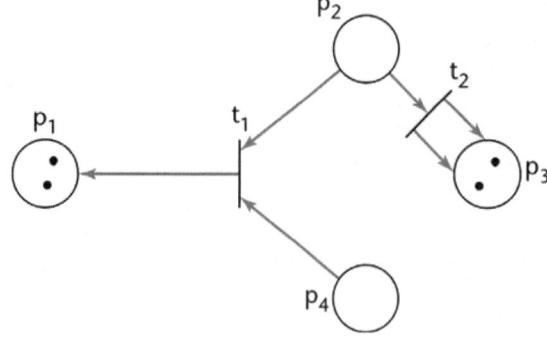

그림 12.22

억제 아크를 갖는
Petri net

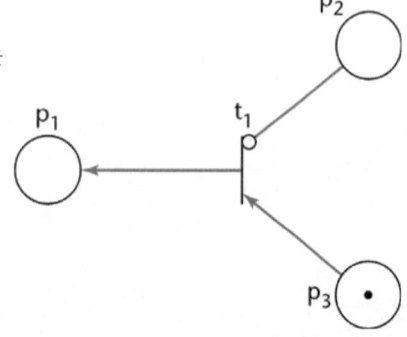

Petri net의 중요한 확장은 억제 아크(inhibitor arc)이다. 그림 12.22를 참조하면 억제 아크는 화살촉보다 작은 원으로 표시된다. p_2에는 토큰이 없지만 p_3에 토큰이 있기 때문에 전이 t_1이 가능하다. 일반적으로 만약 전이로의 정상적인 입력 아크 각각에 적어도 하나의 토큰이 있고, 억제 입력 아크에 토큰이 하나도 없다면, 전이가 일어난다. 이 확장 안은 12.7.1절에서 제시했던 엘리베이터 문제의 Petri net 명세에 사용될 수 있다[Guha, Lang, Bassiouni, 1987].

12.8.1 Petri Net: Elevator Problem Case Study

n 엘리베이터 시스템이 m 층인 빌딩에 설치되어 있는 것을 다시 생각해보자. 이 Petri net 명세에서 빌딩 내의 각 층은 Petri net에서 장소 F_f, $1 \leq f \leq m$으로 표현된다. 엘리베이터는 토큰으로 표현되고, F_f 에 있는 토큰은 엘리베이터가 f 층에 있음을 나타낸다.

첫 번째 제약

각 엘리베이터는 각 층에 하나씩 m개의 버튼들의 집합을 가지고 있다. 버튼이 눌려지면 불이 들어오고, 엘리베이터가 해당 층을 방문하도록 한다. 해당 층에 엘리베이터가 방문했을 때 불이 꺼지게 된다.

이것을 명세로 통합시키기 위해서 추가 장소가 필요하다. f층에 대한 엘리베이터 버튼은 장소 EB_f, $1 \leq f \leq m$으로 Petri net에 표현된다. 보다 정확하게 표현하면 n 엘리베이터가 있기 때문에 장소는 $EB_{f, e}$, $1 \leq f \leq m$, $1 \leq e \leq n$로 표기해야 한다. 그러나 표기의 단순화를 위해 엘리베이터를 표현하는 첨자 e 는 사용하지 않는다. EB_f에 있는 토큰은 f 층에 있는 엘리베이터 버튼이

그림 12.23 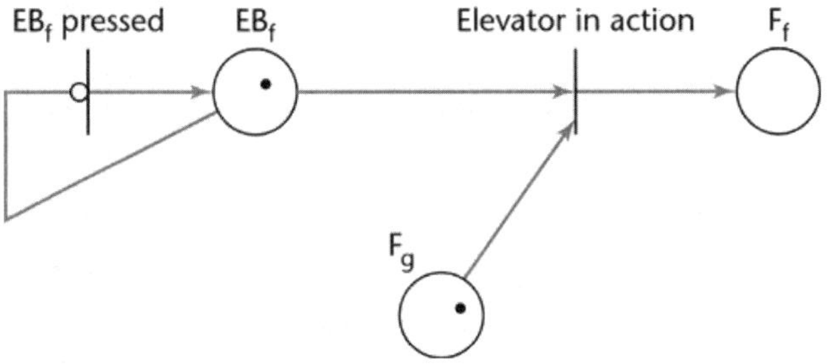
엘리베이터
버튼의 Petri net
표현[Guha, Lang
그리고 Bassiouni,
1987].
(© 1987 IEEE)

눌려졌음을 표기한다. 버튼은 버튼이 눌려진 첫 번째에 불이 들어와야 하고 계속적으로 버튼을 누르는 것은 무시되어야 하기 때문에 Petri net을 사용하여 그림 12.23에서처럼 명시할 수 있다. 먼저 버튼 EB_f 에 불이 들어와 있지 않다고 가정하자. 따라서 장소에는 토큰이 없게 되고, 그리고 억제 아크의 존재 때문에 전이 EB_f pressed가 가능하다. 이제 버튼이 눌려졌다. 전이가 끝나고 새로운 토큰이 그림 12.23에 보여진 것처럼 EB_f 내에 있게 된다. 이제 버튼이 눌려진 횟수에 상관없이 억제 아크의 조합과 토큰의 존재는 전이 EB_f pressed가 불가능함을 의미한다. 그러므로 장소 EB_f 에는 하나 이상의 토큰이 있을 수 없다.

더욱이 엘리베이터가 g 층에서 f 층으로 이동 중이라고 가정하자. 엘리베이터가 g층에 있기 때문에 토큰은 그림 12.23에서 보여준 것처럼 장소 F_g에 있다. 전이 Elevator in action이 가능하며 발생하게 된다. EB_f 와 F_g에 있는 토큰들이 제거되고, 이것 때문에 버튼 EB_f 에 불이 꺼지게 되고, 새로운 토큰이 F_f 에 생기게 된다. 이러한 전이가 일어나면서 엘리베이터가 g 층에서 f 층으로 이동하게 된다.

g 층에서 f 층으로의 이러한 이동은 순간적으로 이루어질 수는 없다. 버튼이 눌려짐과 동시에 버튼에 불이 들어오는 것이 물리적으로 불가능하다는 사실과 같이, 이것과 그리고 유사한 이슈를 다루기 위해 타이밍이 Petri net 모델에 추가되어야 한다. 즉, 고전적인 Petri net 이론에서 전이들은 동시에 일어난다. 엘리베이터 문제와 같은 실제 상황에서 시간이 첨부된 Petri net [Coolahan and Roussopoulos, 1983]은 필요한 전이와 연관되기 위해 타이밍이 필요하다.

두 번째 제약

1층과 최상층을 제외한 각 층은 엘리베이터의 상승을 요청하는 버튼과 하강을 요청하는 버튼 두 개를 가지고 있다. 이들 버튼들은 눌려지면 불이 들어온다. 엘리베이터가 그 층을 방문하고 원하는 방향으로 움직일 때 버튼에 불이 꺼지게 된다.

층 버튼들은 각각 엘리베이터의 상승과 하강을 요청하는 버튼을 나타내는 장소 FB_f^u 와 FB_f^d 로 표현된다. 더욱 자세히 설명하면 1층은 버튼 FB_1^u, m 층은 버튼 FB_m^d, 그리고 중간층은 각각 두 개의 버튼 FB_f^u와 FB_f^d, $1 < f < m$을 갖는다. 하나 또는 두 개의 버튼들에 불이 켜지면서 엘리베이터가 g 층에서 f 층에 도착하는 상황이 그림 12.24에 나타나 있다. 사실 이 그림은 보다 구체적으로 정제될 필요가 있다. 왜냐하면 만약 버튼이 둘 다 켜져 있다면, 한 버튼은 비결정론적 기반으로 꺼져야 한다. 해당 버튼이 꺼졌는지를 확인하기 위해서는 여기서 제시하기에는 너무나 복잡한 Petri net 모델을 요구하기 때문에 표현할 수가 없다. 예로 [Ghezzi and Mandrioli, 1987]을 보면 알 수 있다.

그림 12.24

층 버튼의 Petri
net 표현[Guha,
Lang Bassiouni,
1987].
(© 1987 IEEE)

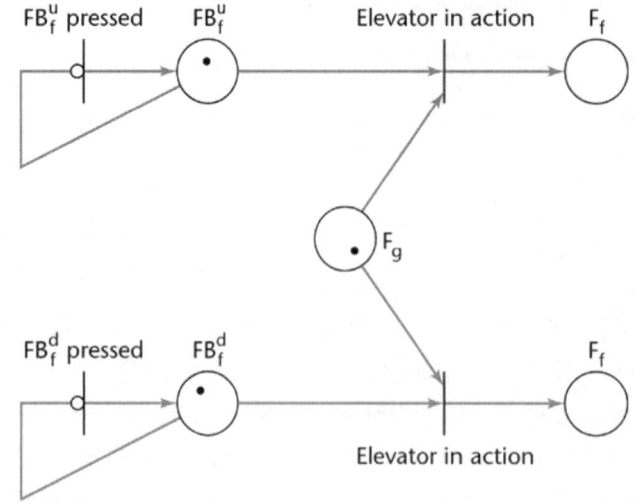

세 번째 제약

엘리베이터가 아무런 요청도 받지 않았을 때는 현재 위치한 층에서 출입문이 닫힌 상태에서 대기하고 있다.

이것은 쉽게 달성될 수 있다. 만약 요청이 없다면 Elevator in action 전이는 가능하지 않게 된다.

Petri net은 명세들을 표현하는 데 사용될 뿐만 아니라 설계 시에도 많이 사용된다[Guha, Lang, and Bassiouni, 1987]. 프로덕트 개발의 이 단계에서조차도 Petri net이 컨커런트 시스템들의 동기화 측면을 기술하는 데 필요한 강력한 능력을 갖고 있는 것은 분명하다.

12.9
Z

가장 널리 사용되고 있는 정형 명세 언어(formal specification language)가 Z이다[Spivey, 2001](Z란 이름의 정확한 발음은 '알고 싶은 사항 12.2' 참조). Z를 사용하기 위해서는 집합론, 함수, 그리고 1차 로직을 포함하는 이산 수학에 대한 지식이 필요하다. 필요한 배경 지식(여기에는 컴퓨터 사이언스의 주요 내용이 포함됨)을 가지고 있는 사용자조차도, ∃, ⊃ 그리고 ⟹와 같이 많이 사용하는 집합 기호와 논리 기호 이외에 ⊕, ◁, ⊢, ⤚과 같은 자주 사용하지 않는 특수 기호들을 많이 사용하기 때문에 초기에는 Z를 배우기가 어렵다.

Z가 프로덕트를 명시하는 데 어떻게 사용되는지를 관찰하기 위해 12.7.1절에 있는 엘리베이터 문제를 다시 고려해보자.

알고 싶은 사항 12.2 Just in Case You wanted to Know

Z란 이름은 저명한 집합론 이론가인 Ernst Friedrich Ferdinand Zermelo(1871–1953)를 기리기 위해 창시자인 Jean–Raymond Abrial가 그의 정형 명세 언어에 Z란 이름을 부여했다. 왜냐하면 Z가 Oxford 대학에서 개발되었기 때문에[Abrial, 1980] Z란 이름은 아마도 알파벳의 26번째 문자에 대한 영국식 발음임 'zed'라 발음되었을 것이다.

그러나 최근에 시작 단계에서 인정 단계로 넘어가면서 독일 수학자들이 Z라 명명했으며, 독일식 발음인 'tzet'로 발음되었다. 친불파(francophiles)와 프랑스어권 사람(francophones)들은 Abrial이 프랑스인임을 지적하며, 문자 Z를 프랑스에서 'zed'라고 발음하였다.

전적으로 인정받지 못한 하나의 발음은 미국 스타일인 'zee'였다. 그 이유는 Z('zee'라 발음)가 미국 4세대 언어의 이름이었기 때문이었다(14.2절 참조). 그러나 우리는 알파벳의 한 문자로 특성 짓지는 않았다. 더욱이 우리는 Z라는 문자를 우리가 원하는 방법으로 자유롭게 발음 한다. 어찌되었든 프로그래밍 언어론에서는 'zee'란 발음을 4GL로 간주하지 정형 명세 언어로 간주하지는 않는다.

12.9.1 Z: The Elevator Problem Case Study

단순한 형식으로 설명하면 Z 명세는 다음과 같이 네 개의 절로 구성된다.

1. 주어진 집합(given set), 데이터 타입(data type), 상수(constant)들
2. 상태 정의(state definition)
3. 초기 상태(initial state)
4. 오퍼레이션(operation)들

이들은 각 절에 순서대로 설명된다.

1. 주어진 집합
Z 명세는 **주어진 집합**(given set)들의 목록을 가지고 시작한다. 즉, 집합은 상세하게 정의할 필요가 없다. 이러한 집합들의 이름은 괄호(bracket) 안에 나타낸다. 엘리베이터 문제에서 주어진 집합은 Button이라고 부르고, 모든 버튼들의 집합이다. Z 명세는 이것에 의해 시작된다.

[Button]

2. 상태 정의
Z 명세는 많은 **스키마타**(schemata)(이 단어는 schema의 복수임)로 구성된다. 각 스키마(schema)는 변수들의 가능한 값들을 제한하는 술어들의 목록과 변수 선언들의 그룹으로 구성된다. 스키마 S의 형식은 그림 12.25에서 보여준다.

엘리베이터 문제 사례 연구에는 Button의 네 개의 부분 집합들이 있다. 즉, 층 버튼, 엘리베이터 버튼, buttons(엘리베이터 문제 사례 연구에 있는 모든 버튼들의 집합), 그리고 pushed(눌려

그림 12.25

Z 스키마 *S*의
포맷

```
┌─────── S ──────────────────────
│ declarations
├─────────────────────────────────
│ predicates
└─────────────────────────────────
```

그림 12.26

Z 스키마
Button_State

```
┌─────── Button_State ──────────────────
│ floor_buttons, elevator_buttons : P Button
│ buttons                         : P Button
│ pushed                          : P Button
├────────────────────────────────────────
│ floor_buttons ∩ elevator_buttons = ∅
│ floor_buttons ∪ elevator_buttons = buttons
└────────────────────────────────────────
```

진 (그리고 그것에 의해 불이 켜진) 적이 있는 버튼들의 집합)이다. 그림 12.26은 상태 정의(state definition)인 스키마 Button_State를 묘사하고 있다. 기호 **P**는 멱집합(주어진 집합의 모든 부분집합의 집합)를 나타낸다. 제약, 즉, 수평선 아래에 있는 문장들은 floor_buttons와 elevator_ button의 집합이 디스조인트(disjoint)들을 나타내고, 그리고 그들이 함께 buttons의 집합을 구성되는 것을 나타낸다(집합 floor_buttons와 elevator_buttons에 의해 무슨 일이 일어나는지를 알 필요는 없다. 이들이 그림 12.26에 포함되어 있는 것은 단지 Z의 멱(power)을 보여주기 위한 것이다).

3. 초기 상태

추상 초기 상태(abstract initial state)는 시스템이 처음 켜진 상태를 서술한다. 엘리베이터 문제 사례연구에 대한 추상 초기 상태는 다음과 같다.

$$Button\_init \triangleq [Button\_State' \mid pushed' = \Phi]$$

이 상태는 그림 12.26과 같은 수평 스키마 정의(horizontal schema definition)와는 반대인 수직 스카마 정의(vertical schema definition)를 보여준다. 수직 스카마는 엘리베이터 시스템이 처음 켜졌을 때 집합 pushed가 초기에는 공집합, 즉, 모든 버튼이 꺼져 있음을 나타낸다.

4. 오퍼레이션

만약 버튼이 첫 번째 눌려지면, 그 버튼이 켜질 것이다. 버튼은 집합 pushed에 추가된다. 이것은 Push_Button 오퍼레이션이 정의되어 있는 그림 12.27의 스키마에 묘사되어 있다. 스키마의 첫째 줄에 있는 △는 이 오퍼레이션이 Button_State의 상태를 변경시킨다는 표시이다. 오퍼레이션은 하나의 입력 변수 button?을 가지고 있다. 다양한 다른 언어(CSP [Hoare, 1985])들에서처럼 물음표 ?는 입력 변수를 나타내고, 느낌표 !는 출력 변수를 나타낸다.

오퍼레이션(operation)의 술어 부분은 오퍼레이션이 일어나기 전에 충족되어야 하는 사전 조건(precondition)들과 오퍼레이션이 복잡한 실행을 한 후 충족되어야 하는 사후 조건(postcondition)들의 그룹으로 구성된다. 사전 조건들이 충족된다는 조건 하에서 사후 조건들이 복잡한 실행 후에 충족될 것이다. 그러나 만약 오퍼레이션이 사전 조건들의 충족 없이 일어나면, 불만족스러운(그리고 예측할 수 없는) 결과들이 발생하게 된다.

그림 12.27

오퍼레이션
Push_Button의
Z 명세

```
┌─────── Push_Button ────────────────────────────
  ΔButton_State
  button?: Button
├─────────────────────────────────────────────────
  (button? ∈ buttons) ∧
  (((button? ∉ pushed) ∧ (pushed' = pushed ∪ {button?})) ∨
  ((button? ∈ pushed) ∧ (pushed' = pushed)))
```

그림 12.28

오퍼레이션
Floor_Arrival의
Z 명세

```
┌─────── Floor_Arrival ──────────────────────────
  ΔButton_State
  button?: Button
├─────────────────────────────────────────────────
  (button? ∈ buttons) ∧
  (((button? ∈ pushed) ∧ (pushed' = pushed \ {button?})) ∨
  ((button? ∉ pushed) ∧ (pushed' = pushed)))
```

그림 12.27의 첫 번째 사전 조건은 button?가 엘리베이터 시스템에 있는 모든 버튼들의 집합인 button의 멤버이어야 한다. 만약 두 번째 사전 조건 button? ∉ pushed가 충족된다면(즉, 버튼이 꺼져 있다면), pushed 버튼들의 집합은 button?을 포함하기 위해 갱신된다. Z에서 변수의 새로운 값은 프라임(')으로 표기한다. Push_Button 오퍼레이션이 수행된 후의 사후조건은 button?이 pushed 집합에 추가되어야 한다. 버튼이 명백하게 켜져 있을 필요는 없다. button?이 이제 pushed의 원소인 것만으로 충분하다.

다른 가능성은 이미 눌려져 있는 버튼이 다시 눌려지는 경우이다.[1) button? ∈ pushed이기 때문에 세 번째 사전 조건이 있지만 요구했던 것처럼 아무 일도 일어나지 않는다. 이것은 문장 pushed' = pushed로 나타낸다. pushed의 새로운 상태는 예전 상태와 같다.

이제 엘리베이터가 층에 도착했다고 가정하자. 만약 해당 층 버튼이 켜져 있다면 그 버튼이 꺼져야만 하고, 유사하게 해당 엘리베이터의 버튼도 꺼져야 한다. 즉, 만약 button?이 pushed의 원소이면 그림 12.28에 보여준 것처럼 집합에서 제거되어야 한다(기호 \ 는 차집합(set difference)를 의미함). 그러나 만약 버튼이 켜져 있지 않다면 집합 pushed는 변경되지 않는다.

이 절에서 제시한 해결방안은 up과 down 층 버튼을 구별하지 않고 매우 단순화한 것이다. 그럼에도 불구하고 이것은 Z가 엘리베이터 문제 사례 연구에서 버튼의 행위를 기술하는 데 어떻게 사용되는지를 잘 나타내주고 있다.

12.9.2 Z의 분석

Z는 CASE 툴 [Hall, 1990], 실시간 커널(real-time kernel) [Spivey, 1990], 오실로스코프(oscilloscope) [Delisle and Garlan, 1990]를 포함해 다양한 많은 프로젝트에서 성공적으로 사용되고 있다. Z는 또한 IBM 트랜잭션-프로세싱 시스템인 CICS의 많은 부분을 명세화 하는 데 사용되었다[Nix and Collins, 1988].

---

1) 세 번째 사전 조건이 없다면, 만약 명세는 이미 눌러진 버튼이 다시 눌러진다면 어떤 상태도 없다. 그 결과는 명시되지 않는다.

이러한 성공들은 엘리베이터 문제 사례 연구의 단순한 버전에서도 알 수 있듯이 Z가 사용하기가 쉽지 않다는 명백한 사실에서 볼 때 다소 놀랄만한 사실이다. 첫 번째 문제는 표기법에서 발생한다. 새로운 사용자는 Z 명세를 읽기 전에, 쓰는 것은 말할 것도 없이, 기호들의 집합과 그 의미를 배워야 한다. 두 번째 문제는 모든 소프트웨어 엔지니어가 반드시 Z를 사용하기 위해 수학에 대해 요구된 교육 훈련을 받아야 하는 것은 아니다(거의 모든 컴퓨터 사이언스 프로그램의 최근 졸업생들은 Z를 사용할 수 있는 충분한 수학적 지식을 알고 있거나 혹은 많은 어려움 없이 그들이 필요로 하는 지식을 배울 수 있다).

Z는 아마도 이러한 유형의 정형 명세 언어 중 가장 널리 사용되고 있는 언어이다. 왜 그런지, 왜 Z가 특히 대형 프로젝트에서 성공적인지?에 대한 많은 이유는 다음에 제시되어 있다.

- Z로 작성된 명세들에서는 결함들을 발견하기가 쉽다. 특히 명세들 그 자체에 대한 인스펙션과 정형 명세들에 대한 설계들 또는 코드의 인스펙션 동안에 결함들을 발견하기가 쉽다는 사실이 발견 되었다[Nix and Collins, 1988; Hall, 1990].
- Z 명세들을 작성하기 위해서는 명시자(specifier)에게 극도의 정확성을 요구한다. 이러한 정확성에 대한 필요 때문에 비정형 명세들이 갖고 있는 것보다 모호함, 모순, 그리고 생략들이 훨씬 적게 나타난다.
- 정형 언어로서 Z는 필요시 개발자들에게 명세들이 정확하다는 것을 증명해줄 수 있다. 따라서 비록 일부 조직들은 Z의 정확성 증명을 거의 하지 않지만 CICS의 기억 장치 매니저와 같은 이러한 실용적인 명세들임에도 불구하고 이러한 증명을 수행한다[Woodcock, 1989].
- 단지 고등학교 수학 수준을 갖고 있는 소프트웨어 전문가들에게도 비교적 짧은 기간 내에 Z 명세들의 작성을 가르칠 수 있다고 제안하고 있다 [Hall, 1990]. 이러한 사람들이 작성한 명세들이 정확한지를 명확히 증명할 수는 없지만, 정형 명세들이 항상 정확함이 증명될 필요는 없다.
- Z의 사용은 소프트웨어 개발비용을 감소시켜 준다. 비정형 기법들을 사용할 때보다 명세들 그 자체가 보다 많은 시간을 소요되지만, 복잡한 개발 과정에서 전체적인 시간을 감소시킨다는 것은 의심할 여지가 없다.
- 클라이언트가 Z로 작성된 명세들을 이해할 수 없는 문제는 자연어로 작성된 명세들의 재작성을 포함한 다양한 방법들로 해결할 수 있다. 이렇게 나온 자연어 명세들은 처음에 구성된 비정형 명세들보다 훨씬 명백하다는 것을 알 수 있다(이것은 12.2.1절에 서술된 Naur's의 문자-처리 문제에 대한 Meyer가 그의 정형 명세를 영문으로 의역한 경험에 의한 것이다).

반대되는 주장이 있음에도 불구하고, 결론은 Z가 많은 대형 프로젝트를 수행하는 소프트웨어 업체들에서 성공적으로 사용되고 있다. 비록 명세들의 거의 대다수가 Z보다 매우 덜 정형적인 언어로 작성되는 것은 사실이지만, 정형 명세들의 사용에 대한 세계적인 추세는 증가하고 있다. 이러한 정형 명세들은 전통적으로 유럽에서 많이 사용되고 있다. 그러나 미국의 많은 회사들도 한 종류 또는 여러 종류의 정형 명세들을 도입하고 있다. Z와 이와 유사한 언어의 사용이 향후 어느 정도로 증가될지는 두고 볼 일이다.

12.10
다른 정형 기법

SOFTWARE

많은 다른 정형 기법이 제안되고 있다. 이러한 기법들은 다양하다. 예를 들면 Anna [Luckham and von Henke, 1985]는 Ada용 정형 명세 언어이다. 어떤 정형 기법들은 Gist처럼 지식-기반이다 [Balzer, 1985]. Gist는 우리가 생각하는 방법과 가깝게 사용자가 프로세스를 서술할 수 있게 설계되었다. 이것은 자연어들에서 사용된 구조(construct)들을 정형화시키면 얻을 수 있다. 실제로 Gist 명세들은 대부분의 다른 정형 명세들처럼 읽기가 어려우며 의역자가 Gist를 영문으로 구현하는 것은 더 어렵다.

VDM(Vienna definition method)[Jones, 1986b]은 표기의 의미론(denotational semantic)에 기초한 기법이다 [Gordon, 1979]. VDM은 명세들뿐만 아니라 설계와 구현에도 적용될 수 있다. VDM은 많은 프로젝트에서 성공적으로 사용되고 있으며 특히 DDC Ada Compiler System의 Dansk Datamatik Center 개발에서 성공적이었다[Oest, 1986].

명세들을 살펴보는 또 다른 방법은 이벤트의 순서로 명세를 보는 것이다. 여기서 이벤트는 단순한 액션이나 시스템의 내·외부로 자료를 전송하는 통신이다. 예를 들면 엘리베이터 문제 사례 연구에서 하나의 이벤트는 엘리베이터 e에 있는 f층을 나타내는 엘리베이터 버튼을 누르는 것이 되고 그 결과로 버튼에 불이 켜진다. 또 다른 이벤트는 엘리베이터 e가 f층을 향해 아래로 내려가는 것이고, 그 결과로 해당 층 버튼의 불이 꺼진다. Hoare가 창안한 언어 CSP(Communicating Sequential Processes)는 이러한 이벤트에 의해 시스템의 행위를 서술하려는 생각에 기초한 것이다 [Hoare, 1985]. CSP에서 프로세스는 이벤트의 순서로 서술되며, 그 환경에 영향을 받는다. 프로세스는 서로 메시지를 보내서 통신한다. CSP는 프로세스가 직렬적, 병렬적, 또는 중간에 삽입되는 비결정론적과 같이 다양한 방법으로 결합될 수 있게 해준다.

CSP의 강력함은 CSP 명세들이 실행 가능하다는 사실에 기인하며[Delisle and Schwartz, 1987], 그 결과로 내부적인 일관성을 점검할 수 있다. 이외에도 CSP는 타당성을 보존하는 단계별 순서에 의해 명세들에서 설계로 구현으로 갈 수 있는 프레임워크를 제공해준다. 다른 말로 만약 명세들이 정확하고 변환이 정확하게 수행된다면 설계와 구현도 정확해진다. 설계에서 구현으로 가는 것은 만약 구현 언어가 Ada라면 더 쉬워진다.

그러나 CSP 또한 약점을 갖고 있다. 실제로 Z처럼 이것도 배우기가 쉬운 언어는 아니다. 이 책에 있는 엘리베이터 문제 사례 연구에 대한 CSP 명세들을 포함시키려는 시도가 있었다 [Schwartz and Delisle, 1987]. 그러나 필수적인 준비 자료의 양과 각 CSP 문장을 정확하게 서술하는 데 필요한 설명의 구체적인 수준이 단순히 정형 명세들의 하나로 이 책에 포함시키기에는 너무나 방대해서 생략시켰다. 명세 언어의 강력함과 사용 난이도의 수준 간에 관계는 12.11절에서 확대시켜 설명한다.

12.11

고전적 분석 기법들 비교

이 장의 주요 교훈은 모든 개발 조직이 어떤 형태의 명세 언어가 개발할 프로덕트에 적합한지를 결정하는 것이다. 비정형 기법은 배우기는 쉽지만, 반정형 또는 정형 기법처럼 강력함을 갖고 있지는 않다. 역으로 각 정형 기법들은 실행 가능성, 정확성 증명, 또는 일련의 정확성-보존 (correctness-preserving) 단계를 통해 설계와 구현으로의 변환성 등 다양한 특성들을 지원해준다. 비록 기법들이 더욱 정형화 될수록 그 강력함 또한 더 커지는 것이 일반적인 사실이지만, 정형 기법들을 배우고 사용하기가 어려워지는 것 또한 사실이다. 또한 정형 명세는 클라이언트를 이해시키기가 어렵다. 다르게 말하면 사용의 용이함과 명세 언어의 강력함 사이에는 상관 관계가 있다.

어떤 상황에서는 명세 언어의 유형을 선택하기가 쉽다. 예를 들면 만약 개발 팀 멤버들의 대다수가 컴퓨터 사이언스에 대한 어떤 교육도 받지 않았다면, 비정형 또는 반정형 기법이 아닌 다른 어떤 것을 사용한다는 것은 실제로 불가능하다. 역으로 실시간 시스템이 연구 실험실에 구축되어야 한다면, 정형 명세의 강력함이 거의 확실하게 요구된다.

추가 혼동 요인은 많은 새로운 정형 기법들이 실제 조건에서 테스트되지 않았다는 것이다. 이러한 기법의 사용은 중대한 위험이 수반된다. 즉 비용의 총계에는 개발 팀의 관련 멤버를 교육하는 비용도 필요할 것이고, 더 많은 비용이 팀이 교실에서 언어를 사용하는 것에서부터 실제 프로젝트에서 그것을 사용할 수 있게 하는 데 소요될 것이다. SREM[Scheffer, Stone, Rzepka, 1985]에서 발생했던 것처럼, 언어의 지원 소프트웨어 툴들이 적절하게 작동하지 않아서 추가 비용과 시간 편차가 흔히 발생한다. 그러나 만약 모든 것이 수행되고, 그리고 만약 소프트웨어 프로젝트 관리 계획이 새로운 기술을 처음으로 실제 프로젝트에 사용될 때 필요한 추가 시간과 비용을 참조할 수 있다면 큰 이익들을 얻는 것이 가능하다.

무슨 분석 기법이 특정 프로젝트에서 사용해야 되는가? 이것은 프로젝트, 개발 팀, 관리팀, 그리고 특정 방법이 사용되기를(또는 사용되지 않기를) 강요하는 클라이언트와 같은 무수히 많은 다른 인자들에 따라 결정된다. 소프트웨어 공학의 많은 다른 측면에서처럼 상관관계가 있다. 불행하게도 무슨 분석 기법이 사용되어야 하는지를 결정하는 단순한 규칙은 없다.

그림 12.29에는 이 절의 아이디어들이 요약되어 있다.

12.12

고전적 분석 동안 테스팅

고전적 분석 동안에 제안된 프로덕트의 기능성은 명세문서에 정밀하게 표현되어야 한다. 그러나 명세문서가 정확한지를 검증하는 것이 꼭 필요하다. 이것을 수행하는 한 방법이 명세문서의 워크

그림 12.29 이 장에 논의된 고전적 분석 방법의 요약과 서술된 절들이 기재되어 있다.

Classical Analysis Method	Category	Strengths	Weaknesses
Natural language (Section 12.2)	Informal	Easy to learn Easy to use Easy for the client to understand	Imprecise Specifications can be ambiguous, contradictory, or incomplete
Entity-relationship modeling (Section 12.6) PSL/PSA (Section 12.5) SADT (Section 12.5) SREM (Section 12.5) Structured systems analysis (Section 12.3)	Semiformal	Can be understood by the client More precise than informal techniques	Not as precise as formal techniques Generally cannot handle timing
Anna (Section 12.10) CSP (Section 12.10) Extended finite state machines (Section 12.7) Gist (Section 12.10) Petri nets (Section 12.8) VDM (Section 12.10) Z (Section 12.9)	Formal	Extremely precise Can reduce analysis faults Can reduce development cost and effort Can support correctness proving	Hard for the development team to learn Hard to use Almost impossible for most clients to understand

스루(walkthrough)를 통해 수행된다(6.2.1절).

명세문서에서 결함들을 발견하는 보다 강력한 메커니즘은 인스펙션(inspection)이다(6.2.3절). 인스펙터(inspector)들의 팀은 체크리스트를 통해 명세들을 검토한다. 명세 인스펙션 체크리스트의 대표적인 항목들은 다음 사항들을 포함하고 있다. 요구되는 하드웨어 자원이 명시되어 있는가? 승인 평가기준이 명시되어 있는가?

인스펙션들은 설계와 코드에 대한 테스팅의 문맥에서 Fagan[1976]이 처음으로 제안했다. Fagan의 연구는 6.2.3절에 구체적으로 설명되었다. 그러나 인스펙션은 또한 명세의 테스팅에서도 유용하게 사용되는 것이 증명되었다. 예를 들면 Doolan은 FORTRAN 2백만 줄 이상으로 구축된 프로덕트의 명세들을 확인하는 데 인스펙션을 사용하였다. 프로덕트의 결함들을 해결하는 비용에 대한 자료에서 그는 인스펙션들이 투입된 각 시간은 실행-기반 결함 발견과 수정에서 30시간을 절약했다고 추론했다.

명세가 정형 기법을 사용해서 작성되었을 때 다른 테스팅 기법들이 적용될 수 있다. 예를 들면 정확성-증명 방법(correctness-proving method)(6.5절)들이 적용될 수 있다. 정형 증명들이 수행될 수 없을 때도 6.5.1절에서 사용된 것과 같은 비정형 증명 기법들이 명세 결함들을 발견해내는 매우 유용한 방법이 된다. 사실 프로덕트와 그에 대한 증명은 병렬적으로 개발되어야 한다. 이러한 방법으로 결함들은 빠르게 발견될 수 있다.

CASE 툴의 두 부류가 고전적 분석 동안에 실제적인 도움을 준다. 첫 번째가 그래픽 툴(graphical tool)이다. 프로덕트가 DFD, Petri net, ERD, 또는 지면 관계상 이 책에서는 생략된 많은 다른 표현 툴들을 사용해 표현된다. 그러나 전체 프로덕트를 수작업으로 그리는 것은 시간이 많이 소요되는 과정이다. 추가로 계속되는 변경들은 처음부터 모든 것을 다시 그리게 한다. 그래픽 툴을 가지고 있는 것은 많은 시간을 절약해준다. 이러한 유형의 툴들은 이 장에 서술된 분석 기법들을 위해서 존재할 뿐만 아니라 명세들에 있는 다른 많은 그래픽 표현들을 위해 존재한다. 이 페이즈 동안에 필요한 두 번째 툴은 데이터 사전(data dictionary)이다. 5.7절에서 기술한 것과 10.8절에서 요약한 것처럼 이것은 데이터 흐름들과 그들의 컴포넌트들, 데이터 저장소들과 그들의 컴포넌트들, 프로세스(오퍼레이션)들과 그들의 내부 변수들을 포함하는 프로덕트의 모든 데이터 항목들에 대한 모든 요소의 이름과 표현(포맷)을 저장하는 툴이다(그림 12.5는 Sally's Software Shop에 대한 데이터 사전에 저장된 대표적인 정보를 보여준다). 또한 데이터 사전들의 폭넓은 선택이 다양한 하드웨어-운영체제 상에서 실행된다.

실제로 필요한 것은 독립된 그래픽 툴과 독립된 데이터 사전은 아니다. 대신에 데이터 컴포넌트에 어떤 변경이 일어났을 때 자동적으로 명세의 해당 부분에 반영될 수 있게 두 개의 툴은 통합되어야 한다. 이러한 유형의 툴에 대한 많은 예가 있다. 즉 가장 대중적인 것이 Analyst/ Designer, Software through Pictures, 그리고 System Architect이다. 더욱이 이러한 많은 툴들은 명세문서와 대응되는 설계 문서 간의 일관성을 확인하는 자동 일관성 체커(automatic consistency checker)가 통합되어 있다. 예를 들면 명세문서에 있는 모든 항목들이 설계 문서로 전달되고 설계에서 언급된 모든 것이 데이터 사전에 언급되어 있는지를 점검하는 것이 가능하다.

분석 기법은 그 기법을 지원하는 CASE 환경이 풍부하지 않다면 광범위한 승인을 받을 가능성이 거의 없다. 예를 들면 SREM(12.5절)은 관련 CASE 툴 집합인 REVS를 가지고 있음으로 해서, U.S AirForce 테스트에서 수행되었던 것보다 오늘날 더 넓게 사용되고 있다[Scheffer, Stone, and Rzepka, 1985]. 경험이 풍부한 소프트웨어 전문가들조차도, 시스템을 정확하게 명시하는 것은 쉬운 일이 아니다. 단지 합리적인 것은 가능한 모든 방법으로 그들을 도와줄 수 있는 최신의 CASE 툴들을 가지고 있는 기술자들을 제공하는 것이다.

12.14
고전적 분석용 척도

모든 다른 페이즈에서처럼 고전적 분석 동안에도 다섯 개의 기본 척도, 즉, 규모(size), 비용(cost), 기간(duration), 노력(effort), 품질(quality)등을 측정하는 것이 필요하다. 명세의 규모에 대한 측정은 명세문서에 있는 쪽수(page)이다. 만약 같은 기법이 많은 유사한 프로덕트를 명세화 하는 데 사용되었다면, 명세 규모의 차이들은 다양한 프로덕트들을 구축하는데 필요한 노력을 예측하는 중요한 예측자가 될 수 있다.

　품질에서 보면 명세 인스펙션들의 중요한 측면이 결함 통계의 기록이다. 인스펙션 동안에 발견된 각 유형의 결함들의 수를 알려주는 것은 인스펙션 프로세스의 통합 부분이 된다. 또한 결함들이 발견된 비율은 인스펙션 프로세스의 효율성을 측정할 수 있게 해준다.

　대상 프로덕트의 크기를 예측하는 척도에는 데이터 사전에 있는 항목들의 수가 포함된다. 파일(file), 데이터 아이템(data item), 프로세스(process)(오퍼레이션) 등의 수를 포함한 몇 개의 다른 계산 값이 얻어진다. 이 정보는 프로덕트를 구축하는 데 필요한 노력에 대한 사전 추정치를 관리자에게 제공해준다. 이러한 정보는 기껏해야 실험치로만 인정하는 것이 중요하다. 결국 고전적 설계 동안에 DFD에 있는 프로세스는 많은 다른 모듈로 분해된다. 역으로 많은 프로세스들이 모여서 단일 모듈을 구성하게 된다. 그럼에도 불구하고 데이터 사전에서 유도된 척도는 대상 프로덕트의 최종 크기에 대한 초기 단서를 관리자에게 제공해준다.

12.15
SPMP : Osbert Oglesby Case Study

명세들이 완성되면 비용과 기간의 추정(9장 참조)들이 포함된 소프트웨어 프로젝트 관리 계획(SPMP, software project management plan)이 작성된다. 부록 F는 소규모(3명) 소프트웨어 조직이 MSG Foundation 프로덕트의 개발에 대한 소프트웨어 프로젝트 관리 계획(SPMP)을 포함하고 있다. 이 계획은 IEEE SPMP 포맷(9.5절)에 적합하다.

12.16
고전적 분석의 난제

이 장의 반복되는 주제는 명세문서가 개발될 프로덕트의 유일한 서술로서 클라이언트가 이해할 수 있게 충분히 비정형(informal)이어야 하고 동시에 또 개발 팀이 사용할 수 있게 충분히 정형(formal)이어야 한다. 고전적 분석의 주요 난제는 이러한 모순을 해결하는 것이다. 이 대답은 쉽지가 않다. 반대로 이 두 개의 상반된 목적들 간에는 논쟁은 계속될 것이고 그리고 개발 팀은 두 목적을 달성할 수 있게 최선을 다해 수행해야 한다.

고전적 분석의 두 번째 난제는 분석(what)과 설계(how)사이의 경계선이 너무 겹쳐있어 쉽지가 않다는 점이다. 명세문서는 프로덕트가 무엇을 수행하는지를 서술해야 한다. 즉 프로덕트가 어떻게 수행되는지는 절대로 말하지 않는다. 예를 들면 클라이언트가 어떤 네트워크 라우팅 계산이 수행될 때 언제나 0.05초 내의 응답 시간을 요구했다고 가정하자. 명세문서는 단지 이를 정확하게 설명한다. 특히 명세는 이 응답 시간을 달성하는 데 무슨 알고리즘을 사용된다는 것을 설명하지는 않는다. 즉 상세 문서는 모든 제약들을 목록화 해야 되지만 그렇다고 이들 제약들이 어떻게 달성해야 되는지는 설명하지 않는다.

이 잠재적 함정의 또 다른 예는 DFD 들로부터 야기된다(12.3.1절). 둥근 사각형은 프로세스를 표기하는 데 사용된다. 그러나 이는 모듈(module)을 나타내지는 않는다. 12.14절에서 설명했듯이 DFD에서 프로세스는 많은 다른 모듈로 분해된다. 그리고 역으로 많은 프로세스들은 단일 모듈로 결합된다. 핵심은 프로세스들이 모듈들로 되는 이 정제는 고전적 분석 페이즈가 아니라 고전적 설계 페이즈 동안에 이루어져야 한다. 명세문서는 대상 프로세스의 오퍼레이션들을 서술해야 한다. 이들 오퍼레이션들이 어떻게 구현되는지는 명시하지 않는다. 즉 각각 할당된 모듈들에 대해서 어떻게 구현되는지를 명시하지 않는다는 의미이다. 설계 팀의 태스크는 명세들을 전체적으로 연구한 후 이들 명세들의 최적의 구현이 되게 하는 설계에 대해 결정한다. 이 사항은 14장에 서술되어 있다. 전체 프로덕트가 모듈들로 분해될 때까지 오퍼레이션들을 특정 모듈들에 할당하는 것은 시기가 아니다. 이 결과는 거의 최적이 되지는 않는다.

<table>
<tr><td>복습</td><td>명세(12.1절)는 비정형(12.2절), 반정형(12.3절부터 12.5절까지), 또는 정형(12.6절부터 12.10절까지)적으로 표현될 수 있다.</td></tr>
</table>

이 장의 주요 주제는 비정형 기법들이 사용하기는 쉽지만 부정확하다는 것이다. 이것은 미니 사례 연구(12.2.1절)를 통해 보여주고 있다. 반대로, 정형 기법들은 강력하지만, 교육 훈련 시간(12. 11절)에 대한 투자가 요구된다. 반정형 기법의 하나인 Gane과 Sansen의 구조적 시스템 분석이 비교적 상세하게 설명되어 있고(12.3절), 이에 대한 예로 MSG Foundation 사례 연구(12.4절)가 제시되어 있다. 다른 반정형 기법들인 ERM(12.6절)을 포함시켜 서술되어 있다(12.5절). 이 장에서 제시된 정형 기법들에는 FSM(12.7절), Petri net(12.8절), 그리고 Z(12.9절)들이 포함되어 있다. 다른 정형 기법들이 12.10절에 요약되어 있다. 명세 검토들에 대한 자료는 12.12절에 있다. 그

다음에는 고전적 분석용 CASE 툴(12.13절)과 척도(12.14절)들에 대한 서술이 나온다. MSG Foundation 사례 연구에 대한 SPMP(12.15절)이 제시되어 있다. 이 장은 고전적 분석의 난제들에 대한 논의로 마무리 된다(12.16절).

　　12장에 MSG Foundation 사례 연구의 개요는 그림 12.30에, 엘리베이터 문제는 그림 12.31에 보인다.

관련
자료

구조적 시스템 분석에 대한 고전적인 교재는 DeMarco[DeMarco, 1978], Gane과 Sarsen[Gane and Sarsen, 1979], 그리고 Yourdon과 Constantine[Yourdon and Constantine, 1979] 등이 저술한 책이다. 이러한 아이디어들은 [Modell, 1996]에 갱신시켜 놓았다. SADT는 [Ross, 1985]에 서술되어 있고, PSL/PSA는 [Teichroew and Hershey, 1977]에 서술되어 있다. SREM에 대한 정보의 두 개의 소스는 [Alford, 1985]와 [Scheffer, Stone, Rzepka, 1985]이다.

　　여섯 개의 정형 기법들이 [Wing, 1990]에 서술되어 있다. 정형 기법들에 대한 대표적인 논문들은 September 1990 issues of IEEE Transactions on Software Engineering, IEEE Computer, IEEE Software, 그리고 ACM SIGSOFT Software Engineering Notes 특집에서 찾을 수 있다. 특히 흥미 있는 것은 [Hall, 1990]에 있다. 이 논문은 전체를 그대로 읽어야 한다. [Bowen and Hinchey, 1995b]는 Hall의 세미나 기사의 속편이고, [Bowen and Hinchey, 1995a]는 정형 기법의 사용에 대한 가이드라인들의 목록이다. 정형 기법들에 대한 추가 기사들은 August 2000 issue of IEEE Transactions on Software Engineering에서 발견할 수 있다. 산업 현장에서 정형 명세들을 적용하면서 배운 경험은 [Larsen, Fitzgerald, Brookes, 1996]과 [Pfleeger and Hatton, 1977]에서 논의되어 있다. 기법들에 대한 다양한 견해는 [Saiedian et al., 1996]에서 발견할 수 있다. 정형명세들의 성숙된 모델은 [Fraser and Vaishnavi, 1997]에 제시되어 있다. 다른 정형 기법들을 비교한 실험적 연구는 [Sobel and Clarkson, 2002]에서 발견할 수 있다. [Haxthausen and Peleska, 2000]은 분산 철도 제어 시스템에 대한 정형 확인에 적용되었다. [Palshikar, 2001]는 실세계 소프트웨어 개발에서 정형 명세들의 실용적인 사용을 제시하고 있다. [Hall and Chapman, 2002]은 정형 기법들을 사용해 상용 보안 시스템의 구축을 서술하고 있다. 정형적 메소드들에 대한 세 가지 다른 속성들은 [Hinchey et al., 2008]에 보인다.

　　FSM 접근법에 대한 초기 참고 문헌은 [Naur, 1964]이며, 여기서는 불행하게도 튜닝 머신 접근법(turing machine approach)으로 간주했다. 상태 차트(staechart)들은 FSM들의 강력한 확장 안이며, 이에 관한 내용은 [Harel et al., 1990]에 서술되어 있다. 상태챠트들의 객체-지향 확장 안은 [Harel and Gery, 1997]에 나와 있다.

　　[Peterson, 1981]은 Petri net과 이의 애플리케이션들에 대한 우수한 개론서이다. 프로토타이핑에서의 Petri net의 사용에 대한 것은 [Bruno and Marchetto, 1986]에 서술되어 있다. Timed Petri net은 [Coolahan and Roussopoulos, 1983]에 서술되어 있다.

　　Z와 관련하여 [Diller, 1990]은 좋은 개론서이다. 명세 언어에 관한 완전한 상세 설명을 하고 있는 참고 매뉴얼로는 [Spivey, 1992]를 참고하라. Z 명세들을 읽는 실험의 결과를 사용해서, [Finney, 1996]은 Z 명세들이 일부 Z 지지자들이 주장해 온 것처럼 쉽게 읽을 수 있는지 여부에 대해 논의하고 있다.

Proceeding of the International Workshops on Software Specification and Design에는 명세들의 연구 아이디어들에 대한 좋은 소스가 있다.

12.1 명세문서에서 다음과 같은 제약 사항을 받아들일 수 있는가? 당신의 대답에 대한 이유를 제시하라.

(i) 멤버십 애플리케이션에 걸리는 소요 시간(turnaround time)을 상당히 줄어들어야만 한다.

(ii) 계좌 질의(query)들에 대한 응답 시간은 5초 이내여야 한다.

(iii) 고객 인터페이스의 비용은 합당해야 한다.

12.2 왜 명세문서는 어떤 생략, 모순, 애매함을 가져서는 안 될 정도로 중요한가?

12.3 구운 pockwester(grilled pockwester)에 대한 다음 요리법을 고려해보자. 자료들은 다음과 같다.

양파 1개	냉동 오렌지 쥬스 1캔
신선한 짠 레몬 쥬스 1개	빵가루 1/2컵
밀가루	우유
중간 크기의 샬롯 3개	중간 크기의 가지 2개
신선한 pockwester 1개	Pouilly Fuisse 1/2컵
마늘 1개	Parmesan 치즈
계란 4개	

밤이 오기 전에 하나의 레몬을 짜서 주스를 얻은 다음, 이를 냉동시킨다. 하나의 큰 양파와 세 개의 샬롯을 잘라 프라이팬에 굽는다. 프라이팬에서 검은 연기가 나오기 시작할 때, 프라이팬에 신선한 오렌지 주스 2컵을 붓는다. 레몬을 종이 두께로 얇게 쓴 다음 믹서에 넣는다. 중간에 버섯에 밀가루를 입혀, 우유에 담가둔 후에 빵가루와 함께 종이봉투에 넣고 흔들어준다. 소스 냄비에 Pouilly Fuissé 1/2컵을 넣고 불을 가한다. 170도에 도달했을 때, 설탕을 넣고 다시 열을 가한다. 설탕이 녹아 캐러멜처럼 되면, 버섯을 넣는다. 10분 정도 또는 덩어리가 없어질 때까지 믹서에서 섞는다. 계란을 추가한다. 이제 pockwester를 선택한 후, frob를 뿌려서 죽인다. pockwester의 껍질을 벗긴 후, 먹기 좋은 크기로 자른 후 믹서에 추가한다. 뚜껑을 덮지 않고 거품이 날 때까지 약한 불에 끓인다. 계란은 이전에 5분 정도 잘 휘저어 놓는다. pockwester가 말랑말랑 해지면, 쟁반에 옮겨 놓고, Parmesan 치즈를 뿌린 후 4분이 넘지 않게 다시 굽는다.

위의 명세에서 모호함, 생략, 그리고 모순을 결정하라(위의 문장에서, pockwester는 가상의 생선이고, 'frob'는 일반적인 hors d'oeuvres의 속어이다).

12.4 12.2절의 명세 단락 BV.4.2.5을 클라이언트의 바람을 더욱 정확하게 반영될 수 있도록 수정하라.

12.5 12.2절의 명세 단락 BV.4.2.5을 수학 공식들을 사용해 표현하라. 또한 문제 12.4의 답과도 비교하라.

12.6 비정형 명세의 강점과 단점들은 무엇인가?

12.7 Sally's Software Shop에 대한 DFD에 두 번째 정제를 고려해보자. 소프트웨어 공급 회사에 주문하기 위해, 공급자의 세부 사항(주소나 전화번호)이 요구된다. SUPPLIER _DATA 데이터 저장소로부터 유래하여 이 데이터 흐름을 변경하고 다이어그램에 suppier _order 데이터 흐름을 추가하라.

12.8 당신은 한 대학에 과제 추적을 돕는 정보 시스템을 개발해 달라는 요청받았다. 교습자는 많은 과목을 가르칠 수 있다. 그러나 특정 과목은 오직 한 명의 교습자만이 가르친다. 교습자는 각 과제에 대한 제목, 주제와 만기일을 지정한다. 학생은 많은 과목에 수강 신청을 한다. 과목은 많은 학생들이 선택할 것이다. 학생은 접수처에 그들의 완료된 수강 신청서를 제출한다. 한 명의 학생은 하나나 그 이상에 수강 신청서를 완성하고 제출할 수 있다. 접수 담당자는 완료된 수강 신청서가 제출된 날짜를 기록해야 하고 그 다음 그것을 해당 교습자에게 전달해야 한다. 교습자는 수강 신청서를 평가할 것이고 그것에 등급을 할당하여 기록된다. 이 정보 시스템에 대한 ERD을 작성하라.

12.9 문제 12.8의 정보 시스템에 대한 배경 DFD(context DFD)를 작성하라. 배경 DFD는 오직 하나의 프로세스로 시스템을 표현하고 시스템으로부터 외부 에이전트(데이터의 출처나 목적지)에 대한 가장 중요한 데이터흐름을 보여주어라.

12.10 문제 8.7의 자동 라이브러리 순환 시스템을 고려해보자. 라이브러리 순환 시스템에 대한 정확한 명세를 작성하라.

12.11 문제 8.7의 라이브러리 순환 시스템의 운영을 보여주는 DFD를 작성하라.

12.12 Gane과 Sarsen의 기법을 사용해서 문제 8.7의 라이브러리 순환 시스템의 명세문서를 완성하라. 여기서 데이터가 명시되지 않는다면(예를 들면, 매일 반입/출 되는 책의 전체 수량), 당신이 그 수치를 가정하고, 그것이 명확하게 나타날 수 있도록 확인하라.

12.13 부동소수점 이진수는 선택 부호(양/음) 다음에 하나 또는 그 이상의 비트, 그 다음에 소수점, 그 다음에 다시 하나 또는 그 이상의 비트가 온다. 부동-소수점 이진수의 예는 11010E-1010, -10010E11101, 그리고 +1E00을 포함한다.

더욱 정형적으로 표현하면 이것은 다음과 같이 표현된다.

```
⟨floating-point binary⟩     ::= [<sing>]<bitstiing>E[<sign>]<bitstring>
⟨sing⟩                      ::= + | −
⟨bitstring⟩                 ::= <bit>[<bitstring>]
⟨bit⟩                       ::= 0 | 1
```

(표기 [...]는 선택적인 아이템을 표기하고, a | b는 a 또는 b를 표기한다.)
문자의 스트링(String)을 입력받아서 이 스트링이 올바른 부동소수점 이진수인지를 결정하는 유한 상태 기계도 명세화 하라.

12.14 오직 변수 A, B, C, D만으로 구성된 간단한 Boolean 식을 고려해보자. AND 오퍼레이션(· 로 표기), OR 오퍼레이션(+ 로 표기), NOT 오퍼레이션(반대되는 변수의 뒤에 '로 표기). 표현들은 단지 요소만이거나 요소에 따라 따라오는 AND 나 OR 2진 오퍼레이션 중 하나가 따르는 요소로 구성된다. 유효한 Boolean 식의 예는 다음과 같다:

A + B · C', A · B + C', and D.

더 정형화하면, 이것은 다음과 같이 표현할 수 있다:

〈Boolean expression〉	::= 〈Boolean factor〉 |
	〈Boolean factor〉 〈binary operator〉 〈Boolean factor〉
〈Boolean factor〉	::= 〈simple factor〉 [']
〈Boolean operator〉	::= + | ·
〈simple factor〉	::= A | B | C | D

([...] 기호는 선택적인 아이템을 나타내고 a \| b는 a나 b를 나타낸다.)

글자들의 문자열과 유효한 Boolean 식을 문자열로 간주할지 아닐지를 결정하여 입력으로 하는 유한 상태 머신을 명시하라.

12.15 문제 8.7에 라이브러리 유통 시스템에서 단 하나의 책에 대한 상태 전이 다이어그램을 그려라.

12.16 문제 12.15에 대한 당신의 해결방안이 문제 8.7의 라이브러리 시스템에 대한 메뉴-중심 프로덕트의 설계와 구현에 사용될 수 있음을 보여라.

12.17 문제 8.7의 라이브러리를 통해 하나의 책이 유통되는 과정을 Petri net을 사용해 명세화시켜라.

12.18 당신은 전산화 라이브러리 시스템을 구축하기 위해 대형 회사에서 일하는 소프트웨어 엔지니어라고 하자. 당신의 매니저는 Z를 사용해서 문제 8.7의 완전한 라이브러리 순환 시스템을 서술하기를 요구하고 있다. 당신의 응답은 무엇인가?

12.19 정형 명세의 강점과 약점들은 무엇인가?

12.20 (Term Project) 당신의 교습자가 지정하는 기법을 사용해서, 부록 A에 서술된 Chocoholics Anonymous 프로덕트에 대한 명세문서를 작성하라.

12.21 (Term Project) 부록 A에 서술된 Chocoholics Anonymous 프로덕트에 대한 소프트웨어 프로젝트 관리 계획을 작성하라.

12.22 (Case Study) FSM 접근법을 사용해서 MSG Foundation 프로덕트의 요구사항들을 작성하라.

12.23 (Case Study) Petri net 기법을 사용해서 지난 MSG Foundation 프로덕트에서 한 회화가 전달되는 상태들을 명세화 하라.

12.24 (Case Study) 12.9절의 Z 구조들을 사용해서 MSG Foundation 프로덕트의 부분을 명세화시켜라.

12.25 (Case Study) 12.15절의 SPMP는 세 명의 소프트웨어 엔지니어로 구성된 소규모의 소프트웨어 공학 조직이다. 1000명 정도의 소프트웨어 엔지니어들을 가진 중간 규모의 조직에 적합하도록 계획을 수정하라.

12.26 (Case Study) 만약 MSG Foundation 프로젝트가 단지 8주 내에 완성되어야 한다면, 12.15절의 SPMP는 무슨 방법으로 수정되어야 하는가?

12.27 (Readings in Software Engineering) 당신의 교습자가 논문[Hinchey et al., 2008]의 복사본을 배포할 것이다. 세 명의 주요한 핵심-저서(Jackson, Cousot, and Cook) 각각에 대해 당신이 동의하는지 아닌지를 진술하고 당신의 대답에 그 이유를 제시하라.

참고 문헌

[Abrial, 1980] J.-R. ABRIAL, "The Specification Language Z: Syntax and Semantics," Oxford University Computing Laboratory, Programming Research Group, Oxford, UK, April 1980.

[Alford, 1985] M. ALFORD, "SREM at the Age of Eight; The Distributed Computing Design System," *IEEE Computer* **18** (April 1985), pp. 36-46.

[Balzer, 1985] R. BALZER, "A 15 Year Perspective on Automatic Programming," *IEEE Transactions on Software Engineering* **SE-11** (November 1985), pp. 1257-68.

[Banks, Carson, Nelson, and Nichol, 2010] J. BANKS, J. S. CARSON, B. L. NELSON, AND D. M. NICHOL, *Discrete-Event System Simulation,* 5th ed., Prentice-Hall, Upper Saddle River, NJ, 2010.

[Bowen and Hinchey, 1995a] J. P. BOWEN AND M. G. HINCHEY, "Ten Commandments of Formal Methods," *IEEE Computer* **28** (April 1995), pp. 56-63.

[Bowen and Hinchey, 1995b] J. P. BOWEN AND M. G. HINCHEY, "Seven More Myths of Formal Methods," *IEEE Software* **12** (July 1995), pp. 34-41.

[Brady, 1977] J. M. BRADY, *The Theory of Computer Science,* Chapman and Hall, London, 1977.

[Bruno and Marchetto, 1986] G. BRUNO AND G. MARCHETTO, "Process-Translatable Petri Net for the Rapid Prototyping of Process Control Systems," *IEEE Transactions on Software Engineering* **SE-12** (February 1986), pp. 346-57.

[Chen, 1976] P. CHEN, "The Entity-Relationship Model-Towards a Unified View of Data," *ACM Transactions on Database Systems* **1** (March 1976), pp. 9-36.

[Coolahan and Roussopoulos, 1983] J. E. COOLAHAN, JR., AND N. ROUSSOPOULOS, "Timing Requirements for Time-Driven Systems Using Augmented Petri Net," *IEEE Transactions on Software Engineering* **SE-9** (September 1983), pp. 603-16.

[Dart, Ellison, Feiler, and Habermann, 1987] S. A. DART, R. J. ELLISON, P. H. FEILER, AND A. N. HABERMANN, "Software Development Environments," *IEEE Computer* **20** (November 1987), pp. 18-28.

[Delisle and Garlan, 1990] N. DELISLE AND D. GARLAN, "A Formal Description of an Oscilloscope," *IEEE Software* **7** (September 1990), pp. 29-36.

[Delisle and Schwartz, 1987] N. DELISLE AND M. SCHWARTZ, "A Programming Environment for CSP," Proceedings of the Second ACM SIGSOFT/SIGPLAN Software Engineering Symposium on Practical Software Development Environments, *ACM SIGPLAN Notices* **22** (January 1987), pp. 34-41.

[DeMarco, 1978] T. DEMARCO, *Structured Analysis and System Specification,* Yourdon Press, New York, 1978.

[Diller, 1994] A. DILLER, *Z: An Introduction to Formal Methods,* 2nd ed., John Wiley and Sons, Chichester, UK, 1994.

[Doolan, 1992] E. P. DOOLAN, "Experience with Fagan's Inspection Method," *Software-Practice and Experience* **22** (February 1992), pp. 173-82.

[Fagan, 1976] M. E. FAGAN, "Design and Code Inspections to Reduce Errors in Program Development," *IBM Systems Journal* **15** (No. 3, 1976), pp. 182-211.

[Finney, 1996] K. FINNEY, "Mathematical Notation in Formal Specification: Too Difficult for the Masses?" *IEEE Transactions on Software Engineering* **22** (1996), pp. 158-59.

[Gane and Sarsen, 1979] C. GANE AND T. SARSEN, *Structured Systems Analysis: Tools and Techniques,* Prentice Hall, Englewood Cliffs, NJ, 1979.

[Ghezzi and Mandrioli, 1987] C. GHEZZI AND D. MANDRIOLI, "On Eclecticism in Specifications: A Case Study Centered around Petri Net," *Proceedings of the Fourth International Workshop on Software Specification and Design,* Monterey, CA, 1987, pp. 216-24.

[Goodenough and Gerhart, 1975] J. B. GOODENOUGH AND S. L. GERHART, "Toward a Theory of Test Data Selection," *Proceedings of the Third International Conference on Reliable Software,* Los Angeles, 1975, pp. 493-510; also published in *IEEE Transactions on Software Engineering* **SE-1** (June 1975), pp. 156-73. Revised version: J. B. Goodenough, and S. L. Gerhart, "Toward a Theory of Test Data Selection: Data Selection Criteria," in: *Current Trends in Programming Methodology,* Vol. 2, R. T. Yeh (Editor), Prentice-Hall, Englewood Cliffs, NJ, 1977, pp. 44-79.

[Gordon, 1979] M. J. C. GORDON, *The Denotational Description of Programming Languages: An Introduction,* Springer-Verlag, New York, 1979.

[Guha, Lang, and Bassiouni, 1987] R. K. GUHA, S. D. LANG, AND M. BASSIOUNI, "Software Specifi-cation and Design Using Petri Net," *Proceedings of the Fourth International Workshop on Software Specification and Design,* Monterey, CA, April 1987, pp. 225-30.

[Hall, 1990] A. HALL, "Seven Myths of Formal Methods," *IEEE Software* **7** (September 1990), pp. 11-19.

[Hall and Chapman, 2002] A. HALL AND R. CHAPMAN, "Correctness by Construction: Developing a Commercial Secure System," *IEEE Software* **19** (January/February 2002), pp. 18-25.

[Harel and Gery, 1997] D. HAREL AND E. GERY, "Executable Object Modeling with Statecharts," *IEEE Computer* **30** (July 1997), pp. 31-42.

[Harel et al., 1990] D. HAREL, H. LACHOVER, A. NAAMAD, A. PNUELI, M. POLITI, R. SHERMAN, A. SHTULL-TRAURING, AND M. TRAKHTENBROT, "STATEMATE: A Working Environment for the Development of Complex Reactive Systems," *IEEE Transactions on Software Engineering* **16** (April 1990), pp. 403-14.

[Haxthausen and Peleska, 2000] A. E. HAXTHAUSEN AND J. PELESKA, "Formal Development and Verification of a Distributed Railway Control System," *IEEE Transactions on Software Engineering* **26** (August 2000), pp. 687-701.

[Hinchey et al., 2008] M. HINCHEY, M. JACKSON, P. COUSOT, B. COOK, J. P. BOWEN, AND T. MARGARIA, "Software Engineering and Formal Methods," *Communications of the ACM* **51** (September 2008), pp. 54-59.

[Hoare, 1985] C. A. R. HOARE, *Communicating Sequential Processes,* Prentice-Hall International, Englewood Cliffs, NJ, 1985.

[IWSSD, 1986] Call for Papers, Fourth International Workshop on Software Specification and Design, *ACM SIGSOFT Software Engineering Notes* **11** (April 1986), pp. 94-96.

[Jones, 1986b] C. B. JONES, *Systematic Software Development Using VDM,* Prentice-Hall, Englewood Cliffs, NJ, 1986.

[Kampen, 1987] G. R. KAMPEN, "An Eclectic Approach to Specification," *Proceeding of the Fourth International Workshop on Software Specification and Design,* Monterey, CA, April 1987, pp. 178-82.

[Kleinrock and Gail, 1996] L. KLEINROCK AND R. GAIL, *Queuing Systems: Problems and Solutions,* John Wiley and Sons, New York, 1996.

[Knuth, 1968] D. E. KNUTH, *The Art of Computer Programming,* Vol. 1, *Fundamental Algorithms,* Addison Wesley, Reading, MA, 1968.

[Leavenworth, 1970] B. LEAVENWORTH, Review #19420, *Computing Reviews* **11** (July 1970), pp. 396-97.

[London, 1971] R. L. LONDON, "Software Reliability through Proving Programs Correct," *Proceedings of the IEEE International Symposium on Fault-Tolerant Computing,* Pasadena, CA, March 1971.

[Luckham and von Henke, 1985] D. C. LUCKHAM AND F. W. VON HENKE, "An Overview of Anna, a Specification Language for Ada," *IEEE Software* **2** (March 1985), pp. 9-22.

[Meyer, 1985] B. MEYER, "On Formalism in Specifications," *IEEE Software* **2** (January 1985), pp. 6-26.

[Modell, 1996] M. E. MODELL, *A Professional's Guide to Systems Analysis,* 2nd ed., McGraw-Hill, New York, 1996.

[Naur, 1964] P. NAUR, "The Design of the GIER ALGOL Compiler," in: *Annual Review in Automatic Programming,* Vol. 4, Pergamon Press, Oxford, UK, 1964, pp. 49-85.

[Naur, 1969] P. NAUR, "Programming by Action Clusters," *BIT* **9** (No. 3, 1969), pp. 250-58.

[Nix and Collins, 1988] C. J. NIX AND B. P. COLLINS, "The Use of Software Engineering, Including the Z Notation, in the Development of CICS," *Quality Assurance* **14** (September 1988), pp. 103-10.

[Oest, 1986] O. N. OEST, "VDM from Research to Practice," *Proceeding of the IFIP Congress, Information Processing '86,* 1986, pp. 527-33.

[Palshikar, 2001] G. K. PALSHIKAR, "Applying Formal Specifications to Real-World Software Development," *IEEE Software* **18** (November/December 2001), pp. 89-97.

[Peterson, 1981] J. L. PETERSON, *Petri Net Theory and the Modeling of Systems,* Prentice-Hall, Englewood Cliffs, NJ, 1981.

[Petri, 1962] C. A. PETRI, "Kommunikation mit Automaten," Ph.D. Dissertation, University of Bonn, Germany, 1962. [In German.]

[Ross, 1985] D. T. ROSS, "Applications and Extensions of SADT," *IEEE Computer* **18** (April 1985), pp. 25-34.

[Scheffer, Stone, and Rzepka, 1985] P. A. SCHEFFER, A. H. STONE, III, AND W. E. RZEPKA, "A Case Study of SREM," *IEEE Computer* **18** (April 1985), pp. 47-57.

[Schwartz and Delisle, 1987] M. D. SCHWARTZ AND N. M. DELISLE, "Specifying a Lift Control System with CSP," *Proceedings of the Fourth International Workshop on Software Specification and Design,* Monterey, CA, April 1987, pp. 21-27.

[Silberschatz, Galvin, and Gagne, 2002] A. SILBERSCHATZ, P. B. GALVIN, AND G. GAGNE, *Operating System Concepts,* 6th ed., Addison Wesley, Reading, MA, 2002.

[Sobel and Clarkson, 2002] A. E. K. SOBEL AND M. R. CLARKSON, "Formal Methods Application: An Empirical Tale of Software Development," *IEEE Transactions on Software Engineering* **28** (March 2002), pp. 308-20.

[Spivey, 1990] J. M. SPIVEY, "Specifying a Real-Time Kernel," *IEEE Software* **7** (September 1990), pp. 21-28.

[Spivey, 2001] J. M. SPIVEY, *The Z Notation: A Reference Manual,* 3rd ed., spivey.oriel.ox. ac.uk/~mike/zrm/, 2001.

[Teichroew and Hershey, 1977] D. TEICHROEW AND E. A. HERSHEY, III, "PSL/PSA: A Computer-Aided Technique for Structured Documentation and Analysis of Information Processing Systems," *IEEE Transactions on Software Engineering* **SE-3** (January 1977), pp. 41-48.

[Wing, 1990] J. WING, "A Specifier's Introduction to Formal Methods," *IEEE Computer* **23** (September 1990), pp. 8-24.

[Woodcock, 1989] J. WOODCOCK, "Calculating Properties of Z Specifications," *ACM SIGSOFT Software Engineering Notes* **14** (July 1989), pp. 43-54.

[Yourdon and Constantine, 1979] E. YOURDON AND L. L. CONSTANTINE, *Structured Design: Fundamentals of a Discipline of Computer Program and Systems Design,* Prentice Hall, Englewood Cliffs, NJ, 1979.

제**13**장

객체-지향 분석

학습목표

이 장을 학습하면 다음 사항들을 습득하게 된다.

- 분석 워크플로를 수행할 수 있게 된다.
- 경계, 컨트롤, 엔티티 클래스들을 추출할 수 있게 된다.
- 기능 모델링을 수행할 수 있게 된다.
- 클래스 모델링을 수행할 수 있게 된다.
- 동적 모델링을 수행할 수 있게 된다.
- 유스-케이스 실현을 수행할 수 있게 된다.

12장에서 우리는 다양한 고전적 분석 기법들을 학습했다. 이 장에서는 12장에 대응되는 객체-지향 분석을 학습한다.

객체-지향 분석(OOA, object-oriented analysis)은 객체-지향 패러다임용 반정형 분석 기법(semiformal analysis technique)이다. 12장에서 이미 많은 다른 기법들이 모두 본질적으로 같은 구조적 시스템 분석용으로 사용된다고 지적했다. 유사하게 60개 이상의 다른 기법들이 OOA용으로 제시되었다. 제시된 모든 기법들도 거의 유사하다. 이 장의 '참고 문헌'절에는 다른 기법들과 비교해서 출간한 다양한 기법들에 대한 참고 문헌들이 포함되어 있다.

그러나 3.1절에서 설명했듯이 오늘날 Unified Process[Jacobson, Booch, Rumbaugh, 1999]는 객체-지향 소프트웨어 프로덕션에 거의 기준이 되는 방법론이 되었다. 이러한 이유 때문에 이 장의 초반부와 후반부에 Unified Process(Unified Process는 자주 약어 UP로 사용됨)의 분석 워크플로를 깊이 있게 다룬다.

객체-지향 분석은 객체-지향 패러다임의 핵심 컴포넌트이다. 이 워크플로가 수행될 때 클래스가 추출된다. 유스 케이스(use case)들과 클래스(class)들은 개발할 객체-지향 소프트웨어 프로덕트의 기반이 된다(객체-지향 패러다임을 보다 구체적으로 보려면 '알고 싶은 사항 13.1' 참조).

13.1
분석 워크플로

SOFTWARE

Unified Process의 분석 워크플로(analysis workflow)는 전체적으로 두 개의 목적을 갖고 있다. 요구사항 워크플로(이전 워크플로)의 입장에서 보면 분석 워크플로의 목적은 요구사항들의 깊이 있는 이해를 얻어내는 데 있다. 반대로 설계와 구현 워크플로(분석 워크플로 이후에 수행되는 워크플로들)의 입장에서 보면 분석 워크플로의 목적은 결과로 나온 설계와 구현이 유지보수하기 쉽게 하는 방법으로 이들 요구사항들을 서술해주는 데 있다.

그림 13.1 엔티티 클래스, 경계 클래스, 컨트롤 클래스들을 표현하는 UML 스테레오타입들(UML의 확장안)

Entity Class　　**Boundary Class**　　**Control Class**

　　Unified Process는 유스-케이스 중심(use-case driven)이다. 분석 워크플로 동안에 유스 케이스들은 소프트웨어 프로덕트의 클래스들로 서술된다. Unified Process는 세 가지 타입의 클래스를 갖고 있다. 즉 엔티티 클래스, 경계 클래스, 컨트롤 클래스를 갖고 있다. **엔티티 클래스**(entity class)는 오래 유지될 정보를 모델화한 것이다. 뱅킹 소프트웨어 프로덕트(banking software product)인 경우에 **Account Class**는 회계에 관한 정보 소프트웨어 프로덕트에 꼭 있어야하기 때문에 엔티티 클래스이다. MSG Foundation 소프트웨어 프로덕트인 경우에 **Investment Class**는 엔티티 클래스이다. 왜냐하면 투자들에 관한 정보는 오래 유지되어야 한다.

　　경계 클래스(boundary class)는 소프트웨어 프로덕트와 이의 액터(actor)들 사이의 상호작용 (interaction)을 모델화한 것이다. 경계 클래스들은 일반적으로 입력과 출력에 연계가 되어 있다. 예를 들면 MSG Foundation 소프트웨어 프로덕트인 경우에 보고서들은 현재 보유하고 있는 모든 모기지를 포함하여, Foundation의 투자 목록을 출력해야 한다. 이것은 경계 클래스들인 **Investments Report Class**와 **Mortgages Report Class**가 필요하다는 의미이다.

　　컨트롤 클래스(control class)는 복잡한 계산들과 알고리즘들을 모델화한 것이다. MSG Foundation 소프트웨어 프로덕트인 경우에 주당 이용 가능한 자금을 평가하는 알고리즘은 컨트롤 클래스이다. 즉 **Estimate Funds for Week Class**가 컨트롤 클래스이다.

　　이들 세 가지 클래스 타입의 UML 표기는 그림 13.1에 있다. 이들은 UML의 확장인 스테레오타입(stereotype)들이다. UML의 강점은 UML의 부분이 아니라 특정 시스템을 정확하게 모델화하는 데 필요한 것을 정의해주는 추가 구조(contruct)를 허용해준다.

　　이 절의 앞에서 설명했듯이 분석 워크플로 동안에 유스 케이스들은 소프트웨어 프로덕트의 클래스들로 서술했다. Unified Process 자체는 클래스가 어떻게 추출되는지를 서술하지 않는다. 왜냐하면 Unified Process의 사용자들은 객체-지향 분석과 설계에 대한 배경 지식을 알기를 원한다. 따라서 Unified Process의 이러한 논의는 당분간 연기시키고 먼저 클래스들이 어떻게 추출되는지를 설명한다. 그리고 이에 대한 설명은 13.15절에 있다.

　　오래 유지될 정보를 모델화한 클래스들인 엔티티 클래스들을 우선 학습한다.

13.2
엔티티 클래스들 추출법

엔티티 클래스 추출(entity class extraction)은 다음과 같이 반복적으로 그리고 점진적으로 수행되는 세 단계로 구성된다.

1. 기능적 모델링(functional modeling). 모든 유스 케이스들의 시나리오(scenario)들을 제시한다 (시나리오는 유스 케이스의 인스턴스임).
2. 엔티티 클래스 모델링(entity class modeling). 엔티티 클래스와 그들의 속성들을 결정한다. 그런 후 다시 엔티티 클래스들 간의 내부 상호 관계와 상호작용을 결정한다. 이 정보는 클래스 다이어그램(class diagram)으로 제시된다.
3. 동적 모델링(dynamic modeling). 각 엔티티 클래스나 서브 클래스에 또는 각 엔티티 클래스나 서브 클래스에 의해 수행되는 오퍼레이션(operation)들을 결정한다. 이 정보는 상태 차트 (statechart)로 제시된다.

그러나 모두 반복적이고 점진적인 프로세스에서처럼 이들 세 단계가 항상 이 순서로 실행되는 것은 아니다. 한 모델에서 변경은 다른 두 모델들에 대응되는 교정(revision)을 갖게 한다.

이것이 어떻게 수행되는지를 보기 위해 지금부터는 elevator 문제 사례 연구에 있는 엔티티 클래스들을 추출해본다.

13.3
객체-지향 분석: Elvator Problem Case Study

엘리베이터 문제 사례 연구는 12장에서 설명했었다. 참조를 쉽게 하기 위해 이 문제를 여기서 다시 반복한다.

프로젝트가 m개 층이 있는 빌딩에서 n 엘리베이터들을 제어하기 위해 설치되었다. 이 문제는 다음의 제약 조건들에 따라 엘리베이터가 각 층들을 이동하는 데 요구되는 로직과 관련이 있다.

1. 각 엘리베이터는 각 층에 하나씩 m개 버튼들의 집합을 가지고 있다. 버튼이 눌러지면 버튼에 불이 들어오고 엘리베이터가 해당 층을 방문하게 된다. 엘리베이터가 해당 층을 도달하면 불이 꺼진다.
2. 1층과 꼭대기 층을 제외한 각 층에는 두 개의 버튼이 있어서 하나는 내려가는 엘리베이터 (down-elevator)를 요청하고 다른 하나는 올라가는 엘리베이터(up-elevator)를 요청한다. 엘리베이터가 방문한 후 원하는 방향으로 이동하면 불이 꺼진다.

3. 엘리베이터가 아무런 요청도 받지 않을 때는 엘리베이터의 문이 닫힌 층에서 대기한다.

OOA의 첫 단계는 use case들을 모델화 하는 것이다.

13.4
기능적 모델링: Elvator Problem Case Study

유스 케이스는 구축할 프로덕트와 해당 프로덕트의 외부 사용자들인 액터 간의 상호작용(interaction)을 서술한다. 사용자와 엘리베이터 간의 가능한 유일한 상호작용은 사용자가 엘리베이터를 요청하기 위해 엘리베이터 버튼을 누르거나 아니면 엘리베이터가 특정 층에 멈추도록 요청하기 위해 층 버튼을 누르는 경우이다. 이 두 경우는 Press an Elevator Button과 Press a Floor Button이다. 이 두 유스 케이스는 그림 13.2의 유스-케이스 다이어그램(use-case diagram) (11.7절)에서 보여준다.

유스 케이스는 전체 기능성의 일반적인 서술을 제공해준다. 즉 시나리오는 객체가 클래스의 인스턴스인 것처럼 use case의 특정 인스턴스(instance)이다. 일반적으로 아주 많은 시나리오들이 있다. 즉 상호작용들의 특정한 집합을 표현하는 시나리오가 있듯이 각각을 표현하는 많은 시나리오들이 있다. 이 절에서는 두 개의 유스 케이스의 인스턴스를 통합시킨 그림 13.3의 시나리오를 고려해본다.

그림 13.3은 표준 시나리오(normal scenario)를 서술하고 있다. 즉 우리가 엘리베이터들을 이해하는 방법에 대응하는 사용자들과 엘리베이터들 간의 상호작용들의 집합이 사용되어야 한다. 그림 13.3은 엘리베이터들과 상호작용하는 다른 사용자들을 자세히 관찰한 후(보다 정확히 말하면 엘리베이터 버튼들과 층 버튼들과 상호작용하는 다른 사용자들을 관찰한 후에) 작성되었다. 15개의 번호가 부여된 이벤트들은 User A와 엘리베이터 시스템의 버튼들(이벤트 1과 이벤트 6) 그리고 엘리베이터 시스템에 의해 수행되는 오퍼레이션들(이벤트 2부터 5까지 그리고 7부터 15까지) 사이의 두 개의 상호작용들을 세부적으로 서술하고 있다. 두 개의 항목들인 User A enters the elevator와 User A exits from the elevator에는 번호가 부여되지 않았다. 이러한 항목들은 본래 주석들이다. 즉 User A는 엘리베이터를 들어올 때나 떠날 때 엘리베이터의 컴포넌트들과 상호작용하지 않는다.

그림 13.2

엘리베이터 문제 사례 연구에 대한 유스-케이스 다이어그램

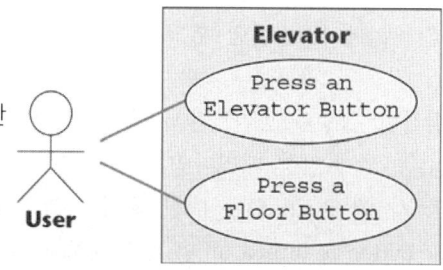

그림 13.3

표준 시나리오의
첫 번째 반복
(책임의 누락과
수동태의 사용은
다음 반복에서
수정됨)

1. User A presses the Up floor button at floor 3 to request an elevator. User A wishes to go to floor 7.
2. The Up floor button is turned on.
3. An elevator arrives at floor 3. It contains User B, who has entered the elevator at floor 1 and pressed the elevator button for floor 9.
4. The elevator doors open.
5. The timer starts.
   User A enters the elevator.
6. User A presses the elevator button for floor 7.
7. The elevator button for floor 7 is turned on.
8. The elevator doors close after a timeout.
9. The Up floor button is turned off.
10. The elevator travels to floor 7.
11. The elevator button for floor 7 is turned off.
12. The elevator doors open to allow User A to exit from the elevator.
13. The timer starts.
    User A exits from the elevator.
14. The elevator doors close after a timeout.
15. The elevator proceeds to floor 9 with User B.

그림 13.4

예외 시나리오
(책임의 누락과
수동태의 사용은
다음 반복에서
정정될 것이다)

1. User A presses the Up floor button at floor 3 to request an elevator. User A wishes to go to floor 1.
2. The Up floor button is turned on.
3. An elevator arrives at floor 3. It contains User B, who has entered the elevator at floor 1 and pressed the elevator button for floor 9.
4. The elevator doors open.
5. The timer starts.
   User A enters the elevator.
6. User A presses the elevator button for floor 1.
7. The elevator button for floor 1 is turned on.
8. The elevator doors close after a timeout.
9. The Up floor button is turned off.
10. The elevator travels to floor 9.
11. The elevator button for floor 9 is turned off.
12. The elevator doors open to allow User B to exit from the elevator.
13. The timer starts.
    User B exits from the elevator.
14. The elevator doors close after a timeout.
15. The elevator proceeds to floor 1 with User A.

반대로 그림 13.4는 예외 시나리오(exception scenario)이다. 이것은 사용자가 3층에서 실제로 1층을 가기를 원했는데 Up 버튼을 눌렀을 때 무슨 일이 발생하는지를 묘사하고 있다. 이 시나리오 역시 엘리베이터들에서 많은 사용자들의 액션들을 관찰한 후 작성되었다. 즉 엘리베이터를 결코 사용하지 않은 사람은 사용자들이 가끔 잘못된 버튼을 누르는 것을 인식하지 못한다.

그림 13.3과 그림 13.4에는 도처에 심각한 실수가 있다. 다시 말하면 1.9절에서 설명했듯이, **책임 기반 설계**(responsibility-driven design)는 객체-지향 패러다임의 특성이다. 수명주기의 그 시점부터, 즉 요구사항 워크플로 앞에서부터, 각 액션(action)에 대한 책임을 명시하는 것이 필수적이다. 그림 13.3에 이벤트 2, 'The Up floor button is turned on'을 고려해보자. 이 문장은 누가 버

튼을 켜는 책임이 있는지를 명시하지 않는다. 대신에 시나리오는 'The system turns on the Up floor button.' 상태를 설명해야 한다. 이벤트 4 'The elevator doors open' 상태도 유사하다. 하지만 누가 무엇이 문을 여는 책임이 있는가? 그것은 사용자가 문을 열고 닫아야 하는 수동 엘리베이터인가? 또는 그것은 시스템이 문을 열고 닫는 것에 대해 책임을 지는 자동 엘리베이터인가? 이런 이유로 유스 케이스와 시나리오들(유스 케이스들의 실례화)에서, 각 액션에 대한 책임이 명쾌하게 명시되어야 한다.

더욱이 액션들은 명세하는 유스 케이스나 시나리오로, 또는 어떤 다른 UML 다이어그램에서 수동태를 사용하는 것은 나쁜 습관이다. 예를 들어 이벤트 2, 'The Up floor button is turned on' 이 수동태여서는 안 된다. 유스 케이스는 소프트웨어 프로덕트와 사용자 사이에 상호작용을 서술한다. 명확성을 위해 액션은 능동태로 서술되어야 한다. 더욱이 유스 케이스는 즉 사용자가 하는 것이 무엇인지와 소프트웨어 프로덕트가 어떻게 응답하는지를 사용자의 관점으로 작성해야 한다. 마지막으로 현장감을 주기 위해 현재형 시제로 작성해야 한다.

요약하면, 유스 케이스나 시나리오에 있는 문장은 '사용자가 수행하고 소프트웨어 프로덕트가 수행하는 것에 따라 응답하는' 형태로 기록해야 한다. 유스 케이스가 결국 프로덕트의 실시간 행위(behavior)로부터 정제되었다는 사실을 고려해서, 형식이 있는 문장은 테스트 하기 쉽고, 문서화 하기 쉬우며, 수정하기 쉬워야 한다. 그림 13.3과 13.4의 시나리오들에 있는 실수는 13.7절에 있는 반복에서 수정된다.

그림 13.3과 그림 13.4 그리고 그 밖의 무수히 많은 시나리오들은 그림 13.2에서 보여준 유스 케이스들의 특정 인스턴스들이다. OOA 팀은 모델화된 시스템의 행위를 완전히 간파할 수 있을 정도의 충분한 시나리오들을 연구해야 한다. 이 정보들은 다음 단계인 엔티티 클래스 모델링에서 엔티티 클래스들을 결정하는 데 사용된다.

13.5
엔티티 클래스 모델링: Elevator Problem Case Study

이 단계에서는 엔티티 클래스들과 이들의 속성들이 추출되어 UML 클래스 다이어그램으로 표현된다('알고 싶은 사항 13.2' 참조). 이 시기에서는 엔티티 클래스의 속성들만 결정되지 메소드들은 결정되지 않는다. 즉 메소드(method)들은 객체-지향 설계(OOD) 워크플로 동안에 클래스들에 할당된다.

전체 객체-지향 패러다임의 특징은 다양한 단계들이 거의 쉽게 수행되지 않는다. 다행히 객체 사용 시 얻어지는 이득들은 노력할 만한 가치가 있다. 따라서 엔티티 클래스들과 그들의 속성들을 추출하는 분석 워크플로의 첫 부분은 처음부터 정확하게 얻는 것이 어렵다는 것은 놀라운 일이 아니다.

엔티티 클래스들을 결정하는 한 가지 방법은 유스 케이스들로부터 그들을 추출하는 것이다. 즉 개발자들은 표준과 예외인 모든 시나리오들을 주의 깊게 검토해서 유스 케이스들에서 역할을

7장 초반부에 설명한 것처럼 , 객체-지향 패러다임은 어디선가 갑자기 나타나지 않았다. 대신에, 고전적 패러다임에서 인식된 단점에 대응하여 고전적 패러다임을 진화시킨 것이다.

엔티티 클래스 모델링은 이 진화의 한 예이며, 엔티티-관계 모델링의 고전적 기법의 확장이다. 12.6절에 서술된 것처럼, 엔티티-관계 모델링은 1976년부터 데이터베이스 모델링을 위해 사용되었다.

담당하는 컴포넌트들을 식별해낸다. 그림 13.3과 그림 13.4의 시나리오로부터 후보 엔티티 클래스 (candidate entity class)들인 엘리베이터 버튼, 층 버튼, 엘리베이터, 문, 그리고 타이머들이 추출된다. 우리가 알고 있듯이 이들 후보 엔티티 클래스들은 엔티티 클래스 모델링 동안에 추출되는 실제 클래스들과 아주 유사하다. 일반적으로 많은 시나리오들이 있으면 많은 수의 잠재적인 클래스들이 존재한다. 경험이 없는 개발자는 시나리오로부터 지나치게 많은 후보 엔티티 클래스들을 추출해낸다. 이것은 포함되지 않아야 할 후보 엔티티 클래스를 제거하는 일이 새로운 엔티티 클래스를 추가하는 일보다 어렵기 때문에 엔티티 클래스 모델링에 도움이 되지 않는다.

엔티티 클래스를 결정하는 또 다른 접근법은 문제 영역에 전문가인 개발자들이 CRC 카드를 사용하면 효과적이다(13.5.2절). 그러나 만약 개발자들이 애플리케이션 도메인에 경험이 적거나 없으면 13.5.1절에 설명될 명사 추출법(noun extraction)을 사용하면 아주 좋다.

13.5.1 명사 추출법

개발자들이 애플리케이션 도메인에 전문가가 아닌 경우 다음 두 단계(two-stage) **명사–추출 방법** (noun-extraction method)을 사용해 후보 엔티티 클래스들을 추출한 후 이를 다음과 같이 정제시키는 방법이 좋은 방법이다.

1단계. 한 문단으로 소프트웨어 프로덕트를 서술한다. 엘리베이터 문제 사례 연구를 수행하는 경우 이를 다음과 같이 한 문단(paragraph)으로 정의한다.

> Buttons in elevators and on the floors control the movement of n elevators in a building with m floors. Buttons illuminate when pressed to request the elevator to stop at a specific floor; the illumination is canceled when the request has been satisfied. When an elevator has no requests, it remaina at its current floor with its doors closed.

2단계. 명사들을 식별한다. 비정형 전략으로 명사를 추출한 후(문제의 경계 밖에 있는 것은 제외하고), 이들 명사들을 후보 엔티티 클래스들로 사용한다. 이 비정형 전략은 이때 식별된 명사들을 다음과 같이 다른 글꼴로 인쇄시켜 구분할 수 있게 다시 보여준다.

Buttons in elevators and on the floors control the movement of n elevators in a building with m floors. Buttons illuminate when pressed to request an elevator to stop at a specific floor; the illumination is canceled when the request has been satisfied. When an elevator has no requests, it remains at its current floor with its doors closed.

이 단락에는 다음과 같이 여덟 개의 다른 명사들이 있다. button, elevator, floor, movement, building, illumination, request, door. 이들 중 문제의 경계 밖에 있는 세 개의 명사 flow, building, door는 제외한다. 남은 명사 중 movement, illumination, request는 추상명사(abstract noun)들이다. 즉 이들은 '물리적으로 존재하지 않는 아이디어나 수량을 식별하는 명사다.' 경험상 추상명사들은 클래스가 되지 않는다. 대신에 보통 클래스들의 속성이 된다. 예를 들면 illumination은 button의 속성이 된다. 이제 남은 후보 엔티티 클래스는 **Elevator Class**와 **Button Class**이다(UML 표현에서 클래스 이름은 굵은 활자체로 사용하고 이름에 각 단어의 첫 문자는 대문자로 표현한다).

결과로 나온 클래스 다이어그램은 그림 13.5에서 보여준다. 클래스 **Button Class**는 그림 13.3과 13.4의 시나리오 중 이벤트 2, 7, 9, 11을 모델화한 것이라 불리언(boolean) 속성 illuminated를 갖는다. 이 문제는 두 가지 타입의 버튼으로 명시된다. 즉 **Button Class**의 두 개의 서브 클래스로 정의된다. 그래서 **Elevator Button Class**와 Floor **Button Class**(여기서 삼각형(open triangle)은 UML의 상속성을 나타냄)으로 정의된다. **Elevator Button Class**와 **Floor Button Class**의 각 인스턴스는 **Elevaor Class**의 각 인스턴스와 커뮤니케이션 한다. latter class는 두 개의 시나리오 중 이벤트 4, 8, 12, 14들을 모델화한 것이라 불리언 속성 doors open을 갖는다.

불행하게도 이 시도는 좋지 않다. 실제 엘리베이터에서 버튼들은 엘리베이터들과 직접 통신하지 않는다. 엘리베이터에는 반드시 어떤 부류의 제어 장치가 있어서 엘리베이터가 특정 요청에 응답을 전송한다. 그러나 이 문제에서 제어 장치에 대해서는 언급을 하지 않았기 때문에 명사-추출 프로세스 동안에 엔티티 클래스로 선택되지 않았다. 다시 말하면 후보 엔티티 클래스를 찾아내는 이 기법은 시작점만 제공할 뿐 그 이상을 할 수 있다고 확신할 수는 없다.

그림 13.5에 **Elevator Controller**를 추가시킨 그림은 그림 13.6에 있다. 이 그림은 보다 합리적이다. 더욱이 그림 13.6의 다-대-다(many-to-many) 관계들을 모델화 하기가 어렵지만 그림 16.5에 있는 일-대-다(one-to-many)관계들은 그렇지 않다. 이제 엔티티 클래스 모델링을 끝냈으므로 3단계를 진행할 수 있다. 그러나 동적 모델링(dynamic modeling)을 진행하기 전에 엔티티 클래스 모델링의 다른 기법을 학습해본다.

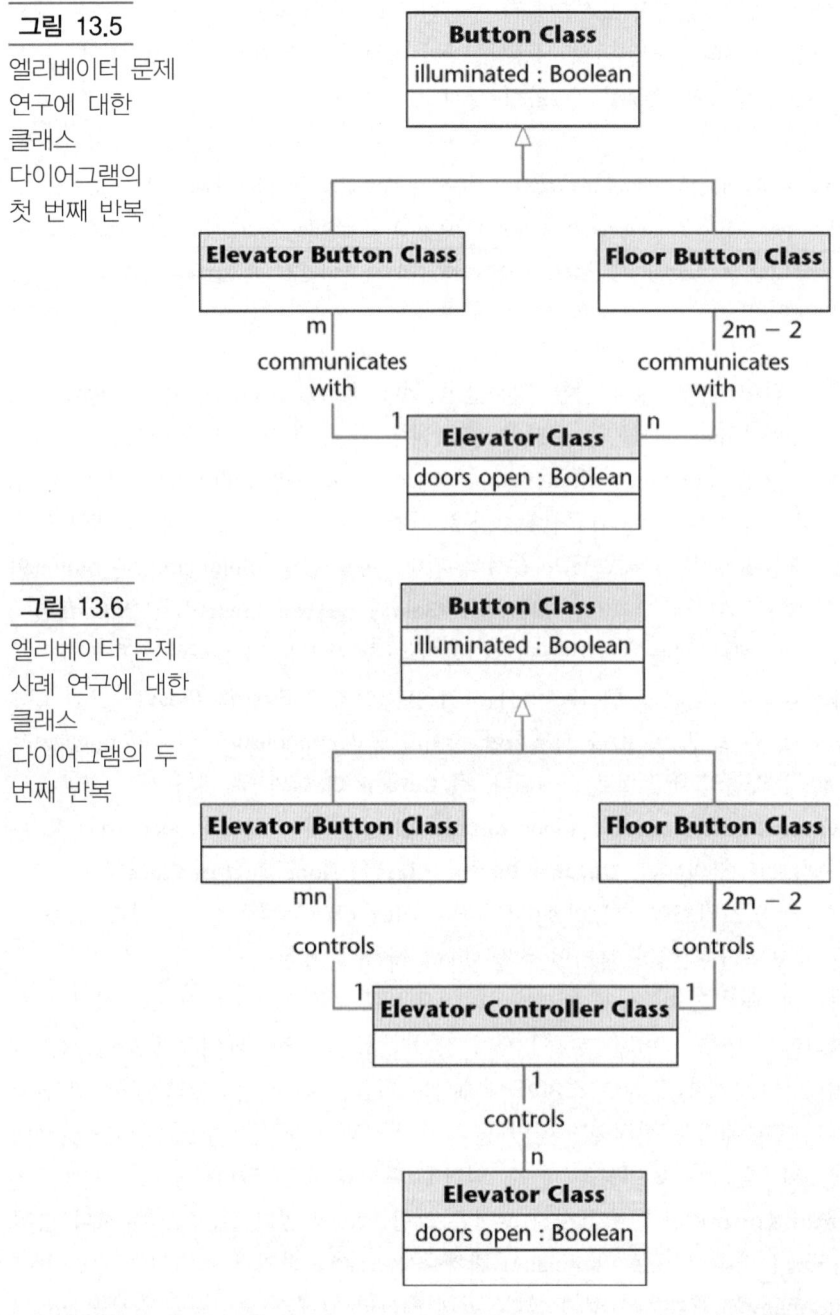

그림 13.5

엘리베이터 문제
연구에 대한
클래스
다이어그램의
첫 번째 반복

그림 13.6

엘리베이터 문제
사례 연구에 대한
클래스
다이어그램의 두
번째 반복

13.5.2 CRC 카드

지난 몇 년간 객체-지향 분석 워크플로 동안에 CRC(class–responsibility–collaboration) 카드들이 활용되었다[Wirfs-Brock, Wilkerson, Wiener, 1990]. 각 클래스에 대해 소프트웨어 개발팀은 클래스의 이름, 이의 기능성(responsibility), 그리고 해당 기능성(collaboration)을 달성하기 위해 호출할 다른 클래스들의 목록 등을 보여주기 위해서 카드에 기재했다.

이 접근법은 계속 확장되었다. 첫째, CRC 카드는 자주 자연어로 표현된 '책임(responsibility)' 보다는 차라리 클래스의 속성들과 메소드들을 명확하게 포함한다. 두 번째, 기술(technology)이 변

1999년 2월 21일과 2007년 8월 10일 간의 날짜 수는 어떻게 발견되는가? 이러한 뺄셈들은 이자 계산이나 미래의 현금 흐름의 현재 가치를 계산하는 것처럼 많은 재정 분야의 계산들에 필요하다. 이것을 수행하는 일반적인 방법은 특정 기준 날짜를 기준으로 각 날짜를 정수로 변환시켜서 한다. 문제는 명시된 시작 날짜에 대해서 동의를 할 수가 없다는 것이다.

천문학자(astronomer)들은 January 1, 4713 B.C.E에 GMT 이래의 날짜의 수인 Julian Days를 사용한다. 이 시스템은 Joseph Scaliger가 1852년에 고안했다. 이 이름은 그가 아버지 이름을 기리기 위해 아버지 이름 Julius Caesar Scaliger에서 따왔다(만약에 January 1, 4713 B.C.E로 택했는지 알고 싶다면 [USNO,2000]을 참조).

Lilian data는 1582년 10월 15일 이후의 날 수이다. Gregorian calendar의 첫 번째 날은 Pope Gregory XIII 가 도입했다. Lilian date는 Gregorian calendar의 지지자인 Lurgi Lilio를 위해 명명되었다. Lilio는 윤년 등을 포함해 Gregorian calendar의 많은 알고리즘을 유도해냈다.

소프트웨어에서 보면 COBOL 내장함수들은 정수 날짜의 시작일을 January 1, 1600을 사용한다. 거의 모든 스프레드시트는 January 1, 1900을 사용한다. 즉 Lotus 1-2-3도 이것을 사용한다.

경되었다. 어떤 조직은 카드를 사용하지 않고 대신에 클래스의 이름이 적힌 포스트-잇(post-it)을 화이트보드에 붙이고 선으로 연결하여 협업(collaboration)을 표현한다. 요즘은 전체 단계가 자동화 되어 있다. 즉 System Architect 같은 CASE 툴들은 화면에서 CRC 카드를 작성하고 수정하는 컴포넌트들을 갖고 있다.

CRC 카드들의 강점은 팀이 활용할 경우 멤버들 간의 상호작용으로 속성들이나 메소드들이 클래스에 누락되었는지 잘못된 항목인지를 밝혀준다. 또한 클래스들 간의 관계들은 CRC 카드들이 사용될 때 판명된다. 한 가지 강력한 기법은 그들 클래스들의 책임을 행하지 않는 팀 멤버들에게 카드를 배포하는 것이다. 그 결과 누군가는 "나는 **Date Class**이고 나의 책임은 새로운 날짜 객체를 생성하는 것이다."라고 말할 것이다. 다른 팀 멤버는 다른 두 날짜 간의 일수를 쉽게 계산하기 위하여 **Date Class**에 추가 기능이 필요해서 기존 포맷을 1990년 1월 1일로부터의 일수를 가지는 정보 포맷으로 변경시켜 정수의 뺄셈을 사용할 것이다('알고 싶은 사항 13.3' 참조). 따라서 이렇게 작성된 CRC 카드의 책임성은 클래스 다이어그램의 완전성을 확인하는 효과적인 방법이 된다.

CRC 카드들을 사용하는 이 접근법의 약점은 팀 멤버들이 관련 애플리케이션 도메인에 충분한 경험을 갖고 있지 않은 경우 적절하지 않다. 반면에 개발자들이 이미 많은 클래스들을 결정했고, 그들의 책임과 협업에 대한 좋은 아이디어를 가지고 있다면, CRC 카드들은 프로세스를 완료하고 모든 결과가 정확하다고 확신할 수 있는 아주 우수한 방법이 된다. 이것은 13.7절에서 서술된다. 하지만 우선 우리는 동적 모델링을 수행할 필요가 있다.

동적 모델링: Elevator Problem Case Study

SOFTWARE

동적 모델링(dynamic modeling)의 목표는 각 클래스에 대해 FSM(finite state machine, 유한 상태 기계)과 유사하게 대상 프로덕트의 서술인 **상태 차트**(statechart)를 작성하는 데 있다. 우선 **Elevator Controller**를 고려해보자. 단순하게 한 개의 엘리베이터만 고려한다. **Elevator Controller**에 관련된 상태 차트는 그림 13.7에 있다.

여기에 사용된 표기법은 12.7절의 FSM의 것과 다소 유사하지만 의미는 다르다. 12장에서 제시한 FSM은 정형 기법의 한 예이다. STD(state transition diagram) 자체는 구축할 프로덕트의 완전한 표현은 아니다. 대신에 이 모델은 다음과 같이 식(12.2)에서 주어진 형식인 전이 규칙들의 집합으로 구성된다.

current state and **event** and **predicate** ⇒ **next state**

정형성(formality)은 수학 규칙들의 형식으로 제시하면 달성된다.

반대로 UML의 상태 차트의 표현은 다소 정형적이지 않다. 상태 기계(state machine)의 세 가지 측면들(상태(state), 이벤트(event), 술어(predicate))은 UML 다이어그램에 분산되어 있다. 예를 들어 그림 13.7에 있는 상태 **Going into Wait State**는 현재 상태가 'Elevator Control Loop'이고 술어가 'elevator stopped, no requests pending'일 때 입력된다. 상태 **Going into Wait State**가 입력될 때 오퍼레이션 Close elevator doors after timeout이 실행된다. OOA의 현재 버전은 반정형 (그래픽) 기법들이기 때문에 상태 차트에 내재된 정형성의 결여는 문제가 되지 않는다. 그러나 객체-지향 패러다임이 성숙하게 되어 보다 정형화된 버전이 개발되면 이를 따르는 동적 모델도 FSM과 좀 더 유사해질 것이다.

그림 13.7의 상태 차트와 그림 12.15에서 그림 12.17까지의 STD들이 동치(equivalence)인 것을 보기 위해 여러 시나리오들을 고려해보자. 예를 들어 우선 그림 13.3에 있는 시나리오의 첫 부분을 고려해보자. 이벤트 1은 User A가 3층에서 Up 버튼을 누르는 것이다.

우선 그림 12.16의 STD를 고려해보자. 만약 층 버튼이 꺼져있다면, 버튼은 켜진다. 이제 그림 13.7의 상태 차트를 고려해보자. 진한 원은 **Elevator Event Loop** 상태로 시스템이 진입하는 시작 상태를 나타낸다. 제일 왼쪽에 수직선을 따라가면, 만약 눌러졌을 때 버튼이 꺼져있다면, 시스템은 그림 13.7의 **Processing New Request** 상태로 진입하고 버튼은 켜진다. 다음 상태는 **Elevator Event Loop**이다.

다음에는 엘리베이터가 3층에 접근한다. 그림 12.17에서 엘리베이터의 상태가 3층에 정지하고, 상향임을 의미하는 S(U,3)가 된다(여기서는 엘리베이터가 하나라고 가정했으므로, 그림 12.17에 있는 인수 e는 생략한다). 이제 문이 닫히고(그림 12.17), Up floor 버튼이 꺼지며(그림 12.16), 엘리베이터는 4층을 향하여 이동하기 시작한다.

그림 13.7 Gane과 Sarson의 구조적 시스템 분석의 기호들

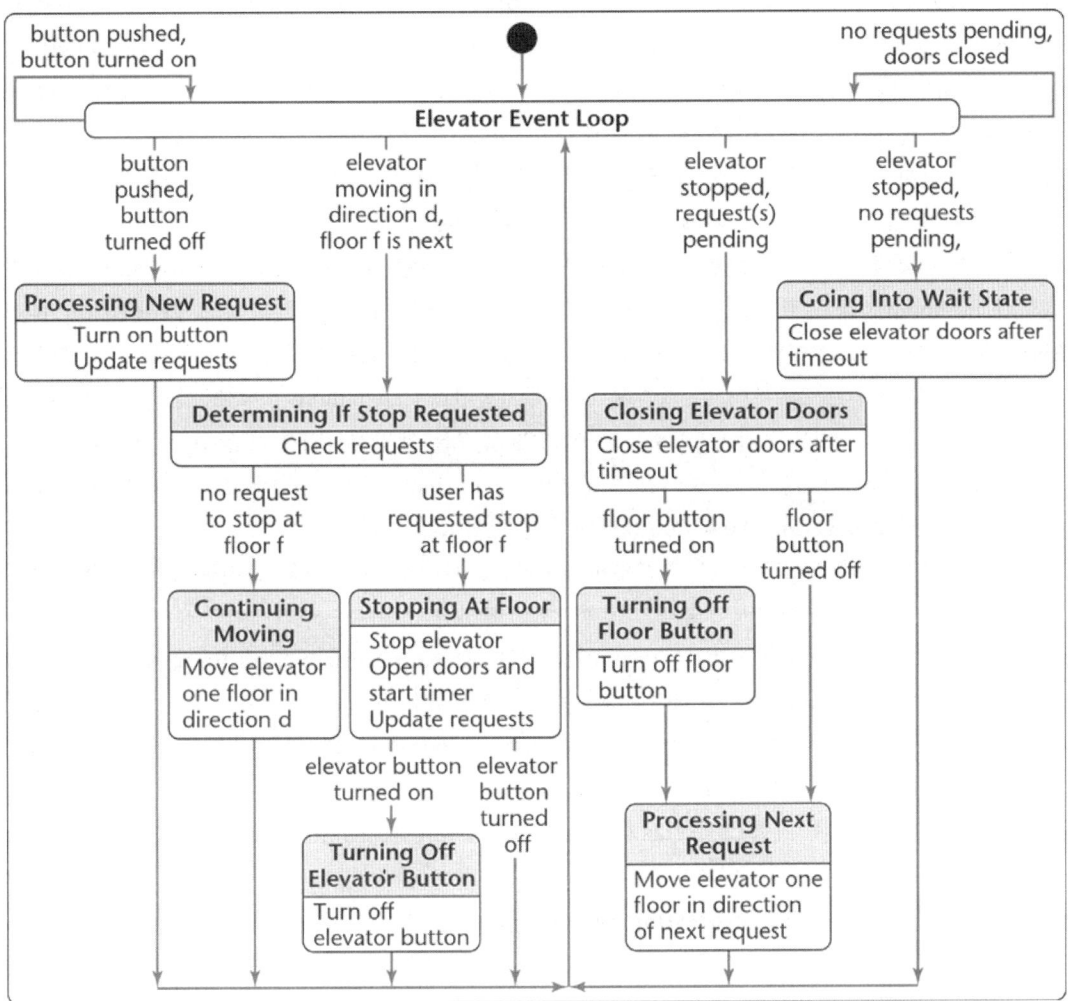

그림 13.7의 상태 차트로 돌아와서 엘리베이터가 3층에 접근할 때 무슨 일이 발생하는지를 고려해보자. 엘리베이터가 이동 중이기 때문에 입력된 다음 상태는 **Determine If stop Requested** 이다. User A가 엘리베이터가 정지할 것을 요구한 것이 확인되면 다음 상태는 **Stop at Floor**가 된다. 엘리베이터가 3층에 정지하고 문이 열린다. 그리고 타이머가 시작된다. 3층의 엘리베이터 버튼이 눌려지지 않았다면 다음 상태는 **Elevator Controller Loop**이다.

User A가 탑승해 7층으로 가기 위해 엘리베이터 버튼을 누른다. 그러면 다음 상태는 **Elevator Controller Loop**의 다음인 **Processing New Requested**가 된다. 엘리베이터가 정지되어 있고 요청이 발생한 경우 **Closing Elevator Doors** 상태가 되고 타임아웃이 된 후 문이 닫힌다. User A가 3층의 층 버튼을 눌렀을 경우 **Turning off Floor Button** 상태가 되고 층 버튼이 꺼진다. 다음 상태는 **Processing Next Request**가 되고 엘리베이터는 4층으로 움직이기 시작한다. 대응되는 다이어그램의 관련된 측면들은 이 시나리오에 대해 정확히 일치한다. 그래서 독자들은 다른 가능한 시나리오에 대하여 생각해보기를 원한다.

이전의 논의에서 그림 13.7이 시나리오들로부터 구축되었다는 것을 아는 것은 놀라울 일이 아니다. 보다 정확히 말하면 시나리오들의 특정 이벤트들은 일반화 되어 있다. 예를 들어 그림 13.3의 시나리오의 첫 번째 이벤트인 User A presses the Up floor button at floor 3을 고려해보자. 이 특정 이벤트는 눌러진 임의의 버튼(floor 버튼이나 elevator 버튼)을 일반화시킨 것이다. 그래서 여기에는 두 개의 가능성이 있다. 즉 버튼에 이미 불이 켜진 경우(아무 일도 발생하지 않은 경우) 나 버튼이 꺼진 경우(사용자들의 요청을 처리하기 위해 액션을 취하는 경우) 중에 하나다.

이 이벤트를 모델화 하기 위해 **Elevator Event Loop** 상태는 그림 13.7에 작성되어 있다. 이미 불이 켜진 버튼의 경우는 그림 13.7의 최좌측 상단 코너에 button pushed, button turned on 이벤트가 do-nothing 루프로 모델화 되었다. 다른 경우 불이 꺼진 버튼은 상태 **Processing New Request**을 이끌어내는 이벤트 button pushed, button turned off로 라벨이 붙은 화살로 모델화 되었다. 시나리오 이벤트 2로부터 이 상태는 오퍼레이션 Turn on button이 필요하다는 것이 명확해 졌다. 더욱이 임의의 버튼을 누르는 사용자 액션의 목적은 엘리베이터를 요청(floor button)하거나 특정 층으로 엘리베이터를 이동시키기를 요청(elevator button)하는 것이라, 오퍼레이션 Update requests도 상태 **Processing New Request**에서 수행되어야 한다.

지금부터는 시나리오의 이벤트 3인 An elevator arrives at floor 3을 고려해보자. 이것은 층들 사이를 이동하는 임의 엘리베이터의 개념을 일반화시킨 것이다. 엘리베이터의 이동은 이벤트 elevator moving in direction d, floor f is next와 상태 **Determining if Stop Requested**로 모델화 시킨 것이다. 그러나 여기에는 두 가지 가능성 즉 층 f에서 정지하라는 요청이나 이러한 요청이 없는 경우다. 전자의 경우 이벤트 no request to stop at floor에 대응되는 엘리베이터는 방향 d에서 한 층 이상인 **Continuing Moving**의 상태이어야 한다. 후자인 경우(이벤트 user has requested stop at floor f에 대응되는) 그림 13.3으로부터 Stop elevator(이벤트 3으로부터)가 필요해서 Open doors and start timer(이벤트 4와 5로부터)가 분명하다. 이들 액션을 수행하기 위해 **Stopping at Floor** 상태가 필요하다. 또한 **Processing New Request** 상태와 유사하게 상태 **Stopping at Floor** 에 Update requests가 필요한 것도 분명하다. 더욱이 시나리오의 이벤트 9의 일반화는 만약 불이 꺼져 있다면 엘리베이터 불이 켜지는 것을 이끌어낸다. 이것은 그 상태를 나타내는 박스의 위에 있는 두 개의 이벤트와 함께 **Turning off Floor Button** 상태로 모델화시켰다. 비슷하게 그 상태를 나타내는 박스의 위에 있는 두 개의 이벤트와 함께 **Turning off Elevator Button** 상태로 모델화시 켰다.

그림 13.3에 있는 시나리오에서 이벤트 8의 일반화는 **Closing Elevator Doors** 상태를 나오게 한다. 또 이벤트 10의 일반화는 상태 **Processing Next Request**를 나오게 한다. 그러나 상태 **Going into Wait State**와 이벤트 no requests pending, doors closed의 필요성은 사용자가 엘리베 이터에서 나오지만 버튼에 불이 켜지지 않는 다른 시나리오의 이벤트를 일반화시켜 감소시킨다.

그림 13.8

클래스 Elevator
Controller에 대한
CRC 카드의
첫 번째 반복

CLASS
Elevator Controller Class
RESPONSIBILITY
1. Turn on elevator button
2. Turn off elevator button
3. Turn on floor button
4. Turn off floor button
5. Move elevator up one floor
6. Move elevator down one floor
7. Open elevator doors and start timer
8. Close elevator doors after timeout
9. Check requests
10. Update requests
COLLABORATION
1. **Elevator Button Class**
2. **Floor Button Class**
3. **Elevator Class**

13.7
테스트 워크플로: Object-Oriented Analysis

SOFTWARE

이 시점까지 기능, 엔티티 클래스, 동적 모델들이 완료되었기 때문에 지금부터 다시 **테스트 워크플로** (test workflow)를 시작한다. 다음 단계는 지금까지의 분석 워크플로를 검토한다. 13.5.2절에서 제시했듯이 이 검토의 한 컴포넌트는 CRC 카드들을 사용하는 것이다.

따라서 CRC카드들은 각 엔티티 클래스들인 **Button Class**, **Elevator Button Class**, **Floor Button Class**, **Elevator Class**, **Elevator Controller Class**들에 작성된다. 그림 13.8에서 보듯이 **Elevator Controller Class**에 대한 CRC 카드는 그림 13.5의 클래스 다이어그램과 그림 13.6의 상태 차트로부터 유추되었다. 보다 상세하게 보면 **Elevator Controller Class**의 RESPONSIBILITY 는 상태 차트에 있는 **Elevator Controller Class**(그림 13.7)에 대한 모든 오퍼레이션들을 목록화시키면 얻어진다. **Elevator Controller Class**의 COLLABORATION은 그림 13.6의 클래스 다이어그램을 조사해서 그리고 클래스 **Elevator Button Class**, **Floor Button Class**, **Elevator Class**들은 클래스 **Elevator Controller Class**와 상호작용하는 것을 통지하면 결정된다.

이 CRC 카드는 객체-지향 분석의 첫 번째 반복에 두 개의 주요한 문제점을 보여준다.

1. 책임 1. Turn on Elevator Button을 고려해보자. 이 명령은 객체-지향 패러다임에서 매우 부적절하다. 책임-기반 설계(responsibility-driven design)의 관점에서 보면(1.9절), **Elevator Button** 클래스의 객체(인스턴스)들은 자신을 켜고(on) 끄는 데(off) 대한 일을 담당한다. 또한 정보 은닉(information hiding)의 관점에서 보면(7.6절), **Elevator Controller Class**는 버튼을 켜는 데 필요한 **Elevator Button Class**의 내부에 대한 지식을 갖고 있지 않다. 정확한 책임은 '스스로 on 하라는 메시지를 **Elevator Button Class**에 전송한다.' 이다. 유사한 변경들은 그림 13.8에

그림 13.9

클래스 Elevator
Controller에 대한
CRC 카드의
두 번째 반복

CLASS
Elevator Controller Class
RESPONSIBILITY

1. Send message to **Elevator Button Class** to turn on button
2. Send message to **Elevator Button Class** to turn off button
3. Send message to **Floor Button Class** to turn on button
4. Send message to **Floor Button Class** to turn off button
5. Send message to **Elevator Class** to move up one floor
6. Send message to **Elevator Class** to move down one floor
7. Send message to **Elevator Doors Class** to open
8. Start timer
9. Send message to **Elevator Doors Class** to close after timeout
10. Check requests
11. Update requests

COLLABORATION
1. **Elevator Button Class** (subclass)
2. **Floor Button Class** (subclass)
3. **Elevator Doors Class**
4. **Elevator Class**

있는 책임 2, 3, 4, 5, 6에도 필요하다. 이들 여섯 개의 수정들은 **Elevator Controller**에 대한 CRC 카드의 두 번째 반복인 그림 13.9에 반영되어 있다.

2. 클래스가 못보고 넘어가는 경우이다. 그림 13.8로 돌아가, 책임 7. Open elevator doors and start timer를 고려해보자. 여기서 핵심 개념은 상태(state)의 견해(notion)이다. 클래스의 속성들은 자주 상태 변수(sate variable)들이라고 부른다. 이런 용어가 사용되는 이유는 대부분의 객체-지향 구현에서 프로덕트의 상태는 다양한 컴포넌트 객체들의 속성들의 값으로 결정된다. 상태 차트는 FSM과 공통적인 많은 특성들을 가지고 있다. 따라서 객체-지향 패러다임에서 상태의 개념이 중요한 역할을 담당하는 것은 놀랄 일이 아니다. 이 개념은 컴포넌트가 클래스와 같이 모델화 될 수 있는지를 결정하는 데 도움을 주기 위해 사용된다. 만약 의문스러운 컴포넌트가 구현의 실행 동안에 변경되는 상태를 가지고 있다면, 그것은 아마도 클래스로 모델화 되어야 한다. 분명히 엘리베이터의 문들은 상태(열림 또는 닫힘)를 가지고 있으므로 **Elevator Doors Class**는 클래스가 되어야 한다.

여기에 **Elevator Doors Class**가 클래스가 되어야 하는 또 다른 이유가 있다. 객체-지향 패러다임은 객체 내에 상태를 숨겨서 허가 받지 않은 변경으로부터 보호를 받게 한다. 만약 **Elevator Doors** 객체가 있다면, 엘리베이터의 문들이 열고 닫을 수 있는 유일한 방법은 **Elevator Doors** 객체에 메시지를 보내는 것이다. 엘리베이터의 문들이 잘못된 시간에 열려서 생길 수 있는 심각한 사고에 대해서는 '알고 싶은 사항 13.4'을 보면 알 수 있다. 그러므로 어떤 타입의 프로덕트들에서도 안전성 고려는 7장과 8장에서 열거한 객체들의 다른 강점들에 추가되어야 한다.

Elevator Doors Class를 클래스로 만드는 것은 그림 13.8에 있는 책임 7과 8을 책임 1부터 6까지 유사하게 변경시킬 필요가 있다는 의미다. 즉 메시지가 **Elevator Doors Class**의 인스턴스에 스스로 문을 열고 닫으라고 보내야 된다. 그러나 여기에는 스스로 복잡하게 만드는 요소가 있다.

책임 7 Open elevator doors and start timer를 다시 보자. 이것은 두 개의 독립된 책임으로 분리된다. 메시지는 **Elevator Doors Class**에게 문을 열라고 보낸다. 그러나 타이머(timer)는 **Elevator Controller Class**의 부분이라 타이머를 시작시키는 것은 Elevatot Controller Class 자신의 책임이다. **Elevator Controller Class**에 대한 CRC 카드의 두 번째 반복(그림 13.9)은 이 독립된 책임들이 만족스럽게 달성되는 것을 보여준다.

그림 13.8의 CRC 카드에 의해 생긴 두 개의 주요 문제 이외에도 **Elevator Controller Class**의 책임들인 Check requests와 Update requests는 속성 requests가 **Elevator Controller Class**에 추가되는 것을 요구한다. 이 단계에서 requests는 단순하게 타입 requestType으로 정의된다. 즉 requests에 대한 데이터구조는 설계 워크플로 동안에 선택된다.

정확한 클래스 다이어그램은 그림 13.10에서 보여준다. 클래스 다이어그램을 수정하면 유스-

그림 13.10

엘리베이터 문제 사례 연구에 대한 클래스 다이어그램의 세 번째 반복

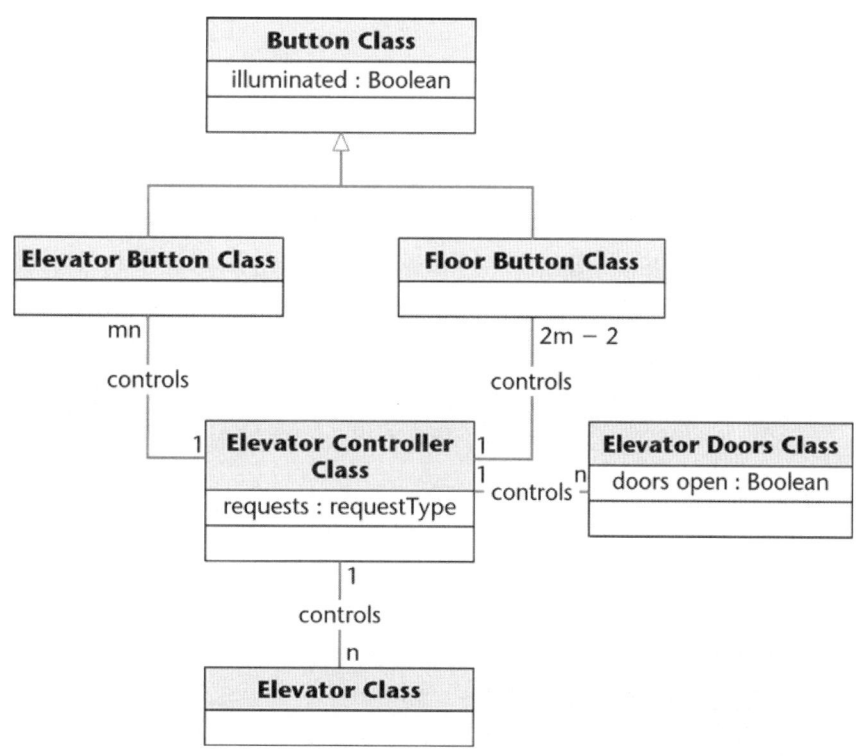

그림 13.11

엘리베이터 문제
사례 연구에 대한
표준 시나리오의
두 번째 반복

1. User A presses the Up floor button at floor 3 to request an elevator. User A wishes to go to floor 7.
2. The floor button informs the elevator controller that the floor button has been pushed.
3. The elevator controller sends a message to the Up floor button to turn itself on.
4. The elevator controller sends a series of messages to the elevator to move itself up to floor 3. The elevator contains User B, who has entered the elevator at floor 1 and pressed the elevator button for floor 9.
5. The elevator controller sends a message to the elevator doors to open themselves.
6. The elevator controller starts the timer.
   User A enters the elevator.
7. User A presses elevator button for floor 7.
8. The elevator button informs the elevator controller that the elevator button has been pushed.
9. The elevator controller sends a message to the elevator button for floor 7 to turn itself on.
10. The elevator controller sends a message to the elevator doors to close themselves after a timeout.
11 The elevator controller sends a message to the Up floor button to turn itself off.
12. The elevator controller sends a series of messages to the elevator to move itself up to floor 7.
13. The elevator controller sends a message to the elevator button for floor 7 to turn itself off.
14. The elevator controller sends a message to the elevator doors to open themselves to allow User A to exit from the elevator.
15. The elevator controller starts the timer.
    User A exits from the elevator.
16. The elevator controller sends a message to the elevator doors to close themselves after a timeout.
17. The elevator controller sends a series of messages to the elevator to move itself up to floor 9 with User B.

케이스 다이어그램과 상태 차트들도 보다 구체적으로 정제될 필요가 있는지를 알기 위해 다시 조사해야 된다. 유스-케이스 다이어그램은 아직도 적합하다. 그러나 그림 13.8(CRC 카드의 첫 번째 반복)이 아니고 그림 13.7의 상태 차트에 있는 오퍼레이션들은 그림 13.9(CRC 카드의 두 번째 반복)의 책임들을 반영하기 위해 수정되어야 한다. 또한 상태 차트들의 집합은 추가 클래스를 포함하도록 확장되어야 한다. 시나리오들도 이들 변경을 반영하기 위해 갱신되어야 한다. 즉 그림 13.11은 그림 13.3의 시나리오의 두 번째 반복을 보여준다. 결국 모든 이들 변경이 반영되고 점검된 경우에도(수정된 CRC 카드도 포함해서) 객체-지향 설계 워크플로 동안에도 객체-지향 분석 워크플로로 되돌아와서 분석 산출물들의 한 개 또는 그 이상을 수정할 필요성은 여전히 남아 있다. 그러나 이 단계에서 엘리베이터 문제 사례 연구에 대한 엔티티 클래스들은 정확하게 추출된 것으로 보인다.

그림 13.10에 클래스 다이어그램의 세 번째 반복에는 심각한 문제가 있다. **Elevator Controller Class**는 전체 보여주기를 실행한다. 이것은 소위 God 클래스에 예제이고, 이 클래스는 너무 많은 정보를 노출하고 또 너무 많은 제어를 갖고 있다. 아키텍처의 이런 타입은 잘 알려진 안티패턴(anti pattern), 또는 해야 할 패턴이다('알고 싶은 사항 13.4' 참조). 이 문제를 해결하기 위해 하나의 중앙형 엘리베이터 제어기를 사용하기보다 제어를 분산시킨다. n 엘리베이터의 각각은 지금

그림 13.12 엘리베이터 문제 사례 연구에 대한 클래스 다이어그램의 네 번째 반복

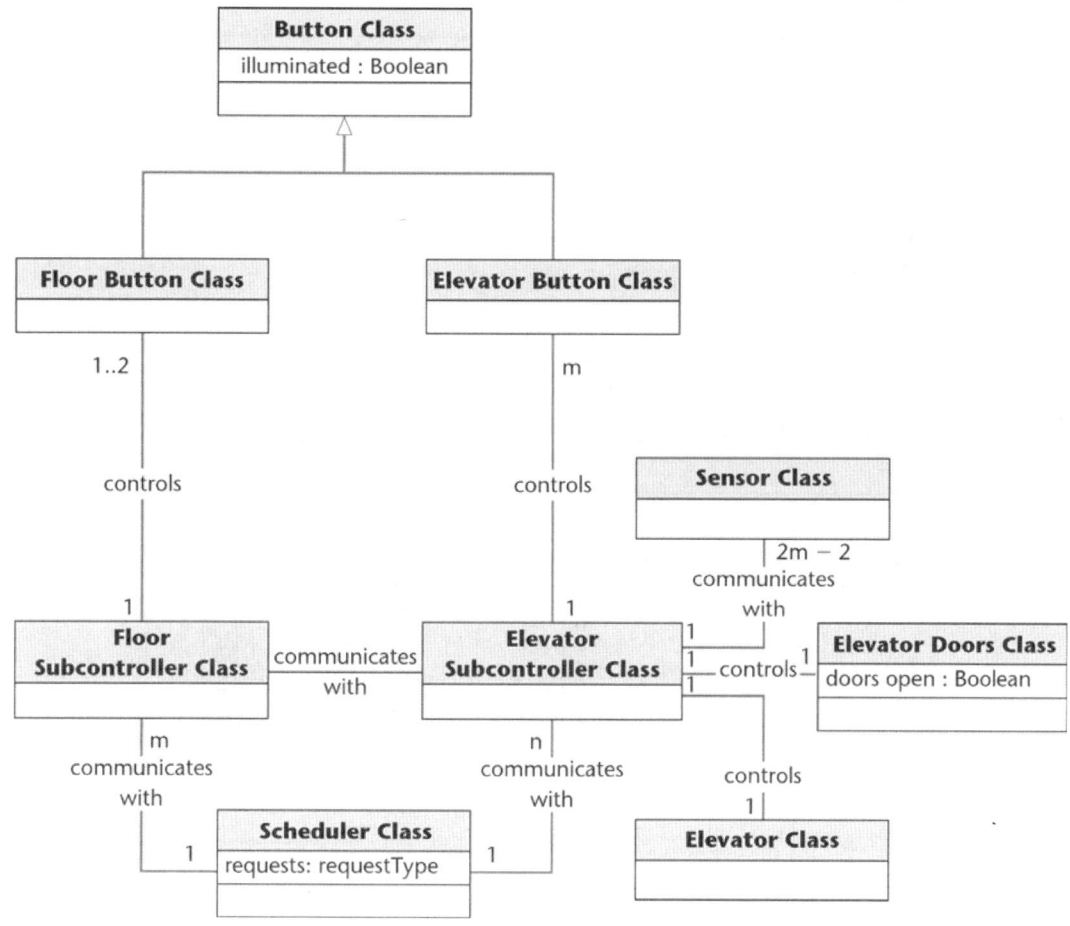

자신의 엘리베이터 보조 제어기(sub-controller)를 가지고 있고, m 층의 각각은 자신의 층 보조 제어기를 가지고 있다. m+n 보조제어기들은 모두 요청을 처리하는 스케줄러와 통신한다. 클래스 다이어그램의 네 번째 반복 결과는 그림 13.12에서 보여준다. 이 다이어그램은 분산화, 분산화된 아키텍처, 객체지향 패러다임의 특성을 반영하고 있다.

지금 사용자가 **Floor Button Class** 객체를 눌렀을 때, **Floor Button Class** 객체는 해당하는 버튼이 눌러졌을 때 그것에 대한 정보를 제공하는 해당 **Floor Subcontroller Class** 객체에 메시지를 보낸다. **Floor Subcontroller Class** 객체는 그것의 불이 켜져 있는지 묻기 위해 **Floor Button Class** 객체에 메시지를 돌려보낸다. 만약 아니라면, 자기 스스로 불을 켜도록 **Floor Button Class** 객체에 메시지를 보내고, 또한 사용자의 새로운 요청을 **Scheduler Class** 객체에 알려준다.

유사하게 사용자가 **Elevator Button Class** 객체를 눌렀을 때, **Elevator Button Class** 객체는 해당하는 버튼이 눌러졌을 때 그것에 대한 정보를 제공하는 해당 **Elevator Subcontroller Class** 객체에 메시지를 보낸다. **Elevator Subcontroller Class** 객체는 그것의 불이 켜져 있는지 묻기 위해 **Elevator Button Class** 객체에 메시지를 돌려보낸다. 만약 아니라면, 자기 스스로 불을 켜도록 **Elevator Button Class** 객체에 메시지를 보내고, 또한 만들어진 새로운 요청을 **Scheduler Class** 객체에 알려준다.

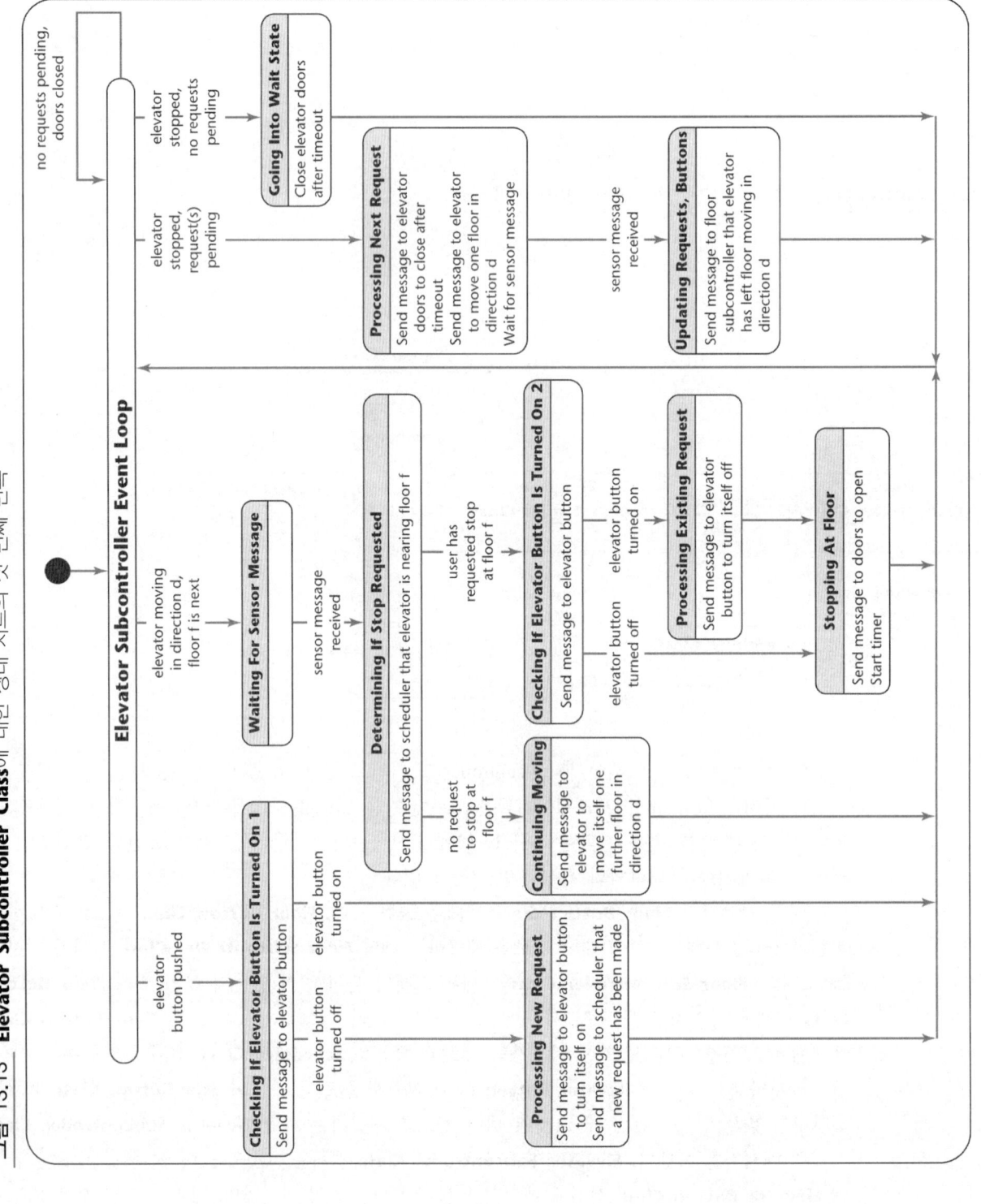

그림 13.13 **Elevator Subcontroller Class**에 대한 상태 차트의 첫 번째 반복

그림 13.14

**Elevator
Subcontroller
Class**에 대한
CRC 카드

CLASS
Elevator Subcontroller Class

RESPONSIBILITY

1. Send message to **Elevator Button Class** to check if it is turned on
2. Send message to **Elevator Button Class** to turn itself on
3. Send message to **Elevator Button Class** to turn itself off
4. Send message to **Elevator Doors Class** to open themselves
5. Start timer
6. Send message to **Elevator Doors Class** to close themselves after timeout
7. Send message to **Elevator Class** to move itself up one floor
8. Send message to **Elevator Class** to move itself down one floor
9. Send message to **Scheduler Class** that a request has been made
10. Send message to **Scheduler Class** that a request has been satisfied
11. Send message to **Scheduler Class** to check if the elevator is to stop at the next floor
12. Send message to **Floor Subcontroller Class** that elevator has left floor

COLLABORATION

1. **Elevator Button Class** (subclass)
2. **Sensor Class**
3. **Elevator Doors Class**
4. **Elevator Class**
5. **Scheduler Class**
6. **Floor Subcontroller Class**

각 엘리베이터 축에 각 층에는 위와 아래로 총 2m-2개의 센서가 있다. **Elevator Class** 객체가 (위나 아래로 이동) 한 층에 가까워질 때 해당 **Sensor Class** 객체는 해당하는 **Elevator Subcontroller Class** 객체에 적절한 메시지를 보낸다. 그 후 **Elevator Subcontroller Class** 객체는 **Scheduler Class** 객체에 **Elevator Class** 객체가 층에 가까워지고 있다고 알리는 메시지를 보낸다. 이제 **Scheduler Class** 객체는 이 요청이 그 층에 멈췄는지 점검한다. 만약 그렇지 않다면, **Elevator Subcontroller Class** 객체에 메시지를 보내고, 그 후 적절한 **Elevator Class** 객체에 같은 방향으로 그 후에 층으로 스스로 움직이도록 메시지를 보낸다. 하지만 멈췄다는 요청이라면 **Scheduler Class** 객체는 **Elevator Subcontroller Class** 객체에 알리고 그 후 이에 맞춰, 그것의 요청 목록을 알맞게 갱신한다. 그 후 **Elevator Subcontroller Class** 객체는 적절한 **Elevator Button Class** 객체에 자신의 불을 껐는지를 묻는 메시지를 보낸다. 만약 아니라면, **Elevator Button Class** 객체에 자신의 불을 끄도록 하는 다음 메시지를 보낸다.

Elevator Class 객체가 한 층에 멈추면 해당 **Elevator Subcontroller Class** 객체는 적절한 **Elevator Doors Class** 객체에 스스로를 열도록 메시지를 보낸다. 그 후 그것의 타이머를 시작한다. 시간이 경과된 후에, **Elevator Doors Class** 객체에 스스로 닫히도록 적절한 메시지를 보낸다.

마지막으로 **Elevator Class** 객체가 층을 떠날 때(위나 아래로 이동), 적합한 **Sensor Class** 객체는 엘리베이터가 층을 떠난다고 해당 **Elevator Subcontroller Class** 객체에 알린다. **Elevator Subcontroller Class** 객체는 엘리베이터가 층을 떠났다고, 이동하는 방향에 해당 **Floor Subcontroller Class** 객체에 알리는 메시지를 보낸다. 그 후 **Floor Subcontroller Class** 객체는 해당하는 **Floor Button Class** 객체에 만약 불이 켜지고, 그렇다면 스스로 불을 끄라는 그 다음 메시지를 보내도록 결정하는 메시지를 보낸다.

이제 다양한 UML 다이어그램은 그림 13.12의 클래스 다이어그램의 네 번째 반복을 반영하기 위해 갱신하는 게 필요하다. **Elevator Subcontroller Class**에 대한 상태 차트의 첫 번째 반복은 그림 13.13에서 보여준다. **Elevator Subcontroller Class**에 대한 CRC 카드의 첫 번째 반복은 그림 13.14에서 보여준다. 다른 UML 다이어그램을 갱신하는 것은 연습문제(문제 13.1-13.5)에 있다.

이 모든 변경들이 수행되고 점검(수정된 CRC 카드들을 포함)되지만, 객체-지향 설계 워크플로 동안 객체-지향 분석 워크플로로 돌아가고 또 하나 또는 그 이상의 분석 산출물들은 교정하는 게 필요하다. 그러나, 이 단계에서 엘리베이터 문제 사례 연구에 대한 엔티티 클래스들이 정확하게 추출된 것으로 보인다.

13.8
경계와 컨트롤 클래스들 추출

엔티티 클래스들과 다르게 경계 클래스(boundary class)들은 보편적으로 추출하기가 쉽다. 일반적으로 각 입력 화면, 출력 화면, 출력 보고서 등은 그 자신의 경계 클래스로 모델화시킨다. 클

그림 13.15

MSG Foundation 사례 연구에 대한 유스 케이스 다이어그램의 일곱 번째 반복

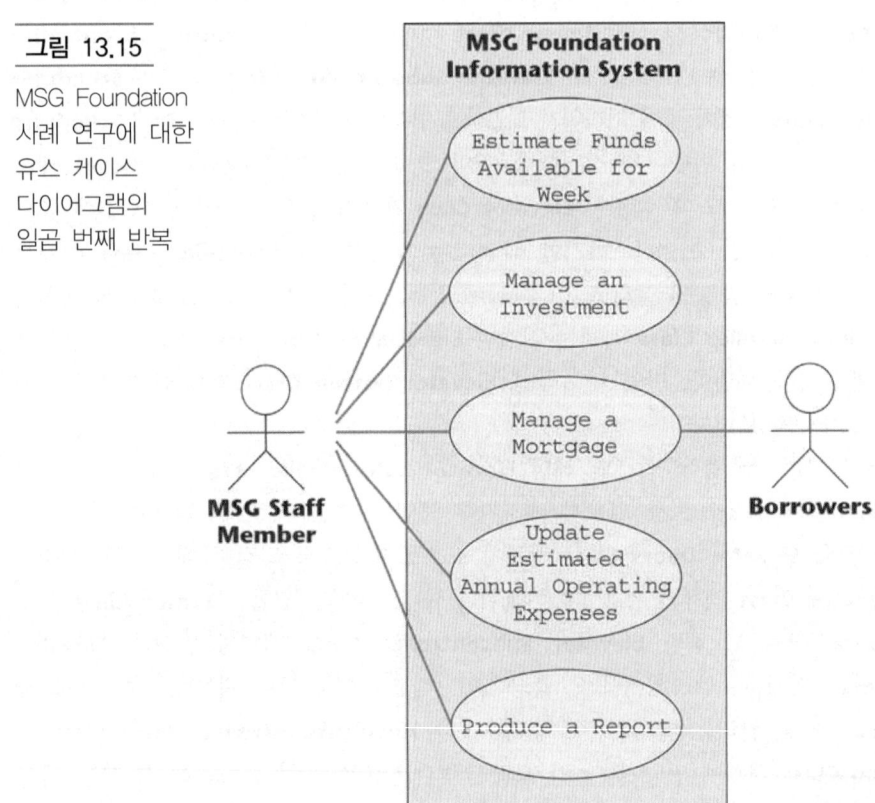

래스가 속성(data)들과 오퍼레이션들을 통합시킨 것을 기억해보자. 경계 클래스 모델링 말하자면 출력 보고서는 보고서에 포함될 수 있는 모든 항목과 보고서를 출력하는 데 수행되는 다양한 오퍼레이션들을 통합시킨 것이다.

컨트롤 클래스(control class)들도 보편적으로 경계 클래스들처럼 추출하기가 쉽다. 일반적으로 각 중요한 계산은 컨트롤 클래스로 모델화시킨다.

이제 우리는 엔티티를 설명하고 MSG Foundation의 클래스를 추출함으로써 Unified Process에 대한 그 이상의 통찰력을 얻게 되었다.

다음 절부터는 MSG Foundation 사례 연구의 클래스들을 추출하면서 엔티티, 경계, 컨트롤 클래스 추출을 설명한다. 시작점은 그림 11.42의 유스 케이스 다이어그램이며, 그림 13.15처럼 다시 만들어졌다.

13.9
초기 기능적 모델: The MSG Foundation Case Study

SOFTWARE

13.2절에서 서술했듯이, 기능적 모델링은 유스 케이스들의 시나리오들의 발견물로 구성된다. 시나리오가 유스 케이스의 인스턴스라는 것을 기억하자. Manage a Mortgage 유스 케이스(그림 11.32와 11.33)을 고려해보자. 하나의 가능한 시나리오는 그림 13.16에서 보여준다. 여기에는 MSG Foundation이 모기지(mortgage)를 제공한 집에 대해 지불할 연간 부동산세에 변경이 있다. 왜냐하면 대출자들은 해당하는 주급제로 이 세금을 내기 때문에, 부동산에 변경은 관련된 모기지 레코드에 입력되어야 한다. 그래야 전체 주간 할부금(그리고 아마 보조금)을 적절하게 조정할 수가 있다. 확장된 시나리오 모델들의 표준 부분은 관련된 모기지 레코드를 액세스 하고 연간 부동산세를 변경시키는 MSG 스태프 멤버들을 모델화 했다. 그러나 때때로 스태프 멤버가 모기지 번호를 부정확하게 입력하기 때문에 소프트웨어 프로덕트에 저장된 정확한 모기지의 위치를 찾지 못할 수가 있다. 이 가능성은 시나리오의 예외 부분으로 모델화된다.

Mannage a Mortgage 유스 케이스(그림 11.32와 11.33)에 대응되는 두 번째 시나리오는 그림 13.17에서 보여준다. 여기에는 대출자의 주간 소득이 변경됐다. 그들은 그들의 주당 할부금이 정확히 계산될 수 있게, 이 정보를 MSG Foundation 레코드에 반영하고 싶어 한다. 이 확장된 시나

그림 13.16

모기지를
관리하는 확장된
시나리오

> An MSG Foundation staff member wants to update the annual real-estate tax on a home for which the Foundation has provided a mortgage.
> 1. The staff member enters the new value of the annual real-estate tax.
> 2. The information system updates the date on which the annual real-estate tax was last changed.
>
> **Possible Alternative**
>
> A. The staff member enters the mortgage number incorrectly.

그림 13.17 모기지를 관리하는 다른 확장된 시나리오

There is a change in the weekly income of a couple who have borrowed money from the MSG Foundation. They wish to have their weekly income updated in the Foundation records by an MSG staff member so that their mortgage payments will be correctly computed.
1. The staff member enters the new value of the weekly income.
2. The information system updates the date on which the weekly income was last changed.

Possible Alternatives

A. The staff member enters the mortgage number incorrectly.
B. The borrowers do not bring documentation regarding their new income.

그림 13.18 Estimate Funds Available for Week 유스 케이스의 시나리오

An MSG Foundation staff member wishes to determine the funds available for mortgages this week.
1. For each investment, the information system extracts the estimated annual return on that investment. It sums the separate returns and divides the result by 52 to yield the estimated investment income for the week.
2. The information system then extracts the estimated annual MSG Foundation operating expenses and divides the result by 52.
3. For each mortgage:
   3.1 The information system computes the amount to be paid this week by adding the principal and interest payment to $\frac{1}{52}$nd of the sum of the annual real-estate tax and the annual homeowner's insurance premium.
   3.2 It then computes 28 percent of the couple's current gross weekly income.
   3.3 If the result of Step 3.1 is greater than the result of Step 3.2, then it determines the mortgage payment for the week as the result of Step 3.2, and the amount of the grant for this week as the difference between the result of Step 3.1 and the result of Step 3.2.
   3.4 Otherwise, it takes the mortgage payment for this week as the result of Step 3.1, and there is no grant for the week.
4. The information system sums the mortgage payments of Steps 3.3 and 3.4 to yield the estimated total mortgage payments for the week.
5. It sums the grant payments of Step 3.3 to yield the estimated total grant payments for the week.
6. The information system adds the results of Steps 1 and 4 and subtracts the results of Steps 2 and 5. This is the total amount available for mortgages for the current week.
7. Finally, the software product prints the total amount available for new mortgages during the current week.

리오의 표준 부분은 기대했던 대로 이 오퍼레이션 처리를 보여준다. 이 시나리오의 비표준 부분은 다시 두 가지 가능성을 보여준다. 첫 번째는 이전 시나리오처럼 스태프 멤버가 모기지 번호를 부정확하게 입력하는 것이다. 두 번째는 대출자들이 요청된 변경이 구현되지 않은 경우, 그들의 수입과 관련된 그들의 요구를 지원하기 위해 그들에게 적절한 문서화를 제공할 수는 없을 것이다.

세 번째 시나리오(그림 13.18)는 Estimate Funds Available for Week(그림 11.42) 유스 케이스의 인스턴스(실례)들이다. 이 시나리오는 유스 케이스(그림 11.43)의 서술로부터 직접 유도되었다.

그림 13.19 Produce a Report 유스 케이스의 시나리오

An MSG staff member wishes to print a list of all mortgages.
1. The staff member requests a report listing all mortgages.

그림 13.20 Produce a Report 유스 케이스의 다른 시나리오

An MSG staff member wishes to print a list of all investments.
1. The staff member requests a report listing all investments.

그림 13.19와 13.20의 시나리오는 Produce a Report 유스 케이스의 인스턴스들이다. 이들 시나리오는 유스 케이스(그림 11.39)의 해당하는 서술로부터 직접 유도되었다. 남아있는 시나리오들은 마찬가지로 단순하므로 연습문제에서 다룬다(연습문제 13.2와 13.13).

13.10
초기 클래스 다이어그램: The MSG Foundation Case Study

두 번째 단계는 클래스 모델링이다. 이 단계의 목적은 엔티티 클래스들을 추출하고 그들의 상호 관계를 결정하고, 또 그들의 속성들을 찾는 것이다. 이 단계를 시작하는 최선의 방안은 보통 2단계 명사 추출 방법이다(13.5.1절).

1단계에서 우리는 소프트웨어 프로덕트를 한 문단으로 서술한다. MSG Foundation 사례 연구의 경우에, 이를 수행하는 방법은 다음과 같다.

Weekly reports are to be printed showing how much money is available for mortgages. In addition, lists of investments and mortgages must be printed on demand.

2단계에서 우리는 이 문단에서 명사들을 식별한다. 명확성을 위해 명사들은 산세리프체 타입(Sans serif type)으로 인쇄한다.

Weekly reports are to be printed showing how much money is available for mortgages.
In addition, lists of investments and mortgages must be printed on demand.

명사들은 report, money, mortgages, lists, investments이다. 명사 report와 lists은 오래 남아 있지 않는다. 그래서 이들은 엔티티 클래스로 보지 않는다(report는 분명히 경계 클래스가 되지 않는다). 그리고 money는 추상 명사이다. 이제 두 개의 후보 엔티티 클래스만 남았다. 즉 클래스 다이어그램의 첫 번째 반복인 그림 13.21에서 보여준 **Mortgage Class**와 **Investment Class**만 남았다.

이제는 이들 두 엔티티 클래스들 간의 상호작용을 고려해보자. Manage an Investment와 Manage a Mortgage(각각 그림 11.31과 11.33) 유스 케이스의 서술을 조사해보자. 두 개의 엔티티 클래스들에서 수행되는 오퍼레이션들, 즉 삽입, 삭제, 수정은 매우 비슷할 것으로 보인다. 또한 Produce a Report 유스 케이스(그림 11.39)에 대한 서술의 두 번째 반복은 요구를 인쇄하는 두 가지 엔티티의 멤버들을 모두 보여준다. 다시 말해서 **Mortgage Class**와 **Investment Class**는 아마도 어떤 슈퍼클래스의 서브클래스(subclass)일 것이다. 모기지와 투자는 모두 MSG Foundation의 자산이기 때문에, 우리는 이를 **Asset Class** 슈퍼클래스(superclass)라고 부를 것이다. 클래스 다이어그램의 두 번째 반복 결과는 그림 13.22에 보여준다.

이 슈퍼클래스 구축에 유용한 부작용은 우리가 다시 한 번 유스 케이스의 수를 줄일 수 있게 한다는 점이다. 그림 13.15에서 보여준 것처럼, 우리는 현재 Manage a Mortgage와 Manage an Investment를 포함하여 다섯 개의 유스 케이스를 가지고 있다. 그러나 만약 우리가 자산의 특별한 경우가 되는 모기지나 투자를 고려한다면, 우리는 두 가지 유스 케이스를 단일 유스 케이스인 Manage an Asset로 합칠 수 있다. 유스 케이스 다이어그램의 8번째 반복은 그림 13.23에서 보여준다. 새로운 유스 케이스는 음영 처리 되어 있다. 이제 속성들은 그림 13.24에서 보여준 것처럼 추가되었다.

그림 13.21 MSG Foundation 사례 연구의 클래스 다이어그램에 첫 번째 반복

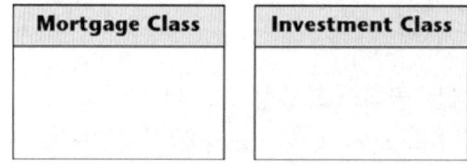

그림 13.22 MSG Foundation 사례 연구에 대한 클래스 다이어그램의 두 번째 반복

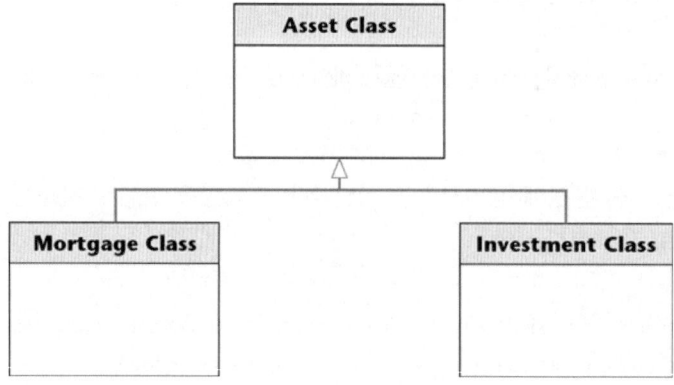

그림 13.23 **그림 13.23** MSG Foundation 사례 연구에 대한 유스 케이스 다이어그램의 8번째 반복. 새로운 유스 케이스 Manage an Asset은 음영 처리되었음.

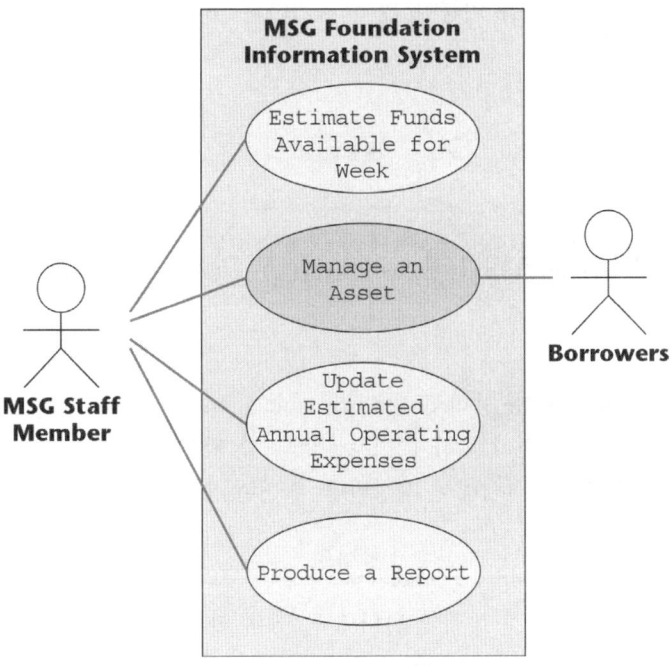

그림 13.24 MSG Foundation 사례 연구에 대한 클래스 다이어그램의 두 번째 반복에 속성 추가

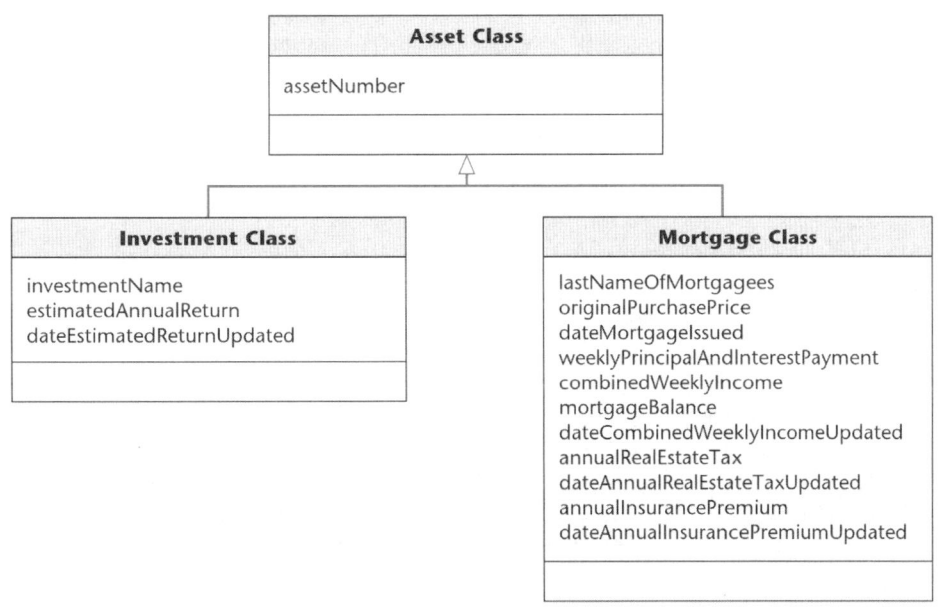

'반복과 점진'이라는 구절은 또한 현재까지 개발되었던 것을 축소화시킬 가능성을 포함하고 있다. 이러한 감소에는 두 가지 이유가 있다. 첫 번째는 만약 실수로 만들어졌다면, 이것을 수정하는 최선의 방법은 소프트웨어 프로덕트의 이전 버전으로 되돌아가고, 부정확하게 수행된 단계를 수행하는 더 나은 방법을 찾는 것이다. 되돌아갔을 때, 부정확한 단계의 진행에서 추가된 모든 것

을 삭제해야 한다. 두 번째는 현재까지 모델들의 재조직화의 결과에 따라, 하나 이상의 산출물들이 불필요해지는 경우다. 소프트웨어 프로덕트를 개발하는 것은 어려운 일이다. 그러므로 불필요한 유스 케이스나 다른 산출물들을 가능한 많이 제거하는 것이 중요하다.

13.11
초기 동적 모델: The MSG Foundation Case Study

객체-지향 분석의 세 번째 단계는 동적 모델링(dynamic modeling)이다. 이 단계에서 상태 차트 (statechart)는 상태에서 상태로 전이를 하게 하는 이벤트를 지시하는 시스템에 의해 또는 시스템에 수행되는 모든 오퍼레이션을 반영해서 작성된다. 관련된 오퍼레이션들에 관한 정보의 주요 소스는 시나리오들이다.

그림 13.25의 상태 차트는 MSG Foundation 사례 연구의 오퍼레이션들을 반영시킨 것이다. 맨 위 좌측에 있는 진한 원은 초기 상태를 나타내고, 상태 차트의 시작점이다. 이 초기 상태에서 나온 화살표는 **MSG Foundation Event Loop**라고 이름 붙여진 상태로 간다. 초기와 최종 상태 이외의 상태는 둥근 사각형으로 표현된다. **MSG Foundation Event Loop** 상태에서, 다섯 개의 이벤트 중 한 곳만 발생할 수 있다. 보다 자세히 말하면, MSG 스태프 멤버는 다섯 개 명령 중에 하나만 제기한다. 이들 다섯 개의 명령은 다음과 같다. estimate funds for the week, manage an asset, update estimated annual operating expenses, produce a report, quit. 이들 가능성은 다섯 개 이벤트인 estimate funds for the week selected, manage an asset selected, update estimated annual

그림 13.25 MSG Foundation 사례 연구의 초기 상태 차트

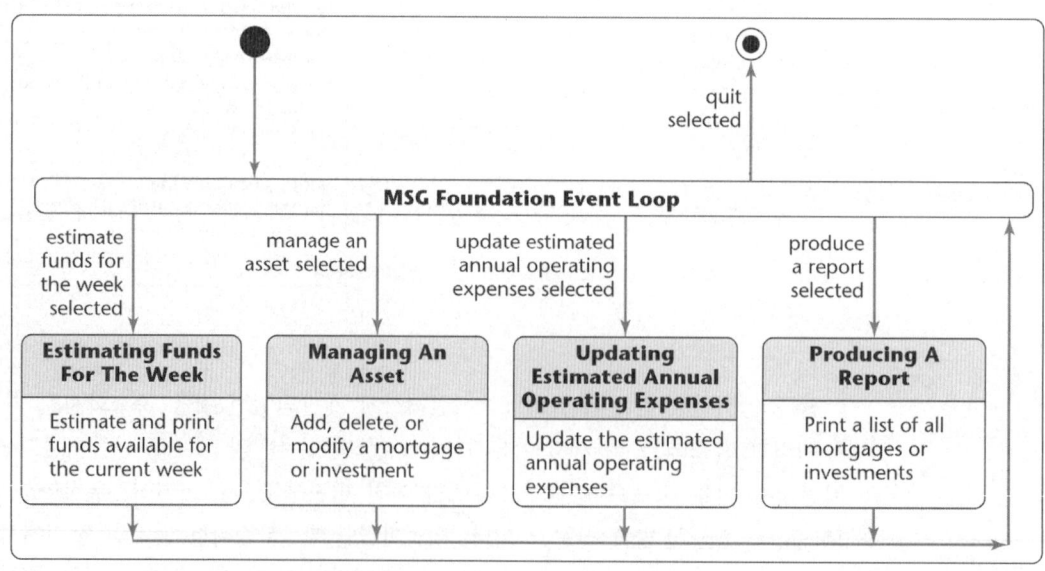

그림 13.26

MSG Foundation 사례 연구 대상의 메뉴

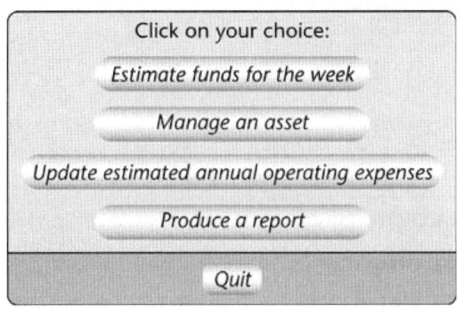

그림 13.27

그림 13.26의 메뉴에 대한 문법적인 버전

```
              MAIN MENU
MARTHA STOCKTON GREENGAGE FOUNDATION
    1. Estimate funds available for week
    2. Manage an asset
    3. Update estimated annual operating expenses
    4. Produce a report
    5. Quit
Type your choice and press <ENTER>:
```

operating expenses selected, produce a report selected, quit selected들이 지적해준다(이벤트는 상태들 간의 전이를 야기시킨다).

시스템이 **MSG Foundation Event Loop** 상태에 있을 때, 다섯 개 이벤트 중의 어떤 하나가 그림 13.26에서 보이는 것처럼 MSG 스태프 멤버가 메뉴로부터 선택할 수 있는 옵션에 따라서 대상 소프트웨어 프로덕트에 통합될 수 있게 할 수 있다. [MSG Foundation 사례 연구의 C++과 Java 구현은 부록 H와 I에 각각 있으며, GUI(graphic user interface)보다는 텍스트 인터페이스를 사용한다. 즉 그림 13.26에서 보여준 것처럼 박스를 클릭하는 대신에, 그림 13.27에서 보여준 것처럼 사용자는 선택에 타이핑을 한다. 예를 들어 사용자는 Estimate funds available for week 타입 1을 타이핑 하고, Manage an asset에 2를, 그리고 계속 유사하게 타이핑을 한다. 그림 13.27처럼 부록 H와 I에서 구현이 텍스트 인터페이스를 사용하는 이유는 텍스트 인터페이스가 모든 컴퓨터 상에서 실행될 수 있기 때문이다. 즉 GUI는 일반적으로 특정 소프트웨어를 필요로 한다.]

MSG 스태프 멤버가 그림 13.26의 메뉴에서 Manage an asset를 선택하여 클릭했다고 가정하자. manage an asset selected 이벤트(그림 13.25의 **MSG Foundation Event Loop** 박스의 왼쪽 아래에 두 번째)는 이제 발생되고, 그래서 시스템은 현재 상태 **MSG Foundation Event Loop**에서 **Managing An Asset** 상태로 이동한다. MSG 스태프 멤버가 이 상태에서 수행하는 오퍼레이션들인 Add, delete, modify a mortgage or investment는 둥근 네모 박스 선 아래 나타난다.

오퍼레이션이 수행되었을 때, 시스템은 화살표가 보여주는 것처럼 **MSG Foundation Event Loop** 상태로 되돌아간다. 상태 차트의 나머지 행위도 이와 유사하다.

요약하자면, 소프트웨어 프로덕트는 상태에서 상태로 이동한다. 각 상태에서, MSG 스태프 멤버는 상태를 표현한 둥근 네모 박스 선 아래에 목록화 된 것과 같은 해당 상태에 의해 지원되는 오퍼레이션을 수행할 수 있다. 이것은 소프트웨어 프로덕트가 **MSG Foundation Event Loop** 상태에 있을 때 MSG 스태프 멤버가 메뉴에서 Quit를 선택할 때까지 계속된다. 이때 소프트웨어 프로덕트는 최종 상태에 들어간다(작은 검정 원을 가진 흰색 원으로 표현). 이 상태에 들어왔을 때 상태 차트의 실행이 종료된다. 상태 차트가 대상 소프트웨어 프로덕트의 실행에 모델이라는 것을 기억하라.

13.12
엔티티 클래스 개정하기: The MSG Foundation Case Study

이제 초기 기능적 모델, 초기 클래스 다이어그램, 초기 동적 모델이 완성되었다. 그러나 이들 세 가지 모델의 점검은 어떤 것이 간과되었는지를 밝혀준다.

그림 13.25의 초기 상태 차트를 보고 Update the estimated annual operating expenses 오퍼레이션과 함께 **Updating Estimated Annual Operating Expenses** 상태를 고려해보자. 이 오퍼레이션은 추정된 연간 운영비의 현재 값인 데이터 상에서 수행되어야 한다. 그러나 추정된 연간 운영비를 어디서 찾을 것인가? 그림 13.24를 보면, **Asset Class**나 그것의 서브클래스의 속성으로 그것을 취하는 것은 심각한 오류가 된다. 다르게 말하면 현재 이것은 단지 하나의 **Asset Class**와 그것의 두 서브클래스들만 있다. 이것은 값이 해당 클래스나 그것의 서브클래스의 인스턴스의 속성처럼 장기적 기반으로 저장된다.

해결방안은 명확하다. 다른 엔티티 클래스는 저장될 수 있는 추정된 연간 운영비들의 값을 필요로 한다. 사실 다른 값들도 저장해야 한다. 결과는 그림 13.28에서 보여준다. 새로운 클래스 **MSG Application Class**는 그림 상단에 보이는 다양한 속성들이 저장될 수 있도록 도입되었다. 더욱이 **MSG Application Class**는 소프트웨어 프로덕트의 나머지의 실행을 시작하는 태스크가 할당되었다.

이제 그림 13.28의 클래스 다이어그램은 스트레오타입을 반영하여 재작성된다. 이것은 그림 13.29에서 보여준다. 모두 네 개의 클래스가 엔티티 클래스들이다. 엔티티 클래스들은 적어도 지금까지는 정확한 것처럼 보인다. 다음 단계는 경계 클래스와 컨트롤 클래스들을 결정하는 것이다.

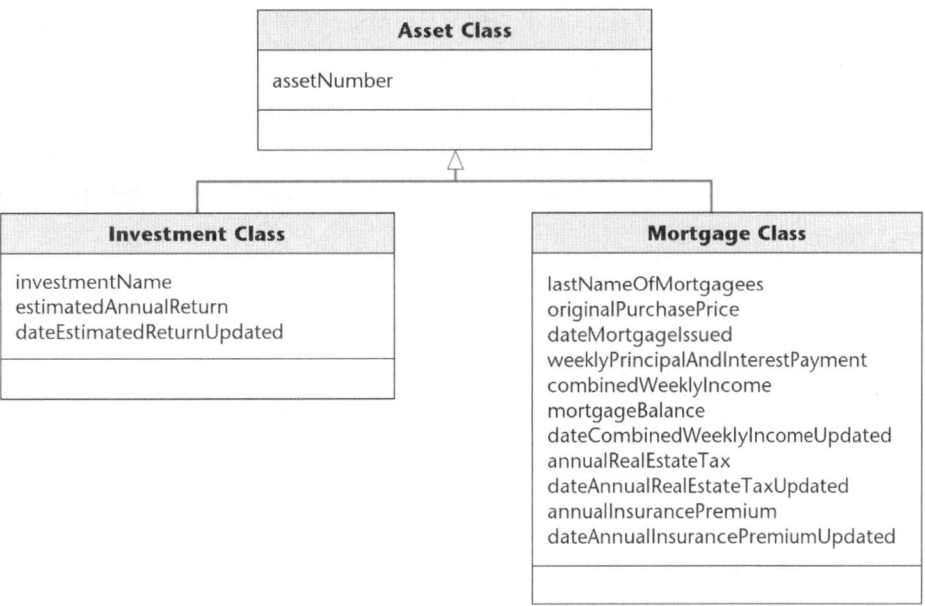

그림 13.28 MSG Foundation 사례 연구에 대한 클래스 다이어그램의 세 번째 반복

그림 13.29

그림 13.28을 streotypes으로 보이도록 변경

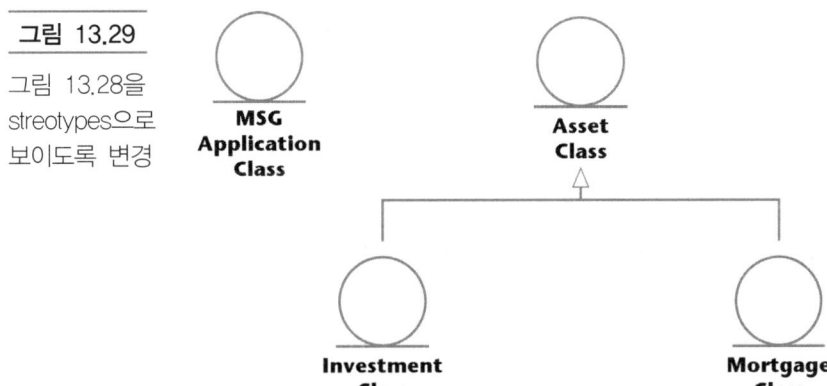

13.13

경계 클래스 추출하기: The MSG Foundation Case Study

엔티티 클래스들을 추출하는 것은 경계 클래스들을 추출하는 것보다 아주 어렵다. 결국에 엔티티 클래스들은 일반적으로 상호연관성을 갖는다. 반면에 각 입력 화면, 출력 화면, 인쇄된 보고서는 13.8절에서 지적했듯이 보통 독립된 경계 클래스들에 의해 모델화 되었다.

대상 MSG Foundation 소프트웨어 프로덕트가 비교적 간단한 것처럼 보인다는 사실에 보면 (적어도 Unified Process의 초기 단계에서), MSG 스태프 멤버는 다음과 같은 네 개의 유스 케이스를 사용할 수 있는 단지 하나의 화면만을 가지려고 하는 것은 당연하다: Estimate Funds Available for Week, Manage an Asset, Update Estimated Annual Operating Expenses, Produce a Report. MSG Foundation에 대해 더 배우게 되면, 이 하나에 화면이 둘 이상의 화면으로 정제될 가능성이 있다. 그러나 초기 클래스 추출은 오직 하나의 화면 클래스 **User Interface Class**만을 갖는다.

인쇄되어야 하는 세 개의 보고서, 주간 추정된 자금 보고서, 즉 모든 모기지들이나 모든 투자에 전체 목록과 같은 두 개의 자산 보고서들이 있다. 각 보고서의 콘텐츠는 다르기 때문에, 이들 각각은 독립된 경계 클래스에 의해 모델화된다. 그 후 네 개의 해당하는 초기 경계 클래스들은 **User Interface Class**, **Estimated Funds Report Class**, **Mortgages Report Class**, **Investments Report Class**가 된다. 이 네 개의 클래스들은 그림 13.30에서 보여준다.

그림 13.30

MSG Foundation 사례 연구에 대한 초기 경계 클래스

> **User Interface Class**
> **Estimated Funds Report Class**
> **Mortgages Report Class**
> **Investments Report Class**

13.14

컨트롤 클래스 추출하기: The MSG Foundation Case Study

컨트롤 클래스(control class)는 일반적으로 경계 클래스를 추출하는 것보다 쉽다. 왜냐하면 많은 계산은 13.8절에서 언급했듯이 거의 항상 컨트롤 클래스에 의해 모델화되기 때문이다. MSG Foundation 사례 연구의 경우 단지 하나의 계산, 즉 estimating the funds available for the week만 있다. 이는 그림 13.31에서 보여준 초기 컨트롤 클래스 **Estimat Funds for Week Class**를 생성해낸다.

그림 13.31 MSG Foundation 사례 연구에 대한 초기 컨트롤 클래스

Estimate Funds for Week Class

다음 단계는 클래스들의 모든 세 개의 집합을 점검하는 것이다. 즉 엔터티 클래스들, 경계 클래스들, 컨트롤 클래스들을 점검하는 것이다. 클래스들의 세심한 조사는 명백하게 불일치가 없게 만들어준다. 완전한 클래스 추출을 갖게 되어 이제는 Unified Process를 다시 학습한다.

13.15
유스-케이스 실현: The MSG Foundation Case Study
SOFTWARE

유스 케이스는 액터와 소프트웨어 프로덕트 간의 상호작용의 서술이다. 유스 케이스들은 소프트웨어 생명주기의 시작부, 즉 요구사항 워크플로에서 처음으로 활용된다. 분석과 설계 워크플로 동안에 유스 케이스를 수행하는 데 연관된 클래스들의 서술을 포함해서 많은 세부 사항들이 각 유스 케이스에 추가된다. 유스 케이스들을 확장시키고 정제시키는 이 프로세스는 **유스-케이스 실현**(use-case realization)이라고 부른다. 마지막으로 구현 워크플로 동안에 유스 케이스들이 코드로 구현된다.

이 용어는 좀 혼동스럽다. 왜냐하면 동사 realize는 적어도 다음과 같이 세 개의 다른 의미로 사용된다.

- Understand("Harvey slowly began to realize that he was in the wrong classroom").
- Receive("Ingrid will realize a profit of $45,000 on the stock transaction").
- Accomplish("Janet hopes to realize her dream of starting a software development organization").

문구 realize a use case에서 단어 realize는 마지막 의미로 사용되었다. 즉 이것은 유스 케이스를 달성(또는 성취)했다는 의미이다.

상호작용 다이어그램(interaction diagram) (**순차 다이어그램**(sequence diagram) 또는 **협력 다이어그램**(collabooration diagram))은 유스 케이스의 특정 시나리오의 실현을 묘사해준다. 이것이 어떻게 수행되는지를 보기 위해 유스 케이스 Estimate Funds Available for Week를 고려해보자.

그림 13.32

The Estimate
Funds Available
for Week 유스
케이스

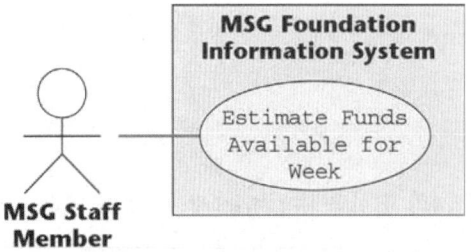

그림 13.33 Estimate Funds Available for Week 유스 케이스의 서술

Brief Description

The `Estimate Funds Available for Week` use case enables an MSG Foundation staff member to estimate how much money the Foundation has available that week to fund mortgages.

Step-by-Step Description

1. For each investment, extract the estimated annual return on that investment. Summing the separate returns and dividing the result by 52 yields the estimated investment income for the week.
2. Determine the estimated MSG Foundation operating expenses for the week by extracting the estimated annual MSG Foundation operating expenses and dividing by 52.
3. For each mortgage:
   3.1 The amount to be paid this week is the total of the principal and interest payment and $\frac{1}{52}$nd of the sum of the annual real-estate tax and the annual homeowner's insurance premium.
   3.2 Compute 28 percent of the couple's current gross weekly income.
   3.3 If the result of Step 3.1 is greater than the result of Step 3.2, then the mortgage payment for this week is the result of Step 3.2, and the amount of the grant for this week is the difference between the result of Step 3.1 and the result of Step 3.2.
   3.4 Otherwise, the mortgage payment for this week is the result of Step 3.1, and there is no grant this week.
4. Summing the mortgage payments of Steps 3.3 and 3.4 yields the estimated total mortgage payments for the week.
5. Summing the grant payments of Step 3.3 yields the estimated total grant payments for the week.
6. Add the results of Steps 1 and 4 and subtract the results of Steps 2 and 5. This is the total amount available for mortgages for the current week.
7. Print the total amount available for new mortgages during the current week.

13.15.1 Estimate Funds Available for Week 유스 케이스

그림 13.23의 유스 케이스 다이어그램은 모든 유스 케이스를 보여준다. 여기에는 그림 13.32에서 분리된 것으로 보이는 Estimate Funds Available for Week가 포함되어 있다. 이 유스 케이스의 서술은 그림 11.43에 있고, 편리하게 보기 위해 그림 13.33에 다시 제작하였다. 이 서술로부터 우리는 그림 13.34의 클래스 다이어그램에 반영된 것처럼 추론한다. 즉, 이 유스 케이스에 입력되는 클래스들은 유저 인터페이스를 모델화시킨 **User Interface Class**이다. 즉 다음 클래스들을 모델화시킨 것이다. 주당 모기지들에 자금을 지원하는 것이 가능한 자금들의 추정에 계산을 모델화한 컨트롤 클래스인 **Estimate Funds for Week**, 주당 추정된 보조금과 지불금을 모델화한 **Mortgage**

Class, 주당 추정된 투자에 대한 수익을 모델화한 **Investment Class**, 주당 추정된 운영비를 모델화한 **MSG Application Class**, 보고서의 인쇄를 모델화한 **Estimated Funds Report Class**이다.

그림 13.34는 클래스 다이어그램이다. 즉, 이것은 유스 케이스의 실현과 그들의 관계들에 참여하는 클래스들을 보여준다. 반면에, 작동 소프트웨어 프로덕트는 클래스들보다는 객체들을 사용한다. 예를 들면 특정 모기지는 **Mortgage Class**의 특정 인스턴스인 객체로 표현되지 **Mortgage Class**로 표현되지 않는다. 이러한 객체는 **: Mortgage Class**로 표기된다. 또한 그림 13.34의 클래스 다이어그램은 유스 케이스와 그들의 관계들에 참여하는 클래스들을 보여준다. 이것은 그들이 발생하는 이벤트들의 순서를 보여주지는 않는다. 그림 13.18의 시나리오와 같은 특정 시나리오를 모델화 하기 위해서는 더 많은 것이 필요하고, 그림 13.35와 같이 다시 재작성되어야 한다.

이제 그림 13.36을 고려해보자. 이 그림은 커뮤니케이션 다이어그램(communication diagram) (UML의 이전 버전에서 '협력 다이어그램')이다. 그러므로 이것은 보내는 메시지뿐만 아니라 상호작용하는 객체를 보여주고, 그들이 보내는 순서에 번호를 부여한다. 커뮤니케이션 다이어그램은 유스 케이스의 특정 시나리오에 실현을 묘사한다. 이 경우에 그림 13.36은 그림 13.35의 시나리오를 묘사했다. 보다 상세하게 말하면, 이 시나리오에서 스태프 멤버는 주당 이용 가능한 자금이 계산되기를 원한다. 이것은 **MSG Staff Member**로부터 **: User Interface Class**에게로 메시지 1: Request estimate of funds available for week을 보내는 것으로 표현된다.

다음, 이 요청은 계산을 실제로 수행하는 컨트롤 클래스의 인스턴스인 **: Estimate Funds for Week Class**로 전달된다. 이것은 메시지 2: Transfer request로 표현된다.

네 가지 분리된 금융 추정들은 이제 **: Estimate Funds for Week Class**에 의해 결정된다. 시나리오(그림 13.35)의 1단계에서, 주당 추정된 투자에 대한 수익(ROI: return on investment)은 각 투자금과 52로 나뉘어진 결과를 합친다. 이 추정된 주당 수익의 추출은 그림 13.36에서 메시지 3: Request estimated return on investments for week을 **: Estimate Funds for Week Class**에서 **:**

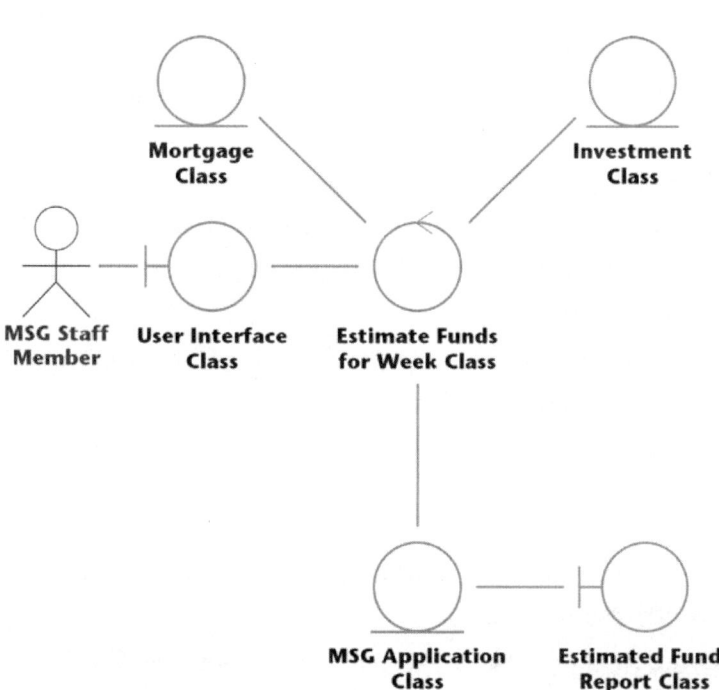

그림 13.34

MSG Foundation 사례 연구의 Estimate Funds Available for Week 유스 케이스를 실현하는 클래스들을 보여주고 있는 클래스 다이어그램

그림 13.35 Estimate Funds Available for Week 유스 케이스의 시나리오

An MSG Foundation staff member wishes to determine the funds available for mortgages this week.
1. For each investment, the information system extracts the estimated annual return on that investment. It sums the separate returns and divides the result by 52 to yield the estimated investment income for the week.
2. The information system then extracts the estimated annual MSG Foundation operating expenses and divides the result by 52.
3. For each mortgage:
   3.1 The information system computes the amount to be paid this week by adding the principal and interest payment to $\frac{1}{52}$nd of the sum of the annual real-estate tax and the annual homeowner's insurance premium.
   3.2 It then computes 28 percent of the couple's current gross weekly income.
   3.3 If the result of Step 3.1 is greater than the result of Step 3.2, then it determines the mortgage payment for the week as the result of Step 3.2, and the amount of the grant for this week as the difference between the result of Step 3.1 and the result of Step 3.2.
   3.4 Otherwise, it takes the mortgage payment for this week as the result of Step 3.1, and there is no grant for the week.
4. The information system sums the mortgage payments of Steps 3.3 and 3.4 to yield the estimated total mortgage payments for the week.
5. It sums the grant payments of Step 3.3 to yield the estimated total grant payments for the week.
6. The information system adds the results of Steps 1 and 4 and subtracts the results of Steps 2 and 5. This is the total amount available for mortgages for the current week.
7. Finally, the software product prints the total amount available for new mortgages during the current week.

Investment Class로 보내고, 역으로 흐르는 메시지 4: Return estimated weekly return on investments, 즉 계산을 제어하는 객체로 돌아가도록 모델화 된다.

시나리오(그림 13.35)의 두 번째 단계에서, 주간 운영비는 연간 운영비에서 52를 나눠 추정해 얻어진다. 이 주당 수익의 추출은 그림 13.36에서 메시지 5: Request estimated operating expenses for week을 : **Estimate Funds for Week Class**에서 : **MSG Application Class**로 보내고, 그 다음 다른 방향으로 메시지 6: Return estimated operating expenses for week을 보내도록 모델화 된다.

시나리오(그림 13.35)의 3, 4, 5단계에서, 두 가지 추정, 즉 추정된 주간 보조금과 추정된 주간 지불금들이 결정된다. 이것은 그림 13.36에서 메시지 7: Request estimated grants and payments for week을 : **Estimate Funds for Week Class**에서 : **Mortgage Class**로 보내고, 역방향으로 메시지 8: Return estimated grants and payments for week를 보내는 것으로 모델화 된다.

이제는 시나리오의 6단계인 산술 계산이 수행된다. 이것은 그림 13.36에서 메시지 9: Compute estimated amount available for week로 모델화 된다. 이것은 스스로 호출된다. 즉 : Estimate Funds for Week Class는 계산을 수행하기 위해 자기 스스로 알려 준다. 계산의 결과는 : **MSG Application Class**에 메시지 10: Transfer estimated amount available for Week에 의해 저장된다.

다음으로 결과는 시나리오(그림 13.35)의 7단계에서 인쇄된다. 이것은 그림 13.36에서 메시지 11: Print estimated amount available을 : **MSG Application Class**에서 : **Estimated Funds Report Class**로 보내도록 모델화 된다.

마지막으로 승인은 MSG 스태프 멤버에게 작업이 성공적으로 완료되었다고 알려준다. 이것

그림 13.36 MSG Application 사례 연구의 Estimate Funds Available for Week 유스 케이스에 그림 13.35의 시나리오를 실현하는 커뮤니케이션 다이어그램

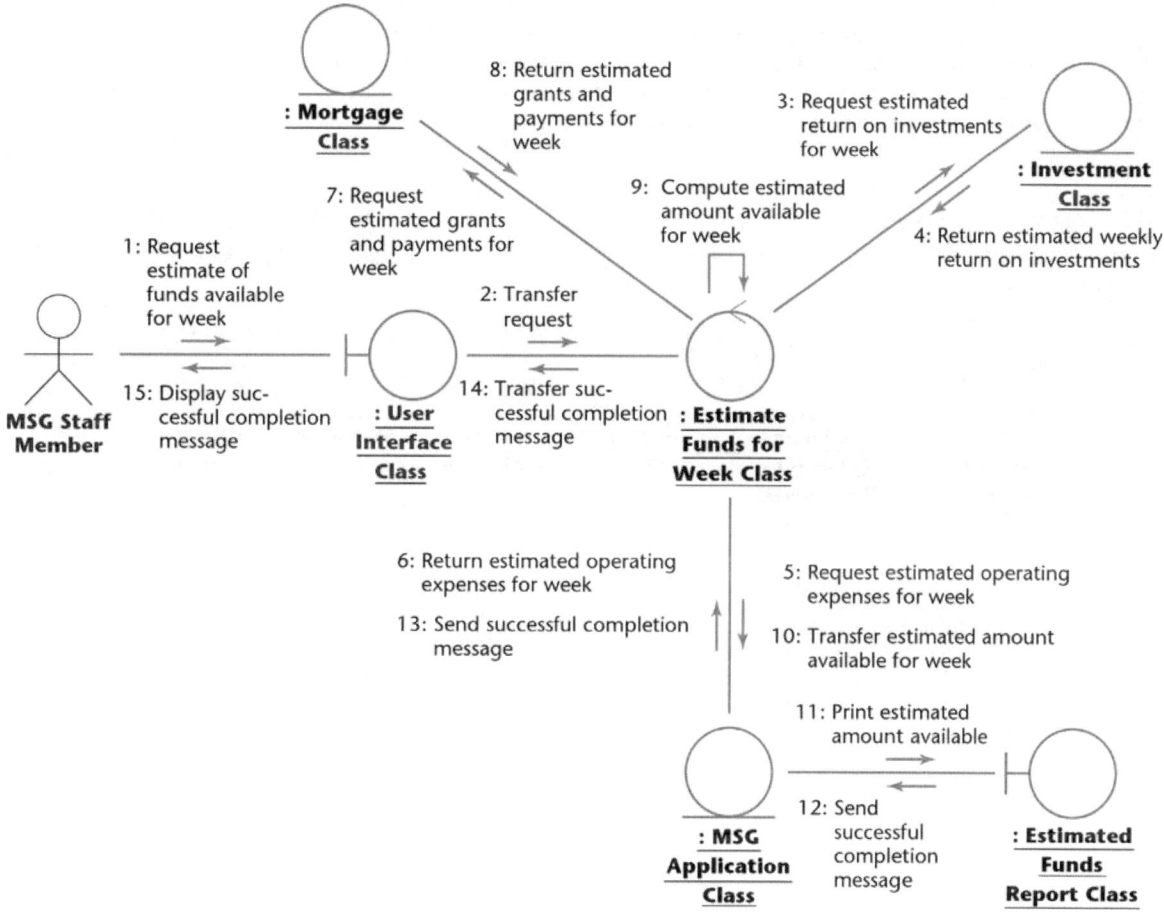

은 그림 13.36에서 메시지 12: Send successful completion message, 메시지 13: Send successful completion message, 메시지 14: Transfer successful completion message, 메시지 15: Display successful completion message로 모델화 된다.

어떤 클라이언트도 제안된 소프트웨어 프로덕트가 무엇을 하는지를 정확하게 이해하지 못하면 명세문서를 승인하지 않으려고 한다. 따라서 커뮤니케이션 다이어그램의 작성된 서술이 필요하다. 이것은 이벤트들의 흐름(flow of events)으로 그림 13.37에서 보여준다. 마지막으로 시나리오의 실현에 대응하는 순차 다이어그램이 그림 13.38에서 보여준다. 소프트웨어 프로덕트를 구축할 때, 커뮤니케이션 다이어그램이나 순차 다이어그램은 유스 케이스의 실현에 더 나은 통찰력을 제공해준다. 어떤 상황에서도 둘 다 주어진 유스 케이스의 특정 실현에 대해 완벽한 이해를 얻는 것이 필요하다. 이러한 이유로, 이 장에서 모든 커뮤니케이션 다이어그램은 대응하는 순차 다이어그램이 수반된다. 그림 13.38의 순차 다이어그램은 그림 13.36의 커뮤니케이션 다이어그램에 완벽히 대응된다. 그리고 이벤트들의 흐름은 또한 그림 13.37에서 보여준다.

그림 13.37 MSG Application 사례 연구의 Estimate Funds Available for Week 유스 케이스에 그림 13.35 시나리오의 실현의 그림 13.36 커뮤니케이션 다이어그램에 이벤트 흐름

> An MSG staff member requests an estimate of the funds available for mortgages for the week (1, 2). The information system estimates the return on investments for the week (3, 4), the operating expenses for the week (5, 6), and the grants and payments for the week (7, 8). Then it estimates (9), stores (10), and prints out (11–15) the funds available for the week.

그림 13.38 MSG Application 사례 연구의 Estimate Funds Available for Week 유스 케이스에 그림 13.35 시나리오의 실현의 순차 다이어그램. 이 순차 다이어그램은 그림 13.36의 커뮤니케이션 다이어그램과 완벽히 대응된다. 그리고 그것의 이벤트들의 흐름은 그림 13.37에서 보임.

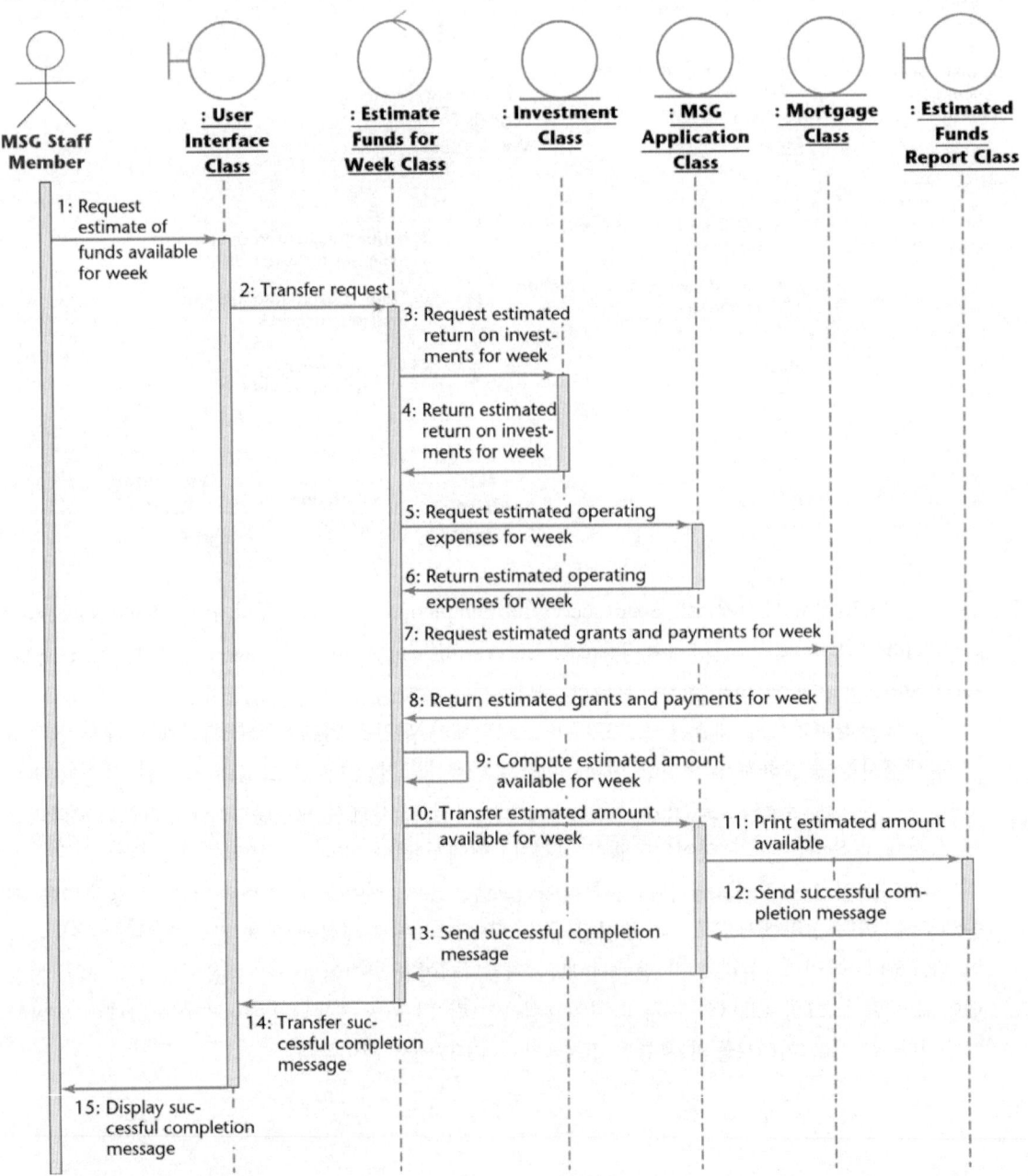

순차 다이어그램의 강점은 명확한 메시지들의 흐름을 보여준다. 또한 메시지들의 순서는 각 개별 메시지의 발신자와 수신자처럼 명확해야 한다. 그래서 정보의 전이가 관심의 초점일 때(분석 워크플로를 수행할 때 많은 시간이 이 경우에 해당)는 순차 다이어그램이 커뮤니케이션 다이어그램보다 더 우수하다. 다른 한편 클래스 다이어그램(그림 13.38와 같은)과 관련 시나리오(그림 13.36와 같은)를 실현하는 커뮤니케이션 다이어그램 사이의 유사성(similarity)은 강하다. 따라서 개발자들이 클래스들에 집중하는 경우에는 커뮤니케이션 다이어그램이 동일한 순차 다이어그램보다 훨씬 유용하다.

요약하자면 그림 13.32부터 그림 13.38은 UML 산출물들의 무작위 콜렉션(collection)을 묘사하지는 않는다. 이와는 반대로 이들 그림은 유스 케이스로부터 인도된 유스 케이스와 산출물들을 묘사한다. 보다 상세한 내용은 다음과 같다.

- 그림 13.32는 Estimate Funds Available for Week 유스 케이스를 묘사한다. 즉, 그림 13.32는 **MSG Staff Member** 액터(소프트웨어 프로덕트에 외부에 있는 엔티티)와 estimating fonds available for the week의 액션과 관련된 MSG Foundation 소프트웨어 프로덕트 간의 상호작용들의 모든 가능한 집합들을 모델화 했다.
- 그림 13.33은 해당 유스 케이스의 서술이다. 즉, 이것은 그림 13.32의 Estimated Funds Available for Week 유스 케이스에 작성된 세부 사항들을 제공해준다.
- 그림 13.34는 Estimated Funds Available for Week 유스 케이스를 실현하는 클래스들을 보여준 클래스 다이어그램이다. 클래스 다이어그램은 유스 케이스의 모든 가능한 시나리오들과 함께 그들의 상호작용을 모델화 하는 데 필요한 클래스들을 묘사하고 있다.
- 그림 13.35은 시나리오 즉 그림 13.32의 유스 케이스의 한 인스턴스이다.
- 그림 13.36는 그림 13.35의 시나리오 실현에 대한 커뮤니케이션 다이어그램이다. 즉 이것은 객체들과 해당 한 시나리오의 실현에서 그들 사이에 전송된 메시지들을 묘사하고 있다.
- 그림 13.37는 그림 13.35의 시나리오에 실현인 커뮤니케이션 다이어그램의 이벤트들의 흐름이다. 즉 그림 13.33이 그림 13.32의 Estimated Funds Available for Week 유스 케이스의 작성된 서술이고, 그림 13.37는 그림 13.35의 시나리오에 실현에 작성된 서술이다.
- 그림 13.38은 그림 13.36의 커뮤니케이션 다이어그램과 완전히 같은 순차 다이어그램이다. 즉 순차 다이어그램은 객체들과 그림 13.35의 시나리오에 실현에서 그들 사이에 전송된 메시지들을 묘사하고 있다. 또한 그것의 이벤트에 흐름은 그림 13.37에서 보여준다.

Unified Process가 유스 케이스 중심이라는 것은 이 책에서 많이 언급했었다. 이 요점이 나열된 항목들은 그림 13.33부터 13.38까지의 산출물들에 각 그림과 그것들의 각 그림에 밑줄 친 그림 13.32의 유스 케이스 사이에 관계를 명확하게 서술하고 있다.

13.15.2 Manage an Asset 유스 케이스

Manage an Asset 유스 케이스는 그림 13.39에서, 그것의 서술은 그림 13.40에 있다. Manage an Asset 유스 케이스을 실현하는 클래스들을 보여 주는 클래스 다이어그램은 그림 13.41에 있다. 처음에 그것은 단지 하나의 컨트롤 클래스가 필요하다고 가정되었다(그림 13.31 참조). 그러나 그림

13.41은 두 번째 컨트롤 클래스 **Manage an Asset Class**가 요구된다는 것을 보여 주고 있다. 추가되는 컨트롤 클래스들은 차후의 반복에서 추가될 것이다.

그림 13.39

Manage an Asset
유스 케이스

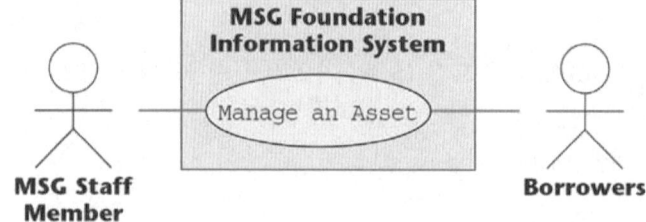

그림 13.40

Manage an Asset
유스 케이스의
서술

Brief Description

The Manage an Asset use case enables an MSG
Foundation staff member to add and delete assets
and manage the portfolio of assets (investments and
mortgages). Managing a mortgage includes updating
the weekly income of a couple who have borrowed
money from the Foundation.

Step-by-Step Description

1. Add, modify, or delete an investment or mortgage,
   or update the borrower's weekly income.

그림 13.41

MSG Foundation
사례 연구의
Manage an Asset
유스 케이스를
실현하는 클래스를
보여 주는 클래스
다이어그램

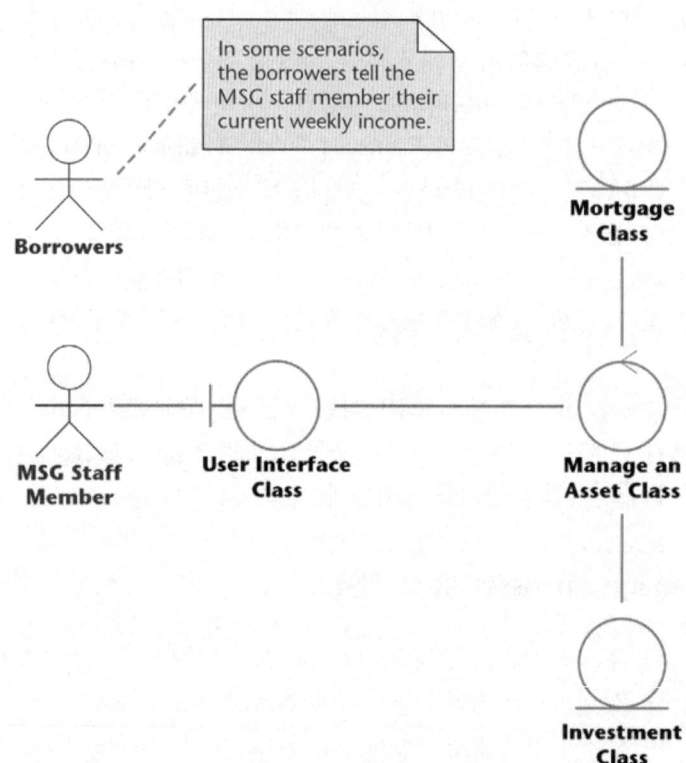

그림 13.42

Manage an Asset
유스 케이스의
시나리오

An MSG Foundation staff member wants to update the annual real-estate tax on a home for which the Foundation has provided a mortgage.
1. The staff member enters the new value of the annual real-estate tax.
2. The information system updates the date on which the annual real-estate tax was last changed.

그림 13.43 MSG Foundation 사례 연구의 Manage an Asset 유스 케이스에 대한 그림 13.42의 시나리오를 실현하는 커뮤니케이션 다이어그램

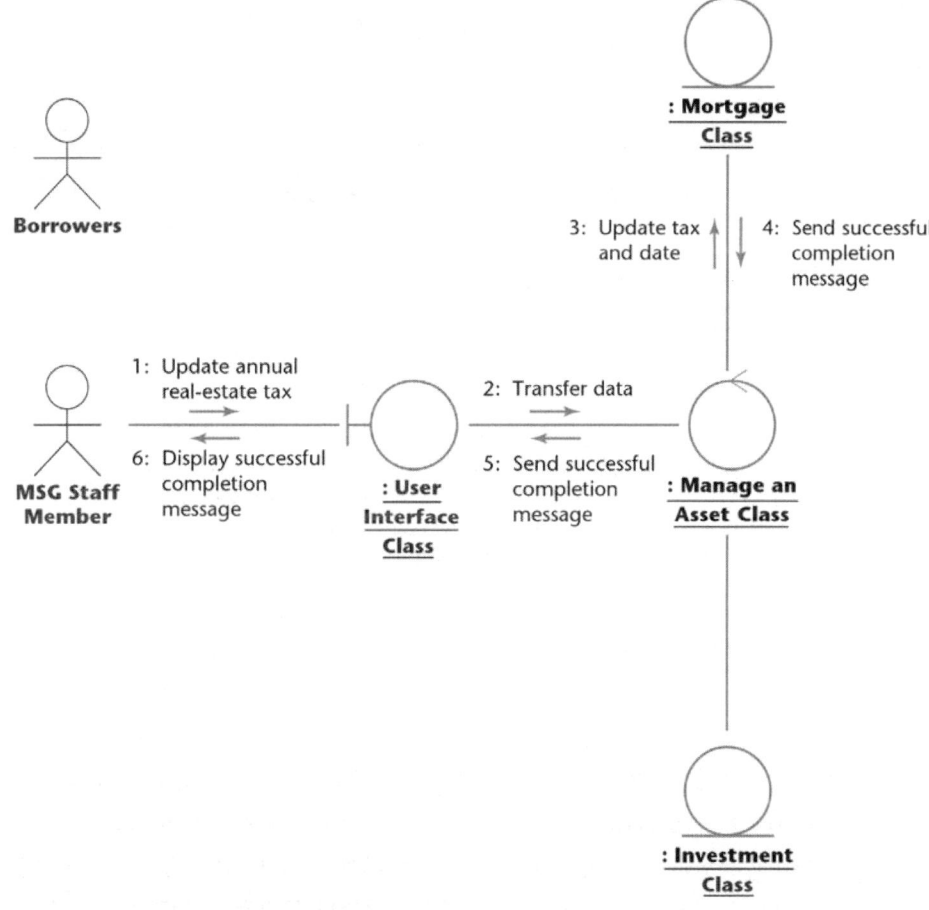

Manage a Mortgage 유스 케이스(후에 Manage an Asset)의 그림 13.16에 확장된 시나리오의 표준 부분은 그림 13.42처럼 재작성된다. 이 시나리오에서 MSG 스태프 멤버는 모기지 되는 집에 연간 부동산세를 갱신하고 소프트웨어 프로덕트는 세금이 마지막으로 변경된 날짜를 갱신한다. 그림 13.43은 이 시나리오의 커뮤니케이션 다이어그램이다. 그림 13.42의 시나리오가 투자를 포함하지 않고 모기지만을 포함하기 때문에 **: Investment Class** 객체는 이 커뮤니케이션 다이어그램에서 활발하게 역할을 수행하지는 않는다는 것을 알린다. 또한 **Borrowers**도 이 시나리오에서 역할을 수행하지 않는다. 그리고 이벤트의 흐름은 연습문제에서 다룬다(문제 13.14). 그림 13.43의

그림 13.44 MSG Foundation 사례 연구의 Manage an Asset 유스 케이스에 대한 그림 13.42의 시나리오를 실현하는 순차 다이어그램

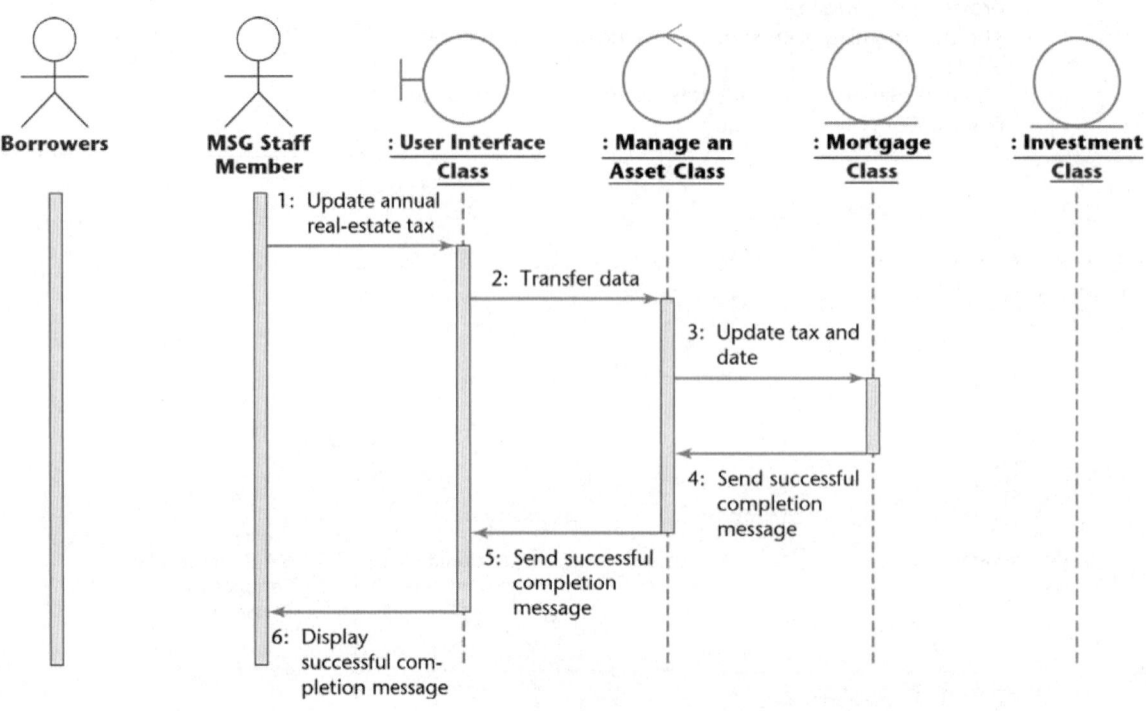

그림 13.45 Manage an Asset 유스 케이스의 두 번째 시나리오

> There is a change in the weekly income of a couple who have borrowed money from the MSG Foundation. They wish to have their weekly income updated in the Foundation records by an MSG staff member so that their mortgage payments will be correctly computed.
> 1. The staff member enters the new value of the weekly income.
> 2. The information system updates the date on which the weekly income was last changed.

커뮤니케이션 다이어그램과 대응하는 순차 다이어그램은 그림 13.44에서 보여준다.

이제 Manage an Asset 유스 케이스(그림 13.39)의 다른 시나리오, 즉 그림 13.17의 확장된 시나리오를 고려해보자. 이것의 표준 부분은 여기서 그림 13.45처럼 재작성되었다. 이 시나리오에서 borrowers가 요청할 때, MSG 스태프 멤버는 MSG 모기지를 가지는 두 사람에 주간 수입을 갱신한다. 11.7절에서 설명했듯이, 시나리오는 **Borrowers**에 의해 초기화되고, 이들의 날짜는 그림 13.46의 커뮤니케이션 다이어그램에서 언급한 것처럼, **MSG Staff Member**에 의해 소프트웨어 프로덕트에 입력된다. 이에 대한 이벤트의 흐름은 다시 연습문제에서 다룬다(문제 13.15). 해당되는 순차 다이어그램은 그림 13.47에 있다.

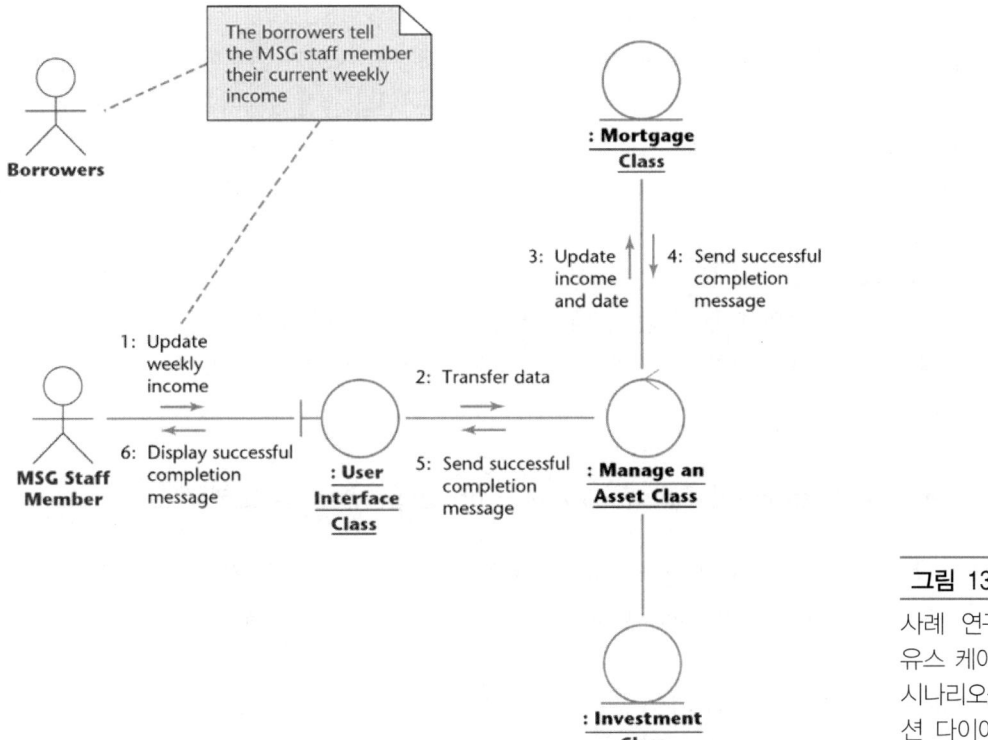

그림 13.46 MSG Foundation 사례 연구의 Manage an Asset 유스 케이스에 대한 그림 13.45의 시나리오를 실현하는 커뮤니케이션 다이어그램

그림 13.47 MSG Foundation 사례 연구의 Manage an Asset 유스 케이스에 대한 그림 13.45의 시나리오를 실현하는 순차 다이어그램

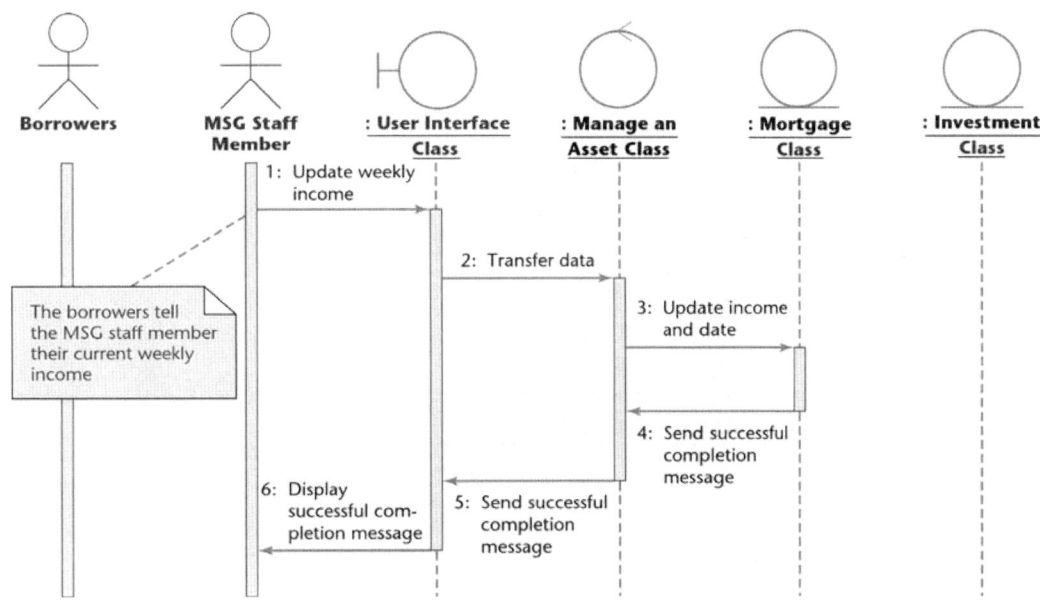

그림 13.43의 상호작용 다이어그램과 그림 13.46(또는 해당되는 그림 13.44와 13.47의 순차 다이어그램)을 비교해보면, 우리는 두 다이어그램 사이의 유일한 차이가 관련된 액터뿐만 아니라, 메시지 1, 2, 3이 그림 13.43(또는 그림 13.44)의 경우에는 연간 부동산세이고 그림 13.46(또는 13.47)의 경우에는 주간 수익이라는 것을 알 수가 있다. 이 예제는 유스 케이스, 시나리오(유스 케이스의 인스턴스), 그리고 유스 케이스의 다른 시나리오를 실현하는 커뮤니케이션이나 순차 다이어그램 간의 차이를 강조한다.

User Interface Class 경계 클래스는 지금까지 고려된 모든 실현들을 나타낸다. 사실 같은 화면이 소프트웨어 프로덕트의 모든 명령어들에 사용될 것이다. MSG 스태프 멤버는 그림 13.48의 수정된 메뉴에서 적합한 오퍼레이션을 클릭한다(부록 H와 I에서 구현된 것처럼, 해당 텍스트 인터페이스는 그림 13.49에 있다).

13.15.3 Update Estimated Annual Operating Expenses 유스 케이스

Update Estimated Annual Operating Expenses 유스 케이스는 그림 11.18에서 서술되고 그림 11.17에서 보여준다. Update Estimated Annual Operating Expenses 유스 케이스를 실현하는 클래스들을 보여주는 클래스 다이어그램은 그림 13.50에 있고 유스 케이스의 시나리오를 실현하는 커뮤니케이션 다이어그램은 그림 13.51에 있다. 해당 순차 다이어그램은 그림 13.52에서 보여준다. 자세한 시나리오와 이벤트의 흐름은 연습문제(문제 13.16과 13.17)에서 다룬다.

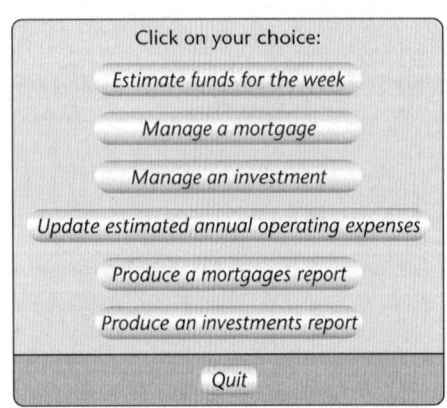

그림 13.48

대상 MSG Foundation 사례 연구의 수정된 메뉴

```
Click on your choice:

Estimate funds for the week

Manage a mortgage

Manage an investment

Update estimated annual operating expenses

Produce a mortgages report

Produce an investments report

Quit
```

그림 13.49

그림 13.48의 수정된 메뉴에 문법적인 버전

```
                    MAIN MENU
MARTHA STOCKTON GREENGAGE FOUNDATION
    1. Estimate funds available for week
    2. Manage a mortgage
    3. Manage an investment
    4. Update estimated annual operating expenses
    5. Produce a mortgages report
    6. Produce an investments report
    7. Quit
Type your choice and press <ENTER>:
```

그림 13.50 MSG Foundation 사례 연구에 Update Estimated Annual Operating Expenses 유스 케이스를 실현하는 클래스를 보이는 클래스 다이어그램

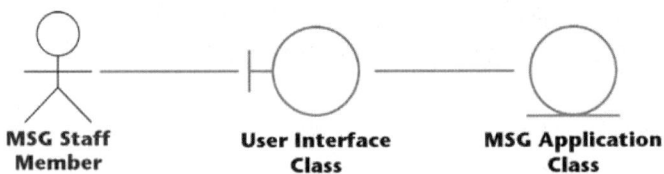

MSG Staff Member — User Interface Class — MSG Application Class

그림 13.51 MSG Foundation 사례 연구에 Update Estimated Annual Operating Expenses 유스 케이스를 실현하는 커뮤니케이션 다이어그램

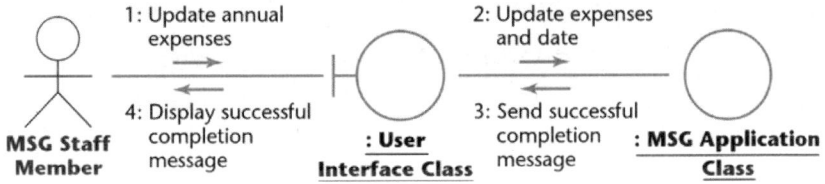

그림 13.52 MSG Foundation 사례 연구에 Update Estimated Annual Operating Expenses 유스 케이스의 시나리오를 실현하는 순차 다이어그램

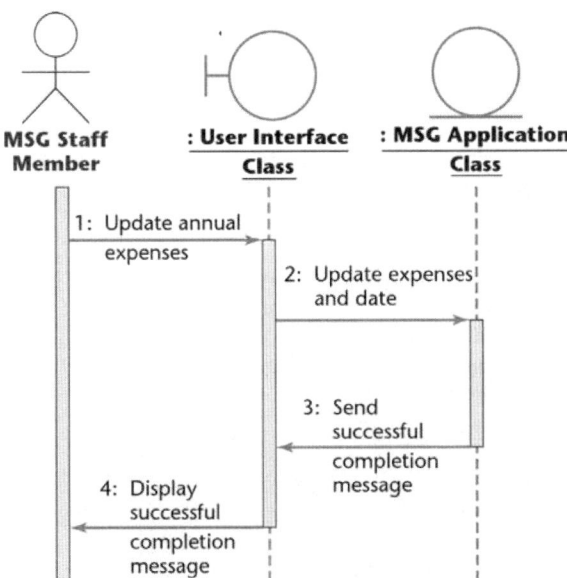

13.15.4 Produce a Report 유스 케이스

Produce a Report 유스 케이스는 그림 13.53에서 보여준다. 그림 11.39의 Produce a Report 유스 케이스에 대한 서술은 그림 13.54처럼 다시 작성된다. Produce a Report 유스 케이스를 실현하는 클래스들을 보이는 클래스 다이어그램은 그림 13.55에서 보여준다.

그림 13.53 Produce a Report 유스 케이스

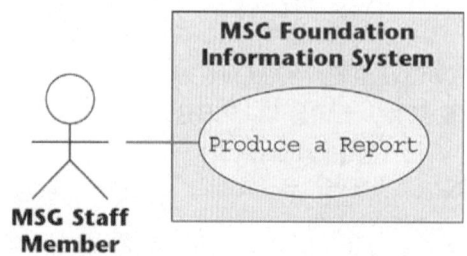

그림 13.54 Produce a Report 유스 케이스의 서술

Brief Description

The `Produce a Report` use case enables an MSG Foundation staff member to print a listing of all investments or all mortgages.

Step-by-Step Description

1. The following reports must be generated:
   1.1 Investments report—printed on demand:
      The information system prints a list of all investments. For each investment, the following attributes are printed:
         Item number
         Item name
         Estimated annual return
         Date estimated annual return was last updated
   1.2 Mortgages report—printed on demand:
      The information system prints a list of all mortgages. For each mortgage, the following attributes are printed:
         Account number
         Name of mortgagees
         Original price of home
         Date mortgage was issued
         Principal and interest payment
         Current combined gross weekly income
         Date current combined gross weekly income was last updated
         Annual real-estate tax
         Date annual real-estate tax was last updated
         Annual homeowner's insurance premium
         Date annual homeowner's insurance premium was last updated

---

그림 13.55 MSG Foundation 사례 연구의 Produce a Report 유스 케이스를 실현하는 클래스들을 보이는 클래스 다이어그램

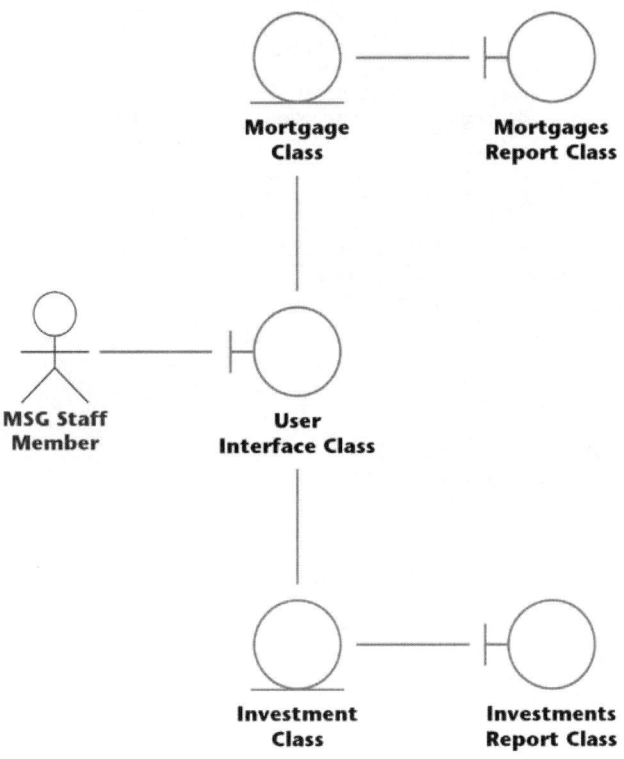

그림 13.56 Produce a Report 유스 케이스의 시나리오

An MSG staff member wishes to print a list of all mortgages.
1. The staff member requests a report listing all mortgages.

그림 13.57 MSG Foundation 사례 연구의 Produce a Report 유스 케이스에 대한 그림 13.56의 시나리오를 실현하는 커뮤니케이션 다이어그램

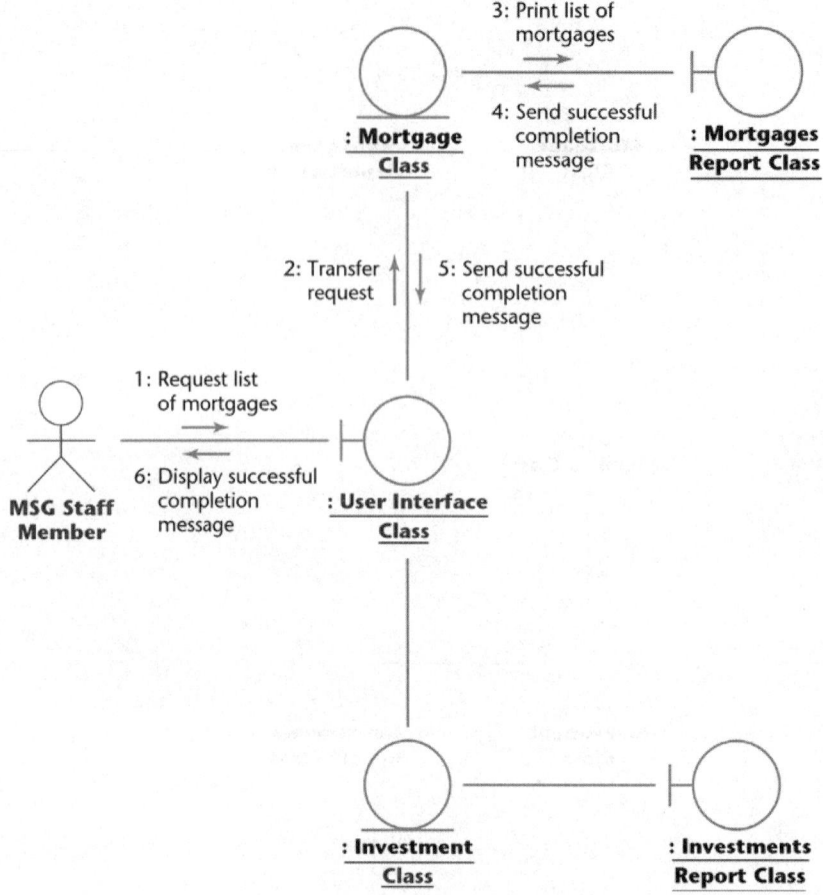

우선 모든 모기지들을 목록화하기 위해 그림 13.19의 시나리오를 고려해보자. 즉, 그림 13.56처럼 작성하기 위해서 이 시나리오를 실현하는 커뮤니케이션 다이어그램은 그림 13.57에서 보여준다. 이 실현은 모든 모기지들의 목록화를 모델화 한다. 이에 맞춰 **Asset Class**의 다른 서브클래스에 인스턴스 **: Investment Class** 객체와 **: Investments Report Class**는 이 실현에서 아무런 역할을 하지 않는다. 이벤트의 흐름은 연습문제(문제 13.18)에서 다룬다. 그리고 해당 순차 다이어그램은 그림 13.58에 있다.

그림 13.58 MSG Foundation 사례 연구의 Produce a Report 유스 케이스에 대한 그림 13.56의 시나리오를 실현하는 순차 다이어그램

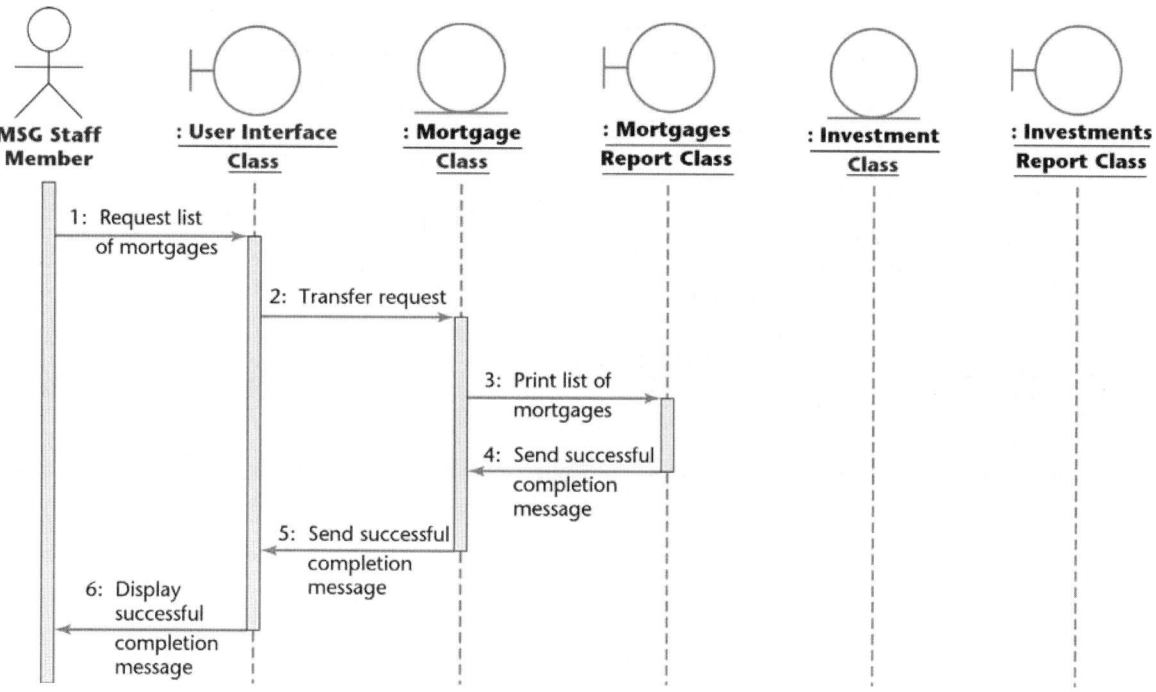

그림 13.59 Produce a Report 유스 케이스의 다른 시나리오

An MSG staff member wishes to print a list of all investments.
1. The staff member requests a report listing all investments.

이제 모든 투자들을 목록화하기 위해 다시 그림 13.20의 시나리오를 고려해보자. 즉 그림 13.59처럼 작성하기 위해서 이 시나리오를 실현하는 커뮤니케이션 다이어그램은 그림 13.60에서 보여준다. 이전에 실현과는 반대로 그림 13.60은 투자들의 목록화를 모델화 했다. 여기서 모기지들은 제외되었고, 해당 순차 다이어그램은 그림 13.61에 있다.

이제 MSG Foundation 사례 연구의 유스 케이스 다이어그램에 여덟 번째 반복인 그림 13.23의 네 개 유스 케이스의 실현(realization)이 마무리되었다.

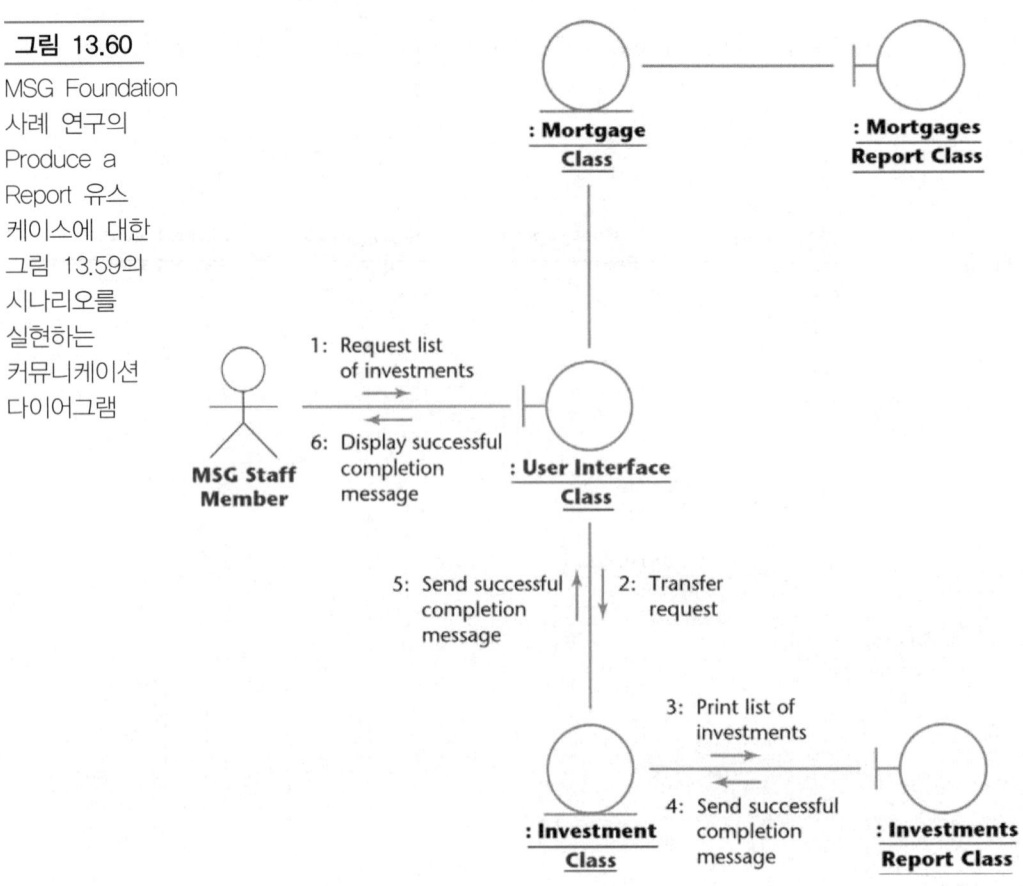

그림 13.60

MSG Foundation
사례 연구의
Produce a
Report 유스
케이스에 대한
그림 13.59의
시나리오를
실현하는
커뮤니케이션
다이어그램

그림 13.61 MSG Foundation 사례 연구의 Produce a Report 유스 케이스에 대한 그림 13.59의 시나리오를 실현하는 순차 다이어그램

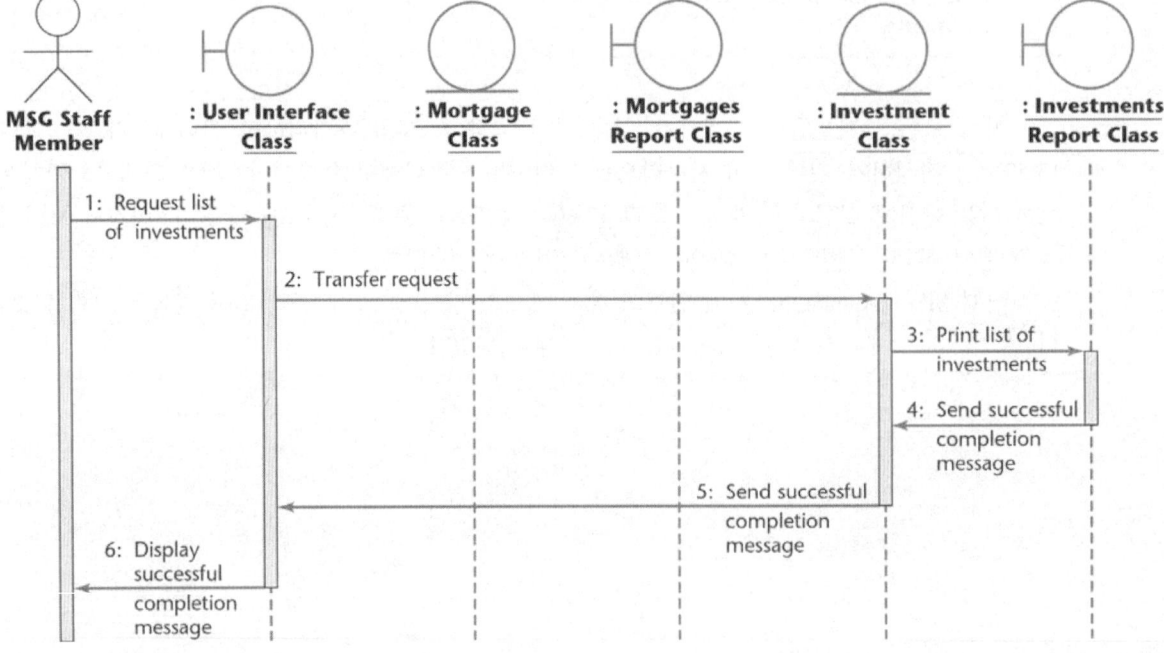

13.16
클래스 다이어그램 점진시키기: The MSG Foundation Case Study

엔티티 클래스들은 네 개의 엔티티 클래스들을 보여주는 그림 13.29을 산출해낸 13.9, 13.10, 13.11, 13.12절에서 추출되었다. 경계 클래스들은 13.13절에서 그리고 컨트롤 클래스들은 13.14절과 13.15.2절에서 추출되었다. 13.15절에서 다양한 유스 케이스들을 실현하는 과정에서 많은 클래스들 간의 상호 관계들이 분명해졌다. 즉 이들 상호 관계들은 그림 13.34, 13.41, 13.50, 그리고 그림 13.55의 클래스 다이어그램들에서 보여준다. 그림 13.62은 이들 클래스 다이어그램들을 결합시킨 것이다.

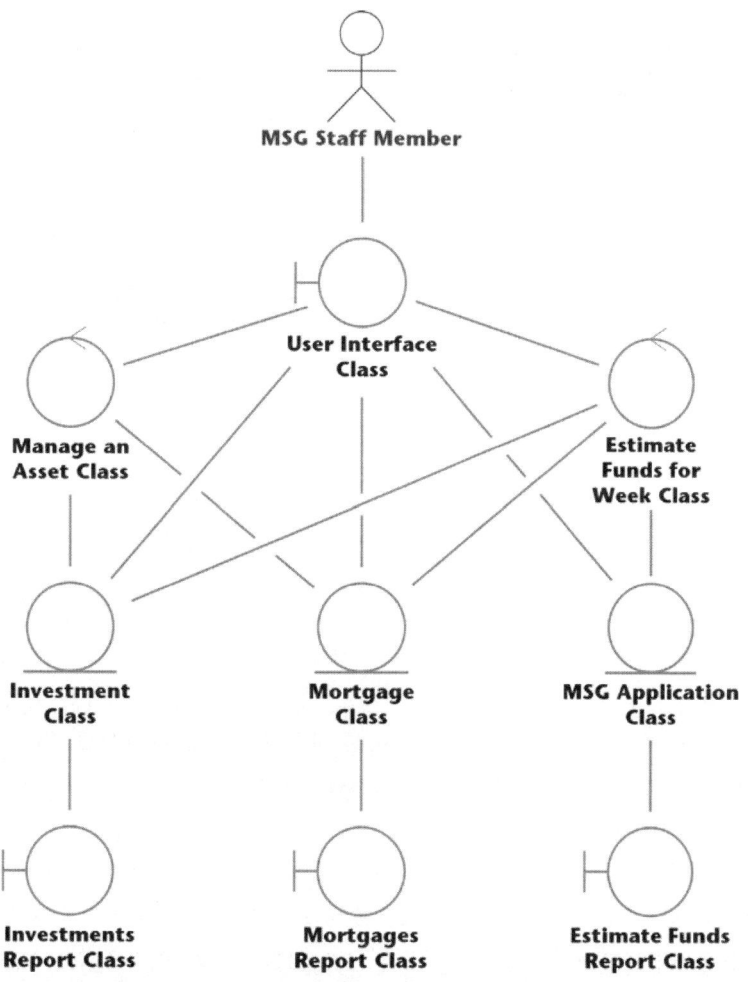

그림 13.62 그림 13.34, 13.41, 13.50, 13.55의 클래스 다이어그램을 합친 클래스 다이어그램

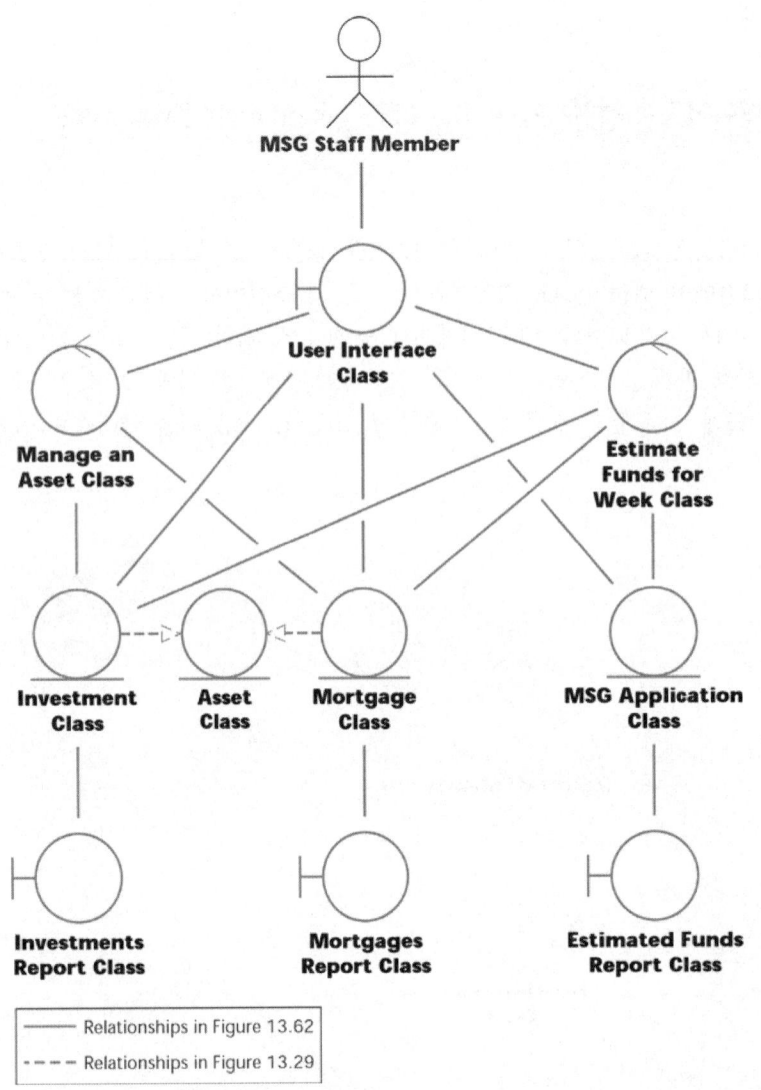

MSG Staff Member

User Interface Class

Manage an Asset Class

Estimate Funds for Week Class

Investment Class

Asset Class

Mortgage Class

MSG Application Class

Investments Report Class

Mortgages Report Class

Estimated Funds Report Class

——— Relationships in Figure 13.62
- - - - Relationships in Figure 13.29

그림 13.63 그림 13.29, 13.62의 클래스 다이어그램을 결합시켜서 얻은, MSG Foundation 사례 연구의 클래스 다이어그램에 네 번째 반복

그림 13.29와 13.62의 클래스 다이어그램들은 그림 13.62에서 보여준 MSG Foundation 사례 연구의 클래스 다이어그램에 대한 네 번째 반복을 산출하기 위해 결합시킨 것이다. 더욱 명시적으로 그림 13.62에서 시작하여 그림 13.29의 **Asset Class**가 추가되었다. 그 후 그림 13.29에 있는 두 개의 상속(일반화) 관계가 작성되었다. 그것들을 구별하기 위해 점선들로 보여준다. 클래스 다이어그램의 네 번째 반복의 결과인 그림 13.63은 분석 워크플로의 후반부에 클래스 다이어그램이다.

MSG Foundation 사례 연구의 분석 워크플로에 마지막 단계는 소프트웨어 프로젝트 관리 계획을 작성하는 것이다(정련 페이즈 동안 수행, 3.10.2절). 부록 F는 소규모(3명) 소프트웨어 조직이 MSG Foundation 프로덕트를 개발하는 소프트웨어 프로젝트 관리 계획이 게재되어 있다.

13.17

MSG Foundation 사례 연구의 분석 워크플로는 두 가지 방법으로 점검된다. 첫째 클래스들은 13.7절에서 서술한 CRC 카드들을 사용해 점검된다. 그러면 분석 워크플로의 모든 산출물들이 점검 된다(6.2.3절).

이것은 MSG Foundation 사례 연구의 분석 워크플로로 마무리된다.

13.18

Unified Process의 명세문서

분석 워크플로의 주 목적은 명세문서(specification document)를 생성하는 것이다. 그러나 13.17절의 후반부에 분석 워크플로가 지금 완료되었다고 주장했다. 이에 대한 질문은 "Where is the specification document?"이다.

간략한 대답은 'Unified Process는 유스-케이스 중심'이란 대답이다. 보다 상세하게 말하면 유스 케이스들과 이들로부터 유도된 산출물들은 전통적인 패러다임에서 텍스트 형식 또는 그 외 형식의 명세문서에 나타난 모든 정보를 포함한다.

예를 들어 Estimate Funds Avilable for Week 유스 케이스를 고려해보자. 요구사항 워크플로가 수행될 때 Estimate Funds Avilable for Week 유스 케이스(그림 11.27)와 그것의 서술(그림 11.40)이 클라이언트에게 보여준다. 시스템 분석가들은 그들의 클라이언트인 MSG Foundation의 이사가 두 개의 산출물들을 완전하게 이해를 했는지 그리고 그가 필요한 소프트웨어 프로덕트가 정확하게 모델화되었다고 동의하는지 세심하게 확인해야 한다. 그런 후 분석 워크플로 동안에 이사는 Estimate Funds Avilable for Week 유스 케이스(그림 13.32), 그것의 서술(그림 13.33), 유스 케이스가 실현하는 클래스들을 보여주는 클래스 다이어그램(그림 13.35), 유스 케이스의 시나리오의 실현에 대한 상호작용 다이어그램들(그림 13.36와 13.38), 그리고 이들 상호작용 다이어그램들의 이벤트들의 흐름(그림 13.37)을 보여준다.

목록화된 산출물들의 집합은 Estimate Funds Avilable for Week 유스 케이스에 속해 있다. 그림 13.23에서 보여주었듯이 네 개의 유스 케이스가 함께 있다. 산출물들의 동일 집합은 각각의 유스 케이스들에 각각의 시나리오에 대해 생성된다. 그림 형식이든 텍스트 형식이든 산출물들의 결과 컬렉션은 전통적인 패러다임의 텍스트 형식의 명세문서보다 훨씬 정확하게 더 많은 정보를 클라이언트에게 전달해준다.

전통적인 명세문서는 통상적으로 계약상의 역할을 담당한다. 즉 이것에 개발자들과 클라이언트가 모두 서명을 하게 되면 이것은 법적인 문서가 된다. 만약 개발자들이 명세문서를 만족하는 소프트웨어 프로덕트를 구축했다면 클라이언트는 소프트웨어 프로덕트에 대한 대금을 지불해야 하지만, 역으로 만약에 프로덕트가 그 명세문서에 일치하지 않는다면 개발자들은 돈을 받기 위해 이를 수정해 달라고 요구받는다. Unified Process의 경우에 모든 유스 케이스들의 모든 시나리오에 산출물의 컬렉션도 유사하게 계약으로 이루어진다. 그래서 이전 절의 후반부의 주장처럼 MSG Foundation 사례 연구의 분석 워크플로는 지금에서야 완료된 것이다.

이전에 설명했듯이 Unified Process는 유스-케이스 중심이다. Unified Process를 사용할 때 래피드 프로토타입을 구축하지 않고 유스 케이스들의 시나리오들을 실현하는 클래스들을 반영시킨 유스 케이스들 또는 보다 정밀한 반복 다이어그램들이 클라이언트에게 보여준다. 클라이언트는 대상 소프트웨어 프로덕트가 어떻게 래피드 프로토타입처럼 상호작용 다이어그램들과 그들이 작성한 이벤트들의 흐름대로 작동하는지를 이해하게 된다. 결국에 시나리오는 래피드 프로토타입의 각 실행처럼 제안된 소프트웨어 프로덕트의 특별한 실행 순서이다. 이 두 개의 차이점은 래피드 프로토타입은 일반적으로 폐기되지만 반면에 유스 케이스들은 매번 새로운 정보가 보다 많이 추가되면서 계속 정제된다는 점이다.

그러나 래피드 프로토타입이 시나리오보다 우수한 한 영역이 있다. 즉 사용자 인터페이스이다. 이것이 견본(speciman) 화면들과 보고서들은 클라이언트와 사용자들이 실험할 수 있게 래피드 프로토타입으로 꼭 구축해야 된다는 의미는 아니다. 그러나 견본 화면들과 보고서들은 화면 생성기(screen generator)들과 보고서 생성기(report generator)들과 같은 CASE 툴의 도움을 받아 11.13절의 서술처럼 구축할 필요가 있다(5.5절).

다음 13.19절에서는 액터들과 유스 케이스들을 결정하는 방법을 학습한다.

13.19
액터와 유스 케이스

SOFTWARE

11.4.3절에서 설명했듯이 유스 케이스는 소프트웨어 프로덕트 자체와 액터들(해당 소프트웨어 프로덕트의 사용자들) 간의 상호작용을 묘사해준다. 지금까지 액터들과 유스 케이스들에 대한 많은 예들이 제시되어 액터들과 유스 케이스들을 어떻게 발견하는지를 서술할 수 있게 되었다.

액터(actor)들을 발견하기 위해 개인이 소프트웨어 프로덕트와 상호작용할 수 있는 모든 **역할**(role)을 고려해보자. 예를 들어 MSG Foundation에서 모기지를 받기를 원하는 커플(couple, 부부)을 고려해보자. 그들이 모기지를 신청할 때 그들은 **Applicants**이고, 반면에 이 신청이 승인된 후에 대출을 받아 그들의 집을 구입하면, 그들은 **Borrows**가 된다. 다른 말로 표현하면 액터들은 이들 개인들이 하는 역할들만큼은 아니다. 이 예에서 액터들은 커플은 아니고, 차라리 커플은 **Applicants**의 역할을 수행한 후에 **Borrowers**의 역할을 수행한다. 이것은 소프트웨어 프로덕트를 사용하는 모든 개인들이 목록들이 액터들을 발견하는 만족스러운 방법이 아니라는 것을 의미한다. 대신에 각 사용자(또는 사용자들의 그룹)가 수행하는 모든 역할을 발견할 필요가 있다. 역할들의

- **Iterate**
  Perform functional modeling.
  Perform entity–class modeling.
  Perform dynamic modeling.
- **Until** the entity classes have been satisfactorily extracted.
- Extract the boundary classes and control classes.
- Refine the use cases.
- Perform use-case realization.

목록으로부터 액터들을 추출한다.

Unified Process의 용어에서 용어 worker는 개인이 수행하는 특별한 역할을 표기하는 데 사용된다. 이것은 좀 맞지 않는 용어이다. 왜냐하면 이 단어 worker는 고용자로 자주 취급된다. Unified Process 용어에서 모기지 하는 커플의 경우에 Applicants와 Borrowers는 두 개의 다른 worker들이다. 이 책에서 분명히 관심이 있는 것은 단어 role은 worker의 위치로 사용된다.

비즈니스 문맥 내에서 역할을 발견하는 태스크는 일반적으로 간단하다. 유스-케이스 비즈니스 모델은 통상적으로 비즈니스와 상호작용하는 개인들이 수행하는 모든 역할들을 나타내기 때문에 비즈니스 액터들이 중심이다. 요구사항들의 유스-케이스 모델에 대응되는 유스-케이스 비즈니스 모델들의 부분 집합을 발견한다. 보다 상세한 사항은 다음과 같다.

1. 비즈니스와 상호작용하는 개인들이 수행하는 모든 역할들을 발견해서 유스-케이스 비즈니스 모델을 구축한다.
2. 개발하기를 바라는 소프트웨어 프로덕트를 모델화시킨 비즈니스 모델의 유스-케이스 다이어그램의 서브 셋(subset)을 발견한다. 즉 제안된 소프트웨어 프로덕트에 대응되는 비즈니스 모델의 해당 부분들만 고려한다.

일단 액터들이 결정되었으면 유스 케이스를 찾은 것은 일반적으로 간단하다. 각 역할에 대해서는 하나 또는 그 이상의 유스 케이스들이 있다. 그래서 요구사항들의 유스 케이스들을 발견하는 시작점은 이절에서 서술한 것처럼 액터들을 발견한다.

'Box 13.1'에는 객체-지향 분석이 요약되어 있다.

13.20
객체-지향 분석 워크플로용 CASE 툴

CASE 툴의 목적이 객체-지향 분석에서 사용되는 다이어그램들을 작성하는 것이므로, 객체-지향 분석을 지원하기 위해 개발된 많은 CASE 툴이 있는 것은 놀라운 일이 아니다. 기본 형태의 툴인 경우는 각 모델링의 단계들을 쉽게 수행할 수 있게 해주는 드로잉 툴(drawing tool)이다. 여기서 중요한 것은 손으로 작성된 그림을 수정하기보다는 드로잉 툴을 사용해 그려진 그림을 수정하는 것이 보다 간단하다는 점이다. 그러므로 이러한 유형의 CASE 툴은 객체-지향 분석의 그래픽적인 측면들을 지원한다. 추가로 이러한 유형의 툴 중 일부는 관련된 다이어그램들 뿐 아니라 CRC 카드들도 지원한다. 이러한 툴들의 강점은 기본 모델을 수정하면 영향을 받는 모든 다이어그램들도 자동으로 갱신된다는 것이다.

반면에 일부 CASE 툴은 객체-지향 분석뿐만 아니라 객체-지향 생명주기의 나머지 부분 중 상당 부분도 지원한다. 오늘날에는 거의 모든 툴들이 UML을 지원한다[Rumbaugh, Jacobson, Booch, 1999]. 이러한 툴의 예로는 IBM Rational Rose와 Together가 포함된다. ArgoUML은 이러한 유형의 대표적인 오픈-소스 CASE 툴이다.

13.21
객체-지향 분석 워크플로를 위한 척도

다른 핵심 워크플로와 같이, 객체-지향 분석 동안 다음과 같은 다섯 가지 기본적인 척도를 측정하는 것이 필수적이다. 규모(size), 비용(cost), 기간(duration), 노력(effort), 품질(quality). 객체-지향 분석의 규모에 대한 하나의 측정은 UML 다이어그램의 페이지 수이다. 이 척도는 다른 프로젝트와 비교하는 데 사용될 수 있다.

품질에 관해서 고전적 분석처럼 이것은 정확한 결함 통계를 유지하는 데 필요하다. 또한 결함이 발견된 비율은 인스펙션 프로세스의 효율에 척도가 될 수 있다.

객체-지향 분석은 분석에 대한 특정 접근법이기 때문에 12.16절에서 서술한 고전적 분석의 난제들이 객체-지향 분석에도 똑같이 적용된다. 특히 이 절에서 게재된 두 번째 난제는 명세들(what)과 설계(how) 사이의 경계선이 겹치기가 쉽다. 이 위험은 객체-지향 분석의 경우에 특히 민감하다.

1.9절에서 서술했듯이 객체-지향 분석에서 객체-지향 설계로의 전이는 고전적 패러다임의 분석 페이즈에서 설계 페이즈로의 전이보다 한결 부드럽다. 고전적 패러다임에서 설계 페이즈의 초기 태스크는 프로덕트를 모듈들로 분해하는 것이다. 반대로 클래스들, 객체-지향 설계 워크플로의 '모듈들'은 객체-지향 분석 워크플로 동안에 추출되고 객체-지향 설계 워크플로 동안에 정제가 된다. OOA 워크플로의 초기에 클래스들의 존재는 OOA를 수행하고 싶은 강한 유혹을 갖게 한다.

예를 들어 클래스들에 메소드들의 할당에 관련된 이슈를 고려해보자. 고전적 분석 페이즈의 한 태스크는 대상 프로덕트의 데이터와 오퍼레이션들을 결정하는 것이다. 그러나 특정 모듈에 다양한 오퍼레이션들의 할당은 고전적 설계 페이즈까지 연기된다. 왜냐하면 12.16절에서 지적했듯이 어떻게 전체적인 프로덕트를 모듈들로 분해하는지를 결정하는 게 첫 번째 일이기 때문에 그렇다.

그러나 객체-지향 패러다임에는 이 후자의 태스크가 분석 워크플로의 한 부분이다. 즉 객체-지향 분석 워크플로 동안에 모듈들(classes)과 그들의 상호작용들이 결정된다. 이 결과는 클래스 다이어그램에 묘사된다. 그래서 메소드들이 클래스들에 할당하기 전인 객체-지향 설계 워크플로까지 기다릴 이유가 분명치 않다.

그럼에도 불구하고 객체-지향 분석이 반복적인 프로세스라는 것을 기억하는 게 중요하다. 다양한 모델들을 정제하는 과정에서 자주 클래스 다이어그램의 상당한 부분이 재구성된다. 메소드들을 재할당하는 것은 불필요한 추가 재작업이 된다.

OOA 프로세스의 각 단계에서 반복 동안에 재구성해야 하는 정보를 최소화시키는 것은 좋은 아이디어이다. 그래서 클래스들에 메소드들의 할당은 객체-지향 분석 워크플로 동안에 보다 구체적으로 진행하려는 유혹을 버리고 설계 워크플로까지 기다린다.

복습

객체-지향 분석이 소개되어 있다(13.1절). 엔티티 클래스들을 추출하는 것은 13.2절에 기술되어 있다. 이 기법은 엘리베이터 문제 사례 연구에도 적용되었다(13.3절). 즉 기능적 모델링, 엔티티 클래스 모델링, 동적 모델링들은 각각 13.4, 13.5, 13.6절에서 수행되었다. 다음으로 테스트 워크플로의 객체-지향 분석 측면들은 13.7절에서 다루고 있다. 경계와 컨트롤 클래스들의 추출은 13.8절의 주제다. MSG Foundation 사례 연구의 클래스 추출은 13.9절(초기 기능적 모델), 13.10절(초기 클래스 다이어그램), 13.11절(초기 동적 모델), 13.12절(엔티티 클래스들의 수정), 13.13절(경계 클래스들 추출), 13.14절(컨트롤 클래스들 추출)들에 서술되어 있다. MSG Foundation 사례 연구의 Unified Process에 적용은 13.15절(유스 케이스들의 실현), 13.16절(클래스 다이어그램 점진), 13.17절(테스트 워크플로)에 요약되어 있다. Unified Process의 명세문서는 13.18절에서 논의되었다. 액터들과 유스 케이스들에 대한 추가 정보는 13.19절에 있다. 객체-지향 분석용 CASE 툴과 척도는 13.20절과 13.21절에 각각 서술되어 있다. 이장은 객체-지향 분석 워크플로의 난제들에 대한 논의로 결론을 맺는다(13.22절).

13장의 MSG Foundation 사례 연구의 개요는 그림 13.64에서, 엘리베이터 문제는 13.65에서 보여주었다.

그림 13.64 13장의 MSG Foundation 사례 연구의 개요

Initial functional model	Section 13.9
Seventh iteration of the use-case diagram	Figure 13.15
Initial class diagram	Section 13.10
First iteration of the class diagram	Figure 13.21
Second iteration of the class diagram	Figure 13.22
Eighth iteration of the use-case diagram	Figure 13.23
Second iteration of the class diagram, with attributes added	Figure 13.24
Initial dynamic model	Section 13.11
Initial statechart	Figure 13.25
Revising the entity classes	Section 13.12
Third iteration of the class diagram	Figure 13.28
Extracting the boundary classes	Section 13.13
Extracting the control classes	Section 13.14
Use-case realization	Section 13.15
Estimate Funds Available for Week use case	Section 13.15.1
Manage an Asset use case	Section 13.15.2
Update Estimated Annual Operating Expenses use case	Section 13.15.3
Produce a Report use case	Section 13.15.4
Incrementing the class diagram	Section 13.16
Fourth iteration of the class diagram	Figure 13.63

그림 13.65 13장의 엘리베이터 문제 사례 연구의 개요

Object-oriented analysis	Section 13.3
Functional modeling	Section 13.4
Entity class modeling	Section 13.5
First iteration of the class diagram	Figure 13.5
Second iteration of the class diagram	Figure 13.6
Dynamic modeling	Section 13.6
First iteration of the statechart for the elevator controller	Figure 13.7
Test workflow	Section 13.7
Third iteration of the class diagram	Figure 13.10
Fourth iteration of the class diagram	Figure 13.12
First iteration of the statechart for the elevator subcontroller	Figure 13.13

관련 자료

Fusion[Coleman et al., 1994]은 OMT[Rumbaugh et al., 1991], Objectory[Jacobson, Christerson, Jonsson, Overgaard, 1992]를 포함한 많은 1세대 기법들을 조합시킨 2세대 OOA기법이다. Unified Software Development Process는 Jacobson, Booch, Rumbaugh[Jacobson, Booch and Rumbaugh, 1999]의 작업을 통합시킨 것이다. Catalysis는 또 다른 중요한 객체-지향 방법론이다[D'Souza and Mills, 1999].

ROOM은 실시간 소프트웨어용 객체-지향 기법이다[Selic, Gullekson, Ward, 1995]. 실시간 객체-지향 기법들에 관한 많은 정보는 [Awad, Kuusela, Ziegler, 1996]에서 발견할 수 있다.

UML에 관한 보다 상세한 정보는 [Booch, Rumbaugh, Jacobson, 1999]와 [Rumbaugh, Jacobson, Booch, 1999]에서 발견할 수 있다. October 1999 issue of Communications of the ACM 은 UML의 사용에 관한 다양한 많은 논문들을 포함하고 있다. UML은 Object Management Group 의 관리 하에 있고, UML의 최신 버전은 OMG 웹사이트인 www.omg.org에서 찾을 수 있다.

후보 클래스들을 추출하기 위해 이 책에서 사용되는 명사-추출 기법은 [Juristo, Moreno, Lopez, 2000]에 정형화되어 있다. CRC 카드들은 [Beck and Cunningham, 1989]가 제안했다. [Wirfs-Brock, Wilkerson, Wiener, 1990]은 CRC 카드들에 관한 정보의 좋은 자원이다.

객체-지향 분석들에 관한 많은 비교들에는 [de Champeaux and Faure, 1992]; [Monarchi and Puhr, 1992]; [Embley, Jackson, Woodfield, 1995]등이 포함되어 발간되었다. 객체-지향과 고전적 분석 기법들과의 비교는 [Fichman and Kemerer, 1992]에 있다.

객체-지향 프로젝트들에서 반복의 관리는 [Williams, 1996]에 서술되어 있다. 상태 차트들은 [Harel and Gery, 1997]에 서술되어 있다. 객체-지향 패러다임에서 명세의 재사용은 [Bellinzona, Fugini, Pernici, 1995]에 서술되어 있다. [Kazman, Abowd, Bass, Clements, 1996]은 객체-지향 분석을 지원하는 시나리오들의 사용을 제안했다.

객체-지향 소프트웨어용 정형 기법에 대한 다양한 논문들은 July 2000 issue of IEEE Transaction on Software Engineering에 있다.

13.1 엘리베이터 문제 사례 연구의 클래스 다이어그램의 네 번째 반복(그림 13.12)을 반영하여 그림 13.11의 시나리오를 수정하라.

13.2 그림 13.12에서 보여준 **Button Class**를 위한 상태 차트를 개발하라.

13.3 그림 13.12에서 보여준 **Elevator Class**를 위한 상태 차트를 개발하라.

13.4 그림 13.12에서 보여준 **Elevator Doors Class**를 위한 상태 차트를 개발하라.

13.5 그림 13.12에서 보여준 **Floor Subcontroller Class**를 위한 CRC 카드를 작성하라.

13.6 Press an Elevator Button과 Press a Floor Button 유스 케이스 대신에 Travel from one Floor to Another 유스 케이스를 고려해보자. 엘리베이터를 이용하는 다른 승객들, 사용자가 명백하지 않은 시스템 액션/이벤트와 같은 유스 케이스의 다른 사례에 간섭 없이 승객(사용자)의 관점에서의 유스 케이스를 위한 유스 케이스 서술을 작성하라.

13.7 엘리베이터의 층 문을 고려해보자. 이들 문은 해당하는 엘리베이터 문들과 동시에 열리고 닫혀야만 한다. 엘리베이터 문제 사례 연구의 분석에 이 문들을 추가한다면 어떻게 해야 하는가?

13.8 엘리베이터 문제 사례 연구의 분석에서 각 클래스들을 경계, 컨트롤, 엔티티 클래스로 분류하여라.

13.9 12.7절의 유한 상태 기계(FSM)와 객체-지향 분석에서 사용하는 반정형 상태 차트를 비교하라.

13.10 **MSG Application Class**를 고려해보자. 이것의 속성들이 저장되어야만 하는가? 그리고 어떤 것이 소프트웨어 프로덕트에서 다른 정보로부터 계산될 수 있는가?

13.11 만약 **MSG Application Class**가 소프트웨어 프로덕트에서 다른 정보로 계산될 수 없는 단지 속성만을 보관한다면, Estimate Funds Available for Week 유스 케이스(그림 13.34)와 해당하는 커뮤니케이션 다이어그램(그림 13.36)을 실현하는 클래스에 클래스 다이어그램은 어떤 영향을 받는가?

13.12 그림 11.30과 11.31의 Manage an Investment 유스 케이스의 확장된 시나리오를 제시하라.

13.13 그림 11.17과 11.18의 Update Estimated Annual Operating Expenses 유스 케이스의 확장된 시나리오를 제시하라.

13.14 그림 13.43과 13.44의 상호작용 다이어그램들의 이벤트들의 흐름을 제시하라.

13.15 그림 13.46과 13.47의 상호작용 다이어그램들의 이벤트들의 흐름을 제시하라.

13.16 문제 13.13에 당신의 대답은 그림 13.51과 13.52의 상호작용 다이어그램을 위한 가능한 시나리오인지 점검해보자. 만약 아니라면, 당신의 시나리오를 수정하라.

13.17 그림 13.51과 13.52의 상호작용 다이어그램들의 이벤트들의 흐름을 제시하라.

13.18 그림 13.57과 13.58의 상호작용 다이어그램들의 이벤트들의 흐름을 제시하라.

13.19 (Analysis and Design Project) 문제 8.7의 라이브러리 소프트웨어 프로덕트의 분석 워크플로를 수행하라.

13.20 (Analysis and Design Project) 문제 8.8에 있는 뱅크 문장이 정확한지를 결정하기 위해 프로덕트의 분석 워크플로를 수행하라.

13.21 (Analysis and Design Project) 문제 8.9의 ATM의 분석 워크플로를 수행하라. 리더, 프린터, 현금지급기 같은 구성 하드웨어의 세부 사항들은 고려할 필요는 없다. 대신에 ATM이 명령을 이들 컴포넌트들에 전송할 때 정확하게 실행된다고 가장한다.

13.22 (Term Project) 부록 A에서 서술한 Chocoholics Anonymous 프로덕트의 분석 워크플로를 수행하라.

13.23 (Case Study) MSG Foundation 사례 연구(13.9절에서 13.16절까지)의 분석 워크플로에 **Manage an Investment Class**와 **Manage a Mortgage Class**를 추가하라. 이는 개선인가 아니면 불필요하게 복잡하게 만드는가?

13.24 (Case Study) 객체-지향 분석이 동적 모델링으로 시작했을 때 무슨 일이 발생하는지를 결정하라. MSG Foundation 사례 연구를 그림 13.25의 상태 차트로 시작해서 이에 객체-지향 분석을 완성하라.

13.25 (Case Study) 12.4절의 MSG Foundation 사례 연구에 구조적 시스템과 분석과 13.9절부터 13.11절까지의 객체-지향 분석 워크플로를 비교해보고 구축하라.

13.26 (Reading in Software Engineering) 만일 당신의 교습자가 논문 [Juristo, Moreno, Lopez, 2000]의 복사본을 배포할 것이다. 만약 당신은 그들의 객체-지향 분석 접근법에 대한 당신의 의견은 무엇인가?

참고 문헌

[Awad, Kuusela, and Ziegler, 1996] M. AWAD, J. KUUSELA, AND J. ZIEGLER, *Object-Oriented Technology for Real-Time Systems: A Practical Approach Using OMT and Fusion,* Prentice Hall, Upper Saddle River, NJ, 1996.

[Beck and Cunningham, 1989] K. BECK AND W. CUNNINGHAM, "A Laboratory for Teaching Object-Oriented Thinking," Proceedings of OOPSLA '89, *ACM SIGPLAN Notices* **24** (October 1989), pp. 1-6.

[Bellinzona, Fugini, and Pernici, 1995] R. BELLINZONA, M. G. FUGINI, AND B. PERNICI, "Reusing Specifications in OO Applications," *IEEE Software* **12** (March 1995), pp. 656-75.

[Booch, Rumbaugh, and Jacobson, 1999] G. BOOCH, J. RUMBAUGH, AND I. JACOBSON, The UML Users Guide, Addison Wesley, Reading, MA, 1999.

[Coleman et al., 1994] D. COLEMAN, P. ARNOLD, S. BODOFF, C. DOLLIN, H. GILCHRIST, F. HAYES, AND P. JEREMAES, *Object-Oriented Development: The Fusion Method,* Prentice-Hall, Englewood Cliffs, NJ, 1994.

[D'Souza and Wills, 1999] D. F. D'SOUZA AND C. WILLS, *Objects, Components, and Frameworks with UML: The Catalysis Approach,* Addison Wesley, Reading, MA, 1999.

[de Champeaux and Faure, 1992] D. DE CHAMPEAUX AND P. FAURE, "A Comparative Study of Object-Oriented Analysis Methods," *Journal of Object-Oriented Programming* **5** (March/April 1992), pp. 21-33.

[Embley, Jackson, and Woodfield, 1995] D. W. EMBLEY, R. B. JACKSON, AND S. N. WOODFIELD, "OO Systems Analysis: Is It or Isn't It?" *IEEE Software* **12** (July 1995), pp. 18-33.

[Fichman and Kemerer, 1992] R. G. FICHMAN AND C. F. KEMERER, "Object-Oriented and Conventional Analysis and Design Methodologies: Comparison and Critique," *IEEE Computer* **25** (October 1992), pp. 22-39.

[Harel and Gery, 1997] D. HAREL AND E. GERY, "Executable Object Modeling with Statecharts," *IEEE Computer* **30** (July 1997), pp. 31-42.

[Jacobson, Booch, and Rumbaugh, 1999] J. RUMBAUGH, G. BOOCH, AND I. JACOBSON, *The Unified Software Development Process,* Addison Wesley, Reading, MA, 1999.

[Jacobson, Christerson, Jonsson, and Overgaard, 1992] I. JACOBSON, M. CHRISTERSON, P. JONSSON, AND G. OVERGAARD, *Object-Oriented Software Engineering: A Use Case Driven Approach,* ACM Press, New York, 1992.

[Juristo, Moreno, and López, 2000] N. JURISTO, A. M. MORENO, AND M. LÓPEZ, "How to Use Linguistic Instruments for Object-Oriented Analysis," *IEEE Software* **17** (May/June 2000), pp. 80-89.

[Monarchi and Puhr, 1992] D. E. MONARCHI AND G. I. PUHR, "A Research Typology for Object-Oriented Analysis and Design," *Communications of the ACM* **35** (September 1992), pp. 35-47.

[Rumbaugh et al., 1991] J. RUMBAUGH, M. BLAHA, W. PREMERLANI, F. EDDY, AND W. LORENSEN, *Object-Oriented Modeling and Design,* Prentice-Hall, Englewood Cliffs, NJ, 1991.

[Rumbaugh, Jacobson, and Booch, 1999] J. RUMBAUGH, I. JACOBSON, AND G. BOOCH, *The Unified Modeling Language Reference Manual,* Addison Wesley, Reading, MA, 1999.

[Selic, Gullekson, and Ward, 1995] B. SELIC, G. GULLEKSON, AND P. T. WARD, *Real-Time Object-Oriented Modeling,* John Wiley and Sons, New York, 1995.

[USNO, 2000] "The 21st Century and the Third Millennium-When Will They Begin?" U.S. Naval Observatory, Astronomical Applications Department, at aa.usno.navy.mil/AA/faq/docs/millennium.html, February 22, 2000.

[Williams, 1996] J. D. WILLIAMS, "Managing Iteration in OO Projects," *IEEE Computer* **29** (September 1996), pp. 39-43.

[Wirfs-Brock, Wilkerson, and Wiener, 1990] R. WIRFS-BROCK, B. WILKERSON, AND L. WIENER, *Designing Object-Oriented Software,* Prentice-Hall, Englewood Cliffs, NJ, 1990.

제**14**장

설계

> **학습목표**
> ························
> 이 장을 학습하면 다음 사항들을 습득하게 된다.
>
> ● 설계 워크플로를 수행할 수 있게 된다.
> ● 객체–지향 설계를 수행할 수 있게 된다.
> ● 데이터 흐름 분석과 트랜잭션 분석을 수행할 수 있게 된다.

과거 40년 동안에 수백 개의 설계 기법들이 제안되었다. 이 중 일부는 기존 기법들을 변형시킨 것이고 나머지는 이전에 제시된 것과는 근본적으로 다른 기법들이었다. 이들 기법 중 소수만 수천 명의 소프트웨어 엔지니어들이 사용하였고 나머지 대부분 기법들은 단지 그 기법들을 제안한 제안자들만 사용하였다. 특히 대학에서 개발된 몇몇 설계 전략은 이론적인 기반만 가지고 있었다. 그러나 연구용으로 작성된 기법들은 많은 전략을 내포하고 있어서 더 실용적이었다. 왜냐하면 그들 전략은 실무에서 우수한 성과를 거두었기 때문에 제안된 것이다. 대부분의 설계 기법이 수동으로 수행되지만 문서화 관리에 도움이 되게 이를 자동화시키면 설계의 중요한 측면이 크게 증가된다.

　많은 설계 기법이 있음에도 불구하고 어떤 기준이 되는 패턴이 있다. 이 책의 주요 주제는 프로덕트의 두 가지 기본적인 측면인 오퍼레이션(operation)들과 이 오퍼레이션에서 작동되는 데이터(data)이다. 그래서 프로덕트를 설계하는 두 가지 기본 방법은 오퍼레이션-중심 설계와 데이터-중심 설계이다. 오퍼레이션–중심 설계(operation-oriented design)에서 강조되는 것은 오퍼레이션들이다. 예를 들면 목적이 높은 응집도(cohesion, 7.2절)를 갖는 모듈들을 설계하는 것인 데이터 흐름 분석(data flow analysis, 14.3절)이다. 데이터–중심 설계(data-oriented design)에서는 데이터가 우선 고려 대상이다. 예를 들면 Jackson의 기법(14.5절)에서는 데이터의 구조가 우선 결정된 후 프러시저들은 데이터의 구조에 일치하도록 설계한다.

오퍼레이션-중심 설계 기법의 약점은 오퍼레이션들에만 집중한다는 점이다. 즉 데이터는 단지 두 번째로 중요하다. 데이터-중심 설계 기법도 유사하게 오퍼레이션들을 손상시키더라도 데이터만 강조한다. 해결방안은 오퍼레이션들과 데이터를 똑같은 비중으로 처리하는 객체-지향 기법들이다. 이 장에서는 오퍼레이션과 데이터-중심 설계를 우선 서술한 후 객체-지향 설계를 서술한다. 실제로 객체는 오퍼레이션-중심 설계와 데이터-중심 설계를 모두 통합한 것이기 때문에 객체-지향 설계는 오퍼레이션-중심과 데이터-중심 설계의 특성들을 결합시킨 것이다. 그래서 객체-지향 설계의 완전한 이해를 갖기 위해서는 오퍼레이션-중심 설계와 데이터-중심 설계의 기본적인 이해가 필요하다.

특정 설계 기법들을 학습하기 전에 우선 설계 단계에 관련된 일반적인 사항들을 먼저 언급한다.

14.1
설계와 추상화

SOFTWARE

고전적 설계 페이즈는 세 개의 활동(activity)들로 구성된다. 즉, 아키텍처 설계(architectural design), 상세 설계(detail design), 설계 테스팅(design testing)으로 구성된다. 설계 프로세스에 대한 입력은 프로덕트가 무엇(what)을 수행하는지를 서술한 명세문서이다. 그리고 출력은 프로덕트가 이것을 어떻게(how) 달성되는지를 서술한 설계 문서가 된다.

아키텍처 설계(이것은 general design, logical design, 또는 high-level design이라고도 부름) 동안에 프로덕트의 모듈러 분해(modular decomposition)가 개발된다. 즉 명세들이 세밀하게 분석되면 원하는 기능성을 가진 모듈 구조가 생성된다. 이 활동에서 나온 출력물은 모듈들의 목록과 이들이 어떻게 상호 연결되는지를 설명한 서술이다. 추상화(abstraction)의 관점에서 보면 아키텍처 설계 동안에 어떤 모듈들의 존재한다고 가정한다. 즉 설계는 이들 모듈들로 개발된다.

1.9절에서 설명했듯이 객체-지향 패러다임이 사용될 때 아키텍처 설계활동은 객체-지향 분석 워크플로 동안에 수행된다(12장). 이것은 분석 워크플로의 첫 번째 단계에서 클래스들이 결정되기 때문에 그렇다. 왜냐하면 클래스는 모듈의 타입이기 때문에 모듈러 분해는 분석 워크플로 동안에 수행된다.

고전적 설계 페이즈에서 다음 활동과 객체-지향 설계 워크플로의 주요 활동은 상세 설계이고 이는 모듈러 설계(modular design), 물리적 설계(physical design), 또는 하위 수준 설계(low- level design)라고도 부른다. 이 단계에서 각 모듈(또는 클래스)이 세부적으로 설계된다. 예를 들면 특정 알고리즘들이 선택되고 데이터 구조들도 선택된다. 추상화의 관점에서 보면 이 활동 동안에 모듈들(클래스들)이 완전한 프로덕트가 되기 위해 상호 연계되는 것은 무시된다.

고전적 설계 페이즈는 세 가지 활동들을 갖고 있고 이 중 세 번째 활동이 테스팅이라는 것을 이미 설명했다. 단계(stage 또는 step)라는 단어보다 활동(activity)이라는 단어를 사용하는 이유는 테스팅이 전체 소프트웨어 개발과 유지보수 프로세스의 통합과 같이 설계의 통합 부분이라는 것을 강조하기 위해서다. 테스팅은 아키텍처 설계와 상세 설계가 완성된 후에만 수행되는 것은 아니다. 유사하게 객체-지향 설계의 경우에 테스트 워크플로는 설계 워크플로와 병렬적으로 수행된다.

이제부터는 다양한 설계 기법 중 우선 오퍼레이션-중심 기법들이 설명된 후 데이터-중심 기법들과 객체-지향 기법들이 설명된다.

14.2
오퍼레이션-중심 설계

SOFTWARE

7.2절과 7.3절에서 프로덕트가 높은 응집도와 낮은 결합도를 갖는 모듈들로 분해되는 이론적인 사례를 학습했다. 지금부터는 이 설계 목적을 달성하는 데 필요한 두 가지 실용적인 기법인 데이터 흐름 분석(14.3절)과 트랜잭션 분석(14.4절)을 설명한다. 이론적으로 데이터 흐름 분석은 명세들이 DFD로 표현될 수 있을 때 적용되고, 그리고(이론적인 면에서 적어도) 모든 프로덕트는 DFD로 표현될 수 있기 때문에 데이터 흐름 분석은 전체적으로 적용할 수 있다. 그러나 실제로 데이터의 흐름이 다른 고려 사항 중에 두 번째인 프로덕트를 설계할 때는 보다 적합한 설계 기법들이 있다. 다른 설계 기법들이 예시한 예에는 규칙-기반 시스템(rule-based system)(전문가 시스템), 데이터베이스, 트랜잭션 프로세싱 프로덕트들이 포함된다(14.4절에서 서술한 트랜잭션 분석은 트랜잭션 프로세싱 프로덕트들을 모듈들로 분해하는 좋은 방법이다).

14.3
데이터 흐름 분석

SOFTWARE

DFA(data flow analysis, 데이터 흐름 분석)는 높은 응집도를 갖는 모듈을 만드는 고전적 설계 기법이다. 이 기법은 대부분의 분석 기법들과 결합되어 사용된다. 여기서 DFA는 구조적 시스템 분석(12.3절)과 결합시켜 제시된다. 이 기법에 입력은 DFD(data flow diagram)이다. 핵심은 일단 DFD가 완성되면 소프트웨어 설계자는 프로덕트에 대한 입력과 출력에 대한 정확하고 완전한 정보를 갖게 된다.

그림 14.1에 DFD로 표현된 프로덕트에서 데이터의 흐름을 살펴보자. 이 프로덕트는 어떻게든 입력에서 출력으로 전환된다. DFD의 어떤 시점에서 입력은 중단되고 어떤 형식의 내부 데이터로 전환된다. 어떤 세부 시점에서 이들 내부 데이터는 출력의 품질(quality)을 갖게 된다. 이러한 내용은 그림 14.2에서 보다 세부적으로 보여준다. 입력이 입력으로서의 품질을 잃어버리고 단순히 프로덕트에 의해 작동되는 내부 데이터가 되는 시점을 **입력의 최상위 추상화 시점**(the point

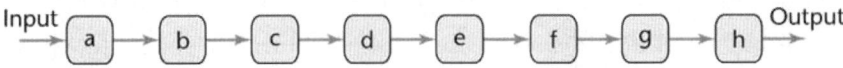

그림 14.1 데이터의 흐름과 프로덕트의 액션을 보여주는 DFD

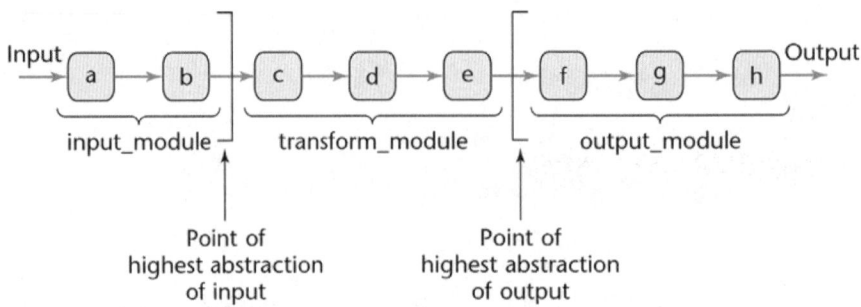

그림 14.2 입력과 출력의 최상위 추상화의 시점들

highest abstraction of input)이라고 부른다. **출력의 최상위 추상화 시점**은 유사하게 출력이 어떤 종류의 내부 데이터라기보다는 그 자체로서 식별되는 데이터의 흐름에서 첫 시점이다.

입력과 출력의 최상위 추상화의 시점들을 사용하면 프로덕트는 세 개의 모듈 즉, input_module, transform_module, ouput_module로 분해된다. 이제 각 모듈은 최상위 추상화의 시점이 발견된 곳에서 해당 모듈은 다시 재분해된다. 이 프로시저는 각 모듈이 단일 오퍼레이션, 즉 설계가 높은 응집도를 갖는 모듈들로 구성된 단일 오퍼레이션을 수행할 때까지 정제가 계속된다. 따라서 많은 다른 소프트웨어 공학 기법들의 기본이 되는 단계적 정제(stepwise refinement)도 데이터 흐름 분석을 강조한다.

객관적으로 말해서 가능한 한 가장 하위의 결합도(coupling)를 갖기 위해서는 소수의 변경만으로 분해되어야 한다고 지적했다. 데이터 흐름 분석은 높은 응집도를 얻는 방법이다. 합성/구조적 설계(composite/structured design)의 목적은 높은 응집도와 하위 결합도를 갖는 것이다. 하위 결합도를 갖기 위해서는 설계에 소수의 변경만 있어야 한다. 예를 들면 DFA는 결합도를 고려하지 않았기 때문에 제어 결합도(control coupling)는 DFA를 사용해 구축한 설계에서 자주 발생한다. 이러한 경우 필요한 모든 것은 해당 데이터와 그들 간에 제어가 전달되지 않는 두 모듈을 수정한다.

14.3.1 Mini Case Study Word Counting

파일 이름을 입력으로 택하고 이 파일에 있는 단어의 수를 반환해주는 프로덕트(UNIX의 wc기능과 유사한)를 설계하는 문제를 고려해보자.

그림 14.3은 DFD를 묘사하고 있다. 여기에는 5개의 모듈이 있다. 모듈 read_file_name은 validate_file_name이 확인한 파일의 이름을 읽는다. 이 이름은 이것을 정확하게 수행하는 count_number_of_words에 전달된다. 이때 워드 카운트는 format_word_count에 전달되고 포맷된 워드 카운트는 마지막으로 출력을 위해 display_word_count에 전달된다.

그림 14.3 DFD의 첫 번째 정제

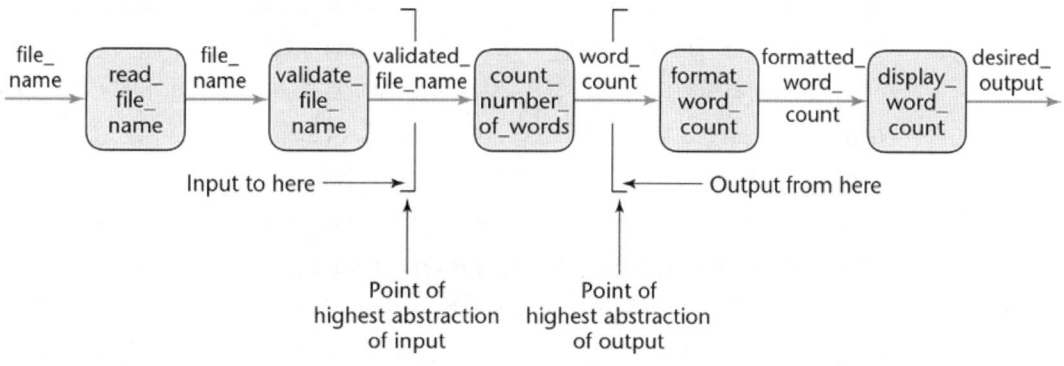

그림 14.4

구조도:
첫 번째 정제

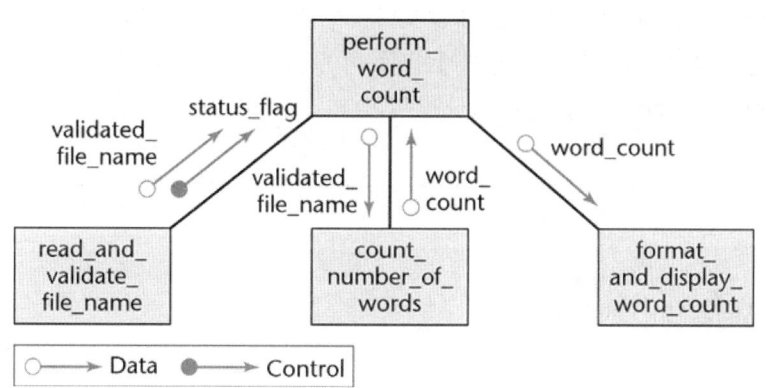

그림 14.5

구조도:
두 번째 정제

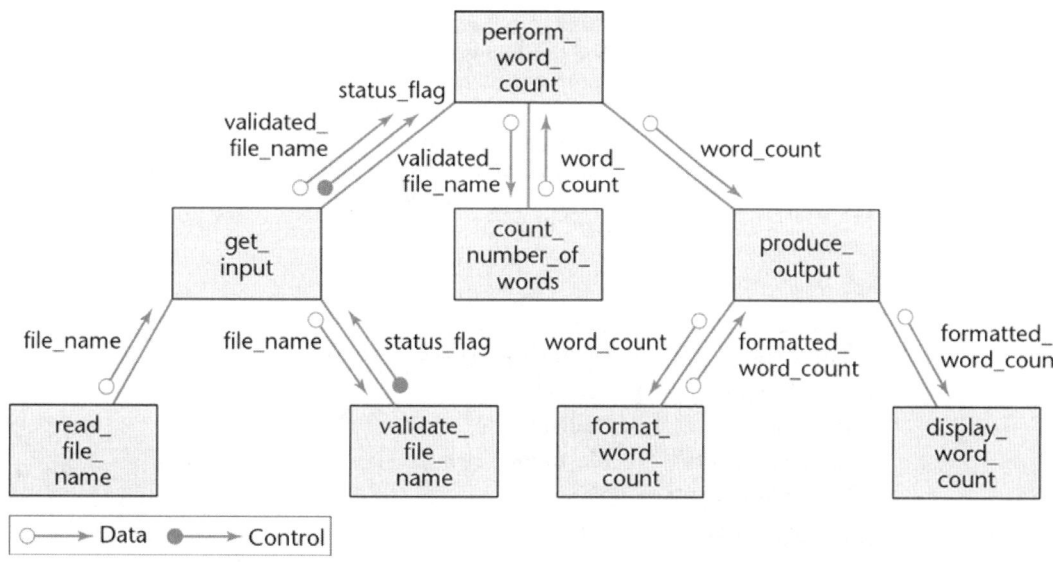

그림에서 데이터 흐름을 조사해보면 초기 입력은 file_name이다. 이것이 validated_file_ name이 될 때 그것은 파일의 이름이고 입력 데이터의 속성을 유지하고 있다. 그러나 모듈 count_number_of_words를 고려해보자. 그것의 입력은 validated_file_name이고 출력은 word_count이다. 이 모듈에서 나온 출력은 전체적으로 입력에서 프로덕트로 가는 품질이 아주 다르다. 입력의 최상위 추상화의 시점은 그림 14.3에 나타나있듯이 분명하다. 유사하게 count_number_of_words의 출력이 포맷이 된 형태로 실행된 경우에도 모듈 count_number_of_words로부터 나오는 시기에만 출력된다. 그리고 출력의 최상위 추상화 시점은 그림 14.3에서 보여준 것과 같다.

최상위 추상화의 두 시점을 사용해 프로덕트를 분해한 결과는 그림 14.4에서 구조 차트 (structure chart)로 보여준다. 그림 14.4는 그림 14.3의 DFD를 아주 단순화시킨 것을 보여준다. DFD는 만약 사용자가 명시한 파일이 존재하지 않는다면 발생되는 것에 대응되는 논리적 흐름을 보여주지 못한다. 모듈 read_and_validate_file_name은 perform_word_count에 status_flag를 반환한다. 만약 이름이 유효하지 못하면 perform_word_count가 무시되고 해당 에러 메시지가 출력된다. 만약 이름이 유효하면 count_number_of_words에 전달된다. 일반적으로 조건 데이터 흐름 (conditional data flow)이 있을 경우는 항상 대응되는 제어 흐름이 필요하다.

7.2.5절에서 서술한 것처럼 모듈이 프로덕트가 수행해야 하는 단계별 순서로 연관된 일련의 오퍼레이션들을 수행하고 또 모든 오퍼레이션들이 동일 데이터 상에서 수행한다면 교환적 응집도 (communicational cohesion)를 갖고 있다고 말한다. 그림 14.4에는 교환적 응집도를 갖는 두 모듈,

그림 14.6

예제의 네 개의 모듈에 관한 상세 설계

Module name	read_file_name
Module type	Function
Return type	**string**
Input arguments	None
Output arguments	None
Error messages	None
Files accessed	None
Files changed	None
Modules called	None
Narrative	The product is invoked by the user by means of the command string

word_count <file_name>

Using an operating system call, this module accesses the contents of the command string input by the user, extracts **<file_name>**, and returns it as the value of the module.

(a)

Module name	validate_file_name
Module type	Function
Return type	**Boolean**
Input arguments	**file_name : string**
Output arguments	None
Error messages	None
Files accessed	None
Files changed	None
Modules called	None
Narrative	This module makes an operating system call to determine whether file **file_name** exists. The module returns **true** if the file exists and **false** otherwise.

(b)

그림 14.6

예제의 네 개의
모듈에 관한 상세
설계(계속)

Module name	**count_number_of_words**
Module type	Function
Return type	**integer**
Input arguments	**validated_file_name : string**
Output arguments	None
Error messages	None
Files accessed	None
Files changed	None
Modules called	None
Narrative	This module determines whether **validated_file_name** is a text file, that is, divided into lines of characters. If so, the module returns the number of words in the text file; otherwise, the module returns −**1**.

(c)

Module name	**produce_output**
Module type	Function
Return type	**void**
Input arguments	**word_count : integer**
Output arguments	None
Error messages	None
Files accessed	None
Files changed	None

Modules called	**format_word_count**
	    arguments: **word_count : integer**
	                        formatted_word_count : string
	display_word_count
	    arguments: **formatted_word_count : string**

Narrative	This module takes the integer **word_count** passed to it by the calling module and calls **format_word_count** to have that integer formatted according to the specifications. Then it calls **display_word_count** to have the line printed.

(d)

즉 read_and_ validate_file_name과 format_and _display_word_count가 있다.

이들 두 모듈은 더 분해가 되어야 한다. 이의 최종 결과는 그림 14.5에서 보여준다. 모두 8개의 모듈은 데이터 결합도(7.3.5절)이든가 아니면 그들 사이에는 결합도가 없는 기능적 응집도(functional cohesion)를 갖고 있다.

이제 아키텍처 설계가 완료되었기 때문에 다음 단계는 상세 설계(detailed design)이다. 여기서 데이터 구조들과 알고리즘들이 선택된다. 각 모듈의 상세 설계는 구현을 위해 프로그래머에게 전달된다. 사실상 소프트웨어 프로덕션의 모든 다른 페이즈에서처럼 시간 제약 때문에 구현은 한 프로그래머가 모든 모듈의 코딩을 담당하기보다는 팀이 수행하는 것을 요구한다. 이러한 이유 때문에 각 모듈의 상세 설계는 어떤 다른 모듈의 참조 없이 이해할 수 있게 제시되어야 한다. 그래서 그림 14.6에는 8개의 모듈 중 네 개 모듈의 상세 설계가 있다. 나머지 네 개 모듈은 다른 포맷으로 제시된다.

그림 14.6의 설계는 프로그래밍 언어와 독립적이다. 그러나 만약 관리자가 상세 설계가 시작되기 전에 구현 언어를 결정했다면 상세 설계를 표현하는 데 PDL(program description language) 사용은 매력적인 대안이 된다(의사코드(pseudocode)는 PDL의 초기 이름이다). PDL은 반드시 선택된 구현 언어의 제어문으로 연결된 주석(comment)들로 구성된다. 그림 14.7은 C++ 이나 Java 취향의 PDL로 작성된 프로덕트의 나머지 네 개 모듈의 상세 설계를 보여준다. PDL은 일반적으로 명확하고 간결한 장점을 갖고 있으며, 구현 단계는 항상 주석들을 관련된 프로그래밍 언어로 변환시키게 구성된다. 약점은 때때로 설계자들에게 PDL 상세 설계보다 더 세부적으로 처리하기를 요구하고 또 모듈의 완벽한 코드 구현을 생성하라고 요구하는 경향이 있다.

모두 문서화되고 성공적으로 테스트된 후에 상세 설계는 코딩을 담당하는 구현 팀에게 전달된다. 프로덕트는 고전적 소프트웨어 생명주기의 나머지 페이즈들로 진행된다.

그림 14.7 Gane과 Sarson의 구조적 시스템 분석의 기호들

```
void perform_word_count()
{
  String          validate_file_name;
  int             word_count;

  if (get_input (validate_file_name) is false)
    print "error 1: file does not exist";
  else
  {
    set word_count equal to count_number_of_words (validate_file_name);
    if (word_count is equal to −1)
      print "error 2: file is not a text file";
    else
      produce_output (word_count);
  }
}

Boolean get_input (String validate_file_name)
{
  String          file_name;

  file_name = read_file_name ();
  if (validate_file_name (file_name) is true)
  {
    set validate_file_name equal to file_name;
    return true
  }
  else
    return false
}

void display_word_count (String formatted_word_count)
{
  print formatted_word_count, left justified;
}

String format_word_count (int word_count);
{
  return "File contains" word_count "words";
}
```

- **Iterate**
  Find the point of highest abstraction of input of each input stream.
  Find the point of highest abstraction of output of each output stream.
  Decompose the data flow diagram using these points of highest abstraction.
- **Until** the resulting modules have high cohesion.
- If a resulting coupling is too high, adjust the design.

그림 14.8

다중 입력과 출력
스트링을 갖는
DFD

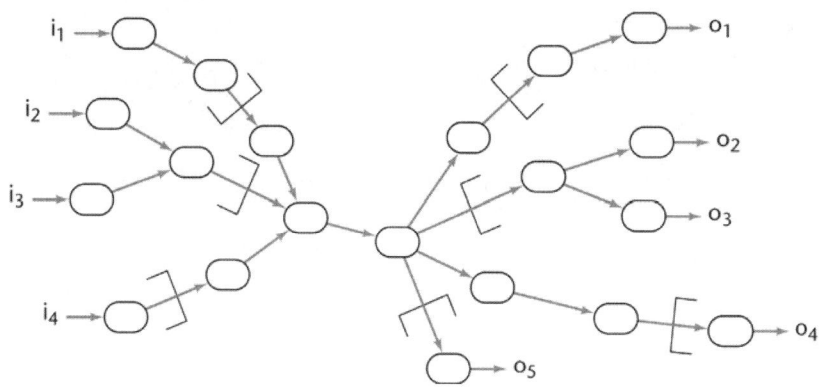

14.3.2 데이터 흐름 분석 확장안

독자는 이 미니 사례 연구에서 DFD(14.3절)가 단지 하나의 입력 스트림(stream)과 출력 스트림만 갖는 것은 조금은 인위적이라고 느낄 것이다. 보다 복잡한 상황이 발생한 경우를 보기 위해 그림 14.8을 고려해보자. 이제 현실에 보다 근접한 상황으로 네 개의 입력 스트림과 5개의 출력 스트림을 갖는 경우를 보자.

다중 입력과 출력 스트림들이 있을 때 이것을 제거하는 방법은 각 입력 스트림에 대해 입력의 최상위 추상화 시점과 각 출력 스트림에 대해 출력의 최상위 추상화 시점을 발견하는 것이다. 주어진 DFD를 본래보다 더 적은 입력/출력 스트림들로 분해하기 위해 이들 시점들을 사용한다. 이 방법은 결과로 나온 모듈이 높은 응집도를 가질 때까지 계속된다. 마지막으로 각 모듈 간의 결합도를 결정하고 어떤 필요한 조정들을 취한다.

데이터 흐름 분석은 'Box 14.1'에 요약되어 있다.

그림 14.9 대표적인 트랜잭션 프로세싱 시스템

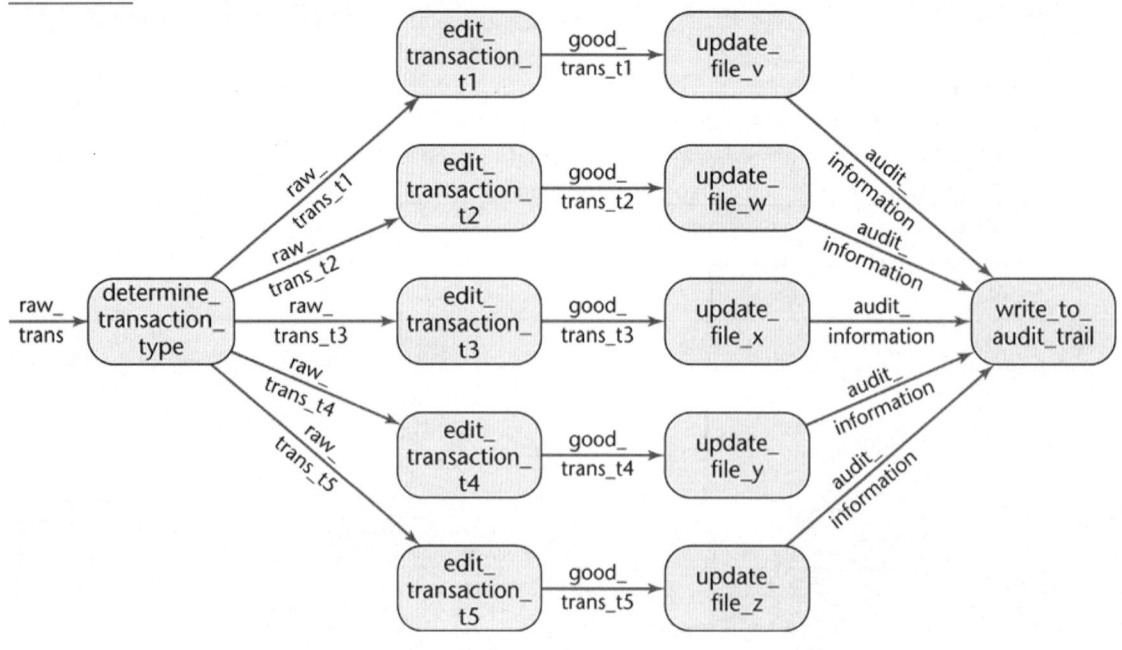

14.4
트랜잭션 분석

SOFTWARE

트랜잭션(transaction)은 'process a request'나 'print a list of today's order'와 같이 프로덕트의 사용자 관점에서 본 오퍼레이션이다. 데이터 흐름 분석은 많은 관련된 오퍼레이션들에서 프로덕트의 트랜잭션-프로세싱 타입(transaction-processing type)에는 부적합하다. 즉 이것은 개요는 유사하지만 세부 사항은 다르게 수행해야 한다. 대표적인 예는 ATM(automated teller machine : 금전 자동 출납기)을 제어하는 소프트웨어다. 고객은 자기스크립트(magneticstrip)를 가진 카드를 기계에 넣고 암호를 누른 후 잔금을 조회하거나 저축하거나 현금을 인출하는 오퍼레이션들을 수행한다. 그런 후에 카드를 뺀다. 프로덕트의 이러한 타입은 그림 14.9에 묘사되어 있다. 이러한 프로덕트를 설계하는 좋은 방법은 분석자(analyzer)와 발송자(dispatcher)의 두 단위로 나누는 것이다. 분석자는 트랜잭션 타입을 결정하고 이 정보를 발송지에 보낸다. 그러면 발송자는 트랜잭션을 수행한다.

7.2.2절에서 서술한 것처럼 호출 모듈(calling module)이 선택한 모듈이 일련의 관련된 오퍼레이션들을 수행할 때, 이 모듈은 논리적 응집도(logical cohesion)를 갖고 있다고 말한다. 이러한 타입의 빈약한 설계는 그림 14.10에서 논리적 응집도를 갖는 두 개의 모듈, 즉 edit_any_transaction과 update_any_file을 보여준다. 다시 말하면 다섯 개의 아주 유사한 편집 모듈들과 다섯 개의 갱신 모듈들을 갖고 있어서 노력의 낭비인 것처럼 보인다. 해결방안은 소프트웨어 재사용이다(8.1절). 즉 기본 편집 모듈이 설계되고, 코딩 되고, 문서화 되고, 또 테스트된 후에 다섯 번 예시된다. 각 버전은 조금씩 차이가 있겠지만, 그 차이점은 이 접근법이 가치가 있게 하는 데는 조금 불충분하다. 유사하게 기본 갱신 모듈은 다섯 번 예시될 수 있고 다섯 개의 다른 갱신 타입

그림 14.10

트랜잭션-
프로세싱
시스템의 빈약한
설계

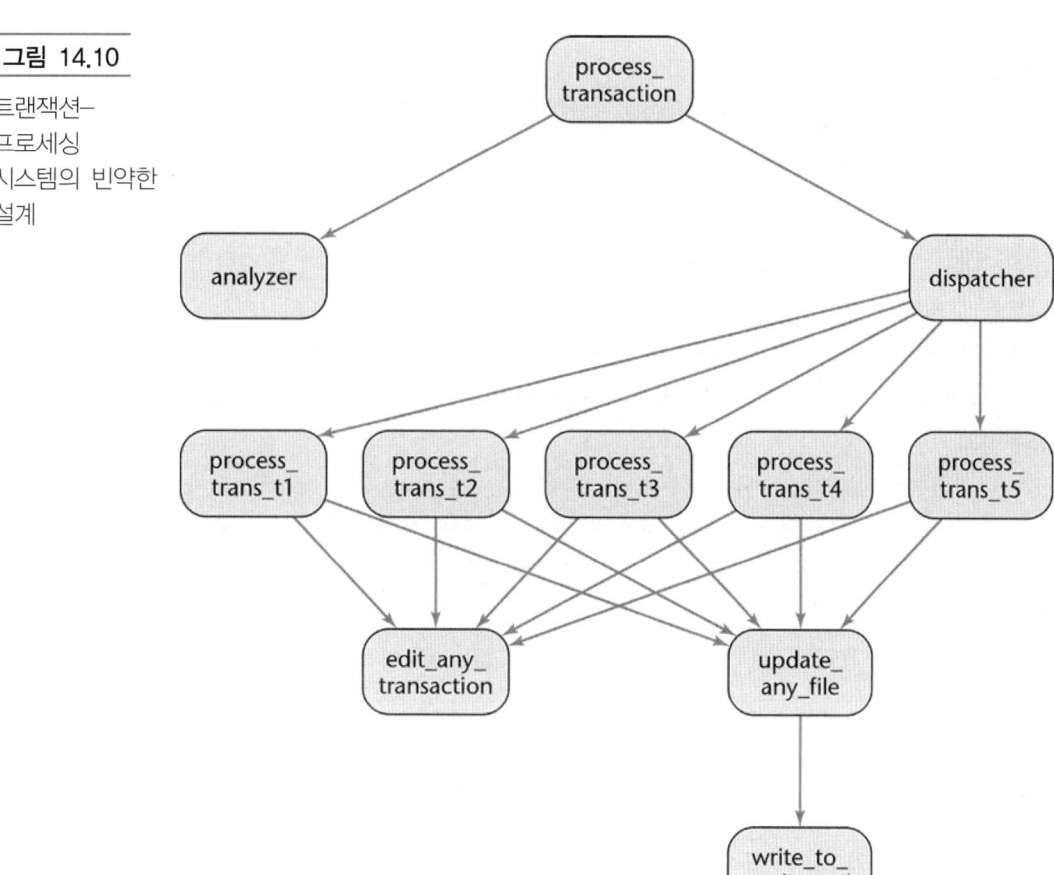

을 공급하기 위해 약간 수정된다. 이 결과로 나온 설계는 높은 응집도와 낮은 결합도를 갖게 된다. 트랜잭션 분석은 '박스 14.2'에 요약되어 있다.

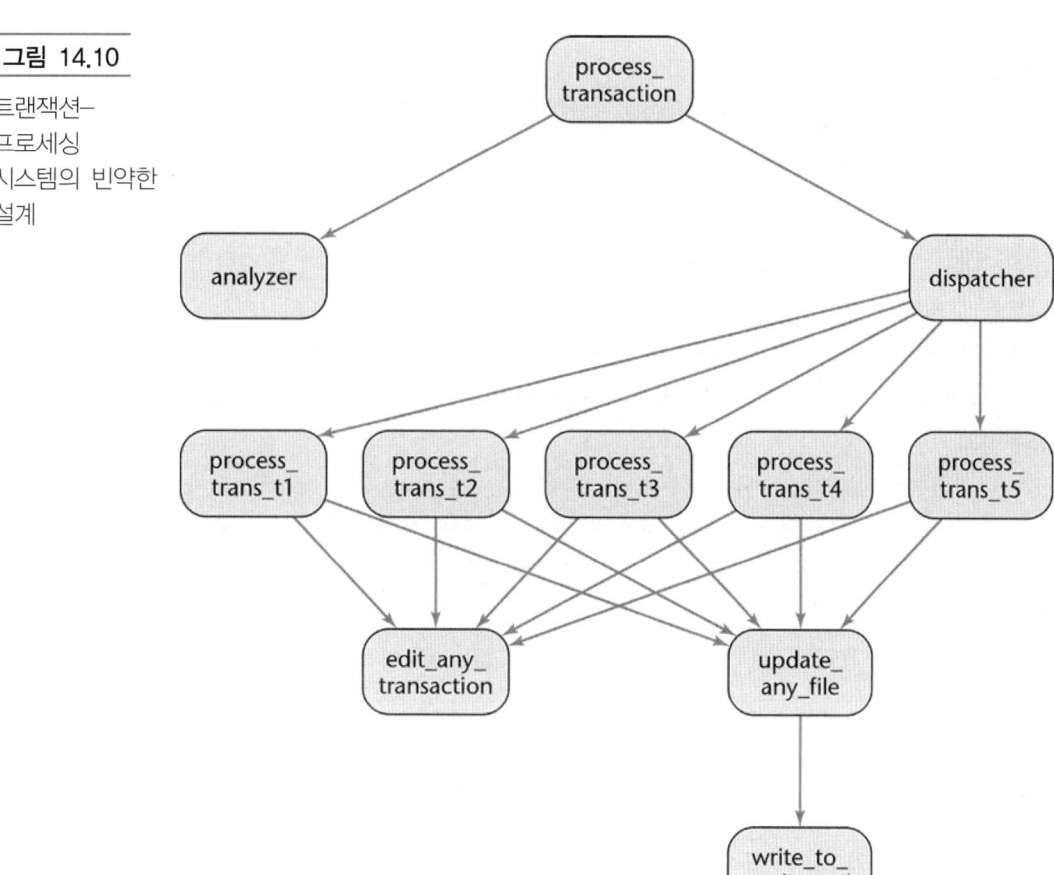

How to Perform Transaction Analysis	Box 14.2

- Design the architecture in terms of two components:
  The analyzer.
  The dispatcher.
- **For** each set of related operations
  Design one basic module and instantiate it as many times as necessary.

14.5

데이터-중심 설계

데이터-중심 설계(data-oriented design)에 내재된 기본 원리는 운영될 데이터의 구조에 따라 프로덕트를 설계하는 데 있다. 즉 데이터의 구조가 먼저 결정된 후 각 프러시저는 그것이 운영될 데이터와 같은 구조를 제시한다. 이에 관련된 많은 데이터-중심 기법들이 있다. 가장 잘 알려진 기법으로는 Michael Jackson[1975], Warnier[1976], Orr[1981]이다. 이 세 가지 기법들은 많은 공통점을 공유하고 있다.

데이터-중심 설계는 오퍼레이션-중심 설계보다 관심을 끌지는 못했고, 더욱 객체-지향 패러다임이 등장하자 시대에 뒤진 것으로 분류되었다. 이 책에 지면이 부족하기 때문에 데이터-중심 설계를 구체적으로 논의하지는 않겠지만 관심이 있는 독자들은 앞 단락에서 인용한 참고 문헌들을 참조하기를 바란다.

14.6

객체-지향 설계

이전에 설명했듯이 Unified Process는 객체–지향 설계(object-oriented design:OOD)의 이전의 지식을 이어 받은 것이다. 따라서 OOD를 여기서 서술한 후 14.9절에서 Unified Process의 설계 워크플로를 논의한다.

OOD의 목적은 객체-지향 분석 동안에 추출한 클래스들과 서브 클래스들의 인스턴스들인 객체들로 프로덕트를 설계하는 것이다. C, COBOL의 예전 버전(pre-2000), FORTRAN과 같은 고전적 언어들은 이와 같은 객체들을 지원하지 못한다. 이것은 OOD가 Smalltalk[Goldberg and Robson, 1989], C++[Stroustrup, 20001], Ada 95[ISO/IEC 8652, 1995], Java[Flanagan, 2002]와 같은 객체-지향 언어들의 사용자들만 접근할 수 있다는 의미이다.

이러한 사례는 없다. 비록 OOD가 고전적 언어들의 지원을 받지 못해도 OOD의 큰 서브 셋(subset)은 사용될 수 있다. 7.7절에서 설명했듯이 클래스는 상속성을 갖는 추상 데이터 타입이고 객체는 클래스의 인스턴스이다. 상속성이 지원되지 않는 구현 언어를 사용할 때 해결방안은 프로젝트에서 사용되는 프로그래밍 언어로 달성할 수 있는 OOD의 이들 측면들을 활용하면 된다. 즉 **추상 데이터 타입 설계**(abstract data type design)를 사용하기 위해서 추상 데이터 타입들은 type 문들을 지원하는 언어로 구현될 수 있다. 이와 같은 **type** 문들을 지원하지 못하는 COBOL 언어인 경우에도 데이터 캡슐화(data encapsulation)를 구현하는 것은 아직도 가능하다. 그림 7.28은 모듈들로 시작해서 객체들로 끝나는 설계 개념들의 계층도를 보여준다. 전체 OOD가 불가능한 경우에도 개발자들은 그들의 설계가 그들의 구현 언어가 지원하는 그림 7.28의 계층에서 최상위의 가능한 개념을 사용하는 것을 보장하려고 노력한다.

　　OOD의 두 개의 핵심 단계는 **클래스 다이어그램**(class diagram)을 완성하고 상세 설계 (detailed design)를 수행하는 것이다. 첫 단계인 클래스 다이어그램을 완성하는 것은 속성들의 포맷들이 결정될 필요가 있고 메소드들이 관련 클래스들에 할당될 필요가 있다. 속성들의 포맷들은 일반적으로 분석 산출물로부터 직접 감소시킬 수 있다. 예를 들면 미국에서 명세들은 December 3, 1947과 같은 날짜는 12/03/1947(mm/dd/yyyy format)로 또는 유럽에선 03/12/1947(dd/mm/yyyy format)로 표현된다. 그러나 날짜 변환에 사용되는 자리 수는 전체 10자가 필요하다.

　　포맷들을 결정하는 정보는 분석 워크플로 동안에 얻어진다. 그래서 포맷들은 그 당시에 클래스 다이어그램에 확실히 추가시켜야 한다. 그러나 객체-지향 패러다임은 반복적이다. 각 반복은 이미 완료된 것에 변경을 시킨 결과를 갖게 한다. 실무적 이유로 정보는 가능한 한 늦게 UML 모델들에 추가되어야 한다. 예로 MSG Foundation 사례 연구의 클래스 다이어그램의 처음 두 번 반복을 보여주는 그림 13.21과 13.22를 고려해보자. 이들 두 개의 반복들은 어느 것도 클래스들의 속성들을 보여주지 않는다. 만약 속성들이 초기에 결정된다면 분석 팀이 클래스 다이어그램에 만족할 때까지 클래스에서 클래스로 이동이 가능한 것처럼 수정될 수 있게 결정되어야 한다. 대신에 수정되어야 하는 것은 모두 클래스들 자신이다. 일반적으로 꼭 필요하기 전에는 클래스 다이어그램(또는 어떤 다른 UML 다이어그램)에 항목을 추가시킬 경우는 적다. 왜냐하면 항목을 추가하는 것은 다음 반복에 불필요한 부담을 주게 된다. 특히 꼭 필요하기 전에는 포맷들을 거의 명시하지 않는다.

　　OOD의 첫 번째 단계의 주요 컴포넌트는 메소드들(오퍼레이션들의 구현들)을 클래스들에 할당하는 것이다. 프로덕트의 모든 오퍼레이션들의 결정은 모든 시나리오의 상호작용 다이어그램들을 조사해서 수행한다. 이것은 간단하다. 어려운 부분은 메소드들이 각 클래스와 어떻게 연계되어 있는지를 판단해서 결정하는 것이다.

　　메소드는 클래스나 해당 클래스의 객체에 메세지를 전송하는 클라이언트에게 할당될 수 있다 (객체의 클라이언트는 메시지를 해당 객체에 전송하는 프로그램의 단위이다). 오퍼레이션의 할당에 도움을 주기 위해 채택된 한 원칙이 정보 은닉(information hiding)이다(7.6절). 즉 클래스의 상태 변수(state variable)들은 **private**(해당 클래스의 객체 내에서만 접근이 가능하게 하는)나 **protected**(해당 클래스의 객체 내에서만 또는 해당 클래스의 서브클래스 내에서만 접근이 가능하게 하는)로 선언되어야 한다. 따라서 상태 변수 상에서 수행되는 오퍼레이션들은 해당 클래스로 국한된다.

　　두 번째 원칙은 만약 특정 오퍼레이션이 객체의 많은 다른 클라이언트들에 호출되었다면 해당 객체의 각 클라이언트에 복사본(copy)을 갖기 보다는 차라리 객체의 메소드로 구현된 해당 오퍼레이션의 단일 복사본을 갖게 만든다.

　　메소드를 국한시키는 데 도움을 주기 위해 채택한 세 번째 원칙은 **책임-중심 설계**(responsibility-driven design)이다. 1.9절에서 설명했듯이 책임-중심 설계는 객체-지향 패러다임의 핵심 측면이다. 만약 클라이언트가 메시지를 객체에 전송했다면 해당 객체는 클라이언트의 요청을 수행하는 모든 측면을 담당한다. 클라이언트는 요청이 어떻게 수행되는지 또 알고 싶어도 권한이 없어서 알지 못한다. 일단 요청이 수행되었으면 제어(control)는 클라이언트에게 반환된다. 이 시점에서 클라이언트가 알고 있는 모든 것은 요청이 수행된 것만 안다. 아직도 이것이 어떻게 달성되는지에 대해 아이디어를 갖고 있지는 않다.

　　이들 원칙을 어떻게 활용되는지를 알기 위해 지금부터는 두 개의 예제로 OOD를 설명한다.

이전처럼 엘리베이터 문제 사례 연구를 단순화시키기 위해 한 엘리베이터로만 제시한다. 그런 후 MSG Foundation 사례 연구를 본다. 같은 예들을 사용해서 독자는 문제 자체의 효과들에 신경 쓸 필요 없이 다른 접근법들과 비교할 수 있게 된다.

14.7
객체-지향 설계: Elvator Problem Case Study

SOFTWARE

단계 1. 클래스 다이어그램을 완성한다.

설계 워크플로 상세 클래스 다이어그램(그림 14.11)은 그림 13.12의 클래스 나이어그램에 오퍼레이션(method)들을 추가시키면 얻어진다. Java 구현인 경우 두 개의 추가 클래스들이 필요하다. **Elevator Application Class**는 C++ main fuction에 대응되고, **Elevator Utilities Class**는 C++클래스들에 외부에 선언된 C++ fuction들에 대응되는 Java루틴들을 포함한다. (명확하게, **C Class**...에 메시지를 보내는 형태의 메소드들은 그림 14.11에서 누락되었다. 그러나 연습문제 14.7-14.12에서 보여준다.)

엘리베이터 부제어기(elevator subcontroller)에 대한 CRC 카드의 첫 번째 반복을 고려해보자(그림 13.14). 책임들은 두 개의 그룹에 속한다. 한 개의 책임-5. Start timer-은 책임-중심 설계의 표준으로 엘리베이터 제어기에 할당된다. 이 태스크들은 엘리베이터 제어기 자체로 수행된다.

다른 한편 남아 있는 열한 개 책임들(이벤트 1부터 4까지와 이벤트 6부터 12까지)은 형식 'Send a message to another class to tell it to do something'을 갖는다. 이것은 관련 메소드를 클래스들에 다시 할당하는 데 사용된 원칙이 책임-중심 설계이어야 한다는 의미이다. 추가로 보안 관점 때문에 정보 은닉의 원칙은 여덟 개의 경우 모두에게 똑같이 적용된다. 이들 두 가지 이유 때문에 close doors와 open doors 메소드들은 **Elevator Doors Class**에 할당된다. 즉 **Elevator Doors Class**의 클라이언트(이 경우에 **Elevator Controller Class**의 인스턴스)는 **Elevator Doors Class**의 객체에게 엘리베이터의 문을 열거나 닫으라는 메시지를 전송한다. 그러면 이 요청은 관련 메소드에 의해 수행된다. 이들 두 메소드의 모든 측면은 **Elevator Doors Class** 내에 캡슐화 되었다. 추가로 정보 은닉은 독립적으로 상세 설계와 구현을 할 수 있게 또 미래에는 다른 프로덕트들에 재사용할 수 있게 해주는 인스턴스들인 독립된 **Elevator Doors Class**를 갖게 한다.

같은 두 개의 설계 원칙들은 move down one floor와 move up one floor 메소드들에 적용되고 그리고 그들은 **Elevator Class**에 할당된다. 엘리베이터에 정지하라는 명확한 명령어(instruction)는 필요가 없다. 만약 이 두 메소드 중 어느 것도 호출되지 않으면 엘리베이터는 이동하지 않는다. 그래서 이들 두 메소드 중 한 호출에 이외의 것으로 엘리베이터의 상태를 변경시킬 다른 방법이 없다.

마지막으로 turn off button과 turn on button 메소드들은 **Elevator Button Class**와 **Floor Button Class** 모두에게 할당된다. 그 이유는 메소드들이 **Elevator Doors Class**와 **Elevator Class**에 할당되는 것과 같다. 첫째, 책임-중심 설계의 원칙은 버튼들이 on이든지 off든지 완전한 제어를

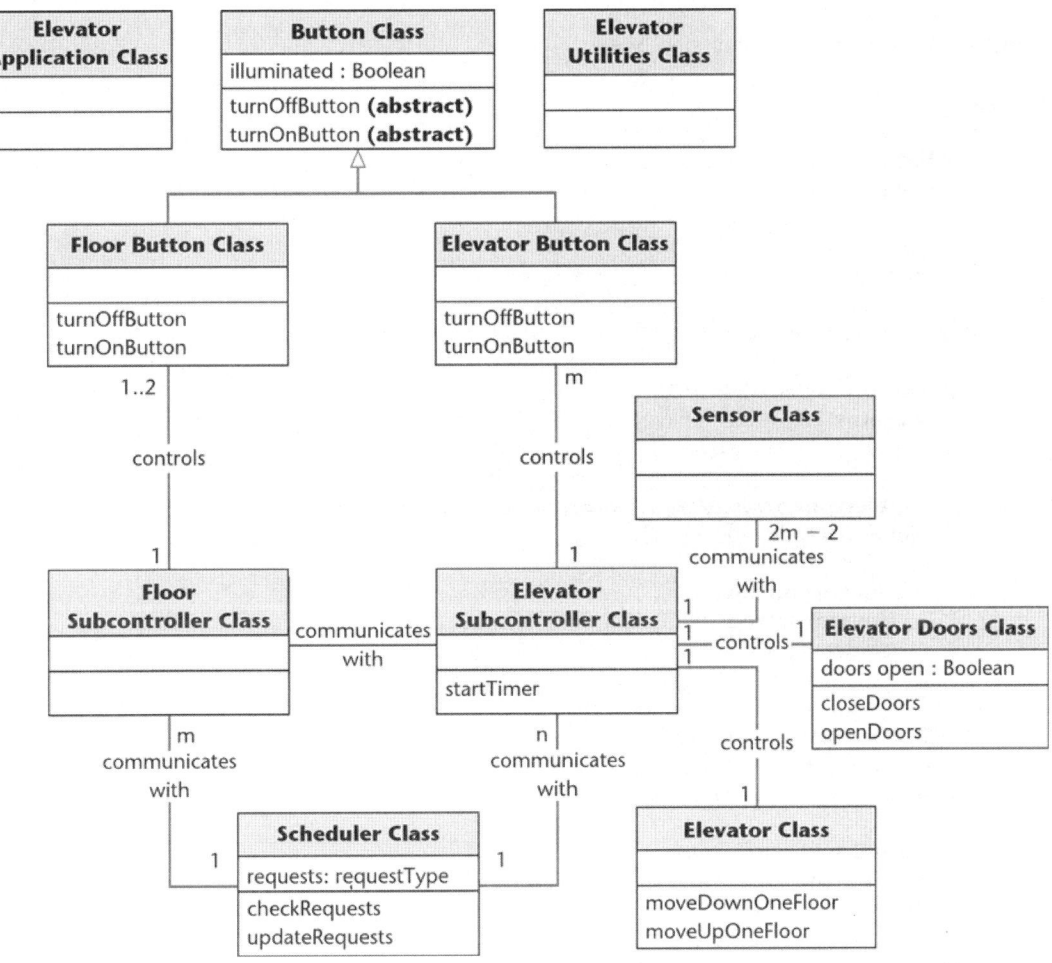

그림 14.11 엘리베이터 문제 사례 연구에 대한 상세 클래스 다이어그램

갖기를 요구한다. 두 번째, 정보 은닉의 원칙은 은닉될 버튼의 내부 상태를 요구한다. 엘리베이터 버튼의 on이나 off시키는 메소드들은 **Elevator Button Class**에 국한되어야 하고 그리고 유사하게 **Floor Button Class**에도 그렇게 되어야 한다. 다형성(polymorphism)과 동적 바인딩(dynamic binding)을 사용할 수 있게 turn on button과 turn off button들은 7.8절에서 서술한 이유들로 기저 클래스(base class) **Button Class**에서 **Abstract(virtual)**로 선언된다. 런 타임 시 turnOffButton이나 turnOnButton 메소드의 정확한 버전이 호출된다.

단계 2. 상세 설계를 수행한다.

상세 설계는 지금 모든 클래스들에 대해 개발된다. 여기에는 5장에서 서술한 단계적 정제(stepwise refinement)와 같은 가장 적합한 기법이 사용된다. elevatorSubcontrollerEventLoop 메소드의 상세 설계는 그림 14.12에서 보여준다. 여기서는 PDL(의사코드)이 사용되지만 표형식 표현(tabular representation, 그림 14.6과 같은)도 같은 효과를 갖는다.

그림 14.12는 그림 13.13의 상태 차트로 구축한 것이다. 예를 들면 elevator button pushed, elevator button turned off 이벤트는 그림 14.12의 시작부에 있는 두 개의 중첩 **if**문으로 구현되었

그림 14.12   **elevator-Subcontroller-EventLoop**의 상세 설계

```
void elevatorSubcontrollerEventLoop (void)
{
   while (TRUE)
   {
      if (a button has been pressed)
         if (button is not on)
         {
            updateRequests;
            button::turnOnButton;
         }
      else if (elevator is moving up)
      {
         if (there is no request to stop at floor f)
            elevator::moveUpOneFloor;
         else
         {
            stop elevator by not sending a message to move;
            elevatorDoors::openDoors;
            startTimer;
            if (elevatorButton is on)
               elevatorButton::turnOffButton;
            updateRequests;
         }
      }
      else if (elevator is moving down)
         [similar to up case]
      else if (elevator is stopped and request is pending)
      {
         elevatorDoors::closeDoors;
         if (floorButton is on)
            floorButton::turnOffButton;
         determine direction of next request;
         elevator::moveUp/DownOneFloor;
      }
      else if (elevator is at rest and not (request is pending))
         elevatorDoors::closeDoors;
      else
         there are no requests, elevator is stopped with elevatorDoors closed, so do nothing;
   }
}
```

다. 그 후 **Process New Requests** 상태의 두 개의 오퍼레이션이 나온다. **else-if** 조건은 **Elevator Subcontroller Event**의 다음 이벤트 elevator moving in direction d, floor f is next에 대응된다. 상세 설계의 나머지는 모두 간단하다.

　　지금부터는 MSG Foundation 사례 연구의 객체-지향 설계를 고려해본다.

14.8

객체-지향 설계: The MSG Foundation Case Study

14.6절에서 서술했듯이 객체-지향 설계는 다음과 같이 두 단계로 구성된다.

단계 1. 클래스다이어그램을 완성한다.

MSG Foundation 사례 연구의 전체 클래스 다이어그램은 그림 14.13에서 보여준다. 그림에서 사용자－정의 **Data Class**는 C++ 구현에만 필요하다는 표시로 점선으로 그렸다. Java는 **java.text.Dateformat**과 **java.util.Calendar**들을 포함해 날짜를 처리하는 내장 클래스(built-in class)들을 갖고 있다.

그림 14.13 MSG Foundation 사례 연구의 전체 클래스 다이어그램

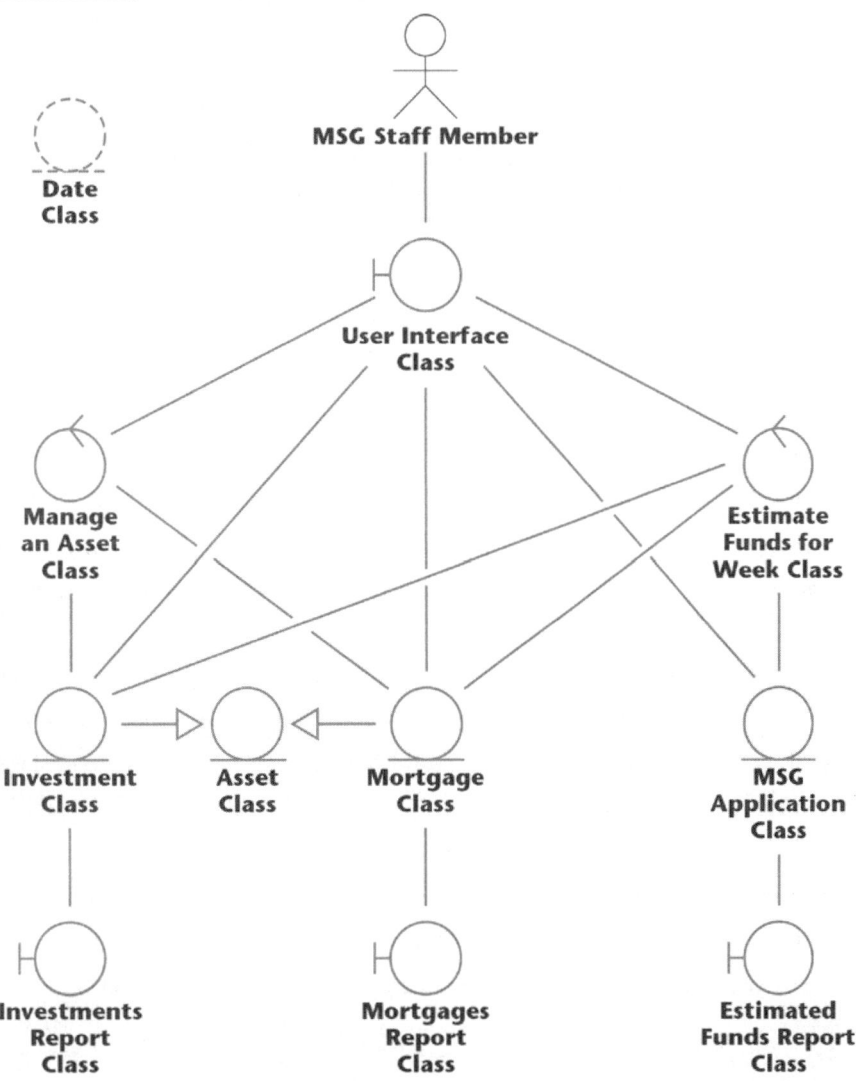

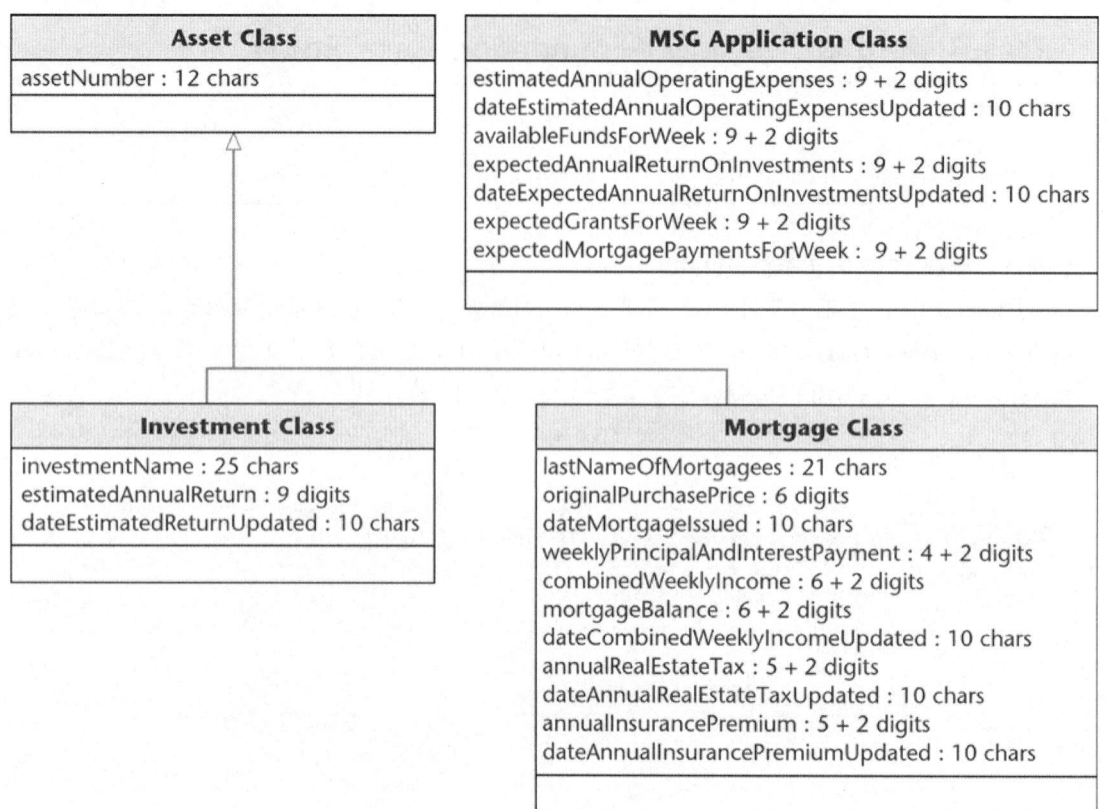

그림 14.14 MSG Foundation 사례 연구에 속성 포맷들이 추가된 전체 클래스 다이어그램

Asset Class
assetNumber : 12 chars

MSG Application Class
estimatedAnnualOperatingExpenses : 9 + 2 digits
dateEstimatedAnnualOperatingExpensesUpdated : 10 chars
availableFundsForWeek : 9 + 2 digits
expectedAnnualReturnOnInvestments : 9 + 2 digits
dateExpectedAnnualReturnOnInvestmentsUpdated : 10 chars
expectedGrantsForWeek : 9 + 2 digits
expectedMortgagePaymentsForWeek : 9 + 2 digits

Investment Class
investmentName : 25 chars
estimatedAnnualReturn : 9 digits
dateEstimatedReturnUpdated : 10 chars

Mortgage Class
lastNameOfMortgagees : 21 chars
originalPurchasePrice : 6 digits
dateMortgageIssued : 10 chars
weeklyPrincipalAndInterestPayment : 4 + 2 digits
combinedWeeklyIncome : 6 + 2 digits
mortgageBalance : 6 + 2 digits
dateCombinedWeeklyIncomeUpdated : 10 chars
annualRealEstateTax : 5 + 2 digits
dateAnnualRealEstateTaxUpdated : 10 chars
annualInsurancePremium : 5 + 2 digits
dateAnnualInsurancePremiumUpdated : 10 chars

다음으로 클래스들의 속성들에 대한 포맷들은 클라이언트와 사용자들과의 논의로부터 추론된다. 형식의 조사(11.4.2절)는 또한 이에 대해 상당히 유용하다. 이 결과 부분은 그림 14.14에서 보여준다.

프로덕트에 대한 메소드들은 다양한 상호작용 다이어그램들에서 발견된다. 설계자의 태스크는 각 메소드가 무슨 클래스에 할당되는지를 결정하는 것이다. 예를 들면 객체-지향 소프트웨어 프로덕트에서 관습은 클래스의 각 attribute가 해당 attribute에 특정 값을 할당하는데 사용되는 setAttribute mutator 메소드와 그리고 해당 attribute의 현재 값을 반환시키는 getAttribute accessor 메소드에 연계시키는 것이다.

예를 들면 자산(투자나 모기지)에 숫자를 할당하는 데 사용하는 setAssetNumber 메소드를 고려해보자. 고전적 패러다임에서 우리는 분리된 함수 set_investment_number와 set_mortgage_numer가 필요하다. 그러나 객체-지향 패러다임은 상속성을 지원한다. 그래서 setAssetNumber 메소드는 Asset Class에 할당한다. 그러면 그림 14.15에서 반영된 것처럼 메소드는 **Asset Class** 뿐만 아니라 상속성의 결과로 나온 **Asset Class**의 모든 서브클래스의 인스턴스들, 즉 **Investment Class**, **Mortgage Class** 클래스들의 인스턴스들에도 적용된다. 유사하게 getAssetNumber 메소드는 **Asset Class** 슈퍼 클래스에도 적용된다.

다른 메소드들을 적합한 클래스들에 할당하는 것도 똑같이 간단하다. 이 결과는 부록 G에서 보여준다.

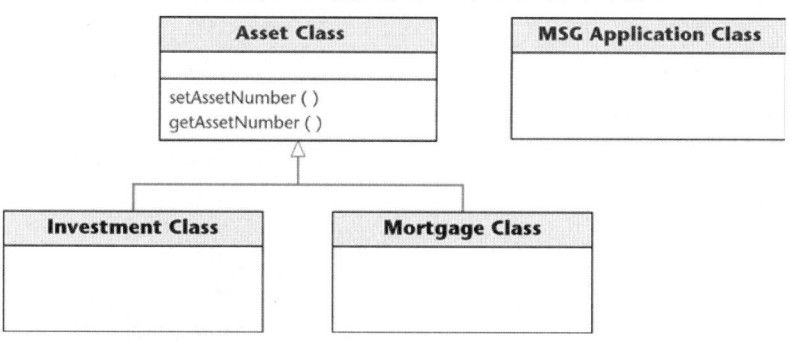

그림 14.16

MSG Foundation 사례 연구에 Estimate–FundsFor–Week 클래스의 compute–Estimated–Funds 메소드에 대한 상세 설계

public static void computeEstimatedFunds( )

This method computes the estimated funds available for the week.

{

    float expectedWeeklyInvestmentReturn;   *(expected weekly investment return)*

    float expectedTotalWeeklyNetPayments = (**float**) 0.0;

                                                                                   (expected total mortgage payments less total weekly grants)

    float estimatedFunds = (**float**) 0.0;   *(total estimated funds for week)*

Create an instance of an investment record.

    Investment inv = **new** Investment ( );

Create an instance of a mortgage record.

    Mortgage mort = **new** Mortgage ( );

Invoke method totalWeeklyReturnOnInvestment.

    expectedWeeklyInvestmentReturn = inv.totalWeeklyReturnOnInvestment ( );

Invoke method expectedTotalWeeklyNetPayments   *(see Figure 14.17)*

    expectedTotalWeeklyNetPayments = mort.totalWeeklyNetPayments ( );

Now compute the estimated funds for the week.

    estimatedFunds = (expectedWeeklyInvestmentReturn

        – (MSGApplication.getAnnualOperatingExpenses ( ) / (**float**) 52.0)

        + expectedTotalWeeklyNetPayments);

Store this value in the appropriate location.

    MSGApplication.setEstimatedFundsForWeek (estimatedFunds);

} // computeEstimatedFunds

단계 2. 상세 설계를 수행한다.

상세 설계는 각 메소드를 택해서 그것이 수행할 것을 결정해서 구축하는 것이다. 그림 14.16은 MSG Foundation 사례 연구의 **EstimateFundsForWeek** 클래스의 computeEstimated-Funds 메소드에 상세 설계(Java를 위한 PDL에서)를 보여준다. 이 메소드는 그림 14.17에서 보여주는 **Mortgage** 클래스의 totalWeeklyNetPayments 메소드를 포함한다.

그림 14.17

MSG Foundation
사례 연구에
Mortgage
클래스의
totalWeekly–
NetPayments
메소드에 대한
상세 설계

public float totalWeeklyNetPayments ( )
This method computes the net total weekly payments made by the mortgagees, that is, the expected total weekly mortgage amount less the expected total weekly grants.

{

```
    File mortgageFile = new File ("mortgage.dat");          (file of mortgage records)

    float expectedTotalWeeklyMortgages = (float) 0.0;      (expected total weekly mortgage payments)

    float expectedTotalWeeklyGrants = (float) 0.0;         (expected total weekly grants)

    float interestPayment;                                 (interest payment)

    float escrowPayment;                                   (escrow payment)

    float capitalRepayment;                                (capital repayment)

    float weeklyPayment;                                   (mortgage payment for week)

    float maximumPermittedMortgagePayment;                 (maximum amount the couple may pay)
```

Open the file of mortgages, name it inFile, *and read each element in turn.*

{

```
        read (inFile);
```

Compute the interest payment, escrow payment, and capital repayment for this mortgage.

```
        interestPayment = mortgageBalance * INTEREST_RATE / WEEKS_IN_YEAR ;

        escrowPayment = (annualPropertyTax + annualInsurancePremium) / WEEKS_IN_YEAR;

        capitalRepayment = weeklyPrincipalAndInterestPayment – interestPayment;

        mortgageBalance –= capitalRepayment;
```

First assume that the couple can pay the mortgage in full, without a grant.

```
        weeklyPayment = weeklyPrincipalAndInterestPayment + escrowPayment;
```

Add the weekly Principal and Interest payment to the running total of mortgage payments

```
        expectedTotalWeeklyMortgages += weeklyPrincipalAndInterestPayment;
```

Now determine how much the couple can actually pay.

```
        maximumPermittedMortgagePayment = currentWeeklyIncome *
            MAXIMUM_PERC_OF_INCOME;
```

If a grant is needed, add the grant amount to the running total of grants

```
        if (weeklyPayment > maximumPermittedMortgagePayment)

        expectedTotalWeeklyGrants += weeklyPayment – maximumPermittedMortgagePayment;

        }
```

Close the file of mortgages. Return the total expected net payments for the week.

```
        return (expectedTotalWeeklyMortgages – expectedTotalWeeklyGrants);

} // totalWeeklyNetPayments
```

- Complete the class diagram.
- Perform the detailed design.

객체-지향 설계의 단계들은 'Box 14.3'에 요약되어 있다.

14.9
설계 워크플로

SOFTWARE

설계 워크플로(design workflow)의 전체 목적은 재료가 프로그래머에 의해 수행될 수 있는 형식(form)으로 될 때까지 분석 워크플로의 산출물들을 정제하는 것이다. 설계 워크플로에 대한 입력은 분석 워크플로 산출물들이다(13장). 설계 워크플로 동안에 이들 산출물(artifact)들은 프로그래머들이 활용할 수 있는 포맷이 될 때까지 계속 반복되고 점진된다.

이 반복(iteration)과 점진(incrementation)의 한 측면은 해당 클래스들에 메소드들과 그들의 할당의 식별이다. 또 다른 측면은 상세 설계를 수행하는 것이다. 이들 두 단계가 설계 워크플로의 객체-지향 설계 컴포넌트를 구성한다.

객체-지향 설계를 수행하는 것 이외에도 설계 워크플로의 부분으로 많은 의사결정이 있어야 한다. 이러한 결정 중 하나는 소프트웨어 프로덕트가 구현될 프로그래밍 언어의 선택이다. 이 프로세스는 15장에 구체적으로 서술되어 있다. 또 다른 결정은 기존의 많은 소프트웨어 프로덕트들이 개발될 새로운 소프트웨어 프로덕트에 어떻게 재사용되는지를 결정하는 것이다. 재사용(reuse)은 8장에 서술되어 있다. 이식성(portability)도 또 다른 중요한 설계 결정 사항이다. 이 주제 역시 8장에 서술되어 있다. 또한 대규모 소프트웨어 프로덕트는 자주 컴퓨터들의 네트워크 상에 구현된다. 그리고 또 다른 설계 결정은 소프트웨어 컴포넌트가 실행될 하드웨어 컴포넌트에 각 소프트웨어 컴포넌트를 할당하는 것이다.

Unified Process의 개발에 내재된 주요 동기는 대규모 소프트웨어 프로덕트들을 개발하는 데 사용되는 방법론을 제시하는 데 있다. 대규모 소프트웨어 프로덕트란 500,000 LOC 또는 그 이상인 프로덕트를 말한다. 반면에 부록 H와 I에 있는 MSG Foundation 사례 연구의 구현들은 C++나 Java로 구현했을 때 5,000라인을 넘지 않는다. 다른 말로 표현하면 Unified Process는 이 책에서 제시한 MSG Foundation 사례 연구보다 적어도 100배 이상인 소프트웨어 프로덕트용으로 제안된 것이다. 따라서 Unified Process의 많은 측면들은 이 사례 연구에 적용할 수가 없다. 실례로 분석 워크플로의 중요한 부분은 소프트웨어 프로덕트를 분석 패키지(analysis package)들로 분해하는 것이다. 각 패키지는 관련 클래스들의 집합으로 구성된다. 즉 통상적으로 단일 단위(single unit)로 구현될 수 있는 액터들의 소규모 세브셋으로 관련된 클래스들의 집합으로 구성된다. 예를 들면 지출 계좌, 수입 계좌, 일반적인 원장들은 전형적인 분석 패키지들이다. 분석 **패키지**들의 중요한 개념은 대규모 소프트웨어 프로덕트들보다 소규모 소프트웨어 프로덕트가 개발하기가 아주 쉽다는 점이다. 따라서 대규모 소프트웨어 프로덕트는 이를 아주 독립적인 패키지들로 분해할 수 있다면 개발하기가 훨씬 용이할 것이다. 패키지로부터의 소프트웨어 프로덕트 분해는 분할과 정복 (divide-and-conquer)의 또 다른 예이다(5.3절).

대규모 워크플로를 아주 독립된 소규모의 워크플로로 분해하는 아이디어는 설계 워크플로에서도 수행된다. 여기서 목적은 구현 워크플로를 **서브시스템**(subsystem)이라고 부르는 관리하기 쉬운 조각(piece)들로 분해시키는 것이다. 그러나 MSG Foundation 사례 연구를 서브시스템들로 분해시킬 필요가 없다. 왜냐하면 이 사례 연구는 너무 소규모이기 때문에 그렇다.

다음과 같이 대규모 워크플로들이 서브시스템들로 분해해야 하는 두 가지 이유가 있다.

1. 이전에 설명했듯이 하나의 대규모 시스템보다 많은 소규모 서브시스템들로 구현하는 게 쉽다. 즉, 서브시스템으로부터의 소프트웨어 프로덕트 분해는 분할과 정복의 또 다른 예이다(5.3절).
2. 만약 구현될 서브시스템들이 아주 독립적이라면 이들은 병렬적으로 작업을 수행하는 프로그래밍 팀들이 구현할 수 있다. 이것은 전체적으로 소프트웨어 프로덕트에서 빠르게 산출물을 인도하는 결과를 갖게 한다.

8.5.4절로부터 소프트웨어 프로덕트의 아키텍처(architecture)는 다양한 컴포넌트들을 포함하고 또 이들이 어떻게 적합하게 되는지를 볼 수 있다. 서브시스템들에 컴포넌트들의 할당은 아키텍처 태스크의 주요 부분이다. 소프트웨어 프로덕트의 아키텍처에 대한 결정은 결코 쉽지 않고 또 아주 소규모의 소프트웨어 프로덕트일지라도 소프트웨어 전문가인 소프트웨어 **아키텍트**(software architect: 소프트웨어 설계자)에 의해 수행되어야 한다.

기술 전문가 이외에도 아키텍트는 **트레이드-오프**(trade-off, 절충)들이 어떻게 이루어지는지를 알아야 할 필요가 있다. 소프트웨어 프로덕트는 기능적 요구사항들, 즉 유스 케이스들을 충족시켜야 한다. 또한 이것은 비기능적 요구사항들도 충족시킬 필요가 있다. 여기서 비기능적 요구사항들에는 이식성(8장), 신뢰성(6.4.2절), 강건성(6.4.3절), 유지보수성, 보안 등등이 포함된다. 그러나 예산과 시간 제약들 내에서 이들 모든 것을 수행할 필요가 있다. 실제로 이 모든 요구사항들, 즉 기능적 그리고 비기능적 요구사항들 모두를 충족시키는 소프트웨어 프로덕트를 개발하는 것은 불가능하고, 더욱이 예산과 시간 제약 내에서 프로젝트를 끝내기는 더욱 불가능하다. 그래서 거의 항상 절충안이 만들어진다. 클라이언트는 일부 요구사항을 지연시키게 하고, 예산을 증가시키게 하고, 또는 인도 마감일을 이동시키게 하고, 또는 이들 중 하나 이상을 하게 만든다. 그래서 아키텍트는 트레이드-오프를 분명하게 사상(mapping)시켜 클라이언트의 의사결정을 도와준다.

어떤 경우에 트레이드-오프들은 분명해진다. 예를 들면 아키텍트는 새로운 고난도의 보안 표준에 일치하는 보안 요구사항들의 집합을 새로운 소프트웨어 프로덕트에 통합시키는데 3개월 그리고 $350,000이 소요된다고 지적한다. 만약 프로덕트가 인터내셔널 뱅킹 네트워크라면 이슈는 클라이언트가 어떤 방법으로 보안에 관한 절충안에 동의할 수 있는 방안이 없어 미결 상태가 된다. 그러나 다른 실례들에서 클라이언트는 트레이드-오프에 관해 중요한 결정들을 할 필요가 있고 그리고 올바른 비즈니스 결정에 도움을 줄 아키텍트의 기술적인 전문 기술에 의지해야만 한다. 예를 들면 아키텍트는 소프트웨어 프로덕트가 인도될 때까지 특별한 요구사항을 연기시키면 유지보수 하는 데 $150,000이 절약되지만 후에 통합시키는 데 비용이 $300,000이 든다고 지적했다(그림 1.6). 요구사항을 지연시키는지 아닌지를 결정하는 것은 단지 클라이언트만이 할 수 있다. 그러나 그에게도 정확한 결정을 하는 데 도움을 주는 아키텍트의 기술적인 전문 기술이 필요하다.

소프트웨어 프로덕트의 아키텍처는 인도된 프로덕트가 성공인지 실패인지를 결정하는 데 중요한 인자이다. 그리고 아키텍처에 관한 중요한 결정들은 설계 워크플로를 수행하는 동안에 이루어진다. 만약 요구사항 워크플로가 좋지 않게 수행되었다면 추가로 시간과 돈이 분석 워크플로에 투입되면 성공적인 프로젝트가 될 수 있는 가능성은 갖고 있다. 유사하게 만약 분석 워크플로가 부적합하다면 설계 워크플로에 추가 노력을 투입시켜서 회복시킬 가능성은 있다. 그러나 만약 아키텍처가 최적이 아니라면 회복시킬 방법이 없다. 그래서 개발 팀에는 필요한 전문 기술을 겸비한 아키텍트와 숙련된 사람들이 포함되어야 한다.

14.10
테스트 워크플로: 설계

SOFTWARE

설계를 테스트 하는 목적은 명세들이 설계 자체의 정확성을 보장할 수 있게 설계에 정확하고 완전하게 통합되었는지를 확인하는 데 있다. 예를 들어 설계는 어떠한 논리적 결함들도 갖지 않아야 하고 모든 인터페이스도 정확하게 정의되어 있어야 한다. 설계에서 결함들은 코딩이 시작되기 전에 발견되는 것이 중요하다. 그렇지 않으면 그림 1.6에서처럼 결함들을 해결하는 비용이 아주 많이 든다. 설계 결함들은 설계 워크스루(design walkthrough)와 설계 인스펙션(design inspection)으로 발견될 수 있다. 설계 인스펙션들은 이 절의 나머지 부분에서 논의되고 이 언급은 설계 워크스루들에도 똑같이 적용된다.

프로덕트가 트랜잭션-중심(14.4절)일 때 설계 인스펙션은 이 사실을 반영해야 한다[Beizer, 1990]. 모든 가능한 트랜잭션 타입을 포함하는 인스펙션들은 일정이 잡혀야 한다. 검토자는 명세에 있는 각 트랜잭션을 명세와 관련시켜서 트랜잭션이 어떻게 명세문서에서 나왔는지를 보여주어야 한다. 예를 들어 만약 애플리케이션이 ATM(현금자동지급기) 프로덕트라면 트랜잭션은 신용카드로 예금하고 출금하는 등의 고객이 수행하는 각 오퍼레이션에 대응되어야 한다. 다른 실례들에서 명세들과 트랜잭션들 사이에 대응이 1대 1일 필요는 없다. 교통신호 제어 시스템을 예로 들면, 만약 자동차가 센서 패드 위로 운행하면 시스템은 15초 안에 특별한 신호인 적색에서 녹색으로 바꾸기로 결정했다면 이후 센서로부터 오는 자극(impulse)들은 무시된다. 반대로, 교통 흐름은 빠르게 하기 위해 단일 자극은 모든 종류의 신호들을 적색에서 녹색으로 변경시키게 한다.

트랜잭션-중심 인스펙션(transaction-driven inspection)들에 대한 검토들을 제한시키는 것은 설계자들이 명세들에 의해 요구되는 트랜잭션들의 인스턴스들을 못보고 넘어가는 경우를 발견할 수가 없다. 극단적인 예를 들면 교통신호 제어에 대한 명세들은 오후 11에서 오전 6시까지는 명세화시킬 수가 있다. 모든 신호는 한 방향으로 오렌지 빛으로 반짝이고 적색은 다른 방향으로 반짝인다. 만약 설계자들이 이런 조항을 간과하면, 시각 발생 트랜잭션들은 오후 11시에서 오전 6시 사이에 설계에 포함되지 못한다. 그리고 만약 이런 트랜잭션들이 간과된다면, 트랜잭션들에 기초한 설계 인스펙션에서 테스트가 될 수가 없다. 그래서 트랜잭션 중심인 설계 인스펙션들을 스케줄 하는 것은 적합하지 못하다. 명세-중심 인스펙션들도 명세문서에 있는 문장이 잘못 해석되거나 간과되지 않는다는 보장이 꼭 필요하다.

14.11
테스트 워크플로: The MSG Foundation Case Study

설계가 명확하게 완료된 지금부터는 MSG Foundation 사례 연구의 설계에 대한 모든 측면들이 설계 인스펙션으로 점검되어야 한다(6.2.3절). 특히 각 설계 산출물이 점검되어야 한다. 결함들이 발견되지 않은 경우에도 설계가 심지어 MSG Foundation 사례 연구가 구현 중일 때에도 다시 변경될 수 있다.

14.12
상세 설계용 정형 기법

상세 설계를 위한 한 기법은 이미 소개되었다. 즉 5.1절에서 제시된 단계적 정제의 서술이다. 이것은 당시에 순서도(flowchart)들을 사용해 상세 설계를 작성하는 데 적용되었다. 단계적 정제 이외에도 정형 기법(formal technique)들도 상세 설계에 크게 사용될 수 있다. 6장에서는 완전한 프로덕트를 구현된 후 그것이 정확하다는 증명을 반증하는 경우를 제시했다. 그러나 증명과 상세 설계를 병렬적으로 개발하고, 코드를 테스팅 하는 것은 아주 다른 문제이다. 상세 설계에 적용된 정형 기법들은 크게 세 가지 방법으로 도움을 준다.

1. 정확성을 증명하는 최신 기법은 비록 전체적으로 프로덕트에 적용할 수는 없을지라도 프로덕트의 모듈-크기 단위들에는 적용할 수가 있다.
2. 상세 설계와 함께 증명을 개발하는 것은 만약 정확성 증명들이 사용되지 않았을 때보다 더 적은 결함들이 있는 설계를 만들게 해준다.
3. 만약 같은 프로그래머가 상세 설계와 구현을 모두 담당한다면, 프로그래머는 상세 설계가 정확하다는 확신을 느끼게 된다. 설계에 대한 이러한 긍정적인 태도는 코드에 결함들을 적게 만들게 해준다.

14.13
실시간 설계 기법

SOFTWARE

6.4.4절에서 설명했듯이 **실시간 소프트웨어(real-time software)**는 강한 시간적 제약들을 받는 게 특징이다. 즉 시간 제약이 충족되지 않으면 해당 정보를 잃어버리는 성질 때문에 시간 제약을 강하게 받는다. 특히 각 입력은 다음 입력이 도달하기 전에 처리되어야 한다. 이러한 시스템의 예로는 컴퓨터 제어 핵 반응기(computer-controlled nuclear reactor)가 있다. 반응기에서 내부 온도와 물의 양과 같은 입력들은 각 입력의 값을 컴퓨터가 읽게끔 되어 다음 입력이 도달하기 전에 필요한 처리가 실행된다. 또 다른 예는 컴퓨터 제어 치료 장치(computer-controlled intensive care unit)이다. 여기에는 두 가지 타입의 환자 데이터, 즉 각 환자의 심장 박동 수, 체온, 혈압 등의 일반적인 정보와 시스템이 환자의 상태를 추정했을 때 위험해질 수 있는 응급 정보가 있다. 이러한 긴급한 상황들이 발생했을 때 소프트웨어는 한 명 이상의 환자들로부터 받은 위험 관련 입력들과 일반적인 입력들도 처리해야 한다.

많은 실시간 시스템들의 특징은 분산 하드웨어 상에서 구현된다. 예를 들면 전투기를 제어하는 소프트웨어는 다섯 대의 컴퓨터에 구현되어 있다. 즉, 한 대는 항해 조정, 또 하나는 무기 시스템, 세 번째는 전자 수치 제어, 네 번째는 날개의 부익과 엔진 같은 비행기 하드웨어, 그리고 다섯 번째는 전투 시 올바른 전술을 위해 사용된다. 왜냐하면 하드웨어는 전체적으로 신뢰할 수 없기 때문에 제대로 작동되지 않는 부분을 자동으로 대치할 수 있는 추가 백업용 컴퓨터들이다. 이러한 시스템의 설계는 주요 커뮤니케이션뿐만 아니라 앞 문단의 설명처럼 시간적 문제도 갖고 있다. 이는 시스템의 분산 성질 때문에 발생한다. 예를 들면 전투 상황 하에서 전술 컴퓨터는 조종사에게 상승하도록 제시할 수 있고, 무기 컴퓨터는 최적의 상황 하에서 특정 무기를 장착하고 이륙하도록 권고할 수 있다. 그러나 조종간을 우측으로 움직이라고 결정하면 필요한 조정을 하기 위해 비행기 하드웨어 컴퓨터에게 신호를 전송한다. 그러면 비행기는 지정된 방향으로 이동한다. 이러한 모든 정보는 비행기의 실제 운행이 전략적으로 제시된 모든 방법들의 우선순위를 따르는 방법으로 세심하게 관리된다. 더욱이 실제 운행은 전술 컴퓨터와 무기 컴퓨터에 중계되어야 한다. 그래서 새로운 제안들은 제시된 것보다 실제 조건들에 따라 공식화 될 수 있다.

실시간 시스템들이 더욱 어려운 점은 동기화(synchronization)의 문제이다. 실시간 시스템이 분산 하드웨어에 구현한다고 가정하자. 이러한 병목(deadlock)과 같은 상황들이 발생하면 두 가지 오퍼레이션들의 각각은 데이터 항목의 배타적 사용을 갖고 또 추가로 다른 데이터 항목의 배타적 사용을 요청한다. 물론 병목은 분산 하드웨어로 구현된 실시간 시스템들에서는 절대로 발생하지 않는다. 그러나 입력의 순서나 타이밍 조정이 안 되는 실시간 시스템들에서는 특히 다루기 힘든 문제가 되고 이런 상황은 하드웨어 분산 성질 때문에 더욱 복잡해질 수 있다. 병목 이외에도 또 다른 동기화 문제도 경주 조건(race condition)들에 포함될 수 있다. 세부 사항은 알고 싶은 독자는 [Silberschatz, Galvin, Gagne, 2002]이나 다른 운영체제 책들을 참조하길 바란다.

이들 예제들로부터 실시간 시스템들의 설계에 관련된 주된 어려움은 설계가 시간 제약을 충족시킨다는 사실을 보장하는 것이다. 즉, 설계 기법은 구현될 때 설계가 요청된 비율에 따라 입력된 자료를 읽고 처리하는 것을 점검하는 메커니즘을 제공해준다. 더욱이 설계에서 동기화 이슈들이 정확하게 설명되어 있는지를 보여주는 게 가능하다.

컴퓨터 시대가 시작된 이래 하드웨어 기술의 발전은 모든 면에서 소프트웨어 기술의 발달보다 아주 앞서 있다. 그래서 비록 하드웨어가 이전에 서술된 실시간 시스템들의 모든 측면을 처리할 수 있게 존재하지만 소프트웨어 설계 기법은 아주 뒤쳐져 있다. 실시간 소프트웨어 공학의 몇몇 분야에서 큰 진보는 있었다. 실례로 12장과 13장에 있는 많은 분석 기법들이 실시간 시스템들을 명세화 하는 데 사용될 수 있다. 불행히도 소프트웨어 설계는 정교함이 같은 수준에 도달하지는 못했다. 커다란 진보는 정말로 이룩되었지만 최신 기술은 아직 분석 기법들에 비해서 비교할 만한 성과를 거두지 못했다. 왜냐하면 실시간 시스템들의 어떤 설계 기법은 전혀 기법이 아닌 것으로 간주되지만 많은 실시간 설계 기법들이 실무에서 사용되고 있다. 그러나 시스템들을 구현하기 전에 이전에 서술한 대로 실시간 시스템들을 설계해야 모든 실시간 제약이 충족되게 되고 동기화 문제도 발생하지 않게 된다.

오래된 실시간 설계 기법들은 비 실시간 기법을 실시간 도메인으로 확장한 것이다. 예를 들면 SDRTS(structural development for real-time system) [Ward and Mellor, 1985]는 구조적 시스템 분석(12.3절), 데이터 흐름 분석(14.3절), 트랜잭션 분석(14.4절)들을 실시간 소프트웨어용으로 확장시킨 방안이다. 이 개발 기법은 실시간 설계용 컴포넌트를 포함한다. 새로운 기법들은 [Liu, 2000]와 [Gomaa, 2000]에 서술되어 있다.

이전의 서술처럼 실시간 설계의 최신 기법은 바라는 만큼 발달하지 못했다. 그럼에도 불구하고 이러한 상황을 개선시키기 위해 활기찬 노력이 진행 중이다.

14.14
설계용 CASE 툴

14.10절에서 서술했듯이 설계의 중요한 측면은 설계 산출물들이 분석의 모든 측면들에 정확하게 통합되었는지를 테스트 하는 것이다. 그래서 필요한 것은 분석 산출물들과 설계 산출물들 모두에 사용될 수 있는 CASE 툴이다. 이를 자주 front-ended 또는 upperCASE 툴(반대말로는 구현 산출물들을 도와주는 back-end 또는 lowerCase tool)이라고 부른다.

시장에는 수많은 upperCASE 툴이 출시되어 있다. 이 중 인기가 좋은 툴에는 Analysis/Designer, Software through Pictures, System Architect가 포함된다. UpperCASE 툴들은 일반적으로 데이터 사전(data dictionary) 중심으로 구축된다. CASE 툴은 사전에 있는 레코드의 모든 필드가 설계에서 어디에 언급되었는지 또 설계에 있는 모든 항목이 데이터 흐름 다이어그램에 반영되었는지를 점검한다. 추가로 많은 툴들은 데이터 사전에서 설계에 있는 모든 항목이 명세들에 선언되었는지 반대로 명세들에 있는 모든 항목이 설계에 나타났는지를 결정하는 데 사용되는 일관성 체커 역할을 한다.

더욱이 많은 upperCASE 툴들은 화면(screen) 생성기와 보고서(report) 생성기들을 포함한다. 즉, 클라이언트는 보고서와 입력 화면에 어떤 항목이 나타나게 될지와 각 항목들이 어디서 어떻게 나타나는지를 지정할 수 있다. 왜냐하면 모든 항목에 관한 완전한 세부 사항들은 사전에 있기 때문에 CASE 툴은 클라이언트의 희망에 따라 보고서를 출력하거나 입력 화면을 보여주기 위해 코드를 쉽게 생성할 수 있다. 몇몇 upperCASE 프로덕트들은 추정(estimating)과 계획 수립(planning)을 하는 관리 툴들을 포함하고 있다.

객체-지향 설계용인 Together, IBM Rational Rose, Software thorough Pictures 등은 완전한 객체-지향 생명주기의 문맥 내에서 이 워크플로에 대한 지원을 제공하고 있다. 이러한 유형의 오픈-소스용 CASE 툴들에는 ArgiUML이 포함된다.

14.15
설계용 척도

다양한 척도(metric)들이 설계의 측면들을 서술하는 데 사용될 수 있다. 예를 들면 코드 산출물(모듈 또는 클래스)들의 개수는 대상 프로덕트의 크기에 대한 가공되지 않은 측정이다. 응집도와 결합도들은 결함 통계로 설계의 품질에 대한 측정값이 된다. 그리고 인스펙션의 모든 다른 유형들처럼 설계 인스펙션 동안에 발견된 설계 결함들의 개수와 유형에 대한 기록이 유지되는 것은 중요하다. 이 정보는 프로덕트의 코드 인스펙션들 동안에 또 차후의 프로덕트들의 설계 인스펙션들에 사용된다.

상세 설계의 **순환 복잡도**(cyclomatic complexity) M은 이진 결정의 수(the number of binary decision)에 1을 더한 것 또는 모듈에서 분기의 수이다[McCabe, 1976]. 여기서 순환 복잡도는 설계 품질의 척도로서 m의 값이 적으면 적을수록 좋다고 제안했다. 이 척도의 강점은 계산하기 쉽다. 그러나 내재된 문제점이 있다. 순환 복잡도는 단지 제어 복잡도만 측정한다. 즉, M은 표에 있는 값들처럼 데이터-중심인 코드 산출물의 복잡도는 측정하지 않는다. 예를 들면 설계자가 C++ 라이브러리 함수 toascii를 인식하지 못하고 사용자가 입력한 문자를 읽어서 대응되는 ASCII 코드 (0에서 127사이의 정수)로 반환되는 코드 산출물을 처음부터 설계했다고 가정하자. 이것을 설계하는 한 방법은 **switch** 문을 사용해 구현하면 된다. 두 번째 방법은 ASCII 코드 순서에서 128개의 문자를 갖는 배열을 사용하면 된다. 즉, 사용자가 입력한 문자를 문자의 배열에 있는 각 원소와 비교시키는 루프를 활용하면 된다. 여기서 루프는 매치가 되면 빠져나가게 된다. 루프의 현재 값은 대응되는 ASCII 코드가 된다. 두 가지 설계는 기능성면에서 동등하지만 각각 128과 1의 순환 복잡도를 갖는다.

고전적 패러다임이 사용될 때 설계 페이즈에 대한 척도들의 연관된 클래스는 노드(node)들로 표현된 모듈들과 호(arc)로 표현된 모듈(procedure와 function call)들 간의 흐름들이 방향성 그래프(directed graph)처럼 아키텍처 설계를 표현하는 데 기반이 된다. 모듈의 fan-in(공유도)은 얼마나 많은 모듈이 주어진 모듈을 직접 제어하는지를 나타내는 것으로 한 모듈을 호출하는 상위 모듈의 개수이다. 그리고 fan-out(제어도)는 다른 모듈을 직접 제어하는 개수로서 한 모듈에서 호출하는 모듈이 개수이다. 모듈의 복잡도 측정식은 $length \times (fan\text{-}in \times fan\ out)2$ [Henry and Kafura, 1981]이고, 여기서 **길이**(length)는 모듈 크기를 측정한 것이다(9.2.1절). fan-in과 fan-out의 정의들은 이 척도가 데이터-의존 컴포넌트를 갖는 전역 데이터 방법에 통합된다. 그럼에도 불구하고 실험 결과는 이 척도가 순환 복잡도와 같은 단순한 척도보다 복잡도의 측정이 좋지 않다 [Kitchenham, Pickard, Linkman, 1990; Shepperd, 1990].

설계 척도들의 이슈는 객체-지향 패러다임이 사용될 때 더욱 복잡해진다는 것이다. 예를 들면 클래스의 순환 복잡도는 일반적으로 낮다. 왜냐하면 많은 클래스는 전형적으로 작은 많은 간단한 메소드(멤버 함수)들을 포함하고 있기 때문이다. 더욱이 전에 지적했듯이 순환 복잡도는 데이터 복잡도를 무시한다. 왜냐하면 데이터와 오퍼레이션들은 객체-지향 패러다임에서 동등한 파트너이기 때문에 순환 복잡도는 객체의 복잡도에 기여할 수 있는 주요 컴포넌트들이 간과된다. 그래서 순환 복잡도를 통합시킨 클래스에 대한 척도는 일반적으로 거의 사용되지 않는다.

많은 객체-지향 설계 척도들은 [Chidamber and Kemerer, 1994] 등에 예로 제시되었다. 이들과 다른 척도들은 이론적인 면과 실험적인 면 모두 조사되어 왔다[Binkley and Schach, 1996; 1997; 1998].

14.16
설계 워크플로의 난제

SOFT WARE

12.16절과 13.22절에서 지적했듯이 분석 워크플로에서 너무 많이 하지 않는 것이 중요하다. 즉 분석 팀은 설계 워크플로의 부분들을 조급하게 시작하지 않는다. 설계 워크플로에서 설계 팀은 두 가지 방향으로 잘못 진행되고 있다. 즉 하나는 할 일이 너무 많고, 하나는 할 일이 너무 적다.

그림 14.7의 DL(의사코드) 상세 설계를 고려해보자. 프로그래머에게는 상세 설계를 PDL로 작성하기보다는 차라리 C++나 Java로 작성해 프로그래밍을 즐기려는 강한 유혹을 갖고 있다. 즉 프로그래머는 상세 설계를 의사코드로 개괄적으로 작성하지 않고 클래스를 거의 모두 코딩하는 것이다. 이것은 클래스의 개요를 작성하는 것보다 시간이 오래 걸리고 만약 설계에 결함이 발견되면 수정하는 데 시간이 많이 걸린다(그림 1.6 참조). 분석 팀처럼 설계 팀의 멤버들은 그들이 요구한 것 이상을 하게 하면 격렬히 저항한다.

동시에 설계 팀은 너무 조금만 하지 않으려고 한다. 그림 14.6의 표 상세 설계를 고려해보자. 만약 설계 팀이 서두른다면 서술 박스(narrative box)처럼 상세 설계를 축소시키게 만든다. 팀은 프로그래머들이 자체적으로 상세 설계를 수행하도록 결정한다. 이들 결정 중 어느 것은 잘못될 수 있다. 상세 설계를 하는 주된 이유는 모든 인터페이스들이 정확한지를 판정하는 것이다. 서술 박스 자체도 이 목적에는 부적합하다. 그러나 상세 설계가 없으면 전혀 도움이 되지 않는다. 그래서 설계 워크플로의 한 난제는 설계자들에게 작업의 정확한 양만큼만 작업하게 하는 것이다.

추가로 아주 더 중요한 난제가 있다. 'No Silver Bullet'('알고 싶은 사항 3.4' 참조)에서 [Brooks, 1986]는 능력 있는 대설계자의 부족을 비난했다. 즉 설계 팀의 다른 멤버들보다 아주 특출한 설계자들을 유능한 대설계자라고 말했다. 또한 Brooks의 의견에 의하면 소프트웨어 프로덕트의 성공은 대설계자에 의해 설계 팀이 인도되는지가 중요하다고 주장했다. 좋은 설계는 학습시킬 수 있다. 좋은 설계는 유능한 대설계자들만이 작성할 수 있지만 이 대설계자는 '아주 드물다'.

난제는 또 대설계자를 육성하는 것이다. 그들은 가능한 한 초기에(최고의 설계자들은 대부분의 경험이 필요한 것은 아니다) 멘토(mentor, 조언자)를 배정하고, 대설계자들의 도제 제도처럼 정규 교육을 제공하고, 또 다른 설계자들과 공동 작업을 허용하게 해주어야 한다. 특정 경력 경로(career path)가 이들 설계자들에게 이용될 수 있게 하고 그들이 받은 보상들은 단지 대설계자만이 소프트웨어 개발 프로젝트를 할 수 있다는 기여를 공유하게 해야 한다.

복습

설계 워크플로는 14.1절에서 소개되었다. 설계에는 세 가지 접근법 즉, 오퍼레이션-중심 설계(14.2절), 데이터-중심 설계(14.5절), 객체-지향 설계(14.6절)가 있다. 오퍼레이션-중심 설계의 두 가지 인스턴스들인 즉 데이터 흐름 분석(14.3절)과 트랜잭션 분석 설계(14.4절)가 서술되어 있다. 객체-지향 설계는 14.7절에 엘리베이터 문제 사례 연구와 14.8절에 MSG Foundation 사례 연구에 적용되었다. 설계 워크플로는 14.9절에 제시되어 있다. 테스트 워크플로의 설계 측면들은 14.10절에 서술되어 있고, 이는 14.11절에 있는 MSG Foundation 사례 연구에 적용되었다. 상세설계용 정형 기법들은 14.12절에 논의되었다. 실시간 시스템 설계는 14.13절에 서술되어 있다. 설계 워크플로용 CASE 툴과 척도는 각각 14.14와 14.15절에 제시되어 있다. 이 장은 설계 워크플로의 난제들에 대한 논의로 마무리된다(14.16절).

14장에 MSG Foundation 사례 연구의 개요는 그림 14.18에, 엘리베이터 문제는 그림 14.19에 제시되었다.

관련 자료

데이터 흐름 분석과 트랜잭션 분석은 [Gane and Sarsen, 1979]과 [Yourdon and Constantine, 1979]와 같은 책들에 서술되어 있다.

March-April 2005 issue of IEEE Software은 설계에 대한 많은 논문들을 포함하고 있다. 복구를 위한 설계, 즉 극히 예외적인 상태에서 탐지, 반응, 회복하는 소프트웨어를 설계하는 것은 [Wirfs-Brock, 2006]에 서술되어 있다.

[Briand, Bunse, and Daly, 2001]은 객체-지향 설계의 유지보수성에 대해 서술하고 있다. 객체-지향과 고전적인 설계 기법에 대한 비교는 [Fichman and Kemerer, 1992]에서 보여준다. 항공 교통 제어 시스템의 재설계는 [Jackson and Chapin, 2000]에 서술되어 있다. 고성능, 신뢰성 있는 시스템에 대한 설계 기법은 [Stolper, 1999]에 있다. 객체-지향 설계의 변화 성향을 추정하는 확률적 접근법은 [Tsantalis, Chatzigeorgiou, and Strphanides, 2005]에서 보여준다. 객체-지향 설계가 이해하기 쉬운지에 대한 논의는 [Hadar and Leron, 2008]에서 보여준다.

정형 설계 기법들은 [Hoare, 1987]에 서술되어 있다. 아키텍트가 수행하는 필수적인 역할은 [McBride, 2007]에서 논의된다. 페어 프로그래밍, 페어 설계와 비슷하게 그것의 유효성은 [Lui, Chan, and Nosek, 2008]에서 보여준다.

설계 프로세스 동안에 검토에 관해서 설계 인스펙션들에 대한 원본 논문은 [Fagan, 1976]이다. 상세한 정보는 이 논문에서 얻을 수 있다. 검토 기법들의 진화된 내용들은 [Fagan, 1986]에 서술되어 있다. 아키텍처 검토는 [Maranzano et al., 2005]에서 서술되어 있다.

실시간 설계에 관한 특정 기법들은 [Liu, 2000]와 [Gomaa, 2000]에서 발견할 수 있다. 실시간 설계 기법들의 비교는 [Kelly and Sherif, 1992]에서 찾을 수 있다. 복잡한 실시간 시스템의 설계에 대한 문서화-기반 접근법은 [Luqi, Zhang, Berzins, and Qiao, 2004]에 서술되어 있다. 컨커런트(concurrent) 시스템의 설계는 [Magee and Kramer, 1999]에 서술되어 있다.

설계에 대한 척도들은 [Henry and Kafura, 1981]와 [Zage and Zage, 1993]에 서술되어 있다. 객체-지향 설계에 대한 척도들은 [Chidamber and Kemerer, 1994]와 [Binkley and Schach, 1996]에 언급하고 있다. 객체-지향 품질에 대한 모델은 [Bansiya and Davis, 2002]에 제시되어 있다.

Proceeding of the International Workshop on Software Specification and Design은 설계 기법들에 관한 정보 자원들을 포괄적으로 다루고 있다.

연습 문제

14.1 엔티티 클래스들은 수명이 길고 종종 지속적인 정보(즉, 프로덕트가 실행된 후에도 끊임없이 지속되는 정보)를 모델화한다. 엔티티 클래스가 끊임없이 지속되도록 구현하는 것을 보장하기 위해 두 가지 다른 설계 결정을 간략하게 서술하라.

14.2 트랜잭션 분석을 사용하여 ATM(문제 8.9)을 제어하는 소프트웨어를 설계하라. 이 단계에서는 에러-처리 능력은 생략한다.

14.3 문제 14.2의 설계를 가지고 에러 처리를 수행하는 모듈들을 추가하자. 결과로 나온 설계를 세심하게 조사해서 모듈의 응집도와 결합도를 결정하라. 그림 14.10에서 묘사된 상황들을 참조하라.

14.4 상세 설계를 묘사한 두 가지 다른 기법들이 14.3.1절에서 제시되어 있다(그림 14.6과 14.7). 두 기법들을 비교하고 대조하라.

14.5 문제 12.11의 자동 라이브러리 순환 시스템을 데이터 흐름 다이어그램으로 시작해 데이터 흐름 분석을 사용해 이를 설계하라.

14.6 트랜잭션을 사용해 문제 14.5를 다시 해보아라. 두 기법 중 어느 것이 더 적합한가?

14.7 엘리베이터 문제 사례 연구(그림 14.11)에 클래스 다이어그램 중 **Elevator Subcontroller Class**, **Floor Subcontroller Class**, **Sensor Class**, **Floor Button Class**, **Elevator Button Class**, **Scheduler Class**마다 다른 클래스의 객체에게 보내어져야만 하는 메시지를 목록화시켜라.

14.8 문제 14.7에서 식별된 각각의 메시지에서 메시지를 수신해야만 하는 메소드를 명세화하라. 메소드가 그림 14.11과 14.12에 있지 않으면 당신은 해당하는 새로운 메소드의 이름을 선언하라.

14.9 엘리베이터 문제 사례 연구(그림 14.11)에 문제 14.8에서 식별한 메소드를 추가시켜 상세 클래스 다이어그램을 정제시켜라.

14.10 엘리베이터 문제 사례 연구(그림 14.11)의 클래스 다이어그램 중 **Elevator Button Class** 클래스에 turnOnButton 메소드의 상세 설계를 수행하기 위해 표로 정리된 표현법을 사용하라.

14.11 엘리베이터 문제 사례 연구(그림 14.11)의 클래스 다이어그램 중 **Floor Subcontroller Class**에 floorSubcontrollerEventLoop 메소드의 상세 설계를 수행하기 위해 PDL(의사코드)를 이용하라.

14.12 엘리베이터 문제 사례 연구(그림 14.11)에 엘리베이터의 상태를 모델화하는 **Elevator Class** 클래스에 속성을 추가시켜 상세 클래스 다이어그램을 정제시켜라.

14.13 (Analysis and Design Project) 문제 13.19의 자동 라이브러리 순환 시스템을 객체-지향 분석으로 시작해서 객체-지향 설계를 사용해 라이브러리 시스템을 설계하라.

14.14 (Analysis and Design Project) 문제 13.20의 은행 문장이 정확한지를 결정하는 프로덕트를 객체-지향 분석으로 시작해서 객체-지향 설계를 사용해 소프트웨어를 설계하라.

14.15 (Analysis and Design Project) 문제 13.21의 ATM 소프트웨어를 객체-지향 분석으로 시작해서 객체-지향 설계를 사용해 ATM 소프트웨어를 설계하라.

14.16 (Term Project) 문제 12.20이나 13.22의 상세 명세로 시작해서 Chocoholics Anonymous 프로덕트(부록 A)를 설계하라. 이때 당신의 교습자가 지시한 설계 기법을 사용하라.

14.17 (Case Study) 데이터 흐름 분석을 사용해 MSG Foundation 프로덕트를 다시 설계하라.

14.18 (Case Study) 트랜잭션 분석을 사용해 MSG Foundation 프로덕트를 다시 설계하라.

14.19 (Case Study) 그림 14.16과 14.17의 상세 설계는 PDL형식으로 표현되어 있다. 이를 표 형식으로 다시 표현하라. 어느 표현이 더 우수한가? 이유를 설명하라.

14.20 (Readings in Software Engineering) 당신의 교습자가 논문 [Hadar and Leron, 2008]의 복사본을 배포할 것이다. 당신은 객체-지향 설계가 얼마나 직관적(intuitive)이라고 생각하는가?

참고
문헌

[Bansiya and Davis, 2002] J. BANSIYA AND C. G. DAVIS, "A Hierarchical Model for Object-Oriented Design Quality Assessment," *IEEE Transactions on Software Engineering* **28** (January 2002), pp. 4-17.

[Beizer, 1990] B. BEIZER, *Software Testing Techniques,* 2nd ed., Van Nostrand Reinhold, New York, 1990.

[Binkley and Schach, 1996] A. B. BINKLEY AND S. R. SCHACH, "A Comparison of Sixteen Quality Metrics for Object-Oriented Design," *Information Processing Letters* **57** (No. 6, June 1996), pp. 271-75.

[Binkley and Schach, 1997] A. B. BINKLEY AND S. R. SCHACH, "Toward a Unified Approach to Object-Oriented Coupling," *Proceedings of the 35th Annual ACM Southeast Conference,* Murfreesboro, TN, April 2-4, 1997, pp. 91-97.

[Binkley and Schach, 1998] A. B. BINKLEY AND S. R. SCHACH, "Validation of the Coupling Dependency Metric as a Predictor of Run-Time Failures and Maintenance Measures," *Proceedings of the 20th International Conference on Software Engineering,* Kyoto, Japan, April 1988, pp. 542-55.

[Briand, Bunse, and Daly, 2001] L. C. BRIAND, C. BUNSE, AND J. W. DALY, "A Controlled Experiment for Evaluating Quality Guidelines on the Maintainability of Object-Oriented Designs," *IEEE*

Transactions on Software Engineering **27** (June 2001), pp. 513-30.

[Brooks, 1986] F. P. BROOKS, JR., "No Silver Bullet," in: *Information Processing '86,* H.-J. Kugler (Editor), Elsevier North-Holland, New York, 1986; reprinted in: *IEEE Computer* **20** (April 1987), pp. 10-19.

[Chidamber and Kemerer, 1994] S. R. CHIDAMBER AND C. F. KEMERER, "A Metrics Suite for Object Oriented Design," *IEEE Transactions on Software Engineering* **20** (June 1994), pp. 476-93.

[Fagan, 1976] M. E. FAGAN, "Design and Code Inspections to Reduce Errors in Program Development," *IBM Systems Journal* **15** (No. 3, 1976), pp. 182-211.

[Fagan, 1986] M. E. FAGAN, "Advances in Software Inspections," *IEEE Transactions on Software Engineering* **SE-12** (July 1986), pp. 744-51.

[Fichman and Kemerer, 1992] R. G. FICHMAN AND C. F. KEMERER, "Object-Oriented and Conventional Analysis and Design Methodologies: Comparison and Critique," *IEEE Computer* **25** (October 1992), pp. 22-39.

[Flanagan, 2005] D. FLANAGAN, *Java in a Nutshell: A Desktop Quick Reference,* 5th ed., O'Reilly and Associates, Sebastopol, CA, 2005.

[Gane and Sarsen, 1979] C. GANE AND T. SARSEN, *Structured Systems Analysis: Tools and Techniques,* Prentice-Hall, Englewood Cliffs, NJ, 1979.

[Goldberg and Robson, 1989] A. GOLDBERG AND D. ROBSON, *Smalltalk-80: The Language,* Addison Wesley, Reading, MA, 1989.

[Gomaa, 2000] H. GOMAA, *Designing Concurrent, Distributed, and Real-Time Applications with UML,* Addison Wesley, Reading, MA, 2000.

[Hadar and Leron, 2008] "How Intuitive Is Object-Oriented Design?" *Communications of the ACM* **51** (May 2008), pp.41-46.

[Henry and Kafura, 1981] S. M. HENRY AND D. KAFURA, "Software Structure Metrics Based on Information Flow," *IEEE Transactions on Software Engineering* **SE-7** (September 1981), pp. 510-18.

[Hoare, 1987] C. A. R. HOARE, "An Overview of Some Formal Methods for Program Design," *IEEE Computer* **20** (September 1987), pp. 85-91.

[ISO/IEC 8652, 1995] *Programming Language Ada: Language and Standard Libraries,* ISO/IEC 8652, International Organization for Standardization, International Electrotechnical Commission, Geneva, Switzerland, 1995.

[Jackson, 1975] M. A. JACKSON, *Principles of Program Design,* Academic Press, New York, 1975.

[Jackson and Chapin, 2000] D. JACKSON AND J. CHAPIN, "Redesigning Air Traffic Control: An Exercise in Software Design," *IEEE Software* **17** (May/June 2000), pp. 63-70.

[Kelly and Sherif, 1992] J. C. KELLY AND J. S. SHERIF, "A Comparison of Four Design Methods for Real-Time Software Development," *Information and Software Technology* **34** (February 1992), pp. 74-82.

[Kitchenham, Pickard, and Linkman, 1990] B. A. KITCHENHAM, L. M. PICKARD, AND S. J. LINKMAN, "An Evaluation of Some Design Metrics," *Sofware Engineering Journal* **5** (January 1990), pp. 50-58.

[Liu, 2000] J. W. S. LIU, *Real Time Systems,* Prentice-Hall, Upper Saddle River, NJ, 2000.

[Lui, Chan, and Nosek, 2008] K. M. LUI, K. C. C. CHAN, AND J. T. NOSEK, "The Effect of Pairs in Program Design Tasks," *IEEE Transactions on Software Engineering* **34** (March-April 2008), pp. 197-211.

[Luqi, Zhang, Berzins, and Qiao, 2004] LUQI, L. ZHANG, V. BERZINS, AND Y. QIAO, "Documentation Driven Development for Complex Real-Time Systems," *IEEE Transactions on Software Engineering* **30** (December 2004), pp. 936-52.

[Magee and Kramer, 1999] J. MAGEE AND J. KRAMER, *Concurrency: State Models & Java Programs,* John Wiley and Sons, New York, 1999.

[Maranzano et al., 2005] J. F. MARANZANO, S. A. ROZSYPAL, G. H. ZIMMERMAN, G. W. WARNKEN, P. E. WIRTH, AND D. M. WEISS, "Architecture Reviews: Practice and Experience," *IEEE Software* **22** (March-April 2005), pp. 34-43.

[McCabe, 1976] T. J.MCCABE, "AComplexity Measure," *IEEETransactions on Software Engineering* **SE-2** (December 1976), pp. 308-20.

[McBride, 2007] M. R. MCBRIDE, "The Software Architect," *Communications of the ACM* **50** (May 2007), pp. 75-81.

[Orr, 1981] K. ORR, *Structured Requirements Definition,* Ken Orr and Associates, Topeka, KS, 1981.

[Shepperd, 1990] M. SHEPPERD, "Design Metrics: An Empirical Analysis," *Software Engineering Journal* **5** (January 1990), pp. 3-10.

[Silberschatz, Galvin, and Gagne, 2002] A. SILBERSCHATZ, P. B. GALVIN, AND G. GAGNE, *Operating System Concepts,* 6th ed., Addison Wesley, Reading, MA, 2002.

[Stolper, 1999] S. A. STOLPER, "Streamlined Design Approach Lands Mars Pathfinder," *IEEE Software* **16** (September/October 1999), pp. 52-62.

[Stroustrup, 2003] B. STROUSTRUP, *The C++ Standard: Incorporating Technical Corrigendum No.1,* 2nd ed., John Wiley and Sons, New York, 2003.

[Tsantalis, Chatzigeorgiou, and Stephanides, 2005] N. TSANTALIS, A. CHATZIGEORGIOU, AND G. STEPHANIDES, "Predicting the Probability of Change in Object-Oriented Systems," *IEEE Transactions on Software Engineering* **31** (July 2005), pp. 601-14.

[Ward and Mellor, 1985] P. T. WARD AND S. MELLOR, *Structured Development for Real-Time Systems,* Vols. 1, 2 and 3, Yourdon Press, New York, 1985.

[Warnier, 1976] J. D. WARNIER, *Logical Construction of Programs,* Van Nostrand Reinhold, New York, 1976.

[Wirfs-Brock, 2006] R. WIRFS-BROCK, "Designing for Recovery," *IEEE Software* **23** (July-August 2006), pp. 11-13.

[Yourdon and Constantine, 1979] E. YOURDON AND L. L. CONSTANTINE, *Structured Design: Fundamentals of a Discipline of Computer Program and Systems Design,* Prentice-Hall, Englewood Cliffs, NJ, 1979.

[Zage and Zage, 1993] W. M. ZAGE AND D. M. ZAGE, "Evaluating Design Metrics on Large-Scale Software," *IEEE Software* **10** (July 1993), pp. 75-81.

제15장

구현

구현(implementation)이란 상세 설계(detailed design)를 코드(code)로 변환시키는 프로세스이다. 이 작업을 한 사람이 수행하면 이 프로세스는 아주 잘 이해가 된다. 그러나 오늘날 대부분의 실제 프로덕트들은 규모가 너무 크기 때문에 주어진 시간 제약 내에 한 프로그래머가 구현할 수가 없다. 그래서 프로덕트는 프로덕트의 다른 컴포넌트들을 팀이 동시에 맡아서 구현한다. 이것을 programming–in the many라고 부른다. 이에 연관된 이슈들을 이 장에서 학습한다.

대부분의 경우 구현할 프로그래밍 언어를 선택하는 문제는 간단하지가 않다. 클라이언트가 Smalltalk로 작성된 프로덕트를 원한다고 가정하자. 아마도 개발 팀의 의견에 따르면 Smalltalk는 해당 프로덕트에 전체적으로 부적합하다고 말한다. 이러한 의견은 클라이언트와는 관계가 없다. 이때 개발 조직의 관리자는 단지 두 가지 선택만 할 수가 있다. 즉 Smalltalk로 프로덕트를 구현하거나 이 작업을 포기하는 것이다.

유사하게 만약 프로덕트가 특정 컴퓨터에 구현되어야 하고 이 컴퓨터에서 사용할 수 있는 언어가 어셈블러라면 여기서는 선택의 여지가 없다. 만약 사용 가능한 다른 언어가 없다면, 즉 그 컴퓨터에서 고급 언어로 구현할 컴파일러가 없기 때문에 또는 해당 컴퓨터용의 새로운 C++ 컴파일러를 구입할 준비가 되어 있지 않다면 프로그래밍 언어의 선택 문제는 관련이 없는 게 분명해진다.

보다 관심이 가는 상황은 다음과 같다. 계약서에는 프로덕트가 '가장 적합한' 프로그래밍 언어로 구현되어야 한다고 명시된다. 무슨 언어를 선택해야 하는가? 이 질문에 대답하기 위해서 다음의 시나리오를 살펴보자. QQQ사는 30년 동안 COBOL 프로덕트들을 작성해왔다. 이 QQQ 회사에는 대부분 주니어 프로그래머에서부터 소프트웨어 담당 부사장에 이르기까지 전체 200명의 COBOL 전문가들이 있다. 왜 가장 적합한 프로그래밍언어가 COBOL밖에 없을까? 새로운 언어의 도입은, 예를 들어 Java인 경우 새로운 프로그래머들을 고용하거나, 적어도 현재의 기술진을 집중적으로 재교육 시켜야 한다는 의미가 된다. Java의 교육 훈련에 돈과 노력을 모두 투입하게 되면 관리자는 미래의 프로덕트들도 Java로 작성해야 한다고 쉽게 결정한다. 그럼에도 불구하고 현재의 모든 COBOL 프로덕트들도 계속 유지보수 해야 된다. 그래서 두 부류의 프로그래머들, 즉 COBOL을 유지보수 하는 프로그래머들과 새 애플리케이션들을 작성하는 Java 프로그래머들이 있어야 한다. 아주 당연하지만 유지보수는 항상 거의 새로운 애플리케이션들을 개발하는 하위 활동으로 간주했기 때문에 COBOL 프로그래머들의 서열은 아주 낮아서 서러웠다. 이러한 서러움은 Java 프로그래머들이 부족하기 때문에 COBOL 프로그래머들보다 일반적으로 높은 급여를 받는다는 사실로 인해 더욱 심화되었다. 비록 QQQ사가 COBOL용으로 우수한 개발 툴을 가지고 있을 지라도 적합한 Java CASE 툴들 외에 Java 컴파일러도 구입해야 한다. 또 새로운 소프트웨어를 실행하기 위해서 추가로 하드웨어도 구입하거나 임차해야 한다. 아마도 가장 심각한 것은 QQQ사에는 COBOL 전문가 수백 명이 근무하고 있다는 것이다. 이들 전문가는 화면에 어떤 치명적인 에러 메시지가 나왔을 때나 컴파일러의 변화를 어떻게 처리하는지 실무 경험을 통해서만 얻을 수 있는 전문 기술을 갖고 있다. 요약하면 '가장 적합한' 프로그래밍 언어는 오로지 COBOL일 수밖에 없다는 것은 비용 측면에서 보면 재정적으로 파산되거나 침체된 기술진의 사기 때문에 질이 낮은 코드를 만들게 한다.

QQQ사의 최신 프로젝트에 가장 적합한 프로그래밍 언어는 실제로 COBOL보다는 다른 언어가 될 것이다. 세계에서 가장 널리 쓰이는 프로그래밍 언어임에도 불구하고('알고 싶은 사항 15.1' 참조) COBOL은 소프트웨어 프로덕트 한 부류인 데이터 프로세싱 애플리케이션들에만 적합하다. 만약 QQQ사에 이 부류 이외의 소프트웨어 니즈가 있다면 COBOL은 급속히 그 매력을 잃어버리게 된다. 만약 QQQ사가 인공지능(AI) 기법들을 사용한 지식-기반 프로덕트(knowledge-based

COBOL 이외의 모든 프로그래밍 언어로 작성한 코드보다 COBOL로 작성한 코드가 더 많다. COBOL이 가장 폭넓게 사용된 주된 이유는 미국방성(DoD)이 만든 언어이기 때문이다. 해군소장 Grace Murray Hopper의 지시로 개발된 COBOL은 1960년에 DoD의 인증을 받았다. 그 후 DoD는 하드웨어에 COBOL 컴파일러가 없어서 데이터 프로세싱 애플리케이션을 처리할 수 없으면 그 하드웨어를 구매하지 않았다[Sammet, 1978]. DoD는 과거에도, 지금도 세계 최대의 하드웨어 구입자이고, 1960년대에 DoD 소프트웨어의 많은 부분은 데이터 프로세싱 목적으로 구현되었다. 결과적으로 COBOL 컴파일러는 실제로 모든 컴퓨터의 긴급한 사안이 되어 작성되었다. COBOL의 이러한 광범위한 가용성은 그 당시 사용 언어가 어셈블러 밖에 없었기 때문에 세계에서 가장 인기 있는 프로그래밍 언어가 된 것이다.

지금은 C, C++, Java, 4GL과 같은 언어는 새로운 애플리케이션에 폭넓게 사용되고 있다. 그럼에도 불구하고 유지보수는 주요 소프트웨어 활동으로 남아있고, 이 유지보수는 기존의 COBOL 소프트웨어에 수행되고 있다. 간단히 말해 DoD는 첫 번째 주요 프로그래밍 언어 COBOL을 통해 세계 소프트웨어계에 이름을 날렸다.

COBOL이 인기 있는 또 다른 이유는 COBOL이 데이터 프로세싱 프로덕트를 구현하는 데 가장 좋은 언어이기 때문이다. 특히 COBOL은 금전을 처리하는 경우 적합한 언어이다. 회계는 대차대조표가 맞아야 하는데 이는 반올림 오차의 접근을 허락하지 않는다. 이와 같이 모든 계산은 정수 오퍼레이션을 사용해 수행한다. COBOL은 매우 큰 수의 정수 오퍼레이션도 지원한다(즉 10억 달러). 더욱이 COBOL은 센트의 몇 분의 일인 매우 작은 수도 처리한다. 은행 규정에서 이자 계산은 적어도 소수점 4자리까지 계산해야 한다. COBOL은 이렇게 산술식을 쉽게 할 수 있다. 마지막으로 COBOL은 3세대 언어(또는 고수준 언어)(15.2절 참조) 중 포맷팅, 정렬, 보고서 생성 기능이 있는 가장 좋은 언어이다. 이 모든 이유가 데이터 프로세싱 프로덕트를 구현할 때 COBOL을 선택하게 하는 이유가 되었다.

8.11.4절에서 언급했듯이 곧 선보일 COBOL 언어 표준은 객체-지향 언어가 된다. 이 표준 때문에 COBOL은 더욱 인기가 높아질 것이다.

product) 구축을 원한다면 Lisp 같은 AI 언어가 사용된다. 즉 COBOL은 AI 애플리케이션들을 구축하는 데는 아주 부적합한 언어이다. 만약 대규모의 통신 소프트웨어를 구축할 예정이라면, 왜냐하면 QQQ사가 전 세계에 산재해 있는 수백 곳의 해외 지사들에 위성 연결이 요구되기 때문에 Java와 같은 언어가 COBOL보다 더 적합하다는 것은 증명할 필요가 없다. 만약 QQQ사가 운영체제, 컴파일러, 링커 등과 같은 시스템 소프트웨어 제작 사업에 뛰어들 예정이면 COBOL은 정말로 부적합하다. 그리고 만약 QQQ사가 국방 분야를 계약하기로 결정했다면, 관리자는 COBOL은 실시간 내장 소프트웨어에는 사용할 수 없다는 것을 바로 발견하게 된다.

사용할 프로그래밍 언어의 선택은 주로 비용-이익 분석을 사용해 결정할 수 있다(5.2절). 즉, 관리자는 COBOL 사용 시 현재와 미래의 이익뿐만 아니라 COBOL로 구현할 때 드는 비용도 반드시 계산해야 한다. 이 계산은 고려 대상인 모든 언어를 대상으로 해서 계산해야 한다. 즉 추정된 이익과 추정된 비용 간의 차이가 커야 가장 기대가 되는 언어가 적합한 구현 언어가 된다. 프로그래밍 언어를 선택하는 또 다른 방법에는 위험 분석(risk analysis)을 사용한다. 고려중인 언어를 대상으로 그 언어의 잠재적 위험과 이를 해결하는 방법을 목록으로 작성한다. 그런 후에 전체 위험이 가장 적은 언어를 선택한다.

현재 객체-지향 언어로 새로운 소프트웨어를 개발하는 소프트웨어 조직에는 어려움이 있다. 즉 어떤 객체-지향 언어로 개발할지! 적합한 객체-지향 언어는 어느 것인지? 의문을 갖게 된다. 20

년 전에는 오직 Smalltalk라는 언어 하나밖에 없었다. 그러나 오늘날에는 대다수의 객체-지향 소프트웨어가 C++ [Borland, 2002]로 작성되고 두 번째는 Java로 작성된다. 이러한 데는 많은 이유가 있다. 그 중 하나는 C++ 컴파일러의 광범위한 가용성이다. 사실 많은 C++ 컴파일러는 코드를 C++에서 C로 단순히 변환시켜 C 컴파일러를 호출한다. 그래서 C 컴파일러를 가지고 있는 컴퓨터는 기본적으로 C++를 처리할 수 있다. 그러나 C++가 대중성을 갖게 된 실제 이유는 C와 비슷하다는 점이다. 많은 관리자는 C++를 단순히 C의 상위 집합으로 취급하기 때문에 C를 아는 프로그래머라면 손쉽게 익힐 수 있다고 결론을 내린다. 구문적인 관점에서 보면 C++가 C의 슈퍼세트인 것은 사실이다. 그래서 어떤 C 프로그램도 C++ 컴파일러를 사용해서 컴파일 할 수 있다. 그러나 개념적으로 C++와 C는 다르다. C는 고전적 패러다임의 프로덕트이고 C++은 객체-지향 패러다임용 프로덕트이다. C++를 사용하면 객체-지향 기법들을 사용할 수 있게 되고 프로덕트가 모듈이 아닌 객체들과 클래스들로 조직될 수 있게 된다.

그러므로 조직이 C++를 채택하기 전에, 관련 소프트웨어 전문가들은 객체-지향 패러다임에 관해 교육을 받아야 한다. 특히 7장에 있는 정보를 익히는 것이 중요하다. 객체-지향 패러다임은 소프트웨어를 개발하는 또 다른 방법이고 분명한 차이점이 무엇인지 정확히 인지하지 못하면 고전적 패러다임에서 사용된 것을 C++에서 그냥 구현히게 된다. 즉 C++를 C와 같은 기법으로 사용하게 된다. 그렇게 되면 C++로 변경한 결과에 실망을 갖게 된다. 이는 객체-지향에 대한 교육이 부족했기 때문에 그렇다.

이제 조직이 Java를 채택하기로 결정했다고 가정하자. 이 경우에는 고전적 패러다임을 객체-지향 패러다임으로 이동하는 것이 불가능하다. Java는 순수 객체-지향 프로그래밍 언어이다. 그래서 고전적 패러다임의 함수들과 프러시저들을 지원하지 못한다. C++와 같은 통합 객체-지향 언어와는 다르게 Java 프로그래머는 시작부터 객체-지향 패러다임을 사용해야 한다. 하나의 패러다임에서 다른 패러다임으로 급격히 전환을 할 때 조직이 Java(또는 smalltalk와 같은 순수 객체-지향 언어)를 선택하면 이는 C++나 OO-COBOL과 같은 통합 객체-지향 언어로 교체하는 것보다 교육과 훈련이 더 중요하게 된다.

15.2
4세대 언어

SOFT WARE

초창기 컴퓨터들은 인터프리터(interpreter)들이나 컴파일러(compiler)들이 없었다. 그들은 단지 보드에 선을 연결하거나 교체시키면서 이진수로 프로그램화시켰다. 이러한 이진수 기계어 코드(binary machine code)를 1세대 언어(first generation language)라고 부른다. 2세대 언어(second generation language)들은 1940년대 말에서 1950년대 초에 개발되었던 어셈블러(assembler)들이다. 이들은 명령어들이 이진수로 프로그램 되지 않고 다음과 같이 기호 표기법(symbolic notation)으로 표현되었다.

```
mov     $17, next
```

일반적으로 각 어셈블러 명령어는 하나의 기계 코드 명령어로 변환된다. 이와 같이 어셈블러가 기계 코드보다 작성하기 쉽고 인도 후 유지보수가 이해하기 쉬워졌지만 여전히 어셈블러 소스 코드(assembler source code)는 기계 코드와 같은 길이를 가졌다.

C, C++, Pascal, 또는 Java와 같은 3세대 언어(third generation language 또는 high-level language)에 내재된 아이디어는 고급 언어의 한 문장이 5개 내지 10개의 기계 코드 명령어로 컴파일 된다(이것은 추상화의 다른 예제로 7.4.1절을 참조). 고급 언어 코드는 또한 어셈블러 코드보다 훨씬 짧아서 이해하기도 쉽고 유지보수 하기도 쉽다. 고급 언어의 코드는 같은 어셈블러 코드처럼 효율적이지는 않지만 일반적으로 인도 후 유지보수에 적은 비용이 소요된다.

이 개념은 1970년대 후반에 보다 구체화되었다. 4세대 언어(fourth-generation language, 4GL) 설계의 주요 목적은 각 4GL 문장이 30 내지 50개의 기계 코드 명령어들과 동등하다는 것이다. Focus나 Natural과 같은 4GL로 작성된 프로덕트들은 코드가 짧아서 개발을 빨리할 수 있고 유지보수도 하기가 쉽다.

기계 코드로 프로그램을 작성하기는 정말 어렵다. 어셈블러로 프로그램을 작성하기는 조금 쉽고 고급 언어를 사용하면 더욱 쉬워진다. 4GL의 두 번째 주요 설계 목적은 프로그래밍을 쉽게 하는 것이다. 특히 많은 4GL은 비절차적(nonprocedural)이다(이 용어를 자세히 알고 싶으면 '알고 싶은 사항 15.2' 참조). 예를 들어 다음 명령어를 고려해보자. 4GL 컴파일러로 이 비절차적 명령어를 절차적으로 실행시키는 기계 코드 명령어 순서로 변환시켜준다.

for every surveyor
if rating **is** excellent
add 6500 **to** salary

4GL로 전환해 성공한 조직의 이야기는 많이 있다. 이전의 COBOL을 사용하던 조직이 4GL을 사용해 생산성이 10배로 증가되었다는 보고도 있다. 많은 조직들은 4GL의 사용을 통해 실제로 생산성이 증가된 것이 발견되었다. 그러나 그다지 눈에 띌 정도는 아니다. 다른 조직들도 4GL로 전환을 시도했지만 결과에 대해 크게 실망만 했다.

이러한 불일치의 이유는 하나의 4GL이 모든 프로덕트에 적합하지 않기 때문이다. 그래서 특정 프로덕트에 적합한 4GL의 선택이 중요하다. 예를 들면 Playtex는 IBM의 ADF(Application Development Facility)에 사용되어 COBOL보다 생산성이 80대 1로 증가했다고 보고했다. 이 인상적인 결과에도 불구하고 Playtex는 그 후에 관리자가 생각할 때 ADF가 적합하지 않은 경우 COBOL을 사용했다[Martin, 1985].

이들 불일치 결과들에 대한 두 번째 이유는 많은 4GL들은 강력한 CASE Workbench들과 Environment들의 지원을 받아야 한다(5.7절). CASE Workbench들이나 Environment들은 강점과 약점을 모두 갖고 있다. 5.12절의 설명처럼 낮은 성숙도 수준을 갖는 조직 내에 대규모의 CASE를 도입하는 것은 바람직하지 못하다. 그 이유는 CASE Workbench나 Environment가 소프트웨어 프로세스를 지원하기 때문이다. 수준 1에 있는 조직은 해당 소프트웨어 프로세스를 갖고 있지 않다. 만약 이 시점에서 CASE가 4GL에 전환된 부분으로 도입된다면, 어떤 프로세스도 준비되지 않은 조직에게 프로세스를 강요하는 꼴이 된다. 일반적인 결과들에 만족하지 못하고 재앙이 될 수가 있다. 사실 보고되었던 많은 4GL의 실패들은 4GL의 자체보다 연관된 CASE Environment의 영향들로 볼 수 있다.

4GL들에 대한 43개 조직의 입장이 [Guimaraes, 1985]에 기록되어 있다. 이 연구는 4GL의 사용이 사용자들의 욕구 불만을 감소시켰다는 내용이다. 왜냐하면 데이터 프로세싱 담당 부서는 사용자가 필요한 정보를 데이터베이스에서 추출해서 빨리 검색할 수 있기 때문이다. 하지만 거기에도 많은 문제점들이 있다. 어떤 4GL은 응답시간이 길어서 부적합한 것으로 판정되었다. IBM 4331에서 12명의 사용자들이 동시에 사용하는 동안 한 프로덕트가 CPU 사이클의 60%를 소모해 버렸다. 전체적으로 28개 조직에서 3년간 4GL을 사용해 비용에 능가하는 이익을 가져왔다.

하나의 4GL이 소프트웨어 시장을 지배하지는 못한다. 대신에 수백 개의 4GL이 있다. 그 중에 많은 사용자 그룹들을 갖고 있는 DB2, Oracle, PowerBuilder, SQL 등이 있다. 이러한 4GL들의 광범위한 보급은 올바른 4GL을 선택하는 데 주의를 기울여야 한다. 물론 몇몇 조직에서는 한 개 이상의 4GL을 사용할 여유도 있다. 일단 4GL이 선택되거나 사용되면, 이 조직에서는 다음의 프로덕트들에도 이 4GL을 사용하게 된다. 이렇게 되면 4GL을 도입하기 전에 사용되던 언어는 사라지게 된다.

잠재적 생산성을 얻을 수 있음에도 불구하고 4GL을 잘못된 방법으로 사용하면 위험이 있게 된다. 많은 조직은 현재 개발했던 프로덕트에 대한 백로그(backlog)와 수행할 인도 후 유지보수 태스크의 대상 목록을 가지고 있다. 많은 4GL의 설계 목적은 엔드-유저 프로그래밍(end-user programming)이다. 즉, 프로덕트를 사용하는 사람 중심으로 프로그래밍을 하는 것이다. 예를 들면 4GL 출현 이전에 보험 회사의 투자 관리자는 프로덕트의 채권 포토폴리오에 관한 정확한 정보를 출력하는 프로덕트에 대해서 데이터 프로세싱 매니저에게 문의를 한다. 그런 후 투자 관리자는 1년을 기다리거나 프로덕트를 개발할 때까지 데이터 프로세싱 그룹을 기다려야 한다. 4GL은 이전에 프로그래밍 훈련을 받지 않은 투자 관리자가 요구된 프로덕트가 도움을 받지 않고 구현되어 간단하게 사용되기를 바란다. 앤드-유저 프로그래밍은 개발 백로그를 줄이는 것을 돕고, 기존의 프로덕트들을 유지보수 하는 전문가들이 떠나는 것을 줄이게 하는 것이 목표다.

실무적으로 엔드-유저 프로그래밍은 위험할 수 있다. 우선 모든 프로덕트 개발이 컴퓨터 전문가들이 수행할 때를 고려해보자. 컴퓨터 전문가들은 컴퓨터 출력을 신뢰하지 않는 것에 단련이 되어 있다. 결국 프로덕트 개발 동안에 산출된 모든 출력물의 1% 이하가 되어야 정확하다고 할 것이다. 다시 말하면 사용자는 모든 컴퓨터를 신뢰한다고 말한다. 왜냐하면 프로덕트가 결함이 없을 때까지 사용자에게 넘겨주지 않기 때문이다. 엔드-유저 프로그래밍을 추천한 경우를 고려해보자. 사용자가 프로그래밍에서 비절차적인 4GL에 대한 user-friendly 코드를 작성한 경험이 없다고 했을 때도 사용자는 출력물을 신뢰하는 경향이 있다. 결국 수년 동안 사용자는 컴퓨터 출력물을 신뢰하도록 교육받아왔다. 그 결과로 많은 비즈니스 결정이 가망이 없는 부정확한 엔드-유저 코드가 생성한 데이터를 토대로 결정되어 왔다. 어떤 경우에는 user-friendlines가 재정적인 큰 피해를 준다.

또 다른 잠재적 위험이 있을 수 있는데 이는 어떤 조직에서 사용자들이 조직의 데이터베이스를 갱신시키는 4GL 프로덕트들을 구현하도록 허용한 경우다. 사용자가 작성한 프로그래밍의 오류는 전체 데이터베이스를 변조시키게 만들 수 있다. 이 교훈은 확실하다. 경험이 없든가 혹은 훈련이 덜된 사용자들이 프로그래밍 하는 것은 치명적이지는 않더라도 재정상 극히 위험스럽게 만들 수 있다.

4GL의 최종 선택은 관리자가 한다. 이러한 결정에서 관리자는 4GL의 사용에서 얻은 수많은 성공적인 이야기들을 지침으로 삼는다. 동시에 관리자는 부적합한 4GL의 사용, CASE Environment가 조성되지 않을 때의 도입, 개발 과정의 빈약한 관리 등 때문에 생기는 실패들을 세심하게 분석한다. 예를 들면 실패의 공통적인 원인은 관계형 데이터베이스 이론을 비롯해 4GL의 모든 측면을 개발 팀에게 교육을 소홀히 했기 때문이다[Date, 2003]. 관리자는 특정 애플리케이션 영역에 대한 성공과 실패, 과거의 실패로부터의 교훈을 연구해야 한다. 정확한 4GL의 선택은 성공과 실패의 차이를 의미한다.

구현 언어를 결정하는 데 다음의 이슈는 소프트웨어 공학원리들이 보다 양질의 코드를 어떻게 유도하느냐에 있다.

15.3
올바른 프로그래밍 관습

올바른 코딩 스타일(good coding style)에 관한 많은 권고 사항들은 언어-명시적이다. 예를 들면 COBOL 88-Level의 엔트리의 사용이나, Lisp에서 괄호들의 사용에 관한 제안들은 Java로 프로덕트를 구현하는 프로그래머들에게는 거의 관심이 없다. 반대로 언어-독립적인 **올바른 프로그래밍 관습**(good programming practice)에 관한 권고사항들은 지금부터 설명한다.

15.3.1 일관되고 의미 있는 변수 이름들 사용

1장에서 설명했듯이 평균적으로 소프트웨어 예산의 2/3는 인도 후 유지보수에 사용된다. 이것은 한 코드 산출물을 개발하는 프로그래머는 해당 코드 산출물을 작업하는 많은 프로그래머 중 단지 첫 번째라는 의미이다. 프로그래머가 변수에 이름을 부여하는 것은 단지 그 프로그래머에게만 의미 있는 결과를 갖게 한다. 그래서 소프트웨어 공학에서 **의미 있는 변수 이름**(meaningful variable

1970년대 후반 South Africa의 Johannesburg에 있는 작은 소프트웨어 회사는 두 개의 프로그래밍 팀을 조직했다. A 팀은 모잠비크 출신의 망명자들로 조직되었다. 그들은 포루투갈 혈통이었고 그들의 모국어는 포루투갈어였다. 그들의 코드는 잘 작성되었다. 변수의 명칭들은 의미가 깊었으나 그것은 불행하게도 단지 포루투갈어를 사용하는 사람에게만 그랬다. B 팀은 이스라엘 이민자들로 조직되었고 그들의 언어는 헤브라이어였다. 그들의 코드도 똑같이 잘 작성되었고, 그들이 변수의 명칭으로 선택한 것들도 마찬가지로 의미심장했다. 그러나 이것 역시 헤브라이어를 사용하는 사람에게만 그랬다.

어느 날 A 팀의 멤버들은 팀의 리더와 함께 동시에 사직을 했다. B 팀은 A 팀이 제작한 훌륭한 코드의 어떤 부분도 유지보수 하는 것이 전혀 불가능했다. 왜냐하면 그들은 포루투갈어를 전혀 할 수 없었기 때문이다. 포루투갈어를 사용하는 사람에게는 의미심장한 변수의 명칭이 헤브라이어와 영어만을 사용할 수 있는 이스라엘인들에게는 해독이 불가능했던 것이다. 그 소프트웨어의 소유자는 A팀을 대체할 수 있는 충분한 포루투갈어 사용자를 고용하는 것이 불가능했고, 고객들은 그들이 지닌 코드가 이제는 유지보수가 불가능하다고 불만을 품고 수많은 소송을 제기하는 바람에 회사는 곧 부도 위기에 처하게 되었다.

그 상황은 쉽게 피할 수가 있었다. 즉 회사의 대표자가 처음부터 변수의 명칭을 모든 남아프리카의 컴퓨터 전문가들도 이해할 수 있는 언어인 영어로 할 것을 주장했어야 했다. 그렇게 했다면 변수의 명칭들이 어떤 유지보수 프로그래머들에게도 의미 있는 것이 되었을 것이다.

name)들은 '미래에 유지보수를 담당하는 프로그래머들 관점에서도 의미가 있다'는 뜻이다. 이에 대한 내용은 '알고 싶은 사항 15.3'에 있다.

의미 있는 변수 이름들의 사용 이외에도 본질적으로 **일관성 있는 변수 이름**들이 선택되어야 한다. 예를 들어 다음의 네 개의 변수들이 한 코드 산출물 내에 선언되었다. 즉 averageFreq, frequencyMaximum, minFr, frqncyTotl이 선언되었다. 코드를 이해하려고 노력하는 유지보수 프로그래머는 Freq, Frequency, fr, frqncy가 모두 동일한 의미라는 것을 알고 있다. 만약 알고 있다면 비록 freq나 frqncy를 의미적으로는 수용할 수 있지만 frequency를 사용하는 것이 낫다. 그러나 fr은 안 된다. 만약 하나 이상의 변수 이름이 다른 것으로 인식되려면 rate와 같은 완전히 다른 이름을 사용해야 한다. 반대로 동일한 개념을 표시하기 위해 두 개의 다른 이름을 사용해서도 안 된다. 예를 들면 average와 mean을 같은 프로그램에서 사용하면 안된다.

일관성에 관한 두 번째 측면은 변수 이름들의 컴포넌트들의 순서이다. 예를 들면 만약 하나의 변수를 frequencyMaximum이라고 명명하면, minimumFrequency는 혼란이 야기될 수 있다. 이것도 frequencyMinimum으로 해야 한다. 이와 같이 미래의 유지보수 프로그래머들을 위해 코드를 명확하고 모호하지 않게 만들기 위해서 네 개의 변수는 frequencyAverage, frequencyMaximum, frequencyMinimum, frequencyTotal로 해야 한다. 대안으로 frequency 컴포넌트는 averageFrequency, maximumFrequency, minimumFrequency, totalFrequency와 같이 네 개의 변수 이름 끝에 나열시켜도 된다. 두 집합 중 어느 것을 선택하든지 그것은 중요하지 않다. 중요한 것은 이름이다.

코드를 보다 이해하기 쉽게 할 수 있는 방법으로 이름을 부여하는 많은 안이 제시되었다. 한 아이디어는 변수의 이름을 타입 정보에 통합시키는 것이다. 예를 들면 ptrChTmp는 캐릭터(Ch)에 타입 포인터(ptr)와 임시 변수(Tmp)를 나타낸다. 이 방법은 헝가리안 명명법(Hungarian Naming Conventions)[Klunder, 1988]으로 잘 알려져 있다(왜 헝가리안으로 부르는지를 알고 싶으면 '알고 헝가리안 명명법(Hungarian Naming Conventions)에는 두 가지 설명이 있다. 첫 번째는, 헝가리안 명명법은 헝가리 태생의 Charles Simonyi가 만든 것이라는 것이고, 두 번째는, 초심자들인 헝가리인이 프로그램을 읽기 쉽게 관습에 따라 변수명을 부여한 방법으로 대부분은 인정하고 있다. 그럼에도 불구하고 이를 사용하는 조직(Microsoft사와 같은)에서는 헝가리안 명명법 때문에 코드의 가독성이 향상되었다고 주장한다.

싶은 사항 15.4' 참조). 이러한 방법 중 하나의 결점은 코드 인스펙션들의 효율성이 관계자들이 변수들의 이름을 발음할 수 없을 때 감소된다는 점이다(15.14절). 변수 이름들을 한 자씩 읽어나가는 것은 큰 좌절감을 갖게 한다.

15.3.2 자기 문서화 코드 이슈

프로그래머들에게 코드에 주석이 없다는 질문을 하면 프로그래머들은 종종 "나는 **자기 문서화 코드**(self-documenting code)로 작성해요."라고 대답한다. 여기에 내포된 의미는 그들의 변수 이름은 신중하게 선택되었고, 코드도 어떠한 주석이 필요 없게 섬세하게 선택되었다는 것이다. 자기 문서화 코드는 존재하지만 아주 드문 일이다. 대신 보통 시나리오에서는 프로그래머가 코드 산출물이 구현될 때 코드의 각 뉘앙스로 구분한다. 프로그래머는 모든 코드 산출물에 같은 스타일을 사용하고 이 코드는 또 본래 프로그래머에게 5년까지는 명확하다고 생각할 수 있다. 불행하게도 이것은 그렇지 않다. 중요한 점은 코드 산출물을 읽어야 하는 다른 프로그래머들과 품질 보증 활동을 하는 SQA 그룹, 또 많은 인도 후 유지보수 프로그래머들에게 이해하기 쉽고 모호하지 않아야 한다. 문제는 인도 후 유지보수 태스크들이 경험 없는 프로그래머들에게 맡겨지고 그리고 그것을 가까이에서 감독할 수 없는 경우에 더욱 심각해진다. 산출물의 비문서화 코드는 경험 있는 프로그래머도 부분적으로만 이해할 수 있다.

발생할 수 있는 문제들의 부류를 알기 위해 변수 xCoordinateOfPositionOfRobotArm을 고려해보자. 이러한 변수 이름은 단어의 각 의미에서 확실한 자기 문서화가 되었다. 그러나 이름이 자주 사용되면 31개의 문자로 구성된 변수 이름을 사용할 준비가 되어있는 프로그래머는 거의 없다. 대신에 xCoord라는 짧은 이름을 사용한다. 이것의 의미가 전체 모듈이 로봇의 팔의 움직임을 다루는 것이라면, xCoord는 로봇 팔의 위치의 x좌표로 간주할 수 있다. 비록 이 논법이 개발 프로세스에서의 문맥 내에서 이치가 맞다 하더라도 인도 후 유지보수에서 필요한 것은 아니다. 유지보수 프로그래머는 코드 산출물 내에서 xCoord가 로봇 팔로 간주된다는 것을 인식하기 위해 전체 프로덕트에 대한 충분한 지식을 갖지 않아도 되고, 또 코드 산출물의 작업을 이해하기 위해 필요한 문서화를 갖지 않아도 된다. 이러한 부류의 문제를 피하는 방법은 모든 변수 이름이 코드 산출물의 시작 부분의 **프롤로그 주석**(prologue comments, 머리말 주석)들에서 설명하라고 주장한다. 만약 이 규칙을 따른다면 유지보수 프로그래머는 빨리 변수 xCoord가 로봇 팔의 위치의 x-좌표로

그림 15.1

코드 산출물에
대한 최소한의
프롤로그 주석들

The name of the code artifact
A brief description of what the code artifact does
The programmer's name
The date the code artifact was coded
The date the code artifact was approved
The name of the person who approved the code artifact
The arguments of the code artifact
A list of the name of each variable of the code artifact, preferably in alphabetical order, and a brief description of its use
The names of any files accessed by this code artifact
The names of any files changed by this code artifact
Input–output, if any
Error-handling capabilities
The name of the file containing test data (to be used later for regression testing)
A list of each modification made to the code artifact, the date the modification was made, and who approved the modification
Any known faults

사용된다고 이해할 수 있다.

프롤로그 주석들은 모든 코드 산출물에서 필수적이다. 모든 코드 산출물의 최상단에 제공되어야 하는 최소 정보는 그림 15.1에 기재되어 있다.

만약 코드 산출물이 명확하게 작성되었어도 코드 산출물이 무엇을 하는지, 그것을 어떻게 수행하는지를 이해하기 위해 모든 라인을 누군가는 읽어야 한다고 기대하는 것은 합당하지 않다. 프롤로그 주석들은 다른 사람들이 핵심들을 쉽게 이해하게 해준다. SQA 그룹의 멤버나 유지보수 시 특정한 코드 산출물을 수정하는 프로그래머는 해당 코드 산출물의 모든 라인을 읽어야 한다고 기대한다.

프롤로그 주석들 이외에도 인라인 주석(inline comment)은 유지보수 프로그래머가 해당 코드에 대한 이해를 돕기 위해서 코드 속에 삽입시킨 것이다. 인라인 주석은 불문명한 방법으로 코드가 구현되었을 때나 언어에 미묘한 성질이 있을 때 사용한다고 제안되었다. 반면에 혼동되는 코드는 명확한 방법으로 재구현되어야 한다. 인라인 주석들은 유지보수 프로그래머들을 도와주는 수단이거나 빈약한 프로그래밍 관습을 증진시키거나 변명하는 데 사용되면 안 된다.

15.3.3 파라미터들 사용

변수의 값이 결코 변경되지 않는 불변의 상수인 경우는 적다. 예를 들자면 위성 사진들은 잠수함 운항 시스템들에 진주만의 정확한 위치에 관해 보다 정밀한 지리적 자료를 반영시키기 위해 하와이 진주만의 위도와 경도를 통합하기 위해 변경되었다. 다른 예를 들면 판매세는 불변의 상수가 아니다. 법률 제정자들은 때때로 판매 세율을 바꾸려는 경향이 있다. 판매 세율이 현재 6.0%라고 가정하자. 만약 값 6.0이 프로덕트의 많은 코드 산출물에서 바꾸지 못하게 코드화 되어 있다면 프로덕트의 변경은 중요한 문제가 된다. '상수' 6.0의 하나 또는 두 개의 인스턴스가 실수로 인해서 6.0으로 변경될 수 있다.

다음과 같이 C++인 경우와 Java인 경우의 선언이 좋은 방법이다.

C++인 경우

const float salesTaxRate= 6.0;

Java인 경우

public static final float salesTaxRate = **(float)** 6.0;

그러면 판매세 값이 필요할 때마다 숫자 6.0을 사용하지 않고 상수 salesTaxRate를 사용하면 된다. 만약 판매세율이 바뀌면, 에디터를 사용해 salesTaxRate의 값이 담긴 라인을 변경하면 된다. 즉 실행 초기에 파라미터 파일로부터 판매세율의 값을 읽으면 된다. 이렇게 명확한 상수는 파라미터로 취급한다. 만약 값이 어떤 이유 때문에 변경시킨다면, 이러한 변경은 빠르게 그리고 효과적으로 구현되게 한다.

15.3.4 가독성 증가를 위한 코드 배치

코드 산출물을 읽기 쉽게 만드는 것은 비교적 단순하다. 예를 들어 여러 프로그래밍 언어들이 허락하고 있듯이 한 문장은 한 라인에 나타나게 하면 된다. 들여쓰기(indentation)는 가독성을 증가시키는 중요한 기법으로 간주된다. 7장에 있는 예제에서 코드를 읽기가 얼마나 어려웠던가. 이 예에서는 들여쓰기가 사용되지 않았다. C++나 Java에서 {...}를 사용하여 들여쓰기를 할 수 있다. 이것은 주어진 블록 내에 속하는 문장들을 보여준다. 사실, 정확한 들여쓰기는 인간에게 아주 중요하다. 대신 5.8절에서 서술된 CASE 툴들은 정확한 들여쓰기를 할 수 있게 사용된다.

또 다른 유용한 보조 수단으로는 공백 줄(blank line)이다. 이 방법은 공백 줄에 의해 구분된다. 또한 공백 줄은 코드의 큰 블록들을 분해하는 데 종종 도움이 된다. 'white space'는 코드를 읽기 쉽게 이해하기 쉽게 만들어준다.

15.3.5 중첩 if 문

다음과 같은 예제를 고려해보자. 지도(map)는 그림 15.2에서 보여준 것처럼 두 개의 사각형으로 구성된다. 이것은 지구 표면상에 포인트가 map_square_1 또는 map_square_2 또는 지도상에 전혀 없는지를 결정하는 코드를 작성하라는 요구가 있다. 그림 15.3의 해결방안은 이해하기가 어렵기 때문에 좋은 형식이 아니다. 그러나 그림 15.4에 있는 형식은 적합한 형식이다. 그럼에도 불구하고 이것은 if—if 와 if—else—if 조합으로 구성된 이 코드는 너무 복잡해서 그 코드가 맞는지 점검하기가 어렵다. 이것의 교정된 버전은 그림 15.5에 나와 있다.

if—if 구조를 포함하는 복잡한 코드를 만났을 때, 이것을 단순화시키는 한 가지 방법은 다음과 같은 if—if 조합

if <condition 1>
if <condition 2>

은 다음의 같은 단일조건과 같다.

$$\textbf{if} \ \textit{<condition 1>} \ \textbf{and} \ \textit{<condition 2>}$$

여기서 <condition2>는 <condition1>이 유지되지 않는 경우에도 정의된다. 예를 들어 <condition1>이 포인터가 널(null)인지 아닌지 점검해야 되고, 만약 그렇다면 <condition2>는 포인터를 사용할 수 있다(이 문제는 Java나 C++에서 발생하지 않는다. && 오퍼레이션자는 <condition1>이 거짓이라면, <condition2>는 평가하지 않는다 — 연습문제 15.9와 15.10 참고).

if–if 구조의 또 다른 문제는 중첩 if 문이 너무 깊어지면 코드를 읽기가 어렵다는 점이다. if 문장이 3단계 이상 더 깊게 중첩되면 좋지 않은 프로그래밍이며 그것은 피해야 한다.

그림 15.2

지도의 지표

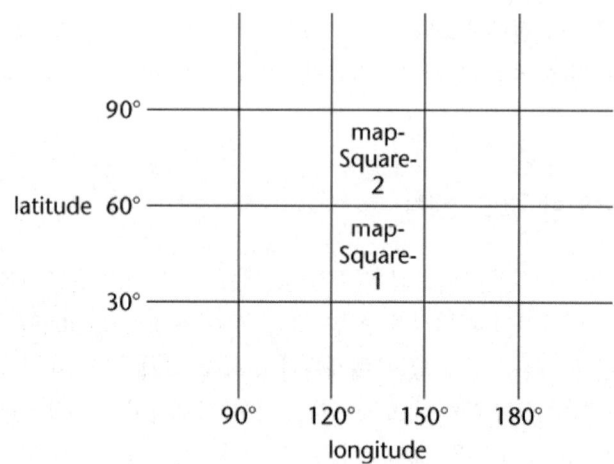

그림 15.3

최악의 중첩 **if** 문

if (latitude > 30 && longitude > 120) {**if** (latitude <= 60 && longitude <= 150) mapSquareNo = 1; **else if** (latitude <= 90 && longitude <= 150) mapSquareNo = 2 **else** *print* "Not on the map";} **else** *print* "Not on the map";

그림 15.4

좋은 형식이지만 잘못 구성된 중첩 **if** 문

```
if (latitude > 30 && longitude > 120)
{
    if (latitude <= 60 && longitude <= 150)
        mapSquareNo = 1;
    else
        if (latitude <= 90 && longitude <= 150)
            mapSquareNo = 2;
        else
            print "Not on the map";
}
else
    print "Not on the map";
```

그림 15.5

인정해줄 수 있는 중첩 **if** 문

```
if (longitude > 120 && longitude <= 150 && latitude > 30 && latitude <= 60)
    mapSquareNo = 1;
else
    if (longitude > 120 && longitude <= 150 && latitude > 60 && latitude <= 90)
        mapSquareNo = 2;
    else
        print "Not on the map";
```

15.4
코딩 표준

코딩 표준(coding standard)들은 장단점을 동시에 갖고 있다. 우연적 응집도(coincidental cohesion) 를 갖는 모듈(즉 완전히 관련 없는 오퍼레이션들이 복잡하고 다양하게 수행되는 모듈들)은 다음과 같은 규칙의 결과로 발생된다고 7.2.1절에서 지적했다. "모든 모듈은 35개에서 50개 사이의 실행 가능한 문장으로 구성된다. 이러한 독단적인 형태로 규칙을 설명하기보다는 공식화 하는 게 더 좋 다." 즉 프로그래머는 35개보다 적거나 50개보다 많은 실행가능한 문장의 모듈을 구축하기 전에 그들의 관리자와 상담을 해야 한다. 여기서 중요한 점은 모든 환경에서 적용할 수 있는 코딩 표준 이 없다는 점이다.

앞에서 제안된 코딩 표준들은 무시되는 경향이 있다. 이전에 언급했듯이 유용한 규칙은 **if** 문 장을 3단계 이상 깊이로 중첩되지 않게 해야 한다. 만약 프로그래머가 **if** 문이 너무 깊게 중첩되어 읽기 어려운 코드로 된 예제를 보면, 이 프로그래머는 이러한 규제를 따라야 할 것이다. 그러나 프로그래머들은 논의나 설명 없이 코딩 규칙 목록을 예제에 적용하지 않으려고 한다. 더욱이 이러 한 표준은 프로그래머들과 그들의 매니저 간에 충돌이 생길 수 있다.

더구나 코딩 표준이 기계에 의해 점검될 수 없다면 SQA 그룹이 시간을 많이 낭비하거나 프 로그래머나 SQA 그룹이 쉽게 무시할 수 있다. 한편 다음과 같은 규칙들을 살펴보자(연습문제 15.11-15.13 참고).

- **if** 문의 중첩은 팀 리더로부터 승인받은 것을 제외하고는 3단계 이상 초과하지 않도록 한다.
- 모듈은 팀 리더로부터 승인 받은 것을 제외하고는 30개에서 50개의 문으로 구성해야 한다.
- **goto** 문의 사용은 피해야 한다. 그러나 팀 리더로부터 승인을 받으면 오류 처리를 위해 전진 **goto**를 사용할 수 있다.

이러한 규칙은 표준에 어긋난 것을 찾아내는 어떠한 메커니즘이 제공되면 기계가 점검한다.

코딩 표준들의 목적은 유지보수를 쉽게 하는 데 있다. 그러나 만약 표준의 영향이 소프트웨 어 개발자들을 어렵게 만든다면 그러한 표준은 프로젝트 수행 중에도 수정되어야 한다. 만약 프로 그래머가 그 같은 프레임워크로 소프트웨어를 개발해야 한다면 지나치게 엄격한 코딩 표준은 소 프트웨어 질에 역효과를 갖게 된다. 한편 **if** 문의 중첩, 모듈 크기, **goto** 문에 대해 이전에 게재된 이들 표준이 표준에서 벗어난 메커니즘과 혼합되어 있는데 이것이 결국 소프트웨어 공학의 주목 적인 소프트웨어의 질을 향상시킨다.

15.5
코드 재사용

재사용(reuse)은 8장에서 구체적으로 제시되었다. 사실 재사용에 관한 재료는 이 책 전체에 제시되어 있다. 소프트웨어 프로세스의 모든 워크플로에서 나온 코드 산출물들은 명세, 계약, 계획, 설계, 코드 산출물 등의 각 부분에서 재사용된다. 재사용에 관한 재료를 이 책의 앞부분에 제시한 것은 하나 또는 다른 특정 워크플로에서 시도하기보다는 전체 단계에서 재사용하기 때문이다. 특히 이 장에서 재사용의 유형을 다룬 것은 단지 코드가 재사용될 수 있는 것보다 재사용의 공통 형식을 사용하는 것이 좋다는 사실을 강조하기 위해서이다.

15.6
통합

그림 15.6에 묘사되어 있는 프로덕트를 고려해보자. 프로덕트의 **통합**(integration)에 대한 한 접근법은 각 코드 산출물을 독립적으로 코딩하고 테스트 한 후, 이들 13개의 모든 코드 산출물들을 함께 연계시킨 후, 이 결과로 나온 프로덕트를 전체적으로 테스트 하는 접근법이다. 이 접근법에는 두 가지 어려움이 있다. 첫째로 산출물 a를 고려해보자. 이것은 자력으로 테스트 될 수가 없다. 왜냐하면 이것은 산출물 b, c, d를 호출하기 때문이다. 그러면 산출물 a를 테스트 하기 위해서 산출물 b, c, d는 스터브(stub)들로 코드 되어야 한다. 가장 간단한 형식으로 stub는 빈 산출물(empty artifact)이다. 보다 효과적인 stub는 산출물 displyRadarPatten called와 같은 메시지를 출력한다. 최적의 stub는 사전에 계획된 테스트 사례들에 대응되는 값들을 반환한다.

지금 산출물 h를 고려해보자. 그것을 자력으로 테스트 하기 위해서 **드라이버**(driver)를 요구한다. 즉 만약 값들을 점검하는 것이 테스트 중인 산출물에 의해 반환된다면 한 번 또는 그 이상 여러 번 호출하는 코드 산출물인 드라이버를 요구한다. 유사하게 산출물 d를 테스트 하는 것은 한 개의 드라이버와 두 개의 stub들을 요구한다. 그래서 독립된 구현과 통합에서 발생하는 문제는 stub들과 driver들을 구축해 넣어주어야 한다. 이런 모든 것은 단위 테스팅(unit testing)이 완료된 후에 폐기된다.

구현 단계가 통합이 시작되기 전에 완료되었을 때 발생하는 두 번째로 중요한 어려움은 결함 분리의 결여이다. 만약 전체적으로 프로덕트가 특정 테스트 사례에 대해 테스트 되어 프로덕트가 실패했다면 결함은 13개 코드 산출물들이나 13개 인터페이스들의 어딘가에 있을 것이다. 103개의 코드 산출물들과 108개의 인터페이스들을 갖고 있는 대규모 프로덕트에서 결함이 있을 곳은 211개 보다 적지 않다.

이들 어려움을 해결하는 해결방안은 단위와 통합 테스팅을 결합시키는 것이다.

그림 15.6

전형적인
상호연계
다이어그램

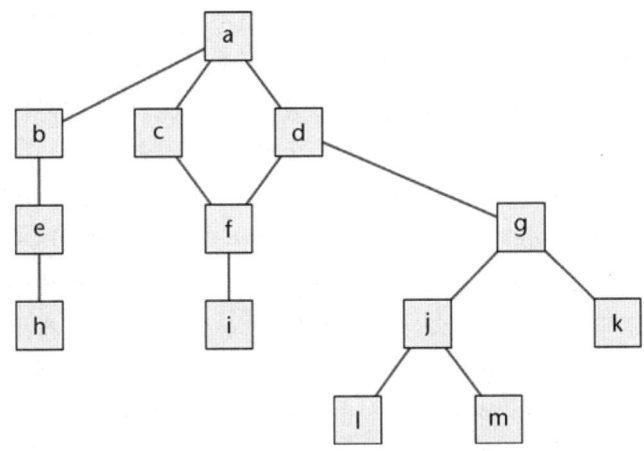

15.6.1 하향식 통합

하향식 통합(top-down integration)에서 만약 코드 산출물 mAbove가 산출물 mBelow에 메시지를 전송한다면 mAbove는 mBelow 전에 구현되고 통합된다. 그림 15.6에서 보여준 프로덕트는 하향식으로 구현되고 통합되었다고 가정해보자. 하나의 가능한 하향식 순서가 a, b, c, d, e, f, g, h, i, j, k, l, m이다. 첫째 모듈 a는 코드 되고 stub들로 구현된 b, c, d와 함께 테스트 된다. 다음으로 stub b는 산출물 b로 확대되어 산출물 a에 연계된 후 stub로 구현된 산출물 e와 함께 테스트 된다. 구현과 통합은 모든 산출물들이 프로덕트에 통합될 때까지 이 방법으로 진행된다. 또 다른 하향식 순서는 a, b, e, h, c, d, f, i, g, j, k, l, m이다. 이 순서로 통합의 부분은 다음과 같은 방식으로 병렬로 진행된다. a가 코딩 되고 테스트 된 후에 한 프로그래머는 b, e, h를 구현하고 통합하기 위해 산출물 a를 사용한다. 반면에 다른 프로그래머는 c, d, f, i를 병렬로 작업하기 위해 a를 사용한다. d와 f가 완료된 후 세 번째 프로그래머는 g, j, k, l, m에 관한 작업을 시작할 수 있다.

산출물 a가 자력으로 특정 테스트 사례에 정확하게 실행된다고 가정하자. 그러나 동일 테스트 데이터는 b가 코딩 되어 산출물 a와 b가 같이 링크 되어 구성된 프로덕트에 통합된 후 제출되었다면 이 테스트는 실패한다. 결함은 두 곳 중 한 곳에 있다. 즉 산출물 b에 아니면 산출물 a와 b사이의 인터페이스에 있다. 일반적으로 코드 산출물 mNew는 테스트 할 것에 추가되어 이전에 사용했던 테스트 사례가 실패할 때 이 결함은 거의 mNew에 있든가 아니면 mNew와 프로덕트의 나머지와의 인터페이스들에 있다. 그래서 하향식 구현과 통합은 결함 분리를 지원해준다.

하향식 통합의 또 다른 강점은 주요 설계 흠집(flaw)들을 초기에 보여준다. 프로덕트의 산출물들은 로직 산출물들과 오퍼레이션 산출물들 두 가지로 나누어질 수 있다. **로직 산출물**(logic artifact)은 필수적으로 프로덕트의 제어 측면에 대한 의사 결정 흐름을 통합한다. 로직 산출물들은 일반적으로 상호 연계 다이어그램(interconnection diagram)에서 루트의 근방에 이들을 위치시킨다. 예를 들면 그림 15.6에서 산출물들 a, b, c, d와 아마도 g와 j도 로직 산출물들이 된다고 보아도 합당하다. 다른 한편 **오퍼레이션 산출물**(operation artifact)들은 프로덕트의 실제 오퍼레이션들을 수행한다. 예를 들면 오퍼레이션 산출물은 getLineFromTerminal이나 measure Temperature OfReactorCore가 될 수 있다. 오퍼레이션 산출물들은 일반적으로 상호 연계 다이어그램의 하단부에 있는 하위 수준에서 발견된다. 그림 15.6에서 산출물들 e, f, h, i, k, l, m은 오퍼레이션 산출물들이 된다.

오퍼레이션 산출물들을 코딩하고 테스팅 하기 전에 로직 산출물들을 코딩 하고 테스팅 하는 것이 항상 중요하다. 이것은 어떤 주요 설계 결함들이 초기에 나타나게 한다. 전체 프로덕트가 주요 결함이 발견되기 전에 완료되었다고 가정하자. 그러면 프로덕트의 큰 부분들은 제어의 흐름을 담당하는 로직 산출물들이 재작성되어야 한다. 많은 오퍼레이션 산출물들은 재구축 프로덕트에서 재사용될 것이다. 예를 들어 getLineFromTerminal이나 measureTemperatureOfReactorCore 같은 산출물은 프로덕트가 재구축되더라도 필요하게 된다. 그러나 오퍼레이션 산출물들이 프로덕트에 있는 다른 산출물들에 상호 연결되는 방법은 불필요한 작업을 하게 되어 변경되어야 한다. 그러면 설계 결함이 초기에 발견되어 프로덕트 수정이 빨라지고 비용도 적게 들고 개발 일정도 짧아진다. 산출물들이 하향식으로 구현되고 통합되는 순서는 로직 산출물들이 꼭 오퍼레이션 산출물들 이전에 구축되고 통합되어야 한다. 왜냐하면 로직 산출물들은 상호 연계 다이어그램에서 항상 오퍼레이션 산출물들의 조상이기 때문에 그렇다. 이것이 하향식 통합의 주요 강점이다.

그럼에도 불구하고 하향식 통합은 약점을 갖고 있다. 즉 잠재적으로 재사용 가능한 코드 산출물들은 적합하게 테스트를 할 수가 없다. 재사용할 산출물이 철저하게 테스트 할 필요가 있다고 생각되면 이 산출물은 부정확한 산출물로 생각할 수 있어서 처음부터 다시 작성하는 것보다 비용-효과가 떨어진다. 왜냐하면 산출물이 정확하다는 가정은 프로덕트가 실패할 때 잘못된 결과를 가져온다. 충분하지 않게 테스트 한 재사용 산출물을 의심하기보다 테스터는 결함은 어디엔가 있기 때문에 노력이 낭비되는 결과를 가져온다고 생각한다.

로직 산출물들은 어느 정도 문제-명시적이기 때문에 다른 곳에서는 사용할 수가 없다. 그러나 오퍼레이션 산출물들, 특히 비정보적 또는 정보적 응집도(informational cohesion)를 갖고 있다면(7.2.7절) 미래의 프로덕트에서 재사용될 수가 있다. 그래서 철저한 테스팅이 요구된다. 불행하게도 오퍼레이션 산출물들은 일반적으로 상호 연계 다이어그램에서 하위 수준의 코드 산출물들이기 때문에 상위 수준의 산출물들처럼 자주 테스트 되지 않는다. 예를 들어 만약 184개의 산출물들이 있다면 루트(root) 모듈은 184번 테스트 된다. 반면에 프로덕트에 통합될 마지막 산출물은 단 1번만 테스트 된다. 하향식 통합은 오퍼레이션 산출물들의 적합지 못한 테스팅의 결과 때문에 위험이 내재된 것을 재사용한다.

이 상황은 만약 프로덕트가 잘 설계되어졌다면 더 악화된다. 사실 설계가 잘 될수록 산출물들을 철저하게 테스트 하지 않는다. 이것을 알기 위해서 산출물 computeSquareRoot을 고려해보자. 이 산출물은 두 개의 인수를 가지고 있다. 즉 제곱근을 결정하는 유동 소수점 x와 만약 x가 음수라면 True로 설정하는 errorFlag이다. computeSquareRoot는 산출물 m3에 의해 호출되고 m3은 다음 문을 포함하고 있다고 가정하자.

```
if ( x > = 0 )
    y = computeSquareRoot (x, errorFlag ) ;
```

다른 말로 computeSquareRoot는 x의 값이 음수이면 절대로 호출되지 않고, 또 산출물은 이 함수가 정확하다는 것을 보여주기 위해 x의 음수값으로는 절대로 테스트 하지 않는다. 이러한 종류의 안전성 점검을 포함하는 호출 산출물의 설계 타입을 **방어적 프로그래밍**(defensive programming)이라고 부른다. 방어적 프로그래밍의 결과로 하위 오퍼레이션 산출물들이 만약 하향식으로 구현되고 통합된다면 철저하게 테스트 되지 않을 것이다. 방어적 프로그래밍의 대안은 책임-중심 설계

그림 15.7

샌드위치 구현과
통합을 사용해
개발한 그림
15.6의 프로덕트

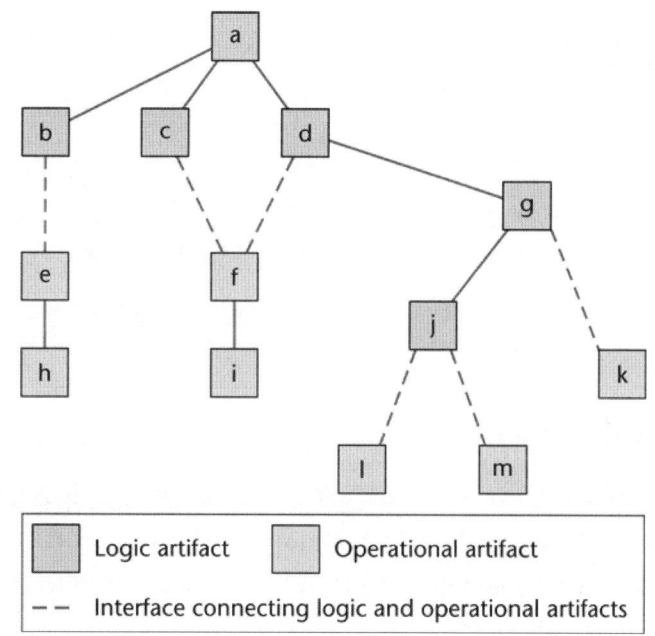

Logic artifact   Operational artifact

– – Interface connecting logic and operational artifacts

(responsibility-driven design)의 사용이다(1.9절). 여기서 필요한 안정성 점검은 호출자(caller)보다는 호출된 모듈(called module)에 구축된다. 다른 접근법은 호출된 산출물에서 주장(assertion)의 사용이다(6.5.3절).

15.6.2 상향식 통합

상향식 통합(bottom-up integration)에서 만약 산출물 mAbove가 산출물 mBelow에 메시지를 전송한다면 mBelow는 mAbove 이전에 구현되고 통합된다. 그림 15.6을 다시 보면 하나의 상향식 순서는 l, m, h, i, j, k, e, f, g, b, c, d, a가 된다. 프로덕트를 팀이 코딩하기 위해서 상향식 순서를 다시 작성하면 다음과 같다. h, e, b는 한 프로그래머에게 주어지고 i, f, c는 다른 사람에게 주어진다. 세 번째 프로그래머는 l, m, k, g를 가지고 시작한 후 이를 구현한 다음 두 번째 프로그래머의 작업과 그의 작업을 통합시킨다. 마지막으로 b, c, d가 성공적으로 통합되었을 때 a가 구현되고 통합될 수 있다.

오퍼레이션 산출물들은 상향식 전략이 사용될 때 철저하게 테스트 해야 한다. 더욱이 테스팅은 결함 보호(fault-shielding)에 의해서 방어적으로 작성된 산출물들 호출보다는 차라리 드라이버(driver)들의 도움으로 수행된다. 비록 상향식 통합이 하향식 통합의 어려움을 해결해주고 또 하향식 통합이 갖고 있는 결함 분리의 이점을 공유할지라도 불행하게도 그 자신도 어려움을 갖고 있다. 특히 주요 설계 결함은 통합 단계의 후반부에 발견된다. 로직 산출물들은 마지막에 통합된다. 따라서 만약 주요 설계 결함이 있다면, 프로덕트의 상당 부분을 재설계하고 재코딩 하기 때문에 많은 비용과 시간이 든다. 즉, 통합 과정 후반부에 많은 어려움이 따른다.

그래서 하향식과 상향식 통합 모두는 자신의 강점들과 약점들을 갖고 있다. 프로덕트 개발에 대한 해결방안은 그들의 강점들을 사용하게 만들고 또 그들의 약점들을 최소화시키는 방법으로 두 전략을 절충시킨다. 이것은 샌드위치 모양의 통합이 된다.

샌드위치 통합(sandwich integration)[Myers, 1979]이란 용어는 샌드위치의 위와 아래를 로직 모듈과 운영 모듈로 보고 샌드위치 속의 내용물을 위와 아래를 연결하는 인터페이스로 보고 만든 말이다. 이것은 그림 15.7에서 볼 수 있다.

15.6.3 샌드위치 구현과 통합

그림 15.7에서 보여준 상호연계 다이어그램을 고려해 보자. 6개의 코드 산출물들, 즉 a, b, c, d, g, j는 로직 산출물들이다. 그래서 하향식으로 통합되어야 한다. 그리고 7개는 오퍼레이션 산출물들이다. 즉 e, f, h, i, k, l, m은 오퍼레이션 산출물들이기 때문에 상향식으로 통합되어야 한다. 그러나 이들 모든 산출물들은 하향식이나 상향식 통합이 적합하지 않기 때문에 해결방안은 이들을 분할한다. 6개의 로직 산출물들은 하향식으로 통합되어 어떤 주요 설계 결함도 초기에 찾아낼 수 있다. 그리고 7개의 오퍼레이션 산출물들은 상향식으로 통합된다. 그러므로 이들은 방어적으로 작성된 호출 산출물들의 보호를 받지 못해 철저한 테스팅을 받게 된다. 그래야 다른 프로덕트에서 안심하고 재사용될 수 있다. 모든 산출물들이 적합하게 통합되었을 때 산출물들의 두 그룹 간에 인터페이스도 하나씩 테스트된다. 샌드위치 통합(sandwich integration)이라고 부르는 이 프로세스에는 매번 결함 분리가 된다('알고 싶은 사항 15.5' 참조).

그림 15.8에는 이 장에서 이전에 논의한 다른 통합 기법들처럼 샌드위치 통합의 강점들과 약점들이 요약되어 있다.

샌드위치 통합은 'Box 15.1'에 요약되어 있다.

15.6.4 객체-지향 프로덕트들 통합

객체들은 상향식이나 하향식으로 통합될 수 있다. 만약 하향식 통합이 선택되면 stub들은 고전적 모듈들과 같은 방식으로 각 메소드에 사용된다.

만약 상향식 통합이 사용된다면 다른 객체들에 메시지들을 전송하지 않는 객체들이 우선 구현되고 통합된다. 그런 다음 이들 객체들에 메시지들을 전송하는 객체들은 프로덕트에 있는 모든

How to Perform Sandwich Integration	Box 15.1

- **In parallel,**
  Implement and integrate the logic artifacts top down.
  Implement and integrate the operational artifacts bottom up.
- Test the interfaces between the logic artifacts and the operaticonal artifacts.

그림 12.18

Petri net

Approach	Strengths	Weaknesses
Implementation then integration (Section 15.6)	—	No fault isolation Major design faults show up late Potentially reusable code artifacts are not adequately tested
Top-down integration (Section 15.6.1)	Fault isolation Major design faults show up early	Potentially reusable code artifacts are not adequately tested
Bottom-up integration (Section 15.6.2)	Fault isolation Potentially reusable code artifacts are adequately tested	Major design faults show up late
Sandwich integration (Section 15.6.3)	Fault isolation Major design faults show up early Potentially reusable code artifacts are adequately tested	—

객체들이 구현되고 통합될 때까지 구축된다(이 프로세스는 만약 되부름(recursion)이라면 수정되어야 한다).

왜냐하면 하향식과 상향식 통합이 모두 지원되기 때문에 샌드위치 통합도 사용될 수 있다. 만약 프로덕트가 C++와 같은 순수 객체-지향 언어로 구현되었다면, 클래스들은 일반적으로 오퍼레이션 산출물들이라 상향식으로 통합된다. 클래스들이 아닌 대부분의 산출물들은 로직 산출물들이다. 그래서 이들은 하향식으로 구현되고 통합된다. 다른 산출물들은 오퍼레이션 산출물들이라 상향식으로 구현되고 통합된다. 마지막으로 모든 비-객체 산출물들은 객체들에 통합된다.

프로덕트가 Java와 같은 순수 객체-지향 언어로 구현될 때도 main과 유틸리티 메소드와 같은 클래스 메소드(자주 '정적 메소드(static method)'라고 부름)들은 구조면에서 구조적 패러다임의 로직 모듈들과 아주 유사하다. 그래서 클래스 메소드들도 하향식으로 구현되고 다른 객체들에 통합된다. 다른 말로 표현하면 객체-지향 프로덕트를 구현하고 통합할 때 다양한 샌드위치 통합이 사용된다.

15.6.5 통합 관리

관리의 문제점은 코드 산출물들에 수정되지 않은 것이 통합 시 발견될 때이다. 예를 들어 프로그래머 1이 객체 o1를 코드 하고, 프로그래머 2가 객체 o2를 코드 했다고 가정하자. 프로그래머 1이 사용한 설계 문서의 버전에는 객체 o1이 객체 o2에 네 개의 인수들을 전달하라는 메시지를 전송하지만, 프로그래머 2가 사용한 설계 문서의 버전에는 단지 세 개의 인수들만 o2에 전달된다고 명확하게 서술되어 있다. 이와 같은 문제는 변경이 개발 그룹의 모든 멤버들에게 통보되지 않아 설계 문서의 복사본이 만들어질 때 발생할 수 있다. 두 프로그래머는 그들이 옳다고 주장한다. 그래서 누구도 양보하지 않는다. 왜냐하면 자기 주장을 포기하는 프로그래머는 프로덕트의 상당 부분을 재코딩 해야 한다.

이들 불일치 문제와 이와 유사한 문제들을 해결하기 위해 전체 통합 프로세스는 SQA 그룹이 실행해야 한다. 더욱이 다른 워크플로 동안에 테스팅처럼 SQA 그룹은 만약 통합 테스팅이 부적절하게 수행되었다면 많은 것을 잃어버리게 된다. 그래서 SQA 그룹이 테스팅을 철저하게 수행하는 것이 보장되어야 한다. 그러면 SQA 그룹의 매니저는 통합 테스팅의 모든 측면들을 책임져야 한다. 누구나 산출물들이 하향식으로 구현하고 통합할지 아니면 상향식으로 구현하고 통합할지 또 통합 테스팅 태스크를 전담 직원에게 배정할지를 결정해야 한다. SPMP(software project management plan)에서 통합 테스트 계획을 작성할 SQA 그룹은 해당 계획의 구현도 담당한다.

통합 프로세스의 후반부에 모든 코드 산출물들은 테스트를 받은 후 단일 프로덕트에 결합된다.

15.7
구현 워크플로

SOFTWARE

구현 워크플로(implementation workflow)의 목표는 대상 소프트웨어 프로덕트를 선택된 구현 언어로 구현하는 것이다. 보다 정확하게 말하면 14.9절에서 설명했듯이 대규모 소프트웨어 프로덕트는 코딩 팀들이 병렬적으로 구현할 수 있는 소규모 서브시스템들로 분할된다. 이 서브시스템들은 다시 컴포넌트(component)들이나 코드 산출물(code artifact)들로 구성된다.

코드 산출물이 구현되면 바로 프로그래머는 이를 테스트 한다. 이를 단위 테스팅(unit testing)이라고 부른다. 일단 프로그래머가 코드 산출물이 정확하다고 확인한 후에 이것은 구체적인 테스팅을 받기 위해 품질 보증 그룹에 전달된다. 품질 보증 그룹에 의한 이 테스팅은 15.20절부터 15.22절까지에서 서술된 테스트 워크플로의 부분이 된다.

15.8
구현 워크플로: The MSG Foundation Case Study

SOFTWARE

C++와 Java로 MSG Foundation 프로덕트의 완전한 구현은 www.mhhe.com/engcs/comsci/ schach 에서 다운로드 받을 수 있다. 프로그래머들은 인도 후 유지보수 프로그래머들에게 도움을 주기 위해 다양한 주석들을 포함시켜 놓았다.

구현 워크플로 동안에 테스팅은 다음 절에서 학습한다.

15.9

테스트 워크플로: 구현

구현 워크플로 동안에 수행해야 하는 많은 유형의 테스팅들이 있다. 즉 여기에는 단위 테스팅, 통합 테스팅, 프로덕트 테스팅, 승인 테스팅 등이 포함된다. 이러한 테스팅의 유형들은 다음 절에서 논의된다.

6.6절에서 지적했듯이 코드 산출물(모듈, 클래스)들은 두 가지 유형의 테스트를 받는다. 즉 코드 산출물을 개발하는 동안 프로그래머가 수행하는 비공식적 단위 테스팅(informal unit testing)과 프로그래머가 산출물이 기능을 올바르게 나타내는 것을 확인한 후에 SQA 그룹이 수행하는 방법론적 단위 테스팅(methodical unit testing)이다. 이 방법론적 테스팅은 15.10절부터 15.14절까지 서술되어 있다. 방법론적 테스팅에는 두 가지 기본 유형이 있다. 즉 산출물이 팀에 의해서 검토되는 비실행-기반 테스팅(non-execution-based testing)과 산출물이 테스트 케이스(test case, 테스트 사례)들로 실행되는 실행-기반 테스팅(execution-based testing)이다. 테스트 케이스들을 선택하는 기법들은 지금부터 학습한다.

15.10

테스트 케이스 선택

코드 산출물을 테스트 하는 최악의 방법은 위험한 테스트 데이터를 사용하는 경우다. 테스터(tester)는 키보트 앞에 앉아서 산출물이 입력을 요구할 때마다, 임의의 데이터로 응답한다. 다음에 보여주겠지만 모든 가능한 테스트 케이스들의 작은 부분까지 테스트할 시간은 없다. 즉 10^{100} 이상 되는 많은 수의 테스트를 쉽게 할 수가 없다. 아마 1000개의 순서로 실행될 수 있는 소수의 테스트 케이스들도 위험한 데이터라 할지라도 가치가 있기 때문에 낭비만은 아니다. 나쁜 것은 기계가 입력을 요청할 때 같은 데이터로 한 번 이상 응답하는 경향이다. 이와 같이 많은 사례에서 낭비가 되고 있다. 테스트 케이스는 반드시 체계적으로 구축되어야 명확해진다.

15.10.1 명세 테스팅과 코드 테스팅

단위 테스팅에 대한 테스트 데이터는 두 개의 기본 방법으로 체계적으로 구축될 수 있다. 첫 번째는 명세들을 테스트 하는 것이다. 이 기법은 또한 블랙-박스(black-box), 행위(behavioral), 데이터-중심(data-driven), 기능(functional), 또는 입력/출력-중심(input/output-driven) 테스팅이라고 부른다. 이 접근법에서 코드 자체는 무시하고 단지 테스트 케이스를 작성하는 데 사용되는 정보는 명세문서뿐이다. 두 번째는 코드에 대한 테스트이기 때문에 테스트 케이스들을 선택할 때 명세문서를 무

같은 테스팅 개념에서 왜 그렇게 많은 다른 이름들이 있는지 질문하는 것은 당연하다. 이유는 소프트웨어 공학에서 종종 일어나는 것처럼 같은 개념은 많은 다른 연구가들이 독립적으로 발견해서, 그들만의 전문 용어를 만들어냈다. 소프트웨어 공학 집단에서 이것들이 같은 개념의 다른 이름인 것을 인식했을 때는 이미 늦었다. 다른 종류의 이름들이 소프트웨어 공학의 어휘에 들어와 있었다.

이 책에서, 블랙-박스 테스팅(black-box testing)과 글래스-박스 테스팅(glass-box testing)을 사용한다. 이들 용어는 특별히 설명적이다. 우리가 명세를 테스트 할 때, 우리는 코드를 전체적으로 불투명한 블랙 박스로 다룬다. 반대로 우리가 코드를 테스트 할 때, 우리는 박스의 안을 들여다 볼 필요가 있다. 그러므로 glass-box 테스팅이다. 나는 white-box란 용어를 사용하지 않는다. 왜냐하면 그것은 약간 혼란스럽기 때문이다. 결국 흰색으로 칠해진 박스는 검은색으로 칠해진 박스처럼 불투명하다.

시한다. 이 기법의 다른 이름은 글라스-박스(glass-box), 화이트-박스(white-box), 로직-중심(logic-driven), 또는 경로-중심(path-oriented) 테스팅이라고 부른다(이렇게 많은 용어가 사용되는 이유는 '알고 싶은 사항 15.6' 참조).

지금부터는 명세에 대한 테스팅을 시작해서 이들 두 기법들의 타당성을 학습한다.

15.10.2 명세들에 대한 테스팅 타당성

다음의 예제를 고려해보자. 어떤 데이터 프로세싱 프로덕트에 대한 명세들이 5가지 유형의 수수료와 7가지 유형의 할인이 통합되는 것을 서술하고 있다고 가정하자. 수수료와 할인의 모든 가능한 조합에 대한 테스팅은 35개의 테스트 사례들이 요구된다. 두 개의 완전히 독립된 코드 산출물에서 수수료와 할인을 계산하고 독립적으로 테스트 되어야 한다. 블랙-박스 테스팅에서 프로덕트는 블랙박스로 취급되어 그 내부 구조는 테스팅과 아무런 관련이 없다. 이는 기능적인 면만 테스트 한다.

이 예제는 오직 두 개의 인자들만 포함한다. 즉 수수료와 할인으로 각각 5개와 7개의 값들을 갖는다. 어떤 실제 프로덕트가 수천 개의 다른 인자들을 갖지 않는다면 수백 개의 인자들을 갖고 있을 것이다. 만약 20개의 인자를 갖고 각각 네 개의 다른 값들을 갖는다면, 전체 420 또는 1.1×1012개의 테스트 케이스들이 점검되어야 한다.

테스트 케이스가 수조 개 이상인 의미들을 알려면 그들 모두를 테스트 하는 데 얼마나 소요되는지 고려해보자. 만약 프로그래머들의 팀이 생성, 실행, 테스트 케이스를 점검하는 데 하나의 평균비율이 30초라고 한다면, 프로덕트를 전부 테스트를 하는 데 수백만 년 이상이 소요될 것이다.

그러므로 이와 같은 명세들에 대한 소모적인 테스팅은 작업의 폭발적인 증가 때문에 불가능하다. 너무나 많은 테스트 케이스들을 고려하기엔 간단하지가 않다. 그러므로 코드에 대한 테스팅은 지금부터 학습한다.

15.10.3 코드에 대한 테스팅 타당성

코드에 대한 테스팅의 가장 공통적인 형식은 코드 산출물을 통하는 각 경로가 적어도 한 번은 실행되어야 한다고 요구한다.

그림 15.9

코드
프라그먼트

```
read (kmax)                          // kmax is an integer between 1 and 18
for (k = 0; k < kmax; k++) do
{
    read (myChar)                    // myChar is the character A, B, or C
    switch (myChar)
    {
      case 'A':
          blockA;
          if (cond1) blockC;
          break
      case 'B':
          blockB;
          if (cond2) blockC;
          break
      case 'C':
          blockC;
          break
    }
    blockD;
}
```

- 이것이 타당하지 않는지를 알기 위해 그림 15.9의 코드 프라그먼트(code fragment)를 고려해보자. 이에 대응되는 순서도는 그림 15.10에서 보여준다. 순서도가 거의 평범하게 나타났음에도 불구하고 순서도를 통한 1012개의 경로들이 있다. 중앙에 진하게 만든 6개 박스들의 그룹을 통해 5개의 가능한 경로가 있고, 그리고 순서도를 통한 가능한 경로의 개수는 다음과 같다.

$$5^1 + 5^2 + 5^3 + \cdots + 5^{18} = \frac{5 \times (5^{18} - 1)}{(5 - 1)} = 4.77 \times 10^{12}$$

만약 단일 루프를 갖고 있는 단순한 순서도에 이러한 많은 경로들이 있다면, 많은 루프를 갖는 하나의 큰 코드 산출물에서, 즉 적합한 크기와 복잡도인 이 코드 산출물에서 전체 경로수를 생각하기는 어렵지 않다. 간단히 말해서 가능한 경로 수가 아주 크면 명세들에 철저한 테스팅을 실행할 수 없지만 코드만은 철저하게 테스팅을 해야 한다.

그림 15.10

10^{12} 이상 개의
경로를 갖는
순서도

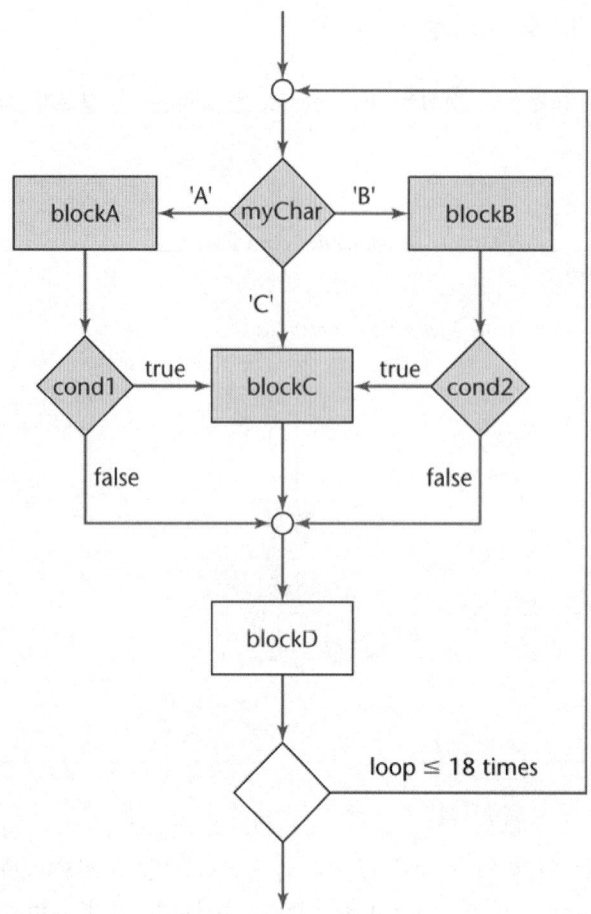

- 더욱이 코드에 대한 테스팅은 테스터에게 모든 경로를 조사하라고 요구한다. 프로덕트에 있는 모든 결함을 발견하지 않고도 모든 경로를 조사할 수는 있다. 이렇게 되면 코드에 대한 테스팅은 신뢰할 수가 없다. 이것을 알기 위해 그림 15.11에서 보여준 코드 프라그먼트를 고려해보자 [Myers, 1976]. 이 프라그먼트는 세 개의 정수 x, y, z의 동일성을 테스트 하기 위해 작성되었다. 이는 만약 세 수의 평균이 첫 번째 수와 같다면 세 수는 같다는 바보스러운 가정을 사용해서 동일성을 만들었고 이를 테스트 한다. 두 번째 사례 연구들도 그림 15.11에 있다. 첫 번째 테스트 사례 연구에서 세 수의 평균값은 6/3 또는 2이기 때문에 이는 1과 같지 않다. 더욱이 프로덕트는 정확하게 테스터에게 x, y, z는 같지 않다고 알려준다. 두 번째 테스트인 경우에 정수 x, y, z는 모두 2와 같다. 그래서 프로덕트는 2와 같이 이들의 평균을 계산한다. 이는 x의 값과 같아서 프로덕트는 정확하게 세 수는 같다고 결론을 내린다. 그래서 프로덕트를 통하는 두 경로는 결함이 발견되지 않아도 조사된다. 물론 x=2, y=1, z=3과 같이 테스트 데이터가 사용된다면 결함이 나타난다.

그림 15.11

세 개의 정수가
두 개의 테스트
사례와 함께
같은지 결정하는
부정확한 코드
프라그먼트

```
if ((x + y + z)/3 == x)
    print "x, y, z are equal in value";
else
    print "x, y, z are unequal";

Test case 1:    x = 1, y = 2, z = 3
Test case 2:    x = y = z = 2
```

그림 15.12

세 개의 정수가
두 개의 테스트
사례와 함께
같은지 결정하는
부정확한 코드
프라그먼트

```
if (d == 0)
    zeroDivisionRoutine ();
else
    x = n/d;
        (a)

x = n/d;
        (b)
```

- 경로 테스팅(path testing)이 갖는 세 번째 어려움은 경로가 제시된 경우에만 테스트를 할 수 있다. 그림 15.12(a)에 있는 코드 프라그먼트를 고려해보자. d=0과 d≠0인 경우에 대응되는 두 개의 경로가 테스트 되어야 한다. 다음으로 그림 15.12(b)에 있는 단일 문을 고려해보자. 여기에는 단지 한 경로만 있고, 이 경로는 결함이 발견되지 않아도 테스트를 할 수 있다. 사실 코드에서 d=0 경우를 점검하는 것을 프로그래머가 생략했다면, 이 프로그래머는 잠재적인 위험을 인식하지 못하게 될 것이고 그리고 d≠0인 경우도 프로그래머의 테스트 데이터에 포함시키지 않을 것이다. 이 문제는 이러한 유형의 결함들을 발견하는 일을 담당하는 독립된 SQA 그룹이 수행하라고 추가로 주장을 한다.

이들 예는 '프로덕트에 있는 모든 경로를 조사하라'는 평가 기준은 주어진 경로를 조사하는 어떤 데이터가 결함을 발견하고 또 같은 경로를 조사하는 다른 데이터는 발견하지 못해서 프로덕트들을 신뢰할 수가 없다. 그러나 경로-중심 테스팅은 유효하다. 왜냐하면 결함을 나타내주는 테스트 데이터를 선택하는 것이 원천적으로 배제되지 않았기 때문이다.

왜냐하면 조합의 급격한 증가 때문에 명세들에 대한 철저한 테스팅도, 코드에 대한 철저한 테스팅도 사실상 수행할 수가 없다. 중재안은 가능한 한 많은 결함들을 알아낼 수 있는 기법이 필요하다. 그러나 현재는 모든 결함을 발견한다는 보장할 방안이 없어 중재안이 필요하다. 이를 수행하는 합당한 방법은 우선 블랙-박스 테스트 사례(명세들에 대한 테스팅)들을 사용하고 다음에 글래스-박스(코드에 대한 테스팅) 기법들을 사용해 추가 테스트 케이스들을 개발하는 것이다.

15.11
블랙-박스 단위 테스팅 기법

SOFT WARE

철저한 블랙-박스 테스팅(black-box testing)은 대체적으로 수억만 개의 테스트 케이스를 요구한다. 테스팅의 기술은 결함을 발견할 기회를 최대화시키기 위해 한 개 이상의 테스트 케이스로 같은 결함을 찾게 해서 낭비를 최소화시키려고 작고 관리하기 쉬운 테스트 케이스의 집합을 고안하는 것이다. 모든 테스트 케이스는 이전에 발견되지 못한 결함을 발견할 수 있게 선택되어야 한다. 이러한 블랙-박스 기법은 동등 테스팅(equivalence testing)에 경계값 분석(boundary value analysis)을 결합시킨 것이다.

15.11.1 동등 테스팅과 경계값 분석

데이터베이스 프로덕트에 대한 명세들에 '1에서 16,383($2^{14}-1$)까지의 많은 레코드들을 처리할 수 있어야 한다'고 서술되었다고 가정하자. 만약 프로덕트가 34 레코드와 14,870 레코드를 처리할 수 있다면 8,252 레코드는 잘 처리될 수 있다. 사실 결함을 발견할 기회는 1~16,383개의 레코드로부터 어떤 테스트 케이스를 선택되든 똑같다. 반대로, 만약 프로덕트가 1~16,383의 범위 내의 어떠한 테스트 케이스를 정확하게 작업할 수 있다면, 그 범위 내의 다른 케이스도 작업할 수 있다. 1~16,383의 범위는 **동등 클래스**(equivalence class)를 구성한다. 즉 동등 클래스란 클래스의 어떤 한 멤버가 어떤 다른 것의 좋은 테스트 케이스가 되는 테스트 케이스들의 집합이다. 보다 정확히 말하면 프로덕트가 처리해야 하는 레코드들의 명시된 수의 범위는 다음과 같이 세 개의 동등 클래스로 정의된다.

> 동등 클래스 1 : 1개의 레코드 이하.
> 동등 클래스 2 : 1개부터 16,383개까지의 레코드.
> 동등 클래스 3 : 16,383개 이상의 레코드.

동등 클래스들의 기법을 사용해 데이터베이스 프로덕트를 테스트 하는 것은 각 동등 클래스에서 하나의 테스트 케이스가 선택될 것을 요구한다. 동등 클래스 2로부터 나온 테스트 케이스는 정확하게 처리해야 한다. 반면에 에러 메시지들은 클래스 1과 클래스 3의 테스트 케이스를 프린트 해야 한다.

성공적인 테스트 케이스 중의 하나는 이전에 발견되지 않는 결함을 발견하는 것이다. 이러한 결함을 발견하는 기회를 최대화시키기 위해 high-payoff 기법이 **경계값 분석**(boundary value analysis)이다. 경험에 의하면 동등 클래스의 경계상의 또는 한쪽 측면에서 테스트 케이스가 선택되었을 때 결함이 발견될 확률이 증가하는 것을 보여준다. 그래서 데이터베이스 프로덕트를 테스팅 할 때 다음과 같이 7개의 테스트 케이스들이 선택되어야 한다.

> 테스트 케이스 1: 0 레코드   동등 클래스 1의 멤버 그리고 경계값에 인접
> 테스트 케이스 2: 1 레코드   경계값

- **For** both the input and output specifications
  - **For** each range (L, U)
    - Select five test cases: less than L, equal to L, greater than L but less than U, equal to U, and greater than U.
  - **For** each set S
    - Select two test cases: a member of S and a nonmember of S.
  - **For** each precise value P
    - Select two cases: P and anything else.

테스트 케이스 3: 2 레코드	경계값에 인접
테스트 케이스 4: 723 레코드	동등 클래스 2의 멤버
테스트 케이스 5: 16,382 레코드	경계값에 인접
테스트 케이스 6: 16,383 레코드	경계값
테스트 케이스 7: 16,384 레코드	동등 클래스 3의 멤버 그리고 경계값에 인접

이 예제는 입력 명세들에 적용되었다. 마찬가지로 강력한 기법은 출력 명세들에도 조사되어야 한다. 예를 들면 2008년에 최소 사회보장(OASDI)공제에는 세금 코드가 허용한 급여지불수표는 $0이고 최대는 $6,324이다. 그리고 연봉은 $102,000이다. 급여지불명부 프로덕트를 테스팅 할 때 급여지불수표로부터 사회보장공제에 대한 테스트 케이스는 정확하게 $0과 $6,324의 공제 결과를 기대하는 입력 데이터가 포함되어야 한다. 추가로 테스트 데이터는 $0보다 적거나 $6,324 이상의 공제들에서 결과가 나오게 설정되어야 한다.

일반적으로 각 범위(R1, R2)는 입력이나 출력 명세들에 나열되어 있다. 다섯 개의 테스트 케이스는 R1보다 작은 값, R1과 같거나, R1보다 크고 R2보다 작고, R2와 같고, R2보다 큰 값과 일치하도록 선택되어야 한다. 한 항목이 어떤 집합의 멤버가 되어야 한다고 명시되면(예를 들면 입력은 문자이어야 한다), 두 개의 동등 클래스들이 테스트 되어야 한다. 즉, 명시된 집합의 멤버와 이 집합의 비멤버 명세의 정확값이 놓이는 곳에서(예를 들면, 반응은 #사인이 수반된다) 명시된 값과 다른 것, 즉 두 개의 동등 클래스가 있게 된다.

동등 클래스들의 사용은 입력 명세들과 출력 명세들 모두를 테스트 하기 위해서 경계값 분석과 함께 가치 있는 기법이다.

동등 테스팅의 프로세스는 'Box 15.2'에 요약되어 있다.

15.11.2 기능 테스팅

블랙-박스 테스팅(black-box testing)의 대안은 코드 산출물의 기능성에 관한 테스트 데이터에 기반을 두고 있다. 기능 테스팅(functional testing)[Howden, 1987]에서 코드 산출물에 구현된 기능성이나 기능의 각 항목이 식별되어야 한다. 전산화 창고 프로덕트(computerized warehouse product)의 대표적인 기능들은 get_next_database_record나 determine_whether_quantity_on_hand_is_below_ the_ reorder_ point 이다. 무기 제어 시스템에서 모듈은 기능 compute_trajectory을 포함해야 한다. 운영 체제의 모듈에서 한 기능은 determine_whether_file_is_empty이다.

코드 산출물의 모든 기능들이 결정된 후, 테스트 데이터는 독립적으로 각 기능을 테스트 하기 위해 고안된다. 이제부터 기능 테스팅이 보다 구체적인 단계로 수행된다. 만약 코드 산출물이 구조적 프로그래밍의 제어 구조들로 연결된 하위-단계 기능들의 계층으로 구성되어 있다면, 기능 테스팅은 순환적으로 진행된다. 예를 들어 만약 상위-단계 기능이 다음과 같은 형식으로 구성되었다면,

$$\langle\textit{higher-level function}\rangle ::= \textbf{if } \langle\textit{conditional expression}\rangle$$
$$\langle\textit{lower-level function 1}\rangle;$$
$$\textbf{else}$$
$$\langle\textit{lower-level function 2}\rangle;$$

즉 <conditional expression>, <lower-level function 1>, <lower-level function 2>가 기능 테스팅에 대상이 되기 때문에, <high-level function>은 15.13.1절에 서술된 글래스-박스 기법과 분기 수렴을 사용해 테스트될 수 있다. 구조적 테스팅의 형식이 혼합 기법인 깃에 주의하라. 즉 하위-단계 기법은 블랙-박스 기법을 사용해, 그리고 상위-단계의 기법은 글래스-박스 기법을 사용해 테스트 된다.

실제로 상위 단계의 기능들은 하위-단계 기능들에 사용되는 구조적 방식으로 구축되지 않았다. 대신 하위-단계 기능들은 일반적으로 어떤 방식으로 혼합되어 있다. 이 상황에서 결함들을 결정하기 위해 약간 복잡한 절차인 **기능 분석**(functional analysis)이 요구된다. 세부적인 사항은 [Howden, 1987]을 참조하면, 보다 복잡한 인자는 기능성이 자주 코드 산출물 경계들과 일치하지 않다는 것이다. 그래서 단위 테스팅과 통합 테스팅의 구별이 애매해졌다. 한 코드 산출물은 동시에 다른 코드 산출물의 기능성을 사용해 테스팅 하지 않으면 테스트를 할 수가 없다. 이러한 문제는 객체-지향 패러다임에서 한 객체의 메소드가 다른 객체의 메소드를 호출하기 위해 메시지를 전송할 때도 발생한다.

기능 테스팅의 관점에서 볼 때 코드 산출물들 사이의 임의의 내부 상호 관계는 관리자가 인정할 수 없는 결과를 갖게 한다. 예를 들면 이정표(milestone)와 데드라인(deadline, 마감일)은 잘못 정의될 수 있다. 이것은 SPMP(소프트웨어 프로젝트 관리계획)에 관련해서 프로덕트의 상태를 결정하는 것을 어렵게 만든다.

15.12
블랙-박스 테스트 케이스: The MSG Foundation Case Study

그림 15.13과 15.14는 MSG Foundation 사례 연구에 대한 블랙-박스 테스트 케이스를 포함하고 있다. 우선 동등 클래스들과 경계값 분석으로부터 유도된 테스트 케이스들을 고려해보자. 만약 investment 의 itemName이 알파벳 문자로 시작되지 않는다면, 그림 15.13에 있는 첫 번째 테스트 케이스는 프

그림 15.13

동등 클래스와
경계값 분석도
유도된 MSG
Foundation 사례
연구에 대한
블랙박스 테스트
케이스

Investment data:

Equivalence classes for itemName.

1. First character not alphabetic	Error
2. < 1 character	Error
3. 1 character	Acceptable
4. Between 1 and 25 characters	Acceptable
5. 25 characters	Acceptable
6. > 25 characters	Error (name too long)

Equivalence classes for itemNumber.

1. Character instead of digit	Error (not a number)
2. < 12 digits	Acceptable
3. 12 digits	Acceptable
4. > 12 digits	Error (too many digits)

Equivalence classes for estimatedAnnualReturn and expectedAnnualOperatingExpenses.

1. < $0.00	Error
2. $0.00	Acceptable
3. $0.01	Acceptable
4. Between $0.01 and $999,999,999.97	Acceptable
5. $999,999,999.98	Acceptable
6. $999,999,999.99	Acceptable
7. $1,000,000,000.00	Error
8. > $1,000,000,000.00	Error
9. Character instead of digit	Error (not a number)

Mortgage information:

Equivalence classes for accountNumber are same as for itemNumber above.

Equivalence classes for last name of mortgagees

1. First character not alphabetic	Error
2. < 1 character	Error
3. 1 character	Acceptable
4. Between 1 and 21 characters	Acceptable
5. 21 characters	Acceptable
6. > 21 characters	Acceptable (truncated to 21 characters)

Equivalence classes for original price of home, current family income, and mortgage balance.

1. < $0.00	Error
2. $0.00	Acceptable
3. $0.01	Acceptable
4. Between $0.01 and $999,999.98	Acceptable
5. $999,999.98	Acceptable
6. $999,999.99	Acceptable
7. $1,000,000.00	Error
8. > $1,000,000.00	Error
9. Character instead of digit	Error (not a number)

Equivalence classes for annual property tax and annual homeowner's premium.

1. < $0.00	Error
2. $0.00	Acceptable
3. $0.01	Acceptable
4. Between $0.01 and $99,999.98	Acceptable
5. $99,999.98	Acceptable
6. $99,999.99	Acceptable
7. $100,000.00	Error
8. > $100,000.00	Error
9. Character instead of digit	Error (not a number)

그림 15.14

MSG Foundation
사례 연구에 대한
기능 분석 테스트
케이스

The functions outlined in the specifications document are used to create test cases:

1. Add a mortgage.
2. Add an investment.
3. Modify a mortgage.
4. Modify an investment.
5. Delete a mortgage.
6. Delete an investment.
7. Update operating expenses.
8. Compute funds to purchase houses.
9. Print list of mortgages.
10. Print list of investments.

In addition to these direct tests, it is necessary to perform the following additional tests:

11. Attempt to add a mortgage that is already on file.
12. Attempt to add an investment that is already on file.
13. Attempt to delete a mortgage that is not on file.
14. Attempt to delete an investment that is not on file.
15. Attempt to modify a mortgage that is not on file.
16. Attempt to modify an investment that is not on file.
17. Attempt to delete twice a mortgage that is already on file.
18. Attempt to delete twice an investment that is already on file.
19. Attempt to update each field of a mortgage twice and check that the second version is stored.
20. Attempt to update each field of an investment twice and check that the second version is stored.
21. Attempt to update operating expenses twice and check that second version is stored.

test case selection is a topic of this chapter, rather than an earlier chapter. A major component of every test plan should be a stipulation that black-box test cases be drawn up as soon as the analysis artifacts have been approved, for use by the SQA group during the implementation workflow.

로덕트가 에러를 발견했는지를 테스트 한다. 1에서 25 사이의 문자로 구성된 itemName은 다섯 개 테스트 케이스 중 다음 집합에서 점검한다. 유사한 테스트 케이스는 그림 15.13에 반영된 것처럼 명세들에 있는 다른 문장들을 점검한다.

기능 테스팅을 보면 10개의 기능들이 그림 15.14에서 보여준 것처럼 명세 문세에 열거되어 있다. 추가로 11개의 테스트 케이스들이 이들 기능의 잘못된 사용에 대응한다.

이들 테스트 케이스는 분석 워크플로가 완료되면 곧 바로 개발된다는 것을 인식하는 게 중요하다. 이들이 여기에 나와야하는 이유는 단지 테스트 케이스 선택이 14장보다는 15장의 주제이기 때문에 그렇다. 모든 테스트 계획의 주요 컴포넌트는 블랙-박스 테스트 케이스는 구현 워크플로 동안에 SQA 그룹이 사용하기 위해서 분석 산출물들이 승인을 받은 후 곧 바로 작성되어야 한다는 계약 조항이다.

15.13
글래스-박스 단위 테스팅 기법

글래스-박스 기법(glass-box technique)들에서 테스트 케이스들은 명세들보다는 코드의 조사에 근거해서 선택된다. 글래스-박스 테스팅은 문(statement), 분기(branch), 경로 범위(path coverage)들을 포함하는 많은 다른 형식들이 있다.

15.13.1 구조적 테스팅 : 문, 분기, 경로 범위

글래스-박스 단위 테스팅 중 가장 단순한 형태는 문 범위(statement coverage)이다. 즉 테스트 케이스들이 실행되는 동안에 모든 문은 적어도 한 번은 실행되어야 한다는 의미이다. 문들이 실행되는 트랙을 유지하기 위해서 CASE 툴은 각 문이 일련의 테스트들을 몇 번이나 실행하는지를 기록해 둔다. 이러한 툴 중 대표적인 툴은 PureCoverage가 있다.

이 접근법의 약점은 분기들의 모든 결과가 타당하게 테스트 되었는지 보장할 수 없다는 점이다. 이것을 알기 위해 그림 15.15의 코드 프라그먼트를 고려해보자. 프로그래머는 복합조건 s > 1 && t == 0를 s > 1 || t == 0로 읽는 실수를 할 수 있다. 그림에서 보여준 테스트 데이터는 문 x=9를 결함 발견 없이 실행한다.

문 범위에 대한 개선책이 분기 범위(branch coverage)이다. 즉, 모든 분기들은 적어도 한 번은 테스트 된다고 보장하는 일련의 테스팅을 실행한다는 의미이다. 툴은 일반적으로 테스터가 분기들이 테스트 되었는지 안 되었는지를 확인하는 데 도움을 줄 때 필요하다. 범용인 Coverage Tool(gct)은 C 프로그램용 분기 범위 툴의 한 예이다. 문이나 분기 범위와 같은 기법들은 **구조적 테스트**(structural test)라고 부른다.

구조적 테스팅의 가장 강력한 형식은 **경로 범위**(path coverage)이다. 즉, 모든 경로들의 테스팅이다. 앞에서 보여주었듯이 루프를 갖는 프로덕트에서 경로의 수는 매우 많다. 결과적으로 연구자들은 가능한 분기 범위를 사용하는 것보다 결함을 찾는 동안 조사될 경로의 수를 줄이는 것을 연구하고 있다. 경로들을 선택하는 한 가지 기준은 테스트 케이스들을 **선형 코드 순서**(linear code sequence)들로 제한하는 것이다[Woodward, Hedley, Hennel 1980]. 이것을 하기 위해, 첫째로 제어 흐름(control flow)이 점프하는 곳에서부터 점들 L의 집합을 식별하는 것이다. 집합 L은 진입과 출구의 포인트와 **if** 문이나 **goto** 문 같은 분기문들을 포함한다. 선형 코드의 순서는 L의 요소에서 시작되고 L의 요소에서 끝나는 경로들이다. 모든 경로를 테스트 하지 않고 많은 결함들을 발견하는 이 기법은 성공적이었다.

그림 15.15

테스트 데이터를
갖는 코드
프라그먼트

```
if (s > 1 && t == 0)
    x = 9;

Test case:   s = 2, t = 0.
```

그림 15.16

유연성 없는
경로의 두 개
예제

```
if (k < 2)
{
    if (k > 3)                    [should be k > -3]
          ↑
       x = x * k;
}
                        (a)

for (j = 0; j < 0; j++) [should be j < 10]
         ↑
     total = total + value[j];
   (b)
```

테스트할 경로의 수를 감소시키는 또 다른 방법은 all-definition-use-path coverage이다 [Rapps and Weyuker, 1985]. 이 기법에서 변수 pqr의 각 출현은 소스 코드 내에서 pqr=1과 같은 변수의 definition이나 read (pqr) 또는 y=pqr + 3나 **if** (pqr<9) errorB ()와 같은 변수의 정의를 표시하는 것을 의미한다. 변수의 정의와 해당 정의의 사용사이에 모든 경로들은 오늘날 자동화 툴로 식별된다. 마지막으로 테스트 케이스는 이와 같은 각 경로에 설정된다. All-definition- use-path coverage는 비교적 소수의 테스트 케이스로 많은 결함들을 발견하는 우수한 테스트 기법이다. 그러나 all-definition-use-path coverage가 경로 수의 상한선이 2d 인 것은 단점이 된다. 여기서 d는 프로덕트에서 결정 문(branch)들의 수이다. 예들은 상한선을 보여줄 수 있게 구축할 수 있다. 그러나 인위적인 예와는 반대로 실제 프로덕트에서는 상한선에 도달하지 못하고 경로의 실제 수는 d에 비례한다[Weyuker, 1988a]. 다른 말로 표현하면 all-definition-use- path coverage에 필요한 테스트 케이스들의 수는 일반적으로 이론적인 상한선보다 상당히 적다. 그래서 all-definition-use-path coverage는 실용적인 **테스트 케이스 선택** 기법이다.

구조적 테스팅을 사용할 때 테스터는 특정 문, 분기, 또는 경로를 조사하는 테스트 케이스에 대처할 수 없는 상황이 생길 수 있다. 발생할 수 있는 것은 실행 불가능한 경로('죽은 코드')가 코드 산출물에 있다는 것이다. 즉, 어떤 입력 데이터에 대해서도 실행할 수가 없는 경로가 있다는 것이다. 그림 15.16은 실행 불가능한 경로들의 두 가지 예를 보여준다. 그림 15.16(a)에서 프로그래머는 마이너스('−') 부호를 빠뜨렸다. 만약 k가 2보다 적다면, k는 3보다 클 가능성이 없다. 그래서 문 x = x * k 에 도달할 수가 없다. 유사하게 그림 15.16(b)에서 j는 0보다 결코 적지 않다. 그래서 문 total = total + value[j]에도 결코 도달할 수가 없다. 프로그래머는 j < 10으로 테스트 하려고 했지만 타이핑 오류를 내고 말았다. 문 범위를 사용한 테스터는 문에 도달하지도 못하고 결함들도 발견하지 못한 것을 곧 알게 된다.

15.13.2 복잡도 척도

품질 보증 관점은 글래스-박스 테스팅에 대한 다른 접근법을 제공해준다. 매니저가 코드 산출물 m1이 코드 산출물 m2보다 복잡하다고 말한다고 가정하자. **복잡**(complex)이란 용어를 정의하는 정확한 방법에 관계없이 매니저는 직관적으로 m1이 m2보다 더 많은 결함을 갖는다고 믿는다. 이 아이디어에 따라 컴퓨터 과학자들은 코드 산출물들이 결함들을 갖고 있는지를 판명하는 데 도움을 주기 위해 소프트웨어 **복잡도**의 많은 척도들을 개발했다. 만약 코드 산출물의 복잡도가 불합리하게 높다는 것이 발견되면, 매니저는 그 근거를 토대로 산출물들을 다시 설계하고 다시 구현하라고 지시한다. 그렇게 하는 것이 결함 투성이의 코드 산출물들을 디버깅하는 것보다 처음부터 다시 시작하는 게 비용도 적게 들고 시간도 절약된다.

결함들의 수를 예측하는 간단한 척도(metric)는 코드의 라인수(line of code)이다. 코드의 라인이 결함을 포함하고 있을 일정한 확률 p를 가정했다. 만약 테스터가 평균적으로 코드의 라인이 결함을 포함할 확률이 2%라는 것은 100라인의 긴 모듈은 두 개의 결함이 포함되어 있다는 의미이고 두 배로 긴 모듈은 네 개의 결함을 가질 수 있다. Takahashi, Kamayachi[1985]처럼 Basili, Hutchens[1983]는 결함들의 수는 전체적으로 프로덕트의 크기에 관련이 있다고 제시하였다.

이러한 시도들은 프로덕트 복잡도의 측정에 근거해 결함들의 정밀한 예측자를 발견하는 데 있다. 대표적인 것은 이진 결정수(predicate)에 1을 더하는 순환 복잡도(cyclomatic complexity)의 McCabe[1976] 측정이다. 14.15절의 서술처럼 순환 복잡도는 기본적으로 코드 산출물에서 분기의 개수이다. 따라서 **순환 복잡도**는 코드 산출물의 분기 범위에 필요했던 테스트 케이스들의 수에 대한 척도로 사용될 수 있다. 이것은 이른바 **구조적 테스팅**에 기초가 된다[Watson and McCabe, 1996].

McCabe의 척도는 코드의 라인으로 쉽게 계산될 수 있다. 어떤 경우에는 결함들을 예측하는 좋은 척도가 된다. M 값이 높으면 높을수록 코드 산출물이 결함을 포함할 확률이 더욱 커진다. 예를 들면 Walsh[1979]는 함선 전투 시스템인 Aegis 시스템에 있는 276개의 모듈들을 분석하였다. Walsh는 순환 복잡도 M을 측정하여 M이 10이상이거나 같은 모듈들의 23%가 발견된 결함들의 53%였다는 것을 발견하였다. 추가로 10이상이거나 같은 M 값을 가진 모듈들은 그보다 작은 M 값을 가진 모듈들보다 코드 라인 당 결함들이 21% 더 많았다. 그러나 McCabe의 척도의 유효성은 이론적인 배경과 [Shepperd and Ince, 1994]에서 인용된 많은 실험들에 비추어 보면 심각한 의문점이 생긴다.

Musa, Iannino, Okumoto[1987]는 결함밀도(fault density)에서 이용할 수 있는 데이터를 분석하였다. 그들은 McCabe의 척도를 포함해 대부분의 복잡도 척도들은 코드의 라인의 수, 더 정확히 말하자면 전달될 수 있고 실행 가능한 소스 명령어들의 수와 높은 상관 관계를 보여준다고 결론을 내렸다. 다른 말로 표현하면 연구가들이 그들의 코드 산출물이나 프로덕트의 복잡도를 믿을 수 있는지를 측정했을 때 그들이 얻은 결과는 코드의 라인 수가 반영되고, 결함들의 수와 강하게 상관관계가 있다는 것이다. 추가로 복잡도 척도들은 결함율을 예상하는 코드 라인에 대한 작은 개선책을 제공해준다. 복잡도의 또 다른 문제점은 [Shepperd and Ince, 1994]에서 논의되었다.

15.14
코드 워크스루와 인스펙션

6.2절에서 일반적인 워크스루(walkthrough)들과 인스펙션(inspection)들의 사용을 위해 강력한 사례를 작성했었다. 이같은 주장들은 코드 워크스루들과 코드 인스펙션들에도 같이 적용된다. 간단

하게 말해서 이들 비실행-기반 기법들의 결함-발견 능력은 아주 철저하고, 초기에 결함 발견을 유도해냈다. 코드 워크스루들이나 코드 인스펙션들에 요구되는 추가 시간은 통합이 수행될 때 결함들이 적게 되어 생산성을 크게 증가시키기 때문에 상쇄된다. 더욱이 코드 인스펙션들은 수정적 유지보수 비용(corrective maintenance cost)들을 95%까지 감소시켜 준다[Crossman, 1982].

코드 인스펙션들이 수행되어야 하는 또 다른 이유는 대안인 실행-기반 테스팅(테스트 케이스)이 두 가지 방법에서 아주 비용이 많이 들 수 있다. 첫 번째는 시간 소비이고, 두 번째는 인스펙션들이 실행-기반 테스팅보다 생명주기의 초반부에 결함들의 발견과 수정을 하게 해준다. 그림 1.6에 반영되었듯이 결함이 초기에 발견되고 수정될수록 그만큼 비용들이 줄어든다. 테스트 케이스들의 실행에 비용이 많이 드는 극단적인 경우를 보면 NASA Apollo Program의 소프트웨어에 대한 예산 중 80%가 테스팅에 사용되었다[Dwnn, 1984].

워크스루들과 인스펙션들을 지지하는 구체적인 주장은 15.15절에 있다.

15.15
단위 테스팅 기법들 비교

SOFTWARE

많은 연구들이 단위 테스팅(unit testing)에 대한 전략들을 비교하였다. Myers[1978a]는 블랙-박스 테스팅, 블랙-박스와 글래스-박스 테스팅의 조합, 그리고 세 명의 코드 워크스루들을 비교하였다. 이 실험은 같은 프로덕트를 테스트 하는 데 59명의 숙련된 프로그래머들이 수행했다. 세 가지 기법 모두는 결함들을 발견하는 데 똑같이 효과적이었지만 비용-효과면에서는 코드 워크스루들이 다른 두 기법에 비해 비효율적이라는 것이 판명되었다. Hwang[1981]은 블랙-박스 테스팅, 글래스-박스 테스팅, 그리고 한 사람에 의한 코드 읽기(code reading)를 비교하였다. 세 가지 기법 모두는 각 기법마다 강점들과 약점들을 가지고 있었지만 효과는 같았다.

주요 실험은 Basili와 Selby[1987]가 수행했다. 비교된 기법들은 Hwang의 실험처럼 비교되었는데 즉, 블랙-박스 테스팅, 글래스-박스 테스팅, 그리고 한 사람의 코드 읽기로 비교되었다. 주체들은 32명의 전문 프로그래머들과 42명의 상급 학생들이었다. 각자가 각 테스팅 기법을 사용해 세 개의 프로덕트를 테스트 했다. 분수의 인수 설계(fractional factorial design)[Basili and Weiss, 1984]는 프로덕트가 다른 참여자들이 다른 방법으로 테스트 되었다는 사실을 보완하는 데 사용되었다. 비참여자도 동일한 프로덕트를 한 가지 이상의 방법으로 테스트 하였다. 참가자들의 두 그룹은 다른 결과를 산출해냈다. 전문 프로그래머들은 다른 두 가지의 기법보다 코드 읽기로 더 많은 결함들을 발견하였고 결함 발견율도 빨랐다. 상급 학생들은 두 그룹으로 참여했다. 한 그룹에서는 세 가지의 기법의 명확한 차이점을 발견하지 못했고, 다른 그룹에서는 코드 읽기와 블랙-박스 테스팅이 둘 다 양호하고 글래스-박스 테스팅보다 수행 성능이 뛰어났다. 그러나 학생들이 결함들을 발견하는 비율은 모든 기법에서 같았다. 전체적으로 코드 읽기는 다른 두 기법보다 많은 인터페이스 결함들을 발견했다. 반면에 블랙-박스 테스팅은 제어 결함을 발견하는 데 가장 성공적이었다.

Basili와 Selby의 실험에서, 코드 인스펙션이 적어도 글래스-박스와 블랙-박스 테스팅과 같이 결함들을 발견하는 데는 성공적임을 알 수 있었다. 가장 최근의 실험은 블랙-박스 테스팅과 글래스-박스 테스팅이 인스펙션보다 더 효율적이거나 더 효과적이라는 것을 보였다[Runeson et al., 2006]. 하지만 몇몇 연구들은 테스트 케이스와 인스펙션이 다른 종류의 결함을 발견하는 경향이 있다는 것을 보여주었다. 다시 말해서 두 가지 기법들은 상호 보완적이며, 둘 다 모든 소프트웨어 프로덕트에서 활용할 필요가 있다.

이 결론을 잘 사용해서 만든 개발 기법이 클린룸(Cleanroom) 소프트웨어 개발 기법이다.

15.16
Cleanroom

Cleanroom 기법[Linger, 1994]은 점진적 생명-주기 모델, 분석과 설계에 대한 정형 기법들, 그리고 코드 읽기[Mills, Dyer, Linger, 1987], 코드 워크스루들과 인스펙션들(15.14절)과 같은 비실행-기반 단위 테스팅 기법들을 포함해 많은 다른 개발 기법들의 조합체이다. Cleanroom의 중요한 측면은 코드 산출물이 인스펙션을 통과할 때까지 컴파일 되지 않는다는 것이다. 즉, 코드 산출물은 비실행-기반 테스팅이 성공적으로 달성된 후에만 컴파일 된다.

이 기법은 아주 크게 성공했다. 예를 들면 프로토타입 자동 문서화 시스템이 Cleanroom을 사용해 U.S. Naval Underwater System Center용으로 개발되었다[Trammel, Binder, Snyder, 1992]. 전체적으로 정확성-증명 기법(correctness-proving technique)이 채택되어 설계에서 '기능 확인'이라는 검토를 받는 동안에 18개의 결함들이 발견되었다(6.5절). 6.5.1절에서 제시했듯이 비정형 증명(informal proof)들은 가능한 많이 사용되었다. 참여자들이 인스펙션되는 설계 부분의 정확성을 보장할 수 없을 때만 완전한 수학 증명들이 개발된다. 또 다른 19개의 결함들은 FoxBase 코드의 1820 라인의 워크스루 동안에 발견되었다. 그리고 코드가 컴파일 될 때 컴파일 에러들은 없었다. 더욱이 실행 시에 실패들도 없었다. 이것은 비실행-기반 테스팅 기법들의 능력을 보여주는 한 지표가 된다.

이들은 확실히 인상적인 결과다. 그러나 지적한 대로 소규모 소프트웨어 프로덕트들에 적용할 수 있는 결과들은 대규모 소프트웨어에는 적용할 수가 없었다. 그러나 Cleanroom인 경우에 대규모 프로젝트들에 대한 결과들도 아주 인상적이다. 관련 척도들은 **테스팅 결함율**(testing fault rate)이다. 즉, KLOC(1000LOC)당 발견되는 결함들의 총수를 말한다. 이것은 소프트웨어 산업에서 아주 공통적으로 사용되는 척도다. 그러나 Cleanroom이 전통적인 개발 기법들과 반대로 사용될 때 이 척도를 계산하는 방법에는 중요한 차이점이 있다.

6.6절에서 지적했듯이 전통적인 개발 기법들이 사용될 때 코드 산출물은 개발되는 동안 해당 프로그래머가 비공식적으로 테스트 하고 그 후에 SQA 그룹이 방법론적으로 테스트를 한다. 코드를 개발할 때 프로그래머가 발견한 결함들은 기록되지 않는다. 그러나 산출물이 프로그래머의 작업 영역을 벗어나게 되면 이는 SQA 그룹에게 인계되고 이때 발견된 결함들의 수는 계정에 보관

된다. 반대로 Cleanroom이 사용될 때 '테스팅 결함들'은 컴파일 시간부터 카운트된다. 결함 카운팅(fault counting)은 실행-기반 테스팅에도 계속된다. 다른 말로 전통적 개발 기법들이 사용될 때, 프로그래머가 비공식적으로 발견한 결함들은 테스팅 결함율에 카운트되지 않는다. Cleanroom이 사용될 때는 인스펙션들과 컴파일 이전에 있는 다른 비실행-기반 테스팅 프러시저 동안에 발견된 결함들은 기록되지만 테스팅 결함율에는 카운트되지 않는다.

　　17개의 Cleanroom 프로덕트들에 관한 보고서는 Linger[1994]에 있다. 예를 들어 Cleanroom은 350,000라인의 Ericsson Telecom OS32 운영체제 개발에 사용되었다. 프로덕트는 70명으로 구성된 팀이 18개월 동안 개발했다. 테스팅 결함율은 KLOC당 1.0이었다. 다른 프로덕트는 이전에 서술한 프로토타입 자동문서화 시스템인데 이는 1820라인의 프로그램으로 KLOC당 테스팅 결함율은 0.0이었다. 17개의 프로덕트를 합치면 총 백만 라인에 가까운 코드이다. KLOC당 가중 평균 결함율은 2.3이었다. Linger는 주목할 만한 품질 달성으로 기술된다. 이 같은 칭찬은 결코 과장된 것이 아니다.

15.17
객체들 테스트 시 잠재적인 문제점

SOFTWARE

객체-지향 패러다임의 사용을 주장하는 많은 이유 중 하나는 테스팅의 필요성을 감소시켜준다는 것이다. 상속성을 통한 재사용은 이 패러다임의 주요 강점이다. 클래스가 한 번 테스트 되면 인수가 없어져서 재 테스트 할 필요가 없다. 더욱이 이와 같이 테스트된 클래스의 서브 클래스 내에 정의된 새로운 메소드는 테스트 되어야 하지만 상속된 메소드는 더 이상 테스트 할 필요가 없다.

　　사실 이들 두 주장은 부분적으로는 사실이다. 추가로 객체들의 테스팅은 객체-지향에 한정시키면 어떤 문제들이 생긴다. 이들 이슈들은 이 절에서 구체적으로 논의된다.

　　시작에 앞서 클래스들과 객체들의 테스팅에 관한 이슈를 명확히 할 필요가 있다. 7.7절에서 설명했듯이 클래스는 상속성을 지원하는 추상 데이터 타입이고 객체는 클래스의 인스턴스이다. 즉 클래스는 구체적인 사실이 아니고, 반면에 객체는 특정한 환경에서의 코드 실행의 물리적 단위이다. 그러므로 클래스에 대해 실행-기반 테스팅을 수행하는 것은 불가능하다. 단지 인스펙션과 같은 비실행-기반 테스팅만 수행할 수 있다.

　　정보 은닉과 많은 메소드들이 상대적으로 적은 코드 라인으로 구성된다는 사실은 테스팅에서 큰 영향력을 가질 수 있다. 우선 고전적 패러다임을 사용해 개발한 프로덕트를 고려해보자. 오늘날 이러한 프로덕트는 일반적으로 약 50개의 실행 가능한 명령어들의 모듈로 구성된다. 모듈과 프로덕트의 나머지 사이의 인터페이스는 인수 리스트(argument list)이다. 여기에는 두 종류의 인수들이 있다. 즉, 모듈 호출시 모듈에 제공하는 입력 인수들과 호출된 모듈에 제어를 돌려줄 때 모듈이 반환시키는 출력 인수들이다. 모듈을 테스트 하는 것은 입력 인수들에 값을 제공하고 그리고 모듈을 호출한 후 출력 인수들의 값들을 테스트의 예측 결과들에 비교한다.

　　반대로 '전형적인' 객체는 대부분 상대적으로 작고 자주 사용되는 두 개 내지 세 개의 실행 가능한 문인 약 30개의 메소드를 포함한다[Wilde, Matthews, Huitt, 1993]. 이들 메소드는 호출자에게 값을 반환하지 않지만 객체의 상태를 변경시킨다. 즉, 이들 메소드는 객체의 속성(상태 변수)를 변경시킨다. 어려운 점은 여기 있는데 상태의 변화가 실제로 정확하게 수행되는지 테스트 하기 위해서 객체에 추가 메시지를 전송할 필요가 있다. 예를 들면 1.9절에서 서술한 은행 계정 객체를 고려해보자. deposit 메소드의 영향은 상태 변수 accountBalance의 값을 증가시킨다.

그러나 정보 은닉의 결과로 특별한 deposit 메소드가 deposit 메소드들의 호출 전과 호출 후에 determineBalance 메소드의 호출을 정확하게 수행했는지와 은행 잔고의 변화가 어떤지 확인하는 테스트가 유일한 방법이다.

만약 객체가 모든 상태 변수의 값을 결정하는 데 호출할 수 있는 메소드를 포함하지 않았다면 상황은 최악이 된다. 하나의 대안으로 이 목적을 위해 추가 메소드들을 포함시키면 테스트 목적(C++에서는 '≠ifdef'를 사용해서 달성)외에 다른 것에 이용할 수 없다는 조건 컴파일(conditional compilation)을 사용하는 것이다. 테스트 계획(9.6절)은 모든 상태 변수의 값들이 테스팅 동안 엑세스가 가능하도록 정해야 한다. 이러한 요구사항을 만족시키기 위해서는 상태 변수의 값이 반환되는 추가 메소드가 설계 워크플로 동안에 관련 클래스에 추가되어야 한다. 결과적으로 이것은 적용 가능한 상태 변수의 값을 질의해서 객체의 특정한 메소드의 호출한 결과를 테스트 하게 해준다.

놀랍게도 상속된 메소드도 여전히 테스트 해야 한다. 즉, 메소드가 적절하게 테스트 된 경우에도 서브 클래스에 의해 상속되고, 변경되지 않았을 때도 동일한 메소드에 철저한 테스팅이 요구될 수가 있다. 이 후자의 요점을 알기 위해 그림 15.17에서 보여준 클래스 계층을 고려해보자. 기본 **RootedTreeClass** 클래스에는 두 개의 메소드가 정의되어 있다. 즉, displayNodeContents와 printRoutine인데 displayNodeContents 메소드는 printRoutine 메소드를 사용한다.

이제부터는 서브 **BinaryTreeClass** 클래스를 고려해보자. 이 서브 클래스는 기저 **Rooted TreeClass** 클래스로부터 printRoutine 메소드를 상속받았다. 추가로 새로운 displayNodeContents 메소드는 **RootedTreeClass**에서 정의된 메소드를 무시하고 정의되었다. 새로운 메소드는 여전히 printRoutine를 사용한다. Java 표기법에서 BinaryTree. displayNodeContents는 RootedTree. printRoutine를 사용한다.

이제 **BalancedBinaryTreeClass** 서브 클래스를 고려해보자. 이 서브 클래스는 **BinaryTree Class** 수퍼 클래스로부터 displayNodeContents를 상속받은 것이다. 그러나 새로운 printRoutine 메소드는 **RootedTreeClass**에 정의된 것을 무시하고 정의한 것이다. displayNodeContents가 **BalancedBinaryTreeClass**의 문맥 내에서 printRoutine을 사용할 때 C++와 Java의 범위 규칙은 printRoutine의 지역 버전을 사용할 것을 명시한다. Java 표기법에서 BinaryTree 메소드. displayNodeContents는 **BalancedBinaryTreeClass**의 어휘 범위 내에서 호출되는데, 이것은 Balanced BinaryTree 메소드. printRoutine을 사용한다.

그러므로 displayNodeContents가 **BinaryTreeClass**의 인스턴스 내에서 호출될 때 실행되는 실제 코드(printRoutine 메소드)는 displayNodeContents가 **BalancedBinaryTreeClass**의 인스턴스 내에서 호출될 때 실행되는 것과는 다르다. 이것은 displayNodeContents 메소드 자체가 **Balanced BinaryTreeClass**에 의해 상속되고 변경되지 않는다는 사실에도 불구하고 계속된다. displayNodeContents 메소드가 **BinaryTreeClass** 객체 내에서 철저하게 테스트 되는 경우에도 메소드는 **BalancedBinary TreeClass** 환경 내에서 재사용될 때 처음부터 다시 테스트 해야 한다. 다른 테스트 케이스들로 다시 테스트 할 필요가 있는 이론적 이유가 있다[Perry and Kaiser, 1990].

그림 15.17

트리 계층의
Java 구현

```java
class RootedTree
{
    ...
    void displayNodeContents (Node a);
    void printRoutine (Node b);
//
// method displayNodeContents uses method printRoutine
//
    ...
}
class BinaryTree extends RootedTree
{
    ...
    void displayNodeContents (Node a);
//
// method displayNodeContents defined in this class uses
// method printRoutine inherited from class RootedTree
//
    ...
}
class BalancedBinaryTree extends BinaryTree
{
    ...
    void printRoutine (Node b);
//
// method displayNodeContents (inherited from BinaryTree) uses this
// local version of printRoutine within class BalancedBinaryTree
//
    ...
}
```

이들 복잡성이 객체-지향 패러다임을 포기할 만한 이유가 아니라는 것은 즉시 지적되었다. 첫째 그들은 단지 메소드(displayNodeContents와 PrintRoutine)들의 상호작용을 통해 발생한다. 둘째 이것은 이 재테스팅이 필요할 때 결정하는 것이 가능하다[Harrold, McGregor and Fitzpatrick, 1992].

이와 같이 클래스의 인스턴스화는 철저하게 테스트 되었다고 가정하자. 서브 클래스의 새로운 또는 재정의된 메소드들은 다른 메소드들과 상호작용 때문에 재테스팅을 위해 표시했던 메소드들과 함께 테스트 될 필요가 있다. 간단히 말해 객체-지향 패러다임의 사용은 테스팅에 대한 필요성을 감소시킨다는 주장은 사실이다.

이제부터는 단위 테스팅의 관리적 의미를 고려해본다.

15.18
단위 테스팅 관리적 측면

모든 코드 산출물의 개발 동안에 결정할 주요 사항은 해당 산출물을 테스트 하는 데 얼마나 많은 시간이 그리고 얼마나 많은 경비가 소요되는지를 결정하는 것이다. 소프트웨어 공학에서 다른 경제적인 이슈가 많이 있지만 비용-이익 분석(5.2절)은 유용한 역할을 담당한다. 예를 들어 정확성 증명의 비용이 특정 프로덕트가 해당 명세들을 만족해서 보증하는 이익을 초과하는지에 대한 결정은 비용-이익 분석의 기반에서 결정될 수 있다. 비용-이익 분석(cost-benefit analysis)은 또한 부적절한 테스팅 때문에 생긴 인도된 프로덕트의 실패 비용에 추가 테스트 케이스들을 실행시키는 데 생긴 비용과 비교하는 데도 사용될 수 있다.

특정 코드 산출물의 테스팅이 계속되어야 하는지의 여부와 그것이 실제로 모든 결함들을 제거시키는지를 결정하는 다른 접근법이 있다. 신뢰성 분석(reliability analysis)의 기법들은 아직도 얼마나 많은 결함들이 남아있는지를 통계적인 평가로 제공하기 위해 사용된다. 남아있는 결함들의 수를 통계적인 평가로 판단하기 위한 다양한 기법들이 제안되어 왔다. 이들 기법의 기본적인 개념은 다음과 같다. 코드 산출물이 1주일 동안 테스트 되었다고 가정하자. 월요일에 23개의 결함들을 발견했고 화요일에는 7개를 더 발견했다. 수요일에는 5개를 더 발견하고, 목요일에는 2개, 금요일에는 0개였다. 결함 발견율이 23개에서 0개로 지속적으로 감소한 이유는 대부분의 결함들이 발견되었고 코드 산출물의 테스팅이 잘 끝났기 때문이다. 코드에는 더 이상 결함이 없다고 판정하는 데는 이 교재의 독자들에게 필요 이상의 수학적 통계 수준을 요구한다. 세부 사항들은 여기에 제시되지 않았다. 신뢰성 분석에 관심이 있는 독자는 Grady[1992]를 참조하라.

15.19
코드 산출물을 디버깅 하기보다는 재구축할 시기

SQA 그룹의 멤버가 실패(failure)(잘못된 출력)를 발견했을 때, 이전에 서술했듯이 코드 산출물은 디버깅(debugging), 즉, 결함의 발견과 코드의 수정을 위해서 본래의 프로그래머에게 반드시 반환시켜야 한다. 코드 산출물을 버리든가 원래 프로그래머나 다른 프로그래머들, 가능하면 선임자, 개발 팀의 멤버가 처음부터 재설계 하거나 재코딩 하는 게 더 나은 경우가 가끔씩 있다.

왜 이것이 필요한지를 알기 위해 그림 15.18을 고려해보자. 이 그래프는 코드 산출물에 결함들이 존재할 확률이 해당 코드 산출물에서 이미 발견된 결함의 수에 비례한다는 사실을 보여준다[Myers, 1979]. 왜 이렇게 되는지 알기 위해서 두 개의 코드 산출물 a1, a2를 고려해보자. 이들 두

그림 15.18

발견될 결함의
확률은 이미
발견된 결함에
비례하는 것을
나타낸 그래프

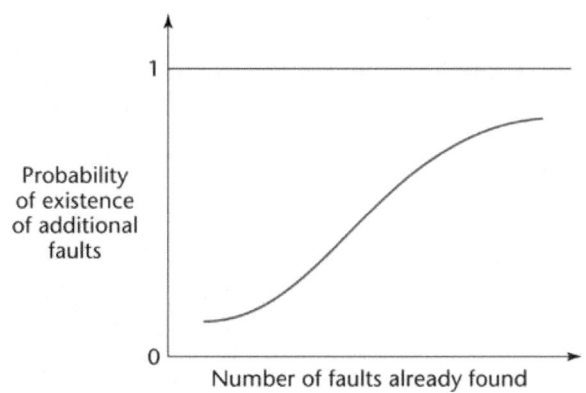

모듈 개발 시 발견된 결함의 최대 허용 수에 관한 논의는 정확하게 다음 의미를 갖는다. 프로덕트가 클라이언트에게 전달된 후에 발견된 결함의 최대 허용수는 모든 프로덕트의 모든 모듈에 0이어야 한다. 즉. 이것은 결함이 없는 코드를 클라이언트에게 인도하는 것이 소프트웨어 엔지니어의 목표이다.

코드 산출물은 거의 같은 길이이고 같은 시간에 테스트를 받았다고 가정하자. a1에서 오직 두 개의 결함만 발견되고 a2에서는 48개의 결함이 발견되었다고 가정하자. a1의 결함보다 a2의 결함이 더 많이 있는 것을 알 수 있다. 더욱이 a2의 추가 테스팅과 디버깅은 긴 프로세스가 될 수 있다. 그리고 a2가 여전히 불완전하다고 항상 의심하게 된다. 짧은 실행과 긴 실행 두 가지 모두에서 a2를 버리고 그것을 재설계 하고 재코딩 하는 게 오히려 낫다.

모듈들에 있는 결함들의 분포는 확실히 균일하지 않다. Myers[1979]는 OS/370에서 사용자들이 발견한 결함들의 예를 인용했다. 이것은 결함들의 47%만 모듈들의 4%에 연관되어 있는 것을 발견했다. 최근 연구는 모듈들에서 결함의 비균일 분포가 계속되고 있음을 보여준다. 예를 들어 Andersson과 Runeson[2007]은 반복적-점진적 모델을 이용하여 개발된 세 개의 전기 통신 프로덕트를 조사했다. 첫 번째 프로젝트의 경우, 그들은 결함들의 63%가 모듈들의 20%에 있음을 발견했다. 두 번째와 세 번째 프로젝트의 경우, 결함들의 70%가 모듈들의 20%에 있음을 발견했다.

독일 Böblingen의 IBM 연구소에서 DOS/VS(Release 28)의 내부 테스트에 관한 Endres[1975]의 초기 연구도 유사한 비균일성을 보여주고 있다. 202개 모듈에서 총 512개의 결함을 발견되었고 그중 한 개의 결함만이 112개의 각 모듈에서 발견되었다. 반면에 거기에는 각각 14, 15, 19, 28개의 결함들을 갖는 모듈들이 있다. Endres는 후자에 있는 세 개의 모듈이 프로덕트에서 가장 큰 세 개의 모듈이라고 지적했다. 이들은 DOS의 매크로 어셈블리 언어의 3,000라인을 포함한다. 그러나 14개의 결함들을 갖는 모듈은 이전에 상당히 불안전한 것으로 알려진 비교적 작은 모듈이다. 이러한 유형의 모듈은 폐기시키든가 재코딩 될 대상이 된다.

이러한 상태의 상황에 대처하는 관리 방법은 주어진 코드 산출물의 개발 동안에 허용되는 결함들의 최대 허용치를 미리 결정하는 것이다. 최대치에 도달했을 때 코드 산출물은 폐기해야 한다. 그런 다음 경험이 많은 소프트웨어 전문가가 재설계하고 재코딩 되는 것이 낫다. 최대치는 애플리케이션 영역에서 애플리케이션 영역으로 그리고 코드 산출물에서 코드 산출물로 가면서 변한다. 결국 데이터베이스로부터 레코드에 있는 것을 읽고 그리고 파트 번호의 유효를 점검해서 코드 산출물에서 발견된 결함들의 최대 허용치는 다양한 센서로부터 데이터를 읽어 의도한 대상에 총을 겨누게 하는 탱크 무기 시스템의 복잡한 코드 산출물의 결함수보다 훨씬 적다. 그러면 주포의 조준은 타깃을 향하도록 지시한다. 특정 코드 산출물에 대한 최대 결함 계산을 결정하는 한 가지 방법은 수정적 유지보수를 요구하는 유사한 코드 산출물에 있는 결함 데이터를 조사하면 된다. 그러나 무슨 추정 기법을 사용하든 관리자는 이 수치를 초과한다면 이 코드 산출물은 없애야 한다 ('알고 싶은 사항 15.7' 참조).

15.20

통합 테스팅

각각 새로운 코드 산출물이 이미 통합되어 있는 것에 추가될 때 테스트를 받아야 한다. 이를 **통합 테스팅**(integration testing)이라고 부른다. 여기서 핵심은 15.10절부터 15.14절까지 서술한 것(단위 테스팅)처럼 새로운 코드 산출물을 테스트 한 후에 프로덕트의 나머지는 새로운 코드 산출물이 통합되기 전에 그것이 하던 일을 계속 수행한다.

프로덕트가 GUI(graphical user interface)를 가졌을 때 특별한 이슈들은 통합 테스팅에 관해서 발생할 수 있다. 일반적으로 프로덕트를 테스트 하는 것은 보통 파일에 있는 테스트 케이스에 입력 데이터를 저장시키면 단순해진다. 프로덕트가 실행되면 관련 데이터가 그것에 상정된다. 아주 기본적인 CASE 툴의 도움이 있으면 전체 프로세스가 자동화 될 수 있다. 즉 테스트 케이스들의 집합은 각 케이스의 기대되는 결과와 함께 설정된다. CASE 툴은 각 테스트 케이스를 실행시켜 기대했던 결과들과 실제 결과들을 비교해서 각 케이스의 사용자에게 보고한다. 이러한 테스트 케이스들은 프로덕트가 수정될 때마다 회귀 테스팅(regression testing)에 사용할 수 있게 저장시킨다. SkilTest는 이러한 종류의 한 가지 툴이다.

그러나 프로덕트가 GUI를 포함하고 있을 때는 이 접근법은 적용할 수가 없다. 특히 메뉴(menu)를 풀다운(pull down)하거나 마우스 버튼으로 클릭 하는 테스트 데이터는 기존 테스트 데이터와 같은 방법으로 파일에 저장할 수가 없다. 동시에 GUI를 수작업으로 테스트 하는 것은 시간 소모가 많고 지루한 작업이 된다. 이러한 문제를 해결하는 해결방안은 전용 CASE 툴을 사용하면 된다. GUI가 CASE툴이 테스트 파일을 설정할 수 있게 수동으로 테스트 된다. 그러면 이 파일은 차후의 테스트들에 사용된다. QARun와 Xrunner와 같이 GUI를 테스팅 하는 데 지원하는 많은 CASE 툴들이 있다.

통합 프로세스가 완료되었을 때 프로덕트가 전체적으로 테스트 된다. 이것을 **프로덕트 테스팅**(product testing)이라고 부른다. 개발자들이 프로덕트의 모든 측면에 대한 정확성에 확신을 갖게 되었을 때 **승인 테스팅**(acceptance testing)을 받기 위해 클라이언트에게 인계된다. 이들 두 테스팅에 대한 보다 구체적인 사항은 다음 절부터 학습한다.

15.21

프로덕트 테스팅

마지막 코드 산출물이 프로덕트에 성공적으로 통합되었다는 사실은 개발자들의 태스크가 완료되었다는 의미는 아니다. SQA 그룹은 프로덕트가 성공적이라는 확신을 갖기 위해 많은 테스팅 태스크를 수행해야 한다. 소프트웨어의 주요 유형은 COTS 소프트웨어(commerial off-the-shelf software, 상용 소프트웨어)(1.1절)와 주문형 소프트웨어(customer software) 두 가지가 있다. COTS 프로덕트 테스팅의 목적은 프로덕트가 전체적으로 결함들이 없다는 것을 보증하는 것이다. 프로덕트 테스팅이 완료되면, 프로덕트는 3.7절 서술처럼 알파(alpha)와 베타(beta) 테스팅을 받는다. 즉, 초기 버전은 특히 SQA 팀이 발견하지 못한 잔여 결함에 대한 피드백을 얻기 위해 프로덕트의 미래 구매자들로 선택된 사람들에게 보낸다.

다른 한편 주문형 소프트웨어(custom software)는 조금은 다른 프로덕트 테스팅을 받는다. SQA 그룹은 주문형 소프트웨어 개발 팀이 극복해야 할 마지막 관문인 승인 테스트에 프로덕트가 실패하지 않는다는 보장을 하기 위해 많은 테스팅 태스크를 수행한다. 프로덕트의 승인 테스트에 실패한 프로덕트는 개발 조직의 관리 능력들이 빈약해서 그렇다. 이때 클라이언트는 개발자들이 무능하다고 판단한다. 최악의 경우 클라이언트는 개발자들은 정직하지 않아 가능한 한 빨리 계약을 해서 돈만 받으려고 고의로 표준 이하의 소프트웨어를 인도했다고 믿는다. 만약 클라이언트가 진정으로 이렇게 믿어서 다른 클라이언트에게 말하면 개발자들은 공공 관계에 큰 문제를 갖게 된다. 그래서 프로덕트는 승인 테스트를 자신 있게 준비해서 SQA 그룹을 통과해야 한다.

성공적인 승인 테스트(acceptance test)를 보장하기 위해 SQA 그룹은 SQA 그룹이 다음과 같이 다가올 승인 테스트를 가장 철저하게 한다는 믿음을 주는 테스트들을 사용해 프로덕트를 테스트 해야 한다.

- 프로덕트에 블랙-박스 테스트 케이스들이 전체적으로 실행되어야 한다. 지금까지 테스트 케이스들은 각 코드 산출물이나 클래스가 개별적으로 해당 명세들을 만족시키는지를 확인하기 위해 artifacte-by-artifact 또는 class-by-class 기반으로 설정되었다.
- 프로덕트의 강건성(robustness)이 전체적으로 테스트 되어야 한다. 즉, 개별 코드 산출물들과 클래스들의 강건성은 통합 동안에 테스트 되지만 새로운 product-wide 강건성은 테스트 케이스들이 설정되고 실행되어야 하는 이슈이다. 추가로 프로덕트는 **스트레스 테스팅(stress testing)**의 대상이 되어야 한다. 즉, 스트레스 테스팅은 모든 터미널이 동시에 로그 온(log on)을 시도할 때 또는 고객이 동시에 모든 금전 등록기를 작동할 때와 같이 피크 부하(peak load) 상태에서 정확하게 운영되는지를 확인하는 것이다. 프로덕트는 또한 대규모 입력 파일을 처리할 수 있는지를 확인하는 **볼륨 테스팅(volume testing)**의 대상이 되어야 한다.
- SQA 그룹은 프로덕트가 모든 제약 조건들을 충족시키는지를 점검해야 한다. 예를 들어 만약 명세들이 프로덕트가 완전히 부하된 상태에서 작업할 때 질의 중 95%의 응답 시간은 3초 이하라고 기술되어 있다면 SQA 그룹은 이것이 사실인지 확인할 책임이 있다. 클라이언트가 승인 테스팅 동안에 제약 사항들을 점검한다는 질문은 없다. 그리고 만약 프로덕트가 주요 제약 사항을 만족시키는 데 실패했다면 개발 조직은 상당한 양의 신뢰성을 잃어버리게 된다. 유사하게 기억 장치 제약 사항(storage constraints)들과 보안 제약 사항(security constraints)들도 점검되어야 한다.
- SQA 그룹은 클라이언트에게 코드와 함께 전달될 모든 문서들도 검토해야 한다. SQA는 문서화가 SPMP에서 정한 표준에 일치하는지도 점검해야 한다. 추가로 문서화는 프로덕트와 반대로 점검해야 한다. 실례로 SQA 그룹은 사용자 매뉴얼이 프로덕트를 사용하는 정확한 방법이 반영되었는지 그리고 프로덕트가 사용자 매뉴얼에 명시된 기능을 갖고 있는지를 판명해야 한다.

SQA 그룹이 승인 테스터들은 그들에게 맡겨진 것을 처리할 수 있다는 관리를 보장했으면 프로덕트(즉 코드와 모든 문서)는 인수 테스팅을 위해 클라이언트 조직에 인계된다.

15.22
승인 테스팅

SOFT WARE

승인 테스팅(acceptance testing)의 목적은 클라이언트 측에서 프로덕트가 개발자가 주장한 대로 명세들을 충족시키는지를 결정하는 것이다. 승인 테스팅은 클라이언트 조직, 클라이언트 대표자들이 참석한 SQA 그룹이, 또는 이 목적을 위해서 클라이언트가 고용한 독립된 SQA 그룹이 수행한다. 승인 테스팅은 당연히 정확성 테스팅이 포함되지만 그러나 추가로 성능과 강건성을 테스트 할 필요가 있다. 승인 테스팅의 네 개 주요 컴포넌트는 정확성 테스팅, 강건성, 성능, 그리고 문서화로서 이들은 프로덕트 테스팅 동안에 개발자가 수행한다. 즉 이것은 이상한 일이 아니다. 왜냐하면 프로덕트 테스팅은 승인 테스트의 리허설이기 때문에 그렇다.

승인 테스팅의 핵심 측면은 테스트 데이터보다는 차라리 실제 데이터로 실행해야 한다. 테스트 케이스들이 아무리 잘 설정되었어도 그들은 매우 인위적 성질을 갖고 있다. 더욱 중요한 것은 테스트 데이터는 대응되는 실제 데이터의 반영물이 되어야 한다. 그러나 실제로 이렇게 되는 경우는 드물다. 예를 들어 실제 데이터의 특성화를 담당하는 명세 팀의 멤버는 이러한 작업을 부정확하게 수행할 수가 있다. 대안으로 데이터가 정확하게 명시되었어도 데이터 명세를 사용하는 SQA 그룹의 멤버는 그것을 잘못 이해할 수 있고 잘못 해석할 수 있다. 이렇게 된 테스트 케이스들은 실제 데이터 반영물이 안 되어 부적절하게 테스트된 프로덕트를 만들어낸다. 이러한 이유들 때문에 승인 테스팅은 실제 데이터 상에서 실행되어야 한다. 더욱이 개발팀은 프로덕트 테스팅이 승인 테스팅의 모든 측면을 복사했는지 확인하려고 노력한다. 그래서 가능한 한 프로덕트 테스팅도 실제 데이터 상에서 실행되어야 한다.

새로운 프로덕트가 기존 프로덕트로 교체될 때 명세문서는 거의 항상 새로운 프로덕트가 기존 프로덕트와 병행해서 실행되게 설치해야 하는 문구도 포함해야 한다. 이 이유는 새로운 프로덕트가 같은 방식에서 결함들이 생길 많은 가능성이 있다. 기존 프로덕트가 더 정확하게 작동되어도 어떤 측면은 부적절할 수 있다. 만약에 기존 프로덕트가 부적절하게 작동하는 새 프로덕트로 교체된다면 클라이언트는 난처하게 된다. 따라서 두 프로덕트는 클라이언트가 새 프로덕트의 기능이 기존 프로덕트의 기능보다 좋아질 때까지 병행 실행시킨다. 성공적인 병행 실행은 승인 테스팅이 마무리되면 기존 프로덕트는 폐기된다.

프로덕트가 승인 테스트를 통과하면 개발자들의 태스크가 끝난 것이다. 프로덕트에 어떤 새로운 변경이 있으면 이는 인도 후 유지보수에서 수행된다.

15.23
텍스트 워크플로: The MSG Foundation Case Study

MSG Foundation 프로덕트의 C++와 Java 구현(www.mhhe.com/engcs/compsci/schach)에서 다운 로드 받아 이용할 수 있음)은 그림 15.13과 15.14의 블랙-박스 테스트 케이스들의 반대로 수행된 다. 즉 문제 15.35에서부터 15.39까지의 글래스-박스 테스트 케이스들처럼 수행된다.

15.24
구현용 CASE 툴

코드 산출물들의 구현을 지원하는 CASE 툴들은 이미 5장에서 일부를 구체적으로 서술했었다. 통합에는 버전 관리 툴(version control tool), 빌드 툴(build tool), 형상 관리 툴(configuration management tool)들이 필요하다(5장). 그 이유는 테스트 중인 코드 산출물들은 결함들이 발견되고 수정되는 결과로 계속 변경된다. 그래서 각 산출물의 적합한 버전이 컴파일 되고 링크 되는지를 확인하는 이들 CASE 툴이 꼭 필요하다. 이용 가능한 형상 관리 workbench들에는 PVCS와 SourceSafe 가 포함된다. 그리고 가장 인기 있는 오픈소스 형상 관리 툴은 CVS와 Subversion이 있다.

지금까지 각 장에는 해당 워크플로에 전용인 CASE 툴들과 workbench들이 서술되었다. 개발 프로세스의 모든 워크플로들에 대해 서술되었지만 이제는 전체적으로 프로세스에 대한 CASE 툴 들을 고려하는 게 필요한 시기다.

15.24.1 전체 소프트웨어 프로세스용 CASE 툴

그 동안 CASE에는 상당한 진전이 있었다. 5.7절에서 서술했듯이 가장 간단한 CASE 디바이스 (device)는 온라인 인터페이스 체커나 구축 툴과 같은 단일 툴(tool)이다. 다음으로 툴은 형상 관리 나 코딩과 같은 소프트웨어 프로세스 내에 있는 한 개 또는 두 개의 활동들을 지원하는 workbench를 이끌어내기 위해 결합될 수 있다. 그러나 이러한 workbench는 전체적으로 프로젝트 에 적용할 수 있는 것은 물론이고 소프트웨어 프로세스의 제한된 부분에도 관리 정보를 제공하지 않는다. 마지막으로 environment는 모두는 아니지만 프로세스의 대부분에 컴퓨터-보조 지원을 제 공해준다.

이상적으로 모든 소프트웨어 개발 조직은 environment를 이용한다. 그러나 environment의 비 용은 클 수 있다. 패키지 자신뿐만 아니라 그것을 구현하는 하드웨어도 클 수가 있다. 소규모 조 직에는 한 workbench 또는 툴들의 집합이면 충분하다. 그러나 만약 모두가 가능하다면, **통합** environment가 개발과 유지 노력을 지원하는 데 사용된다.

문헌에서 보면 기법-기반 환경은 흔히 메소드-기반 환경(method-based environment)이라고 부른다. 객체-지향 패러다임의 출현은 두 번째 의미로 method란 단어를 제시했다(소프트웨어 엔지니어링 내용에서). 이것의 원래 의미는 기법이나 접근법이다. 이 단어는 어떻게 'method-based environment'라는 어구로 사용되었느냐. 6.7절의 설명처럼 객체-지향이 의미하는 것은 객체나 클래스 내에서 액션이다. 불행하게도 이것은 가끔 두 의미가 의도된 상황과 전체적으로 분명하지가 않다. 따라서, 나는 객체-지향 패러다임 의미에서 주로 method란 단어를 사용했다. 그렇지 않은 경우에는 기법(technique)이나 접근법(approach)이란 용어를 사용했다. 예를 들어, 12장에는 정형 메소드(formal method)란 용어가 절대로 나오지 않는다. 대신에 정형 기법(formal technique)이란 용어가 사용되었다. 유사하게 이 장에서는 기법-기반 환경(technique-based environment)이라는 용어를 사용한다.

15.24.2 통합 개발 environment

CASE 문맥 내에서 통합이란 용어의 가장 공통적인 의미는 **사용자 인터페이스 통합**(user interface integration)이다. 즉, environment에 있는 모든 툴들은 공통 사용자 인터페이스를 공유한다. 이것의 내면에 숨어 있는 아이디어는 만약 모든 툴이 동일한 시각적 모양을 갖고 있다면 한 툴의 사용자가 그 environment에서 다른 툴을 배우고 사용하는 데 어려움이 없을 것이다. 이것은 Macintosh에서 성공적으로 달성되었다. 즉 Macintosh의 대부분 애플리케이션은 유사한 'look and feel'을 갖고 있다. 비록 이것이 일반적인 의미이지만 다른 유형의 통합도 있다.

툴 통합(tool integration)이란 용어는 모든 툴이 동일 데이터 포맷으로 통신하는 것을 의미한다. 예를 들면 UNIX programmer's Workbench에서 UNIX 파이프 형식화는 모든 데이터가 ASCII 스트림의 형식이라고 가정한다. 그러면 한 툴에서 나온 출력 스트림(output stream)을 다른 툴의 입력 스트림으로 사용할 수 있게 두 개의 툴이 결합되면 아주 좋다. Eclipse는 툴 통합을 위한 오픈소스 environment를 가지고 있다.

프로세스 통합(process integration)은 하나의 특정 소프트웨어 프로세스를 지원하는 환경을 의미한다. 이러한 환경의 서브셋은 **기법-기반** environment(technique-based environment)라고 부른다('알고 싶은 사항 15.8' 참조). 이러한 유형의 environment는 전체 프로세스보다는 차라리 소프트웨어를 개발하는 특정 기법만을 지원한다. 이 책에서 논의했던 다양한 기법들이 있다. 즉 Gane과 Sarsen의 구조적 시스템 분석(12.3절), Jackson의 시스템 개발(14.5절), 그리고 Petri net(12.8절)이다.

이들 environment의 대다수는 분석과 설계에 그리고 데이터 사전을 통합하는 데 그래픽 지원을 제공해준다. 또 어떤 일관성 체킹이 항상 제공된다. 개발 프로세스를 관리하는 지원도 대개 이 environment에 통합되어 있다. 이러한 유형의 많은 environment가 Analyst/Designer와 Rhapsody를 포함해 상업용으로 판매되고 있다. Analyst/Designer는 Yourdon의 방법론[Yourdon, 1989]이고 Rhapsody는 상태 차트(statechart)들을 지원한다[Harel et al., 1990]. 객체-지향 방법론에서 IBM Rational Rose는 Unified Process[Jacobson, Booch, Rumbaugh,1999]를 지원한다. 추가로 약간 오래된 environment들은 객체-지향 패러다임을 지원하는 environment로 확장되었다. Software Through Pictures는 이 유형 한 예이다. 거의 모든 객체-지향 environment는 지금 UML을 지원한다.

대부분 기법-기반 environment들에서 강조되는 것은 소프트웨어 개발을 위한 수동 오퍼레이션들의 지원과 정형화를 기법으로 구축하는 것이다. 즉 이들 environment는 기법이 창시자가 제안한 대로 단계적으로 활용하도록 사용자에게 강요한다. 이때 이 기법은 사용자에게 그래픽 툴, 데이터 사전, 일관성 체킹 등을 제공한다. 이렇게 컴퓨터화 된 프레임워크는 사용자가 특정 기법을 사용해 그것을 정확하게 사용하게 해주는 것이 기법-기반 environment의 강점이다. 그러나 이것이 또한 약점이 될 수도 있다. 만약 조직의 소프트웨어 프로세스가 이러한 특정 기법에 통합되지 않으면 기법-기반 environment의 사용은 반대되는 결과를 가져올 수도 있다.

15.24.3 비즈니스 애플리케이션용 Environment

Environment의 중요한 부류는 비즈니스-중심 프로덕트(business-oriented product)들을 구축해 사용하는 것이다. 여기서 강조는 많은 방법으로 달성되는 사용의 용이성이다. 특히 environment는 많은 표준 화면들을 기져야 히고 이들은 user-friendly GUI 생성기를 통해서 끝없이 수정될 수 있어야 한다. 이러한 environment의 대중적인 하나의 특성이 코드 생성기이다. 프로덕트의 최하위 수준의 추상화가 상세 설계가 된다. 상세 설계는 코드 생성기에 입력되어 자동적으로 C, C++, 또는 Java와 같은 언어로 코드를 생성한다. 이렇게 자동적으로 생성된 코드는 자동적으로 컴파일 된다. 어떠한 종류의 '프로그래밍'도 없이 그것이 실행된다.

상세 설계를 명시하는 언어들은 미래의 프로그래밍 언어들이다. 프로그래밍의 하위 추상화는 1세대와 2세대 언어의 물리적인 기계 수준에서 3세대와 4세대 언어의 추상화 기계 수준으로 이동했다. 오늘날 이러한 유형의 environment들에 추상화 수준은 호환할 수 있는 수준의 상세 설계 수준이 되었다. 15.2절에서 4GL을 사용하는 목적 중에 하나는 코드를 짧게 하는 것이고, 이는 개발을 빠르게 만들고 인도 후 유지보수를 쉽게 해준다고 말했다. 코드 생성기의 사용은 이들 목적을 보다 구체적으로 달성하게 해준다. 즉 프로그래머가 4GL용 인터프리터나 컴파일러보다 코드 생성기는 더 적게 세부 사항들을 작성하게 해준다. 그래서 코드 생성기를 지원하는 비즈니스-중심 environment들의 사용은 생산성이 증가될 것으로 기대된다.

이러한 유형의 많은 environment들 Oracle Development Suite를 포함해서 현재 이용이 가능하다. 비즈니스-중심 CASE Environment들의 시장 규모를 생각해보면 이러한 유형보다 많은 environment들이 수년 내에 개발될 것 같다.

15.24.4 대중적인 툴 기반 구조

ESPRIT(European Strategic Programme for Research in Information Technology)는 CASE 툴들을 지원하는 기반 구조를 개발했다. 이것의 이름에도 불구하고 PCTE(Portable Common Tool Environment) [Long and Morris, 1993]는 environment가 아니다. 대신에 이것은 CASE 툴들이 필요한 서비스들을 공급하는 기반 구조라고 했다. 즉 UNIX는 사용자 프로덕트가 필요한 OS 서비스를 같은 방식으로 제공해준다.

PCTE는 폭넓게 인정받기 시작했다. 예를 들어 PCTE에 대한 PCTE와 C 그리고 Ada 인터프리터는 1995년에 ISO/IEC Standard 13719로 채택되었다. PCTE의 구현에는 Emeraude와 IBM의 표준 등이 포함되었다.

미래에서 바람은 많은 CASE 툴들이 PCTE 표준에 일치되는 것이고 또 PCTE 자체가 다양한 컴퓨터에 구현되는 것이다. PCTE를 따르는 툴은 PCTE를 지원하는 어떤 컴퓨터에서도 실행될 수 있다. 따라서 이것은 CASE 툴의 광범위한 가용성을 갖게 된다. 이것은 보다 좋은 소프트웨어 프로세스와 보다 좋은 품질의 소프트웨어를 만들어낼 것이다.

15.24.5 Environment들이 갖는 잠재적 문제점

모든 프로덕트들과 모든 조직들에 적합한 이상적인 environment란 없다. 한 개 이상의 프로그래밍 언어가 '최적(the best)'이라고 고려될 수는 있다. 모든 environment는 강점들과 약점들을 갖고 있고, 부적절한 environment를 선택하면 environment를 사용하지 않는 것보다 더 나빠진다. 예로 15.24.2 절에 설명했듯이 기법-기반 environment는 매뉴얼 프로세스를 기본적으로 자동화시킨다. 만약 조직이 전체적으로 조직에 또는 개발 중인 현재 소프트웨어 프로덕트에 부적절한 기법을 강요하는 environment를 사용하기로 선택했으면 CASE Environment의 사용은 반대의 결과를 갖게 된다.

5.12절의 조언을 무시하면 최악의 상황이 발생한다. 즉 CASE Environment의 사용은 조직이 CMM 수준 3을 획득할 때까지는 분명히 피해야 한다. 물론 모든 조직이 CASE 툴들을 사용하면 일반적으로 workbench 사용 시 피해가 적을 수는 있다. 그러나 Environment는 그것을 사용하는 조직에 자동화된 소프트웨어 프로세스를 강요한다. 만약 좋은 프로세스가 사용된다면 즉, 조직이 수준 3이거나 그것보다 높으면, Environment의 사용은 해당 프로세스를 자동화시켜 소프트웨어 프로덕션의 모든 측면을 도와준다. 그러나 만약 조직이 위기-중심(crisis-driven) 수준 1이나 2라면 이런 곳에 맞는 프로세스란 없다. 이렇게 존재하지 않는 프로세스의 자동화, 즉 CASE Environment의 도입(CASE 툴이나 CASE workbench에 반대)은 혼돈만 발생시킨다.

15.25
구현 워크플로용 CASE 툴

SOFT WARE

많은 CASE 툴이 구현 워크플로 동안 수행되는 다양한 유형의 테스팅을 지원하는 데 이용이 가능하다. 우선 단위 테스팅(unit testing)을 고려해보자. C++를 위한 CppUnit과 Java를 위한 JUnit을 포함한 XUnit 테스팅 프레임워크는 단위 테스팅을 위한 오픈-소스 자동화 툴들의 집합이다. 즉 이것들은 번갈아가며 각 클래스를 테스트 하는 데 활용할 수 있다. 테스트 케이스들의 집합이 미리 준비되어 있고, 툴은 클래스에 보내지는 각 메시지들에 대해 기대되는 응답을 하는지를 점검한다. 이러한 유형의 상업용 툴은 Parasoft를 포함한 많은 벤더들이 제작하였다.

이제 우리는 통합 테스팅으로 눈을 돌려보자. SilkTest와 IBM Rational Functional Tester와 같은 자동화 통합 테스팅(게다가 단위 테스팅도)을 지원하는 상업용 툴들이 그 예이다. 이런 종류의 툴들에 공통점은 단위-테스팅 테스트 케이스를 모아 통합 테스팅과 회귀 테스팅을 위한 테스트 케이스의 집합 결과로도 활용한다는 것이다.

테스트 워크플로 동안 모든 결함들의 상태를 알기 위해 관리하는 것은 필수적이다. 특히 발견되었으나 아직 수정되지 않은 결함들을 아는 것은 더욱 중요하다. 가장 잘 알려진 결함-추적 툴 (detect-tracking tool)로는 오픈-소스 프로덕트인 Bugzilla가 있다.

그림 1.6으로 다시 돌아가 보자. 가능한 많은 코딩 결함을 발견하는 것은 필수적이다. 이것을 달성하는 하나의 방법은 코드를 분석하고 공통된 문법적이고 의미론적인 결함이나 나중에 문제를 야기할 수 있는 구조들을 찾는 CASE 툴을 이용하는 것이다. 이러한 CASE 툴의 예로는 lint(C를 위한−8.11.4절 참조), IBM Rational Purify, Sun's Jackpot Source Code Metrics, Microsoft의 PREfix, PREfast, SLAM등이 있다.

Hyades 프로젝트(다르게는 Eclipse 테스트와 성능 툴 프로젝트라고 알려진)는 최근에 Java와 C++에서 사용할 수 잇는 통합 테스트, 추적, 환경 모니터링을 제공하는 오픈-소스 툴이다. 이 툴은 다른 다양한 테스팅 툴을 위한 구조를 갖고 있다. 점점 더 많은 툴 벤더들은 Eclipse 하에 작동하는 그들의 툴을 적용하면, 사용자들은 서로 연계시켜 작업하는 모든 테스팅 툴들의 폭넓은 선택을 가능하게 해준다.

15.26
구현 워크플로용 척도

구현 워크플로에 대한 많은 복잡도 척도들은 LOC와 McCabe의 순환 복잡도 등을 포함해 15.13.2절에서 논의했다.

테스팅 관점에서 보면 관련된 척도들은 테스트 케이스들의 전체 수와 실패가 된 테스트 케이스들 수가 포함된다. 통상적인 결함 통계(fault statistics)는 코드 인스펙션들을 위해 유지되어야 한다. 결함들의 전체 수는 중요하다. 왜냐하면 코드 산출물에서 발견된 결함의 수가 사전에 결정된 최대치를 초과하면 해당 코드 산출물은 15.19절의 논의처럼 재설계되고 재코딩 되어야 한다. 추가로 세부적인 통계는 발견된 결함의 유형에 관한 것도 갖고 있을 필요가 있다. 대표적인 결함 유형에는 설계의 잘못된 이해, 초기화의 결여, 일관성 없는 변수의 사용 등이 포함된다. 결함 데이터는 미래 프로덕트들의 코드 인스펙션 동안에 사용될 체크 리스트들을 통합시킬 수 있다.

객체-지향 패러다임에 적합한 많은 척도들이 제시되었다. 예를 들어 상속성 트리(inheritance tree)의 높이이다[Chidamber and Kemerer,1994]. 이들 많은 척도들은 이론적인 그리고 실험적인 배경에 의문점을 갖고 있다[Binkley and Schach,1996, 1997]. 더욱이 Alshayeb과 Li[2003]는 객체-지향 척도들을 애자일 프로세스에서는 코드 추가, 변경, 삭제의 라인 수를 비교적 정확하게 예측할 수 있지만, 그들은 프레임워크-기반 프로세스에서 척도를 예측하는 데 소용이 없음을 보여주었다(8.5.2절 참조). 고전적 척도들에 반대되는 즉 객체-지향 소프트웨어에 동등하게 적용할 수 있는 객체-지향 척도들이 특히 필요하다.

15.27
구현 워크플로 난제

독설적으로 구현 워크플로의 주요 난제는 이에 앞에 있는 워크플로들을 만족시켜야 한다. 8장에서 설명했듯이 코드 재사용은 소프트웨어 개발 비용과 인도 시간을 감소시키는 효과적인 방법이다. 그러나 이것을 구현 워크플로의 후반부까지 시도를 해도 코드 재사용은 달성하기가 어렵다.

예를 들어 프로덕트를 언어 L로 구현하기로 결정했다고 가정하자. 지금 코드 산출물들이 구현되어 테스트 되었다면 관리자는 소프트웨어 프로덕트의 GUI들에 패키지 P를 활용하기로 결정했다. P의 루틴들이 강력해도 만약 L과 인터페이스 하는 게 어려운 언어로 작성되면 그들은 소프트웨어 프로덕트에서 재사용될 수가 없다.

언어 상호운영성(language interoperability)이 이슈가 안 될지라도 설계에 정확하게 재사용할 적합한 항목이 없으면 기존의 코드 산출물을 재사용할 경우가 거의 없어진다. 새 코드 산출물을 처음부터 작성하기보다 기존의 코드 산출물을 수정하는 게 더 많은 작업이 필요할 수 있다.

그래서 코드 재사용은 아주 초기부터 소프트웨어 프로덕트에 구축되어야 한다. 재사용은 명세문서의 제약 조건으로 사용자 요구사항에 있어야 한다. SPMP(9.4절)에는 재사용이 있어야 한다. 또한 설계 문서에는 코드 산출물들이 구현될 그리고 재사용될 것이 서술되어야 한다.

그래서 이 절의 서두에 서술했듯이 코드 재사용이 구현의 중요한 난제라 할지라도 코드 재사용은 요구사항, 분석, 설계 워크플로들에 포함되어 있어야 한다.

기술적인 관점에서만 보면 구현 워크플로는 아주 간단하다. 만약 요구사항, 분석, 설계 워크플로들이 만족스럽게 수행되었다면 구현의 태스크는 능력이 있는 프로그래머들에게는 별 문제가 되지 않는다. 그러나 통합의 관리는 아주 중요하다. 즉 구현 워크플로의 난제들은 이 영역에서 발견되어야 한다.

성공하느냐 실패하느냐(make-or-break)의 이슈들에는 적합한 CASE 툴들의 사용(15.24절), 명세들이 클라이언트에 의해 서명된 후 테스트 계획 수립(9.6절), 설계에 대한 변경들이 모든 관련자들과 의견 교환을 했는지 확인(15.6.5절), 그리고 테스팅을 종료할 때와 프로덕트를 클라이언트에게 인도할 때를 결정하기(6.1.2절)등이 포함된다.

이 장에는 팀에 의한 프로덕트의 구현에 관련된 다양한 이슈들이 제시되었다. 이들에는 프로그래밍 언어의 선택도 포함되어 있다(15.1절). 15.2절에서는 제4세대 언어의 이슈가 일부 상세하게 논의되어 있다. 올바른 프로그래밍 관습은 15.3절에 서술되었고, 15.4절에는 실무 코딩 표준들이 제시되었다. 그 다음 코드 재사용에 관해 언급되었다(15.5절). 구현과 통합 활동들은 병렬적으로 수행된다(15.6절). 하향식, 상향식, 샌드위치 통합이 서술되고 비교되었다(15.6.1절부터 15.6.3절까지). 객체-지향 프로덕트들의 통합은 15.6.4절에 서술되어 있고 15.6.5절에는 통합의 관리가 서술되어 있다. 구현 워크플로는 15.7절에 제시되어 있고 이는 15.8절에 MSG Foundation 케이스 연구에 적용되었다. 다음으로 테스트 워크플로의 구현 측면들이 제시되었다(15.9절). 테스트 사례들은 체계적으로 선택되어야 한다(15.10절). 다양한 블랙-박스, 글래스-박스, 비실행-기반 단위 테스팅 기법들이 서술되었고(15.11절, 15.13절, 15.14절), 비교 사항은 15.15절에 있다. MSG Foundation 사례 연구의 블랙-박스 테스팅은 15.12절에 서술되어 있다. Cleanroom 기법은 15.16절에 서술되어 있다. 객체의 테스팅을 15.17절에 있고, 단위 테스팅의 관리적인 의미도 논의되었다(15.18절). 그 다음에는 코드 산출물을 디버깅 하기보다는 재구현할 때에 또 다른 문제가 있다(15.19절). 통합 테스팅은 15.20절에, 프로덕트 테스팅은 15.21절에, 그리고 승인 테스팅은 15.22절에 서술되어 있다. MSG Foundation 사례연구의 테스트 워크플로는 15.23절에 요약되어 있다. 구현 워크플로용 CASE 툴들은 15.24절에 서술되어 있다. 보다 상세하게 말하면 전체 프로세스용 CASE 툴들은 15.24.1절에 그리고 통합 개발 환경은 15.24.2절에 기술되어 있다. 비지니스 애플리케이션용 environment들은 15.24.3절에 제시되었다. 15.24.4절은 대중적인 툴 기반 구조를 다루고 있다. 다음으로 environment들의 잠재적인 문제점들이 논의되었다(15.24.5절). 다음으로 테스트 워크플로용 CASE 툴들이 서술되었다(15.25절). 구현 워크플로용 척도들은 15.26절에서 논의되었다. 이 장은 구현 워크플로의 난제들에 대한 분석으로 마무리되었다(15.27절).

15장에 대한 MSG Foundation 사례 연구의 개요는 그림 15.19에서 보여주었다.

그림 15.19

15장에 대한 MSG Foundation 사례 연구의 개요

Implementation workflow	Section 15.8, Appendix H, Appendix I
Black-box test cases	Section 15.12
Test workflow	Section 15.23

4GL들에 대한 43개 조직들의 견해는 Guimaraes[1985]에 보고되어 있다. Klepper와 Bock[1995]는 McDonnell Douglas사가 3GL보다 4GL을 사용한 생산성이 얼마나 더 높은지를 서술하였다. 엔드-유저 프로그래밍의 몇 개의 위험성은 [Harrison, 2004]에서 보여준다. 앤드-유저 프로그래밍에 대한 다양한 논문들이 November 2004 issue of Communications of the ACM에 게재되어 있다. 스프레드시트 디버깅에서 최종 사용자들을 돕는 Localization 기법들은 [Ruthruff, Burnett, and Rothermel, 2006]에 서술되어 있다.

올바른 프로그래밍 관습에 대한 우수한 책들은 [Kernighan and Plauger, 1974], [McConnell, 1993]이다.

아마도 실행-기반 테스팅의 가장 중요한 초기 작업은 [Myers, 1979]이다. 일반적으로 테스팅에 관한 포괄적인 정보의 출처는 [Beizer, 1990]이다. 기능 테스팅을 서술한 것은 [Howden, 1987]이고, 구조적 기법은 Clarke, Podgurski, Richardson, Zeil[1989]에서 비교되어 있다. 블랙-박스 테스팅은 [Beizer, 1995]에 구체적으로 서술되어 있다. 블랙-박스 테스트 케이스들의 설계는 [Yamaura, 1998]에서 볼 수 있다. 구조적 테스팅의 다양한 범위 측정과 소프트웨어 품질 사이의 관계는 [Horgan, London, Lyu, 1994]에서 논의되었다. 글래스-박스 테스팅의 정형 접근법은 [Stocks and Carrington, 1996]에서 서술되어 있다. Elbaum, Malishevsky, Rothermel[2002]는 테스트 케이스 우선순위들의 설정을 논의했다. 스트레스 테스팅에 대한 구문적 작업 부하의 생성은 [Krishnamurthy, Rolia, and Majumdar, 2006]에서 보여준다. 단위 테스팅 전략의 종합적인 목록은 [Juristo, Moreno, Vegas, and Solari, 2006]에서 보여준다. 지리적이고 일시적으로 분산된 코드 검토들은 [Meyer, 2008]에서 보여준다.

Cleanroom은 Linger[1994]에서 서술되어 있다. 인도 후 유지보수 동안에 Cleanroom의 사용은 [Sherer, Kouchakdjian, Arnod, 1996]에서 제시되어 있고, Cleanroom의 비평은 [Beizer, 1997]에 제시되어 있다.

소프트웨어 신뢰성에 관한 소개는 [Musa and Everett, 1990]에 있다. 추가로 Proceeding of the annual International Symposium on Software Reliability Engineering은 소프트웨어 신뢰성에 관한 다양한 기사들을 포함하고 있다.

Proceeding of the International Symposia on Software Testing and Analysis는 특히 다양한 테스팅 이슈들을 다루고 있다.

객체의 테스팅에 대한 접근법들의 조사는 [Turner, 1994]에서 발견할 수 있다. 주제로서 두 가지 중요한 논문은 [Perry and Kaiser, 1990], [Harrold, McGregor, Fitzpatrick, 1992]이다. [Beizer, 1995]은 이전에도 언급했고 또한 객체-지향 소프트웨어의 블랙-박스 테스팅을 다루고 있다. 객체-지향 패러다임에 관해서 Jogensen과 Erickson[1994]은 객체-지향 소프트웨어의 통합 테스팅을 서술하고 있다.

구현용 척도들에 관한 McCabe의 순환 복잡도는 [McCabe, 1976]에 처음으로 제시되었다. 설계에 대한 척도의 확장은 [McCabe and Butler, 1989]에 제시되었다. 순환 복잡도의 유효성에 관한 기사들은 [Shepperd, 1988a], [Weyuker, 1988b], [Shepperd and Ince, 1994]에서 찾아볼 수 있다. 객체-지향 척도들의 유효성은 [Alshayeb and Li, 2003]에 서술되어 있다. 큰 영향을 미치는 결함들을 발견하는 객체-지향 척도들의 상대적 무용론은 [Zhou and Leung, 2006]에서 서술되어 있다.

통합 테스팅용 테스트 데이터의 선택은 [Harrold and Soffa, 1991]에 제시되어 있다. GUI들을 테스팅 하는 사례들의 생성은 [Memon, Pollack, Soffa, 2001]에 서술되어 있다.

ACM SIGSOFT and SIGPLAN이 매번 2년 내지 3년간 Symposium on Practical Software Development Environments를 스폰서 한다. 이 프로시딩은 툴킷들과 환경들에 대한 다양한 스펙트럼을 제공해준다.

또한 Proceeding of the annual International Workshops on Computer-Aided Software Engineering은 아주 유익하다.

PCTE에 관해 [Long and Morris, 1993]은 해당 주제에 대한 많은 정보 자원을 갖고 있다.

<table>
<tr><td rowspan="13">연습
문제</td></tr>
</table>

15.1 당신의 교습자는 당신이 은행 보고가 정확한지를 결정하는 프로덕트를 구현하도록 요청했다(문제 8.8). 프로덕트 구현에 어떤 언어를 선택할 것인가? 그 이유는? 당신이 사용할 수 있는 언어의 이점들과 비용들을 나열하라. 대답에서 달러로 표기하지 않아도 된다.

15.2 엘리베이터 문제 사례 연구를 문제 15.1처럼 다시 풀어라(12.7.1절).

15.3 자동화 라이브러리 순환 시스템을 문제 15.1처럼 다시 풀어라(문제 8.7).

15.4 ATM 프로덕트를 문제 15.1처럼 다시 풀어라(문제 8.9).

15.5 Chocoholics Anonymous Product를 문제 15.1처럼 다시 풀어라(부록 A).

15.6 당신이 최근에 구현한 코드 산출물에 프롤로그 주석을 추가시켜라.

15.7 300명의 소프트웨어 전문가들로 구성된 업체와 한 사람만 근무하는 소프트웨어 회사의 코딩 표준들은 어떻게 다른가?

15.8 회계 프로덕트들을 개발하고 유지보수 하는 업체와는 달리 집중 치료기들에 대한 소프트웨어를 개발하고 유지보수 하는 소프트웨어 회사의 코딩 표준들은 어떻게 다른가?

15.9 다음 문을 고려해보자.

<condition 1> && <condition 2>

15.3절 후반부에서 보았듯이, && 오퍼레이션의 Java와 C++에서의 의미는 만약 <condition 1>이 실패하면, <condition 2>은 평가되지 않는다. 이것에 대한 기술적인 용어는 무엇인가?

15.10 다음 문을 고려해보자.

<condition 1> **and** <condition 2>

이때 <condition 1>이 실패하면, <condition 2>를 평가하는 프로그래밍 언어들은 무엇인가?

15.11 왜 중첩 **if**문이 자주 읽기 어려운 코드를 유발하는가?

15.12 모듈이 이상적으로 35와 50 사이에 문장으로 구성되어 한다는 것은 왜 제안되었는가?

15.13 왜 뒤로 가는 **goto** 문은 피해야 하지만, 에러 핸들링을 위해 앞으로 가는 **goto**는 사용되는가?

15.14 Naur의 텍스트-처리 문제를 블랙-박스 테스트로 설정하라(6.5.2절). 각 테스트 사례에 대해 무엇이 테스트 되고 그 테스트 사례에 대해 기대되는 결과가 무엇인지를 서술하라.

15.15 문제 6.16에 대해 자신의 해결방안(또는 교습자가 배포한 코드)을 사용하여 문 범위 테스트 사례들을 설정하라. 각 테스트 사례에 대해 무엇이 테스트 되고 그 테스트 사례에서 기대된 결과가 무엇인지를 서술하라.

15.16 분기 범위를 문제 15.15처럼 다시 풀어보아라.

15.17 All-definition-use-path 범위를 문제 15.15처럼 다시 풀어보아라.

15.18 경로 범위를 문제 15.15처럼 다시 풀어보아라.

15.19 선형 코드 순서들을 문제 15.15처럼 다시 풀어보아라.

15.20 문제 6.16에 대해 자신의 해결방안(또는 교습자가 배포한 코드)의 순서도를 그려라. 그것의 순환 복잡도를 결정하라. 만약 분기의 수를 결정할 수 없다면, 방향 그래프로 순서도를 고려하라. 모서리의 수 e, 노드 n, 그리고 연결된 컴포넌트 c(각 메소드는 연결된 구성 요소로 구성되어 있다)를 결정하라. 순환 복잡도 V는 다음과 같다[McCabe, 1976].

$$V = e - n + 2c$$

15.21 로직 산출물들과 오퍼레이션 산출물들 사이의 차이점을 설명하라.

15.22 객체-지향 분석 워크플로 동안 식별된 경계, 제어, 엔티티 클래스들을 고려해보자. 각 분석 클래스가 하나의 코드 산출물로 설계되고 구현되었다고 가정해보자. 이 코드 산출물을 위한 통합 전략을 제안하라.

15.23 방어적 프로그래밍(defensive programming)은 좋은 소프트웨어-엔지니어링 관습이다. 동시에 오퍼레이션 산출물들이 재사용 목적으로 철저하게 테스트 되는 것을 예방할 수 있다. 이러한 모순은 어떻게 해결할 수 있는가?

15.24 분석 워크플로 동안 개발된 시나리오(기능적 모델링)들은 테스트 워크플로 동안 어떻게 사용되는가?

15.25 테스트 되어야 하는 행동의 우선순위(6.4절) 중 어느 쪽이 분석 워크플로 동안에 개발된 시나리오(문제 15.24)를 사용하여 테스트 되는가?

15.26 15.11.1절에서 선택된 7개 테스트 사례와 테스트 되어야 하는 프로덕트의 행동 우선순위(6.4절)를 고려해보자. 각 테스트 사례에 의해 테스트 되어야 하는 우선순위는?

15.27 당신은 Ye Olde Fashioned Software의 SQA 그룹의 멤버이다. 당신은 당신의 매니저에게 인스펙션 도입을 제안 받았다. 그는 한 사람이 같은 코드의 한 부분에서 테스트 사례들을 실행할 수 있을 때 네 명의 사람이 결함을 찾기 위해 그들의 시간을 낭비할 이유가 없다고 대답했다. 당신은 어떻게 대답할 것인가?

15.28 소프트웨어 개발 조직의 SQA 관리자로서 테스팅 시 주어진 코드 산출물 내에서 감지된 결함들의 최대치를 결정할 책임이 있다. 만약 이 최대치를 초과된다면, 이 코드 산출물은 재설계되고 재코딩 되어야 한다. 주어진 코드 산출물의 최대치를 결정하기 위해 어떤 평가기준을 사용할 것인가?

15.29 프로덕트 테스팅과 승인 테스팅 간의 유사점은 무엇이고 다른 점은 무엇인가?

15.30 구현 동안에 SQA의 역할은 무엇인가?

15.31 다른 프로젝트들에 코드를 재사용하는 것은 구현과 테스팅 워크플로에 어떤 영향을 끼치는가?

15.32 같은 프로젝트 내에 코드 재사용은 구현과 테스팅 워크플로에 어떤 영향을 끼치는가?

15.33 (Term Project) 문제 12.20이나 13.22에서 명시한 프로덕트에 대한 블랙-박스 테스트 사례들을 작성하여라. 각 테스트 사례에 대해 무엇이 테스트 되고 그 테스트 사례에서 기대된 결과가 무엇인지를 서술하라.

15.34 (Term Project) Chocoholics Anonymous 프로덕트(부록 A)를 구현하고 통합하라. 당신의 교습자가 지정한 언어를 사용하라. 당신의 교습자는 웹-기반 사용자 인터페이스, GUI, 또는 텍스트-기반 사용자 인터페이스 중 어느 것으로 구축하라고 알려줄 것이다. 작성된 코드를 테스팅 하는 데는 문제 15.33에서 개발한 블랙-박스 테스트 사례들을 활용하라.

15.35 (Case Study) 15.8절에서 서술한 MSG Foundation 프로덕트의 구현 복사본을 다운로드 받아라. 이 프로덕트에 대한 문 범위 테스트 사례들을 작성하라. 각 테스트 사례에 대해 무엇이 테스트 되고 기대되는 결과가 무엇인지 서술하라.

15.36 (Case Study) 분기 범위를 문제 15.35처럼 다시 풀어보아라.

15.37 (Case Study) All-definition-use-path 범위를 문제 15.35처럼 다시 풀어보아라.

15.38 (Case Study) 경로 범위를 문제 15.35처럼 다시 풀어보아라.

15.39 (Case Study) 선형 코드 순서들을 문제 15.35처럼 다시 풀어보아라.

15.40 (Case Study) 14.16절에 있는 상세 설계로 시작해서 C++나 Java 이외의 객체-지향 언어로 MSG Foundation 사례 연구를 코딩하라.

15.41 (Case Study) C++ 특성이 없는 순수한 C로 MSG Foundation 사례 연구(15.8절)를 재코딩하여라. 비록 C가 상속성을 지원하지 않지만, 캡슐화 하고 정보 은닉과 같은 객체-지향 개념을 쉽게 달성할 수 있다. 당신은 어떻게 다형성과 동적 바인딩을 구현하겠는가?

15.42 (Case Study) 15.8절의 부적절하게 구현된 코드에 문서화의 한계는 무엇인가? 필요한 추가 사항을 만들어라.

15.43 (Readings in Software Engineering) 당신의 교습자는 논문 [Meyer, 2008]의 복사본을 배포할 것이다. 지리적이고 일시적으로 분산된 코드 검토에 대한 당신의 관점은 무엇인가?

[Alshayeb and Li, 2003] M. ALSHAYEB, AND W.LI, "An Empirical Validation of Object-Oriented Metrics in Two Different Iterative Software Processes," *IEEE Transactions on Software Engineering* **29** (November 2003), pp. 1043-49.

[Andersson and Runeson, 2007] C. ANDERSSON AND P. RUNESON, "A Replicated Quantitative Analysis of Fault Distributions in Complex Software Systems," *IEEE Transactions on Software Engineering* 33 (May 2007), pp. 273-86.

[Basili and Hutchens, 1983] V. R. BASILI AND D. H. HUTCHENS, "An Empirical Study of a Syntactic Complexity Family," *IEEE Transactions on Software Engineering* **SE-9** (November 1983), pp. 664-72.

[Basili and Selby, 1987] V. R. BASILI AND R. W. SELBY, "Comparing the Effectiveness of Software Testing Strategies," *IEEE Transactions on Software Engineering* **SE-13** (December 1987), pp. 1278-96.

[Basili and Weiss, 1984] V. R. BASILI AND D. M. WEISS, "A Methodology for Collecting Valid Software Engineering Data," *IEEE Transactions on Software Engineering* **SE-10** (November 1984), pp. 728-38.

[Beizer, 1990] B. BEIZER, *Software Testing Techniques,* 2nd ed., Van Nostrand Reinhold, New York, 1990.

[Beizer, 1995] B. BEIZER, *Black-Box Testing: Techniques for Functional Testing of Software and Systems,* John Wiley and Sons, New York, 1995.

[Beizer, 1997] B. BEIZER, "Cleanroom Process Model: A Critical Examination," *IEEE Software* 14 (March/April 1997), pp. 14-16.

[Binkley and Schach, 1996] A. B. BINKLEY AND S. R. SCHACH, "A Comparison of Sixteen Quality Metrics for Object-Oriented Design," *Information Processing Letters* **57** (No. 6, June 1996), pp. 271-75.

[Binkley and Schach, 1997] A. B. BINKLEY AND S. R. SCHACH, "Toward a Unified Approach to Object-Oriented Coupling," *Proceedings of the 35th Annual ACM Southeast Conference,* Murfreesboro, TN, April 2-4, 1997, pp. 91-97.

[Borland, 2002] BORLAND, "Press Release: Borland Unveils C++ Application Development Strategy for 2002," www.borland.com/news/press_releases/2002/01_28_02_cpp.strategy.html, January 28, 2002.

[Chidamber and Kemerer, 1994] S. R. CHIDAMBER AND C. F. KEMERER, "A Metrics Suite for Object Oriented Design," *IEEE Transactions on Software Engineering* **20** (June 1994), pp. 476-93.

[Crossman, 1982] T. D. CROSSMAN, "Inspection Teams, Are They Worth It?" *Proceedings of the Second National Symposium on EDP Quality Assurance,* Chicago, November 1982.

[Date, 2003] C. J. DATE, *An Introduction to Database Systems,* 8th ed., Addison Wesley, Reading, MA, 2003.

[Dunn, 1984] R. H. DUNN, *Software Defect Removal,* McGraw-Hill, New York, 1984.

[Elbaum, Malishevsky, and Rothermel, 2002] S. ELBAUM, A. G. MALISHEVSKY, AND G. ROTHERMEL, "Test Case Prioritization: A Family of Empirical Studies," *IEEE Transactions on Software Engineering* **28** (February 2002), pp. 159-82.

[Endres, 1975] A. ENDRES, "An Analysis of Errors and Their Causes in System Programs," *IEEE*

Transactions on Software Engineering **SE-1** (June 1975), pp. 140-49.

[Grady, 1992] R. B. GRADY, *Practical Software Metrics for Project Management and Process Improvement,* Prentice-Hall, Englewood Cliffs, NJ, 1992.

[Guimaraes, 1985] T. GUIMARAES, "A Study of Application Program Development Techniques," *Communications of the ACM* **28** (May 1985), pp. 494-99.

[Harel et al., 1990] D. HAREL, H. LACHOVER, A. NAAMAD, A. PNUELI, M. POLITI, R. SHERMAN, A. SHTULL-TRAURING, AND M. TRAKHTENBROT, "STATEMATE: A Working Environment for the Development of Complex Reactive Systems," *IEEE Transactions on Software Engineering* **16** (April 1990), pp. 403-14.

[Harrison, 2004] W. HARRISON, "The Dangers of End-User Programming," *IEEE Software* **21** (July-August 2004), pp. 5-7.

[Harrold and Soffa, 1991] M. J. HARROLD AND M. L. SOFFA, "Selecting and Using Data for Integration Testing," *IEEE Software* **8** (1991), pp. 58-65.

[Harrold, McGregor, and Fitzpatrick, 1992] M. J. HARROLD, J. D. MCGREGOR, AND K. J. FITZPATRICK, "Incremental Testing of Object-Oriented Class Structures," *Proceedings of the 14th International Conference on Software Engineering,* Melbourne, Australia, May 1992, pp. 68-80.

[Horgan, London, and Lyu, 1994] J. R. HORGAN, S. LONDON, AND M. R. LYU, "Achieving Software Quality with Testing Coverage Measures," *IEEE Computer* **27** (1994), pp. 60-69.

[Howden, 1987] W. E. HOWDEN, *Functional Program Testing and Analysis,* McGraw-Hill, New York, 1987.

[Hwang, 1981] S.-S. V. HWANG, "An Empirical Study in Functional Testing, Structural Testing, and Code Reading Inspection," Scholarly Paper 362, Department of Computer Science, University of Maryland, College Park, 1981.

[Jacobson, Booch, and Rumbaugh, 1999] I. JACOBSON, G. BOOCH, AND J. RUMBAUGH, *The Unified Software Development Process,* Addison Wesley, Reading, MA, 1999.

[Jorgensen and Erickson, 1994] P. C. JORGENSEN AND C. ERICKSON, "Object-Oriented Integration Testing," *Communications of the ACM* **37** (September 1994), pp. 30-38.

[Juristo, Moreno, Vegas, and Solari, 2006] N. JURISTO, A. M. MORENO, S. VEGAS, AND M. SOLARI, "In Search of What We Experimentally Know about Unit Testing," *IEEE Software* **23** (November-December 2006), pp. 72-80.

[Kernighan and Plauger, 1974] B. W. KERNIGHAN AND P. J. PLAUGER, *The Elements of Programming Style,* McGraw-Hill, New York, 1974.

[Klepper and Bock, 1995] R. KLEPPER AND D. BOCK, "Third and Fourth Generation Productivity Differences," *Communications of the ACM* **38** (September, 1995), pp. 69-79.

[Klunder, 1988] D. KLUNDER, "Hungarian Naming Conventions," Technical Report, Microsoft Corporation, Redmond, WA, January 1988.

[Krishnamurthy, Rolia, and Majumdar, 2006] D. KRISHANAMURTHY, J. A. ROLIA, AND S. MAJUMDAR, "A Synthetic Workload Generation Technique for Stress Testing Session-Based Systems," *IEEE Transactions on Software Engineering* **32** (November 2006), pp. 868-82.

[Linger, 1994] R. C. LINGER, "Cleanroom Process Model," *IEEE Software* **11** (March 1994), pp. 50-58.

[Long and Morris, 1993] F. LONG AND E. MORRIS, "An Overview of PCTE: A Basis for a Portable Common Tool Environment," Technical Report CMU/SEI-93-TR-1, Software Engineering Institute, Carnegie Mellon University, Pittsburgh, January 1993.

[Martin, 1985] J. MARTIN, *Fourth-Generation Languages,*Vols. 1, 2, and 3, Prentice-Hall, Englewood Cliffs, NJ, 1985.

[McCabe, 1976] T. J.MCCABE, "AComplexity Measure," *IEEETransactions on Software Engineering* **SE-2** (December 1976), pp. 308-20.

[McCabe and Butler, 1989] T. J. MCCABE AND C. W. BUTLER, "Design Complexity Measurement and Testing," *Communications of the ACM* **32** (December 1989), pp. 1415-25.

[McConnell, 1993] S. MCCONNELL, *Code Complete: A Practical Handbook of Software Construction,* Microsoft Press, Redmond, WA, 1993.

[Memon, Pollack, and Soffa, 2001] A. M. MEMON, M. E. POLLACK, AND M. L. SOFFA, "Hierarchical GUI Test Case Generation Using Automated Planning," *IEEE Transactions on Software Engineering* **27** (February 2001), pp. 144-55.

[Meyer, 2008] B. MEYER, "Design and Code Reviews in the Age of the Internet," *Communications of the ACM* **51** (September 2008), pp. 66-71.

[Mills, Dyer, and Linger, 1987] H. D. MILLS, M. DYER, AND R. C. LINGER, "Cleanroom Software Engineering," *IEEE Software* **4** (September 1987), pp. 19-25.

[Musa and Everett, 1990] J. D. MUSA AND W. W. EVERETT, "Software-Reliability Engineering: Technology for the 1990s," *IEEE Software* **7** (November 1990), pp. 36-43.

[Musa, Iannino, and Okumoto, 1987] J. D. MUSA, A. IANNINO, AND K. OKUMOTO, *Software Reliability: Measurement, Prediction, Application,* McGraw-Hill, New York, 1987.

[Myers, 1976] G. J. MYERS, *Software Reliability: Principles and Practices,*Wiley-Interscience, New York, 1976.

[Myers, 1978a] G. J. MYERS, "A Controlled Experiment in Program Testing and Code Walkthroughs/Inspections," *Communications of the ACM* **21** (September 1978), pp. 760-68.

[Myers, 1979] G. J. MYERS, *The Art of Software Testing,* John Wiley and Sons, New York, 1979.

[Perry and Kaiser, 1990] D. E. PERRY AND G. E. KAISER, "Adequate Testing and Object-Oriented Programming," *Journal of Object-Oriented Programming* **2** (January/February 1990), pp. 13-19.

[Rapps and Weyuker, 1985] S. RAPPS AND E. J. WEYUKER, "Selecting Software Test Data Using Data Flow Information," *IEEE Transactions on Software Engineering* **SE-11** (April 1985), pp. 367-75.

[Runeson et al., 2006] P. RUNESON, C. ANDERSSON, T. THELIN, A. ANDREWS, AND T. BERLING, "What Do We Know about Defect Detection Methods?" *IEEE Software* **23** (May-June 2006), pp. 82-90.

[Ruthruff, Burnett, and Rothermel, 2006] J. R. RUTHRUFF, M. BURNETT, AND G. ROTHERMEL, "Interactive Fault Localization Techniques in a Spreadsheet Environment," *IEEE Transactions on Software Engineering* **32** (April 2006), pp. 213-39.

[Sammet, 1978] J. E. SAMMET, "The Early History of COBOL," *Proceedings of the History of Programming Languages Conference,* Los Angeles, 1978, pp. 199-276.

[Shepperd and Ince, 1994] M. SHEPPERD AND D. C. INCE, "A Critique of Three Metrics," *Journal of Systems and Software* **26** (September 1994), pp. 197-210.

[Sherer, Kouchakdjian, and Arnold, 1996] S. W. SHERER, A. KOUCHAKDJIAN, AND P. G. ARNOLD, "Experience Using Cleanroom Software Engineering," *IEEE Software* **13** (May 1996), pp. 69-76.

[Stocks and Carrington, 1996] P. STOCKS AND D. CARRINGTON, "A Framework for Specification-Based Testing," *IEEE Transactions on Software Engineering* **22** (November 1996), pp. 777-93.

[Takahashi and Kamayachi, 1985] M. TAKAHASHI AND Y. KAMAYACHI, "An Empirical Study of a Model for Program Error Prediction," *Proceedings of the Eighth International Conference on Software Engineering,* London, 1985, pp. 330-36.

[Trammel, Binder, and Snyder, 1992] C. J. TRAMMEL, L. H. BINDER, AND C. E. SNYDER, "The Automated Production Control Documentation System: A Case Study in Cleanroom Software Engineering," *ACM Transactions on Software Engineering and Methodology* **1** (January 1992), pp. 81-94.

[Turner, 1994] C. D. TURNER, "State-Based Testing: A New Method for the Testing of Object-Oriented Programs," Ph.D. thesis, Computer Science Division, University of Durham, Durham, UK, November, 1994.

[Walsh, 1979] T. J. WALSH, "A Software Reliability Study Using a Complexity Measure," *Proceedings of the AFIPS National Computer Conference,* New York, 1979, pp. 761-68.

[Watson and McCabe, 1996] A. H. WATSON and T. J. MCCABE, "Structured Testing: A Testing Methodology Using the Cyclomatic Complexity Metric," NIST Special Publication 500-235, Computer Systems Laboratory, National Institute of Standards and Technology, Gaithersburg, MD, 1996.

[Weyuker, 1988] E. J. WEYUKER, "An Empirical Study of the Complexity of Data Flow Testing," *Proceedings of the Second Workshop on Software Testing, Verification, and Analysis,* Banff, Canada, July 1988, pp. 188-95.

[Wilde, Matthews, and Huitt, 1993] N. WILDE, P. MATTHEWS, AND R. HUITT, "Maintaining Object-Oriented Software," *IEEE Software* **10** (January 1993), pp. 75-80.

[Woodward, Hedley, and Hennell, 1980] M. R. WOODWARD, D. HEDLEY, AND M. A. HENNELL, "Experience with Path Analysis and Testing of Programs," *IEEE Transactions on Software Engineering* **SE-6** (May 1980), pp. 278-86.

[Yamaura, 1998] T. YAMAURA, "How to Design Practical Test Cases," *IEEE Software* **15** (November/December 1998), pp. 30-36.

[Yourdon, 1989] E. YOURDON, *Modern Structured Analysis,* Yourdon Press, Englewood Cliffs, NJ, 1989.

[Zhou and Leung, 2006] Y. ZHOU AND H. LEUNG, "Empirical Analysis of Object-Oriented Design Metrics for Predicting High and Low Severity Faults," *IEEE Transaction on Software Engineering* **32** (October 2006), pp. 771-89.

제16장

인도 후 유지보수

학습목표

이 장을 학습하면 다음 사항들을 습득하게 된다.

● 인도 후 유지보수를 수행할 수 있게 된다.

● 인도 후 유지보수의 중요성을 인식하게 된다.

● 인도 후 유지보수의 난제들을 서술할 수 있게 된다.

● 객체–지향 패러다임의 유지보수 의미를 서술할 수 있게 된다.

● 유지보수에 필요한 스킬들을 서술할 수 있게 된다.

이 책의 주요 주제는 인도 후 유지보수의 중요성이다. 그런데 유지보수의 내용이 아주 적은 것에 놀랄 것이다. 그 이유는 유지보수성은 개발 초기부터 프로덕트에 구축되어야 하고 또 개발 프로세스 동안에 언제나 무시되어서는 안 되기 때문에 그렇다. 그래서 이전 모든 장에서도 인도 후 유지보수의 주제가 나왔었다. 이 장에서 서술한 것은 유지보수성 자체가 인도 후 유지보수 프로세스 동안에도 무시되어서는 안 된다는 것을 알려주는 데 있다.

16.1 개발과 유지보수

프로덕트가 승인 테스트를 통과하면 클라이언트에게 인도된다. 그러면 프로덕트는 구축한 목적에 맞게 설치되어 사용된다. 그러나 어떤 프로덕트라도 결함들을 수정(수정적 유지보수)하거나 프로덕트의 기능성을 확대(기능 향상)하기 위해 **인도 후 유지보수**(postdelivery maintenance)를 받아야 한다.

왜냐하면 프로덕트는 소스와 그 외의 것으로 구성되었기 때문에 문서, 매뉴얼, 또는 프로덕트의 다른 컴포넌트들에 대한 변경들이 인도 후 유지보수의 대상이 된다. 어떤 컴퓨터 과학자들은 프로덕트가 시기에 맞춰 진화되기 때문에 유지보수보다는 차라리 진화(evolution)란 용어를 사용하길 원했다. 사실 전체 생명주기 입장에서 보면 처음부터 끝까지를 진화적 프로세스로 볼 수도 있다.

이것이 Unified Process에서 유지보수를 보는 관점이다. 사실, 유지보수라는 단어는 Jacobson, Booch, Rumbaugh[1999]에 어디에서도 존재하지 않는다. 대신에 유지보수는 소프트웨어 프로덕트의 또 다른 반복으로 암시되어 취급한다. 하지만 개발과 유지보수 사이에는 기본적인 차이점이 있다. 그 차이는 다음의 예제로 설명된다.

한 여성이 18살 때 그녀의 초상화를 그렸다고 가정하자. 유화는 단지 그녀의 머리와 어깨만을 그렸다. 20년이 지나고 그녀는 결혼을 했고, 초상화에 그녀의 남편과 자신의 모습이 그려지도록 수정되기를 원했다. 만약 초상화가 이런 방법으로 변경되어야 한다면 네 가지 어려움이 발생할 것이다.

● 캔버스가 그녀의 남편에 얼굴을 추가할 정도로 충분히 크지 않다.
● 원본 초상화는 하루 대부분이 햇빛에 비추는 곳에 걸려 있었기 때문에 초상화의 색은 더 이상 제작될 수가 없다.
● 원본의 예술가는 은퇴하였고, 그래서 스타일의 일관성을 달성하기가 어렵다.
● 여성의 얼굴은 원본의 초상화를 그릴 때보다 20년이나 나이가 들었기 때문에 수정된 그림이 정확하게 닮은 것을 보장하기 위해서는 상당한 작업이 수반되어야 한다.

이 모든 이유 때문에 심지어 원본 초상화 수정에 대해 생각하는 것이 우스울 수 있다. 대신에 새로운 예술가 부부의 새로운 초상화를 처음부터 그릴 것이다('알고 싶은 사항 16.1' 참고).

이제 개발하는 데 원래 $2,000,000의 비용이 든 소프트웨어 프로덕트의 유지보수를 고려해보자. 이는 해결되어야 하는 네 가지 어려움을 가지고 있다:

- 불행하게도, 데이터베이스가 저장되는 디스크의 용량이 거의 찼다. 그래서 현재의 디스크에는 더 많은 데이터를 추가하기에 용량이 작다.
- 원본 디스크를 제조한 회사가 디스크 제작을 하지 않는다. 그래서 더 큰 디스크는 다른 제조사에서 구입해야 한다. 하지만 새로운 디스크와 현존하는 소프트웨어 프로덕트 사이에는 하드웨어가 호환되지 않고(8.11.1절), 새로운 디스크를 사용하는 데 필요한 모든 변경을 반영하는 데에 약 $100,000의 비용이 들 것이다.
- 원래 개발자들은 몇 해 전에 회사를 이직했고, 소프트웨어의 변경들은 이전에 소프트웨어 프로덕트를 본 적이 없는 유지보수자 팀이 수행할 것이다.
- 원래 소프트웨어 프로덕트는 고전적 패러다임을 이용해 개발되었다. 요즘에는 객체-지향 패러다임(그리고 특히 Unified Process)이 대부분 사용된다.

초상화에서 중요 항목과 소프트웨어 프로덕트에서 중요 항목 사이에는 명백한 유사성이 있다. 유화와 관련된 중요한 결론은 새로운 초상화를 처음부터 그리기 시작했다는 것이다. 이것이 의미하는 것이 $100,000에 유지보수 태스크를 수행하는 대신에, $2,000,000의 비용에 완전히 새로운 소프트웨어 프로덕트를 개발해야 한다는 것인가?

답변은 유사함(analogies)과 아주 다르지는 않다는 것이다. 새로운 초상화가 그려져야 하는 것은 명백하고, 현존하는 소프트웨어 프로덕트가 새로운 소프트웨어 프로덕트의 비용에 5%로 유지보수를 해야 하는 것은 동등하게 명백하다.

그럼에도 불구하고 나쁜 유사함이 아니라면 이것으로부터 배우게 되는 중요한 교훈이 있다. 초상화를 처리하든지 소프트웨어 프로덕트를 처리하든지, 현존하는 버전을 수정하는 것보다는 새로운 버전을 생성하는 게 쉽다. 초상화 사례에서 그 모든 것 뿐만 아니라 현존하는 초상화를 수정하는 것은 불가능하지만은 않고, 새로운 초상화를 처음부터 그리는 비용보다 그것을 수정하는 비용이 적다. 소프트웨어 프로덕트 사례에서 변경들은 실현가능할 뿐만 아니라, 새로운 소프트웨어 프로덕트를 처음부터 개발하는 비용의 일부분으로 수정을 할 수 있다. 다시 말해서 새로운 산출물을 처음부터 구축하는 것이 기존 산출물에 변경을 가져오는 것보다 어렵더라도, 경제적으로 고려해보면 유지보수가 재개발보다는 아주 바람직하다.

16.2
인도 후 유지보수 필요성

프로덕트를 변경시켜야 하는 세 가지 주된 이유는 다음과 같다.

1. 결함은 그 결함이 분석 결함, 설계 결함, 문서 결함, 또는 어떤 다른 유형의 결함이든지 수정시킬 필요가 있다. 이것을 수정적 유지보수(corrective maintenance)라고 부른다.
2. 완전적 유지보수(perfective maintenance)에서 변경은 프로덕트의 효과를 증대시키기 위해 코드를 수정하는 것이다. 예를 들면 클라이언트가 추가 기능이 첨부되기를 원하거나 프로덕트가 보다 빠르게 실행되기를 요구하는 경우다. 프로덕트의 유지보수성을 개선시키는 것은 완전적 유지보수의 또 다른 예이다.
3. 적응적 유지보수(adaptive maintenance)에서 변경은 프로덕트가 운영되는 변경된 환경에 적응하도록 프로덕트를 변경시키는 것이다. 예를 들어 만약 새로운 컴파일러, 운영체제 또는 하드웨어가 도입되면 프로덕트는 이 환경에 적응하기 위해 거의 완벽하게 수정되어야 한다. 만약 세금 코드에 변경이 있다면, 프로덕트는 세금 반환을 담당하는 부분이 변경되어야 한다. 미국 우정국(U. S. Postal Service)이 1981년에 9-자리의 우편번호 코드를 소개했을 때 프로덕트는 단지 5-자리 우편번호(Zip code)로 되어 있어 이를 변경해야 했다. 그러나 클라이언트는 적응적 유지보수를 요청하지 않았다. 대신에 클라이언트에게 일임한 것이다.

16.3
인도 후 유지보수 프로그래머들 요구는 무엇인가?

소프트웨어 생명주기 동안에 어떤 다른 활동보다 인도 후 유지보수에 더 많은 시간이 투입된다. 사실 평균적으로 프로덕트의 전체 비용 중 적어도 67%가 인도 후 유지보수에 투입된다. 이 내용은 그림 1.3에 있다. 그러나 많은 조직들은 심지어 오늘날에도, 인도 후 유지보수의 태스크를 초보자와 유능하지 못한 프로그래머들에게 할당한다. 왜냐하면 유능하고 경험이 많은 프로그래머들은 프로덕트 개발이 '매력적인' 일로 생각하기 때문에 그렇다.

사실 인도 후 유지보수는 소프트웨어 프로덕션의 모든 측면 중에 가장 어려운 부분이다. 주된 이유는 인도 후 유지보수란 소프트웨어 프로세스의 다른 모든 워크플로들의 측면들을 포함하고 있기 때문이다. 결점 보고서(defect report)가 유지보수 프로그래머에게 인계되었을 때 무슨 일이 발생하는지를 고려해보자(1.11절을 기억해보면 **결점**(defect)이란 결함, 실패, 또는 에러의 일반적인 용어이다). 결점보고서에는 만약 사용자의 입장에서 프로덕트가 사용자 매뉴얼에 명시된 대로 작업되지 않는 것이 기록되어 있다. 여기에는 많은 이유들이 있을 수 있다. 첫째로, 프로덕트에 전혀 잘못이 없을 수 있다. 즉, 사용자가 사용자 매뉴얼을 이해하지 못했던가 아니면 프로덕트를 잘못 사용했을 경우이다. 대안으로 만약 프로덕트에 결함이 있다면, 사용자 매뉴얼이 부정확한 단어로 표현된 경우로서 코드 자체에는 잘못된 것이 없다. 하지만 흔히 코드에는 결함이 있다. 그러나 어떤 변경이 가해지기 전에 유지보수 프로그래머는 사용자가 기록한 결점 보고서를 사용해 결함이 소스 코드에 있는지 아니면 다른 곳에 있는지 정확하게 결정해야 한다. 그래서 유지보수 프로그래머는 평균 이상의 디버깅 기술들을 갖고 있어야 한다. 왜냐하면 결함은 프로덕트 내에 어디에나 있을 수 있기 때문에 그렇다. 그리고 결점의 본래 원인은 지금 존재하지 않는 분석이나 설계 문서에 있을 수 있다.

지금 유지보수 프로그래머가 결함(fault)이 있는 곳을 찾아내서 프로덕트 어디엔가 있는 다른 결함 즉, 회귀 결함(regression fault)이 우연히 반입되지 않게 해결해야 한다고 가정하자. 만약 회귀 결함들이 최소화 되었다면 전체 프로덕트에 대한 세부 문서와 각 개별 코드 산출물은 이용 가능하다. 그러나 소프트웨어 전문가들은 모든 종류의 문서 작업을 싫어한다고 소문이 나 있다. 그래서 불완전하고, 에러가 있고, 전체가 생략된 문서를 자주 만든다. 이들 경우에 유지보수 프로그래머는 소스 코드 자체로부터, 이용할 수 있는 문서의 유효한 양식으로부터, 회귀 결함의 반입을 회피하는 데 필요한 모든 정보를 추론할 수 있는 능력을 갖고 있어야 한다.

이식 가능한 결함을 결정해서 그것을 수정하려면 유지보수 프로그래머는 지금 수정이 정확하게 되었는지 테스트 해야 하고 회귀 결함들이 반입되지 않게 테스트 해야 한다. 수정 자체를 점검하기 위해서 유지보수 프로그래머는 특별한 테스트 케이스들을 구축해야 한다. 즉 회귀 결함에 대한 체킹은 **회귀 테스팅(3.8절)**을 수행할 목적으로 정확하게 저장된 테스트 데이터의 집합을 사용해 점검한다. 그러면 수정을 체킹할 목적으로 구축된 테스트 케이스들은 수정된 프로덕트의 미래 회귀 테스팅을 위해 사용될 저장된 테스트 케이스들의 집합에 추가시켜야 한다. 추가로 만약 분석이나 설계에 대한 변경들이 결함을 수정하기 위해 만들어졌다면 이들 변경도 점검되어야 한다. 그러면 테스팅의 전문가가 인도 후 유지보수에 추가조건이 된다. 마지막으로 유지보수 프로그래머는 모든 변경을 문서화 해야 한다. 앞의 논의는 수정적 유지보수와 관련이 있다. 해당 태스크에 대한 유지보수 프로그래머는 첫 번째로 결함이 있는지 결정하는 진단을 해서 만약 결함이 있다면 전문 기술자가 그것을 해결할 수 있게 해야 한다.

또 다른 주요 유지보수 태스크들은 적응적 유지보수와 완전적 유지보수다. 이들을 수행을 하기 위해 유지보수 프로그래머는 기존 프로덕트를 시작 때처럼 요구사항, 분석, 설계, 구현 워크플로들을 수행해야 한다. 변경된 몇 가지 유형에 대한 추가 코드 산출물이 설계되고 구현되어야 한다. 다른 경우에 기존 코드 산출물들의 설계와 구현에 대한 변경들이 필요하다. 반면에 명세들은 자주 분석 전문가들에 의해 생성되고, 설계는 설계 전문가들에 의해 설계되고, 코드는 프로그래밍 전문가들에 의해 코딩되기 때문에 유지보수 프로그래머는 이들 세 분야에 모두 전문가가 되어야 한다. 완전적 유지보수와 적응적 유지보수는 수정적 유지보수처럼 적합한 문서화의 결여 때문에 역으로 영향을 받는다. 더욱이 적합한 테스트 케이스들을 설계하고 좋은 문서를 작성하는 능력이 수정적 유지보수에 필요했던 것처럼 완전적, 수정적 유지보수에도 필요하다. 그러면 유지보수 형식들이 없는 경우 최상의 컴퓨터 전문가가 프로세스를 감시하지 않으면 경험이 적은 프로그래머의 작업이 된다.

이전의 논의로부터 유지보수 프로그래머들은 소프트웨어 전문가가 가져야 하는 거의 모든 스킬를 갖고 있어야 한다. 무엇을 해야 하는가?

실용적인 소프트웨어 유지보수(Practical Software Maintenance)에서 톰 피고스키(Tom Pigoski)는 그가 Florida주의 Pensacola (펜사콜라)에서 인도 후 유지보수 조직을 어떻게 조직하는지를 설명하고 있다. 그의 아이디어는 예비 고용자들에서 미리 예비 보수자로 고용될 예정이라고 말을 해주면 그들은 인도 후 유지보수에 관해 긍정적인 태도를 갖게 될 것이다. 더욱이 그는 모든 고용자는 충분한 훈련을 받을 것이며 그들의 일의 과정에는 전 세계를 여행할 기회가 주어진다는 것을 확신시킴으로써 사기를 높이려고 노력했다. 그들이 사용하는 최신의 건물이 그런 것처럼 근처의 아름다운 바닷가도 사기를 높이는 데 도움이 되는 것이 분명하다.

그럼에도 불구하고 인도 후 유지보수 조직에서의 일을 착수한 지 6개월 안에, 모든 고용자들은 언제가 그들이 좀 발전적인 일을 할 수 있는지 물어 보았다. 인도 후 유지보수에 대한 개인적인 견해를 바꾸는 일은 매우 힘든 것처럼 보인다.

- 인도 후 유지보수는 모든 면에서 보람이 없는 태스크다. 유지보수자들은 사용자들을 불쾌하게 대한다. 만약 사용자가 프로덕트에 만족해 있다면 유지보수는 필요가 없다.
- 사용자들의 문제는 유지보수자가 아닌 프로덕트를 개발한 사람들에게 있기 때문에 자주 생긴다.
- 코드 자체가 나쁘게 작성되었다면 유지보수를 담당하는 사람을 좌절하게 만든다.
- 무능하거나 초보 프로그래머들에 적합한 일이 인도 후 유지보수이고, 매력적인 일은 개발이라고 생각하는 많은 소프트웨어 개발자들 때문에 인도 후 유지보수가 멸시를 당하고 있다.

인도 후 유지보수는 애프터서비스에 비유될 수 있다. 프로덕트가 클라이언트에게 인도되었다. 그러나 클라이언트는 지금 만족하고 있지 않다. 그 이유는 프로덕트가 정확하게 작동하지 않기 때문에, 또는 클라이언트가 현재 원하는 모든 것이 수행되지 않기 때문에, 또는 프로덕트가 구축된 환경들이 어떤 방법으로 변경되었기 때문이다. 소프트웨어 조직이 클라이언트에게 좋은 유지보수 서비스를 제공하지 않으면 클라이언트는 다른 곳에 미래의 프로덕트 개발 업무를 의뢰하게 된다. 클라이언트와 소프트웨어 그룹이 같은 조직의 부서일 때 그리고 미래 작업의 입장에서 해결될 수가 없다면 불만족스러운 클라이언트는 소프트웨어 그룹을 믿지 못해 모든 방법을 동원하게 된다. 이것은 소프트웨어 그룹의 내부와 외부에 신용을 갖지 못하게 만든다. 아주 좋은 인도 후 유지보수 서비스를 공급해 클라이언트의 만족을 유지시키기는 것이 모든 소프트웨어 조직들에게 중요한 일이다. 그래서 프로덕트 후에 프로덕트에 대한 인도 후 유지보수는 소프트웨어 프로덕션의 가장 매력적인 단계이면서 또 자주 가장 보람 없는 일이기도 하다.

이 상황은 어떻게 변해야 되는가? 매니저들은 인도 후 유지보수를 수행하는 데 필요한 모든 기술을 갖고 있는 프로그래머들에게 유지보수 작업을 맡겨야 한다. 최고의 컴퓨터 전문가들이 유지보수 작업에 할당되고 이에 상응하는 보수를 주어야 한다. 만약 경영자가 유지보수는 하나의 도전이고 좋은 유지보수는 조직의 성공에 중요하다는 사실을 안다면 인도 후 유지보수를 대하는 태도는 천천히 개선될 것이다('알고 싶은 사항 16.2' 참조).

유지보수 프로그래머들이 해결해야할 몇 가지 문제는 다음 절의 미니 사례 연구에서 논의된다.

16.4
Postdelivery Maintenance Mini Case Study

경제가 중심인 국가에서 정부는 농업 제품들의 분배와 마케팅을 관리한다. 이러한 국가에서 복숭아, 배, 사과와 같은 온난 과일은 TFC(Temperate Fruit Committee)의 책임이다. 어느 날 TFC의 의장이 TFC의 운영을 전산화 하기 위해 정부 컴퓨터 컨설턴트에게 요청했다. 의장은 컨설턴트에게 일곱 개의 온난 과일을 알려주었다. 즉, 사과, 살구, 체리, 복숭아, 배, 넥타린, 자두라고 알려주었다. 이를 위한 데이터베이스는 더 많이도 더 적게도 아닌 7개 과일용으로 설계되었다. 그러나 이것을 확장성 있게 설계되어도 시간과 돈은 낭비되지 않는다.

프로덕트가 기간 내에 TFC에 정확하게 인도되었다. 몇 년 뒤 의장이 이 프로덕트에 책임을 지고 있는 유지보수 프로그래머를 호출했다. "키위 과일에 대해 아는 것이 무엇이냐"고 물었다. 이 질문에 어리둥절한 프로그래머는 "아는 것이 없다."고 말을 했다. 의장이 말하길, "자 이 키위는 우리나라에서 재배하기 시작한 과일이고 TFC에 책임이 있다."고 말을 하면서 이에 따라 프로덕트를 변경시켜 달라고 요청했다.

유지보수 프로그래머는 컨설턴트가 다행히 의장의 원래 지시대로 수행되지 않은 것을 작업지시서에서 발견했다. 즉 어떤 미래의 확장을 위해 준비하는 좋은 관습이 있어서 컨설턴트는 관련 데이터베이스 레코드들에 사용되지 않는 많은 필드들을 제공해놓았다. 이런 항목 때문에 유지보수 프로그래머는 8번째 온난 과일인 키위도 프로덕트에 통합시킬 수가 있었다.

몇 년이 지난 후에도 프로덕트는 제 기능은 잘 발휘했다. 그런 후 유지보수 프로그래머는 다시 의장의 사무실에 호출되었다. 의장은 기분이 좋았다. 의장은 즐거워 하며 정부가 농업 프로덕트 분배와 마케팅을 재조정한다고 프로그래머에게 통보했다. TFC는 온난 과일만이 아닌 이 나라에서 생산되는 모든 과일도 담당한다. 그래서 프로덕트는 유지보수 프로그래머에게 전달된 목록에 추가된 26종의 과일을 넣을 수 있게 수정되어야 한다. 프로그래머는 이에 이의를 제기했다. 이런 수행은 불가능하고, 삭제를 하면 프로덕트를 다시 작성하는 것이 대부분이라고 말했다.

다음과 같이 이것으로부터 배워야 될 중요한 교훈들이 많이 있다.

- 프로덕트가 가지고 있는 문제 즉, 이 문제는 확장에 관한 준비도 아니고 유지보수자에게 있는 것도 아니고 개발자에게 있다. 개발자는 프로덕트의 미래 확장성에 관해 의장의 지시를 맹목적으로 따르는 실수를 한 것이다. 결과적으로 고통을 받는 사람은 유지보수 프로그래머이다. 사실 이 책을 읽지 않으면 원래 프로덕트를 개발한 컨설턴트는 그의 프로덕트가 성공했다는 것 이외에는 알지를 못한다. 유지보수를 힘들게 하는 것 중 하나는 다른 사람이 저지른 실수를 해결하는 책임이다. 문제를 발생시킨 사람은 다른 업무를 수행하거나 아니면 회사를 이직했기 때문에 유지보수 프로그래머는 난해한 문제들을 책임져야 한다.
- 클라이언트는 자주 인도 후 유지보수가 어려운 일이고, 여러 예에서는 거의 불가능하다는 것을 이해하지 못한다. 이러한 문제는 유지보수 프로그래머가 이전에 완전적 유지보수와 적응적 유지보수 작업을 성공적으로 수행했을 때 약화된다. 그러나 외형상 이전에 큰 어려움이 없이 수행된 것을 유지보수 프로그래머에게 새로 할당하면 이에 반대가 된다.

- 모든 소프트웨어 개발은 미래의 인도 후 유지보수에 안목을 갖고 수행되어야 한다. 만약 컨설턴트가 임의로 많은 종류의 과일에 대한 프로덕트를 설계했다면 우선 키위와 26개의 과일을 통합시키는 데 어려움이 없었을 것이다.

여러 번 서술했듯이 인도 후 유지보수는 소프트웨어 프로덕션의 핵심 측면이고, 이는 소요되는 자원 중 가장 큰 부분을 차지한다. 프로덕트 개발 동안에 개발 팀은 설치된 프로덕트를 담당할 유지보수 프로그래머를 잊어서는 안 된다.

16.5
인도 후 유지보수 관리

SOFTWARE

지금부터는 인도 후 유지보수의 관리에 관한 이슈들을 학습한다.

16.5.1 결점 보고

프로덕트를 유지보수 할 때 필요한 첫 번째 일은 프로덕트를 변경시키는 메커니즘(mechanism)이다. 수정적 유지보수에 관해서, 즉 내재된 결함들을 제거하는 것은 만약 프로덕트가 기능을 부정확하게 나타나면 사용자에 의해 **결점 보고서**(defect report)가 작성된다. 이것에는 유지보수 프로그래머가 소프트웨어 실패의 어떤 부류가 되는 문제를 다시 생성할 수 있게 충분한 정보가 포함되어야 한다. 추가로 유지보수 프로그래머는 결점의 심각성을 지적해야 한다. 전형적인 심각성의 분류에는 긴급(critical), 주요(major), 보통(normal), 단순(minor), 경시(trivial)이 있다.

이상적으로 사용자가 보고한 모든 결점은 즉시 수정되어야 한다. 실제로 프로그래밍 조직들은 항상 인원이 부족해서 개발과 유지보수 작업이 지연된다. 만약 결함이 긴급(critical)이라면, 마치 급여 프로덕트가 봉급 전날 결함이 생겨 급여가 급여액보다 적게 또는 그 이상 지불하게 되면 즉시 수정 조치가 되어야 한다. 그렇지 않은 경우 각 결점 보고는 즉시 사전 조사를 받아야 한다.

유지보수 프로그래머는 우선 결점 보고 파일을 조사해야 한다. 이것에는 결점이 수정될 수 있는 시간까지 실패에 분명한 책임이 있는 프로덕트의 부분을 사용자에 전달하는 방법으로 작업해야 할 제안들과 함께 아직 수정되지 않은 모든 보고된 결점들이 포함된다. 만약 결점이 사전에 미리 보고 되었다면 결점 보고 파일에 있는 어떤 정보도 사용자에게 제공되어야 한다. 그렇지만 만약 사용자 보고서들에 새로운 결점이 나타났다면 유지보수 프로그래머는 그 문제를 연구해서 원인을 찾아내어 그 문제를 수정해야 한다. 추가로 이러한 시도는 문제에 관련된 작업을 처리하는 방법을 만들어낸다. 왜냐하면 소프트웨어에 필요한 변경을 가하는 것은 누군가에 할당하기 전에 6개월 내지 9개월이 소요되기 때문에 처리하는 방법이 작성되어야 한다. 프로그래머, 특히 유지보수를 수행하기에 충분히 능력이 있는 프로그래머들이 아주 부족하기 때문에 긴급 상황이 아닌 경우 결점이 해결될 때까지 결점보고서에 있는 것을 처리하는 방법이 제시되어야 한다.

유지보수 프로그래머의 결론은 이들 결론에 도달하기 위해 사용되는 매뉴얼, 설계, 목록과 같은 어떤 지원 문서와 함께 결점 보고서 파일에 추가되어야 한다. 인도 후 유지보수의 책임자인 매니저는 정규적으로 파일을 조사해야 한다. 파일은 완전적, 적응적 유지보수에 대한 클라이언트의 요청들도 포함되어야 한다. 프로덕트에 가해지는 다음 수정은 우선순위가 가장 높은 것 중 하나가 된다.

프로덕트의 복사본이 다양한 사이트에 배포되었을 때 결점 보고서들의 복사본도 각 결점이 수정될 수 있다는 추정과 함께 프로덕트의 모든 사용자들에게 배포되어야 한다. 그래서 만약 같은 실패가 다른 사이트에서 발생하면 사용자는 결점에 관련해 작업해야 할 것과 그것을 수정할 시기를 결정할 때 관련 결점 보고서만 조사하면 된다. 이러한 모든 결점은 즉시 수정되어 프로덕트의 새로운 버전이 모든 사이트에 배포되면 좋다.

결점들이 즉시 수정되지 않는 또 다른 이유가 있다. 이것은 많은 변경을 하고, 그들 모두를 테스트 하고, 문서를 변경하는 것은 거의 항상 저가에 수행된다. 그래서 독립된 각 변경을 수행해서 그것을 테스트 하고, 문서화 하는 것보다 새 버전을 설치하려고 한다. 그러나 새 버전을 설치해도 다음 변경에도 전체주기를 반복해야 한다. 이것은 만약 모든 새로운 버전이 아주 많은 컴퓨터(클라이언트 서버 네트워크 내의 클라이언트의 수)에 설치된다면, 또 소프트웨어가 다양한 사이트에서 실행된다면 그렇게 된다. 결과적으로 조직은 중요하지 않은 유지보수 태스크들만 선호하고 그룹으로 변경을 수행하려고 한다.

16.5.2 프로젝트에 대한 변경 권한

수정적 유지보수를 수행하기로 결정을 했다면 유지보수 프로그래머는 실패의 원인이 된 결함을 결정하고 그것을 수선하는 태스크를 할당받는다. 코드가 변경된 후에 수선(repair)도 테스트를 받게 된다. 마치 프로덕트가 전체적으로 테스트를 받는다(회귀 테스팅). 그런 후에 문서는 변경들이 반영되도록 갱신되어야 한다. 특히 변경된 것이 무엇인지, 왜 변경되었는지, 누가 또 언제 했는지에 관한 상세한 서술이 변경된 코드 산출물의 서두에 추가되어야 한다(그림 15.1). 만약 필요하다면 분석이나 설계 산출물도 변경되어야 한다. 이와 유사한 단계들의 집합은 완전적 그리고 적응적 유지보수를 수행할 때와 같다. 단지 차이점은 완전적 유지보수와 적응적 유지보수의 결점보고서 때문이 아니라 차라리 요구사항들의 변경 때문에 발생한다.

이 시점에서 필요하게 보이는 것은 모두 사용자에게 새로운 버전을 배포하는 것이다. 하지만 만약 유지보수 프로그래머가 수정된 것을 적절하게 테스트 하지 않는다면, 어떻게 되나? 프로덕트가 배포되기 전에 이것은 독립적인 그룹으로 수행하는 SQA의 대상이 되어야 한다. 즉, 유지보수 SQA 그룹의 멤버는 유지보수 프로그래머처럼 같은 매니저에게 보고를 하면 안 된다. 그래서 SQA는 관리적인 측면에서 독립되는 게 중요하다(6.1.2절).

인도 후 유지보수가 어려운 이유들은 이전에 설명했다. 이와 같은 이유들 때문에 유지보수도 결함이 있을 수 있다. 인도 후 유지보수 동안에 테스팅이 어렵고 시간 소모적이라고 해서 SQA 그룹이 소프트웨어 유지보수 테스팅을 수행하는 것을 과소평가해서는 안 된다. 새로운 버전은 SQA가 승인하게 되면 배포될 수 있다.

관리에서 또 다른 영역은 기준선(baseline)들의 기법과 개인 복사본(Private copy)들의 기법(5.10.2절)이 사용될 때 프로시저들이 구체적으로 수행되는 것을 확인해야 한다. 프로그래머가

TaxProvision Class를 변경시키기를 원한다고 가정하자. 프로그래머는 **TaxProvision Class**와 요구된 유지보수 태스크를 수행하는 데 필요한 모든 다른 코드 산출물들의 복사본을 만든다. 종종 이것은 프로덕트에 있는 모든 다른 클래스들을 포함한다. 프로그래머는 **TaxProvision Class**에 필요한 변경을 가해 그들을 테스트 한다. 이때 **TaxProvision Class**의 이전 버전은 동결되고 변경들이 통합된 **TaxProvision Class**의 수정된 버전은 기준선으로 설치된다. 그러나 수정된 프로덕트가 사용자에게 인도되었을 때 즉시 충돌을 일으킨다. 잘못된 것은 유지보수 프로그래머가 자신의 작업용 복사본을 사용해 TaxProvision Class의 수정된 버전을 테스트 했기 때문이다. 즉, **TaxProvision Class**의 유지보수가 시작된 시기가 기준선에 있는 다른 코드 산출물들의 복사본이기 때문에 그렇다. 평균적으로 다른 코드 산출물은 같은 프로덕트에서 작업하는 다른 유지보수 프로그래머 작업에 의해 갱신된다. 이 교훈은 분명하다. 즉, 산출물이 설치되기 전에, 이것은 프로그래머의 개인용 버전이 아니고 모든 다른 코드 산출물의 현재 기준 버전을 사용해 테스트 해야 한다. 이것은 독립된 SQA를 규정하기 위한 구체적인 이유가 된다. 이것은 SQA 그룹의 멤버도 쉽게 프로그래머의 개인 작업 공간들을 접근할 수 없게 만들기 위해서다. 세 번째 이유는 결함의 초기 수정은 70%가 부정확한 것으로 추정되었다[Parnas, 1999].

16.5.3 유지보수성 보장

인도 후 유지보수는 한 번의 노력으로 끝나는 것이 아니다. 잘 작성된 한 프로덕트는 생명주기 동안에 일련의 버전으로 발전해간다. 결과적으로 전체 소프트웨어 프로세스 동안에 인도 후 유지보수에 대한 계획이 필요하다. 예를 들어 설계 워크플로 동안에 정보 은닉 기법(7.6절)들이 채택된다. 구현 동안에는 변수 이름들이 미래의 유지보수 프로그래머들에게 의미 있는 것으로 줄 수 있게 선택된다(15.3절). 문서화는 프로덕트의 모든 컴포넌트 코드 산출물의 현재 버전이 완전하게, 정확하게 반영되게 해야 한다.

  인도 후 유지보수 동안에 프로덕트를 구축하는 초기부터 유지보수성이 손상되지 않게 하는 것이 중요하다. 다른 말로 표현하면 소프트웨어 개발 인력은 항상 미래에 발생할 인도 후 유지보수를 의식해야 한다. 그래서 소프트웨어 유지보수 담당 인력도 미래의 인도 후 유지보수를 똑같이 의식해야 한다. 개발 동안에 유지보수성에 대해 설정된 원칙들은 인도 후 유지보수에도 똑같이 적용된다.

16.4.4 반복되는 유지보수 문제

프로덕트 개발의 보다 절망적인 어려움들 중에 하나는 대상이 항상 이동한다는 것이다(2.4절). 즉 이동 대상 문제(moving target problem) 때문에 그렇다. 개발자가 프로덕트를 급히 구축할 때 클라이언트가 요구사항을 변경하면 무슨 일이 발생하는가. 이것은 개발 팀을 좌절시킬 뿐만 아니라 잦은 변경은 프로덕트를 나쁘게 만든다. 추가로 이러한 변경은 프로덕트의 비용을 증가시킨다.

  문제는 인도 후 유지보수 동안에 악화된다. 완성된 프로덕트를 보다 많이 변경시키면, 프로덕트는 원래의 설계와 많이 다르게 되고, 또 변경시키는 것이 더욱 어렵게 된다. 반복되는 유지보수 시 문서화는 평소보다 신뢰할 수 없게 되고, 회귀 테스팅 파일은 갱신되지 않는다. 만약 아직도 많은 유지보수를 해야 한다면 전체적으로 프로덕트는 완전히 다시 구현해야 한다.

  이동 대상 문제는 분명히 관리적인 문제가 된다. 이론적으로 만약 관리자가 클라이언트와 함께 충분히 확인하고 또 프로젝트의 초반에 문제가 충분히 설명되면, 요구사항들은 프로덕트가 인도될 때까지 승인한 것은 변경되지 않는다. 다시 완전적 유지보수가 요청된 후에 요구사항은 3달 혹은 1년 동안 변경되지 않을 수 있다. 실제로 이러한 방식으로 수행되지는 않는다. 예를 들어 만약 클라이언트가 회사의 회장이고 개발 조직은 그 회사의 정보시스템부라면, 회장은 모든 것을 월요일과 화요일에 지시해도 그들은 그것을 구현할 것이다. 오래된 속담에 '비용을 부담하는 자가 결정권을 쥐게 마련'이란 말이 불행하게도 이 상황과 너무 관련이 있다. 아마 정보시스템 담당 부회장이 할 수 있는 최선책은 반복되는 유지보수의 프로덕트에 관한 영향을 회장에게 설명하는 것이고, 유지보수가 프로덕트의 완료성에 위험이 있을 때 완전한 프로덕트로 재구현하는 일이다.

요청된 변경이 구현되었는지 확인해서 추가 유지보수를 억제하려는 노력은 해당 작업을 준비한 다른 사람으로 교체시켜서 관련 인원의 효과를 갖게 한다. 간단히 말해서 만약 반복되는 변경을 요청한 사람이 상당한 영향력을 갖고 있다면 대상이 변동되는 문제에 대한 해결방안은 없다.

16.6

객체-지향 소프트웨어 유지보수

SOFTWARE

객체-지향 패러다임을 사용하는 많은 이유 중에 하나는 유지보수성을 증진시키는 데 있다. 결국 객체는 프로그램의 독립적인 단위이다. 보다 구체적으로 말하면 잘 설계된 객체는 개념적으로 독립적인 단위로서 다르게는 캡슐화(encapsulation)로 알려져 있다(7.4절). 객체로 모델화된 실세계의 부분과 연관된 프로덕트의 모든 측면은 객체 자체로 국한된다. 추가로 객체는 물리적인 독립을 나타낸다. 즉 정보 은닉은 구현의 세부 사항들이 객체 밖에서는 볼 수 없게 해준다(7.6절). 이에 허용된 통신 방법은 특정 메소드를 수행하는 객체에게 메시지를 전송시키는 방법밖에 없다.

결과적으로 이러한 논의를 진행하면 두 가지 이유 때문에 객체를 유지보수 하는 것이 쉬워진다. 개념적인 독립은 특정 유지보수 목적 즉, 기능 향상 또는 수정적 유지보수의 목적을 달성하기 위해 프로덕트의 어느 부분을 변경시켜야 하는지를 결정하는 게 쉬워진다. 둘째로, 정보 은닉은 객체에 가해진 변경으로 이 객체 외에는 영향을 미치지 않게 해서 회귀 결함의 수를 크게 감소시켜준다.

그러나 실제로 이러한 상황은 아주 이상적이지 않다. 사실 객체-지향 소프트웨어의 유지보수에는 세 가지 장애가 있다. 이 문제 중의 하나는 적합한 케이스 툴을 사용하면 해결될 수 있지만 나머지는 그리 쉽지가 않다.

1. 그림 16.1에서 보여준 C++ 클래스 계층을 고려해보자. displayNode 메소드는 클래스 **UndirectedTreeClass**에 정의되어 있고, **DirectedTreeClass**에 의해 상속을 받은 후 **Rooted TreeClass**에서 재정의된다. 이 재정의된 버전은 **BinaryTreeClass**와 **BalancedBinaryTreeClass**에 의해서 상속되고 **BalancedBinaryTreeClass**에서 이용된다. 그래서 유지보수 프로그래머는 **BalancedBinaryTreeClass**를 이해하기 위해 완전한 상속 계층을 조사해야 한다. 최악에 경우 이 계층은 그림 16.1의 선형 형태로 나타나지는 않고 일반적으로 프로덕트 전체에 흩어져 있

그림 16.1

클래스 계층의
C++ 구현

```
class UndirectedTree
{
    ...
    void displayNode (Node a);
    ...
}// class UndirectedTree
class DirectedTreeClass : public UndirectedTreeClass
{

    ...
}// class DirectedTreeClass
class RootedTreeClass : public DirectedTreeClass
{

    ...
    void displayNode (Node a);
    ...
}// class RootedTreeClass
class BinaryTreeClass : public RootedTreeClass
{

    ...
}// class BinaryTreeClass
class BalancedBinaryTreeClass : public BinaryTreeClass
{
    Node        hhh;
    displayNode (hhh);
}// class BalancedBinaryTreeClass
```

다. 그래서 displayNode가 **Balanced BinaryTreeClass**에서 무엇을 수행하는지 이해하기 위해 유지보수 프로그래머는 프로덕트의 주요 부분을 숙독해야 한다. 이것은 이 절의 앞부분에 서술한 '독립된' 객체로부터 나온 것이다. 이 문제에 대한 해결방안은 적합한 CASE 툴을 사용하면 간단하게 해결된다. C++ 컴파일러가 **BalancedBinaryTreeClass**의 인스턴스 내에서 displayNode의 버전을 정확하게 해결할 수 있는 것처럼 프로그래밍 workbench도 클래스의 'flattened' 버전을 제공할 수 있다. 특성을 갖는 클래스의 정의는 통합된 새로운 이름이나 새로운 정의도 명확하게 나타나게 직접 또는 간접적으로 상속된다. 그래서 그림 16.1에 있는 **BalancedBinaryTreeClass**의 평평한 형식(flattened form)은 **RootedTreeClass**로부터 displayNode의 정의를 포함한다.

2. 객체-지향 언어를 사용해 구현한 프로덕트의 유지보수에 두 번째 장애는 해결하기가 쉽지 않다. 이것은 7.8절에서 설명한 개념인 다형성과 동적 바인딩의 결과 때문에 발생한다. 예는 이 절에 주어졌다. 즉, 기저 클래스는 세 개의 서브 클래스 **DiskFileClass**, **TapeFileClass**, **DisketteFileClass**를 갖는 **FileClass**로 이름이 부여되었다. 이것은 그림 7.33(b)을 그림 16.2처럼 편리하게 다시 생성하였다. 기저클래스 **FileClass**에서 더미(**abstract** 또는 **virtual**) open 메소드가 선언되었다. 그래서 메소드의 특정 구현은 세 개의 서브 클래스 각각에 나타난다. 각 메소드는 그림 16.2에서 보여준 것처럼 같은 이름 open이 주어졌다. myFile이 **FileClass**의 인스턴스인 객체로 선언되고 유지보수 될 코드가 메시지 myFile.open()을 포함한다고 가정하자. 다형성과 동적 바인딩의 결과로서 실행 시 myFile은 **FileClass**의 파생 클래스인 디스크 파일, 테이프 파일, 디스켓 파일 중 어떤 것의 멤버가 될 것이다. 실행 시스템이 파생 클래스가 무엇인지 결정하면 open의 적합한 버전이 호출된다. 이것은 유지보수에 반대되는 결과를 가질 수

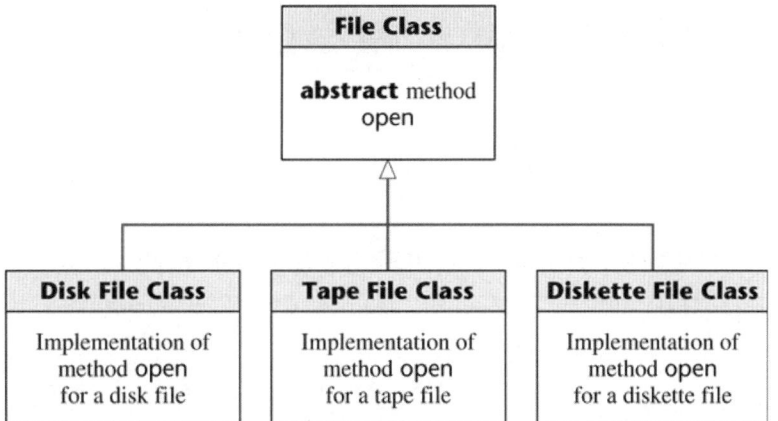

그림 16.2 파생된 클래스 DiskFileClass, TapeFileClass, 그리고 DisketteFileClass를 갖는 기저 클래스 FileClass의 정의

있다. 만약 유지보수 프로그래머가 코드에서 호출 myFile.open()을 만나면, 프로덕트의 해당 부분을 이해하기 위해서 그들은 만약 myFile이 세 개의 서브 클래스 각각의 인스턴스면 발생하는 것이 무엇인지 고려해야 한다. CASE 툴은 여기서 도움을 주지 못한다. 왜냐하면 일반적으로 정적 메소드를 사용해 동적 바인딩 문제를 다시 해결할 방법은 없다. 특정한 환경에서 많은 동적 바인딩 중에 실제 발생하는 것이 무엇인지 결정하는 방법은 코드를 추적하는 것인데, 이는 컴퓨터에 이를 실행시켜서 또는 수동으로 그것을 추적하는 방법만 있다. 다형성(polymorphism)과 동적 바인딩(dynamic binding)은 객체-지향 프로덕트의 개발을 촉진시키는 객체-지향 기술의 매우 강력한 측면이다. 그러나 이들은 유지보수 프로그래머에게 실행 시간에 발생할 다양한 바인딩을 조사하라고 또 코드에서 그 시점에 많은 메소드 중 어느 것을 호출하는지 결정하라고 강요해서 유지보수에 해로운 영향을 미칠 수가 있다.

3. 마지막 문제는 **상속성**의 결과로 발생한다. 기저 클래스는 새로운 프로덕트의 설계에 요구되는 대부분(모두는 아님)에 존재한다고 가정하자. 파생 클래스가 지금 정의된다. 즉, 많은 방법으로 기저 클래스와 같은 클래스, 그러나 새로운 특성이 추가되고 기존 특성은 새로 이름이 부여되고, 재구축되고, 또는 사실을 감추고, 다른 방법으로 변경된다. 더욱이 이들 변경은 기저 클래스나 어떤 파생 클래스에 어떤 영향을 미치지 않고 만들어지게 된다. 그러나 기저 클래스도 지금 변경된다고 가정하자. 만약 이런 일이 발생한다면, 모든 파생 클래스들은 같은 방법으로 변경된다. 다른 말로 표현하면 상속성의 강점은 새로운 잎새(leave)가 트리(tree)에서 어떤 다른 클래스를 바꾸지 않고 상속성 트리(또는 그래프, 만약 다중 상속성이 지원된다면)에 추가될 수 있다. 트리의 내부 노드가 어떤 방법으로 변경된다면, 이 변경은 모든 후손들(fragile base class problem)에게 전파된다.

따라서 상속성은 개발에 긍정적인 영향을 미칠 수 있는 객체-지향기술의 또 다른 특성이지만 유지보수에는 부정적인 영향을 미칠 수 있다.

16.7
인도 후 유지보수 스킬 대 개발 스킬

이 장의 앞부분에서 인도 후 유지보수에 필요한 스킬(skill, 숙련 기술)들에 관해 말했다.

- 수정적 유지보수를 위해 대형 프로덕트의 실패의 원인을 결정할 수 있는 능력은 꼭 필요하다고 생각된다. 그러나 이 스킬은 프로덕트 유지보수에만 꼭 필요한 것은 아니다. 이것은 통합과 프로덕트 테스팅에도 모두 사용 된다.
- 없어서는 안 될 또 다른 스킬은 적합한 문서화 없이 효과적으로 기능화 시키는 능력이다. 문서는 통합과 프로덕트 테스팅이 수행 중인 동안은 완성하기가 힘들다.
- 또한 분석, 설계, 구현, 테스팅 등에 관련된 스킬이 적응적 유지보수와 완전적 유지보수에 꼭 필요하다고 강조한다. 이들 활동들은 개발 프로세스 동안에 수행되고, 이들 각각이 정확하게 수행되려면 전문적인 스킬이 요구된다.

다른 말로 표현하면 인도 후 유지보수 프로그래머에게 필요한 스킬들은 소프트웨어 프로덕션의 다른 측면들에서 전문화된 소프트웨어 전문가들이 필요한 것과 같다. 핵심은 유지보수 프로그래머가 광범위한 다양한 영역에 기능화 될 필요는 없지만, 이들 모든 영역에 높은 스킬을 가져야 한다. 비록 평균적으로 소프트웨어 개발자가 설계나 테스팅과 같이 소프트웨어 개발의 한 영역에 전문화가 될 수는 있지만 소프트웨어 유지보수자는 소프트웨어 프로덕션의 모든 영역에 실질적인 전문가가 되어야 한다. 결국 인도 후 유지보수는 개발과 같다.

16.8
역 공학

이미 지적했듯이 인도 후 유지보수에 이용할 수 있는 문서는 소스 코드 자체 밖에 없을 때가 자주 있다(이것은 레거시 시스템들을 유지보수 할 때 너무 자주 발생한다. 즉 레거시 시스템(legacy system)이란 소프트웨어가 현재 사용되지만 15년 또는 20년 전에 개발된 시스템을 말한다). 이들 환경들에서 코드를 유지보수 하는 것은 매우 어렵다. 이 문제를 처리하는 한 가지 방법은 소스 코드로 시작해서 설계 문서들이나 명세들을 다시 생성하는 것이다. 이 프로세스를 **역 공학**(reverse engineering)이라고 부른다.

　CASE 툴들이 이 프로세스를 도와줄 수 있다. 가장 간단한 것 중 하나는 코드를 보다 분명하게 나타내는 데 도움을 주는 pretty printer이다(5.8절). 또 소스 코드로부터 직접 순서도나 UML다이어그램들과 같은 다이어그램을 구축하는 툴도 있다. 즉, 이들 시각적인 도구는 설계 회복(design recovery)의 프로세스에 도움을 줄 수 있다.

　　유지보수 팀이 설계를 재구축하면 여기에는 두 가지 가능성이 있다. 하나의 대안은 명세들을 재구축하는 것으로 필요한 변경을 반영하기 위해서 재구축된 명세들을 수정한 후 통상적인 방법으로 프로덕트를 재구축하는 것이다(역 공학의 문맥에서 보면, 분석에서 설계와 코드까지를 처리하는 일반적인 개발 프로세스는 **전진 공학**(forward engineering)이라고 부르고, 전진 공학의 역 공학 프로세스를 **재공학**(reengineering)이라고 부른다). 실제로 명세들의 재구축은 매우 어려운 작업이다. 그래서 재구축한 설계는 수정되고 수정된 설계는 전진 공학화가 된다.

　　유지보수 동안에 자주 수행되는 관련된 활동이 **재구축**(restructuring)이다. 그리고 역 공학은 프로덕트가 추상화의 하위 수준에서 추상화의 최상위 수준으로 수행된다. 그러나 재구축은 같은 수준에서 발생한다. 이것은 이것의 기능성의 변경 없이 프로덕트를 개선하는 프로세스이다. Pretty printing은 재구축의 한 형식이다. 따라서 비구조적인 형식(unstructured form)을 구조적 형식(structured form)으로 코드를 변환하는 것이다. 일반적으로 재구축은 소스 코드(또는 설계, 또는 데이터베이스)의 유지보수를 쉽게 하기 위해서 수행된다. 애자일 프로세스(2.9.5절)가 사용될 때, **리팩토링**(refactoring)이라고 알려진 설계 수정은 재구축의 다른 예이다.

　　최악의 상황은 소스 코드를 잃어버렸거나 프로덕트의 실행 가능한 버전만 이용할 수 있을 때 발생한다. 소스 코드를 재생성하는 가능한 방법은 어셈블러 코드를 생성하기 위해 어셈블러가 아닌 것을 사용한 후 원래 고급 언어를 재생성하기 위해 툴(역 컴파일러 (reverse compiler)라고 부름)을 구축한다. 이 접근법에는 넘을 수 없는 많은 문제들이 있다.

- 변수들의 이름들은 원래 컴파일 한 결과로서 잃어버리게 된다.
- 많은 컴파일러는 소스 코드를 재생성하는 데 매우 어려운 방법으로 코드를 최적화한다.
- 어셈블러에서 loop와 같은 구조는 소스 코드에서 가능한 많은 구조와 일치할 수 있다.

　　실제로 기존의 프로덕트는 블랙-박스로 취급되고 역 공학은 현재 프로덕트의 행위로부터 명세들을 추론하는 데 사용된다. 재구축 명세들은 요구대로 수정된 것이고 프로덕트의 새 버전은 전진 공학화 된 것이다.

16.9
인도 후 유지보수 동안 테스팅

프로덕트가 개발되는 동안 개발팀의 많은 멤버는 프로덕트 전체의 개관을 폭넓게 알고 있어야 한다. 그러나 회사에서 조급한 인원 교체로 인해 유지보수 팀의 멤버가 본래의 개발에 직접 참여한 경우는 드물다. 그래서 유지보수자는 느슨하게 관련된 컴포넌트들의 집합으로 프로덕트를 보는 경향이 있고 또 일반적으로 하나의 코드 산출물에 대한 변경이 한 개나 그 이상의 많은 다른 코드 산출물들에 그리고 전체 프로덕트에 심각하게 영향을 미치는 것을 인식하지 못하는 경향이 있다.

유지보수자가 프로덕트의 모든 측면을 이해하기를 원하는 경우에도 프로덕트를 수정하고, 확장하라는 압력은 이것을 달성하는 데 필요한 세부적인 연구 시간이 현실적으로 없다. 더욱이 대부분의 경우 프로덕트를 이해하는 데 도움을 줄 문서도 거의 없다. 이러한 어려움을 최소화시키는 한 방법으로 회귀 테스팅을 이용한다. 즉, 아직도 정확하게 작업되는지 확인하기 위해 이전의 테스트 케이스들로 변경된 프로덕트를 테스팅 하는 것이다.

이러한 이유 때문에 기계가 읽을 수 있는 형식으로 그들이 기대했던 결과와 함께 모든 테스트 케이스들을 저장하는 것은 아주 중요하다. 즉 프로덕트에 가해진 변경들의 결과로 인해 저장된 테스트 케이스들도 수정돼야 한다. 예를 들어 만약 보류되는 급여의 비율이 세금 입법의 결과로 변경된다면, 억제와 관련된 각 테스트 케이스에 대한 급여 프로덕트의 출력도 변경되어야 한다. 유사하게 만약 위성 관측이 섬의 위도와 적도에서 변경을 이끌어냈다면, 그 섬의 좌표를 사용해 비행기의 위치를 계산하는 프로덕트의 정확한 출력도 이에 상응되게 변경되어야만 한다. 수행되는 유지보수에 따라 어떤 타당한 테스트 케이스들도 쓸모가 없게 된다. 그러나 저장된 테스트 케이스들에 수정을 가하는데 필요한 계산은 유지보수가 정확하게 수행되었는지 체킹 하기 위해 새로운 테스트 데이터를 설정하기 위해 만들어지는 것도 같은 계산이 된다. 테스트 케이스들과 그들의 기대 결과들의 파일을 유지보수 하는 데 관련된 추가 작업은 없다.

회귀 테스팅은 시간 낭비라는 주장도 있다. 왜냐하면 회귀 테스팅은 테스트 케이스들의 전체 집단에 반대로 다시 테스트 할 완전한 프로덕트를 요구한다. 분명히 프로덕트 유지보수의 과정에서 수정된 코드 산출물들과 같이 할 것은 없다. 이전 문구에서 단어 apparently는 중요하다. 논쟁이 타당하기에 유지보수의 자신도 모르는 부작용의 위험(즉 도입부에 회귀 결함같은)은 너무 크다. 그래서 회귀 테스팅은 모든 상황들의 유지보수에 필수적인 요소이다.

16.10
인도 후 유지보수용 CASE 툴

SOFTWARE

유지보수 프로그래머들이 여러 번의 교정을 수동으로 추적하길 기대하고 또 코드 산출물이 갱신될 때마다 다음 교정을 책임지라고 하는 것은 부당하다. 운영체제는 버전 관리 즉, UNIX 툴 sccs(소스 코드 관리 시스템)[Rochkind, 1975]와 rcs(교정 관리 시스템)[Tichy, 1985]와 같은 버전 관리 툴이 필요하다. 5장에서 서술한 냉동 기법(freezing technique)의 수동 제어나 교정이 적절하게 갱신되었는지 확인하는 다른 수동 방법을 기대하는 것도 부당하다. 필요한 것은 형상-관리 툴(configuration-control tool)이다. 가장 잘 알려진 오픈소스 형상 관리 툴은 CVS(concurrent version system)[Loukides and Oram, 1997]와 Subversion이다. 상용화된 대표적인 툴은 CCC (change and configuration control)와 IBM Rational ClearCase이다. 비록 소프트웨어 조직이 완전한 형상-관리 툴을 구입하길 원하지 않는 경우에도 최소한 빌드 툴(build tool)만은 버전 관리 툴과 결합시켜 사용해야 한다. 인도 후 유지보수 동안에 꼭 필요한 다른 툴은 아직 수정되지 않은 보고된 결점들의 기록을 유지하고 있는 결점 추적 툴(defect tracking tool)이다.

16.8절에는 역공학과 재공학에 도움을 줄 수 있는 CASE 툴의 부류가 서술되어 있다. 프로덕트의 구조를 시각적인 모습으로 표현하는 데 도움을 주는 툴에는 Rational Rose와 Together가 있다. Doxygen은 이 종류의 오픈-소스 툴이다.

결점 추적은 인도 후 유지보수의 중요한 측면이다. 이는 모든 보고된 결점의 현재 상태를 결정하는 데 중요하다. IBM Rational ClearQuest는 상용 **결점-추적 툴**이고 Bugzilla는 대중적인 오픈-소스 툴이다. 이러한 툴들은 결점의 심각성(16.5.1절)과 그의 상태(결점이 해결되었는지 안 되었는지를)를 기록하는 데 사용된다. 추가로 어떤 결점-추적 툴들은 형상-관리 툴에 연계되어 새로운 버전이 구축될 때 유지보수 프로그래머가 구축에 포함된 해결에 대한 특정 결점 보고서를 선택할 수 있게 해준다.

인도 후 유지보수는 어렵고 당혹스러운 일이다. 관리자가 우선해야 할 일은 유지보수 팀에게 효율적이고 효과적인 프로덕트 유지보수가 될 수 있게 툴을 제공하는 것이다.

16.11
인도 후 유지보수용 척도

SOFTWARE

인도 후 유지보수의 활동들은 본래 분석, 설계, 구현, 테스팅, 문서화 등이다. 그러면 이들 활동들을 측정하는 척도는 유지보수에도 똑같이 적용할 수 있다. 예를 들어 15.13.2절에 있는 복잡도 척도는 높은 복잡도를 가진 코드 산출물이 회귀 결함을 야기할 확률이 크기 때문에 유지보수와 관련이 된다. 특히, 이와 같은 코드 산출물을 수정할 때는 특히 주의를 해야 한다.

추가로 인도 후 유지보수에 한정된 척도들은 심각성(severity)과 유형(type)으로 이들 결점들의 부류와 보고된 결점의 전체 수와 같이 소프트웨어 결점 보고들에 관련된 측정을 포함한다. 추가로 결점 보고들의 현재 상태에 관한 정보도 필요하다. 예를 들어 2006년 동안에 보고되어 수정된 13개의 중요한 결점들과 어느 해 동안에 보고된 두 개의 중요한 결점이 있으나 수정된 것이 없다는 것과는 상당한 차이가 있다.

16.12
인도 후 유지보수: The MSG Foundation Case Study

SOFTWARE

MSG Foundation 사례 연구의 소스 코드에서 많은 결함들이 발견되었다. 추가로 완적적 유지보수가 수행되어야 한다. 이들 6개의 유지보수 태스크들은 연습문제에서 볼 수 있다(문제 16.16부터 16.21까지).

16.13
인도 후 유지보수의 난제

SOFTWARE

이 장은 인도 후 유지보수의 많은 난제들을 서술하고 있다. 일반적으로 유지보수가 개발보다 어렵다는 것은 변경이 아주 어렵다는 의미이다. 아직도 유지보수 프로그래머들은 개발자들에게 경시당하고 또 개발자들보다 아주 적은 급여를 받고 있다.

복습

이 장은 개발과 유지보수의 비교로 시작된다(16.1절). 인도 후 유지보수는 중요하고 도전해야 하는 소프트웨어 활동이다(16.2과 16.3절). 이것은 16.4절의 미니 사례 연구로 설명된다. 유지보수의 관리와 연관된 이슈들은 반복되는 인도 후 유지보수의 문제(16.5.4절)를 포함시켜 서술되어 있다(16.5절). 객체-지향 소프트웨어의 인도 후 유지보수는 16.6절에서 논의된다. 유지보수 프로그래머에게 필요한 스킬은 개발자의 기술과 동등하게 요구된다. 즉 이들의 차이는 개발자는 소프트웨어 프로세스의 한 측면에 전문가가 되어야 하나 유지보수자는 모든 측면의 전문가가 되어야 한다(16.7절). 역 공학에 관한 서술은 16.8절에 있다. 그 다음에는 인도 후 유지보수 동안에 테스팅(16.9절)과 유지보수용 CASE 툴(16.10절)이 서술되어 있다. 인도 후 유지보수에 대한 척도는 16.11절에서 논의되었다. 16.12절에서 논의된 MSG Foundation 사례 연구의 인도 후 유지보수는 연습문제에 있다. 이 장은 인도 후 유지보수의 난제들에 대한 논의로 마무리 된다(16.13절).

관련 자료

인도 후 유지보수에 관련된 고전적 정보 자원은 아직도 그 결과에 일부 의문점은 있지만 [Lientzer Swanson, Tompkins, 1978]에 있다('알고 싶은 사항 1.3' 참조). 회귀 테스트 케이스 선택은 [Harrold, Rosenblum, Rothermel, Weyuker, 2001]에서 논의되었고 [Rothermel, Untch, Chu, Harrold, 2001]에서는 회귀 테스트 케이스들의 우선순위가 설정되어 있다. 인도 후 유지보수 동안 필요한 직원 채용을 측정하는 방법은 [Antonio, Cimitile, Di Lucca, and Di Penta, 2004]에서 논의된다.

September 2005 issue of Journal of Systems and Software에는 역공학에 대한 많은 논문이 있다. Fioravanti와 Nesi[2000]은 적응적 유지보수 노력을 추정하는 척도들을 제안했다. 레거시 시스템들의 이해력 문제들은 [Rajlich, Wilde, Buckellew, Page, 2001]에서 논의 되었다. 재공학의 문맥 내에서 추적성의 중요성은 [Ebner and Kaindl, 2002]의 주제였다. 유지보수성의 문맥 내에서 척도들의 사용은 [Bandi, Vaishnvi, Turk, 2003]에서 논의되었다. 오픈-소스 소프트웨어의 유지보수에서 발생할 수 있는 문제들은 [Samoladas, Stamelos, Angelis, and Oikonomou, 2005]에서 보여준다. 실시간 감시자로부터 소프트웨어 프로덕트의 아키텍처를 추출하는 것은 [Schmerl et al., 2006]에서 논의되었다. 개발자가 익숙하지 않은 코드의 이해를 얻는 방법은 [Ko, Myers, Coblenz, and Aung, 2006]과 [Sillito, Murphy, and De Volder, 2008]에서 보여준다. 유지보수 동안 테스트 집합의 크기는 상당히 증가할 수 있다. 하지만 테스트 케이스들의 토대는 결함 발견을 효과적으로 줄일 수 있다. 이 이슈는 [Jeffrey and Gupta, 2007]에서 다룬다.

Briabd, Bunse, Daly[2001]는 객체-지향 설계들의 유지보수성을 논의했다. 인도 후 유지보수에 대한 설계 패턴 문서화에 대한 영향은 [Prechelt, Unger-Lamprecht, Philippsen, Tichy, 2002]에 서술되어 있다. 객체-지향 소프트웨어의 유지보수성은 [Lim, Jeong, and Schach, 2005]와 [Freeman and Schach, 2005]에서 논의된다. 유지보수에서 UML 다이어그램의 영향은 [Arisholm, Briand, Hove, and Labiche, 2006]에서 논의되고, 비용과 이익은 [Dzidek, Arisholm, and Briand, 2008]에서 논의되었다. 산출물들 사이에 일관성을 보장하는 동안 점진적인 소프트웨어 유지보수를 지원하는 툴은 [Reiss, 2006]에서 논의되었다. 객체-지향 소프트웨어의 유지보수 비용을 줄여주는 자동화된 재구축은 [O'Keeffe and O Cinneide, 2008]에서 제안되었다. 인도 후 유지보수(개발 동안과는 아주 다른)에서 결함이 있기 쉬운 클래스들을 식별하는 소프트웨어 척도들의 효과성에 부족은 [Shatnawi and Li, 2008]에서 논의되었다.

소프트웨어 유지보수에 대한 논문은 September 2006 issue of IEEE Transactions on Software Engineering에서 보여준다. [Briand, Labiche, and Leduc, 2006]은 특히 흥미롭다. International Conference on Software Maintenance and Evolution을 포함하여 Proceeding of the annual Conference on Software Maintenance and Reengineering은 유지보수의 모든 측면들에 대한 기반 정보들을 갖고 있다.

연습 문제

16.1 자주 인도 후 소프트웨어 유지보수가 소프트웨어 개발보다 아래 단계라고 생각하는 것은 실수라고 하는데 왜 그렇다고 생각하는가?

16.2 컴퓨터에 바이러스가 없는지 결정하는 프로덕트를 고려해보자. 이러한 프로덕트는 왜 많은 모듈에 다양한 변경을 해야 하는지 설명하라. 인도 후 유지보수에 대한 함축적 의미는 무엇인가? 문제들은 어떻게 해결하는가?

16.3 문제 8.7의 자동 라이브러리 순환 시스템과 은행 문(bank statement)이 정확한지 점검하는 문제 8.8의 프로덕트, 문제 8.9의 ATM을 문제 16.2처럼 다시 풀어보아라.

16.4 결함들은 일반적으로 긴급, 주요, 단순, 경시로 분류된다. 문제 8.9의 ATM을 고려해 보자. 해당 카테고리에 적합하도록 결함의 대표적인 카테고리들에 대한 예제를 제시하라.

16.5 당신이 문제 16.4에서 목록화한 각 결함에 대해 결함을 피하는 방법을 제안하라.

16.6 당신은 대형 소프트웨어 조직에서 인도 후 유지보수를 담당하는 매니저이다. 새로 종업원을 고용했을 때 당신이 제공할 자료는 무엇인가?

16.7 한 명의 소프트웨어 생성 조직을 위한 인도 후 유지보수는 대형 조직과 어떻게 다른가?

16.8 당신은 전산화한 결점 보고 파일을 구축해 달라는 요청을 했다. 파일에는 무슨 종류의 데이터를 저장해야 하는가? 당신이 갖고 있는 툴로 무슨 질의에 대답할 수 있는가? 대답할 수 없는 것은 무엇인가?

16.9 당신은 Ye Olde Fashioned Software Corporation 소프트웨어 유지보수 담당 부회장으로부터 메모를 받았다(문제 15.29). 즉 미래의 Olde Fashioned는 천만 줄의 COBOL 85 코

드를 유지보수 해야 되고 이러한 인도 후 유지보수용 CASE 툴에 자문해 달라고 요청을 받았다. 무엇이라고 응답해야 하는가?

16.10 이제 당신은 천만 줄의 COBOL 85 코드를 COBOL 2002나 C++/Java같은 객체-지향 언어로 재구축하라고 제시를 받았다. COBOL 2002나 C++/Java? 둘 중 어느 것을 선택하겠는가? 간략하게 답변하라.

16.11 만약 Ye Olde Fashioned Software Corporation이 COBOL 2002로 그들의 코드를 재구현하기로 결정했다면(문제 16.10), 당신은 어떤 전략을 전개할 것인가?

16.12 만약 Ye Olde Fashioned Software Corporation이 C++/Java로 그들의 코드를 재구현하기로 결정했다면(문제 16.10), 당신은 어떤 전략을 전개할 것인가?

16.13 문제 16.11과 16.12에 대한 당신의 답변에서 재사용되는 기능은 무엇인가?

16.14 문제 16.11과 16.12에 대한 당신의 답변에서 이식되는 기능은 무엇인가?

16.15 (Term Project) 부록 A에 Chocoholics Anonymous에 대해 프로덕트를 서술된 것처럼 정확히 구현하였다고 가정하자. 이제 프로덕트는 제공자들로서 내분비학자를 추가하도록 수정한다. 프로덕트를 무슨 방법으로 변경시켜야 하는가? 모든 것을 무시하고 처음부터 다시 시작하는 것이 좋은가? 문제 1.20에서 주어진 대답과 당신의 대답을 비교하라.

16.16 (Case Study) 11.6절에 예제 모기지 데이터를 이용하여, 15.8절의 구현을 테스트 하고 그것을 수정하라. 만약 필요하다면, 정확한 결과들을 생성하라.

16.17 (Case Study) 한 부부가 MSG Foundation에서 주당 총 소득의 26% 이상 절대 지급받을 수 없도록(현재 규정된 28%에서) MSG Foundation의 요구사항들이 변경되었다고 가정하자. 15.8절의 구현에서 얼마나 많은 곳이 변경되어야 하는가?

16.18 (Case Study) MSG Foundation은 이제 주 단위보다 월 단위로 운용하도록 결정했다. 그에 맞춰 15.8절의 구현을 수정하라.

16.19 (Case Study) 15.8절의 구현에 있는 메뉴-중심 입력 루틴을 GUI로 교체시켜라.

16.20 (Case Study) 15.8절의 구현을 텍스트 파일 대신 랜덤 액세스 바이너리 파일을 이용하여 수정하라.

16.21 (Case Study) 15.8절의 구현을 웹-기반으로 만들기 위해 수정하라.

16.22 (Case Study) 15.8절의 구현을 텍스트 파일 대신에 데이터베이스를 이용하기 위해 수정하라.

16.23 (Readings in Software Engineering) 당신의 교습자는 논문 [Freeman and Schach, 2005]의 복사본을 배포할 것이다. 당신은 이 논문이 객체-지향에 유지보수성을 촉진시키는지 문제를 해결한다고 생각하는가? 간략하게 답변하라.

참고 문헌

[Antoniol, Cimitile, Di Lucca, and Di Penta, 2004] G. ANTONIOL, A. CIMITILE, G. A. DI LUCCA, AND M. DI PENTA, "Assessing Staffing Needs for a Software Maintenance Project through Queuing Simulation," *IEEE Transactions on Software Engineering* **30** (January 2004), pp.43-58.

[Arisholm, Briand, Hove, and Labiche, 2006] E. ARISHOLM, L. C. BRIAND, S. E. HOVE, AND Y. LABICHE, "The Impact of UML Documentation on Software Maintenance: An Experimental Evaluation," *IEEE Transaction on Software Engineering* **32** (June 2006), pp. 365-81.

[Bandi, Vaishnavi, and Turk, 2003] R. K. BANDI, V. K. VAISHNAVI, AND D. E. TURK, "Predicting Maintenance Performance Using Object-Oriented Design Complexity Metrics," *IEEE Transactions on Software Engineering* **29** (January 2003), pp. 77-87.

[Briand, Bunse, and Daly, 2001] L. C. BRIAND, C. BUNSE, AND J. W. DALY, "A Controlled Experiment for Evaluating Quality Guidelines on the Maintainability of Object-Oriented Designs," *IEEE Transactions on Software Engineering* **27** (June 2001), pp. 513-30.

[Briand, Labiche, and Leduc, 2006] L. C. BRIAND, Y. LABICHE, AND J. LEDUC, "Toward the Reverse Engineering of UML Sequence Diagrams for Distributed Java Software," *IEEE Transaction on Software Engineering* **32** (September 2006), pp. 642-63.

[Dzidek, Arisholm, and Briand, 2008] W. J. DZIDEK, E. ARISHOLM, AND L. C. BRIAND, "A Realistic Empirical Evaluation of the Costs and Benefits of UML in Software Maintenance," *IEEE Transaction on Software Engineering* **34** (May-June 2008), pp. 407-32.

[Ebner and Kaindl, 2002] G. EBNER AND H. KAINDL, "Tracing All Around in Reengineering," *IEEE Software* **19** (May/June 2002), pp. 70-77.

[Fioravanti and Nesi, 2001] F. FIORAVANTI AND P. NESI, "Estimation and Prediction Metrics for Adaptive Maintenance Effort of Object-Oriented Systems," *IEEE Transactions on Software Engineering* **27** (December 2001), pp. 1062-84.

[Freeman and Schach, 2005] G. L. FREEMAN, JR. AND S. R. SCHACH, "The Task-Dependent Nature of the Maintenance of Object-Oriented Programs," Journal of Systems and Software 76 (May 2005), pp. 195-206.

[Harrold, Rosenblum, Rothermel, and Weyuker, 2001] M. J. HARROLD, D. ROSENBLUM, G. ROTHERMEL, AND E. WEYUKER, "Empirical Studies of a Prediction Model for Regression Test Selection," *IEEE Transactions on Software Engineering* **27** (March 2001), pp. 248-63.

[Jacobson, Booch, and Rumbaugh, 1999] I. JACOBSON, G. BOOCH, AND J. RUMBAUGH, *The Unified Software Development Process*, Addison-Wesley, Reading, MA, 1999.

[Jeffrey and Gupta, 2007] D. JEFFREY AND N. GUPTA, "Improving Fault Detection Capability by Selectively Retaining Test Cases during Test Suite Reduction," *IEEE Transaction on Software Engineering* **33** (February 2007), pp. 108-23.

[Ko, Myers, Coblenz, and Aung, 2006] A. J. KO, B. A. MYERS, M. J. COBLENZ, AND H. H. AUNG, "An Exploratory Study of How Developers Seek, Relate, and Collect Relevant Information during Software Maintenance Tasks," *IEEE Transaction on Software Engineering* **32** (December 2006), pp. 971-87.

[Lientz, Swanson, and Tompkins, 1978] B. P. LIENTZ, E. B. SWANSON, AND G. E. TOMPKINS, "Characteristics of Application Software Maintenance," *Communications of the ACM* **21** (June 1978), pp. 466-71.

[Lim, Jeong, and Schach, 2005] J. S. LIM, S. R. JEONG, AND S. R. SCHACH, "An Empirical Investigation of the Impact of the Object-Oriented Paradigm on the Maintainability of Real-World Mission-Critical Software," *Journal of Systems and Software* **77** (August 2005), pp. 131-38.

[Lotto, 1515] L. LOTTO, *Giovanni Agostino della Torre and his Son*, Nicolò, oil on canvas, 1515, **www.nationalgallery.org.uk/cgi-bin/WebObjects.dll/CollectionPublisher.woa/wa/largeImage?workNumber=NG699**.

[Loukides and Oram, 1997] M. K. LOUKIDES AND A. ORAM, *Programming with GNU Software*, O'Reilly and Associates, Sebastopol, CA, 1997.

[O'Keeffe and Ó Cinnéide, 2008] M. O'KEEFFE AND M. Ó CINNÉIDE, "Software Reliability Prediction by Soft Computing Techniques," *Journal of Systems and Software* **81** (April 2008), pp. 502-16.

[Parnas, 1999] D. L. PARNAS, "Ten Myths about Y2K Inspections," *Communications of the ACM* **42** (May 1999), p. 128.

[Pigoski, 1996] T. M. PIGOSKI, *Practical Software Maintenance: Best Practices for Managing Your Software Investment*, John Wiley and Sons, New York, 1996.

[Prechelt, Unger-Lamprecht, Philippsen, and Tichy, 2002] L. PRECHELT, B. UNGER-LAMPRECHT, M. PHILIPPSEN, AND W. F. TICHY, "Two Controlled Experiments Assessing the Usefulness of Design Pattern Documentation in Program Maintenance," *IEEE Transactions on Software Engineering* **28** (June 2002), pp. 595-606.

[Rajlich, Wilde, Buckellew, and Page, 2001] V. RAJLICH, N. WILDE, M. BUCKELLEW, AND H. PAGE, "Software Cultures and Evolution," *IEEE Computer* **34** (September 2001), pp. 24-28.

[Reiss, 2006] S. P. REISS, "Incremental Maintenance of Software Artifacts," *IEEE Transaction on Software Engineering* **32** (September 2006), pp. 682-97.

[Rochkind, 1975] M. J. ROCHKIND, "The Source Code Control System," *IEEE Transactions on Software Engineering* **SE-1** (October 1975), pp. 255-65.

[Rothermel, Untch, Chu, and Harrold, 2001] G. ROTHERMEL, R. H. UNTCH, C. CHU, AND M. J. HARROLD, "Prioritizing Test Cases for Regression Test Cases," *IEEE Transactions on Software Engineering* **27** (October 2001), pp. 929-48.

[Samoladas, Stamelos, Angelis, and Oikonomou, 2005] I. SAMOLADAS, I. STAMELOS, L. ANGELIS, AND A. OIKONOMOU, "Open Source Software Development Should Strive for Even Greater Code Maintainability," *Communication of the ACM* **47** (October 2004), pp. 83-87.

[Schmerl et al., 2006] B. SCHMERI, J. ALDRICH, D. GARAN, R. KAZMAN, AND H. YAN, "Discovering Architectures from Running Systems," *IEEE Transaction on Software Engineering* **32** (July 2006), pp. 454-66.

[Shatnawi and Li, 2008] R. SHATNAWI AND W. LI, "The Effectiveness of Software Metrics in Identifying Error-Prone Classes in Post-Release Software Evolution Process," *Journal of Systems and Software* **81** (November 2008), pp. 1868-82.

[Sillito, Murphy, and De Volder, 2008] J. SILLITO, G. C. MURPHY, AND K. DE VOLDER, "Asking and Answering Questions during a Programming Change Task," *IEEE Transaction on Software Engineering* **34** (July-August 2008), pp. 434-51.

[Tichy, 1985] W. F. TICHY, "RCS-A System for Version Control," *Software-Practice and Experience* **15** (July 1985), pp. 637-54.

제17장

UML의 세부 사항

학습목표

이 장을 학습하면 다음 사항들을 습득하게 된다.

● UML의 유스 케이스, 클래스 다이어그램, 노트, 유스-케이스 다이어그램, 상호작용 다이어그램, 상태 차트, 액티비티 다이어그램, 패키지, 컴포넌트 다이어그램, 배치 다이어그램을 사용해 소프트웨어 모델을 만들 수 있게 된다.

● UML은 방법론이 아니라 언어라는 것을 인식하게 된다.

이 책의 과정에서 UML[Booch, Rumbaugh, Jacobson, 1999]의 다양한 구성요소들이 소개되었다. 클래스 다이어그램(class diagrams), 상속성(inheritance), 집합(aggregation), 연관(association)들에 대한 표기법은 이미 7장에서 소개되었다. 그리고 11장에서는 유스 케이스(use case), 유스-케이스 다이어그램(use-case diagram), 노트(note)가 소개되었고, 13장에서는 상태 차트(statechart), 상호작용 다이어그램(interaction diagram), 순차 다이어그램(sequence diagram)이 추가되었다.

이러한 UML의 구성요소에 대한 소개는 이 책의 내용을 이해하는 데 큰 도움을 준다. 또한 이 책에 나온 모든 연습문제를 풀 때와 부록 A의 학기말 프로젝트를 수행하는 데 큰 도움을 준다. 그러나 불행하게도 실세계의 소프트웨어 프로덕트들은 MSG Foundation 사례 연구나 부록 A의 학기말 프로젝트보다 훨씬 규모가 크고 복잡하다. 따라서 이 장에서는 UML에 대한 더 많은 자료들을 제시한다. 이러한 UML 자료들은 실제 사회에 진출하기 위한 준비가 된다.

이 장을 읽기 전에 다음 사항에 주의하라. 모든 최신 컴퓨터 언어들처럼 UML도 끊임없이 변화되고 발전하고 있다. 이 책이 집필될 때 UML의 최신 버전은 버전 2.0이었다. 그러나 이 책을 읽고 있는 현재 시점에는 UML의 몇몇 내용들이 변경되었을 수도 있다. '알고 싶은 사항 3.2'에서 이미 설명했듯이 UML은 OMG(Object Management Group)의 관리를 받고 있다. 학습을 시작하기 전에 OMG 웹 사이트인 www.omg.org에서 UML의 갱신 사항들을 확인하는 것도 좋은 생각이다.

UML은 방법론이 아니다

SOFTWARE

UML을 세부적으로 살펴보기 전에 우선 UML이 무엇인지, 그리고 UML이 아닌 것은 무엇인지 정확히 정의하는 것이 중요하다. UML은 Unified Modeling Language의 머리글자이다. 즉 UML은 언어(language)인 것이다. 예를 들어 영어와 같은 언어를 고려해보자. 영어는 소설, 백과사전, 시, 기도, 뉴스 보도, 그리고 소프트웨어 공학에 대한 교과서를 집필할 때 사용된다. 즉 언어는 아이디어들을 표현하는 도구이다. 언어는 그 언어를 이용하여 아이디어를 서술할 때 그 유형이나 방법을 제약하지 않는다.

UML은 언어이기 때문에 전통적인 패러다임을 이용해 개발한 소프트웨어를 서술하는 데 사용될 수 있다. 뿐만 아니라 Unified Process를 포함한 여러 종류의 객체-지향 패러다임을 사용해 개발한 소프트웨어를 서술하는 데도 사용될 수 있다. 다르게 표현하면 UML은 방법론이 아니라 표기법(notation)이다. 즉 UML은 어떠한 방법론과도 결합시켜 사용할 수 있는 표기법인 것이다.

사실 UML은 단순한 표기법이 아니다. 즉 UML을 사용하지 않고 소프트웨어를 설명하는 최근의 소프트웨어 공학 서적을 상상하는 것은 어렵다. UML은 세계 표준이 되었고, UML에 익숙하지 않은 사람은 오늘날 소프트웨어 전문가로서의 역할을 수행하기가 어렵게 되었다.

이 장의 제목은 'UML의 세부 사항'이다. 소프트웨어 공학에서 UML의 중요성을 고려해볼 때, 모든 UML의 내용을 이 장에 서술하는 것이 필요하다. 하지만 UML 버전 2.0에 대한 매뉴얼의 분량은 거의 1,200페이지 정도가 된다. 즉 교재의 한 장으로 UML을 완벽하게 다룬다는 것은 거의 불가능한 일이다. 그래서 UML의 모든 측면을 세세하게 이해하지는 못하더라도 유능한 소프트웨어 전문가가 되는 것은 가능할까?

가능하다. UML이 언어이기 때문이다. 영어는 100,000개 이상의 단어들을 포함하고 있지만 대부분의 사람들은 전체 영어 단어 중 일부만 사용해서 완벽하게 영어를 구사한다. 이 장에서는 UML의 전체는 아니지만 소프트웨어 전문가가 되는데 요구되는 모든 유형의 UML 다이어그램들과 각 다이어그램의 다양한 선택 사항들을 소개한다. 이미 7, 11, 12, 13장에서 UML의 일부가 소개되었다. 이 내용들은 각 장의 내용을 이해하는 데 적합한 것이었다. 이 장에서는 UML의 주요 구성 요소들을 전체적으로 다룬다. 이 내용들 역시 소프트웨어 프로덕트들을 개발하고 유지보수할 때 적절하게 이용될 것이다.

그림 17.1 가장 간단한 형태의 클래스 다이어그램

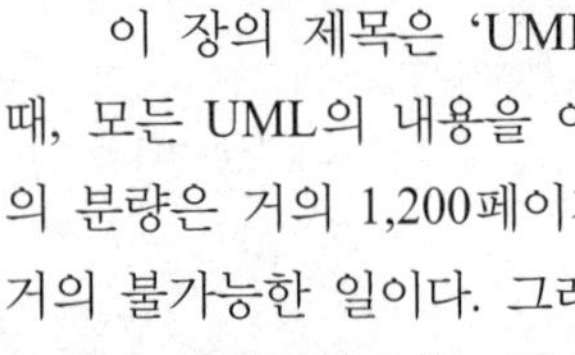

Bank Account Class

그림 17.2 그림 17.1에 속성과 두 개의 오퍼레이션이 추가된 클래스 다이어그램

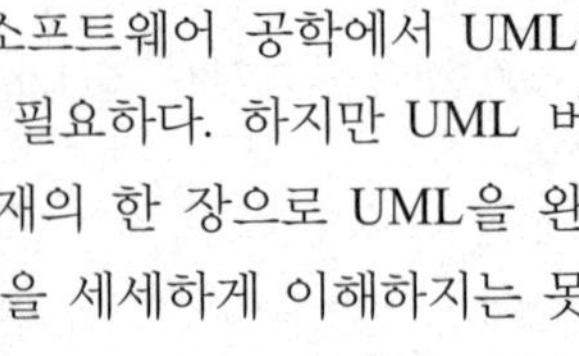

Bank Account Class
accountBalance
deposit ( ) withdraw ( )

17.2
클래스 다이어그램

그림 17.1은 가장 간단한 형태의 **클래스 다이어그램**을 보여준다. 이것은 **Bank Account Class**를 묘사하고 있다. **Bank Account Class**에 대한 세부 사항은 그림 17.2의 클래스 다이어그램에서 보여준다. UML의 핵심 측면은 그림 17.1과 그림 17.2 모두가 유효한 클래스 다이어그램이라는 것이다. 즉 UML은 반복과 점진을 효과적으로 표현하기 위해 간단한 세부 사항의 클래스와 자세한 세부 사항의 클래스를 모두 유효한 클래스로 간주한다. 그래서 UML에서는 클래스 표기에 상당한 자유를 제공한다.

표기법의 자유는 객체들에게 확장된다. Bank Account Class의 특정 객체 하나를 표기할 때 **bank account**로 이용할 수 있다. 공식적인 UML 표기법은 다음과 같다.

bank account : Bank Account Class

여기서 **bank account**는 객체이면서 **Bank Account Class**의 인스턴스(instance)이다. 자세히 설명하면 밑줄은 객체를, 콜론(:)은 '~의 인스턴스'를, 굵은 글자체의 첫 문자를 대문자로 표기한 **Bank Account Class**는 클래스를 나타낸다. 물론 UML은 의미상 모호성이 없는 경우, 더 짧은 표기법인 **bank account**를 사용해도 된다.

UML은 특정한 하나의 객체가 아닌 임의의 객체들을 모델링 할 수도 있다. 예를 들어 임의의 은행 계좌를 모델링 할 때, UML 표기법은 다음과 같다.

: Bank Account Class

이미 지적했듯이 콜론(:)은 '~의 인스턴스'를 의미하므로 **: Bank Account Class**는 Bank Account Class의 인스턴스를 의미한다. 즉, 우리가 모델링 하려 했던 은행 계좌 객체의 임의의 예가 되는 것이다. 이 표기법은 13장에서 폭넓게 사용되었다. 한편 그림 13.51에서 설명한 MSG Foundation 소프트웨어 프로덕트의 협력 다이어그램에서는(이 협력 다이어그램은 Buy a Masterwork 유스 케이스의 시나리오 실체화를 보여주었다) 액터(actor)를 레이블 할 때 **: MSG Staff Member**라는 표기법 대신 **MSG Staff Member**라는 표기법을 사용하였다. 왜냐하면 **MSG Staff Member** 표기는 MSG Staff Member가 액터임을 의미하지만 **: MSG Staff Member**는 **MSG Staff Member Class**의 인스턴스를 의미하기 때문이다.

7.6절에는 정보 은닉(information hiding)에 대한 개념이 소개되었다. UML에서는 접두어가 + 이면 속성과 오퍼레이션이 **public**이고, 접두어가 -이면 속성과 오퍼레이션이 **private**임을 의미한다. 그림 17.3은 이러한 표기법을 사용한 예이다. **Bank Account Class**의 속성은 private로 선언되었으며(정보가 은닉됨), 두 개의 오퍼레이션은 **public**으로 선언되어 소프트웨어 프로덕트의 어디에서든지 호출할 수 있다. 세 번째 가시성 표준인 **protected**는 접두어로 #을 사용한다. 만약 속성이 public이면 어디에서나 접근이 가능하고, **private**이면 정의된 클래스 내부에서만 접근이 가능

그림 17.3

그림 17.2에
가시성 접두어가
추가된 클래스

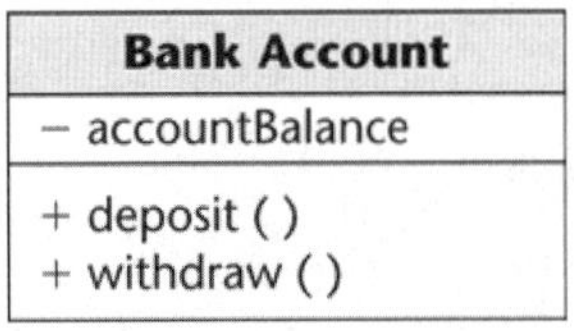

Bank Account
− accountBalance
+ deposit ( )   + withdraw ( )

하고, **protected**이면 정의된 클래스 내부나 클래스의 서브 클래스 내부에서만 접근이 가능하다.

지금까지는 한 개의 클래스로 구성된 클래스 다이어그램에 대해 설명했지만, 17.2.1절에서는 1개 이상의 클래스로 구성된 클래스 다이어그램에 대해 설명한다.

17.2.1 집합

그림 17.4는 '자동차는 차대, 엔진, 바퀴, 좌석들로 구성되어 있다'라는 문장을 모델링한 것이다. 이 그림에서 열린 다이아몬드는 **집합**(aggregation)을 표현한다. 집합이란 **부분–전체 관계**(part-whole relationship)를 표현하기 위한 UML 용어이다. 결국 그림 17.4를 통해 자동차의 구성 부분은 차대, 엔진, 바퀴, 좌석임을 알 수 있다. 다이아몬드 기호는 '부분(차대, 엔진, 바퀴, 좌석)'이 아닌 '전체(자동차)'에 위치한다.

17.2.2 다중성

이제 '자동차는 한 개의 차대와 한 개의 엔진, 4개나 5개의 바퀴와 선택 사양으로 선루프, 0개 이상의 백미러에 달려있는 퍼지 주사위 장식물, 두 개나 그 이상의 좌석으로 구성되어 있다.'라는 문장을 모델링 해보자. UML을 이용하면 그림 17.5와 같이 표현할 수 있다. 종점들 옆의 수는 **다중성**(multiplicity)을 나타내는데, 다중성은 하나의 클래스가 다른 클래스와 연관되어 있는 개수를 나타낸다.

우선 **Car Class**와 **Chassis Class**를 연결한 선을 고려해보자. '부분'의 끝에 있는 1은 한 개의 차대가 이 관계에 연관되어 있음을 나타내며, '전체'의 끝에 있는 1은 한 대의 자동차가 연관되어 있음을 나타낸다. 즉, 한 대의 자동차는 한 개의 차대를 가지고 있다. **Car Class**와 **Engine Class**를 연결한 선에서도 이와 동일한 관찰을 할 수 있다.

이제 **Car Class**와 **Wheels Class**를 연결한 선을 고려해보자. '전체'의 끝에 있는 1과 '부분'의 끝에 있는 4..5는 한 대의 자동차가 4 ~ 5개의 바퀴를 가지고 있는 것을 나타낸다(5번째 바퀴는 예비 타이어임). 결국 자동차는 4 ~ 5개의 바퀴로 구성된다는 의미를 UML 다이어그램 모델이 적절하게 반영하고 있다.

일반적으로 두 개의 점(..)은 범위를 나타낸다. 따라서 0..1은 0 또는 1개를 나타내며, 결국 선택 사항임을 표시하는 UML 표기법이 된다. Car Class와 Sunroof Class를 연결한 선에 0..1이 명시되어 있으며, sunroof가 차의 선택 사양임을 나타낸다.

Car Class와 **Fuzzy Dice Class**를 연결한 선에는 '부분'의 끝에 * 표시가 있다. 이 * 표시는 '0 또는 그 이상'을 의미한다. 따라서 그림 17.5에 있는 *는 자동차 백미러에 달려있는 퍼지 주사위 장식물의 수가 0개 이상임을 의미한다(*에 대하여 더 많은 것을 알고 싶다면 '알고 싶은 사항

그림 17.4 집합의 예제

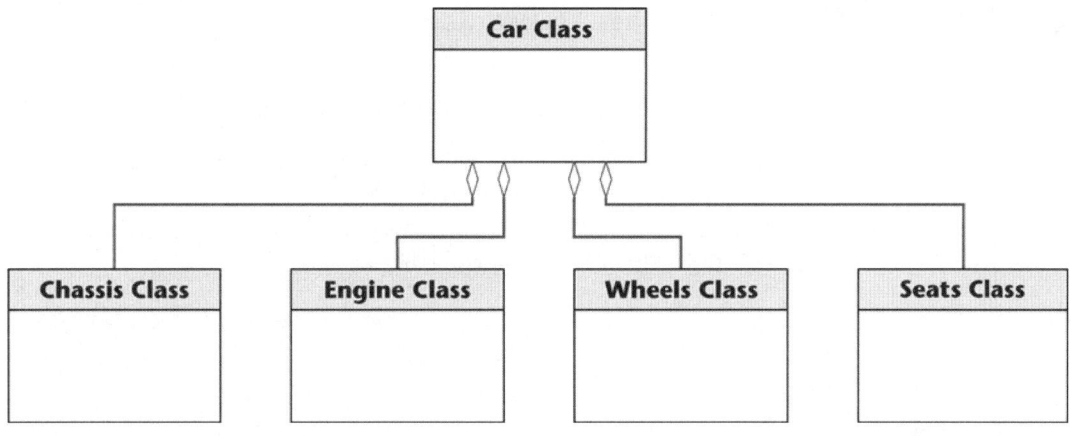

그림 17.5 다중성들이 첨부된 집합의 예제

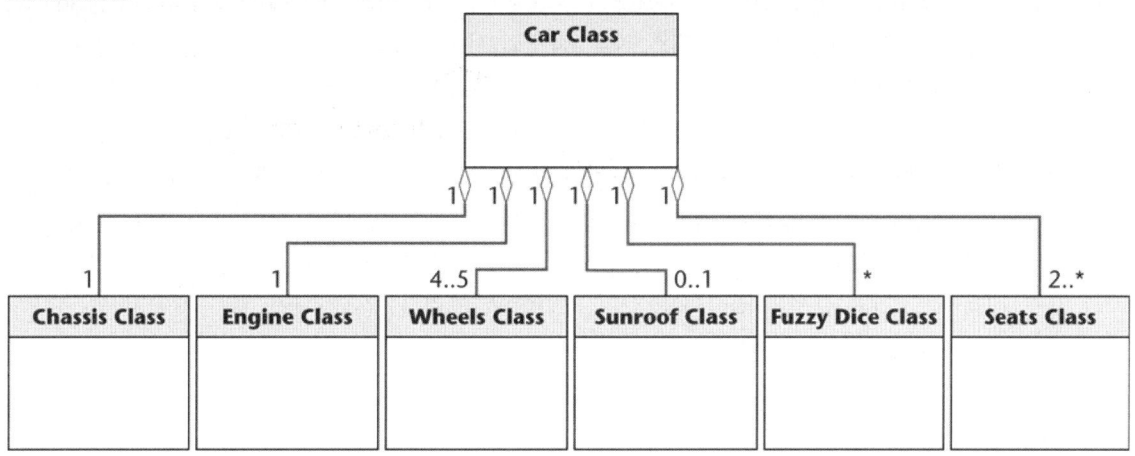

17.1' 참조).

　마지막으로 **Car Class**와 **Seats Class**를 연결한 선을 살펴보자. '부분'의 끝에 2..* 표시가 있다. *가 혼자 사용되면 '0 또는 이상'을 나타내지만, *가 범위에 포함되면 '~이상'을 나타낸다. 따라서 그림 17.5에 있는 2..*는 자동차가 두 개 또는 그 이상의 좌석을 가지고 있음을 나타낸다.

　결국, UML에서 다중성은 수와 범위로 표현된다. 만일 다중성을 정확히 안다면, 이를 숫자로 나타낼 수 있다. 그림 17.5의 예에서는 1이 8곳에 존재한다. 만일 다중성을 범위로 표현할 수 있다면 그림 17.5의 0..1 또는 4..5처럼 범위를 나타내는 표기법을 사용할 수 있다. 만약 다중성이 특정한 수로 표현될 수 없다면, *를 사용할 수 있다. 만일 범위의 상한이 명확하지 않다면, 그림 17.5의 2..*와 같이 범위를 나타내는 표기법과 * 표기법을 혼합하여 사용할 수 있다. UML의 다중성 표기법은 전통적인 데이터베이스 이론인 엔티티-관계 다이어그램(entity-relationship diagram) 이론에 기반을 두고 있다(12.6절 참고).

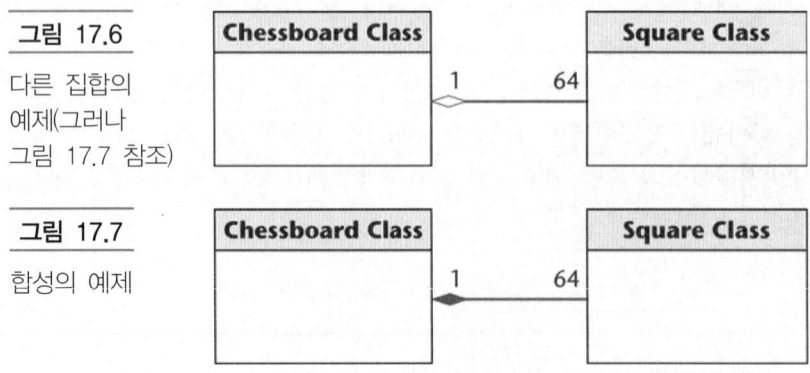

알고 싶은 사항 17.1 Just in Case You wanted to Know

Stephen Kleene는 수학 논리의 한 분야인 재귀함수 이론에 기초를 만든 연구자이다. 그의 이론은 컴퓨터 과학에 중요한 영향을 끼쳤다. 그림 17.5의 예에서 처럼 '0 또는 그 이상'을 나타내는 *는 그의 이름을 따 Kleene Star라고 부른다.

Kleene Star는 수학자와 컴퓨터 과학자 사이에 잘 알려져 있다. 한 가지 덜 알려진 재미있는 사실은 Kleene가 'clean knee'이 아니라 'clay knee'처럼 들리게 그의 성을 발음했다는 것이다(첫 음절에 강세를 두어).

17.2.3 합성

그림 17.6은 집합(aggregation)의 다른 예를 보여준다. 이 예는 체스 판(chessboard)과 사각형(square)의 관계를 표현하고 있으며, 모든 체스 판은 64개의 사각형으로 이루어져 있음을 나타낸다. 사실상 그림 17.6은 집합보다 더 강한 형태의 관계를 보여주며, 이를 **합성**(composition)이라고 한다. 이전에 설명했듯이 집합은 부분-전체 관계(part-whole relationship)를 모델링 한다. 반면 합성은 부분-전체 관계뿐만 아니라 모든 부분이 오직 하나의 전체에 속한다는 것도 의미한다. 합성에서는 전체가 삭제되면 부분들도 모두 삭제된다. 예를 들어 서로 다른 여러 개의 체스 판이 있다면 각 사각형은 오직 하나의 체스 판에만 속하며, 만일 특정 체스 판이 버려지면 연관된 64개의 사각형들도 버려지게 된다. 합성은 집합의 확장된 개념이며, 그림 17.7에서처럼 속이 채워져 있는 다이아몬드 기호로 표현된다.

17.2.4 일반화

상속은 객체지향의 중요한 특징이다. 상속은 **일반화**(generalization)의 특별한 경우이다. 일반화를 위한 UML 표기법은 속이 비어있는 삼각형 기호이다. 가끔 속이 비어있는 삼각형 기호와 함께 레이블이 사용되기도 한다. 이 레이블을 **식별자**(discriminator)라고 한다. 그림 17.8은 투자의 두 가지 형태, 즉 채권과 주식을 모델링 하고 있다. 일반화를 의미하는 속이 비어있는 삼각형 기호 옆에 investmentType이라는 식별자가 사용되었다. 이것은 **Investment Class** 또는 두 개 서브클래스

그림 17.6

다른 집합의 예제(그러나 그림 17.7 참조)

Chessboard Class	Square Class

1 ◇—— 64

그림 17.7

합성의 예제

Chessboard Class	Square Class

1 ◆—— 64

그림 17.8

명확한 식별자가
첨부된
일반화(상속)의
예제

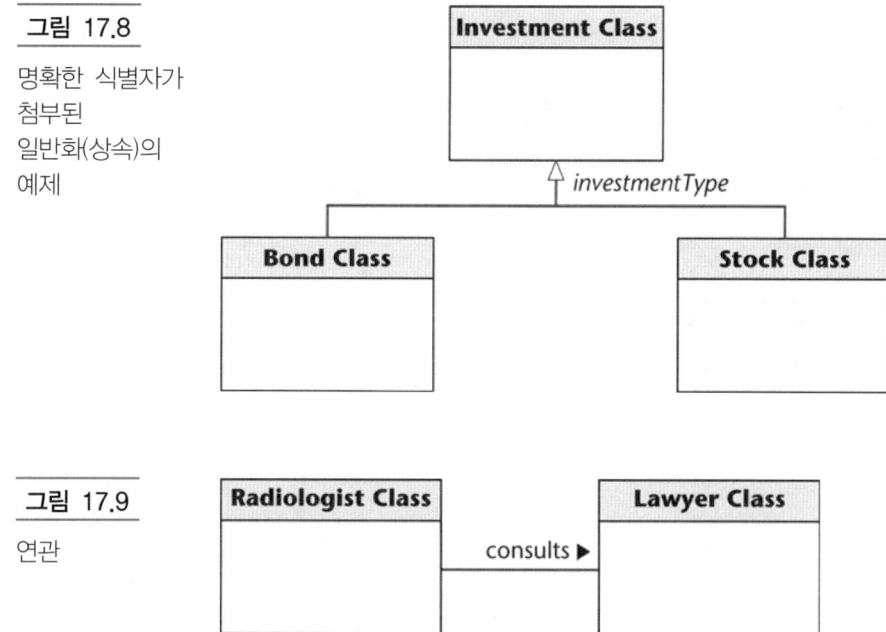

그림 17.9

연관

의 모든 인스턴스에 investmentType라는 속성이 포함되어 있음을 의미하며, 이 속성은 채권 인스턴스와 주식 인스턴스를 구별하는 데 사용된다.

17.2.5 연관

7.7절에서 두 개의 클래스가 연관되어 있을 때, **연관**(association)의 방향을 명확히 표현할 필요가 있다는 것을 논의하였다. 이때 사용될 수 있는 것이 속이 채워져 있는 삼각형 기호로 표현되는 navigation arrow이다. 그림 17.9는 그림 7.32를 다시 묘사한 것이다.

두 개의 클래스가 연관되어 있을 때 연관 자체를 클래스로 모델링 해야 하는 경우도 있다. 그림 17.9는 이러한 경우를 보여준다. 그림에서 방사능 연구자는 다양한 이벤트들에 대한 상담을 법률가와 한다. 각 상담은 다른 날짜와 시간 동안 진행된다. 법률가는 상담 시간을 기반으로 요금을 청구하며, 이를 위해 연관 자체가 속성을 가져야 한다. 그림 17.10에서 상담은 **Consults Class**라는 이름의 클래스로 정의되었으며, 이러한 클래스를 **연관 클래스**(association class, 연관이면서 동시에 클래스임을 의미)라고 한다.

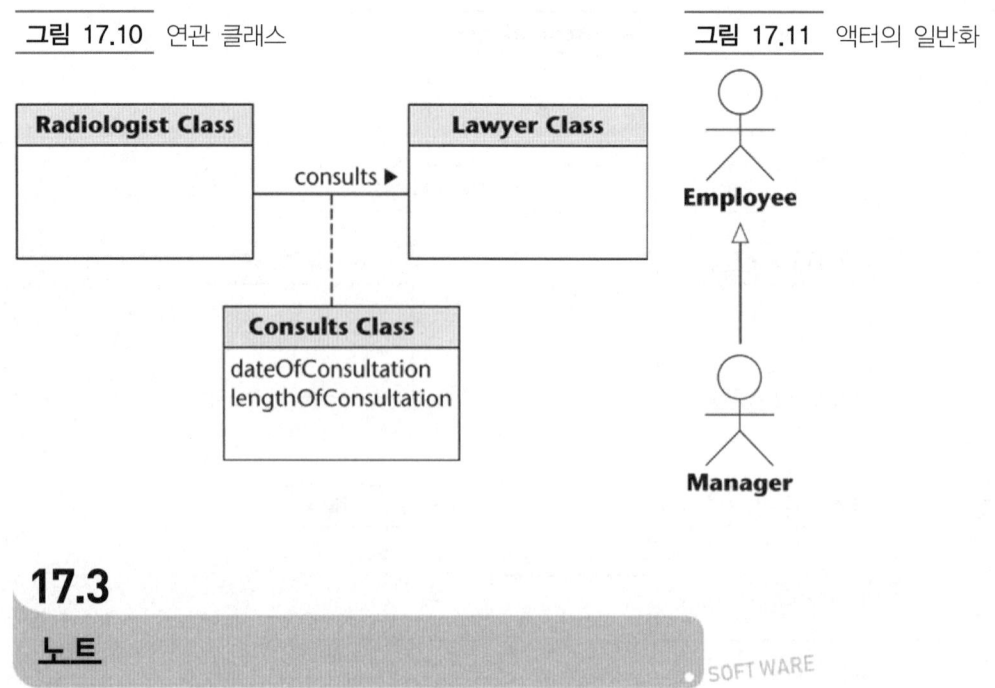

그림 17.10 연관 클래스   그림 17.11 액터의 일반화

17.3

노트

UML 다이어그램에 주석을 포함시키려면 **노트**(note, 오른쪽 윗부분이 접혀 있는 직사각형)를 사용하면 된다. 그림 13.41에서 알 수 있듯이 특정 항목과 이에 대한 노트는 점선으로 연결된다.

17.4

유스 - 케이스 다이어그램

11.4.3절에서 서술한 것처럼 유스 케이스(use case)는 소프트웨어 프로덕트의 외부적 **사용자들**(actor)과 소프트웨어 프로덕트 간의 상호작용 모델이다. 이때 액터는 특정한 역할을 수행하는 사용자이다. 유스 케이스들의 집합을 유스−케이스 다이어그램(use-case diagram)이라고 한다.

    11.4.3절에는 액터들의 문맥에서 일반화(generalization)를 설명하였으며, 그림 11.2에 예가 묘사되어 있다. 그림 17.11은 액터 일반화의 또 다른 예이다. 이 그림에서 **Employee**의 특별한 경우가 **Manager**이다. 클래스를 설명할 때처럼 일반화는 속이 비어있는 삼각형으로 표시되고, 더 일반적인 경우를 가리키게 된다.

17.5
스테레오타입

SOFTWARE

미국의 개인용 소득세에 대한 세 가지 주요 양식은 Forms 1040, 1040A, 1040EZ 이다. 그림 17.12
는 이 양식과 액터의 관계를 보여준다. 그림에도 Prepare Form 1040, Prepare Form 1040A,
Prepare Form 1040EZ라는 세 개의 유스 케이스가 있으며, 각 유스 케이스는 Print Tax Form이라
는 유스 케이스와 관계를 갖는다. 이 관계는 포함 관계(include relationship)로 표현되어 있으며,
이것이 스테레오타입(stereotype)의 예이다.

　스테레오타입은 UML의 확장 방법이다. 다시 말하면 UML에 포함되지 않은 구조를 정의할
수 있다. 12장에서 세 가지 스테레오타입인 경계(boundary), 컨트롤(control), 엔티티(entity) 클래
스를 설명하였다. 일반적으로 스테레오타입의 이름은 guillemets 사이에 나타난다[Wikipedia,
2010]. 예를 들면 <<this is my own construct>>와 같다. 따라서 우리는 경계(boundary) 클래스를
스테레오타입으로 표현하기 위해 별도의 특별한 기호를 사용하는 대신에, 클래스를 나타내는 표
준 직사각형 기호 안에 <<boundary class>> 표기법을 사용할 수 있다. 컨트롤과 엔티티 클래스들
도 마찬가지이다.

　그림 17.12에서 보이는 **포함 관계**는 UML에서 스테레오타입으로 취급된다. 즉, 그림 17.12의
<<include>> 표기법은 Print Tax Form 유스 케이스(그림 11.41)의 공통 기능을 나타낸다. 다른 관
계로는 **확장 관계**(extend relationship)가 있는데, 이것은 표준 유스 케이스의 변형된 유스 케이스

그림 17.12

유스 케이스
Prepare Form
1040, Prepare
Form 1040A,
Prepare Form
1040EZ는은
유스 케이스
Print Tax
Form에 통합된다.

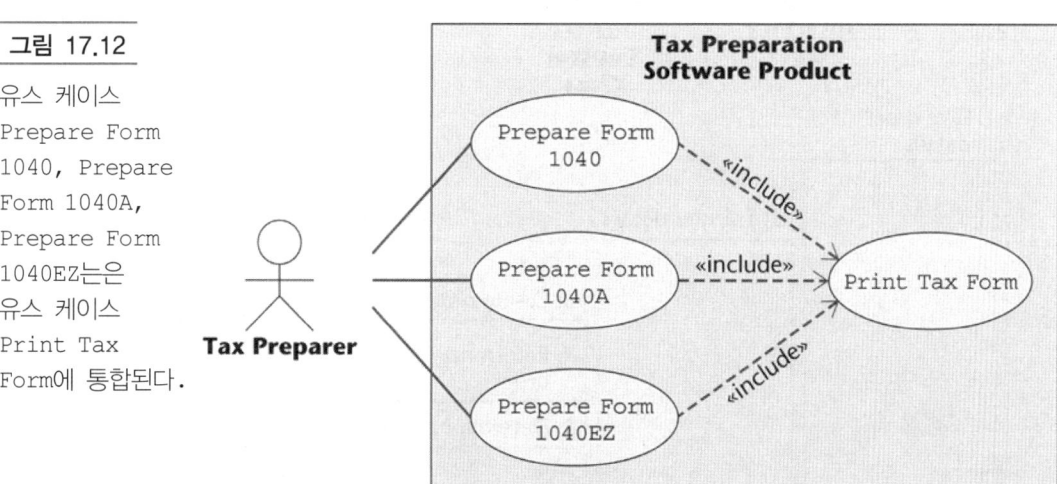

그림 17.13 유스 케이스 Buy a Masterpiece는 고객이 튀김을 거절했을 때 변형을 보여준다.

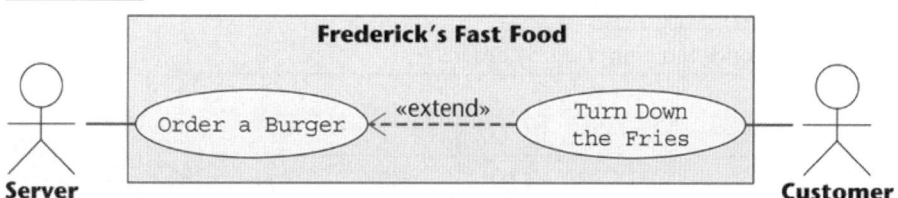

를 표현하기 위해 사용한다. 그림 17.13은 이러한 예를 보여준다. 예를 들면 버거(burger)를 주문하였으나 튀김을 거절하는 상황을 모델화시키는 분리된 유스 케이스를 만들기를 원한다. 이 목적을 위해서는 <<extend>> 표기법이 사용되며, 확장 관계에서는 화살표의 방향이 포함 관계 때와는 다른 방향으로 향한다.

17.6
상호작용 다이어그램
SOFTWARE

상호작용 다이어그램(interaction diagram)들은 소프트웨어 프로덕트 내부의 객체들이 서로 상호작용하는 방법을 표현하는 데 사용된다. 13장은 UML에서 제공하는 상호작용 다이어그램에는 순차 다이어그램과 커뮤니케이션 다이어그램이라는 두 가지 유형이 있다고 소개했다.

우선 순차 다이어그램부터 살펴보자. 인터넷 상에 항목들을 대화식으로 주문하는 어떤 사람을 가정하자. 그러나 판매세와 배달료를 포함한 전체 금액이 보일 때, 구매자는 가격이 너무 높다고

그림 17.14
순차 다이어그램은 객체의 생성과 제거, 반환, 명확한 활성화를 보여준다.

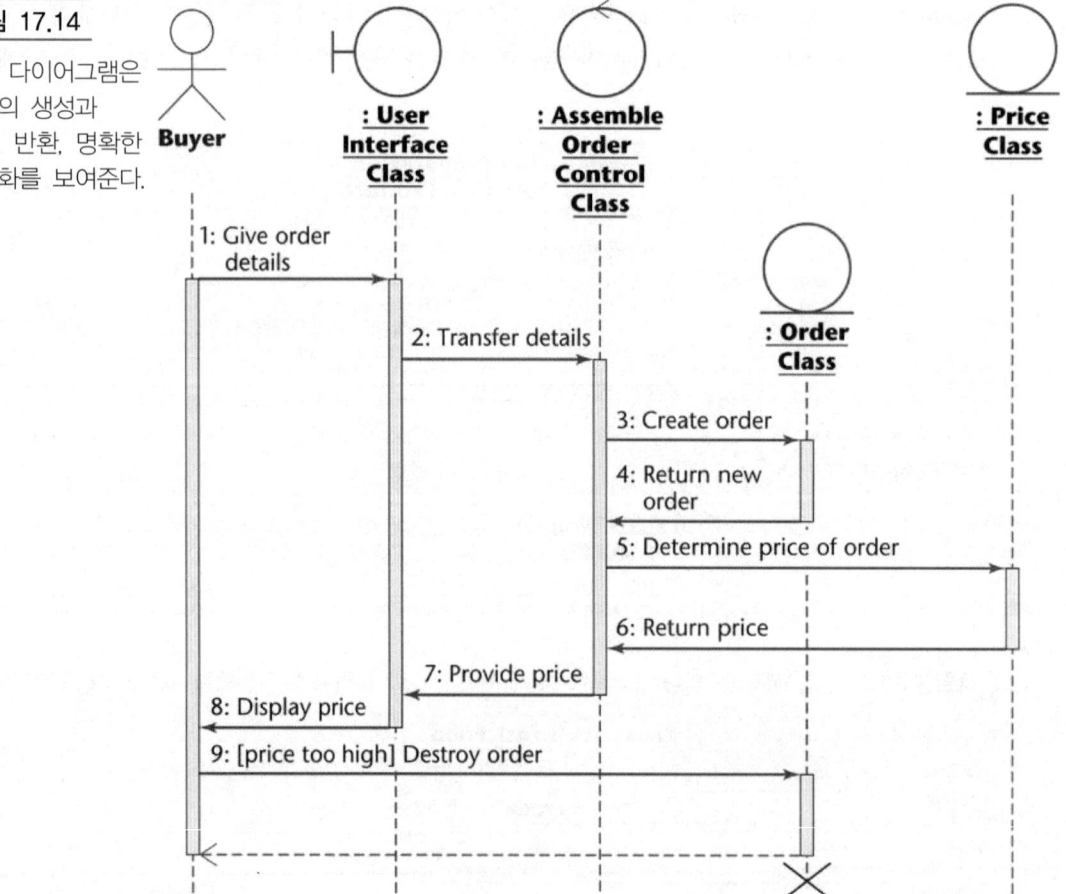

결정하고 주문을 취소한다. 그림 17.14는 주문의 동적 생성과 차후의 동적 파괴를 보여준다.

1. 그림 17.14에 생명선(lifelines)을 고려해보자. 생명선은 객체가 활성화 되면 점선 대신 가는 직사각형(활성 박스)으로 표현된다. 예를 들면 **: Price Class** 객체는 메시지 5: Determine price of order부터 메시지 6: Return price까지 활성화된다. 다른 객체들의 생명선도 이와 유사하게 해석될 수 있다.

2. **: Assemble Order Control**가 메시지 3: Create order를 **: Orter Class** 객체로 보낼 때 : **Order Class** 객체가 생성된다. 이것은 단지 동적 생성의 시점에 생명선을 시작함으로써 나타낸다.

3. 그림 17.14는 **: Order Class** 객체가 메시지 9: [price too high] Destroy order를 수신 받은 후에 **: Order Class** 객체의 소멸도 보여준다. 그림에서 소멸은 굵은 **X** 표로 표시되어 있다.

4. 객체는 반환(return)을 발생시킨 후 소멸된다. 그림 17.14에서 9번 이벤트 아래에 그려진 열린 화살표로 끝나는 수평 점선은 반환의 발생을 나타낸다. 순차 다이어그램의 나머지에서 각 메시지는 송신에 대한 응답을 받는 것으로 설명되었다. 하지만 이러한 상호 관계는 실제로는 선택 사항이다. 즉 메시지 송신 이후 이에 대한 응답을 받지 않는 경우도 유효한 모델이다. 응답이 발생했다 할지라도 이를 특정 새로운 메시지로 만들어 돌려보내야 할 필요는 없다. 그 대신 그림 17.14처럼 열린 화살표로 끝나는 수평 점선으로 그리면, 이것은 원래 메시지에 대한 응답 메시지가 아닌 반환이 발생했음을 의미하게 된다.

5. 메시지 9에는 가드(guard)가 존재한다. 9 : [price too high] Destroy object에서 대괄호에 포함된 문장이 가드로, 이것은 구매자가 가격이 너무 높아서 항목을 구매하지 않기로 결정할 때만 메시지 9가 전송됨을 의미한다. 가드(condition)는 참 또는 거짓을 값으로 갖는다. 그리고 가드가 참일 때만 해당 메시지가 전송된다. 17.7절에서 가드들은 상태 차트의 문맥 내에 서술되지만 여기서 그것들은 순차 다이어그램에서 사용된다.

　(그림 17.14에서, 메시지 9: [price too high] Destroy order가 Buyer로부터 **: User Interface Class** 객체로 보내지고, 그 후 **: User Interface Class**는 **: Assemble Order Control Class** 객체에 메시지를 보낸다. 다음에 **: Assemble Order Control Class** 객체는 **: Order Class** 객체에 주문을 폐기하도록 알리는 메시지를 보낸다. 객체의 동적 파괴를 강조하기 위해, 이것들에 세부 사항들은 그림 17.14에서는 숨겨졌다.)

　UML 상호작용 다이어그램은 많은 다른 선택 사항들도 지원한다. 예를 들어 올라가는 엘리베이터에 대한 모델을 가정해보자. 우리는 엘리베이터에서 어떤 층의 버튼이 눌려질지 미리 알 수 없으며, 결국 몇 층을 올라갈지 모른다. 이 경우 우리는 메시지에 별표를 사용할 수 있다. 즉, 그림 17.15처럼 *move up one floor라는 메시지를 사용하면 된다. Kleene star로 알려진 이 별표는 '0 또는 그 이상'의 반복을 의미한다('알고 싶은 사항 17.1' 참조). 따라서 그림 17.15의 메시지는 '0층 또는 그 이상의 층을 올라감'을 의미하게 된다.

　객체는 자기 자신에게 메시지를 보낼 수도 있다. 이러한 메시지를 self-call이라 한다. 예를 들어 엘리베이터가 특정 층에 도착했다고 가정해보자. 엘리베이터 제어기는 엘리베이터 문들에게 열라는 메시지를 보낸다. 반환이 수신되면, 엘리베이터 제어기는 자기 자신에게 타이머의 시작을 위한 메시지를 보내게 되며, 이 예도 그림 17.15에 나타나 있다. 타이머의 주기가 끝나면, 엘리베이터 제어기는 문들에게 닫으라는 메시지를 보낸다. 두 번째 반환을 수신 받았을 때(즉 문이 안전

그림 17.15

반복과 self-call을
보여주는 순차
다이어그램

하게 닫혔을 때), 엘리베이터는 다시 움직이라는 지시를 받는다.

　　이제 커뮤니케이션 다이어그램(UML의 초기 버전에서는 협력 다이어그램)으로 돌아가보자. 13.5.1절에서 우리는 커뮤니케이션 다이어그램이 순차 다이어그램과 동일함을 배웠다. 그래서 이 절에서 보여주는 순차 다이어그램에 모든 특성들은 그림 13.36의 커뮤니케이션 다이어그램에도 동일하게 적용 가능하다.

17.7

상태 차트

SOFTWARE

그림 17.16은 상태 차트(statechart)의 한 예이다. 이 예는 이벤트(event)가 아닌 가드(guard)로 모델링 되었다는 차이만 있을 뿐 다른 것은 그림 13.25의 상태 차트와 동일하다. 이것은 레이블이 붙지 않은 시작 상태(속이 찬 원)가 **MSG Foundation Event Loop** 상태로 전이(transition)되는 것을 보여준다. 5개의 전이들은 각각에 가드, 즉 참이나 거짓이 되는 조건과 함께 상태로 인도된다. 결국 하나에 가드의 조건이 참이 되면 해당 상태로 전이하게 된다.

그림 17.16 MSG Foundation 사례 연구에 대한 상태 차트

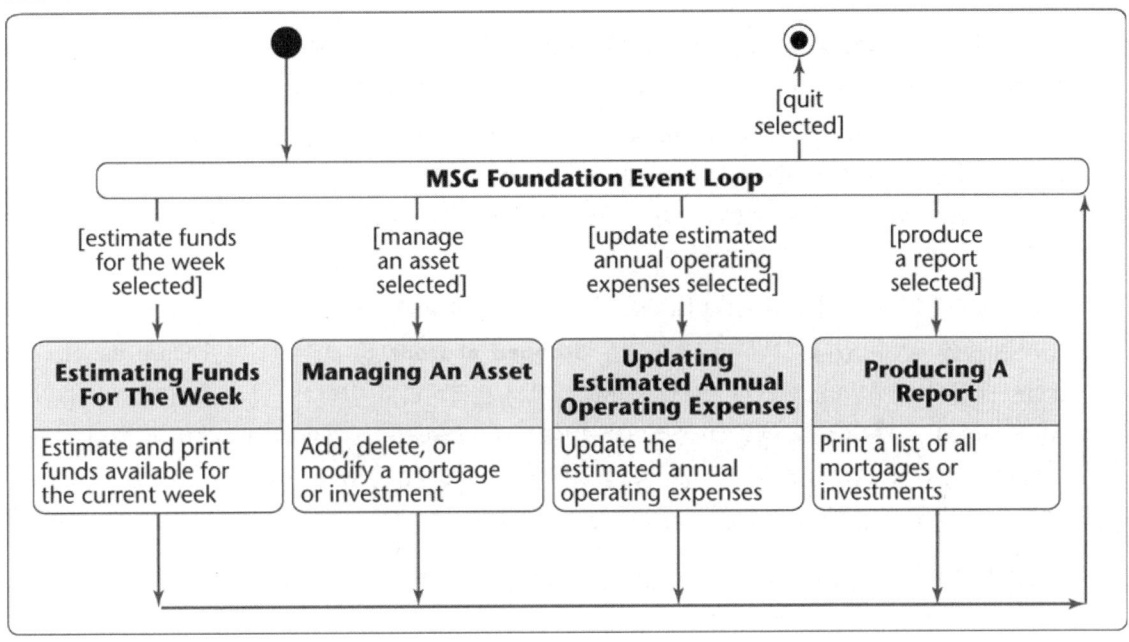

그림 17.17 엘리베이터에 대한 상태 차트의 부분 그림 17.18 상태 차트는 그림 17.17과 같다.

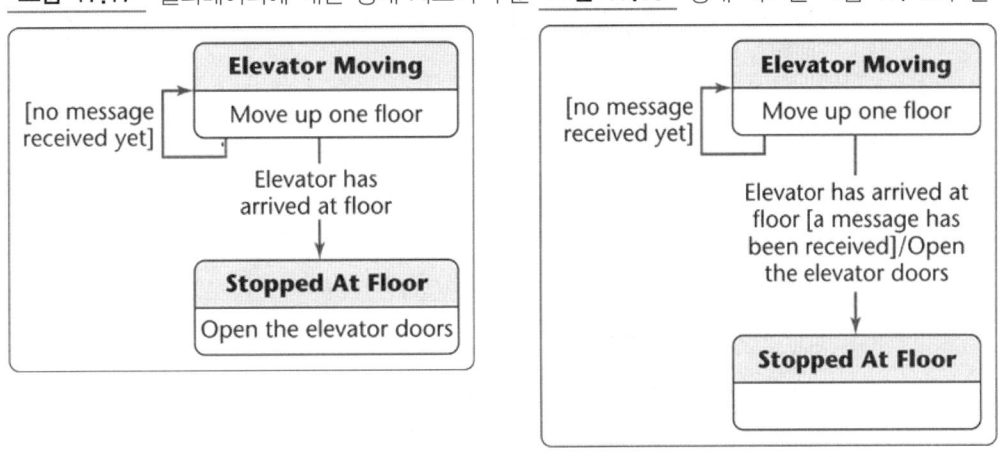

　　가드뿐만 아니라 **이벤트**도 상태 간의 전이를 야기할 수 있다. 이벤트의 대표적인 예는 메시지의 수신이다. 그림 17.17은 엘리베이터에 대한 상태 차트의 일부분이다. 엘리베이터가 **Elevator Moving** 상태에 있다고 가정하자. 즉 엘리베이터는 한 층씩 올라가는 작동 중에 있으며, 만일 [no message received yet]이라는 가드 조건이 참이면 계속 올라간다. 반면 만일 Elevator has arrived at floor라는 메시지를 받으면 **Stopped at Floor**라는 상태로 전이하게 된다. 이 상태에서는 Open the elevator doors라는 활동(activity)을 수행하게 된다. 메시지의 수신을 다르게 표현하면 이벤트의 발생이다.

　　결국 전이의 레이블은 가드 또는 이벤트로 표시된다. 전이의 레이블을 일반적인 형태는 다음과 같이 표현된다.

event[guard] / action

즉, 이벤트가 발생하고 가드가 참이 되면 전이가 발생하며 또한 액션(action)이 수행된다. 그림 17.18은 이러한 예를 보여준다. 실제로 그림 17.18은 그림 17.17과 동일하다. 전이의 레이블은 Elevator has arrived at floor [a message has been received] / Open the elevator doors이다. Elevator has arrived at floor라는 이벤트가 발생하고 메시지가 전달되면 [a message has been received]라는 가드도 참이 된다. 그럼 / 뒤에 기술되어 있는 Open the elevator doors라는 액션이 수행된다.

그림 17.17과 그림 17.18을 비교해보면 우리는 상태 차트에서 액션이 서로 다른 위치에서 수행되는 것을 알 수 있다. 그림 17.17의 경우 **Stopped at Floor** 상태에 진입하면 Open the elevator doors 액션이 수행된다. 이러한 액션을 UML에서는 **활동**이라고 한다. 반면 그림 17.18의 경우 액션이 전이의 과정 중에 수행된다(기술적으로 액션과 활동에는 약간의 차이가 있다. 액션은 즉시 수행되는 것으로 가정되지만, 액션은 몇 초 정도의 약간의 지연 후에 수행되는 것으로 가정된다).

그림 17.19 슈퍼 상태(superstate)가 없는 상태 차트(a)와 있는 상태 차트(b).

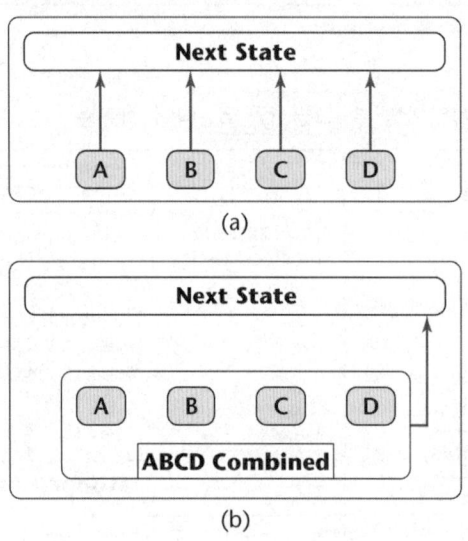

UML은 상태 차트에서 다양한 유형의 액션과 이벤트들을 지원한다. 예를 들어 이벤트는 when 또는 after와 같은 단어들과 함께 사용될 수 있다. 즉, when (cost > 1000) 또는 after (2.5 seconds)들도 유효한 이벤트들의 표기법이다.

많은 수의 상태들로 구성된 상태 차트는 많은 수의 전이를 필요로 한다. 많은 수의 전이를 표현하려면 많은 화살표들이 필요하며, 이것은 상태 차트의 가독성을 떨어뜨린다(상태 차트는 마치 스파게티가 담긴 그릇처럼 될 것이다). 이 문제를 해결하는 좋은 방법 중에 하나가 superstate의 사용이다. 예를 들어 그림 17.19(a)에는 **A**, **B**, **C**, **D**라는 네 개의 상태가 존재한다. 모든 상태들은 **Next State**로 전이한다. 그림 17.19(b)는 4 상태들을 **ABCD Combined**라는 하나의 superstate로 통합한 것을 보여준다. 그림 17.19(a)에 비해 17.19(b)에는 하나의 전이만이 존재한다. 결국 화살표가 네 개에서 한 개로 줄어든 것이다. 그럼에도 불구하고 **A**, **B**, **C**, **D**라는 네 개의 상태들은 여

그림 17.20 네 개의 상태를 갖는 그림 17.16은 MSG Foundation Combined 슈퍼 상태에 결합된다.

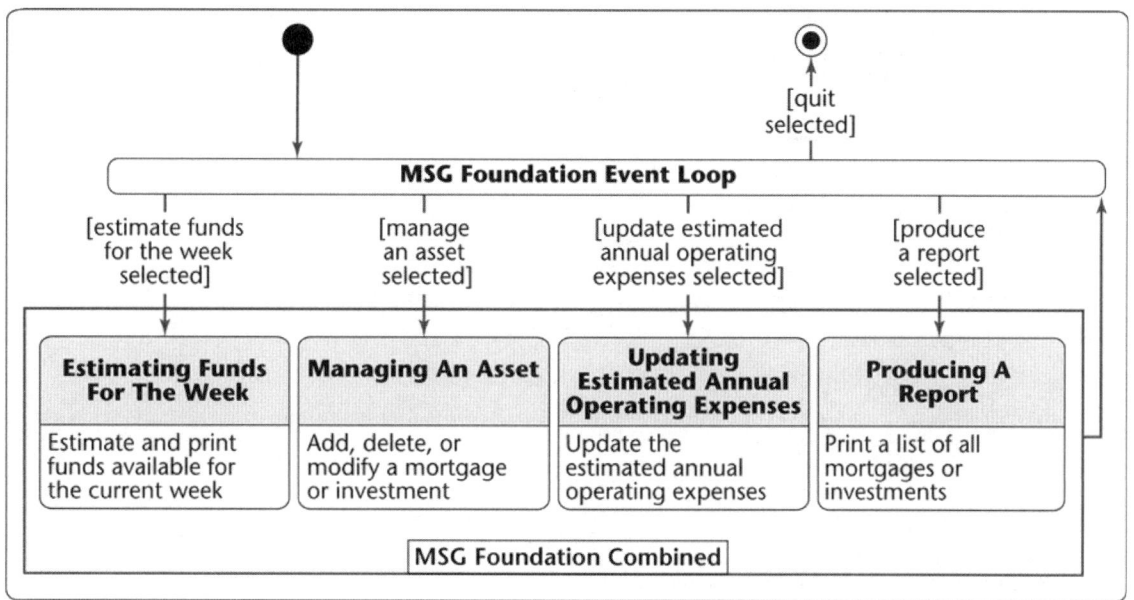

전히 존재하고 있으며, 각 상태에 연관된 액션들과 각 상태로 진입하는 전이들은 여전히 유효하게 동작한다. 그림 17.20은 그림 17.16의 네 개에 상태들을 **MSG Foundation Combined**라는 하나의 **슈퍼 상태**(superstate)로 통합한 것이다. 다이어그램이 더 깨끗하며 명확해졌음을 알 수 있다.

17.8
액티비티 다이어그램

액티비티 다이어그램(activity diagram, 활동 다이어그램)은 다양한 이벤트들을 조정하는 데 사용된다. 실제로 액티비티 다이어그램은 병렬 처리를 효과적으로 표현해준다.

식당에서 한 쌍의 남녀가 식사를 주문한다고 가정하자. 한 사람은 닭 요리를 주문하였으며 다른 사람은 생선 요리를 주문하였다. 웨이터는 주문을 적어 주방장에게 전달한다. 주방장은 어떤 요리들을 준비해야 하는지 알게 된다. 하지만 어떤 요리가 먼저 준비되어야 하는지는 중요하지 않다. 두 요리가 모두 준비되어야 손님들에게 제공되기 때문이다. 그림 17.21은 이 액티비티를 보여준다. 위에 있는 굵은 수평선은 **포크**(fork)라 불리며, 아래에 있는 굵은 수평선은 **조인**(join)이라 불린다. 일반적으로 포크는 하나의 진입 전이와 여러 개의 진출 전이로 구성된다. 그리고 진출 전이가 야기하는 액티비티들은 병렬 처리될 수 있다. 반면 조인은 여러 개의 진입 전이와 하나의 진출 전이로 구성된다. 하나의 진출 전이는 모든 진입 전이들을 야기하는 액티비티들이 완료되어야 시작된다.

그림 17.21

한 쌍 남녀의 식당
주문에 대한 액티비
티 다이어그램

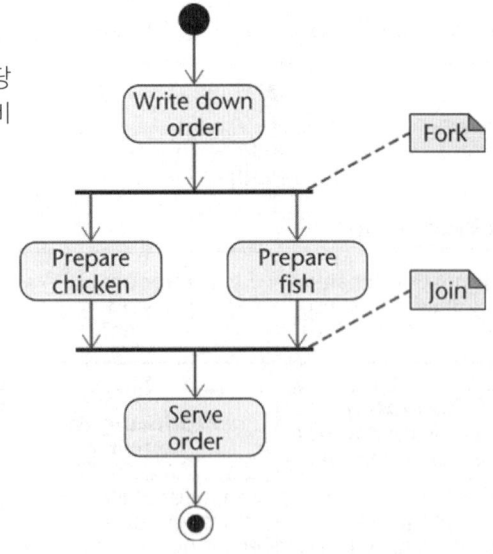

그림 17.22

컴퓨터 조립회사에
대한 액티비티
다이어그램

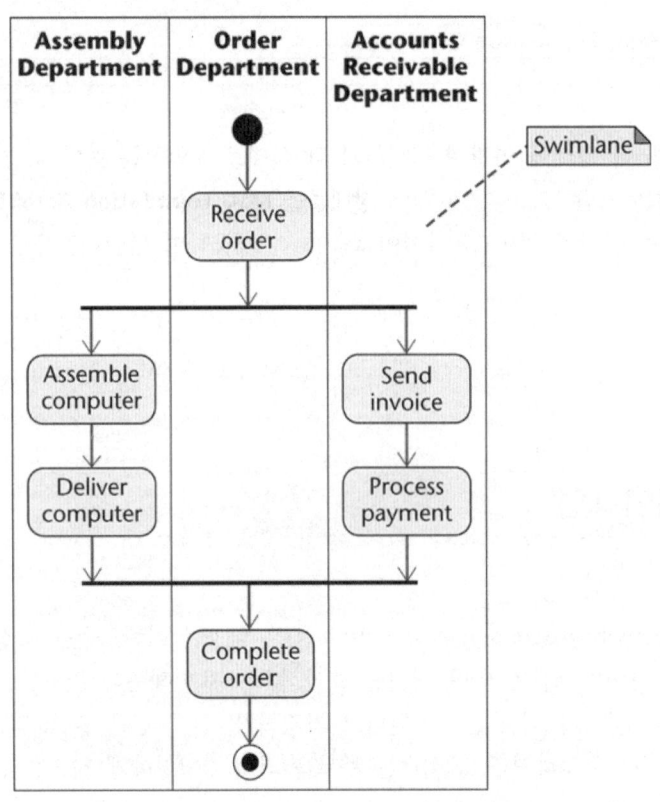

액티비티 다이어그램은 다양한 액티비티가 병렬적으로 처리될 수 있는 비즈니스를 모델링 하는 데 유용하게 사용된다. 예를 들어 고객의 주문에 따라 컴퓨터를 조립하는 회사를 고려해보자. 그림 17.22의 액티비티 다이어그램에서 볼 수 있듯이 주문이 접수되면 **Assembly Department**로 전달된다. 동시에 주문은 **Accounts Receivable Department**로도 전달된다. 컴퓨터가 조립되어 배송이 완료되고 고객의 지불이 완료되면 주문에 대한 처리는 종료된다. 주문의 접수와 종료에는 **Assembly Department**, **Order Department**, **Accounts Receivable Department**라는 세 개의 부서가 관련된다. 각 부서는 자신의 **스윔레인**(swimlane)에서 작업을 처리한다. 포크, 조인, 그리고 스윔레인의 조합은 조직에서 각 부서의 작업과 협동을 명확히 보여준다. 즉, 어떤 작업들이 병렬적으로 처리될 수 있는지, 다음 단계로 진입하기 전에 완료되어야 할 작업들에는 어떤 것이 있는지 등을 효과적으로 보여주는 것이다.

17.9
패키지

14.9절의 설명처럼 대규모 소프트웨어 프로덕트를 효과적으로 관리하는 방법은 독립적인 **패키지**(package)들로 구분하는 것이다. UML은 패키지를 그림 17.23에 나타낸 것처럼 이름 태그(name tag)가 포함되어 있는 직사각형으로 표기한다. 그림 17.23은 My Package가 패키지임을 나타내고 있으며, 직사각형은 비어 있다. 그림 17.23은 유효한 UML 다이어그램이다-다이어그램은 My Package가 패키지라는 사실을 나타내고 있다. 그림 17.24는 더욱 흥미롭다-그림 17.24는 My Package 패키지가 클래스, 엔티티 클래스, 다른 패키지를 포함하고 있음을 보여준다. 우리는 이러한 과정을 통해 반복과 점진에 대한 충분한 상세 정보를 보여줄 수 있는 단계까지 패키지를 상세화시킬 수 있다.

그림 17.23 패키지에 대한 UML표기법

그림 17.24 보다 많은 세부 사항을 보여주는 그림 17.23의 패키지

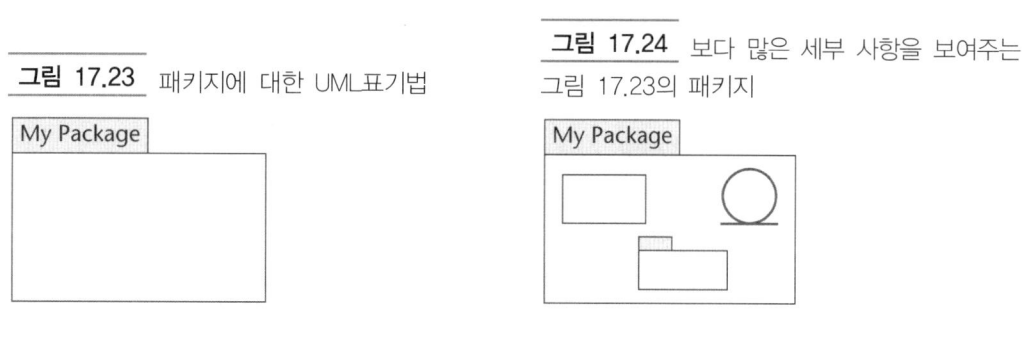

17.10
컴포넌트 다이어그램

컴포넌트 다이어그램(component diagram)은 소프트웨어 컴포넌트들 간에 종속 관계를 나타낸다. 소프트웨어 컴포넌트에는 소스 코드, 컴파일된 코드, 실행 가능한 로드 이미지 등이 포함된다. 그림 17.25의 컴포넌트 다이어그램은 소스 코드(노트로 표현)와 소스 코드로부터 생성된 실행 가능한 로드 이미지의 관계를 보여준다.

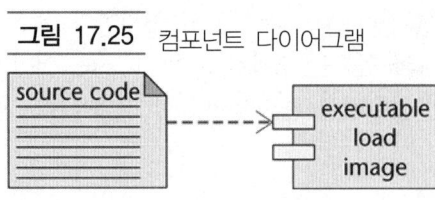

그림 17.25 컴포넌트 다이어그램

17.11
배치 다이어그램

배치 다이어그램(deployment diagram)은 소프트웨어 컴포넌트가 설치된(배치된) 하드웨어 컴포넌트를 나타낸다. 또한 배치 다이어그램은 하드웨어 컴포넌트들 간에 커뮤니케이션 연결들을 나타낸다. 그림 17.26은 간단한 배치 다이어그램의 예를 보여준다.

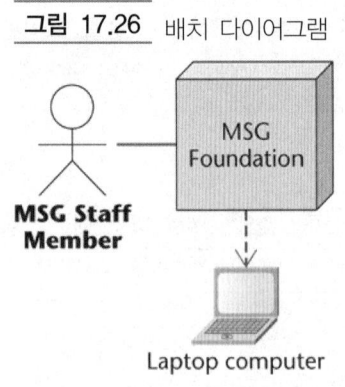

그림 17.26 배치 다이어그램

17.12
UML 다이어그램 복습

이 장에서는 다양한 종류의 서로 다른 UML 다이어그램들에 대해 살펴보았다. 혼동의 여지가 있는 다이어그램 유형을 명확하게 구분하여 다시 설명하면 다음과 같다.

● 유스 케이스(use case)는 액션들(소프트웨어 프로덕트의 외부 사용자들)과 소프트웨어 프로덕트 자체 간에 상호 작용 모델이다.

- 유스 케이스 다이어그램(use-case diagram)은 많은 유스 케이스들을 포함한 단일 다이어그램이다.
- 클래스 다이어그램(class diagram)은 클래스들의 정적인 관계를 나타낸 클래스들의 모델이다. 클래스들의 정적인 관계에는 연관(association), 일반화(generalization) 등이 있다.
- 상태 차트(statechart)는 상태들(객체의 속성 값), 상태 간에 전이를 야기하는 이벤트들(또는 가드들), 객체에 의해 수행되는 액티비티와 액션들을 보여준다. 상태 차트는 객체들의 액션 즉 객체들의 이벤트에 대한 반응을 보여주는 동적인 모델이다.
- 상호작용 다이어그램(interaction diagram, 순차 다이어그램 또는 커뮤니케이션 다이어그램)은 서로 다른 객체들 간에 상호작용을 보여준다. 서로 다른 객체들 간에 상호 작용은 메시지 전달을 통해 이루어진다. 상호작용 다이어그램은 객체들의 액션을 보여주는 동적인 모델의 한 종류이다.
- 액티비티 다이어그램(activity diagram)은 동시에 발생한 이벤트들이 어떻게 통합되는지를 보여준다. 액티비티 다이어그램도 동적인 모델의 한 종류이다.

17.13
UML과 반복

SOFT WARE

상태 차트를 고려해보자. 전이는 가드, 이벤트, 액션으로 레이블 된다. 레이블에는 세 가지 중에 한 가지만 있을 수도 있으며 세 개 모두 있을 수도, 전혀 없을 수도 있다. 순차 다이어그램을 고려해보자. 생명선은 활성 박스(activation box)를 포함할 수도 포함하지 않을 수도 있으며, 반환(return)이 존재할 수도 그렇지 않을 수도 있다. 메시지는 가드(guard)를 사용할 수도 그렇지 않을 수도 있다.

모든 UML 다이어그램에는 다양한 선택 사항(option)들이 존재한다. 즉, UML은 최소한의 강제 사항과 많은 선택 사항을 지원한다. UML이 많은 선택 사항을 지원하는 이유는 다음 두 가지이다. 첫째, UML의 모든 특징들이 무수히 많은 다양한 소프트웨어 프로덕트들의 요구들을 모두 만족할 수는 없다. 따라서 각 소프트웨어 프로덕트가 자유롭게 고를 수 있는 선택 사항을 제공해야 한다. 둘째, 다이어그램에 새로운 특징들을 추가할 수 있게 하지 않으면(즉 처음부터 다이어그램에서 사용할 수 있는 특징들을 고정해놓으면) Unified Process의 반복과 점진을 수행할 수가 없다. 결국 UML은 우리가 기본 다이어그램에서 시작할 수 있도록 해준다. 그리고 우리의 자유로운 선택에 따라 다양한 선택 사항을 추가할 수 있으며, 그 결과로 만들어진 다이어그램도 유효한 것이다. 이것이 UML이 Unified Process에 효과적으로 사용될 수 있는 많은 이유 중에 하나이다.

17.1절에서 UML은 방법론이 아니라 언어라고 배웠다. 17.2절은 클래스 다이어그램에 대해 소개하였다. 구체적으로 집합(17.2.1절), 다중성(17.2.2절), 합성(17.2.3절), 일반화(17.2.4절), 연관(17.2.5절) 등의 클래스 다이어그램에 대한 다양한 내용이 논의되었다. 그 이후에는 UML의 다양한 다이어그램들, 구체적으로 노트(17.3절), 유스-케이스 다이어그램(17.4절), 스테레오타입(17.5절), 상호작용 다이어그램(순차 다이어그램과 커뮤니케이션 다이어그램, 17.6절), 상태 차트(17.7절), 액티비티 다이어그램(17.8절), 패키지(17.9절), 컴포넌트 다이어그램(17.10절), 배치 다이어그램(17.11절) 등을 소개하였다. 이 장은 UML 다이어그램에 대한 복습(17.12절)과 UML이 통합 프로세스에 효과적인 이유(17.13절)를 설명하며 마무리 짓는다.

최근 버전의 UML 설명서는 필수적인 자료이며, OMG의 웹 사이트인 www.omg.org에서 찾아볼 수 있다. UML의 기본서로는 [Fowler and Scott, 2000]과 [Stevens and Pllley, 2000]가 있다.

17.1 UML은 방법론인가? 당신의 답변을 자세히 설명하라.

17.2 UML을 사용하여 공장 모델을 만들어라(힌트 : 질문에 대답하기 위해 반드시 필요한 것들 외에는 상세한 설명을 하지 말 것).

17.3 Robinson Hotel에 손님의 이용 계정 모델을 UML 클래스 다이어그램을 그려보아라. 이용 계정은 오직 한 명의 손님을 위한 것이다. 특정 손님은 호텔에 많은 시간을 머물 수 있고, 각각의 투숙은 하나의 이용계정이 될 것이다. 하나의 이용 계정은 숙박에 대한 요금(이 유형의 요금은 항상 있다), 룸서비스 식사(0이거나 많이)와 세탁 서비스에 대한 요금으로 구성된다. 숙박 요금은 체크인 날짜, 체크아웃 날짜, 방 형태를 고려하여 계산된다. 식사 룸서비스를 위해 주문한 날짜, 시간, 메뉴 항목들, 식사를 서비스 받은 사람의 이름이 기록되어야만 한다. 식사 룸서비스는 메뉴에 항목들의 가격에 표준 룸서비스 수수료를 추가하여 계산된다. 세탁 서비스에 대해 서비스 날짜와 세탁된 옷을 보낸 사람의 이름이 기록되어야 한다. 요금은 세탁되는 옷들의 개수와 다림질한 옷들의 개수에 따라 계산된다.

17.4 세탁 서비스를 위해 네 시간이 필요하다는 것을 알리는 메모를 문제 17.3의 당신 대답에 추가시켜 보아라.

17.5 다음을 모델화 하는 UML 액티비티 다이어그램을 그려보아라. 손님이 호텔에 도착했을 때, 접수 담당자는 손님이 투숙했음을 확인한다. 손님이 호텔에 머무르는 동안, 웨이터는 손님의 방에 서비스 되는 식사 주문을 받고 손님의 이용 계좌에 이 주문을 추가한다. 세탁 담당 직원은 세탁을 위해 손님이 내다 놓은 옷을 보내고 세탁비는 손님이 호텔에 체크아웃 하기 전에 손님의 이용 계좌에 추가해야 한다. 그 후 접수 담당자는 이용 계좌를 마무리한다.

17.6 문제 17.5의 당신 대답에서 식사 룸서비스와 세탁 서비스를 추가하는 주문이 손님의 이용 계좌에서 중요한가? 당신은 이것을 어떻게 표현하겠는가?

17.7 문제 17.5에 대한 당신의 UML 모델은 접수 담당자, 웨이터, 세탁 담당자에 의해 수행되는 액티비티들을 반영하는가? 아니라면 당신의 대답을 수정하라.

17.8 13장(13.3절에서 13.7까지)의 엘리베이터 문제를 고려해보자. 엘리베이터 버튼들, 부제어기, 문들이 엘리베이터의 필수적인 부분들이고 삭제할 수 없다고 가정하자. 하지만 완전한 엘리베이터는 다른 엘리베이터 축들에 설치될 수 있다. **Elevator Class**, **Shaft Class**, **Elevator Doors Class**, **Elevator Button Class**들을 포함하고 집합과 합성을 이용하여 클래스 다이어그램 UML을 그려라. 이것에 속성들이나 오퍼레이션들을 포함시킬 필요는 없다.

참고 문헌

[Booch, Rumbaugh, and Jacobson, 1999] G. BOOCH, J. RUMBAUGH, AND I. JACOBSON, *The UML Users Guide*, Addison-Wesley, Reading, MA, 1999.

[Fowler and Scott, 2000] M. FOWLER WITH K. SCOTT, *UML Distilled,* 2nd ed., Addison Wesley, Upper Saddle River, NJ, 2000.

[Stevens and Pooley, 2000] P. STEVENS WITH R. POOLEY, *Using UML: Software Engineering with Objects and Components,* updated edition, Addison Wesley, Upper Saddle River, NJ, 2000.

[Wikipedia, 2010] WIKIPEDIA, "Guillemets," **en.wikipedia.org/wiki/Guillements,** February 13, 2010.

제**18**장

미래 신기술

소프트웨어공학은 어떤 방향으로 나아가야 하는가? 미래의 기술들에는 무엇이 있는가? 2020년에는 소프트웨어를 개발하고 어떻게 유지보수 할 것인가? 2050년에는?

'알고 싶은 사항 18.1'의 설명처럼 미래를 예측하는 것은 쉬운 일이 아니다. 이 장에서 우리는 소프트웨어 공학의 미래 방향에 조짐이 될 수 있는(또는 안 될지도 모르는) 많은 유망한 미래 신기술의 개요를 제공해준다. 이 장에 목적은 기술적인 세부 사항은 제외하고 10개의 미래 신기술의 특징을 제시하는 데 있다.

이 장에 주제들은 일반적으로 소프트웨어 공학의 석사 과정 과목으로 학습한다. 이 최신 기술들에 대한 기본적인 이해력을 갖는 것이 중요하기 때문에 소프트웨어 공학에서 첫 번째 과정으로 이 교재에 포함시켰다.

이 교재에는 우리가 제시한 기술들의 장점과 약점들이 세심하게 분석되어 있다. 그러나 이 장에 제시된 기술들의 강점과 약점을 결정하기에는 아직 너무 이르다.

Lawrence Peter 'Yogi' Berra(1925년생)는 단지 최고의 야구 선수와 매니저로서만이 아니라, Yogiisms으로 알려진 위트 있는 코멘트로 명성을 얻었다. Yogiisms의 특징은 처음 들을 때에는 의미가 없으나, 후에 생각해보면, 완전한 의미를 갖고 있다. 예를 들어 뉴저지에 있는 그의 집은 갈라지는 두 개의 다른 길을 통해 동일하게 접근이 가능하다. 그래서 그의 집에 오는 방향을 가르쳐줄 때, 그는 이렇게 말한다. "당신이 갈라지는 길을 만나면, 그것을 받아들여라."

이 장의 주제에 대해 Berra는 다음과 같이 언급했다. "예언하는 것은 어렵다. 특히 미래에 대해."

18.1
관점-지향 기술

SOFTWARE

소프트웨어 프로덕트의 **관심(conern)**은 그 프로덕트에 행위들의 특정 집합이다. 예를 들어 은행용 프로덕트에서 하나의 관심은 이자 계산의 집합이다. 은행들은 예금자에게 이자를 지급하고 대출자들에게 이자를 청구한다. 두 번째 관심은 회계 감사에 관한 정보의 작성이다. 소프트웨어 프로덕트의 **핵심 관심(core conern)**은 프로덕트의 행위들의 주요 집합이다. 은행 예제에서 이자 계산은 분명히 회계 감사를 작성하는 것보다는 핵심이다. 회계 감사와 보안의 관점에서 틀림없이 필수적이기는 하지만, 은행에 핵심 관심은 아니다.

5.4절에서 서술했듯이 **관심의 분리(separation of concers)**[Dijkstra, 1982]는 그것이 소유한 모듈이나 모듈의 그룹으로 각 관심을 분리하여 소프트웨어를 설계함으로써 모듈화를 달성하는 기술의 근본이 되는 원리이다. 그렇게 함으로써 응집도를 최대화 하고 결합도를 최소화 할 수 있다(7장). 그러나 관심의 분리를 달성하는 것이 때로는 불가능하다. 은행 예제에서 이자 계산은 아마도 하나 또는 그 이상의 모듈로 분리될 수 있으나, 사실 은행 프로덕트의 모든 오퍼레이션이 회계 감사에 대한 정보를 작성하는 것은 아닐 것이다. **교차 관심사(Cross-cutting concern)**는 은행 프로덕트에 회계 감사 관심과 같은 모듈 경계에 영향을 미치는 관심이다. 교차 부분의 존재가 회귀 결함을 유발하기 때문에 교차 부분은 유지보수에 나쁜 영향을 미친다. 관심이 다양한 관련이 없는 모듈들에서 다르게 구현되었다면, 해당 관심의 변경은 관련 있는 모든 모듈들에서 모든 관심의 인스턴스들을 지속적으로 변경시킬 것이다.

소프트웨어 프로덕트의 한 부분이 그것의 핵심 관심사와 교차된다면, 관심의 분리 원칙이 훼손된다. 은행 예제에서 회계 감사를 작성하기 위한 코드는 많은 모듈들을 교차할 것이다. 이것은 회계 감사를 작성하기 위한 교차 코드의 하나 또는 그 이상에 부분을 가진 각각에 세 가지 모듈을 보여주는 것은 그림 18.1(a)에서 설명해준다. 회계 감사 메커니즘에 대한 변경은 지속적으로 변경되는 6개 부분의 회계 감사 코드에서 요구된다.

AOP(aspect-oriented programming, 관점-지향 프로그래밍)의 목적은 개발자로부터 **관점(aspect)**

그림 18.1 교차 관심을 가진 은행용 프로덕트. (a) 전통적인 설계 (b) 관점지향 설계.

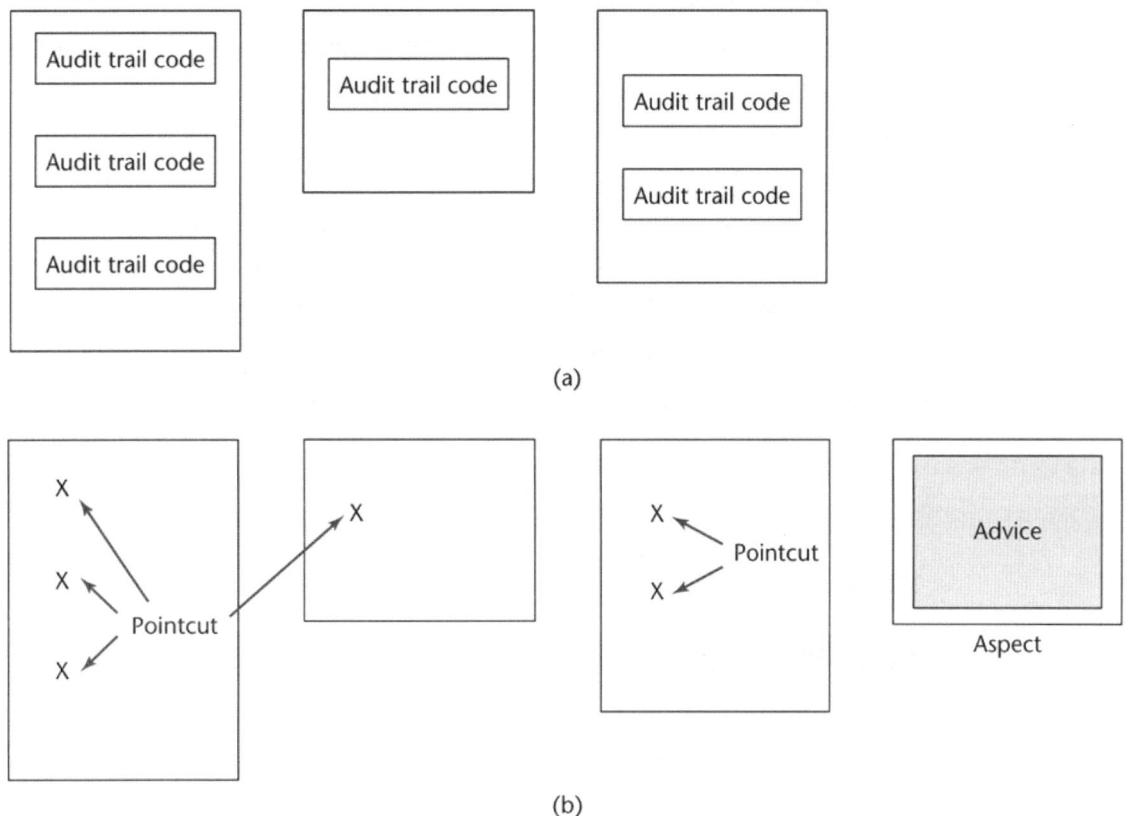

(a)

(b)

이라고 부르는 특별한 모듈들에서 교차 관심들을 격리시킴으로써 각 교차 관점들을 분리시키는 것이다. 관점들은 소프트웨어에서 특별한 장소로 연결되는 코드인 advice를 포함한다. advice의 예제는 은행 소프트웨어에서 회계 감사 루틴이다. pointcut은 교차 관심이 적용되는 코드의 장소이다. 즉 advice가 실행되는 곳이다. 그러므로 관점은 두 개의 조각으로 구성된다. 즉 advice와 이것과 관련된 pointcut들의 집합.

이제 관심의 분리는 그것이 소유한 관점들로 각 교차 관심을 할당함으로써 달성할 수 있다. 그렇게 함으로써 관련된 코드는 분리되고(advice) 회귀 결함의 위험을 줄일 수 있다. 프로덕트에 삽입된 pointcut은 단지 특별한 advice가 실행되는 곳으로 보일 것이다. 그림 18.1(b)는 그림 18.1(a)의 회계 감사 코드에 6개의 조각들이 어떻게 관점(advice를 포함하여)과 6개의 pointcut에 의해 교체되는지를 보인다. 이제 회계 감사 메커니즘에 대한 변경은 관점에 국한된다.

AOP를 이용하기 위해서는 AOPL(aspect-oriented programming language, 관점-지향 프로그래밍 언어)가 필요하다. 관점-지향 프로그래밍 언어를 위한 컴파일러는 weaver(결합기)라 부른다. weaver의 주된 업무는 코드를 컴파일 하기 전에 각 pointcut을 관련된 advice에 삽입하는 것이다. 이 작업을 **결합**(composition)이라고 부른다. 즉 개발과 유지보수는 관점과 pointcut을 포함하여 컴파일 되지 않은 소스 코드에서 수행된다. 그렇게 함으로써 관심의 분리가 달성된다. 코드를 컴파일 하고 실행하기 전에, weaver는 알맞은 장소에 교차 코드를 삽입함으로써 코드를 결합한다. 그림 18.1로 되돌아가서, 결합이 그림 18.1(b)에 적용할 때, 그림 18.1(a)가 된다. 하지만 프로그래머에 의해 검사되는 경우 결합된 코드는 드물다. 즉 프로그래머는 소프트웨어를 18.1(a)가 아니라 18.1(b)와 유사하도록 공을 들인다.

가장 유명한 AOPL은 Java용으로 관점-지향을 확장한 AspectJ이다[Kiczales et al., 2001; Laddad, 2003]. 관점-지향 구현은 C++과 C#, COBOL[Cobble, 2004]과 같은 다양한 프로그래밍 언어로 개발될 수 있다.

AOP는 또한 초기 관점(early aspects)이라고 부른 AOSD(asepct-oriented software development, 관점-지향 소프트웨어 개발)의 한 부분이다. AOSD의 주요 목적은 회계 감사, 보안, 오류 검사, 실시간 통제와 같은 기능적, 비기능적 교차 관심을 초기에 식별하는 것이다. 교차 관심들을 식별할 때 그것들은 명세 되고(관점-지향 분석), 모듈화 되며(관점-지향 설계), 코드화(관점-지향 구현)된다.

AOP는 IBM Websphere(8.5.2절)을 포함해서 수많은 상용 애플리케이션들에서 그리고 JBoss, Java 애플리케이션 서버와 같은 오픈소스 소프트웨어에서 사용된다.

18.2
모델-중심 기술
SOFTWARE

8.6.5절에서 한 아키텍처에서 다른 아키텍처에 위젯 생성기 이식에 대한 문제는 abstract factory 설계 패턴을 사용하면 해결되었다. 즉 위젯 생성기(widget generator)는 추상적 클래스로 설계되고, 그 후 각 대상 아키텍처를 위한 하나에 구체적인 클래스들로 구현된다. 이 해결방안은 설계 단계 (design level)에 있다.

MDA(model-driven architecture, 모델-중심 아키텍처)[MDA, 2008]은 설계 단계보다는 분석 단계에서 새로운 플랫폼에 대한 소프트웨어 프로덕트에 이동 대상 문제를 해결한다.

1. 그림 18.2에서 보여준 것처럼 요구되는 소프트웨어 프로덕트의 기능성은 PIM(platform-independent model, 플랫폼-독립 모델)이다. 이것은 UML이나 적절한 도메인-명세 언어(domain-specific language), 즉 특정한 문제 도메인을 위해 특별히 제안된 언어를 사용해서 수행된다.
2. PSM(platform-specific model, 플랫폼-특정 모델)이 선택된다. 예를 들어 CORBA, .NET, J2EE 와 PIM은 선택된 PSM에 맵핑된다. PSM은 UML로 표현된다.
3. PSM은 자동 코드 생성기(automatic code generator)를 이용하여 코드로 전환된 후 컴퓨터에서 실행된다.
4. 만약 다양한 플랫폼들이 요구된다면, 2단계와 3단계가 각 PSM에 대해 반복된다.

다시 말해 그림 18.2에서 볼 수 있듯이 MDA는 소프트웨어 프로덕트의 구현으로부터 소프트웨어 프로덕트의 기능성을 완전하게 분리시킨다. 그렇게 함으로써 이식성을 달성하는 강력한 메커니즘을 제공한다(8.13절).

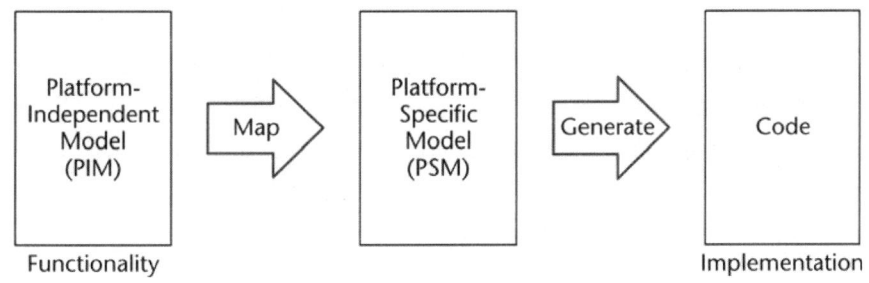

그림 18.2

모델–중심
아키텍처

패턴들은 MDA-기반 소프트웨어 프로덕트에서 중요한 역할을 한다. PIM은 PSM에 맵핑을 가능하게 하기 위해 충분한 세부 사항을 통합해야 한다. 이 세부 사항은 그때마다 수동적으로 제공될 것이다. 그러나 이것은 패턴('원형 패턴(archetype patterns)' [Arlow and Neustadt, 2004])을 통해 이 세부 사항을 제공하는 것을 더 선호한다. 더욱이 8.8절의 설명처럼 설계 패턴을 구현할 때, 그 구현은 패턴이 재사용될 때 재사용할 수 있다. 유사하게 MDA-기반 소프트웨어의 경우에 PSM에 PIM 내에 원형 패턴의 맵핑은 이미 수행되어 있다.

MDA에 핵심은 이 접근법이 플랫폼-의존 코드 단계로부터 플랫폼-독립 모델 단계로 추상화의 단계를 올려 준다. MDA에 최근 연구 주제는 접근법을 자동화 하기 위해 필요한 CASE 툴을 구성하는 방법이다. CASE 툴들을 정말 구축할 수 있다면, 그 후 이것은 소프트웨어 공학자들에게 모델 단계에서 소프트웨어를 개발하는 것이 가능하게 된다. 그 후 PIM(도메인-특정 언어나 UML)의 모델링 언어는 소프트웨어 개발과 유지보수를 위한 추상화의 가장 낮은 단계가 될 것이다. PSM과 코드는 자동적으로 생성될 것이고, 오늘날 보통 기계어 코드가 사용되는 것처럼 미래에 소프트웨어 엔지니어가 '보이지 않게' 사용하게 될 것이다.

18.3
컴포넌트-기반 기술

컴포넌트–기반 기술(component-based technology)의 목표는 재사용가능한 컴포넌트들의 표준 컬렉션을 구축하는 것이다. 그 후 언제나 전체를 재고 안 하는 대신에 미래에 모든 소프트웨어는 표준 아키텍처와 표준 재사용가능한 프레임워크를 선택하고 프레임워크의 핫 스팟(hot spot)에 표준 재사용가능한 코드 산출물을 삽입시켜 구축할 것이다(8장). 즉 소프트웨어 프로덕트는 재사용가능한 컴포넌트들을 **결합**(composing)으로 구축될 것이다. 이것은 자동화된 툴을 이용하여 수행된다. 즉 생산 자동화는 컴포넌트-기반 소프트웨어 공학의 핵심 관점이다.

이를 수행하기 위한 이 기술의 경우 컴포넌트들은 독립적, 즉 완벽히 캡슐화(7.4절)되어 있다. 사실 컴포넌트들은 그것들이 공유 상태가 아니기 때문에, 객체들보다 높은 추상화 단계에서 수행된다. 하지만 객체와 같이 그것들은 메시지를 교환해서 커뮤니케이션 한다.

8장에서 코드 산출물, 설계 패턴, 소프트웨어 아키텍처의 재사용을 통해 축적된 많은 장점들이 서술되었다. 이러한 이유로 컴포넌트-기반 소프트웨어 공학(component-based software engineering)을 이루는 것은 소프트웨어 생산성과 품질에 10배 이상의 증가를 이끌어낸다.

　불행하게도 재사용에 관련된 최신 기술은 이 어마어마한 목표에 너무나 멀다. 추가로 컴포넌트-기반 소프트웨어 구축은 정의(definition), 표준화, 컴포넌트들의 검색을 포함한 많은 도전들을 가지고 있다. 그러나 많은 센터에서 연구자들은 컴포넌트-기반 소프트웨어 공학의 목표를 달성하기 위해 열심히 적극적으로 노력하고 있다.

18.4
서비스-지향 기술

컴퓨터에서 문서를 생성하는 한 가지 방법은 사용자를 위해 사용자 컴퓨터에 Microsoft Word를 설치하고, 그 후 Microsoft Word를 이용하여 문서를 생성하는 것이다. 다른 대안은 사용자를 위해 웹 브라우저(5.8절)를 열고 Google Docs를 이용하여 문서를 생성하는 것이다. 이 경우에 워드 프로세싱 소프트웨어는 Google 컴퓨터에 남아있다(문서도 Google 컴퓨터에 있으나, 추가적인 보안을 위해 사용자 컴퓨터에 다운로드 될 수 있다).

　Docs는 사용자를 위해 Google이 제공하는 서비스(service)이다. American Heritage Dictionary는 서비스를 '다른 사람을 위해 다양한 업무나 행동을 수행하는 것...'으로 정의하였다[Service, 2000]. 다른 말로 표현하면 서비스-지향 기술(service-oriented technology)이 갖고 있는 역량들은 서비스 소비자(service consumers)의 특정한 니즈를 만족시키기 위해 네트워크 상에 서비스 제공자(service providers)에 의해서 제공된다.

18.5
서비스-지향과 컴포넌트-기반 기술의 비교

서비스-지향 기술은 컴포넌트-기반 기술과 다음과 같이 많은 공통된 특징을 갖고 있다.

- 첫 번째로 둘 다 분산 컴퓨팅의 사례이다. 서비스와 컴포넌트들은 둘 다 네트워크 상에 분산되어 있다.
- 두 번째로 둘 다 재사용 기술들이다. 서비스-지향 기술의 경우 서비스 소비자들은 서비스 제공자들의 서비스를 재사용하고, 그리고 컴포넌트-기반 기술의 기반은 표준 아키텍처와 표준 재사용가능한 프레임워크와 함께 재사용 가능한 컴포넌트들의 표준 집합체이다.

1999년에 Salesforce.com은 서비스로 주요 비즈니스 애플리케이션들을 제공하는 첫 번째 회사였다. 회사의 슬로건은 'No Software!'이다. 이 선전 구호는 서비스-지향 컴퓨팅은 그들이 소유한 소프트웨어를 설치할 때 조직들을 대면하는 문제를 제거한다는 의미를 내포하고 있다.

- 세 번째로 캡슐화는 컴포넌트들과 서비스들이 확실히 독립적인 것을 보장하기 위해(이런 이유로 재사용 가능) 두 기술들에 필수적이다.
- 네 번째로 컴포넌트들과 서비스들 둘 다 그들의 인터페이스를 통해 접근한다. 인터페이스 명세는 접근에 아주 중요하다.
- 다섯 번째로 컴포넌트들과 서비스들 둘 다 관심의 분리를 통해 재사용 하는 것을 보장하기 위해 가능한 높은 응집도와 가능한 낮은 결합도를 가져야만 한다.
- 여섯 번째로 두 기술 모두 투입 비용을 줄여 준다. 서비스-지향 기술에서 서비스 소비자들은 서비스의 사용에 대해 사용당 비용 단위나 월간 사용료로 비용을 지불한다. 그것들은 서비스 그 자체를 구매하는 것이 필요하지 않다(Google Docs와 같은 몇몇 서비스들은 무료). 컴포넌트-기반 기술에서 사용자들은 그들 자신의 소프트웨어를 표준 컴포넌트들로 구성한다. 그것들은 고객 소프트웨어를 구축하는 비용이 소요되지 않는다.
- 일곱 번째로 소프트웨어를 설치하고 그것에 환경을 설정하는 것이 필요치 않다. 각 새로운 릴리즈와 함께 지속적으로 갱신된다. 대신에 소프트웨어의 최근 버전은 매번 자동적으로 다운로드된다. 이 아이디어는 '알고 싶은 사항 18.2'에서 보다 자세히 볼 수 있다.
- 여덟 번째로 두 기술 모두 일반적으로 지리적 장소와는 독립적이다. 컴포넌트들과 서비스들은 보통 웹 상에서 접근 가능하며 적절한 디바이스를 이용하여 어디에서나 접근이 가능하다.

두 기술들 사이에 주된 차이점은 단위이다. 서비스-지향 기술이 기존의 실행 가능한 프로그램들을 활용하는 데 반해, 컴포넌트-기반 기술은 실행 가능한 프로그램에 컴포넌트들을 결합함으로써 소프트웨어 프로덕트를 구성한다. 다시 말해서 서비스-지향 기술의 기준 구축 블록들이 완료된 실행 가능한 프로그램들인 것에 반해, 컴포넌트-기반 기술의 기준 구축 블록들이 컴포넌트이다.

18.6

소셜 컴퓨팅

소셜 컴퓨팅(social computing)이라는 용어는 두 가지 다른 문맥으로 사용된다. 첫 번째는 그것이 컴퓨터가 사회적 행위를 지원하는 방법의 문맥에서 사용된다. 이것은 채팅방, 인스턴스 메시징, e-mail, 블로그, wikis와 같은 공유 작업 공간이 포함된다. 가장 유명한 사이트들은 사용자에게 MySpace와 Facebook과 같은 개인적인 프로파일 사이트, LinkedIn과 같은 네트워킹 사이트, Flickr(사진 공유를 위한), YouTube(비디오 공유)과 같은 미디어 사이트 등을 포함한 상호작용과 데이터 공유를 가능하게 해준다. 이런 용법에서 소셜 컴퓨팅이라는 용어는 보통 말하는 근본적인 기술들과 관련이 없다. 오히려 그 기술들에 의해 야기되고 지원되는 사회적 상호작용과 구조에 관련이 있다.

다시 말해서 용어의 이 용법은 '컴퓨팅'보다는 '소셜'에 초점을 맞춘다. 예를 들어 이런 관점에서 Wikipedia를 고려해보자. 근본적인 wiki 기술 그 자체는 중요하지 않다. 대신에 여기서 소셜 컴퓨팅은 커뮤니티의 멤버들 사이에 상호작용들과 온라인 백과사전 주변에 있는 커뮤니티에 초점을 맞춘다. 참석자들 사이에 논란, 사기를 치는 사용자 자격, 기사들의 전반적으로 높은 수준인 것처럼 포스팅에서 사실의 의도적인 허위 기재는 모두 여기에 관련 있다.

두 번째로 소셜 컴퓨팅이라는 용어는 그룹 계산의 문맥에서 사용된다. 예제는 온라인 옥션, 다중 플레이 온라인 게임, 공동의 필터링(온라인 쇼핑객들에게 구매 제안을 하기 위한 'A책을 사고 B책 또한 사는 개개인'과 같은 정보를 추출하기 위해 대량 데이터 집합의 분석)을 포함한다. 여기서 주안점은 '소셜'보다는 '컴퓨팅'이다. 그러므로 첫 번째와는 다르게 이 용법은 최근 생겨난 기술과 관련 있다.

18.7

웹 공학

1장의 초반에 설명했듯이 소프트웨어 공학은 클라이언트의 니즈를 만족시키는 결함이 없는 소프트웨어(fault-free software)를 주어진 예산 범위 내에서, 그리고 주어진 시간에 맞추어 생성하는 것을 목적으로 하는 학문 분야이다. 비슷하게 웹 공학(web-engineering)은 클라이언트의 니즈를 만족시키는 결함이 없는 웹 소프트웨어를 주어진 예산 범위 내에서, 그리고 주어진 시간에 맞추어 생성하는 것을 목적으로 하는 학문 분야이다.

웹 소프트웨어(web software)는 일반적으로 소프트웨어의 한 부분이다. 그런 이유로 웹 공학은 기술적으로 소프트웨어 공학의 한 부분이다. 하지만 웹 공학의 지지자는 웹 소프트웨어가 그것이 소유한 특징들을 가진다고 지적하고 그러므로 웹 공학은 독립된 학문 분야로 간주된다고 주장한다. 웹 소프트웨어의 특징은 다음과 같다.

- 불안정한 요구사항. 이동 대상 문제(moving target problem, 2.4절)는 사용자 커뮤니티의 멤버들, 사용자들의 경험 수준, 웹 기술과 같은 세 가지 이동 대상 때문에 웹 소프트웨어의 경우 더욱 극심해지는 경향이 있다. 그래서 웹 소프트웨어의 요구사항들은 빠르게 변하는 경향이 있다.
- 사용자 스킬의 폭넓은 다양성. 웹 사용자의 능력은 완전한 초보자에서 전문가까지 다양하다. 이것은 인간-컴퓨터 인터페이스의 설계를 위해 중요한 영향을 끼친다.
- 사용자들을 교육시킬 수 있는 기회가 없음. 새로운 소프트웨어 프로덕트가 조직에 설치될 때, 관리는 프로덕트를 사용하는 모든 직원에게 적합한 교육을 받도록 요구할 수 있다. 하지만 이것은 웹 애플리케이션에서는 불가능하다. 최선책으로 도움 메뉴를 제공할 수 있다.
- 다양한 콘텐츠. 온라인 소매자의 웹 사이트는 텍스트, 그래픽, 오디오, 비디오를 포함할 수 있다. 더욱이 이 요소는 웹사이트의 가장 중요한 판매 기능과 통합될 수 있다. 이것은 응답 시간에 현저하게 영향을 미칠 수 있다.
- 상당히 짧은 유지보수 응답 시간. 상용 소프트웨어에서 새로운 버전의 릴리즈 시간은 보통 6달에서 1년이다. 반대로 웹 소프트웨어는 매일 자주 갱신될 수 있다. 더욱이 갱신은 사용자에게 이음새가 없이 보통 백그라운드에서 수행될 수 있다.
- 인간-사용자 인터페이스는 아주 중요하다. 11.14절에서 지적한 것처럼 소프트웨어 프로덕트를 위해 형편없이 설계된 인간-컴퓨터 인터페이스는 증가된 학습 시간과 높은 에러율을 초래한다. 웹 소프트웨어의 경우에 형편없이 설계된 인간-컴퓨터 인터페이스는 웹사이트의 소유주에 대한 심각한 기능적 결과와 함께 사용자가 사이트에 방문하지 않는 문제가 초래될 수 있다.
- 다양한 실시간 환경. 많은 인기 있는 웹 브라우저를 사용하는 주어진 웹 페이지에 성공적으로 접근하는 것이 가능해야 한다. 이 브라우저는 다른 운영체제(Linux, Mac OS X, Windows 등) 하에 다른 하드웨어(PC와 매킨토시를 포함)에서 실행된다. 웹 소프트웨어는 브라우저, 하드웨어, 운영체제의 모든 조합에서 호환이 되어야 한다.
- 프라이버시와 보안 요구사항은 통상 엄격하다. 해커가 암호화 되지 않은 신용카드 데이터를 포함하는 온라인 데이터베이스에 몰래 잠입했을 때, 백만 신용카드 소유자는 신원 도난에 노출될 수 있다.
- 다중 디바이스를 통해 접속 가능. 웹은 컴퓨터, 핸드폰, PDA 등을 통해 접속될 수 있다. 웹 소프트웨어는 이용 계정으로 이 다양한 디바이스를 이용해야만 한다.

사실 몇몇 연구자들은 웹 기술이 컴퓨터 기술과 너무 다르고, 컴퓨터 과학(computer science)과 유사한 웹 과학(web science)이라는 학문 분야가 제안되어야 한다고 생각했다[Berners-Lee et al., 2006a; Berners-Lee et al., 2006b].

18.8
클라우드 기술

인터넷은 때때로 '구름(The Cloud)'이라고 부른다. 이 용어는 인터넷[Vander Wal, 2004]에서 iCloud(information cloud)[Heinemann, Kangasharju, Lyardet, and Miihlhauser, 2003], 모바일 디바이스의 커뮤니케이션 범위라는 용어를 확장한 것으로부터 나왔다.

클라우드 기술(cloud technology)은 인터넷-기반 기술과 동의어이다. 사용자가 중요 기반 구조에 대한 어떤 지식을 가질 것으로 예상되지 않는다는 아이디어는 클라우드 컴퓨팅(cloud computing)에서 명확하다. 비유는 사용자가 '클라우드에서' 작동된다는 것이다.

18.9
웹 3.0

WWW(약어로 웹)은 하이퍼텍스트 문서(hypertext document)의 컬렉션이다. 반대로 그것들이 웹에서 사용될 때 Web 2.0은 개개인이 사용하는 기술과 관련이 있는 용어다. 그래서 이 장의 주제인 '미래 신기술'로서 웹 2.0의 서술은 부정확할 수 있다.

다른 말로 표현하면 Web 3.0(또는 시맨틱 웹(Semantic Web))이 확실히 최근 생겨난 기술이다. 이 용어는 웹이 향후에 사용할 방법과 관련 있다. 많은 훌륭한 제안이 제시되었다. 알고 싶은 사항 18.1에 따라 우리는 단지 기다려야 하고, 결국 그것이 사실일지라도 그런 제안들을 알아야 할 것이다.

18.10
컴퓨터 보안

컴퓨터 보안(computer security)은 조금 비켜난 분야이다. 이것은 소프트웨어 공학의 분야는 아니다. 그럼에도 불구하고 이것은 소프트웨어 공학에서도 관심을 가져야 하는 분야이다. 사실 이 장에 모든 새로운 기술은 보안 관점을 갖고 있다.

사용자들은 일반적으로 보안 이슈들에서 보다 소프트웨어 프로덕트의 특성에서 더욱 흥미가 있기 때문에 소프트웨어 공학과 컴퓨터 보안 사이에 겹쳐지는 하나에 중요한 영역은 인적 요소이다(11.14절). McGraw와 Felten[1999]이 설명한 문장으로 보면 '춤추는 돼지와 보안 사이에 주어진 선택'과 같이 대부분 사용자들 사이에 보안 이슈들에 대한 관심의 결핍은 **춤추는 돼지 문제**(dancing pigs problem)라고 알려졌다.

반어적으로 피싱(phishing, 합법적이 웹사이트를 부정하게 사칭함으로써 은밀한 정보를 얻는 범죄 시도)의 과학적인 연구는 사람들이 보안보다 춤추는 동물들을 정말로 선호한다는 것을 발견했다[Dhamija, Tygar, and Hearst, 2006]. 참가자들은 로고가 곰인 West 은행에 사기를 치기 위한 웹 페이지를 보여주었다. 페이지의 상위에는 곰이 수영하는 비디오가 있다. 연구자들은 '귀여운' 디자인이, 페이지가 사실이라고 그들을 믿게 하는 요인 중 하나라는 것을 알고 있었다. 사실 만화 영화로 된 곰 비디오는 많은 참가자들이 애니메이션을 다시 보기 위해, 사기를 치기 위한 페이지를 '새로 고침'할 정도로 너무 매력적이다.

휴먼 인터페이스의 설계는 많은 사용자들이 단순하게 보안에 신경 쓰지 않는다고 생각한다. 그런 이유로 보안은 옵션으로 제공하기 보다는 소프트웨어 프로덕트에 구축되어야 한다. 이것은 어려운 문제이다. 결국, 작성 시 스팸 메일이나 피싱의 문제에 아주 포괄적인 해법은 없다. 그럼에도 불구하고 가까운 미래에 소프트웨어 엔지니어와 보안 전문가가 두 분야의 공통적으로 심각한 문제 해결을 위해 공동 연구를 수행하는 것은 중요하다.

18.11
모델 체킹

SOFTWARE

2007년 ACM Turing Award(때때로 컴퓨터 과학 분야의 노벨상이라고 불리는)는 모델 체킹(model checking)을 개발한 Edmund M. Clarke, E. Allen Emerson, 그리고 Joseph Sifakis에게 상을 주었다. 모델 체킹은 소프트웨어에 적용되기 시작한 하드웨어를 위한 테스팅 기술이다.

6.5.3절에서 논의했듯이 정확성에 대한 증명은 아직 다소 문제가 있었다. 무엇이 필요한가는 증명을 구축하는 데 인간이 가질 수 있는 대안이다. 운영체제와 같은 특정 소프트웨어 제품들은 영원히 수행될 수 있도록 설계된다. 임시적인 논리(6.5.3절)는 이들 소프트웨어 제품들을 설계하는 좋은 방법이다. 따라서, 우리는 임시적인 논리를 사용하여 소프트웨어 프로덕트를 명세하고, 그리고 나서 유한 상태 기계(12.7절)에서 소프트웨어 프로덕트를 실현한다. 12.7절의 논의에서, 유한 상태 기계의 성질을 결정할 수 있었다. 이러한 방법으로 우리는 명시적으로 정확성의 증명을 구축할 필요가 없이 소프트웨어 제품의 수정을 수학적으로 보여줄 수 있다.

18.12
현재와 미래

SOFT WARE

이 장은 열 가지 미래 신기술의 개요를 담고 있다. 이 책을 저술할 때 모든 것이 제시되어 있고, 모든 것이 주요 기술이 될 수 있는 잠재력을 갖고 있었다. 그러나 Yogi Berra(알고 싶은 사항 18.1)는 '특히 미래에 관하여 예측할 수 있게 만드는 것'이라고 지정하였다. 따라서 미래가 되어야 우리는 미래에 무슨 일이 일어났는지를 알 수 있다.

복습

관점-지향 기술, 모델-중심 기술, 컴포넌트-기반 기술, 서비스-지향 기술에 대한 개요는 각각 18.1 절에서 18.4절까지에 제시되었다. 18.5절에서 비교는 서비스-지향과 컴포넌트-기반 기술 간의 비교가 서술되었다. 그리고 소셜 컴퓨팅은 18.6절에서, 웹 공학은 18.7절에서 서술되었다. 18.8의 주제는 클라우드 기술이고, 웹 3.0은 18.9절에 서술되었다. 컴퓨터 보안은 18.10절에서, 모델 점검은 18.11절에서 개요를 보여주었다. 이 기술들의 미래는 18.12절에서 논의된다.

관련 자료

이 장의 자료는 계속 증가하고 있다. 이 책이 인쇄되면 여기서 인용된 참고 문헌은 시대에 뒤떨어질 것이다. 다른 한편 Wikipedia는 지속적으로 갱신되어 이장의 주제에 최근 문헌들처럼 활용될 수 있을 것이다.

[Arlow and Neustadt, 2004] J. ARLOW AND I. NEUSTADT, *Enterprise Patterns and MDA: Building Better Software with Archetype Patterns and UML*, Addison-Wesley Professional, Reading, MA, 2004.

[Berners-Lee et al., 2006a] T. BERNERS-LEE, W. HALL, J. HENDLER, N. SHADBOLT, AND D. WEITZNER, "Creating a Science of the Web," *Science* **313** (August 2006), pp. 769-71.

[Berners-Lee et al., 2006a] T. BERNERS-LEE, W. HALL, J. HENDLER, K. O'HARA, N. SHADBOLT, AND D. WEITZNER, "A Framework for Web Science," *Foundations and Trends in Web Science* 1 (2006), pp. 1-130.

[Cobble, 2004] "Cobble," **users.ugent.be/~kdschutt/cobble,2004.**

[Dhamija, Tygar, and Hearst, 2006] R. DHAMIJA, J. D. TYGAR, AND M. HEARST, "Why Phishing Works," *Proceedings of the SIGCHI Conference on Human Factors*, Montréal, Québec, Canada, April 2006, ACM, pp. 581-90.

[Heinemann, Kangasharju, Lyardet, and Mühlhäuser, 2003] A. HEINEMANN, J. KANGASHARJU, F. LYARDET, AND M. MÜHLHÄUSER, "iClouds—Peer-to-Peer Information Sharing in Mobile Environments," *Proceedings of the International Conference on Parallel and Distributed Computing (Euro-Par 2003)*, IEEE, Klagenfurt, Austria, August 2003.

[Kiczales et al., 2001] G. KICZALES, E. HILSDALE, J. HUGUNIN, M. KERSTEN, J. PALM, AND W. G. GRISWOLD, "An Overview of AspectJ." In: J. L. Knudsen (Ed.), *European Conference on Object-oriented Programming*, Vol. 2072 of *Lecture Notes in Computer Science*, Springer-Verlag, New York, 2001, pp. 327-53.

[Laddad, 2003] R. LADDAD, *AspectJ in Action*, Manning Publications, Greenwich, CT, 2003.

[McGraw and Felten, 1999] G. MCGRAW AND E. FELTEN, Securing Java, John Wiley and Sons, New York, 1999.

[MDA, 2008] "MDA," **www.omg,org/mda**, 2008.

[Service, 2000] "Service. The American Heritage Dictionary of the English Language: Fourth Edition. 2000," **www.bartleby.com/61/68/S0286800.html**, 2000.

[Vander Wal, 2004] T. VANDER WAL, "Understanding the Personal Info Cloud: Using the Model of Attraction," Presentation, University of Maryland, Baltimore, MD, June 2004.

Term Project: Chocoholics Anonymous

Chocoholics Anonymous(ChocAn)는 극심한 초콜릿 중독에 빠진 사람들에게 봉사하는 단체이다. 회원들은 매달 회비를 ChocAn에 지불한다. 이 회비를 지불함에 따라 회원들은 전문가, 영양사, 내과 의사 및 운동 전문가와 무제한 상담과 치료를 제공받을 수 있다. 모든 회원들에게는 회원의 이름과 9자리 회원 번호가 부여되어 있으며, 이 정보들이 암호화되어 저장된 마그네틱 스트립(magnetic strip)을 포함한 플라스틱 카드가 제공된다. ChocAn 회원들에게 서비스를 제공하는 각 헬스 케어 전문가(provider, 제공자)들은 가게 안에 신용카드 장치와 유사한 특별히 고안된 ChocAn 컴퓨터 터미널을 가지고 있다. 제공자의 터미널이 켜지면, 제공자는 그 또는 그녀의 제공자 번호를 입력하라는 메시지를 요청 받는다.

ChoAn으로부터 헬스 케어 서비스를 받기 위해서, 회원은 터미널과 통신이 되는 카드 리더에 카드를 통과시키는 제공자에게 그 또는 그녀의 카드를 넘겨준다. 터미널은 ChocAn data Center에 연결되고, ChocAn 데이터 센터의 컴퓨터는 회원 번호를 검증한다. 만약 번호가 유효하다면, Validated라는 단어가 온라인 디스플레이 상에 표시된다. 만약 번호가 유효하지 않다면, Invalid number 또는 Member suspended와 같은 이유가 표시된다. Member suspended 메시지는 요금이 미납되었기 때문에(회원이 적어도 한 달 동안 회비를 납부하지 않았다는 것을 의미) 회원 자격이 정지되었다는 것을 의미한다.

헬스 케어 서비스(health care service)를 마친 후 ChocAn에게 청구서를 제공하기 위하여, 제공자는 카드 리더기에 카드를 다시 통과시키거나 회원 번호를 입력한다. Validated라는 메시지가 출력되면, 서비스를 제공한 날짜의 제공자 키는 MM-DD-YY 형태로 제공한다. 왜냐하면 하드웨어나 다른 발생 가능한 문제들로부터 서비스를 제공한 이후 즉시 ChocAn을 고지함으로써 제공자를 보호할 수 있기 때문에 서비스의 날짜는 필요하다. 다음으로, 제공자는 제공하는 서비스에 해당하는 적절한 서비스의 6자리 코드를 찾기 위하여 Provicer Directory를 사용한다. 예를 들어, 598470은 영양사 세션에 대한 코드이고, 883948은 에어로빅 운동 세션에 대한 코드이다. 그 후 제공자는 서비스 코드를 입력한다. 서비스 코드가 정확하게 입력되었는지 확인하기 위하여, 소프트웨어 프로덕트는 코드에 해당하는 서비스의 이름을 표시하고(최대 20자) 실제로 제공되는 서비스에 있는지 확인하기 위해 제공자에게 묻는다. 만약 제공자가 존재하지 않는 코드를 입력했을 경우, 오류 메시지가 출력된다. 제공자는 제공되는 서비스에 관한 언급(comment)을 입력할 수 있다.

이제 소프트웨어 프로덕트는 다음과 같은 필드들을 포함하여 디스크에 기록을 저장한다.

Current date and time(MM-DD-YYYY HH:MM:SS).

Date service was provided(MM-DD-YYYY).

Provider number (9 digits).

Member number (9 digits).

Service code (6 digits).

Comments (100 characters) (optional).

다음으로 소프트웨어 프로덕트는 해당 서비스에 대해 지불하는 요금을 조회하고 제공자의 터미널에 표시한다. 확인을 위하여, 제공자는 현재 날짜와 시간, 서비스가 제공된 날짜, 회원 이름과 번호, 서비스 코드 및 지불된 요금을 입력하는 양식을 갖고 있다. 주말에, 제공자는 일주일 동안 ChocAn에서 제공자에게 지불해야 하는 금액의 확인을 위하여 비용을 합산한다.

언제든지, 제공자는 서비스 이름들과 해당 서비스 코드 및 요구의 알파벳 순 리스트를 제공자 디렉터리의 소프트웨어 제품에 요청할 수 있다. 제공자 디렉터리는 이-메일에 첨부하여 제공자에게 요청 자료를 보낸다.

금요일 자정에, 주요 회계 절차는 ChocAn Data Center에서 수행된다. 회계는 제공된 서비스들의 주간 파일을 읽고 많은 보고서를 출력한다. 각 보고서의 작성은 주중 언제든지 ChocAn 관리자의 요청에 따라 개별적으로 실행될 수 있다.

한 주 동안 CohcAn 제공자와 상담한 각 회원은 서비스 날짜 순서대로 정렬된 제공받은 서비스들의 리스트를 받는다. 이-메일의 첨부를 통해 제공되는 보고서는 다음 사항들을 포함하고 있다.

Member name (25 characters).

Member number (9 digits).

Member street address (25 characters).

Member city (14 characters).

Member state (2 letters).

Member ZIP code (5 digits).

제공되는 각 서비스는 다음과 같은 세부 사항들을 요구한다.

Date of service (MM-DD-YYYY).

Provider name (25 characters).

Service name (20 characters).

한 주 동안 ChocAn의 청구를 받게 되는 제공자들은 그 또는 그녀가 ChocAn 회원에게 제공한 서비스들의 목록을 포함한 보고서를 이-메일 첨부를 통하여 받게 된다. 검토 작업의 단순화를 위하여, 이 보고서는 컴퓨터에 의하여 받은 데이터 순서대로 제공자의 양식에 입력한 것과 동일한 정보를 포함한다. 보고서의 말미에는 한 주 동안 회원이 상담한 총 횟수와 비용을 포함하여 요약된다. 즉, 보고서 필드는 다음을 포함한다.

Provider name (25 characters).

Provider number (9 digits).

Provider street address (25 characters).

Provider city (14 characters).

Provider state (2 letters).

Provider ZIP code (5 digits).

제공되는 각 서비스는 다음의 세부 사항들을 요구한다:

Date of service (MM-DD-YYYY).

Date and time data were received by the computer (MM-DD-YYYY HH:MM:SS).

Member name (25 characters).

Member number (9 digits).

Service code (6 digits).

Fee to be paid ($999.99 이상).

Total number of consultations with members (3 digits).

Total fee for week ($99,999.99 이상).

EFT(전자 자금 송금) 데이터로 구성된 레코드는 다음의 디스크에 기록되며, 이후 은행 컴퓨터는 각 제공자의 은행 계좌에 해당 금액을 입금했는지 확인한다.

요약 보고서는 지급 계정 관리자에게 제공된다. 보고서는 한 주 동안 수행된 상담의 횟수, 제공자에게 지불된 금액, 그리고 그 또는 그녀가 한 주 동안 지불한 금액의 총계를 보여준다. 마지막으로, 서비스를 제공하는 제공자들의 총 숫자, 상담의 총 횟수, 그리고 전체적인 총 요금이 출력된다.

하루 동안, ChocAn Data Center의 소프트웨어는 운영자가 새로운 ChocAn 회원을 추가하고, 그만둔 회원을 삭제하고, 회원 기록을 갱신할 수 있도록 상호작용 모드로 수행된다. 유사한 방법으로, 제공자의 기록들도 추가, 삭제 및 갱신된다.

ChocAn 회원 비용의 지불 프로세스는 전문 업체인 Acme Accounting Service에 하청을 주었다. Acme는 회원 비용의 지불 기록, 비용 지불이 늦는 회원의 회원 자격 정지, 그리고 어떤 이유로 인해서 늦게 비용을 지불한 회원의 회원 자격 복귀 등과 같은 금융 절차에 대한 책임을 지고 있다. 매일 저녁 9시에 ChocAn Data Center 컴퓨터 회원 기록과 연관된 기록을 Acme 컴퓨터는 갱신한다.

당신의 조직은 ChocAn 데이터 처리 소프트웨어를 작성하는 계약을 체결하였다. 다른 조직은 ChocAn 제공자의 터미널 설계에 대해, Acme 회계 서비스들에 의하여 필요한 소프트웨어에 대해, 그리고 EFT 컴포넌트에 대한 구현 등을 담당할 것이다. 계약 조건의 인증 테스트에서, 제공자의 터미널에서 키보드로부터 입력된 데이터가 전송되어 제공자의 터미널 디스플레이가 화면에 표시되어야 하는 것을 시뮬레이션 해야 한다. 관리자의 터미널은 동일한 키보드와 화면에 의해 시뮬레이션 되어야 한다. 각 회원 보고서는 자체적으로 파일에 기록되어야 한다. 파일의 이름은 보고서의 날짜에 따라 회원의 이름으로 정렬되어야 한다. 제공자 보고서는 동일한 방식으로 처리되어야만 한다. Provider Directory 역시 파일로 생성되어야만 한다. 실제로 어떤 파일도 이-메일 첨부로 전송되어지지는 않을 것이다. EFT 데이터로서 요구되는 모든 데이터들은 제공자 이름, 제공자 번호, 그리고 전송 가능한 양을 포함하여 설정된 파일이다.

Appendix
B

소프트웨어 공학 자원

소프트웨어 공학 주제들에 관련된 많은 정보를 획득하는 데는 두 가지 방법이 있다. 그것은 정기간행물 구독과 학회 참여 그리고 인터넷과 World Wide Web을 통해 습득할 수 있다.

정기간행물에는 소프트웨어 공학을 전문으로 발간하는 IEEE Transaction on Software Engineering이 있다. 그리고 보다 일반적인 정기간행물로는 소프트웨어 공학에 관련된 중요한 논문을 출간하는 ACM Communications가 있다. 장소와 위치에 따라 선택할 수 있는 두 가지 부류의 정기간행물은 다음과 같다. 정기간행물은 주제 기준으로 그리고 유용성을 고려해서 선정했다.

ACM Computing Reviews

ACM Computing Surveys

ACM SIGSOFT Software Engineering Notes

ACM Transactions on Computer Systems

ACM Transactions on Programming Languages and Systems

ACM Transactions on Software Engineering and Methodology

Communications of the ACM

Computer Journal

Empirical Software Engineering

IBM Systems Journal

IEEE Computer

IEEE Software

IEEE Transactions on Software Engineering

Journal of Systems and Software

Software Engineering Journal

Software-Practice and Experience

Software Quality Journal

추가로 소프트웨어 공학 주제들의 중요한 항목들을 다루는 많은 협회가 있다. 이를 주제로 선택한 것은 다음과 같다. 대부분 협회는 후원자의 조직 이름이나 약어로 조회할 수 있다. 약어는 괄호 안에 있다.

ACM SIGPLAN Annual Conference (SIGPLAN)

ACM SIGSOFT Symposium on the Foundations of Software Engineering (FSE)

Conference on Human Factors in Computing Systems (CHI)

Conference on Object-Oriented Programming Systems, Languages, and Applications (OOPSLA)

International Computer Software and Applications Conference (COMPSAC)

International Conference on Software Engineering (ICSE)

International Conference on Software Maintenance (ICSM)

International Conference on Software Reuse (ICSR)

International Conference on the Software Process (ICSP)

International Software Architecture Workshop (ISAW)

International Symposium on Software Testing and Analysis (ISSTA)

International Workshop on Software Configuration Management (SCM)

International Workshop on Software Specification and Design (IWSSD)

인터넷은 소프트웨어 공학의 또 다른 정보원이다. Usenet newsgroups과 다음의 두 가지는 학습자들에게 유용한 정보를 제공해줄 것이다.

comp.object

comp.software-eng

특히 다음의 newsgroups에서는 더 많은 정보 자원을 찾을 수 있다.

comp.lang.c++.moderated

comp.lang.java.programmer

comp.risks

comp.software.config-mgmt

요구사항 워크플로: The MSG Foundation Case Study

MSG Foundation 사례 연구에 대한 요구사항 워크플로는 10장에 제시되어 있다.

구조적 시스템 분석: The MSG Foundation Case Study

단계 1. DFD를 작성한다: 그림 12.9 참조

단계 2. 어떤 부분을 전산화할 것인지와 어떻게 할 것인지를 결정한다: 완성된 파일럿 프로젝트 온라인를 전산화 한다. 그러나 만약 집을 구입하기 위해 이용 가능한 자금에 대한 주간 계산에 시간이 걸린다면, 계산이 요구되기 전 밤에 그것을 수행하는 게 좋을 수 있다.

단계 3. 데이터 흐름의 세부 사항들을 작성한다:

investment_details	
investment_number	(12 characters)
investment_name	(25 characters)
expected_return	(9+2 characters)
date_expected_return_update	(8 characters)
mortgage_details	
mortgage_number	(12 characters)
mortgage_name	(21 characters)
price	(6+2 digits)
date_mortgage_issued	(8 digits)
weekly_income	(6+2 characters)
date_weekly_income_was_updated	(8 characters)
annual_property_tax	(5+2 characters)
annual_insurance_premium	(5+2 characters)
mortgage_balance	(6+2 characters)
available_funds_for_week	(9+2 characters)
annual_operating_expenses	(9+2 characters)

update_request   (1 characters)

단계 4. 프로세스들의 로직을 정의한다:

compte_availability_of_founds_and_generate_funds_report
  Determine the expected income for the week by adding the expected_return of
  each investment in INVESTMENT_DATA.
  Determine the expected mortgage payments for the week by adding the
  expected mortgage payment of each mortgage in MORTGAGE_DATA.
  Determine the expected grants for the week by adding the expected grant for
  each mortgage in MORTGAGE_DATA.
  Compute available_funds_for_week =
   expected income for the week
   − annual_operating_expenses / 52
   + expected mortgage payments for the week
   − expected grants for the week
  Display/print available_funds_for_week

generate_listing_of_investments
  For each investment in INVESTMENT_DATA
   Print investment_datails

generate_listing_of_mortgages
  For each mortgage in MORTGAGE_DATA
   Print mortgage_datails

perform_selected_update
  Use the value of update_request to determine whether MORTGAGE_DATA,
   INVESTMENT_DATA, or EXPENSES_DATA are to be updated.
  Perform the update.

단계 5. 데이터 저장소들을 정의한다:
EXPENSES_DATA
annual_operating_expenses [defined in Step 3]
INVESTMENT_DATA
investment_details [defined in Step 3]

MORTGAGE_DATA
mortgage_details [defined in Step 3]

모든 파일은 순차적이다. 그래서 **DIAD**는 없다.

단계 6. 물리적 자원들을 정의한다:

EXPENSES DATA
  Sequential file
  Stored on disk
INVESTMENT DATA
  Sequential file

```
                    Stored on disk
              MORTGAGE DATA
                    Sequential file
                    Stored on disk
```

단계 7. 입력/출력 명세들을 결정한다: 입력 화면들은 다음과 같은 프로세스들로 설계된다.

> update_investment, update_mortgage, update_annual_operating_expenses,
> compute_availability_of_funds_and_generate_funds_report

이에 다음과 같은 보고서들이 나온다.

> list_of_investment, list_of_mortgages, available_funds_for_week

래피드 프로토타입의 화면들과 보고서들은 이들에 대한 기초로 사용된다. 모든 화면들과 보고서의 정확한 서식은 MSG Foundation에 의해 승인된 주제이다.

단계 8. 규모를 계산한다: 소프트웨어는 약 4MB 정도의 저장 공간이 필요하다. 각 investment 객체는 약 50B 정도의 저장 공간을 요구한다. 각 mortgage 객체는 약 90B 정도의 저장 공간을 요구한다. 이 저장 공간 요구사항들은 MSG Foundation에 의해 소유된 수많은 investment와 mortgage에 기초로 계산될 수 있다.

단계 9. 하드웨어 요구사항들을 결정한다:

> 하드디스크가 있는 Linux 기반의 데스크톱 컴퓨터
> 백업용 Zip 드라이드
> 보고서 출력용 레이저 프린터

분석 워크플로: The MSG Foundation Case Study

분석 워크플로는 12장에 제시되어 있다.

Appendix
F

SPMP: The MSG Foundation
Case Study

여기에 제시된 SPMP(소프트웨어 프로젝트 관리 계획)은 세 명으로 구성된 작은 소프트웨어 조직이 MSG 프로덕트를 개발하는 계획이다. 여기서 조직원 세 명은 회사 사장과 두 명의 소프트웨어 엔지니어 Bartolo와 Cherubini로 구성되어 있다.

1. Overview.

1.1 Project Summery.

1.1.1 Purpose, Scope, and Objectives. 이 프로젝트의 목적은 결혼한 부부를 위해 집 대출금에 대한 결정을 내리는 Martha Stock Greengage(MSG) Foundation을 돕는 소프트웨어 프로젝트를 개발하는 것이다. 프로덕트는 고객이 Foundation의 investments, 비용 계산, 각 mortgage 정보에 대한 정보를 추가하고 수정하며 삭제하는 것을 가능하게 한다. 프로덕트는 이 영역에서 요구되는 계산을 수행하고 investments, mortgages, 주당 운영 비용을 목록화 하는 보고서를 생산한다.

1.1.2 Assumptions and Constraints. 제약들에는 다음 사항들이 포함된다.

마감일은 지켜져야만 한다.
예산 제약들 충족되어야 한다.
프로덕트가 신뢰할 수 있어야 한다.
아키텍처는 후에 추가 기능들이 추가될 수 있게 개방형이어야 한다.
프로덕트는 사용자에게 친숙해야 한다.

1.1.3 Project Seliverables. 사용자 매뉴얼을 포함한 완전한 프로덕트가 프로젝트 착수 후 10주 후에 인도된다.

1.1.4 Schedule and Budget Summary. 각 워크플로의 기간, 개인 요구사항, 예산은 다음과 같다.

> 요구사항 워크플로(1주, 두 명의 팀 멤버, $3740)
> 분석 워크플로(2주, 두 명의 팀 멤버, $7480)
> 설계 워크플로(2주, 두 명의 팀 멤버, $7480)
> 구현 워크플로(3주, 세 명의 팀 멤버, $16,830)
> 테스트 워크플로(2주, 세 명의 팀 멤버, $11,220)
>
> 전체 개발 기간은 10주이고 전체 내부 비용은 $46,750이다.

1.2 Evolution of the Project Management Plan. PMP(프로젝트 관리 계획)에서 모든 변경들은 그들이 구현되기 전에 PMP의 동의를 받아야 한다. 모든 변경들은 프로젝트 관리 계획이 정확하고 최신의 상태로 유지될 수 있게 문서화 되어야 한다.

2 Reference Materials. 모든 산출물들은 회사의 프로그래밍, 문서화, 테스팅 표준들에 일치하도록 한다.

3 Definitions and Acronyms. MSG－Martha Stockton Greengage, the MSG Foundation은 우리의 클라이언트이다.

4 Project Organization.

4.1 External Interfaces. 이 프로젝트 상의 모든 작업은 Almaviva, Bartolo, Cherubini가 수행한다. Almaviva은 매주 클라이언트를 만나 진행 사항을 보고하고 가능한 변경들과 수정들에 대해 논의한다.

4.2 Internal Structure. 개발 팀은 Almaviva(사장), Bartolo과 Cherubini(소프트웨어 엔지니어)로 구성된다.

4.3 Roles and Responsibilities. Bartolo와 Cherubini는 설계 워크플로를 수행한다. Almaviva는 클래스 정의들과 보고서 산출물들을 구현하고, Bartolo은 구매한 회화들을 처리하는 산출물들을, 그리고 Cherubini는 판매한 회화들을 처리하는 산출물들을 개발한다. 각 멤버는 자신이 생성한 산출물들에 대한 품질을 책임진다. Almaviva은 통합과 소프트웨어 프로덕트의 전체 품질을 감독하고 클라이언트에게 연락을 책임진다.

5 Managerial Process Plans.

5.1 Start-up Plan.

5.1.1 Estimation Plan. 이전에 서술했듯이 전체 개발 시간은 10주로 추정되고 전체 내부 비용은 $46,750으로 추정된다. 이들 수치는 유사한 프로젝트들을 비교해서 추정되는 유추에 의한 전문가 판단으로 추정되었다.

5.1.2 Staffing Plan. Almaviva는 전체 10주가 필요하며 처음 5주는 단지 관리자적인 역할을, 나머지 5주는 매니저와 프로그래머 역할을 모두 한다. Bartolo와 Cherubini도 전체 10주 동안 필요하며, 이중 처음 5주는 시스템 분석가들과 설계자들로, 그리고 그 다음 5주는 프로그래머들과 테스터들로 작업한다.

5.1.3 Resource Acquistion Plan. 프로젝트에 필요한 하드웨어, 소프트웨어, CASE 툴들을 모두 이용할 수 있다. 이 프로덕트는 우리의 공급자로부터 임대한 데스크톱 컴퓨터에 설치되어 MSG Foundation에게 인도된다.

5.1.4 Project Staff Training Plan. 이 프로젝트에 추가 기술진 교육 훈련은 필요없다.

5.2 Work Plan

5.2.1-2 Work Activities and Schedule Allocation.

- 1주 : 클라이언트와 만나서 요구사항 산출물들을 결정하고, 요구사항 산출물들을 검사한다.
- 2,3주 : 프로덕트 산출물들을 생성하고, 분석 산출물들을 검사한다. 이들을 승인할 클라이언트에게 산출물들을 보여준다. 프로젝트 관리 계획을 작성해서 이를 검사한다.
- 4, 5주 : 설계 산출물들을 생성하고 설계 산출물들을 검사한다.
- 6-10주 : 각 클래스의 구현과 인스펙션, 단위 테스팅과 문서화, 각 클래스의 통합, 통합 테스팅, 프로덕트 테스팅, 문서화 인스펙션.

5.2.3 Resource Allocation. 세 명의 팀 멤버는 각기 그들에게 할당된 산출물들을 작업한다. Almaviva의 할당된 역할은 매일 두 사람의 진행 사항을 모니터하고, 통합을 감독하고, 전체 품질에 대한 책임을 지고, 그리고 클라이언트와 연락하는 것이다. 팀 멤버들은 매일 저녁 미팅을 갖고 문제점과 진행 사항에 대해 논의한다. 클라이언트와의 공식 미팅은 매주 금요일에 갖으며, 여기서 진행 사항을 보고하고 만약 변경들을 할 필요가 있다면 이에 대해 결정을 한다. Almaviva은 스케줄과 예산이 충족되는지를 확인한다. 위험 관리 또한 Almaviva의 책임이다.

결함들을 최소화 하고 user-friendness를 최대화 하는 것이 Almaviva의 최고 우선순위이다. Almaviva는 모든 문서화에 대해 책임을 갖고 있고 그래서 이에 대한 갱신도 확인해야 한다.

5.2.4 Budget Allocation. 각 워크플로에 대한 예산은 다음과 같다.

요구사항 워크플로 $3,740
분석 워크플로   7,480

설계 워크플로	7,480
구현 워크플로	16,830
테스팅 워크플로	11,220
계	$46,750

5.3 Control Plan. 일정이나 예산에 영향을 미치게 되는 일부는 주요 변경들은 Almaviva의 승인을 받아야 되고 문서화 되어야 한다. 외부 품질 보증 전문가는 참여하지는 않는다. 개발 태스크를 수행하는 사람이 아닌 다른 사람이 테스팅을 수행하면 생기는 이점은 각기 다른 사람의 작업 프로덕트를 테스팅 하면 얻을 수 있다.

Almaviva는 프로젝트가 정시에 그리고 주어진 예산 내에서 완료되는지를 확인하는 책임을 갖게 된다. 이것은 팀 멤버들과의 매일 미팅을 통해 성취한다. 각 미팅에서 Bartolo와 Cherubini는 그 날의 진행 사항과 문제들에 대해 제시한다. Almaviva는 그들이 예측대로 진행하고 있는지, 명세문서와 S프로젝트 관리 계획에 따라 수행되고 있는지를 결정한다. 팀 멤버들이 직면한 주요한 문제들은 즉시 Almaviva에게 보고된다.

5.4 Risk Management Plan. 위험 인자들과 추적 메커니즘들은 다음과 같다.

새로운 프로덕트와 비교할 수 있는 기존의 프로덕트란 없다. 따라서 기존의 프로덕트와 병렬적으로 프로덕트를 실행시키는 것은 불가능하다. 그래서 프로덕트는 광범위한 테스팅을 받아야 한다.

클라이언트는 컴퓨터들에 대한 경험이 없다고 가정한다. 그래서 특별한 주의가 분석 워크플로와 클라이언트와의 커뮤니케이션에 요구된다. 프로덕트는 가능한 한 사용자에게 친숙하게 만들어져야 한다.

항상 중요한 설계 결함이 일어날 가능성이 있기 때문에 광범위한 테스팅이 설계 단계에서 수행되어야 한다. 또한 팀 멤버들 각각은 자신들의 코드를 초기에 테스트 하고 나서 다른 멤버의 코드를 테스트 한다. Almaviva는 프로덕트 테스팅에 대한 책임이 있다.

정보는 특정한 저장 장치들과 응답 시간들에 대한 요구사항을 충족시켜야 한다. 이것이 소규모 프로덕트의 경우에는 큰 문제가 되지는 않지만, Almaviva은 전체 개발 과정에서 이에 대해 모니터 해야 한다.

하드웨어의 실패로 인해 사소한 변경이 발생한 경우에는 다른 기계를 임대하면 된다. 만약 컴파일러에서 결함이 발견되었다면, 이를 대체해야 한다. 이러한 것들은 하드웨어와 컴파일러 공급자로부터 받는 보증서 내에 처리 기준이 있다.

5.5 Project Close-out Plan. 여기에는 해당 사항 없음.

6 Technical Process Plans.

6.1 Process Model. Unified Process를 사용함.

6.2 Methods, Tools, and Techniques. 워크플로는 Unified Process에 따라 수행된다. 프로덕트는 Java로 구현된다.

6.3 Infrastructure Plan. 프로덕트는 PC의 Linux 상에서 실행되는 ArgoUML을 사용해 개발된다.

6.4 Product Acceptance Plan. 클라이언트에 의한 프로덕트의 인증은 Unified Process의 단계들에 따라 인정된다.

7. Supporting Process Plan.

7.1 Configuration Management Plan. CVS는 모든 산출물들 전체에 사용된다.

7.2 Testing Plan. Unified Process의 테스팅 워크플로가 수행된다.

7.3 Documentation Plan. 문서화는 Unified process에서 명시된 대로 생성된다.

7.4-5 Quality Assurance Plan and Reviews and Audits Plan. Bartolo와 Cherubini는 각기 상대방의 코드를 테스트 하고 Almaviva는 통합 테스팅을 수행한다. 광범위한 프로덕트 테스팅은 세 명 모두가 수행한다.

7.6 Problem Resolution Plan. 5.3에서 서술했듯이 팀 멤버들이 직면한 일부 주요 문제들은 즉시 Almaviva에 보고한다.

7.7 Subcontractor Management Plan. 여기에는 해당 사항 없음.

7.8 Process Improvement Plan. 모든 활동들은 회사가 2년 내에 CMM 2단계에서 CMM 3단계로 간다는 계획에 따라 실행된다.

8. Additional Plans. 추가 컴포넌트들은 다음과 같다.

Security — 패스워드는 프로덕트를 사용하는 데 필요하다.
Training — 교육 훈련은 프로덕트의 인도 시점에서 Almaviva가 수행한다. 왜냐하면 프로덕트는 사용하기가 간단하기 때문에 1일 정도의 교육 훈련으로 충분하다. Almaviva는 사용 개시 후 1년 동안 무상으로 사용자들의 질문에 답변해야 한다.
Maintenance — 수정적 유지보수가 팀 멤버에 의해 12개월 동안 무상으로 수행된다. 프로덕트의 기능 향상을 위한 부분은 별도로 계약해서 처리한다.

설계 워크플로: The MSG Foundation Case Study

이 부록에는 MSG Foundation 사례 연구(G.1)에 대한 클래스 다이어그램의 최종 버전이 포함되어 있다. 즉 10개의 컴포넌트 클래스들에 대한 UML 다이어그램들이들 알파벳 순으로 나열되어 있다. 이들 UML 다이어그램들은 속성들과 메소드들을 보여준다. 17.2절에서 설명했듯이 UML은 가시성을 위해 private에는 −, public에는 +, protected에는 #을 앞에 첨가했다. 속성들과 메소드들은 Java용의 PDL로 보여준다. 그래서 Date Class는 없다(14.8절 참조).

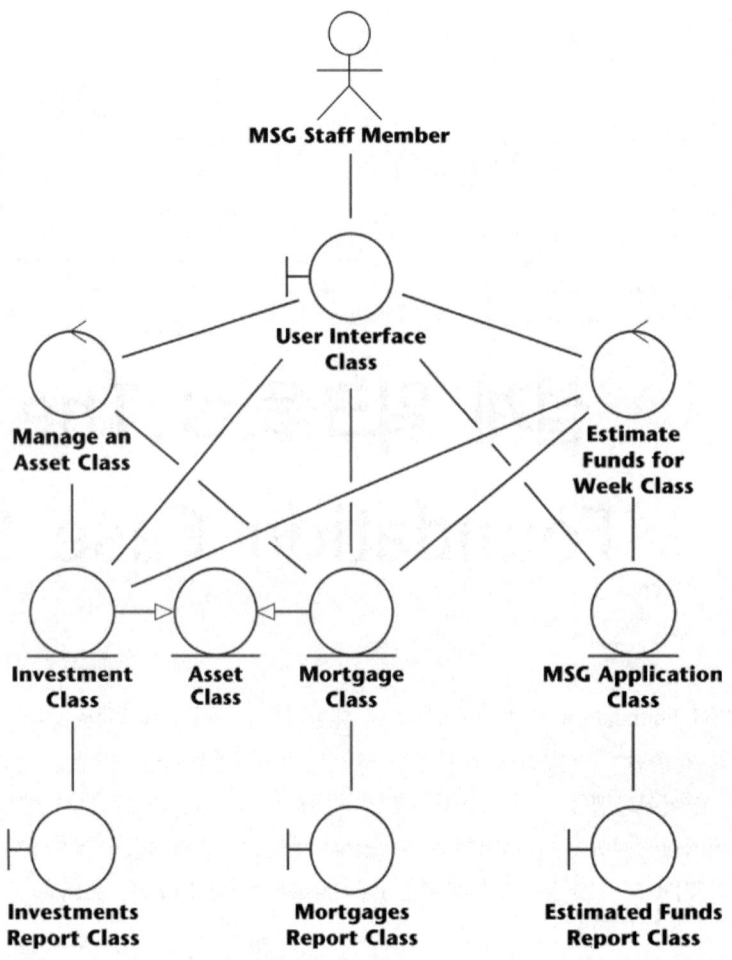

≪entity class≫ Asset Class
assetNumber : string
+ getAssetNumber () : string
+ setAssetNumber (a : string) : void
+ **abstract** read (fileName : RandomAccessFile) : void
+ **abstract** obtainNewData () : void
+ **abstract** performDeletion () : void
+ **abstract** write (fileName : RandomAccessFile) : void
+ **abstract** save () : void
+ **abstract** print () : void
+ **abstract** find (s: string) : Boolean
+ delete () : void
+ add () : void

≪control class≫
Estimated Funds for Week Class
+ ⟨⟨static⟩⟩ compute () : void

≪boundary class≫
Estimate Funds Report Class
+ ⟨⟨static⟩⟩ printReport () : void

≪entity class≫
Investment Class
− investmentName : string
− expectedAnnualReturn : float
− expectedAnnualReturnUpdated : string
+ getInvestmentName () : string + setInvestmentName (n : string) : void + getExpectedAnnualReturn () : float + setExpectedAnnualReturn (r : float) : void + getExpectedAnnualReturnUpdated () : string + setExpectedAnnualReturnUpdated (d : string) : void + totalWeeklyReturnOnInvestment () : float + find (findInvestmentID : string) : Boolean + read (fileName : RandomAccessFile) : void + write (fileName : RandomAccessFile) : void + save () : void + print () : void + obtainNewDate () : void + performDeletion () : void + readInvestmentDate () : void + updateInvestmentName () : void + updateExpectedReturn () : void

≪boundary class≫
Investments Report Class
+ ⟨⟨static⟩⟩ printReport () : void

≪control class≫
Manaeg an Asset Class
+ ⟨⟨static⟩⟩ manageInvestment () : void + ⟨⟨static⟩⟩ manageMortgage () : void

≪entity class≫ Mortgage Class
− mortgageeName : string − price : float − dateMortgageIssued : string − currentWeeklyIncome : float − weeklyIncomeUpdated : string − annualPropertyTax : float − annualInsurancePremium : float − mortgageBalance : float + ≪static final≫ INTEREST_RATE : float + ≪static final≫ MAX_PER_OF_INCOME : float + ≪static final≫ NUMBER_OF_MORTGAGE_PAYMENTS : int + ≪static final≫ WEEKS_IN_YEAR : float
+ getMortgageeName () : string + setMortgageeName (n : string) : void + getPrice () : float + setPrice (p : float) : void + getDateMortgageIssued() : string + setDateMortgageIssued(w : string) : void + getCurrentWeeklyIncome () : float + setCurrentWeeklyIncome (i : float) : void + getWeeklyIncomeUpdated () : string + getWeeklyIncomeUpdated (w : string) : void + getAnnualPropertyTax () : float + setAnnualPropertyTax (t : float) : void + getAnnualInsurancePremium () : float + setAnnualInsurancePremium (p : float) : void + getMortgageBalance () : float + setMortgageBalance (m : float) : void + totalWeeklyNetPayments () : float + find(findMortgageID : string) : Boolean + read(fileName : RandomAccessFile) : void + write(fileName : RandomAccessFile) : void + obtainNewDate () : void + performDeletion () : void + pring () : void + ≪static≫ printAll () : void + sava () : void + readMortgageData () : void + updateBalance () : void + updateDate () : void + updateInsurancePremium () : void + updateMortgageeName () : void + updatePrice () : void + updatePropertyTax () : void + updateWeeklyIncome () : void

| ≪boundary class≫ |
Mortgages Report Class
+ ⟨⟨static⟩⟩ printReport () : void

| ≪entity class≫ |
MSG Application Class
− ⟨⟨static⟩⟩ estimatedAnnualOperatingExpenses : float − ⟨⟨static⟩⟩ estimatedFundsForWeek : float
+ ⟨⟨static⟩⟩ getAnnualOperatingExpenses () : float + ⟨⟨static⟩⟩ setAnnualOperatingExpenses (e : float) : void + ⟨⟨static⟩⟩ getEstimatedFundsForWeek () : float + ⟨⟨static⟩⟩ setEstimatedFundsForWeek (e : float) : void + ⟨⟨static⟩⟩ initializeApplication () : void + ⟨⟨static⟩⟩ updateAnnualOperatingExpenses () : void + ⟨⟨static⟩⟩ main()

| ≪boundary class≫ |
User Interface Class
+ ⟨⟨static⟩⟩ clearScreen () : void + ⟨⟨static⟩⟩ pressEnter () : void + ⟨⟨static⟩⟩ displayMainMenu () : void + ⟨⟨static⟩⟩ displayInvestmentMenu () : void + ⟨⟨static⟩⟩ displayMortgageMenu () : void + ⟨⟨static⟩⟩ displayReportMeny () : void + ⟨⟨static⟩⟩ getChar () : char + ⟨⟨static⟩⟩ getString () : string + ⟨⟨static⟩⟩ getInt () : int

구현 워크플로: The MSG Foundation Case Study(C++ 버전)

MSG Foundation 프로덕트에 대한 전체 C++ 소스 코드는 WWW인 www.mhhe.com/ schach에서 찾아 이용할 수 있다.

구현 워크플로: The MSG Foundation Case Study(Java 버전)

MSG Foundation 프로덕트에 대한 전체 Java 소스 코드는 WWW인 www.mhhe.com/schach에서 찾아 이용할 수 있다.

테스트 워크플로: The MSG Foundation Case Study

MSG Foundation 사례 연구에 대한 테스트 워크플로는 다음 네 개의 절에 제시되어 있다.

11.11절(요구사항)

13.17절(분석)

14.11절(설계)

15.23절(구현)

찾아보기

역자 소개

유 해 영

yoohy@dankook.ac.kr
단국대학교 공과대학 소프트웨어학과

객체지향 | Object-Oriented & Classical
Software Engineering | 제8판
소프트웨어 공학

초판 8판 1쇄 발행 2012년 1월 31일

지은이   Stephen R. Schach
옮긴이   유해영
발행인   최규학

편집인   고광노
표지디자인   Lean Park
본문디자인   초심디자인

발행처   도서출판 ITC
등록번호   8-399호
등록일자   2003년 4월 15일

주소   경기도 파주시 교하읍 문발동 파주출판단지 535-7 세종출판벤처타운 307호
전화   031-955-4353(대표) | **팩스** 031-955-4355
이메일   itc@itcpub.co.k

용지 신승지류유통 | **인쇄** 해외정판 | **제본** 동호문화
ISBN-10 896351-033-6
ISBN-13 978-89-6351-033-0 (93560)

값 30,000원